高等院校应用型本科智能制造领域“十三五”规划教材

嵌入式系统原理与实践

——基于Cortex-M3(STM32)

(下册)

周银祥　主编

华中科技大学出版社
中国·武汉

内 容 提 要

基于 Cortex-M3 的 STM32 系列控制器已成为工业自动化领域的主流微控制器，并且在全国大学生电子设计竞赛中普遍采用，为了更好地进行嵌入式教学，实现硬件实验＋软件仿真的结合，本书对 Proteus 软件的安装与使用、STM32CubeMX 应用、TFT LCD 显示应用、定时器、I2C 总线、串行外设接口、STM32 高级应用等内容作了重点讲解，并对常见扩展模块实验、STM32 GCC、Maple、CDIO 项目实训、产学合作协同育人项目等内容作了详细介绍。本书可作为高等院校计算机专业、电类专业、自动化以及机电一体化专业本科生的教材和参考书，也可供希望了解和掌握嵌入式系统的技术人员学习参考。

图书在版编目(CIP)数据

嵌入式系统原理与实践：基于 Cortex-M3(STM32). 下册/周银祥主编. —武汉：华中科技大学出版社，2020.7

高等院校应用型本科智能制造领域"十三五"规划教材

ISBN 978-7-5680-6175-9

Ⅰ.①嵌… Ⅱ.①周… Ⅲ.①微型计算机-系统设计-高等学校－教材 Ⅳ.①TP360.21

中国版本图书馆 CIP 数据核字(2020)第 132401 号

嵌入式系统原理与实践——基于 Cortex-M3(STM32)(下册)　　周银祥　主编

Qianrushi Xitong Yuanli yu Shijian——Jiyu Cortex-M3(STM32)(Xiace)

策划编辑：余伯仲

责任编辑：刘　飞

封面设计：原色设计

责任监印：周治超

出版发行：华中科技大学出版社(中国·武汉)　　电话：(027)81321913

武汉市东湖新技术开发区华工科技园　　邮编：430223

录　　排：武汉三月禾文化传播有限公司

印　　刷：武汉科源印刷设计有限公司

开　　本：787mm×1092mm　1/16

印　　张：40.5

字　　数：1030 千字

版　　次：2020 年 7 月第 1 版第 1 次印刷

定　　价：99.00 元

前　言

采用 ARM 技术知识产权(IP)的微处理器，即我们通常所说的 ARM 微处理器，已遍及工业控制、消费类电子产品、通信系统、网络系统、无线系统等各类市场，基于 ARM 技术的微处理器应用占据了 32 位 RISC 微处理器 90%以上的市场份额，ARM 技术正在逐步渗入我们生活的各个方面。ARM 已成为嵌入式的代名词，学习嵌入式就是学习 ARM。

ARM Cortex 系列提供了一个标准的体系结构来满足不同的性能要求，其处理器基于 ARMv7 架构的三个分工明确的部分。A 部分面向复杂的尖端应用程序，用于运行开放式的复杂操作系统；R 部分针对实时系统；M 部分为成本控制和微控制器应用提供优化。

面对丰富多彩的嵌入式世界，我们该如何选择学习的内容与形式呢？

ARM 公司 1985 年开发出全球第一款商业 RISC 处理器，ARM7 于 1993 年推出，之后还有 ARM9、ARM11，都得到广泛使用。2004 年开始推出更新的 ARM Cortex-M3、A8、A9、A15，取代 ARM7、ARM9、ARM11，广泛运用在嵌入式领域中。

Cortex-M3 是首款基于 ARMv7-M 架构的处理器，是行业领先的 32 位处理器，适用于具有高确定性的实时应用，是专门为了在微控制器、汽车车身系统、工业控制系统和无线网络等对功耗和成本敏感的嵌入式应用领域实现高系统性能而设计的，它大大简化了编程的复杂性，使 ARM 架构成为各种应用方案(即使是最简单的方案)的上佳选择。

基于 Cortex-M3 的 STM32 系列控制器已经是工业自动化领域的主流微控制器，也是在全国大学生电子设计竞赛中采用的主流微控制器，高校教学必须跟上技术市场的发展。我们已经成功进行 9 个学年基于 Cortex-M3 的 STM32 教学，并且创造性地使用 Proteus 仿真主流微控制器 STM32 进行了 3 个学期的实验教学，填补了国内外高校 Proteus 软件仿真 STM32 实验教学方面的空白。硬件实验＋软件仿真，二者结合，很好地完成了实验教学，极大地提高了教学效果。

为了更好地进行嵌入式教学，我们应该积极动手实践。笔者于 2010 年 3 月设计了基于 STM32F103VBT6 的 AS-05 型“STM32-SS 实验板”，2013 年 9 月又设计了基于 STM32F103VET6 的 AS-07 型“STM32＋ARDUINO 实验板”，用于自己的学习与教学中。如果读者需要本教材中的实验板/开发板和程序(下册第 5、6 章提供了 49 个实验，其中包括 15 个 Proteus 仿真实验。另外还有常见扩展模块实验，GCC 实验，项目实训等)，以及课件和练习，请发送邮件至 hustp_jixie@163. com。

下册教材中包括：STM32CubeMX 和 HAL 库，MDK5，Proteus，机智云，乐为物联，产学合作协同育人项目等。特别是 Proteus 仿真 STM32 和 LCD，都是首次应用，应注意实际硬件与仿真的区别。为了配合后续实训课程，在第 10 章编写了教育部 2018 年第二批产学合作协同育人项目“嵌入式系统原理及应用”的实训项目四轴飞行器，此为与广州粤嵌通信科技股份有限公司合作的教学内容。

第 7 章和第 10 章的 Zigbee 模块和资料由“隔壁科技”提供；第 9 章的 MP3 播放器是网

友“柯南大侠”的开源作品，电参数模块和资料是艾锐达和立天迅捷提供的，“乐为物联”提供了毕业设计咨询，智能家居使用了“机智云”的平台和资料；第 10 章的两轮平衡车是由秋阳电子设计制作的，四轴飞行器的资料是匿名科创开源提供的，参考并摘录了一些网友的博客文章（文中已分别注明）。广州风标提供了 Proteus 仿真软件的试用和指导以及 PlayKit 开发套件。特此鸣谢！

2011 年 9 月编写了初始讲义，经过 8 年的教学使用，逐步修改完善并于 2019 年正式出版。本书有两大特色：首次详细介绍了 Proteus 仿真 STM32 的方法；比较全面地叙述了基于 STM32 的四轴飞行器以及最新的光流、UWB、视觉等模块的应用。

这里还要感谢华中科技大学出版社的编辑和使用上册教材的老师，是你们鼓励我完成了下册教材的编写，也特别感谢我的妻子和儿女，让我有时间完成这项工作。

周银祥　副教授/高工

2020 年 6 月 1 日

教学团队基于 91 速课网，正在建设 STM32 教学微课堂（包括教学课件、课堂理论教学、硬件实验教学和 Proteus 软件仿真实验教学），手机微信扫描二维码观看，网址 https://www.91suke.com/s/e888f46c。

目　　录

第5章　STM32进阶

本章将介绍 STM32CubeMX4.27、MDK5.26 和 Proteus8.8 联合使用仿真 LCD(STR7735)，为此，先简单介绍这些软件的安装和使用。

RealView MDK，全称是 RealView Microcontroller Development Kit，是德国 Keil 公司的微控制器集成开发环境软件，包括了编辑、编译、仿真、下载等工具。

5.1　MDK5.26 和 ST-LINK/V2 安装

前面我们已经安装了 3.80a 版、4.74 版，这里我们安装 5.26 版(需要同时安装 MDKCM525.EXE 和 Keil.STM32F1xx_DFP.2.3.0.pack)，分别安装在 D 盘、E 盘、F 盘，或者分别安装在 D 盘下的 D:\ Keil，D:\ Keil_v4，D:\ Keil_v5，如图 5-1 所示，并分别设置打开不同版本的工程文件。

图 5-1　相同磁盘安装 MDK 不同版本

5.1.1　MDK5.26 下载

MDK 软件可以从 Keil 官方网站 www.keil.com，或者从第三方网站下载，存放到 D:\STM32\软件工具文件夹。

特别说明：最好在 D 盘建立文件夹 STM32，将相关的文件存放在里面，如 D:\STM32\软件工具、D:\STM32\资料、D:\STM32\GPIO_Test_1 等，如图 5-2 所示。

为了实验方便，也需要将 MDK3.80a 版安装路径下的工程模板、范例程序、库文件复制过来(具体路径见 3.3.3 小节)存放到 D:\STM32\Project、D:\STM32\Examples、D:\STM32\FWLib。

此电脑 › ZYX7-program (D:) › STM32

名称	修改日期	类型
Examples	2019/4/8 9:50	文件夹
FWLib	2019/4/8 9:50	文件夹
GPIO_Test_1	2019/4/8 11:28	文件夹
Project	2019/4/8 9:50	文件夹
软件工具	2019/4/8 9:33	文件夹
资料	2019/4/8 9:33	文件夹

图 5-2　文件存放路径

5.1.2 MDK5.26 安装

MDK5.26 版安装如图 5-3 所示，建议安装到 D:\ Keil_v5 路径下。

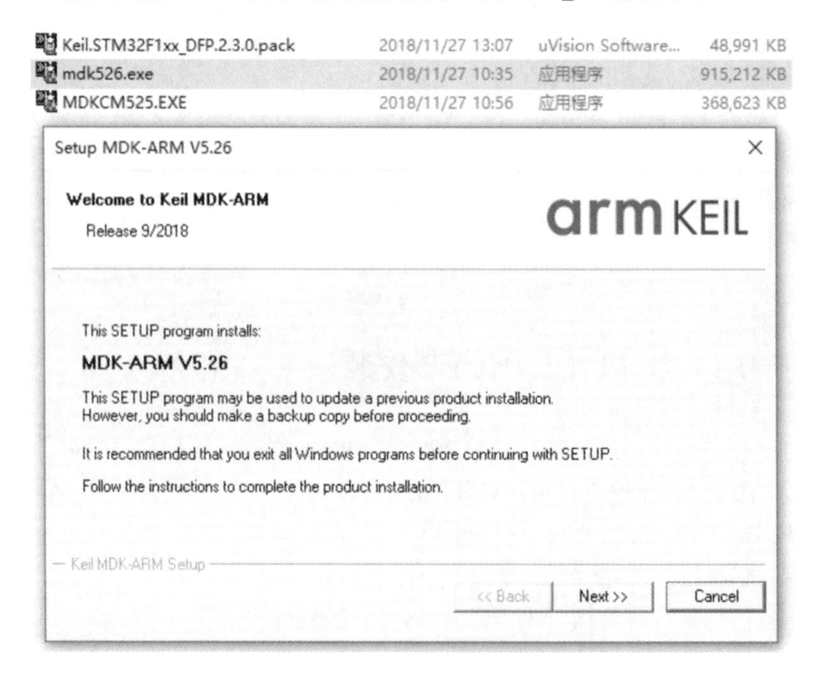

图 5-3　MDK5.26 版安装

MDKCM525 安装如图 5-4 所示。

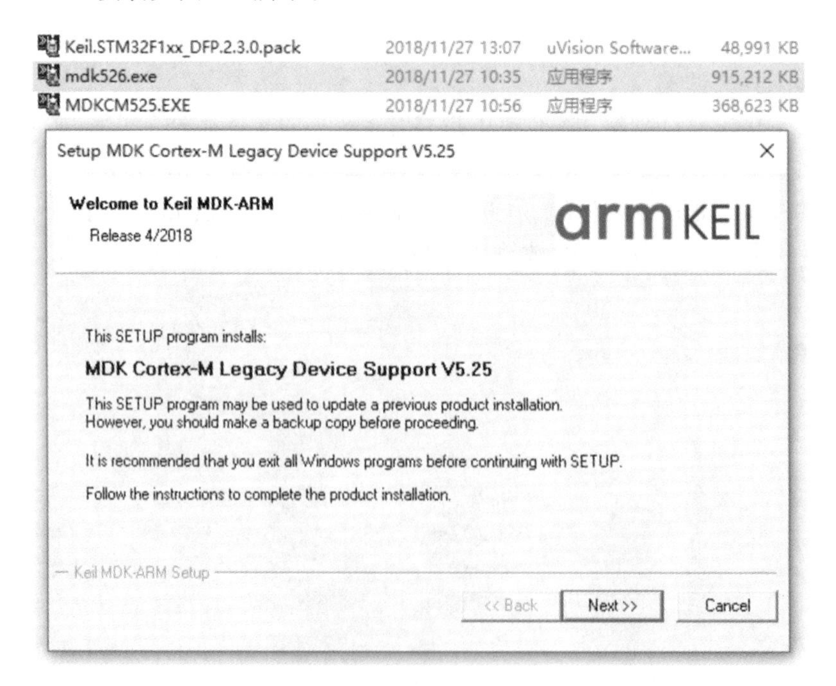

图 5-4　MDKCM525 安装

Keil. STM32F1xx_DFP. 2. 3. 0. pack 安装如图 5-5 所示。

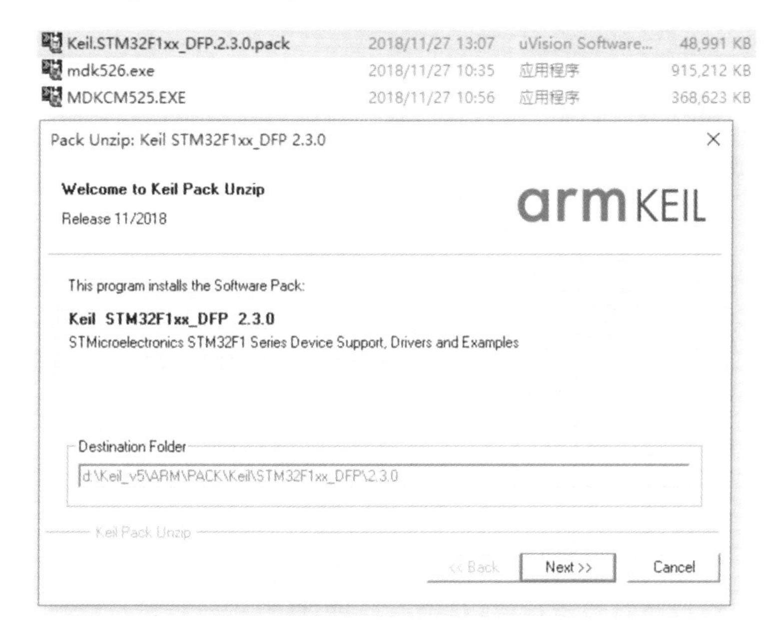

图 5-5 Keil. STM32F1xx_DFP. 2. 3. 0. pack 安装

5.1.3 ST-LINK/V2 简介及驱动安装

1. JTAG 简介

JTAG 是 Joint Test Action Group(联合测试工作组)的简称,该组织成立于 1985 年,是由几家主要的电子制造商发起制定的 PCB 和 IC 测试标准。JTAG 于 1990 年被 IEEE 批准为 IEEE1149. 1-1990 测试访问端口和边界扫描结构标准。该标准规定了进行边界扫描所需要的硬件和软件。自从 1990 年批准后,IEEE 分别于 1993 年和 1995 年对该标准作了补充,形成了现在使用的 IEEE1149. 1a-1993 和 IEEE1149. 1b-1994。

JTAG 主要应用于电路的边界扫描测试和可编程芯片的在线系统编程,现今多数的高级器件都支持 JTAG 协议,如 DSP、FPGA、ARM、部分单片机器件等。

标准的 JTAG 接口是 4 线:TCK,TDI,TDO,TMS。TCK 为测试时钟输入;TDI 为测试数据输入,数据通过 TDI 引脚输入 JTAG 接口;TDO 为测试数据输出,数据通过 TDO 引脚从 JTAG 接口输出;TMS 为测试模式选择,TMS 用来设置 JTAG 接口处于某种特定的测试模式。还有 TRST 为测试复位输入引脚,低电平有效。

JTAG 的主要功能有两种,或者说 JTAG 主要有两大类:一类用于测试芯片的电气特性,检测芯片是否有问题;另一类用于调试,对各类芯片以及其外围设备进行调试,实现 ISP(in-system programmer,在系统编程),对 FLASH 等器件进行编程。

2. ST-LINK/V2 简介

ST-LINK/V2 是 STM8 和 STM32 微控制器系列的在线调试器和编程器,状态 LED 在与 PC 通信期间闪烁,如图 5-6 所示。ST-LINK/V2 通过 SWIM(single wire interface module,单线接口模块)和 JTAG /SWD(serial wire debugging,串行线调试)接口,与目标板上的 STM8 或 STM32 微控制器通信;通过 USB 全速接口与 PC 连接,PC 上运行 MDK 时支持 ST-LINK/V2 下载和仿真 STM32 器件。

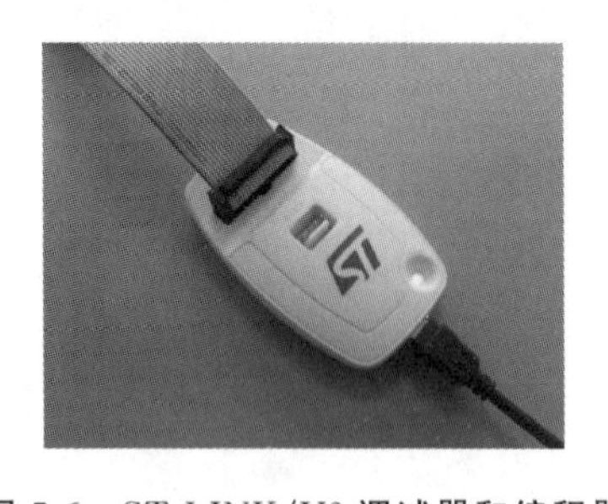

图 5-6　ST-LINK/V2 调试器和编程器

JTAG /SWD 特定功能:

①JTAG /SWD 接口支持 1.65 V 至 3.6 V 的应用电压和 5 V 的容忍输入;

②JTAG 电缆,用于连接标准 JTAG 20 针、间距 2.54 mm的连接器;

③JTAG 支持;

④支持 SWD 和 SWV(serial wire viewer,串行线查看器)通信;

⑤DFU(direct firmware update feature,直接固件更新功能)支持。

STM32 MCU(Microcontroller,微控制器)与 ST-Link/V2 需要标准 20 针 JTAG 电缆连接。

表 5-1 给出了标准 20 针 JTAG 的信号名称、功能和目标连接信号。

表 5-1　JTAG/SWD 连接

Pin 序号	ST-LINK/V2 信号名称(CN3)	ST-LINK/V2 功能	目标连接 (JTAG)	目标连接 (SWD)
1	VAPP	Target VCC	MCU VDD(1)	MCU VDD
2				
3	TRST	JTAG TRST	JNTRST	GND
4	GND	GND	GND	GND
5	TDI	JTAG TDO	JTDI	GND
6	GND	GND	GND	GND
7	TMS_SWDIO	JTAG TMS,SW IO	JTMS	SWDIO
8	GND	GND	GND	GND
9	TCK_SWCLK	JTAG TCK,SW CLK	JTCK	SWCLK
10	GND	GND	GND	GND
11	Not connected	Not connected	Not connected	Not connected
12	GND	GND	GND	GND
13	TDO_SWO	JTAG TDI,SWO	JTDO	TRACESWO(6)
14	GND	GND	GND	GND
15	NRST	NRST	NRST	NRST
16	GND	GND	GND	GND
17	Not connected	Not connected	Not connected	Not connected
18	GND	GND	GND	GND
19	VDD	VDD(3.3 V)	Not connected	Not connected
20	GND	GND	GND	GND

JTAG 需要 20 个引脚,SWD 只需要 4 个引脚(连接 STM32F10x 的 PA13/JTMS/SWDIO、PA14/JTCK/SWCLK、电源,见图 5-7),节省了 3 个引脚(PA15/JTDI、PB3/JT-DO、PB4/JNTRST)以及电路板空间。

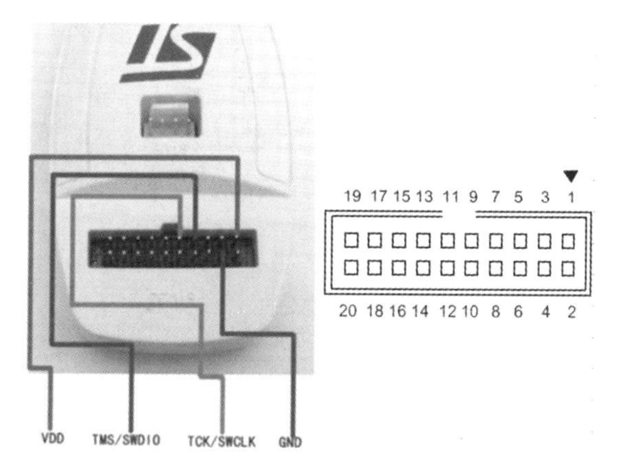

图5-7 SWD 4线调试STM32

3. ST-LINK/V2驱动安装

ST-LINK/V2调试器和编程器的驱动程序stsw-link009到www.st.com下载，双击stlink_winusb_install.bat或者dpinst_amd64.exe开始安装，如图5-8所示。

图5-8 ST-LINK/V2驱动程序安装

安装完成后,连接到 PC,在设备管理器里识别到该设备,如图 5-9 所示。

图 5-9 识别 ST-LINK/V2 设备

5.2 Proteus 软件安装与使用

仿真设计软件 Proteus 是英国 Labcenter 公司研发的嵌入式系统仿真开发软件。在 Proteus 中,从原理图设计、单片机编程、系统仿真到 PCB 设计一气呵成,真正实现了从概念到产品的完整设计。

5.2.1 Proteus 软件简介

Proteus 软件具有原理图设计、PCB 设计和仿真功能,如图 5-10 所示。

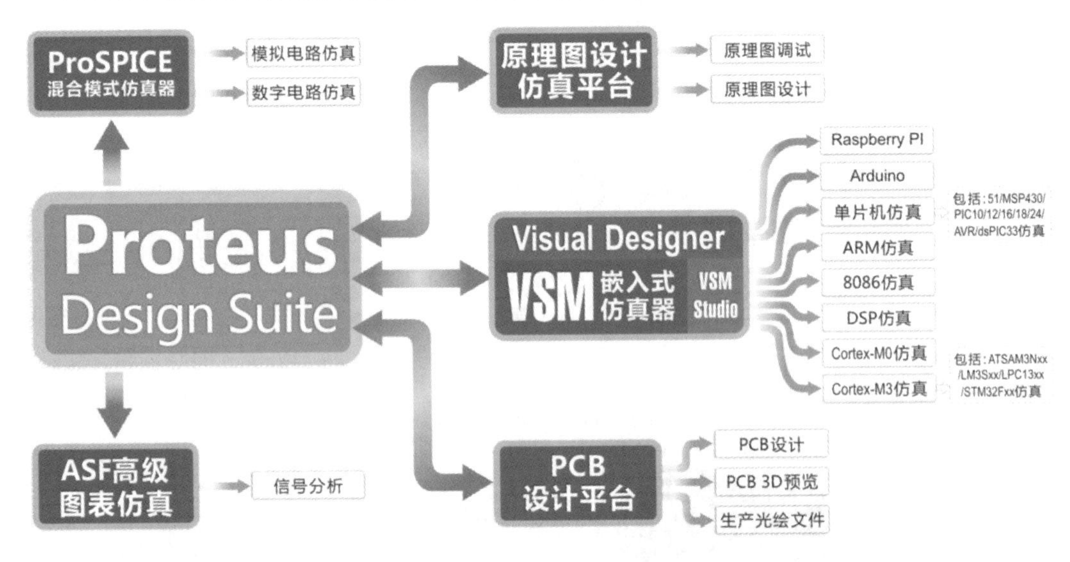

图 5-10 Proteus 软件结构和功能

1. 智能原理图设计

(1) 丰富的器件库:超过 50000 种元器件,可方便地创建新器件与封装;

(2) 智能的器件搜索:通过模糊搜索可以快速定位所需要的器件;

(3) 智能化的连线功能:自动连线功能使连接导线简单快捷,大大缩短了绘图时间;

(4) 支持总线结构:使用总线器件和总线布线使电路设计简明清晰;

(5) 支持子电路:采用子电路设计可使设计更加简洁明了;

(6) 智能 BOM 管理:原理图器件的修改或者 BOM 修改总能保持 BOM 与原理图的一致性;

(7) 可输出高质量图纸:通过个性化设置,可以生成印刷质量的 BMP 图纸,可以方便地供WORD、POWERPOINT等多种文档使用；

(8) 设计浏览器：可以观察设计过程各阶段的状况。

2. 完善的仿真功能(ProSPICE)

(1) ProSPICE混合仿真：基于工业标准SPICE3F5，实现数字/模拟电路的混合仿真。

(2) 超过35000个仿真器件：可以通过内部原型或使用厂家的SPICE文件自行设计仿真器件，Labcenter也在不断地发布新的仿真器件，还可导入第三方发布的仿真器件。

(3) 多样的激励源：包括直流、正弦、脉冲、分段线性脉冲、音频(使用WAV文件)、指数信号、单频FM、数字时钟和码流，还支持文件形式的信号输入。

(4) 丰富的虚拟仪器：13种虚拟仪器，面板操作逼真，如示波器、逻辑分析仪、信号发生器、直流电压/电流表、交流电压/电流表、数字图案发生器、频率计/计数器、逻辑探头、虚拟终端、SPI调试器、I2C调试器等。

(5) 生动的仿真显示：用色点显示引脚的数字电平，导线以不同颜色表示其对地电压的大小，结合动态器件(如电动机、显示器件、按钮)的使用可以使仿真更加直观、生动。

(6) 高级图形仿真功能(ASF)：基于图标的分析可以精确分析电路的多项指标，包括工作点、瞬态特性、频率特性、传输特性、噪声、失真、傅里叶频谱分析等，还可以进行一致性分析；脚本化信号源，可用easyHDL描述语言生成任何激励信号，用于电路测试与调试(可选)。

(7) 独特的单片机协同仿真功能(VSM)。(可选)

①支持主流的CPU类型，如8051/52、AVR、PIC10/12、PIC16/18/24/33、HC11、Basic-Stamp、MSP430、8086、DSP Piccolo、ARM7、CortexM3、Cortex-M0、Arduino等，CPU类型随着版本升级还在继续增加(需要购买Proteus VSM并需要指定具体的处理器类型模型)。

②支持通用外设模型，如字符LCD模块、图形LCD模块、LED点阵、LED七段显示模块、键盘/按键、直流/步进/伺服电动机、RS232虚拟终端、电子温度计等，其COMPIM(COM口物理接口模型)还可以使仿真电路通过PC机串口和外部电路实现双向异步串行通信。

③实时仿真支持UART/USART/EUSARTs仿真、中断仿真、SPI/I2C仿真、MSSP仿真、PSP仿真、RTC仿真、ADC仿真、CCP/ECCP仿真。

④支持多处理器的协同仿真。

⑤支持单片机汇编语言/C语言的编辑/编译/源码级仿真。

(8) 可视化设计功能Visual Designer for Arduino。(可选)

①支持Arduino Mega、Arduino Uno和Arduino Leonardo的电路设计与仿真。

②支持Adafruit、Breakout Peripherals、Grove和Motor Control等4大类基本外设，同时还可以支持通用的外设模型。

③支持基于流程图的自动编程。

④支持将流程图转换成高级语言。

⑤提供Funduino、Zumo智能机器人小车仿真模型，可完成寻迹、避障和机器人迷宫等学习。

(9) 集成开发环境(VSM Studio)。

①工程创建与管理。

②代码输入与编辑。

③编译器配置与编译。

④代码调试:单步、全速、断点,寄存器、存储、变量观测。

⑤仿真交叉调试(局部仿真)。

3. 实用的 PCB 设计平台(PCB design)(可选)

(1) 原理图到 PCB 的快速通道:原理图设计完成后,一键便可进入 PCB 设计环境,实现从概念到产品的完整设计。

(2) 可选配 ASF 增强电路分析功能,对电路进行精确的图表分析。

(3) 完整的 PCB 设计功能:支持 16 个铜箔层,2 个丝印层,4 个机械层(含板边),10nm 分辨率,任意角度放置,灵活的布线策略供用户设置,自动设计规则检查。

(4) 项目模板/项目笔记:可设置项目设计模板和对设计进行标注。

(5) 先进的自动布局/布线功能:集成基于形状的自动布线器,支持器件的自动/人工布局;支持无网格自动布线或人工布线;支持引脚交换/门交换功能使 PCB 设计更为合理;支持泪滴生成、等长匹配等功能。

(6) 支持智能过孔:在高密度的多层 PCB 设计布局时,需要使用过孔。利用 Proteus 进行 PCB 设计时可以设置常用的三类过孔:贯通孔、盲孔和埋孔。

(7) 丰富的器件封装库:所有直插器件封装、贴片器件封装(IPC782\7351),如果需要也可以直接创建封装,或从其他工具导入。

(8) 3D 可视化预览:可三维展示设计的外形结构,系统提供大量的 3D 封装库,也可在 Proteus 中创建新的 3D 封装,或者从第三方工具导入。

(9) 支持多种输出格式:可以输出多种格式文件,包括 Gerber X2、Gerber/Excellon、ODB++、MCD,方便导入 PCB 生产制造环节。

(10) Proteus PCB 设计分为 5 个级别,不同级别的设计容量和性能不同。

5.2.2 Proteus 安装

双击 Proteus8.8.SP1.exe 开始安装,弹出如图 5-11 所示的安装向导界面。

选择本地 license 文件,如电子科技大学 20190109-20190209.lxk,如图 5-12 和图 5-13 所示。

点击 Install 即可,如图 5-14 所示。

5.2.3 Proteus 仿真 STM32(实验 5-1)

下面我们重做实验 4-1 或实验 4-2,说明如何使用 Proteus 8.7 来仿真 STM32F103R6。

【实验 5-1】 点亮或熄灭 LED(Proteus 仿真 STM32)。

1. 新建 Proteus 工程

运行 Proteus,单击 New Project 菜单(见图 5-15)。

填写工程名,选择保存文件夹(见图 5-16)。

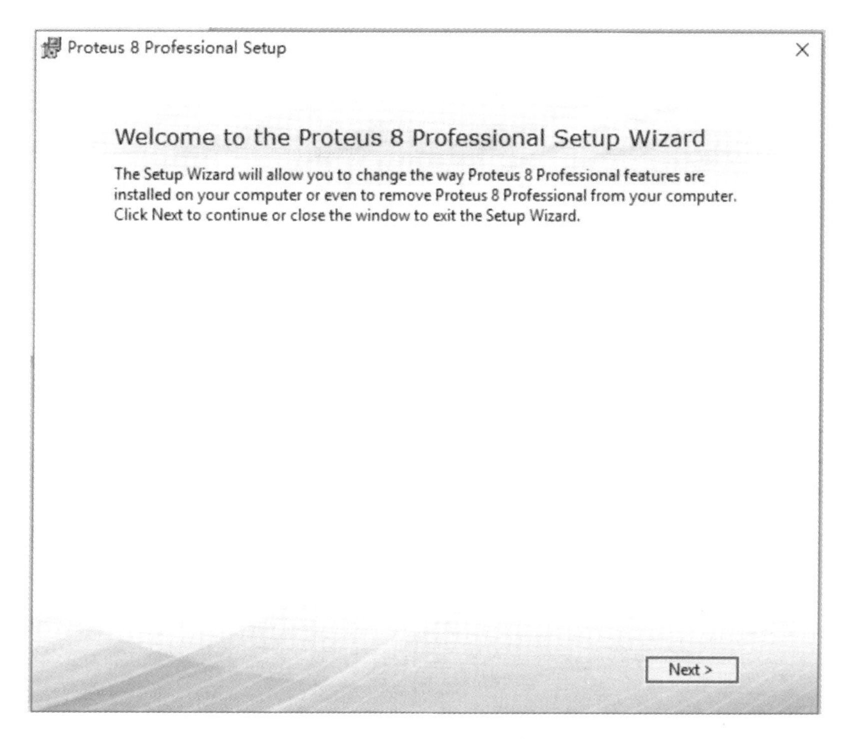

图 5-11　Proteus8.8 安装向导

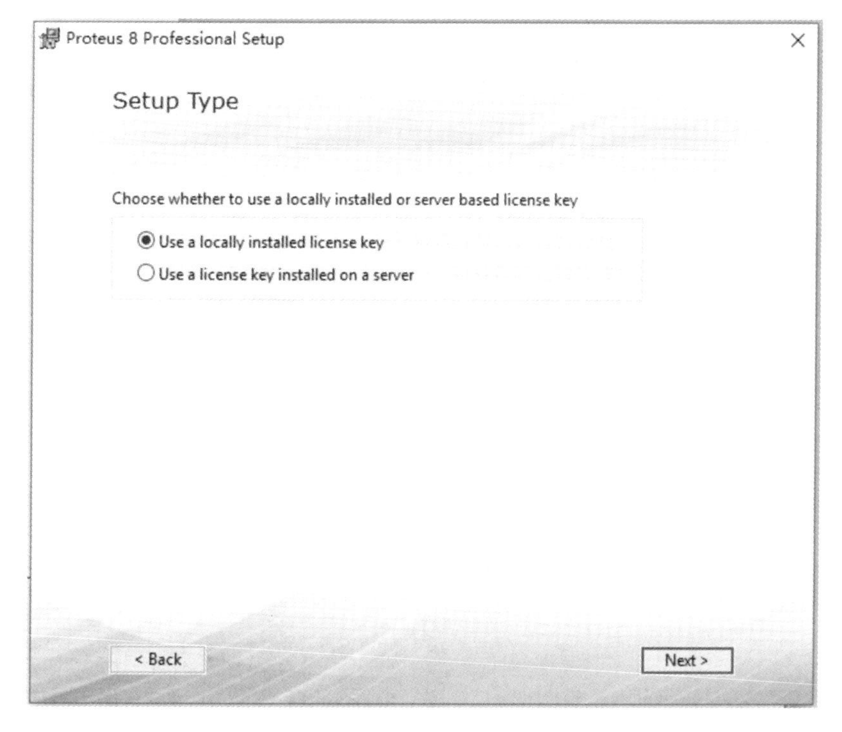

图 5-12　选择本地 license 文件

图 5-13　浏览、选择并打开本地 license 文件

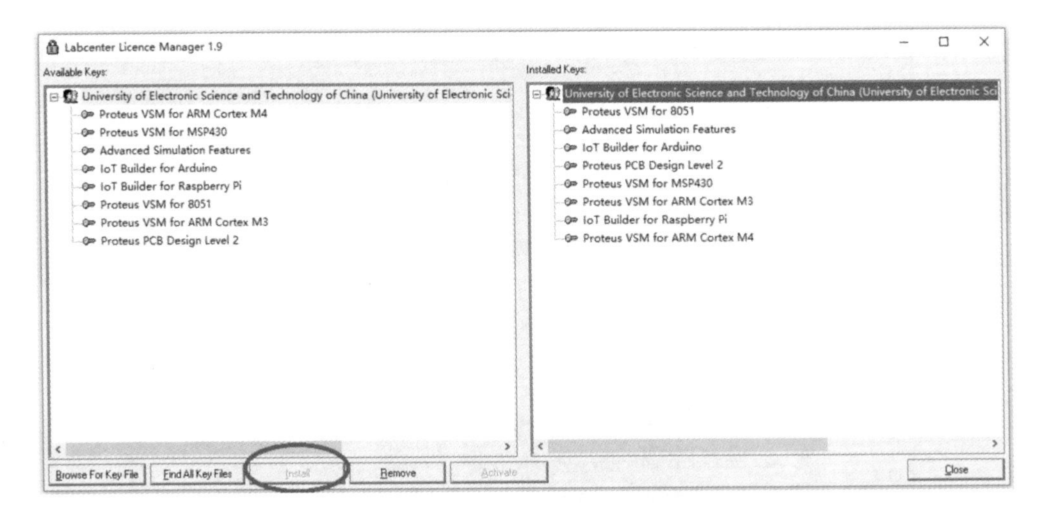

图 5-14　安装本地 license 文件

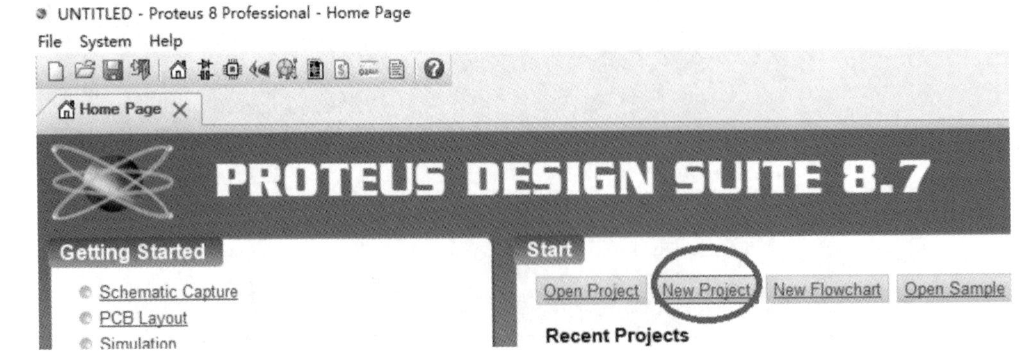

图 5-15　新建 Proteus 工程

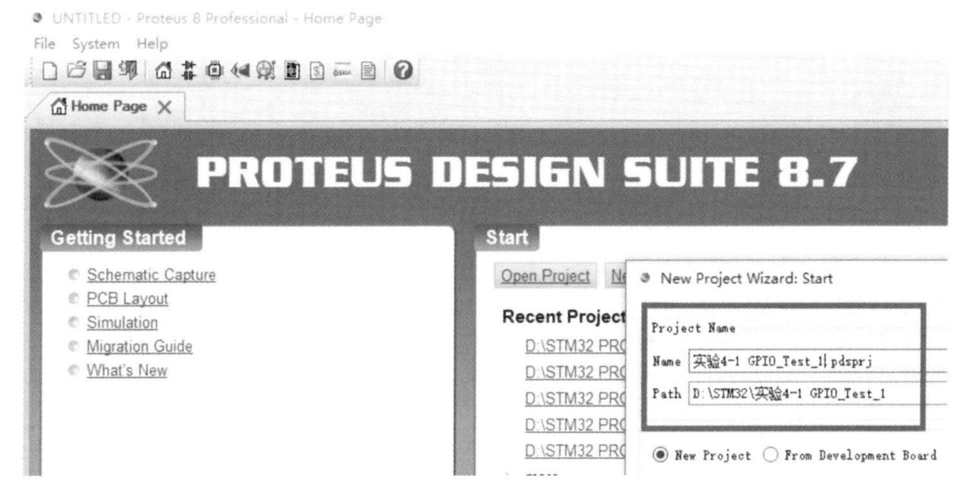

图 5-16　Proteus 工程名

2. 原理图设计

单击 Library→Pick parts from libraries 菜单，或者快捷操作图标，开始从仿真元件库选择添加元件(见图 5-17)。

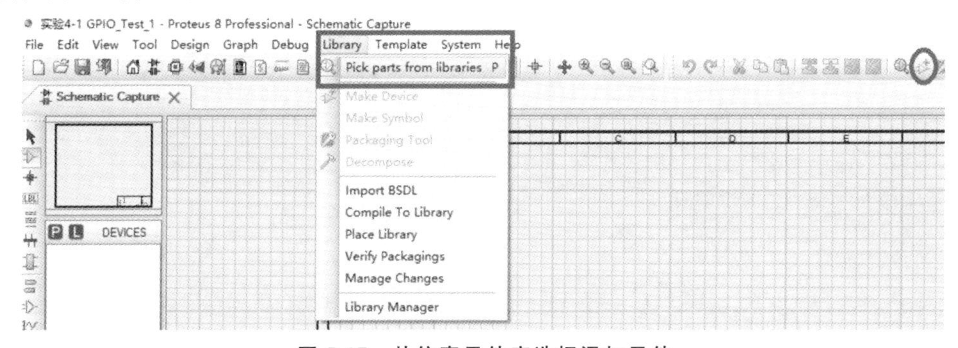

图 5-17　从仿真元件库选择添加元件

选择添加 STM32F103R6(见图 5-18)。

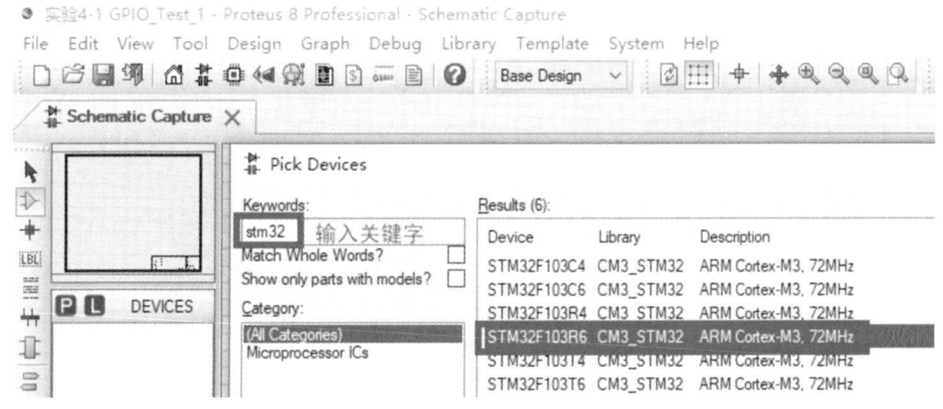

图 5-18　选择添加 STM32F103R6

选择添加 LED(见图 5-19)。

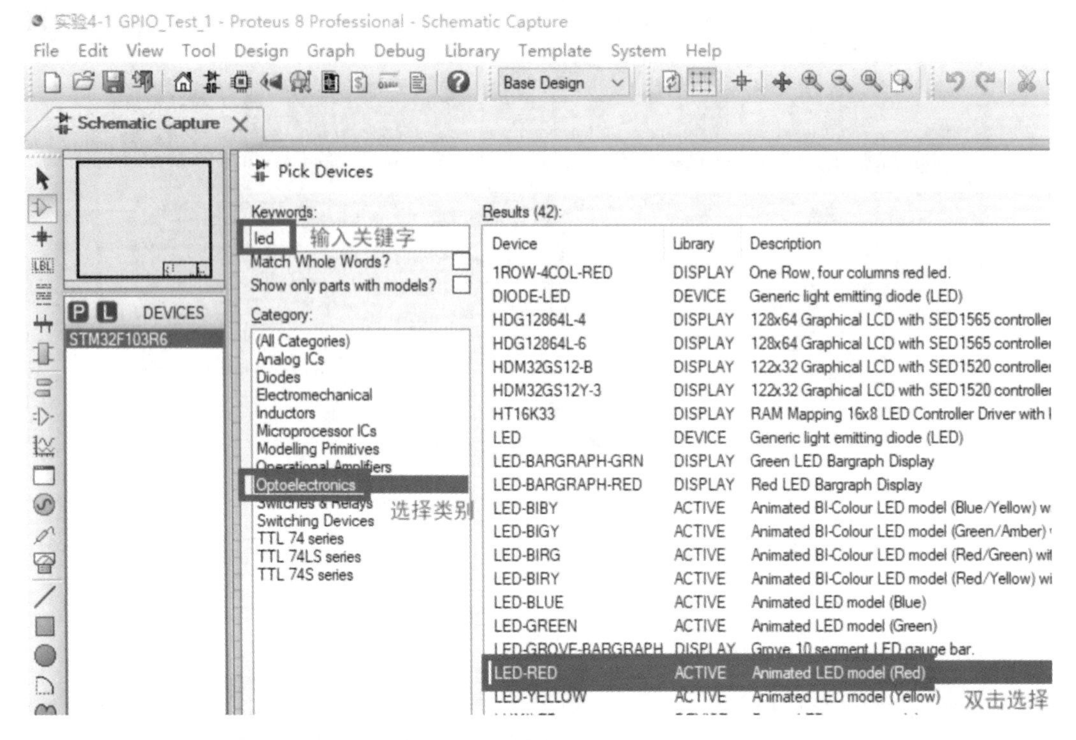

图 5-19 选择添加 LED

选择添加 100 OHM 电阻(见图 5-20)。

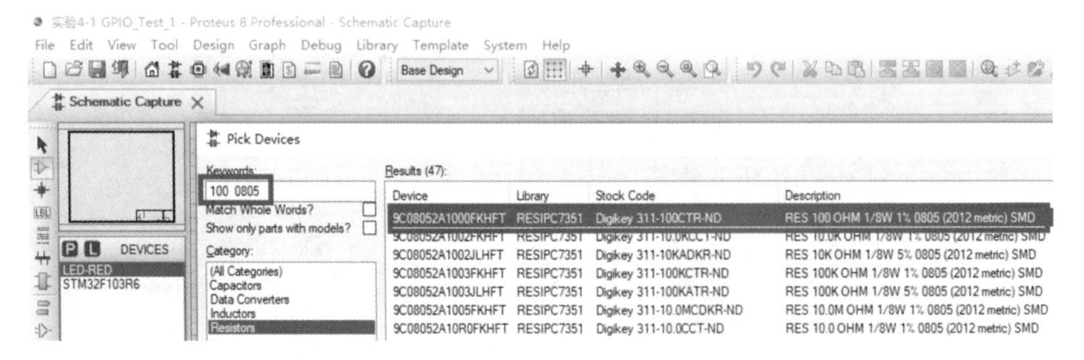

图 5-20 选择添加 100 OHM 电阻

选择添加非门(见图 5-21),原因是仿真与实际硬件有差别:实际硬件 LED 的限流分压电阻应该是 330～1000Ω,但是 Proteus 的 STM32 的 GPIO 端口位却无法驱动,所以只好使用非门驱动,但一定要注意仿真与硬件的差别!

结束选择添加元件,关闭选择添加元件窗口(见图 5-22)。

接下来,就是将刚才选择添加的元件放置到设计图纸的合适位置,并连接导线,也就是画出硬件原理图,分别如图 5-23 至图 5-27 所示。

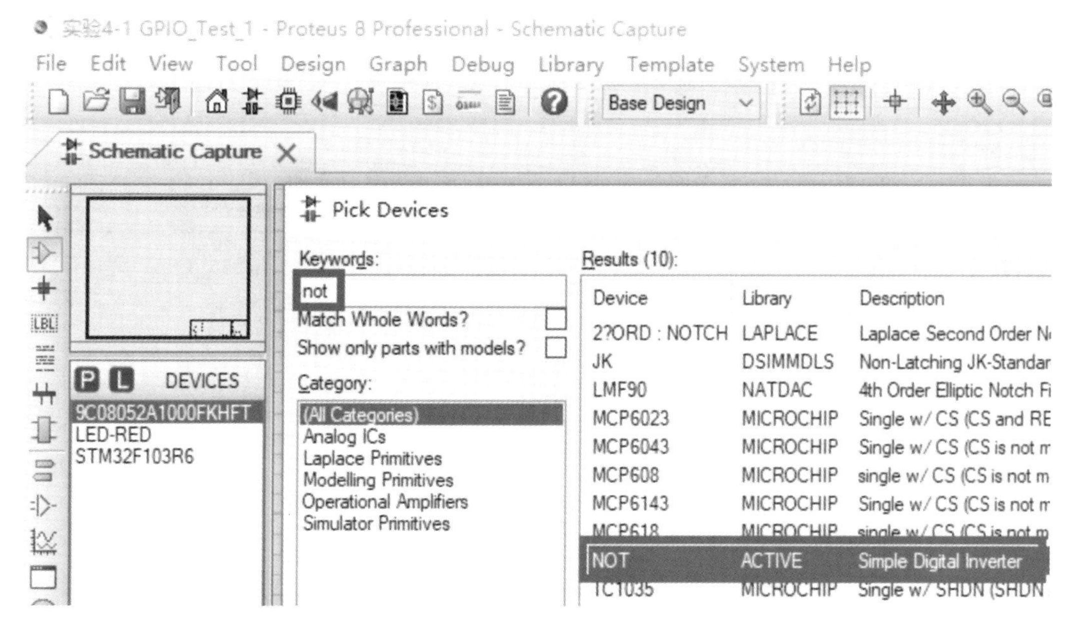

图 5-21　选择添加非门

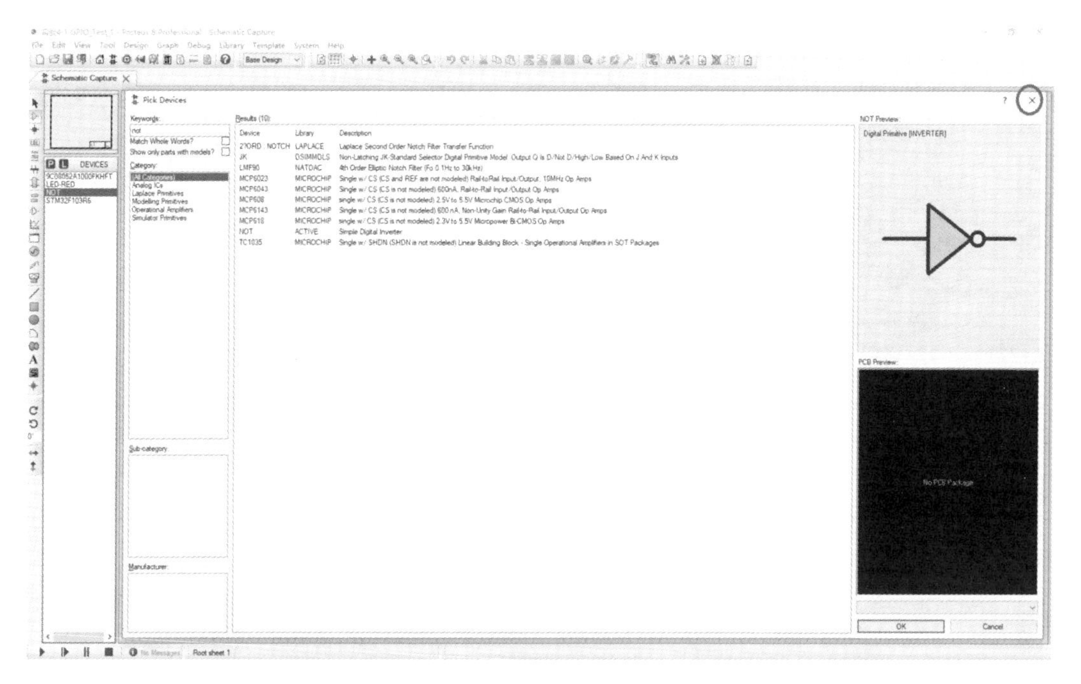

图 5-22　关闭选择添加元件窗口

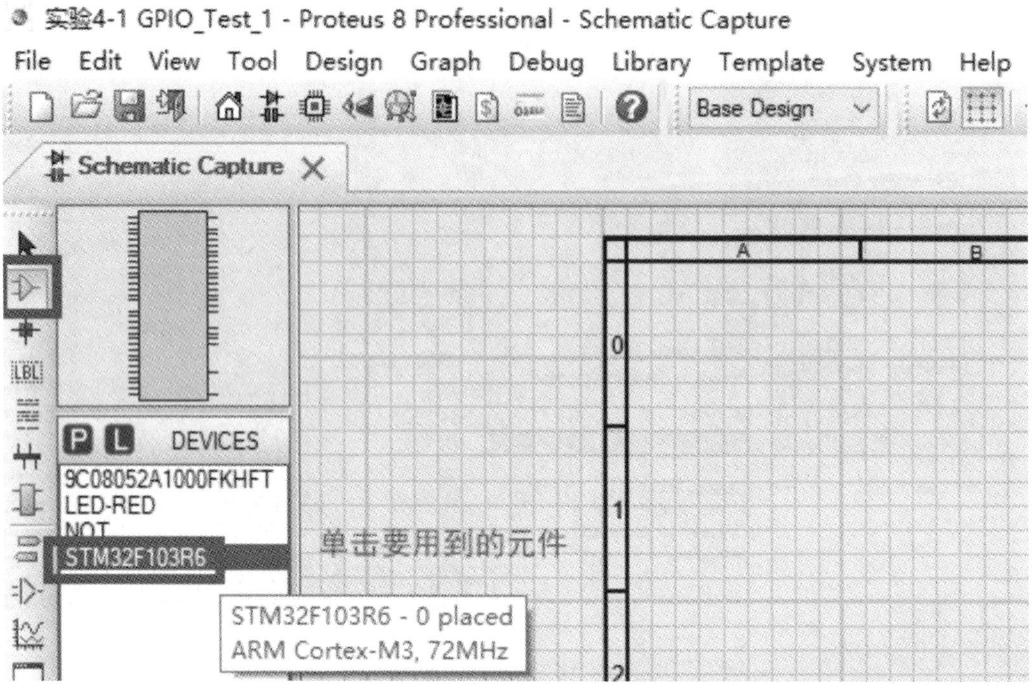

图 5-23　选择 STM32F103R

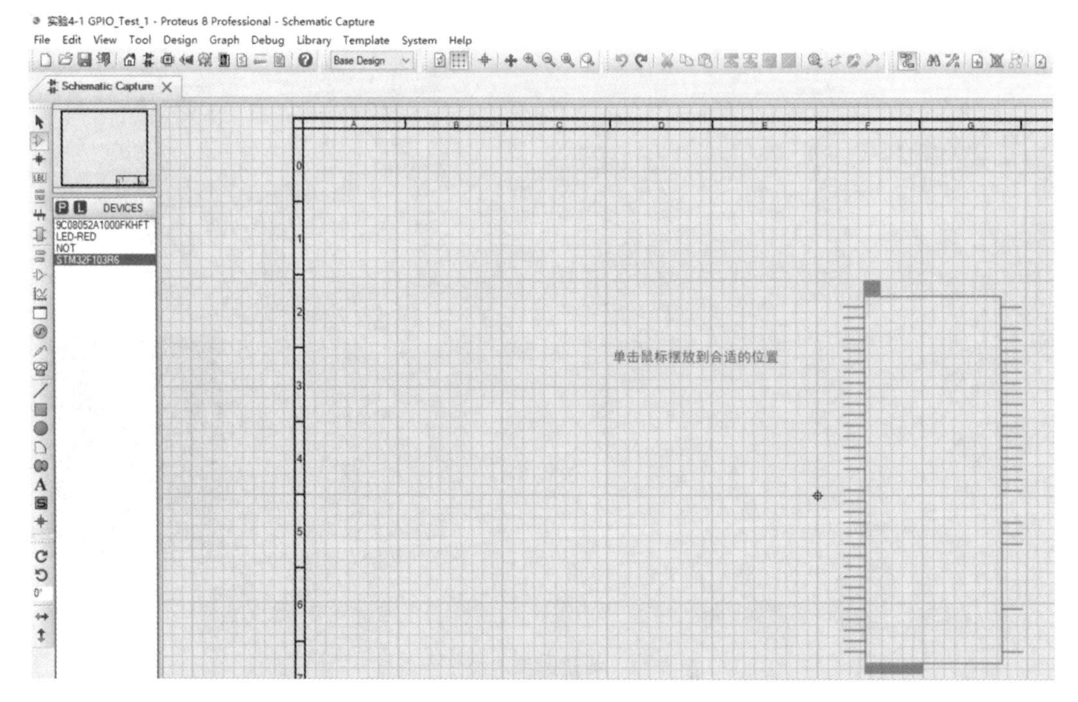

图 5-24　放置 STM32F103R6

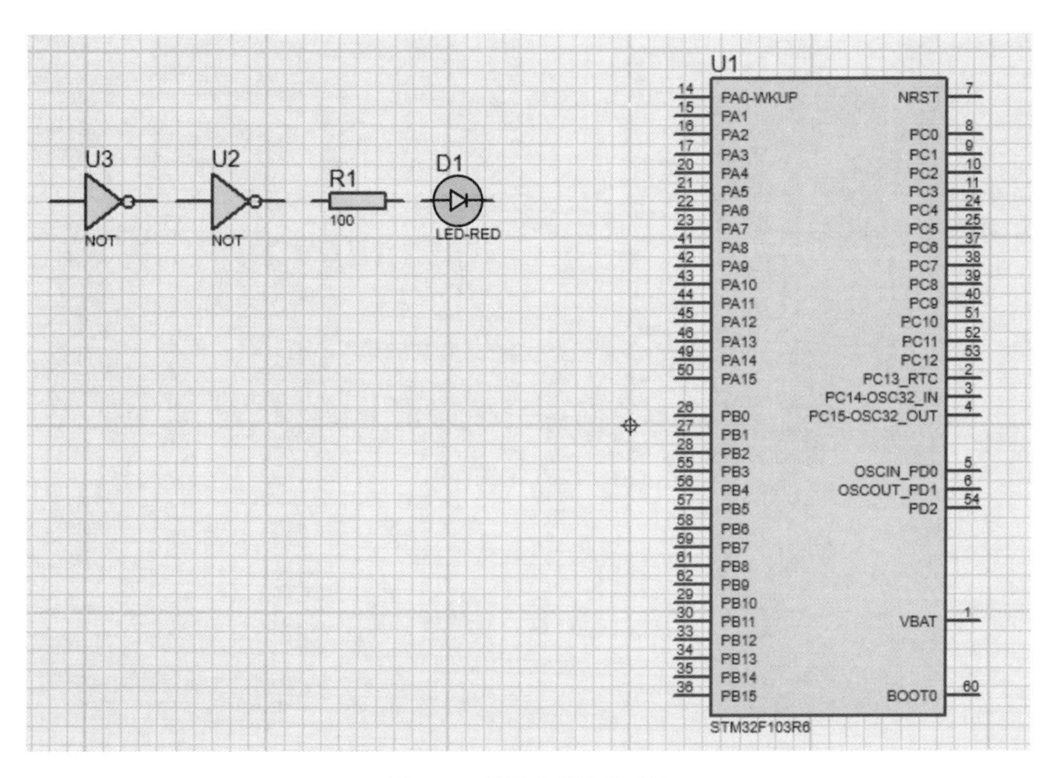

图 5-25　放置其他外设元件

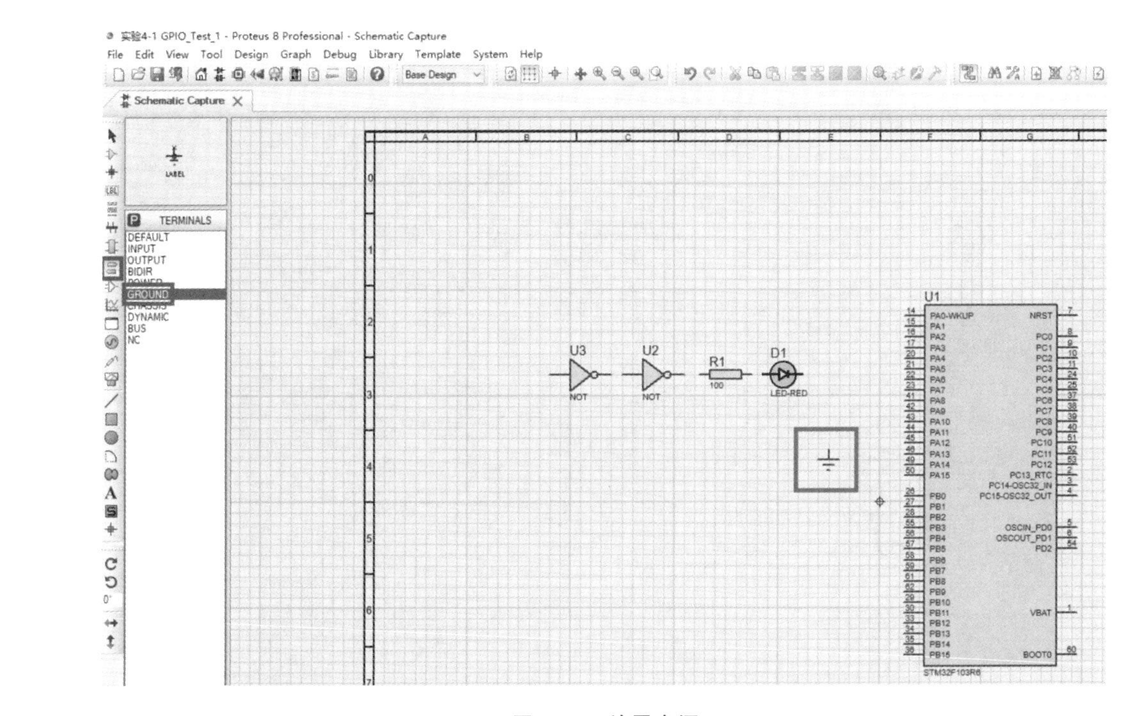

图 5-26　放置电源

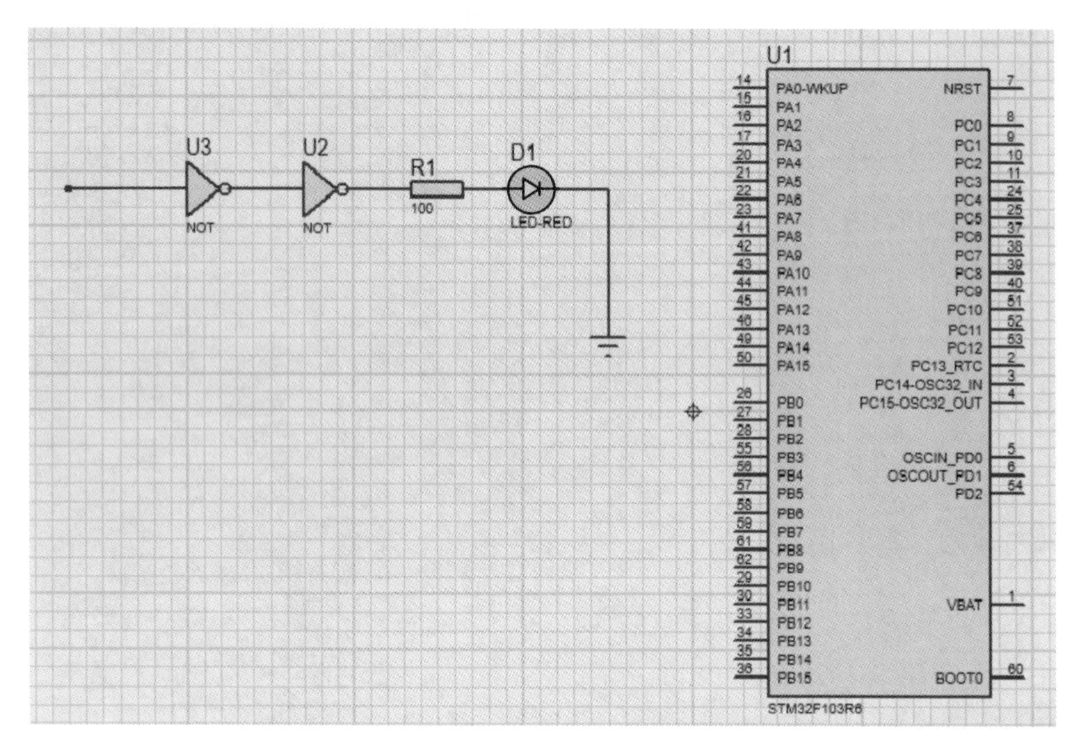

图 5-27 单击鼠标连接导线

放置导线(网络)标号,如图 5-28 至图 5-30 所示,相同的导线(网络)标号表示连接,这是很好的原理图设计方法,当然也可以直接连线表示连接,如图 5-31 所示。

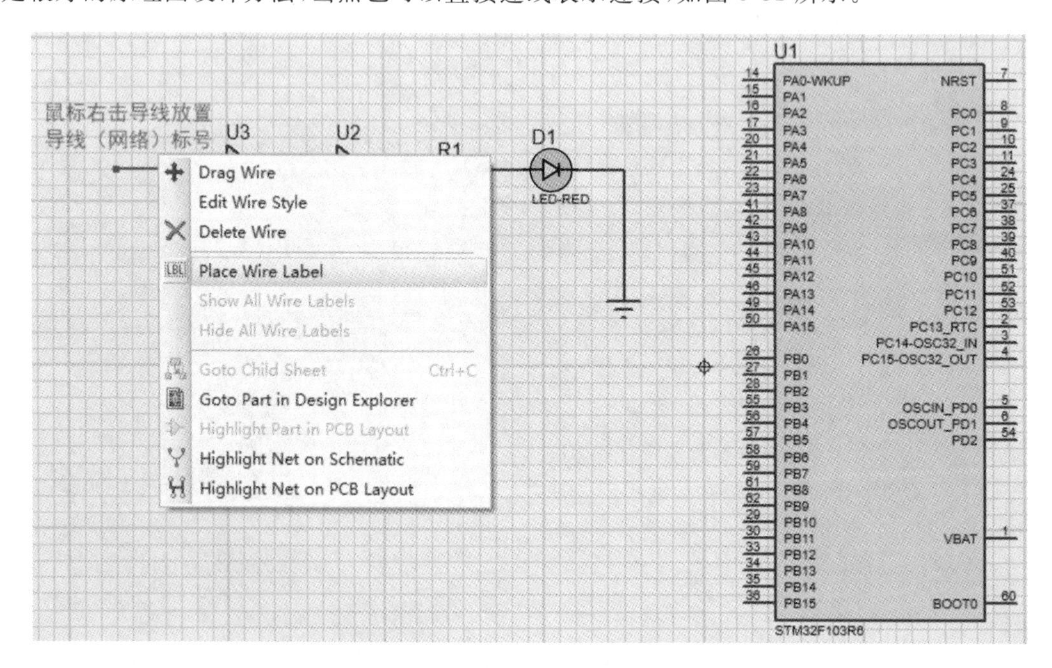

图 5-28 放置导线(网络)标号

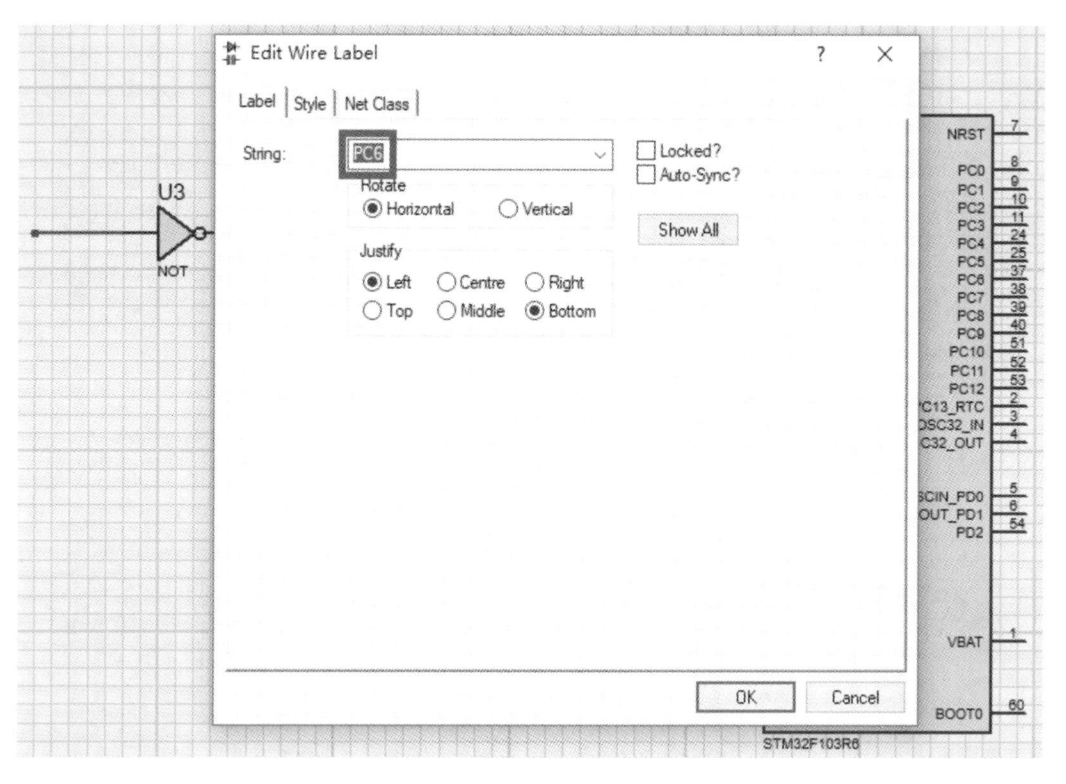

图 5-29　编辑导线(网络)标号

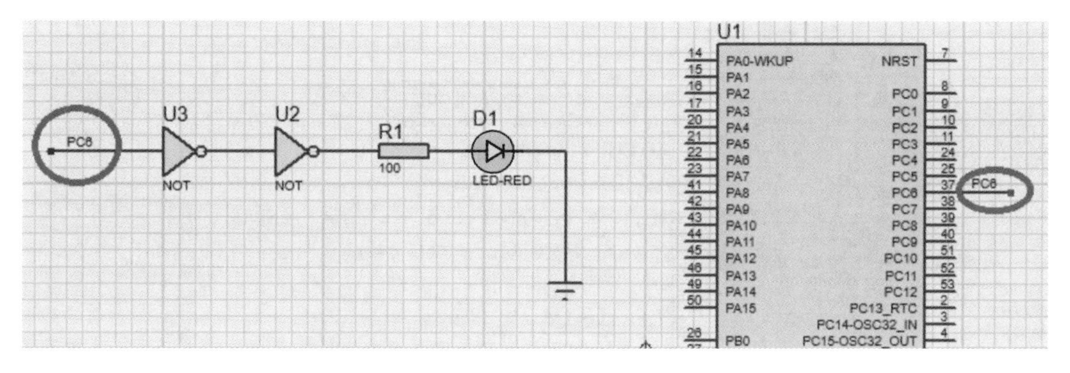

图 5-30　放置与导线(网络)标号相同的导线(网络)标号表示连接

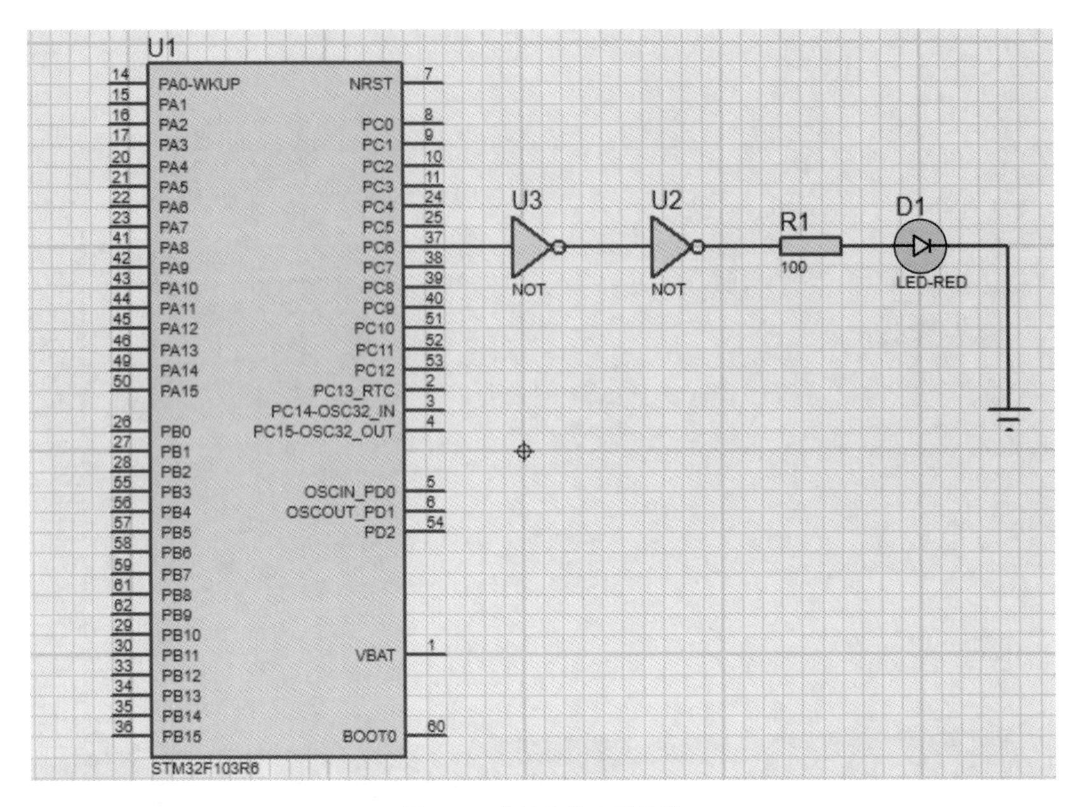

图 5-31　直接连线表示连接

最后设置电源,如图 5-32 至图 5-36 所示。

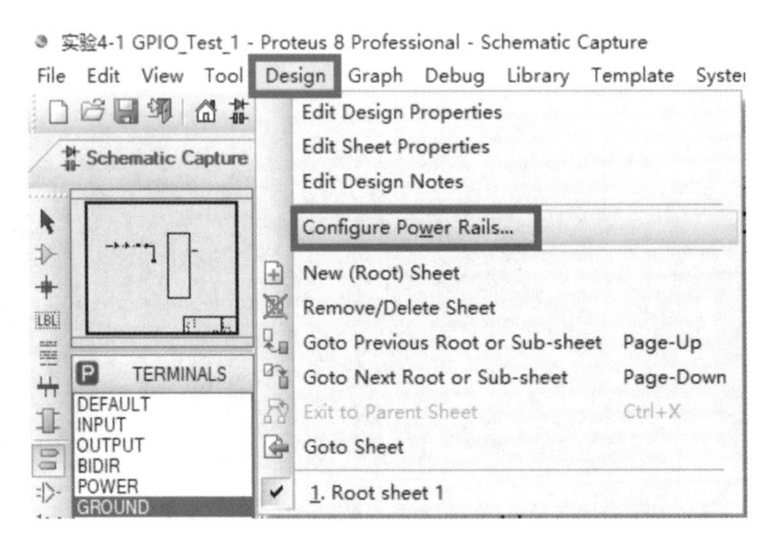

图 5-32　设置电源

先选择电源供电 GND(power supplies),如图 5-33 所示;再选择左边未连接的电源网络(unconnected power nets)里的模拟电源地 VSSA,加入 GND 网络(nets connected to GND),如图 5-34 和图 5-35 所示。

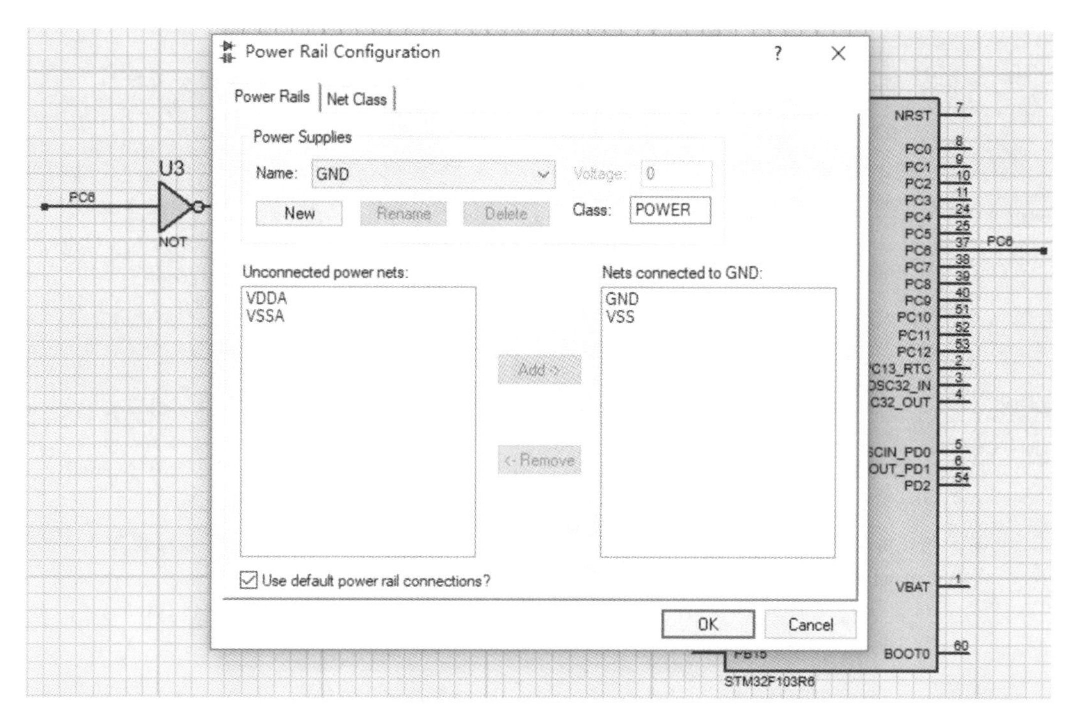

图 5-33　设置电源 GND

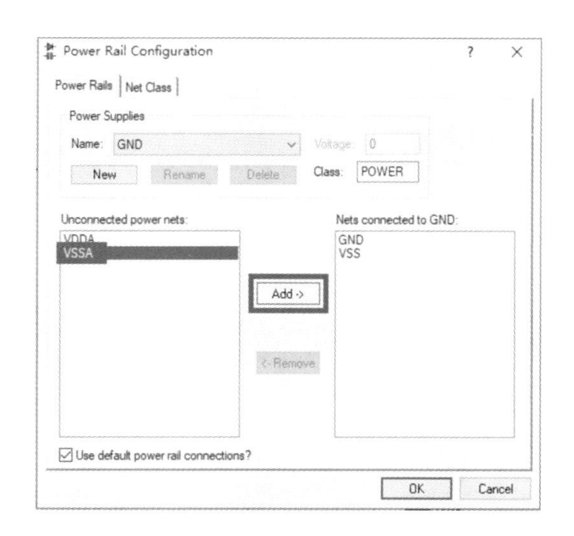

图 5-34　选择添加模拟电源地 VSSA 到电源 GND 网络

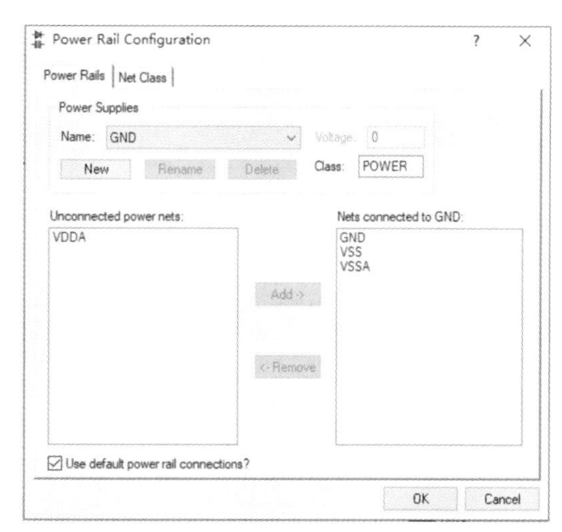

图 5-35　VSSA 连接到电源 GND 网络

同样将 VDDA 加到 VCC/VDD 网络，如图 5-36 所示。

修改 VCC/VDD 的电压值为 3.3V，如图 5-37 所示；VEE 的电压值为 −3.3V，如图 5-38 所示。

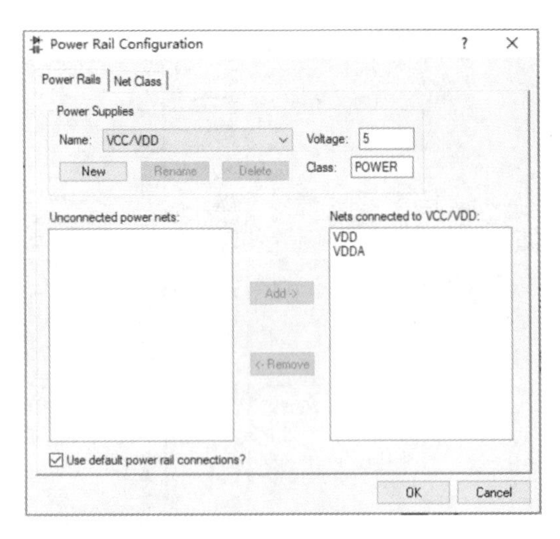

图 5-36 添加模拟电源 VDDA 到电源 VCC/VDD 网络

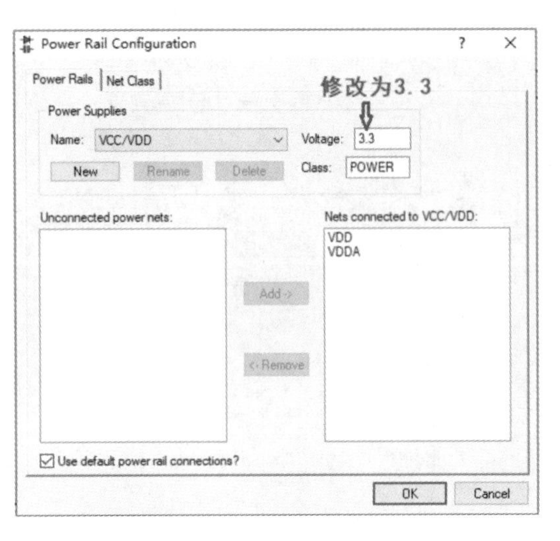

图 5-37 修改 VCC/VDD 电压值为 3.3

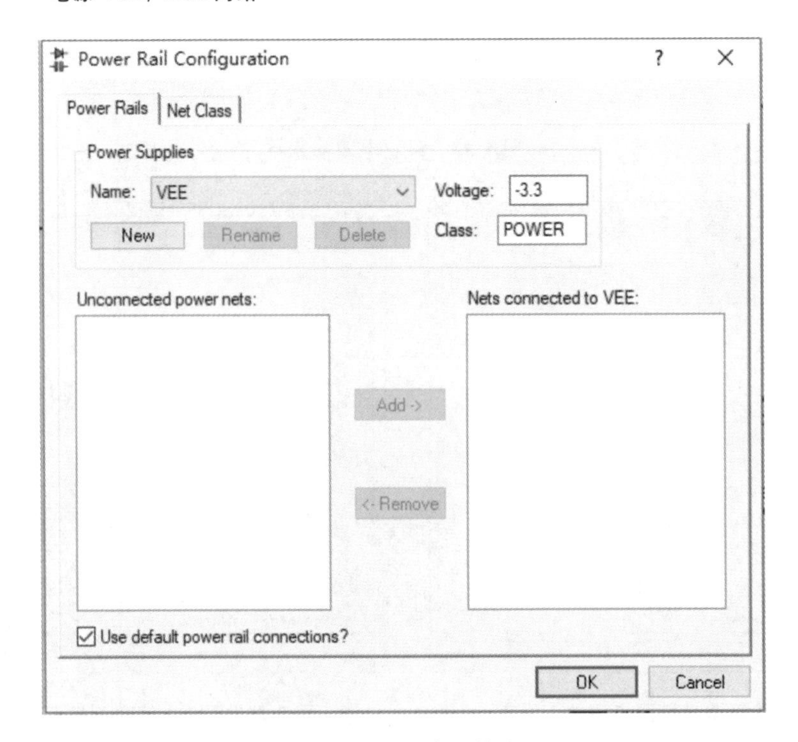

图 5-38 修改 VEE 电压值为−3.3

3. 添加程序执行文件

用鼠标双击 MCU，添加程序执行文件(见图 5-39 和图 5-40)。

用鼠标点击图 5-41 左下角的运行图标，开始仿真运行；观察到 LED 点亮(见图 5-42)。

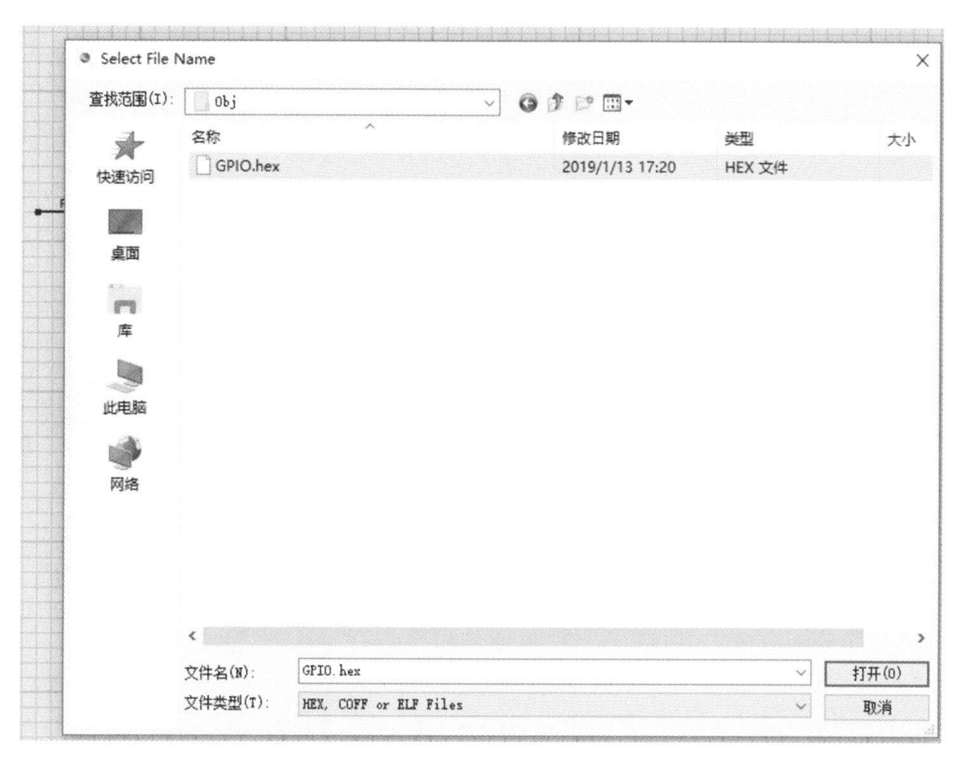

图 5-39　选择并添加程序执行文件

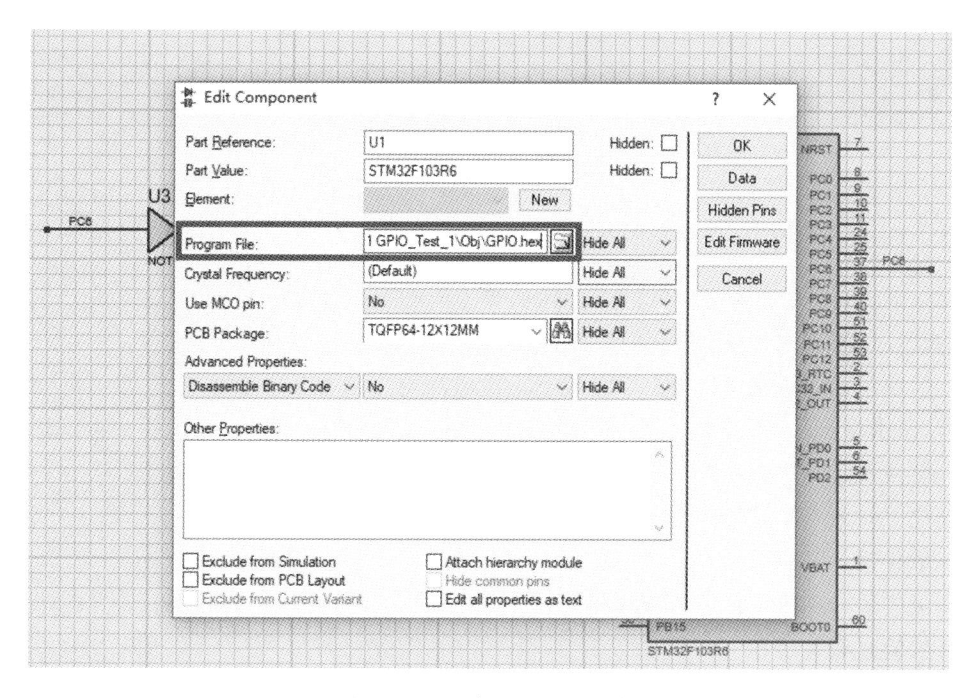

图 5-40　已有程序执行文件

图 5-41　仿真运行快捷操作

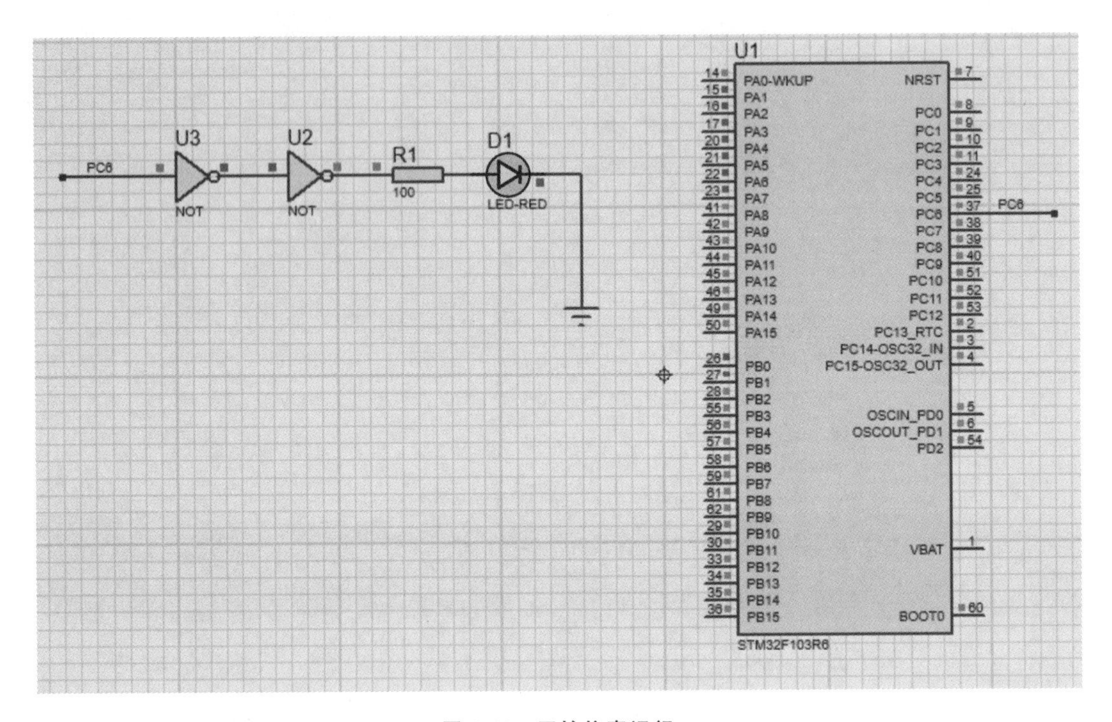

图 5-42　开始仿真运行

5.2.4　Proteus 仿真 STM32(实验 5-2)

使用 Proteus 8.7 仿真 STM32F103R6,重做实验 4-3 或实验 4-4。

【实验 5-2】　LED 流水灯(使用 Proteus 仿真 STM32)。

实验演示 GPIO 端口位 PC6、PC7、PA5 输出高电平或低电平驱动外接的 LED 实现点亮 LED 流水灯。

1. 硬件设计

新建 Proteus 工程,进行原理图设计(见图 5-43),方法参见实验 5-1。

2. 软件设计(编程)

参见实验 4-3 和实验 4-4,程序相同。

3. 实验过程与现象

添加程序执行文件并开始运行,观察到 LED 点亮的流水灯,见图 5-44。

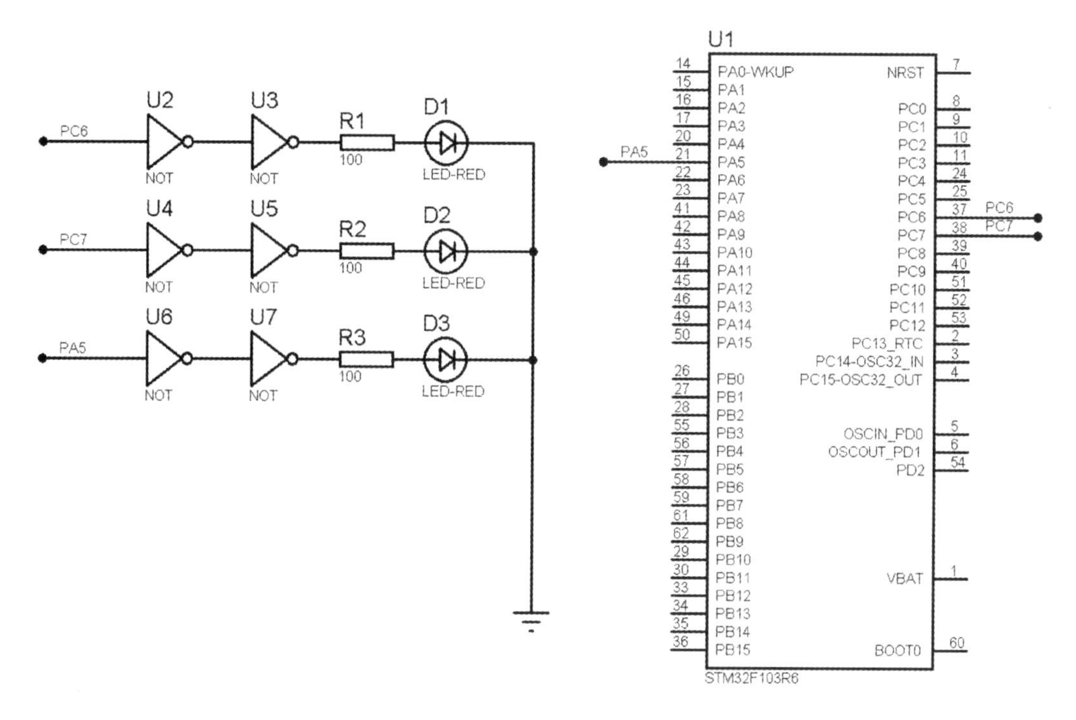

图 5-43　LED 流水灯的 Proteus 原理图设计

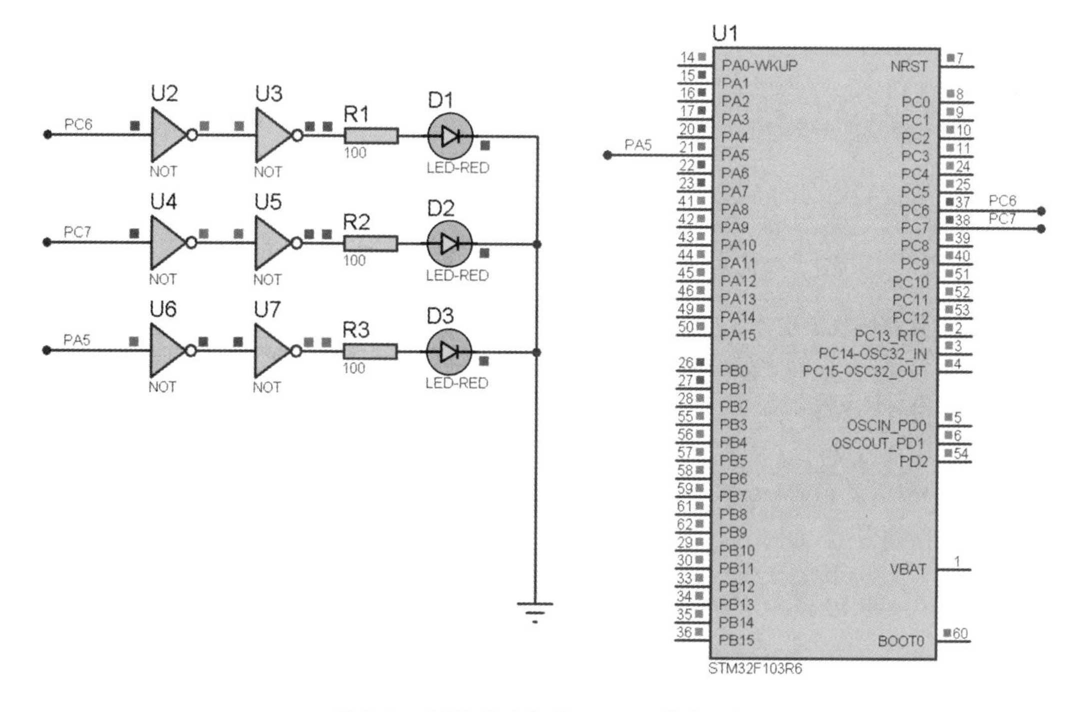

图 5-44　LED 流水灯的 Proteus 仿真运行

5.2.5 Proteus 仿真 STM32(实验 5-3)

使用 Proteus 8.7 仿真 STM32F103R6,重做实验 4-5。

【实验 5-3】 按下 KEY1 按键触发中断 EXTI_Line5,LED1 指示中断发生(使用 Proteus 仿真 STM32)。

实验演示如何设置外部中断线 EXTI。

1. 硬件设计

新建 Proteus 工程,进行原理图设计(见图 5-45),方法参见实验 5-1。

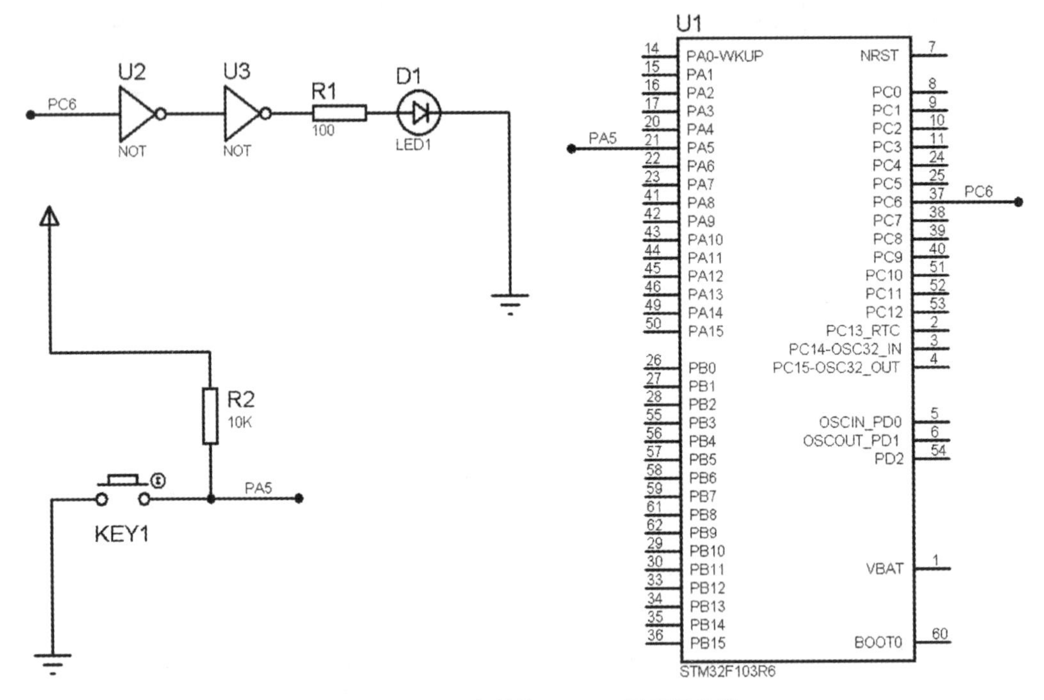

图 5-45 EXTI 中断的 Proteus 原理图设计

2. 软件设计(编程)

参见实验 4-5。不同之处:将 KEY1 键连接 PE5 修改为连接 PA5,其余的相同。

3. 实验过程与现象

添加程序执行文件并开始运行,KEY1 键连接 PA5:未按下时,由 R2 上拉电阻拉高为高电平;按下时,PA5 由高电平转变为低电平,产生下降沿,触发中断 EXTI5,LED1 的亮灭状态改变中断的发生,如图 5-46 所示。

5.2.6 Proteus 仿真 STM32(实验 5-4)

使用 Proteus 8.7 仿真 STM32F103R6,重做实验 4-6。

【实验 5-4】 按下 KEY1 键触发中断 EXTI_Line5,按下 Wakeup 键触发并改变 EXTI_Line0 中断和 SysTick 中断的优先级,LED1 和 LED2 闪烁,指示 SysTick 中断优先级最高时中断发生(使用 Proteus 仿真 STM32)。

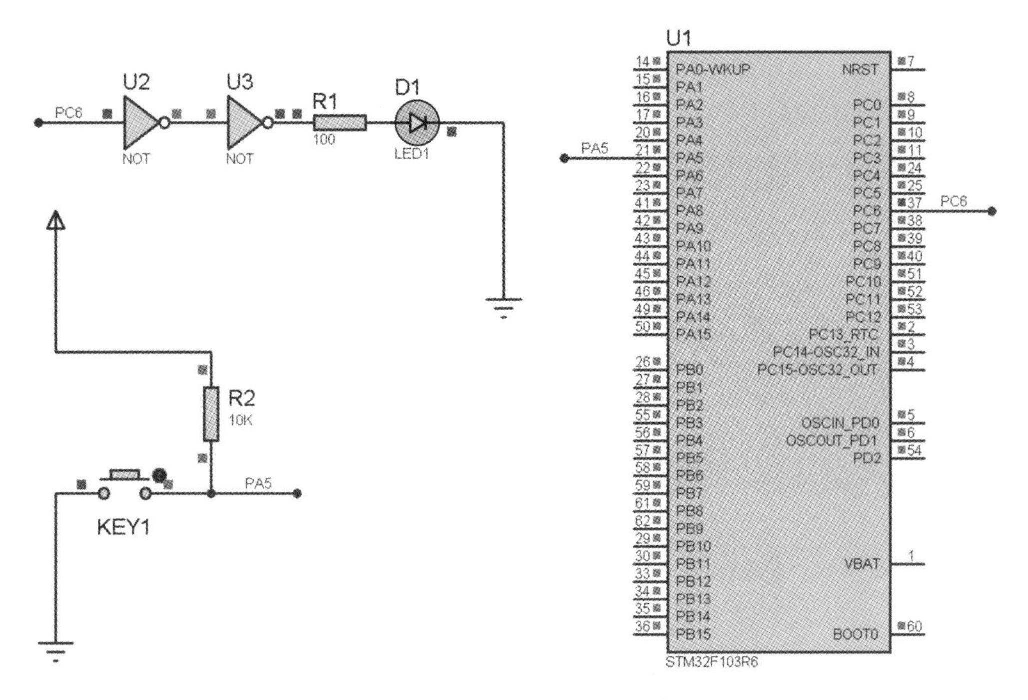

图 5-46　EXTI 中断的 Proteus 仿真运行

实验演示如何设置使用 NVIC。

1. 硬件设计

新建 Proteus 工程，进行原理图设计（见图 5-47），方法参见实验 5-1。

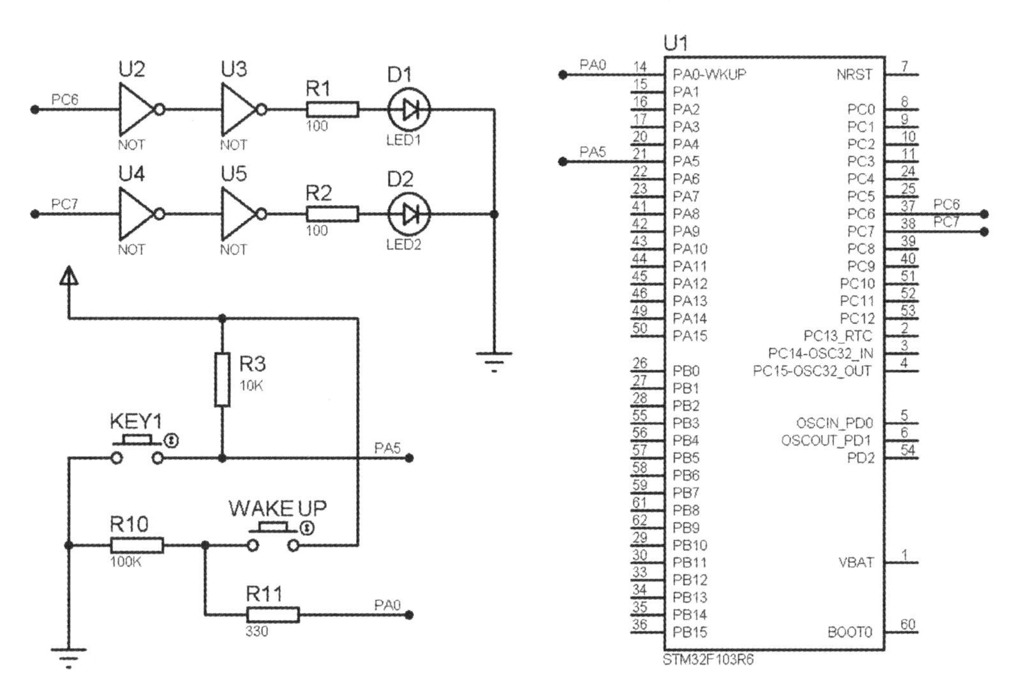

图 5-47　NVIC 中断的 Proteus 原理图设计

2. 软件设计(编程)

参见实验 4-6。不同之处:将 KEY1 键连接 PE5 修改为连接 PA5,其余的相同。

3. 实验过程与现象

添加程序执行文件并开始运行,如图 5-48 所示。

实验现象:

(1) 先按下 KEY1 键 1 次并松开,再按下 Wakeup 键 1 次并松开,LED1 和 LED2 流水灯闪烁;指示 SysTick 中断优先级最高,其中断发生。

(2) 再按下 KEY1 键 1 次并松开 LED1 和 LED2 流水灯闪烁停止;指示 SysTick 中断优先级最低,其中断没有发生。

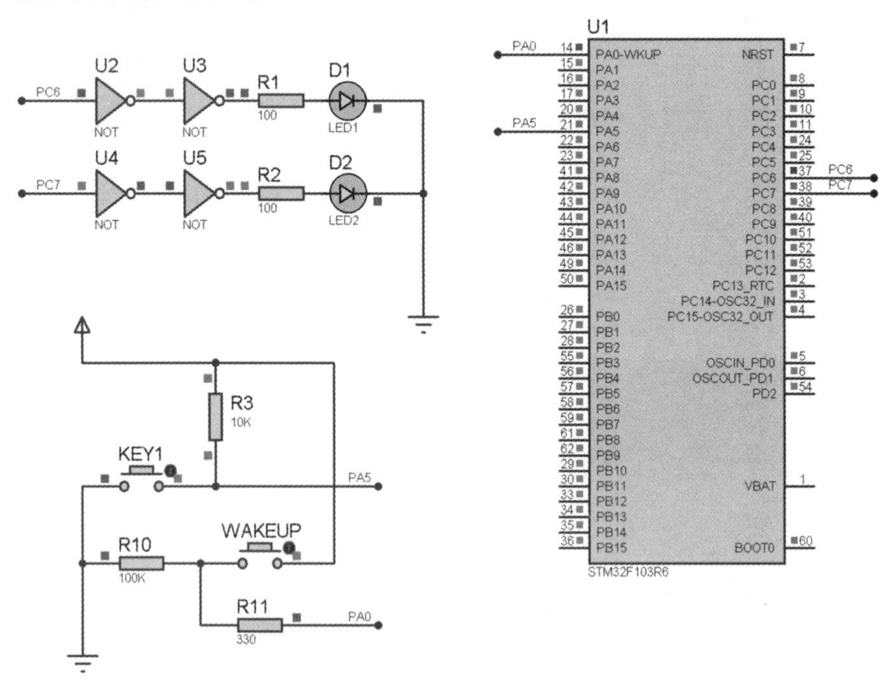

图 5-48 NVIC 中断的 Proteus 仿真运行

5.2.7 Proteus 仿真 STM32(实验 5-5)

使用 Proteus 8.7 仿真 STM32F103R6,重做实验 4-7。

【实验 5-5】 USART_Printf(使用 Proteus 仿真 STM32)。

1. 硬件设计

新建 Proteus 工程,进行原理图设计(见图 5-49),方法参见实验 5-1。

2. 软件设计(编程)

参见实验 4-7,程序相同。

3. 实验过程与现象

添加程序执行文件并开始运行(见图 5-50)。注意:因为仿真 STM32 的时钟设置为 8MHz,而程序的 RCC 设置的是 72MHz,所以虚拟终端的波特率设置为 115200/9=12800bit/s。

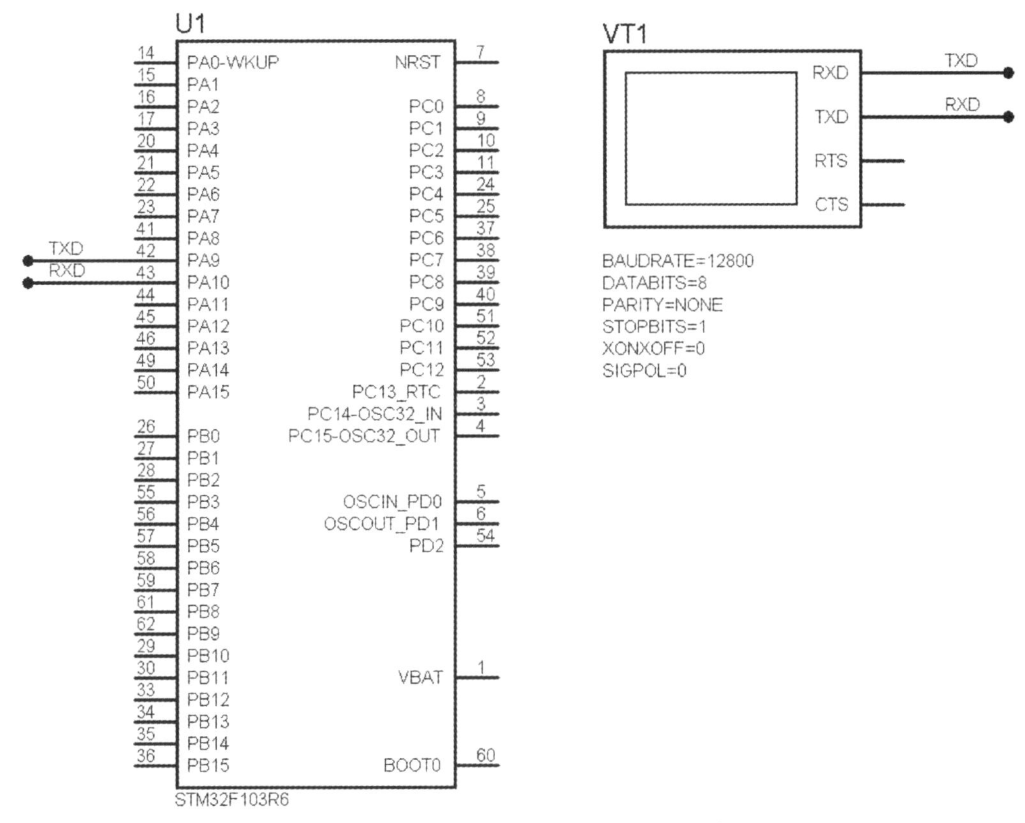

图 5-49 USART1 的 Proteus 原理图设计

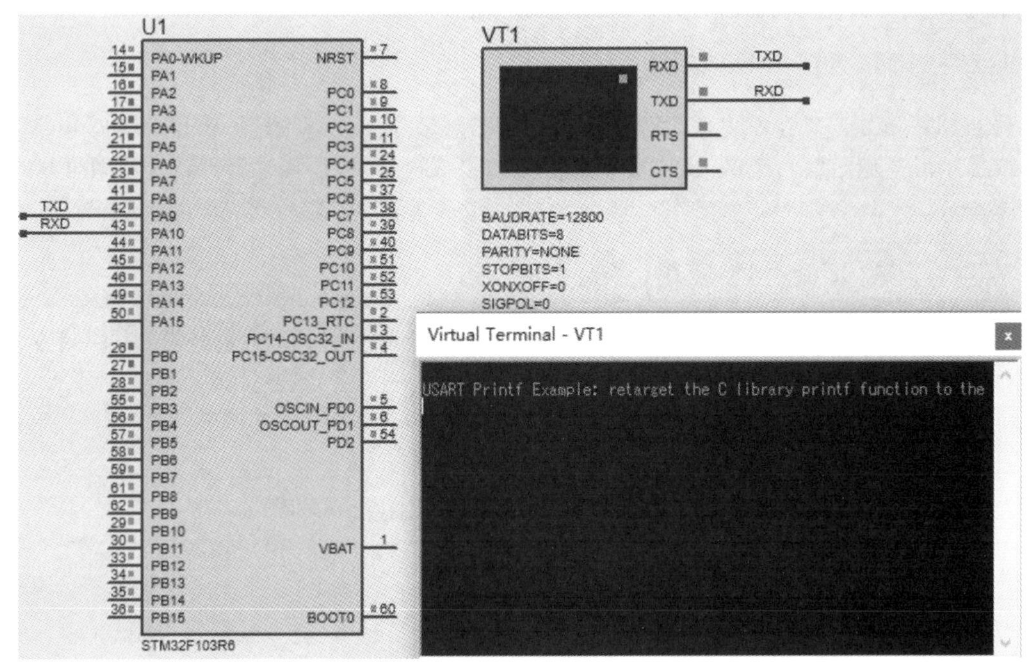

图 5-50 USART1 的 Proteus 仿真运行

5.3 STM32CubeMX 应用

STM32CubeMX 及 HAL 是 ST 官方现在主推的软件开发工具和库文件，建议先学习使用 ST 的标准外设库和工程模板(见 3.3.3 小节)，再学习使用 STM32CubeMX 建立工程和 HAL 库。

5.3.1 STM32CubeMX 简介

STM32CubeMX 是一个图形工具，通过一步一步的过程，简单容易地配置 STM32 微控制器和微处理器的相应初始化 C 代码和建立工程。

STM32CubeMX 能够帮助用户从 800 多款 STM32 产品中选择最适合的产品，配置微控制器运行参数如时钟树设置，评估功耗，配置外围设备，以及具有中间件如 FatFs、FreeRTOS、LwIP、FATFS、STemWin、STM32_USB 等。

配置完成后，STM32CubeMX 会自动生成初始化代码和工程，支持许多常用开发环境，包括适用于 IAR－EWARM、Keil MDK－ARM 等或独立的 GCC(GNU 编译器集合)工具链。

STM32CubeMX 可在 Windows、Linux 和 MacOS 等 操作系统中运行，或者通过 Eclipse 插件运行。用户可以从网站 www.st.com/stm32cubemx 免费下载，还可以一起下载用于 STM32 F1 系列的 STM32Cube_FW_F1_V1.7.0 软件包(HAL 库，低层 API 和 CMSIS(CORE，DSP，RTOS)，USB，TCP / IP，文件系统，RTOS，图形，以及在 ST 的 STM32 Nucleo，Discovery 套件和评估板上运行的范例程序)。

5.3.2 STM32CubeMX 安装

STM32CubeMX 在安装之前需要在 Java 运行环境中安装，双击 SetupSTM32CubeMX-4.27.0.exe 开始 STM32CubeMX 软件安装，如图 5-51 所示。后面选择默认选项即可，如图 5-52 所示。

5.3.3 STM32CubeMX 应用(实验 5-6)

下面我们使用 STM32CubeMX，MDK5.26，AS-07 型 STM32 开发板和 ST-Link 仿真器，来重做实验 4-2。

【实验 5-6】 点亮或熄灭 LED(使用 STM32CubeMX 和 HAL 库函数)。

1. 硬件设计

STM32F103xx 驱动 LED 电路的原理图如图 3-49、图 3-50 和图 4-2 所示。

2. 软件设计(编程)

PC6 输出高电平 1 点亮 LED，输出低电平 0 熄灭 LED。

1) 设计分析

使用 STM32CubeMX 配置 STM32F103VET6 的相应初始化 C 代码和建立 MDK 工程。

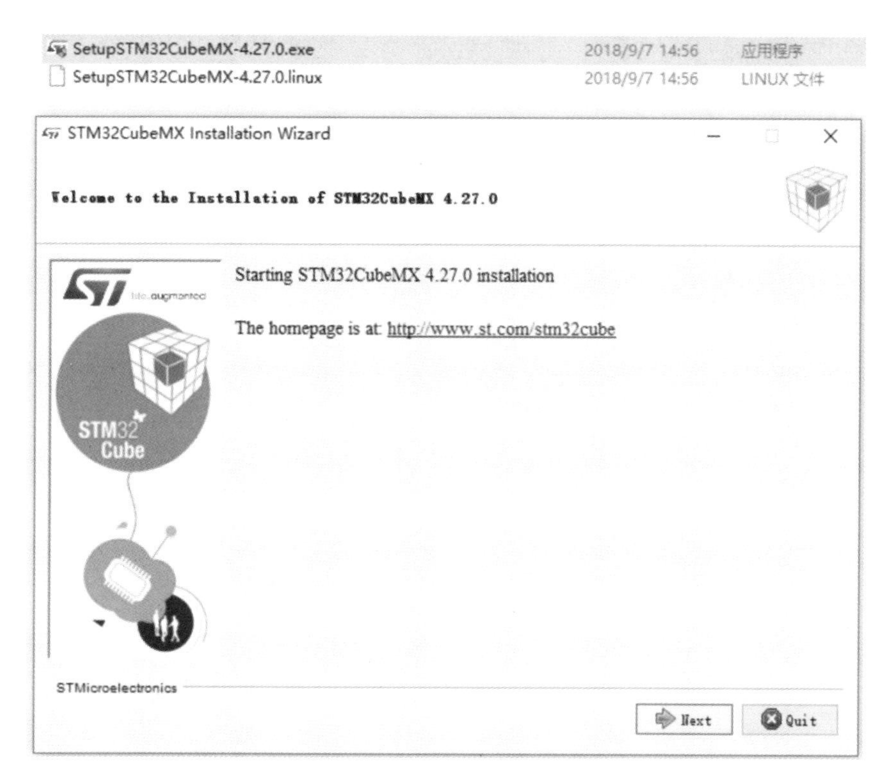

图 5-51　STM32CubeMX 安装向导

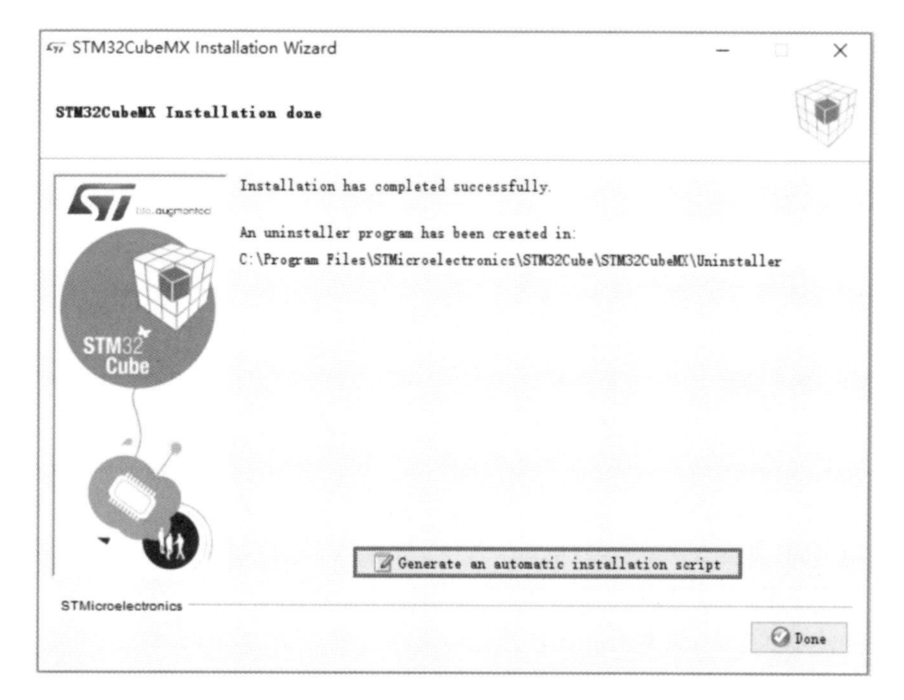

图 5-52　STM32CubeMX 安装路径

建立的 MDK 工程中的 main. c 文件已经生成 HAL_Init 初始化函数、SystemClock_Config 系统时钟配置函数、MX_GPIO_Init 端口初始化函数，用户自己增加 HAL_GPIO_WritePin 函数使 PC6 输出高电平点亮(或熄灭)LED1 即可。

2) 程序源码

使用 ST 的 STM32CubeMX 和 HAL 库函数编程方法编写的程序如下：

```
/* Includes------------------------------------------------------------------*/
# include "main.h"
# include "stm32f1xx_hal.h"
/* Private function prototypes-----------------------------------------------*/
void SystemClock_Config(void);
static void MX_GPIO_Init(void);
int main(void)
{
    /* MCU Configuration---------------------------------------------------------*/
    /* Reset of all peripherals, Initializes the Flash interface and the Systick.*/
    HAL_Init();
    /* Configure the system clock */
    SystemClock_Config();
    /* Initialize all configured peripherals */
    MX_GPIO_Init();
     while(1)
    {
    /* USER CODE BEGIN 3 */
       HAL_GPIO_WritePin(GPIOC,GPIO_PIN_6,GPIO_PIN_SET);
       HAL_GPIO_WritePin(GPIOC,GPIO_PIN_6,GPIO_PIN_RESET);
    }
    /* USER CODE END 3*/
}
```

3) 程序分析

程序分析见后面的 5.3.5 小节。

3. 实验过程与现象

STM32CubeMX 安装完成之后，打开软件之后的界面如图 5-53 所示。

1) 新建工程

单击 New Project，选择 Series(系列)、Lines(产品线)、Package(封装)，然后选中 MCU 的型号 STM32F103VET6 并双击(或者直接输入 STM32F103VET6)，如图 5-54、图 5-55 所示。

然后保存工程，单击 File→Save Project As，取名为 GPIO. ioc，存放到 C:\STM32\STM32 CubeMX\GPIO，如图 5-56、图 5-57 所示。

2) 配置使用引脚和时钟

点击 Pinout 选项卡，然后单击 LED1 连接的引脚 PC6，选择 GPIO_Output 工作模式，如图 5-58 所示。

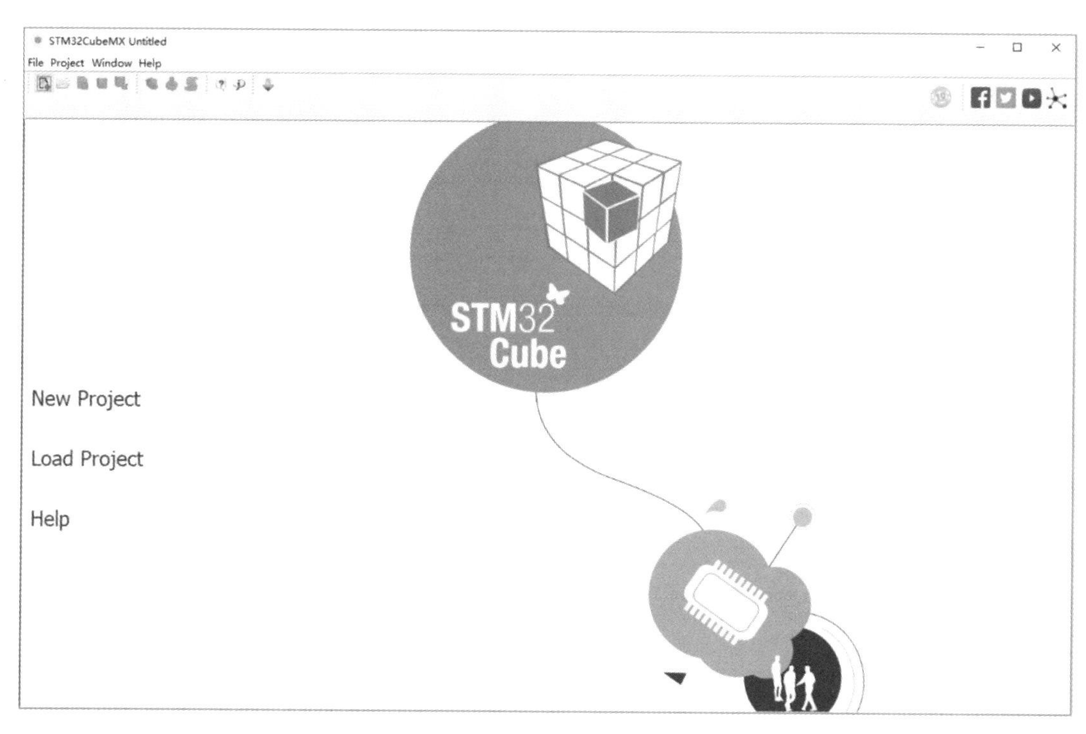

图 5-53　运行 STM32CubeMX

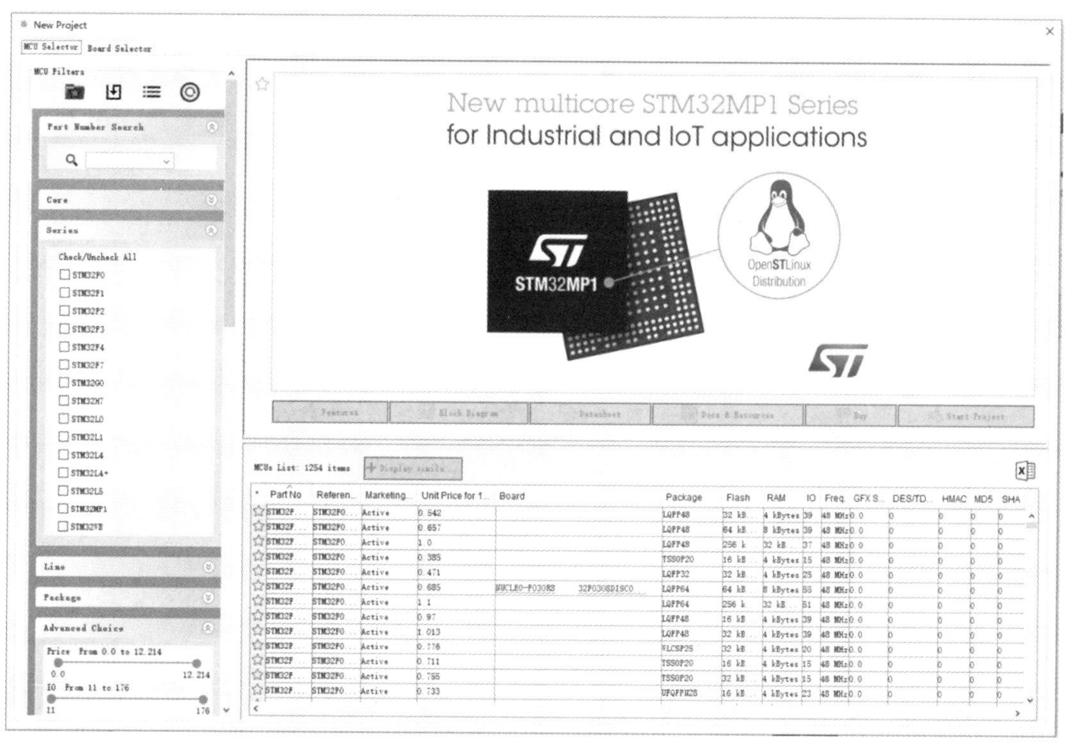

图 5-54　New Project

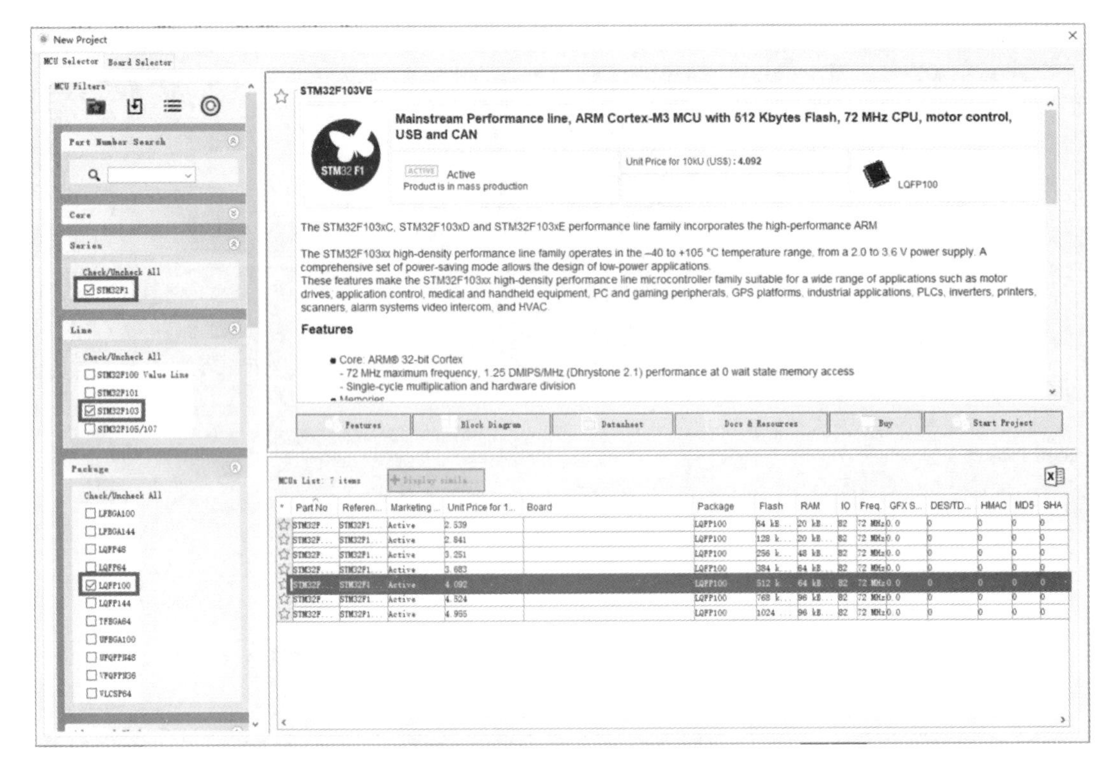

图 5-55　选择 MCU 型号

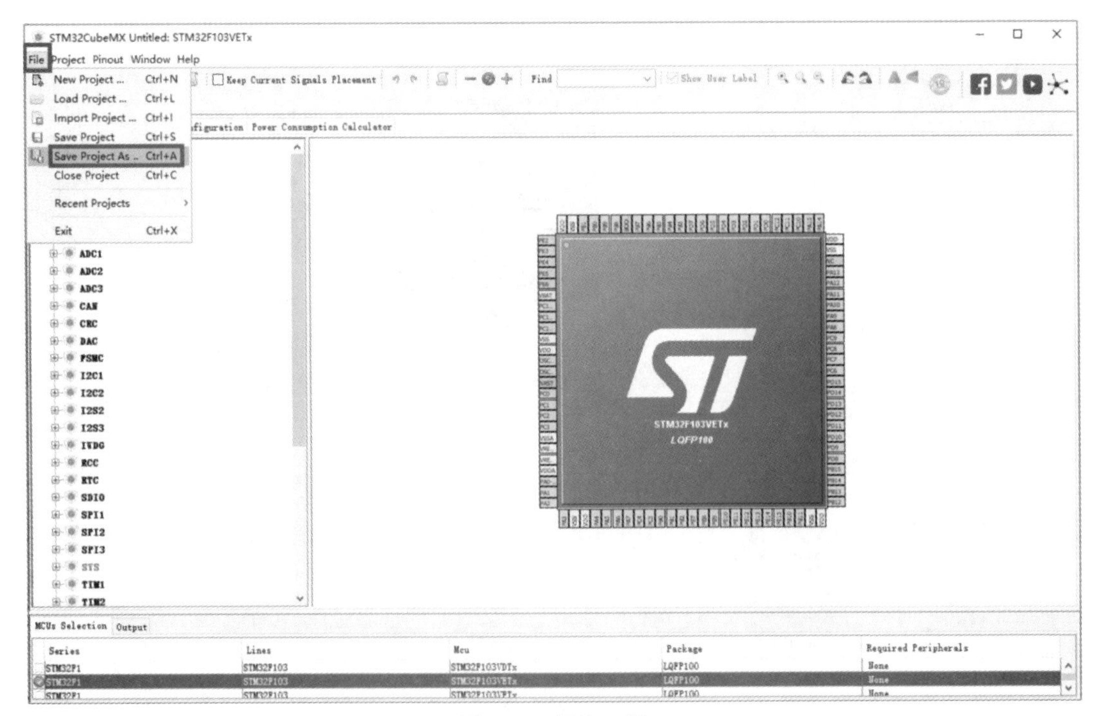

图 5-56　保存工程

图 5-57 工程名和保存路径

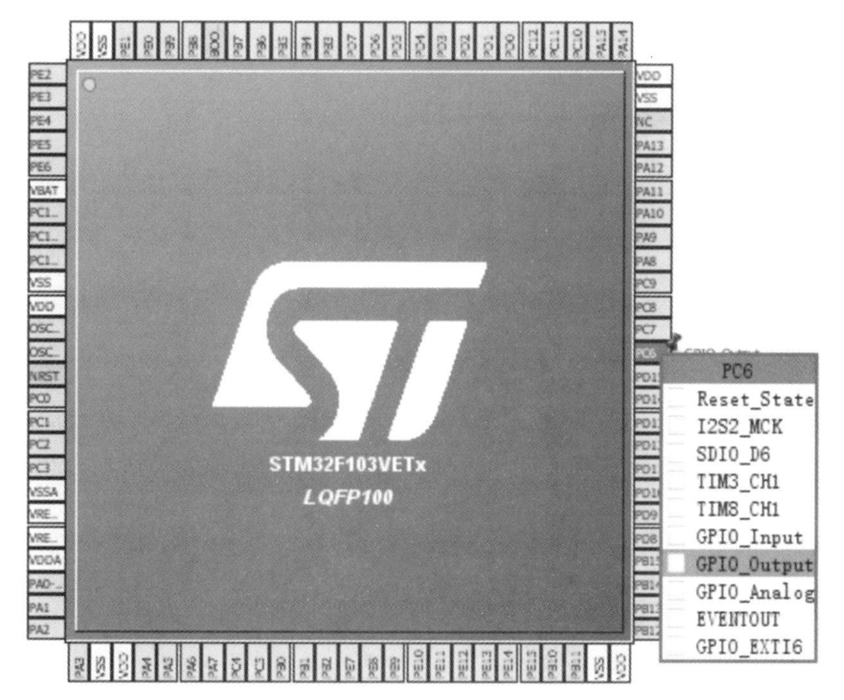

图 5-58 配置 PC6

点击 RCC，选择 HSE Crystal 作为时钟源，如图 5-59 所示。

点击 Clock Configuration 选项卡，选择 PLL Source Mux 为 HSE，PLL Mul 选择 9，APB1 Prescaler 选择/2，这样 HCLK=72 MHz，PCLK1=36 MHz，PCLK2=72 MHz，如图 5-60 所示。

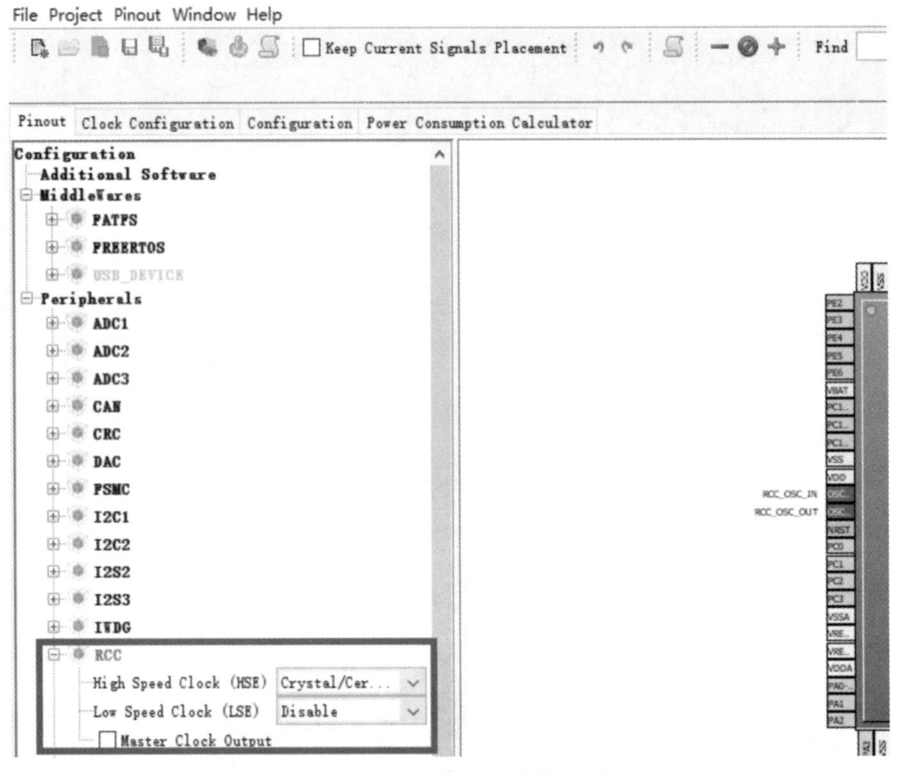

图 5-59 选择时钟源

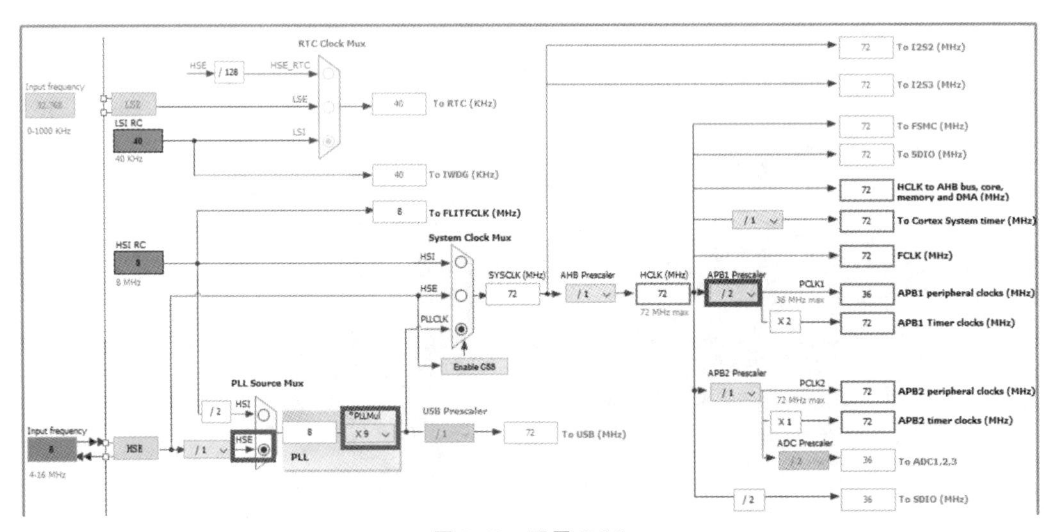

图 5-60 配置 RCC

由于本例程不需要配置中间件，也不需要计算功耗，所以 Configuration、Power Consumption Calculator 保持默认。

3) 生成 MDK 工程

点击菜单栏的 Project→Settings，输入 STM32CubeMX 工程名称、保存路径以及工具链/集成编译环境，Code Generator 中的设置保持默认，然后点击 OK，如图 5-61 所示。

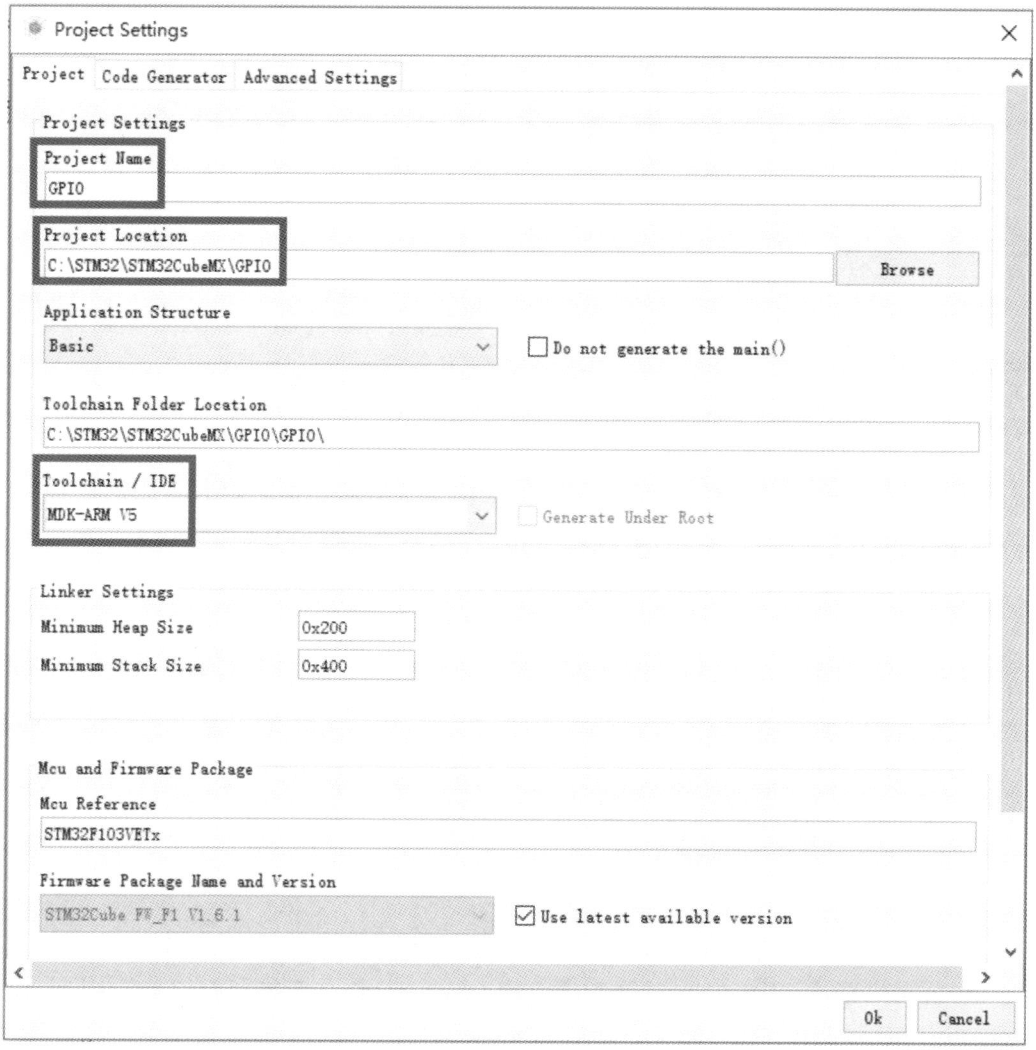

Project Settings
Project
Code Generator
Advanced Settings
Project Settings
Project Name
GPIO
Project Location
C:\STM32\STM32CubeMX\GPIO
Browse
Application Structure
Basic
Do not generate the main()
Toolchain Folder Location
C:\STM32\STM32CubeMX\GPIO\GPIO\
Toolchain / IDE
MDK-ARM V5
Generate Under Root
Linker Settings
Minimum Heap Size
0x200
Minimum Stack Size
0x400
Mcu and Firmware Package
Mcu Reference
STM32F103VETx
Firmware Package Name and Version
STM32Cube FW_F1 V1.6.1
Use latest available version
Ok
Cancel

图 5-61　工程设置

点击菜单栏的 Project→Generate Code 或者快捷操作图标，如图 5-62 所示，开始生成 MDK 工程。完成后可以选择打开 MDK 工程或者打开其文件夹，如图 5-63 所示。

STM32CubeMX GPIO.ioc: STM32F103VETx
File
Project
Pinout
Window
Help
Select additional software components
Ctrl+E
Generate Code
Ctrl+Shift+G
Generate Report
Ctrl+R
Settings ...
Alt+P

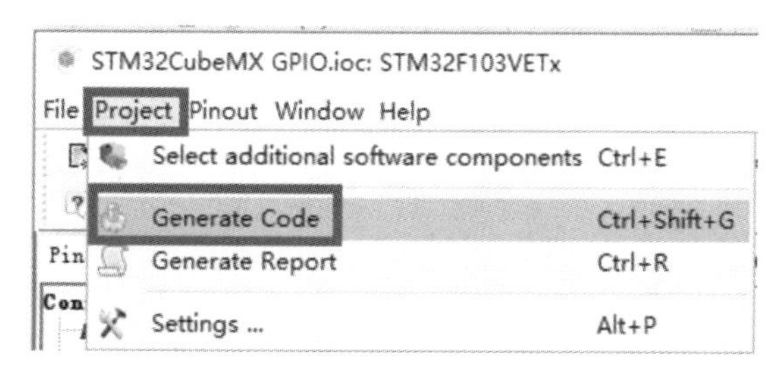

图 5-62　生成 MDK 工程

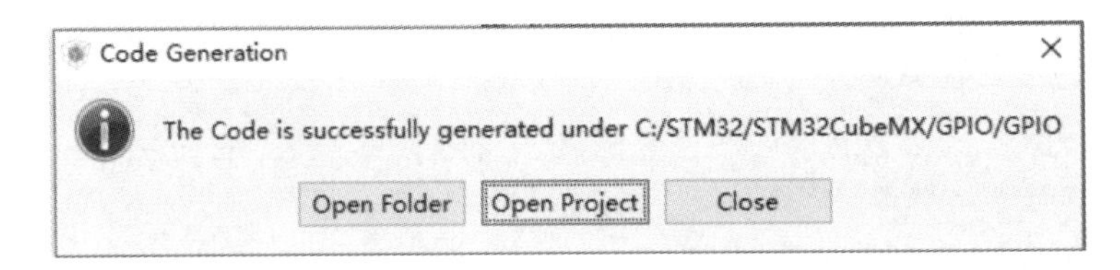

图 5-63 选择打开 MDK 工程或者打开其文件夹

工程文件夹和 MDK 工程分别如图 5-64、图 5-65 所示。

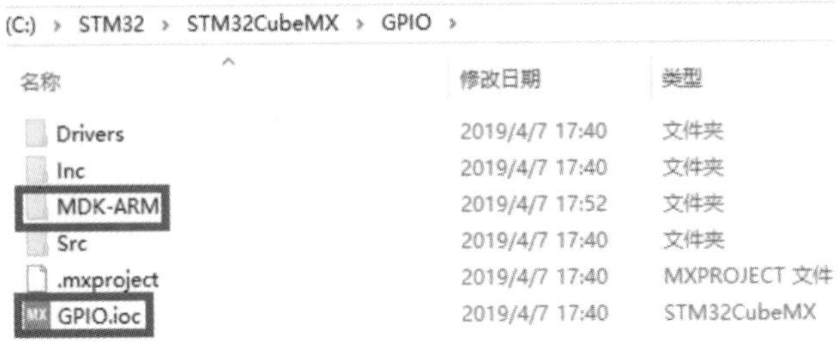

(C:) › STM32 › STM32CubeMX › GPIO ›

名称	修改日期	类型
Drivers	2019/4/7 17:40	文件夹
Inc	2019/4/7 17:40	文件夹
MDK-ARM	2019/4/7 17:52	文件夹
Src	2019/4/7 17:40	文件夹
.mxproject	2019/4/7 17:40	MXPROJECT 文件
GPIO.ioc	2019/4/7 17:40	STM32CubeMX

图 5-64 MDK 工程文件夹

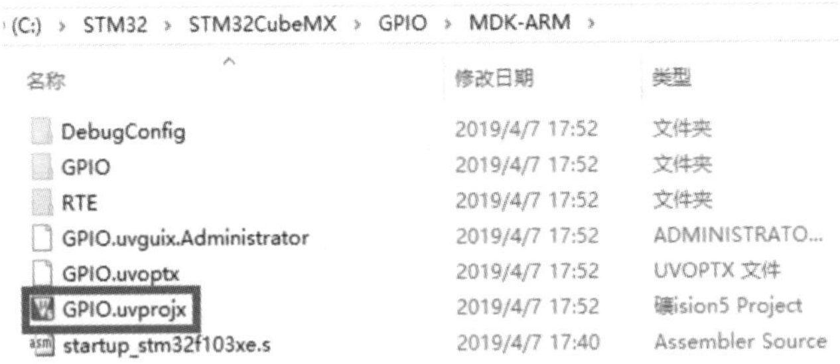

(C:) › STM32 › STM32CubeMX › GPIO › MDK-ARM ›

名称	修改日期	类型
DebugConfig	2019/4/7 17:52	文件夹
GPIO	2019/4/7 17:52	文件夹
RTE	2019/4/7 17:52	文件夹
GPIO.uvguix.Administrator	2019/4/7 17:52	ADMINISTRATO...
GPIO.uvoptx	2019/4/7 17:52	UVOPTX 文件
GPIO.uvprojx	2019/4/7 17:52	礦ision5 Project
startup_stm32f103xe.s	2019/4/7 17:40	Assembler Source

图 5-65 MDK5 工程

到此，就建立了 STM32CubeMX 工程 GPIO. ioc，生成了包含 HAL 库的 MDK 工程 GPIO. uvprojx 以及初始化代码。

打开 C:\STM32\STM32CubeMX\GPIO 文件夹，其中以. ioc 为扩展名的文件即 STM32CubeMX 的工程文件，MDK-ARM 文件夹中包含有 MDK 工程文件，Drivers 目录中包含 CMSIS 和 STM32F1xx_HAL_Driver，Src 目录中包含了 main. c 等源代码文件，Inc 目录中包含了头文件。

4) 在 MDK 工程中添加用户代码并编译

打开 MDK 工程，STM32CubeMX 已经生成了初始化代码，所以只需要找到注释/ * USER CODE BEGIN 3 * /，在之后添加以下用户代码并编译和链接，如图 5-66 所示。

```
HAL_GPIO_WritePin(GPIOC,GPIO_PIN_6,GPIO_PIN_SET);//PC6 输出高电平驱动 LED1 发光
HAL_GPIO_WritePin(GPIOC,GPIO_PIN_6,GPIO_PIN_RESET);//PC6 输出低电平驱动 LED1 熄灭
```

注意：要在/ * USER CODE BEGIN 3 * /与/ USER CODE END 3 * /之间添加用户代码，不要在别处添加，否则再次生成 STM32CubeMX 工程时会被删除。

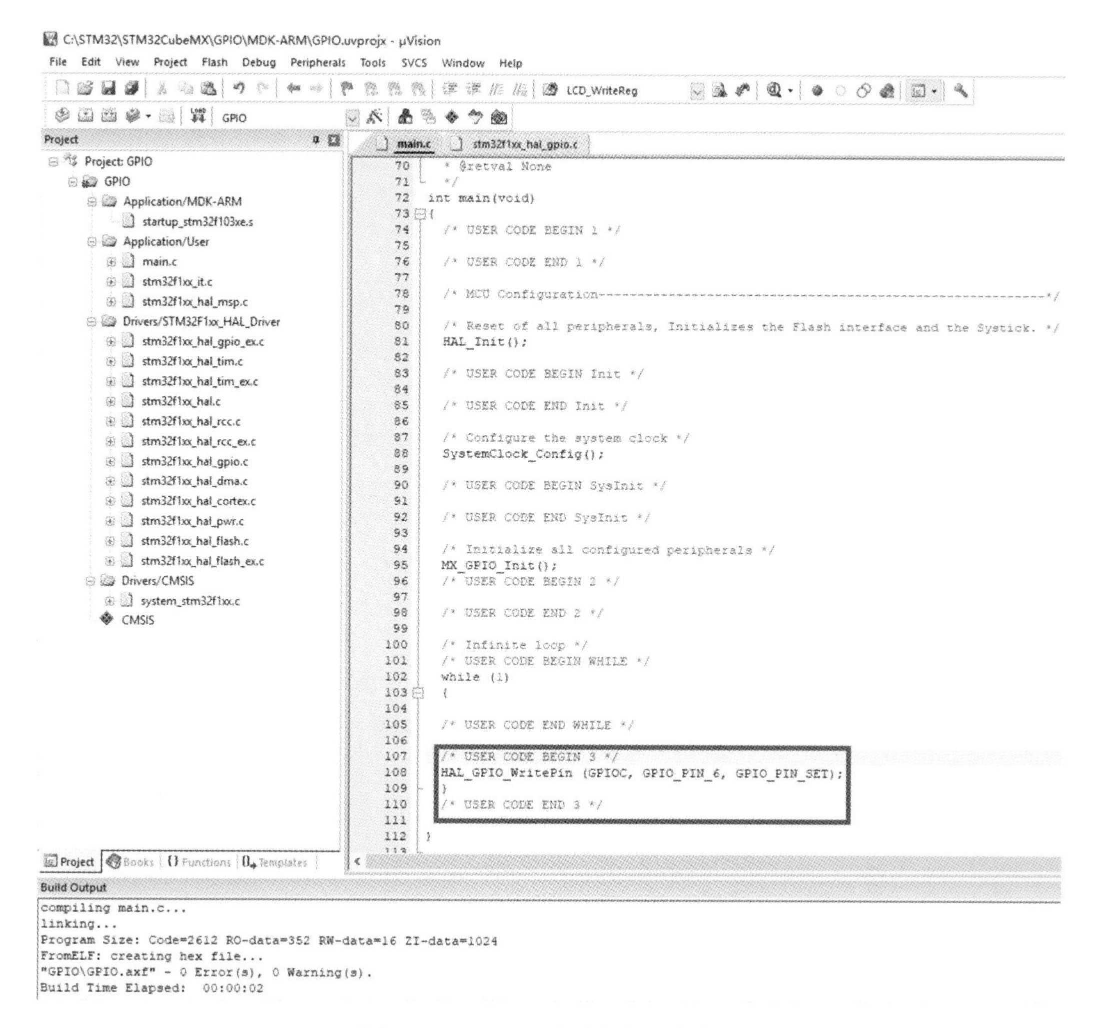

图 5-66 MDK5 工程中添加用户代码

5）使用 MDK 编程环境和 AS-07 实验板下载并运行程序

这里我们用 ST-Link/V2 连接好 AS-07 实验板和电脑，设置如图 5-67 和图 5-68 所示。然后下载程序，实验现象如图 5-69 所示，实验板上的 LED1 点亮。

5.3.4 HAL 库

STM32 的库（函数），分为四类：STM32 Snippets，Standard Peripheral Library，STM32Cube HAL 和 STM32Cube LL。

1. STM32 Snippets

STM32 Snippets 是高度优化的代码范例集合，使用符合 CMSIS 的直接寄存器访问来减少代码开销，从而最大限度地提高 STM32 MCU 在各种应用程序中的性能。

每个 STM32 系列的 100 多个 Snippets 展示了如何以最小的内存占用率高效地使用 STM32 外围设备。

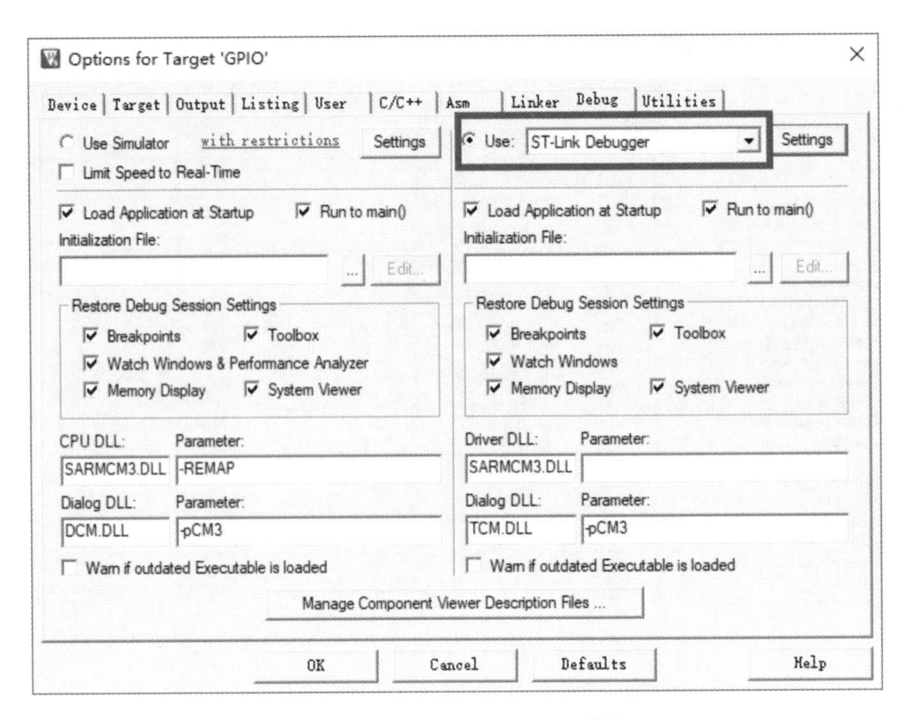

图 5-67　使用 ST-Link/V2 下载器

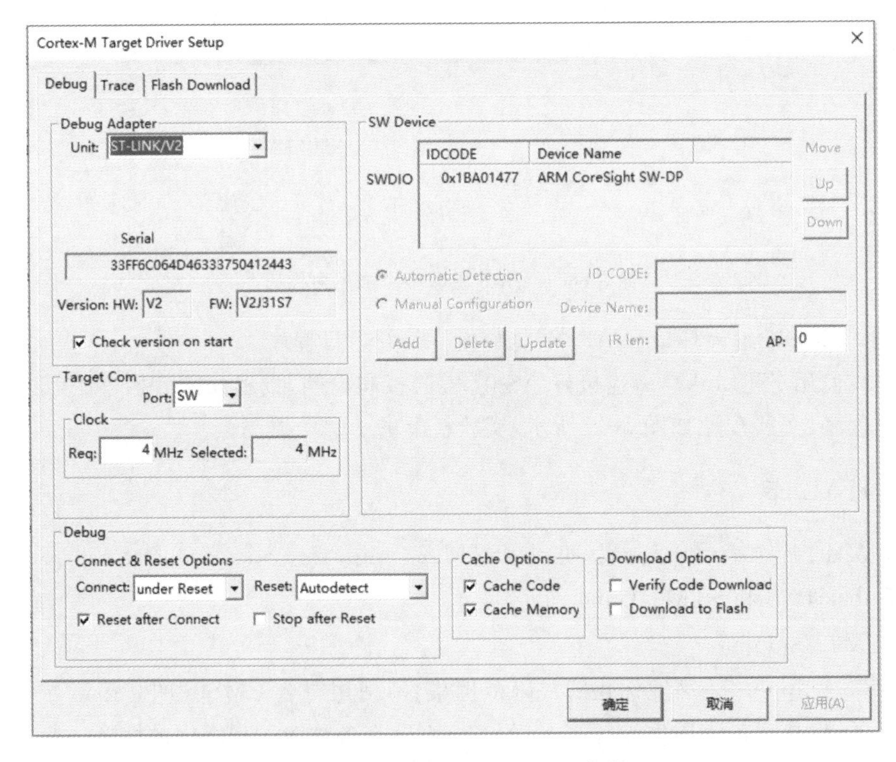

图 5-68　设置 ST-Link/V2 下载器

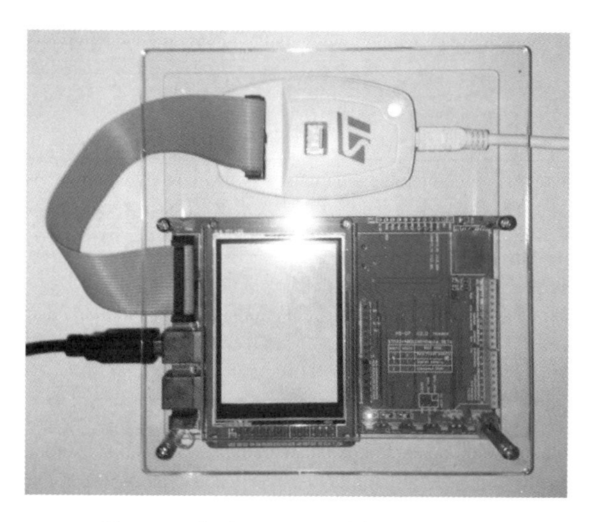

图5-69 点亮AS-07实验板上的LED1

STM32 Snippets目前官方只提供：STM32F0和L0的示例代码包。完整的免费C源代码固件范例，采用直接操作寄存器，使用CMSIS Cortex-M0设备外围访问层头文件(sm32f0xx.h)中定义的寄存器直接访问，使用SW4STM32、EWARM和MDK-ARM环境。

STM32 Snippets实际上就是实验4-1所讲授的直接寄存器编程方法。

2. Standard Peripherals Library

目前标准外设库支持STM32F0、F1、F2、F3、F4、L1，在3.3节中介绍过了。

说明：ST的标准外设库STM32F10x Standard Peripherals Library Drivers V3.5.0是2011年3月11日正式发布的，之后在图形界面STemWin里升级到V3.6.0(2012年1月)、V3.6.1(2012年3月)，就停止更新升级了。

3. STM32Cube HAL **和** STM32Cube LL

HAL(hardware abstraction layer，硬件抽象层库)，支持STM32F0、F1、F2、F3、F4、F7、G0、H7、L0、L1、L4、MP1 、WB等系列。

LL(low-layer，底层库)，支持STM32F1、F2、F4、F7等系列。

HAL提供高层和面向应用功能的API，具有很高的可移植性，它们对最终用户屏蔽了微控制器和外围设备的复杂性。LL在寄存器级别提供低层API，具有更好的优化性能，但可移植性较差，需要深入了解MCU和外围设备。

STM32Cube HAL和LL配合STM32CubeMX工具对STM32进行开发。

HAL驱动程序旨在提供一组丰富的API，并与应用程序上层轻松交互。每个驱动程序都由一组函数组成，涵盖了最常见的外围设备。每个驱动程序的开发都由一个通用的API驱动，该API标准化了驱动程序结构、函数和参数名。

HAL的主要特点如下：跨系列可移植，涵盖通用外围设备，以及特定外围设备功能的扩展API。三种API编程模式：轮询、中断和DMA。

HAL驱动文件如下：

(1) HAL驱动程序由以下一组文件组成，如表5-2所示。

表 5-2 HAL 驱动程序

文件	描述
stm32f1xx_hal_ppp. c	主外围设备/模块驱动程序文件。 它包括所有 STM32 设备通用的 API。 示例：stm32f1xx_hal_adc. c，stm32f1xx_hal_irda. c，…
stm32f1xx_hal_ppp. h	主驱动程序 C 文件的头文件。 它包括公共数据、句柄和枚举结构、定义语句和宏以及导出的通用 API。 示例：stm32f1xx_hal_adc. h，stm32f1xx_hal_irda. h，…
stm32f1xx_hal_ppp_ex. c	外围设备/模块驱动程序的扩展 C 文件。 它包括指定的型号或系列的特定 API，以及新定义的 API，如果内部流程以不同的方式实现，这些 API 将覆盖默认的通用 API。 示例：stm32f1 xx_hal_adc_ex. c， stm32f1 xx_hal_dma_ex. c，…
stm32f1xx_hal_ppp_ex. h	扩展 C 文件的头文件。 它包括特定的数据和枚举结构、定义语句和宏，以及导出的设备部件号特定的 API。 示例：stm32f1xx_hal_adc_ex. h，stm32f1xx_hal_dma_ex. h，…
stm32f1xx_hal. c	此文件用于 HAL 初始化，包含 DBGMCU(Debug MCU，调试 MCU)、基于 SysTick API 的重映射和延时
stm32f1xx_hal. h	stm32f1xx_hal. c 的头文件
stm32f1xx_hal_msp_template. c	要复制到用户应用程序文件夹的模板文件。 它包含用户应用程序中使用的外围设备的 MSP(MCU Specific Package，MCU 特定包)初始化和取消初始化(主例程和回调)
stm32f1xx_hal_conf_template. h	允许为给定应用程序自定义驱动程序的模板文件
stm32f1xx_hal_def. h	允许自定义给定应用程序的驱动程序的模板文件。公用 HAL 资源，如公用定义语句、枚举、结构和宏

(2) 用户应用程序文件，见表 5-3。

表 5-3 HAL 用户程序

文件	描述
system_stm32f1xx. c	此文件包含 SystemInit 函数，在复位启动后跳转到主程序之前调用。它不会在启动时配置系统时钟(与标准库相反)，而是在用户文件中的 HAL API 来完成。 它允许在内部 SRAM 中重新定位向量表
startup_stm32f1xx. s	包含复位处理程序和异常向量的工具链的启动文件。 对于某些工具链，它允许调整栈/堆大小以满足应用程序的需求
stm32f1xx_flash. icf (optional)	EWARM 工具链的链接器文件，主要允许调整栈/堆大小以满足应用程序要求
stm32f1xx_hal_msp. c	此文件包含用户应用程序中使用的外围设备的 MSP 初始化和取消初始化(主例程和回调)
stm32f1xx_hal_conf. h	此文件允许用户自定义特定应用程序的 HAL 驱动程序。 修改此配置不是必需的。应用程序可以使用默认配置而不进行任何修改
stm32f1xx_it. c/. h	此文件包含异常处理程序和外设中断服务例程，并定期调用 Hal_IncTick()以增加用作 HAL 时基的本地变量(在 stm32f1xx_hal. c 中声明)。默认情况下，此函数在 SysTick ISR 中每 1 ms 调用一次。 如果应用程序中使用了基于中断的进程 PPP_IRQHandler()例程必须调用 HAL_PPP_IRQHandler()
main. c/. h	此文件是主程序，主要包含： 调用 HAL_Init()； assert_failed()实现； 系统时钟配置； 外围设备 HAL 初始化和用户应用程序代码

STM32Cube软件包如STM32Cube_FW_F1_V1.7.0附带了可用的项目模板，每种STM32评估板对应一个模板。每个项目都包含上面列出的文件和支持的工具链的预配置项目。

每个项目模板都提供空的主循环函数，可以作为熟悉stm32cube项目设置的起点。其特点如下：

(1) 它包含HAL、CMSIS和BSP驱动程序的源程序，这些驱动程序是在给定的板上开发代码的最小组件。

(2) 它包含所有固件组件的包含路径。

(3) 它定义了支持的STM32设备，并允许相应地配置CMSIS和HAL驱动程序。

(4) 它提供了预先配置的可供用户调用的文件：HAL初始化，hal_delay延时(SysTick)，SystemClock_Config配置系统时钟。

图5-70是STM32Cube_FW_F1_V1.7.0的STM3210E评估板的工程模板，可以看见文件组成和结构。

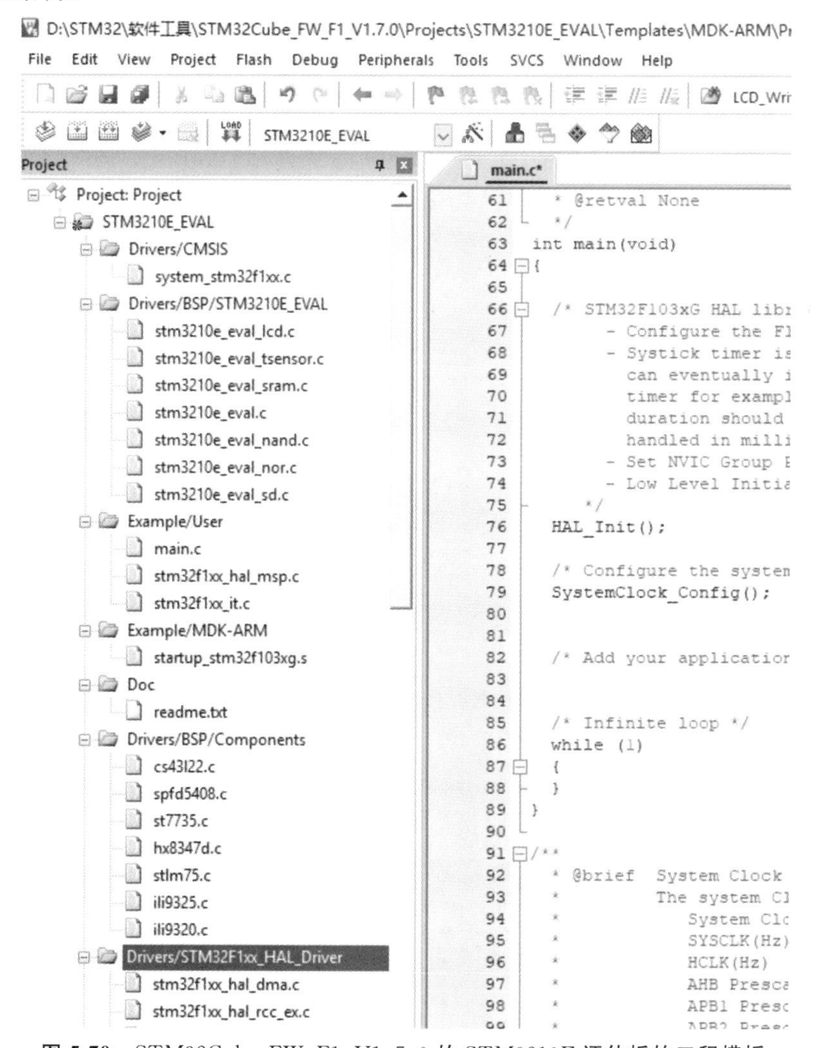

图5-70 STM32Cube_FW_F1_V1.7.0的STM3210E评估板的工程模板

5.3.5 HAL 库的程序分析

下面我们分析讲解实验 5-1 的程序。

1. HAL 库的 STM32 启动文件

STM32 的启动汇编文件，是对 MCU 运行的初始化配置，是上电或复位后在执行用户 main 函数之前执行，并最后跳到 main 函数开始正式执行用户程序的文件。如同通用计算机的 BIOS(basic input output system，基本输入输出系统，是固化到计算机主板上一个 ROM 芯片上的程序，它保存着计算机中最重要的基本输入输出的程序、开机后的自检程序和系统自启动程序，它可从 CMOS 中读写系统设置的具体信息，其主要功能是为计算机提供最底层的、最直接的硬件设置和控制)。

实验 5-1 的启动文件是 startup_stm32f103xe. s，ST 的说明如下：

```
;* * * * * * * * * * * (C)COPYRIGHT 2017 STMicroelectronics * * * * * * * * * * *
;*  File Name          :startup_stm32f103xe.s
;*  Author             :MCD Application Team
;*  Version            :V4.2.0
;*  Date               :31-March-2017
;*  Description        :STM32F103xE Devices vector table for MDK-ARM toolchain.
;*                      This module performs:
;*                      -Set the initial SP
;*                      -Set the initial PC==Reset_Handler
;*                      -Set the vector table entries with the exceptions ISR address
;*                      -Configure the clock system
;*                      -Branches to __main in the C library(which eventually
;*                      calls main()).
;*                      After Reset the Cortex-M3 processor is in Thread mode,
;*                      priority is Privileged,and the Stack is set toMain.
;* * * * * * * * * * * * * * * * * * * * * * * * * * * * * * * * * * * * * * * *
```

用于使用 MDK－ARM 工具链的 STM32F103xE 向量表，此模块执行：

(1) 初始化堆栈指针 SP；

(2) 初始化程序计数指针 PC＝＝Reset_Handler(复位中断服务程序)；

(3) 设置异常向量表的入口地址；

(4) 配置时钟系统(调用 SystemIni 函数)；

(5) 设置 C 库的分支入口__main(最终调用 main 函数)；

(6) 复位后，Cortex-M3 处理器处于线程模式，优先级为特权级，堆栈设置为 Main。

startup_stm32f103xe. s 首先对栈和堆的大小进行定义，并在 FLASH 代码区的起始处装入中断向量表，其第一个表项是栈顶地址 0x8000000，第二个表项是复位中断服务入口地址 0x80000004；然后在复位中断服务程序中跳转到 C 库的__main，最后进入用户 main 函数。

startup_stm32f103xe. s 主要内容如下。

（1）设置栈和堆。

```
Stack_Size      EQU      0x400;设置栈大小
                AREA     STACK,NOINIT,READWRITE,ALIGN=3;定义栈段，名称为STACK，未初始
化，可读写，按2^3=8对齐
……
```

（2）中断向量表定义。

```
AREA RESET,DATA,READONLY;定义数据段，段名字是RESET，只读（STM32从FLASH启动，则此中
断向量表起始地址即0x8000000）
… …
```

（3）中断服务程序。

```
AREA |.text|,CODE,READONLY     ;定义代码段，段名字是.text，只读
;Reset Handler                 ;复位中断服务程序
Reset_Handler   PROC
                EXPORT  Reset_Handler            [WEAK]
                IMPORT  __main;跳到__main
                IMPORT  SystemInit;跳到系统初始化
                LDR     R0,=SystemInit
                BLX     R0
                LDR     R0,=__main
                BX      R0
                ENDP
… …
```

汇编指令说明如下：

AREA，定义代码段(CODE)或者数据段(DATA)；

PROC，定义子程序，与ENDP成对使用，表示子程序结束；

EXPORT，声明一个标号，具有全局属性，可被外部的文件使用；

WEAK，弱定义，如果外部文件声明了一个同名标号，则优先使用外部文件定义的标号，如果外部文件没有定义就使用该处的；

IMPORT，声明标号来自外部文件；

LDR，从存储器中加载字到一个寄存器中；

BLX，跳转到由寄存器给出的地址，并根据寄存器的LSE确定处理器的状态，还要把跳转前的下条指令地址保存到LR；

BX，跳转到由寄存器/标号给出的地址，不用返回。

上面的这段汇编代码就是系统上电或复位后自动跳转至Reset_Handler处，调用SystemInit函数来复位启动HSI、复位HSE、PLL，将向量表重定位到内部FLASH，初始化系统时钟(RCC)以及中断向量表；然后开始执行C库函数，初始化用户栈、堆，配置系统环境，最后跳转到用户main函数。

(4) 用户堆和栈的初始化。

```
IF:DEF:__MICROLIB   ;如果没有使用微库
……
```

2. HAL 的 main 函数

(1) 首先执行的是 HAL_Init 函数,复位所有外设、初始化 FLASH 接口和 SysTick,具体代码如下:

```
HAL_StatusTypeDef HAL_Init(void)
{
/*  Configure Flash prefetch * ///设置允许 FLASH 预取指缓冲
# if(PREFETCH_ENABLE != 0)
# if defined(STM32F101x6) || defined(STM32F101xB)|| defined(STM32F101xE)|| defined
(STM32F101xG)|| \
    defined(STM32F102x6) || defined(STM32F102xB)|| \
    defined(STM32F103x6) || defined(STM32F103xB)|| defined(STM32F103xE)|| defined
(STM32F103xG)|| \
    defined(STM32F105xC)|| defined(STM32F107xC)
/*  Prefetch buffer is not available on value line devices * /
   __HAL_FLASH_PREFETCH_BUFFER_ENABLE();
# endif
# endif /*  PREFETCH_ENABLE * /
/*  Set Interrupt Group Priority * ///设置 NVIC 中断优先组
  HAL_NVIC_SetPriorityGrouping(NVIC_PRIORITYGROUP_4);
  /*  Use systick as time base source and configure 1ms tick(default clock after Re-
set is HSI)* ///使用系统滴答定时器 systick 为时基的 1ms 定时
  HAL_InitTick(TICK_INT_PRIORITY);
  /*  Init the low level hardware * ///初始化 HAL MSP 底层硬件
  HAL_MspInit();
  /*  Return function status * /
  return HAL_OK;
}
```

(2) 其次调用 SystemClock_Config 函数,配置系统时钟,类似标准库的 RCC 配置函数,不同之处是多了 SysTick 的配置函数。

```
void SystemClock_Config(void)
{
  RCC_OscInitTypeDef RCC_OscInitStruct;
  RCC_ClkInitTypeDef RCC_ClkInitStruct;
/* * Initializes the CPU,AHB and APB busses clocks * /
  RCC_OscInitStruct.OscillatorType=RCC_OSCILLATORTYPE_HSI;//使用 HSI 振荡器
  RCC_OscInitStruct.HSIState=RCC_HSI_ON;
  RCC_OscInitStruct.HSICalibrationValue=16;
  RCC_OscInitStruct.PLL.PLLState=RCC_PLL_NONE;
```

```
    if(HAL_RCC_OscConfig(&RCC_OscInitStruct)!=HAL_OK)
    {
      _Error_Handler(__FILE__,__LINE__);
    }
  /**Initializes the CPU,AHB and APB busses clocks */
    RCC_ClkInitStruct.ClockType=RCC_CLOCKTYPE_HCLK|RCC_CLOCKTYPE_SYSCLK
                                |RCC_CLOCKTYPE_PCLK1|RCC_CLOCKTYPE_PCLK2;
    RCC_ClkInitStruct.SYSCLKSource=RCC_SYSCLKSOURCE_HSI;//HSI作为系统时钟源
    RCC_ClkInitStruct.AHBCLKDivider=RCC_SYSCLK_DIV1;
    RCC_ClkInitStruct.APB1CLKDivider=RCC_HCLK_DIV2;
    RCC_ClkInitStruct.APB2CLKDivider=RCC_HCLK_DIV1;
    if(HAL_RCC_ClockConfig(&RCC_ClkInitStruct,FLASH_LATENCY_0)!=HAL_OK)
    {
      _Error_Handler(__FILE__,__LINE__);
    }
  /**Configure the Systick interrupt time */
    HAL_SYSTICK_Config(HAL_RCC_GetHCLKFreq()/1000);//初始化Systick,允许中断,开始定
  时,频率为72000000/1000=72000
  /**Configure the Systick */
    HAL_SYSTICK_CLKSourceConfig(SYSTICK_CLKSOURCE_HCLK);// Systick时钟源为HCLK
    /* SysTick_IRQn interrupt configuration */
    HAL_NVIC_SetPriority(SysTick_IRQn,0,0);//设置为中断最高优先级
  }
```

(3)初始化外设函数。

本例程仅初始化GPIO,函数是MX_GPIO_Init,与标准库类似,具体代码如下:

```
static void MX_GPIO_Init(void)
{
GPIO_InitTypeDef GPIO_InitStruct;
/* GPIO Ports Clock Enable */
__HAL_RCC_GPIOC_CLK_ENABLE();//使能GPIOC的时钟
/* Configure GPIO pin Output Level */
HAL_GPIO_WritePin(GPIOC,GPIO_PIN_6,GPIO_PIN_RESET);//PC6输出低电平
/* Configure GPIO pin :PC6 */
GPIO_InitStruct.Pin=GPIO_PIN_6;
GPIO_InitStruct.Mode=GPIO_MODE_OUTPUT_PP;
GPIO_InitStruct.Pull=GPIO_NOPULL;
GPIO_InitStruct.Speed=GPIO_SPEED_FREQ_LOW;
HAL_GPIO_Init(GPIOC,&GPIO_InitStruct);//初始化GPIOC
}
```

(4)用户代码。

上面的代码都是STM32CubeMX自动生成的,下面才是用户自己按照HAL库文档或者参看stm32f1xx_hal_gpio.c文件中的函数。

```
HAL_GPIO_WritePin(GPIOC,GPIO_PIN_6,GPIO_PIN_SET);//PC6 输出高电平驱动 LED1 发光
HAL_GPIO_WritePin(GPIOC,GPIO_PIN_6,GPIO_PIN_RESET);//PC6 输出低电平驱动 LED1 熄灭
```

注意:要在/* USER CODE BEGIN 3 */与/ USER CODE END 3 */之间添加用户代码,不要在别处添加,否则再次生成 STM32CubeMX 工程时会被删除。

HAL_GPIO_WritePin 函数详见文档 en.DM00154093(STM32F1 HAL 和低层驱动器的描述)如下:

HAL_GPIO_WritePin

Function name	void HAL_GPIO_WritePin(GPIO_TypeDef * GPIOx, uint16_t GPIO_Pin,GPIO_PinState PinState)
Function description	Sets or clears the selected data port bit
Parameters	GPIOx:where x can be(A..G depending on device used)to select the GPIO peripheral GPIO_Pin:specifies the port bit to be written. This parameter can be one of GPIO_PIN_x where x can be(0..15). PinState:specifies the value to be written to the selected bit. This parameter can be one of the GPIO_PinState enum values: GPIO_BIT_RESET:to clear the port pin GPIO_BIT_SET:to set the port pin
Return values	None
Notes	This function uses GPIOx_BSRR register to allow atomic read/modify accesses. In this way,there is no risk of an IRQ occurring between the read and the modify access

5.4 FSMC

我们后面将使用 FSMC(flexible static memory controller,灵活的静态存储器控制器)来控制 LCD,因此这里先介绍 FSMC。

5.4.1 FSMC 概述

FSMC 是内置于大容量 STM32F10xxx 的外部存储器控制器,可以与许多存储器连接,包括 SRAM、NOR 闪存和 NAND 闪存和 LCD 模块等。

FSMC 包含四个主要模块:AHB 接口(包含 FSMC 配置寄存器),NOR 闪存和 PSRAM 控制器,NAND 闪存和 PC 卡控制器,外部设备接口。FSMC 的内部结构框图如图 5-71 所示。

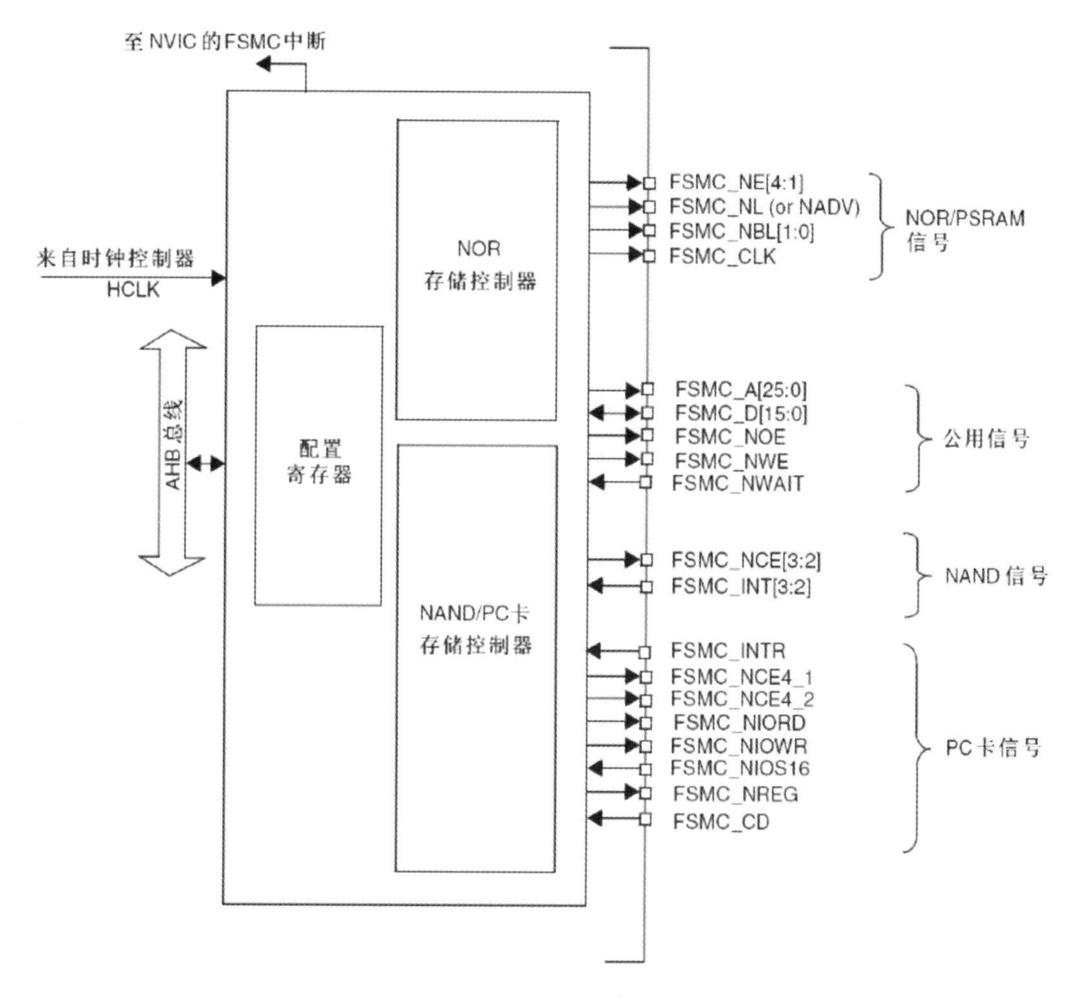

图 5-71 FSMC 的内部结构框图

5.4.2 常见的存储器

1. SRAM

SRAM(static random access memory,静态随机存取存储器)是随机存取存储器的一种。所谓的“静态”,是指这种存储器只要保持通电,里面储存的数据就可以保持。

相比之下,动态随机存取存储器(DRAM)里面所储存的数据就需要周期性地更新。

2. DRAM

DRAM(dynamic random access memory,动态随机存取存储器),每隔一段时间,要刷新充电一次,否则内部的数据就会消失。由于这种需要定时刷新的特性,因此被称为“动态”存储器。相对来说,静态存储器(SRAM)只要存入数据后,纵使不刷新也不会丢失。

与 SRAM 相比,DRAM 的优势在于结构简单,每一个比特的数据都只需一个电容跟一个晶体管来处理,相比之下在 SRAM 上一个比特通常需要六个晶体管。正因如此,DRAM 拥有非常高的密度,单位体积的容量较高,因此成本较低。但是,DRAM 也有访问速度较慢,耗电量较大的缺点。

3. SDRAM

SDRAM(synchronous dynamic random－access memory,同步动态随机存储器),是电脑上最为广泛应用的一种内存类型,是有一个同步接口的动态随机存取内存(DRAM)。

通常 DRAM 是有一个异步接口的,这样它可以随时响应控制输入的变化。而 SDRAM 有一个同步接口,在响应控制输入前会等待一个时钟信号,这样就能和计算机的系统总线同步。

4. PSRAM

PSRAM(pseudo static random access memory,伪 SRAM),内部与 SDRAM 相似,但外部接口和 SRAM 相似,不需要 SDRAM 那样复杂的控制器和刷新机制,PSRAM 的接口跟 SRAM 的接口是一样的。

5. FLASH **存储器**

FLASH 存储器(Flash EEPROM Memory),也翻译为“闪存”,是一种非易失性存储器,在没有通电的情况下也能够长久地保持数据。

闪存又分为 NOR 与 NAND 两类,NOR 的读速度比 NAND 稍快一些,NAND 的写入速度比 NOR 快很多。在 NAND FLASH 中每个块的最大擦写次数是一百万次,而 NOR 的擦写次数是十万次。

NOR FLASH 更像内存,有独立的地址线和数据线,但价格比较贵,容量比较小;而 NAND FLASH 更像硬盘,地址线和数据线是共用的 I/O 线,而且 NAND FLASH 与 NOR FLASH 相比,成本要低一些,而容量大得多。因此,NOR FLASH 比较适合频繁随机读写的场合,通常用于存储程序代码并直接在 NOR FLASH 内运行;NAND FLASH 主要用来存储资料,常用的 U 盘、SD/TF 卡都是用 NAND FLASH 存储器。

5.4.3 FSMC 的存储器控制器

(1) FSMC 包含 2 类存储器控制器。

①一个 NOR 闪存/PSRAM 控制器,可以与 NOR FLASH、SRAM 和 PSRAM 存储器接口。

②一个 NAND 闪存/PC 卡控制器,可以与 NAND 闪存、PC 卡、CF 卡和 CF＋存储器接口。

(2) 控制器产生所有驱动这些存储器的信号时序。

①16 个数据线,用于连接 8 位或 16 位存储器。

②26 个地址线,最多可连接 64M 字节的存储器(注:这里不包括片选线)。

③5 个独立的片选信号线。

(3) 一组适合不同类型存储器的控制信号线。

①控制读/写操作。

②与存储器通信,提供就绪/繁忙信号和中断信号。

(4) 从 FSMC 的角度看,外部存储器分为 4 个固定大小为 256M 字节的存储块,如图 5-72 所示。

①NOR闪存/SRAM存储器控制器使用存储块1(Bank 1)访问4个存储器设备,这个存储块被划分为4个区(Bank 1-NOR/PSRAM 1,Bank 1-NOR/PSRAM 2,Bank 1-NOR/PSRAM 3,Bank 1-NOR/PSRAM 4),具有4个专用的片选信号。

②NAND闪存/PC卡控制器使用存储块2和3访问NAND闪存设备。

③NAND闪存/PC卡控制器使用存储块4访问PC卡设备。

(5) 对于每个存储块,使用的存储器类型是用户通过配置寄存器定义的。

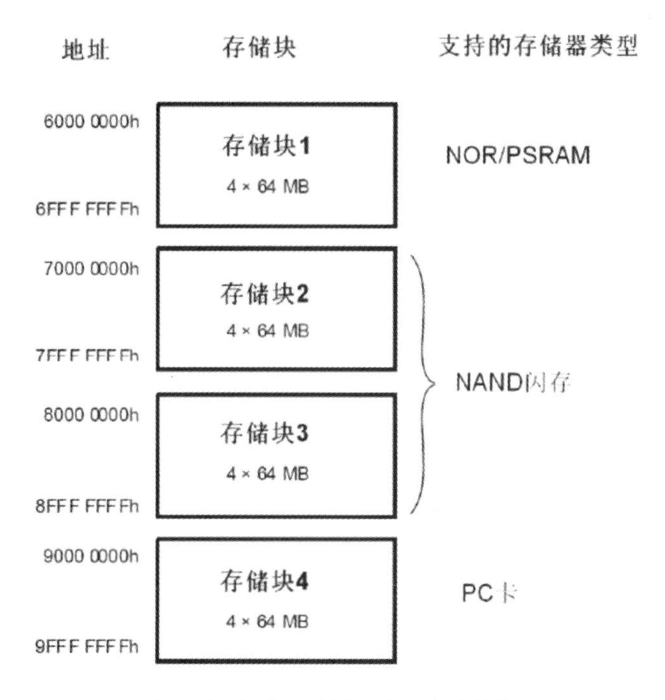

图5-72 外部存储器分为4个存储块

5.4.4 NOR和PSRAM地址映像

HADDR是需要转换到外部存储器的内部AHB地址线。HADDR[27:26]为用于选择存储块1(Bank 1)的4个区之一,如表5-4所示。

表5-4 选择NOR/PSRAM存储块

HADDR[27:26]	选择的存储块
00	存储块1 NOR/PSRAM 1
01	存储块1 NOR/PSRAM 2
10	存储块1 NOR/PSRAM 3
11	存储块1 NOR/PSRAM 4

存储块1(Bank 1) NOR/PSRAM是4×64MB,地址是6000 0000h-6FFF FFFFh,划分的每个区是64MB,则

Bank 1-NOR/PSRAM 1地址是6000 0000h—63FF FFFFh(数据宽度是8位时,由地

址线 FSMC_A[25:0]决定;数据宽度是 16 位时,由地址线 FSMC_A[24:0]决定)。

Bank 1-NOR/PSRAM2 地址是 6400 0000h—67FF FFFFh。

Bank 1-NOR/PSRAM3 地址是 6800 0000h—6BFF FFFFh。

Bank 1-NOR/PSRAM4 地址是 6C00 0000h—6FFF FFFFh。

HADDR[25:0]包含外部存储器地址。

HADDR 是字节地址,而存储器访问不都是按字节访问,因此接到存储器的地址线依存储器的数据宽度有所不同,如表 5-5 所示。

对于 16 位宽度的外部存储器,FSMC 将在内部使用 HADDR[25:1]产生外部存储器的地址 FSMC_A[24:0]。不论外部存储器的宽度是多少(16 位或 8 位),FSMC_A[0]始终应该连到外部存储器的地址线 A[0]。

表 5-5 外部存储器地址线与数据宽度

数据宽度	连到存储器的地址线	最大访问存储器空间
8 位	HADDR[25:0]与 FSMC_A[25:0]对应相连	64MB×8=512 Mbit
16 位	HADDR[25:1]与 FSMC_A[24:0]对应相连,HADDR[0]未接	64MB/2×16=512 Mbit

5.4.5 NOR 闪存和 PSRAM 控制器

(1)FSMC 可以产生适当的信号时序,驱动下述类型的存储器:

①异步 SRAM 和 ROM。

②PSRAM(Cellular RAM)。

③NOR 闪存。

(2) FSMC 对每个存储块输出一个唯一的片选信号 NE[4:1],所有其他的(地址、数据和控制)信号则是共享的。

(3) 外部存储器接口信号:

表 5-6 至表 5-8 列出了与 NOR 闪存和 PSRAM 接口的典型信号。

注:具有前缀“N”的信号表示低电平有效。

表 5-6 是 NOR 闪存、非复用接口,NOR 闪存存储器是按 16 位的字寻址,最大容量达 64MB(26 条地址线)。

表 5-6 非复用信号的 NOR 闪存接口

FSMC 信号名称	信号方向	功能
CLK	输出	时钟(同步突发模式使用)
A[25:0]	输出	地址总线
D[15:0]	输入/输出	双向数据总线
NE[x]	输出	片选,x=1,2,3,4
NOE	输出	输出使能
NWE	输出	写使能
NWAIT	输入	NOR 闪存要求 FSMC 等待的信号

表5-7是NOR闪存、复用接口，NOR闪存存储器是按16位的字寻址，最大容量达64MB(26条地址线)。

表5-7 复用NOR闪存接口

FSMC信号名称	信号方向	功能
CLK	输出	时钟(同步突发模式使用)
A[25:16]	输出	地址总线
AD[15:0]	输入/输出	16位复用的，双向地址/数据总线
NE[x]	输出	片选，$x=1,2,3,4$
NOE	输出	输出使能
NWE	输出	写使能
NL(=NADV)	输出	锁存使能(某些NOR闪存器件命名该信号为地址有效，NADV)
NWAIT	输入	NOR闪存要求FSMC等待的信号

表5-8是PSRAM存储器、非复用接口，是按16位的字寻址，最大容量达64MB(26条地址线)。

表5-8 非复用信号的PSRAM接口

FSMC信号名称	信号方向	功能
CLK	输出	时钟(同步突发模式使用)
A[25:0]	输出	地址总线
D[15:0]	输入/输出	双向数据总线
NE[x]	输出	片选，$x=1,2,3,4$(PSRAM称其为NCE(Cellular RAM即CRAM))
NOE	输出	输出使能
NWE	输出	写使能
NL(=NADV)	输出	地址有效(存储器信号名称为:NADV)
NWAIT	输入	PSRAM要求FSMC等待的信号
NBL[1]	输出	高字节使能(存储器信号名称为:NUB)
NBL[0]	输出	低字节使能(存储器信号名称为:NLB)

5.4.6 与非总线复用模式的异步16位NOR闪存/PSRAM存储器接口

1. FSMC配置

控制一个NOR闪存，需要FSMC提供下述功能：

(1) 选择合适的存储块映射NOR闪存/PSRAM存储器：共有4个独立的存储块可以用于NOR闪存、SRAM和PSRAM存储器接口，每个存储块都有一个专用的片选管脚。

(2) 使用或禁止地址/数据总线的复用功能。

(3) 选择所用的存储器类型:NOR 闪存、SRAM 或 PSRAM。

(4) 定义外部存储器的数据总线宽度:8 或 16 位。

(5) 使用或关闭同步 NOR 闪存存储器的突发访问模式。

(6) 配置等待信号的使用:开启或关闭,极性设置,时序配置。

(7) 使用或关闭扩展模式:扩展模式用于访问那些具有不同读写操作时序的存储器。

因为 NOR 闪存/PSRAM 控制器可以支持异步和同步存储器,用户只需根据存储器的参数配置使用到的参数。FSMC 提供了一些可编程的参数,可以正确地连接外部存储器接口。依存储器类型的不同,有些参数是不需要的。

图 5-73 和图 5-74 给出了对于一个典型的 NOR 闪存的读写操作时序。

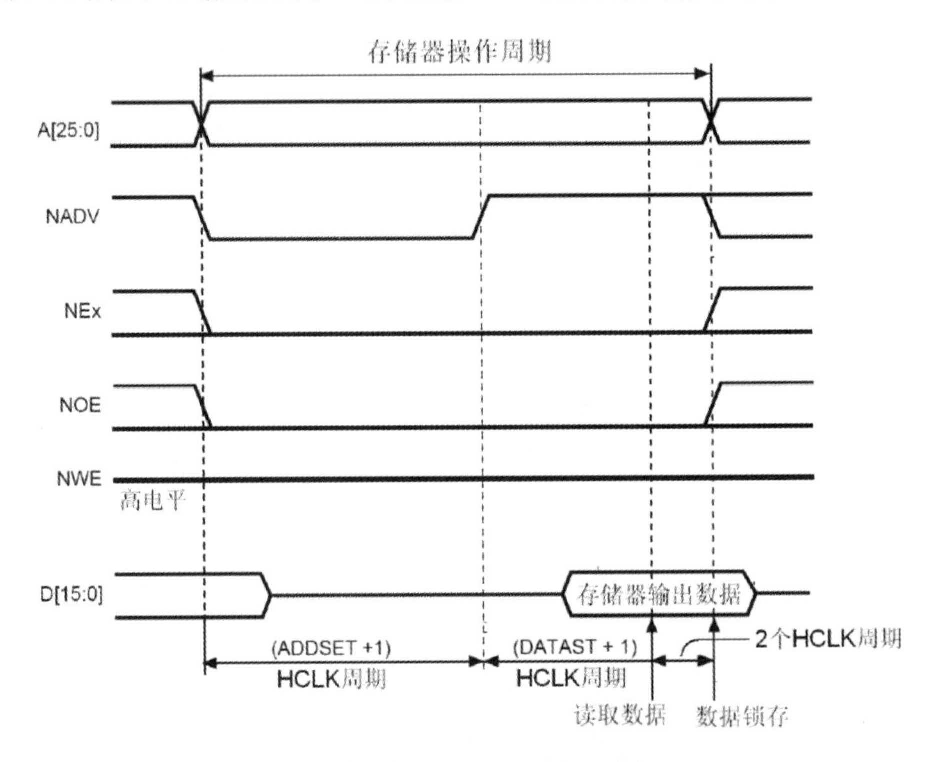

图 5-73 异步 NOR 闪存读操作时序

2. 与 NOR 闪存存储器接口的典型应用

STM32F10xxx 的 FSMC 有 4 个各为 64MB 的不同存储块,支持 NOR 闪存、PSRAM 存储器和相同的外部存储器。

所有外部存储器共用控制器的地址、数据和控制信号线,每个外部设备由唯一的片选信号区分,而 FSMC 在任一时刻只访问一个外部设备。

每个存储块都有一组专用的寄存器,配置不同的功能和时序参数。

以 M29W128FL 存储器作为参考,M29W128FL 是一个 16 位、异步、非总线共享的 NOR 闪存存储器,因此 FSMC 应按下述方式配置:

(1) 选用存储块 2 驱动这个 NOR 闪存存储器。

(2) 使能存储块 2,设置 BCR2_MBKEN 位为 1。

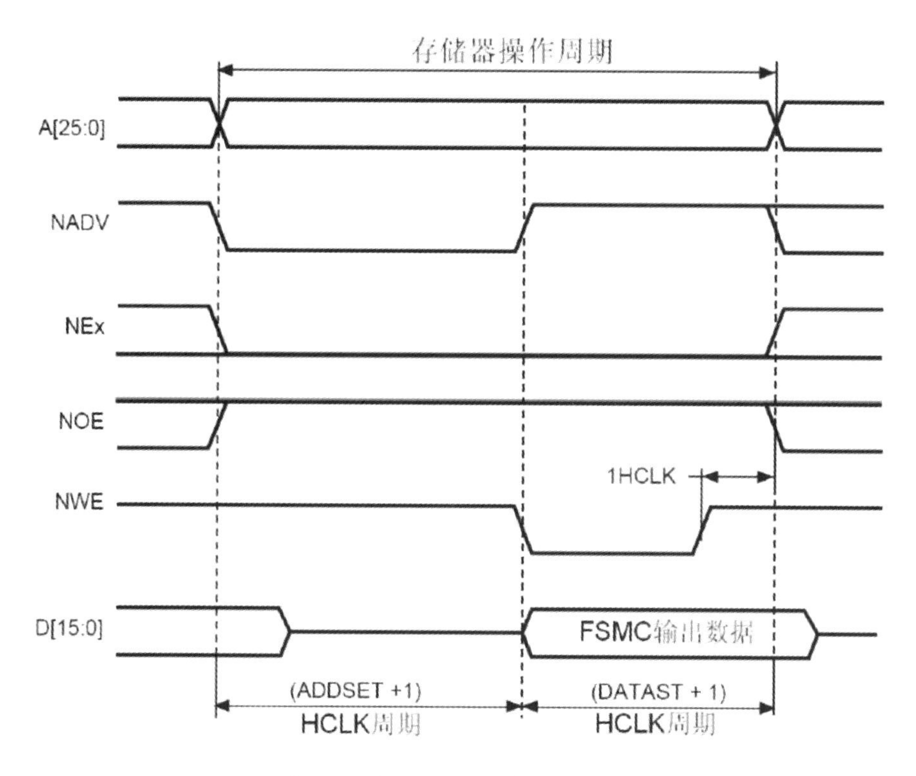

图 5-74 异步 NOR 闪存写操作时序

（3）存储器类型为 NOR，设置 BCR2_MTYP 为 10，选择 NOR 存储器类型。

（4）数据总线宽度为 16 位，设置 BCR2_MWID 为 01，选择 16 位宽度。

（5）这是非总线共享存储器，清除 BCR2_MUXEN 为 0。

（6）保持其他的所有参数为清除状态。

表 5-9 给出了 NOR 闪存存储器与 FSMC 管脚的对应关系和每个 FSMC 管脚的配置。

表 5-9 M29W128FL 信号与 FSMC 管脚的对应关系

存储器信号	FSMC 信号	管脚/端口分配	管脚/端口配置	信号说明
A0～A22	A0～A22	端口 F/端口 G/端口 E/端口 D	复用推挽输出	地址线 A0 至 A22
DQ0～DQ7	D0～D7	端口 D/端口 E	复用推挽输出	数据线 D0 至 D7
DQ8～DQ14	D8～D14	端口 D/端口 E	复用推挽输出	数据线 D8 至 D14
DQ15A－1	D15	PD10	复用推挽输出	数据线 D15
E	NE2	PG9	复用推挽输出	芯片使能
G	NOE	PD4	复用推挽输出	输出使能
W	NEW	PD5	复用推挽输出	写使能

图 5-75 是一个典型的 STM32F10xxx 与 M29W128FL NOR 闪存存储器连接图，这是 STM3210E-EVAL（STM32F10xxx 评估板）的部分线路图。

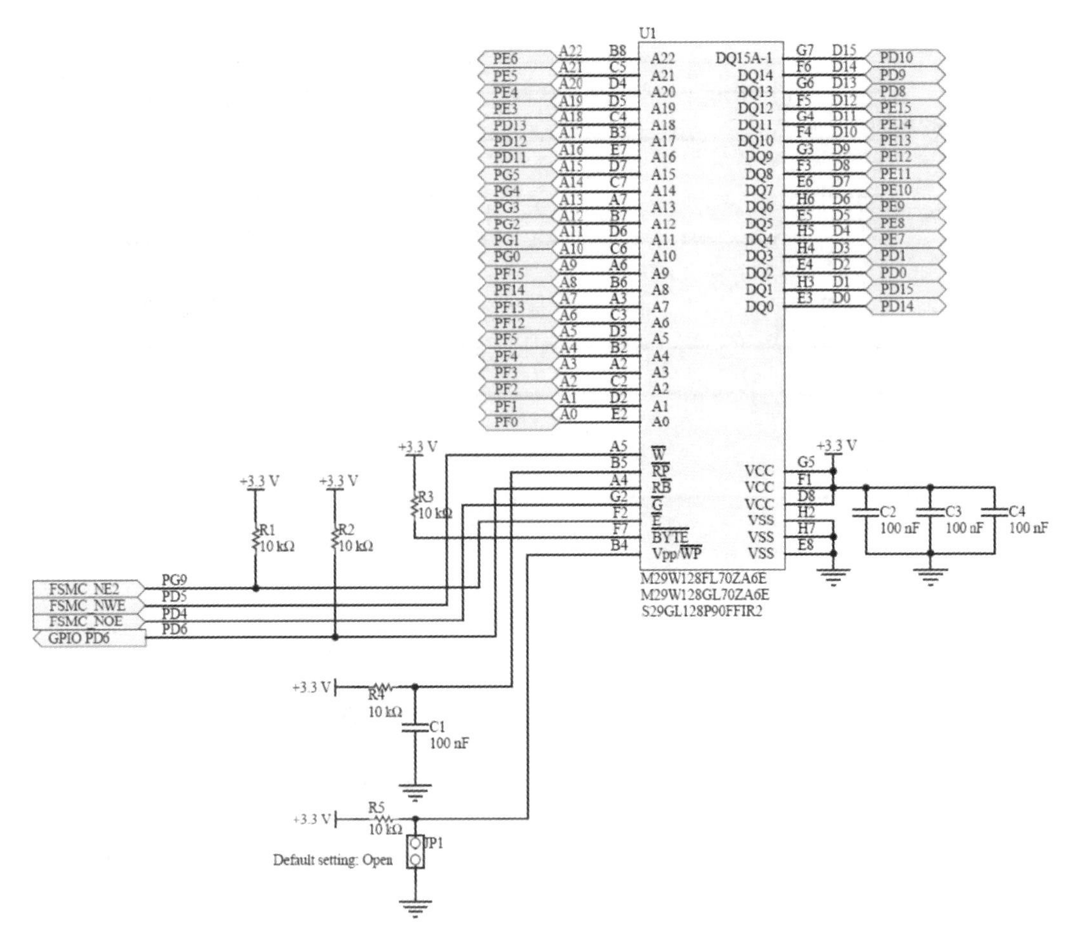

图 5-75　16 位 NOR 闪存 M29W128FL/GL 连接至 STM32F10xxx

5.4.7　TFT LCD 使用 FSMC 接口

(1) FSMC 提供 LCD 控制器所需的所有信号,用于 LCD 接口的 FSMC 信号描述如下。

① FSMC [D0:D15]:FSMC 数据总线,16 位宽度。

② FSMC NEx:FSMC 芯片选择(片选)。

③ FSMC NOE:FSMC 输出允许。

④ FSMC NWE:FSMC 写入允许。

⑤ FSMC Ax:用于在 LCD 寄存器和 LCD 显示 RAM 选择的一条地址线,其中 x 可以是 0～25。

注意:信号名称中的前缀"N"指信号低电平有效。

(2) LCD Intel 8080 与 FSMC 的接口如图 5-76 所示,其中 NEx 的 x=1～4;Ax 的 x=0～25。

(3) LCD 地址取决于使用的 FSMC NOR Flash/PSRAM 块区(NEx)和用于驱动 LCD RS 引脚的选择地址(Ax)。例如:对于 NE2 和 A4,LCD 的寄存器的地址为 0x6400 0000,

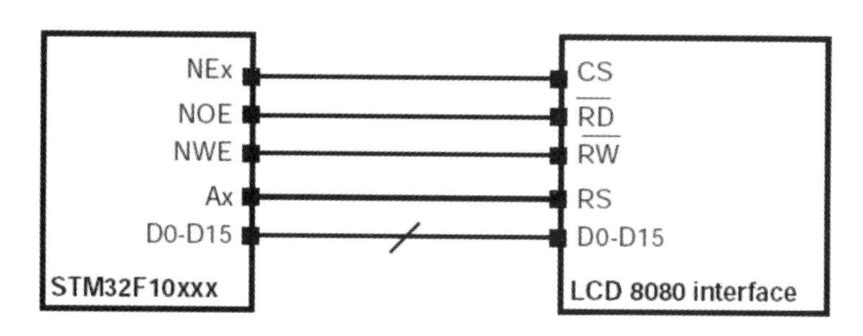

图5-76 LCD与FSMC的接口

GRAM的基址为0x6400 0020；对于NE4和A0，LCD的寄存器的地址为0x6C00 0000，GRAM的基址为0x6C00 0002。进一步详细说明如下：

FSMC [D0:D15]：FSMC数据总线，16位宽度，连接LCD的16位数据总线。

FSMC NEx(x=1～4)：NOR闪存/SRAM存储器控制器使用存储块1(Bank 1)访问4个存储器设备，这个存储块被划分为4个区(Bank 1－NOR/PSRAM 1，地址是6000 0000h—63FF FFFFh；Bank 1－NOR/PSRAM 2，地址是6400 0000h—67FF FFFFh；Bank 1－NOR/PSRAM 3，地址是6800 0000h—6BFF FFFFh；Bank 1－NOR/PSRAM 4，地址是6C00 0000h—6FFF FFFFh)，具有4个专用的片选信号，分别为NE1～NE4，对应的引脚为：PD7-NE1，PG9-NE2，PG10-NE3，PG12-NE4。

FSMC NOE：输出使能，连接LCD的NRD引脚。

FSMC NWE：写使能，连接LCD的NRW引脚。

FSMC Ax(x=0～25)：用在LCD寄存器和显示RAM之间进行选择的地址线，连接LCD的RS引脚，可用地址线的任意一根线。说明：RS=0时，表示读写命令(寄存器)；RS=1时，表示读写数据(GRAM)。

(4) 举例1：选择NOR/PSRAM的Bank 1－NOR/PSRAM 2即NE2，使用FSMC_A4即A4来控制LCD的RS引脚，则访问LCD寄存器的地址为6400 0000h，此时A4为低电平；GRAM的基址为0x6400 0020，此时A4为高电平。GRAM的基址计算：数据长度为16bit，FSMC_A[24:0]对应HADDR[25:1]，GRAM的基址=0x6400 0000+2^4*2=0x6400 0000+0x20=0x6400 0020。

(5) 举例2：选择NOR/SRAM的Bank 4－NOR/PSRAM 4即NE4，使用FSMC_A0即A0来控制LCD的RS引脚，则访问LCD寄存器的地址为6C00 0000h，GRAM的基址为0x6C00 0002。GRAM的基址计算：数据长度为16bit，FSMC_A[24:0]对应HADDR[25:1]，GRAM的基址=0x6C00 0000+2^0*2=0x6C00 0000+0x2=0x6C00 0002。

注意：实际编程时GRAM的基址要减0x2，就是右移1位。

(6) 图5-77是一个典型的STM32F10xxx与LCD连接图，这是STM3210E-EVAL(STM32F10xxx评估板)的部分线路图。

AMPIRE TFT LCD(ILI9320控制器)通过FSMC区块1 NOR/PSRAM 4用于控制

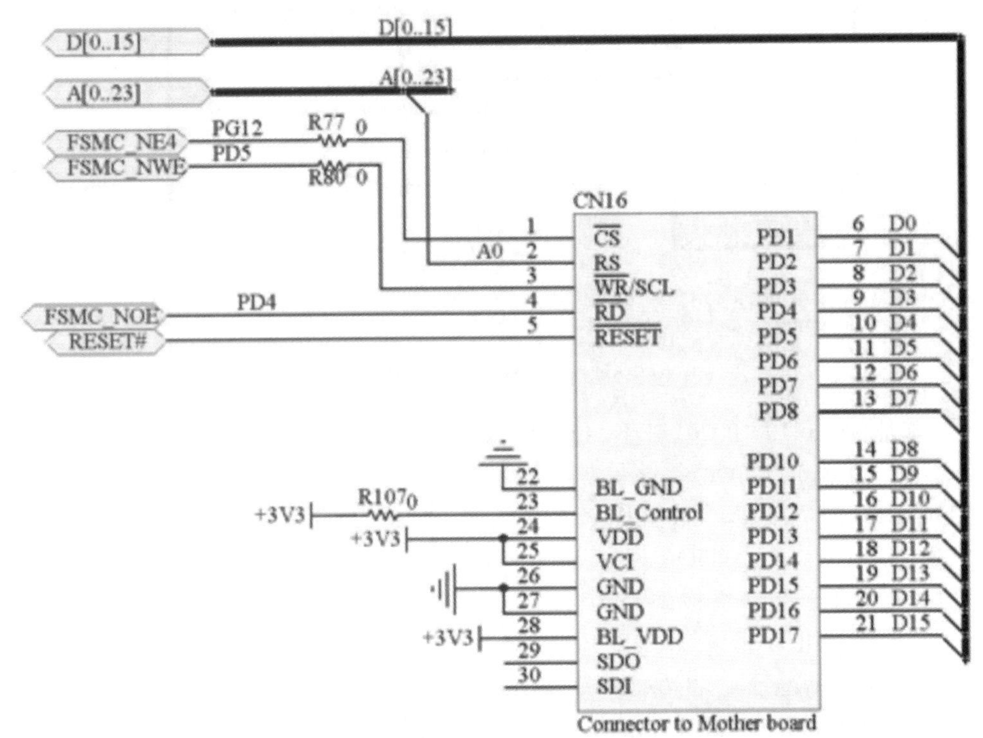

图 5-77　STM32F10xxx 与 LCD 的 FSMC 接口

LCD 信号，内存类型为 SRAM，数据总线宽度为 16 位，非复用信号存储器。

表 5-10 显示了 LCD 模块引脚和 FSMC 引脚之间的对应关系，全部的 FSMC GPIO 配置为复用功能推拉输出工作模式。

表 5-10　FSMC 和 Ampire LCD 引脚

LCD signals	FSMC signals	Pin / Port assignment	Signal description
RS	A0	PF00	Address A0
D0-D15	D0-D15	GPIOD/GPIOE	Data D0-D15
$\overline{\text{CS}}$	NE4	PG12	Chip Enable
$\overline{\text{RD(E)}}$	NOE	PD04	Output Enable
$\overline{\text{WR(R/W)}}$	NWE	PD05	Write Enable

5.4.8　STM32F103xC/D/E 的 FSMC 引脚定义

此处将大容量产品 STM32F103xC/D/E 引脚中的 FSMC 引脚列出，如表 5-11 所示。

表5-11　大容量产品STM32F103xC/D/E部分引脚定义

Pins(引脚、封装)		Pin name (引脚名称)	Type (类型)	I/O Level (电平)	Main function (after reset) (复位后主功能)	Alternate functions(复用功能)
LQFP100	LQFP144					Default(缺省/默认)
1	1	PE2	I/O	FT	PE2	TRACECK/FSMC_A23
2	2	PE3	I/O	FT	PE3	TRACED0/FSMC_A19
3	3	PE4	I/O	FT	PE4	TRACED1/FSMC_A20
4	4	PE5	I/O	FT	PE5	TRACED2/FSMC_A21
5	5	PE6	I/O	FT	PE6	TRACED3/FSMC_A22
—	10	PE0	I/O	FT	PF0	FSMC_A0
—	11	PF1	I/O	FT	PF1	FSMC_A1
—	12	PF2	I/O	FT	PF2	FSMC_A2
—	13	PF3	I/O	FT	PF3	FSMC_A3
—	14	PF4	I/O	FT	PF4	FSMC_A4
—	15	PF5	I/O	FT	PF5	FSMC_A5
—	18	PF6	I/O	—	PF6	ADC3_IN4/FSMC_NIORD
—	19	PF7	I/O	—	PF7	ADC3_IN5/FSMC_NREG
—	20	PF8	I/O	—	PF8	ADC3_IN6/FSMC_NIOWR
—	21	PF9	I/O	—	PF9	ADC3_IN7/FSMC_CD
—	22	PF10	I/O	—	PF10	ADC3_IN8/FSMC_INTR
—	49	PF11	I/O	FT	PF11	FSMC_NIOS16
—	50	PF12	I/O	FT	PF12	FSMC_A6
—	53	PF13	I/O	FT	PF13	FSMC_A7
—	54	PF14	I/O	FT	PF14	FSMC_A8
—	55	PF15	I/O	FT	PF15	FSMC_A9
—	56	PG0	I/O	FT	PG0	FSMC_A10
—	57	PG1	I/O	FT	PG1	FSMC_A11
38	58	PE7	I/O	FT	PE7	FSMC_D4
39	59	PE8	I/O	FT	PE8	FSMC_D5
40	60	PE9	I/O	FT	PE9	FSMC_D6
41	63	PE10	I/O	FT	PE10	FSMC_D7
42	64	PE11	I/O	PT	PE11	FSMC_D8
43	65	PE12	I/O	FT	PE12	FSMC_D9
44	66	PE13	I/O	FT	PE13	FSMC_D10
45	67	PE14	I/O	FT	PE14	FSMC_D11
46	68	PE15	I/O	FT	PE15	FSMC_D12
55	77	PD8	I/O	FT	PD8	FSMC_D13

续表

Pins(引脚、封装)		Pin name (引脚名称)	Type (类型)	I/O Level (电平)	Main function (after reset) (复位后主功能)	Alternate functions(复用功能)
LQFP100	LQFP144					Default(缺省/默认)
56	78	PD9	I/O	FT	PD9	FSMC_D14
57	79	PD10	I/O	FT	PD10	FSMC_D15
58	80	PD11	I/O	FT	PD11	FSMC_A16
59	81	PD12	I/O	FT	PD12	FSMC_A17
60	82	PD13	I/O	FT	PD13	FSMC_A18
61	85	PD14	I/O	FT	PD14	FSMC_D0
62	86	PD15	I/O	FT	PD15	FSMC_D1
—	87	PG2	I/O	FT	PG2	FSMC_A12
—	88	PG3	I/O	FT	PG3	FSMC_A13
—	89	PG4	I/O	FT	PG4	FSMC_A14
—	90	PG5	I/O	FT	PG5	FSMC_A15
—	91	PG6	I/O	FT	PG6	FSMC_INT2
81	114	PD0	I/O	FT	OSC_IN(10)	FSMC_D2(11)
82	115	PD1	I/O	FT	OSC_OUT(10)	FSMC_D3(11)
84	117	PD3	I/O	FT	PD3	FSMC_CLK
85	118	PD4	I/O	FT	PD4	FSMC_NOE
86	119	PD5	I/O	FT	PD5	FSMC_NWE
87	122	PD6	I/O	FT	PD6	FSMC_NWAIT
88	123	PD7	I/O	FT	PD7	FSMC_NE1//FSMC_NCE2
—	123	JPD7	I/O	FT	PD7	FSMC_NE1/FSMC_NCE2
—	124	PG9	I/O	FT	PG9	FSMC_NE2/FSMC_NCE3
—	125	PG10	I/O	FT	PG10	FSMC_NCE4_1/FSMC_NE3
—	126	PG11	I/O	FT	PG11	FSMC_NCE4_2
—	127	PG12	I/O	FT	PG12	FSMC_NE4
—	128	PG13	I/O	FT	PG13	FSMC_A24
—	129	PG14	I/O	FT	PG14	FSMC_A25
93	137	PB7	I/O	FT	PB7	I2C1_SDA(9)/FSMC_NADV /TIM4_CH2(9)
97	141	PE0	I/O	FT	PE0	TIM4_ETR/FSMC_NBL0
98	142	PE1	I/O	FT	PE1	FSMC_NBL1

注:(1) I=input,O=output,S=supply

(2) FT=5 V tolerant

5.5 TFT LCD显示应用

TFT LCD(thin-film-transistor liquid crystal display,薄膜晶体管液晶显示器),是常用的重要的嵌入式外围输出设备,也叫LCM(LCD Module,LCD模块)。

本节介绍LCM的外形、特性、引脚以及驱动器,并给出ILI9320或ILI9325、ST7735等驱动器的TFT LCD的FSMC、i80 16bit、SPI等微处理器接口模式的编程应用,并首次采用Proteus软件仿真硬件的设计。本节也将介绍STM32CubeMX4.27、MDK5.26和Proteus8.7联合使用情况。

5.5.1 TFT LCD简介

TFT LCD由4部分构成:触摸屏、LCD显示组件、背光灯组件和驱动电路,如图5-78所示,从左到右分别是TFT LCD正面、反面实物照片。

图5-79从左到右分别是TFT LCD安装焊接到PCB后的正、反面实物照片。

图5-78 LCD的外形

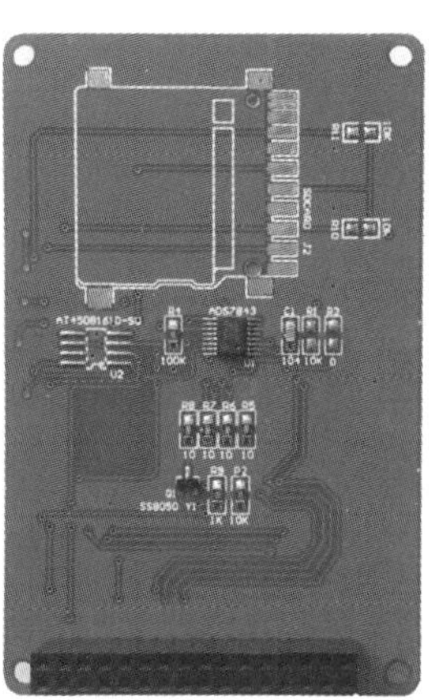

图5-79 LCD显示模块的外形

简单来说,TFT LCD显示面板可视为两片玻璃基板中间夹着一层液晶,上层的玻璃基板是与彩色滤光片贴合、而下层的玻璃则有晶体管镶嵌于上。当电流通过晶体管使液晶分子偏转,改变光线的偏转,再利用偏光片决定像素的明暗状态。此外,上层玻璃因与彩色滤光片贴合,形成每个像素各包含红绿蓝三种颜色,这些发出红绿蓝色彩的像素便构成了面板上的影像画面(光线亮暗与色彩)。

液晶显示器的三基色红、绿、蓝三色都有单独的连接线,每个像素都有一个专属于它的晶体管开关,使得每个像素都可以被独立控制。

TFT LCD的显示采用"背透式"照射方式,光源路径是从下向上,光源照射时通过下偏光板向上透出。在TFT导通时,液晶分子的表现也会发生改变,可以通过遮光和透光来达到显示的目的。

按照触摸屏的结构和工作原理,触摸屏分为四种:电阻式、电容感应式、红外线式以及表面声波式。高级的嵌入式产品通常使用触摸屏作为输入设备,可以代替鼠标或键盘。

5.5.2 LCD 主要特性

2.8 英寸 TFT LCD 的主要特性：显示颜色数是 262K/65K、分辨率 240×320、ILI9325 驱动器、4 个 LED 背光灯，典型工作电压 3.3V 等。

华威 HW240320F-0J-0B-L3 型号的 LCD 的主要特性如表 5-12 所示。

表 5-12 华威 LCD 特性

Parameter	Value	Unit
LCD Mode	TFT/Transmissive	—
Color Depth	262K/65K	—
Display Resolution	240×320(RGB)	pixels
Pixel Arrangement	RGB-stripe	—
Viewing Direction	12 o'clock	—
Display Mode	Normally white	—
LCD Controller/Driver	ILI9325	—
IC Package Type	COG	—
MPU Interface	Standard 8080 system 8 bit/16bit parallel	—
Power Supply Voltage	2.5～3.6	V
Back-light	White LED×4	pcs

5.5.3 LCD 外部引脚

带触摸屏的 LCD 常用的是 37 引脚，分为电源(VCC，GND)、数据(DB0-DB7，DB10-DB17)、控制(/CS，RS，/WR，/RD，/RESET)、背光灯(LEDA，LEDK)、触摸(X，Y)、MCU 控制接口模式 IM 等几个类别。

华威 HW240320F-0J-0B-L3 型号的 LCD 的外部引脚如表 5-13 所示。

表 5-13 华威 LCD 外部引脚

PIN No.	Symbol	Description
1～4	DB0～DB3	Data Bas Line
5	GND1	Internal logic GND：GND=0V
6	VCC1	Internal logic power：VCC=2.5V～3.3V，VCC>IOVCC
7	/CS	Color LCD chip select(active low)
8	RS	Register select input pin RS="H"：DB0 to DB7 are display data RS="L"：DB0 to DB7 are control data

续表

PIN No.	Symbol	Description
9	/WR	Write execution control pin for 8080 mode
10	/RD	Read enable clock input pin:when RD="L",DB0～DB7 are in Output status
11	IM0	Select 8bit or 16bit parallel 8Bit data bus:D0～D7,16Bit data bus:D0～D15
12	X+	TP X+
13	Y+	TP Y+
14	X-	TP X-
15	Y-	TP Y-
16	LEDA	LED 3V
17	LEDK1	LED1 GND
18	LEDK2	LED2 GND
19	LEDK3	LED3 GND
20	LEDK4	LED4 GND
21	IM3	Select a mode to interface to an MPU. In serial interface operation, the IM0 pin is used to set the ID bit of device code
22	DB4	Data Bas Line
23～30	DB10～DB17	Data Bas Line
31	/RESET	This is an active low signal
32	VC1	Power supply to the crystal power supply anglog circuit. Connect to an external power supply of 2.5V～3.3V
33	VCC2	Internal logic power:VCC=2.5V～3.3V,VCC>IOVCC
34	GND	Internal logic GND:GND=0V
35-37	DB5～DB7	Data Bas Line

5.5.4 LCD驱动器

LCD常用的驱动器有ILITEK公司的ILI 9320/9325,Himax公司的HX8347,Solomon Systech公司的SSD1289,Sitronix公司的ST7735等。

ILI9320 是 262K(262144) 色的 TFT 液晶显示驱动器，分辨率为 240×320 像素点，包括一个 720 通道源驱动、一个 320 通道门驱动、240×320 像素点的 172800 字节图形数据 RAM，以及供电电路。

1. 内部结构框图

内部结构如图 5-80 所示，驱动器的工作就是通过读写相关的寄存器将显示数据送到 GRAM(Graphics RAM，图像存储器)中，在显示屏上以像素点的形式显示出来。

2. MPU 接口

ILI9320 与 MPU(微处理器)硬件接口：i80 的 8、9、16、18 位并口和 SPI(serial peripheral interface，串行外设接口)。接口设置见表 5-14，例如 i80/18-bit 设置 IM[3：0] 为 “1010”。

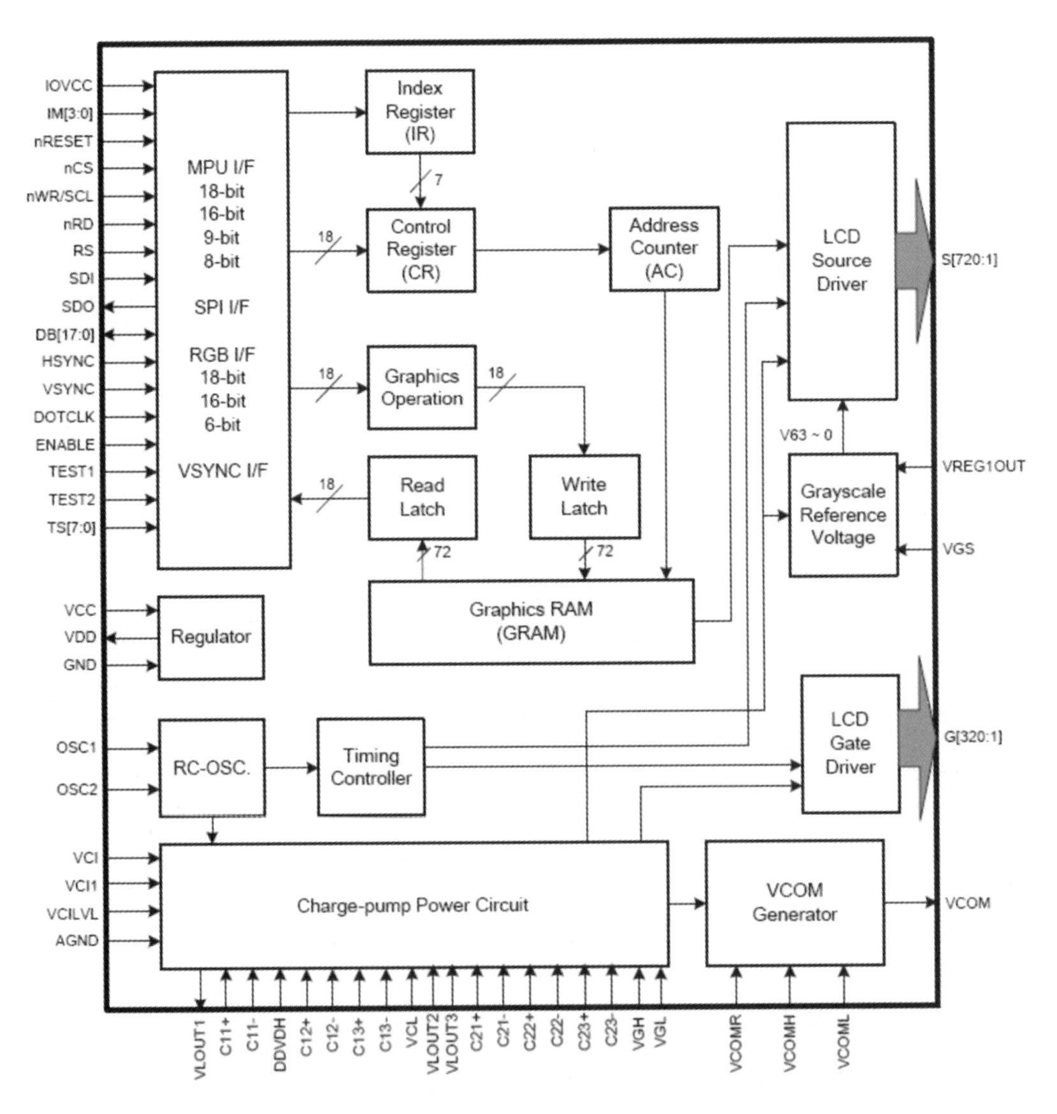

图 5-80 ILI9320 的内部结构

表 5-14　MPU 接口模式

IM3	IM2	IM1	IM0	MPU-Interface Mode	DB Pin in use
0	0	0	0	Setting invalid	
0	0	0	1	Setting invalid	
0	0	1	0	i80-system 16-bit interface	DB[17：10],DB[8：1]
0	0	1	1	i80-system 8-bit interface	DB[17：10]
0	1	0	ID	Serial Peripheral Interface(SPI)	SDI,SDO
0	1	1	*	Setting invalid	
1	0	0	0	Setting invalid	
1	0	0	1	Setting invalid	
1	0	1	0	i80-system 18-bit interface	DB[17：0]
1	0	1	1	i80-system 9-bit interface	DB[17：9]
1	1	*	*	Setting invalid	

3. i80/16-bit **系统接口**

LCD 与 MCU 间的 16 位接口如图 5-81 所示，此时 IM[3：0]设置为 0010，可以显示 262K 或 65K 色。显示 65K 色时，需要传输一次 16bits(RGB565)。显示 262K 色时，需要传输第一次 2bits、第二次 16bits(RGB666)；或者传输第一次 16bits(RGB666) 、第二次 2bits，如图 5-82 所示。

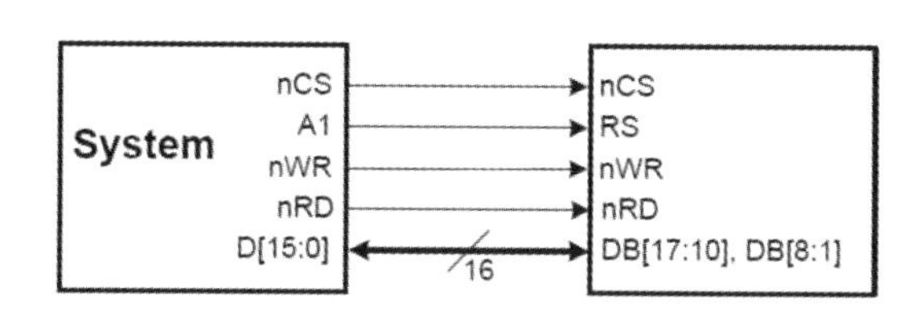

图 5-81　LCD 与 MCU 接口

4. 寄存器读写时序

ILI9320 采用 18 位总线接口，当接收到外部 MPU 的正确指令时开始工作。

当指令和显示数据被写入时，索引寄存器(IR)储存寄存器的地址。

寄存器选择信号(RS)和读写信号(nRD/nWR)，将数据总线 D17-0 上的指令和显示数据写入 ILI9320 或读出。

ILI9320 的寄存器分类：

(1) 索引寄存器(IR)。

(2) 读状态。

(3) 显示控制。

(4) 电源管理控制。

(5) 图形数据处理。

(6) 设置内部图形显存(GRAM)地址(AC)。

(7) 与内部图形显存(GRAM)传输数据(R22)。

(8) 内部灰度 γ-校正(R30～R39)。

16-bit MPU System Interface Data Format

system 16-bit interface (1 transfers/pixel) 65,536 colors

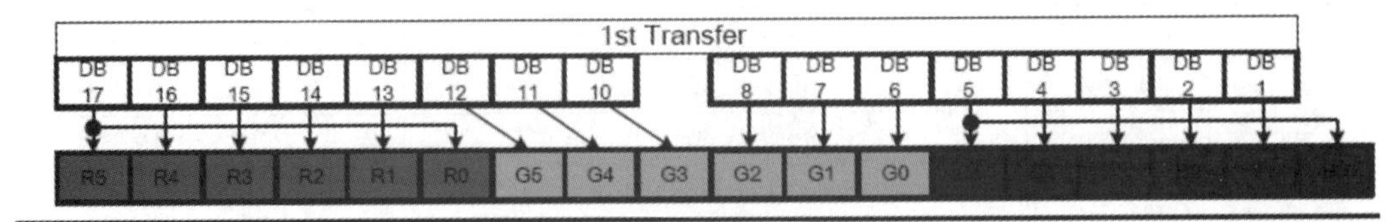

80-system 16-bit interface (2 transfers/pixel) 262,144 colors

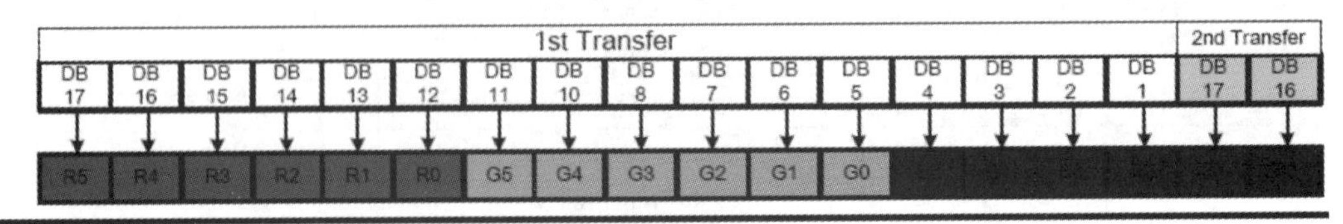

80-system 16-bit interface (2 transfers/pixel) 262,144 colors

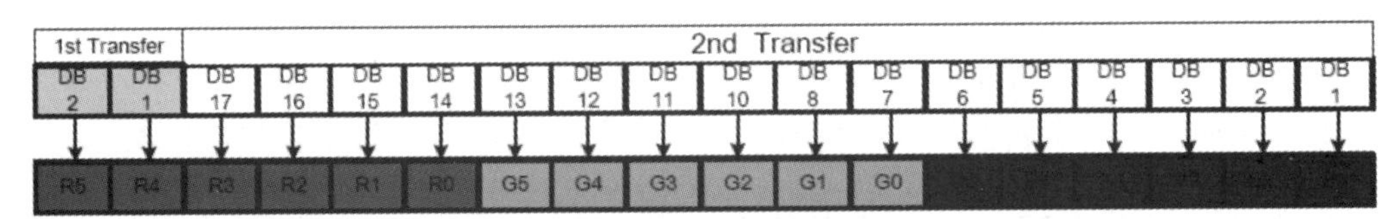

图 5-82　16 位系统接口数据格式

寄存器读写时序如图 5-83 所示。

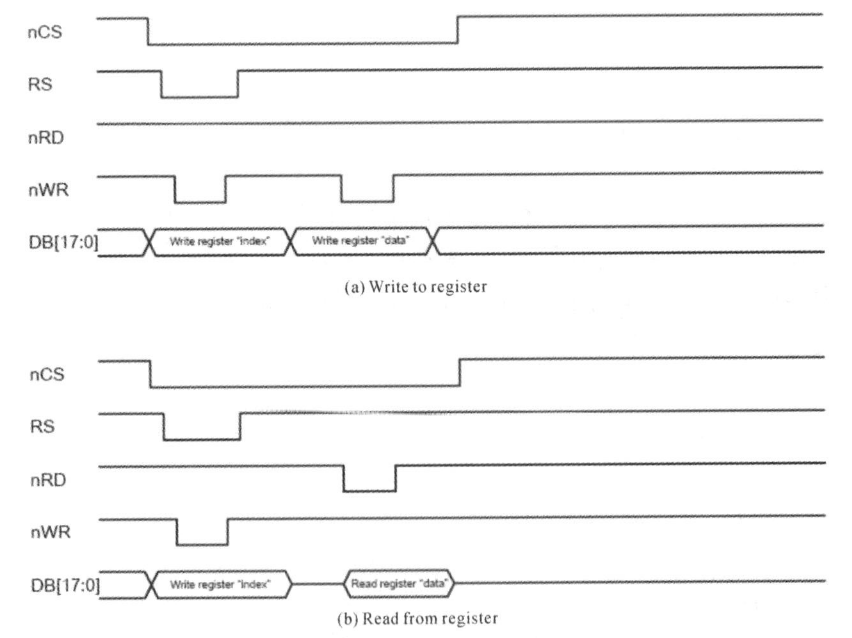

(b) Read from register

图 5-83　i80 系统接口的寄存器读写时序

5. ILI9320 的寄存器

ILI9320 的一些重要寄存器如下。

(1) 开始振荡(start oscillation,R00h)。

重要寄存器 R00h 如图 5-84 所示。

R/W	RS	D15	D14	D13	D12	D11	D10	D9	D8	D7	D6	D5	D4	D3	D2	D1	D0
W	1	-	-	-	-	-	-	-	-	-	-	-	-	-	-	-	1
R	1	1	0	0	1	0	0	1	1	0	0	1	0	0	0	0	0

图 5-84 重要寄存器 R00h

将 OSC 位设置为“1”以启动内部振荡器,设置为“0”以停止振荡器。等待至少 10 ms 振荡器的频率稳定,然后做其他的功能操作。当读此寄存器时,读出控制器型号 9320。

编程应用举例:

```
LCD_WriteReg(R0,  0x0001);/* Start internal OSC.* /
```

(2) 进入模式(entry mode,R03h)。

重要寄存器 R03h 如图 5-85 所示。

R/W	RS	D15	D14	D13	D12	D11	D10	D9	D8	D7	D6	D5	D4	D3	D2	D1	D0
W	1	TRI	DFM	0	BGR	0	0	HWM	0	ORG	0	I/D1	I/D0	AM	0	0	0

图 5-85 重要寄存器 R03h

AM 控制 GRAM 数据更新方向:当 AM=“0”,在水平写入方向时地址更新;当 AM=“1”,在垂直写入方向时地址更新。

I/D[1:0]控制地址计数器(AC):当更新一个像素的显示数据时,AC 将自动加 1 或减 1,详情如图 5-86 所示。

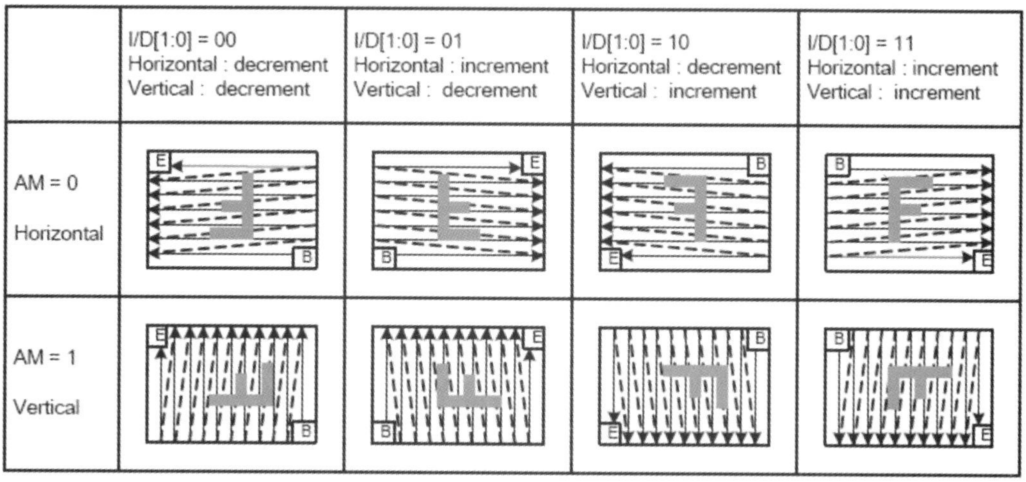

	I/D[1:0] = 00 Horizontal : decrement Vertical : decrement	I/D[1:0] = 01 Horizontal : increment Vertical : decrement	I/D[1:0] = 10 Horizontal : decrement Vertical : increment	I/D[1:0] = 11 Horizontal : increment Vertical : increment
AM = 0 Horizontal	E B	E B	B E	B E
AM = 1 Vertical	E B	E B	B E	B E

图 5-86 设置 GRAM 访问方向

BGR 交换写入数据的 R 和 B 的顺序:BGR=“0”:按照 RGB 顺序写入像素数据;BGR

=“1”:当写入数据到 GRAM 时,转换 RGB 数据到 BGR 数据。

R03h 寄存器用来设置显示画面的显示正反、上下、左右等方向。

编程应用举例:

```
/*  Set GRAM write direction and BGR=1* /
/*  I/D=01(Horizontal :increment,Vertical :decrement)* /
/*  AM=1(address is updated in vertical writing direction)* /
```

LCD_WriteReg(R3,0x1018);//0001 0000 0001 1000 横屏显示,如图 5-87 所示。

图 5-87 R03h 寄存器用来设置显示画面

(3) 显示控制 1(display control 1,R07h)。

重要寄存器 R07h 如图 5-88 所示。

R/W	RS	D15	D14	D13	D12	D11	D10	D9	D8	D7	D6	D5	D4	D3	D2	D1	D0
W	1	0	0	PTDE1	PTDE0	0	0	0	BASEE	0	0	GON	DTE	CL	0	D1	D0

图 5-88 重要寄存器 R07h

设置 D[1:0]=“11”时,打开显示面板,D[1:0]=“00”时关闭显示面板。

当写入 D1=“1”,图形显示被打开在面板上;当写入 D1=“0”时图形显示被关闭。

编程应用举例:

```
LCD_WriteReg(R7,0x0173);/*  262K color and display ON * /
```

(4) 显示 GRAM 的水平/垂直地址初值(GRAM horizontal/vertical address set,R20h、R21h)。

重要寄存器 R20h、R21h 如图 5-89 所示。

R/W	RS	D15	D14	D13	D12	D11	D10	D9	D8	D7	D6	D5	D4	D3	D2	D1	D0
W	1	0	0	0	0	0	0	0	0	AD7	AD6	AD5	AD4	AD3	AD2	AD1	AD0
W	1	0	0	0	0	0	0	0	AD16	AD15	AD14	AD13	AD12	AD11	AD10	AD9	AD8

图 5-89 重要寄存器 R20h、R21h

AD[16：0] 设置地址计数器初始值(AC)。

编程应用举例 1：

```
LCD_WriteReg(R32,0x0000);/*  GRAM horizontal Address * /
LCD_WriteReg(R33,0x0000);/*  GRAM Vertical Address * /
编程应用举例 2：
Function Name   :LCD_SetCursor
Description     :Sets the cursor position.
void LCD_SetCursor(u8 Xpos,u16 Ypos)
{
  LCD_WriteReg(R32,Xpos);
  LCD_WriteReg(R33,Ypos);
}
```

(5) 写数据到 GRAM(write data to GRAM,R22h)。

重要寄存器 R22h(写)如图 5-90 所示。

R/W	RS	D17	D16	D15	D14	D13	D12	D11	D10	D9	D8	D7	D6	D5	D4	D3	D2	D1	D0
W	1	RAM write data (WD[17:0], the DB[17:0] pin assignment differs for each interface.																	

图 5-90 重要寄存器 R22h(写)

R22h 寄存器是 GRAM 访问端口，通过这个寄存器更新显示数据时，地址计数器(AC)会自动增加/减少。

编程应用举例：

```
Function Name   :LCD_WriteRAM_Prepare
Description     :Prepare to write to the LCD RAM.
void LCD_WriteRAM_Prepare(void)
{
  LCD_WriteRegIndex(R34);/*  Select GRAM Reg * /
}
```

(6) 从 GRAM 读数据(read data from GRAM,R22h)。

重要寄存器 R22h(读)如图 5-91 所示。

R/W	RS	D17	D16	D15	D14	D13	D12	D11	D10	D9	D8	D7	D6	D5	D4	D3	D2	D1	D0
R	1	RAM Read Data (RD[17:0], the DB[17:0] pin assignment differs for each interface.																	

图 5-91 重要寄存器 R22h(读)

RD[17：0] 通过读数据寄存器(RDR)，从 GRAM 读取 18 位数据。

(7) 水平和垂直 RAM 地址位置(horizontal and vertical RAM address position,R50h～R53h)。

重要寄存器 R50h～R53h 如图 5-92 所示。

如图 5-93 所示，HSA[7：0]和 HEA[7：0]分别表示显示窗口水平方向上的开始和结束地址，VSA[8：0]和 VEA[8：0]分别表示显示窗口垂直方向上的开始和结束

	R/W	RS	D15	D14	D13	D12	D11	D10	D9	D8	D7	D6	D5	D4	D3	D2	D1	D0
R50h	W	1	0	0	0	0	0	0	0	0	HSA7	HSA6	HSA5	HSA4	HSA3	HSA2	HSA1	HSA0
R51h	W	1	0	0	0	0	0	0	0	0	HEA7	HEA6	HEA5	HEA4	HEA3	HEA2	HEA1	HEA0
R52h	W	1	0	0	0	0	0	0	0	VSA8	VSA7	VSA6	VSA5	VSA4	VSA3	VSA2	VSA1	VSA0
R53h	W	1	0	0	0	0	0	0	0	VEA8	VEA7	VEA6	VEA5	VEA4	VEA3	VEA2	VEA1	VEA0

图 5-92 重要寄存器 R50h～R53h

地址。

注意:“00”h≤HAS[7:0]≤HEA[7:0]≤“EF”h,“00”h≤VSA[7:0]≤VEA[7:0]≤“13F”h。

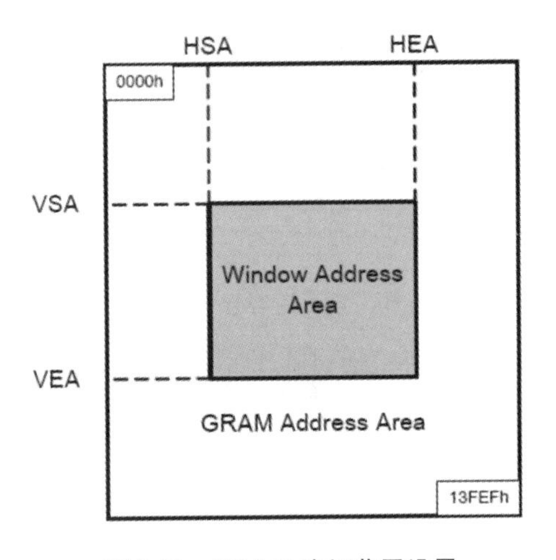

图 5-93 GRAM 访问范围设置

编程应用举例:

```
/*  Set GRAM area * /
LCD_WriteReg(R80,0x0000);/*  Horizontal GRAM Start Address * /
LCD_WriteReg(R81,0x00EF);/*  Horizontal GRAM End Address * /
LCD_WriteReg(R82,0x0000);/*  Vertical GRAM Start Address * /
LCD_WriteReg(R83,0x013F);/*  Vertical GRAM End Address * /
```

5.5.5 LCD 原理框图

ST 官方 STM3210E-EVAL 评估板的 LCD 型号是 AM-240320L8TNQW00H(LCD_ILI9320),其原理框图如图 5-94 所示。

显示格式:a-Si(非晶硅薄膜晶体管)驱动,正常白色,12 点钟视角方向。

显示模式:正常白色。

显示器组成:RGB 240×320 像素。

LCD 驱动器:ILI9320。

背光:白色 LED×4(I_F=20mA)。

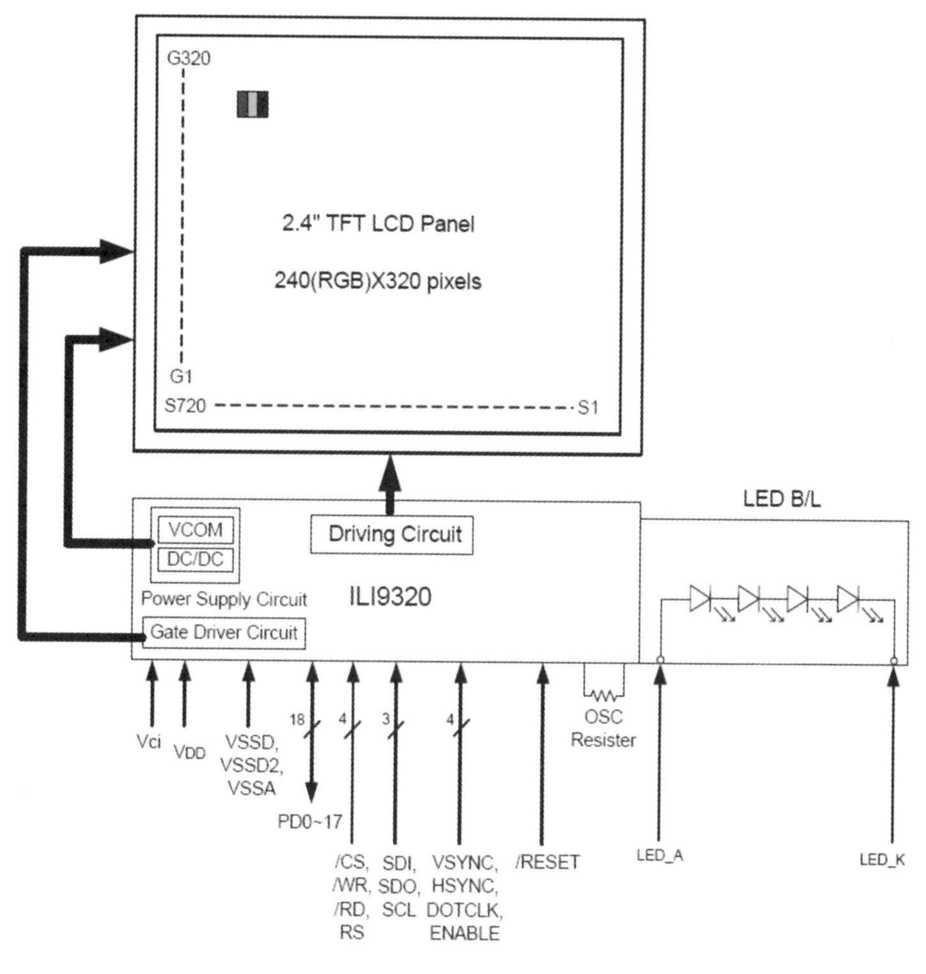

图5-94 LCD原理框图

5.5.6 初始化程序

使用LCD时首先要初始化，不同的驱动器有相应的初始化程序，其次是底层驱动程序，然后是应用函数。

下面是STM3210E-EVAL的LCD（AM-240320L8TNQW00H（LCD_ILI9320））的初始化程序，主要包括：配置LCD控制引脚、开始初始化配置序列、上电配置序列、γ曲线调整（原因是人眼视觉是非线性的）、设置显示显存（GRAM）区域、局部显示控制、显示面板控制、显示进入（方向）控制、开关显示等。请结合ILI9320数据手册和AM240320L8TNQW00H规格书来看，重要寄存器见5.5.4小节，下面再次写出中文注释。

```
void STM3210E_LCD_Init(void)
{
/*  Configure the LCD Control pins--------------------------------* /  //配置
```

```
LCD控制引脚
  LCD_CtrlLinesConfig();

  Delay(5);/* delay 50 ms * /
/* Start Initial Sequence------------------------------------* / //
开始初始化配置序列
  LCD_WriteReg(R229,0x8000);/* Set the internal vcore voltage * /
  LCD_WriteReg(R0,  0x0001);/* Start internal OSC.* / //将 OSC 位设为"1"启动内部
振荡器
  LCD_WriteReg(R1,  0x0100);/* set SS and SM bit * /
  LCD_WriteReg(R2,  0x0700);/* set 1 line inversion * /
  LCD_WriteReg(R3,  0x1030);/* set GRAM write direction and BGR=1.* / //设置显示
画面,显示正反、上下、左右等方向
  LCD_WriteReg(R4,  0x0000);/* Resize register * /
  LCD_WriteReg(R8,  0x0202);/* set the back porch and front porch * /
  LCD_WriteReg(R9,  0x0000);/* set non-display area refresh cycle ISC[3:0] * /
  LCD_WriteReg(R10,0x0000);/* FMARK function * /
  LCD_WriteReg(R12,0x0000);/* RGB interface setting * /
  LCD_WriteReg(R13,0x0000);/* Frame marker Position * /
  LCD_WriteReg(R15,0x0000);/* RGB interface polarity * /

/* Power On sequence-----------------------------------------* / //
上电配置序列
  LCD_WriteReg(R16,0x0000);/* SAP,BT[3:0],AP,DSTB,SLP,STB * /
  LCD_WriteReg(R17,0x0000);/* DC1[2:0],DC0[2:0],VC[2:0] * /
  LCD_WriteReg(R18,0x0000);/* VREG1OUT voltage * /
  LCD_WriteReg(R19,0x0000);/* VDV[4:0] for VCOM amplitude * /
  Delay(20);                /* Dis-charge capacitor power voltage(200ms)* /
  LCD_WriteReg(R16,0x17B0);/* SAP,BT[3:0],AP,DSTB,SLP,STB * /
  LCD_WriteReg(R17,0x0137);/* DC1[2:0],DC0[2:0],VC[2:0] * /
  Delay(5);                 /* Delay 50 ms * /
  LCD_WriteReg(R18,0x0139);/* VREG1OUT voltage * /
  Delay(5);                 /* Delay 50 ms * /
  LCD_WriteReg(R19,0x1d00);/* VDV[4:0] for VCOM amplitude * /
  LCD_WriteReg(R41,0x0013);/* VCM[4:0] for VCOMH * /
  Delay(5);                 /* Delay 50 ms * /
  LCD_WriteReg(R32,0x0000);/* GRAM horizontal Address * / //显示 GRAM 的水平地址
初值
  LCD_WriteReg(R33,0x0000);/* GRAM Vertical Address * / //显示 GRAM 的垂直地址
初值

/* Adjust the Gamma Curve------------------------------------* / //
γ曲线调整
  LCD_WriteReg(R48,0x0006);
```

```
  LCD_WriteReg(R49,0x0101);
  LCD_WriteReg(R50,0x0003);
  LCD_WriteReg(R53,0x0106);
  LCD_WriteReg(R54,0x0b02);
  LCD_WriteReg(R55,0x0302);
  LCD_WriteReg(R56,0x0707);
  LCD_WriteReg(R57,0x0007);
  LCD_WriteReg(R60,0x0600);
  LCD_WriteReg(R61,0x020b);

/* Set GRAM area------------------* /  //设置显示显存区域水平 0～239,垂直 0～
319
  LCD_WriteReg(R80,0x0000);/* Horizontal GRAM Start Address * /  //水平方向的开始
地址 0
  LCD_WriteReg(R81,0x00EF);/* Horizontal GRAM End Address * /  //水平方向的结束地
址 239
  LCD_WriteReg(R82,0x0000);/* Vertical GRAM Start Address * /  //垂直方向的开始地
址 0
  LCD_WriteReg(R83,0x013F);/* Vertical GRAM End Address * /  //垂直方向的结束地
址 319

  LCD_WriteReg(R96,  0x2700);/* Gate Scan Line * /
  LCD_WriteReg(R97,  0x0001);/* NDL,VLE,REV * /
  LCD_WriteReg(R106,0x0000);/* set scrolling line * /

/* Partial Display Control---------------------------* /  //局部显示控制
  LCD_WriteReg(R128,0x0000);
  LCD_WriteReg(R129,0x0000);
  LCD_WriteReg(R130,0x0000);
  LCD_WriteReg(R131,0x0000);
  LCD_WriteReg(R132,0x0000);
  LCD_WriteReg(R133,0x0000);

/* Panel Control------------------------------------* /  //显示面板控制
  LCD_WriteReg(R144,0x0010);
  LCD_WriteReg(R146,0x0000);
  LCD_WriteReg(R147,0x0003);
  LCD_WriteReg(R149,0x0110);
  LCD_WriteReg(R151,0x0000);
  LCD_WriteReg(R152,0x0000);

  /* Set GRAM write direction and BGR=1 * /
  /* I/D=01(Horizontal :increment,Vertical :decrement)* /
  /* AM=1(address is updated in vertical writing direction)* /
```

```
 LCD_WriteReg(R3,0x1018);// 显示进入(方向)控制

 LCD_WriteReg(R7,0x0173);/* 262K color and display ON * /  //开显示,262K 色
}
```

5.5.7 底层驱动程序(GPIO)

LCM 与 MPU/MCU 的接口方式是 i80-16 位并口,STM32F103 用 GPIO 驱动 ILI9320(AS-05 STM32 实验板)。

1. LCD **控制引脚**

程序采用宏定义,分别如下:

```
/* LCD Control pins * /
# define LCD_CS_HIGH  GPIO_SetBits(GPIOC,GPIO_Pin_0);//LCD CS 引脚为高电平
# define LCD_CS_LOW   GPIO_ResetBits(GPIOC,GPIO_Pin_0);//LCD CS 引脚为低电平
# define LCD_RS_HIGH  GPIO_SetBits(GPIOC,GPIO_Pin_1);//LCD RS 引脚为高电平
# define LCD_RS_LOW   GPIO_ResetBits(GPIOC,GPIO_Pin_1);//LCD RS 引脚为低电平
# define LCD_WR_HIGH  GPIO_SetBits(GPIOC,GPIO_Pin_2);//LCD WR 引脚为高电平
# define LCD_WR_LOW   GPIO_ResetBits(GPIOC,GPIO_Pin_2);//LCD WR 引脚为低电平
# define LCD_RD_HIGH  GPIO_SetBits(GPIOC,GPIO_Pin_3);//LCD RD 引脚为高电平
# define LCD_RD_LOW   GPIO_ResetBits(GPIOC,GPIO_Pin_3);//LCD RD 引脚为低电平
# define LCD_RST_HIGH GPIO_SetBits(GPIOC,GPIO_Pin_5);// LCD 复位引脚为高电平不
复位
# define LCD_RST_LOW  GPIO_ResetBits(GPIOC,GPIO_Pin_5);//LCD 复位引脚为低电平有效
# define Lcd_Light_ON GPIO_SetBits(GPIOA,GPIO_Pin_8);//LCD 背光灯控制引脚为高电平
开背光灯
# define Lcd_Light_OFFGPIO_ResetBits(GPIOA,GPIO_Pin_8);// LCD 背光灯引脚为低电平
关背光灯
```

2. LCD **寄存器写函数**

LCD 索引寄存器写函数,产生写操作时序(见图 5-83):

```
/*****************************************
* Function Name :LCD_WriteRegIndex
* Description   :Writes index to select the LCD register.
* Input         :- LCD_Reg:address of the selected register.
* Output        :None
* Return        :None
****************************************/
void LCD_WriteRegIndex(u8 LCD_Reg)
{
LCD_CS_LOW;    //CS=0,LCD 片选有效

LCD_RS_LOW;    //RS=0,命令(寄存器编号)
LCD_RD_HIGH;   //RD=1,读无效
```

```
GPIO_Write(GPIOE,LCD_Reg);//命令(寄存器编号)送到数据总线,这里连接的是 GPIOE 端口
LCD_WR_LOW;   //WR=0,写有效
LCD_WR_HIGH;  //WR=1,先低后高,上升沿写入

LCD_CS_HIGH;//CS=1,LCD 片选无效
}
```

3. LCD 数据写函数

LCD 数据写函数,产生写操作时序(见图 5-83):

```
/* * * * * * * * * * * * * * * * * * * * * * * * * * * * * * * * * * * * * * * *
*  Function Name   :LCD_WriteData
*  Description     :Writes to the selected LCD register.
*  Input           :
*                    -dat:value to write to the selected register.
*  Output          :None
*  Return          :None
* * * * * * * * * * * * * * * * * * * * * * * * * * * * * * * * * * * * * * * * /
void LCD_WriteData(u16 dat)
{
LCD_CS_LOW;    //CS=0,LCD 片选有效
LCD_RS_HIGH;   //RS=1,数据
LCD_RD_HIGH;   //RD=1,读无效
GPIO_Write(GPIOE,dat);//数据送到数据总线,这里连接的是 GPIOE 端口
LCD_WR_LOW;    //WR=0,写有效
LCD_WR_HIGH;   //WR=1,先低后高,上升沿写入

LCD_CS_HIGH;//CS=1,LCD 片选无效
}
```

4. LCD 寄存器读函数

LCD 读函数,产生读操作时序(见图 5-83):

```
/* * * * * * * * * * * * * * * * * * * * * * * * * * * * * * * * * * *
*  Function Name   :LCD_ReadReg
*  Description     :Reads the selected LCD Register.
*  Input           :None
*  Output          :None
*  Return          :LCD Register Value.
* * * * * * * * * * * * * * * * * * * * * * * * * * * * * * * * * * * /
u16 LCD_ReadReg(u8 LCD_Reg)
{
GPIO_InitTypeDef GPIO_InitStructure;

u16 ReadValue;
```

```
LCD_WriteData(LCD_Reg);//写入要读的寄存器编号

GPIO_InitStructure.GPIO_Pin=GPIO_Pin_All;
GPIO_InitStructure.GPIO_Mode=GPIO_Mode_IPU;
GPIO_Init(GPIOE,&GPIO_InitStructure);//PE0～15为上拉输入
GPIO_Write(GPIOE,0xFFFF);//全部输出高

LCD_CS_LOW;//CS=0
LCD_RS_HIGH;//RS=1,数据
LCD_RD_LOW;//RD=0,RD低电平有效
LCD_RD_HIGH;//RD=1,RD由低变高,产生上升沿读出
ReadValue=GPIO_ReadInputData(GPIOE);//读出的数据送总线上
LCD_CS_HIGH;//CS=1

GPIO_InitStructure.GPIO_Pin=GPIO_Pin_All;
GPIO_InitStructure.GPIO_Speed=GPIO_Speed_50 MHz;
GPIO_InitStructure.GPIO_Mode=GPIO_Mode_Out_PP;
GPIO_Init(GPIOE,&GPIO_InitStructure);//PE0～15为推挽输出
GPIO_Write(GPIOE,0xFFFF);//全部输出高

return ReadValue;//返回读出的数据
}
```

5. LCD 预写函数

数据真正写入 LCD 的 GRAM 之前,必须先写入 R34(R22h),这点必须注意。

```
/* * * * * * * * * * * * * * * * * * * * * * * * * * * * * * * * * * *
* Function Name  :LCD_WriteRAM_Prepare
* Description    :Prepare to write to the LCD RAM.
* Input          :None
* Output         :None
* Return         :None
* * * * * * * * * * * * * * * * * * * * * * * * * * * * * * * * * * * /
void LCD_WriteRAM_Prepare(void)
{
 LCD_WriteRegIndex(R34);/* Select GRAM Reg * /
}
```

6. LCD GRAM 写函数

```
/* * * * * * * * * * * * * * * * * * * * * * * * * * * * * * * * * * * * * *

* Function Name  :LCD_WriteRAM
* Description    :Writes to the LCD RAM.
* Input          :-RGB_Code:the pixel color in RGB mode(5-6-5) .
* Output         :None
* Return         :None
```

```
* * * * * * * * * * * * * * * * * * * * * * * * * * * * * * * * * * * * * * /
void LCD_WriteRAM(u16 RGB_Code)
{
 /* Write 16-bit GRAM Reg * /
LCD_WriteData(RGB_Code);
}
```

7. LCD GRAM 读函数

```
/* * * * * * * * * * * * * * * * * * * * * * * * * * * * * * * * * * *

* Function Name  :LCD_ReadRAM
* Description    :Reads the LCD RAM.
* Input          :None
* Output         :None
* Return         :LCD RAM Value.
* * * * * * * * * * * * * * * * * * * * * * * * * * * * * * * * * * /
u16 LCD_ReadRAM(void)
 {

  u16 tmp=0;
  tmp=LCD_ReadReg(R34);/* Select GRAM Reg * /
  return tmp;
}
```

8. LCD 设置当前显示坐标函数

```
/* * * * * * * * * * * * * * * * * * * * * * * * * * * * * * * * * * * * * * *

* Function Name  :LCD_SetCursor
* Description    :Sets the cursor position.
* Input          :-Xpos:specifies the X position.
*                  -Ypos:specifies the Y position.
* Output         :None
* Return         :None
* * * * * * * * * * * * * * * * * * * * * * * * * * * * * * * * * * * * * * /
void LCD_SetCursor(u8 Xpos,u16 Ypos)
{
  LCD_WriteReg(R32,Xpos);
  LCD_WriteReg(R33,Ypos);
}
```

5.5.8 底层驱动程序(FSMC)

使用带有 FSMC 接口的 LCD，STM32F103 用 FSMC i80-16 位驱动 ILI9320(AS-07 STM32 实验板)。

1. FSMC 配置程序

```
/* --FSMC Configuration-----------------------------------------------* /
```

```
/* --------------------SRAM Bank 1------------------------------* /
/*  FSMC_Bank1_NORSRAM1 configuration * /
p.FSMC_AddressSetupTime=0;//地址建立时间
p.FSMC_AddressHoldTime=0;//地址保持时间
p.FSMC_DataSetupTime=2;//数据建立时间
p.FSMC_BusTurnAroundDuration=0;//总线转向时间
p.FSMC_CLKDivision=0;//时钟分频因子
p.FSMC_DataLatency=0;//数据等待时间
p.FSMC_AccessMode=FSMC_AccessMode_A;//FSMC 访问模式 A
/*  Color LCD configuration---------------------LCD configured as follow:
-Data/Address MUX=Disable(地址和数据不复用)
-Memory Type=SRAM(存储器类型为 SRAM)
-Data Width=16bit(数据总线宽度为 16 位)
-Write Operation=Enable(允许写操作)
-Extended Mode=Enable(允许外部扩展模式)
-Asynchronous Wait=Disable(禁止异步等待)* /
FSMC_NORSRAMInitStructure.FSMC_Bank=FSMC_Bank1_NORSRAM1;// 选用存储块 1
FSMC_NORSRAMInitStructure.FSMC_DataAddressMux=FSMC_DataAddressMux_Disable;// 非
总线共享存储器(地址和数据不复用)
FSMC_NORSRAMInitStructure.FSMC_MemoryType=FSMC_MemoryType_SRAM;// 存储器类型
为 SRAM
FSMC_NORSRAMInitStructure.FSMC_MemoryDataWidth=FSMC_MemoryDataWidth_16b;// 数据
总线宽度为 16 位
FSMC_NORSRAMInitStructure.FSMC_BurstAccessMode=FSMC_BurstAccessMode_Disable;//
禁止突发访问模式
FSMC_NORSRAMInitStructure.FSMC_WaitSignalPolarity=FSMC_WaitSignalPolarity_
Low;//等待信号极性为低
FSMC_NORSRAMInitStructure.FSMC_WrapMode=FSMC_WrapMode_Disable;//禁止循环模式
FSMC_NORSRAMInitStructure.FSMC_WaitSignalActive=FSMC_WaitSignalActive_Before-
WaitState;//
等待状态之前等待信号有效
FSMC_NORSRAMInitStructure.FSMC_WriteOperation=FSMC_WriteOperation_Enable;//允
许写操作
FSMC_NORSRAMInitStructure.FSMC_WaitSignal=FSMC_WaitSignal_Disable;//禁止等待
信号
FSMC_NORSRAMInitStructure.FSMC_ExtendedMode=FSMC_ExtendedMode_Disable;//禁止外
部扩展模式
FSMC_NORSRAMInitStructure.FSMC_AsyncWait=FSMC_AsyncWait_Disable;//禁止异步等待
FSMC_NORSRAMInitStructure.FSMC_WriteBurst=FSMC_WriteBurst_Disable;//禁止写突发
操作
FSMC_NORSRAMInitStructure.FSMC_ReadWriteTimingStruct=&p;
FSMC_NORSRAMInitStructure.FSMC_WriteTimingStruct=&p;

FSMC_NORSRAMInit(&FSMC_NORSRAMInitStructure);//初始化
```

```
/*  BANK 1(of NOR/SRAM Bank 1~4) is enabled * /
FSMC_NORSRAMCmd(FSMC_Bank1_NORSRAM1,ENABLE);//使能存储块 1
```

2. LCD **寄存器和显存定义**

```
typedef struct
{
  vu16 LCD_REG;
  vu16 LCD_RAM;
} LCD_TypeDef;
/*  Note:LCD /CS is CE1-Bank 1 of NOR/SRAM Bank 1~4 * /
# define LCD_BASE          ((u32)(0x60000000 | 0x0001FFFE))
# define LCD              ((LCD_TypeDef * )LCD_BASE)
```

3. LCD **寄存器写函数**

```
/* * * * * * * * * * * * * * * * * * * * * * * * * * * * * * * * * * * * * * *
*  Function Name   :LCD_WriteReg
*  Description     :Writes to the selected LCD register.
*  Input           :-LCD_Reg:address of the selected register.
*                    -LCD_RegValue:value to write to the selected register.
*  Output          :None
*  Return          :None
* * * * * * * * * * * * * * * * * * * * * * * * * * * * * * * * * * * * * * * /
void LCD_WriteReg(u8 LCD_Reg,u16 LCD_RegValue)
{
  /*  Write 16-bit Index,then Write Reg * /
  LCD->LCD_REG=LCD_Reg;
  /*  Write 16-bit Reg * /
  LCD->LCD_RAM=LCD_RegValue;
}
```

4. LCD **寄存器读函数**

```
/* * * * * * * * * * * * * * * * * * * * * * * * * * * * * * * * * * * * * * *
*  Function Name   :LCD_ReadReg
*  Description     :Reads the selected LCD Register.
*  Input           :None
*  Output          :None
*  Return          :LCD Register Value.
* * * * * * * * * * * * * * * * * * * * * * * * * * * * * * * * * * * * * * * /
u16 LCD_ReadReg(u8 LCD_Reg)
{
  /*  Write 16-bit Index(then Read Reg)* /
  LCD->LCD_REG=LCD_Reg;
  /*  Read 16-bit Reg * /
```

```
  return(LCD->LCD_RAM);
}
```

5. LCD 预写函数

```
/* * * * * * * * * * * * * * * * * * * * * * * * * * * * * * * * * * * * * * * *
* Function Name  :LCD_WriteRAM_Prepare
* Description    :Prepare to write to the LCD RAM.
* Input          :None
* Output         :None
* Return         :None
* * * * * * * * * * * * * * * * * * * * * * * * * * * * * * * * * * * * * * * */
void LCD_WriteRAM_Prepare(void)
{
  LCD->LCD_REG=R34;
}
```

6. LCD 写 GRAM 函数

```
/* * * * * * * * * * * * * * * * * * * * * * * * * * * * * * * * * * * * * * *
* Function Name  :LCD_WriteRAM
* Description    :Writes to the LCD RAM.
* Input          :-RGB_Code:the pixel color in RGB mode(5-6-5).
* Output         :None
* Return         :None
* * * * * * * * * * * * * * * * * * * * * * * * * * * * * * * * * * * * * * */
void LCD_WriteRAM(u16 RGB_Code)
{
  /* Write 16-bit GRAM Reg */
  LCD->LCD_RAM=RGB_Code;
}
```

7. LCD 读 GRAM 函数

```
/* * * * * * * * * * * * * * * * * * * * * * * * * * * * * * * * * * * * * * * *
* Function Name  :LCD_ReadRAM
* Description    :Reads the LCD RAM.
* Input          :None
* Output         :None
* Return         :LCD RAM Value.
* * * * * * * * * * * * * * * * * * * * * * * * * * * * * * * * * * * * * * * */
u16 LCD_ReadRAM(void)
{
  /* Write 16-bit Index(then Read Reg)*/
  LCD->LCD_REG=R34;/* Select GRAM Reg */
  /* Read 16-bit Reg */
  return LCD->LCD_RAM;
}
```

8. LCD 设置当前显示坐标函数

```
/* * * * * * * * * * * * * * * * * * * * * * * * * * * * * * * * * * * * *
* Function Name  :LCD_SetCursor
* Description    :Sets the cursor position.
* Input          :-Xpos:specifies the X position.
*                  -Ypos:specifies the Y position.
* Output         :None
* Return         :None
* * * * * * * * * * * * * * * * * * * * * * * * * * * * * * * * * * * * * * /
void LCD_SetCursor(u8 Xpos,u16 Ypos)
{
  LCD_WriteReg(R32,Xpos);
  LCD_WriteReg(R33,Ypos);
}
```

5.5.9 LCD 应用函数

应用函数，主要是清屏(全屏显示某种颜色)、显示字符、画线、画圆、画矩形等。

1. 显示字符(在指定的坐标系中用像素点画出字符)

```
/* * * * * * * * * * * * * * * * * * * * * * * * * * * * * * * * * * * * *
* Function Name  :LCD_DrawChar
* Description    :Draws a character on LCD.
* Input          :-Xpos:the Line where to display the character shape.
*                    This parameter can be one of the following values:
*                      -Linex:where x can be 0..9
*                  -Ypos:start column address.
*                  -c:pointer to the character data.
* Output         :None
* Return         :None
* * * * * * * * * * * * * * * * * * * * * * * * * * * * * * * * * * * * * * /
void LCD_DrawChar(u8 Xpos,u16 Ypos,uc16 * c)
{
  u32 index=0,i=0;
  u8 Xaddress=0;
Xaddress=Xpos;
  LCD_SetCursor(Xaddress,Ypos);
  for(index=0;index <24;index++)
  {
    LCD_WriteRAM_Prepare();/*  Prepare to write GRAM * /
    for(i=0;i <16;i++)
    {
      if((c[index] &(1 <<i))==0x00)
      {
```

```
        LCD_WriteRAM(BackColor);
      }
      else
      {
        LCD_WriteRAM(TextColor);
      }
    }
    Xaddress++;
    LCD_SetCursor(Xaddress,Ypos);
  }
}
```

2. 显示字符(找到字库中的 ASCII 字符,实际上是数组数据)

```
/*******************************************************************************
* Function Name  :LCD_DisplayChar
* Description    :Displays one character(16dots width,24dots height).
* Input          :-Line:the Line where to display the character shape.
*                     This parameter can be one of the following values:
*                       -Linex:where x can be 0..9
*                   -Column:start column address.
*                   -Ascii:character ascii code,must be between 0x20 and 0x7E.
* Output         :None
* Return         :None
*******************************************************************************/
void LCD_DisplayChar(u8 Line,u16 Column,u8 Ascii)
{
  Ascii-=32;
  LCD_DrawChar(Line,Column,&ASCII_Table[Ascii *  24]);
}
```

3. ASCII 字符字库(数组)

此处仅列出第一个空格和大写英文字母 H。

```
/* ASCII Table:each character is 16 column(16dots large)and 24 raw(24 dots high)*/
uc16 ASCII_Table[]=
{
        /*  Space ' ' * ///次序 0
        0x0000,0x0000,0x0000,0x0000,0x0000,0x0000,0x0000,0x0000,
        0x0000,0x0000,0x0000,0x0000,0x0000,0x0000,0x0000,0x0000,
        0x0000,0x0000,0x0000,0x0000,0x0000,0x0000,0x0000,0x0000,
         ……
        /*  'H' * ///次序 40
        0x0000,0x300C,0x300C,0x300C,0x300C,0x300C,0x300C,0x300C,
        0x3FFC,0x3FFC,0x300C,0x300C,0x300C,0x300C,0x300C,0x300C,
        0x300C,0x300C,0x0000,0x0000,0x0000,0x0000,0x0000,0x0000,
```

```
        ……
}
```

这是16×24点阵的字符，按照数组画出H的数组数据，只看下面的1，就容易领会了：LCD_DrawChar函数找到字符H的数组数据，在数组数据为1时显示字符颜色如黑色的像素点，在数组数据为0时显示背景颜色如白色像素点，于是在白色的背景上显示出黑色的H，详见如下数组数据。

```
0x0000:0000000000000000
0x300C:0011000000001100
0x300C:0011000000001100
0x300C:0011000000001100
0x300C:0011000000001100
0x300C:0011000000001100
0x300C:0011000000001100
0x300C:0011000000001100
0x3FFC:0011111111111100
0x3FFC:0011111111111100
0x300C:0011000000001100
0x300C:0011000000001100
0x300C:0011000000001100
0x300C:0011000000001100
0x300C:0011000000001100
0x300C:0011000000001100
0x300C:0011000000001100
0x300C:0011000000001100
0x0000:0000000000000000
0x0000:0000000000000000
0x0000:0000000000000000
0x0000:0000000000000000
0x0000:0000000000000000
0x0000:0000000000000000
```

4. LCD画线函数

```
/* * * * * * * * * * * * * * * * * * * * * * * * * * * * * * * * * * * * * * *
* Function Name  :LCD_DrawLine
* Description    :Displays a line.
* Input          :-Xpos:specifies the X position.
*                  -Ypos:specifies the Y position.
*                  -Length:line length.
*                  -Direction:line direction.
```

```
*                     This parameter can be one of the following values:Vertical
*                     or Horizontal.
* Output          :None
* Return          :None
* * * * * * * * * * * * * * * * * * * * * * * * * * * * * * * * * * * * * * * * * /
void LCD_DrawLine(u8 Xpos,u16 Ypos,u16 Length,u8 Direction)
{
  u32 i=0;
  LCD_SetCursor(Xpos,Ypos);
  if(Direction==Horizontal)
  {
    LCD_WriteRAM_Prepare();/* Prepare to write GRAM * /
    for(i=0;i <Length;i++)
    {
      LCD_WriteRAM(TextColor);
    }
  }
  else
  {
    for(i=0;i <Length;i++)
    {
      LCD_WriteRAM_Prepare();/* Prepare to write GRAM * /
      LCD_WriteRAM(TextColor);
      Xpos++;
      LCD_SetCursor(Xpos,Ypos);
    }
  }
}
```

5. LCD 画矩形函数

```
/* * * * * * * * * * * * * * * * * * * * * * * * * * * * * * * * * * * * * * * *
* Function Name   :LCD_DrawRect
* Description     :Displays a rectangle.
* Input           :-Xpos:specifies the X position.
*                   -Ypos:specifies the Y position.
*                   -Height:display rectangle height.
*                   -Width:display rectangle width.
* Output          :None
* Return          :None
* * * * * * * * * * * * * * * * * * * * * * * * * * * * * * * * * * * * * * * * /
void LCD_DrawRect(u8 Xpos,u16 Ypos,u8 Height,u16 Width)
{
  LCD_DrawLine(Xpos,Ypos,Width,Horizontal);
  LCD_DrawLine((Xpos+Height),Ypos,Width,Horizontal);
```

```
    LCD_DrawLine(Xpos,Ypos,Height,Vertical);
    LCD_DrawLine(Xpos,(Ypos-Width+1),Height,Vertical);
  }
```

5.5.10 LCD编程应用(实验5-7)

下面分别使用STM32的GPIO和FSMC接口来显示字符、画线和图片，以及触摸屏应用。

【实验5-7】 STM32驱动LCD(ILI9320)显示英文字符。

1. 硬件设计

AS-05和AS-07型STM32实验板的LCD部分的原理图如图5-95至图5-97所示。

1) 控制引脚

AS-05型的LCD的控制引脚是:NCS=PC0,RS=PC1,NWR=PC2,NRD=PC3,NRESET=PC5,BackLight=PA8。

AS-07型的LCD的控制引脚是(FSMC引脚定义见表5-11):背光LCD_BL→PD13,复位LCD_RST→PE1,片选LCD_CS→PD7(FSMC_NE1),读LCD_RD/LCD_nOE→PD4(FSMC_NOE),写LCD_WR/LCD_nWE→PD5(FSMC_NWE),命令/数据LCD_DC/LCD_RS→PD11(FSMC_A16)。

说明:其中的前缀“n”或“N”指低电平信号有效,“=”或“→”表示引脚连接。

2) 数据总线

AS-05型的LCD的数据总线是:PE[15:0]。

AS-07型的LCD的数据总线是(FSMC引脚定义见表5-11):

FSMC_D0 → PD14
FSMC_D1 → PD15
FSMC_D2 → PD0
FSMC_D3 → PD1
FSMC_D4 → PE7
FSMC_D5 → PE8
FSMC_D6 → PE9
FSMC_D7 → PE10
FSMC_D8 → PE11
FSMC_D9 → PE12
FSMC_D10 → PE13
FSMC_D11 → PE14
FSMC_D12 → PE15
FSMC_D13 → PD8
FSMC_D14 → PD9
FSMC_D15 → PD10

3）触摸屏控制

AS-05 型的 LCD 的触摸屏控制是：TP_DOUT＝PB14(SPI2_MISO)，TP_DIN＝PB15(SPI2_MOSI)，TP_DCLK＝PB13(SPI2_SCLK)，TP_CS＝PB8，TP_IRQ＝PB0。

AS-07 型的 LCD 的触摸屏控制是：TP_DOUT＝PB14(SPI2_MISO)，TP_DIN＝PB15(SPI2_MOSI)，TP_DCLK＝PB13(SPI2_SCLK)，TP_CS＝PB9，TP_IRQ＝PB1。

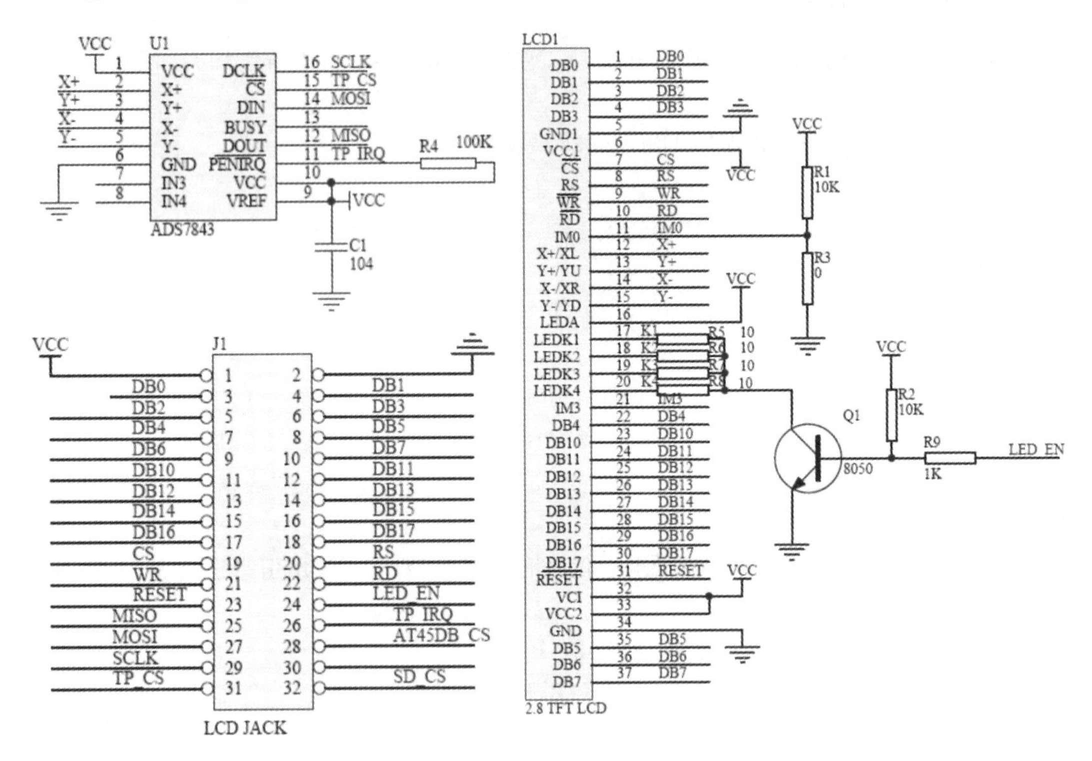

图 5-95　TFT LCD 模块设计

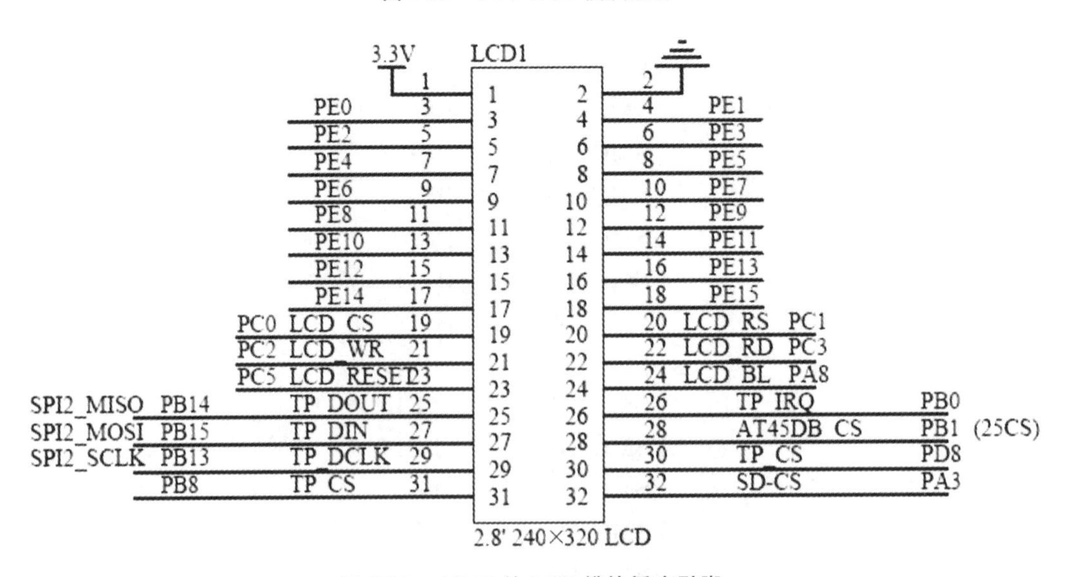

图 5-96　AS-05 的 LCD 模块插座引脚

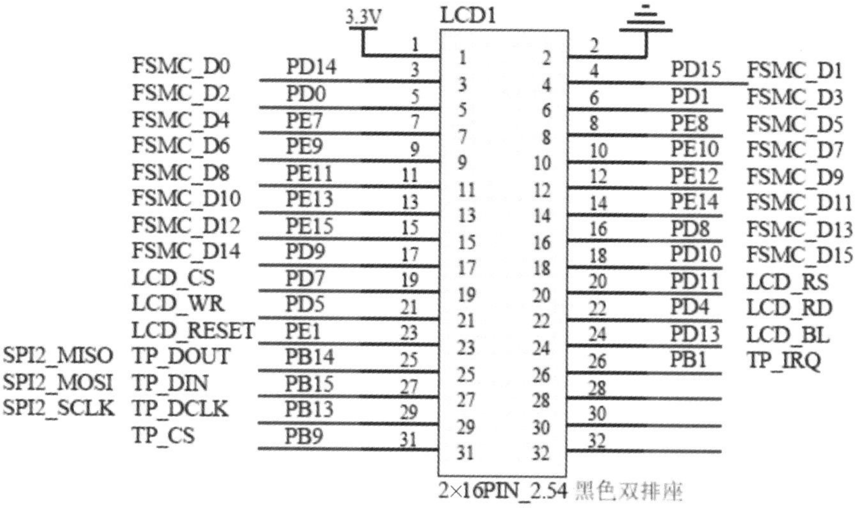

图 5-97　AS-07 的 LCD 模块插座引脚

2. 软件设计(编程)

1）设计分析

在 main. c 文件里的 main 函数，调用了在 lcd. c 文件里的 LCD 初始化函数 STM32_SS_LCD_Init/STM3210E_LCD_Init，具体代码与 5. 5. 6 小节中的相同，也调用了 LCD_Clear 函数清屏，LCD_SetBackColor 函数设置显示背景色，LCD_SetTextColor 函数设置显示的字符颜色，LCD_DisplayStringLine 函数显示一行字符串（使用英文字库 fonts. h，就是 ASCII 表），LCD_DrawCircle 画圆。

程序中的延时函数，使用的是系统滴答定时器（SysTick），具体见后面 5. 10 节中的内容。

程序中还有 LED 流水灯程序，此处不再分析。

2）程序源码与分析

①AS-05 型 STM32 实验板的 main 函数（AS-07 类似）。

```
int main(void)
{
/*  Configure the system clocks * /
RCC_Configuration();
/*  Configure the SysTick * /
SysTick_Configuration();
/*  Configure the GPIO ports * /
GPIO_Configuration();

/*  Initialize the LCD * /
STM32_SS_LCD_Init();//调用 LCD 初始化函数
/*  Clear the LCD * /
LCD_Clear(Red);//调用清屏函数，全屏显示纯红色
```

```
/*  Set the LCD BackColor * /
LCD_SetBackColor(White);//调用设置显示背景色函数,全屏显示纯白色
/*  Set the LCD Text Color * /
LCD_SetTextColor(Blue);//调用设置显示的字符颜色函数,纯蓝色字符
/*  Send the string character by character on LCD * /
    LCD_DisplayStringLine(Line0,"===============");
    LCD_DisplayStringLine(Line1,"|       Hello       |");//调用显示字符串函数,在第
一行显示 Hello
    LCD_DisplayStringLine(Line2,"|                   |");
    LCD_DisplayStringLine(Line3,"|Welcome to CDUESTC|");
    LCD_DisplayStringLine(Line4,"|                   |");
    LCD_DisplayStringLine(Line5,"|                   |");
    LCD_DisplayStringLine(Line6,"|www.cduestc.cn     |");
    LCD_DisplayStringLine(Line7,"|cdmcu.fengbb.com   |");
    LCD_DisplayStringLine(Line8,"|                   |");
    LCD_DisplayStringLine(Line9,"===============");
    LCD_SetTextColor(0x0fff);
    LCD_DrawCircle(120,160,40);//在(120,160)像素坐标画半径 40 像素的圆
    LCD_SetTextColor(Red);
    LCD_DrawCircle(60,80,50);

    ……
    }
```

②AS-05 型 STM32 实验板的初始化程序中的 STM32F103VB 与 LCD 模块接口引脚配置。

```
/* * * * * * * * * * * * * * * * * * * * * * * * * * * * * * * * * * * *
*  Function Name   :LCD_CtrlLinesConfig
*  Description     :Configures LCD Control lines(FSMC Pins)in alternate function
                    Push-Pull mode.
*  Input           :None
*  Output          :None
*  Return          :None
* * * * * * * * * * * * * * * * * * * * * * * * * * * * * * * * * * * * * /
void LCD_CtrlLinesConfig(void)
{
    GPIO_InitTypeDef GPIO_InitStructure;
    /* 开启相应时钟 * /
    RCC_APB2PeriphClockCmd(RCC_APB2Periph_GPIOC |RCC_APB2Periph_GPIOE,ENABLE);

    /* 16位数据 PE15~0 * /
    GPIO_InitStructure.GPIO_Pin=GPIO_Pin_All;
    GPIO_InitStructure.GPIO_Speed=GPIO_Speed_50 MHz;
    GPIO_InitStructure.GPIO_Mode=GPIO_Mode_Out_PP;
```

```
    GPIO_Init(GPIOE,&GPIO_InitStructure);

    /* 控制脚 PC0 PC1 PC2 PC3 PC5 * /
    GPIO_InitStructure.GPIO_Pin=GPIO_Pin_0|GPIO_Pin_1|GPIO_Pin_2|GPIO_Pin_3|
GPIO_Pin_5;
    GPIO_InitStructure.GPIO_Speed=GPIO_Speed_50 MHz;
    GPIO_InitStructure.GPIO_Mode=GPIO_Mode_Out_PP;
    GPIO_Init(GPIOC,&GPIO_InitStructure);

    /* 背光控制 PA8 * /
    GPIO_InitStructure.GPIO_Pin=GPIO_Pin_8;
    GPIO_InitStructure.GPIO_Speed=GPIO_Speed_50 MHz;
    GPIO_InitStructure.GPIO_Mode=GPIO_Mode_Out_PP;
    GPIO_Init(GPIOA,&GPIO_InitStructure);
}
```

③AS-07型STM32实验板的初始化程序中的STM32F103VE与LCD模块接口引脚配置。

```
/* * * * * * * * * * * * * * * * * * * * * * * * * * * * * * * * * * *
* Function Name  :LCD_CtrlLinesConfig
* Description    :Configures LCD Control lines(FSMC Pins)in alternate function
                  Push-Pull mode.
* Input          :None
* Output         :None
* Return         :None
* * * * * * * * * * * * * * * * * * * * * * * * * * * * * * * * * * * /
void LCD_CtrlLinesConfig(void)
{
    GPIO_InitTypeDef GPIO_InitStructure;

    /*  Enable FSMC,GPIOD,GPIOE,and AFIO clocks * /
    RCC_AHBPeriphClockCmd(RCC_AHBPeriph_FSMC,ENABLE);
    RCC_APB2PeriphClockCmd(RCC_APB2Periph_GPIOD | RCC_APB2Periph_GPIOE | RCC_
APB2Periph_AFIO,ENABLE);

    /*  LCD BackLight * /
    GPIO_InitStructure.GPIO_Mode=GPIO_Mode_Out_PP;
    GPIO_InitStructure.GPIO_Speed=GPIO_Speed_50 MHz;
    GPIO_InitStructure.GPIO_Pin=GPIO_Pin_13;
    GPIO_Init(GPIOD,&GPIO_InitStructure);

    /*  LCD Reset* /
    GPIO_InitStructure.GPIO_Pin=GPIO_Pin_1;
    GPIO_Init(GPIOE,&GPIO_InitStructure);
```

```
    /*  Set PD.00(D2),PD.01(D3),PD.04(NOE),PD.05(NWE),PD.08(D13),PD.09(D14),
    PD.10(D15),PD.14(D0),PD.15(D1) as alternate function push pull * /
    GPIO_InitStructure.GPIO_Pin=GPIO_Pin_0 | GPIO_Pin_1 | GPIO_Pin_4 | GPIO_Pin_
5 |
    GPIO_Pin_8 | GPIO_Pin_9 | GPIO_Pin_10 | GPIO_Pin_14 |
    GPIO_Pin_15;
    GPIO_InitStructure.GPIO_Speed=GPIO_Speed_50 MHz;
    GPIO_InitStructure.GPIO_Mode=GPIO_Mode_AF_PP;
    GPIO_Init(GPIOD,&GPIO_InitStructure);

    /*  Set PE.07(D4),PE.08(D5),PE.09(D6),PE.10(D7),PE.11(D8),PE.12(D9),PE.13
(D10),
    PE.14(D11),PE.15(D12) as alternate function push pull * /
    GPIO_InitStructure.GPIO_Pin=GPIO_Pin_7 | GPIO_Pin_8 | GPIO_Pin_9 | GPIO_Pin_10 |
                                GPIO_Pin_11 | GPIO_Pin_12 | GPIO_Pin_13 | GPIO_Pin_14 |
                                GPIO_Pin_15;
    GPIO_Init(GPIOE,&GPIO_InitStructure);

    /*  Set PD.11(A16(LCD_RS))as alternate function push pull * /
    GPIO_InitStructure.GPIO_Pin=GPIO_Pin_11;
    GPIO_Init(GPIOD,&GPIO_InitStructure);

    /*  Set PD.7(NE1(LCD_CS))as alternate function push pull * /
    GPIO_InitStructure.GPIO_Pin=GPIO_Pin_7;
    GPIO_Init(GPIOD,&GPIO_InitStructure);

    /*  LCD BackLight On * /
    GPIO_SetBits(GPIOD,GPIO_Pin_13);
}
```

④LCD_DisplayStringLine 显示一行字符函数，以显示“H”为例进行程序分析。

LCD_DisplayStringLine 函数调用 LCD_DisplayChar 函数，LCD_DisplayChar 函数调用 LCD_DisplayChar 函数。

```
void LCD_DisplayChar(u8 Line,u16 Column,u8 Ascii)
{
  Ascii-=32;
  LCD_DrawChar(Line,Column,&ASCII_Table[Ascii * 24]);
}
H的 ASCII 是 0x48,在此运算 Ascii-=32 则 Ascii=40,找到 H 的字库数组数据:
    /*  ASCII Table:each character is 16 column(16dots large)and 24 raw(24 dots
high)* /
    uc16 ASCII_Table[]=
      {
```

```
        /*  Space ' ' * ///次序 0
        0x0000,0x0000,0x0000,0x0000,0x0000,0x0000,0x0000,0x0000,
        0x0000,0x0000,0x0000,0x0000,0x0000,0x0000,0x0000,0x0000,
        0x0000,0x0000,0x0000,0x0000,0x0000,0x0000,0x0000,0x0000,
       ……
        /*  'H' * ///次序 40
        0x0000,0x300C,0x300C,0x300C,0x300C,0x300C,0x300C,0x300C,
        0x3FFC,0x3FFC,0x300C,0x300C,0x300C,0x300C,0x300C,0x300C,
        0x300C,0x300C,0x0000,0x0000,0x0000,0x0000,0x0000,0x0000,
       ……
       }
LCD_DrawChar 再调用 LCD_DrawChar 函数:
void LCD_DrawChar(u8 Xpos,u16 Ypos,uc16 * c)
{
  u32 index=0,i=0;
  u8 Xaddress=0;
Xaddress=Xpos;
  LCD_SetCursor(Xaddress,Ypos);

  for(index=0;index <24;index+ + )
  {
    LCD_WriteRAM_Prepare();/*  Prepare to write GRAM * /
    for(i=0;i <16;i+ + )
    {
      if((c[index] &(1 <<i))==0x00)//1 左移动 i 位
      {
        LCD_WriteRAM(BackColor);
      }
      else
      {
        LCD_WriteRAM(TextColor);
      }
    }
    Xaddress+ + ;
    LCD_SetCursor(Xaddress,Ypos);
  }
}
```

⑤另外，调用 LCD_Clear 清屏、LCD_SetBackColor 设置显示背景色、LCD_SetTextColor 设置显示的字符颜色，在此就不作分析了。

3. 实验过程与现象

实验过程：见上册的 4.2 节。

实验现象：如图 5-98 所示。

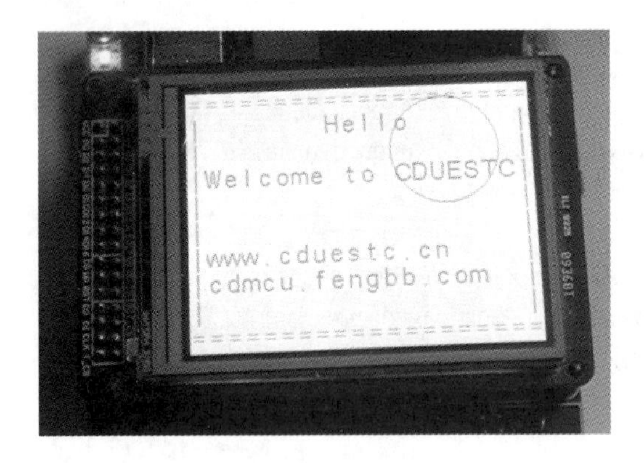

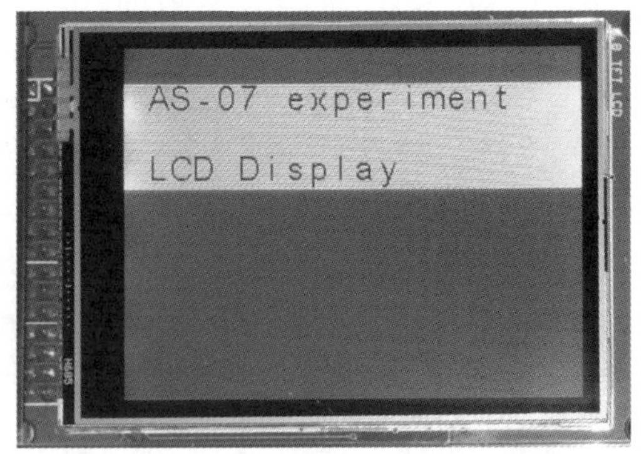

图 5-98 LCD 显示英文

5.5.11 LCD 编程应用(实验 5-8)

【实验 5-8】 Proteus 仿真 STM32 驱动 LCD(ILI9325) 显示英文字符。

1. 硬件设计

Proteus 仿真 STM32 驱动 LCD(ILI9325) 显示基本上与 AS-05 型 STM32 实验板相同,原理图如图 5-99 所示。

1) 控制引脚

LCD 的控制引脚是:NCS=PC0,RS=PC1,NWR=PC9,NRD=PC3,NRESET=PC5。

说明:其中的前缀“n”或“N”指低电平信号有效,“=”或“→”表示引脚连接。

2) 数据总线

AS-05 型的 LCD 的数据总线是:PB[15 : 0]。

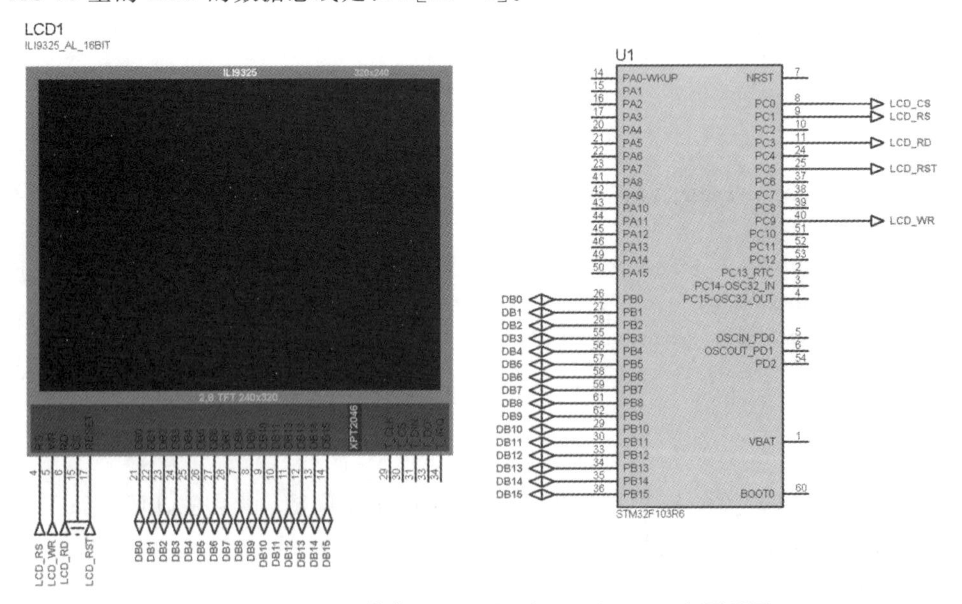

图 5-99 Proteus 仿真 STM32 驱动 LCD(ILI9325) 原理图

2. 软件设计(编程)

1）设计分析

与实验5-7相同基本相同，只是修改了LCD的控制引脚NWR=PC9。

2）程序源码与分析

由于修改了LCD的控制引脚NWR=PC9，因此只需修改lcd.c和lcd.h里的内容。

```
GPIO_InitStructure.GPIO_Pin=GPIO_Pin_0|GPIO_Pin_1|GPIO_Pin_3|GPIO_Pin_5|GPIO_Pin_9;
# define LCD_WR_HIGHGPIO_SetBits(GPIOC,GPIO_Pin_9);
# define LCD_WR_LOWGPIO_ResetBits(GPIOC,GPIO_Pin_9);
```

其他与实验5-3基本相同。

3. 实验过程与现象

实验过程：参见本书5.2.3小节中的实验5-1。

实验现象：如图5-100所示。

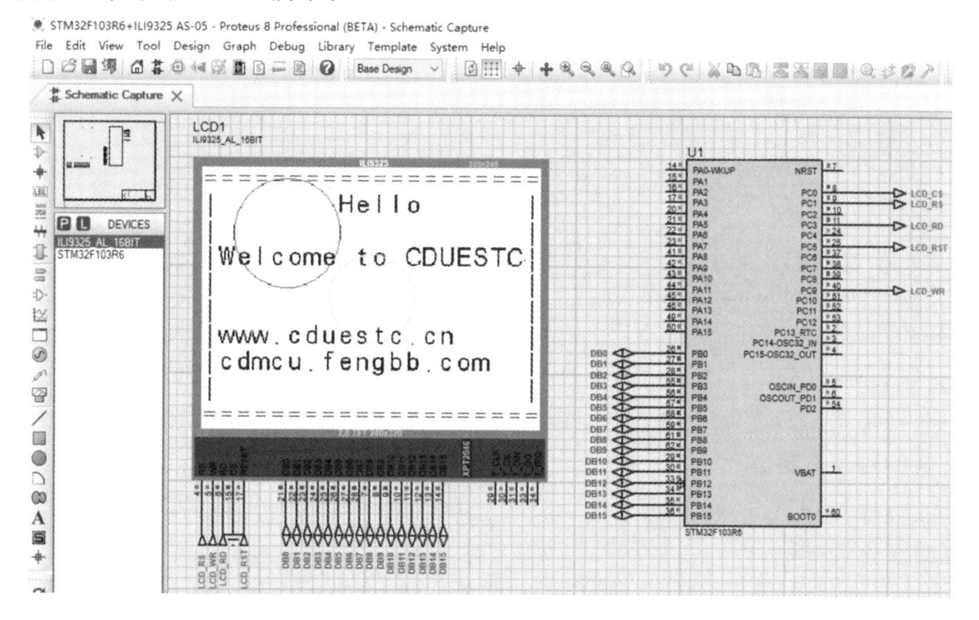

图 5-100 Proteus 仿真 STM32 驱动 LCD(ILI9325) 显示英文字符

5.5.12 LCD编程应用(实验5-9)

【实验5-9】 STM32驱动LCD(ILI9320)显示中文字符。

1. 硬件设计

与实验5-7相同。

2. 软件设计(编程)

1）设计分析

main函数调用了LCD_DisplayHZLine函数显示一行中文字符串，使用了汉字库hzk.h。

其他与实验 5-7 相同，此处不再分析。

2）程序源码与分析

①main 函数。

```
int main(void)
{
……
/*  Send the string character by character on lCD * / //中文全角
LCD_DisplayHZLine(Line0,"====================   ");
LCD_DisplayHZLine(Line1,"|                          |");
LCD_DisplayHZLine(Line2,"|                          |");
LCD_DisplayHZLine(Line3,"|      电子科技大学  成都学院      |");
LCD_DisplayHZLine(Line4,"|    www.cduestc.cn     |");
LCD_DisplayHZLine(Line5,"|                          |");
LCD_DisplayHZLine(Line6,"|          成都嵌入式论坛          |");
LCD_DisplayHZLine(Line7,"|  cdmcu.fengbb.com  |");
LCD_DisplayHZLine(Line8,"|                          |");
LCD_DisplayHZLine(Line9,"=====================");
……
}
```

②LCD_DisplayHZLine 函数。

LCD_DisplayHZLine 函数调用 LCD_DisplayHZChar 函数，LCD_DisplayHZChar 函数调用 LCD_DrawHZ(Line,Column,&HZK_Table[(94 * (region-1) +(location-1)) * 32]) 函数找到汉字库 HZK_Table 里的相应汉字显示数据，然后显示出来。

3. 实验过程与现象

实验过程：见上册的 4.2 节。

实验现象：如图 5-101 所示。

图 5-101 LCD 显示中文

5.5.13 LCD编程应用(实验5-10)

【实验5-10】 STM32驱动LCD(ILI9320)显示图片。

1. 硬件设计

与实验5-7相同。

2. 软件设计(编程)

1) 设计分析

main函数调用了LCD_DrawPicture函数显示一张240×320的图片。

其他与实验5-7相同,此处不再分析。

2) 程序源码与分析

①声明外部图片数据。

```
/*  Private variables-------------------------------------------* /
extern const unsigned char gImage_liantong1[153600];//外部图片数据
extern const unsigned char gImage_liantong2[153600];//外部图片数据
```

②main函数。

```
int main(void)
{
  /*  System Clocks Configuration * * * * * * * * * * * * * * * * * * * * /
  RCC_Configuration();
  /*  NVIC Configuration * * * * * * * * * * * * * * * * * * * * * * *  /
  NVIC_Configuration();
  /*  Configure the systick * /
  SysTick_Config();
/*  Initialize the LCD * /
  STM3210E_LCD_Init();
LCD_Clear(White);
LCD_DrawPicture(gImage_liantong1);//竖屏显示
//LCD_DrawPicture(gImage_liantong2);//横屏显示
  /*  Infinite loop * /
  while(1)
  {
  }
}
```

③LCD_DrawPicture函数。

```
/* * * * * * * * * * * * * * * * * * * * * * * * * * * * * * * * * * * * *
*  Function Name   :LCD_DrawPicture
*  Description     :Displays a 16 color picture.
```

```
*  Input          :-Picture:pointer to the picture array.
*  Output         :None
*  Return         :None
* * * * * * * * * * * * * * * * * * * * * * * * * * * * * * * * * * * * * * * /
void LCD_DrawPicture(const u8*  picture)
{
  int index;
  LCD_SetCursor(0x00,0x0000);
  LCD_WriteRAM_Prepare();/*  Prepare to write GRAM * /
  for(index=0;index <76800;index++)
  {
    LCD->LCD_RAM=picture[2* index+1]<<8|picture[2* index];//图片数据写入 GRAM
  }
}
```

④外部图片数据。

const unsigned char gImage_liantong1[153600]是使用 Image2Lcd 软件生成的，如图 5-102 所示。

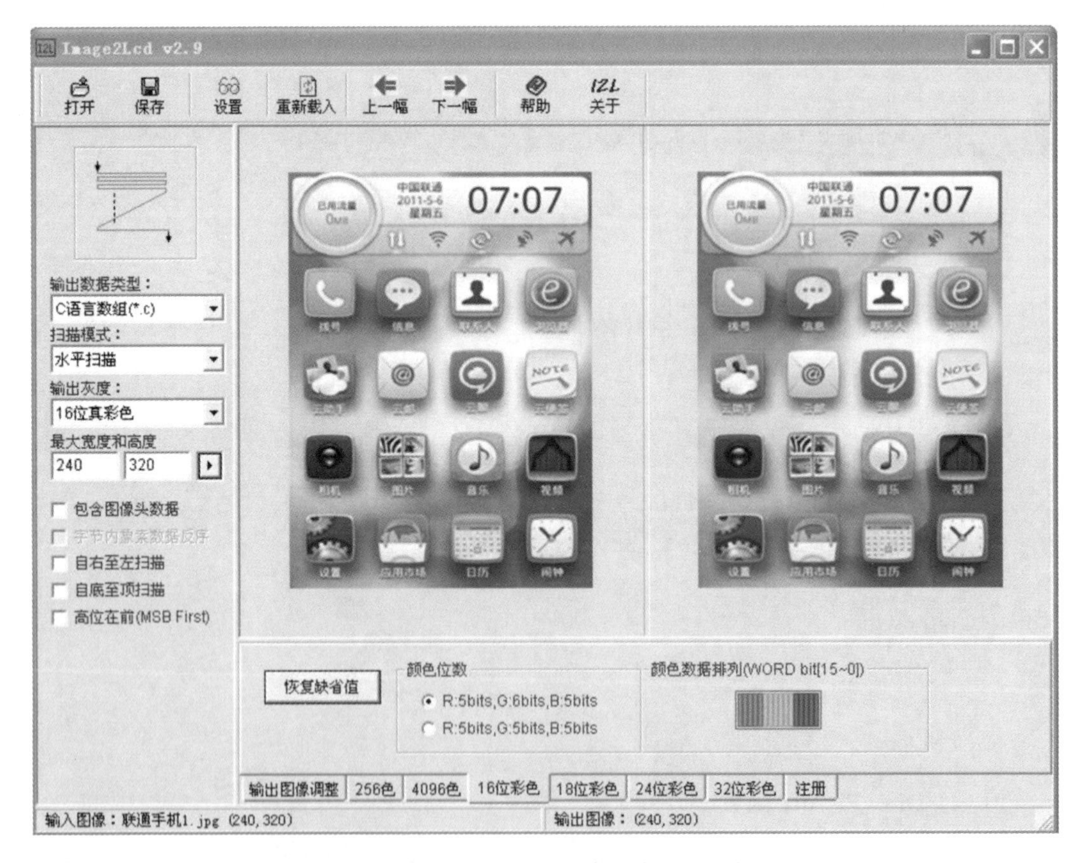

图 5-102　Image2Lcd 生成图片数据文件

3. 实验过程与现象

实验过程:见上册的4.2节。

实验现象:如图5-103所示。

图5-103 LCD显示图片

5.5.14 LCD编程应用(实验5-11)

【实验5-11】 STM32驱动LCD(ILI9320)触摸屏手写。

本实验通过触摸LCD实现触摸屏手写。程序修改于STM3210E-EVAL和STM32100E-EVAL。

1. 硬件设计

硬件与实验5-7相同,下面简单介绍一下电阻触摸屏和触摸屏控制器。

触摸屏控制系统由触摸检测部件和触摸屏控制器组成。触摸检测部件安装在LCD显示屏幕的上面,用于检测用户的触摸动作;触摸屏控制器的主要作用是从触摸检测部件上接收触摸信息,并将它转换成触点坐标(需要MPU/MCU运行软件程序配合)。

按照触摸屏的结构和工作原理,触摸屏分为四种:电阻式、电容感应式、红外线式以及表面声波式。

电阻式触摸屏利用压力感应进行控制,主要部分是一块与显示器表面非常贴合的电阻薄膜屏,是一种多层的复合薄膜,由一层玻璃作为基层,表面涂有一层透明导电层,上面再覆盖一层外表面经硬化处理、光滑防刮的塑料层,它的内表面也涂有一层导电层。当手指触摸屏幕时,两层导电层在触摸点位置就有了一个接触,控制器检测到并计算出X、Y轴的位置,这就是电阻触摸屏的基本工作原理,4线电阻屏结构示意图如图5-104所示。

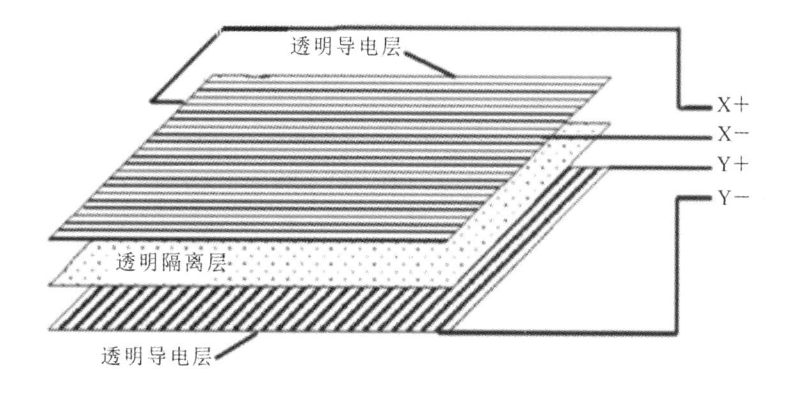

图5-104 4线电阻屏结构示意图

ADS7843是一个12位采样模数转换器(ADC),也是具有同步串行接口、低导通电阻开关的驱动触摸屏控制器。

ADS7843是经典的逐次逼近寄存器(SAR)ADC。ADC的模拟输入通过四个通道X+、X−、Y+、Y−提供给多路复用器,如果这四个通道接上的是4线电阻屏,如图5-105、

图 5-106所示，当按压触摸屏上的某个触摸点时，ADS7843 的 nPENIRQ 引脚输出中断信号，就可以由外接的软件程序计算得出此时该触摸点的 X、Y 坐标。

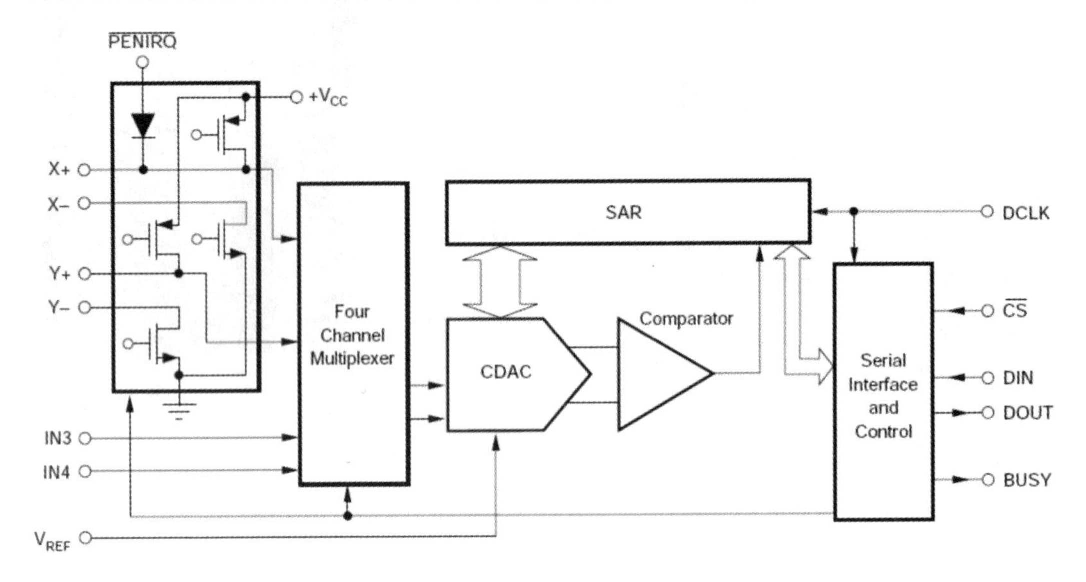

图 5-105　ADS7843 内部结构和工作原理图

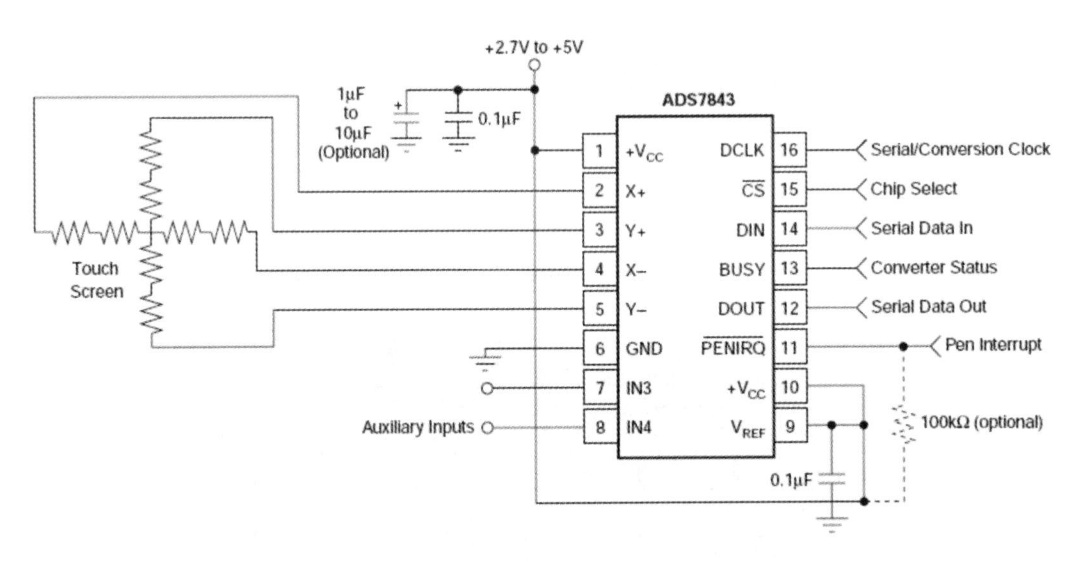

图 5-106　ADS7843 外部引脚和接 4 线电阻屏

2. 软件设计(编程)

1) 设计分析

main 函数调用了 IOE_Config 函数、实际上是调用 SPI_TOUCH_Init 函数设置触摸控制的 SPI2 接口的引脚和初始化，再调用 SPI_TOUCH_Read_X()和 SPI_TOUCH_Read_Y()函数得到触摸点 X、Y 像素坐标，并根据触摸屏实际修正后，调用 LCD_WriteRAM_Prepare 和 LCD_WriteRAM 在当前触摸点像素坐标画出红点，连续触摸连续画点就形成触摸手写效果。

2）程序源码与分析

程序主要是main函数，设置触摸控制的SPI2接口的引脚和初始化函数，读取X、Y像素坐标的函数。

①main函数。

```
int main(void)
{
  ……
  STM3210E_LCD_Init();
  ……
   /* Add your application code here* /
   __disable_irq();//禁止中断
   IOE_Config();//调用SPI_TOUCH_Init函数设置触摸控制
   __enable_irq();//允许中断
   while(1)
   {
    uint32_t  x,y;
    y=(SPI_TOUCH_Read_X()-190)/11;     //触摸点Y坐标,根据触摸屏实际修正
    x=SPI_TOUCH_Read_Y()/ 16;          //触摸点X坐标,根据触摸屏实际修正
    LCD_SetCursor(x,y);//设置显示坐标为在当前触摸点坐标
    LCD_WriteRAM_Prepare();/* Prepare to write GRAM * /
    LCD_WriteRAM(LCD_COLOR_RED);//画出红点
   }
}
```

②设置触摸控制引脚和SPI2的SPI_TOUCH_Init函数。

```
void SPI_TOUCH_Init(void)
{
  SPI_InitTypeDef  SPI_InitStructure;
  GPIO_InitTypeDef GPIO_InitStructure;

  /* Enable SPI2 and GPIO clocks * /  //使能SPI2和GPIO时钟
  RCC_APB1PeriphClockCmd(RCC_APB1Periph_SPI2,ENABLE);
  RCC_APB2PeriphClockCmd(RCC_APB2Periph_GPIOB,ENABLE);

  /* Configure SPI2 pins:SCK,MISO and MOSI * /  //配置SPI2引脚:SCK,MISO和MOSI引
脚
  GPIO_InitStructure.GPIO_Pin=GPIO_Pin_13 | GPIO_Pin_14 | GPIO_Pin_15;
  GPIO_InitStructure.GPIO_Mode=GPIO_Mode_AF_PP;
  GPIO_InitStructure.GPIO_Speed=GPIO_Speed_10 MHz;
  GPIO_Init(GPIOB,&GPIO_InitStructure);

  /* Configure I/O for PB9=TP select * /  //配置PB9为TP select
  GPIO_InitStructure.GPIO_Pin=GPIO_Pin_9;
```

```
  GPIO_InitStructure.GPIO_Mode=GPIO_Mode_Out_PP;
  GPIO_InitStructure.GPIO_Speed=GPIO_Speed_10 MHz;
  GPIO_Init(GPIOB,&GPIO_InitStructure);

  /* Configure I/O for PB1=TP_BUSY * /  //配置 PB1 为 TP_BUSY
  GPIO_InitStructure.GPIO_Pin=GPIO_Pin_1;
  GPIO_InitStructure.GPIO_Mode=GPIO_Mode_IPU;
  GPIO_InitStructure.GPIO_Speed=GPIO_Speed_50 MHz;
  GPIO_Init(GPIOB,&GPIO_InitStructure);

  /* Deselect the TP:Chip Select high * /  //设置 TP select 为高(无效)
  SPI_TOUCH_CS_HIGH();

  /* Configure I/O for PB12=SPI FLASH W25Q32 no select * /  //设置 PB12 连接的 SPI
FLASH W25Q32 无效
  GPIO_InitStructure.GPIO_Pin=GPIO_Pin_12;
  GPIO_InitStructure.GPIO_Mode=GPIO_Mode_Out_PP;
  GPIO_Init(GPIOB,&GPIO_InitStructure);
  GPIO_SetBits(GPIOB,GPIO_Pin_12);

  /* SPI2 configuration * /  //SPI2 设置
  SPI_InitStructure.SPI_Direction=SPI_Direction_2Lines_FullDuplex;//SPI 设置为
双线双向全双工
  SPI_InitStructure.SPI_Mode=SPI_Mode_Master;//设置 SPI 为主模式
  SPI_InitStructure.SPI_DataSize=SPI_DataSize_8b;//SPI 发送接收数据为 8 位
  SPI_InitStructure.SPI_CPOL=SPI_CPOL_Low;//时钟悬空低
  SPI_InitStructure.SPI_CPHA=SPI_CPHA_1Edge;//数据捕获于第 1 个时钟沿
  SPI_InitStructure.SPI_NSS=SPI_NSS_Soft;//软件控制 NSS 信号
  SPI_InitStructure.SPI_BaudRatePrescaler=SPI_BaudRatePrescaler_32;//波特率预分
频值为 32
  SPI_InitStructure.SPI_FirstBit=SPI_FirstBit_MSB;//数据传输从 MSB 高位开始
  SPI_InitStructure.SPI_CRCPolynomial=7;//定义了用于 CRC 值计算的多项式
  SPI_Init(SPI2,&SPI_InitStructure);//初始化 SPI2

  /* Enable SPI2  * /
  SPI_Cmd(SPI2,ENABLE);//使能 SPI2
}
```

③触摸点坐标调用 SPI_TOUCH_Read_X 函数。

```
uint16_t SPI_TOUCH_Read_X(void)
{
  u16 xPos=0,Temp=0,Temp0=0,Temp1=0;
  SPI_TOUCH_CS_LOW();//片选 PB9 为低(有效)
  SPI_TOUCH_SendByte(0x90);//发送读 X 位置命令 0x90
```

```
    Temp0=SPI_TOUCH_ReadByte();//读出X位置高字节
    Temp1=SPI_TOUCH_ReadByte();//读出X位置低字节
    SPI_TOUCH_CS_HIGH();//片选PB9为高(无效)

    Temp=(Temp0 <<8) | Temp1;//X位置合成为16位
    xPos=Temp>>3;//读出的X位置右移3位即除以1000
    return xPos;//返回读出的X位置(坐标)
  }
```

其中SPI_TOUCH_SendByte函数和SPI_TOUCH_ReadByte函数都是调用底层SPI_I2S_SendData函数,操作的是SPIx_DR寄存器实现。

```
  void SPI_I2S_SendData(SPI_TypeDef*  SPIx,uint16_t Data)
  {
    /*  Check the parameters * /
    assert_param(IS_SPI_ALL_PERIPH(SPIx));
    /*  Write in the DR register the data to be sent * /
    SPIx→DR=Data;//操作SPIx_DR寄存器
  }
```

3. 实验过程与现象

实验过程:见上册的4.2节。

实验现象:如图5-107所示。

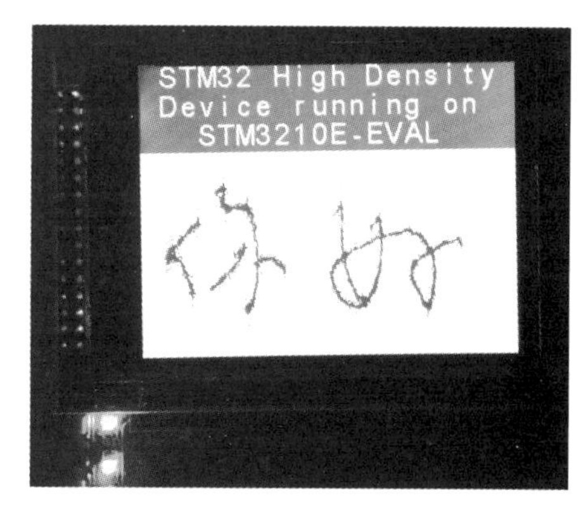

图5-107 通过LCD手写

5.5.15 LCD编程应用(实验5-12)

【实验5-12】 STM32驱动LCD(ILI9320)触摸控制LED。

本实验通过触摸LCD来控制LED点亮或熄灭。程序修改于STM32100E－EVAL的IOExpander。

1. 硬件设计

LCD部分硬件设计与实验5-7相同,LED部分硬件设计如图4-2所示。

2. 软件设计(编程)

1) 设计分析

main函数调用了IOE_Config函数、实际上是调用SPI_TOUCH_Init函数设置触摸控制的SPI2接口的引脚和初始化,再调用SPI_TOUCH_Read_X()和SPI_TOUCH_Read_Y()函数得到触摸点X、Y像素坐标,并根据触摸屏实际修正后,调用LCD_WriteRAM_Prepare和LCD_WriteRAM在当前触摸点像素坐标画出红点,连续触摸连续画点就形成触摸手写效果。

2) 程序源码与分析

程序主要是main函数、设置触摸控制的SPI2接口的引脚和初始化函数和读取X、Y像素坐标函数。

①main函数相关程序段。

```
int main(void)
{
  ……
  STM32100E_LCD_Init();
  ……
  if(IOE_Config()==IOE_OK)//调用SPI_TOUCH_Init函数设置触摸控制
  {
    LCD_DisplayStringLine(Line4,(uint8_t * )"   IO Expander OK   ");
  }
  ……
  LCD_SetTextColor(Green);
  LCD_DrawRect(180,230,40,60);//画一个矩形方块3,控制LED3亮灭
  LCD_SetTextColor(Blue);
  LCD_DrawRect(180,150,40,60);//画一个矩形方块2,控制LED2亮灭
  LCD_SetTextColor(Black);
  LCD_DrawRect(180,70,40,60);//画一个矩形方块1,控制LED1亮灭
  while(1)
  {
    static TS_STATE*  TS_State;
    TS_State=IOE_TS_GetState();//检测是否触摸
    if(! (TS_State→TouchDetected)&&(TS_State→Y<220)&&(TS_State→Y>180))
    {
      if((TS_State→X>10) &&(TS_State→X<70))//如果检测到触摸的是矩形方块4
      {
        LCD_DisplayStringLine(Line6,(uint8_t * )" LD4                  ");//显示LD4
        STM_EVAL_LEDOn(LED4);//点亮LED4
      }
      else if((TS_State→X>90)&&(TS_State→X<150))//如果检测到触摸的是矩形方块3
```

```
        {
          LCD_DisplayStringLine(Line6,(uint8_t * )"       LD3              ");//显示 LD3
          STM_EVAL_LEDOn(LED3);//点亮 LED3
        }
        else if((TS_State→X>170)&&(TS_State→X<230))//如果检测到触摸的是矩形方块 2
        {
          LCD_DisplayStringLine(Line6,(uint8_t * )"          LD2       ");//显示 LD2
          STM_EVAL_LEDOn(LED2);//点亮 LED2
        }
        else if((TS_State→X>250)&&(TS_State→X<310))//如果检测到触摸的是矩形方块 1
        {
          LCD_DisplayStringLine(Line6,(uint8_t * )"                LD1 ");//显示 LD1
          STM_EVAL_LEDOn(LED1);//点亮 LED1
        }
      }
      else
      {
        STM_EVAL_LEDOff(LED1);//熄灭 LED1
        STM_EVAL_LEDOff(LED2);//熄灭 LED2
        STM_EVAL_LEDOff(LED3);//熄灭 LED3
STM_EVAL_LEDOff(LED4);//熄灭 LED4
      }
    }
}
```

②检测触摸函数 IOE_TS_GetState。

```
TS_STATE*  IOE_TS_GetState(void)
{
  uint32_t xDiff,yDiff,x,y;
  static uint32_t _x=0, _y=0;

TS_State.TouchDetected=(BitAction)(GPIO_ReadInputDataBit(GPIOB,GPIO_Pin_1));//
读 TP_IRQ=PB1,判断是否触摸?
  if(!TS_State.TouchDetected )
  {
    x=319-(IOE_TS_Read_X()-190)/11;//读出 X 坐标
    y=IOE_TS_Read_Y()/ 16;//读出 Y 坐标
    xDiff=x>_x? (x-_x):(_x-x);
    yDiff=y>_y? (y-_y):(_y-y);
    if(xDiff+yDiff>5)
```

```
      {
        _x=x;
        _y=y;
      }
    }
    TS_State.X=_x;//更新 X 坐标
    TS_State.Y=_y;//更新 Y 坐标
    return &TS_State;
  }
```

图 5-108 通过触摸 LCD 来控制 LED

3. 实验过程与现象

实验过程：见上册的 4.2 节。

实验现象：如图 5-108 所示。

5.5.16 LCD 编程应用(实验 5-13)

【实验 5-13】 STM32CubeMX MDK Proteus 联合仿真 LCD(ST7735)。

本实验联合使用 STM32CubeMX4.27、MDK5.26 和 Proteus8.8 仿真 LCD(STR7735) 显示。

1. 硬件设计

Sitronix 公司的 ST7735R 是一款单芯片的 262K 色图形 TFT-LCD 的控制器/驱动器，它包含 396 条源线和 162 条门线的驱动电路。该芯片能够直接连接到外部微处理器，接口方式支持串行外设接口(SPI 3 线或 4 线)，8080 或 6800 并行接口(8 位/9 位/16 位/18 位)。显示数据可以存储在芯片内的显示数据内存，为 132×162×18 位。

Proteus 仿真 STM32 驱动 LCD(ST7735R)的原理图如图 5-109 所示，参看 ST7735R 数据手册的第 6 章驱动 IC 引脚描述和图 5-109，说明如下。

P68＝0：选择 8080 或 6800 MCU 并口，不使用时接地。

IM2＝0：串行接口。

IM1、IM0：不使用时接高电平或低电平。

SPI4W＝1：4 线/8 位 SPI 接口，分别是 CSX(chip enable，片选)、D/CX(data/ command flag，数据或命令选择)、SCL(serial clock，串行时钟)、SDA(serial data input/output，串行数据输入或输出)。

GM[1：0]＝00：132RGB×162(S1～S396 & G1～G162 输出)。

SRGB＝0：S1，S2，S3 是 RGB。

SMX＝0(GM＝00)：扫描方向源输出是 S1→S396。

LCM＝1：液晶类型为黑色。

TESEL＝(GM[1：0]＝00)：输入引脚选择 TE 信号中的水平线，TE 输出 162 线。

RESX：复位或初始化。

CSX：片选。

D/CX(SCL):D/CX=1 显示数据或参数,D/CX=0 命令数据。串口模式时是时钟。

RDX:8080 MCU 并口模式时是读数据,不使用便接高电平。

WRX(D/CX):并口模式时是读数据。4 线 SPI 接口时是 D/CX。

D[17:0]:并口的数据总线。串口模式时 D0 是数据输入或输出,其他不使用接高电平或低电平。

上述要点:4 线 SPI 接口(SPI4W=1),分别是 CSX=CSX、D/CX=WRX(D/CX)、SCL=D/CX(SCL)、SDA=D0。

说明:其中的后缀"X"指低电平信号有效。

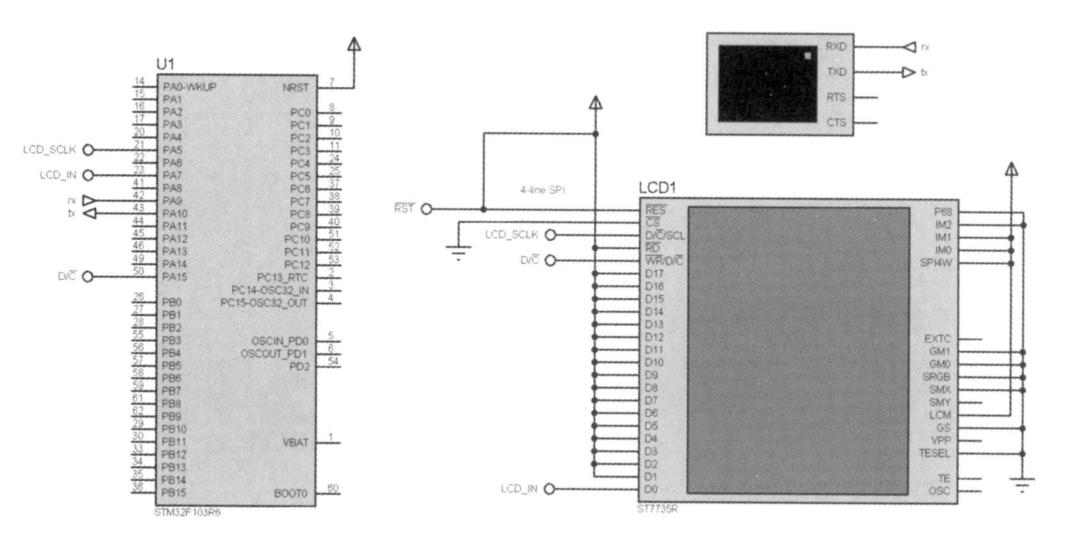

图 5-109 Proteus 仿真 STM32 驱动 LCD(ST7735R)原理图

2. 软件设计(编程)

1) 设计分析

使用 STM32CubeMX4.27 设置 STM32F103R6 的 SPI 接口、USART 接口、时钟等并生成 MDK 工程和初始化代码,使用 MDK5.26 添加 LCD 程序和用户代码并编译链接生成 HEX 执行代码,最后使用 Proteus 8.8 仿真 STM32F103R6,用 SPI 接口驱动 LCD(STR7735) 显示,同时用 USART1 显示。

2) 程序源码与分析

main 函数如下,其他的与前面的实验类似,就不再分析了。

```
int main(void)
{
  running=0;
  HAL_Init();//复位所有外设、初始化 FLASH 接口和 Systick
  SystemClock_Config();//配置系统时钟
  MX_GPIO_Init();//初始化 GPIO
  MX_DMA_Init();//初始化 DMA
  MX_CRC_Init();//初始化 CRC
```

```
    MX_SPI1_Init();//初始化 SPI1
    MX_USART1_UART_Init();//初始化 USART

    /*  USER CODE BEGIN 2 * /
    printf("Mr.zhou 周老师!");
    init_display_context(&lcd_ctx);//初始化显示字体
    tft_init();//初始化 TFT LCD
    text(&lcd_ctx,"Mr.zhou 周老师",2,1,0xFF0000);//显示字符(调用 putchar_tft 函数)
    LCD_square(50,50,50,50,0xF80000);//画矩形
    /*  USER CODE END 2 * /
    while(1)
    {
    }
}
```

3. 实验过程与现象

实验现象:如图 5-110 所示。

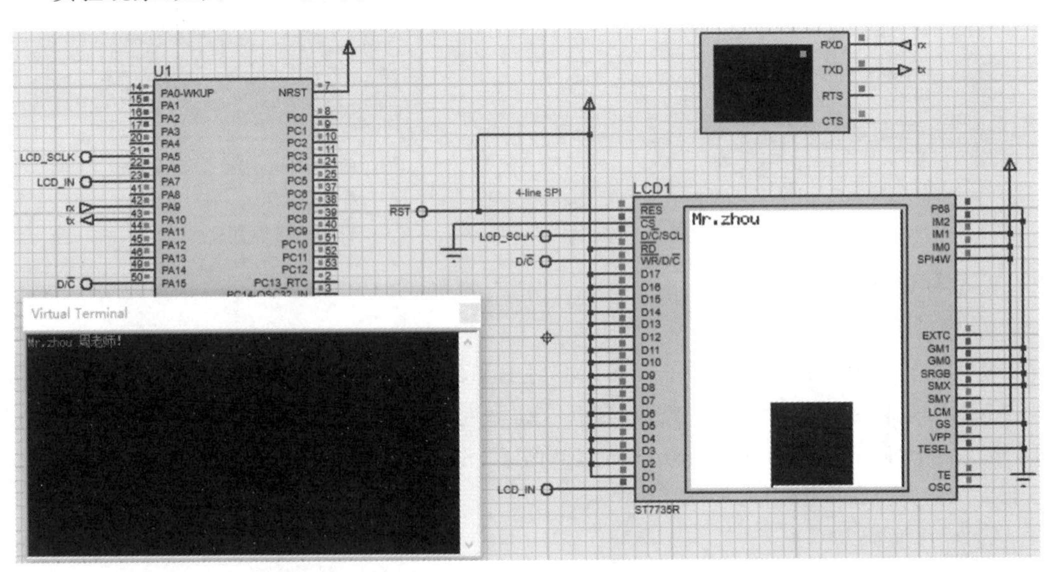

图 5-110 Proteus 仿真 STM32 驱动 LCD(ST7735R)显示

实验过程:参考前面的实验 5-1 和实验 5-2,图解要点如下。

1) 打开 Proteus 的 STM32 Clock 范例

打开 Proteus 的 STM32 Clock 范例,如图 5-111 所示。

当然,也可直接找到路径 D:\Program Files(x86) \Labcenter Electronics\Proteus 8 Professional\SAMPLES\VSM for Cortex M3\STM32\Clock。

2) 复制范例的文件

复制文件到 D:\STM32 PROTEUS,如图 5-112 所示。

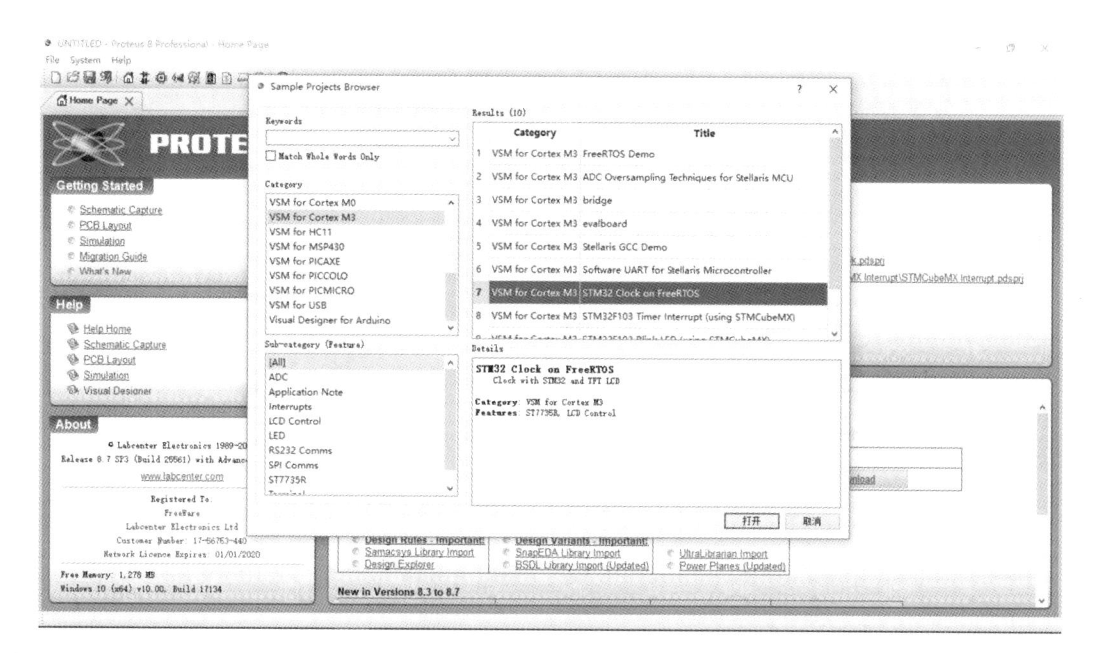

图 5-111 打开 Proteus 的 STM32 Clock 范例

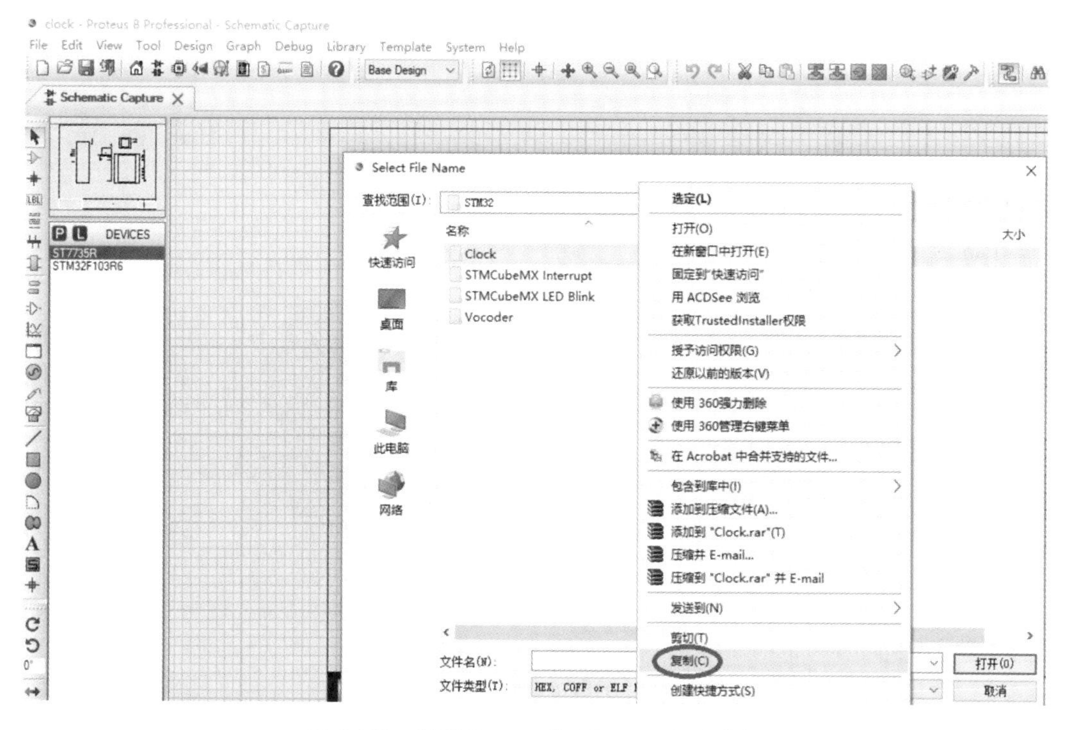

图 5-112 复制 Proteus 的 STM32 Clock 范例

3）使用 STM32CubeMX 打开范例，去除操作系统，生成 MDK 工程

使用 STM32CubeMX 打开范例，如图 5-113 和图 5-114 所示。

ı (D:) › STM32 PROTEUS › Clock ›

名称	修改日期	类型	大小
Drivers	2019/3/5 8:30	文件夹	
Inc	2019/3/5 8:30	文件夹	
Middlewares	2019/3/5 8:30	文件夹	
Src	2019/3/5 8:30	文件夹	
clock.ioc	2016/11/30 12:48	STM32CubeMX	6 KB
clock.pdsprj	2016/11/30 12:48	Proteus Project	57 KB
clock.pdsprj.Y450.Administrator.work...	2019/3/5 8:29	WORKSPACE 文件	14 KB
main.elf	2016/11/30 12:48	ELF 文件	984 KB
main.elf.asm	2019/2/26 11:17	ASM 文件	1 KB
make.bat	2016/11/30 12:48	Windows 批处理...	5 KB
STM32F103X6_FLASH.ld	2016/11/30 12:48	LD 文件	3 KB

STM32CubeMX工程

Proteus工程

图 5-113　STM32CubeMX 工程

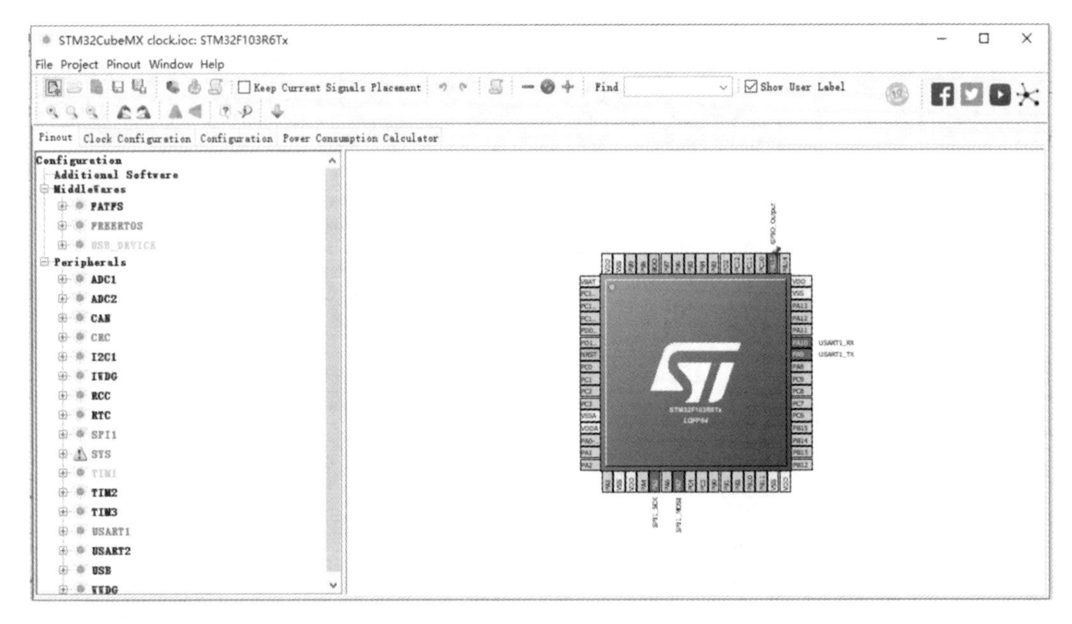

图 5-114　打开 STM32CubeMX 工程

去除操作系统，如图 5-115 所示。生成 MDK 工程。

4）修改 MDK 工程和程序，实现显示

添加 tft.c 等 3 个文件 c 文件，编译、排错，如图 5-116 所示。

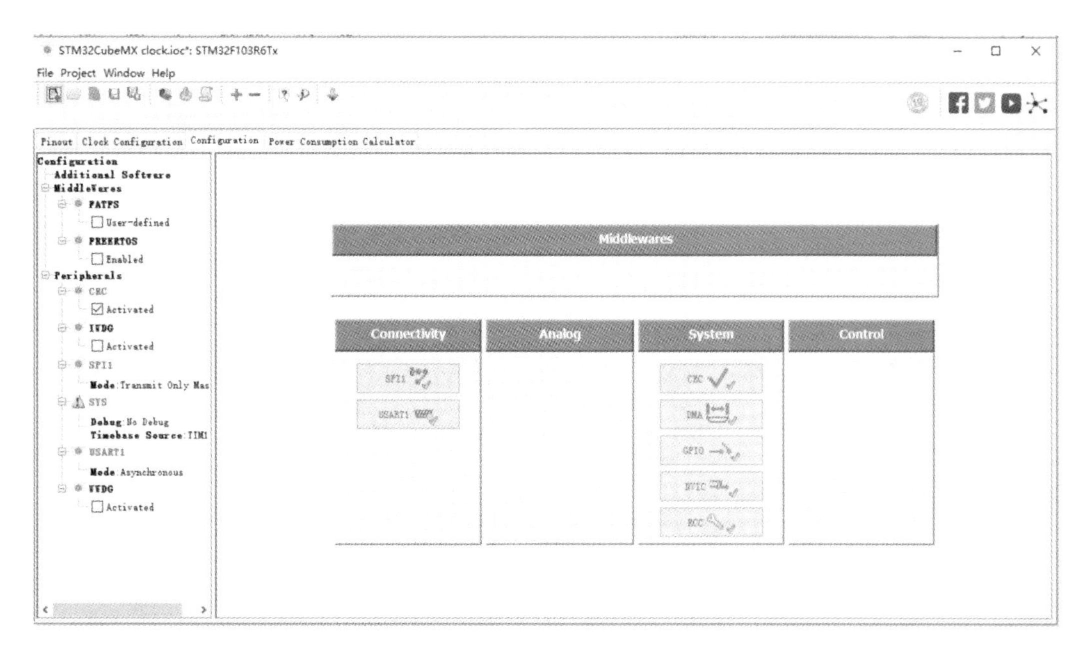

图 5-115　STM32CubeMX 工程配置

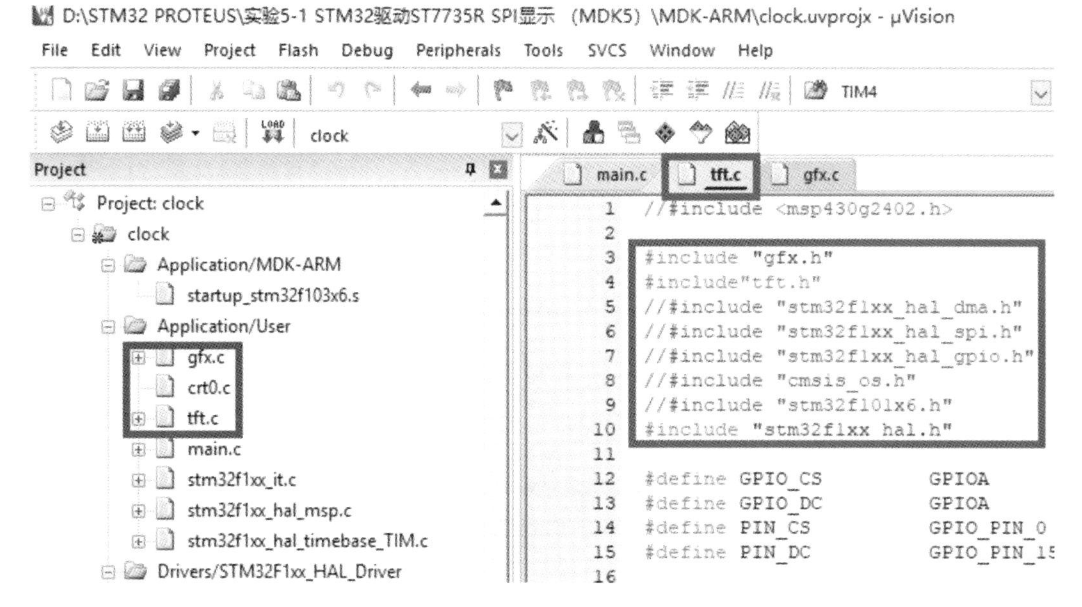

图 5-116　在 MDK 工程中添加 tft 文件

修改 main. c，添加如下 USART 重定向代码，如图 5-117 所示。添加用户代码，实现显示，如图 5-118 所示。其他的不再示意。

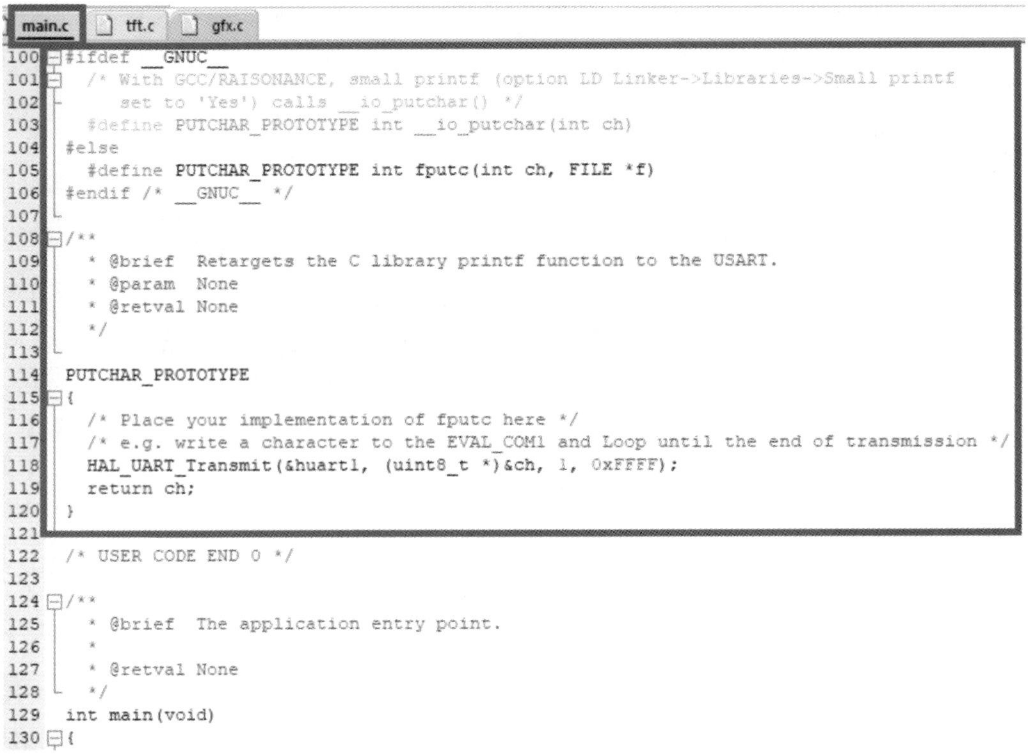

```
main.c   tft.c   gfx.c
100  #ifdef __GNUC__
101    /* With GCC/RAISONANCE, small printf (option LD Linker->Libraries->Small printf
102       set to 'Yes') calls __io_putchar() */
103    #define PUTCHAR_PROTOTYPE int __io_putchar(int ch)
104  #else
105    #define PUTCHAR_PROTOTYPE int fputc(int ch, FILE *f)
106  #endif /* __GNUC__ */
107
108  /**
109    * @brief  Retargets the C library printf function to the USART.
110    * @param  None
111    * @retval None
112    */
113
114  PUTCHAR_PROTOTYPE
115  {
116    /* Place your implementation of fputc here */
117    /* e.g. write a character to the EVAL_COM1 and Loop until the end of transmission */
118    HAL_UART_Transmit(&huart1, (uint8_t *)&ch, 1, 0xFFFF);
119    return ch;
120  }
121
122  /* USER CODE END 0 */
123
124  /**
125    * @brief  The application entry point.
126    *
127    * @retval None
128    */
129  int main(void)
130  {
```

图 5-117　MDK 工程里添加 USART 重定向代码

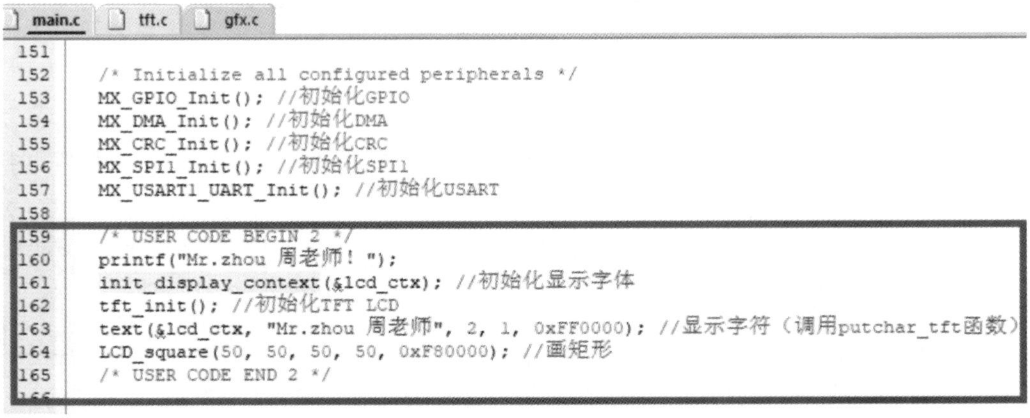

```
main.c   tft.c   gfx.c
151
152    /* Initialize all configured peripherals */
153    MX_GPIO_Init(); //初始化GPIO
154    MX_DMA_Init(); //初始化DMA
155    MX_CRC_Init(); //初始化CRC
156    MX_SPI1_Init(); //初始化SPI1
157    MX_USART1_UART_Init(); //初始化USART
158
159    /* USER CODE BEGIN 2 */
160    printf("Mr.zhou 周老师! ");
161    init_display_context(&lcd_ctx); //初始化显示字体
162    tft_init(); //初始化TFT LCD
163    text(&lcd_ctx, "Mr.zhou 周老师", 2, 1, 0xFF0000); //显示字符（调用putchar_tft函数）
164    LCD_square(50, 50, 50, 50, 0xF80000); //画矩形
165    /* USER CODE END 2 */
```

图 5-118　MDK 工程里添加用户代码

5.6　备份寄存器

备份寄存器 BKP(backup registers)可以用来保存用户信息等，相当于 EEPROM。

5.6.1　BKP 简介

BKP 是 42 个 16 位的寄存器，可用来存储 84 个字节的用户应用程序数据。BKP 在备

份域里，当VDD电源被切断，如果仍然由VBAT维持供电，则当系统在待机模式下被唤醒，或系统复位，或电源复位时，BKP也不会被复位。

此外，BKP控制寄存器(BKP_CR)用来管理侵入检测(tamper detection)和RTC校准功能。

复位后，对备份寄存器和RTC的访问被禁止，并且备份域被保护以防止可能存在的意外写操作。执行以下操作可以使能对备份寄存器和RTC的访问。

(1) 通过设置寄存器RCC_APB1ENR的PWREN和BKPEN位来打开电源和后备接口的时钟。

(2) 电源控制寄存器(PWR_CR)的DBP位来使能对后备寄存器和RTC的访问。

5.6.2 BKP特性

(1) 20字节数据后备寄存器(中容量和小容量产品，如STM32F103VBT6)，或84字节数据后备寄存器(大容量和互联型产品，如STM32F103VET6)。

(2) 用来管理侵入检测并具有中断功能的状态/控制寄存器。

(3) 用来存储RTC校验值的校验寄存器。

(4) 在PC13引脚(当该引脚不用于侵入检测时)上输出RTC校准时钟、RTC闹钟脉冲或者秒脉冲。

5.6.3 BKP功能

1. 侵入检测

当TAMPER引脚PC13上的信号从0变成1或者从1变成0(取决于备份控制寄存器BKP_CR的TPAL位)，会产生一个侵入检测事件。侵入检测事件会将所有数据备份寄存器内容清除。为了避免丢失侵入事件，侵入检测信号是边沿检测的信号与侵入检测允许位的逻辑与，从而使侵入检测引脚被允许前发生的侵入事件也可以被检测到。

(1) 当TPAL=0时：如果在启动侵入检测TAMPER引脚前(通过设置TPE位)该引脚已经为高电平，一旦启动侵入检测功能，则会产生一个额外的侵入事件(即使在TPE位置"1"后并没有出现上升沿)。

(2) 当TPAL=1时：如果在启动侵入检测引脚TAMPER前(通过设置TPE位)该引脚已经为低电平，一旦启动侵入检测功能，则会产生一个额外的侵入事件(即使在TPE位置"1"后并没有出现下降沿)。

设置BKP_CSR寄存器的TPIE位为"1"，当检测到侵入事件时就会产生一个中断。

在一个侵入事件被检测到并被清除后，侵入检测引脚TAMPER应该被禁止。然后，在再次写入备份数据寄存器前重新用TPE位启动侵入检测功能。这样，可以阻止软件在侵入检测引脚上仍然有侵入事件时对备份数据寄存器进行写操作。这相当于对侵入引脚TAMPER进行电平检测。

注：当VDD电源断开时，侵入检测功能仍然有效。为了避免不必要的复位数据备份寄存器，TAMPER引脚应该在片外连接到正确的电平上。

2. RTC 校准

为方便测量，RTC 时钟可以经 64 分频输出到侵入检测引脚 TAMPER 上。通过设置 RTC 校验寄存器(BKP_RTCCR)的 CCO 位来开启这一功能。

通过配置 CAL[6：0]位，此时钟最多可减慢 121ppm(约 30 天减慢 314 s)。

关于 RTC 校准和如何提高精度，请看 AN2604“STM32F101xx 和 STM32F103xx 的 RTC 校准”。

5.6.4 BKP 寄存器结构

BKP 寄存器结构，BKP_TypeDef，在文件“stm32f10x_map.h”中定义如下：

```
typedef struct
{
  u32  RESERVED0;
  vu16 DR1;
  u16  RESERVED1;
  vu16 DR2;
  ……
  vu16 DR10;
  u16  RESERVED10;
  vu16 RTCCR;
  u16  RESERVED11;
  vu16 CR;
  u16  RESERVED12;
  vu16 CSR;
  u16  RESERVED13[5];
  vu16 DR11;
  ……
  u16  RESERVED44;
  vu16 DR42;
  u16  RESERVED45;
} BKP_TypeDef;
```

表 5-15 给出了 BKP 的部分寄存器的描述。

表 5-15 BKP 的部分寄存器的描述

寄存器	描述
DR 1-10	数据后备寄存器 1 到 10
RTCCR	RTC 时钟校准寄存器
CR	后备控制寄存器
CSR	后备控制状态寄存器

5.6.5 BKP 库函数

表 5-16 列举了 BKP 库函数。

表 5-16 BKP 库函数

函数名	描述
BKP_DeInit	将外设 BKP 的全部寄存器重设为缺省值
BKP_TamperPinLevelConfig	设置侵入检测管脚的有效电平
BKP_TamperPinCmd	使能或者失能管脚的侵入检测功能
BKP_ITConfig	使能或者失能侵入检测中断
BKP_RTCOutputConfig	选择在侵入检测管脚上输出的 RTC 时钟源
BKP_SetRTCCalibrationValue	设置 RTC 时钟校准值
BKP_WriteBackupRegister	向指定的后备寄存器中写入用户程序数据
BKP_ReadBackupRegister	从指定的后备寄存器中读出数据
BKP_GetFlagStatus	检查侵入检测管脚事件的标志位被设置与否
BKP_ClearFlag	清除侵入检测管脚事件的待处理标志位
BKP_GetITStatus	检查侵入检测中断发生与否
BKP_ClearITPendingBit	清除侵入检测中断的待处理位

5.6.6 BKP 应用编程(实验 5-14)

【实验 5-14】 STM32 的备份寄存器读写。

本实验使用 USART1 配合串口调试助手显示 STM32 的备份寄存器 BKP_DRx 的写入和读出数据。

1. 硬件设计

使用 USART1 配合串口调试助手显示的硬件设计见实验 4-7。

2. 软件设计(编程)

1) 设计分析

按照 5.6.1 小节的内容,要使能对备份寄存器和 RTC 的访问,就要先打开电源和后备接口的时钟,再使能对后备寄存器和 RTC 的访问。之后,访问备份寄存器,写入和读出数据。

2) 程序源码与分析

main 函数如下(其他的与前面的实验类似,就不再分析了):

```
int main(void)
{
……
   /* Enable PWR and BKP clock * /   //使能 PWR 和 BKP 时钟
  RCC_APB1PeriphClockCmd(RCC_APB1Periph_PWR | RCC_APB1Periph_BKP,ENABLE);

  /* Enable write access to Backup domain * /  //允许访问备份域
  PWR_BackupAccessCmd(ENABLE);

  /* Clear Tamper pin Event(TE)pending flag * /  //清除侵入事件中断产生标志
  BKP_ClearFlag();

  BKP_WriteBackupRegister(BKP_DR1,0x1);//备份寄存器 1 写入数据 0x1
  BKP_WriteBackupRegister(BKP_DR2,0x2);*
  BKP_WriteBackupRegister(BKP_DR3,0x3);
  BKP_WriteBackupRegister(BKP_DR4,0x4);
  BKP_WriteBackupRegister(BKP_DR5,0x5);
  BKP_WriteBackupRegister(BKP_DR6,0x6);
  BKP_WriteBackupRegister(BKP_DR7,0x7);
  BKP_WriteBackupRegister(BKP_DR8,0x8);
  BKP_WriteBackupRegister(BKP_DR9,0x9);
  BKP_WriteBackupRegister(BKP_DR10,0xABCD);//备份寄存器 10 写入数据 0xABCD

  printf("BKP data in DRx are:\n\r");
  printf("DR1  =0x% 04X\t\n",BKP_ReadBackupRegister(BKP_DR1));//串口显示读出的备
份寄存器 1 数据
  printf("DR2  =0x% 04X\t\n",BKP_ReadBackupRegister(BKP_DR2));
  printf("DR3  =0x% 04X\t\n",BKP_ReadBackupRegister(BKP_DR3));
  printf("DR4  =0x% 04X\t\n",BKP_ReadBackupRegister(BKP_DR4));
  printf("DR5  =0x% 04X\t\n",BKP_ReadBackupRegister(BKP_DR5));
  printf("DR6  =0x% 04X\t\n",BKP_ReadBackupRegister(BKP_DR6));
  printf("DR7  =0x% 04X\t\n",BKP_ReadBackupRegister(BKP_DR7));
  printf("DR8  =0x% 04X\t\n",BKP_ReadBackupRegister(BKP_DR8));
  printf("DR9  =0x% 04X\t\n",BKP_ReadBackupRegister(BKP_DR9));
  printf("DR10=0x% 04X\t\n",BKP_ReadBackupRegister(BKP_DR10));

  GPIO_SetBits(GPIOC,GPIO_Pin_6);
……
}
```

3. 实验过程与现象

实验过程:见上册的 4.2 节。

实验现象:如图 5-119 和图 5-120 所示。

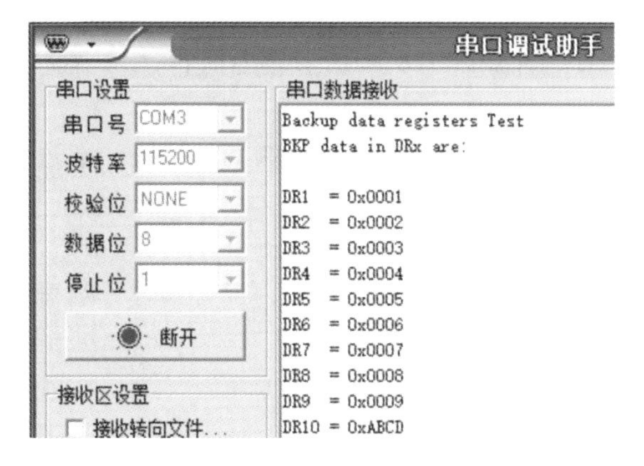

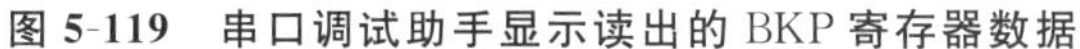

图 5-119 串口调试助手显示读出的 BKP 寄存器数据

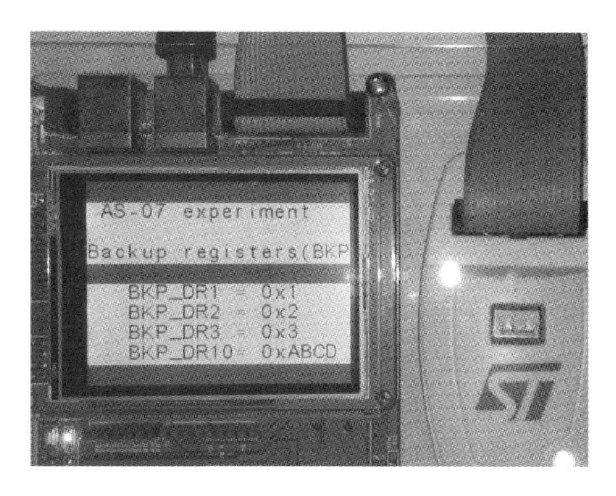

图 5-120 LCD 显示实验信息

5.7 实时时钟

RTC(real-time clock,实时时钟)可以提供日历时钟功能,还具有闹钟中断和分段性中断功能。

RTC 的驱动时钟可以是 LSE(频率为 32768Hz)、LSI(频率为 40kHz)或 HSE(频率为 8 MHz)的 128 分频。内部低功耗 RC 振荡器的典型频率为 40kHz。为补偿天然晶体的偏差,可以通过输出一个 512Hz 的信号对 RTC 的时钟进行校准。

RTC 具有一个 32 位的可编程计数器,使用比较寄存器可以进行长时间的测量。有一个 20 位的预分频器用于时基时钟,默认情况下时钟为 32.768kHz 时,它将产生一个 1 s 长的时间基准。

5.7.1 RTC 概述

实时时钟是一个独立的定时器。RTC 模块拥有一组连续计数的计数器,在相应软件的配置下,可提供时钟日历的功能。修改计数器的值可以重新设置系统当前的时间和日期。

RTC 模块和时钟配置系统(RCC_BDCR 寄存器)处于后备区域,即在系统复位或从待机模式唤醒后,RTC 的设置和时间维持不变。

系统复位后,对后备寄存器和 RTC 的访问被禁止,这是为了防止对后备区域(BKP)的意外写操作。执行以下操作可以使能对备份寄存器和 RTC 的访问。

(1) 通过设置寄存器 RCC_APB1ENR 的 PWREN 和 BKPEN 位来打开电源和后备接口的时钟。

(2) 电源控制寄存器(PWR_CR)的 DBP 位来使能对后备寄存器和 RTC 的访问。

5.7.2 主要特性

(1) 可编程的预分频系数,分频系数最高为 2^{20}。

(2) 32 位的可编程计数器,可用于较长时间段的测量。

(3) 2 个分离的时钟:用于 APB1 接口的 PCLK1 和 RTC 时钟(RTC 时钟的频率必须小

于 PCLK1 时钟频率的四分之一以上)。

(4) 可以选择以下三种 RTC 的时钟源：HSE 时钟除以 128；LSE 振荡器时钟；LSI 振荡器时钟。

(5) 2 个独立的复位类型：APB1 接口由系统复位；RTC 核心(预分频器、闹钟、计数器和分频器)只能由后备域复位。

(6) 3 个专门的可屏蔽中断：闹钟中断，用来产生一个软件可编程的闹钟中断；秒中断，用来产生一个可编程的周期性中断信号(最长可达 1 s)；溢出中断，指示内部可编程计数器溢出并回转为 0 的状态。

5.7.3 RTC 寄存器结构

RTC 寄存器结构(RTC-TypeDef)在"stm32f10x_map.h"中定义如下：

```
typedef struct
{
  vu16 CRH;
  u16 RESERVED1;
  vu16 CRL;
  u16 RESERVED2;
  vu16 PRLH;
  u16 RESERVED3;
  vu16 PRLL;
  u16 RESERVED4;
  vu16 DIVH;
  u16 RESERVED5;
  vu16 DIVL;
  u16 RESERVED6;
  vu16 CNTH;
  u16 RESERVED7;
  vu16 CNTL;
  u16 RESERVED8;
  vu16 ALRH;
  u16 RESERVED9;
  vu16 ALRL;
  u16 RESERVED10;
} RTC_TypeDef;
```

5.7.4 RTC 寄存器

表 5-17 列举了 RTC 寄存器。

表 5-17 RTC 寄存器

寄存器	描述
CRH	控制寄存器高位
CRL	控制寄存器低位

续表

寄存器	描述
PRLH	预分频装载寄存器高位
PRLL	预分频装载寄存器低位
DIVH	预分频分频因子寄存器高位
DIVL	预分频分频因子寄存器低位
CNTH	计数器寄存器高位
CNTL	计数器寄存器低位
ALRH	闹钟寄存器高位
ALRL	闹钟寄存器低位

5.7.5 RTC库函数

表5-18列举了RTC库函数。

表5-18 RTC库函数

函数名	描述
RTC_ITConfig	使能或者失能指定的RTC中断
RTC_EnterConfigMode	进入RTC配置模式
RTC_ExitConfigMode	退出RTC配置模式
RTC_GetCounter	获取RTC计数器的值
RTC_SetCounter	设置RTC计数器的值
RTC_SetPrescaler	设置RTC预分频的值
RTC_SetAlarm	设置RTC闹钟的值
RTC_GetDivider	获取RTC预分频分频因子的值
RTC_WaitForLastTask	等待最近一次对RTC寄存器的写操作完成
RTC_WaitForSynchro	等待RTC寄存器(RTC_CNT，RTC_ALR and RTC_PRL)与RTC的APB时钟同步
RTC_GetFlagStatus	检查指定的RTC标志位设置与否
RTC_ClearFlag	清除RTC的待处理标志位
RTC_GetITStatus	检查指定的RTC中断发生与否
RTC_ClearITPendingBit	清除RTC的中断待处理位

5.7.6 RTC 编程应用(实验 5-15)

【实验 5-15】 STM32 的实时时钟(RTC)。

本实验使用 TFT LCD、USART1 配合超级终端调整和显示 STM32 的 RTC 时钟。

1. 硬件设计

MCU 的 6 脚 VBAT 接上 CR1220 电池，如图 3-49 所示(见上册)。

使用 USART1 和超级终端输入和输出显示的硬件设计见实验 4-7(见上册)。

2. 软件设计(编程)

1) 设计分析

按照 5.6.1 小节的内容，要使能对备份寄存器和 RTC 的访问，就要先打开电源和后备接口的时钟，再使能对后备寄存器和 RTC 的访问。之后，访问备份寄存器，写入和读出数据。

2) 程序源码与分析

①main 函数。

```
int main(void)
{
……
  LCD_DisplayStringLine(Line0,"");
  LCD_DisplayStringLine(Line1," AS-07 experiment    ");
  LCD_DisplayStringLine(Line2," RTC                 ");
  LCD_DisplayStringLine(Line3,"");//显示实验信息

  if(BKP_ReadBackupRegister(BKP_DR1) != 0xA5A5) //读取 BKP_DR1 寄存器，如果不是0xA5A5 则没有配置过 RTC
  {
    printf("\r\n\n RTC not yet configured....");
    LCD_DisplayStringLine(Line4,"RTC not yet configured....  ");

    RTC_Configuration();//调用 RTC 配置函数
    printf("\r\n RTC configured....");
    LCD_DisplayStringLine(Line5,"RTC configured....  ");

    Time_Adjust();//调整时间
    BKP_WriteBackupRegister(BKP_DR1,0xA5A5);//写入特殊数据 0xA5A5 作为配置与否的标志
  }
  else//读取 BKP_DR1 寄存器，如果是 0xA5A5 则已经配置过 RTC
  {
    if(RCC_GetFlagStatus(RCC_FLAG_PORRST)! =RESET)//调用 RCC_GetFlagStatus 判断是否电源复位
    {
      printf("\r\n\n Power On Reset occurred....");
```

```
    LCD_DisplayStringLine(Line4,"Power On Reset occurred....");
  }
  else if(RCC_GetFlagStatus(RCC_FLAG_PINRST)!=RESET)//调用 RCC_GetFlagStatus
判断是否 NRST 引脚复位
  {
    printf("\r\n\n External Reset occurred....");
    LCD_DisplayStringLine(Line4,"External Reset occurred....");
  }

  printf("\r\n No need to configure RTC....");
  LCD_DisplayStringLine(Line5,"No need to configure RTC....");
  RTC_WaitForSynchro();//等待 RTC 寄存器同步
  RTC_ITConfig(RTC_IT_SEC,ENABLE);//允许 RTC 秒中断
  RTC_WaitForLastTask();//等待 RTC 寄存器执行完成最近的写操作
 }
 RCC_ClearFlag();//清除 RCC 复位标志

 Time_Show();//调用时间显示函数
}
```

②RTC 配置函数 RTC_Configuration。

```
void RTC_Configuration(void)
{
  RCC_APB1PeriphClockCmd(RCC_APB1Periph_PWR | RCC_APB1Periph_BKP,ENABLE);
  PWR_BackupAccessCmd(ENABLE);//允许访问备份域
  BKP_DeInit();//复位备份域
  RCC_LSEConfig(RCC_LSE_ON);//使能 LSE
  while(RCC_GetFlagStatus(RCC_FLAG_LSERDY)==RESET)//等待 LSE 就绪
  {}
  RCC_RTCCLKConfig(RCC_RTCCLKSource_LSE);//LSE 作为 RTC 时钟
  RCC_RTCCLKCmd(ENABLE);//使能 RTC 时钟
  RTC_WaitForSynchro();//等待 RTC 寄存器同步
  RTC_WaitForLastTask();//等待 RTC 寄存器执行完成最近的写操作
  RTC_ITConfig(RTC_IT_SEC,ENABLE);//允许 RTC 秒中断
  RTC_WaitForLastTask();//等待 RTC 寄存器执行完成最近的写操作
  RTC_SetPrescaler(32767);/* RTC period=RTCCLK/RTC_PR=(32.768 kHz)/(32767+1) * /
//设置 RTC 预分频值为 32767,就是 RTC 周期为 1 s
  RTC_WaitForLastTask();//等待 RTC 寄存器执行并完成最近的写操作
}
```

③调整时间函数 Time_Adjust。

```
void Time_Adjust(void)
{
  RTC_WaitForLastTask();//等待 RTC 寄存器执行并完成最近的写操作
```

```
  RTC_SetCounter(Time_Regulate());//先调用 Time_Regulate 函数得到当前时间的总秒
数,再调用 RTC_SetCounter 设置为当前时间
  RTC_WaitForLastTask();//等待 RTC 寄存器执行并完成最近的写操作
}
```

④通过超级终端来获得要调整的时间值函数 Time_Regulate。

```
u32 Time_Regulate(void)
{
  u32 Tmp_HH=0xFF,Tmp_MM=0xFF,Tmp_SS=0xFF;

  printf("\r\n==========Time Settings=============================");
  printf("\r\n  Please Set Hours");

  while(Tmp_HH==0xFF)
  {
    Tmp_HH=USART_Scanf(23);//调用 USART_Scanf 获得键盘输入的小时值
  }
  printf(":  %d",Tmp_HH);
  printf("\r\n  Please Set Minutes");
  while(Tmp_MM==0xFF)
  {
    Tmp_MM=USART_Scanf(59);//调用 USART_Scanf 获得键盘输入的分钟值
  }
  printf(":  %d",Tmp_MM);
  printf("\r\n  Please Set Seconds");
  while(Tmp_SS==0xFF)
  {
    Tmp_SS=USART_Scanf(59);//调用 USART_Scanf 获得键盘输入的秒值
  }
  printf(":  %d",Tmp_SS);

  return((Tmp_HH* 3600+Tmp_MM* 60+Tmp_SS));//返回时间总秒值
}
```

⑤时间显示函数 Time_Show。

```
void Time_Show(void)
{
  printf("\n\r");
  while(1)
  {
    if(TimeDisplay==1)
    {
      Time_Display(RTC_GetCounter());//调用 RTC_GetCounter 函数得到当前时间总秒
数,再调用 Time_Display 函数显示时间
```

```
        TimeDisplay=0;
      }
    }
  }
```

⑥显示时间 Time_Display 函数。

```
void Time_Display(u32 TimeVar)
{
  u32 THH=0,TMM=0,TSS=0;

  THH=TimeVar / 3600;//总秒数除以 3600 的商就是小时
  TMM=(TimeVar %  3600)/ 60;//总秒数除以 3600 的余再除以 60 的商就是分钟
  TSS=(TimeVar %  3600)%  60;//总秒数除以 3600 的余再除以 60 的余就是秒
  printf("Time:% 0.2d:% 0.2d:% 0.2d\r",THH,TMM,TSS);//串口输出显示时间

  LCD_SetTextColor(Blue);
  LCD_DisplayStringLine(Line7,"Time:HH:MM:SS        ");//LCD 显示时间
  LCD_DisplayChar(Line8,220,(THH/10+0x30));
  LCD_DisplayChar(Line8,205,(THH% 10+0x30));
  LCD_DisplayChar(Line8,190,':');
  LCD_DisplayChar(Line8,175,(TMM/10+0x30));
  LCD_DisplayChar(Line8,160,(TMM% 10+0x30));
  LCD_DisplayChar(Line8,145,':');
  LCD_DisplayChar(Line8,130,(TSS/10+0x30));
  LCD_DisplayChar(Line8,115,(TSS% 10+0x30));
}
```

3. 实验过程与现象

实验过程：见上册的 4.2 节。

实验现象：如图 5-121 所示。

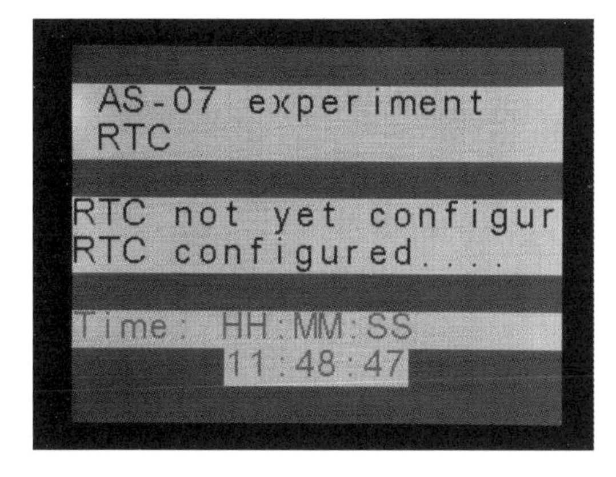

图 5-121　LCD 和超级终端显示 RTC 运行

5.8 DMA 控制器

DMAC(direct memory access controller,直接存储器访问控制器)可以管理存储器到存储器、设备到存储器、存储器到设备的数据传输;DMA 控制器支持环形缓冲区的管理,避免了控制器传输到达缓冲区结尾时所产生的中断。

每个通道都有专门的硬件 DMA 请求逻辑,同时可以由软件触发每个通道;传输的长度、传输的源地址和目标地址都可以通过软件单独设置。

DMA 可以用于主要的外设:SPI、I2C、USART,通用、基本和高级控制定时器 TIMx 和 ADC。

5.8.1 DMA 简介

直接存储器存取(DMA)用来提供在外设和存储器之间或者存储器和存储器之间的高速数据传输。不需要 CPU 干预,数据可以通过 DMA 快速地移动,这就节省了 CPU 的资源来进行其他操作。

两个 DMA 控制器有 12 个通道(DMA1 有 7 个通道,DMA2 有 5 个通道),每个通道专门用来管理来自一个或多个外设对存储器访问的请求。还有一个仲裁器来协调各个 DMA 请求的优先权。

5.8.2 DMA 特性

(1) 12 个独立的可配置的通道(请求):DMA1 有 7 个通道,DMA2 有 5 个通道。

(2) 每个通道都直接连接专用的硬件 DMA 请求,每个通道都同样支持软件触发。这些功能通过软件来配置。

(3) 在同一个 DMA 模块上,多个请求间的优先权可以通过软件编程设置(共有四级:很高、高、中等和低),优先权设置相等时由硬件决定(请求 0 优先于请求 1,依此类推)。

(4) 独立数据源和目标数据区的传输宽度(字节、半字、全字),模拟打包和拆包的过程。源和目标地址必须按数据传输宽度对齐。

(5) 支持循环的缓冲器管理。

(6) 每个通道都有 3 个事件标志(DMA 半传输、DMA 传输完成和 DMA 传输出错),这 3 个事件标志逻辑或成为一个单独的中断请求。

(7) 存储器和存储器间的传输。

(8) 外设和存储器、存储器和外设之间的传输。

(9) 闪存、SRAM、外设的 SRAM、APB1、APB2 和 AHB 外设均可作为访问的源和目标。

(10) 可编程的数据传输数目:最大为 65535。

图 5-122 所示为 DMA 功能框图。

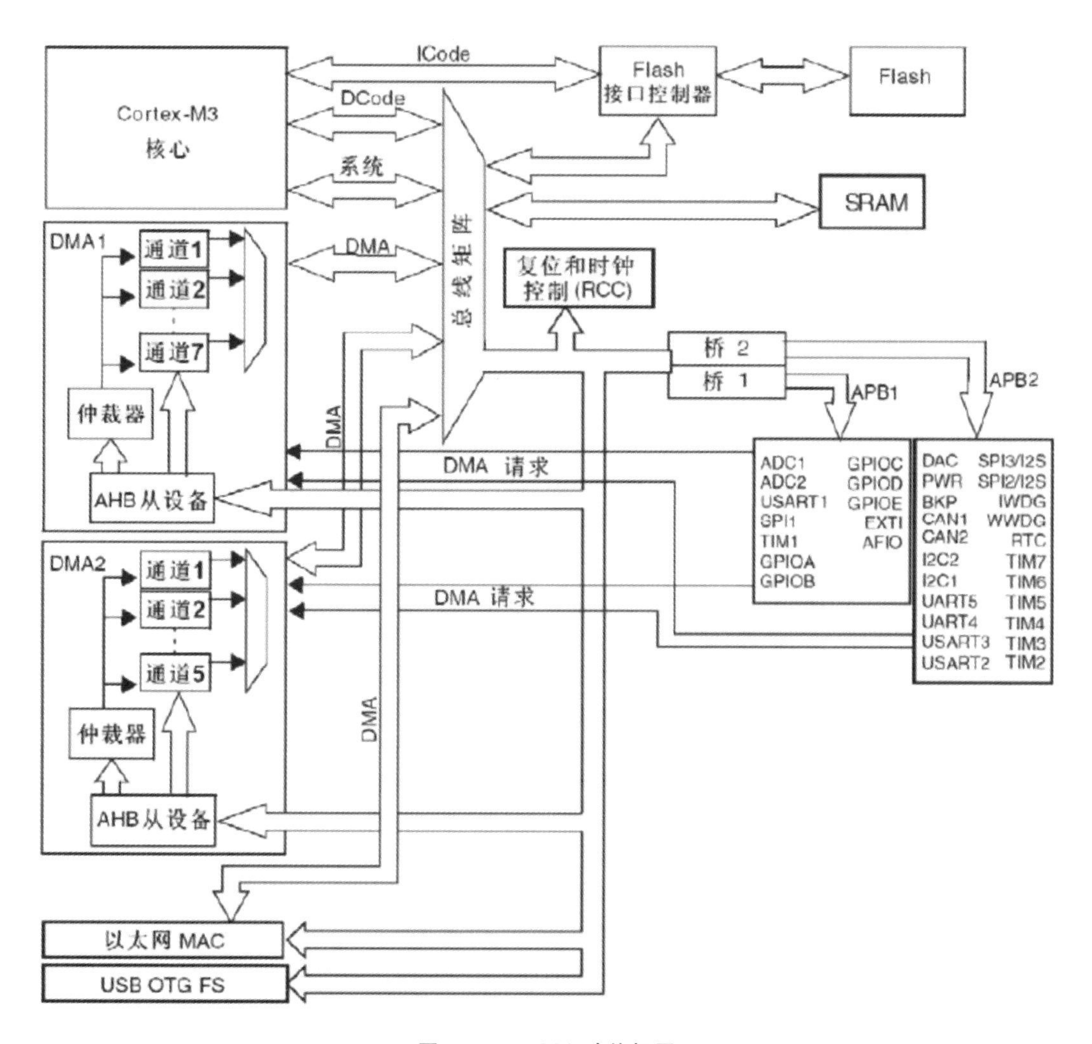

图 5-122 DMA 功能框图

5.8.3 DMA 功能

DMA 控制器和 Cortex™-M3 核心共享系统数据总线，执行直接存储器数据传输。当 CPU 和 DMA 同时访问相同的目标(RAM 或外设)时，DMA 请求会暂停 CPU 访问系统总线达若干个周期，总线仲裁器执行循环调度，以保证 CPU 至少可以得到一半的系统总线(存储器或外设)带宽。

1. DMA 处理

在发生一个事件后，外设向 DMA 控制器发送一个请求信号。DMA 控制器根据通道的优先权处理请求。当 DMA 控制器开始访问发出请求的外设时，DMA 控制器立即发送给它一个应答信号。当从 DMA 控制器得到应答信号时，外设立即释放它的请求。一旦外设释放了这个请求，DMA 控制器同时撤销应答信号。如果有更多的请求时，外设可以启动下一个周期。总之，每次 DMA 传送由 3 个操作组成：

(1) 从外设数据寄存器或者从当前外设/存储器地址寄存器指示的存储器地址获取数据，第一次传输时的开始地址是 DMA_CPARx 或 DMA_CMARx 寄存器指定的外设基地址或存储器单元。

(2) 存储数据到外设数据寄存器或者当前外设/存储器地址寄存器指示的存储器地址，第一次传输时的开始地址是 DMA_CPARx 或 DMA_CMARx 寄存器指定的外设基地址或存储器单元。

(3) 执行一次 DMA_CNDTRx 寄存器的递减操作，该寄存器包含未完成的操作数目。

2. 仲裁器

仲裁器根据通道请求的优先级来启动外设/存储器的访问。优先权管理分为 2 个阶段。

(1) 软件：每个通道的优先权可以在 DMA_CCRx 寄存器中设置，有 4 个等级，即最高优先级、高优先级、中等优先级、低优先级。

(2) 硬件：如果两个请求有相同的软件优先级，则较低编号的通道比较高编号的通道有较高的优先权。举个例子，通道 2 优先于通道 4。

3. DMA 通道

每个通道都可以在有固定地址的外设寄存器和存储器地址之间执行 DMA 传输。DMA 传输的数据量是可编程的，最大可达到 65535。包含要传输的数据项数量的寄存器，在每次传输后递减。

4. DMA 请求映像

①DMA1 控制器。

从外设(TIMx[x=1、2、3、4]、ADC1、SPI1、SPI/I2S2、I2Cx[x=1、2]和 USARTx[x=1、2、3])产生的 7 个请求，经逻辑或输入到 DMA1 控制器，这意味着同时只能有一个请求有效，如图 5-123 所示的 DMA1 请求映像。

外设的 DMA 请求，可以通过设置相应外设寄存器中的控制位，被独立地开启或关闭。

②DMA2 控制器。

从外设(TIMx[5、6、7、8]、ADC3、SPI/I2S3、UART4、DAC 通道 1、2 和 SDIO)产生的 5 个请求，经逻辑或输入到 DMA2 控制器，这意味着同时只能有一个请求有效，如图 5-124 所示的 DMA2 请求映像。

外设的 DMA 请求，可以通过设置相应外设寄存器中的 DMA 控制位，被独立地开启或关闭。

注意：DMA2 控制器及相关请求仅存在于大容量产品和互联型产品中。

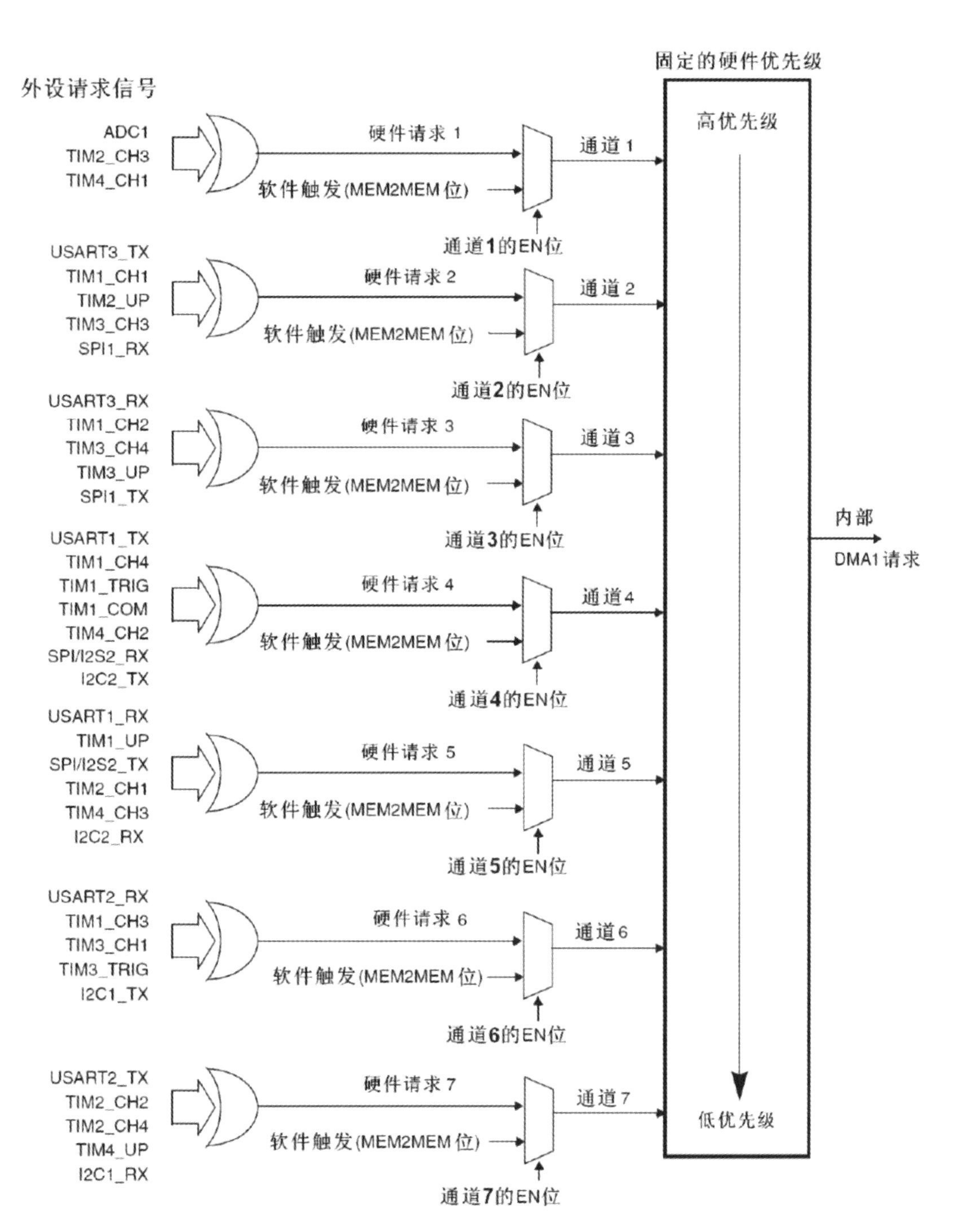

图 5-123 DMA1 请求映像

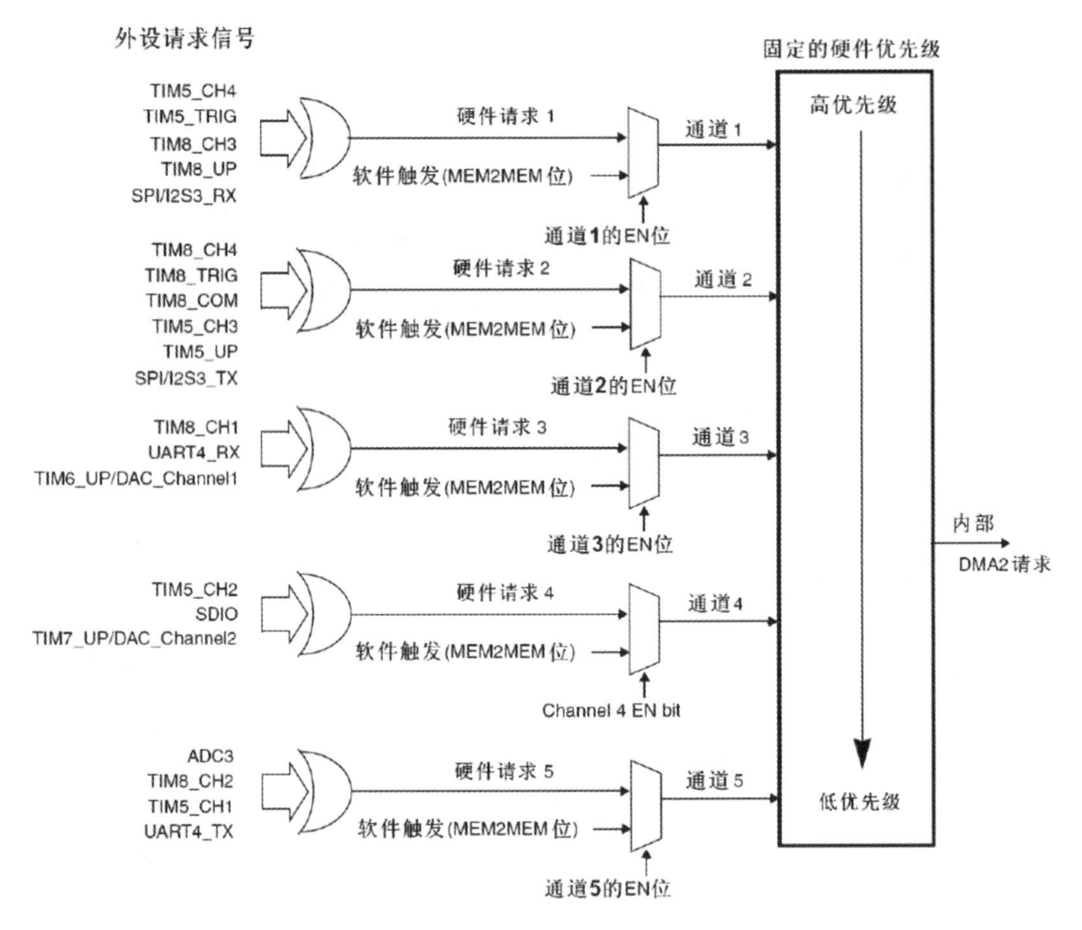

图 5-124 DMA2 请求映像

5.8.4 DMA 寄存器结构

DMA 寄存器结构，DMA_Cannel_TypeDef 和 DMA_TypeDef，在文件“stm32f10x_map.h”中定义如下：

```
typedef struct
{ vu32 CCR;
vu32 CNDTR;
vu32 CPAR;
vu32 CMAR;
} DMA_Channel_TypeDef;

typedef struct
{ vu32 ISR;
vu32 IFCR;
} DMA_TypeDef;
```

表 5-19 列举了 DMA 寄存器。

表 5-19　DMA 寄存器

寄存器	描述
ISR	DMA 中断状态寄存器
IFCR	DMA 中断标志位清除寄存器
CCRx	DMA 通道 x 设置寄存器
CNDTRx	DMA 通道 x 待传输数据数目寄存器
CPARx	DMA 通道 x 外设地址寄存器
CMARx	DMA 通道 x 内存地址寄存器

5.8.5　DMA 库函数

表 5-20 列举了 DMA 库函数。

表 5-20　DMA 库函数

函数名	描述
DMA_DeInit	将 DMA 的通道 x 寄存器重设为缺省值
DMA_Init	根据 DMA_InitStruct 中指定的参数初始化 DMA 的通道 x 寄存器
DMA_StructInit	把 DMA_InitStruct 中的每一个参数按缺省值填入
DMA_Cmd	使能或者失能指定的通道 x
DMA_ITConfig	使能或者失能指定的通道 x 中断
DMA_GetCurrDataCounte	返回当前 DMA 通道 x 剩余的待传输数据数目
DMA_GetFlagStatus	检查指定的 DMA 通道 x 标志位设置与否
DMA_ClearFlag	清除 DMA 通道 x 待处理标志位
DMA_GetITStatus	检查指定的 DMA 通道 x 中断发生与否
DMA_ClearITPendingBit	清除 DMA 通道 x 中断待处理标志位

5.8.6　DMA 编程应用(实验 5-16)

【实验 5-16】　STM32 的 DMA 数据传输(从 FLASH 到 SRAM)。

本实验演示了如何使用 DMA 通道进行数据从 FLASH 数据缓冲区到 SRAM 存储器的传输，使用 TFT LCD、USART1 配合串口调试助手显示传输到 SRAM 的数据。

1. 硬件设计

使用 USART1 配合串口调试助手输出显示的硬件设计见实验 4-7(见上册)。

2. 软件设计(编程)

1) 设计分析

首先设置要传输的数据 SRC_Const_Buffer，然后配置 DMA1 的 6 通道从存储器传输到存储器,接着进行 DMA 传输,从 FLASH 传输数据到 SRAM,完成后,使用 TFT LCD、USART1 配合串口调试助手显示传输到 SRAM 里的数据,实验结果显示数据一致。

2) 程序源码与分析

①要传输的数据。

```
uc32 SRC_Const_Buffer[BufferSize]={0x01020304,0x05060708,0x090A0B0C,0x0D0E0F10,
0x11121314, 0x15161718, 0x191A1B1C, 0x1D1E1F20, 0x21222324, 0x25262728, 0x292A2B2C,
0x2D2E2F30, 0x31323334, 0x35363738, 0x393A3B3C, 0x3D3E3F40, 0x41424344, 0x45464748,
0x494A4B4C, 0x4D4E4F50, 0x51525354, 0x55565758, 0x595A5B5C, 0x5D5E5F60, 0x61626364,
0x65666768, 0x696A6B6C, 0x6D6E6F70, 0x71727374, 0x75767778, 0x797A7B7C, 0x7D7E7F80};
  //要传输的数据
u32 DST_Buffer[BufferSize];
u32 * m=(u32 * )DST_Buffer;
# define EndAddrDST_Buffer+BufferSize
```

②main 函数。

```
int main(void)
{
……
  LCD_DisplayStringLine(Line1,"  AS-07 experiment  ");
  LCD_DisplayStringLine(Line2,"   DMA:FLASH_RAM   ");

  /* DMA1 channel6 configuration * /
  DMA_DeInit(DMA1_Channel6);
  DMA_InitStructure.DMA_PeripheralBaseAddr=(u32) SRC_Const_Buffer;//DMA 传输的外
设基址,即数据源地址
  DMA_InitStructure.DMA_MemoryBaseAddr=(u32) DST_Buffer;//DMA 传输的存储器基址,
即数据目的地址
  DMA_InitStructure.DMA_DIR=DMA_DIR_PeripheralSRC;//DMA 数据传输方向,存储器到
外设
  DMA_InitStructure.DMA_BufferSize=BufferSize;//DMA 缓存大小,字(32 位)
  DMA_InitStructure.DMA_PeripheralInc=DMA_PeripheralInc_Enable;//使能 DMA 外设自
动递增
  DMA_InitStructure.DMA_MemoryInc=DMA_MemoryInc_Enable;//使能 DMA 存储器自动递增
  DMA_InitStructure.DMA_PeripheralDataSize=DMA_PeripheralDataSize_Word;//DMA 外
设数据大小,字(32 位)
  DMA_InitStructure.DMA_MemoryDataSize=DMA_MemoryDataSize_Word;//DMA 存储器数据
大小,字(32 位)
  DMA_InitStructure.DMA_Mode=DMA_Mode_Normal;//DMA 模式,普通,一次传输模式
  DMA_InitStructure.DMA_Priority=DMA_Priority_High;//DMA 优先级,高
  DMA_InitStructure.DMA_M2M=DMA_M2M_Enable;//使能 DMA 存储器到存储器
  DMA_Init(DMA1_Channel6,&DMA_InitStructure);//DMA 通道 6 初始化

  DMA_ITConfig(DMA1_Channel6,DMA_IT_TC,ENABLE);//使能 DMA 传输完成中断
```

```
  CurrDataCounterBegin=DMA_GetCurrDataCounter(DMA1_Channel6);//获得传输前数据个数

  DMA_Cmd(DMA1_Channel6,ENABLE);//使能 DMA 传输

  while(CurrDataCounterEnd !=0)  //等待传输结束
  {
  }

  TransferStatus=Buffercmp(SRC_Const_Buffer,DST_Buffer,BufferSize);//检测发送和接收是否相同

  printf("\r\n This example shows use a DMA channel to transfer a word data buffer from FLASH memory to embedded SRAM memory.\r\n");
  printf("\r\n SRAM memory data is...\r\n");
  printf("\r\n StartAddr=%X,EndAddr=%X\r\n",m,EndAddr);
  printf("\r\n")  ;
  LCD_DisplayStringLine(Line4,"SRAM memory data is...");
  sprintf(text,"StartAddr=%X",m);//sprintf()函数用于将格式化的数据 m 写入字符串 text
  LCD_DisplayStringLine(Line5,"                    ");
  LCD_DisplayStringLine(Line5,(u8*)text  );
  sprintf(text,"End  Addr=%X",EndAddr);
  LCD_DisplayStringLine(Line6,"                    ");
  LCD_DisplayStringLine(Line6,(u8*)text  );
  while( m<( u32 * )EndAddr)
  {
    printf("%X  ",* m);
    sprintf(text,"Data:%X",* m);
    LCD_DisplayStringLine(Line7,"                    ");
    LCD_DisplayStringLine(Line7,(u8*)text  );
    m++;
    for(i=0;i<30;i++);
    //Delay(10);//显示数据间隔时间
  }
}
```

③DMA 中断函数 DMA1_Channel6_IRQHandler。

```
void DMA1_Channel6_IRQHandler(void)
{
  if(DMA_GetITStatus(DMA1_IT_TC6))//如果是 DAM1 的 6 通道传输完成中断
  {
    CurrDataCounterEnd=DMA_GetCurrDataCounter(DMA1_Channel6);//获得传输完成后的
```

```
数据个数
    DMA_ClearITPendingBit(DMA1_IT_GL6);//清除 DMA 传输中断标志
  }
}
```

3. 实验过程与现象

实验过程:见上册的 4.2 节。

实验现象:如图 5-125 和图 5-126 所示。

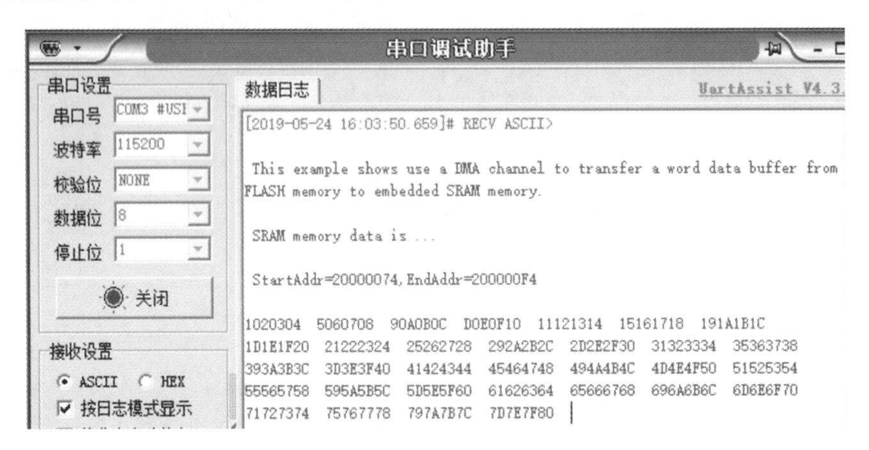

图 5-125 DMA 实验串口调试助手显示

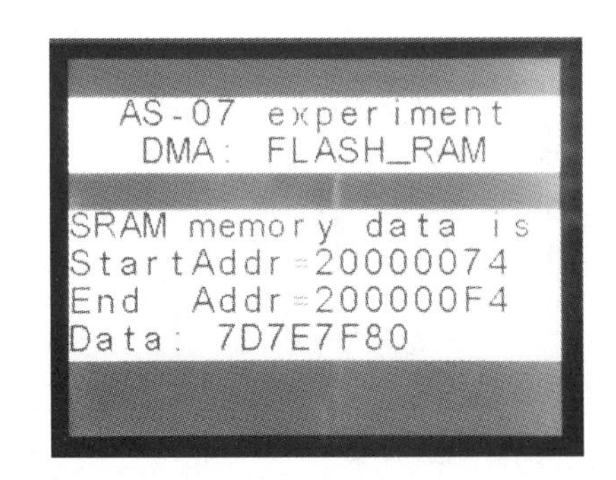

图 5-126 DMA 实验 LCD 显示

5.9 定时器

大容量的 STM32F103xx 增强型系列产品(如 STM32F103VET6)包含最多 2 个高级控制定时器(TIM1、TIM8),4 个普通定时器(TIM2、TIM3、TIM4、TIM5)和 2 个基本定时器(TIM6、TIM7),以及 2 个看门狗定时器(independent watchdog、window watchdog)和 1 个系统嘀嗒定时器(systick timer)。

中等容量的 STM32F103xx 增强型系列产品如 STM32F103VBT6 包含 1 个高级控制定时器(TIM1),3 个普通定时器(TIM2、TIM3、TIM4),以及 2 个看门狗定时器(independent watchdog、window watchdog)和 1 个系统嘀嗒定时器(systick timer)。

5.9.1 STM32定时器基本原理及常见问题

STM32的定时器是很重要的内容，也是很复杂的内容，为了较好的理解，特选择了STM32定时器基本原理及常见问题之培训资料——STM32定时器培训-意法半导体STM32/STM8技术社区（https://www.stmcu.org.cn/document/detail/index/id-218951），现摘抄了部分内容，希望读者仔细阅读。

基本定时器：几乎没有任何对外的输入/输出，常用作时基，实现基本的计数、定时功能。

通用定时器：除了基本定时器的时基功能外，还可对外做输入捕捉、输出比较以及连接其他传感器接口，如编码器和霍尔传感器。

高级定时器：此类定时器的功能最为强大，除了具备通用定时器的功能外，还包含一些与电动机控制和数字电源应用相关的功能，比如带死区控制的互补信号输出、紧急刹车关断输入控制。

从功能单元组成上可大体了解STM32定时器，如图5-127所示。

图5-127 STM32定时器的功能单元示意

1. STM32通用或高级定时器大致分为六个功能单元

（1）从模式控制单元：负责时钟源、触发信号源的选择；控制计数器的启停、复位、门控等。

（2）时基单元：定时器核心单元，负责时钟源的分频、计数、溢出重装等。

（3）输入单元：为部分的时钟信号、捕捉信号、触发信号提供信号源。

（4）比较输出单元：通过对比较寄存器与计数器的数值匹配比较，实现不同输出波形。

（5）触发输出单元：输出触发信号给到其他定时器或外设。

（6）捕捉比较单元：是输入捕捉或比较输出的公共执行单元。

2. 从寄存器特色了解 STM32 定时器

(1) 定时器中的 PSC/ARR/RCR/CCR 寄存器具有预装载功能，即每类寄存器具有双寄存器机制，分别由各自的影子寄存器和预装载寄存器组成。

(2) 影子寄存器是真正起作用的寄存器，预装载寄存器为影子寄存器提供缓冲，提前做数据或指令准备；因为定时器工作往往具有一定的周期性，如果每次我们的参数修改都直接作用于实际寄存器，往往不可避免会影响到当前周期的正常计数以及相关的输出动作。

(3) 用户操作的永远只是预装载寄存器！包括 DMA 的访问。

(4) ARR/CCR 影子寄存器的预装功能可软件开启或关闭。在开启预装载功能时，影子寄存器的内容必须借助更新事件完成更新。

(5) 关于影子寄存器的预装载功能的开启或关闭，往往也犹如影子、如幽灵般影响到我们的定时器应用开发。充分理解预装载机制与更新事件的功能很重要。对于这个概念，我们做定时器开发时，要力争心中有数。

3. 从信号链角度大体了解 STM32 定时器

从信号链角度大体了解 STM32 定时器，如图 5-128 所示。

(1) STM32 定时器中存在着几种基本的信号，输入信号、时钟信号、触发输入信号、触发输出信号，它们之间相互关联形成相应的信号链，从而衍生出各种定时器的功能。

(2) 弄清这几类信号的来龙去脉，以及相互关联后所产生的功能，对我们整体把握 STM32 定时器功能框架非常有帮助。

(3) 触发输入信号的出现，就产生了定时器的从模式特性，基于定时器之间的触发输出与触发输入连接，衍生出定时器之间的触发与同步。

(4) 有些信号的多角色，比如某些来自定时器输入通道 TI1/TI2 的信号，有时可能只是作为输入捕捉信号；有时可能只是作为一个单纯的触发信号；有时可能兼做触发信号和捕捉信号；有时可能兼做时钟信号与触发信号等，让信号链变得错综复杂起来，相应地也让定时器功能随之变得灵活多变了。其中，关于时钟信号与触发信号以及二者的交叉关系的理解是个难过的关，过了这个关，您定会豁然开朗。

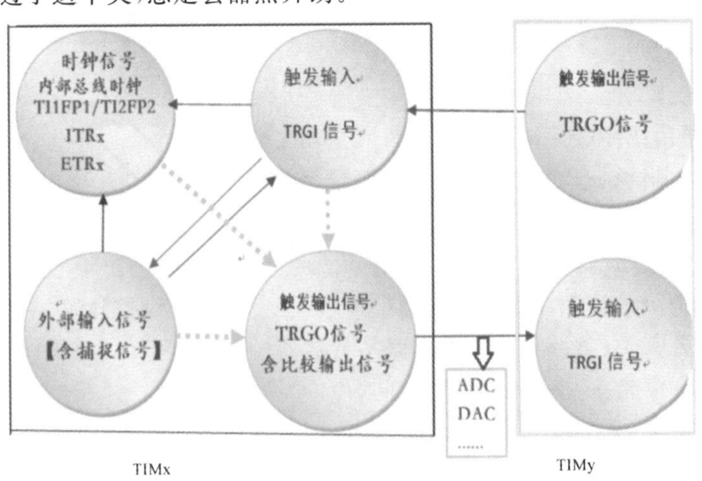

图 5-128 STM32 定时器的信号链

4. 从定时器相关事件整体了解 STM32 定时器

定时器相关事件如图 5-129 所示。

(1) 更新事件:比如影子寄存器更新往往需借助该事件。

(2) 触发事件:定时器收到各类触发输入信号时往往激发该事件。

(3) 捕获、比较事件:发生输入捕捉或比较输出时会产生该事件。

上面几类事件都可触发中断或 DMA 请求;要想充分发挥 STM32 定时器的功能,除了应了解其基本原理,还得善用各类定时器事件以及中断、DMA 功能。

其中更新事件的产生及功能,需重点了解和掌握。

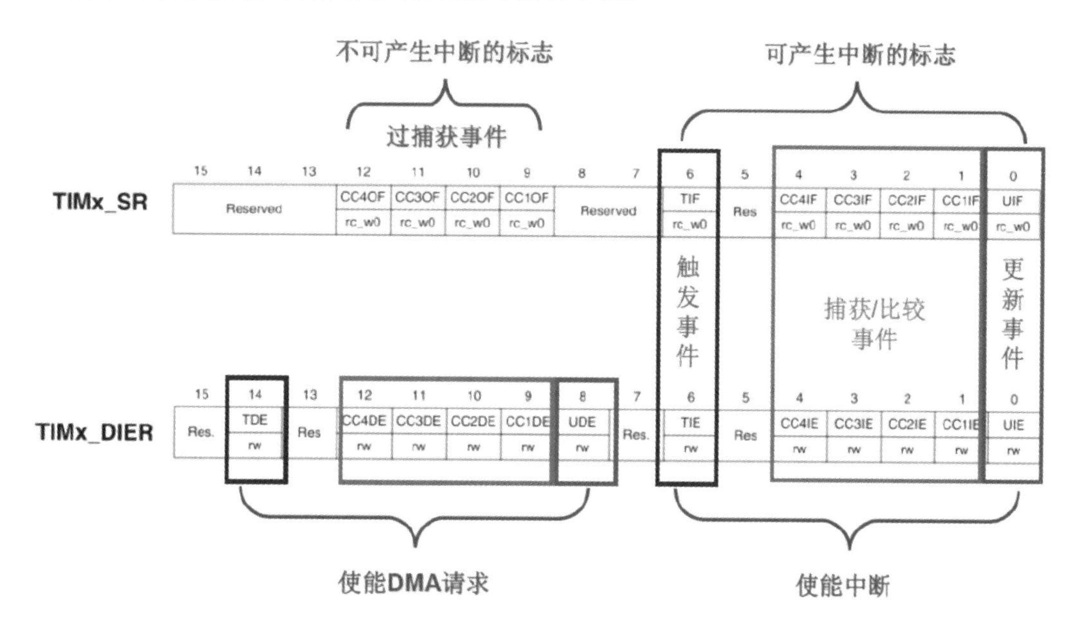

图 5-129 STM32 定时器的事件

5. 从比较输出功能方面整体了解 STM32 定时器

毋庸置疑,STM32 定时器的强大功能很大程度上通过其灵活的比较输出功能来体现。基本的比较输出模式如下。

(1) PWM 输出:PWM1 模式或 PWM2 模式。

(2) 比较匹配输出模式:比较匹配时输出有效或无效电平。

(3) 强制输出模式:强制输出有效或无效。

(4) 比较输出切换模式:功能极为灵活和强大。

(5) 基本的比较输出功能结合定时器事件、主从触发模式、中断、DMA 等,使得 STM32 定时器的输出功能十分灵活多样。

6. 整体把握 STM32 定时器功能之小结

(1) 六类功能单元:时基,从模式控制,输入,输出,捕捉比较,触发输出。

(2) 四类信号:时钟信号,外部输入信号,触发输入信号,触发输出信号。

(3) 四类事件:更新事件,捕捉,比较事件,触发事件。

(4) 一大特性:影子寄存器的预装载特性。

5.9.2 基本定时器(TIM6 and TIM7)

1. TIM6 和 TIM7 简介

基本定时器(basic timers)TIM6 和 TIM7 各包含一个 16 位自动装载计数器，由各自的可编程预分频器驱动。它们可以作为通用定时器提供时间基准，特别地可以为数模转换器(DAC)提供时钟。实际上，它们在芯片内部直接连接到 DAC 并通过触发输出直接驱动 DAC。这 2 个定时器是互相独立的，不共享任何资源。

2. TIM6 和 TIM7 的主要特性

TIM6 和 TIM7 定时器的主要功能包括：

(1) 16 位自动重装载累加计数器。

(2) 16 位可编程(可实时修改)预分频器，用于对输入的时钟按系数为 1～65536 之间的任意数值分频。

(3) 触发 DAC 的同步电路。

(4) 在更新事件(计数器溢出)时产生中断/DMA 请求。

基本定时器框图如图 5-130 所示。

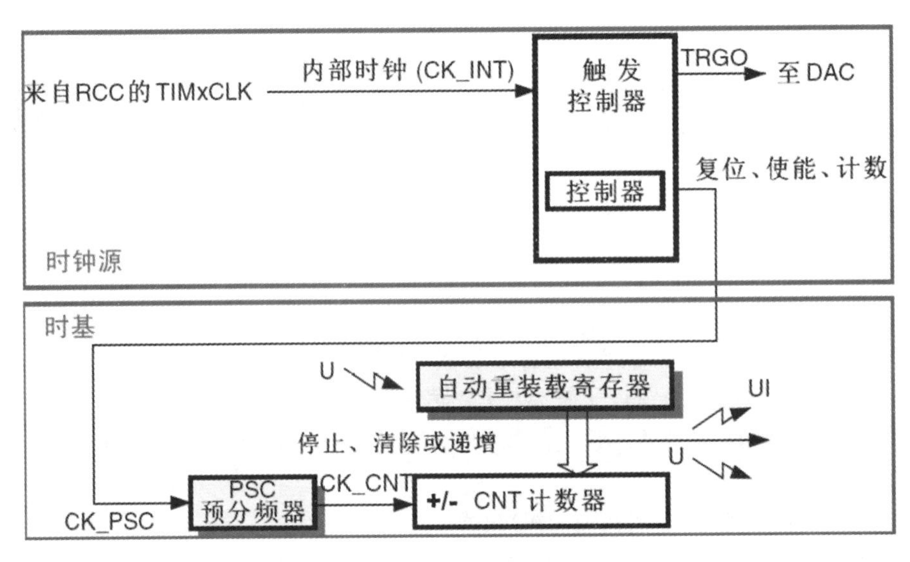

图 5-130 STM32 的基本定时器框图

3. TIM6 和 TIM7 的功能

1) 时基单元(time-base unit)

这个可编程定时器的主要部分是一个带有自动重装载的 16 位累加计数器，计数器的时钟通过一个预分频器得到。软件可以读写计数器、自动重装载寄存器和预分频寄存器，即使在计数器运行时也可以操作。

时基单元包含：计数器寄存器(counter register，TIMx_CNT)，预分频寄存器(prescaler register，TIMx_PSC)，自动重装载寄存器(auto-reload register，TIMx_ARR)

自动重装载寄存器是预加载的，每次读写自动重装载寄存器时，实际上是通过读写预加载寄存器实现。根据 TIMx_CR1 寄存器中的自动重装载预加载使能位(ARPE),写入预加载寄存器的内容能够立即或在每次更新事件时,传送到它的影子寄存器。当 TIMx_CR1 寄存器的 UDIS 位为'0',则每当计数器达到溢出值时,硬件发出更新事件;软件也可以产生更新事件。

计数器由预分频输出 CK_CNT 驱动,设置 TIMx_CR1 寄存器中的计数器使能位(CEN)使能计数器计数。注意:实际的设置计数器使能信号 CNT_EN 相对于 CEN 滞后一个时钟周期。

预分频器:预分频可以以系数介于 1 至 65536 之间的任意数值对计数器时钟分频。它是通过一个 16 位寄存器(TIMx_PSC)的计数实现分频。因为 TIMx_PSC 控制寄存器具有缓冲,可以在运行过程中改变它的数值,新的预分频数值将在下一个更新事件时起作用。

2) 计数模式(counting mode)

计数器从 0 累加计数到自动重装载数值(TIMx_ARR 寄存器),然后重新从 0 开始计数并产生一个计数器溢出事件。

每次计数器溢出时可以产生更新事件;(通过软件或使用从模式控制器)设置 TIMx_EGR 寄存器的 UG 位也可以产生更新事件。

当发生一次更新事件时,所有寄存器会被更新并根据 URS 位设置更新标志(TIMx_SR 寄存器的 UIF 位):传送预装载值(TIMx_PSC 寄存器的内容)至预分频器的缓冲区;自动重装载影子寄存器被更新为预装载值(TIMx_ARR)。

3) 时钟源(clock source)

计数器的时钟由内部时钟(internal clock,CK_INT)提供。

TIMx_CR1 寄存器的 CEN 位和 TIMx_EGR 寄存器的 UG 位是实际的控制位,(除了 UG 位被自动清除外)只能通过软件改变它们。一旦置 CEN 位为'1',内部时钟即向预分频器提供时钟。

4) 调试模式(debug mode)

当微控制器进入调试模式(Cortex-M3 核心停止)时,根据 DBG 模块中的配置位 DBG_TIMx_STOP 的设置,TIMx 计数器要么继续计数要么停止工作。

5.9.3　通用定时器(TIMx)

1. TIMx 简介

通用定时器(general-purpose timers)是一个通过可编程预分频器驱动的 16 位自动装载计数器。它适用于多种场合,包括测量输入信号的脉冲长度(输入捕获)或者产生输出波形(输出比较和 PWM)。

使用定时器预分频器和 RCC 时钟控制器预分频器,脉冲长度和波形周期可以在几个微秒到几个毫秒间调整。

每个定时器都是完全独立的,没有互相共享任何资源。它们可以一起同步操作。

2. TIMx 主要功能

通用 TIMx(TIM2、TIM3、TIM4 和 TIM5) 定时器功能包括:

(1) 16 位向上、向下、向上/向下自动装载计数器。

(2) 16 位可编程(可以实时修改)预分频器,计数器时钟频率的分频系数为 1～65536 之间的任意数值。

(3) 4 个独立通道:输入捕获,输出比较,PWM 生成(边缘或中间对齐模式),单脉冲模式输出。

(4) 使用外部信号控制定时器和定时器互连的同步电路。

(5) 如下事件发生时产生中断/DMA:更新,计数器向上溢出/向下溢出,计数器初始化(通过软件或者内部/外部触发);触发事件(计数器启动、停止、初始化或者由内部/外部触发计数);输入捕获;输出比较。

(6) 支持针对定位的增量(正交)编码器和霍尔传感器电路。

(7) 触发输入作为外部时钟或者按周期的电流管理。

通用定时器框图如图 5-131 所示。

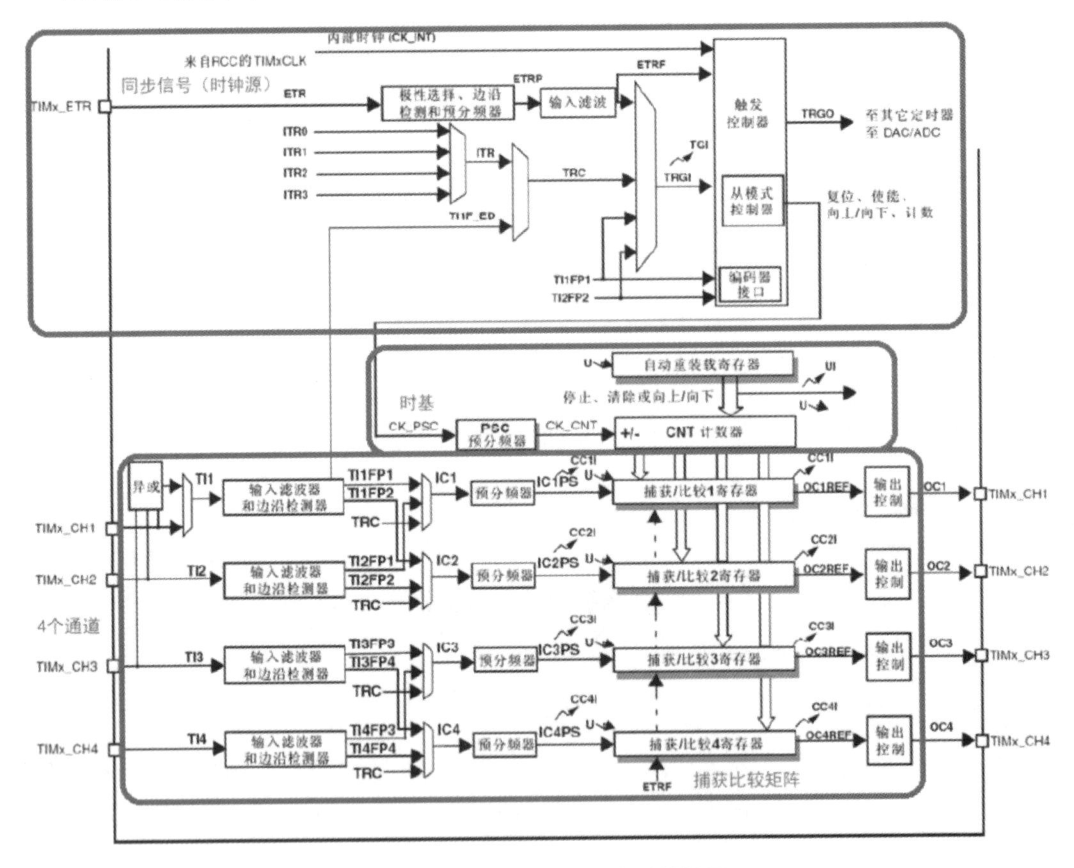

图 5-131 STM32 的通用定时器框图

3. TIMx 功能介绍

(1) 时基单元。

可编程通用定时器的主要部分是一个 16 位计数器和与其相关的自动装载寄存器。这个计数器可以向上计数、向下计数或者向上向下双向计数。此计数器时钟由预分频器分频得到。计数器、自动装载寄存器和预分频器寄存器可以由软件读写,在计数器运行时仍可以读写。

时基单元包含：计数器寄存器（TIMx_CNT），预分频器寄存器（TIMx_PSC），自动装载寄存器（TIMx_ARR）。

（2）预分频器描述。

预分频器可以将计数器的时钟频率按1到65536之间的任意值分频。它是基于一个（在TIMx_PSC寄存器中的）16位寄存器控制的16位计数器。这个控制寄存器带有缓冲器，它能够在工作时被改变。新的预分频器参数在下一次更新事件到来时被采用。

（3）向上计数模式。

在向上计数模式中，计数器从0计数到自动加载值（TIMx_ARR计数器的内容），然后重新从0开始计数并且产生一个计数器溢出事件。

每次计数器溢出时可以产生更新事件，在TIMx_EGR寄存器中（通过软件方式或者使用从模式控制器）设置UG位也同样可以产生一个更新事件。

（4）向下计数模式。

在向下模式中，计数器从自动装入的值（TIMx_ARR计数器的值），开始向下计数到0，然后从自动装入的值重新开始并且产生一个计数器向下的溢出事件。

每次计数器溢出时可以产生更新事件，在TIMx_EGR寄存器设置UG位，同样也可以产生一个更新事件。

（5）中央对齐模式（向上/向下计数）。

在中央对齐模式，计数器从0开始计数到自动加载的值（TIMx_ARR寄存器）－1，产生一个计数器溢出事件，然后向下计数到1并且产生一个计数器下溢事件；然后再从0开始重新计数。

在这个模式中，不能写入TIMx_CR1中的DIR方向位。它由硬件更新并指示当前的计数方向。可以在每次计数上溢和每次计数下溢时产生更新事件；也可以通过（软件或者使用从模式控制器）设置TIMx_EGR寄存器中的UG位产生更新事件。然后，计数器重新从0开始计数，预分频器也重新从0开始计数。

（6）时钟选择。

计数器时钟可由下列时钟源提供：内部时钟（Internal clock，CK_INT）；外部时钟模式1，外部输入脚（external input pin，TIx）；外部时钟模式2，外部触发输入（external trigger input，ETR）；内部触发输入（internal trigger inputs，ITRx），使用一个定时器作为另一个定时器的预分频器。例如，可以配置一个定时器Timer1作为另一个定时器Timer2的预分频器。

（7）捕获/比较通道。

每一个捕获/比较通道（capture/compare channel）都围绕着一个捕获/比较寄存器（包含影子寄存，shadow register），包括捕获的输入部分（数字滤波digital filter、多路复用multiplexing和预分频器prescaler）和输出部分（比较器comparator和输出控制output control）。

（8）输入捕获模式。

在输入捕获模式下，当检测到ICx信号上相应的边沿后，计数器的当前值被锁存到捕获/比较寄存器（Capture/Compare Registers，TIMx_CCRx）中。当捕获事件发生时，相应的

CCxIF 标志(TIMx_SR 寄存器)被置“1”,如果使能了中断或者 DMA 操作,则将产生中断或者 DMA 操作。

(9) PWM 输入模式。

该模式是输入捕获模式的一个特例,除下列区别外,操作与输入捕获模式相同:

两个 ICx 信号被映射至同一个 TIx 输入。

这 2 个 ICx 信号为边沿有效,但是极性相反。

其中一个 TIxFP 信号被作为触发输入信号,而从模式控制器被配置成复位模式。

例如,你需要测量输入到 TI1 上的 PWM 信号的长度(TIMx_CCR1 寄存器)和占空比(TIMx_CCR2 寄存器),具体步骤如下(取决于 CK_INT 的频率和预分频器的值)。

①选择 TIMx_CCR1 的有效输入:置 TIMx_CCMR1 寄存器的 CC1S=01(选择 TI1)。

②选择 TI1FP1 的有效极性(用来捕获数据到 TIMx_CCR1 中和清除计数器):置 CC1P=0(上升沿有效)。

③选择 TIMx_CCR2 的有效输入:置 TIMx_CCMR1 寄存器的 CC2S=10(选择 TI1)。

④选择 TI1FP2 的有效极性(捕获数据到 TIMx_CCR2):置 CC2P=1(下降沿有效)。

⑤选择有效的触发输入信号:置 TIMx_SMCR 寄存器中的 TS=101(选择 TI1FP1)。

⑥配置从模式控制器为复位模式:置 TIMx_SMCR 中的 SMS=100。

⑦使能捕获:置 TIMx_CCER 寄存器中 CC1E=1 且 CC2E=1。

(10) 强制输出模式。

在输出模式(TIMx_CCMRx 寄存器中 CCxS=00)下,输出比较信号(OCxREF 和相应的 OCx)能够直接由软件强制为有效或无效状态,而不依赖于输出比较寄存器和计数器间的比较结果。

(11) 输出比较模式。

此项功能用来控制一个输出波形,或者指示一段给定的时间已经到了。

(12) PWM 模式。

脉冲宽度调制(pulse width modulation)模式可以产生一个由 TIMx_ARR 寄存器确定频率、由 TIMx_CCRx 寄存器确定占空比的信号。

在 TIMx_CCMRx 寄存器中的 OCxM 位写入“110”(PWM 模式 1) 或“111”(PWM 模式 2),能够独立地设置每个 OCx 输出通道产生一路 PWM。必须设置 TIMx_CCMRx 寄存器 OCxPE 位以使能相应地预装载寄存器,最后还要设置 TIMx_CR1 寄存器的 ARPE 位,(在向上计数或中心对称模式中)使能自动重装载的预装载寄存器。

(13) 单脉冲模式。

单脉冲模式(OPM)是前述众多模式的一个特例。这种模式允许计数器响应一个激励,并在一个程序可控的延时之后,产生一个脉宽可程序控制的脉冲。可以通过从模式控制器启动计数器,在输出比较模式或者 PWM 模式下产生波形。

(14) 在外部事件时清除 OCxREF 信号。

对于一个给定的通道,设置 TIMx_CCMRx 寄存器中对应的 OCxCE 位为“1”,能够用 ETRF 输入端的高电平把 OCxREF 信号拉低,OCxREF 信号将保持为低,直到发生下一次的更新事件 UEV。该功能只适用于输出比较和 PWM 模式。

(15) 编码器接口模式。

选择编码器接口模式的方法是：如果计数器只在 TI2 的边沿计数，则置 TIMx_SMCR 寄存器中的 SMS=001；如果只在 TI1 边沿计数，则置 SMS=010；如果计数器同时在 TI1 和 TI2 边沿计数，则置 SMS=011。

通过设置 TIMx_CCER 寄存器中的 CC1P 和 CC2P 位，可以选择 TI1 和 TI2 极性；如果需要，还可以对输入滤波器编程。

两个输入 TI1 和 TI2 被用来作为增量编码器的接口。

(16) 定时器输入异或功能。

TIMx_CR2 寄存器中的 TI1S 位，允许通道 1 的输入滤波器连接到一个异或门的输出端，异或门的 3 个输入端为 TIMx_CH1、TIMx_CH2 和 TIMx_CH3。

异或输出能够被用于所有定时器的输入功能，如触发或输入捕获，此特性用于连接霍尔传感器。

(17) 定时器和外部触发的同步。

TIMx 定时器能够在多种模式下和一个外部的触发同步：复位模式、门控模式和触发模式。

(18) 定时器同步。

所有 TIMx 定时器在内部相连，用于定时器的同步或连接。当一个定时器处于主模式时，它可以对另一个处于从模式的定时器的计数器进行复位、启动、停止或提供时钟等操作，如：

使用一个定时器作为另一个定时器的预分频器、使用一个定时器使能另一个定时器、使用一个定时器去启动另一个定时器、使用一个定时器作为另一个的预分频器、使用一个外部触发同步地启动 2 个定时器。

(19) 调试模式。

当微控制器进入调试模式（Cortex-M3 核心停止），根据 DBG 模块中 DBG_TIMx_STOP 的设置，TIMx 计数器要么继续正常工作，要么停止。

5.9.4 高级控制定时器(TIM1 和 TIM8)

1. TIM1 和 TIM8 简介

高级控制定时器(advanced-control timers)(TIM1 和 TIM8) 由一个 16 位的自动装载计数器组成，它由一个可编程的预分频器驱动。

高级控制定时器适合多种用途，包含测量输入信号的脉冲宽度(输入捕获)，或者产生输出波形(输出比较、PWM、嵌入死区时间的互补 PWM 等)。使用定时器预分频器和 RCC 时钟控制预分频器，可以实现脉冲宽度和波形周期从几个微秒到几个毫秒的调节。

高级控制定时器(TIM1 和 TIM8) 和通用定时器(TIMx)是完全独立的，它们不共享任何资源。

2. TIM1 和 TIM8 主要特性

TIM1 和 TIM8 定时器的功能包括：

(1) 16 位向上、向下、向上/下自动装载计数器。

(2) 16 位可编程(可以实时修改)预分频器,计数器时钟频率的分频系数为 1～65535 之间的任意数值。

(3) 多达 4 个独立通道:输入捕获,输出比较,PWM 生成(边缘或中间对齐模式),单脉冲模式输出。

(4) 死区时间可编程的互补输出。

(5) 使用外部信号控制定时器和定时器互联的同步电路。

(6) 允许在指定数目的计数器周期之后更新定时器寄存器的重复计数器。

(7) 刹车输入信号可以将定时器输出信号置于复位状态或者已知状态。

(8) 如下事件发生时产生中断/DMA:更新,计数器向上溢出/向下溢出,计数器初始化(通过软件或者内部/外部触发);触发事件(计数器启动、停止、初始化或者由内部/外部触发计数);输入捕获;输出比较;刹车信号输入。

(9) 支持针对定位的增量(正交)编码器和霍尔传感器电路。

(10) 触发输入作为外部时钟或者按周期的电流管理。

高级控制定时器框图如图 5-132 所示。

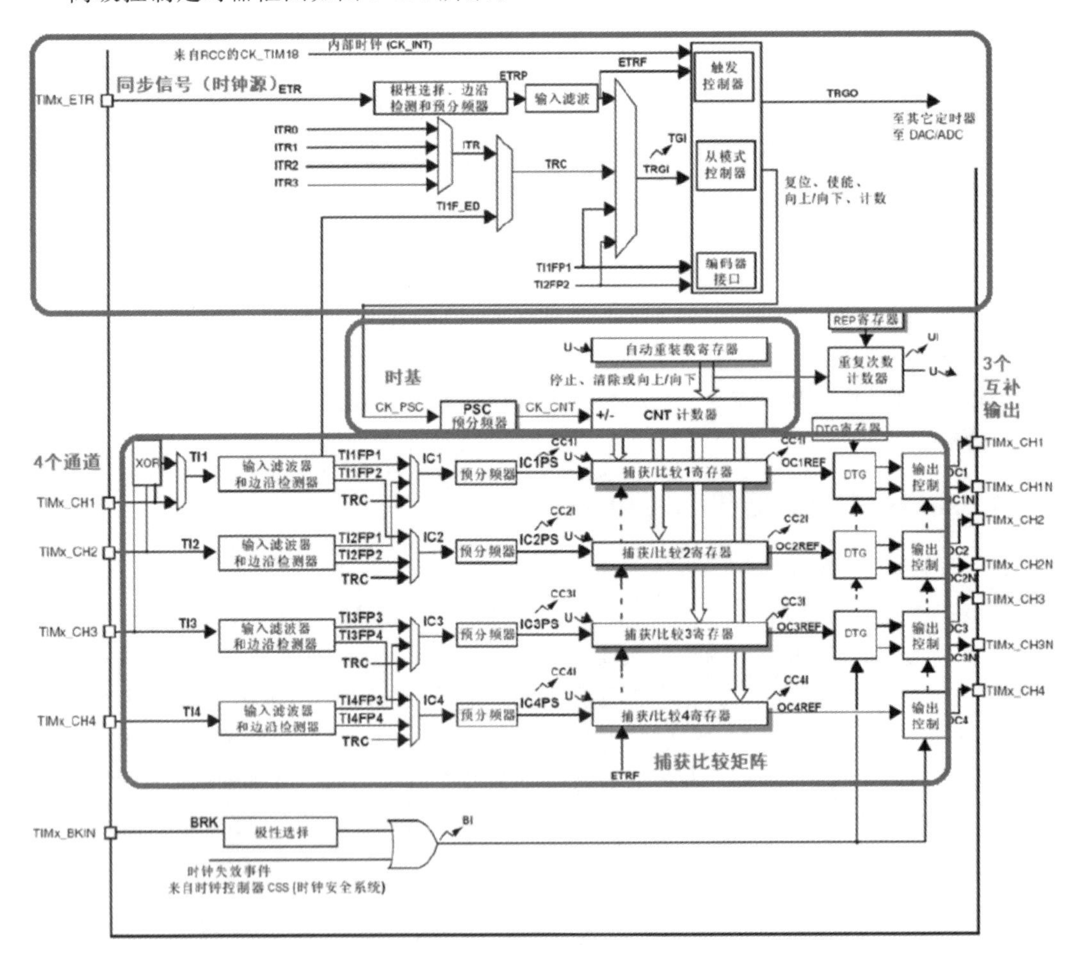

图 5-132 高级控制定时器框图

3. TIM1 功能描述

(1) 时基单元。

可编程高级控制定时器的主要部分是一个16位计数器和与其相关的自动装载寄存器。这个计数器可以向上计数、向下计数或者向上向下双向计数。此计数器时钟由预分频器分频得到。

计数器、自动装载寄存器和预分频器寄存器可以由软件读写，即使计数器还在运行读写仍然有效。

时基单元包含：

计数器寄存器(counter register，TIMx_CNT)

预分频器寄存器(prescaler register，TIMx_PSC)

自动装载寄存器(auto-reload register，TIMx_ARR)

重复次数寄存器(repetition counter register，TIMx_RCR)

自动装载寄存器是预先装载的，写或读自动重装载寄存器将访问预装载寄存器。根据在TIMx_CR1寄存器中的自动装载预装载使能位(auto－reload preload enable bit，ARPE)的设置，预装载寄存器的内容被立即或在每次的更新事件(update event，UEV)时传送到影子寄存器。当计数器达到溢出条件(向下计数时的下溢条件)并当TIMx_CR1寄存器中的UDIS位等于0时，产生更新事件。更新事件也可以由软件产生。

计数器由预分频器的时钟输出CK_CNT(counter is clocked)驱动，仅当设置了计数器TIMx_CR1寄存器中的计数器使能位(counter enable bit，CEN)时，CK_CNT才有效。在设置了TIMx_CR寄存器的CEN位的一个时钟周期后，计数器开始计数。

预分频器描述：预分频器可以将计数器的时钟频率按1到65536之间的任意值分频。它是基于一个(在TIMx_PSC寄存器中的)16位寄存器控制的16位计数器。因为这个控制寄存器带有缓冲器，它能够在运行时被改变。新的预分频器的参数在下一次更新事件到来时被采用。

(2) 向上计数模式。

在向上计数模式中，计数器从0计数到自动加载值(TIMx_ARR计数器的内容)，然后重新从0开始计数并且产生一个计数器溢出事件。

(3) 向下计数模式。

在向下模式中，计数器从自动装入的值(TIMx_ARR计数器的值)开始向下计数到0，然后从自动装入的值重新开始并且产生一个计数器向下的溢出事件。

(4) 中央对齐模式(向上/向下计数)。

在中央对齐模式中，计数器从0开始计数到自动加载的值(TIMx_ARR寄存器)－1，产生一个计数器溢出事件，接着向下计数到1并且产生一个计数器下溢事件；然后再从0开始重新计数。在此模式下，不能写入TIMx_CR1中的DIR方向位。它由硬件更新并指示当前的计数方向。

(5) 重复计数器。

“时基单元”解释了计数器上溢/下溢时的更新事件(update event，UEV)是如何产生的，然而事实上它只能在重复计数达到0的时候产生。这个特性对产生PWM信号非常有用。

这意味着在每 N 次计数上溢或下溢时，数据从预装载寄存器传输到影子寄存器(TIMx_ARR 自动重载入寄存器，TIMx_PSC 预装载寄存器，还有在比较模式下的捕获/比较寄存器 TIMx_CCRx)，N 是 TIMx_RCR 重复计数寄存器中的值。

重复计数器在下述任一条件成立时递减：向上计数模式下每次计数器溢出时；向下计数模式下每次计数器下溢时；中央对齐模式下每次上溢和每次下溢时，虽然这样限制了 PWM 的最大循环周期为 128，但它能够在每个 PWM 周期 2 次更新占空比。在中央对齐模式下，因为波形是对称的，如果每个 PWM 周期中仅刷新一次比较寄存器，则最大的分辨率为 2xTck。

重复计数器是自动加载的，重复速率是由 TIMx_RCR 寄存器的值定义的。当更新事件由软件产生(通过设置 TIMx_EGR 中的 UG 位)或者通过硬件的从模式控制器产生，则无论重复计数器的值是多少，都会立即发生更新事件，并且 TIMx_RCR 寄存器中的内容被重载入重复计数器。

(6) 时钟选择。

计数器时钟可由下列时钟源提供：

内部时钟(internal clock，CK_INT)。

外部时钟模式 1，外部输入引脚(external input pin)。

外部时钟模式 2，外部触发输入(external trigger input)。

内部触发输入(internal trigger inputs)：使用一个定时器作为另一个定时器的预分频器。例如，可以配置一个定时器 Timer1 作为另一个定时器 Timer2 的预分频器。

(7) 互补输出和死区插入。

高级控制定时器(TIM1 和 TIM8) 能够输出两路互补信号，并且能够管理输出的瞬时关断和接通。这段时间通常被称为死区，用户应该根据连接的输出器件和它们的特性(电平转换的延时、电源开关的延时等)来调整死区时间。

(8) 使用刹车功能。

当使用刹车功能时，依据相应的控制位(TIMx_BDTR 寄存器中的 MOE、OSSI 和 OSSR 位，TIMx_CR2 寄存器中的 OISx 和 OISxN 位)，输出使能信号和无效电平都会被修改。但无论何时，OCx 和 OCxN 输出不能在同一时间同时处于有效电平上。

刹车源既可以是刹车输入引脚又可以是一个时钟失败事件。时钟失败事件由复位时钟控制器中的时钟安全系统产生，系统复位后，刹车电路被禁止，MOE 位为低。

(9) 产生六步 PWM 输出。

当在一个通道上需要互补输出时，预装载位有 OCxM、CCxE 和 CCxNE。在发生 COM 换相事件时，这些预装载位被传送到影子寄存器位。这样你就可以预先设置好下一步骤配置，并在同一个时刻同时修改所有通道的配置。COM 可以通过设置 TIMx_EGR 寄存器的 COM 位产生(可由软件产生，或在 TRGI 上升沿由硬件产生)。

(10) 与霍尔传感器的接口。

使用高级控制定时器(TIM1 或 TIM8) 产生 PWM 信号驱动马达时，可以用另一个通用 TIMx(TIM2、TIM3、TIM4 或 TIM5) 定时器作为“接口定时器”来连接霍尔传感器。

以下内容与通用定时器相同，不再叙述：捕获/比较通道、输入捕获模式、PWM输入模式、强置输出模式、输出比较模式、PWM模式、在外部事件时清除OCxREF信号、单脉冲模式、编码器接口模式、定时器输入异或功能、TIMx定时器和外部触发的同步、定时器同步、调试模式。

5.9.5　独立看门狗(IWDG)

1. 简介

STM32F10xxx内置两个看门狗，提供了更高的安全性、时间的精确性和使用的灵活性。两个看门狗设备(独立看门狗和窗口看门狗)可用来检测和解决由软件错误引起的故障；当计数器达到给定的超时值时，触发一个中断(仅适用于窗口型看门狗)或产生系统复位。

独立看门狗(independent watchdog，IWDG)由专用的低速时钟(LSI)驱动，即使主时钟发生故障它也仍然有效。窗口看门狗(window watchdog，WWDG)由从APB1时钟分频后得到的时钟驱动，通过可配置的时间窗口来检测应用程序非正常的过迟或过早操作。

IWDG最适合应用于那些需要看门狗作为一个在主程序之外，能够完全独立工作，并且对时间精度要求较低的场合。

WWDG最适合那些要求看门狗在精确计时窗口起作用的应用程序。

2. IWDG主要性能

(1) 自由运行的递减计数器。

(2) 时钟由独立的RC振荡器提供(可在停止和待机模式下工作)。

(3) 看门狗被激活后，则在计数器计数至0x000时产生复位。

3. IWDG功能描述

图5-133为独立看门狗模块的功能框图。

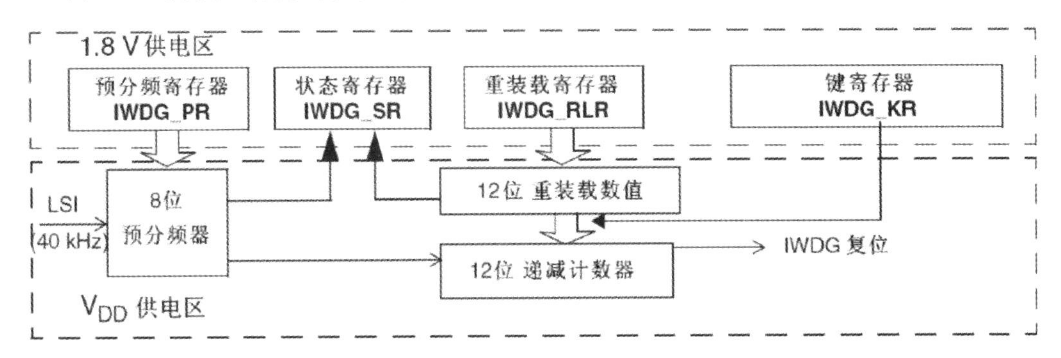

图5-133　独立看门狗模块功能框图

在键寄存器(IWDG_KR)中写入0xCCCC，开始启用独立看门狗；此时计数器开始从其复位值0xFFF递减计数。当计数器计数到末尾0x000时，会产生一个复位信号(IWDG_RESET)。

无论何时，只要在键寄存器IWDG_KR中写入0xAAAA，IWDG_RLR中的值就会被重新加载到计数器，从而避免产生看门狗复位。

4. 硬件看门狗

如果用户在选择字节中启用了“硬件看门狗”功能，在系统上电复位后，看门狗会自动开始运行；如果在计数器计数结束前，若软件没有向键寄存器写入相应的值，则系统会产生复位。

5. 寄存器访问保护

IWDG_PR 和 IWDG_RLR 寄存器具有写保护功能。要修改这两个寄存器的值，必须先向 IWDG_KR 寄存器中写入 0x5555。以不同的值写入这个寄存器将会打乱操作顺序，寄存器将重新被保护。重装载操作(即写入 0xAAAA)也会启动写保护功能。

状态寄存器指示预分频值和递减计数器是否正在被更新。

6. 调试模式

当微控制器进入调试模式时(Cortex-M3 核心停止)，根据调试模块中的 DBG_IWDG_STOP 配置位的状态，IWDG 的计数器能够继续工作或停止。

5.9.6 窗口看门狗(WWDG)

1. WWDG 简介

窗口看门狗通常被用来监测，由外部干扰或不可预见的逻辑条件造成的应用程序背离正常的运行序列而产生的软件故障。除非递减计数器的值在 T6 位变成 0 前被刷新，看门狗电路在达到预置的时间周期时，会产生一个 MCU 复位。在递减计数器达到窗口寄存器数值之前，如果 7 位的递减计数器数值(在控制寄存器中)被刷新，那么也将产生一个 MCU 复位。这表明递减计数器需要在一个有限的时间窗口中被刷新。

2. WWDG 主要特性

(1) 可编程的自由运行递减计数器。

(2) 条件复位。当递减计数器的值小于 0x40，(若看门狗被启动)则产生复位。当递减计数器在窗口外被重新装载，(若看门狗被启动)则产生复位。

(3) 如果启动了看门狗并且允许中断，当递减计数器等于 0x40 时产生早期唤醒中断(early wakeup interrupt，EWI)，它可以被用于重装载计数器以避免 WWDG 复位。

3. WWDG 功能描述

如果看门狗被启动(WWDG_CR 寄存器中的 WDGA 位被置“1”)，且当 7 位(T[6：0])递减计数器从 0×40 翻转到 0x3F(T6 位清零)时，则产生一个复位。如果软件在计数器值大于窗口寄存器中的数值时重新装载计数器，将产生一个复位。

看门狗框图如图 5-134 所示。

应用程序在正常运行过程中必须定期地写入 WWDG_CR 寄存器以防止 MCU 发生复位。只有当计数器值小于窗口寄存器的值时，才能进行写操作。储存在 WWDG_CR 寄存器中的数值必须在 0xFF 和 0xC0 之间。

(1) 启动看门狗。

在系统复位后，看门狗总是处于关闭状态，设置 WWDG_CR 寄存器的 WDGA 位能够开启看门狗，随后它不能再被关闭，除非发生复位。

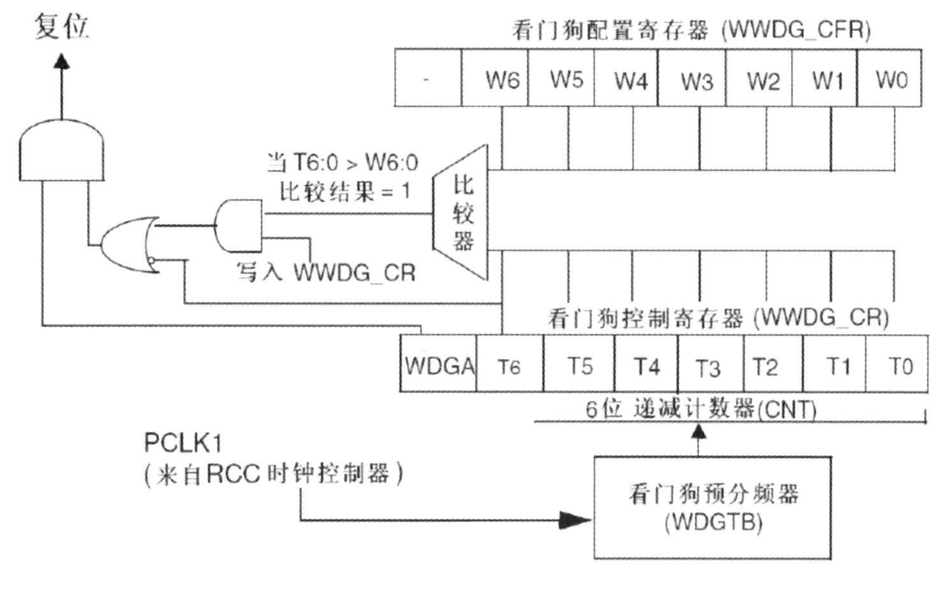

图 5-134　看门狗框图

(2) 控制递减计数器。

递减计数器处于自由运行状态，即使看门狗被禁止，递减计数器仍继续递减计数。当看门狗被启用时，T6 位必须被设置，以防止立即产生一个复位。T[5:0]位包含了看门狗产生复位之前的计时数目；复位前的延时时间在一个最小值和一个最大值之间变化，这是因为写入 WWDG_CR 寄存器时，预分频值是未知的。配置寄存器(WWDG_CFR)中包含窗口的上限值：要避免产生复位，递减计数器必须在其值小于窗口寄存器的数值并且大于 0x3F 时被重新装载，0 描述了窗口寄存器的工作过程。另一个重装载计数器的方法是利用早期唤醒中断(EWI)。设置 WWDG_CFR 寄存器中的 WEI 位开启该中断。当递减计数器到达 0x40 时，则产生此中断，相应的中断服务程序(ISR)可以用来加载计数器以防止 WWDG 复位。在 WWDG_SR 寄存器中写“0”可以清除该中断。

5.9.7　TIM 寄存器结构

(1) TIM 寄存器结构 TIM_TypeDef，在文件“stm32f10x_map.h”中定义如下：

```
typedef struct
{
vu16 CR1;
u16 RESERVED0;
vu16 CR2;
u16 RESERVED1;
vu16 SMCR;
u16 RESERVED2;
vu16 DIER;
u16 RESERVED3;
```

```
vu16 SR;
u16 RESERVED4;
vu16 EGR;
u16 RESERVED5;
vu16 CCMR1;
u16 RESERVED6;
vu16 CCMR2;
u16 RESERVED7;
vu16 CCER;
u16 RESERVED8;
vu16 CNT;
u16 RESERVED9;
vu16 PSC;
u16 RESERVED10;
vu16 ARR;
u16 RESERVED11;
vu16 RCR;
u16 RESERVED12;
vu16 CCR1;
u16 RESERVED13;
vu16 CCR2;
u16 RESERVED14;
vu16 CCR3;
u16 RESERVED15;
vu16 CCR4;
u16 RESERVED16;
vu16 BDTR;
u16 RESERVED17;
vu16 DCR;
u16 RESERVED18;
vu16 DMAR;
u16 RESERVED19;
} TIM_TypeDef;
```

(2) IWDG 寄存器结构,IWDG_TypeDeff,在文件"stm32f10x_map.h"中定义如下:

```
typedef struct
{
vu32 KR;
vu32 PR;
vu32 RLR;
vu32 SR;
} IWDG_TypeDef;
```

(3) WWDG寄存器结构,WWDG_TypeDef,在文件“stm32f10x_map.h”中定义如下:

```
typedef struct
{
vu32 CR;
vu32 CFR;
vu32 SR;
} WWDG_TypeDef;
```

5.9.8 TIM寄存器

表5-21列出了TIM的寄存器。

表5-21 TIM的寄存器

寄存器	描述
CR1	控制寄存器1
CR2	控制寄存器2
SMCR	从模式控制寄存器
DIER	DMA/中断使能寄存器
SR	状态寄存器
EGR	事件产生寄存器
CCMR1	捕获/比较模式寄存器1
CCMR2	捕获/比较模式寄存器2
CCER	捕获/比较使能寄存器
CNT	计数器寄存器
PSC	预分频寄存器
APR	自动重装载寄存器
RCR	周期计数寄存器
CCR1	捕获/比较寄存器1
CCR2	捕获/比较寄存器2
CCR3	捕获/比较寄存器3
CCR4	捕获/比较寄存器4
BDTR	刹车和死区寄存器
DCR	DMA控制寄存器
DMAR	连续模式的DMA地址寄存器

表5-22列出了IWDG的寄存器。

表5-22 IWDG的寄存器

寄存器	描述
KR	IWDG键值寄存器
PR	IWDG预分频寄存器
RLR	IWDG重装载寄存器
SR	IWDG状态寄存器

表 5-23 列出了 WWDG 的寄存器。

表 5-23　WWDG 的寄存器

寄存器	描述
CR	WWDG 控制寄存器
CFR	WWDG 设置寄存器
SR	WWDG 状态寄存器

5.9.9　TIM 库函数

表 5-24 列出了 TIM 的库函数。

表 5-24　TIM 的库函数

函数名	描述
TIM_DeInit	将外设 TIM 寄存器重设为缺省值
TIM_TimeBaseInit	根据 TIM_TimeBaseInitStruct 中指定的参数初始化 TIM 的时间基数单位
TIM_OC1Init	根据 TIM_OCInitStruct 中指定的参数初始化 TIM 通道 1
TIM_OC2Init	根据 TIM_OCInitStruct 中指定的参数初始化 TIM 通道 2
TIM_OC3Init	根据 TIM_OCInitStruct 中指定的参数初始化 TIM 通道 3
TIM_OC4Init	根据 TIM_OCInitStruct 中指定的参数初始化 TIM 通道 4
TIM_ICInit	根据 TIM_ICInitStruct 中指定的参数初始化外设 TIMx
TIM_PWMIConfig	根据 TIM_ICInitStruct 中指定的参数设置外设 TIM 工作在 PWM 输入模式
TIM_BDTRConfig	设置刹车特性，死区时间，锁电平，OSSI，OSSR 状态和 AOE(自动输出使能)
TIM_TimeBaseStructInit	把 TIM_TimeBaseInitStruct 中的每一个参数按缺省值填入
TIM_OCStructInit	把 TIM_OCInitStruct 中的每一个参数按缺省值填入
TIM_ICStructInit	把 TIM_ICInitStruct 中的每一个参数按缺省值填入
TIM_BDTRStructInit	把 TIM_BDTRInitStruct 中的每一个参数按缺省值填入
TIM_Cmd	使能或者失能 TIM 外设
TIM_CtrlPWMOutputs	使能或者失能 TIM 外设的主输出
TIM_ITConfig	使能或者失能指定的 TIM 中断
TIM_GenerateEvent	配置软件产生 TIM 事件
TIM_DMAConfig	设置 TIM 的 DMA 接口
TIM_DMACmd	使能或者失能指定的 TIM 的 DMA 请求
TIM_InternalClockConfig	设置 TIM 内部时钟
TIM_ITRxExternalClockConfig	设置 TIM 内部触发为外部时钟模式
TIM_TIxExternalClockConfig	设置 TIM 触发为外部时钟
TIM_ETRClockMode1Config	配置 TIM 外部时钟模式 1
TIM_ETRClockMode2Config	配置 TIM 外部时钟模式 2

续表

函数名	描述
TIM_ETRConfig	配置 TIM 外部触发
TIM_PrescalerConfig	配置 TIM 预分频
TIM_CounterModeConfig	指定 TIM 计数模式
TIM_SelectInputTrigger	选择 TIM 输入触发源
TIM_EncoderInterfaceConfig	设置 TIM 编码接口
TIM_ForcedOC1Config	置 TIM 输出 1 为活动或者非活动电平
TIM_ForcedOC2Config	置 TIM 输出 2 为活动或者非活动电平
TIM_ForcedOC3Config	置 TIM 输出 3 为活动或者非活动电平
TIM_ForcedOC4Config	置 TIM 输出 4 为活动或者非活动电平
TIM_ARRPreloadConfig	使能或者失能 TIM 在 ARR 上的预装载寄存器
TIM_SelectCOM	选择 TIM 外设的通信事件
TIM_SelectCCDMA	选择 TIM 外设的捕获比较 DMA 源
TIM_OC1PreloadConfig	使能或者失能 TIM 在 CCR1 上的预装载寄存器
TIM_OC2PreloadConfig	使能或者失能 TIM 在 CCR2 上的预装载寄存器
TIM_OC3PreloadConfig	使能或者失能 TIM 在 CCR3 上的预装载寄存器
TIM_OC4PreloadConfig	使能或者失能 TIM 在 CCR4 上的预装载寄存器
TIM_OC1FastConfig	设置 TIM 捕获比较 1 快速特征
TIM_OC2FastConfig	设置 TIM 捕获比较 2 快速特征
TIM_OC3FastConfig	设置 TIM 捕获比较 3 快速特征
TIM_OC4FastConfig	设置 TIM 捕获比较 4 快速特征
TIM_ClearOC1Ref	在一个外部事件时清除或者保持 OCREF1 信号
TIM_ClearOC2Ref	在一个外部事件时清除或者保持 OCREF2 信号
TIM_ClearOC3Ref	在一个外部事件时清除或者保持 OCREF3 信号
TIM_ClearOC4Ref	在一个外部事件时清除或者保持 OCREF4 信号
TIM_UpdateDisableConfig	使能或者失能 TIM 更新事件
TIM_EncoderInterfaceConfig	设置 TIM 编码界面
TIM_GenerateEvent	设置 TIM 事件由软件产生
TIM_OC1PolarityConfig	设置 TIM 通道 1 极性
TIM_OC1NPolarityConfig	设置 TIM 通道 1N 极性
TIM_OC2PolarityConfig	设置 TIM 通道 2 极性
TIM_OC2NPolarityConfig	设置 TIM 通道 2N 极性

续表

函数名	描述
TIM_OC3PolarityConfig	设置 TIM 通道 3 极性
TIM_OC3NPolarityConfig	设置 TIM 通道 3N 极性
TIM_OC4PolarityConfig	设置 TIM 通道 4 极性
TIM_CCxCmd	使能或者失能 TIM 捕获比较通道 x
TIM_CCxNCmd	使能或者失能 TIM 捕获比较通道 xN
TIM_SelectOCxM	选择 TIM 输出比较模式。 本函数在改变输出比较模式前失能选中的通道，用户必须使用函数 TIM_CCxCmd 和 TIM_CCxNCmd 来使能这个通道
TIM_UpdateDisableConfig	使能或失能 TIM 更新事件
TIM_UpdateRequestConfig	设置 TIM 更新请求中断源
TIM_SelectHallSensor	使能或者失能 TIM 霍尔传感器接口
TIM_SelectOnePulseMode	设置 TIM 单脉冲模式
TIM_SelectOutputTrigger	选择 TIM 触发输出模式
TIM_SelectSlaveMode	选择 TIM 从模式
TIM_SelectMasterSlaveMode	设置或者重置 TIM 主/从模式
TIM_SetCounter	设置 TIM 计数器寄存器值
TIM_SetAutoreload	设置 TIM 自动重装载寄存器值
TIM_SetCompare1	设置 TIM 捕获比较 1 寄存器值
TIM_SetCompare2	设置 TIM 捕获比较 2 寄存器值
TIM_SetCompare3	设置 TIM 捕获比较 3 寄存器值
TIM_SetCompare4	设置 TIM 捕获比较 4 寄存器值
TIM_SetIC1Prescaler	设置 TIM 输入捕获 1 预分频
TIM_SetIC2Prescaler	设置 TIM 输入捕获 2 预分频
TIM_SetIC3Prescaler	设置 TIM 输入捕获 3 预分频
TIM_SetIC4Prescaler	设置 TIM 输入捕获 4 预分频
TIM_SetClockDivision	设置 TIM 的时钟分割值
TIM_GetCapture1	获得 TIM 输入捕获 1 的值
TIM_GetCapture2	获得 TIM 输入捕获 2 的值
TIM_GetCapture3	获得 TIM 输入捕获 3 的值
TIM_GetCapture4	获得 TIM 输入捕获 4 的值
TIM_GetCounter	获得 TIM 计数器的值
TIM_GetPrescaler	获得 TIM 预分频值
TIM_GetFlagStatus	检查指定的 TIM 标志位设置与否
TIM_ClearFlag	清除 TIM 的待处理标志位
TIM_GetITStatus	检查指定的 TIM 中断发生与否
TIM_ClearITPendingBit	清除 TIM 的中断待处理位

表 5-25 列出了 IWDG 的库函数。

表 5-25　IWDG 的库函数

函数名	描述
IWDG_WriteAccessCmd	使能或者失能对寄存器 IWDG_PR 和 IWDG_RLR 的写操作
IWDG_SetPrescaler	设置 IWDG 预分频值
IWDG_SetReload	设置 IWDG 重装载值
IWDG_ReloadCounter	按照 IWDG 重装载寄存器的值重装载 IWDG 计数器
IWDG_Enable	使能 IWDG
IWDG_GetFlagStatus	检查指定的 IWDG 标志位被设置与否

表 5-26 列出了 WWDG 的库函数。

表 5-26　WWDG 的库函数

函数名	描述
WWDG_DeInit	将外设 WWDG 寄存器重设为缺省值
WWDG_SetPrescaler	设置 WWDG 预分频值
WWDG_SetWindowValue	设置 WWDG 窗口值
WWDG_EnableIT	使能 WWDG 早期唤醒中断(EWI)
WWDG_SetCounter	设置 WWDG 计数器值
WWDG_Enable	使能 WWDG 并装入计数器值
WWDG_GetFlagStatus	检查 WWDG 早期唤醒中断标志位被设置与否
WWDG_ClearFlag	清除早期唤醒中断标志位

5.9.10　TIM 编程应用(实验 5-17)

TIM 的例程很多，由于篇幅原因，此处只列举 1 个 TIM1 例程，其余的见配套实验例程。

【实验 5-17】 Proteus 仿真 TIM1 输出 7 个 PWM。

本例说明如何配置 TIM1 外围设备以产生 7 个具有 4 个不同占空比的 PWM 信号。

1. 硬件设计

使用示波器可以显示 TIM1 波形，如图 5-135 所示，将 TIM1 引脚连接到示波器上，以监测不同的波形，STM32F10x 的 TIM1 引脚如下：

TIM1_CH1 引脚 PA.08，TIM1_CH1N 引脚 PB.13。

TIM1_CH2 引脚 PA.09，TIM1_CH2N 引脚 PB.14。

TIM1_CH3 引脚 PA.10，TIM1_CH3N 引脚 PB.15。

TIM1_CH4 引脚 PA.11。

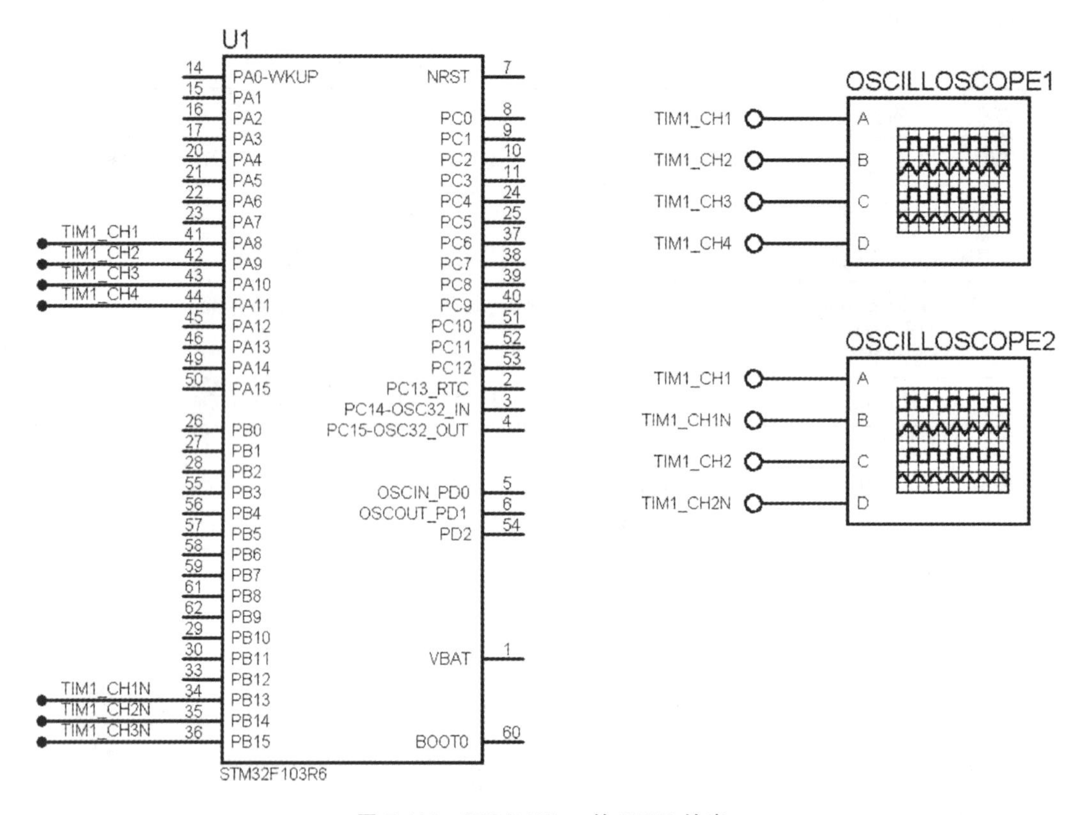

图 5-135 STM32F10x 的 TIM1 输出

2. 软件设计(编程)

1) 设计分析

TIM1CLK 固定为 72 MHz，TIM1 Prescaler 预分频等于 0，TIM1_Period(TIM1_周期)＝4095，因此使用的 TIM1 定时时钟 72 MHz 时，TIM1 频率＝TIM1CLK/(TIM1_周期＋1)＝72 MHz /(4095＋1)＝17.57 kHz。

TIM1 CCR1 寄存器值等于 0x7FF＝2047，因此 TIM1 通道 1 和互补通道 1N 产生的频率等于 17.57kHz、占空比等于以下值的 PWM 信号：

TIM1 通道 1 占空比＝TIM1 CCR1/(TIM1_周期＋1)＝2047/(4095＋1)＝50%。

其他类推：

TIM1 通道 2 占空比＝TIM1 CCR2/(TIM1_周期＋1)＝1535/(4095＋1)＝37.5%。

TIM1 通道 3 占空比＝TIM1 CCR3/(TIM1_周期＋1)＝1023/(4095＋1)＝25%。

TIM1 通道 4 占空比＝TIM1 CCR4/(TIM1_周期＋1)＝511/(4095＋1)＝12.5%。

2) 程序源码与分析

①main 函数。

```
int main(void)
{
……
```

```
GPIO_Configuration();

/* Time Base configuration * ///定时器时基设置
  TIM_TimeBaseStructure.TIM_Prescaler=0;//设置时钟分频系数:不分频
  TIM_TimeBaseStructure.TIM_CounterMode=TIM_CounterMode_Up;//向上计数模式
  TIM_TimeBaseStructure.TIM_Period=4095;//设置在下一个更新事件装入活动的自动重装
载寄存器周期的值,为4096次:当定时器从0计数到4095为一个定时周期
  TIM_TimeBaseStructure.TIM_ClockDivision=0;//时钟分割,为0不分割
  TIM_TimeBaseStructure.TIM_RepetitionCounter=0;//设置周期计数器值,为0不重复
  TIM_TimeBaseInit(TIM1,&TIM_TimeBaseStructure);//定时器TIM1时基初始化

  /* Channel 1,2,3 and 4 Configuration in PWM mode * / //定时器输出通道1、2、3、4配置
为PWM模式
  TIM_OCInitStructure.TIM_OCMode=TIM_OCMode_PWM2;//模式配置:PWM模式2
  TIM_OCInitStructure.TIM_OutputState=TIM_OutputState_Enable;//输出状态设置:使
能输出比较状态
  TIM_OCInitStructure.TIM_OutputNState=TIM_OutputNState_Enable;//互补通道输出状
态设置:使能输出
  TIM_OCInitStructure.TIM_Pulse=CCR1_Val;//设置了待装入捕获比较寄存器的脉冲值
(0x0000和0xFFFF之间),当计数器计数到这个值时,电平发生跳变
  TIM_OCInitStructure.TIM_OCPolarity=TIM_OCPolarity_Low;//TIM输出比较极性低,当
定时器计数值小于CCR1_Val时为低电平
  TIM_OCInitStructure.TIM_OCNPolarity=TIM_OCNPolarity_High;//TIM互补通道输出比
较极性高
  TIM_OCInitStructure.TIM_OCIdleState=TIM_OCIdleState_Set;//当MOE=0设置TIM输
出比较空闲状态
  TIM_OCInitStructure.TIM_OCNIdleState=TIM_OCIdleState_Reset;//当MOE=0重置TIM
互补通道输出比较空闲状态
  TIM_OC1Init(TIM1,&TIM_OCInitStructure);//根据TIM1_OCInitStruct中指定的参数初
始化TIM1通道1

  TIM_OCInitStructure.TIM_Pulse=CCR2_Val;
  TIM_OC2Init(TIM1,&TIM_OCInitStructure);//根据TIM1_OCInitStruct中指定的参数初
始化TIM1通道2

  TIM_OCInitStructure.TIM_Pulse=CCR3_Val;
  TIM_OC3Init(TIM1,&TIM_OCInitStructure);//根据TIM1_OCInitStruct中指定的参数初
始化TIM1通道3

  TIM_OCInitStructure.TIM_Pulse=CCR4_Val;
  TIM_OC4Init(TIM1,&TIM_OCInitStructure);//根据TIM1_OCInitStruct中指定的参数初
始化TIM1通道4

  TIM_Cmd(TIM1,ENABLE);//使能定时器TIM1
```

```
  TIM_CtrlPWMOutputs(TIM1,ENABLE);// 使能 TIM1 的主输出
……
}
```

②TIM1 的 PWM 输出引脚配置函数 GPIO_Configuration。

```
void GPIO_Configuration(void)
{
  GPIO_InitTypeDef GPIO_InitStructure;

/* 配置定时器通道 1、2、3、4 输出引脚模式:复用推挽输出模式 * /
  GPIO_InitStructure.GPIO_Pin=GPIO_Pin_8 | GPIO_Pin_9 | GPIO_Pin_10 | GPIO_Pin_11;
  GPIO_InitStructure.GPIO_Mode=GPIO_Mode_AF_PP;
  GPIO_InitStructure.GPIO_Speed=GPIO_Speed_50 MHz;
  GPIO_Init(GPIOA,&GPIO_InitStructure);

/* 配置定时器互补通道 1、2、3 输出引脚模式:复用推挽输出模式 * /
  GPIO_InitStructure.GPIO_Pin=GPIO_Pin_13 | GPIO_Pin_14 | GPIO_Pin_15;
  GPIO_Init(GPIOB,&GPIO_InitStructure);
}
```

3. 实验过程与现象

实验过程:参见 5.2.3 小节(实验 5-1)。

实验现象:如图 5-136 至图 5-138 所示,图 5-136 和图 5-137 所示为 proteus 示波器显示,图 5-138 所示为 MDK 逻辑分析器显示。

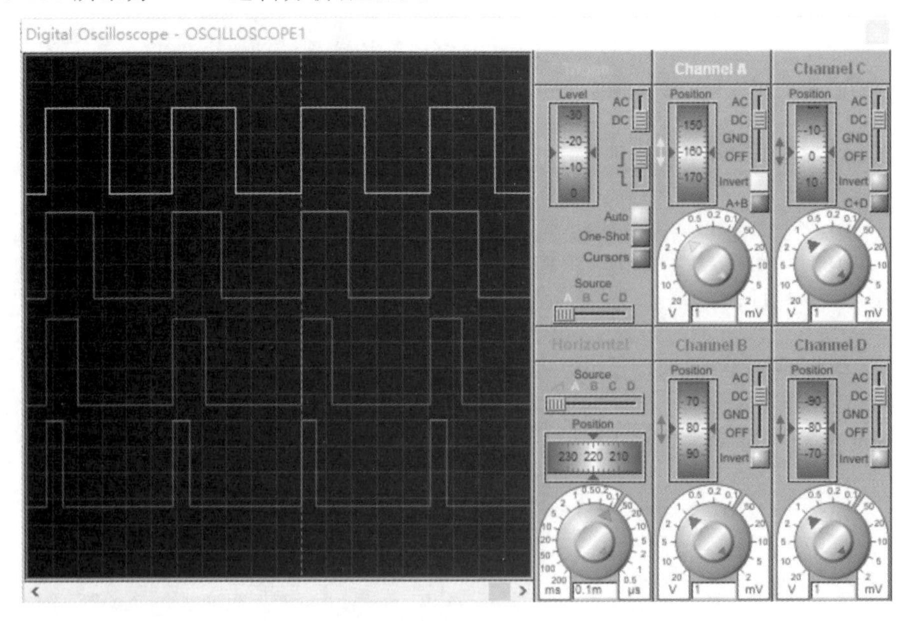

图 5-136 STM32F10x 的 TIM1 通道 1、2、3、4 输出(示波器显示)

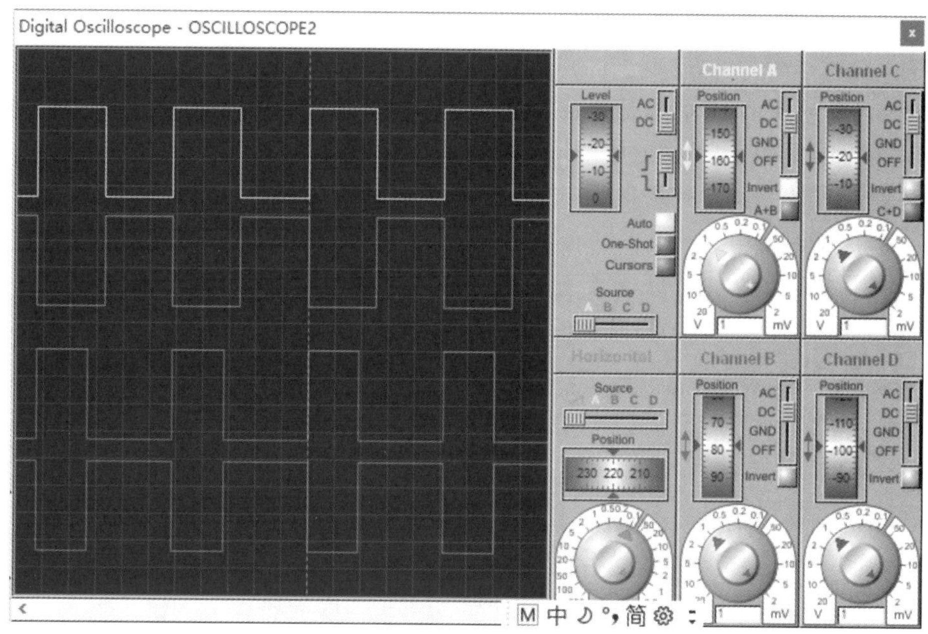

图 5-137　STM32F10x 的 TIM1 通道 1、2 和互补通道输出(示波器显示)

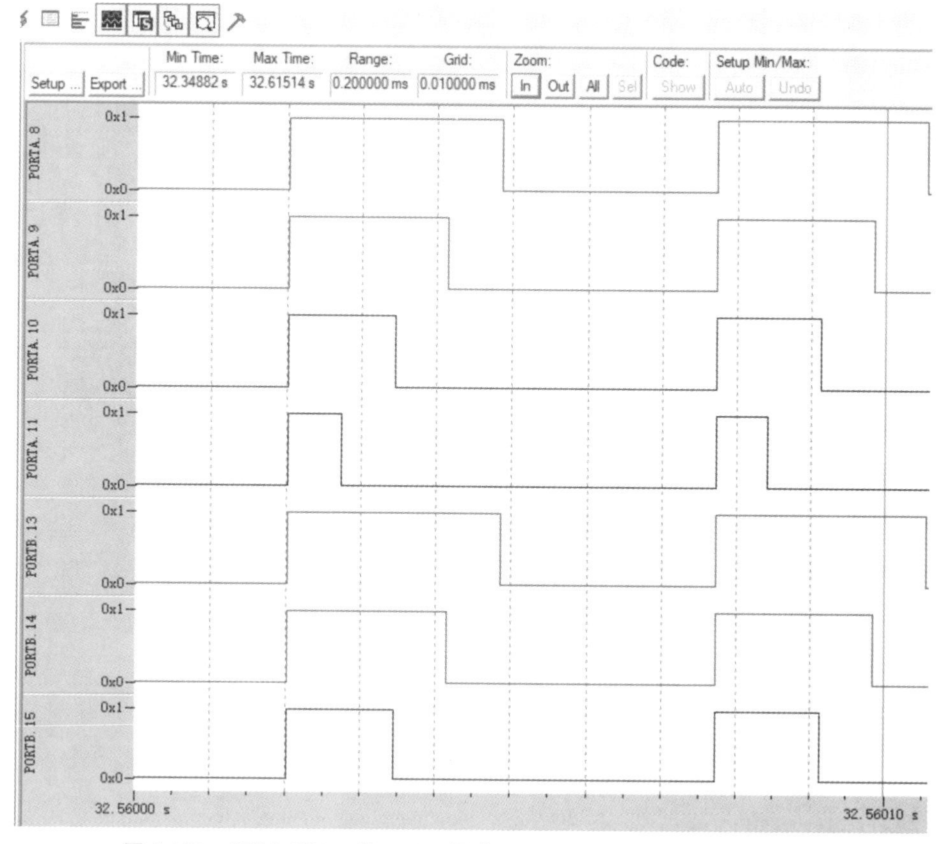

图 5-138　STM32F10x 的 TIM1 通道 1、2、3、4 输出(逻辑分析器显示)

5.9.11 TIM 编程应用(实验 5-18)

TIM 的例程很多，由于篇幅原因，此处只列举 1 个 TIM6 例程，其余的见配套实验例程。

【实验 5-18】 基本定时器 TIM6 定时 1ms。

本例说明如何使用 STM32CubeMX 和 HAL 库函数配置 TIM6 实现定时 1ms。

1. 硬件设计

这里说明 STM32CubeMX 设置。

在 STM32CubeMX 里，建立工程 TIM6. ioc，单击 Project→Generate Report 可以生成 TIM6. pdf，要点如下：

①引脚设置(pinout configuration)，如图 5-139 所示。

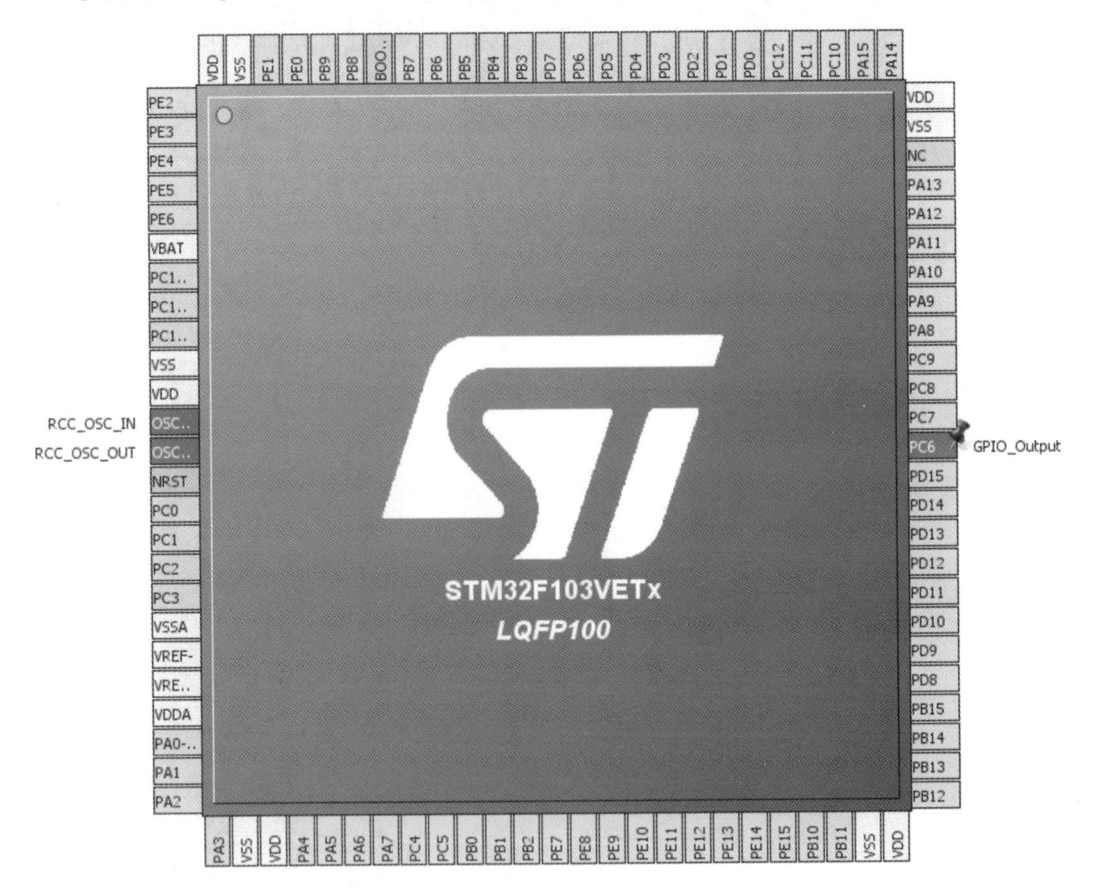

图 5-139 STM32F103VET6 **的引脚设置**

②时钟树设置(clock tree configuration)，如图 5-140 所示。

③TIM6 设置，如图 5-141 所示。

2. 软件设计(编程)

①main 函数(有关 HAL 详细分析见 5.3.5 小节)。

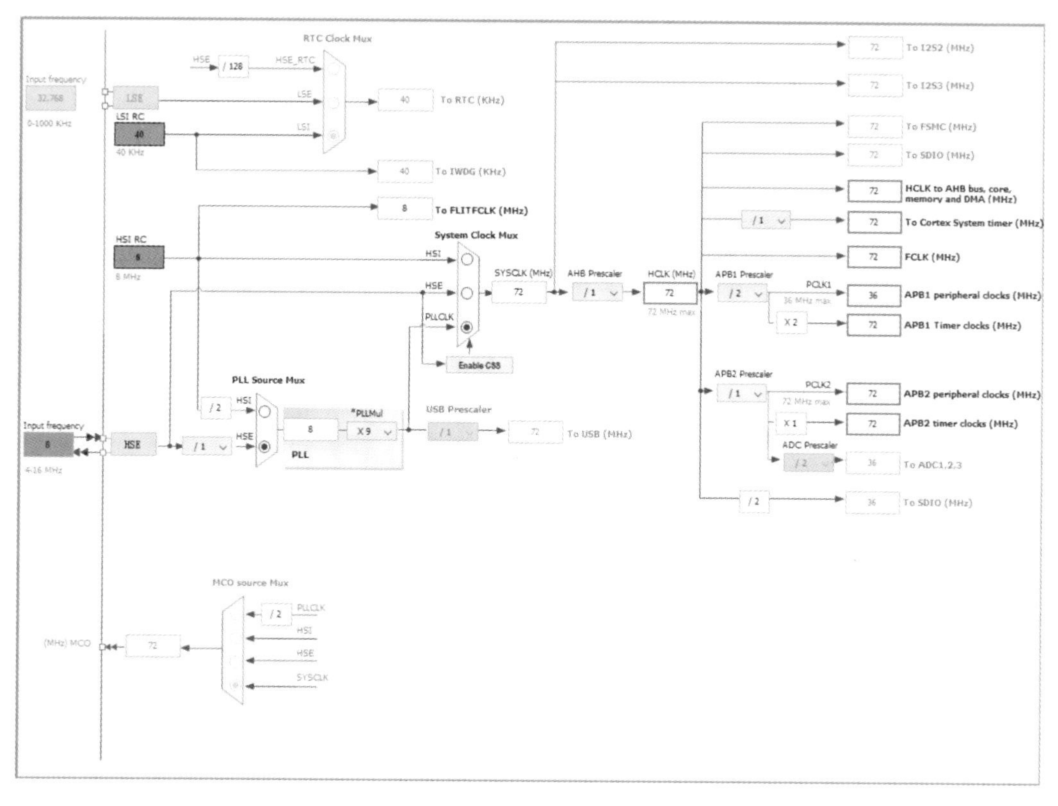

图 5-140　时钟树设置

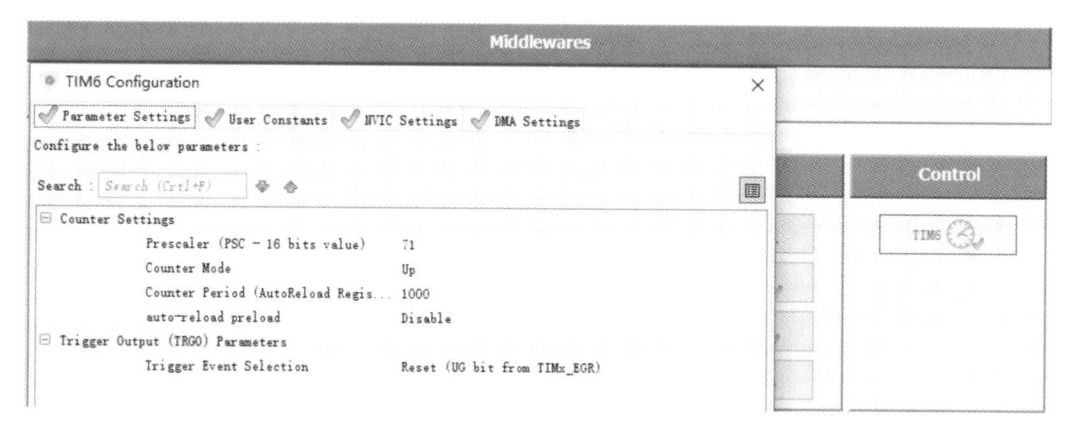

图 5-141　STM32F103VET6 的 TIM6 设置

```
int main(void)
{
  HAL_Init();//复位所有外设、初始化 FLASH 接口和 Systick
  SystemClock_Config();//调用 SystemClock_Config 函数,配置系统时钟,类似标准库的
RCC 配置函数,不同之处是多了 SysTick 的配置函数
  MX_GPIO_Init();//初始化 GPIO
  MX_TIM6_Init();//初始化 TIM6
```

```
    HAL_TIM_Base_Start_IT(&htim6);//开始启动 TIM6 中断
    while(1)
    {
    }
}
```

②TIM6 初始化函数 MX_TIM6_Init。

TIM6 时钟为 72M，预分频系数 72－1，定时周期 1000－1，则计数周期为 1ms，基本定时器 TIM6 初始化如下：

```
static void MX_TIM6_Init(void)
{
  TIM_MasterConfigTypeDef sMasterConfig;

  htim6.Instance=TIM6;
  htim6.Init.Prescaler=71;//预分频系数 72-1
  htim6.Init.CounterMode=TIM_COUNTERMODE_UP;//向上计数
  htim6.Init.Period=1000-1;//周期 1000-1
  htim6.Init.AutoReloadPreload=TIM_AUTORELOAD_PRELOAD_DISABLE;//自动重装禁止
  if(HAL_TIM_Base_Init(&htim6) !=HAL_OK)//时基初始化
  {
    _Error_Handler(__FILE__,__LINE__);
  }

  sMasterConfig.MasterOutputTrigger=TIM_TRGO_RESET;//TIM 触发输出复位
  sMasterConfig.MasterSlaveMode=TIM_MASTERSLAVEMODE_DISABLE;//TIM 主从模式禁止
  if(HAL_TIMEx_MasterConfigSynchronization(&htim6,&sMasterConfig)!=HAL_OK)//
TIM 主机配置同步
  {
    _Error_Handler(__FILE__,__LINE__);
  }
}
```

③TIM6 中断函数 TIM6_IRQHandler。

```
void TIM6_IRQHandler(void)//TIM6 中断函数
{
  HAL_TIM_IRQHandler(&htim6);//TIM6 中断函数
}
```

④非阻塞模式下(Period elapsed callback in non blocking mode)定时器的回调函数 HAL_TIM_PeriodElapsedCallback。

```
void HAL_TIM_PeriodElapsedCallback(TIM_HandleTypeDef * htim)
{
  timer_count++;
    if(timer_count==1000)//定时 1ms* 1000=1s
```

```
    {
        timer_count=0;
        HAL_GPIO_TogglePin(GPIOC,GPIO_PIN_6);//PC6输出状态翻转
    }
}
```

3. 实验过程与现象

实验过程：参见5.2.3小节（实验5-1）。

实验现象：AS-07实验板的LED1点亮1s、熄灭1s，交替闪烁。

5.10 系统定时器

5.10.1 系统定时器SysTick简介

系统定时器SysTick(SysTick timer)是专用于实时的操作系统，也可当成一个标准的递减计数器，它具有下述特性。

（1）24位的递减计数器。

（2）自动重加载功能。

（3）当计数器为0时能产生一个可屏蔽系统中断。

（4）可编程时钟源。

5.10.2 SysTick寄存器结构

SysTick寄存器结构，SysTick_TypeDef，在文件“stm32f10x_map.h”中定义如下：

```
typedef struct
{
vu32 CTRL;
vu32 LOAD;
vu32 VAL;
vuc32 CALIB;
} SysTick_TypeDef;
```

5.10.3 SysTick寄存器

表5-27列出了SysTick的寄存器。

表5-27 SysTick的寄存器

寄存器	描述
CTRL	SysTick控制和状态寄存器
LOAD	SysTick重装载值寄存器
VAL	SysTick当前值寄存器
CALIB	SysTick校准值寄存器

5.10.4 SysTick 库函数

表 5-28 列出了 SysTick 的库函数。

表 5-28 SysTick 的库函数

函数名	描述
SysTick_CLKSourceConfig	设置 SysTick 时钟源
SysTick_SetReload	设置 SysTick 重装载值
SysTick_CounterCmd	使能或者失能 SysTick 计数器
SysTick_ITConfig	使能或者失能 SysTick 中断
SysTick_GetCounter	获取 SysTick 计数器的值
SysTick_GetFlagStatus	检查指定的 SysTick 标志位设置与否

5.10.5 SysTick 编程应用(实验 5-19)

实际上我们前面的 LCD 实验里已经使用过 SysTick 的编程应用了。

【实验 5-19】 SysTick 生成 1 ms 的时基。

此示例说明如何配置 SysTick 以生成 1 ms 的时基。系统时钟设置为 72 MHz,SysTick 由 AHB 时钟(HCLK)除以 8。

基于 SysTick 计数结束事件实现了“延时 Delay”函数。2 个连接到 GPIOC 引脚 6 和引脚 7 的 LED 通过延时函数进行切换点亮和熄灭。

1. 硬件设计

见实验 4-1。

2. 软件设计(编程)

1) 设计分析

设置 SysTick 的重装值,如果 SysTick 的时钟是 9 MHz(HCLK/8) 则是 9000;如果 SysTick 的时钟是 72 MHz(HCLK)则是 72000。

计算:9000/9000000=1/1000 s=1 ms,或 72000/72000000=1/1000 s=1 ms。

SysTick 计数递减为 0 时发生中断,时间就是 1 ms。

2) 程序源码与分析

①main 函数。

```
int main(void)
{

  /*  SysTick end of count event each 1ms with input clock equal to 9 MHz(HCLK/8,de-
fault)* /
```

```
    SysTick_SetReload(9000);//设置 SysTick 的重装值

    /* Enable SysTick interrupt * /
    SysTick_ITConfig(ENABLE);   //使能 SysTick 中断

    while(1)
    {
      /* Toggle leds connected to GPIOC Pin 6 and Pin 7 * /
      GPIO_Write(GPIOC,(u16) ~GPIO_ReadOutputData(GPIOC));//PC6、PC7 输出状态翻转

      /* Insert 1000 ms delay * /
      Delay(1000);//调用延时函数,延时 1ms

      /* Toggle leds connected to GPIOC Pin 6 and Pin 7 * /
      GPIO_Write(GPIOC,(u16) ~GPIO_ReadOutputData(GPIOC));

      /* Insert 1000 ms delay * /
      Delay(1000);
    }
  }
```

②延时函数 Delay。

```
  void Delay(u32 nTime)/
  {
    SysTick_CounterCmd(SysTick_Counter_Enable);//开始 SysTick 计数
    TimingDelay=nTime;
    while(TimingDelay ! =0);//如果变量 TimingDelay 不为零,等待
    SysTick_CounterCmd(SysTick_Counter_Disable);//停止 SysTick 计数
    SysTick_CounterCmd(SysTick_Counter_Clear);//清除 SysTick 计数器值,为 0
  }
```

③SysTick 中断函数 SysTickHandler。

```
  void SysTickHandler(void){
    TimingDelay_Decrement();//SysTick 中断时调用此函数,实现多次延时,每次 1ms
  }
```

④函数 TimingDelay_Decrement。

SysTick 中断时调用函数 TimingDelay_Decrement,实现多次延时,每次 1ms。

```
  void TimingDelay_Decrement(void)
  {
    if(TimingDelay! =0x00)
    {
      TimingDelay--;//变量 TimingDelay 自减 1
    }
```

```
}
```

3. 实验过程与现象

实验过程:见上册的 4.2 节。

实验现象:AS-07 实验板的 LED1 和 LED2 同时点亮 1s、熄灭 1s,交替闪烁。

5.11 I2C 总线

STM32F10x 多达 2 个 IIC(inter-integrated circuit,缩减写为 IIC 或者 I2C)总线接口,能够工作于多主模式或从模式,支持标准和快速模式。

I2C 接口支持 7 位或 10 位寻址,7 位从模式时支持双从地址寻址。内置了硬件 CRC 发生器/校验器。

5.11.1 I2C 简介

I2C 总线接口连接微控制器和串行 I2C 总线,提供多主机功能,控制所有 I2C 总线特定的时序、协议、仲裁和定时。支持标准和快速两种模式,同时与 SMBus 2.0 兼容。

I2C 模块有多种用途,包括 CRC 码的生成和校验、SMBus(system management bus,系统管理总线)和 PMBus(power management bus,电源管理总线)。

根据特定设备的需要,可以使用 DMA 以减轻 CPU 的负担。

5.11.2 I2C 主要特点

(1) 并行总线/I2C 总线协议转换器。

(2) 多主机功能:该模块既可做主设备也可做从设备。

(3) I2C 主设备功能:产生时钟,产生起始和停止信号。

(4) I2C 从设备功能:可编程的 I2C 地址检测,可响应 2 个从地址的双地址能力,停止位检测。

(5) 产生和检测 7 位/10 位地址和广播呼叫。

(6) 支持不同的通信速度:标准速度(高达 100 kHz),快速(高达 400 kHz)。

(7) 模拟噪声过滤。

(8) 状态标志:发送器/接收器模式标志,字节发送结束标志,I2C 总线忙标志。

(9) 错误标志:主模式时的仲裁丢失,地址/数据传输后的应答(ACK)错误,检测到错位的起始或停止条件,禁止拉长时钟功能时的上溢或下溢。

(10) 2 个中断向量:1 个中断用于地址/数据通信成功,1 个中断用于错误。

(11) 可选的拉长时钟功能。

(12) 具单字节缓冲器的 DMA。

(13) 可配置 PEC(packet error checking,信息包错误检测)的产生或校验:发送模式中 PEC 值可以作为最后一个字节传输,用于最后一个接收字节的 PEC 错误校验。

(14) 兼容 SMBus 2.0:25 ms 时钟低超时延时,10 ms 主设备累积时钟低扩展时间,

25 ms从设备累积时钟低扩展时间，带 ACK 控制的硬件 PEC 产生/校验，支持地址分辨协议(ARP)。

(15) 兼容 PMBus。

5.11.3　I2C 功能描述

I2C 模块接收和发送数据，并将数据从串行转换成并行，或并行转换成串行。可以开启或禁止中断。接口通过数据引脚(SDA)和时钟引脚(SCL)连接到 I2C 总线。允许连接到标准(高达 100kHz)或快速(高达 400kHz)的 I2C 总线。

1. 模式选择

接口模式可为下述 4 种模式之一。

(1) 从发送器模式；

(2) 从接收器模式；

(3) 主发送器模式；

(4) 主接收器模式。

该模块默认工作于从模式。接口在生成起始条件后自动地从从模式切换到主模式；当仲裁丢失或产生停止信号时，则从主模式切换到从模式。允许多主机功能。

主模式时，I2C 接口启动数据传输并产生时钟信号。串行数据传输总是以起始条件开始并以停止条件结束。起始条件和停止条件都是在主模式下由软件控制产生。

从模式时，I2C 接口能识别它自己的地址(7 位或 10 位)和广播呼叫地址。软件能够控制开启或禁止广播呼叫地址的识别。

数据和地址按 8 位/字节进行传输，高位在前。跟在起始条件后的 1 或 2 个字节是地址(7 位模式为 1 个字节，10 位模式为 2 个字节)。地址只在主模式发送。

在一个字节传输的 8 个时钟后的第 9 个时钟期间，接收器必须回送一个应答位(ACK)给发送器，参见 I2C 总线协议图 5-142。软件可以开启或禁止应答(ACK)，并可以设置 I2C 接口的地址(7 位、10 位地址或广播呼叫地址)。

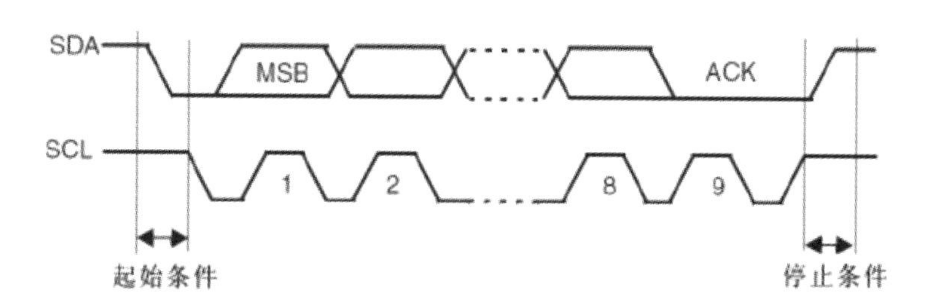

图 5-142　I2C 总线协议

2. I2C 的功能

I2C 的功能框图如图 5-143 所示。

注：在 SMBus 模式下，SMBALERT 是可选信号。如果禁止了 SMBus，则不能使用该信号。

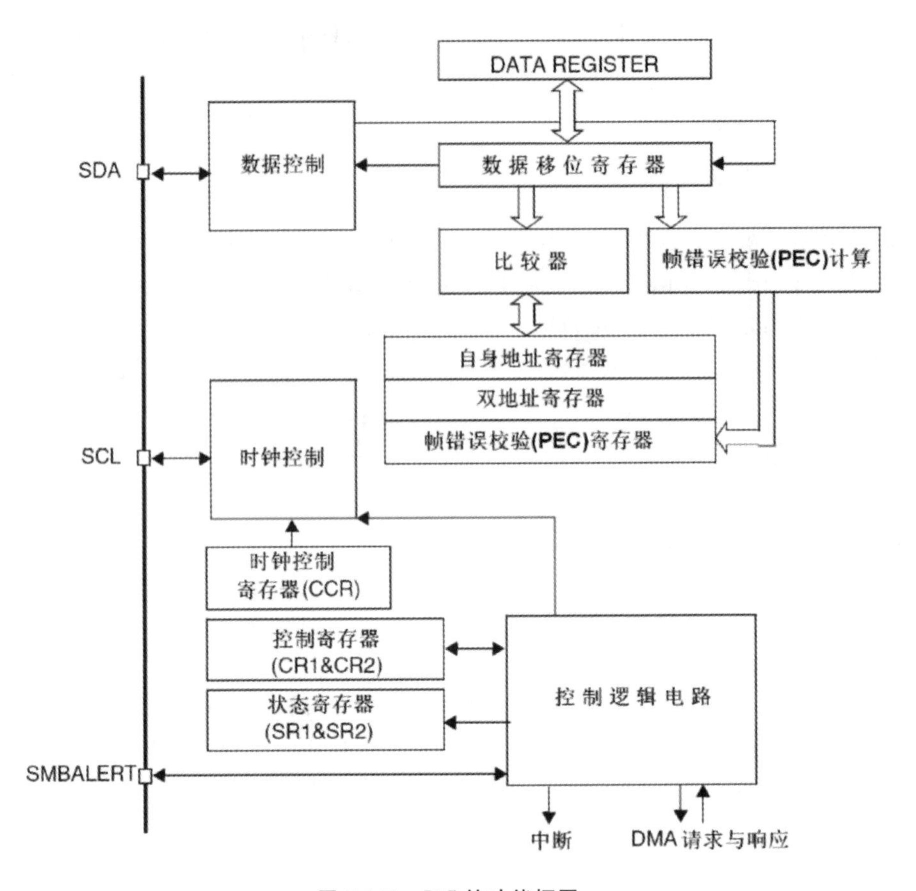

图 5-143 I2C 的功能框图

3. I2C **从模式**

1）从模式

默认情况下，I2C 接口总是工作在从模式。从从模式切换到主模式，需要产生一个起始条件。为了产生正确的时序，必须在 I2C_CR2 寄存器中设定该模块的输入时钟。输入时钟的频率必须至少是 2 MHz(标准模式)、4 MHz(快速模式)。

一旦检测到起始条件，在 SDA 线上接收到的地址被送到移位寄存器。然后与芯片自己的地址 OAR1 和 OAR2(当 ENDUAL＝1）或者广播呼叫地址(如果 ENGC＝1）相比较。地址不匹配，I2C 接口将其忽略并等待另一个起始条件。地址匹配，I2C 接口产生以下时序：

①如果 ACK 被置“1”，则产生一个应答脉冲；

②硬件设置 ADDR 位，如果设置了 ITEVFEN 位，则产生一个中断；

③如果 ENDUAL＝1，软件必须读 DUALF 位，以确认响应了哪个从地址；

④在从模式下 TRA 位指示当前是处于接收器模式还是发送器模式。

2）从发送器

在接收到地址和清除 ADDR 位后，从发送器将字节从 DR 寄存器经由内部移位寄存器发送到 SDA 线上。

从设备保持 SCL 为低电平，直到 ADDR 位被清除并且待发送数据已写入 DR 寄存器，如图 5-144 中的 EV1 和 EV3。

当收到应答脉冲时：

①TxE 位被硬件置位，如果设置了 ITEVFEN 和 ITBUFEN 位，则产生一个中断。

②如果 TxE 位被置位，但在下一个数据发送结束之前没有新数据写入到 I2C_DR 寄存器，则 BTF 位被置位，在清除 BTF 之前 I2C 接口将保持 SCL 为低电平；读出 I2C_SR1 之后再写入 I2C_DR 寄存器将清除 BTF 位。

从发送器的传送序列如图 5-144 所示。

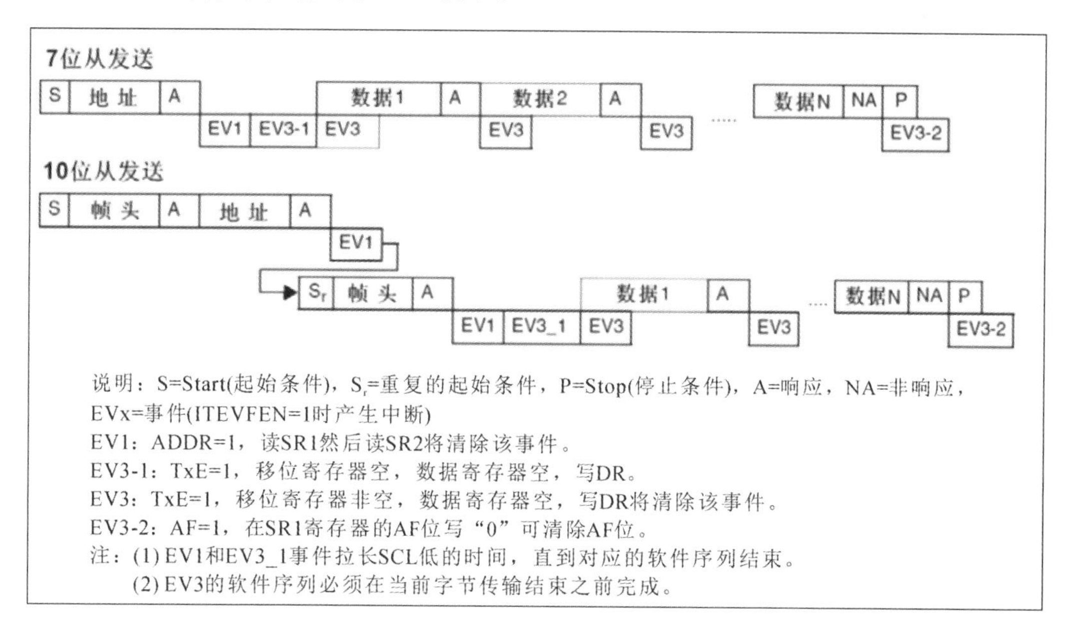

图 5-144 从发送器的传送序列

I2Cx Event(事件)在库函数程序文件 stm32f10x_i2c.c 中的 I2C_CheckEvent 函数里定义如下：

```
*                    This parameter can be one of the following values:
*                      - I2C_EVENT_SLAVE_ADDRESS_MATCHED     :EV1
*                      - I2C_EVENT_SLAVE_BYTE_RECEIVED       :EV2
*                      - I2C_EVENT_SLAVE_BYTE_TRANSMITTED    :EV3
*                      - I2C_EVENT_SLAVE_ACK_FAILURE         :EV3-2
*                      - I2C_EVENT_MASTER_MODE_SELECT        :EV5
*                      - I2C_EVENT_MASTER_MODE_SELECTED      :EV6
*                      - I2C_EVENT_MASTER_BYTE_RECEIVED      :EV7
*                      - I2C_EVENT_MASTER_BYTE_TRANSMITTED   :EV8
*                      - I2C_EVENT_MASTER_MODE_ADDRESS10     :EV9
*                      - I2C_EVENT_SLAVE_STOP_DETECTED       :EV4
```

3）从接收器

在接收到地址并清除 ADDR 后，从接收器将通过内部移位寄存器从 SDA 线接收到的字节存进 DR 寄存器。I2C 接口在接收到每个字节后都执行下列操作：

①如果设置了 ACK 位，则产生一个应答脉冲。

②硬件设置 RxNE=1。如果设置了 ITEVFEN 和 ITBUFEN 位，则产生一个中断。

③如果 RxNE 被置位，并且在接收新的数据结束之前 DR 寄存器未被读出，BTF 位被置位，在清除 BTF 之前 I2C 接口将保持 SCL 为低电平；读出 I2C_SR1 之后再写入 I2C_DR 寄存器将清除 BTF 位，详见从接收器的传送序列图 5-145。

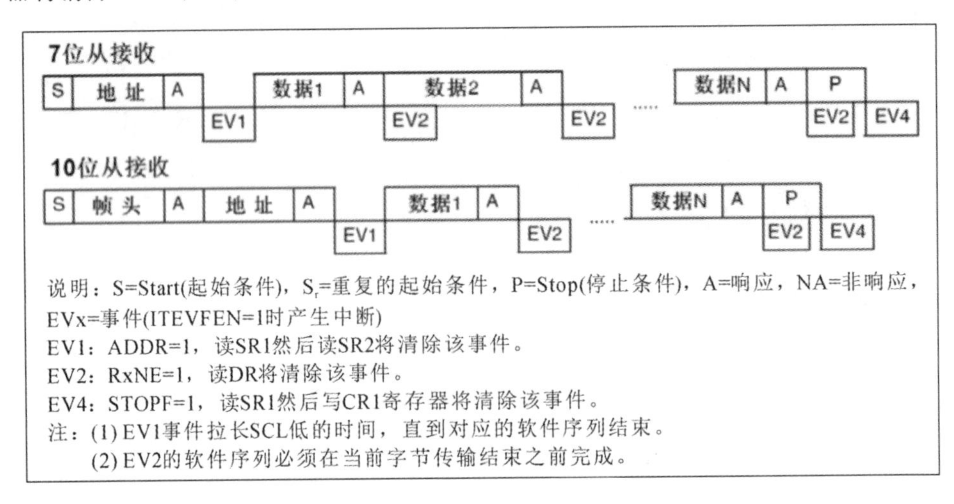

图 5-145　从接收器的传送序列

4）关闭从通信

在传输完最后一个数据字节后，主设备产生一个停止条件，I2C 接口检测到这一条件时，设置 STOPF=1，如果设置了 ITEVFEN 位，则产生一个中断。然后 I2C 接口等待读 SR1 寄存器，再写 CR1 寄存器(见图 5-145 的 EV4)。

4. I2C 主模式

1）主模式

在主模式时，I2C 接口启动数据传输并产生时钟信号。串行数据传输总是以起始条件开始并以停止条件结束。当通过 START 位在总线上产生了起始条件，设备就进入了主模式。

以下是主模式所要求的操作顺序：

①在 I2C_CR2 寄存器中设定该模块的输入时钟以产生正确的时序；

②配置时钟控制寄存器；

③配置上升时间寄存器；

④编程 I2C_CR1 寄存器启动外设；

⑤置 I2C_CR1 寄存器中的 START 位为 1，产生起始条件。

2）起始条件

当 BUSY=0 时，设置 START=1，I2C 接口将产生一个开始条件并切换至主模式(M/SL 位置位)。

注意：在主模式下，设置 START 位将在当前字节传输完后由硬件产生一个重开始条件。

一旦发出开始条件，SB位被硬件置位，如果设置了ITEVFEN位，则会产生一个中断。然后主设备等待读SR1寄存器，紧跟着将从地址写入DR寄存器（见图5-146和图5-147的EV5）。

3）从地址的发送

从地址通过内部移位寄存器被送到SDA线上。

在7位地址模式时，只需送出一个地址字节。一旦该地址字节被送出，ADDR位被硬件置位，如果设置了ITEVFEN位，则产生一个中断。

随后主设备等待一次读SR1寄存器，跟着读SR2寄存器（见图5-146和图5-147）。根据送出从地址的最低位，主设备决定进入发送器模式还是进入接收器模式。

在7位地址模式时，要进入发送器模式，主设备发送从地址时置最低位为“0”。要进入接收器模式，主设备发送从地址时置最低位为“1”。

4）主发送器

在发送了地址和清除了ADDR位后，主设备通过内部移位寄存器将字节从DR寄存器发送到SDA线上。

主设备等待，直到TxE被清除（见图5-146的EV8）。

当收到应答脉冲时，TxE位被硬件置位，如果设置了INEVFEN和ITBUFEN位，则产生一个中断。如果TxE被置位并且在上一次数据发送结束之前没有写新的数据字节到DR寄存器，则BTF被硬件置位，在清除BTF之前I2C接口将保持SCL为低电平；读出I2C_SR1之后再写入I2C_DR寄存器将清除BTF位。

主发送器传送序列如图5-146所示。

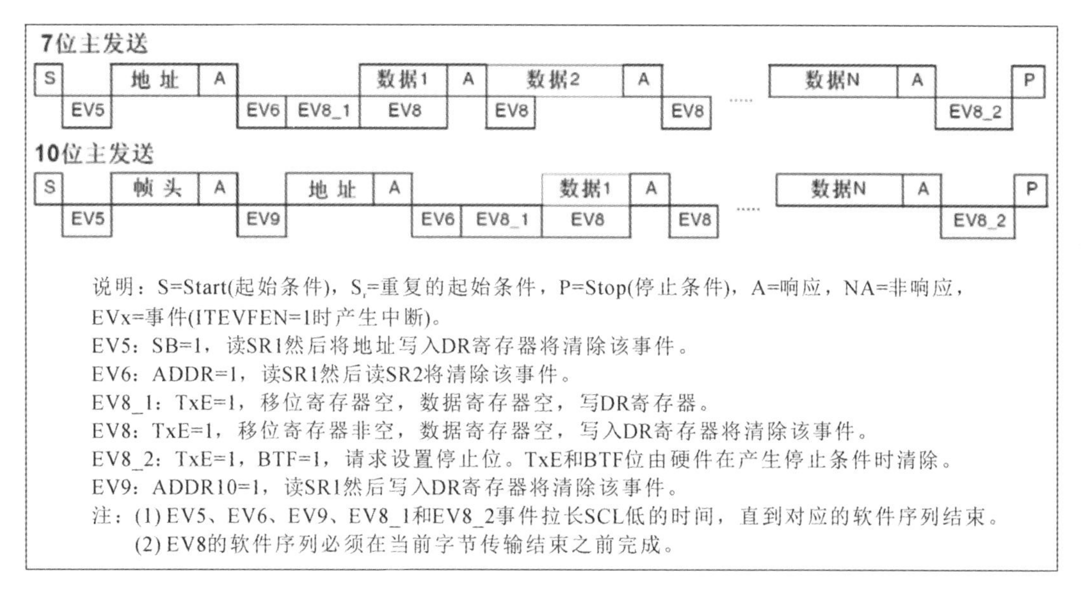

图5-146 主发送器的传送序列

5）设置停止位

在DR寄存器中写入最后一个字节后，通过设置停止位产生一个停止条件（见图5-146

的 EV8_2)，然后 I2C 接口将自动回到从模式(M/S 位清除)。

注：当 TxE 或 BTF 位置位时，停止条件应安排在出现 EV8_2 事件时。

6）主接收器

在发送地址和清除 ADDR 之后，I2C 接口进入主接收器模式。在此模式下，I2C 接口从 SDA 线接收数据字节，并通过内部移位寄存器送至 DR 寄存器。在每个字节后，I2C 接口依次执行以下操作：

①如果 ACK 位被置位，发出一个应答脉冲；

②硬件设置 RxNE=1，如果设置了 INEVFEN 和 ITBUFEN 位，则会产生一个中断，如图 5-147 的 EV7；

③如果 RxNE 位被置位，并且在接收新数据结束前，DR 寄存器中的数据没有被读走，硬件将设置 BTF=1，在清除 BTF 之前 I2C 接口将保持 SCL 为低电平；读出 I2C_SR1 之后再读出 I2C_DR 寄存器将清除 BTF 位。

主接收器传送序列如图 5-147 所示。

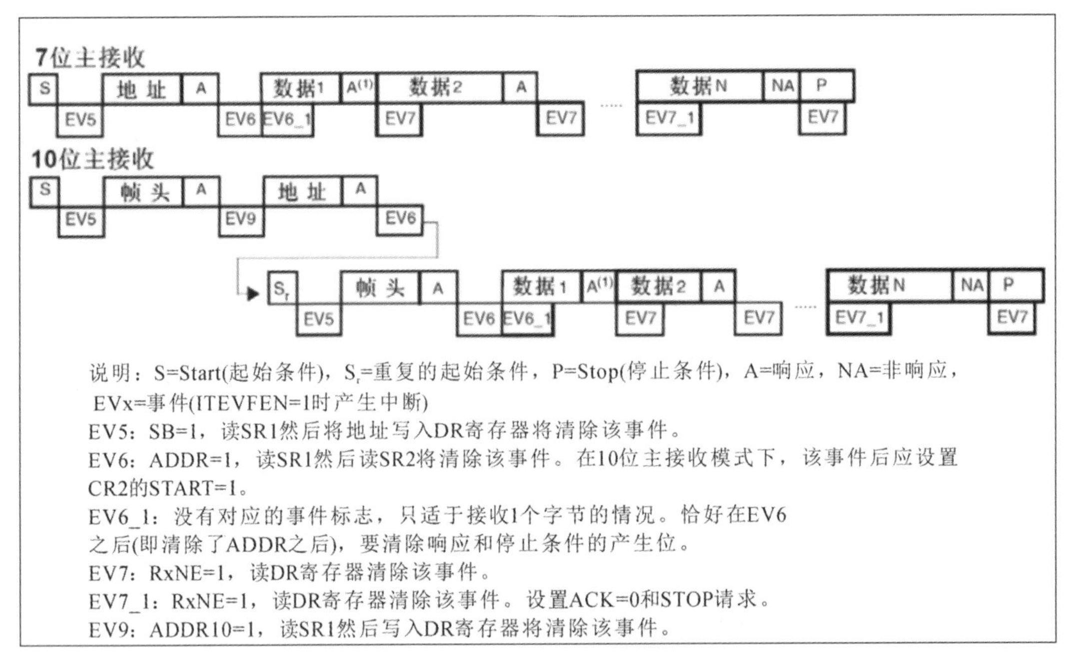

图 5-147 主接收器的传送序列

7）关闭通信

主设备在从从设备接收到最后一个字节后发送一个 NACK。接收到 NACK 后，从设备释放对'SCL 和 SDA 线的控制；主设备就可以发送一个停止/重起始条件。

为了在收到最后一个字节后产生一个 NACK 脉冲，在读倒数第二个数据字节之后(在倒数第二个 RxNE 事件之后)必须清除 ACK 位。

为了产生一个停止/重起始条件，软件必须在读倒数第二个数据字节之后(在倒数第二个 RxNE 事件之后)设置 STOP/START 位。

只接收一个字节时，刚好在 EV6 之后(EV6_1 时，清除 ADDR 之后)要关闭应答和停止条件的产生位。

在产生了停止条件后，I2C接口自动回到从模式(M/SL位被清除)。

5. 错误条件

以下条件可能造成通信失败：

(1) 总线错误(BERR)。

在一个地址或数据字节传输期间，当I2C接口检测到一个外部的停止或起始条件则产生总线错误。

(2) 应答错误(AF)。

当接口检测到一个无应答位时，产生应答错误。

(3) 仲裁丢失(ARLO)。

当I2C接口检测到仲裁丢失时产生仲裁丢失错误，

(4) 过载/欠载错误(OVR)。

在从模式下，如果禁止时钟延长，I2C接口正在接收数据时，当它已经接收到一个字节(RxNE=1)，但在DR寄存器中前一个字节数据还没有被读出，则发生过载错误。

6. SDA/SCL线控制

(1) 如果允许时钟延长。

发送器模式：如果TxE=1且BTF=1：I2C接口在传输前保持时钟线为低，以等待软件读取SR1，然后把数据写进数据寄存器(缓冲器和移位寄存器都是空的)。

接收器模式：如果RxNE=1且BTF=1：I2C接口在接收到数据字节后保持时钟线为低，以等待软件读取SR1，然后读数据寄存器DR(缓冲器和移位寄存器都是满的)。

(2) 如果在从模式中禁止时钟延长。

如果RxNE=1，在接收到下个字节前DR还没有被读出，则发生过载错。接收到的最后一个字节丢失。

如果TxE=1，在必须发送下个字节之前却没有新数据写进DR，则发生欠载错。相同的字节将被重复发出。

不控制重复写冲突。

7. SMBus

系统管理总线(SMBus)是一个双线接口。通过它，各设备之间以及设备与系统的其他部分之间可以互相通信。它基于I2C操作原理。SMBus为系统和电源管理相关的任务提供一条控制总线。一个系统利用SMBus可以和多个设备互传信息，而不需要使用独立的控制线路。

SMBus标准涉及三类设备。从设备：接收或响应命令的设备。主设备：用来发送命令、产生时钟和终止发送的设备。主机：一种专用的主设备，它提供系统CPU的主接口。主机必须具有主-从机功能并且支持SMBus提醒协议。一个系统里只允许有一个主机。

8. DMA请求

DMA请求(当被使能时)仅用于数据传输。发送时数据寄存器变空或接收时数据寄存器变满，则产生DMA请求。DMA请求必须在当前字节传输结束之前被响应。当为相应

DMA 通道设置的数据传输量已经完成时，DMA 控制器发送传输结束信号 ETO 到 I2C 接口，并且在中断允许时产生一个传输完成中断。

9. 包错误校验(PEC)

包错误校验可用于提高通信的可靠性。

5.11.4 I2C 中断请求

表 5-29 列出了所有的 I2C 中断请求。

表 5-29 I2C 中断请求

中断事件	事件标志	开启控制位
起始位已发送(主)	SB	ITEVFEN
地址已发送(主)或 地址匹配(从)	ADDR	
10 位头段已发送(主)	ADD10	
已收到停止(从)	STOPF	
数据字节传输完成	BTF	
接收缓冲区非空	RxNE	ITEVFEN 和 ITBUFEN
发送缓冲区空	TxE	
总线错误	BERR	ITERREN
仲裁丢失(主)	ARLO	
响应失败	AF	
过载/欠载	OVR	
PEC 错误	PECERR	
超时/Tlow 错误	TIMEOUT	
SMBus 提醒	SMBALERT	

5.11.5 I2C 调试模式

当微控制器进入调试模式(Cortex－M3 核心处于停止状态)时，根据 DBG 模块中的 DBG_I2Cx_SMBUS_TIMEOUT 配置位，SMBUS 超时控制或者继续正常工作或者可以停止。

5.11.6 I2C 寄存器结构

I2C 寄存器结构体 I2C_TypeDef，在文件“stm32f10x_map. h”中定义如下：

```
typedef struct
{
vu16 CR1;
u16 RESERVED0;
```

```
vu16 CR2;
u16 RESERVED1;
vu16 OAR1;
u16 RESERVED2;
vu16 OAR2;
u16 RESERVED3;
vu16 DR;
u16 RESERVED4;
vu16 SR1;
u16 RESERVED5;
vu16 SR2;
u16 RESERVED6;
vu16 CCR;
u16 RESERVED7;
vu16 TRISE;
u16 RESERVED8;
} I2C_TypeDef;
```

I2C寄存器见表5-30。

表5-30　I2C寄存器

寄存器	描述
CR1	I2C控制寄存器1
CR2	I2C控制寄存器2
OAR1	I2C自身地址寄存器1
OAR2	I2C自身地址寄存器2
DR	I2C数据寄存器
SR1	I2C状态寄存器1
SR2	I2C状态寄存器2
CCR	I2C时钟控制寄存器
TRISE	I2C上升时间寄存器

5.11.7　I2C库函数

表5-31列出了I2C库函数。

表5-31　I2C库函数

函数名	描述
I2C_DeInit	将外设I2Cx寄存器重设为缺省值
I2C_Init	根据I2C_InitStruct中指定的参数初始化外设I2Cx寄存器
I2C_StructInit	把I2C_InitStruct中的每一个参数按缺省值填入

续表

函数名	描述
I2C_Cmd	使能或者失能 I2C 外设
I2C_DMACmd	使能或者失能指定 I2C 的 DMA 请求
I2C_DMALastTransferCmd	使下一次 DMA 传输为最后一次传输
I2C_GenerateSTART	产生 I2Cx 传输 START 条件
I2C_GenerateSTOP	产生 I2Cx 传输 STOP 条件
I2C_AcknowledgeConfig	使能或者失能指定 I2C 的应答功能
I2C_OwnAddress2Config	设置指定 I2C 的自身地址 2
I2C_DualAddressCmd	使能或者失能指定 I2C 的双地址模式
I2C_GeneralCallCmd	使能或者失能指定 I2C 的广播呼叫功能
I2C_ITConfig	使能或者失能指定的 I2C 中断
I2C_SendData	通过外设 I2Cx 发送一个数据
I2C_ReceiveData	返回通过 I2Cx 最近接收的数据
I2C_Send7bitAddress	向指定的从 I2C 设备传送地址字
I2C_ReadRegister	读取指定的 I2C 寄存器并返回其值
I2C_SoftwareResetCmd	使能或者失能指定 I2C 的软件复位
I2C_SMBusAlertConfig	驱动指定 I2Cx 的 SMBusAlert 管脚电平为高或低
I2C_TransmitPEC	使能或者失能指定 I2C 的 PEC 传输
I2C_PECPositionConfig	选择指定 I2C 的 PEC 位置
I2C_CalculatePEC	使能或者失能指定 I2C 的传输字 PEC 值计算
I2C_GetPEC	返回指定 I2C 的 PEC 值
I2C_ARPCmd	使能或者失能指定 I2C 的 ARP
I2C_StretchClockCmd	使能或者失能指定 I2C 的时钟延展
I2C_FastModeDutyCycleConfig	选择指定 I2C 的快速模式占空比
I2C_GetLastEvent	返回最近一次 I2C 事件
I2C_CheckEvent	检查最近一次 I2C 事件是不是输入的事件
I2C_GetFlagStatus	检查指定的 I2C 标志位设置与否
I2C_ClearFlag	清除 I2Cx 的待处理标志位
I2C_GetITStatus	检查指定的 I2C 中断发生与否
I2C_ClearITPendingBit	清除 I2Cx 的中断待处理位

5.11.8　I2C编程应用(实验5-20)

1. I2C EEPROM存储器24C系列概述

24C系列EEPROM(electrically erasable and programmable read-only memory,电可擦可编程只读存储器),是一种掉电后数据不丢失(非易失性)的存储器。

1) 存储器的容量和缓冲器

24C01/02/04/08/16/32/64/128是一个1K/2K/4K/8K/16K/32K/64K/128K位串行CMOS EEPROM,内部含有128/256/512/1024/2048/4096/8192/16384个字节(每字节为8位),24C01/02有一个8字节页写缓冲器,24C04/08/16有一个16字节页写缓冲器,24C32/64有一个32字节页写缓冲器,24C128有一个64字节页写缓冲器。

在用页写时,24C01/02可一次写入8个字节数据到缓冲区,24C04/08/16可以一次写入16个字节的数据,24C32/64最多可以写入32个字节数据,单个写周期内24C128最多可以写入64个字节数据。超过缓冲区容量的字节数据,地址计数器将自动翻转回去,先前写入的数据被覆盖。主器件发送的停止信号后,会启动内部写周期,在一个写周期内将数据写到数据区。

连续读时从24C01/02/04/08/16/32/64/128输出的数据按顺序由N到N+1输出。读操作时地址计数器在24C01/02/04/08/16/32/64/128整个地址内增加,这样整个寄存器区域可在一个读操作内全部读出。当读取的字节超过E(对于24C01,E=127;对于24C02,E=255;对于24C04,E=511;对于24C08,E=1023;对于24C16,E=2047;对于24C32,E=4095;对于24C64,E=8191;对于24C128,E=16383)计数器将翻转到零并继续输出数据字节。

2) 存储器的引脚及寻址

24C系列EEPROM的外部引脚见图5-148,定义见表5-32。

表5-32　24C系列引脚说明

管脚名称	功能
A0、A1、A2	器件地址选择
SDA	串行数据/地址
SCL	串行时钟
WP	写保护
V_{cc}	+1.8V～6.0V工作电压
V_{ss}	地

SCL(serial clock,串行时钟):串行时钟输入引脚用于产生器件所有数据发送或接收的时钟。

SDA(serial data,串行数据):双向串行数据/地址引脚用于器件所有数据的发送或接收,SDA是一个开漏输出引脚。

A0、A1、A2器件地址输入端:这些输入引脚用于多个器件级联时设置器件地址,当这

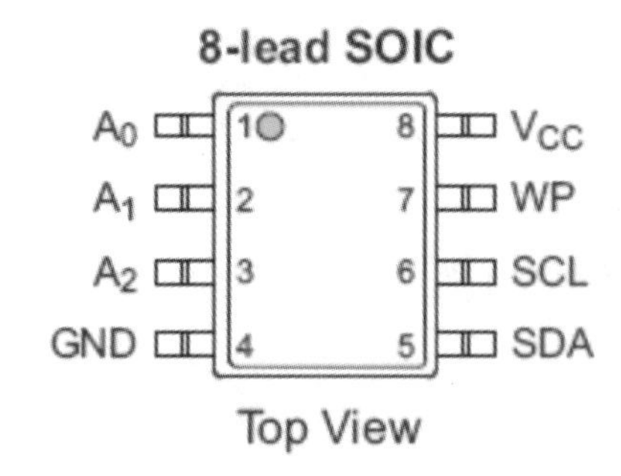

图 5-148　24C 系列引脚

些引脚悬空时默认值为 0(24C01 除外)。

当使用 24C01/02 时最大可级联 8 个器件,如果只有一个 24C02 被总线寻址,这三个地址输入引脚 A0、A1 和 A2 可悬空或连接到 GND。如果只有一个 24C01 被总线寻址,这三个地址输入脚 A0、A1 和 A2 必须连接到 GND。

当使用 24C04 时最多可连接 4 个器件,该器件仅使用 A1 和 A2 地址引脚,A0 引脚未用可以连接到 GND 或悬空。如果只有一个 24C04 被总线寻址 A1 和 A2 地址引脚可悬空或连接到 GND。

当使用 24C08 时最多可连接 2 个器件,且仅使用地址引脚 A2,A0 和 A1 引脚未用可以连接到 GND 或悬空。如果只有一个 24C08 被总线寻址,A2 引脚可悬空或连接到 GND。

当使用 24C16 时最多只可连接 1 个器件,所有地址引脚 A0、A1 和 A2 都未用,可以连接到 GND 或悬空。

对于 24C32,A0、A1 和 A2 引脚用于选择硬件设备地址,对应于 7 位 I2C 从机地址的第 5、第 6 和第 7 位。这些引脚可以直接连接到 VCC 或 GND,允许同一总线上最多 8 个设备。以 AT24C32 为例,如图 5-149 所示。

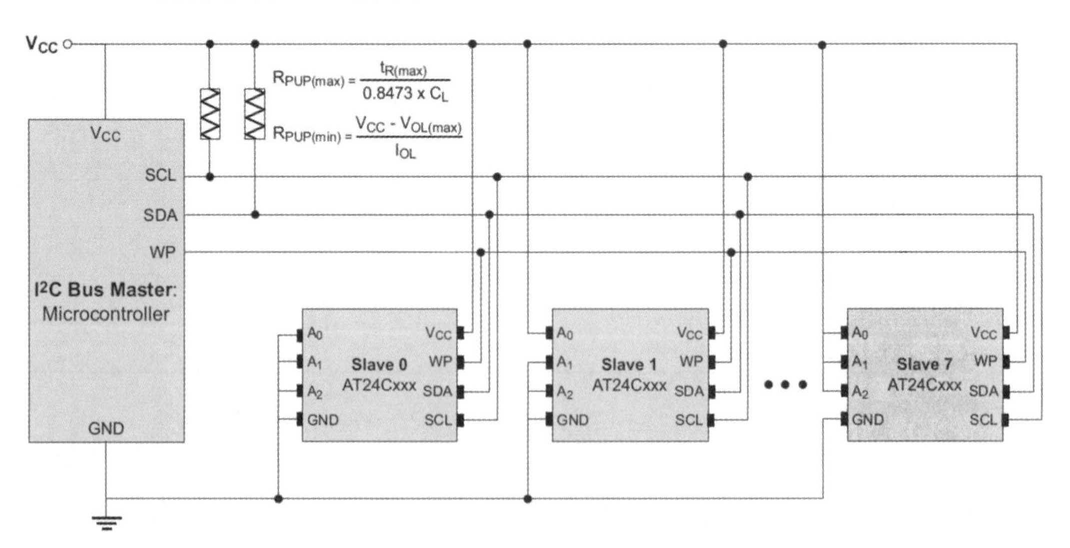

图 5-149　I2C 总线上可以最多连接 8 个 AT24C32

AT24C32的器件地址如图5-150所示，高4位是固定的1010，是器件类别标识，后面的3位A2 A1 A0就是器件从地址。低位R/W则是当表示R/W=0，写操作；R/W=1，读操作。

Package	Device Type Identifier				Hardware Slave Address Bits			Read/Write
	Bit 7	Bit 6	Bit 5	Bit 4	Bit 3	Bit 2	Bit 1	Bit 0
SOIC, TSSOP, UDFN, PDIP, VFBGA	1	0	1	0	A_2	A_1	A_0	$R/\overline{W}$
SOT23, WLCSP	1	0	1	0	0	0	0	$R/\overline{W}$

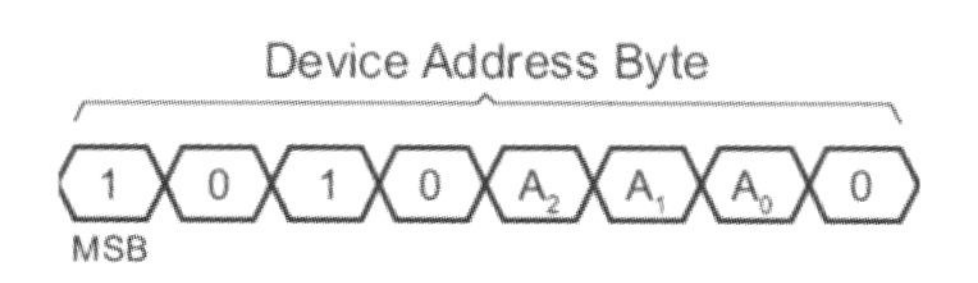

图5-150 AT24C32的器件地址

图5-151是AT24C32读写内部存储地址。AT24C32是32Kbit(4096×8)存储器，共有128页(page)，每页32个字节(byte)，即128×32=4096字节。

AT24C32可以字节写(byte write)，也可以页写(page write)操作，页写操作允许在同一写入周期内写入多达32个字节，前提是所有字节都在内存阵列的同一行(其中地址位A11到A5相同)。

所以，A4、A3、A2、A1、A0表示32个字节(1页内)的字节寻址地址，A11～A5表示128个页的地址。

Bit 7	Bit 6	Bit 5	Bit 4	Bit 3	Bit 2	Bit 1	Bit 0
X	X	X	X	A11	A10	A9	A8

Bit 7	Bit 6	Bit 5	Bit 4	Bit 3	Bit 2	Bit 1	Bit 0
A7	A6	A5	A4	A3	A2	A1	A0

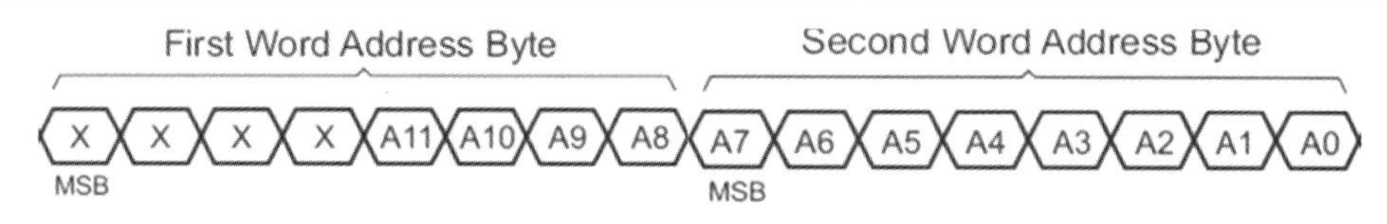

图5-151 AT24C32读写内部存储地址

小结：主机发送一个开始信号，然后发送它所要寻址的24Cxx从机器件地址。7位从机器件地址的高4位固定为1010，接下来的3位A2、A1、A0为从机器件地址位确定哪个从机或者哪个地址的内部存储器单元被主机访问。从机器件地址与发送的从机器件地址相符时，通过SDA线发出应答信号ACK，再根据读写控制位R/W进行读或写操作。

内部存储器地址位数是按照页缓冲器的大小和页数决定的，如24C32：32字节页写缓冲器则地址是 5 位,128 页则地址是 7 位,一共是 12 位。24C01/02/04/08/16 是 8 位地址,24C32/64/128 是 16 位地址。

WP 写保护:如果 WP 连接到 VCC 所有的内容都被写保护只能读,当 WP 连接到 GND 或悬空允许器件进行正常的读/写操作。

STM32 实验板 AS-05 焊接的是 AT24C16EN,AS-07 焊接的是 AT24C02CM,AS-07 V2 焊接的是 AT24C32EM。

2. I2C 存储器 AT24C16 编程应用

这里先详细分析 ST 官方固件库 V2.0.3 的 STM32 硬件 I2C 范例程序,再给出 ST 官方标准外设固件库 V3.5.0、HAL 库(STM32Cube_FW_F1_V1.7.0)的 STM32 硬件 I2C 范例程序,最后也给出采用模拟 I2C 的例子并使用硬件和 Proteus 仿真测试验证。

由于 ST 的硬件 I2C 是兼容飞利浦公司的 I2C 总线规范,故要注意一些问题,网络上有很多相关文章可以参考。STM32 的硬件 I2C 程序目前无法使用 Proteus 仿真。

【实验 5-20】 24C02 读写(固件库 V2.0.3,AS-07,I2C2)。

此示例使用 ST 的 STM32F10x FWLib V2.0.3 固件库(STM32F10x Firmware Library V2.0.3,09/22/2008)的库函数和范例程序 Examples\I2C\M24C08_EEPROM,修改后对 AS-07 上的 AT24C02CM 进行读写操作。

1) 硬件设计

如图 5-152 所示,注意 AS-07 实际焊接的是 AT24C02CM,器件地址是 1010 000x,即写地址是 A0,读地址是 A1。

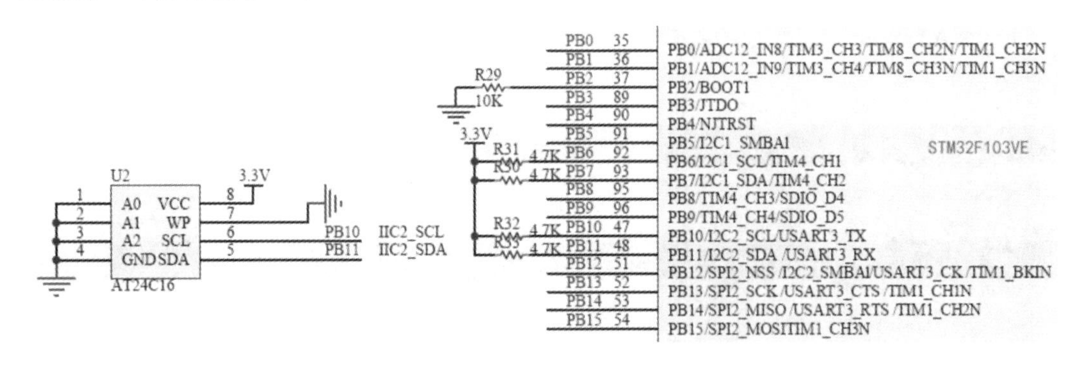

图 5-152 STM32F103VE 控制 24C02 硬件设计

2) 软件设计(编程)

(1) 设计分析。

按照 ST32F10xxx 的参考手册的 I2C 内容(见 5.11.3 小节),编程实现 STM32F103VET6(主机),控制 AT24C02(从机)读写数据。

STM32F103VE 的 I2C 初始化;计算写入 EEPROM 数据的页数和不足页的字节数以及相应的写入地址;发送开始条件并切换至主模式;主设备发送 AT24C02 从地址 A0,进入发送器模式;主发送器在发送了 AT24C02 内部写入地址后将要发送的字节数据发送到 SDA 线上,写入 AT24C02;产生一个停止条件 I2C 回到从模式,关闭通信。

STM32F103VE 发送开始条件并切换至主模式;主设备发送 AT24C02 器件从地址 A0,进入发送器模式；发送 AT24C02 内部读出地址；重发开始条件；主设备发送 AT24C02 器件从地址 A1，进入接收器模式；主发送器转换为主接收器，开始读 AT24C02 数据；关闭通信。

（2）程序源码与分析。

①读写地址，缓存内容、大小等定义。

```
# define EEPROM_WriteAddress1     0x0
# define EEPROM_ReadAddress1      0x0
# define BufferSize1              (countof(Tx1_Buffer)-1)
# define countof(a)(sizeof(a)/ sizeof(* (a)))
u8 Tx1_Buffer[]="STM32F10x I2C Firmware ";
u8 Rx1_Buffer[BufferSize1];
```

②main 函数。

```
int main(void)
{
  RCC_Configuration();
  NVIC_Configuration();
  SysTick_Configuration();
  GPIO_Configuration();
  USART_Configuration();
  printf("\r\nI2C_24C02 读写测试....");
  STM3210E_LCD_Init();
  LCD_Clear(Red);
  Delay(5);/* delay 5 ms * /
  LCD_SetBackColor(White);
LCD_SetTextColor(Black);
LCD_DisplayStringLine(Line0,"");
LCD_DisplayStringLine(Line1," AS-07 experiment   ");
LCD_DisplayStringLine(Line2,"     I2C_24C02       ");
LCD_DisplayStringLine(Line3,"");

I2C_EE_Init();//初始化 I2C EEPROM 驱动

printf("\n\r 开始写入数据:");
LCD_DisplayStringLine(Line4,"write data...          ");
I2C_EE_BufferWrite(Tx1_Buffer,EEPROM_WriteAddress1,BufferSize1);//写入数据
printf("\n\r 写入的数据:% s",Tx1_Buffer);  //显示写入数据 Tx1_Buffer
printf("\n\r 写入的数据成功");
LCD_DisplayStringLine(Line5,Tx1_Buffer);//显示写入数据 Tx1_Buffer

Delay(5);/* delay 5 ms * /
printf("\n\r 开始读出数据:");
LCD_DisplayStringLine(Line7,"read data...          ");
I2C_EE_BufferRead(Rx1_Buffer,EEPROM_ReadAddress1,BufferSize1);//读出数据
```

```
printf("\n\r读出的数据:% s",Rx1_Buffer);//显示读出数据 Rx1_Buffer
LCD_DisplayStringLine(Line8,Rx1_Buffer);//显示读出数据 Rx1_Buffer

TransferStatus1=Buffercmp(Tx1_Buffer,Rx1_Buffer,BufferSize1);//比较写入和读出是
否一致
/* TransferStatus1=PASSED,if the transmitted and received data to/from the EEPROM
are the same * /
if(TransferStatus1)
{
    printf("\n\rPASSED");//显示 PASSED
    LCD_DisplayStringLine(Line9,"       PASSED       ");//显示 PASSED
}
/* TransferStatus1=FAILED,if the transmitted and received data to/from the EEPROM
are different * /
else
{
    printf("\n\rFAILED");//显示 FAILED
    LCD_DisplayStringLine(Line9,"       FAILED       ");//显示 FAILED
}

  /* Wait for EEPROM standby state * /
  I2C_EE_WaitEepromStandbyState();//EEPROM 设为等待状态

  while(1)
  {
  }
}
```

③将写缓存的数据写入 I2C EEPROM 函数 I2C_EE_BufferWrite。

24C01/02 有一个 8 字节页写缓冲器,24C04/08/16 有一个 16 字节页写缓冲器,如果一次写入,超过字节的会回到本页的开始地址处覆盖,因此要跨页写入。

```
void I2C_EE_BufferWrite(u8* pBuffer,u8 WriteAddr,u16 NumByteToWrite)
{
  u8 NumOfPage=0,NumOfSingle=0,Addr=0,count=0;;

  Addr=WriteAddr % I2C_PageSize;//按照页写,计算写入地址
  count=I2C_PageSize-Addr;//按照页写,计算要写入的字节个数
  NumOfPage= NumByteToWrite / I2C_PageSize;//要写入的页数
  NumOfSingle=NumByteToWrite % I2C_PageSize;//不足一页的字节个数

  if(Addr==0)//写入地址是页的开始
  {
    if(NumOfPage==0) //数据小于一页
    {
```

```
      I2C_EE_PageWrite(pBuffer,WriteAddr,NumOfSingle);//写少于一页的数据
      I2C_EE_WaitEepromStandbyState();//EEPROM 设为等待状态
      }
    else  //数据大于等于一页
    {
      while(NumOfPage--)//要写入的页数
      {
        I2C_EE_PageWrite(pBuffer,WriteAddr,I2C_PageSize);//写一页的数据
        I2C_EE_WaitEepromStandbyState();//EEPROM 设为等待状态
        WriteAddr+=  I2C_PageSize;
        pBuffer+=I2C_PageSize;
      }
      if(NumOfSingle!=0)//剩余数据小于一页
      {
        I2C_EE_PageWrite(pBuffer,WriteAddr,NumOfSingle);//写少于一页的数据
        I2C_EE_WaitEepromStandbyState();//EEPROM 设为等待状态
      }
    }
  }
  else  //写入地址不是页的开始
  {
    if(NumOfPage==0)//数据小于一页
    {
      I2C_EE_PageWrite(pBuffer,WriteAddr,NumOfSingle);//写少于一页的数据
      I2C_EE_WaitEepromStandbyState();//EEPROM 设为等待状态
    }
    else//数据大于等于一页
    {
      NumByteToWrite-=count;//重新计算要写入的页数
      NumOfPage=  NumByteToWrite / I2C_PageSize;//重新计算不足一页的个数
      NumOfSingle=NumByteToWrite % I2C_PageSize;

      if(count !=0)
      {
        I2C_EE_PageWrite(pBuffer,WriteAddr,count);//写一页
        I2C_EE_WaitEepromStandbyState();//EEPROM 设为待命状态
        WriteAddr+=count;
        pBuffer+=count;
      }

      while(NumOfPage--)//要写入的页数
      {
        I2C_EE_PageWrite(pBuffer,WriteAddr,I2C_PageSize);//写一页
        I2C_EE_WaitEepromStandbyState();//EEPROM 设为待命状态
```

```
          WriteAddr+=  I2C_PageSize;
          pBuffer+=I2C_PageSize;
        }
        if(NumOfSingle !=0)
        {
          I2C_EE_PageWrite(pBuffer,WriteAddr,NumOfSingle);//写少于一页的数据
          I2C_EE_WaitEepromStandbyState();//EEPROM 设为待命状态
        }
      }
    }
  }
```

④页写函数 I2C_EE_PageWrite。

在 EEPROM 的一个写循环中可以写多个字节,但一次写入的字节数不能超过 EEPROM 页的大小。AT24C02 每页有 8 个字节。

```
void I2C_EE_PageWrite(u8*  pBuffer,u8 WriteAddr,u8 NumByteToWrite)
{
/* ● 在主模式时,I2C 接口启动数据传输并产生时钟信号。
串行数据传输总是以起始条件开始并以停止条件结束。
当通过 START 位在总线上产生了起始条件,设备就进入了主模式。* /

/* * * * * * * * * * * ● 1.开始条件并切换至主模式* * * * * * * * * * * * * * * *
● 1.起始条件
当 BUSY=0 时,设置 START=1,I2C 接口将产生一个开始条件并切换至主模式(M/SL 位置位)。
(注:在主模式下,设置 START 位将在当前字节传输完后由硬件产生一个重开始条件。)* /
/*  While the bus is busy * /  //等待总线不忙
  while(I2C_GetFlagStatus(I2C2,I2C_FLAG_BUSY));

  /*  Send START condition * /  //发送开始条件
  I2C_GenerateSTART(I2C2,ENABLE);

/* 一旦发出开始条件:SB 位被硬件置位,如果设置了 ITEVFEN 位,则会产生一个中断。
然后主设备等待读 SR1 寄存器,紧跟着将从地址写入 DR 寄存器(见主发送器和主接收器的传送
序列图的 EV5)。* /
  /*  Test on EV5 and clear it * /  //测试 EV5 事件:SB=1,读 SR1 然后将地址写入 DR 寄存
器将清除该事件。切换至主模式。
  while(! I2C_CheckEvent(I2C2,I2C_EVENT_MASTER_MODE_SELECT));

/* * * * * * * * * * * ● 2.主设备发送 EEPROM 从地址,进入发送器模式   * * * * * * * * *
● 2.从地址的发送
从地址通过内部移位寄存器被送到 SDA 线上。
在 7 位地址模式时,只需送出一个地址字节。一旦该地址字节被送出,ADDR 位被硬件置位,如果
设置了 ITEVFEN 位,则产生一个中断。随后主设备等待一次读 SR1 寄存器,跟着读 SR2 寄存器
(见主发送器和主接收器的传送序列图的 EV6)。
```

根据送出从地址的最低位，主设备决定进入发送器模式还是进入接收器模式。
在7位地址模式时，要进入发送器模式，主设备发送从地址时置最低位为“0”。要进入接收器模式，主设备发送从地址时置最低位为“1”。* /

```
/*  Send EEPROM address for write * ///发送器件地址 EEPROM_ADDRESS=A0。在7位地址模式时，要进入发送器模式，主设备发送从地址时置最低位为“0”。
I2C_Send7bitAddress(I2C2,EEPROM_ADDRESS,I2C_Direction_Transmitter);

/*  Test on EV6 and clear it * /  //测试 EV6 事件：ADDR=1，读 SR1 然后读 SR2 将清除该事件。
while(! I2C_CheckEvent(I2C2,I2C_EVENT_MASTER_TRANSMITTER_MODE_SELECTED));
```

/* * ●3.主发送器在发送了 EEPROM 内部写入地址后将要写入的字节数据发送到 SDA 线上*
● 3.主发送器
在发送了地址和清除了 ADDR 位后，主设备通过内部移位寄存器将字节从 DR 寄存器发送到 SDA 线上。主设备等待，直到 TxE 被清除(见主发送器的传送序列图的 EV8)。
当收到应答脉冲时：TxE 位被硬件置位，如果设置了 INEVFEN 和 ITBUFEN 位，则产生一个中断。
如果 TxE 被置位并且在上一次数据发送结束之前没有写新的数据字节到 DR 寄存器，则 BTF 被硬件置位，在清除 BTF 之前 I2C 接口将保持 SCL 为低电平；读出 I2C_SR1 之后再写入 I2C_DR 寄存器将清除 BTF 位。* /

```
/*  Send the EEPROM's internal address to write to * /
I2C_SendData(I2C2,WriteAddr);//发送(写入)一个字节数据到 EEPROM 地址 WriteAddr

/*  Test on EV8 and clear it * /  //测试 EV8 事件：TxE=1，移位寄存器非空，数据寄存器空，写入 DR 寄存器将清除该事件。
while(! I2C_CheckEvent(I2C2,I2C_EVENT_MASTER_BYTE_TRANSMITTED));

/*  While there is data to be written * /
while(NumByteToWrite--)
{
  /*  Send the current byte * /
  I2C_SendData(I2C2,* pBuffer);  //主设备通过内部移位寄存器将字节从 DR 寄存器发送到 SDA 线上。
  /*  Point to the next byte to be written * /
  pBuffer++;

  /*  Test on EV8 and clear it * /
  while(! I2C_CheckEvent(I2C2,I2C_EVENT_MASTER_BYTE_TRANSMITTED));
}
```

/* * * * * * * * ● 4.关闭通信：产生一个停止条件 I2C 回到从模式 * * * * * * * *
● 4.关闭通信
在 DR 寄存器中写入最后一个字节后，通过设置 STOP 位产生一个停止条件(见主发送器的传送序列图的 EV8_2)，然后 I2C 接口将自动回到从模式(M/S 位清除)。

```
注:当 TxE 或 BTF 位置位时,停止条件应安排在出现 EV8_2 事件时。* /
  /*  Send STOP condition * /  //产生一个停止条件。
  I2C_GenerateSTOP(I2C2,ENABLE);
}
```

⑤发送(写入)一个字节数据到 EEPROM 地址 WriteAddr 函数 I2C_SendData。

```
void I2C_SendData(I2C_TypeDef*  I2Cx,u8 Data)
{
  /*  Check the parameters * /  //检测参数
  assert_param(IS_I2C_ALL_PERIPH(I2Cx));

  /*  Write in the DR register the data to be sent * /
  I2Cx→DR=Data;  //写入数据到 I2C 的数据寄存器
}
```

⑥读出数据函数 I2C_EE_BufferRead。

```
void I2C_EE_BufferRead(u8*  pBuffer,u8 ReadAddr,u16 NumByteToRead)
{
/* * * * * * * * * ● 1.开始条件并切换至主模式  * * * * * * * * * * * * * * * *
● 1.起始条件
当 BUSY=0 时,设置 START=1,I2C 接口将产生一个开始条件并切换至主模式(M/SL 位置位)。
(注:在主模式下,设置 START 位将在当前字节传输完后由硬件产生一个重开始条件。)* /
/*  While the bus is busy * /  //等待总线不忙
  while(I2C_GetFlagStatus(I2C2,I2C_FLAG_BUSY));

  /*  Send START condition * /  //发送开始条件
  I2C_GenerateSTART(I2C2,ENABLE);

/* 一旦发出开始条件:SB 位被硬件置位,如果设置了 ITEVFEN 位,则会产生一个中断。
然后主设备等待读 SR1 寄存器,紧跟着将从地址写入 DR 寄存器(见主发送器和主接收器的传送
序列图的 EV5)。* /
  /*  Test on EV5 and clear it * /  //测试 EV5 事件:SB=1,读 SR1 然后将地址写入 DR 寄存
器将清除该事件。切换至主模式。
  while(!I2C_CheckEvent(I2C2,I2C_EVENT_MASTER_MODE_SELECT));

/* * * * * * * * * ● 2.主设备发送 EEPROM 从地址,进入发送器模式  * * * * * * * * *
● 2.从地址的发送
从地址通过内部移位寄存器被送到 SDA 线上。
在 7 位地址模式时,只需送出一个地址字节。
一旦该地址字节被送出,ADDR 位被硬件置位,如果设置了 ITEVFEN 位,则产生一个中断。随后主
设备等待一次读 SR1 寄存器,跟着读 SR2 寄存器(见主发送器和主接收器的传送序列图的 EV6)。
根据送出从地址的最低位,主设备决定进入发送器模式还是进入接收器模式。
在 7 位地址模式时,要进入发送器模式,主设备发送从地址时置最低位为“0”。要进入接收器模
式,主设备发送从地址时置最低位为“1”。* /
```

```
  /*  Send EEPROM address for write * /   //发送器件地址 EEPROM_ADDRESS=A0
  I2C_Send7bitAddress(I2C2,EEPROM_ADDRESS,I2C_Direction_Transmitter);

/* * * * * * * * * * * ● 3.主发送器:发送 EEPROM 内部读出地址* * * * * * * * * *
● 3.主发送器
在发送了地址和清除了 ADDR 位后,主设备通过内部移位寄存器将字节从 DR 寄存器发送到 SDA
线上。主设备等待,直到 TxE 被清除(见主发送器的传送序列图的 EV8)。
当收到应答脉冲时:TxE 位被硬件置位,如果设置了 INEVFEN 和 ITBUFEN 位,则产生一个中断。
如果 TxE 被置位并且在上一次数据发送结束之前没有写新的数据字节到 DR 寄存器,则 BTF 被硬
件置位,在清除 BTF 之前 I2C 接口将保持 SCL 为低电平;
读出 I2C_SR1 之后再写入 I2C_DR 寄存器将清除 BTF 位。* /

  /*  Test on EV6 and clear it * /   //测试 EV6 事件:ADDR=1,读 SR1 然后读 SR2 将清除该事
件。主设备决定进入发送器模式。//测试 EV8_1 事件:TxE=1,移位寄存器空,数据寄存器空,写
DR 寄存器。
  while(!I2C_CheckEvent(I2C2,I2C_EVENT_MASTER_TRANSMITTER_MODE_SELECTED));

  /*  Clear EV6 by setting again the PE bit * /
  I2C_Cmd(I2C2,ENABLE);

  /*  Send the EEPROM's internal address to write to * /
  I2C_SendData(I2C2,ReadAddr);

  /*  Test on EV8 and clear it * /   //测试 EV8 事件:TxE=1,移位寄存器非空,数据寄存器
空,写入 DR 寄存器将清除该事件。
  while(!I2C_CheckEvent(I2C2,I2C_EVENT_MASTER_BYTE_TRANSMITTED));

/* * ●4.在主模式下,设置 START 位将在当前字节传输完后由硬件产生一个重开始条件* *
● 4.起始条件
当 BUSY=0 时,设置 START=1,I2C 接口将产生一个开始条件并切换至主模式(M/SL 位置位)。
(注:在主模式下,设置 START 位将在当前字节传输完后由硬件产生一个重开始条件。)
  /*  Send STRAT condition a second time * /
  I2C_GenerateSTART(I2C2,ENABLE);

/* 一旦发出开始条件:SB 位被硬件置位,如果设置了 ITEVFEN 位,则会产生一个中断。
然后主设备等待读 SR1 寄存器,紧跟着将从地址写入 DR 寄存器(见主发送器和主接收器的传送
序列图的 EV5)。* /
  /*  Test on EV5 and clear it * /   //测试 EV5 事件:SB=1,读 SR1 然后将地址写入 DR 寄存
器将清除该事件。切换至主模式。
  while(!I2C_CheckEvent(I2C2,I2C_EVENT_MASTER_MODE_SELECT));

/* * * * * * * * * ● 5.主设备发送 EEPROM 从地址 A1,进入接收器模式* * * * * * * * *
● 5.从地址的发送
从地址通过内部移位寄存器被送到 SDA 线上。
```

在 7 位地址模式时,只需送出一个地址字节。一旦该地址字节被送出,ADDR 位被硬件置位,如果设置了 ITEVFEN 位,则产生一个中断。随后主设备等待一次读 SR1 寄存器,跟着读 SR2 寄存器(见主发送器和主接收器的传送序列图的 EV6)。
根据送出从地址的最低位,主设备决定进入发送器模式还是进入接收器模式。在 7 位地址模式时,要进入发送器模式,主设备发送从地址时置最低位为'0'。要进入接收器模式,主设备发送从地址时置最低位为'1'。* /

```
  /*  Send EEPROM address for read * /  //发送器件地址 EEPROM_ADDRESS=A0++=A1(自动加 1)。
  I2C_Send7bitAddress(I2C2,EEPROM_ADDRESS,I2C_Direction_Receiver);

  /*  Test on EV6 and clear it * / //测试 EV6 事件:ADDR=1,读 SR1 然后读 SR2 将清除该事件。主设备进入接收器模式。
  while(!I2C_CheckEvent(I2C2,I2C_EVENT_MASTER_RECEIVER_MODE_SELECTED));
```

/* * * * * ● 6.主发送器转换为主接收器,开始读 EEPROM 数据* * * * * * * * * * * *
● 6.主接收器
在发送地址和清除 ADDR 之后,I2C 接口进入主接收器模式。在此模式下,I2C 接口从 SDA 线接收数据字节,并通过内部移位寄存器送至 DR 寄存器。在每个字节后,I2C 接口依次执行以下操作:
如果 ACK 位被置位,发出一个应答脉冲。
硬件设置 RxNE=1,如果设置了 INEVFEN 和 ITBUFEN 位,则会产生一个中断(见主接收器的传送序列图的 EV7)。
如果 RxNE 位被置位,并且在接收新数据结束前,DR 寄存器中的数据没有被读走,硬件将设置 BTF=1,在清除 BTF 之前 I2C 接口将保持 SCL 为低电平;读出 I2C_SR1 之后再读出 I2C_DR 寄存器将清除 BTF 位。* /

```
  /*  While there is data to be read * /
  while(NumByteToRead)
  {
    if(NumByteToRead==1) //读最后 1 个字节
    {
```

/* * * * * * * * * * * * * * ● 7.关闭通信* * * * * * * * * * * * * * * * *
● 7.关闭通信
主设备在从从设备接收到最后一个字节后发送一个 NACK。
接收到 NACK 后,从设备释放对 SCL 和 SDA 线的控制;主设备就可以发送一个停止/重起始条件。
为了在收到最后一个字节后产生一个 NACK 脉冲,在读倒数第二个数据字节之后(在倒数第二个 RxNE 事件之后)必须清除 ACK 位。
为了产生一个停止/重起始条件,软件必须在读倒数第二个数据字节之后(在倒数第二个 RxNE 事件之后)设置 STOP/START 位。
只接收一个字节时,刚好在 EV6 之后(EV6_1 时,清除 ADDR 之后)要关闭应答和停止条件的产生位。
在产生了停止条件后,I2C 接口自动回到从模式(M/SL 位被清除)。* /

```
/*  Disable Acknowledgement * /
      I2C_AcknowledgeConfig(I2C2,DISABLE);//不发 ACK,NA
```

```
        /* Send STOP Condition * /
        I2C_GenerateSTOP(I2C2,ENABLE);//停止
      }

      /* Test on EV7 and clear it * /
      if(I2C_CheckEvent(I2C2,I2C_EVENT_MASTER_BYTE_RECEIVED))  //接收到,RxNE=1,测
试EV7并清除
      {
        /* Read a byte from the EEPROM * /
        * pBuffer=I2C_ReceiveData(I2C2);//接收数据存入缓存

/* Point to the next location where the byte read will be saved * /
        pBuffer++;//缓存自加1

        /* Decrement the read bytes counter * /
        NumByteToRead--;//读数据字节数自减1
      }
    }

    /* Enable Acknowledgement to be ready for another reception * /
    I2C_AcknowledgeConfig(I2C2,ENABLE);//如果接收的是其他信息,则允许ACK
  }
```

⑦初始化I2C EEPROM驱动I2C初始化函数I2C_EE_Init。

```
    /* Configure I2C2 pins:SCL and SDA * /
    GPIO_InitStructure.GPIO_Pin=GPIO_Pin_10 | GPIO_Pin_11;
    GPIO_InitStructure.GPIO_Speed=GPIO_Speed_50 MHz;
    GPIO_InitStructure.GPIO_Mode=GPIO_Mode_AF_OD;//复用开漏输出
    GPIO_Init(GPIOB,&GPIO_InitStructure);

    I2C_InitStructure.I2C_Mode=I2C_Mode_I2C;//I2C模式
    I2C_InitStructure.I2C_DutyCycle=I2C_DutyCycle_2;//占空比
    I2C_InitStructure.I2C_OwnAddress1=I2C2_SLAVE_ADDRESS7;//7位地址
    I2C_InitStructure.I2C_Ack=I2C_Ack_Enable;  //允许ACK
    I2C_InitStructure.I2C_AcknowledgedAddress=I2C_AcknowledgedAddress_7bit;  //
ACK地址
    I2C_InitStructure.I2C_ClockSpeed=I2C_Speed;//时钟频率

    I2C_Cmd(I2C2,ENABLE);//使能I2C
    I2C_Init(I2C2,&I2C_InitStructure);//初始化I2C
```

3)实验过程与现象

实验过程:见上册的4.2节。

实验现象:图5-153所示分别是AS-07实验板的LCD和USART1输出显示的读写

信息。

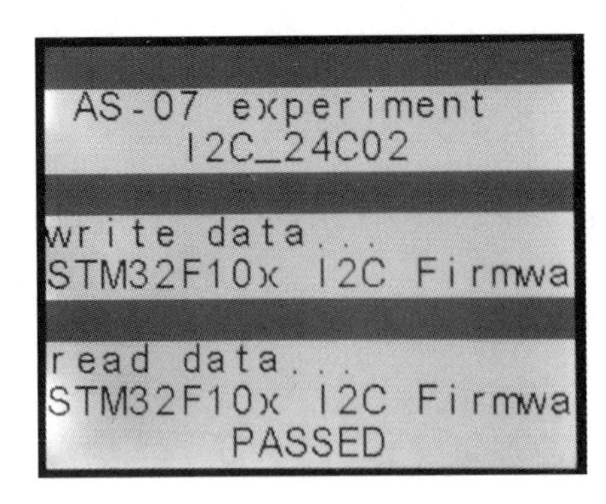

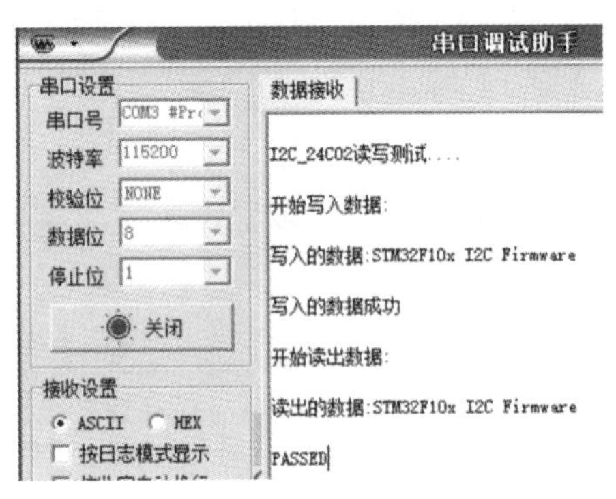

图 5-153　AS-07 实验板的 LCD 和 USART 输出显示的 AT24C02 读写信息

5.11.9　I2C 编程应用(实验 5-21)

【实验 5-21】 24C32 读写(标准外设固件库 V3.5.0,AS-07 V2,I2C2)。

此示例使用 ST 的标准外设固件库 StdPeriph_Lib V3.5.0(STM32F10x Standard Peripherals Firmware Library V3.5.0,11—March—2011)的库函数和范例程序 STM32F10x_StdPeriph_Examples\I2C\EEPROM,修改后对 AS-07 V2 上的 AT24C32 进行读写操作。

1. 硬件设计

如图 5-154 所示,注意 AS-07 V2 实际焊接的是 AT24C32EM,器件地址是 1010 000x,即写地址是 A0,读地址是 A1。

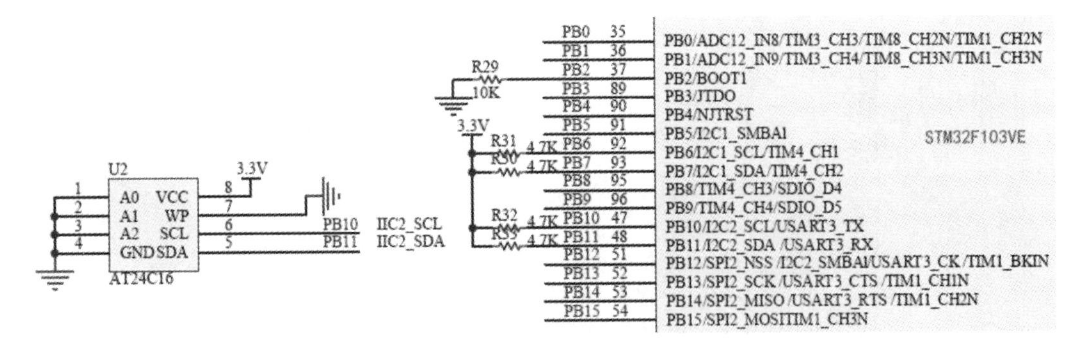

图 5-154　STM32F103VE 控制 24C32 硬件设计

2. 软件设计(编程)

1) 设计分析

见实验 5-20。

2) 程序源码与分析

①写缓存内容。

```
uint8_t Tx1_Buffer[]="/*  STM32F10xx I2C Firmware Library EEPROM driver example:\
                     buffer 1 transfer into address sEE_WRITE_ADDRESS1 * /";
uint8_t Tx2_Buffer[]="/*  STM32F10xx I2C Firmware Library EEPROM driver example:\
```

```
buffer 2 transfer into address sEE_WRITE_ADDRESS2 * /";
```

②将写缓存的数据写入 I2C EEPROM 函数 sEE_WriteBuffer。

V3.5.0 的 sEE_WriteBuffer 与 V2.0.3 的 I2C_EE_BufferWrite 函数相比较，加入了超时控制：

```
/* Wait transfer through DMA to be complete * /  //超时控制
/* 超时定义：
# define sEE_FLAG_TIMEOUT    ((uint32_t)0x1000)
# define sEE_LONG_TIMEOUT    ((uint32_t)(10 * sEE_FLAG_TIMEOUT))
__IO uint32_t  sEETimeout=sEE_LONG_TIMEOUT;
* /
sEETimeout=sEE_LONG_TIMEOUT;
while(sEEDataNum> 0)
{
if((sEETimeout--)==0){sEE_TIMEOUT_UserCallback();return;};//如果超时，LCD 显示超时信息
}
```

③页写函数 sEE_WritePage。

V3.5.0 的 sEE_WritePage 与 V2.0.3 的 I2C_EE_PageWrite 函数相比较，不仅每一步操作加入了超时控制，如：

```
/* ! <Test on EV5 and clear it * /
sEETimeout=sEE_FLAG_TIMEOUT;
while(! I2C_CheckEvent(sEE_I2C,I2C_EVENT_MASTER_MODE_SELECT))
{
  if((sEETimeout--)==0)return sEE_TIMEOUT_UserCallback();
}
```

最后的数据写入操作，使用了 DMA 方式：

```
/* Configure the DMA Tx Channel with the buffer address and the buffer size * /  //配置 DMA Tx 通道
sEE_LowLevel_DMAConfig((uint32_t)pBuffer,(uint8_t)(* NumByteToWrite),sEE_DIRECTION_TX);

/* Enable the DMA Tx Channel * /  //使能并开始 DMA 传输
DMA_Cmd(sEE_I2C_DMA_CHANNEL_TX,ENABLE);
```

相应的，I2C EEPROM 驱动初始化程序中，使能了 DMA：

```
/* Enable the sEE_I2C peripheral DMA requests * /  //使能了 DMA
I2C_DMACmd(sEE_I2C,ENABLE);
```

其他基本与实验 5-20 相同，不再分析。

3. 实验过程与现象

实验过程：见上册的 4.2 节。

实验现象：如图 5-155 所示，分别是 AS-07 V2 实验板的 LCD 显示的读写信息。

图 5-155 AS-07 V2 实验板的 LCD 显示的 AT24C32 读写信息

5.11.10 I2C 编程应用(实验 5-22)

【实验 5-22】 24C32 读写(HAL 库，AS-07 V2，I2C2)。

此示例使用 ST 的 HAL 库(STM32Cube_FW_F1_V1.7.0，STM32CubeF1 Firmware Package V1.7.0，09－October－2018)的库函数 stm32f1xx_hal_i2c 和板级支持包 BSP\STM3210C_EVAL \stm3210c_eval_eeprom 程序，移植到评估板 STM3210E_EVAL 的工程模板 Templates 的 MDK 工程，修改后对 AS-07 V2 上的 AT24C32 进行读写操作。

1. 硬件设计

见实验 5-21。

2. 软件设计(编程)

1）设计分析

见实验 5-20。

2）程序源码与分析

①写缓存 Tx1_Buffer[]内容。

```
uint8_t Tx1_Buffer[]="/*  STM32F10xx I2C Firmware Library EEPROM driver example:\
                       buffer 1 transfer into address sEE_WRITE_ADDRESS1 * /";
```

②main 函数。

```
int main(void)
{
 HAL_Init();
 SystemClock_Config();
 BSP_LED_Init(LED1);
 BSP_COM_Init(COM1,&UartHandle);
 printf("\n\r * * * * * * STM32CubeMX I2C AT24C32 Example* * * * * * * ");
 LCD_IO_Init();
 BSP_LCD_Init();
 BSP_LCD_Clear(LCD_COLOR_RED);
 BSP_LCD_DisplayStringAtLine(0,"STM32CubeMX I2C            ");
```

```
BSP_LCD_DisplayStringAtLine(1,"AT24C32 Example            ");

BSP_EEPROM_SelectDevice(BSP_EEPROM_M24C64_32);//选择 EEPROM 器件 M24C32
BSP_EEPROM_Init();//EEPROM_I2 初始化:BSP_EEP ROM_Init 函数调用 EEPROM_I2C_Init
(),再调用 EEPROM_I2C_IO_Init(),再调用 I2Cx_Init()。

printf("\n\r I2C Write Buffer:");
BSP_LCD_DisplayStringAtLine(3,"I2C Write...             ");
BSP_EEPROM_WriteBuffer(Tx1_Buffer,sEE_WRITE_AD DRESS1,BUFFER_SIZE1);
//BSP_EEPROM_WriteBuffer 函数将写地址分页,页面对齐等,调用以下函数完成实际写操作:
EEPROM_I2C_IO_WriteData(EEPROMAddress,WriteAddr,pBuffer,buffersize)、
I2Cx_WriteBuffer(DevAddress,MemAddress,I2C_MEMADD_SIZE_16BIT,pBuffer,Buffer-
Size)、
HAL_I2C_Mem_Write(&heval_I2c,Addr,(uint16_t)Reg,RegSize,pBuffer,Length,
I2cxTimeout)。
printf("\n % s",Tx1_Buffer);
BSP_LCD_DisplayStringAtLine(4,Tx1_Buffer);

HAL_Delay(5);// tWR(Write Cycle Time),延时,等待写操作完成

printf("\n\r I2C Read Buffer:");
BSP_LCD_DisplayStringAtLine(6,"I2C Read...              ");
BSP_EEPROM_ReadBuffer(Rx1_Buffer,sEE_READ_ADDRESS1,& NumDataRead );
//BSP_EEPROM_ReadBuffer 函数调用以下函数完成实际读操作:
EEPROM_I2C_IO_ReadData(EEPROMAddress,ReadAddr,pBuffer,buffersize)、
I2Cx_ReadBuffer(DevAddress,MemAddress,I2C_MEMADD_SIZE_16BIT,pBuffer,Buffer-
Size)、
HAL_I2C_Mem_Read(&heval_I2c,Addr,(uint16_t)Reg,RegSize,pBuffer,Length,
I2cxTimeout)。
printf("\n % s",Rx1_Buffer);
BSP_LCD_DisplayStringAtLine(7,Rx1_Buffer);

TransferStatus1=Buffercmp(Tx1_Buffer,Rx1_Buffer,BUFFER_SIZE1);
if(TransferStatus1==PASSED)
{
   printf("\n\r AT24C32 Write ang Read Test OK ");
   BSP_LCD_DisplayStringAtLine(9,"Transfer 1 PASSED   ");
}
else
{
   printf("\n\r AT24C32 Write ang Read Failed ");
   BSP_LCD_DisplayStringAtLine(8,"Transfer 1 FAILED   ");
}
```

```
    while(1)
    {
      BSP_LED_Toggle(LED1);
      HAL_Delay(1000);
    }
  }
```

3. 实验过程与现象

实验过程：见上册的 4.2 节。

实验现象：如图 5-156 所示，分别是 AS-07 V2 实验板的 LCD 和 USART1 输出显示的读写信息。

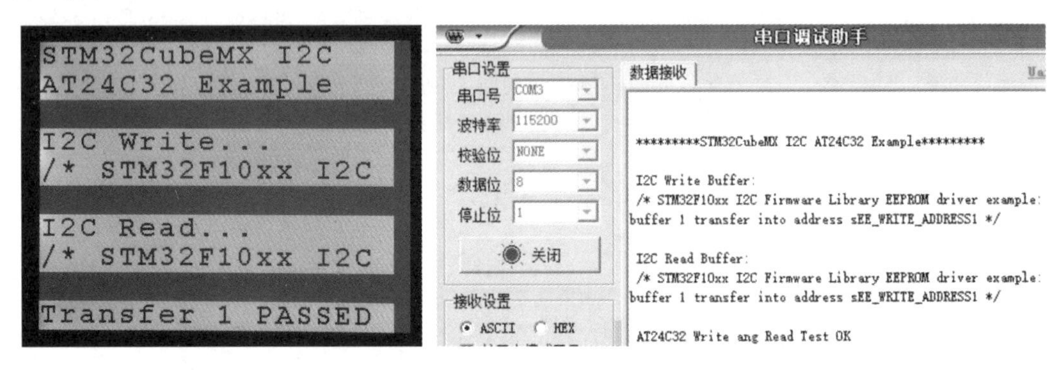

图 5-156　AS-07 V2 实验板的 LCD 和 USART1 输出显示的 AT24C32 读写信息

5.11.11　I2C 总线规范和 I2C EEPROM 及模拟 I2C 总线方式编程

Philips 的 I2C 总线规范有 1.0—1992 、2.0—1998 和 2.1—2000 版本。

1. I2C 总线简述

I2C 总线使用 2 线串行通信，串行数据 SDA 和串行时钟 SCL 线在连接到总线的器件间传递信息。

每个器件都有一个唯一的地址识别，无论是微控制器、LCD 驱动器、存储器等，而且都可以作为一个发送器或接收器。除了发送器和接收器外器件在执行数据传输时也可以被看作是主机或从机(见表 5-33)。主机是初始化总线的数据传输并产生允许传输的时钟信号的器件。此时，任何被寻址的器件都被认为是从机。

表 5-33　I2C 总线术语定义

术语	描述
发送器	发送数据到总线的器件
接收器	从总线接收数据的器件
主机	初始化发送，产生时钟信号和终止发送的器件
从机	被主机寻址的器件
多主机	同时有多于一个主机尝试控制总线，但不破坏报文
仲裁	一个有多个主机同时尝试控制总线，但只允许其中一个主机控制总线并使报文不被破坏的过程
同步	两个或多个器件同步时钟信号的过程

每一个I2C总线器件内部的SDA、SCL引脚输出是开漏的，外部需要接上拉电阻，如图5-157所示。

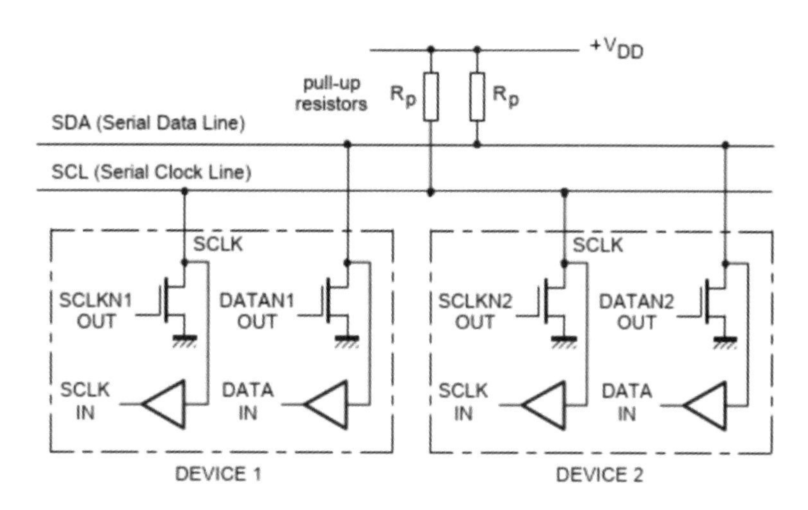

图5-157　I2C器件连接到I2C总线

I2C总线时序如图5-158所示(详见Atmel-8905G－SEEPROM-AT24C32E-Datasheet_122016)。

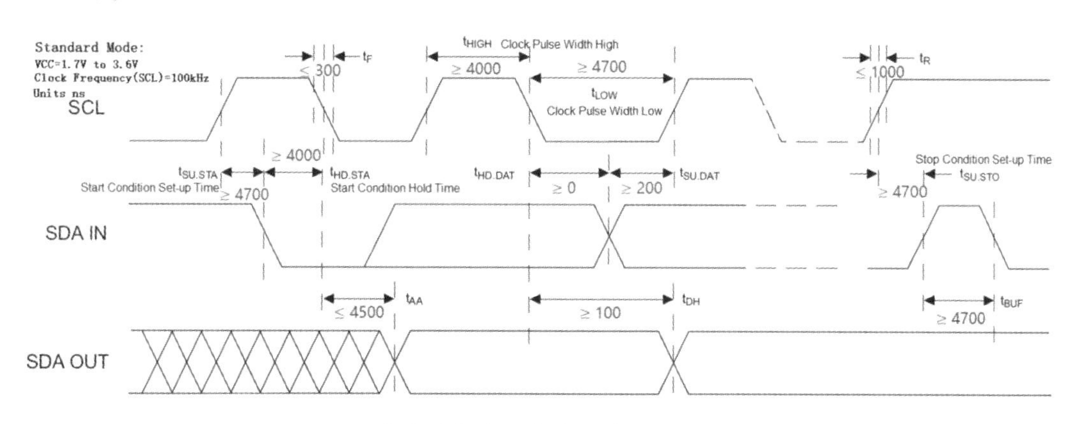

图5-158　I2C总线时序(标准模式时钟100kHz，时间单位ns)

2. 开始和停止条件

时钟和数据电平转换：SDA引脚通常通过上拉电阻拉高。SDA引脚上的数据只能在SCL低电平时间段内改变，在SCL为高电平时间段内改变指示开始或停止条件，如图5-159所示。

开始条件：SCL高电平时，SDA从高到低的转换。

当SCL引脚处于稳定逻辑1状态时，SDA管脚上出现从高到低的转换，并将使设备退出待机模式时，会出现启动条件。主机使用启动条件来启动任何数据传输序列，因此每个命令都必须以启动条件开始。设备将持续监测SDA和SCL的启动状态，但除非检测到一个，否则不会响应。更多详情请参考图5-159。模拟开始条件(也可以称为“起始条件”)编程如下：

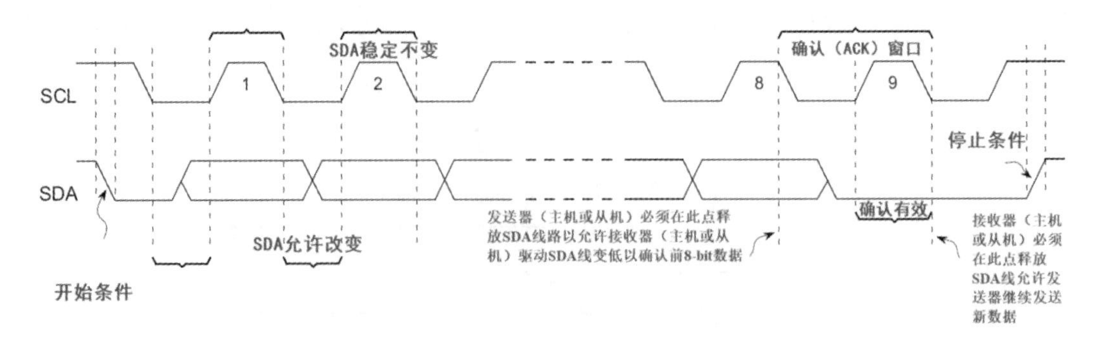

图 5-159　开始条件、数据传送、停止条件和确认

```
/* * * * * * * * * * * * * * * * * * * * * * * * * * * * * * * * * * * * * *
标准 80C51 模拟 I2C 总线程序(主模式)
Copyright(c)2007,广州周立功单片机发展有限公司
All rights reserved.
本程序仅供学习参考,不提供任何可靠性方面的担保;请勿用于商业目的
* * * * * * * * * * * * * * * * * * * * * * * * * * * * * * * * * * * * * * /
/* * * * * * * * * * * * * * * * * * * * * * * * * * * * * * * * * * * * * *
函数:I2C_Delay()
功能:模拟 I2C 总线延时
说明:请根据具体情况调整延时值
* * * * * * * * * * * * * * * * * * * * * * * * * * * * * * * * * * * * * * /
void I2C_Delay()
{
u8 t;//typedef unsigned char  u8;
t=60;
while(--t ! =0 );//延时 2* t个机器周期
}

/* * * * * * * * * * * * * * * * * * * * * * * * * * * * * * * * * * * * * *
函数:I2C_Start()
功能:产生 I2C 总线的起始条件
说明:SCL 处于高电平期间,当 SDA 出现下降沿时启动 I2C 总线
  本函数也用来产生重复起始条件
* * * * * * * * * * * * * * * * * * * * * * * * * * * * * * * * * * * * * * /
void I2C_Start()
{
I2C_SDA_HIGH;//SDA 高
I2C_Delay();

I2C_SCL_HIGH;//SCL 高
I2C_Delay();

I2C_SDA_LOW;//SDA 低,SDA 高→低,启动 I2C 总线
```

```
I2C_Delay();//0.15223737-0.15223231=5.06us>4us

I2C_SCL_LOW;//SCL 低(待写地址/数据)
I2C_Delay();
}
```

停止条件:SCL 高电平时,SDA 从低到高的转换。

当 SCL 引脚在逻辑 1 状态下稳定时,SDA 引脚上出现从低到高的转换时,会出现停止状态。主设备可以使用停止条件以 AT24C32E 结束数据传输序列,AT24C32E 随后将返回待机模式。如果主设备将执行另一个操作,主设备还可以使用重复的启动条件而不是停止条件来结束当前的数据传输。更多详情请参考图 5-159。模拟停止条件编程如下:

```
/* * * * * * * * * * * * * * * * * * * * * * * * * * * * * * * * * * * * * *
函数:I2C_Stop()
功能:产生 I2C 总线的停止条件
说明:SCL 处于高电平期间,当 SDA 出现上升沿时停止 I2C 总线
* * * * * * * * * * * * * * * * * * * * * * * * * * * * * * * * * * * * * * /
void I2C_Stop()
{
unsigned int t;//typedef unsigned char  u8;typedef unsigned short u16;typedef un-
signed long  u32;
I2C_SDA_LOW;
I2C_Delay();
I2C_SCL_HIGH;
I2C_Delay();
I2C_SDA_HIGH;//SDA 低→高
I2C_Delay();//对于某些器件来说,在下一次产生 Start 之前,额外增加一定的延时是必须的
t=15;
while(--t!=0);
}
```

3. 确认和非确认

在接收到每一个数据字节后,接收设备必须向主机通过响应所谓的确认(ACK),它已成功接收数据字节。发送设备首先在第八个时钟周期的下降沿释放 SDA 线,然后在第九个时钟周期的整个高周期内,接收设备以逻辑 0 响应,如图 5-159 所示。

模拟读取和发送 ACK 程序如下:

```
/* * * * * * * * * * * * * * * * * * * * * * * * * * * * * * * * * * * * * *
函数:I2C_GetAck()
功能:读取从机应答位(应答或非应答),用于判断:从机是否成功接收主机数据
返回:
    0:从机应答
    1:从机非应答
```

```
说明:从机在收到每一个字节后都要产生应答位,主机如果收到非应答则应当终止传输
* * * * * * * * * * * * * * * * * * * * * * * * * * * * * * * * * * * * * * /
u8 I2C_GetAck(void)
{
u8 ack;
I2C_SDA_HIGH;//释放 SDA(开漏模式有效)
I2C_Delay();
I2C_SCL_HIGH;//SCL 高(读取应答位)
I2C_Delay();
ack=I2C_SDA_READ;//读 SDA 线
I2C_SCL_LOW;
I2C_Delay();
return ack;
}

/* * * * * * * * * * * * * * * * * * * * * * * * * * * * * * * * * * * * * *
函数:I2C_PutAck()
功能:主机产生应答位(应答或非应答),用于通知从机:主机是否成功接收从机数据
参数:
    ack=0:主机应答
    ack=1:主机非应答
说明:主机在收到每一个字节后都要产生应答,在收到最后一个字节后,应当产生非应答
* * * * * * * * * * * * * * * * * * * * * * * * * * * * * * * * * * * * * * /
void I2C_PutAck(u8 ack)
{
    //I2C_SDA=ack;
    if(ack==0)
    I2C_SDA_LOW;   //应答
    else
    I2C_SDA_HIGH;//非应答
    I2C_Delay();
    I2C_SCL_HIGH;
    I2C_Delay();
    I2C_SCL_LOW;
    I2C_Delay();
}
```

4. 写操作

(1) 主机 Master 在检测到总线为“空闲状态”(即 SDA、SCL 线均为高电平)时,发送一个开始条件 START。

(2) 主机 Master 接着发送一个字节的从机器件写地址 Device Address(1010 xxx R/W,其中 R/W=0),等待从机 Slave 应答 ACK。

(3) 符合地址的从机 Slave 应答 ACK。

(4) 主机Master收到从机Slave的应答ACK后开始发送一个字节的写入地址,等待从机应答ACK。

说明:24C01/02/04/08/16是8位地址,只发送一个字节的数据,如图5-160所示(详见Atmel-8719C-SEEPROM-AT24C16C-Datasheet_012015);而24C32/64/128是16位地址,需要发送两个字节的地址,如图5-161所示(详见Atmel-8905G-SEEPROM-AT24C32E-Datasheet_122016),等待ACK。

(5) 从机Slave收到地址后返回一个应答信号ACK。

(6) 主机Master收到应答ACK后再发送一个字节的写入数据Data,等待从机Slave应答ACK。

(7) 当主机Master发送最后一个字节数据并收到从机的ACK后,通过向从机Slave发送一个停止条件STOP结束本次通信并释放总线,图5-160和图5-161所示的是字节写;图5-162和图5-163所示的是页写。

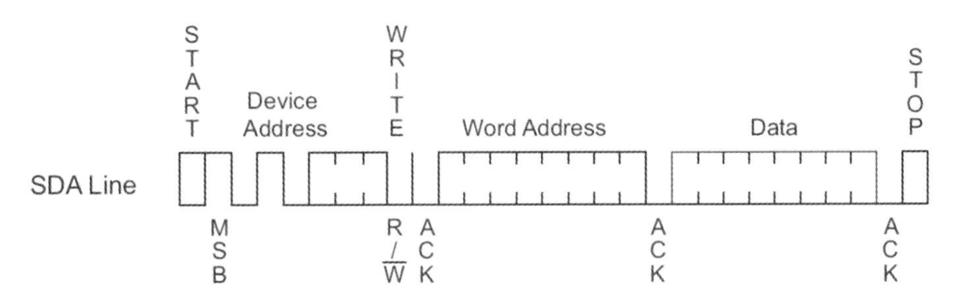

图5-160 24C01/02/04/08/16字节写(Byte Write)

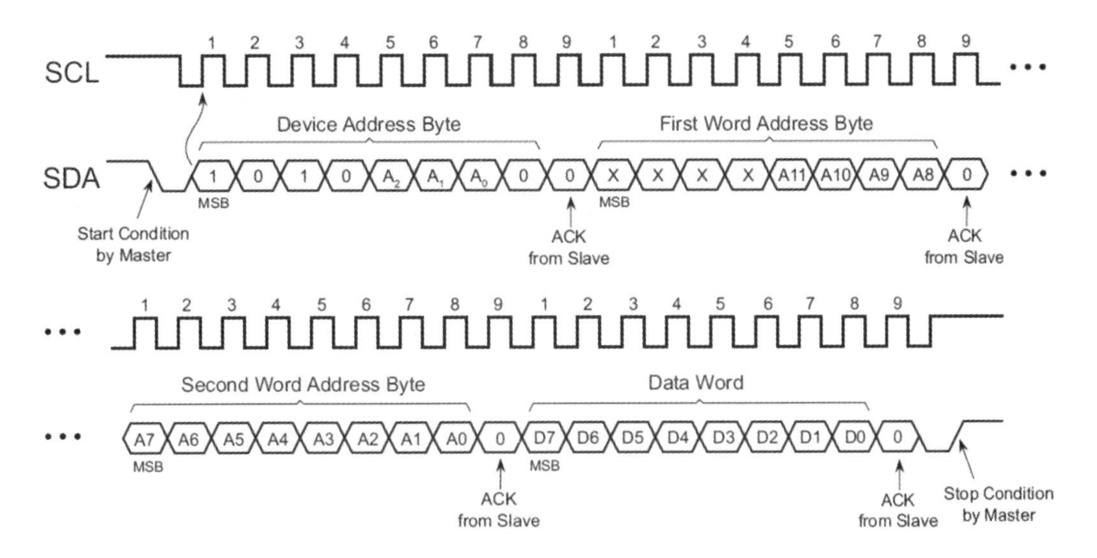

图5-161 24C32/64/128字节写(Byte Write)

AT24C32页写入操作允许在同一写入周期内写入多达32个字节,前提是所有字节都在内存阵列的同一行(其中地址位A11到A5相同)。少部分页面写入AT24C32E支持单

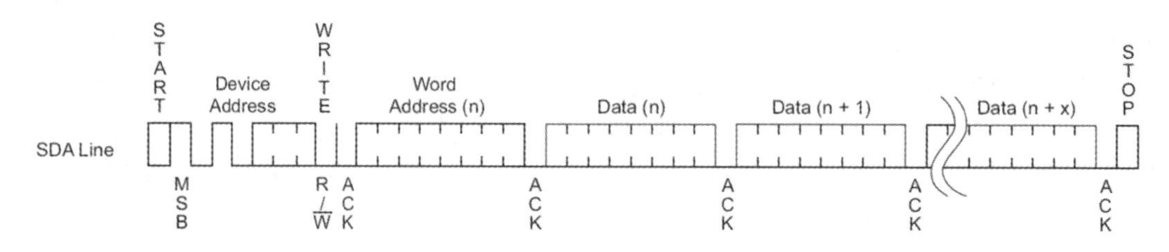

图 5-162 24C01/02/04/08/16 字页写(Page Write)

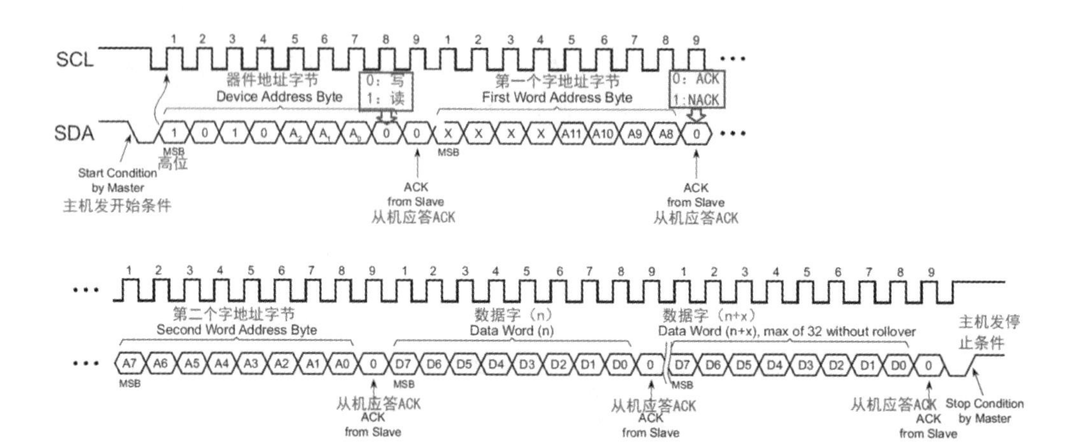

图 5-163 24C32/64/128 页写(Page Write)

个 8 位字节的写入。在 AT24C32 中选择数据字需要 12 位字地址，也允许超过 32 个字节。

模拟向 I2C 总线写 1 个字节程序如下：

```
/* * * * * * * * * * * * * * * * * * * * * * * * * * * * * * * * * * * * * * *
函数：I2C_Write()
功能：向 I2C 总线写 1 个字节的数据
参数：data 是要写到总线上的数据
* * * * * * * * * * * * * * * * * * * * * * * * * * * * * * * * * * * * * * /
void I2C_Write(unsigned char data)
{
unsigned char t=8;
do
{
    //I2C_SDA=(bit)(data & 0x80);
    I2C_SCL_LOW;  //SCL 低(SCL 为低电平时变化 SDA 有效)
    if(data & 0x80)
      I2C_SDA_HIGH;//SDA 高
    else
    I2C_SDA_LOW;  //SDA 低
    data <<=1;
    I2C_SCL_HIGH;  //SCL 高(发送数据)
```

```
        I2C_Delay();
        I2C_SCL_LOW;  //SCL低(等待应答信号)
        I2C_Delay();
    } while(--t !=0 );
    }
```

连续写程序见实验5-23的程序源码与分析部分。

5. 读操作

当前地址读,如图5-164和图5-165所示。

(1) 主机Master发送开始条件START。

(2) 主机Master接着发送一个字节的从机器件写地址Device Address(1010 xxx R/W,其中R/W=0),等待从机应答ACK。

(3) 符合地址的从机Slave应答ACK。

(4) 从机Slave向主机发送数据Data。

(5) 主机Master收到数据Data后向从机发送一个非应答信号NO ACK。

(6) 主机发送停止条件STOP,释放总线结束通信。

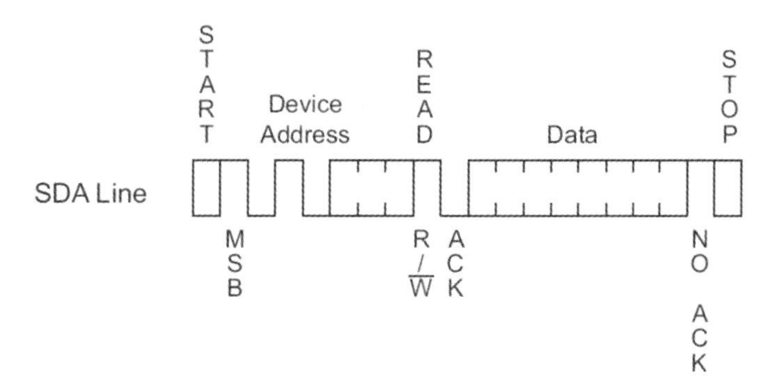

图5-164 24C01/02/04/08/16当前地址读(Current Address Read)

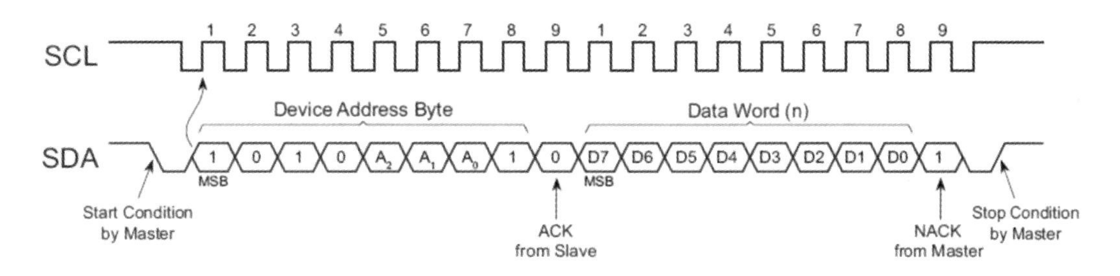

图5-165 24C32当前地址读(Current Address Read)

随机读,如图5-166和图5-167所示。

(1) 主机Master发送开始条件START。

(2) 主机Master接着发送一个字节的从机器件写地址Device Address(1010 xxx R/

W,其中 R/W=0),等待从机应答 ACK。

(3) 符合地址的从机 Slave 应答 ACK。

(4) 主机 Master 收到从机 Slave 的应答 ACK 后开始发送一个字节的读出地址 Word Address(n),等待从机应答 ACK。

说明:24C01/02/04/08/16 是 8 位地址,只发送一个字节的数据,如图 5-166 所示(详见 Atmel-8719C-SEEPROM-AT24C16C-Datasheet_012015);而 24C32/64/128 是 16 位地址,需要发送两个字节的地址,如图 5-167 所示(详见 Atmel-8905G-SEEPROM-AT24C32E-Datasheet_122016),等待 ACK。

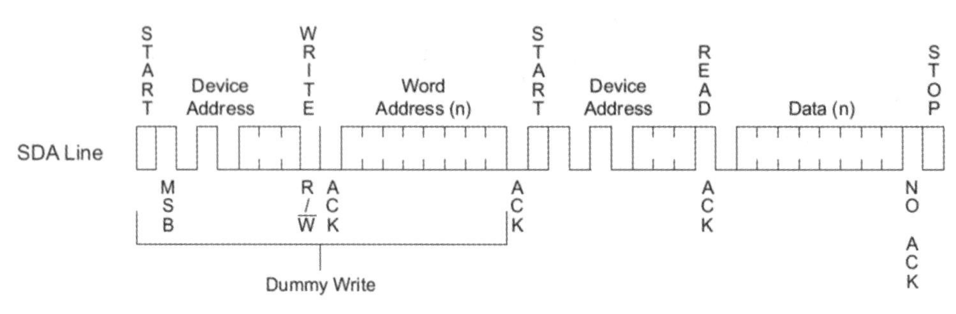

图 5-166 24C01/02/04/08/16 随机读(Random Read)

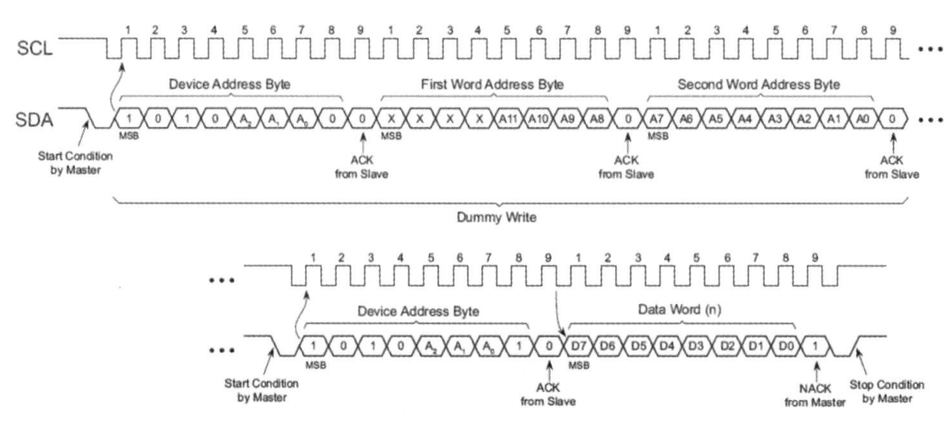

图 5-167 24C32 随机读(Random Read)

(5) 主机 Master 发送重复开始条件 START。

(6) 主机 Master 接着发送一个字节的从机器件读地址 Device Address(1010 xxx R/W,其中 R/W=1),等待从机应答 ACK。

(7) 从机 Slave 应答 ACK。

(8) 从机 Slave 向主机发送数据 Data(n)。

(9) 主机 Master 收到数据 Data 后向从机发一个非应答信号 NO ACK。

(10) 主机发送停止条件 STOP,释放总线结束通信。

连续读:

(1) 主机 Master 发送开始条件 START。

(2) 主机 Master 接着发送一个字节的从机器件写地址 Device Address(1010 xxx R/

W,其中 R/W=0),等待从机应答 ACK。

(3) 符合地址的从机 Slave 应答 ACK。

(4) 主机 Master 收到从机 Slave 的应答 ACK 后开始发送一个字节的读出地址 Word Address(n),等待从机应答 ACK。

说明:24C01/02/04/08/16 是 8 位地址,只发送一个字节的数据,如图 5-168 所示(详见 Atmel-8719C-SEEPROM-AT24C16C-Datasheet_012015);而 24C32/64/128 是 16 位地址,需要发送两个字节的地址,如图 5-169 所示(详见 Atmel-8905G-SEEPROM-AT24C32E-Datasheet_122016),等待 ACK。

(5) 主机 Master 发送重复开始条件 START。

(6) 主机 Master 接着发送一个字节的从机器件读地址 Device Address(1010 xxx R/W,其中 R/W=1),等待从机应答 ACK。

(7) 从机 Slave 应答 ACK。

(8) 从机 Slave 向主机发送数据 Data(n)。

(9) 主机 Master 收到数据 Data(n)后向从机发一个应答信号 ACK。

(10) 从机 Slave 向主机发送数据 Data(n+1)。

(11) 主机 Master 收到数据 Data(n+1) 后向从机发一个应答信号 ACK。

(12) 主机 Master 收到最后 1 个数据 Data(n+x)后向从机发一个非应答信号 NO ACK。

(13) 主机发送停止条件 STOP,释放总线结束通信。

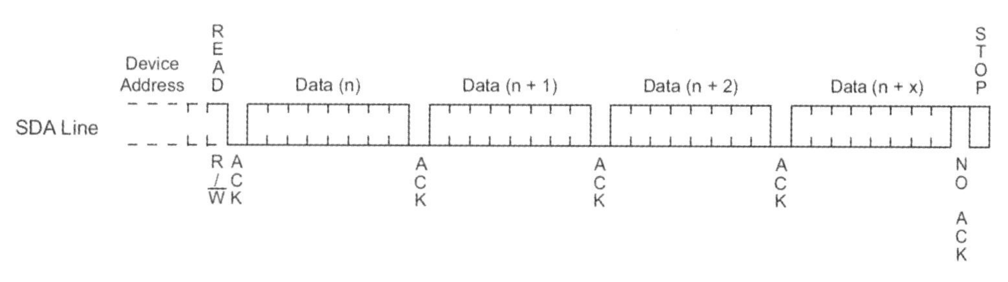

图 5-168 24C01/02/04/08/16 连续读(Sequential Read)

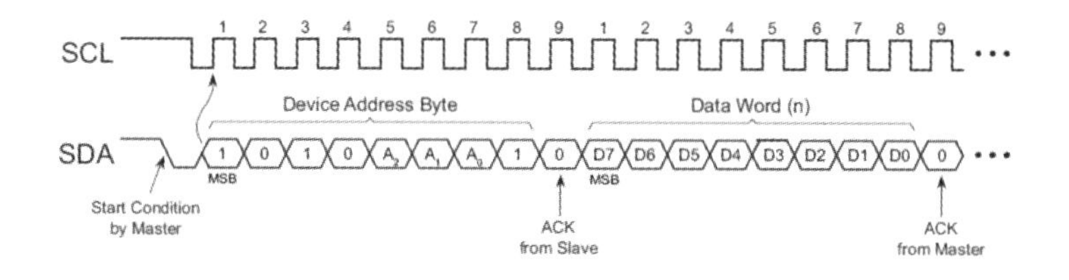

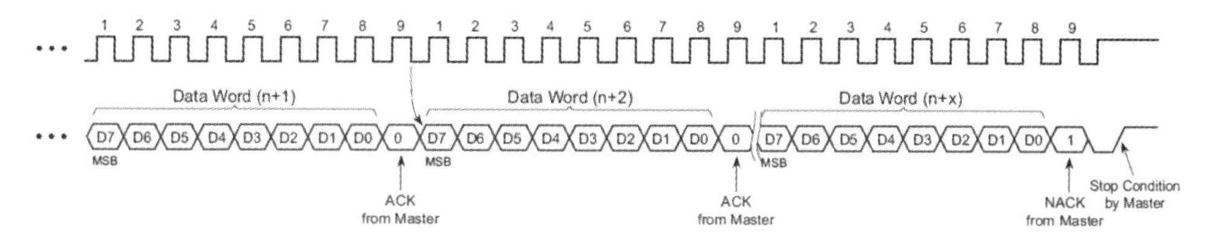

图 5-169 24C32 连续读(Sequential Read)

模拟从 I2C 总线读 1 个字节读程序如下：

```
/*************************************
函数:I2C_Read()
功能:从从机读取 1 个字节的数据
返回:读取的 1 个字节数据
*************************************/
unsigned char I2C_Read(void)
{
    unsigned char data;
    unsigned char n=8;
    I2C_SDA_HIGH;//在读取数据之前,要把 SDA 拉高,使之处于输入状态
    do
    {
      I2C_SCL_HIGH;//SCL 高(读取数据)
      I2C_Delay();
      data <<=1;
      if( I2C_SDA_READ )data++;
      I2C_SCL_LOW;
      I2C_Delay();
    } while(--n!=0 );
    return data;
}
```

连续读程序见实验 5-23 的程序源码与分析部分。

5.11.12 I2C 编程应用(实验 5-23)

【实验 5-23】 24C02 读写(AS-05 和 Proteus 仿真,模拟 I2C)。

此示例移植标准 80C51 模拟 I2C 总线程序(广州周立功单片机发展有限公司),对 AS-05 上的 AT24C16 进行读写操作。同时也给出了使用 Proteus 仿真 STM32F103R6 作为主机控制读写 24C02 作为从机的 EEPROM。

1. 硬件设计

如图 5-170 和图 5-171 所示。注意,AS-05 实际焊接的是 AT24C16EN,器件地址是 1010 000x,即写地址是 A0,读地址是 A1;仿真是 24C02C。

2. 软件设计(编程)

1) 设计分析

按照 Philips 的 I2C 总线规范和 AT24C02/16 数据手册,STM32F103VB 控制 AT24C16、STM32106R6 控制 AT24C16 读写。

模拟 I2C 总线的写过程:① 主机发开始(START)条件;② 发送从机地址(写),等待 ACK;③发送从机的写入地址,等待 ACK;④发送数据,等待 ACK;⑤发送完毕,发停止条件(STOP)。

模拟 I2C 总线的读过程:① 主机发开始(START)条件;② 发送从机地址(写),等待

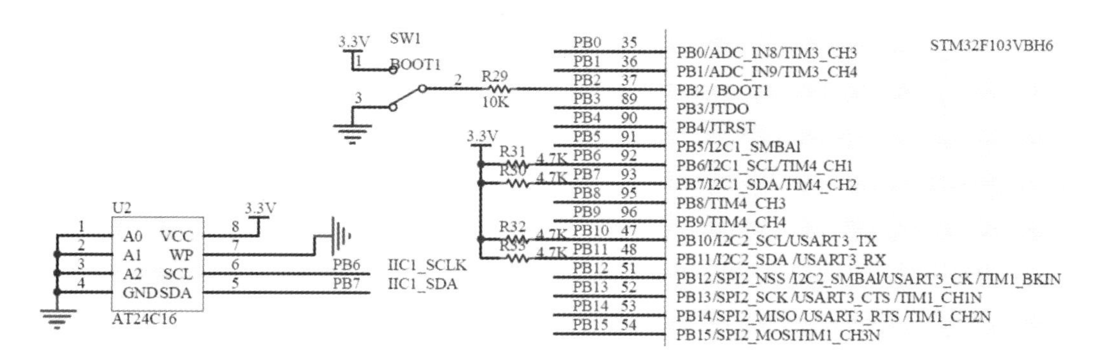

图 5-170 STM32F103VB 控制 24C02 硬件设计

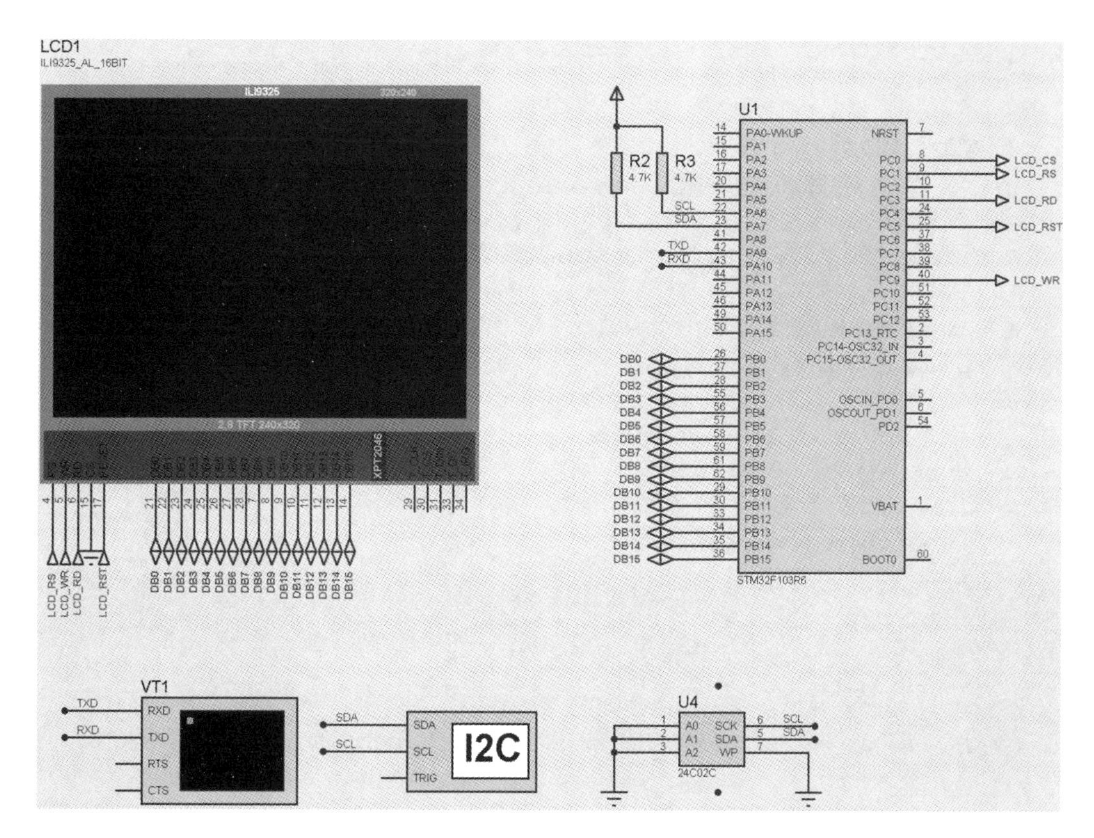

图 5-171 Proteus 仿真 24C02 原理图设计

ACK；③发送从机的读出地址，等待 ACK；④发送重复开始条件；⑤发送从机地址（读），等待 ACK；⑥主机接收数据；接收完毕，发停止条件。

2）程序源码与分析

①定义读写 SCL 和 SDA 的宏，增加代码的可移植性和可阅读性。

```
#define GPIO_PORT_I2C GPIOA                          /* I2C 端口 */
#define RCC_I2C_PORT  RCC_APB2Periph_GPIOA           /* I2C 端口时钟 */
```

```
#define I2C_SCL_PIN   GPIO_Pin_6                                      /*I2C的SCL引脚*/
#define I2C_SDA_PIN   GPIO_Pin_7                                      /*I2C的SDA引脚*/
#define I2C_SCL_HIGH  GPIO_SetBits(GPIO_PORT_I2C,I2C_SCL_PIN)         /*SCL=1*/
#define I2C_SCL_LOW   GPIO_ResetBits(GPIO_PORT_I2C,I2C_SCL_PIN)       /*SCL=0*/
#define I2C_SDA_HIGH  GPIO_SetBits(GPIO_PORT_I2C,I2C_SDA_PIN)         /*SDA=1*/
#define I2C_SDA_LOW   GPIO_ResetBits(GPIO_PORT_I2C,I2C_SDA_PIN)       /*SDA=0*/
#define I2C_SDA_READ  GPIO_ReadInputDataBit(GPIO_PORT_I2C,I2C_SDA_PIN)/*读SDA线*/
```

②主机通过 I2C 总线向从机发送多个字节的数据(连续写)函数。

```
/***************************************
函数:I2C_Puts()
功能:主机通过 I2C 总线向从机发送多个字节的数据
参数:SlaveAddr:从机地址(高 7 位是从机地址,最低位是读写标志)
    SubAddr:从机的子地址
    size:数据大小(以字节计)
    * dat:要发送的数据
返回:0:发送成功
     1:在发送过程中出现异常
***************************************/
u8 I2C_Puts(u8 SlaveAddr,u8 SubAddr,u8 size,u8* dat)
{
//确保从机地址最低位是 0
SlaveAddr &=0xFE;

//1.发开始(START)条件,启动 I2C 总线
I2C_Start();

//2.发送从机地址(写),等待 ACK
I2C_Write(SlaveAddr);
if( I2C_GetAck())
{
    I2C_Stop();
    return 1;
}

//3.发送从机的子地址(写入地址),等待 ACK
I2C_Write(SubAddr);
if( I2C_GetAck())
{
    I2C_Stop();
    return 1;
}
```

```
//4.发送数据,等待 ACK
do
{
    I2C_Write(* dat++);
    if( I2C_GetAck())
    {
      I2C_Stop();
      return 1;
    }
} while(--size!=0 );

//5.发送完毕,发停止条件(STOP),停止 I2C 总线,返回
I2C_Stop();
return 0;
}
```

③主机通过 I2C 总线从从机接收多个字节的数据(连续读)函数。

```
/* * * * * * * * * * * * * * * * * * * * * * * * * * * * * * * * * * * * * *
函数:I2C_Gets()
功能:主机通过 I2C 总线从从机接收多个字节的数据
参数:SlaveAddr:从机地址(高 7 位是从机地址,最低位是读写标志)
     SubAddr:从机的子地址
     size:数据大小(以字节计)
     * dat:保存接收到的数据
返回:0:接收成功
     1:在接收过程中出现异常
* * * * * * * * * * * * * * * * * * * * * * * * * * * * * * * * * * * * * * /
u8 I2C_Gets(u8 SlaveAddr,u8 SubAddr,u8 size,u8 * dat)
{
//确保从机地址最低位是 0
SlaveAddr &=0xFE;

//1.发开始(START)条件,启动 I2C 总线
I2C_Start();

//2.发送从机地址(写),等待 ACK
I2C_Write(SlaveAddr);
if( I2C_GetAck())
{
    I2C_Stop();
    return 1;
}
//3.发送从机的子地址(读出地址),等待 ACK
```

```
I2C_Write(SubAddr);
if( I2C_GetAck())
{
    I2C_Stop();
    return 1;
}

//4.发送重复开始条件
I2C_Start();

//5.发送从机地址(读),等待 ACK
SlaveAddr |=0x01;
I2C_Write(SlaveAddr);
if( I2C_GetAck())
{
    I2C_Stop();
    return 1;
}

//6.主机接收数据,收到 1 个字节数据后发 ACK,最后 1 个发 NACK
for(;;)
{
    * dat++=I2C_Read();
    if(--size==0 )
    {
      I2C_PutAck(1);//发 NACK
      break;
    }
    I2C_PutAck(0);//发 ACK
  }
  //7.接收完毕,发停止条件(STOP),停止 I2C 总线,返回
  I2C_Stop();
  return 0;
}
```

3. 实验过程与现象

实验过程:参见上册的 4.2 节和下册的 5.2.3 小节(实验 5-1)。

实验现象:如图 5-172 所示的为 AS-05 实验板的 LCD 和 USART1 显示的读写信息。

仿真结果如图 5-173 所示,LCD 和 USART1 显示的读写信息,I2C 调试器(I2C Debug)则显示了 I2C 总线上的数据。

I2C 调试器非常清楚地显示了 I2C 总线上的数据,详见图 5-174 和图 5-175。通过观察此数据,可以深刻地领会 I2C 的工作原理和过程,也可以分析正常和异常的情况。

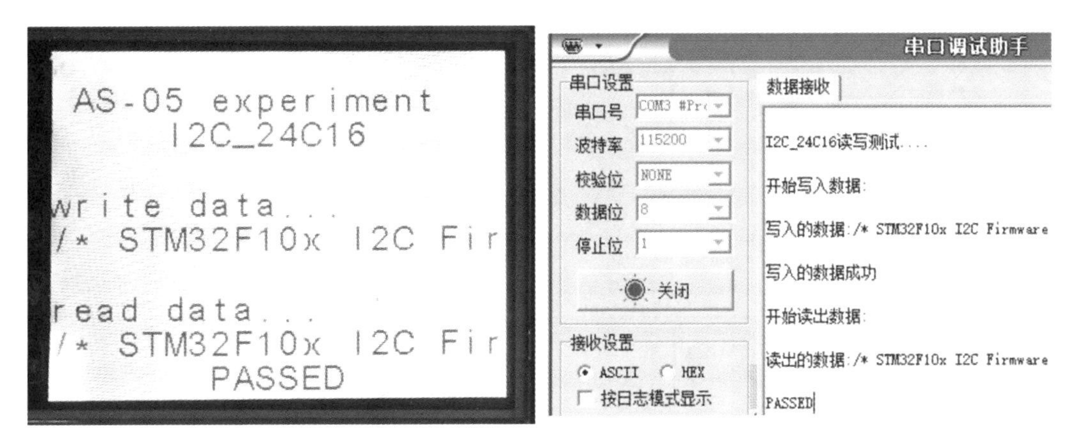

图 5-172　AS-05 实验板的 LCD 和 USART 输出显示的 AT24C16 读写信息

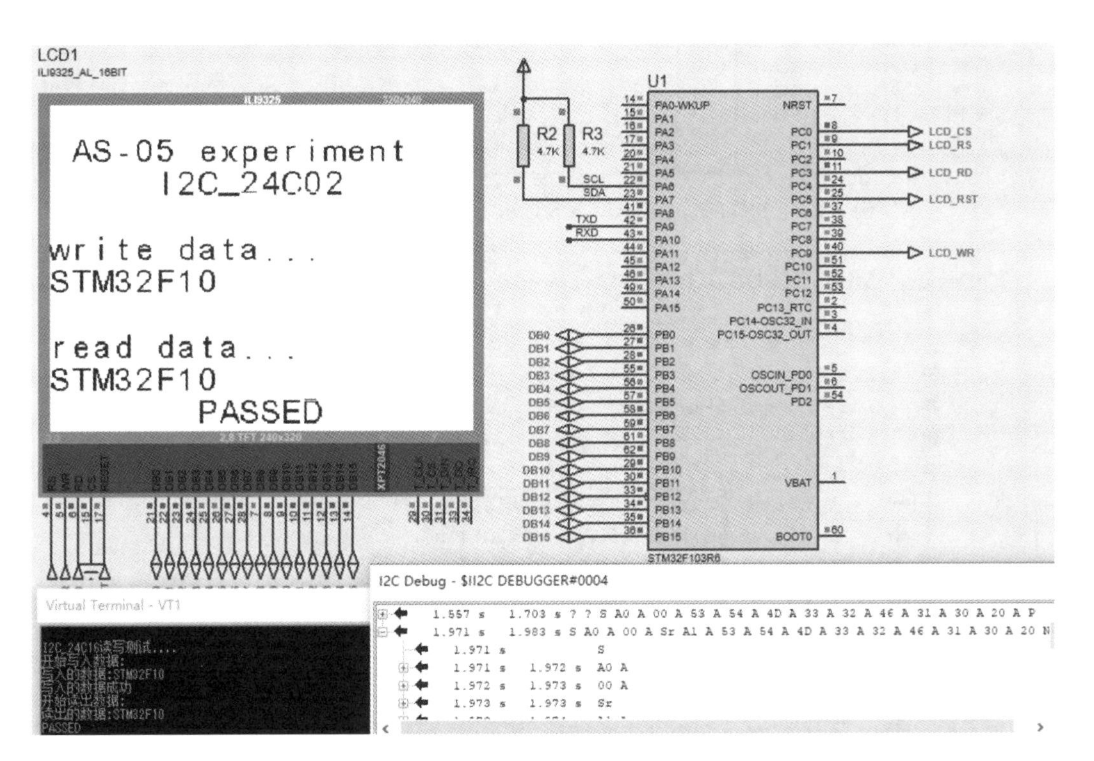

图 5-173　Proteus 仿真 STM32F103R6 控制读写 24C02

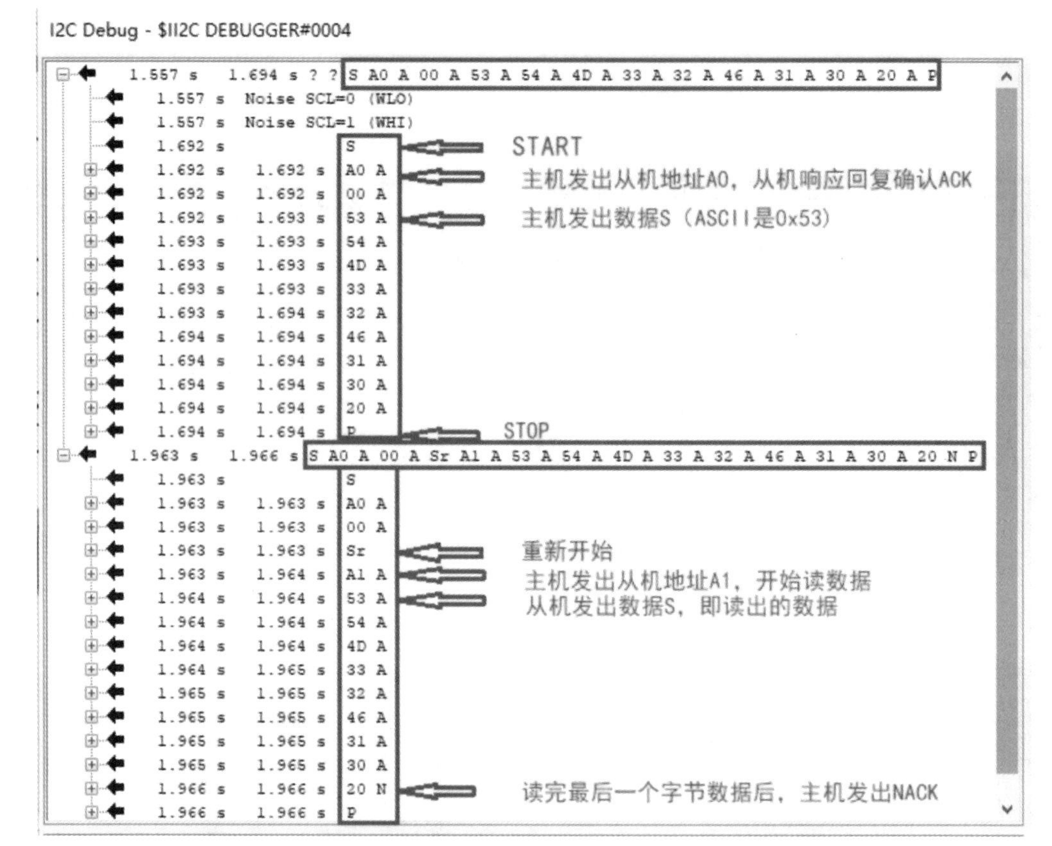

图 5-174　I2C Debug 显示写入和读出 STM32F10 的 I2C 总线操作

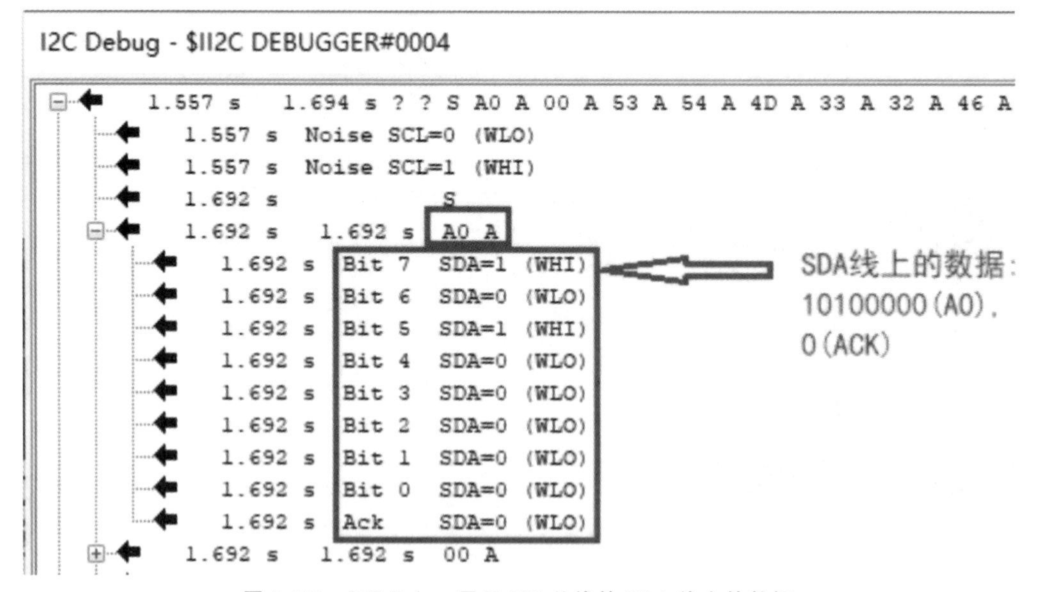

图 5-175　I2C Debug 显示 I2C 总线的 SDA 线上的数据

5.11.13 I2C 编程应用(实验 5-24)

【实验 5-24】 24C02 读写(Proteus 仿真,模拟 I2C)。

此示例演示了使用 Proteus 仿真 STM32F103R6(主机)控制读写 24C02 EEPROM(从机)的过程。整个过程使用的是模拟 I2C 总线程序,实验的过程和结果同时通过 I2C 调试器、USART1、LCD(ST7735R)显示,LCD(ST7735R)则使用的是 STM32 的硬件 SPI 总线接口。

1. 硬件设计

原理图设计如图 5-176 所示。

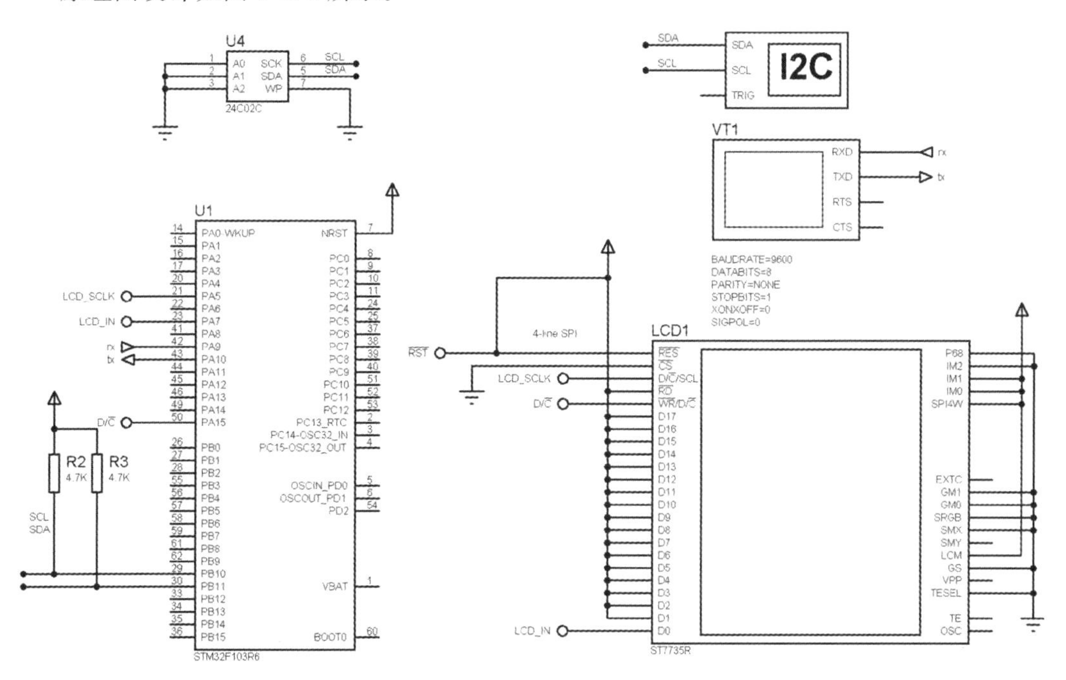

图 5-176 Proteus 仿真 24C02 原理图设计

2. 软件设计(编程)

1) 设计分析

见实验 5-13 和实验 5-23。

2) 程序源码与分析

①main 函数。

```
int main(void)
{
  running=0;
  uint16_t i;
  uint8_t flag;
  uint8_t offset=0;
  HAL_Init();
```

```
  SystemClock_Config();
  MX_GPIO_Init();
  MX_DMA_Init();
  MX_CRC_Init();
  MX_SPI1_Init();
  MX_USART1_UART_Init();

  printf("* * * * * * * * 24C02 EEPROM 读写测试(软件模拟 I2C)* * * * * * * * * \n\
r");
  I2C_Init();// 配置 I2C
  printf("\n\r 写入的数据:");
  for( i=0;i<7;i++)
  {
    I2C_Buffer_Write[i]=i;
    printf("0x% 02X ",I2C_Buffer_Write[i]);
  }

  I2C_Puts(0xA0,0,7,I2C_Buffer_Write);//主机通过 I2C 总线向从机发送多个字节的数据,
将 I2C_Buffer_Write 数据写入 EERPOM

  HAL_Delay(100);

  printf("\n\r 读出的数据:");
  I2C_Gets(0xA0,0,7,I2C_Buffer_Read);//主机通过 I2C 总线从从机接收多个字节的数据,
从 EEPROM 读出数据保存 I2C_Buffer_Read

  for(int i=0;i<7;i++)
  {
  offset+=sprintf(Text+offset,"% X,",I2C_Buffer_Read[i]);
  } //sprintf()函数用于将格式化的数据 I2C_Buffer_Read 写入字符串 text
  Text[offset-1]='.';//将最后一个逗号换成换行符
  for(i=0;i<7;i++)
  {
  printf("0x% 02X ",I2C_Buffer_Read[i]);
}
  printf("\n\r");//换行、回车

  TransferStatus=Buffercmp(I2C_Buffer_Write,I2C_Buffer_Read,7);//比较写入和读出
是否一致
  if(TransferStatus)
  {
  printf("\n\rPASSED");//显示 PASSED
  }
  else
```

```
    {
    printf("\n\rFAILED");//显示 FAILED
    }

    printf("\n\rMr.zhou 周老师,20190603");
    init_display_context(&lcd_ctx);//初始化显示字体
    tft_init();//初始化 TFT LCD
    text(&lcd_ctx,"24C02_Read Data is:",2,3,0xFF0000);
    text(&lcd_ctx,(char * )Text,2,15,0xFF0000);//显示字符(调用 putchar_tft 函数)
    text(&lcd_ctx,"  Mr.zhou,20190603",2,35,0xFF0000);
  while(1)
    {}
  }
```

②其他程序与实验 5-23 基本相同,不再分析。

3. 实验过程与现象

实验过程:参见本书的 5.2.3 小节(实验 5-1)。

实验现象:仿真结果如图 5-177 所示。

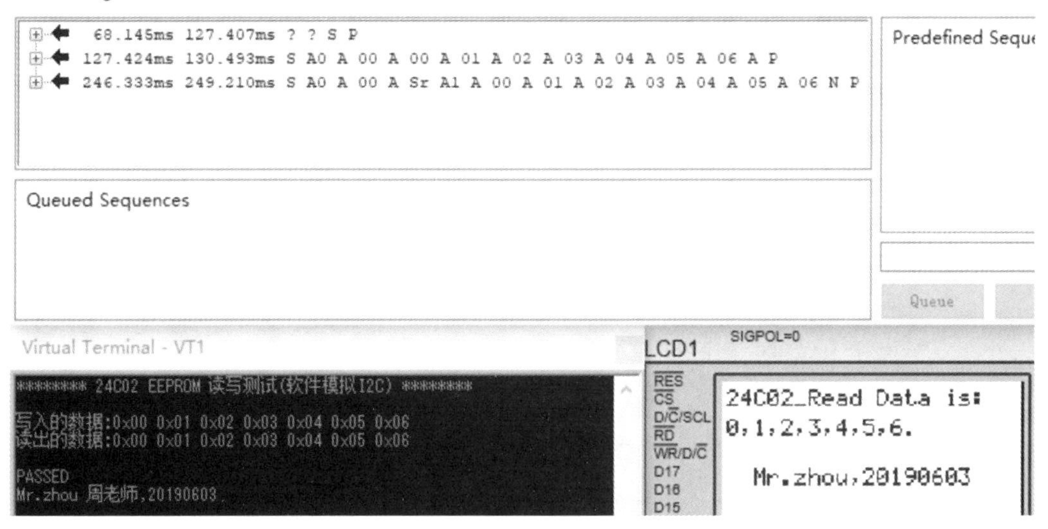

图 5-177 Proteus 仿真 STM32F103R6 控制读写 24C02

5.12 串行外设接口

多达 2 个 SPI(serial peripheral interface)接口,在从或主模式下,全双工和半双工的通信速率可达 18Mbit/s。3 位的预分频器可产生 8 种主模式频率,可配置成每帧 8 位或 16 位。硬件的 CRC 产生/校验支持基本的 SD 卡和 MMC 模式。

所有的 SPI 接口都可以使用 DMA 操作。

5.12.1 SPI 简介

串行外设接口(SPI)允许芯片与外部设备以半/全双工、同步、串行方式通信。此接口可以被配置成主模式,并为外部从设备提供通信时钟(SCK)。接口还能以多主配置方式工作。它可用于多种用途,包括使用一条双向数据线的双线单工同步传输,还可使用 CRC 校验的可靠通信。

I2S 也是一种 3 引脚的同步串行接口通信协议。它支持四种音频标准,包括飞利浦 I2S 标准,MSB 和 LSB 对齐标准,以及 PCM 标准。它在半双工通信中,可以工作在主和从两种模式下。当它作为主设备时,通过接口向外部的从设备提供时钟信号。

5.12.2 SPI 主要特点

(1) 3 线全双工同步传输。

(2) 带或不带第三根双向数据线的双线单工同步传输。

(3) 8 或 16 位传输帧格式选择。

(4) 主或从操作。

(5) 支持多主模式。

(6) 8 个主模式波特率预分频系数(最大为 $f_{PCLK}/2$)。

(7) 从模式频率(最大为 $f_{PCLK}/2$)。

(8) 主模式和从模式的快速通信。

(9) 主模式和从模式下均可以由软件或硬件进行 NSS 管理:主/从操作模式的动态改变。

(10) 可编程的时钟极性和相位。

(11) 可编程的数据顺序,MSB 在前或 LSB 在前。

(12) 可触发中断的专用发送和接收标志。

(13) SPI 总线忙状态标志。

(14) 支持可靠通信的硬件 CRC:在发送模式下,CRC 值可以被作为最后一个字节发送;在全双工模式中对接收到的最后一个字节自动进行 CRC 校验。

(15) 可触发中断的主模式故障、过载以及 CRC 错误标志。

(16) 支持 DMA 功能的 1 字节发送和接收缓冲器:产生发送和接收请求。

5.12.3 SPI 功能描述

1. SPI 方框图

SPI 的方框图如图 5-178 所示。

2. SPI 引脚

通常 SPI 通过 4 个引脚与外部器件相连:

①MISO(master in /slave out data)　主设备输入/从设备输出引脚。该引脚在从模式下发送数据,在主模式下接收数据。

②MOSI(master out/slave in data)　主设备输出/从设备输入引脚。该引脚在主模式下发送数据,在从模式下接收数据。

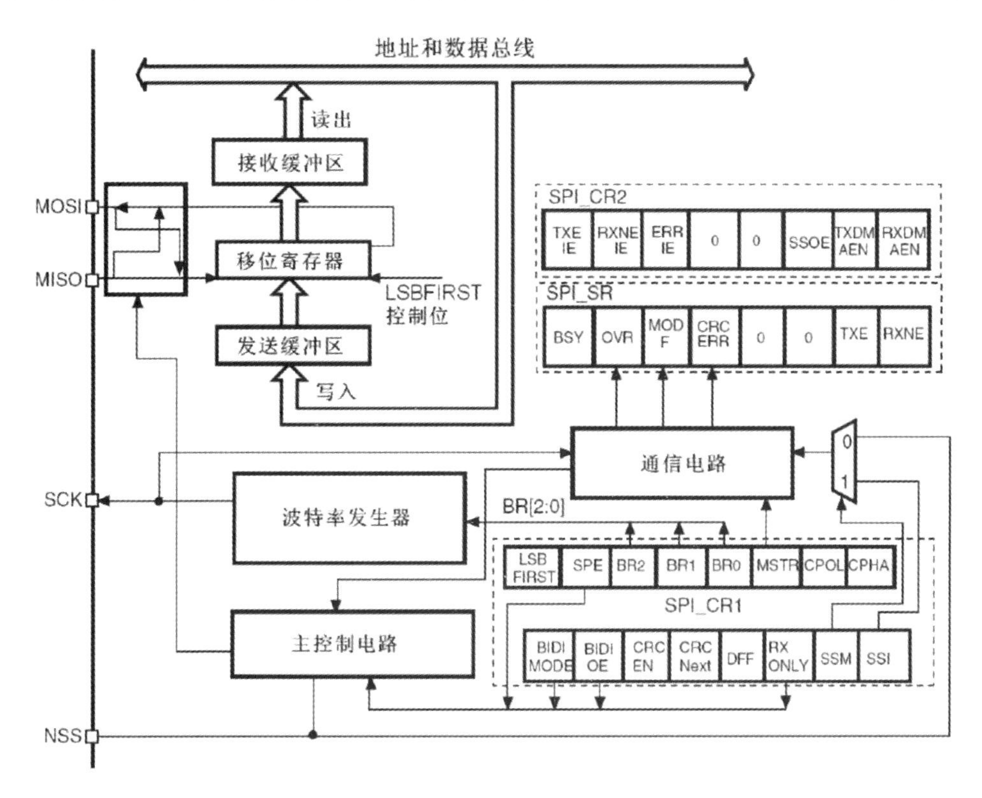

图 5-178 SPI 的方框图

③SCK(serial clock output) 串口时钟,作为主设备的输出,从设备的输入。

④NSS(slave select) 从设备选择。这是一个可选的引脚,用来选择主/从设备。它的功能是用来作为“片选引脚”,让主设备可以单独地与特定从设备通信,避免数据线上的冲突。

从设备的 NSS 引脚可以由主设备的一个标准 I/O 引脚来驱动。一旦被使能(SSOE 位),NSS 引脚也可以作为输出引脚,并在 SPI 处于主模式时拉低;此时,所有的 SPI 设备,如果它们的 NSS 引脚连接到主设备的 NSS 引脚,则会检测到低电平,如果它们被设置为 NSS 硬件模式,就会自动进入从设备状态。当配置为主设备、NSS 配置为输入引脚(MSTR=1,SSOE=0)时,如果 NSS 被拉低,则这个 SPI 设备进入主模式失败状态:即 MSTR 位被自动清除,此设备进入从模式。

3. 四种时序关系

SPI_CR 控制寄存器的 CPOL(clock polarity,时钟极性)和 CPHA(clock phase,时钟相位)位,能够组合成四种可能的时序关系,CPOL CPHA=0 0(MODE 0),0 1(MODE 1),1 0(MODE 2),1 1(MODE 3),如图 5-179 所示。

CPOL 位控制在没有数据传输时时钟的空闲状态电平,此位对主模式和从模式下的设备都有效。如果 CPOL 被清“0”,SCK 引脚在空闲状态保持低电平;如果 CPOL 被置“1”,SCK 引脚在空闲状态保持高电平。

如果 CPHA 位被置“1”,SCK 时钟的第二个边沿(CPOL 位为“0”时就是下降沿,CPOL

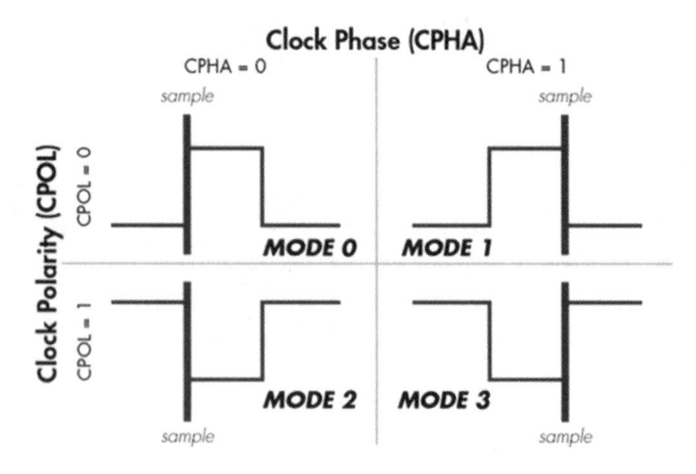

图 5-179　CPOL CPHA 组合

位为“1”时就是上升沿)进行数据位的采样,数据在第二个时钟边沿被锁存。如果 CPHA 位被清“0”,SCK 时钟的第一边沿(CPOL 位为“0”时就是下降沿,CPOL 位为“1”时就是上升沿)进行数据位采样,数据在第一个时钟边沿被锁存。

CPOL 时钟极性和 CPHA 时钟相位的组合选择数据捕捉的时钟边沿。

图 5-180 显示了 SPI 传输的 4 种 CPHA 和 CPOL 位组合。此图可以解释为主设备和从设备的 SCK 脚、MISO 脚、MOSI 脚直接连接的主或从时序图。

4. 数据帧格式

根据 SPI_CR1 寄存器中的 LSBFIRST 位,输出数据位时可以 MSB 在先也可以 LSB 在先。

根据 SPI_CR1 寄存器的 DFF 位,每个数据帧可以是 8 位或是 16 位。所选择的数据帧格式对发送和(或)接收都有效。

5. 配置 SPI 为从模式

在从模式下,SCK 引脚用于接收从主设备来的串行时钟。

1) 配置步骤

设置数据帧格式为 8 位或 16 位;选择 CPOL 和 CPHA 位来定义数据传输和串行时钟之间的相位关系。为保证正确的数据传输,从设备和主设备的 CPOL 和 CPHA 位必须配置成相同的方式;帧格式(SPI_CR1 寄存器中的 LSBFIRST 位定义的“MSB 在前”还是”LSB 在前”)必须与主设备相同;硬件模式下,在完整的数据帧(8 位或 16 位)传输过程中,NSS 引脚必须为低电平。在 NSS 软件模式下,设置 SPI_CR1 寄存器中的 SSM 位并清除 SSI 位;清除 MSTR 位、设置 SPE 位(SPI_CR1 寄存器),使相应引脚工作于 SPI 模式下。

在这个配置中,MOSI 引脚是数据输入,MISO 引脚是数据输出。

2) 数据发送过程

在写操作中,数据字被并行地写入发送缓冲器。

当从设备收到时钟信号,并且在 MOSI 引脚上出现第一个数据位时,发送过程开始(此时第一个位被发送出去)。余下的位(对于 8 位数据帧格式,还有 7 位;对于 16 位数据帧格

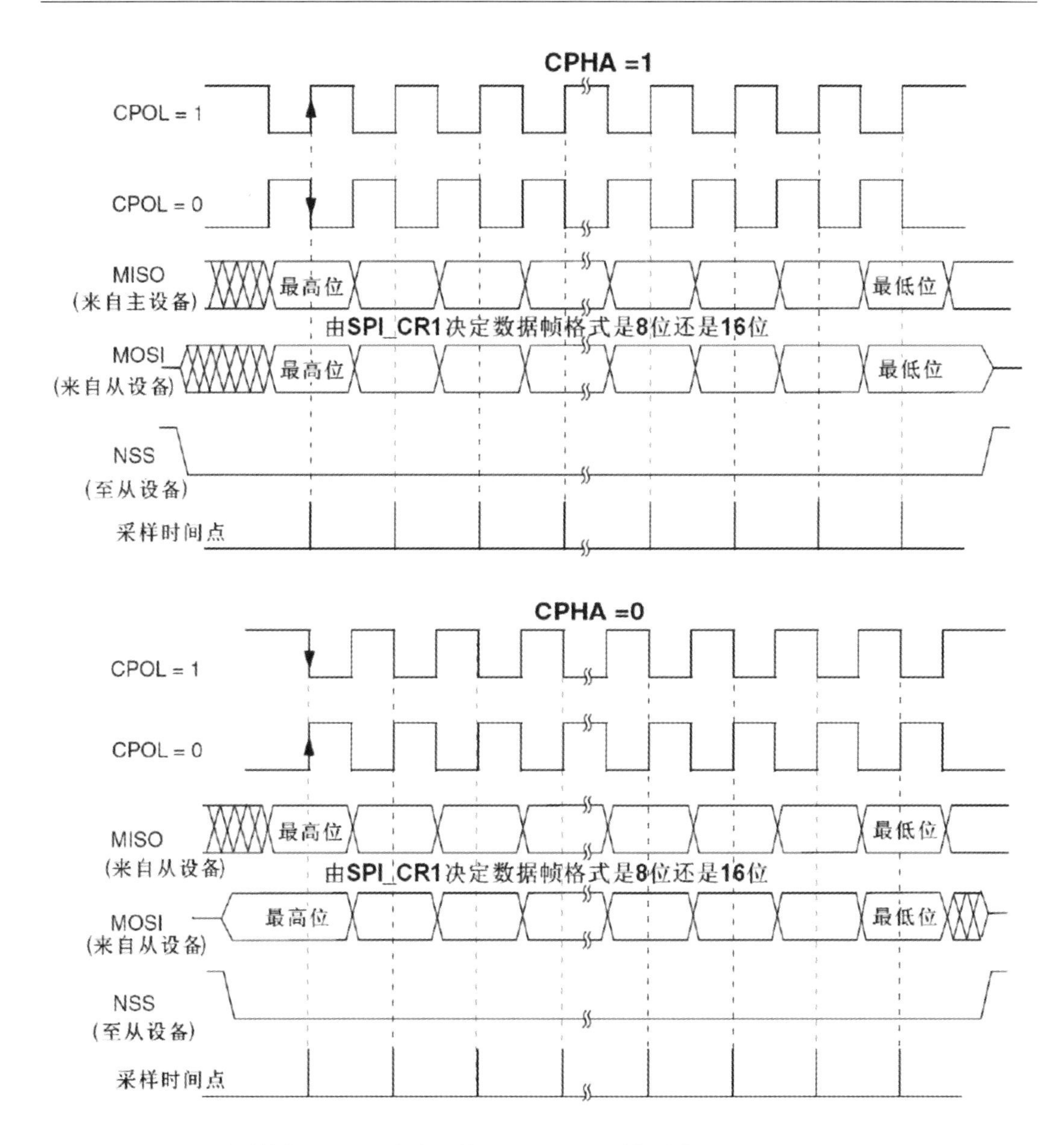

图 5-180 数据时钟时序图

式，还有15位)被装进移位寄存器。当发送缓冲器中的数据传输到移位寄存器时，SPI_SP寄存器的TXE标志被设置，如果设置了SPI_CR2寄存器的TXEIE位，将会产生中断。

3) 数据接收过程

对于接收器，当数据接收完成时：移位寄存器中的数据传送到接收缓冲器，SPI_SR寄存器中的RXNE标志被设置；如果设置了SPI_CR2寄存器中的RXNEIE位，则产生中断。在最后一个采样时钟边沿后，RXNE位被置"1"，移位寄存器中接收到的数据字节被传送到接收缓冲器。当读SPI_DR寄存器时，SPI设备返回这个接收缓冲器的数值。读SPI_DR

寄存器时,RXNE 位被清除。

6. 配置 SPI 为主模式

在主配置时,在 SCK 脚产生串行时钟。

1) 配置步骤

通过 SPI_CR1 寄存器的 BR[2:0]位定义串行时钟波特率;选择 CPOL 和 CPHA 位,定义数据传输和串行时钟间的相位关系;设置 DFF 位来定义 8 位或 16 位数据帧格式;配置 SPI_CR1 寄存器的 LSBFIRST 位定义帧格式;如果需要 NSS 引脚工作在输入模式,硬件模式下,在整个数据帧传输期间应把 NSS 脚连接到高电平;在软件模式下,需设置 SPI_CR1 寄存器的 SSM 位和 SSI 位。如果 NSS 引脚工作在输出模式,则只需设置 SSOE 位;必须设置 MSTR 位和 SPE 位(只当 NSS 脚被连到高电平,这些位才能保持置位)。

在这个配置中,MOSI 引脚是数据输出,而 MISO 引脚是数据输入。

2) 数据发送过程

当写入数据至发送缓冲器时,发送过程开始。

在发送第一个数据位时,数据字被并行地(通过内部总线)传入移位寄存器,而后串行地移出到 MOSI 脚上;MSB 在先还是 LSB 在先,取决于 SPI_CR1 寄存器中的 LSBFIRST 位的设置。数据从发送缓冲器传输到移位寄存器时 TXE 标志将被置位,如果设置了 SPI_CR1 寄存器中的 TXEIE 位,将产生中断。

3) 数据接收过程

对于接收器来说,当数据传输完成时:传送移位寄存器里的数据到接收缓冲器,并且 RXNE 标志被置位;如果设置了 SPI_CR2 寄存器中的 RXNEIE 位,则产生中断。

在最后采样时钟沿,RXNE 位被设置,在移位寄存器中接收到的数据字被传送到接收缓冲器。读 SPI_DR 寄存器时,SPI 设备返回接收缓冲器中的数据。

读 SPI_DR 寄存器将清除 RXNE 位。

一旦传输开始,如果下一个将发送的数据被放进了发送缓冲器,就可以维持一个连续的传输流。在试图写发送缓冲器之前,需确认 TXE 标志应该为“1”。

注:在 NSS 硬件模式下,从设备的 NSS 输入由 NSS 引脚控制或另一个由软件驱动的 GPIO 引脚控制。

7. 配置 SPI 为单工通信

SPI 模块能够以两种配置在单工方式下工作。

①1 条时钟线和 1 条双向数据线,在这个模式下,SCK 引脚作为时钟,主设备使用 MOSI 引脚而从设备使用 MISO 引脚作为数据通信。传输的方向由 SPI_CR1 寄存器里的 BIDIOE 控制,当这个位是“1”的时候,数据线是输出,否则是输入。

②1 条时钟线和 1 条数据线(只接收或只发送),在这个模式下,SPI 模块或者作为只发送,或者作为只接收。

8. 数据发送与接收过程

主从模式下开始传输,可以工作在:全双工模式,单向只接收模式,双向模式。在接收时,接收到的数据被存放在一个内部的接收缓冲器中;在发送时,在被发送之前,数据将首先存放在一个内部的发送缓冲器中。

对 SPI_DR 寄存器的读操作，将返回接收缓冲器的内容；写入 SPI_DR 寄存器的数据将被写入发送缓冲器中。

9. 利用 DMA 的 SPI 通信

为了达到最大的通信速度，需要及时往 SPI 发送缓冲器中填写数据，同样接收缓冲器中的数据也必须及时读取以防止溢出。为了方便高速率的数据传输，SPI 实现了一种采用简单的请求/应答的 DMA 机制。

当 SPI_CR2 寄存器上的对应使能位被设置时，SPI 模块可以发出 DMA 传输请求。发送缓冲器和接收缓冲器亦有各自的 DMA 请求。

5.12.4 SPI 寄存器结构

SPI 寄存器结构，SPI_TypeDeff，在文件“stm32f10x_map.h”中定义如下：

```
typedef struct
{
vu16 CR1;
u16 RESERVED0;
vu16 CR2;
u16 RESERVED1;
vu16 SR;
u16 RESERVED2;
vu16 DR;
u16 RESERVED3;
vu16 CRCPR;
u16 RESERVED4;
vu16 RXCRCR;
u16 RESERVED5;
vu16 TXCRCR;
u16 RESERVED6;
} SPI_TypeDef;
```

表 5-34 列出了 SPI 寄存器。

表 5-34 SPI 寄存器

寄存器	描述
CR1	SPI 控制寄存器 1
CR2	SPI 控制寄存器 2
SR	SPI 状态寄存器
DR	SPI 数据寄存器
CRCPR	SPI CRC 多项式寄存器
RxCRCR	SPI 接收 CRC 寄存器
TxCRCR	SPI 发送 CRC 寄存器

5.12.5 SPI库函数

表5-35列举了SPI库函数。

表5-35 SPI库函数

函数名	描述
SPI_DeInit	将外设SPIx寄存器重设为缺省值
SPI_Init	根据SPI_InitStruct中指定的参数初始化外设SPIx寄存器
SPI_StructInit	把SPI_InitStruct中的每一个参数按缺省值填入
SPI_Cmd	使能或者失能SPI外设
SPI_ITConfig	使能或者失能指定的SPI中断
SPI_DMACmd	使能或者失能指定SPI的DMA请求
SPI_SendData	通过外设SPIx发送一个数据
SPI_ReceiveData	返回通过SPIx最近接收的数据
SPI_DMALastTransferCmd	使下一次DMA传输为最后一次传输
SPI_NSSInternalSoftwareConfig	为选定的SPI软件配置内部NSS管脚
SPI_SSOutputCmd	使能或者失能指定的SPI SS输出
SPI_DataSizeConfig	设置选定的SPI数据大小
SPI_TransmitCRC	发送SPIx的CRC值
SPI_CalculateCRC	使能或者失能指定SPI的传输字CRC值计算
SPI_GetCRC	返回指定SPI的发送或者接受CRC寄存器值
SPI_GetCRCPolynomial	返回指定SPI的CRC多项式寄存器值
SPI_BiDirectionalLineConfig	选择指定SPI在双向模式下的数据传输方向
SPI_GetFlagStatus	检查指定的SPI标志位设置与否
SPI_ClearFlag	清除SPIx的待处理标志位
SPI_GetITStatus	检查指定的SPI中断发生与否
SPI_ClearITPendingBit	清除SPIx的中断待处理位

5.12.6 SPI编程应用(实验5-25)

1. 25Q系列串行Flash存储器概述

1) 一般说明

W25Q80(8M-bit),W25Q16(16M-bit)和W25Q32(32M-bit)是为系统提供一个最小的空间、引脚和功耗的存储器解决方案的串行Flash存储器。25Q系列比普通的串行Flash存储器更灵活,性能更优越。基于双倍/四倍的SPI,它们能够立即完成提供数据给RAM,包括存储声音、文本和数据。

芯片支持的工作电压2.7V到3.6V,正常工作时的电流小于5mA,掉电时低于1μA。所有芯片提供标准的封装。

W25Q80/16/32由每页256字节,总共4096/8192/16384页组成。每页的256字节用一次页编程指令即可完成。每次擦除16页(扇区)、128页(32KB块)、256页(64KB块)和全片擦除。W25Q80/16/32有各自的256/512/1024个可擦除扇区和16/32/64个可擦除块。最小4KB扇区允许更灵活地保存数据和参数。

W25Q80/16/32支持标准串行外围接口(SPI)和高速的双倍/四倍输出,双倍/四倍用的引脚:串行时钟、片选端、串行数据IO0(DI)、IO1(DO)、IO2(WP)和IO3(HOLD)。SPI最高支持80 MHz,当用快读双倍/四倍指令时,相当于双倍输出时最高速率160 MHz,四倍输出时最高速率320 MHz。这个传输速率比得上8位和16位的并行Flash存储器。

HOLD引脚和写保护引脚可编程写保护。此外,芯片支持JEDEC标准,具有唯一的64位识别序列号。

2)引脚

SOIC封装的引脚如图5-181所示,引脚描述见表5-36。

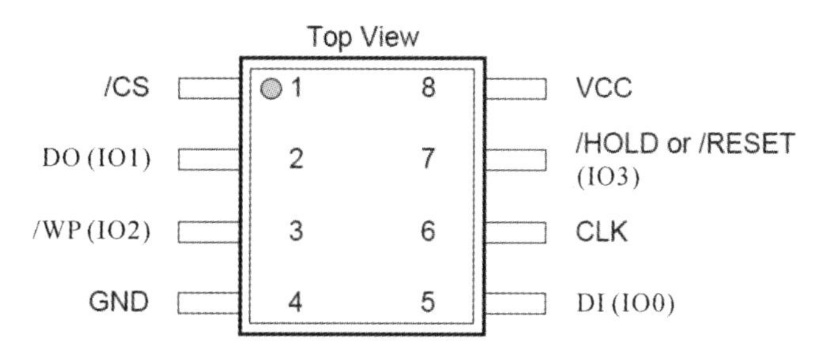

图5-181 25Q引脚

表5-36 引脚描述

引脚编号	引脚名称	I/O	功能
1	/CS	片选端输入	
2	DO(IO1)	I/O	数据输出(数据输入输出1)①
3	/WP(IO2)	I/O	写保护输入(数据输入输出2)②
4	GND		地
5	DI(IO0)	I/O	数据输入(数据输入输出0)①
6	CLK	I	串行时钟输入
7	HOLD(IO3)	I/O	保持端输入(数据输入输出3)②
8	VCC		电源

注:① IO0和IO1用在双倍/四倍传输中;
② IO0~IO3用在四倍传输中。

(1)引脚片选(/CS)。

SPI片选(/CS)引脚使能和禁止芯片操作。当为高电平时,芯片未被选择,串行数据输出(DO、IO0、IO1、IO2 和 IO3) 引脚为高阻态。未被选择时,芯片处于待机状态下的低功耗,除非芯片内部在擦除、编程。当/CS 变成低电平,芯片功耗将增长到正常工作水平,能够从芯片读写数据。上电后,在接收新的指令前,/CS 必须由高电平变为低电平。上电后,/CS 必须上升到 VCC。在/CS 接上拉电阻可以完成这个操作。

(2)引脚串行数据输入、输出和 IOs(DI、DO 和 IO0、IO1、IO2、IO3)。

W25Q80、W25Q16 和 W25Q32 支持标准 SPI、双倍 SPI 和四倍 SPI。标准的 SPI 传输用单向的 DI(输入)引脚连续地写命令、地址或者数据在串行时钟(CLK)的上升沿时写入到芯片内。标准的 SPI 用单向的 DO(输出)在 CLK 的下降沿从芯片内读出数据或状态。

双倍和四倍 SPI 指令用双向的 IO 引脚在 CLK 的上升沿来连续地写指令、地址或者数据到芯片内,在 CLK 的下降沿从芯片内读出数据或者状态。四倍 SPI 指令操作时要求在状态寄存器 2 中的四倍使能位(QE)一直是置位状态。当 QE=1 时/WP 引脚变为 IO2,/HOLD 引脚变为 IO3。

(3)引脚写保护(/WP)。

写保护引脚(/WP)可以保护状态寄存器。状态寄存器的块保护位(SEC、TB、BP2、BP1 和 BP0)和状态寄存器保护位(SRP)对存储器进行一部分或者全部的硬件保护。/WP 引脚低电平有效。当状态寄存器 2 的 QE 位被置位了,/WP 引脚(硬件写保护)的功能不可用,被用作了 IO2。

(4)引脚保持(/HOLD)。

当/HOLD 引脚有效时,允许芯片暂停工作。在/CS 为低电平时,当/HOLD 变为低电平,DO 引脚将变为高阻态,在 DI 和 CLK 引脚上的信号将无效。当/HOLD 变为高电平时,芯片恢复工作。/HOLD 功能用在当有多个设备共享同一 SPI 总线时。/HOLD 引脚低电平有效。当状态寄存器 2 的 QE 位被置位了,/ HOLD 引脚的功能不可用,被用作了 IO3。

(5)引脚串行时钟(CLK)。

串行时钟输入引脚为串行输入和输出操作提供时序(见 SPI 操作)。

3) 结构框图

25Q 内部结构框图如图 5-182 所示。

4) 标准 SPI 操作指南

和 W25Q80/16/32 兼容的 SPI 总线包含四个信号:串行时钟(CLK)、片选端(/CS)、串行数据输入(DI)和串行数据输出(DO)。标准的 SPI 用 DI 输入引脚在 CLK 的上升沿连续地写命令、地址或数据到芯片内。DO 输出在 CLK 的下降沿从芯片内读出数据或状态。

支持 SPI 总线的工作模式 0(0,0)和 3(1,1)。模式 0 和模式 3 的主要区别在于常态时的 CLK 信号,当 SPI 主机已准备好数据还没传输到串行 Flash 中,对于模式 0 CLK 信号常态为低。

5) 制造商和芯片标识

9Fh 指令读出制造商和芯片标识,见表 5-37。

AS-07 实验板焊接的是 W25Q32FV,读出来是 0xEF4016;AS-05 实验板焊接的是 W25Q64,读出来是 0xEF4017。

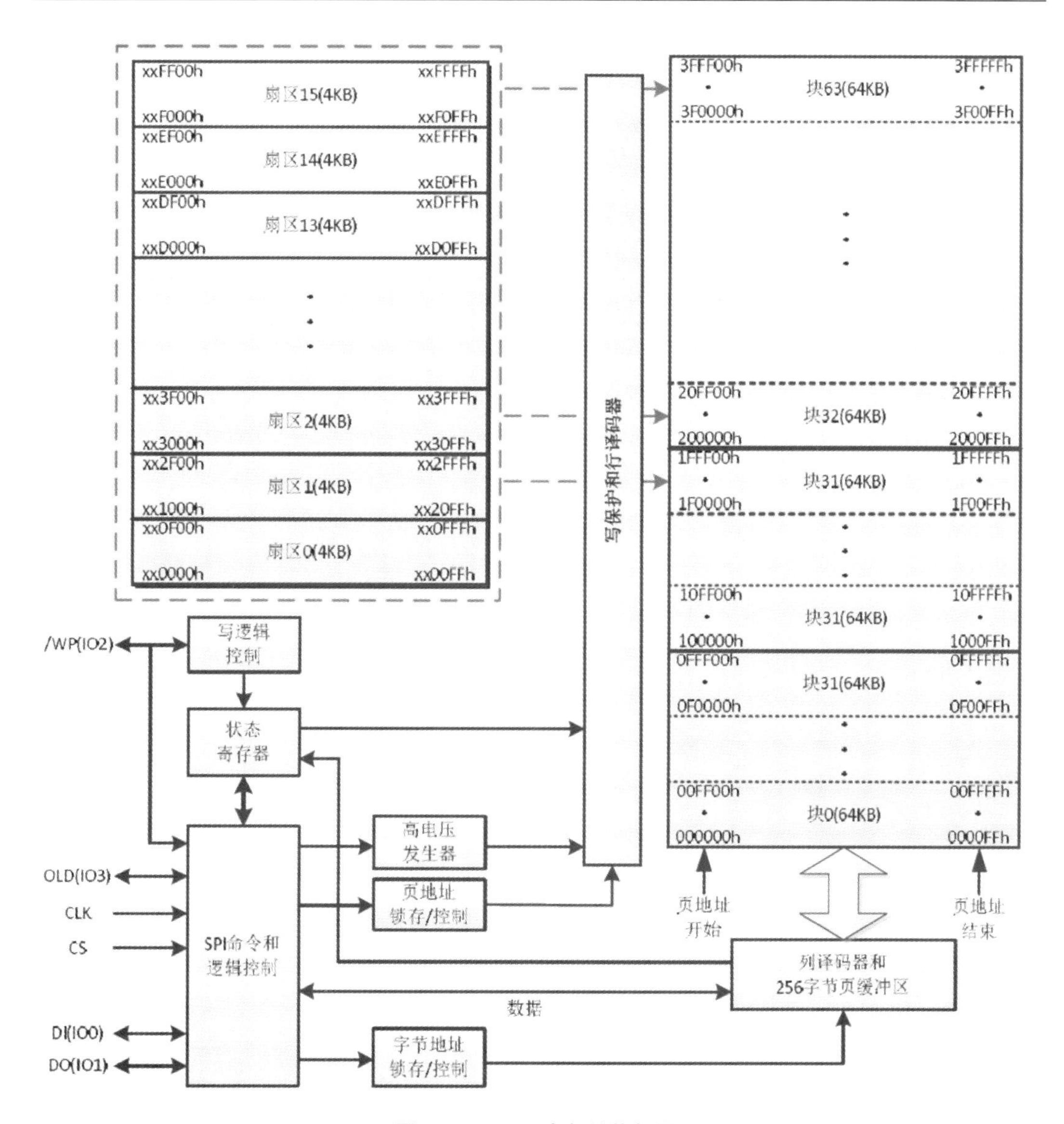

图 5-182　25Q 内部结构框图

表 5-37　制造商和芯片标识

MANUFACTURER ID	(M7-M0)	
Winbond Serial Flash	EFh	
Device ID	(ID7-ID0)	(ID15-ID0)
Instruction	ABh,90h	9Fh
W25Q80 13h		4014h
W25q16 14h		4015h
W25Q32 15h		4016h

6）指令表

W25Q80/16/32 指令表见表 5-38(注意芯片型号和版本)。

表 5-38　W25Q80/16/32 指令表(版本 B)

指令名称	字节 1(代码)	字节 2	字节 3	字节 4	字节 5	字节 6
写使能	06h					
禁止写	04h					
读状态寄存器 1	05h	(S7-S0)[2]				
读状态寄存器 2	35h	(S15-S8)[2]				
写状态寄存器	01h	(S7-S0)	(S15-S8)			
页编程	02h	A23-A16	A15-A8	A7-A0	(D7-D0)	
四倍页编程	32h	A23-A16	A15-A8	A7-A0	(D7-D0,…)[3]	
块擦除(64KB)	D8h	A23-A16	A15-A8	A7-A0		
块擦除(32KB)	52h	A23-A16	A15-A8	A7-A0		
扇区擦除(4KB)	20h	A23-A16	A15-A8	A7-A0		
全片擦除	C7h/60h					
暂停擦除	75h					
恢复擦除	7Ah					
掉电模式	B9h					
高性能模式	A3h	dummy	dummy	dummy		
状态位复位	FFh 或 FFFFh					
解除低功耗或者高性能模式/芯片 ID	ABh	dummy	dummy	dummy	ID7-ID0	
读取制造商/芯片 ID	90h	dummy	dummy	00h	M7-M0	ID7-ID0
读取唯一 ID	4Bh	dummy	dummy	dummy	dummy	ID63-ID0
JEDEC ID	9Fh	(M7-M0) manufacturer	(ID15-ID8) Memory type	(ID7-ID0) capacity		
读数据	03h	A23-A16	A15-A8	A7-A0	(D7-D0)	
快速读数据	0Bh	A23-A16	A15-A8	A7-A0	dummy	(D7-D0)
双倍快速读数据	3Bh	A23-A16	A15-A8	A7-A0	dummy	(D7-D0,…)
四倍快速读数据	6Bh	A23-A16	A15-A8	A7-A0	dummy	(D7-D0,…)

7）读写操作

写操作时序：片选、写指令(02h)、地址、数据写入，如图 5-183 所示。

读操作时序：片选、读指令(03h)、地址、数据读出，如图 5-184 所示。

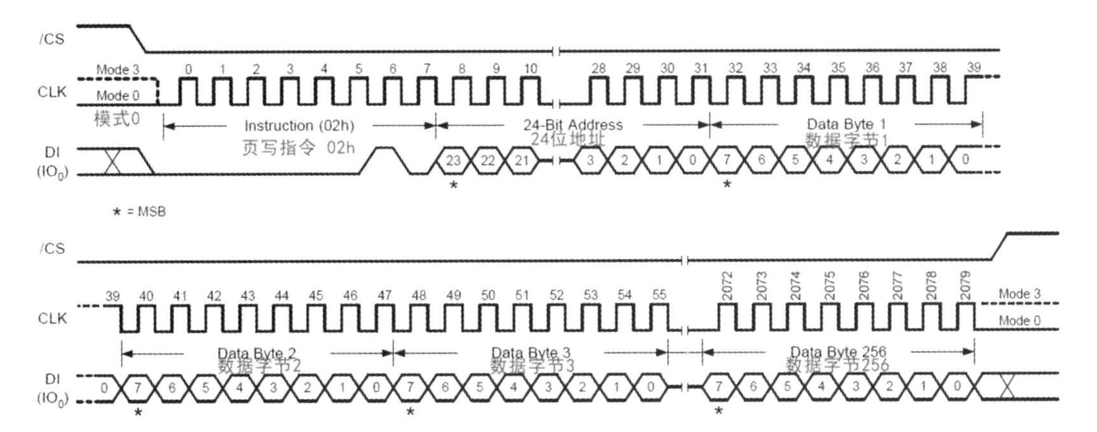

图 5-183　页写指令 02h

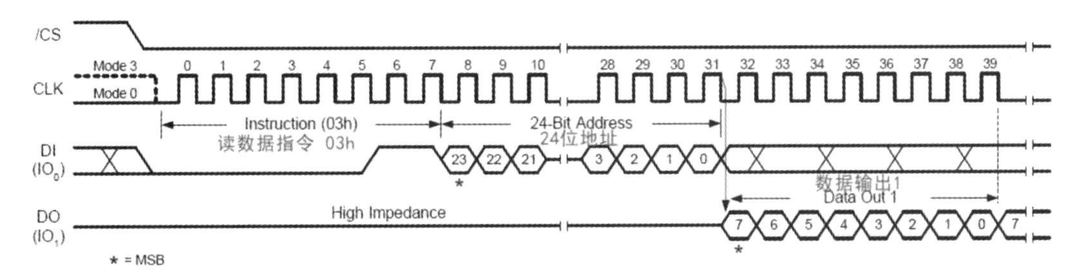

图 5-184　读数据指令 03h

2. SPI 存储器 W25Q32 编程应用

【实验 5-25】　W25Q32FV 读写(AS-07 V2,SPI2)。

此示例提供了如何使用 SPI 固件库的基本示例以及与 W25Q32 SPI FLASH 通信的 SPI 闪存驱动程序。

1)硬件设计

如图 5-185 所示,使用 STM32F103VE 的 SPI2 硬件接口驱动 W25Q32FVSSIG。

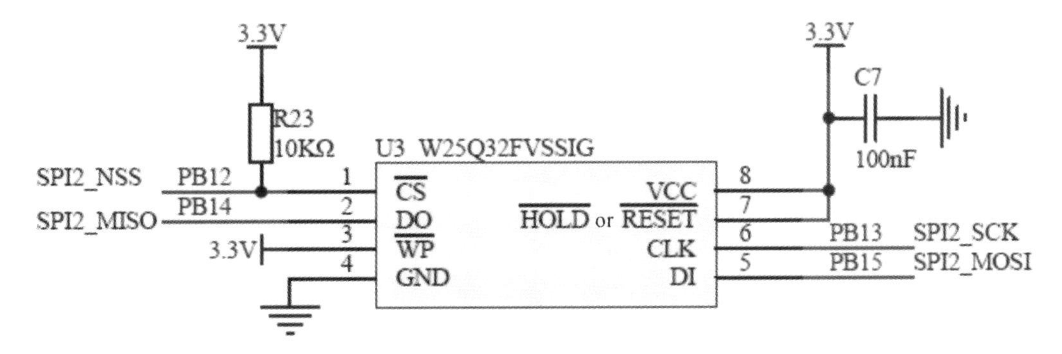

图 5-185　AS-07 V2 的 W25Q32 硬件设计

2)软件设计(编程)

(1) 设计分析。

第一步是读取 SPI Flash ID,AS-07 实验板焊接的是 W25Q32FV,读出来是 0xEF4016,与预期的 ID 进行比较。

程序对要访问的扇区执行擦除,将 Tx_Buffer[]="STM32F10x SPI Firmware Library Example:communication with an W25Q32 SPI FLASH"缓冲区写入 SPI Flash,然后读取写入的数据存储在 Rx_Buffer 缓冲区,将读写值进行比较,比较的结果存储在"transferstatus1"变量中。

最后对同一扇区进行第二次擦除,并进行测试以确保写入该扇区的所有数据都被进一步擦除。读取所有数据位置并用 0xFF 值检查。此测试的结果存储在"transferstatus2"变量中,该变量在出现错误时失败。

SPI2 配置为 8 位数据大小的主机。

系统时钟设置为 72 MHz,SPI2 波特率设置为 18Mbit/s。

(2) 程序源码与分析。

①定义 SPI Flash ID 和 Tx_Buffer[]。

```
# define  W25Q32_FLASH_ID         0xEF4016
u8 Tx_Buffer [ ] =" STM32F10x SPI Firmware Library Example: communication with an
W25Q32 SPI FLASH";
```

②main 函数。

```
int main(void)
{
u8 Flash_ID[6];//存放 LCD ID 字符串
RCC_Configuration();
NVIC_Configuration();
SysTick_Configuration();
GPIO_Configuration();
USART_Configuration();
printf("\r\n AS-07 experiment ");
printf("\r\n SPI_W25Q32 ");
STM3210E_LCD_Init();
LCD_Clear(Red);
Delay(5);/*  delay 5 ms * /
LCD_SetBackColor(White);
LCD_SetTextColor(Black);
LCD_DisplayStringLine(Line0,"");
LCD_DisplayStringLine(Line1," AS-07 experiment   ");
LCD_DisplayStringLine(Line2," SPI2_W25Q32          ");

printf("\n=========start==========");
LCD_DisplayStringLine(Line4,"======  start======");
```

```
SPI_FLASH_Init();//SPI 初始化
FLASH_ID=SPI_FLASH_ReadID();//读取 SPI Flash ID

printf("\n FLASH_ID:% X",FLASH_ID);
sprintf((char* )Flash_ID,"FLASH_ID:% 04X",FLASH_ID);//将 FLASH_ID 转到 Flash_ID
数组
if(FLASH_ID==W25Q32_FLASH_ID)
{
  GPIO_WriteBit(GPIOC,GPIO_Pin_6,Bit_SET);
  printf("\n Check the SPI Flash ID OK! ");
  LCD_DisplayStringLine(Line5,"                    ");
  LCD_DisplayStringLine(Line5,Flash_ID);
}
else
{
  GPIO_WriteBit(GPIOC,GPIO_Pin_7,Bit_SET);
  printf("\n Check the SPI Flash ID error! ");
  LCD_DisplayStringLine(Line5,"   Flash ID error!   ");
}

SPI_FLASH_SectorErase(FLASH_SectorToErase);  //64K 块擦除
SPI_FLASH_BufferWrite(Tx_Buffer,FLASH_WriteAddress,BufferSize);//写数据
SPI_FLASH_BufferRead(Rx_Buffer,FLASH_ReadAddress,BufferSize);//读数据

TransferStatus1=Buffercmp(Tx_Buffer,Rx_Buffer,BufferSize);  //比较读写值是否
一致
if(TransferStatus1==PASSED)
{
  printf("\n Data Transfer OK! ");
  printf("\n 读出的数据为:% s  ",Rx_Buffer);  //提示传送完成
  LCD_DisplayStringLine(Line6," Data Transfer OK!   ");  //成功
  LCD_DisplayStringLine(Line7,Rx_Buffer);
}
else
{
  printf("\n Data Transfer error! ");
  LCD_DisplayStringLine(Line6,"Data Transfer error! ");  //失败
}

SPI_FLASH_SectorErase(FLASH_SectorToErase);  //64K 块擦除
SPI_FLASH_BufferRead(Rx_Buffer,FLASH_ReadAddress,BufferSize);
for(Index=0;Index<BufferSize;Index++)
{
  if(Rx_Buffer[Index] !=0xFF)
```

```
    {
      TransferStatus2=FAILED;
    }
  }

  if(TransferStatus2==PASSED)
  {
      printf("\n\r Flash Erase OK! ");
      LCD_DisplayStringLine(Line8,"    Flash Erase OK!   ");  //LCD 显示成功
  }
    else   /*  TransferStatus2=FAILED,if the specified sector part is not well erased
    * /
    {
      printf("\n\r Flash Erase error! ");
  LCD_DisplayStringLine(Line7," Flash Erase error! ");   //LCD 显示失败
    }

  printf("\n=========   end  ==========\n");
    LCD_DisplayStringLine(Line9,"========end=======");
    while(1)
    {
    }
  }
```

③SPI 初始化函数 SPI_FLASH_Init。

```
  void SPI_FLASH_Init(void)
  {
    SPI_InitTypeDef  SPI_InitStructure;
    GPIO_InitTypeDef GPIO_InitStructure;

    RCC_APB1PeriphClockCmd(RCC_APB1Periph_SPI2,ENABLE);//使能 SPI2 时钟
    RCC_APB2PeriphClockCmd(RCC_APB2Periph_GPIOB | RCC_APB2Periph_AFIO,ENABLE);

    /*  Configure SPI2 pins:NSS,SCK,MISO and MOSI * /
    GPIO_InitStructure.GPIO_Pin=GPIO_Pin_13 | GPIO_Pin_14 | GPIO_Pin_15;
    GPIO_InitStructure.GPIO_Speed=GPIO_Speed_50 MHz;
    GPIO_InitStructure.GPIO_Mode=GPIO_Mode_AF_PP;  //复用功能推拉输出
    GPIO_Init(GPIOB,&GPIO_InitStructure);

    /*  Configure PB.02 as Output push-pull,used as Flash Chip select * /
    GPIO_InitStructure.GPIO_Pin=GPIO_Pin_12;
    GPIO_InitStructure.GPIO_Speed=GPIO_Speed_50 MHz;
    GPIO_InitStructure.GPIO_Mode=GPIO_Mode_Out_PP;//推拉输出
    GPIO_Init(GPIOB,&GPIO_InitStructure);
```

```
  /*  Deselect the FLASH:Chip Select high * /
  SPI_FLASH_CS_HIGH();//SPI 片选无效

  /*  SPI2 configuration * /
  SPI_InitStructure.SPI_Direction=SPI_Direction_2Lines_FullDuplex;//SPI 设置为
双线双向全双工
  SPI_InitStructure.SPI_Mode=SPI_Mode_Master;   //设置为主 SPI
  SPI_InitStructure.SPI_DataSize=SPI_DataSize_8b;//SPI 发送接收 8 位帧结构
  SPI_InitStructure.SPI_CPOL=SPI_CPOL_High;   //时钟悬空高
  SPI_InitStructure.SPI_CPHA=SPI_CPHA_2Edge;//数据捕获于第二个时钟沿
  SPI_InitStructure.SPI_NSS=SPI_NSS_Soft;   //内部 NSS 信号由 SSI 位控制
  SPI_InitStructure.SPI_BaudRatePrescaler=SPI_BaudRatePrescaler_4;//波特率预分
频值为 4,通信时钟由主 SPI 的时钟分频而得,不需要设置从 SPI 的时钟
  SPI_InitStructure.SPI_FirstBit=SPI_FirstBit_MSB;//数据传输从 MSB 位开始
  SPI_InitStructure.SPI_CRCPolynomial=7;//定义了用于 CRC 值计算的多项式
  SPI_Init(SPI2,&SPI_InitStructure);//根据 SPI_InitStruct 中指定的参数初始化外设
SPI2 寄存器

  SPI_Cmd(SPI2,ENABLE);//使能 SPI2 外设
}
```

3. 实验过程与现象

实验过程:见上册的 4.2 节。

实验现象:AS-07 V2 实验板的 LCD 显示读写 W25Q32 的结果和 LED1 显示读取 SPI Flash ID 正确结果如图 5-186 所示,AS-07 V2 的 USART1 显示读写 W25Q32 的结果如图 5-187 所示。

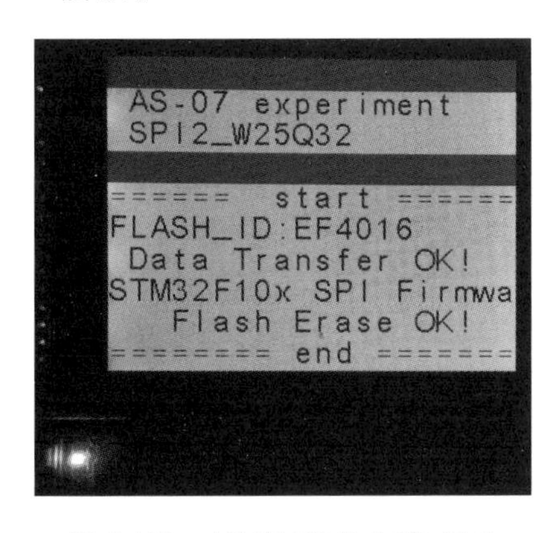

图 5-186　AS-07 V2 的 LCD 显示读写 W25Q32 的结果

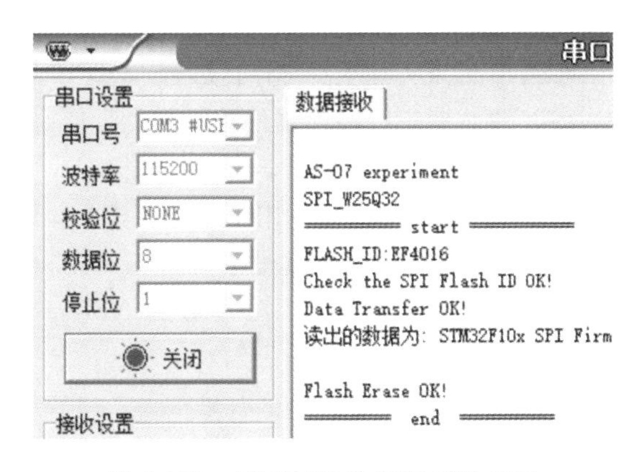

图 5-187　AS-07 V2 的 USART1 显示读写 W25Q32 的结果

5.12.7　SPI 编程应用(实验 5-26)

【实验 5-26】　W25Q32 读写(Proteus 仿真 STM32 硬件 SPI)。

此示例演示 Proteus 仿真 STM32F103R6 通过 STM32 的硬件 SPI 接口驱动 M45PE40。

1. 硬件设计

硬件设计如图 5-188 所示。

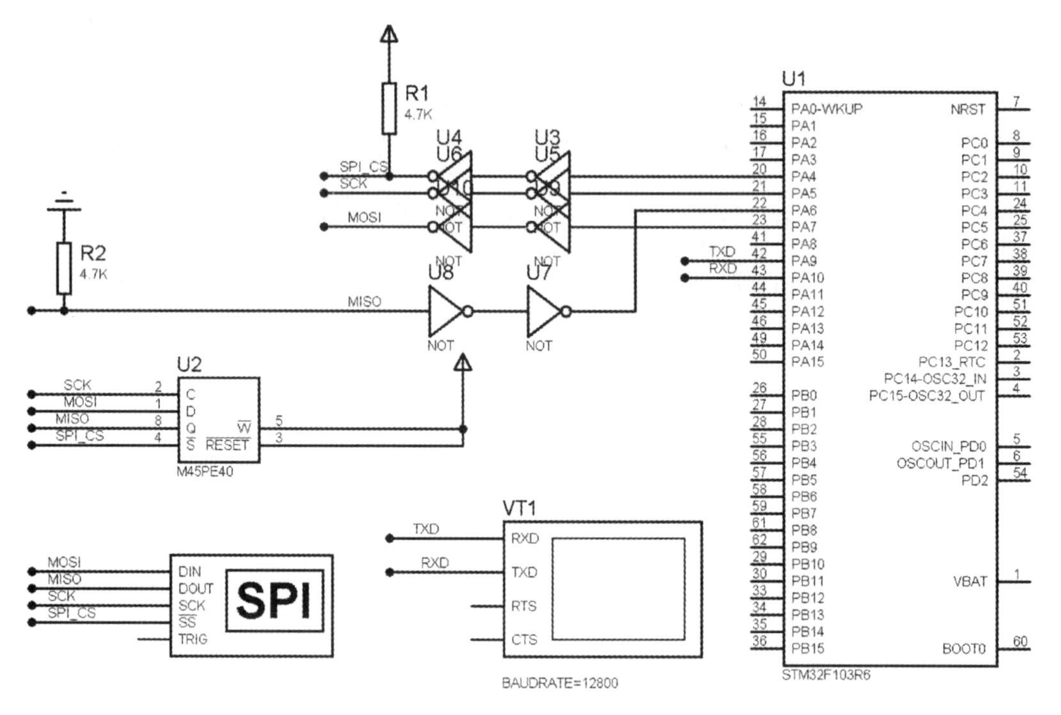

图 5-188 Proteus 仿真 STM32 的硬件 SPI 接口驱动 M45PE40

2. 软件设计(编程)

(1) 设计分析。

基本上与实验 5-25 相同,没有 LCD 和 USART1 显示及 SPI Flash 擦除,使用 SPI1,使用 SPI 调试器观察实验过程和结果。

(2) 程序源码与分析。

基本上与实验 5-25 相同,没有 LCD 和 USART1 显示及 SPI Flash 擦除,使用 SPI1,使用 SPI 调试器观察实验过程和结果。

从地址 0,连续写入 3 字节数据 ABC。

3. 实验过程与现象

实验过程:参见 5.2.3 小节(实验 5-1)。

实验现象:仿真结果如图 5-189 和图 5-190 所示。

注意观察到指令:允许写入(06h),页编程(02h);读状态寄存器 1(05h)、禁止写入(04h)、读数据(03h)。

大方框为 1 个读写周期或过程,从"绿灯"开始到"X 绿灯"结束。

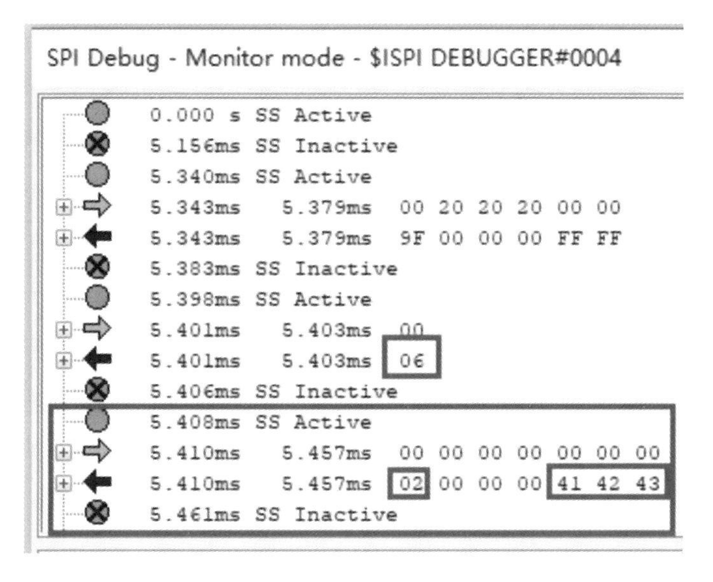

图 5-189 Proteus 仿真 M45PE40 读写的 SPI 调试器结果:写入 ABC

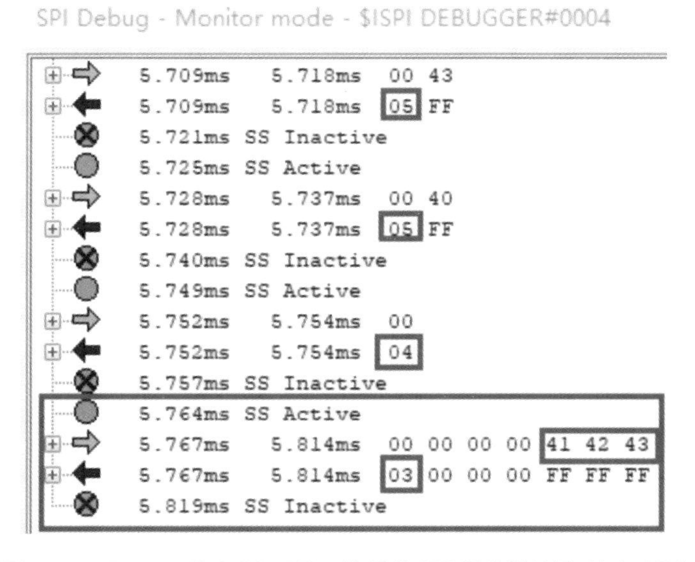

图 5-190 Proteus 仿真 M45PE40 读写的 SPI 调试器结果:读出 ABC

5.12.8 SPI 编程应用(实验 5-27)

【实验 5-27】 W25Q32 读写(Proteus 仿真 STM32 模拟 SPI2)。

此示例演示 Proteus 仿真 STM32F103R6 使用软件模拟 SPI 接口驱动 M45PE40,使用 STM32 硬件 SPI 接口驱动 LCD(ST7735R),并将实验过程和结果使用 LCD(ST7735R)显示。

1. 硬件设计

硬件设计如图 5-191 所示。

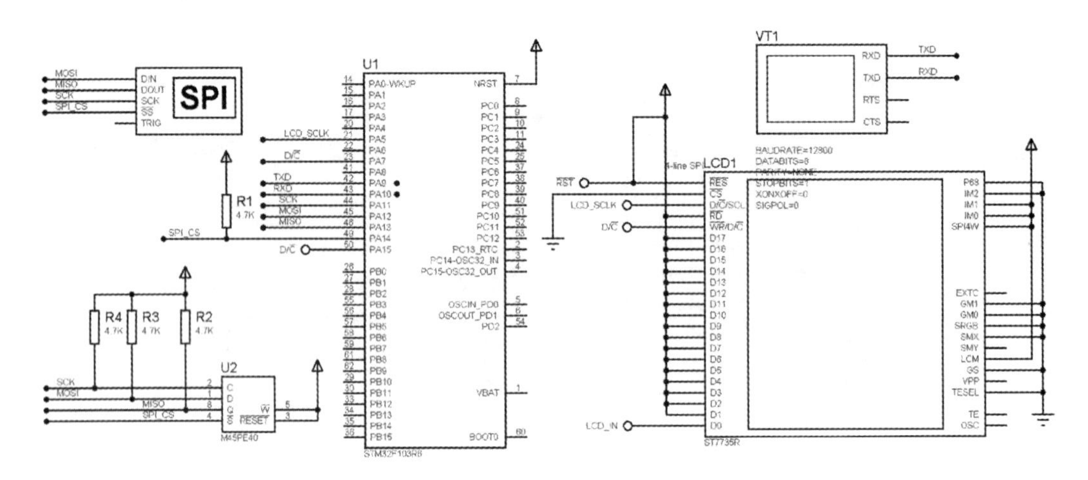

图 5-191　Proteus 仿真 SPI 接口驱动 M45PE40 和 LCD(ST7735R)

2. 软件设计(编程)

(1) 设计分析。

使用 STM32 硬件 SPI 接口驱动 LCD(ST7735R),与实验 5-13 相同。

软件模拟 SPI,参照 SPI 读写时序编程(见图 5-178 和图 5-179)。

(2) 程序源码与分析。

①main 函数。

```
int main(void)
{
running=0;
uint16_t i;
uint8_t offset=0;
HAL_Init();
SystemClock_Config();
MX_GPIO_Init();
MX_USART1_UART_Init();
printf("M45PE40E SPI test");

SPI_Initializes();//初始化 SPI
SPI_FLASH_BufferWrite((uint8_t* )"hello",55,5);//从地址 55,连续写入 5 字节数
据 hello
SPI_FLASH_BufferRead(Rx_Buffer,55,5);          //从地址 55,连续读出 5 字节数据
printf(Rx_Buffer,5);                   //打印读出数据
MX_SPI1_Init();
init_display_context(& lcd_ctx);//初始化显示字体
tft_init();//初始化 TFT LCD 24c02_Read:
```

```
    text(&lcd_ctx,"M45PE40_Read Data is:",2,3,0xFF0000);//显示字符
    text(&lcd_ctx,(char * )Rx_Buffer,2,15,0xFF0000);//显示字符
    text(&lcd_ctx,"20190605,Mr.zhou周老师!",2,27,0xFF0000);//显示字符
    LCD_square(50,50,50,50,0xF80000);//画矩形
    while(1)
    {
    }
}
```

②SPI模拟引脚宏定义。

```
# define SPI_SCK_LOW GPIO_ResetBits(GPIOA,GPIO_Pin_11)
# define SPI_SCK_HIGH   GPIO_SetBits(GPIOA,GPIO_Pin_11)

# define SPI_MOSI_LOW   GPIO_ResetBits(GPIOA,GPIO_Pin_12)
# define SPI_MOSI_HIGH  GPIO_SetBits(GPIOA,GPIO_Pin_12)

# defineSPI_MISO_READ GPIO_ReadInputDataBit(GPIOA,GPIO_Pin_13) /* 读MISO线 *
/
# define SPI_FLASH_CS_LOW()    GPIO_ResetBits(GPIOA,GPIO_Pin_14)
# define SPI_FLASH_CS_HIGH()    GPIO_SetBits(GPIOA,GPIO_Pin_14)
```

③SPI初始化函数SPI_Initializes。

```
void SPI_FLASH_Init(void)
{
GPIO_InitTypeDef GPIO_InitStruct;

  __HAL_RCC_GPIOA_CLK_ENABLE();

  /* Configure GPIO pins :PA11=SCK PA12=MOSI PA14=SPI_CS * /
  GPIO_InitStruct.Pin=GPIO_PIN_11|GPIO_PIN_12|GPIO_PIN_14;
  GPIO_InitStruct.Mode=GPIO_MODE_OUTPUT_PP;
  GPIO_InitStruct.Pull=GPIO_NOPULL;
  GPIO_InitStruct.Speed=GPIO_SPEED_FREQ_LOW;
  HAL_GPIO_Init(GPIOA,&GPIO_InitStruct);

  /* Configure GPIO pin :PA13=MISO * /
  GPIO_InitStruct.Pin=GPIO_PIN_13;
  GPIO_InitStruct.Mode=GPIO_MODE_INPUT;
  GPIO_InitStruct.Pull=GPIO_NOPULL;
  HAL_GPIO_Init(GPIOA,&GPIO_InitStruct);

  SPI_FLASH_CS_HIGH();
  SPI_SCK_HIGH;
  SPI_MOSI_HIGH;
}
```

④SPI 写一字节数据函数 SPI_FLASH_SendByte。

```
voidSPI_FLASH_SendByte(u8 byte)//模式 0 写函数
{
  uint8_t n;
  for(n=0;n<8;n++)
  {
    SPI_SCK_LOW;                //时钟-低

    if(byte & 0x80)             //发送数据
      SPI_MOSI_HIGH;
    else
      SPI_MOSI_LOW;
    byte <<=1;
    SPI_SCK_HIGH;               //时钟-高
   }
    SPI_SCK_LOW;                //时钟-低
}
```

⑤SPI 读一字节数据函数 SPI_ReadByte。

```
uint8_t SPI_ReadByte(void)        //模式 0 读数据
{
  uint8_t n;
  uint8_tData=0;

  for(cnt=0;cnt<8;cnt++)
  {
    SPI_SCK_LOW;
    Data <<=1;
    if(SPI_MISO_READ)             //读取数据
    {
      Data |=0x01;
    }
    else
    Data &=0xfe;
    SPI_SCK_HIGH;
  }
  SPI_SCK_LOW;
  return Data;
}
```

3. 实验过程与现象

实验过程:参见 5.2.3 小节(实验 5-1)。

实验现象:仿真结果如图 5-192 所示。

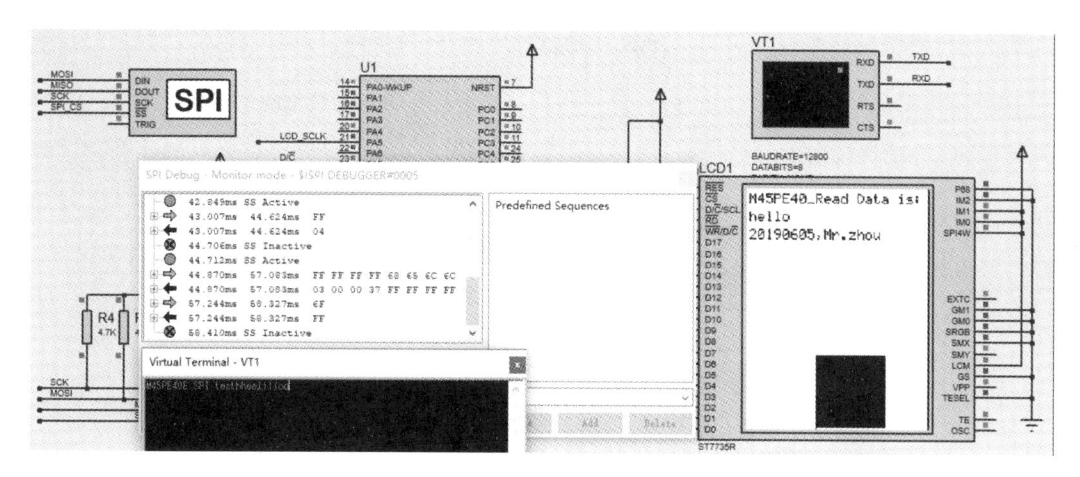

图 5-192　Proteus 仿真 M45PE40 读写：读出 ABC

5.13　通用串行总线

STM32F103xx 增强型系列产品，内嵌一个兼容全速 USB(universal serial bus，通用串行总线)的设备控制器，遵循全速 USB 设备(12 兆位/秒)标准，端点可由软件配置，具有待机/唤醒功能。USB 专用的 48 MHz 时钟由内部主 PLL 直接产生(时钟源必须是一个 HSE 晶体振荡器)。

5.13.1　USB 简介

USB 外设实现了 USB2.0 全速总线和 APB1 总线间的接口。

USB 外设支持 USB 挂起/恢复操作，可以停止设备时钟实现低功耗。

5.13.2　USB 主要特性

(1)符合 USB2.0 全速设备的技术规范。

(2)可配置 1 到 8 个 USB 端点。

(3)CRC(循环冗余校验)生成/校验，反向不归零(NRZI)编码/解码和位填充。

(4)支持同步传输。

(5)支持批量/同步端点的双缓冲区机制。

(6)支持 USB 挂起/恢复操作。

(7)帧锁定时钟脉冲生成。

USB 和 CAN 共用一个专用的 512 字节的 SRAM 存储器用于数据的发送和接收，因此不能同时使用 USB 和 CAN(共享的 SRAM 被 USB 和 CAN 模块互斥地访问)。USB 和 CAN 可以同时用于一个应用但不能在同一个时间使用。

图 5-193 是 USB 外设的方框图。

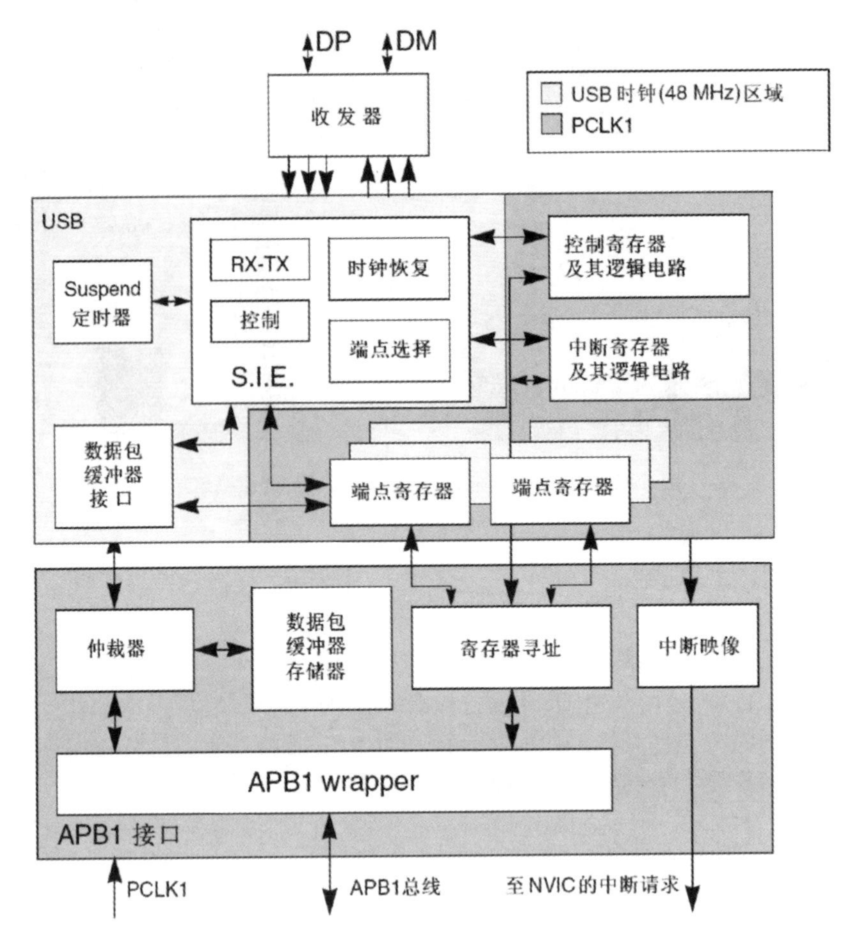

图 5-193　USB 外设的方框图

5.13.3　USB 功能描述

USB 模块为 PC 主机和微控制器所实现的功能之间提供了符合 USB 规范的通信连接。PC 主机和微控制器之间的数据传输是通过共享一专用的数据缓冲区来完成的，该数据缓冲区能被 USB 外设直接访问。这块专用数据缓冲区的大小由所使用的端点数目和每个端点最大的数据分组大小所决定，每个端点最大可使用 512 字节缓冲区，最多可用于 16 个单向或 8 个双向端点。USB 模块同 PC 主机通信，根据 USB 规范实现令牌分组的检测、数据发送/接收的处理和握手分组的处理。整个传输的格式由硬件完成，其中包括 CRC 的生成和校验。

5.13.4　USB 功能模块描述

USB 模块实现了标准 USB 接口的所有特性，它由以下部分组成。

(1)串行接口控制器(SIE)　该模块包括的功能有：帧头同步域的识别，位填充，CRC 的产生和校验，PID 的验证/产生和握手分组处理等。它与 USB 收发器交互，利用分组缓冲接口提供的虚拟缓冲区存储局部数据。

(2)定时器 本模块的功能是产生一个与帧开始报文同步的时钟脉冲,并在3ms内没有数据传输的状态,检测出(主机的)全局挂起条件。

(3)分组缓冲器接口 此模块管理那些用于发送和接收的临时本地内存单元。它根据SIE的要求分配合适的缓冲区,并定位到端点寄存器所指向的存储区地址。它在每个字节传输后,自动递增地址,直到数据分组传输结束。它记录传输的字节数并防止缓冲区溢出。

(4)端点相关寄存器 每个端点都有一个与之相关的寄存器,用于描述端点类型和当前状态。对于单向和单缓冲器端点,一个寄存器就可以用于实现两个不同的端点。一共8个寄存器,可以用于实现最多16个单向/单缓冲的端点或者7个双缓冲的端点或者这些端点的组合。例如,可以同时实现4个双缓冲端点和8个单缓冲/单向端点。

(5)控制寄存器 这些寄存器包含整个USB模块的状态信息,用来触发诸如恢复,低功耗等USB事件。

(6)中断寄存器 这些寄存器包含中断屏蔽信息和中断事件的记录信息。配置和访问这些寄存器可以获取中断源,中断状态等信息,并能清除待处理中断的状态标志。

注意:端点0总是作为单缓冲模式下的控制端点。

USB模块通过APB1接口部件与APB1总线相连,APB1接口部件包括以下部分:

(7)分组缓冲区 数据分组缓存在分组缓冲区中,它由分组缓冲接口控制并创建数据结构。应用软件可以直接访问该缓冲区。它的大小为512字节,由256个16位的字构成。

(8)仲裁器 该部件负责处理来自APB1总线和USB接口的存储器请求。它通过向APB1提供较高的访问优先权来解决总线的冲突,并且总是保留一半的存储器带宽供USB完成传输。它采用时分复用的策略实现了虚拟的双端口SRAM,即在USB传输的同时,允许应用程序访问存储器。此策略也允许任意长度的多字节APB1传输。

(9)寄存器映射单元 此部件将USB模块的各种字节宽度和位宽度的寄存器映射成能被APB1寻址的16位宽度的内存集合。

(10)APB1封装 此部件为缓冲区和寄存器提供了到APB1的接口,并将整个USB模块映射到APB1地址空间。

(11)中断映射单元 将可能产生中断的USB事件映射到三个不同的NVIC请求线上:

① USB低优先级中断(通道20):可由所有USB事件触发(正确传输,USB复位等)。固件在处理中断前应当首先确定中断源。

② USB高优先级中断(通道19):仅能由同步和双缓冲批量传输的正确传输事件触发,目的是保证最大的传输速率。

③ USB唤醒中断(通道42):由USB挂起模式的唤醒事件触发。

5.13.5 USB固件

USB固件见D:\Keil\ARM\Examples\ST\STM32F10xUSBLib。

5.13.6 USB编程应用(实验5-28)

【实验5-28】 USB鼠标。

本演示提供了如何在 STM32F10X 设备上使用 USB。

STM32F10X 设备被枚举为 USB 操纵杆鼠标，使用 PC 主机 USB HID 驱动程序。

安装在 AS-05 实验板上的按键用于模拟鼠标方向。

1. 硬件设计

硬件设计如图 5-194 和图 5-195 所示。

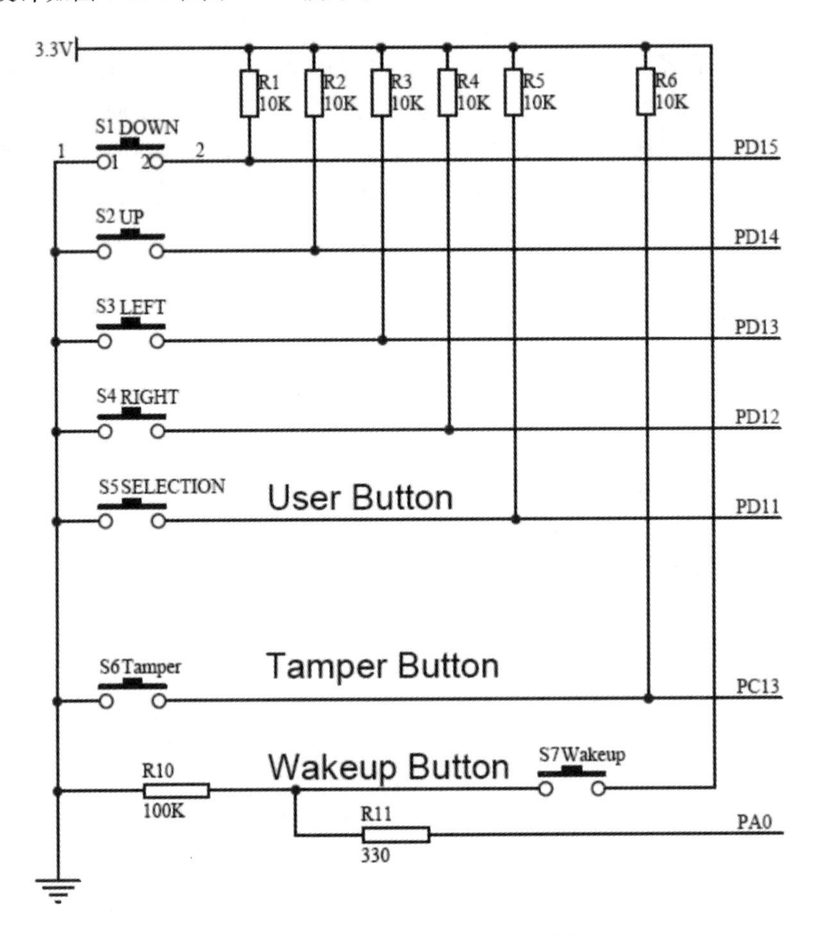

图 5-194 AS-05 实验板的按键设计

2. 软件设计(编程)

1) 设计分析

程序在 D:\Keil\ARM\Examples\ST\STM32F10xUSBLib\Demos\JoyStickMouse。

关键程序：USB_Init 和 Joystick_init 函数。

2) 程序源码与分析

①main 函数。

```
int main(void)
{
  Set_System();//
  USB_Interrupts_Config();
```

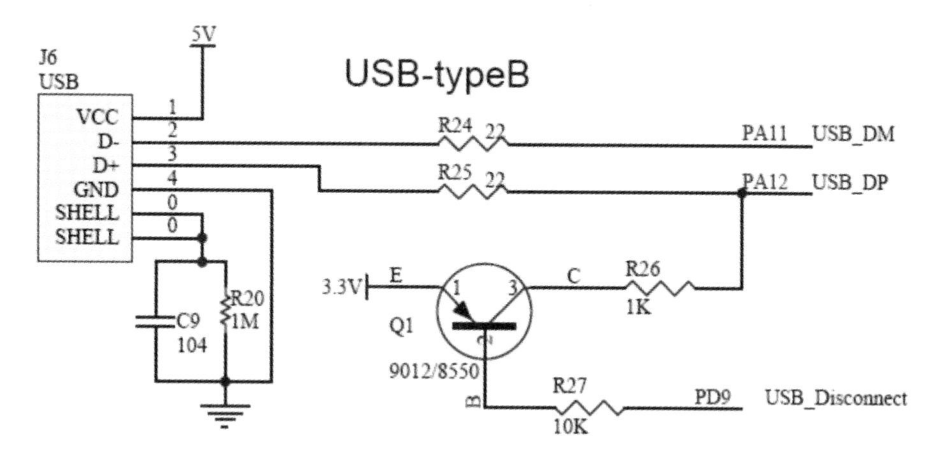

图 5-195　AS-05 实验板的 USB 接口设计

```
    Set_USBClock();
    USB_Init();  //USB 初始化
    while(1)
    {
      Delay(10000);
      if((JoyState()!=0)&(bDeviceState==CONFIGURED))
      {
        Joystick_Send(JoyState());
      }
    }
}
```

②USB 初始化函数 USB_Init。

```
void USB_Init(void)
{
  pInformation=&Device_Info;
  pInformation->ControlState=2;
  pProperty=&Device_Property;
  pUser_Standard_Requests=&User_Standard_Requests;
  /*  Initialize devices one by one * /
  pProperty->Init();// 摇杆(按键)初始化 Joystick_init.Joystick Mouse init routine.
}
```

③摇杆(按键)初始化函数 Joystick_init。

```
void Joystick_init(void)
{

  /*  Update the serial number string descriptor with the data from the unique
  ID* /
  Get_SerialNum();
```

```
    pInformation->Current_Configuration=0;
    /* Connect the device */
    PowerOn();
    /* USB interrupts initialization */
    _SetISTR(0);                  /* clear pending interrupts */
    wInterrupt_Mask=IMR_MSK;
    _SetCNTR(wInterrupt_Mask);/* set interrupts mask */

    bDeviceState=UNCONNECTED;
  }
```

④摇杆(按键)宏定义。

```
# define GPIO_Pin_KEY               GPIO_Pin_9    /* PB.09 */
# define GPIO_Pin_UP                GPIO_Pin_14   /* PD.08 */
# define GPIO_Pin_DOWN              GPIO_Pin_15   /* PD.14 */
# define GPIO_Pin_LEFT              GPIO_Pin_12   /* PE.01 */
# define GPIO_Pin_RIGHT             GPIO_Pin_13   /* PE.00 */

# define GPIO_RIGHT                 GPIOD
# define GPIO_LEFT                  GPIOD
# define GPIO_DOWN                  GPIOD
# define GPIO_UP                    GPIOD
# define GPIO_KEY                   GPIOD
```

3. 实验过程与现象

实验过程:见上册的 4.2 节。

实验现象:图 5-196 显示 AS-05 实验板的 USB 接口接入 PC 实现的 USB 鼠标。

5.13.7 USB 编程应用(实验 5-29)

【实验 5-29】 USB 存储器。

大容量存储演示提供了一个典型的示例,说明如何使用 STM32F10XXX USB 外设与 PC 主机进行大容量传输的通信。

此演示支持 BOT(bulk only transfer,仅批量传输)协议和所有需要的 SCSI(small computer system interface,小型计算机系统接口)命令,并与 Windows XP(SP1/SP2) 和 Windows 2000(SP4)兼容。

1. 硬件设计

硬件设计见实验 5-28。

2. 软件设计(编程)

1) 设计分析

程序在 D:\Keil\ARM\Examples\ST\STM32F10xUSBLib\Demos\Mass_Storage。

关键程序:USB_Init 和 MASS_init 函数。

图 5-196　AS-05 实验板的 USB 接口接入 PC 实现的 USB 鼠标

2）程序源码与分析

①main 函数。

```
int main(void)
{
  Set_System();
  Set_USBClock();
  Led_Config();
  USB_Interrupts_Config();
  USB_Init();  //USB 初始化
  while(bDeviceState !=CONFIGURED);

  USB_Configured_LED();

  while(1)
  {}
}
```

②USB 初始化函数 USB_Init。

```
void USB_Init(void)
{
  pInformation=&Device_Info;
  pInformation->ControlState=2;
  pProperty=&Device_Property;
  pUser_Standard_Requests=&User_Standard_Requests;
  /* Initialize devices one by one */
  pProperty->Init();//存储器初始化 MASS_init
}
```

③存储器初始化函数 MASS_init。

```
void MASS_init()
{
  /* Update the serial number string descriptor with the data from the unique
  ID* /
  Get_SerialNum();

  pInformation→Current_Configuration=0;

  /* Connect the device * /
  PowerOn();

  /* USB interrupts initialization * /
  /* clear pending interrupts * /
  _SetISTR(0);
  wInterrupt_Mask=IMR_MSK;
  /* set interrupts mask * /
  _SetCNTR(wInterrupt_Mask);

  bDeviceState=UNCONNECTED;
}
```

3. 实验过程与现象

实验过程:见上册的 4.2 节。

实验现象:如图 5-197 显示 AS-05 实验板的 USB 接口接入 PC 实现的 U 盘。

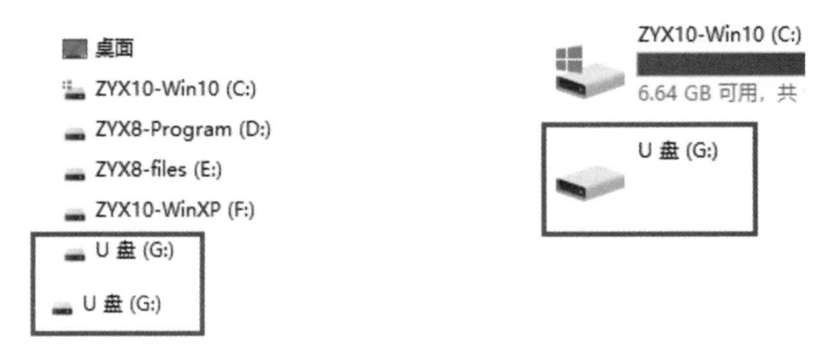

图 5-197　AS-05 实验板的 USB 接口接入 PC 实现的 U 盘

5.13.8　USB 编程应用(实验 5-30)

【实验 5-30】　USB 虚拟串口。

在现在的 PC 中,USB 是几乎所有外围设备的标准通信端口。然而,许多工业软件应用程序仍然使用经典的 COM 端口(UART)。

虚拟 COM 端口演示提供了一个简单的解决方案来绕过这个问题;它通过 COM 端口与 USB 通信设计的传统 PC 应用程序,将 USB 用作 COM 端口。

这个虚拟 COM 端口范例为 STM32F10XXX 系列提供了固件示例。

1. 硬件设计

硬件设计见实验 5-28。

2. 软件设计(编程)

1) 设计分析

程序在 D:\Keil\ARM\Examples\ST\STM32F10xUSBLib\Demos\Virtual_COM_Port。

关键程序:USB_Init 和 Virtual_Com_Port_init 函数。

2) 程序源码与分析

①main 函数。

```
int main(void)
{
  Set_System();
  Set_USBClock();
  USB_Interrupts_Config();
  USB_Init();  //USB初始化

  while(1)
  {
    if((count_out != 0)&&(bDeviceState==CONFIGURED))
    {
      USB_To_USART_Send_Data(&buffer_out[0],count_out);
      count_out=0;
    }
  }
}
```

②USB 初始化函数 USB_Init。

```
void USB_Init(void)
{
  pInformation=&Device_Info;
  pInformation->ControlState=2;
  pProperty=&Device_Property;
  pUser_Standard_Requests=&User_Standard_Requests;
  /*  Initialize devices one by one * /
  pProperty->Init();//初始化虚拟串口
```

③虚拟串口初始化函数 Virtual_Com_Port_init。

```
void Virtual_Com_Port_init(void)
{
  /*  Update the serial number string descriptor with the data from the unique
  ID* /
  Get_SerialNum();

  pInformation→Current_Configuration=0;

  /*  Connect the device * /
  PowerOn();
  /*  USB interrupts initialization * /
  /*  clear pending interrupts * /
  _SetISTR(0);
  wInterrupt_Mask=IMR_MSK;
  /*  set interrupts mask * /
  _SetCNTR(wInterrupt_Mask);

  /*  configure the USART 1 to the default settings * /
  USART_Config_Default();

  bDeviceState=UNCONNECTED;
}
```

3. 实验过程与现象

实验过程:见上册的 4.2 节。

实验现象:如图 5-198 显示 AS-05 实验板的 USB 接口接入 PC 实现的虚拟串口。

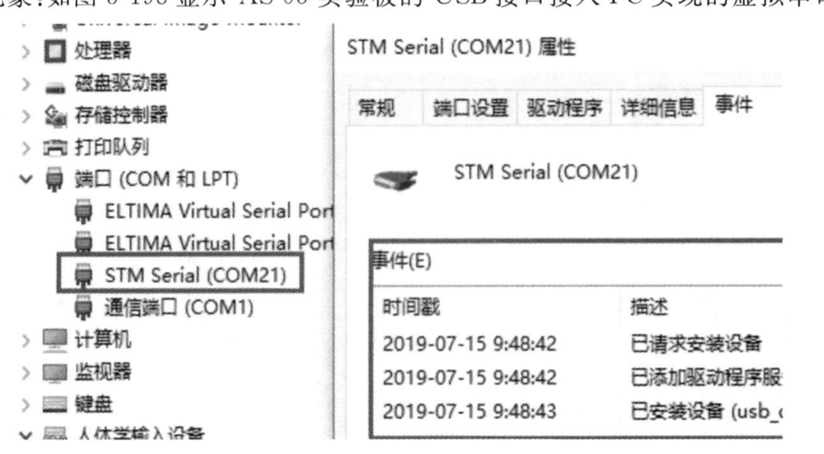

图 5-198　AS-05 实验板的 USB 接口接入 PC 实现的虚拟串口

5.14 模拟/数字转换器

STM32F103xx增强型产品内嵌2个12位模拟/数字转换器ADC(analog-to-digital converter),每个ADC共用多达16个外部通道,可以实现单次或扫描转换。在扫描模式下,自动进行在选定的一组模拟输入上的转换。

ADC接口上的其他逻辑功能包括:同步的采样和保持;交叉的采样和保持;单次采样。

ADC可以使用DMA操作。

模拟看门狗功能允许非常精准地监视一路、多路或所有选中的通道,当被监视的信号超出预置的阈值时,将产生中断。

由标准定时器(TIMx)和高级控制定时器(TIM1和TIM8)产生的事件,可以分别内部级联到ADC的开始触发和注入触发,应用程序能使AD转换与时钟同步。

5.14.1 ADC介绍

12位ADC是一种逐次逼近型模拟数字转换器。它多达18个通道,可测量16个外部和2个内部信号源。各通道的A/D转换可以单次、连续、扫描或间断模式执行。ADC的结果可以左对齐或右对齐方式存储在16位数据寄存器中。

模拟看门狗特性允许应用程序检测输入电压是否超出用户定义的高/低阈值。

ADC的输入时钟不得超过14 MHz,它是由PCLK2经分频产生。

5.14.2 ADC主要特性

(1)12位分辨率。

(2)转换结束、注入转换结束和发生模拟看门狗事件时产生中断。

(3)单次和连续转换模式。

(4)从通道0到通道n的自动扫描模式。

(5)自校准。

(6)带内嵌数据一致性的数据对齐。

(7)采样间隔可以按通道分别编程。

(8)规则转换和注入转换均有外部触发选项。

(9)间断模式。

(10)双重模式(带2个或以上ADC的器件)。

(11)ADC转换时间:时钟为56 MHz时为1μs(时钟为72 MHz为1.17μs)。

(12)ADC供电要求:2.4～3.6V。

(13)ADC输入范围:$V_{REF-} \leqslant V_{IN} \leqslant V_{REF+}$。

(14)规则通道转换期间有DMA请求产生。

图5-199所示的是ADC模块的方框图。注意:如果有V_{REF-}引脚(取决于封装),必须和V_{SSA}相连接。

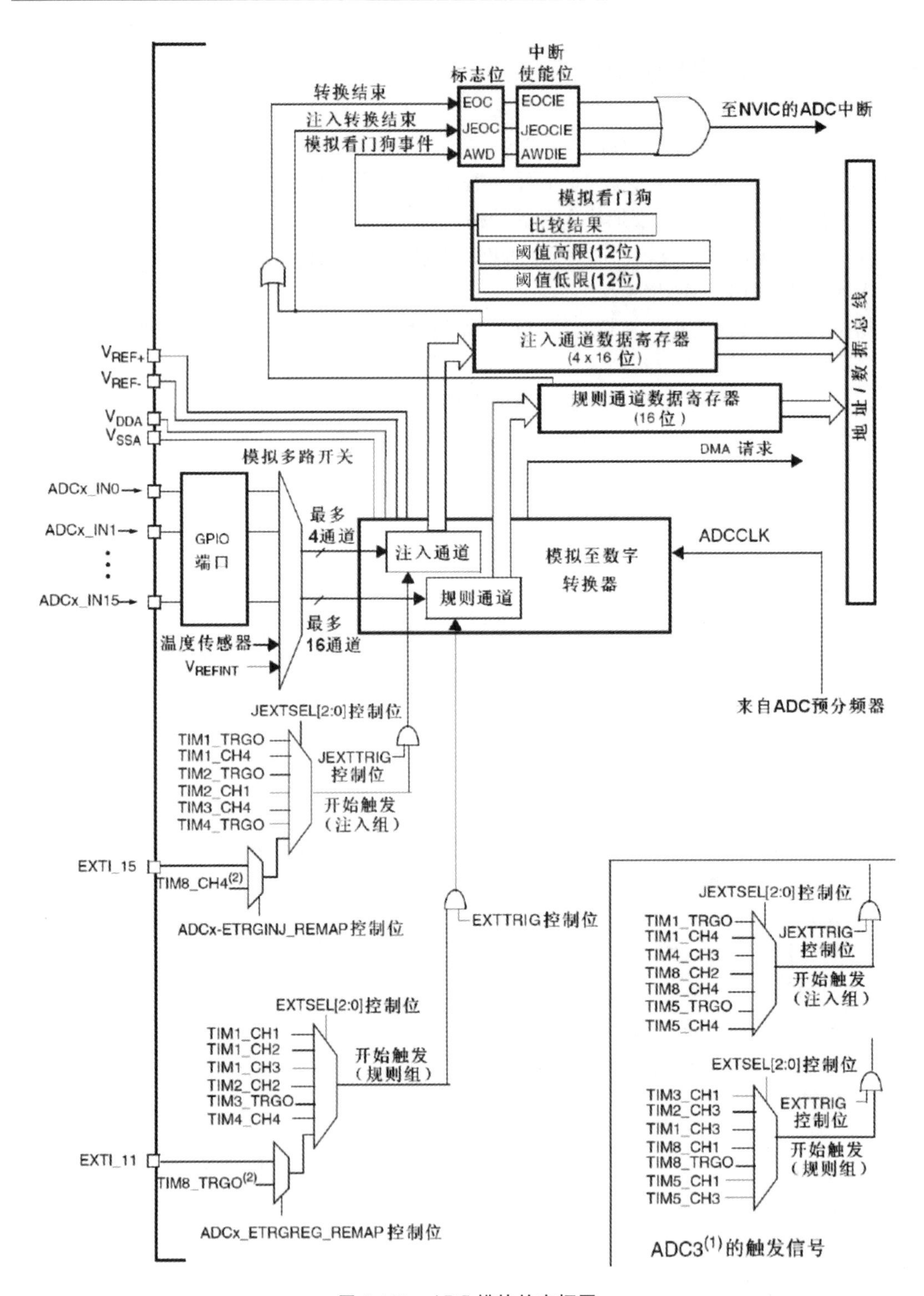

图 5-199 ADC 模块的方框图

5.14.3 ADC寄存器结构

ADC寄存器结构,ADC_TypeDef,定义于文件"stm32f10x_map.h"如下:

```
typedef struct
{ vu32 SR;
vu32 CR1;
vu32 CR2;
vu32 SMPR1;
vu32 SMPR2;
vu32 JOFR1;
vu32 JOFR2;
vu32 JOFR3;
vu32 JOFR4;
vu32 HTR;
vu32 LTR;
vu32 SQR1;
vu32 SQR2;
vu32 SQR3;
vu32 JSQR;
vu32 JDR1;
vu32 JDR2;
vu32 JDR3;
vu32 JDR4;
vu32 DR;
} ADC_TypeDef;
```

5.14.4 ADC寄存器

表5-39给出了ADC寄存器。

表5-39 ADC寄存器

寄存器	描述
SR	ADC状态寄存器
CR1	ADC控制寄存器1
CR2	ADC控制寄存器2
SMPR1	ADC采样时间寄存器1
SMPR2	ADC采样时间寄存器2
JOFR1	ADC注入通道偏移寄存器1
JOFR2	ADC注入通道偏移寄存器2
JOFR3	ADC注入通道偏移寄存器3

续表

寄存器	描述
JOFR4	ADC 注入通道偏移寄存器 4
HTR	ADC 看门狗高阈值寄存器
LTR	ADC 看门狗低阈值寄存器
SQR1	ADC 规则序列寄存器 1
SQR2	ADC 规则序列寄存器 2
SQR3	ADC 规则序列寄存器 3
JSQR1	ADC 注入序列寄存器
DR1	ADC 规则数据寄存器 1
DR2	ADC 规则数据寄存器 2
DR3	ADC 规则数据寄存器 3
DR4	ADC 规则数据寄存器 4

5.14.5 ADC 固件库函数

表 5-40 为 ADC 固件库函数列表。

表 5-40 ADC 固件库函数

函数名	描述
ADC_DeInit	将外设 ADCx 的全部寄存器重设为缺省值
ADC_Init	根据 ADC_InitStruct 中指定的参数初始化外设 ADCx 的寄存器
ADC_StructInit	把 ADC_InitStruct 中的每一个参数按缺省值填入
ADC_Cmd	使能或者失能指定的
ADC_DMACmd	使能或者失能指定的 ADC 的 DMA 请求
ADC_ITConfig	使能或者失能指定的 ADC 的中断
ADC_ResetCalibration	重置指定的 ADC 的校准寄存器
ADC_GetResetCalibrationStatus	获取 ADC 重置校准寄存器的状态
ADC_StartCalibration	开始指定 ADC 的校准程序
ADC_GetCalibrationStatus	获取指定 ADC 的校准状态
ADC_SoftwareStartConvCmd	使能或者失能指定的 ADC 的软件转换启动功能
ADC_GetSoftwareStartConvStatus	获取 ADC 软件转换启动状态
ADC_DiscModeChannelCountConfig	对 ADC 规则组通道配置间断模式
ADC_DiscModeCmd	使能或者失能指定的 ADC 规则组通道的间断模式

续表

函数名	描述
ADC_RegularChannelConfig	设置指定ADC的规则组通道,设置它们的转化顺序和采样时间
ADC_ExternalTrigConvConfig	使能或者失能ADCx的经外部触发启动转换功能
ADC_GetConversionValue	返回最近一次ADCx规则组的转换结果
ADC_GetDuelModeConversionValue	返回最近一次双ADC模式下的转换结果
ADC_AutoInjectedConvCmd	使能或者失能指定ADC在规则组转化后自动开始注入组转换
ADC_InjectedDiscModeCmd	使能或者失能指定ADC的注入组间断模式
ADC_ExternalTrigInjectedConvConfig	配置ADCx的外部触发启动注入组转换功能
ADC_ExternalTrigInjectedConvCmd	使能或者失能ADCx的经外部触发启动注入组转换功能
ADC_SoftwareStartinjectedConvCmd	使能或者失能ADCx软件启动注入组转换功能
ADC_GetsoftwareStartinjectedConvStatus	获取指定ADC的软件启动注入组转换状态
ADC_InjectedChannleConfig	设置指定ADC的注入组通道,设置它们的转化顺序和采样时间
ADC_InjectedSequencerLengthConfig	设置注入组通道的转换序列长度
ADC_SetinjectedOffset	设置注入组通道的转换偏移值
ADC_GetInjectedConversionValue	返回ADC指定注入通道的转换结果
ADC_AnalogWatchdogCmd	使能或者失能指定单个/全体,规则/注入组通道上的模拟看门狗
ADC_AnalogWatchdogThresholdsConfig	设置模拟看门狗的高/低阈值
ADC_AnalogWatchdogSingleChannelConfig	对单个ADC通道设置模拟看门狗
ADC_TampSensorVrefintCmd	使能或者失能温度传感器和内部参考电压通道
ADC_GetFlagStatus	检查制定ADC标志位置1与否
ADC_ClearFlag	清除ADCx的待处理标志位
ADC_GetITStatus	检查指定的ADC中断是否发生
ADC_ClearITPendingBit	清除ADCx的中断待处理位

5.14.6 ADC编程应用(实验5-31)

【实验5-31】 SysTick生成1 ms的时基(ADC采样输出)。

此示例说明如何利用ADC来配置SysTick以生成1 ms的时基。系统时钟设置为72 MHz。

1. 硬件设计

见图5-200。

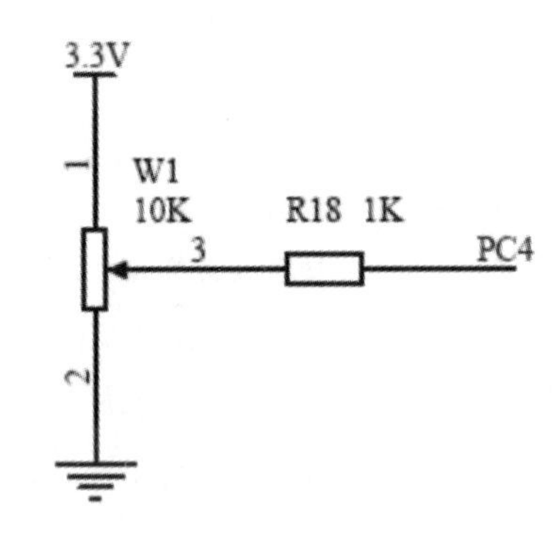

图 5-200 ADC 输入 PC.4(ADC 通道 14)

2. 软件设计(编程)

1) 设计分析

如果 SysTick 的时钟是 9 MHz(HCLK/8)则设置 SysTick 的重装值为 9000。

2) 程序源码与分析

①main 函数。

```
int main(void)
{
    ... ...
  ADC_InitStructure.ADC_Mode=ADC_Mode_Independent;// ADC1 和 ADC2 工作在独立模式
  ADC_InitStructure.ADC_ScanConvMode=DISABLE;//模数转换工作在单次(单通道)模式
  ADC_InitStructure.ADC_ContinuousConvMode=ENABLE;// 模数转换工作在连续模式
  ADC_InitStructure.ADC_ExternalTrigConv=ADC_ExternalTrigConv_None;//转换由软件
而不是外部触发启动
  ADC_InitStructure.ADC_DataAlign=ADC_DataAlign_Right;// ADC 数据右对齐
  ADC_InitStructure.ADC_NbrOfChannel=1;//转换通道 1 个
  ADC_Init(ADC1,&ADC_InitStructure);//根据 ADC_InitStruct 中指定的参数初始化外设
ADC1 的寄存器

  ADC_RegularChannelConfig(ADC1,ADC_Channel_14,1,ADC_SampleTime_55Cycles5);//选
择 ADC 外设 ADC1,选择 ADC 通道 14,规则组采样顺序 1,采样时间为 55.5 周期

  ADC_ITConfig(ADC1,ADC_IT_EOC,ENABLE);//ADC1 转换结束产生中断,在中断服务程序中读
取转换值

  ADC_Cmd(ADC1,ENABLE);//使能 ADC1,并开始转换

  ADC_ResetCalibration(ADC1);//重置指定的 ADC 的校准寄存器
  while(ADC_GetResetCalibrationStatus(ADC1));//等待 ADC 重置校准寄存器完成
  ADC_StartCalibration(ADC1);//开始指定 ADC 的校准状态
   while(ADC_GetCalibrationStatus(ADC1));//等待校准完成
  ADC_SoftwareStartConvCmd(ADC1,ENABLE);//使能指定的 ADC 的软件触发转换
```

```
  while(1)
  {
  }
}
```

②ADC1 和 ADC2 中断函数 ADC1_2_IRQHandler。

```
void ADC1_2_IRQHandler(void)
{
  char text[40];
  int AD_value1=ADC_GetConversionValue(ADC1);//返回最近一次 ADC1 规则组的转换结果
  float AD_value2=ADC_GetConversionValue(ADC1) *  3.3/4096;//转换为电压值

  sprintf(text,"AD_Value=0x% 04X",AD_value1);
  LCD_DisplayStringLine(Line5,(u8* )text);

  sprintf(text,"AD_Value=  % f V ",AD_value2);
  LCD_DisplayStringLine(Line6,(u8* )text);  //LCD 显示 ADC 转换的电压值

  ADC_ClearITPendingBit(ADC1,ADC_IT_AWD);//清除中断标志
}
```

③ADC 输出 GPIO 设置。

```
void GPIO_Configuration(void)
{
  GPIO_InitTypeDef GPIO_InitStructure;

  GPIO_InitStructure.GPIO_Pin=GPIO_Pin_4;// PC.4(ADC Channel 14)
  GPIO_InitStructure.GPIO_Mode=GPIO_Mode_AIN;//必须设置为模拟输入
  GPIO_Init(GPIOC,&GPIO_InitStructure);
}
```

3. 实验过程与现象

实验过程：见上册的 4.2 节。

实验现象：如图 5-201 所示，调整 AS-05 的 ADC 采样电阻，AS-05 的 LCD 显示 ADC 转换结果。

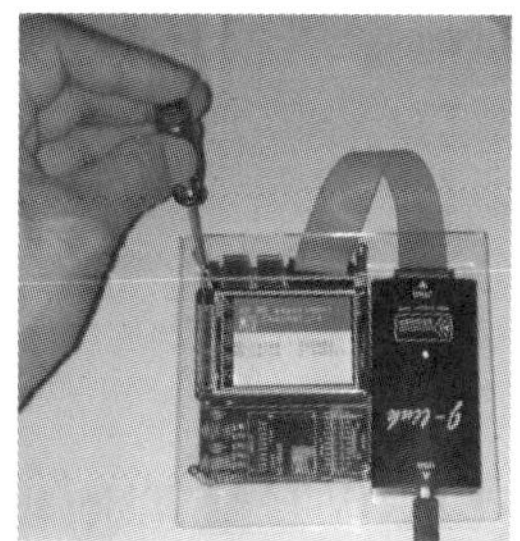
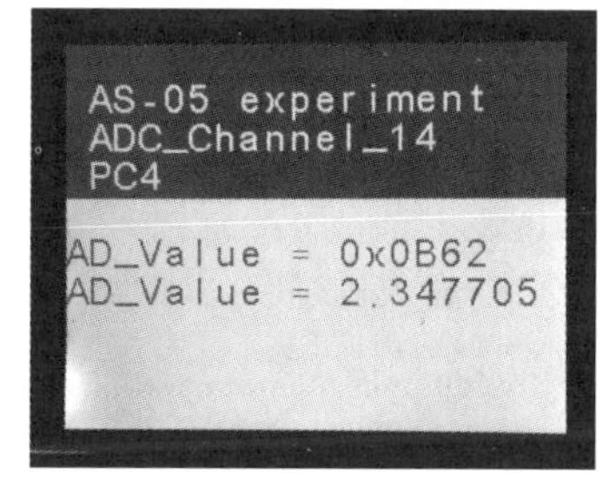

图 5-201　ADC 实验

5.14.7 ADC 编程应用(实验 5-32)

STM32 集成了片上的温度传感器,可以用来测量芯片内部的温度;STM32 内部温度传感器与 ADC 的通道 16 相连,与 ADC 配合使用实现温度测量;测量范围－40～125℃,精度±1.5℃。

温度传感器产生一个随温度线性变化的电压,转换范围在 2V＜VDDA＜3.6V 之间。温度传感器在内部被连接到 ADC12_IN16 的输入通道上,用于将传感器的输出转换到数字数值。

1. STM32 片上的温度传感器

温度传感器可以用来测量器件周围的温度(TA)。温度传感器在内部和 ADC1_IN16 输入通道相连接,此通道把传感器输出的电压转换成数字值。温度传感器模拟输入推荐采样时间是 17.1μs。

图 5-202 是温度传感器和 V_{REFINT} 通道的方框图。

当没有被使用时,传感器可以置于关电模式。

注意必须设置 TSVREFE 位激活内部通道:ADC1_IN16(温度传感器)和 ADC1_IN17(V_{REFINT})的转换。

温度传感器输出电压随温度线性变化,由于生产过程的变化,温度变化曲线的偏移在不同芯片上会有不同(最多相差 45℃)。

内部温度传感器更适合于检测温度的变化,而不是测量绝对的温度。如果需要测量精确的温度,应该使用一个外置的温度传感器。

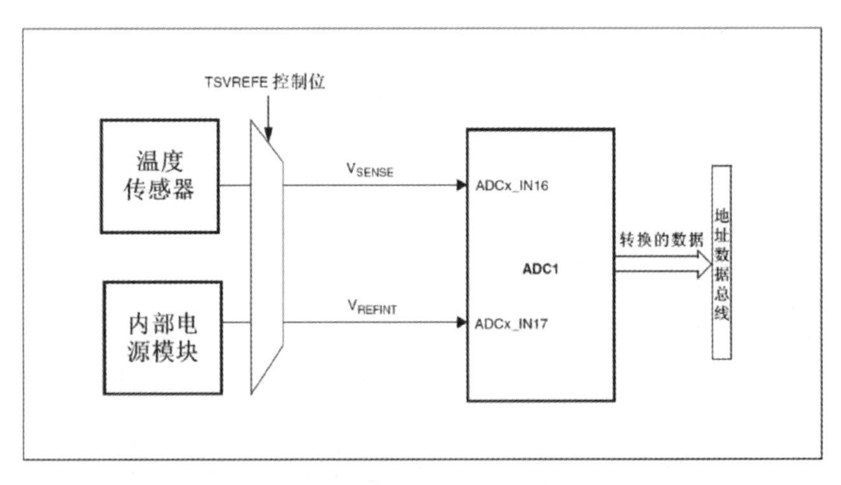

图 5-202 温度传感器和 V_{REFINT} 通道的方框图

2. 读取温度

(1)选择 ADC1_IN16 输入通道。

(2)选择采样时间为 17.1 μs。

(3)设置 ADC 控制寄存器 2(ADC_CR2) 的 TSVREFE 位,以唤醒关电模式下的温度传感器。

(4)通过设置 ADON 位启动 ADC 转换(或用外部触发)。

(5)读 ADC 数据寄存器上的 V_{SENSE} 数据结果。

(6)利用下列公式得出温度:

$$T(℃)=\{(V_{25}-V_{SENSE})/Avg\_Slope\}+25$$

式中:V_{25} 为 V_{SENSE} 在 25℃时的数值;

Avg_Slope 为温度与 V_{SENSE} 曲线的平均斜率(单位为 mV/℃ 或 μV/℃),参考数据手册的电气特性章节中 V_{25} 和 Avg_Slope 的实际值。

注意:传感器从关电模式唤醒后到可以输出正确水平的 V_{SENSE} 前,有一个建立时间。ADC 在上电后也有一个建立时间,因此为了缩短延时,应该同时设置 ADON 和 TSVREFE 位。

3. 温度传感器编程应用

【实验 5-32】 STM32 片内温度测量(AS-05,ADC1_IN16)。

此示例 ADC1_IN16 输入通道的 STM32 片内温度测量。

1)硬件设计

使用 LCD 显示和 USART1 显示,见前面的实验 5-7。

2)软件设计(编程)

(1) 设计分析。

使用 STM32 的内部温度传感器的配置步骤如图 5-203 所示,温度数值计算分析如图 5-204 所示。

使用STM32的内部温度传感器

配置步骤:

1. 设置ADC相关参数

```
// ADC1 configuration ------------------------------
ADC_InitStructure.ADC_Mode = ADC_Mode_Independent;
ADC_InitStructure.ADC_ScanConvMode = ENABLE;
ADC_InitStructure.ADC_ContinuousConvMode = ENABLE;
ADC_InitStructure.ADC_ExternalTrigConv = ADC_ExternalTrigConv_None;
ADC_InitStructure.ADC_DataAlign = ADC_DataAlign_Right;
ADC_InitStructure.ADC_NbrOfChannel = 1;
ADC_Init(ADC1, &ADC_InitStructure);
```

2. 选中ADC1的通道16作为输入

3. 设置采样时间17.1 us

4. 设置寄存器ADC_CR2中的TSVREFE位激活温度传感器

```
// ADC1 regular channel16 Temp Sensor configuration
ADC_RegularChannelConfig(ADC1, ADC_Channel_16, 1, ADC_SampleTime_55Cycles5);
// Enable the temperature sensor and vref internal channel
ADC_TempSensorVrefintCmd(ENABLE);
```

图 5-203　配置步骤

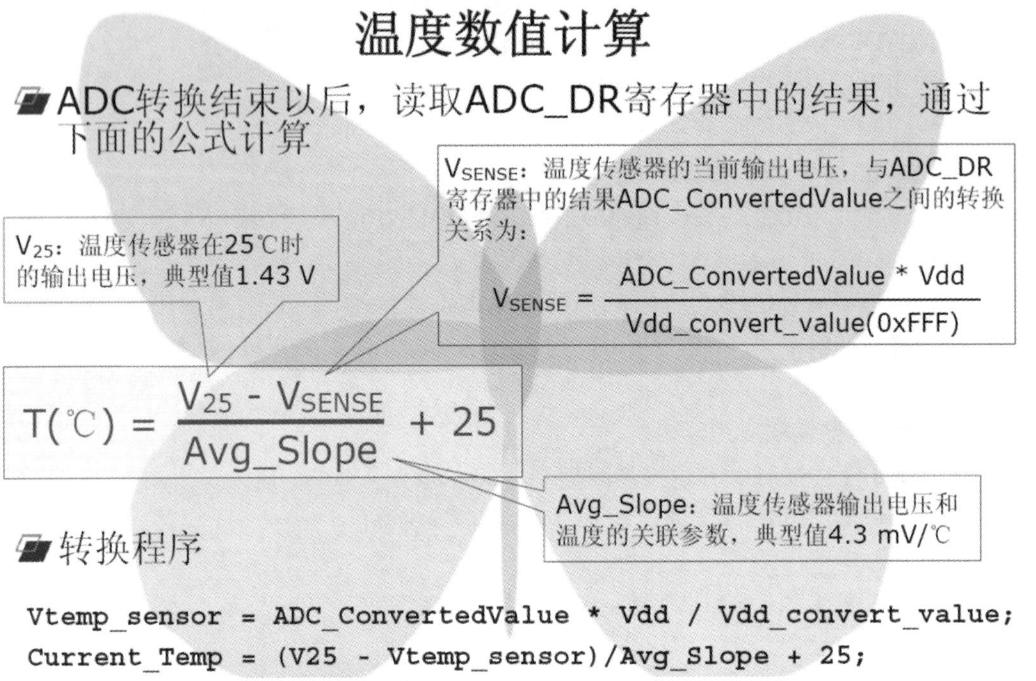

温度数值计算

- ADC转换结束以后，读取ADC_DR寄存器中的结果，通过下面的公式计算

V_{SENSE}：温度传感器的当前输出电压，与ADC_DR寄存器中的结果ADC_ConvertedValue之间的转换关系为：

$$V_{SENSE} = \frac{ADC\_ConvertedValue * Vdd}{Vdd\_convert\_value(0xFFF)}$$

V_{25}：温度传感器在25℃时的输出电压，典型值1.43 V

$$T(℃) = \frac{V_{25} - V_{SENSE}}{Avg\_Slope} + 25$$

Avg_Slope：温度传感器输出电压和温度的关联参数，典型值4.3 mV/℃

- 转换程序

```
Vtemp_sensor = ADC_ConvertedValue * Vdd / Vdd_convert_value;
Current_Temp = (V25 - Vtemp_sensor)/Avg_Slope + 25;
```

图 5-204 温度数值计算分析

(2) 程序源码与分析。

```
int main(void)
{
char text[32];
……
/*  DMA channel1 configuration---------------------------* /
DMA_DeInit(DMA1_Channel1);
DMA_InitStructure.DMA_PeripheralBaseAddr=ADC1_DR_Address;// 定义 DMA 外设基地址
DMA_InitStructure.DMA_MemoryBaseAddr=(u32) &ADC_ConvertedValue;//定义 DMA 内存基地址
DMA_InitStructure.DMA_DIR=DMA_DIR_PeripheralSRC;//外设作为数据传输的来源
DMA_InitStructure.DMA_BufferSize=1;//定义指定 DMA 通道的 DMA 缓存的大小,单位为数据单位。根据传输方向,数据单位等于结构中参数 DMA_PeripheralDataSize 或者参数 DMA_MemoryDataSize 的值
DMA_InitStructure.DMA_PeripheralInc=DMA_PeripheralInc_Disable;//外设地址寄存器不变
DMA_InitStructure.DMA_MemoryInc=DMA_MemoryInc_Disable;//内存地址寄存器不变
DMA_InitStructure.DMA_PeripheralDataSize=DMA_PeripheralDataSize_HalfWord;//数据宽度为 16 位
DMA_InitStructure.DMA_MemoryDataSize=DMA_MemoryDataSize_HalfWord;//数据宽度为 16 位
DMA_InitStructure.DMA_Mode=DMA_Mode_Circular;//工作在循环缓存模式
```

```
DMA_InitStructure.DMA_Priority=DMA_Priority_High;//DMA通道1拥有高优先级
DMA_InitStructure.DMA_M2M=DMA_M2M_Disable;   //DMA通道1没有设置为内存到内存传输
DMA_Init(DMA1_Channel1,&DMA_InitStructure);//根据DMA_InitStruct中指定的参数来初始化DMA的通道1寄存器

/* Enable DMA channel1 * /
DMA_Cmd(DMA1_Channel1,ENABLE);

/* ADC1 configuration------------------------------* /
ADC_InitStructure.ADC_Mode=ADC_Mode_Independent;//ADC1和ADC2工作在独立模式
ADC_InitStructure.ADC_ScanConvMode=ENABLE;//模数转换工作在扫描模式(多通道)
ADC_InitStructure.ADC_ContinuousConvMode=ENABLE;//模数转换工作在连续模式
ADC_InitStructure.ADC_ExternalTrigConv=ADC_ExternalTrigConv_None;//不使用外部触发来启动规则通道的模数转换,转换由软件而不是外部触发启动
ADC_InitStructure.ADC_DataAlign=ADC_DataAlign_Right;//ADC数据右对齐
ADC_InitStructure.ADC_NbrOfChannel=1;//按顺序进行规则转换的ADC通道的数目为1
ADC_Init(ADC1,&ADC_InitStructure);//根据ADC_InitStruct中指定的参数来初始化ADC1的寄存器

/* ADC1 regular channel16 configuration * /
ADC_RegularChannelConfig(ADC1,ADC_Channel_16,1,ADC_SampleTime_55Cycles5);//选择ADC外设ADC1,选择ADC通道16,采样时间为55.5周期

/* Enable the temperature sensor and vref internal channel * /
ADC_TempSensorVrefintCmd(ENABLE);//使能温度传感器和内部参考电压通道

/* Enable ADC1 DMA * /
ADC_DMACmd(ADC1,ENABLE);//使能指定的ADC1的DMA请求

/* Enable ADC1 * /
ADC_Cmd(ADC1,ENABLE);//使能指定的ADC1

ADC_ResetCalibration(ADC1);//重置指定的ADC的校准寄存器
while(ADC_GetResetCalibrationStatus(ADC1));//等待ADC重置校准寄存器完成
ADC_StartCalibration(ADC1);//开始指定ADC的校准状态
while(ADC_GetCalibrationStatus(ADC1));//等待校准完成
ADC_SoftwareStartConvCmd(ADC1,ENABLE);//使能指定的ADC的软件触发转换

printf("\r\n========================\r\n");
printf("\r\n STM32-SS教程 \r\n");
printf("\r\n cdmcu.fengbb.com \r\n");
printf("\r\n STM32-SS STM32F103VBT6 RTC \r\n");
printf("\r\n========================\r\n");
    while(1)
```

```
{
    ADCConvertedValue=ADC_GetConversionValue(ADC1);
    if(ticks++>=900000)/*  Set Clock1s to 1 every 1 second * /
    {
        ticks  =0;
        Clock1s=1;
    }

    /*  Printf message with AD value to serial port every 1 second * /
    if(Clock1s)
    {
    Clock1s=0;
    Temperature=(1.43-ADCConvertedValue* 3.3/4096) /(4.3/1000)+25;
    printf(" STM32芯片内部温度为  % d  摄氏度 \r\n",Temperature);
    sprintf(text," Temperature=% dC",Temperature);//送格式化输出到字符串中
    LCD_DisplayStringLine(Line5,(u8* )text);
    }
}
```

3）实验过程与现象

实验过程：见上册的 4.2 节。

实验现象：AS-07 实验板使用超级终端和 LCD 显示芯片温度，如图 5-205 所示。

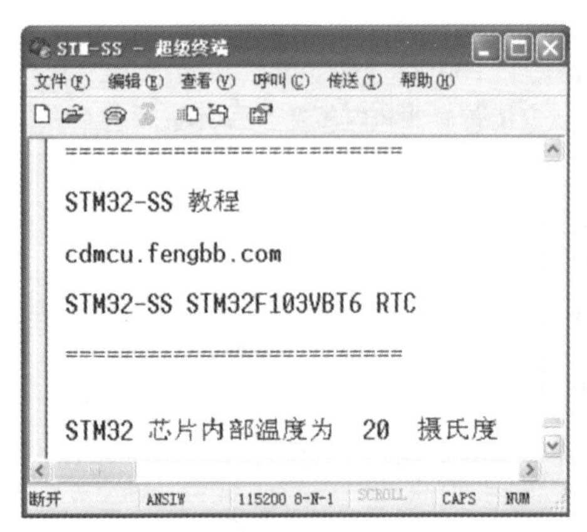

图 5-205 温度显示

5.15 数字/模拟转换器

STM32F103xE 有两个 12 位带缓冲的 DAC 通道可以用于转换 2 路数字信号成为 2 路模拟电压信号并输出，这项功能内部是通过集成的电阻串和反向的放大器实现的。

5.15.1 DAC简介

DAC(digital-to-analog converter,数字/模拟转换模块)是12位数字输入,电压输出的数字/模拟转换器。

DAC可以配置为8位或12位模式,也可以与DMA控制器配合使用。DAC工作在12位模式时,数据可以设置成左对齐或右对齐。

DAC模块有2个输出通道,每个通道都有单独的转换器。在双DAC模式下,2个通道可以独立地进行转换,也可以同时进行转换并同步地更新2个通道的输出。

DAC可以通过引脚输入参考电压VREF+以获得更精确的转换结果。

5.15.2 DAC主要特性和功能

1. 主要特性

2个DAC转换器:每个转换器对应1个输出通道。

8位或者12位单调输出。

12位模式下数据左对齐或者右对齐。

同步更新功能。

噪声波形生成。

三角波形生成。

双DAC通道同时或者分别转换。

每个通道都有DMA功能。

外部触发转换。

输入参考电压V_{REF+}。

2. 内部结构

表5-41给出了DAC引脚的说明,单个DAC通道的框图如图5-206所示。

表5-41 DAC引脚

名称	型号类型	注释
V_{REF+}	输入,正模拟参考电压	DAC使用的高端/正极参考电压 24V≤V_{REF+}≤V_{DDA}(3.3V)
V_{DDA}	输入,模拟电源	模拟电源
V_{SSA}	输入,模拟电源地	模拟电源的地线
DAC_OUTx	模拟输出信号	DAC通道x的模拟输出

一旦使能DACx通道,相应的GPIO引脚(PA4或者PA5)就会自动与DAC的模拟输出相连(DAC_OUTx)。为了避免寄生的干扰和额外的功耗,引脚PA4或者PA5在之前应当设置成模拟输入(AIN)。

3. 使能DAC通道

将DAC_CR寄存器的ENx位置“1”即可打开对DAC通道x的供电。经过一段启动时

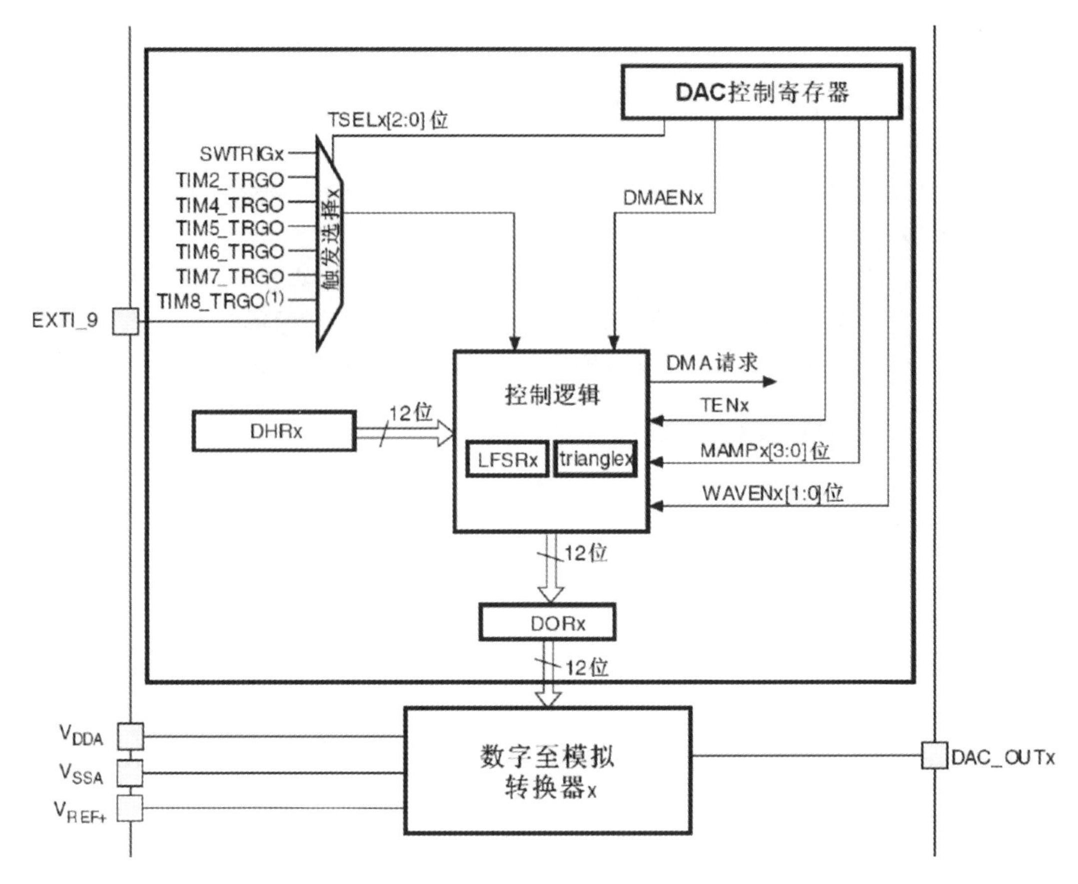

图 5-206　DAC 通道模块框图

间,DAC 通道 x 即被使能。

4. 使能 DAC 输出缓存

DAC 集成了 2 个输出缓存,可以用来减少输出阻抗,不需要外部运放即可直接驱动外部负载。

5. DAC 数据格式

根据选择的配置模式,单 DAC 通道模式的数据按照图 5-207 所示方式写入指定的寄存器。

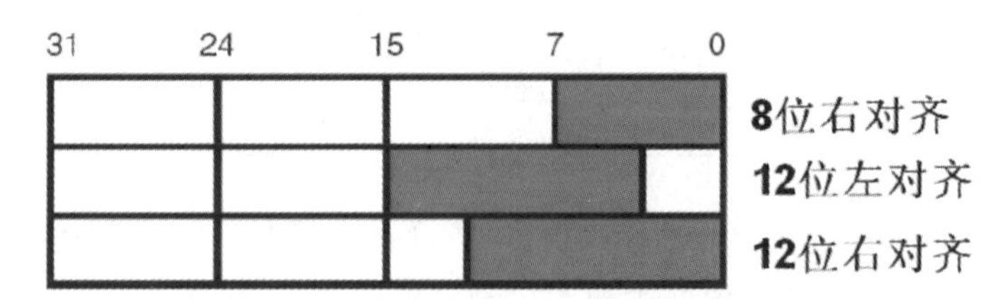

图 5-207　单 DAC 通道模式的数据写入方式

6. DAC 转换

不能直接对数据输出寄存器 DAC_DORx 写入数据,任何输出到 DAC 通道 x 的数据都必须写入数据保持寄存器 DAC_DHRx。如果没有选中硬件触发，存入寄存器 DAC_DHRx 的数据会在一个 APB1 时钟周期后自动传至寄存器 DAC_DORx。如果选中硬件触发，数据传输在触发发生以后 3 个 APB1 时钟周期后完成。

一旦数据从 DAC_DHRx 寄存器装入 DAC_DORx 寄存器，在经过时间 $t_{SETTLING}$ 之后，输出即有效，这段时间的长短依电源电压和模拟输出负载的不同会有所变化。

7. DAC 输出电压

数字输入经过 DAC 被线性地转换为模拟电压输出，其范围为 0 到 V_{REF+}。任一 DAC 通道引脚上的输出电压满足下面的关系：DAC 输出＝V_{REF} x(DOR / 4095)。

8. 选择 DAC 触发

DAC 转换可以由某外部事件触发(定时器计数器、外部中断线)。STM32F103xE 增强型产品中有 8 个触发 DAC 转换的输入(见表 5-42)。DAC 通道可以由定时器的更新输出触发，更新输出也可连接到不同的 DMA 通道。

表 5-42　外部触发

触发源	类型
定时器 6 TRGO 事件	来自片上定时器的内部信号
互联型产品为定时器 3 TRGO 事件或大容量产品为定时器 8 TRGO 事件	
定时器 7 TRGO 事件	
定时器 5 TRGO 事件	
定时器 2 TRGO 事件	
定时器 4 TRGO 事件	
EXTI 线路 9	外部引脚
SWTRIG(软件触发)	软件控制位

9. DMA 请求

任一 DAC 通道都具有 DMA 功能。2 个 DMA 通道可分别用于 2 个 DAC 通道的 DMA 请求。

10. 噪声生成

可以利用线性反馈移位寄存器(linear feedback shift register，LFSR)产生幅度变化的伪噪声。

11. 三角波生成

可以在 DC 或者缓慢变化的信号上加上一个小幅度的三角波。设置 WAVEx[1：0]位为“10”选择 DAC 的三角波生成功能。设置 DAC_CR 寄存器的 MAMPx[3：0]位来选择三角波的幅度。内部的三角波计数器每次触发事件之后 3 个 APB1 时钟周期后累加 1。

5.15.3　DAC 寄存器结构

DAC 寄存器结构，DAC_TypeDef，定义于文件“stm32f10x_map.h”如下：

```
typedef struct
{
vu32 CR;
vu32 SWTRIGR;
vu32 DHR12R1;
vu32 DHR12L1;
vu32 DHR8R1;
vu32 DHR12R2;
vu32 DHR12L2;
vu32 DHR8R2;
vu32 DHR12RD;
vu32 DHR12LD;
vu32 DHR8RD;
vu32 DOR1;
vu32 DOR2;
} DAC_TypeDef;
```

5.15.4 DAC 寄存器

表 5-43 给出了 DAC 寄存器。

表 5-43 DAC 寄存器

寄存器	描述
CR	DAC 控制寄存器
SWTRIGR	DAC 软件触发寄存器
DHR12R1	DAC 通道 1 12 位右对齐数据保持寄存器
DHR12L1	DAC 通道 1 12 位左对齐数据保持寄存器
DHR8R1	DAC 通道 1 8 位右对齐数据保持寄存器
DHR12R2	DAC 通道 2 12 位右对齐数据保持寄存器
DHR12L2	DAC 通道 2 12 位左对齐数据保持寄存器
DHR8R2	DAC 通道 2 8 位右对齐数据保持寄存器
DHR12RD	双 DAC 12 位右对齐数据保持寄存器
DHR12LD	双 DAC 12 位左对齐数据保持寄存器
DHR8RD	双 DAC 8 位右对齐数据保持寄存器
DOR1	DAC 通道 1 数据输出寄存器
DOR2	DAC 通道 2 数据输出寄存器

5.15.5 DAC 固件库函数

表 5-44 为 DAC 固件库函数列表。

表5-44 DAC固件库函数

函数名	描述
DAC_DeInit	将DAC外设寄存器取消初始化为其默认复位值
DAC_Init	根据DAC结构体中指定的参数来初始化DAC外围设备
DAC_StructInit	用默认值填充每个dac initstruct成员
DAC_Cmd	启用或禁用指定的DAC通道
DAC_DMACmd	启用或禁用指定的DAC通道DMA请求
DAC_SoftwareTriggerCmd	启用或禁用选定的DAC通道软件触发器
DAC_DualSoftwareTriggerCmd	同时启用或禁用两个DAC通道软件触发器
DAC_WaveGenerationCmd	启用或禁用选定的DAC通道波形生成
DAC_SetChannel1Data	为DAC通道1设置指定的数据保持寄存器值
DAC_SetChannel2Data	为DAC通道2设置指定的数据保持寄存器值
DAC_SetDualChannelData	为双通道设置指定的数据保持寄存器值
DAC_GetDataOutputValue	返回所选DAC通道的最后一个数据输出值

5.15.6 DAC编程应用(实验5-33)

【实验5-33】 SysTick生成1 ms的时基(DAC简单转换(HAL库))。

此示例演示如何使用DAC外围设备进行简单的转换。

转换是在8位右对齐中完成的。通过将PA4(DAC通道1)连接到示波器或使用万用表,可以看到0xFF或0x7F值的转换结果,观察值为3.3V或1.6V。

1. 硬件设计

DAC的1通道输出(PA4),AS-07实验板的PA4在右边的ARDUINO接口的D10,使用杜邦线可以引出来方便连接和检测,如图5-208所示。

2. 软件设计(编程)

1) 设计分析

初始化DAC,DAC不使用触发、不使用输出缓存,转化值先设置为0xFF,在修改设置为0x7F。设置DAC的1通道输出(PA4)。

2) 程序源码与分析

```
int main(void)
{
  HAL_Init();
  SystemClock_Config();
  /* ## -1-Configure the DAC peripheral ####################### */
  DacHandle.Instance=DACx;//设置使用 DAC
  if(HAL_DAC_Init(&DacHandle)!=HAL_OK)//初始化 DAC
  {
```

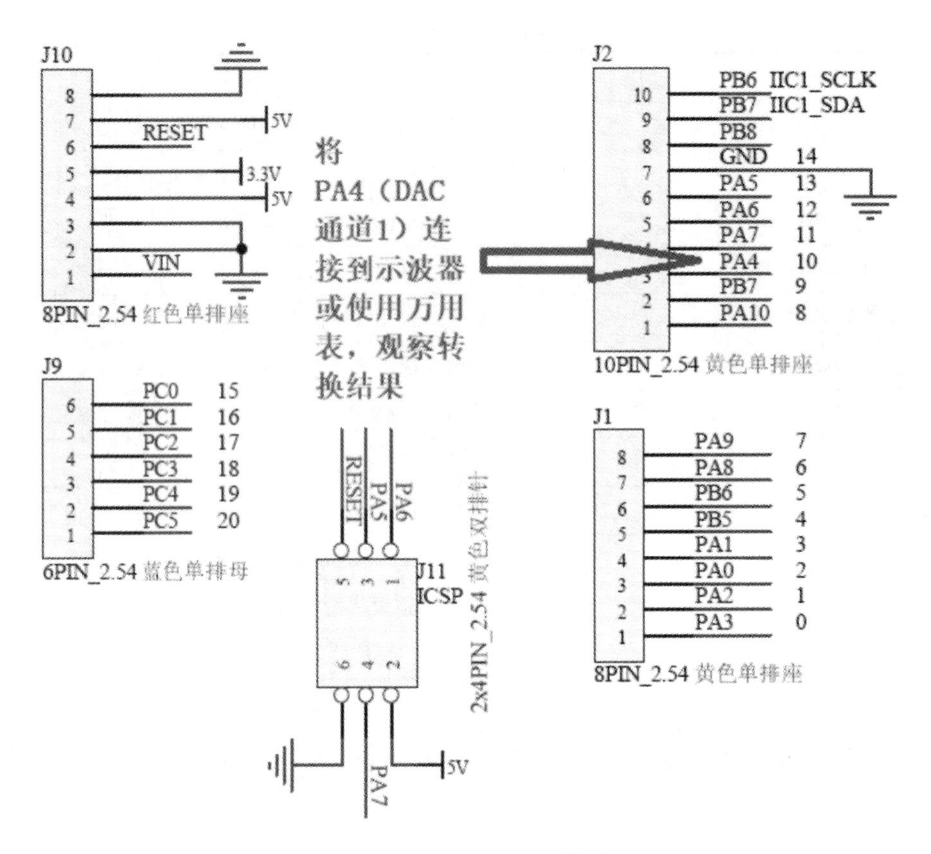

图 5-208　PA4(DAC 通道 1)

```
    /* Initialization Error * /
    Error_Handler();//设置错误处理:执行点亮 LED3
  }
  /* # # -2-Configure DAC channel1 # # # # # # # # # # # # # # # # # # # # # # * /
  sConfig.DAC_Trigger=DAC_TRIGGER_NONE;//DAC 不用触发
  sConfig.DAC_OutputBuffer=DAC_OUTPUTBUFFER_DISABLE;//DAC 不使用输出缓存
  if(HAL_DAC_ConfigChannel(&DacHandle,&sConfig,DACx_CHANNEL)!=HAL_OK)//设置 DAC
  {
    /* Channel configuration Error * /
    Error_Handler();
  }
  /* # # -3-Set DAC Channel1 DHR register # # # # # # # # # # # # # # # # # # * /
  if(HAL_DAC_SetValue(&DacHandle,DACx_CHANNEL,DAC_ALIGN_8B_R,0x7F)!=HAL_OK)//设
置 DAC 转换参数,0xFF=3.3V,0X7F=1.6V
{
    /* Setting value Error * /
    Error_Handler();
  }
  /* # # -4-Enable DAC Channel1 # # # # # # # # # # # # # # # # # # # # # # # * /
```

```
    if(HAL_DAC_Start(&DacHandle,DACx_CHANNEL)!=HAL_OK)//开始 DAC 转换
    {
      /*  Start Error * /
      Error_Handler();
    }
    /*  Infinite loop * /
    while(1)
    {
    }
  }
```

3. 实验过程与现象

实验过程:见上册的 4.2 节。

实验现象:使用万用表测量转换值为 0xFF 或 0x7F 值的转换结果,观察值为 3.3V 或 1.6V,如图 5-209 所示。

图 5-209　使用万用表测量转换值

第6章　STM32高级应用

前面的知识都是没有操作系统的，一般称为裸机，基本上都是在 while 或 for 循环里执行程序，也会用到中断，完成简单点的程序功能还可以，一旦程序功能复杂后就困难了，就需要在操作系统里实现。

复杂而需要存储处理数据的嵌入式系统，同时也需要文件系统，为了有良好的人机界面及交互，也需要图形界面。

本章简单介绍嵌入式操作系统 μC/OS-Ⅱ和 FreeRTOS，嵌入式文件系统 FatFs，嵌入式图形用户界面软件 μC/GUI。详细内容参考相关文档或书籍。

6.1　嵌入式实时操作系统 μC/OS-Ⅱ

操作系统（operating systems，简称 OS）是系统软件，是用于管理计算机硬件和软件资源，并提供通用服务的计算机程序。

通用计算机的操作系统，主要是 Microsoft Windows，MAC OS，Linux 等；智能手机操作系统，主要是 Android 和 iOS。Linux 在服务器和超级计算机领域占据主导地位。

嵌入式操作系统除了 Android 和 iOS，还有 Linux、μClinux、WinCE、μC/OS-Ⅱ、FreeRTOS、VxWorks、Nucleus、RT_Thread 等。

6.1.1　操作系统概述

以下内容摘抄于百科知识，让我们对计算机操作系统有所了解。

操作系统借助固件和设备驱动程序，内核可以对所有计算机的硬件设备提供最基本的控制。它管理 RAM 中程序的内存访问，它确定哪些程序可以访问哪些硬件资源，它设置或重置 CPU 的运行状态以便始终实现最佳操作，并使用文件系统数据存储在磁盘、磁带、闪存等介质上。

操作系统提供应用程序和计算机硬件之间的接口，使得应用程序仅通过遵守编程到操作系统中的规则和过程就可以与硬件交互。

中断是操作系统的核心，因为它们为操作系统提供了一种与其环境交互并对其作出反应的有效方式。当硬件设备触发中断时，操作系统的内核通常通过运行一些处理代码来决定如何处理此事件。

现代微处理器（CPU 或 MPU）支持多种操作模式。具有此功能的 CPU 提供至少两种模式：用户模式和管理员模式。一般而言，管理程序模式操作允许不受限制地访问所有机器资源，包括所有 MPU 指令。用户模式操作设置了对指令使用的限制，通常不允许直接访问机器资源。

操作系统内核必须负责管理程序当前使用的所有系统内存。这可确保程序不会干扰另一个程序已在使用的内存。由于程序时间共享，每个程序必须具有独立的内存访问权限。使用虚拟内存寻址(例如分页或分段)意味着内核可以选择每个程序在任何给定时间可以使用的内存，从而允许操作系统将相同的内存位置用于多个任务。

单任务系统一次只能运行一个程序，而多任务操作系统允许多个程序以并发方式运行。多任务操作系统是通过分时实现的，任务调度子系统在时间片中重复执行。

多任务是指在同一台计算机上运行多个独立的计算机程序；外观上表现为一台计算机正在同时执行任务。由于大多数计算机一次最多只能完成一两件事，这通常是通过分时完成的，这意味着每个程序都使用计算机执行时间的一部分。

操作系统内核包含一个调度程序，它确定每个进程花费多少时间执行，以及执行控制应该传递给程序的顺序。控制由内核传递给进程，允许程序访问 CPU 和内存。之后，通过某种机制将控制权返回给内核，以便允许另一个程序使用 CPU。这种内核和应用程序之间的控制传递被称为上下文切换。

现代操作系统将应用程序抢占的概念扩展到设备驱动程序和内核代码，以便操作系统也可以抢先控制内部运行时间。

访问存储在磁盘上的数据是所有操作系统的核心功能。计算机使用文件将数据存储在磁盘上，文件以特定方式构建，以便更快地访问，提高可靠性，并更好地利用磁盘的可用空间。文件存储在磁盘上的具体方式称为文件系统，并使文件具有名称和属性。当内核具有适当的设备驱动程序时，它可以以原始格式访问磁盘的内容，该格式可能包含一个或多个文件系统。程序可以基于文件名和包含在分层结构中的目录/文件夹来处理这些文件系统。可以创建、删除、打开和关闭文件，以及收集有关它们的各种信息，包括访问权限、大小，可用空间以及创建和修改日期。

设备驱动程序是一种特定类型的计算机软件，用于与硬件设备进行交互，向设备提供命令或从设备接收数据。

目前，大多数操作系统支持各种网络协议、硬件和使用它们的应用程序，这意味着运行不同操作系统的计算机可以使用有线或无线连接参与公共网络以共享资源。

安全的计算机取决于许多正常工作的技术。现代操作系统提供对许多资源的访问，这些资源可供系统上运行的软件使用，也可通过内核访问网络等外部设备。操作系统必须能够区分应该允许处理的请求和不应该处理的其他请求。

计算机都需要用户界面，如果要支持人机交互，则必不可少。用户界面查看目录结构并从操作系统请求服务，该服务将从输入硬件设备获取数据，并请求操作系统服务在输出硬件上显示提示、状态消息等。用户界面有命令行界面和图形用户界面的两种形式。大多数现代计算机系统都支持图形用户界面(GUI)。

实时操作系统(real-time operating system，简称 RTOS)，处理特定时刻的事件或数据。其中处理输入所花费的时间小于下一个相同类型的输入的时间间隔，是一种用于具有时限(实时计算)的应用程序的操作系统。这些应用包括一些小型嵌入式系统，汽车发动机控制器、工业机器人、航天器、工业控制和一些大型计算系统。大型实时操作系统的早期示例是美国航空公司和 IBM 为 Sabre 航空公司预订系统开发的交易处理设施。具有时限的嵌入式系统使用实时操作系统，如 VxWorks、PikeOS、eCos、QNX、MontaVista Linux 和 RTLinux。Windows CE 是一个实时操作系统，它与桌面 Windows 共享类似的 API，但不共享桌面 Windows 的代码。

嵌入式操作系统(embedded operating system，简称 EOS)用于嵌入式计算机系统，通常包括与硬件相关的底层驱动软件、系统内核、设备驱动接口、通信协议、图形界面、文件系统等。这种类型的操作系统的资源通常有效且可靠。与用于通用计算机的操作系统相比，嵌入式操作系统在功能方面可能非常有限，没有了大型计算机操作系统提供的某些功能，根据用于多任务处理的方法，这种类型的操作系统通常被认为是实时操作系统或内核。

常见的嵌入式操作系统如下所示。

(1) 移动操作系统(mobile operating systems)：用于电话、平板电脑、智能手表或其他移动设备，有 Android，bada，Ubuntu Touch，Symbian OS，Windows CE，iOS，BlackBerry OS，Palm OS 等 40 多种。

(2) 路由器(Routers)操作系统：CatOS，Cisco IOS，Inferno，IOS-XR，JunOS，OpenWrt，Zeroshell，RTOS，FreeBSD。

(3) 其他嵌入式操作系统：eCos，NetBSD，Nucleus RTOS，freeRTOS，OpenEmbedded(或 Yocto 项目)，TinyOS，ThreadX，DSPnano RTOS，Windows CE，VxWorks，Debian，RT_Thread，μC/OS-Ⅱ等 20 余种。

(4) 乐高头脑风暴(LEGO Mindstorms)：brickOS，leJOS。

VxWorks 是由美国 TPG Capital 的全资子公司 Wind River Systems 开发的专有软件实时操作系统(RTOS)。VxWorks 于 1987 年首次发布，专为需要实时、性能确定的嵌入式系统而设计，在许多情况下还用于安全和安全认证，适用于航空航天和国防、医疗设备、工业设备、机器人、能源等行业，以及运输、网络基础设施，汽车和消费电子产品。VxWorks 支持英特尔架构、POWER 架构和 ARM 架构。RTOS 可用于 32 位和 64 位处理器的多核非对称多处理(AMP)，对称多处理(SMP)，混合模式和多 OS(通过类型 1 管理程序)设计。在最新版的 VxWorks 7 中，RTOS 经过重新设计，具有模块化和可升级性，因此操作系统内核与中间件、应用程序和其他软件包分开。可扩展性、安全性，连接性和图形已得到改进，以满足物联网(IoT)的需求。

基于 Linux 内核的操作系统可用于嵌入式系统，如机顶盒、智能电视、个人视频录像机、车载信息娱乐系统、网络设备(如路由器，交换机，无线路由器)、机器控制系统、工业自动化系统、导航设备、航天器飞行软件和医疗仪器等。

Windows Embedded CE 6.0 是 Microsoft Windows 嵌入式操作系统的第六个主要版本，针对企业特定工具，如工业控制器和数码相机等消费电子设备。CE 6.0 的内核支持 32768 个进程，高于先前版本的 32 个进程限制。每个进程包含 2 GB 的虚拟地址空间。

Windows Embedded CE 6.0 于 2006 年 11 月 1 日发布，包含部分源代码。一些系统组件(例如文件系统，GWES(图形、窗口、事件服务器)，设备驱动程序管理器)已被移动到内核空间。现在在内核中运行的系统组件已从 EXE 转换为 DLL，DLL 将加载到内核空间中。新的虚拟内存模型支持用户模式和内核模式驱动程序的新设备驱动程序模型。该平台 IDE 集成到微软的 Visual Studio 中作为插件，允许双方平台和应用开发出一个开发环境。

FreeRTOS是一个实时操作系统内核，设计小巧简单，内核本身只包含三个C文件。为了使代码可读，易于移植和维护，它主要用C语言编写，但在需要的地方包含一些汇编函数（主要在特定于体系结构的调度程序例程中）。FreeRTOS为多线程或任务、互斥体、信号量和软件定时器提供方法，为低功率应用提供无滴答模式，支持线程优先级。

6.1.2 μC/OS-Ⅱ简介

μC/OS-Ⅱ(micro-controller operating systems version 2，简写为Micro C/OS或μC/OS或uC/OS，可以翻译为微控制操作系统)是一种适用于嵌入式系统的抢占式实时多任务操作系统，开放源代码，便于学习和使用。

μC/OS是由Jean J. Labrosse于1991年设计的实时操作系统。它是基于优先级的抢占式实时内核，主要用C语言编写。

μC/OS-Ⅱ 具有执行效率高、占用空间小、实时性能优良和可扩展性强等特点，最小内核可编译至2KB，μC/OS-Ⅱ可移植到几乎所有的MCU。

μC/OS-Ⅱ其实只是一个实时操作系统内核，包含了任务调度、任务管理、时间管理、内存管理和任务间的通信和同步等基本功能。其他的如文件系统等可以由用户添加扩展。

μC/OS-Ⅱ用于商业用途时必须通过Micrium公司获得商用许可。

6.1.3 μC/OS-Ⅱ的任务

μC/OS-Ⅱ是一个多任务操作系统。每个任务都是一个无限循环，可以处于以下五种状态中的任何一种状态：休眠、准备、运行、等待、中断(中断服务程序，ISR)。

当多任务内核决定运行另外的任务时，它保存正在运行任务的当前状态即CPU寄存器中的全部内容。这些内容保存在任务的当前状况保存区也就是任务自己的栈区之中，再把下一个将要运行的任务的当前状况从该任务的栈中重新装入CPU的寄存器，并开始下一个任务的运行，这个过程叫做任务切换。

μC/OS-Ⅱ采用的是可剥夺型实时多任务内核。可剥夺型的实时内核在任何时候都运行就绪了的最高优先级任务。

高优先级的任务因为需要某种临界资源，主动请求挂起，让出处理器，此时执行调度就绪状态的低优先级任务，这种调度也称为任务级的上下文切换。

高优先级的任务因为时钟节拍到来，在时钟中断的处理程序中，内核发现高优先级任务获得了执行条件(如休眠的时钟到时)，则在中断态直接切换到高优先级任务执行。这种调度也称为中断级的上下文切换。

μC/OS-Ⅱ中的每一个任务都有独立的堆栈空间，并有一个称为任务控制块TCB(task control block)的数据结构，其中第一个成员变量保存的是任务堆栈指针。任务调度用变量OSTCBHighRdy记录当前最高级就绪任务的TCB地址，调用OS_TASK_SW()函数来进行任务切换。

内核负责管理任务(即管理CPU的时间)和任务之间的通信。内核提供的基本服务是上下文切换。调度负责确定内核的哪个任务将下次运行，在基于优先级的内核中，始终将

CPU 的控制权交给准备运行的最高优先级任务。

μC/OS-Ⅱ中最多可以支持 64 个任务，分别对应优先级 0～63，其中 0 为最高优先级。63 为最低优先级，系统保留了 4 个最高优先级的任务和 4 个最低优先级的任务，所有用户可以使用的任务数有 56 个。

μC/OS-Ⅱ提供了任务管理的各种函数调用，包括创建任务，删除任务，改变任务的优先级，任务挂起和恢复，获取有关任务的信息。

系统初始化时会自动产生两个任务：一个是空闲任务，它的优先级最低，该任务仅给一个整形变量做累加运算；另一个是系统任务，它的优先级为次低，该任务负责统计当前 CPU 的利用率。

μC/OS-Ⅱ任务编程，应用程序通过调用 OSTaskCreate( )函数来创建一个任务，OSTaskCreate( )函数的原型如下：

```
INT8U OSTaskCreate(
  void(* task)(void * pd),//指向任务的指针
  void * pdata,//传递给任务的参数
  OS_STK * ptos,//指向任务堆栈栈顶的指针
  INT8U prio//任务的优先级
)
# if OS_CRITICAL_METHOD==3 /*  Allocate storage for CPU status register * /
//为 CPU 状态寄存器分配存储空间
OS_CPU_SR   cpu_sr;//CPU 状态字是十六位
# endif
OS_STK     * psp;
INT8U       err;

# if OS_ARG_CHK_EN> 0
//如果 OS_ARG_CHK_EN 设为 1,OSTaskCreate 会检查分配给任务的优先级是否有效。
//系统在执行初始化的时候，已经把最低优先级分配给了空闲任务。
//所以不能用最低优先级来创建任务。
if(prio> OS_LOWEST_PRIO){    /*  Make sure priority is within allowable range * /
//保证优先级在允许范围内
return(OS_PRIO_INVALID);
}
# endif

OS_ENTER_CRITICAL();
//进入临界状态
if(OSTCBPrioTbl[prio]==(OS_TCB * )0){ /*  Make sure task doesn'talready exist at
this priority * /
//保证优先级没有被其他任务占用
OSTCBPrioTbl[prio]=(OS_TCB * )1;/*  Reserve the priority to prevent others from
doing...* //* ...the same thing until task is created.* /
//放置一个非空指针，表示已经占用
```

```
OS_EXIT_CRITICAL();
//退出临界状态

psp=(OS_STK *)OSTaskStkInit(task,pdata,ptos,0);/* Initialize the task's
stack */
//初始化任务堆栈,即建立任务堆栈
err=OS_TCBInit(prio,psp,(OS_STK *)0,0,0,(void *)0,0);
//初始化任务控制块,从空闲的 OS_TCB 缓冲池中获得并初始化一个任务控制块
if(err==OS_NO_ERR){
//如果初始化没有错
  OS_ENTER_CRITICAL();
  //进入临界状态
  OSTaskCtr++;          /* Increment the # tasks counter          */
  //任务数量加一
  OS_EXIT_CRITICAL();
  //退出临界状态
  if(OSRunning==TRUE){  /* Find highest priority task if multitasking has started
*/
  //如果多任务开始,寻找最高优先级任务
    OS_Sched();
  }
} else {
//如果初始化任务控制块有错
  OS_ENTER_CRITICAL();
  //进入临界状态
  OSTCBPrioTbl[prio]=(OS_TCB *)0;  /* Make this priority available to others */
  //把这一优先级给其他任务
  OS_EXIT_CRITICAL();
  //退出临界状态
  }
  return(err);
  //返回错误信息
}
OS_EXIT_CRITICAL();
//如果优先级占用,退出临界状态
return(OS_PRIO_EXIST);
//返回优先级存在
}
```

μC/OS-Ⅱ 的任务写在 app.c 文件里,main 函数一般编写如下:

```
void main(void)
{  ……
  OSInit( );//对 μC/OS-Ⅱ 进行初始化
  ……
```

```
  OSTaskCreate(TaskStart,……);//创建启动任务 TaskStart
  OSStart( );//开始多任务调度
}
```

其中创建启动任务 TaskStart 编写如下：

```
OSTaskCreate(        //创建任务 TaskStar
        TaskStart,//任务的指针
        &MyTaskAgu,//传递给任务的参数
        &TASK_START_STK[START_STK_SIZE-1],//任务堆栈栈顶地址
        START_TASK_Prio //任务的优先级别
        );
```

任务 TaskStar(启动任务，在此任务里再创建具体的用户任务)编写如下：

```
void TaskStart(void* pdata)
{
  BSP_Init();//板级包初始化
  OS_CPU_SysTickInit();//初始化并启动 μC/OS-Ⅱ的时钟
  OSStatInit( );//初始化统计任务
  ……//在这个位置创建用户任务
  for(;;)
  {
        起始任务 TaskStart 的代码
  }
}
```

任务里的代码分为可以中断和不可以中断的(需要写在临界段里)

```
void MyTask(void * pdata)
{
    for(;;)
   {
        可以被中断的用户代码;
        OS_ENTER_CRITICAL( );//进入临界段(关中断)
        不可以被中断的用户代码;
        OS_EXIT_CRITICAL( );//退出临界段(开中断)
        可以被中断的用户代码;
   }
}
```

6.1.4 μC/OS-Ⅱ的时间管理

μC/OS-Ⅱ要求提供周期性时间源以跟踪时间延迟和超时。时钟节拍在每秒 10 到 1000 次之间。时钟节拍的频率取决于应用程序的需求，可以通过专用硬件定时器产生中断来获得时钟节拍。

μC/OS-Ⅱ提供延迟任务系统服务，调用 OSTimeDly 函数会使 μC/OS-Ⅱ进行一次任务调度，并且执行下一个优先级最高的就绪态任务。

6.1.5　μC/OS-Ⅱ的任务同步与通信

对一个多任务的操作系统来说，任务间的通信和同步是必不可少的。μC/OS-Ⅱ中提供了 4 种同步对象：信号量，消息邮箱，消息队列，任务和中断服务例程(ISR)。当任务或 ISR 通过称为事件控制块(ECB)的内核对象发出任务信号时，它们可以相互交互。所有这些同步对象都有创建、等待、发送、查询的接口用于实现进程间的通信和同步。

6.1.6　μC/OS-Ⅱ的内存管理

为了避免碎片，μC/ OS-Ⅱ允许应用程序从由连续存储区构成的分区中获取固定大小的存储块。所有内存块大小相同，分区包含整数个块。这些存储器块的分配和释放在恒定时间内完成，并且是确定性系统。

μC/OS-Ⅱ 对 malloc()和 free()函数进行了改进，使得它们可以分配和释放固定大小的内存块。这样一来，malloc()和 free()函数的执行时间也是固定的了。在 μC/OS-Ⅱ中使用内存控制块(OS_MEM)的数据结构来跟踪每一个内存分区，系统中的每个内存分区都有它自己的内存控制块。

6.1.7　μC/OS-Ⅱ的组成

μC/OS-Ⅱ大概分为核心、任务处理、时间处理、任务同步和通信、CPU 的移植接口等 5 个部分。

1. μC/OS-Ⅱ V2.52 的文件

(1) OS_CORE.C，控制内核。

(2) OS_FLAG.C，事件标志。

(3) OS_MBOX.C，消息邮箱。

(4) OS_MEM.C，内存管理。

(5) OS_MUTEX.C，互斥型信号量。

(6) OS_Q.C，消息队列号。

(7) OS_SEM.C，信号。

(8) OS_TASK.C，任务。

(9) OS_TIME.C，时间管理。

(10) μCOS_Ⅱ.C，包含所有 μC/OS-Ⅱ文件(如果已经添加所有文件的 C 文件，则不需要此文件)。

(11) μCOS_Ⅱ.H，μC/OS-Ⅱ内部函数参数设定。

2. 核心部分(OS_CORE.C)

此为操作系统的处理核心，包括操作系统初始化、操作系统运行、中断、时钟节拍、任务调度、事件处理等部分。

3. 任务处理部分(OS_TASK.C)

任务处理部分包括任务的建立、删除、挂起、恢复等。因为 μC/OS-Ⅱ是以任务为基本单位调度的,所以这部分内容也相当重要。

4. 时间处理部分(OS_TIME.C)

μC/OS-Ⅱ中的最小时钟单位是时钟节拍,完成任务延时等操作。

5. 任务同步和通信部分(OS_SEM.C、OS_MBOX.C 、OS_Q.C、OS_FLAG.C)

此为事件处理部分,包括信号量、邮箱、消息队列、事件标志等部分;实现进程间的通信和同步。

6. CPU 的移植接口部分(OS_CPU_C.C、OS_CPU_A.ASM、OS_CPU.H)

μC/OS-Ⅱ是一个通用性的操作系统,移植到具体的 CPU,涉及堆栈指针、中断级任务切换、任务级任务切换、时钟节拍的产生等内容。这 3 个函数的具体内容见移植部分。

6.1.8 μC/OS-Ⅱ移植到 STM32(实验 6-1)

Micrium 给出的移植规划如图 6-1 所示。

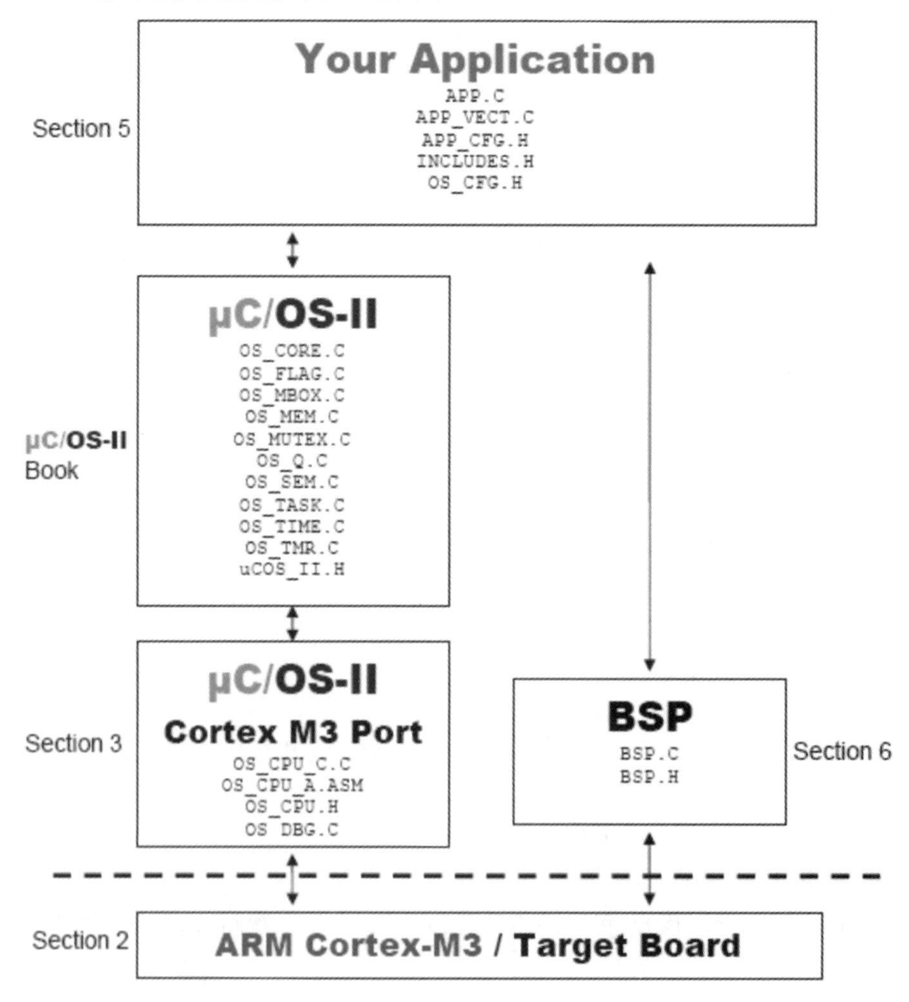

图 6-1 μC/OS-Ⅱ移植规划

移植过程如下。

μC/OS-Ⅱ V2.86 或 V2.52 的文件与移植所需要的修改内容如下。

1. 与处理器无关的文件

与处理器无关的文件直接添加到 MDK 工程模板 STM32F10x_StdPeriph_Template (V3.5.0)。

```
OS_CORE.C
OS_FLAG.C
OS_MBOX.C
OS_MEM.C
OS_MUTEX.C
OS_Q.C
OS_SEM.C
OS_TASK.C
OS_TIME.C
OS_TMR.C
μCOS_Ⅱ.C
μCOS_Ⅱ.H
```

2. 与应用相关的文件

与应用相关的文件参考范例“Micrium-ST-μCOS-Ⅱ-LCD-STM32”。

1) INCLUDES.H

添加以下包含头文件：

```
# include  <stdio.h>
# include  <string.h>
# include  <ctype.h>
# include  <stdlib.h>
# include  <stdarg.h>
# include  <ucos_ii.h>
# include  <app_cfg.h>
# include  <os_cpu.h>
# include  "stm32f10x.h"
# include  "stm32f10x_conf.h"
# include  "stm3210e_eval_lcd.h"
# include  <bsp.h>
```

2) OS_CFG.H

MISCELLANEOUS(杂项设置)，TASK STACK SIZE(任务堆栈设置)，TASK MANAGEMENT(任务管理)，EVENT FLAGS(事件标志管理)，MESSAGE MAILBOXES(消息邮箱管理)，MEMORY MANAGEMENT(内存管理)，MUTUAL EXCLUSION SEMAPHORES(互斥型信号量管理)，MESSAGE QUEUES(消息队列号管理)，SEMAPHORES(信号管理)，TIME MANAGEMENT(时间管理)，TIMER MANAGEMENT(定时器管理)。

```
# define OS_APP_HOOKS_EN 0 /* Application-defined hooks are called from the μC/OS-Ⅱ hooks 修改为 0 * /
# define OS_TMR_EN 0 /* Enable(1) or Disable(0)code generation for TIMERS 修改为 0 * /
```

3. 与处理器相关的文件

与处理器相关的文件参考范例“Micrium-ST-μCOS-Ⅱ-LCD-STM32”。

1) OS_CPU. H

DATA TYPES(数据类型)、Cortex-M3 Critical Section Management(临界段管理，开关中断)、Stack grows from HIGH to LOW memory on ARM(任务堆栈方向从高到低)等。

2) OS_CPU_A. ASM

PUBLIC FUNCTIONS(公共函数声明)，EQUATES(NVIC 设置)，CODE GENERATION DIRECTIVES(代码生成指令)，CRITICAL SECTION METHOD 3 FUNCTIONS(临界段方式 3 函数)，START MULTITASKING(开始多任务处理 OSStartHighRdy 函数)、PERFORM A CONTEXT SWITCH(执行上下文切换 OSCtxSw 函数，任务级)、PERFORM A CONTEXT SWITCH(执行上下文切换 OSIntCtxSw 函数，中断级)，HANDLE PendSV EXCEPTION(处理 Pendsv 异常，OS_CPU_PendSVHandler 和 OS_CPU_PendSVHandler_nosave)。

3) OS_CPU_C. C

SYS TICK DEFINES(SysTick 的定义)，INITIALIZE A TASK'S STACK(初始化任务堆栈)，OS_CPU_SysTickHandler(OS_CPU_SysTick)，OS_CPU_SysTickInit(OS_CPU_SysTick 初始化)，还有就是 7 个钩子函数(OS INITIALIZATION HOOK、TASK CREATION HOOK、TASK DELETION HOOK、IDLE TASK HOOK、STATISTIC TASK HOOK、TASK SWITCH HOOK、TICK HOOK)。

4) OS_DBG. C

OS 调试。

4. 编写 APP. C 进行调试

【实验 6-1】 移植 μC/OS-Ⅱ V2. 86 到 AS-07。

此示例说明如何移植 μC/OS-Ⅱ V2. 86 到 STM32 上运行，建立 1 个测试任务是 LED 流水灯。

1)硬件设计

见实验 4-1。

2)软件设计(编程)

(1) 设计分析。

在 APP. C 里先创建启动任务 TaskStar，参见 6. 1. 3 小节；再在启动任务里初始化与硬件有关的 BSP(板级支持包)和创建用户任务 TaskLED。

(2) 程序源码与分析。

①头文件包含和变量、函数声明等。

```
//设置任务堆栈大小
```

```
#define LED_STK_SIZE     64
#define START_STK_SIZE     128

//设置任务优先级
#define LED_TASK_Prio     9
#define START_TASK_Prio     10

//任务堆栈
OS_STK  TASK_LED_STK[LED_STK_SIZE];
OS_STK  TASK_START_STK[START_STK_SIZE];

//函数申明
void TaskStart(void * pdata);
void TaskLED(void * pdata);
void  BSP_Init(void);
```

②main 函数。

```
int main(void)
{

OSInit();
OSTaskCreate( //创建启动任务 TaskStar
           TaskStart,//任务的指针
           (void * )0,//传递给任务的参数,为 0 则不传递
           (OS_STK * )&TASK_START_STK[START_STK_SIZE-1],//任务堆栈栈顶地址
           START_TASK_Prio //任务的优先级别
           );

OSStart();  //开始多任务调度
return 0;
}
```

③TaskStart 启动任务。

```
void TaskStart(void *  pdata)
{
BSP_Init();//板级包初始化  /*  Initialize BSP functions.* /
OS_CPU_SysTickInit();//初始化并启动 μC/OS-Ⅱ的时钟 /*  Initialize the SysTick.* /

OS_ENTER_CRITICAL();//进入临界段(关中断)
OSTaskCreate(TaskLED,(void * )0,(OS_STK * )&TASK_LED_STK[LED_STK_SIZE-1],LED_
TASK_Prio);//创建用户任务 TaskLed
OSTaskSuspend(START_TASK_Prio);//挂起任务
OS_EXIT_CRITICAL();//退出临界段(开中断)
```

```
while(1)
{
OSTimeDly(100);//调用系统函数,实现任务延时
}
}
```

④任务 TaskLED,控制 LED 的亮灭。

```
void TaskLED(void * pdata)
{
GPIO_InitTypeDef GPIO_InitStructure;
RCC_APB2PeriphClockCmd( RCC_APB2Periph_GPIOC | RCC_APB2Periph_GPIOC,ENABLE);

GPIO_InitStructure.GPIO_Pin=GPIO_Pin_6|GPIO_Pin_7;//选择引脚
GPIO_InitStructure.GPIO_Speed=GPIO_Speed_50 MHz;//输出频率最大 50M
GPIO_InitStructure.GPIO_Mode=GPIO_Mode_Out_PP;//推拉输出
GPIO_Init(GPIOC,&GPIO_InitStructure);//初始化

GPIO_InitStructure.GPIO_Pin=GPIO_Pin_5;//选择引脚
GPIO_Init(GPIOA,&GPIO_InitStructure);//初始化

/*  Task body,always written as an infinite loop.* /
    while(1)
    {
    GPIO_SetBits(GPIOC,GPIO_Pin_6);//点亮 LED1
    OSTimeDly(100);//延时
    GPIO_ResetBits(GPIOC,GPIO_Pin_6);//熄灭 LED1

    GPIO_SetBits(GPIOC,GPIO_Pin_7);//点亮 LED2
    OSTimeDly(100);//延时
    GPIO_ResetBits(GPIOC,GPIO_Pin_7);//熄灭 LED2

    GPIO_SetBits(GPIOA,GPIO_Pin_5);   //点亮 LED3
    OSTimeDly(100);//延时
    GPIO_ResetBits(GPIOA,GPIO_Pin_5);//熄灭 LED3
  }
}
```

⑤板级包初始化。

简单的 BSP,只有 RCC 配置。

```
void  BSP_Init(void)
{
    RCC_DeInit();
    RCC_HSEConfig(RCC_HSE_ON);
    RCC_WaitForHSEStartUp();
```

```
    RCC_HCLKConfig(RCC_SYSCLK_Div1);
    RCC_PCLK2Config(RCC_HCLK_Div1);
    RCC_PCLK1Config(RCC_HCLK_Div2);
    FLASH_SetLatency(FLASH_Latency_2);
    FLASH_PrefetchBufferCmd(FLASH_PrefetchBuffer_Enable);
    RCC_PLLConfig(RCC_PLLSource_HSE_Div1,RCC_PLLMul_9);
    RCC_PLLCmd(ENABLE);

    while(RCC_GetFlagStatus(RCC_FLAG_PLLRDY)==RESET)
    {
    }

    RCC_SYSCLKConfig(RCC_SYSCLKSource_PLLCLK);  //系统时钟为 72 MHz PLLCLK

    while(RCC_GetSYSCLKSource()!=0x08)
    {
    }
}
```

3)实验过程与现象

实验过程:见上册的 4.2 节。

实验现象:观察到 AS-07 实验板 LED 流水灯,如图 6-2 所示。

图 6-2　1 个任务:LED 流水灯

6.1.9 μC/OS-Ⅱ应用编程(实验 6-2)

【实验 6-2】 μC/OS-Ⅱ运行 2 个任务(AS-07)。

此示例说明 μC/OS-Ⅱ V2.86 在 STM32 上运行 2 个任务,1 个 LED 流水灯,1 个 LCD 显示。

1. 硬件设计

见实验 4-1 和实验 5-7。

2. 软件设计(编程)

(1) 设计分析。

在启动任务 TaskStar 里创建 2 个用户任务 TaskLED,TaskLCD。

(2) 程序源码与分析。

此处只给出与实验 6-1 不同的关键程序代码。

①TaskStart 启动任务,添加 LCD 任务。

```
void TaskStart(void *  pdata)
{
…(省略)
OS_ENTER_CRITICAL();//进入临界段(关中断)
OSTaskCreate(TaskLED,(void *  )0,(OS_STK * )&TASK_LED_STK[LED_STK_SIZE-1],LED_
TASK_Prio);//创建用户任务 TaskLED
OSTaskCreate(TaskLCD,(void *  )0,(OS_STK * )&TASK_LCD_STK[LCD_STK_SIZE-1],LCD_
TASK_Prio);//创建用户任务 TaskLCD
…(省略)
}
```

②任务 TaskLCD,控制 LCD 显示。

```
void TaskLCD(void * pdata)
{
while(1)
{
/*  Clear the LCD * /
LCD_Clear(LCD_COLOR_WHITE);
/*  Set the LCD BackColor * /
LCD_SetBackColor(LCD_COLOR_BLUE);

/*  Set the LCD Text Color * /
LCD_SetTextColor(LCD_COLOR_WHITE);


LCD_DisplayStringLine(LCD_LINE_1,(uint8_t * )"  AS-07 experiment  ");
LCD_DisplayStringLine(LCD_LINE_2,(uint8_t * )"  Micrium μC/OS-Ⅱ  ");
LCD_DisplayStringLine(LCD_LINE_3,(uint8_t * )"  STM32(Cortex-M3) ");
```

```
    OSTimeDly(300);
    /* Clear the LCD * /
    LCD_Clear(LCD_COLOR_WHITE);
    OSTimeDly(100);
    }
  }
```

③板级初始化。

BSP添加LCD初始化。

```
void  BSP_Init(void)
{
…(省略)
STM3210E_LCD_Init();
}
```

3. 实验过程与现象

实验过程:见上册的4.2节。

实验现象:观察到AS-07实验板LED流水灯和LCD显示,如图6-3所示。

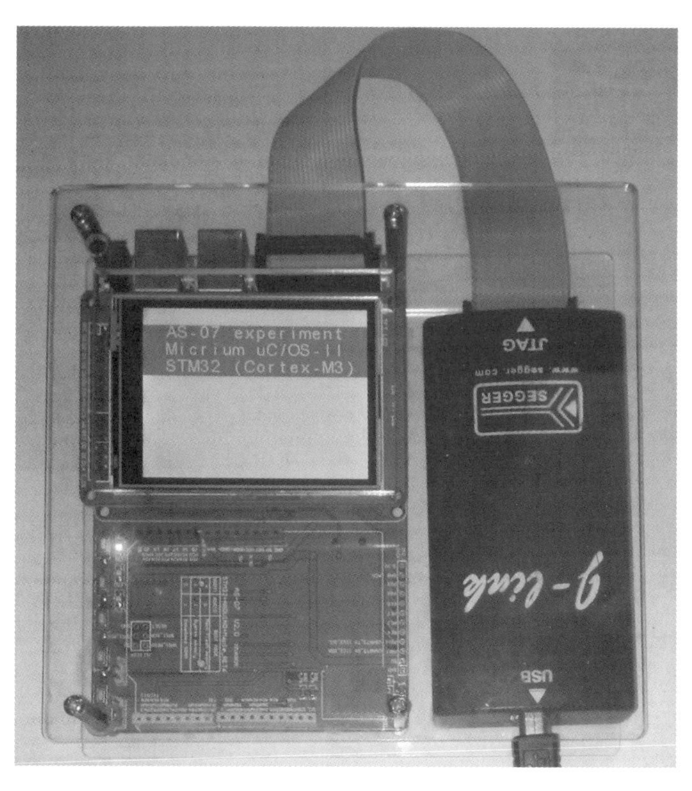

图6-3 2个任务:LED流水灯和LCD显示

6.2 嵌入式实时操作系统 FreeRTOS

FreeRTOS 内核最初由 Richard Barry 在 2003 年左右开发,后来由公司 Real Time Engineers Ltd. 开发和维护。FreeRTOS 取得了巨大的成功。2017 年,Real Time Engineers Ltd. 将 FreeRTOS 项目的管理权交给了 Amazon Web 服务(AWS)。

FreeRTOS 是亚马逊网络服务的市场领先的 RTOS,支持超过 35 种架构,并在 2018 年每 175 秒下载一次。它是专业开发的,质量控制严格,功能强大,并且可以免费嵌入商业产品中而不需要公开您的专有源代码。

6.2.1 关于 Free RTOS 的内容

下面的内容是 FreeRTOS 在线手册的内容,有助于我们了解 FreeRTOS。

1. 什么是通用操作系统

操作系统是支持计算机基本功能的计算机程序,并为在计算机上运行的其他程序(或应用程序)提供服务。应用程序提供计算机用户想要或需要的功能。操作系统提供的服务使得编写应用程序更快,更简单,更易于维护。例如您正在阅读此网页,那么您正在使用 Web 浏览器(提供您感兴趣的功能的应用程序),它就是在操作系统提供的环境中运行的。

2. 实时操作系统调度程序

大多数操作系统似乎允许多个程序同时执行,这称为多任务处理。实际上,每个处理器核心只能在任何给定的时间点运行单个执行线程。调度程序的操作系统的一部分负责决定在何时运行哪个程序,并通过在每个程序之间快速切换来提供同时执行的错觉。

操作系统的类型由调度程序决定何时运行的程序来定义。例如,在多用户操作系统如 Unix 中使用的调度程序将确保每个用户获得相当数量的处理时间。作为另一个示例,桌面操作系统如 Windows 中的调度程序将尝试并确保计算机保持对其用户的响应。

实时操作系统(RTOS)中的调度程序旨在提供可预测的(确定性的)执行模式,这对嵌入式系统尤其重要,因为嵌入式系统通常具有实时要求。实时要求是指定嵌入式系统必须在严格定义的时间内响应某个事件的要求。只有在可以预测操作系统调度程序的行为(因此是确定性的)时,才能保证满足实时要求。

传统的实时调度程序如 FreeRTOS 中使用的调度程序,通过允许用户为每个执行线程分配优先级来实现确定性。然后,调度程序使用优先级来知道下一个要执行的执行线程。在 FreeRTOS 中,执行线程称为任务。

3. 什么是 FreeRTOS

FreeRTOS 是一种 RTOS,设计得足够小,可以在微控制器上运行,尽管它的用途不仅限于微控制器应用。

微控制器是一种小型且资源受限的处理器,它在单个芯片上集成了处理器和只读存储器(ROM 或闪存)以保存要执行的程序以及程序所需的随机存取存储器(RAM)。通常,程序直接从只读存储器执行。

微控制器用于复杂的嵌入式应用程序,这些应用程序通常有非常具体和专门的工作要做。程序的大小限制和专用的最终应用程序性质很少使用完整的 RTOS 来实现，或者确实可以使用完整的 RTOS 实现。因此，FreeRTOS 仅提供核心实时调度功能、任务间通信、定时和同步通信，这意味着它更准确地描述实时内核或实时执行程序。然后，附加的组件可以包含其他功能，例如命令控制台界面或网络堆栈。

6.2.2　FreeRTOS 常见问题

1. 什么是实时操作系统(RTOS)

实时操作系统是一种针对嵌入式/实时应用程序进行优化的操作系统。它们的主要目标是确保对事件做出及时和确定的回应。事件可以是外部的，如机械限位开关动作；或内部事件，如接收到字符。

使用实时操作系统允许将软件应用程序编写为一组独立任务。每个任务都分配了一个优先级，实时操作系统负责确保能够运行的具有最高优先级的任务是正在运行的任务。任务可能无法运行的情况包括任务正在等待外部事件发生，或者任务正在等待固定时间段的结束。

2. 什么是实时内核

实时操作系统可以为应用程序编写提供许多资源，包括 TCP/IP 协议栈，文件系统等。内核是操作系统的一部分，负责任务管理，以及任务间的通信和同步。FreeRTOS 是一个实时内核。

3. 什么是实时调度程序

实时调度程序和实时内核有时可互换使用。具体来说，实时调度程序是 RTOS 内核的一部分，负责决定应该执行哪个任务。

4. 如何使用 FreeRTOS

FreeRTOS 作为源代码提供。源代码应包含在应用程序项目中。这样做可以使公共 API 接口用于应用程序源代码中。

使用 FreeRTOS 时，应将应用程序编写为一组独立的任务。这意味着 main()函数不包含应用程序功能，只包含应用程序任务，然后启动 RTOS 内核。有关示例请参阅每种 CPU/MCU 附带的 main.c 和项目文件(makefile 或等效文件)。

5. 该如何开始

请参阅 FreeRTOS 快速入门指南，官方提供在线文档(见图 6-4)，可以很好地帮助我们学习使用。网址：https://www.freertos.org/FreeRTOS-quick-start-guide.html。

6. 为什么要使用 RTOS

您并非一定要使用 RTOS 来编写优秀的嵌入式软件。但是在某些时候，随着您的应用程序的大小或复杂性的增加，RTOS 的服务可能会使您受益。当然，这不是绝对的，只是参考意见，选择合适的工具是任何项目中重要的第一步。

简单来说，RTOS 具有提取定时信息，可维护性/可扩展性，模块化，更整洁的界面，更容易测试，代码重用，提高效率，CPU 空闲时实现低功耗，灵活的中断处理，应用程序中实现定期、连续和事件驱动处理的混合，更容易控制外围设备等优点。

6.2.3　FreeRTOS 的任务

如何编写任务，是嵌入式操作系统编程的重要内容，下面给出 API 的任务创建函数

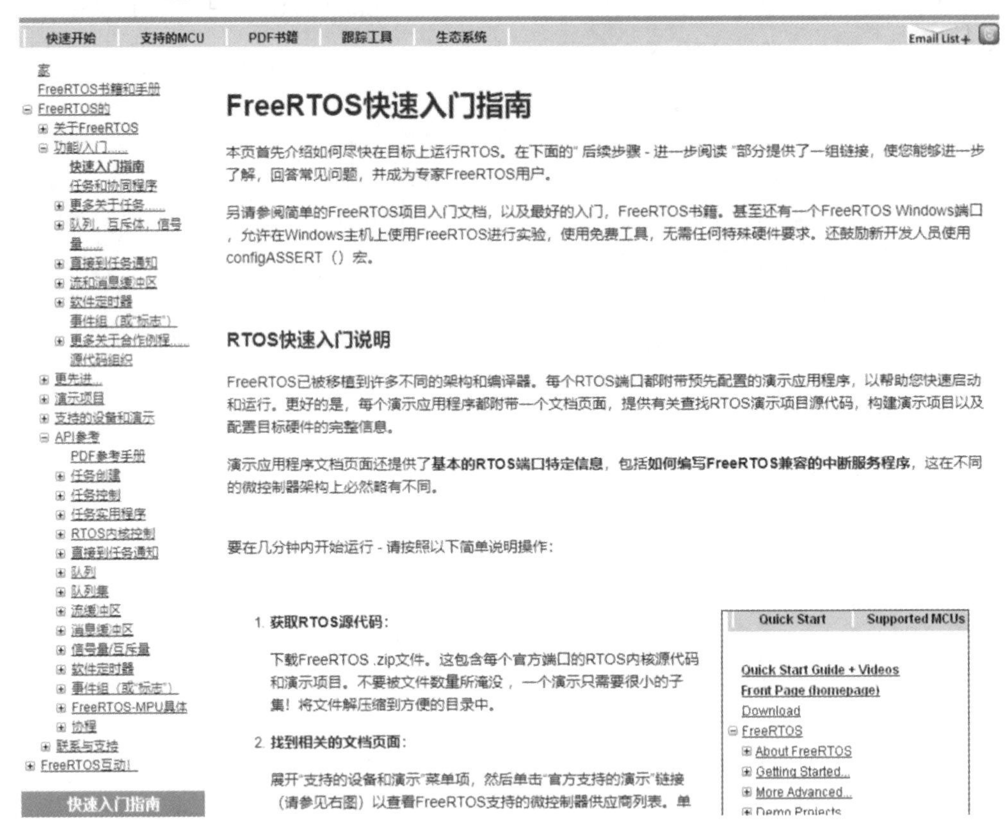

图 6-4　FreeRTOS 在线文档

xTaskCreate 的原型(头文件 task. h)和用法示例。

1. xTaskCreate 原型

```
BaseType_t xTaskCreate(TaskFunction_t pvTaskCode,
                            const char * const pcName,
const configSTACK_DEPTH_TYPE usStackDepth,
                            void * const pvParameters,
                            UBaseType_t uxPriority,
                            TaskHandle_t * const pxCreatedTask
                          );
```

创建一个新任务并将其添加到准备运行的任务列表中。在 FreeRTOSConfig. h 中，configSUPPORT_DYNAMIC_ALLOCATION 必须设置为 1，或者保留未定义(在这种情况下默认为 1)，以使此 RTOS API 函数可用。

每个任务都需要用于保存任务状态的 RAM，并由任务作其堆栈。如果使用 xTaskCreate()创建任务，则会从 FreeRTOS 堆栈中自动分配所需的 RAM。如果使用 xTaskCreateStatic()创建任务，则 RAM 由应用程序编写者提供，因此可以在编译时静态分配。

如果您使用的是 FreeRTOS-MPU，则建议使用 xTaskCreateRestricted()来代替 xTaskCreate()。

常见参数如下所述。

pvTaskCode：指向任务输入功能的指针（只是实现任务的函数的名称）。任务通常是无限循环，并且绝不能尝试返回或退出其实现功能。但是，任务可以自行删除。

pcName：任务的描述性名称。这主要是为了方便调试，但也可用于获取任务句柄。使用 FreeRTOSConfig.h 中的 configMAX_TASK_NAME_LEN 参数设置任务名称的最大长度。

usStackDepth：分配用作任务堆栈的字数（不是字节！）。例如，如果堆栈为16位宽且 usStackDepth 为100，则将分配200个字节用作任务的堆栈。再举一个例子，如果堆栈是32位宽，而 usStackDepth 是400，那么将分配1600个字节用作任务的堆栈。堆栈深度乘以堆栈宽度不得超过 size_t 类型的变量中可包含的最大值。

pvParameters：将作为任务参数传递给创建任务的值。如果将 pvParameters 设置为变量的地址，则在创建的任务执行时该变量必须仍然存在，因此传递堆栈变量的地址无效。

uxPriority：创建任务执行的优先级。包含 MPU 支持的系统可以选择通过在 uxPriority 中设置位 portPRIVILEGE_BIT，以特权（系统）模式创建任务。例如，要以优先级2创建特权任务，请将 uxPriority 设置为“2 | portPRIVILEGE_BIT”。

pxCreatedTask：用于将句柄传递给 xTaskCreate()函数中创建的任务。pxCreatedTask 是可选的，可以设置为 NULL。

返回：如果任务已成功创建，则返回 pdPASS。否则返回 errCOULD_NOT_ALLOCATE_REQUIRED_MEMORY。

2. 用法示例

```
/* 要创建的任务。*/

void vTaskCode(void * pvParameters)
{
/* 参数值预期为1,因为1传递了 pvParameters 在下面的 xTaskCreate()调用中的值。
configASSERT(((uint32_t)pvParameters)==1);

    for(;;)
    {
/* 任务代码在这里。*/
    }
}

/* 创建任务的函数。*/
void vOtherFunction(void)
{
BaseType_t xReturned;
TaskHandle_t xHandle=NULL;
```

```
/ * 创建任务,存储句柄。* /
    xReturned=xTaskCreate(
                    vTaskCode,      / * 实现任务的函数。* /
                    "NAME",/ * 任务的文本名称。* /
                    STACK_SIZE,/ * 以字为单位的堆栈大小,而不是字节。* /
                    (void * )1,/ * 传递给任务的参数。* /
                    tskIDLE_PRIORITY,/ * 创建任务的优先级。* /
                    &xHandle);/ * 用于传递创建的任务的句柄。* /


    if(xReturned==pdPASS)
    {
      / * 任务已创建。使用任务的句柄删除任务。* /
      vTaskDelete(xHandle);
    }
}
```

6.2.4 FreeRTOS 的组成

在 FreeRTOS 官方网站 https://www.freertos.org/上可以下载源代码和范例程序 FreeRTOSv10.2.1。

FreeRTOS 实时内核仅包含在 4 个文件中(若需软件定时器或协同例程功能,则需更多文件),FreeRTOS 架构如图 6-5 所示。

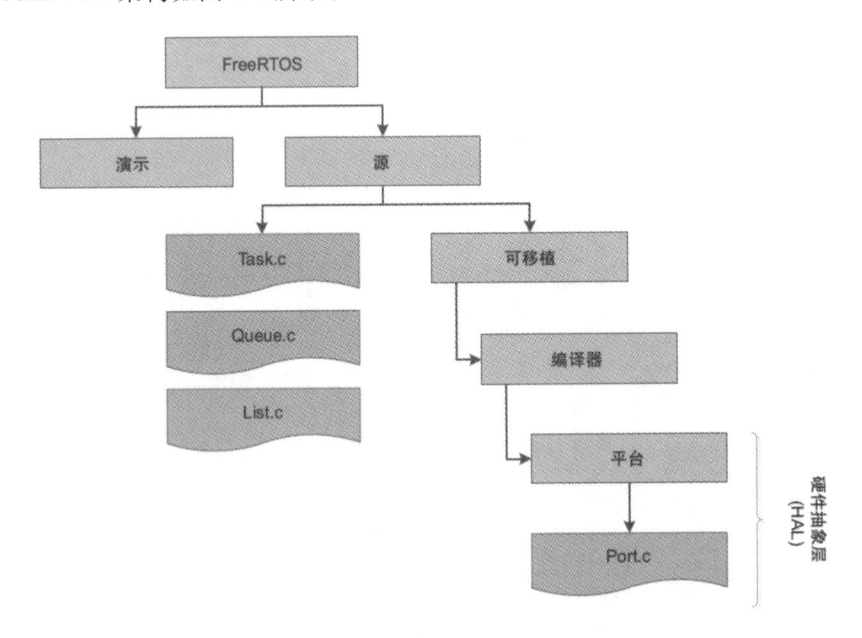

图 6-5 FreeRTOS 架构

RTOS 内核代码包含在三个文件中,名为 tasks.c、queue.c 和 list.c,它们位于 FreeRTOS/Source 目录中。该目录还包含两个可选文件,名为 timers.c 和 croutine.c,它们实现了软件定时器和协同例程功能。

每个文件所支持的处理器架构都需要一小部分专门针对该架构的 RTOS 代码。这就是 RTOS 移植层，port. c 和 portmacro. h 位于 FreeRTOS/Source/Portable/[compiler]/[architecture]子目录中，其中 [compiler] 和 [architecture] 分别是创建移植所使用的编译器，以及移植所运行的架构。样例堆栈分配方案也位于移植层中。不同的样例 heap_x. c 文件位于 FreeRTOS/Source/portable/MemMang 目录中。

6.2.5　FreeRTOS 移植到 STM32(实验 6-3)

FreeRTOS v10.2.1 的文件与移植所需要的修改内容如下。

1. 与处理器无关的文件

与处理器无关的文件可直接添加到 MDK 工程 STM32F10x_StdPeriph_Template (V3.5.0)。

```
tasks.c、
queue.c
list.c，
timers.c
croutine.c，
```

2. 与应用相关的文件

与应用相关的文件参考范例"FreeRTOS\Demo\CORTEX_STM32F103_Keil"。

FreeRTOSConfig. h 位于 FreeRTOSv10. 2. 1 \ FreeRTOS \ Demo \ CORTEX _ STM32F103_Keil。

由 FreeRTOS. h 包含：

```
/*  Application specific configuration options.* /
# include "FreeRTOSConfig.h"
/*  Basic FreeRTOS definitions.* /
# include "projdefs.h"
/*  Definitions specific to the port being used.* /
# include "portable.h"
```

3. 与处理器相关的文件

与处理器相关的文件可参考范例"FreeRTOS\Demo\CORTEX_STM32F103_Keil"。

1）port. c 和 portmacro. h

这就是 RTOS 移植层，是支持 ARM_Cortex M3 处理器架构都需要的 RTOS 代码。port. c 和 portmacro. h 位于 FreeRTOSv10. 2. 1\FreeRTOS\Source\portable\RVDS\ARM_CM3 子目录中。

2）heap_2. c

堆分配方案也位于移植层 FreeRTOSv10. 2. 1\FreeRTOS\Source\portable\MemMang 子目录中。

FreeRTOS 源代码下载(V2. 5. 0 及更高)包含了四个样例 RAM 分配方案。

方案 1:heap_1.c 这是所有方案里最简单的。当内存分配后,它不允许释放内存,但除了这点,它适合于大量的应用。该算法仅在请求 RAM 时,将一个数组分为更小的块。数组总大小通过定义 configTOTAL_HEAP_SIZE 设置,然后定义于 FreeRTOSConfig.h 中。heap_1.c 适用于很多在内核启动前就创建了所有任务和队列的小实时系统。

方案 2:heap_2.c 使用了最佳适用算法。与方案 1 不同,它允许释放之前分配的块。然而,它不会将相邻的自由块合并为一个大块。同样,可用的 RAM 总量通过定义 configTOTAL_HEAP_SIZE 设置,然后定义于 FreeRTOSConfig.h 中。heap_2.c 适合于很多必须动态创建任务的小实时系统。

方案 3:heap_3.c 仅是标准 malloc()和 free()函数的封装。它可确保线程安全。被 PC(x86 单板电脑)演示应用所使用。

方案 4:heap_4.c 使用了首先适用算法。与方案 2 不同,它不会将相邻的自由内存块合并为一个大块(它不包含合并算法)。对于需要在应用代码中直接使用移植层内存分配方案(不是通过调用 API 函数,间接调用 pvPortMalloc()and vPortFree())的应用而言,heap_4.c 尤其有用。

3) startup_stm32f10x_hd.s

在第 50 行__heap_limit 下面添加:

```
IMPORT vPortSVCHandler
IMPORT xPortPendSVHandler
IMPORT xPortSysTickHandler
IMPORT vTimer2IntHandler
IMPORT vUARTInterruptHandler
```

分别修改:

```
DCD     SVC_Handler 为 DCD      vPortSVCHandler
DCD     PendSV_Handler 为 DCD      xPortPendSVHandler
DCD     SysTick_Handler 为 DCD      xPortSysTickHandler
DCD     TIM2_IRQHandler 为 DCD      vTimer2IntHandler
DCD     USART1_IRQHandler 为 DCD      vUARTInterruptHandler
```

4) timertest.c

vTimer2IntHandler 函数的文件,位于 FreeRTOSv10.2.1\FreeRTOS\Demo \CORTEX_STM32F103_Keil 子目录中。

5) serial.c

vUARTInterruptHandler 函数的文件,位于 FreeRTOSv10.2.1\FreeRTOS\Demo\CORTEX_STM32F103_Keil\serial 子目录中。

移植完成的 MDK 工程如图 6-6 所示。

4. 编写任务,进行测试

【实验 6-3】 移植 FreeRTOS v10.2.1 到 AS-07。

此示例说明如何移植 FreeRTOS v10.2.1 到 STM32 上运行,建立 2 个测试任务,LED 流水灯和 LCD 显示。

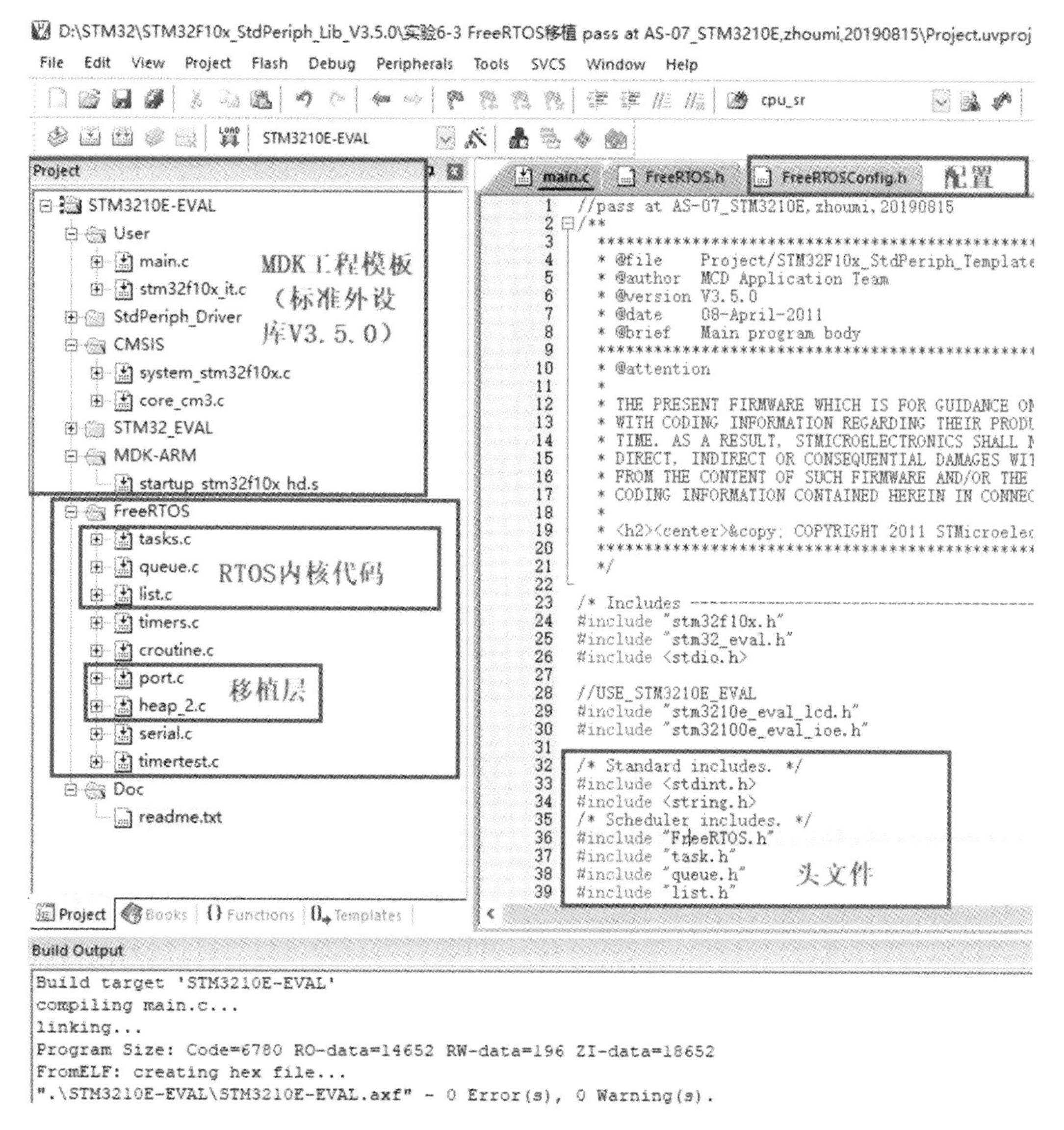

图 6-6　移植 FreeRTOS 的 MDK 工程界面

1)硬件设计

见实验 4-1 和实验 5-7。

2)软件设计(编程)

(1) 设计分析。

在 Main.c 里使用 xTaskCreate 函数先创建任务 1(vTaskLED)和任务 2(vLCDTask)，再使用 vTaskStartScheduler 函数启动调度，开始执行任务。

(2) 程序源码与分析。

①头文件包含和变量、函数声明等。

与 FreeRTOS 有关的部分如下：

```
/* Standard includes.* /
# include <stdint.h>
# include <string.h>
/* Scheduler includes.* /
# include "FreeRTOS.h"
# include "task.h"
# include "queue.h"
# include "list.h"
# include "LCD_Message.h"
```

②main 函数。

```
int main(void)
{
…(省略)
{
/* 创建任务 1 * /
xTaskCreate(  vTaskLED,/* 任务函数 * /
              "vTaskLED",/* 任务名 * /
              128,/* 任务栈大小,单位字数(不是字节!)* /
              NULL,/* 任务参数 * /
              1,/* 任务优先级* /
              &xHandleTaskLED );/* 任务句柄 * /

/* 创建任务 2 * /
xTaskCreate( vLCDTask,"LCD",configMINIMAL_STACK_SIZE,NULL,tskIDLE_PRIORITY,NULL);

/* Start the scheduler.启动调度,开始执行任务 * /
vTaskStartScheduler();
}
  while(1)
  { }
}
```

③任务 xTaskLED,控制 LED 的亮灭。

```
static void vTaskLED(void * pvParameters)
{
while(1)
{
    GPIO_ResetBits(GPIOC,GPIO_Pin_7);
    vTaskDelay(200);
    GPIO_SetBits(GPIOC,GPIO_Pin_7);
    vTaskDelay(200);
}
}
```

④任务 xTaskLED,LCD 显示图片。

```
void vLCDTask( void * pvParameters )
{
for(;;)
{
    LCD_DrawMonoPict(( const uint32_t *  )pcBitmap );//LCD 显示图片
    vTaskDelay(400);
    LCD_Clear(0x051F);
    vTaskDelay(400);
}
}
```

3)实验过程与现象

实验过程:见本书的 4.2 节。

实验现象:观察到 AS-07 实验板 LED2 闪烁和 LCD 显示分别运行,如图 6-7 所示。

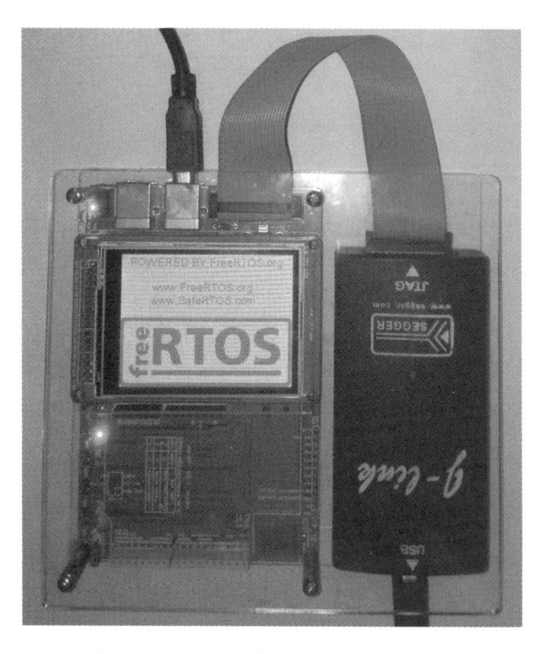

图 6-7　运行 2 个任务:LED 和 LCD

6.2.6　FreeRTOS 仿真(实验 6-4)

【实验 6-4】 Proteus 仿真 FreeRTOS,STM32CubeMX。

此示例说明如何使用 STM32CubeMX 建立 FreeRTOS 的 MDK 工程和任务,并使用 Proteus 仿真运行验证,也可以直接在 STM32 上运行。建立 2 个测试任务,LED 流水灯和 USART1 串口。

1. 硬件设计

使用虚拟终端和 LED,如图 6-8 所示。

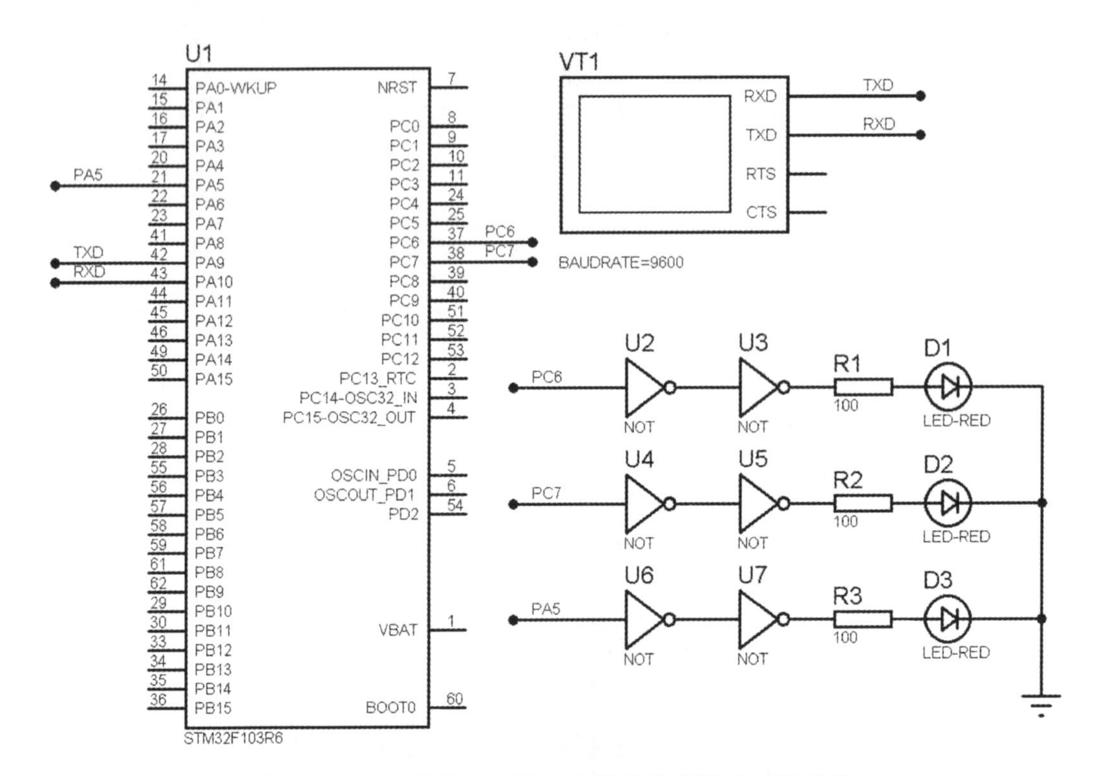

图 6-8　Proteus 仿真 FreeRTOS 硬件设计:LED 和虚拟终端

2. 软件设计(编程)

(1) 设计分析。

使用 STM32CubeMX 建立 FreeRTOS 的 MDK 工程和任务(MDK 工程里使用了线程(thread)的称谓),通过 osThreadDef 函数调用 xTaskCreate 函数建立了 TaskLED 和 TaskUSART1 线程。再通过 osKernelStart 函数调用 vTaskStartScheduler 函数启动调度,开始执行任务。

(2) 程序源码与分析

```
int main(void)
{
…(省略)
  /*  Create the thread(s)创建线程(任务)* /
  /*  definition and creation of LED 创建 TaskLED 线程(任务* /
  osThreadDef(LED,TaskLED,osPriorityNormal,0,128);
  LEDHandle=osThreadCreate(osThread(LED),NULL);

  /* definition and creation of USART1 创建 TaskUSART1 线程(任务)* /
  osThreadDef(USART1,TaskUSART1,osPriorityHigh,0,128);
  USART1Handle=osThreadCreate(osThread(USART1),NULL);}

  /* Start scheduler 启动调度,开始执行任务* /
```

```
    osKernelStart();

    while(1)
    { }
}
```

3. 实验过程与现象

实验过程：参见 5.2.3 节(实验 5-1)。

STM32CubeMX 设置分别如图 6-9 和图 6-10 所示。

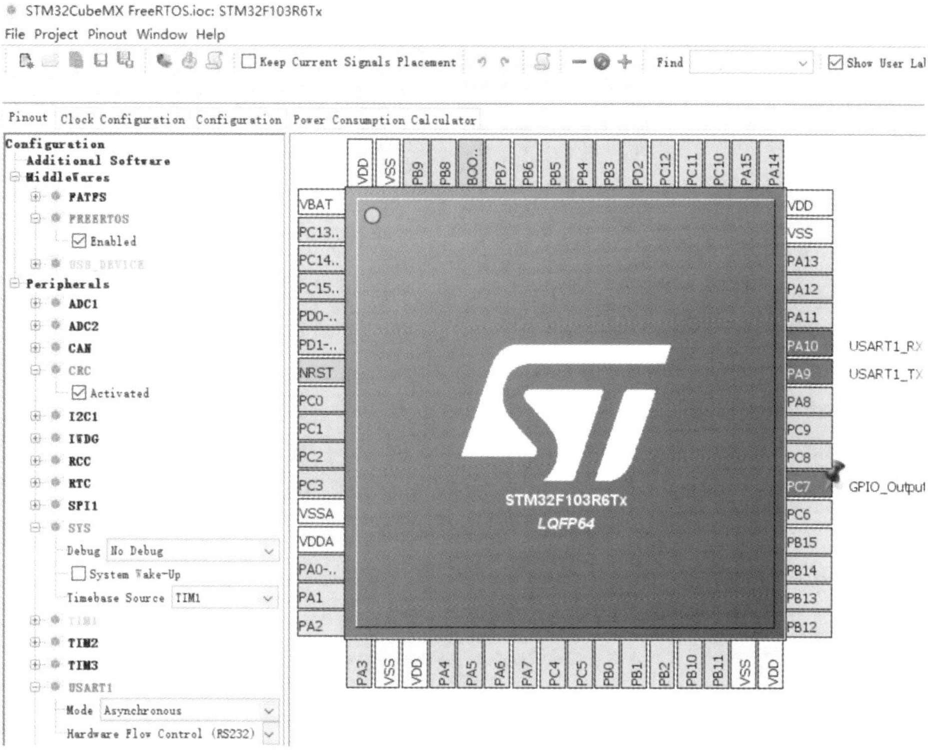

图 6-9　使用 FreeRTOS

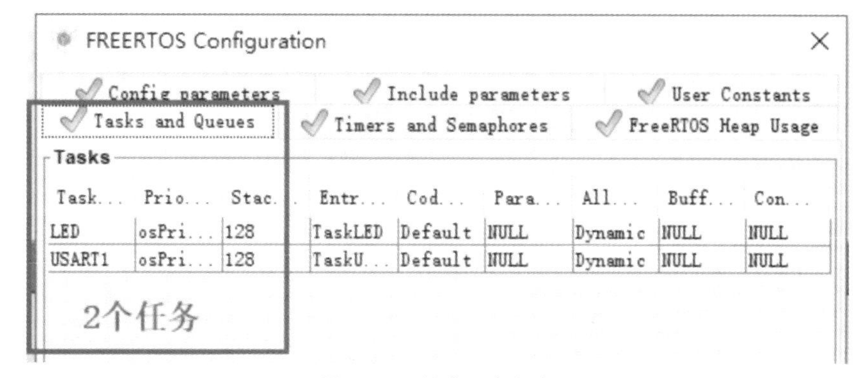

图 6-10　创建 2 个任务

实验现象:仿真结果如图 6-11 所示。

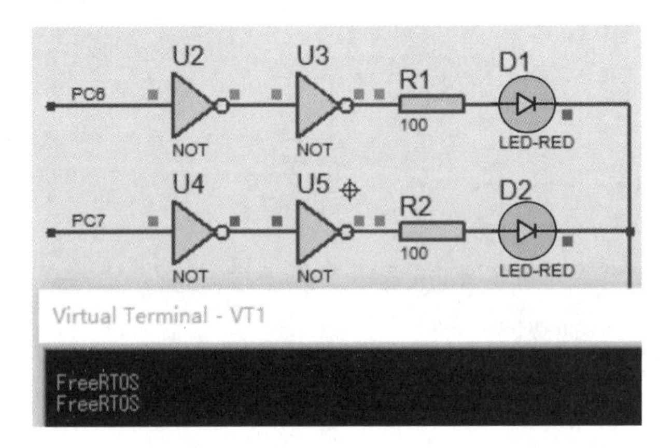

图 6-11 2 个任务:LED 和 USART1

6.3 嵌入式图形界面 μC/GUI

μC/GUI(MicroC/GUI, Graphical User Interface,图形用户界面,为了方便也简写为 uC/GUI)是 Micrium 公司出品的嵌入式图形用户界面软件,其运行界面如图 6-12 所示。

图 6-12 Micrium 公司 μC/GUI 仿真运行

SEGGER 公司也提供相同的软件,名称为 emWin,并且授权给了 ST 公司,为 STM32 用户提供的是 STemWin_Library。

μC/GUI 旨在为任何使用 LCD 的应用程序提供一个高效的处理器和 LCD 控制器独立的图形用户界面。它与单任务和多任务环境、专用操作系统或任何商业 RTOS 兼容。μC/GUI 提供"C"源代码。它可以适应任何尺寸的物理的或虚拟的 LCD 控制器和 CPU。

6.3.1 μC/GUI 概述

1. μC/GUI 通用特性

①适合任何 8/16/32 位 CPU,只需要一个 ANSI"C"编译器。

②支持任何控制器的任何(单色、灰度或彩色)LCD(如果驱动程序可用)。

③在小型显示器上不使用 LCD 控制器也可以工作。

④使用配置宏支持任何接口。

⑤显示大小可配置。

⑥字符和位图可以在 LCD 上的任何位置写入,而不仅仅是 LCD 上的偶数字节地址。

⑦程序针对大小和速度进行了优化。

⑧编译时允许不同的优化。

⑨对于较慢的LCD控制器，LCD可以缓存在内存中，从而减少等待，提高速度。

⑩结构清晰。

⑪支持虚拟显示，虚拟显示界面可以大于实际显示。

2. μC/GUI图形库

①支持不同颜色深度的位图。

②可用位图转换器。

③绝对不能使用浮点。

④快速线条和点绘制(不使用浮点)。

⑤快速绘制圆和多边形。

⑥不同的绘图模式。

3. μC/GUI字体

①基本软件附带了各种不同的字体：4×6、6×8、6×9、8×8、8×9、8×16、8×17、8×18、24×32以及像素高度为8、10、13、16的比例字体。

②新字体可以定义并简单链接。

③只有应用程序使用的字体才能链接到生成的可执行文件，从而使只读存储器的使用最少。

④字体是完全可缩放的，在X和Y中是分开的。

⑤字体转换器可用，可以转换主机系统(即Microsoft Windows)上可用的任何字体。

4. μC/GUI字符串/值输出例程

①以十进制、二进制、十六进制和任意字体显示值的例程。

②以十进制、二进制、十六进制和任意字体编辑值的例程。

5. μC/GUI窗口管理器WM(Window manager)

①完全窗口管理，包括剪辑。不可能覆盖窗口客户区域以外的区域。

②可以移动窗口并调整其大小。

③支持回调例程(可选用法)。

④WM使用最小RAM(应用程序每个窗口20字节)。

6. PC外观的可选小控件(widgets)

小控件(窗口对象，也称为控件)可用。它们一般自动操作，使用简单。

7. μC/GUI对触摸屏和鼠标支持

对于按钮小部件等窗口对象，μC/GUI提供触摸屏和鼠标支持。

8. μC/GUI的PC工具

①模拟观察器，μC-GUI-View.exe

②位图转换器，μC-GUI-BitmapConvert.exe

③字体转换器，μC-GUI-FontConvert.exe

6.3.2 μC/GUI的程序结构

1. 推荐的目录结构

建议将μC/GUI与应用程序分开存放到不同的文件夹。保存所有程序文件(包括头文件)在项目的根目录,目录结构应该类似图 6-13,这种做法的好处是非常容易更新,较新版本的 μC/GUI 只需替换到 GUI 目录。

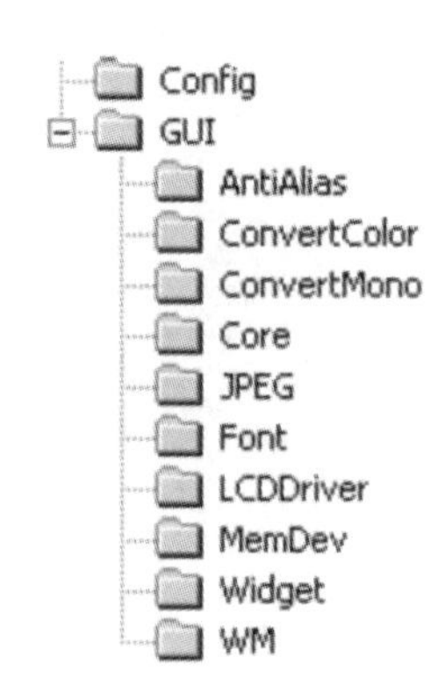

图 6-13 Micrium 公司的 μC/GUI 目录结构

2. 子目录

表 6-1 显示了所有 GUI 子目录的内容。

表 6-1 Micrium 公司 μC/GUI 子目录

目录	内容
Config	配置文件
GUI\AntiAlias	抗锯齿支持 *
GUI\ConvertMono	用于黑白两色及灰度显示的色彩转换程序 *
GUI\ConvertColor	用于彩色显示的色彩转换程序 *
GUI\Core	μC/GUI 内核文件
GUI\Font	字体文件
GUI\LCDDriver	LCD 驱动
GUI\MemDev	存储器件支持 *
GUI\Touch	触摸屏支持 *
GUI\Widget	视窗控件库 *
GUI\WM	视窗管理器 *

3. Include 目录

应该确保 include 包含以下目录(包含顺序不重要):

```
Config
GUI\Core
GUI\Widget(如果使用了控件)
GUI\WM(如果使用了视窗管理器)
```

6.3.3 μC/GUI V3.90 在 PC 机上仿真(实验 6-5)

【实验 6-5】 PC 机仿真显示文字。

为了更好地了解 μC/GUI 可以做什么,在 μC/GUI V3.90 的样本下提供了一些示例程序，有编译好的PC模拟可执行文件和源代码。示例程序的源代码位于样本文件夹中，文件夹\GUIDemo包含一个应用程序GUIDEMO.c，显示了大部分的μC/GUI的功能。

(1)安装VC6.0，如图6-14所示。注意VC6可以在Windows XP下安装，但是在Windows 10下则需要特殊处理，参见网上的相关资料。笔者采用的是双系统，在Windows XP下安装，直接在Windows 10使用。

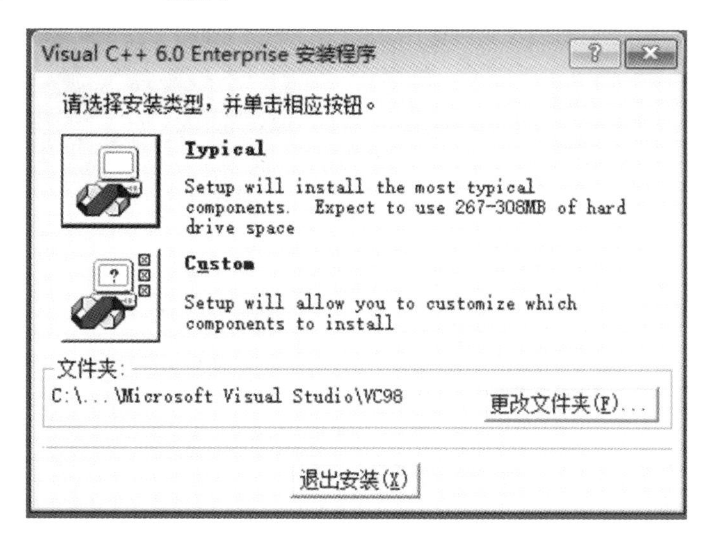

图6-14 安装VC6

(2)"hello world"程序从早期就被用作"C"程序的起点，因为它本质上是编写的最小程序。

假设应用程序的硬件已经初始化。

```
# include "GUI.H"
void main(void){
GUI_Init();
GUI_DispString("Hello world!");
while(1);
}
```

图形用户界面显示字符串函数GUI_DispString说明如下。

功能：使用当前字体的窗口，在当前文本位置显示作为参数传递的字符串。

原型：void GUI_DispString(const char GUI_FAR *s)。

参数：s，要显示的字符串。

字符串可以包含控制字符\n。此控制字符将当前文本位置移动到下一行的开头。

3)仿真运行。

打开μCGUI V3.90\Start\Simulation.dsw，在VC工程的Application文件夹里添加程序文件basic_helloworld.c或者basic_hello1.c，按Ctrl+F5开始仿真，按Alt+F4结束仿真。

μC/GUI提供2种PC仿真器(外观不同)，μC-GUI-View如图6-15所示，LCD如图6-16所示。

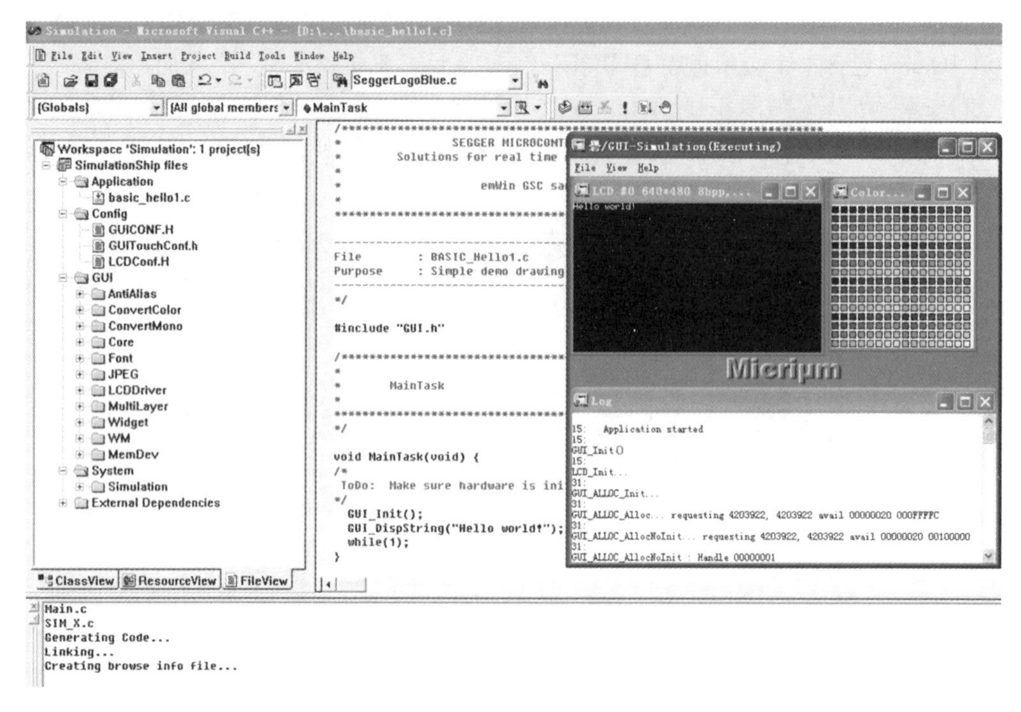

图 6-15　VC6 运行仿真显示文字(μC-GUI-View 界面)

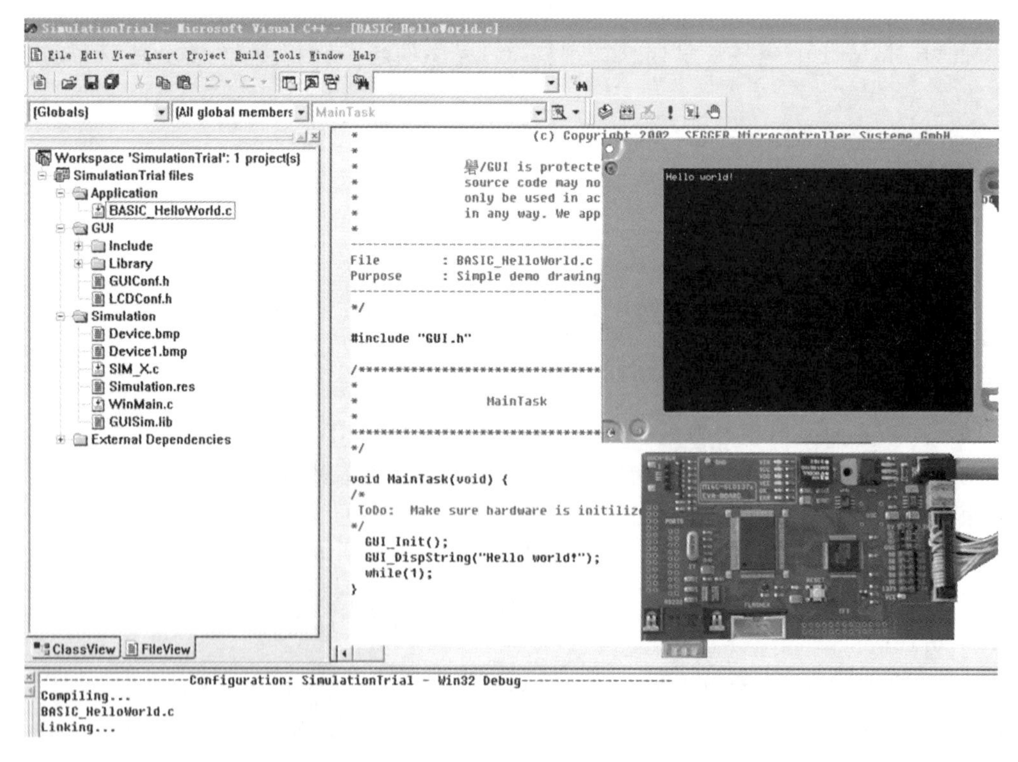

图 6-16　VC6 运行仿真显示文字(LCD 界面)

6.3.4 μC/GUI V3.90 在PC机上仿真(实验6-6)

【实验6-6】 PC机仿真显示图片。

1. 程序代码

```
# include "GUI.H"

extern const GUI_BITMAP bmMicriumLogo;/*  declare external Bitmap * /
void main(){
GUI_Init();
GUI_DrawBitmap(&bmMicriumLogo,45,20);
while(1);
}
```

图形用户界面绘制位图图像函数GUI_DrawBitmap说明如下。

功能:在当前窗口的指定位置绘制位图图像。

原型:void GUI_DrawBitmap(const GUI_BITMAP * pBM,int x,int y)。

参数:pBM 指向要显示的位图的指针。

X:显示位图左上角的X位置。

Y:显示位图左上角的Y位置。

位图数据必须逐像素定义。每个像素相当于一个位。

最高有效位(MSB,most significant bit)定义第一个像素;图片数据被解析为以第一个字节的MSB开头的位流。

新行总是以偶数字节地址开始,就像位图的第 n 行从偏移量 $n\times$BytesPerLine开始。位图可以在客户机区域的任何点上显示。

位图转换器(μC-GUI-BitmapConvert.exe,在Tool文件夹下)用于生成位图。

2. 仿真运行

在MainTask.c文件里编辑上述程序代码,添加到VC工程的Applicaton文件夹,同时也添加图片文件MicriumLogo.c,按Ctrl+F5开始仿真(见图6-17);按Alt+F4结束仿真。

6.3.5 μC/GUI V3.24 在PC机上仿真(实验6-7)

【实验6-7】 PC机仿真显示文字和图片。

编程实现:显示自己的照片、姓名和学号,使用μC/GUI或emWin官方提供的PC仿真。

1. 运行位图转换器

利用uC-GUI-BitmapConvert.exe,在Tool文件夹下,生成位图数据文件ZYX.C,如图6-18所示。

2. 程序代码

```
# include "GUI.h"

extern const GUI_BITMAP ZYX;
void MainTask(void){
int Cnt=0;
```

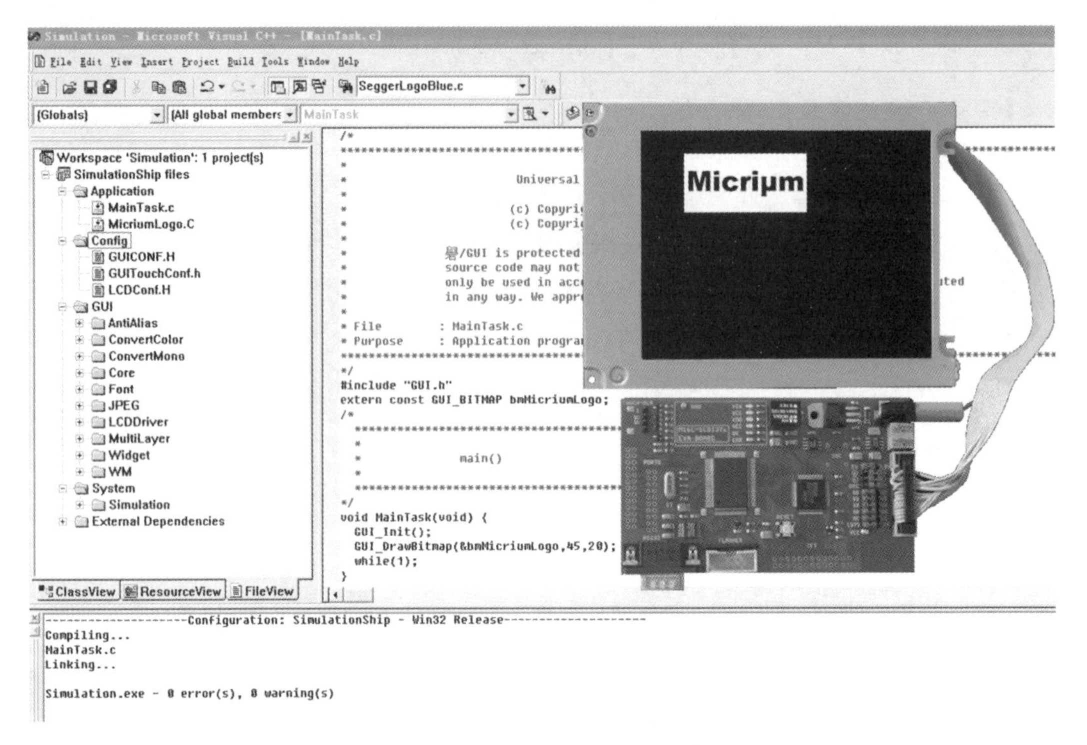

图 6-17　VC6 运行仿真显示图片

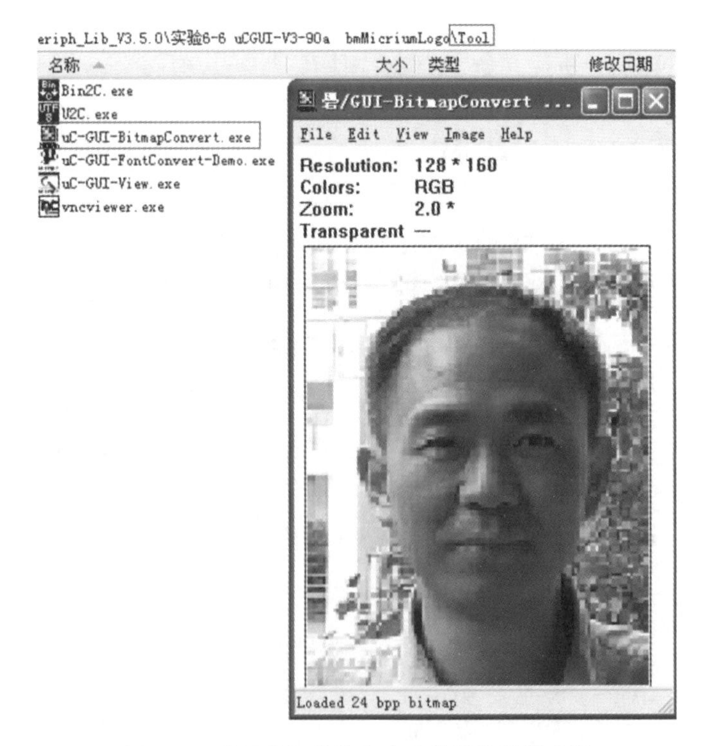

图 6-18　使用位图转换程序生成图片数据文件

```
int i,YPos;
int LCDXSize=LCD_GET_XSIZE();
int LCDYSize=LCD_GET_YSIZE();
const GUI_BITMAP * pBitmap;
GUI_Init();
GUI_SetBkColor(GUI_RED);GUI_Clear();

GUI_Clear();
pBitmap=&bmZYX;

GUI_DrawBitmap(pBitmap,(LCDXSize-pBitmap->XSize)/2,10);
YPos=20+pBitmap->YSize;
GUI_SetFont(&GUI_FontComic24B_1);
GUI_DispStringHCenterAt("Mr.zhou 周老师",LCDXSize/2,YPos);
Delay(2000000);

GUI_SetColor(GUI_RED);
GUI_DispStringHCenterAt("? 20190604 19:16\n",LCDXSize/2,YPos+30);
GUI_SetFont(&GUI_Font10_1);
GUI_DispStringHCenterAt("Micri 衸 Inc.",LCDXSize/2,YPos+60);
Delay(10000000);
}
```

3. 仿真运行

在 MainTask.c 文件里编辑上述程序代码，添加到 VC 工程的 Application 文件夹，同时也添加图片文件 ZYX.c，按 Ctrl+F5 开始仿真(见图 6-19)；按 Alt+F4 结束仿真。

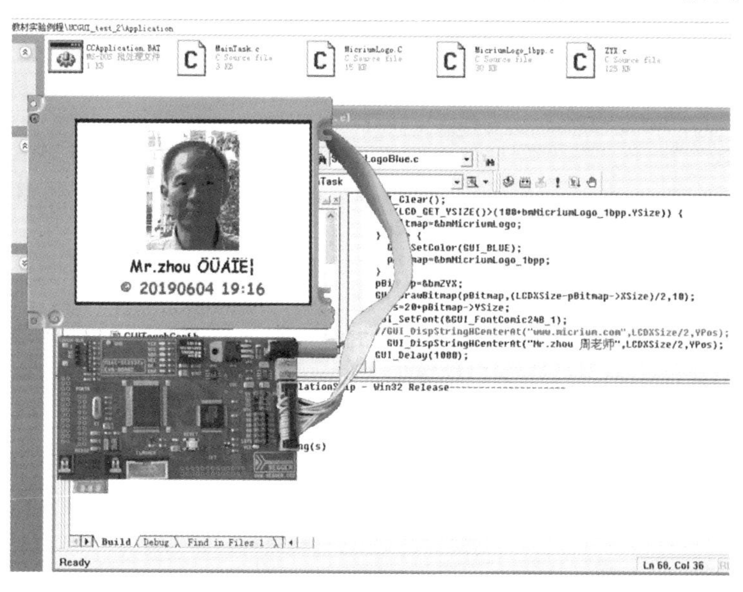

图 6-19 VC6 运行仿真显示文字和图片

6.3.6 μC/GUI V5.48 在 PC 机上仿真(实验 6-8)

【实验 6-8】 PC 仿真 μC/GUI Demo。

在 Micrium 官网下载 Micrium_STM32xxx_uCOS-II. exe,解压后在 Micrium\Software\EvalBoards\ST\STM3210E-EVAL\RVMDK\OS-Probe \STM3210E-EVAL-OS-Probe. Uv2 中提供 STM32 的 MDK 工程。

在 Micrium 官网下载 Trial,文件 Simulation-Trial. vcxproj 则提供的是 VC 仿真 Gemo。

STM32 硬件和 PC 这些平台不同,但是,演示示例的 c 文件大多是完全相同的,便于移植。

图 6-20 安装 visual_studio_2010

1. 安装 visual_studio_2010_professional

安装界面如图 6-20 所示。

2. 程序代码

在 Application 下是一些演示示例的 c 文件。GUIConf. c 的功能是显示控制初始化,GUI-DEMO. c 是一系列演示的配置文件,其中 main 函数如下:

```
static void _Main(void){
  # if GUI_WINSUPPORT
    int xSize;
    int ySize;
    WM_HWIN hItem;
    WM_SelectWindow(WM_HBKWIN);   //选择视窗
  # endif
  GUI_Clear();//GI 清除
  # if GUIDEMO_SUPPORT_CURSOR
    GUIDEMO_ShowCursor();//显示光标
  # endif
// Create and configure Control and Information window 创建、配置控制和信息窗口
  # if GUI_WINSUPPORT
    xSize          =LCD_GetXSize();
    ySize          =LCD_GetYSize();
// Set skinning functions for control-and info window 设置控制和信息窗口的皮肤功能
    FRAMEWIN_SetDefaultSkin(_DrawSkin_FRAMEWIN);
    BUTTON_SetDefaultSkin(_DrawSkin_BUTTON);
    PROGBAR_SetDefaultSkin(_DrawSkin_PROGBAR);
// Create control-and info window 创建控制和信息窗口
    _hDialogControl=GUI_CreateDialogBox(_aFrameWinControl,GUI_COUNTOF
    (_aFrameWinControl),_cbFrameWinControl,WM_HBKWIN,xSize - CONTROL_SIZE_X,
ySize-CONTROL_SIZE_Y);
    _hDialogInfo=GUI_CreateDialogBox(_aFrameWinInfo,GUI_COUNTOF
    (_aFrameWinInfo),_cbFrameWinInfo,WM_HBKWIN,xSize / 2-1,0 );
```

```
    WM_HideWindow(_hDialogInfo);
// Reset skinning functions to(demo)defaults 将皮肤功能重置为(演示)默认值
    FRAMEWIN_SetDefaultSkin(_FrameDrawSkinFlex);
    BUTTON_SetDefaultSkin(BUTTON_SKIN_FLEX);
    PROGBAR_SetDefaultSkin(PROGBAR_SKIN_FLEX);
// Hide ugly text,may be(re)activated in a later version 隐藏简陋的文本,可能在以后的版本中被(重新)激活
    hItem=WM_GetDialogItem(_hDialogControl,GUI_ID_TEXT0);
    WM_HideWindow(hItem);
    // Show Intro 显示简介
    WM_InvalidateWindow(WM_HBKWIN);
    GUI_Exec();
  # endif
  GUIDEMO_Intro();  //简介

// Run the demos 使用 for 循环依次运行演示,在此可以增减或指定运行的演示示例程序
  for(_iDemo=0;_GUIDemoConfig.apFunc[_iDemo];_iDemo++){
    GUIDEMO_ClearHalt();
    # if GUI_WINSUPPORT
      _UpdateControlText();
    # endif
    (* _GUIDemoConfig.apFunc[_iDemo])();
    # if GUI_WINSUPPORT
      _iDemoMinor=0;
    # endif
    # if GUI_SUPPORT_MEMDEV
      _Pressed=0;
    # endif
  }
  _iDemo=0;

// Cleanup 清理
  # if GUI_WINSUPPORT
    WM_DeleteWindow(_hDialogControl);  //删除视窗
    WM_DeleteWindow(_hDialogInfo);
  # endif
}
```

具体的演示示例程序,参见后面的实验里讲解的 MEMDEV_AutoDev. c。

3. 修改 SimulationTrial. vcxproj **里的前 2 行**

```
<? xml version="1.0" encoding="utf-8"? >

< Project DefaultTargets =" Build" ToolsVersion =" 4. 0" xmlns =" http://schemas.
microsoft.com
/developer/msbuild/2003">
```

4. 使用 VS2010 打开 SimulationTrial. vcxproj

右击平台工具集，将其内容修改为 v100，如图 6-21 所示。

图 6-21　设置平台工具集

5. 仿真运行

按 Ctrl+F5 开始仿真，如图 6-22 所示；按 Alt+F4 结束仿真。

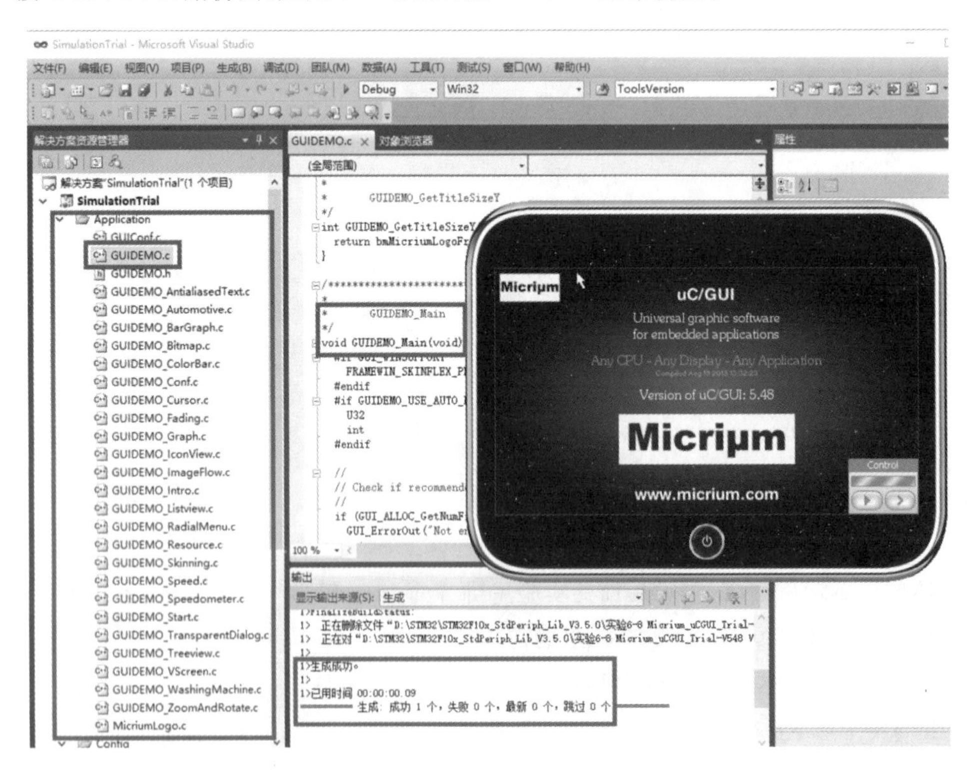

图 6-22　仿真运行 μC/GUI V5.48 Demo

6.3.7　μC/GUI V3.98 移植到 STM32(实验 6-9)

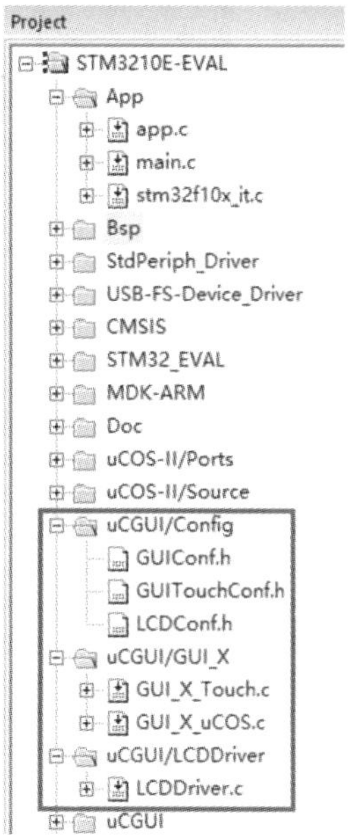

【实验 6-9】 μC/GUI 移植到 AS-07。

将 μC/GUI V3.98 版移植到 STM32(使用 stm3210e_eval_lcd 驱动),移植步骤如下。

(1)使用 ST 的标准外设库 STM32F10x_StdPeriph_Lib_V3.5.0 的 stm3210e_eval_lcd 可以在裸机下正常显示。

(2)在标准外设库 STM32F10x_StdPeriph_Lib_V3.5.0 的 MDK 工程模板添加 μC/GUI 程序包,如图 6-23 所示。

图 6-23　工程目录结构

(3)修改 uCGUI/Config 的 3 个 LCD 配置文件 LCDConf.h、GUIConf.h、GUITouchConf.h。

① LCDConf.h 文件(LCD 通用配置)如下。

```
# ifndef LCDCONF_H
# define LCDCONF_H
# define LCD_XSIZE          (320)//配置 LCD 的水平分辨率
# define LCD_YSIZE          (240)//配置 LCD 的垂直分辨率
# define LCD_CONTROLLER     (9320)//LCD 控制器的名称
# define LCD_BITSPERPIXEL   (16) //每个像素的位数
# define LCD_FIXEDPALETTE   (565) //调色板格式
# define LCD_SWAP_RB        (1) //红蓝反色交换
# define LCD_SWAP_XY        (1)
# define LCD_INIT_CONTROLLER()  ili9320_Initializtion();//此处需要定义的是硬件
LCD 初始化函数
# endif /*  LCDCONF_H * /
```

② GUIConf.h 文件(配置功能、字体等)如下。

```
# ifndef GUICONF_H
# define GUICONF_H
# define GUI_OS                  (1) /*  Compile with multitasking support * /
# define GUI_SUPPORT_TOUCH       (1) /*  Support a touch screen(req.win-manager)* /
# define GUI_SUPPORT_UNICODE     (1) /*  Support mixed ASCII/UNICODE strings * /
# define GUI_DEFAULT_FONT        &GUI_Font6x8 //GUI 默认字体
# define GUI_ALLOC_SIZE        5000  /*  Size of dynamic memory...For WM and memory
devices* /
# define GUI_WINSUPPORT          1  /*  Window manager package available * /
# define GUI_SUPPORT_MEMDEV      1  /*  Memory devices available * /
# define GUI_SUPPORT_AA          1  /*  Anti aliasing available * /
# endif  /*  Avoid multiple inclusion * /
```

③ GUITouchConf.h(配置触摸屏模块)文件如下。

```
# ifndef GUITOUCH_CONF_H
# define GUITOUCH_CONF_H
```

```
# define GUI_TOUCH_AD_LEFT     3600//由 AD 返回的最小值
# define GUI_TOUCH_AD_RIGHT   258//由 AD 返回的最大值
# define GUI_TOUCH_AD_TOP      372
# define GUI_TOUCH_AD_BOTTOM   3570
# define GUI_TOUCH_SWAP_XY     0//X/Y 轴互换
# define GUI_TOUCH_MIRROR_X    0
# define GUI_TOUCH_MIRROR_Y    0
# endif /*  GUITOUCH_CONF_H * /
```

(4)修改 uCGUI/GUI_X 的 1 个 GUI_TOUCH_X.C(触摸屏控制配置)文件。

```
int  GUI_TOUCH_X_MeasureX(void){
U32 i,j=0;
for(i=0;i<10;i++)
{
      j+=SPI_TOUCH_Read_X();
}
      return j/10;
}

int  GUI_TOUCH_X_MeasureY(void){
U32 i,j=0;
for(i=0;i<10;i++)
{
      j+=SPI_TOUCH_Read_Y();
}
      return j/10;
}
```

包含触摸屏控制头文件,能找到 SPI_TOUCH_Read_X 和 SPI_TOUCH_Read_Y 这两个底层驱动函数。

(5)让 GUI 能够找到 LCD 硬件驱动(LCDDriver. c/h 和 stm3210e_eval_lcd. c/h)。

①初始化 LCD。

```
/* * * * * * * * * * * * * * * * * * * * * * * * * * * * * * * * * * * *
*   LCD_L0_Init
* /
int  LCD_L0_Init(void){
    STM3210E_LCD_Init();
    return 0;
}

int  LCD_L0_CheckInit(void){
  return 0;
}
```

画出一个像素点和获取一个像素点，使 μC/GUI 和 LCD 硬件驱动关联起来。

② 画出和获取像素函数的宏定义。

```
/* * * * * * * * * * * * * * * * * * * * * * * * * * * * * * * * *
* Macros for internal use
* /
# define SETPIXEL(x,y,c)ili9320_SetPixelIndex(x,y,c)
# define GETPIXEL(x,y)ili9320_GetPixelIndex(x,y)
# define XORPIXEL(x,y)XorPixel(x,y)
# ifdef _DEBUG
static int _CheckBound(unsigned int c){
  unsigned int NumColors=LCD_BITSPERPIXEL>8 ? 0xffff :(1 <<LCD_BITSPERPIXEL)-1;
  if(c>NumColors){
    GUI_DEBUG_ERROROUT("LCDDriver::SETPIXEL:parameters out of bounds");
    return 1;
  }
  return 0;
}

  # define SETPIXEL(x,y,c)\
    if(! _CheckBound(c)){ \
      ili9320_SetPixelIndex(x,y,c);\
    }
# else
  # define SETPIXEL(x,y,c)ili9320_SetPixelIndex(x,y,c)
# endif
# define XORPIXEL(x,y)    _XorPixel(x,y)
```

③ 获取一个像素。

```
/* * * * * * * * * * * * * * * * * * * * * * * * * * * * * * * * *
* LCD_L0_ReInit
* /
void LCD_L0_ReInit      (void){}

unsigned LCD_L0_GetPixelIndex(int x,int y)  {
  return ili9320_GetPixelIndex(x,y);
}
```

④ 画出一个像素。

```
/* * * * * * * * * * * * * * * * * * * * * * * * * * * * * * * * * * * * * *
* LCD_L0_SetPixelIndex
*   Purpose:
*     Writes 1 pixel into the display.
* /
```

```
void LCD_L0_SetPixelIndex(int x,int y,int ColorIndex){
# if ! LCD_SWAP_XY
  SETPIXEL(x,y,ColorIndex);
# else
  SETPIXEL(y,x,ColorIndex);
# endif
}
```

⑤ 在 stm3210e_eval_lcd.c 文件里写出 ili9320_GetPixelIndex 函数。

```
uint16_t ili9320_GetPixelIndex(uint16_t Xpos,uint16_t Ypos)
{
  uint16_t c;
  LCD_SetCursor(Xpos,Ypos);
  c=LCD_ReadRAM();
  return(LCD_BGR2RGB(c));
}
```

⑥ 在 stm3210e_eval_lcd.c 文件里写出 ili9320_SetPixelIndex 函数。

```
void ili9320_SetPixelIndex(uint16_t Xpos,uint16_t Ypos,uint16_t c)
{
  LCD_SetCursor(Xpos,Ypos);
  LCD_WriteRAM_Prepare();/* Prepare to write GRAM * /
  LCD_WriteRAM(c);
}
```

(6)关键程序代码。

这是官方提供的演示(Demo)。

①main 函数。

OS 初始化,创建起始任务 AppTaskStart,开始任务调度。

```
int  main(void)
{
    INT8U  err;
    /*  Set the Vector Table base location at 0x08000000 * /
    NVIC_SetVectorTable(NVIC_VectTab_FLASH,0x0);
    BSP_IntDisAll();       /*  Disable all interrupts until we are ready to accept
them * /
    OSInit();            /*  Initialize "μC/OS-Ⅱ,The Real-Time Kernel"   * /
/*  Create the start task * /
OSTaskCreateExt(  AppTaskStart,
                  (void * )0,
                  (OS_STK * )&AppTaskStartStk[APP_TASK_START_STK_SIZE-1],
                  APP_TASK_START_PRIO,
                  APP_TASK_START_PRIO,
                  (OS_STK * )&AppTaskStartStk[0],
```

```
                    APP_TASK_START_STK_SIZE,
                    (void * )0,
                    OS_TASK_OPT_STK_CHK|OS_TASK_OPT_STK_CLR);
    # if(OS_TASK_NAME_SIZE>13)
    OSTaskNameSet(APP_TASK_START_PRIO,"Start Task",&err);
    # endif

    OSStart();     /*  Start multitasking(i.e.give control to μC/OS-Ⅱ)* /
}
```

②在起始任务 AppTaskStart 里调用 AppTaskCreate()创建用户任务。

```
static  void  AppTaskStart(void * p_arg)
{
  (void)p_arg;
   BSP_Init();/*  Initialize BSP functions * /
   # if(OS_TASK_STAT_EN>0)
    OSStatInit();/*  Determine CPU capacity * /
   # endif
   AppTaskCreate();/*  Create application tasks* /

   while(DEF_TRUE)
{
  /*  Task body,always written as an infinite loop.* /
   OSTaskSuspend(OS_PRIO_SELF);
 }
}
```

③创建 2 个任务:AppTaskUserIF 和 AppTaskKbd。

```
static  void  AppTaskCreate(void)
{
…(省略)
  OSTaskCreateExt(AppTaskUserIF),
…(省略)
  OSTaskCreateExt(AppTaskKbd),
…(省略)
}
```

④在任务 AppTaskUserIF 里初始化 GUI_Init(),运行 GUI 的主任务 MainTask()。

```
static  void  AppTaskUserIF(void * p_arg)
{

  (void)p_arg;
  GUI_Init();
  while(DEF_TRUE)
```

```
  {
  MainTask();
  GUIDEMO_Touch();
  }
}
```

⑤在 MainTask 里调用 GUI_Init()函数进行 GUI 初始化，再调用 GUIDEMO_main()函数开始一系列的 GUI 演示文件/函数执行，如图 6-24 所示。

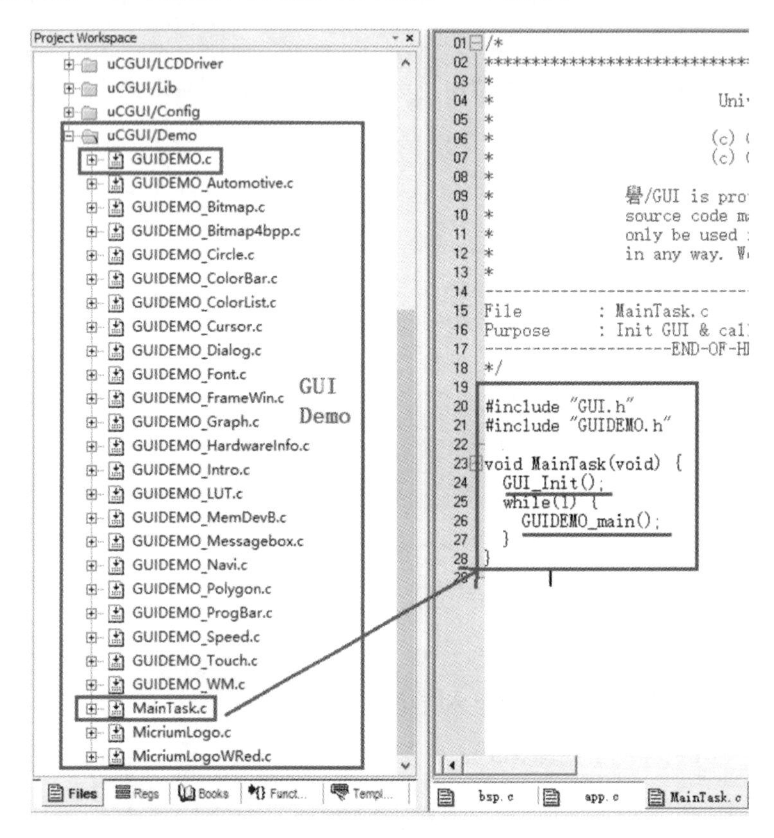

图 6-24　MainTask 和 GUIDEMO_main 函数

```
# include "GUI.h"
# include "GUIDEMO.h"
void MainTask(void){
  GUI_Init();//GUI 初始化
  while(1) {
    GUIDEMO_main();//调用 GUIDEMO_main()函数开始执行演示 Demo
  }
}
```

⑥在 GUIDEMO_main()函数里，通过 for 循环执行左边的一系列的 GUI 演示文件/函数。我们可以在此指定或增减演示例程。

```
void GUIDEMO_main(void){
…(省略)

/*  Show Intro * /
  GUIDEMO_Intro();
/*  Run the individual demos ! 循环执行一系列的 GUI 演示文件/函数 * /
  for(_iTest=0;_apfTest[_iTest];_iTest++){
    GUI_CONTEXT ContextOld;
    GUI_SaveContext(&ContextOld);
    _iTestMinor=0;
    _UpdateCmdWin();
    (* _apfTest[_iTest])();
    _CmdNext=0;
    GUI_RestoreContext(&ContextOld);
  }
…(省略)
}
```

(7)运行显示如图 6-25 所示，左图是运行 GUI 简介示例(文件 GUIDEMO_Intro.c)，右图是运行导航示例(文件 GUIDEMO_Navi.c)。

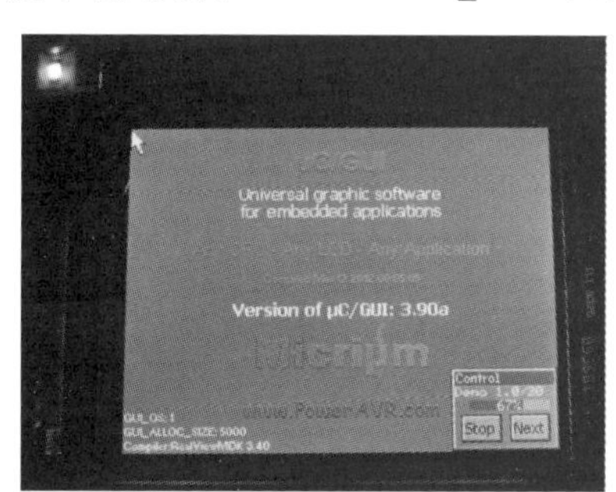

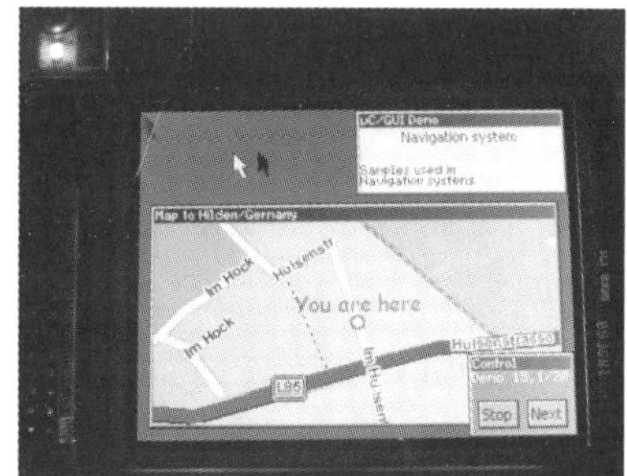

图 6-25　AS-07 运行 uCGUIDemo 显示截图

6.3.8　μC/GUI V3.24 移植到 STM32(实验 6-10)

【实验 6-10】 AS-05 裸机显示文字和图片。

我们将在 PC 上仿真运行的实验 6-7 移植到 AS-05 上运行，裸机运行，不用 μC/OS-Ⅱ。

(1)利用 LCD 可以正常显示 MDK 工程。

(2)将 GUI 源代码包里的 ConvertColor 、Core、Font、LCDDriver 、Widget、WM 这几个文件夹里所有文件添加 MDK 工程。

(3)在 main.c 里包含以上的头文件。

修改 LCDDriver.c 和 GUI_X.c 让 μC/GUI 和 LCD 硬件联系起来，可以使用硬件 LCD 初始化、获取像素点、画出像素点、画线、画圆等，参见 6.3.6 小节。

(4)将实验 6-7 的 GUI 程序添加到 main 下：

```
ili9320_Initializtion();//LCD 初始化
```

```
GUI_Init();//GUI 初始化

GUI_GotoXY(10,100);//GUI 显示文字坐标
GUI_SetColor(GUI_RED);//GUI 显示文字颜色
Delay(200000);
//GUI_SetFont(&GUI_Font8x16);
GUI_SetFont(&GUI_Font32B_1);//GUI 显示字体
GUI_DispString("Hello World! ");//GUI 显示文字
Delay(300000);

GUI_Clear();//GUI 清除

pBitmap= &bmZYX;// 图片文件 ZYX

GUI_DrawBitmap(pBitmap,(LCDXSize-pBitmap->XSize)/2,10);//GUI 显示图片
YPos=20+pBitmap->YSize;//显示坐标、大小
GUI_SetFont(&GUI_FontComic24B_1);//GUI 显示字体
GUI_DispStringHCenterAt("Mr.zhou 周老师",LCDXSize/2,YPos);//GUI 显示文字
Delay(2000000);

GUI_SetColor(GUI_RED);//GUI 显示文字颜色
GUI_DispStringHCenterAt("? 20190604 19:16\n",LCDXSize/2,YPos+30);//GUI 显示文字
GUI_SetFont(&GUI_Font10_1);//GUI 显示字体
GUI_DispStringHCenterAt("Micriosoft Inc.",LCDXSize/2,YPos+60);//GUI 显示文字
Delay(10000000);
```

(5)运行显示如图 6-26 所示。

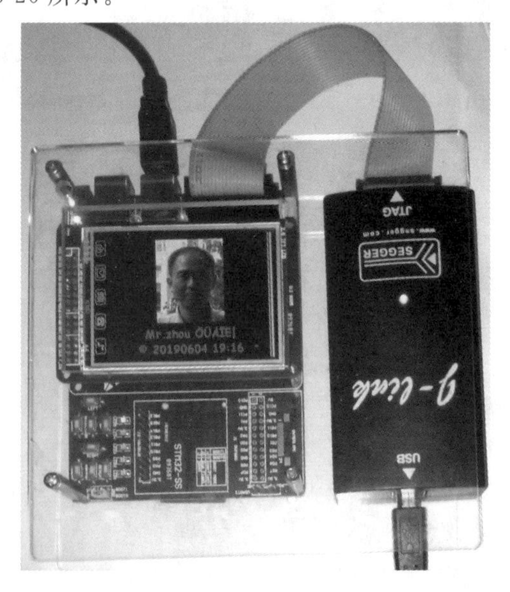

图 6-26 AS-05 裸机运行 μCGUI 显示文字和图片

6.3.9 μC/GUI 编程应用(实验 6-11)

【实验 6-11】 μC/GUI 图形显示温度和湿度。

(1)在 PC 上仿真 μCGUI 的 MEMDEV_AutoDev.c 示例程序，就是一个速度表。指针随时间转动，从 0 至 6，再退回到 0，并使用文字显示图形更新时间。

文件在 μCGUI V4.0.6 trialgui32bpp\Sample\GUI\MEMDEV_AutoDev.c，运行如图 6-27 所示。

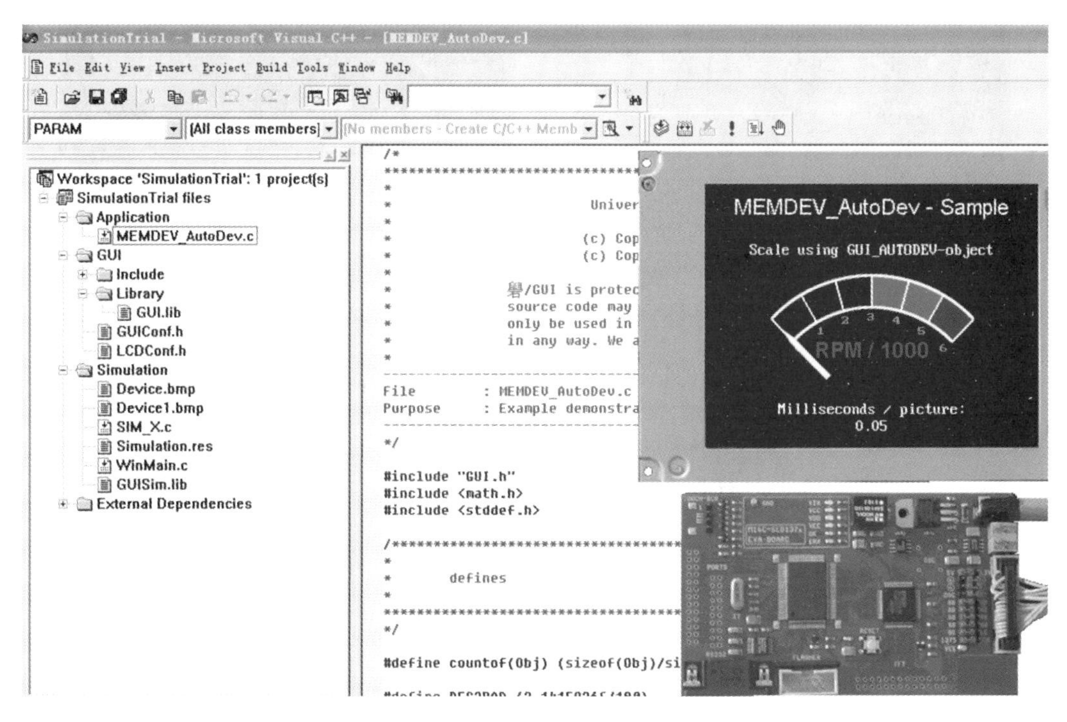

图 6-27　GUI\MEMDEV_AutoDev 运行截图

(2) 移植 STemWin_Library_V1.1.1 到 AS-07 运行，只需要修改 LCD 显示和触摸屏控制，如图 6-28 所示。

(3)在 AS-07 上编程实现温湿度传感器 DHT11(连接到 STM32F103VE 的 PD12 引脚)正常工作，通过串口 USART1 显示温湿度，如图 6-29 所示。

(4)实验 6-11 就是结合上述内容，修改 MEMDEV_AutoDev 程序里的获取转动角度为 DHT11 输出温湿度值，如图 6-30 所示。

(5)程序分析。

当必须更新显示屏以反映其显示对象的移动或改变时，存储设备非常有用，因为在此类应用中，防止 LCD 闪烁非常重要。自动设备对象是基于分片存储设备建立的，并且对于诸如移动指示之类的应用程序(其中一次只更新显示的一小部分)可能更有效。

该设备自动区分显示哪些区域由固定对象组成，哪些区域由必须更新的移动或更改对象组成。第一次调用绘图函数时，将绘制所有对象，以后调用时只更新移动或更改对象部分。实际绘图操作使用分片存储设备机制，但仅在必要的空间内使用。使用自动设备对象

图 6-28　修改 LCD 显示和触摸屏控制

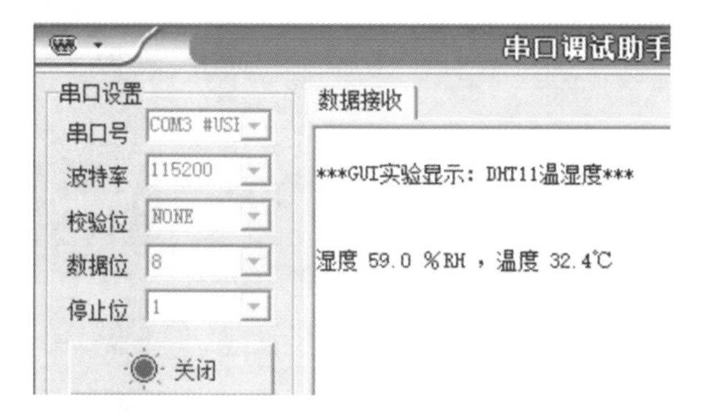

图 6-29　串口设置

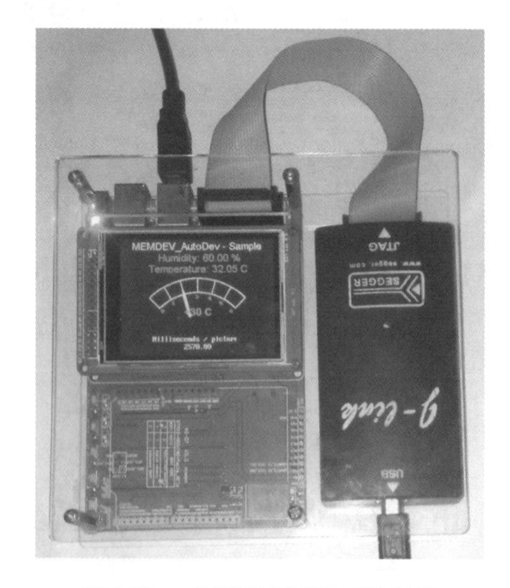

图 6-30　μC/GUI 图形显示温湿度

(而不是直接使用分片存储设备)的主要优点是它可以节省计算时间,因为它不会不断更新整个显示屏。

利用 GUI_MEMDEV_CreateAuto()函数建立一个自动设备对象。

原型 int GUI_MEMDEV_CreateAuto(GUI_AUTODEV * pAutoDev),其中参数 pAutoDev 是一个 GUI_AUTODEV 对象的指针,通常返回是 0,保留供以后使用。

GUI_MEMDEV_DeleteAuto()函数,删除一个自动设备对象。

原型是 void GUI_MEMDEV_DeleteAuto(GUI_AUTODEV * pAutoDev)。

GUI_MEMDEV_DrawAuto()函数,使用一个分布存储设备执行一个指定的绘图函数。

原型是 int GUI_MEMDEV_DrawAuto(GUI_AUTODEV * pAutoDev,GUI_AUTODEV_INFO * pAutoDevInfo,GUI_CALLBACK_VOID_P * pfDraw,void * pData),其中参数 pAutoDev 是一个 GUI_AUTODEV 对象的指针,pAutoDevInfo 是一个 GUI_AUTODEV_INFO 对象的指针,pfDraw 是用户定义要执行的绘图函数的指针,pData 是一个绘图函数传递的数据结构的指针。返回 0 则成功,1 则表示函数失败。

使用自动设备对象的示例:memdev_autodev. c。

示例演示自动设备对象的使用。在背景中画一个带移动指针的刻度盘,在前景中写一段文字。指针使用? C/GUI 高分辨率抗锯齿来改善移动指针的外观。

```
---------------------------------------------------
File 文件      :MEMDEV_AutoDev.c
Purpose 目的   :Example demonstrating the use of GUI_AUTODEV-objects 演示使用
GUI_AutoDev 对象的示例
---------------------------------------------------
# include "GUI.h"
# include <math.h>
# include <stddef.h>
# include "DHT11.h"

# define countof(Obj)(sizeof(Obj)/sizeof(Obj[0]))
# define DEG2RAD(3.1415926f/180)
# define MAG 4
extern DHT11_Data_TypeDef DHT11_Data;//温湿度结构体数据定义

/* * * * * * * * * * * * * * * * * * * * * * * * * * * * * * * * * * * * * * *
*   static data,scale bitmap 静态数据,缩放位图
* * * * * * * * * * * * * * * * * * * * * * * * * * * * * * * * * * * * * * * /
static const GUI_COLOR ColorsScaleR140[]={
  0x000000,0x00AA00,0xFFFFFF,0x0000AA,0x00FF00,0xAEAEAE,0x737373,0xD3D3D3,
  0xDFDFDF,0xBBDFBB,0x6161DF,0x61DF61,0xBBBBDF,0xC7C7C7,0x616193
};
static const GUI_LOGPALETTE PalScaleR140={
  15,    /*  number of entries * /
```

```
  0,   /* No transparency 不透明 * /
  &ColorsScaleR140[0]
};

static const unsigned char acScaleR140[]={
  0x00,0x00,0x00,0x00,0x00,0x00,0x00,0x00,0x00,0x00,0x00,0x00,0x00,0x00,0x00,
0x00,0x00,0x00,0x00,0x00,0x00,0x00,0x00,0x00,0x00,0x00,0x00,0x00,0x00,0x00,0x00,
0x00,0x00,0x00,0x00,0x00,0x00,0x00,0x00,0x00,0x00,0x00,0x65,0x55,0x55,0x22,0x22,
0x22,0x22,0x22,0x22,0x22,0x22,0x22,0x22,0x85,0x55,0x55,0x00,0x00,0x00,0x00,0x00,
0x00,0x00,0x00,0x00,0x00,0x00,0x00,0x00,0x00,0x00,0x00,0x00,0x00,0x00,0x00,0x00,
0x00,0x00,0x00,0x00,0x00,0x00,0x00,0x00,0x00,0x00,0x00,0x00,0x00,0x00,0x00,0x00,
0x00,0x00,0x00,0x00,0x00,
…(像素数据,省略)
};

static const GUI_BITMAP bmScaleR140={
200,/*  XSize X轴尺寸* /
  73,/*  YSize Y轴尺寸* /
100,/*  BytesPerLine 每行字节数 * /
   4,/*  BitsPerPixel 每像素的位数* /
acScaleR140,/*  Pointer to picture data(indices)  图片数据的指针(指数)* /
&PalScaleR140 /*  Pointer to palette   调色板的指针* /
};

/* * * * * * * * * * * * * * * * * * * * * * * * * * * * * * * * * * *
*  static data,shape of polygon 静态数据,多边形形状
* * * * * * * * * * * * * * * * * * * * * * * * * * * * * * * * * * * /
static const GUI_POINT _aNeedle[]={
  { MAG * ( 0),MAG * (   0+125) },
  { MAG * (-3),MAG * (-15+125) },
  { MAG * (-3),MAG * (-65+125) },
  { MAG * ( 3),MAG * (-65+125) },
  { MAG * ( 3),MAG * (-15+125) },
};

/* * * * * * * * * * * * * * * * * * * * * * * * * * * * * * * * * * * *
* structure containing information for drawing routine 包含绘图例程信息的结构
* * * * * * * * * * * * * * * * * * * * * * * * * * * * * * * * * * * * /
typedef struct {
  /*  Information about what has to be displayed 必须显示的内容的信息* /
  GUI_AUTODEV_INFO AutoDevInfo;
  /*  Polygon data 多边形数据* /
  GUI_POINT aPoints[7];
  float Angle;
} PARAM;
```

```
/* * * * * * * * * * * * * * * * * * * * * * * * * * * * * * * * * * * * * * *
*        _GetAngle 获取角度
  This routine returns the value value to indicate.In a real application,this value
would somehow be measured.此例程返回指针指示的值。在一个真实的应用程序中,该值将以
某种方式进行测量。这里修改为 DHT11 测量的温度值
* * * * * * * * * * * * * * * * * * * * * * * * * * * * * * * * * * * * * * /
static float _GetAngle(int tDiff){
Read_DHT11(&DHT11_Data);//读 DHT11 测量值
tDiff=DHT11_Data.temp_int;
//温湿度值,分别是湿度的整数,湿度的小数,温度的整数,温度的小数//DHT11_Data.humi_
int,DHT11_Data.humi_deci,DHT11_Data.temp_int,DHT11_Data.temp_deci
return  225-15 * (tDiff-30);//由于原本的刻度盘是 1~6,所以显示温度的个位,再加 30℃
//刻度盘与返回值关系:225 指示 0,每减 15,转动 1 格,135 指示 6
}

/* * * * * * * * * * * * * * * * * * * * * * * * * * * * * * * * * * * * * *
* _Draw 绘图函数
* * * * * * * * * * * * * * * * * * * * * * * * * * * * * * * * * * * * * /
static void _Draw(void *  p){
  PARAM *  pParam=(PARAM * )p;
  /*  Fixed background 固定背景 * /
  if(pParam->AutoDevInfo.DrawFixed){
    GUI_ClearRect(60,80+bmScaleR140.YSize,60+bmScaleR140.XSize-1,180);
    GUI_DrawBitmap(&bmScaleR140,60,80);
  }
  /*  Moving needle 绘画移动指针* /
  GUI_SetColor(GUI_WHITE);
  GUI_AA_FillPolygon(pParam->aPoints,countof(_aNeedle),MAG *  160,MAG *  220);
  /*  Fixed foreground 固定前景* /
  if(pParam->AutoDevInfo.DrawFixed){
    GUI_SetTextMode(GUI_TM_TRANS);
    GUI_SetColor(GUI_GREEN);
    GUI_SetFont(&GUI_Font24B_ASCII);
    //GUI_DispStringHCenterAt("RPM / 1000",160,140);
        GUI_DispStringHCenterAt("  +30 C",160,160);
  }
}

/* * * * * * * * * * * * * * * * * * * * * * * * * * * * * * * * * * * * * *
*  _DemoScale 使用分片存储设备显示一个带指针的刻度盘
* * * * * * * * * * * * * * * * * * * * * * * * * * * * * * * * * * * * * * /
static void _DemoScale(void){
  int Cnt;
  int tDiff,t0;
```

```
  PARAM Param;/*  Parameters for drawing routine 绘图参数* /
  GUI_AUTODEV AutoDev;/*  Object for banding memory device 分片存储设备对象* /

  /*  Show message 显示消息 * /
  GUI_SetBkColor(GUI_BLACK);  //背景颜色
  GUI_Clear();
  GUI_SetColor(GUI_WHITE);  //字体颜色
  GUI_SetFont(&GUI_Font24_ASCII);  //字体
  GUI_DispStringHCenterAt("MEMDEV_AutoDev-Sample",160,3);  //大标题

  //GUI_SetFont(&GUI_Font8x16);
GUI_SetColor(GUI_GREEN);
GUI_DispStringAt("Humidity:",80,27);//显示湿度
GUI_DispDec(DHT11_Data.humi_int,2);//显示 2 位湿度整数
GUI_DispString(".");
GUI_DispDec(DHT11_Data.humi_deci,2);//显示 2 位湿度小数
GUI_DispString(" % ");

/*  Show temperature * /
GUI_SetColor(GUI_GREEN);
GUI_DispStringAt("Temperature:",60,50);//显示温度
GUI_DispDec(DHT11_Data.temp_int,2);     //显示 2 位温度整数
GUI_DispString(".");
GUI_DispDec(DHT11_Data.temp_deci,2);  //显示 2 位温度小数
GUI_DispString(" C");

  /*  Enable high resolution for antialiasing 启用高分辨率用于消除走样 * /
  GUI_AA_EnableHiRes();
  GUI_AA_SetFactor(MAG);

  while(1) {
    t0=GUI_GetTime();
    /*  Create GUI_AUTODEV-object 创建 GUI_AUTODEV * /
    GUI_MEMDEV_CreateAuto(&AutoDev);

    /*  Show needle for a fixed time 显示一个在固定时间上的指针* /
         for(Cnt=0;(tDiff=GUI_GetTime()-t0)<24000;Cnt++)
         {
/*  Get value to displayan calculate polygon for needle 获得数值用于显示多边形来表示指针 * /
      Param.Angle=_GetAngle(tDiff)*  DEG2RAD;
      GUI_RotatePolygon(Param.aPoints,_aNeedle,countof(_aNeedle),Param.Angle);
      GUI_MEMDEV_DrawAuto(&AutoDev,&Param.AutoDevInfo,&_Draw,&Param);
    }
```

```
        /* Display milliseconds / picture 显示 milliseconds / picture * /
        GUI_SetColor(GUI_WHITE);
        GUI_SetFont(&GUI_Font8x16);
        GUI_DispStringHCenterAt("Milliseconds / picture:",160,200);
        GUI_SetTextAlign(GUI_TA_CENTER);
        GUI_SetTextMode(GUI_TM_NORMAL);
        GUI_DispNextLine();
        GUI_GotoX(160);
        GUI_DispFloatMin((float)tDiff /(float)Cnt,2);

        /* Delete GUI_AUTODEV-object 删除 GUI_AUTODEV 对象 * /
        GUI_MEMDEV_DeleteAuto(&AutoDev);
        GUI_Delay(50000);
        GUI_ClearRect(0,70,319,239);
    }
}

/* * * * * * * * * * * * * * * * * * * * * * * * * * * * * * * * * * * * * *
*        MainTask的 main 函数,演示使用自动存储设备
*        Demonstrates the use of an auto memory device
* * * * * * * * * * * * * * * * * * * * * * * * * * * * * * * * * * * * * /
void MainTask(void){
    GUI_Init();
    while(1) {
        _DemoScale();
    }
}
```

6.4 SD卡与嵌入式文件系统 FatFs

闪存卡(SD卡、MMC卡等)因其体积小、功耗低、容量大和非易失性等特点,在嵌入式存储领域的应用越来越广泛,特别是存储大容量的数据,如图片/照片、视频、数据采集等。

FAT(File Allocation Table,文件定位表)文件系统是 Microsoft 公司的操作系统中采用的,这种文件系统具有出色的文件管理性能,能被当前大多数操作系统识别。因此,在 SD 卡中使用 FAT 文件系统是一种很好的方案,便于 PC 与嵌入式系统交换和管理数据。

FatFs 是用于小型嵌入式系统的通用 FAT /exFAT 文件系统模块。FatFs 模块的编写符合 ANSIC(C89),并与磁盘 I/O 层完全分离,因此它独立于平台,可以应用到微控制器中,如 8051、PIC、AVR、ARM、Z80 等。

ST 公司的 STM32 具有 SPI 或 SDIO 接口,可以应用到 SD 卡的读写,可以移植使用 FatFs 文件系统。特别是现在的 STM32CubeMX,已经可以方便地利用图形化配置使用 SD、FatFs 和 FreeRTOS,极大地方便了嵌入式应用编程。

下面先介绍 SD 及其读写,然后介绍 FAT 文件系统,最后给出移植 FatFs 到 STM32 以

及利用 STM32CubeMX 配置使用 SD 和 FatFs 的内容。

6.4.1 SD 卡概述

SD 卡(Secure Digital Memory Card,安全数字存储卡,以下简称 SDC)是基于 Flash 存储器和微控制器的安全数字存储器卡,是一个用于移动设备上的标准存储卡。

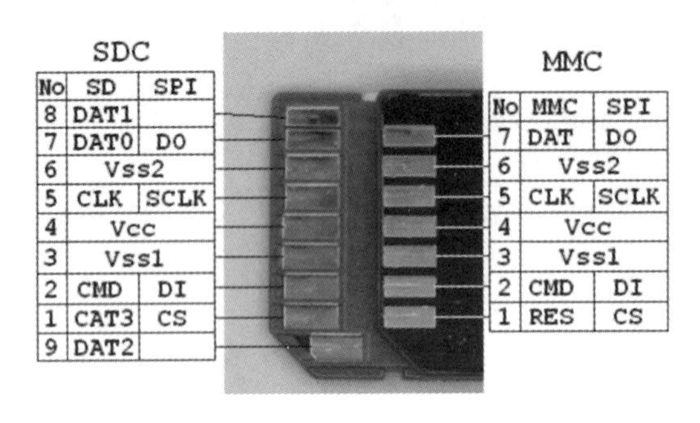

图 6-31 SDC / MMC 引脚

2000 年由 SD Group(MEI,Toshiba,SanDisk)发布了 SD 规范 1.0 版本,2006 年发布了 2.0 版本。

SDC 与多媒体卡(Multi Media Card,以下简称 MMC)常常可以兼容。在大多数情况下,SDC 配套设备也可以使用 MMC,也有缩小尺寸的版本,如 RS-MMC,miniSD 和 microSD,具有相同的功能。SDC/MMC 中有一个微控制器。闪存控制在存储卡内部完成。数据在存储卡和主机控制器之间以 512 字节为单位的数据块形式传输,因此从上层的角度看,它可以被看作是通用硬盘驱动器那样的块设备。

SD 卡操作电压为 2.7～3.6V,写入操作时的电流为 100mA,最高传输率达 25 MB/sec (4 线并行)。SDC/MMC 引脚如图 6-31 所示,SD 卡结构框图如图 6-32 所示,由引脚、卡接口控制器、寄存器、存储器体等构成。

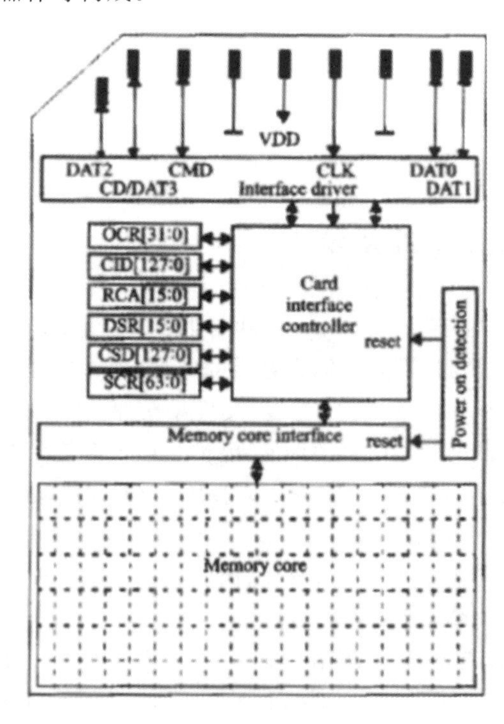

图 6-32 SD 卡结构框图

SD 卡可以工作于 SD(SDIO)接口模式、SPI 接口模式。

SPI 有四种不同的工作模式，取决于时钟相位 CPHA 和极性 CPOL。SPI 模式 0 适合于 SDC。对于 MMC，它不是 SPI 规范，锁存和移位操作都是在 SCLK 的上升沿定义的，也可以在 SPI 模式 0 下工作。因此 SPI 模式为 0(CPHA＝0，CPOL＝0)是控制 MMC / SDC 的正确设置，但模式 3(CPHA＝1，CPOL＝1) 在大多数情况下也能正常工作。

SD 卡 SPI 接口模式使用 4 个引脚：1 脚 CS(片选)，2 脚 DI(数据输入)，5 脚 SCLK(串行时钟)，7 脚 DO(数据输出)。

SD 卡 SPI 接口模式中重要的寄存器有 CID(卡识别数据信息)、CSD(卡配置数据信息)。

对 SD 卡 SPI 接口模式的操作主要有 3 种：初始化、读和写，都是通过 SPI 命令进行的。SPI 命令共有 class0～11 等 12 类，常用命令有：CMD0 为复位、CMD1 为激活初始化、CMD16 设置一个读写块的长度(一般是 512 字节)、CMD17 读单块数据、CMD18 读多块数据、CMD24 写单块数据、CMD25 写多块数据等。SPI 命令操作后的响应格式有 3 种：R1、R2、R3。

注意：在 SPI 模式下，信号线上的数据方向是固定的，数据以字节为单位的串行通信传输。

6.4.2 SD 卡的 SPI 接口读写操作

SPI 总线对 SD 卡的操作，如卡的初始化，读一个扇区、读多个扇区、写一个扇区、写多个扇区等，采用上述 SPI 相应命令 CMD 完成。

1. 初始化

SD 卡上电开始后至少经过 74 个 SD 时钟的时间，期间 CS 保持高电平。之后 SD 卡进入空闲状态(idle state)，发 CMD0 使 SD 卡进入 SPI 模式。

如果想判断是不是 MMC，则还需要发 CMD55、ACMD41。

2. 读 SD 卡

发送命令 CMD17 读单块数据、CMD18 读多块数据。

3. 写 SD 卡

发送命令 CMD24 写一块数据、CMD25 写多块数据。

4. 读 SD 卡 CSD

发送命令 CMD9 读取 CS 寄存器，获得 SD 卡的参数信息。

6.4.3 SD 卡读写(实验 6-12)

【实验 6-12】 在 SPI 接口下读写 SD 卡(AS-05，SPI1)。

此例程是通过 SPI 接口，识别 SD 卡、读出 SD 卡的块数、块的大小、总的存储容量，读写 SD 卡数据，通过 AS-05 实验板的 USART1 输出显示实验信息。

1. 硬件设计

SPI 接口的 SD 卡硬件设计如图 6-33 所示。

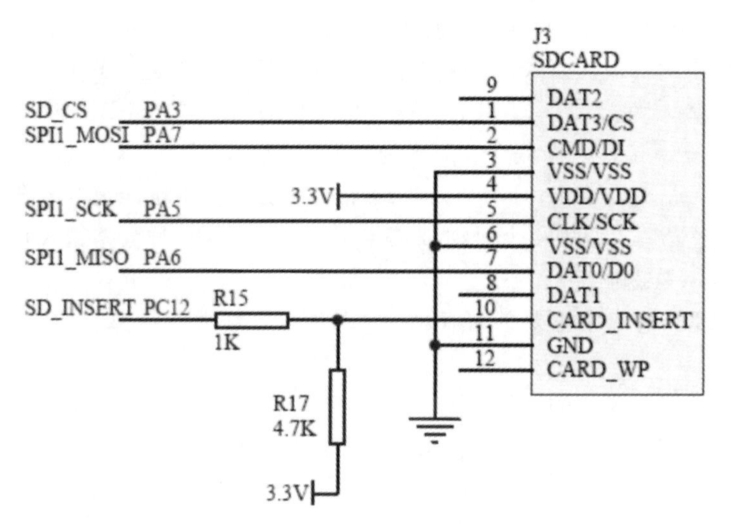

图 6-33 SD 卡(SPI1) 接口电路(AS-05)

2. 软件设计(编程)

(1) 设计分析。

使用 STM32 的硬件 SPI1 编程。

SD/MMC 初始化,调用 MSD_Init()函数。

获得 SD/MMC 的 SD 卡的类型、大小、块数、块的大小,调用 Get_Medium_Characteristics()函数。

写:调用 MSD_WriteBlock()函数写入数据。

读:调用 MSD_ReadBlock()函数读取数据。

(2) 程序源码与分析。

①发送和接收缓存。

```
u8 sd_send_buf[512]="Hello World";//sizeof(sd_send_buf)
u8 sd_recv_buf[512];
```

②main 函数。

```
int main(void)
{
u8 ret=1;
RCC_Configuration();
NVIC_Configuration();
GPIO_Configuration();
USART_Configuration();
printf("\r\n----SD Card 读写(SPI 接口)测试----\n");

ret=MSD_Init();//SD/MMC 初始化
printf("\r\n MSD_Init result:% d",ret);
```

```
Get_Medium_Characteristics();//获得SD/MMC的SD卡的类型、大小、块数、块的大小
if(ret==0)
    printf("\r\n CardType:SD");
else
    printf("\r\n CardType:MMC");
printf("\r\n MsdBlockCount:% d",Mass_Block_Count);//多少个数据块
printf("\r\n MsdBlockSize:% d Byte",Mass_Block_Size);//数据块大小:512字节
printf("\r\n MsdMemorySize:% d Byte",Mass_Memory_Size);//SD/MMC大小:多少字节
                                                        (Byte)
printf("\r\n MsdMemorySize:% d MB\n",Mass_Memory_Size/1024/1024);//SD/MMC大小:多
                                                                   少MB

MSD_WriteBlock(sd_send_buf,SD_TEST_BLOCK_ADDR,512);//将缓存sd_send_buf数据写入
                                                     (1块,512字节)
printf("\r\n MSD_WriteBlock result:% s",sd_send_buf);//串口显示写入的数据内容

MSD_ReadBlock(sd_recv_buf,SD_TEST_BLOCK_ADDR,512);//读取数据(1块,512字节)到缓存
                                                    sd_recv_buf
printf("\r\n MSD_ReadBlock result:% s",sd_recv_buf);//串口显示读取的数据内容

while(1)
{
}
}
```

③初始化。

```
u8 MSD_Init(void)
{
  u32 i=0;
  SPI_Config(SPI_BaudRatePrescaler_32);//设置SPI1
  MSD_CS_HIGH();//SD/MMC片选有效
  for(i=0;i <=9;i++)//SD卡上电开始后至少经过74个SD时钟的时间,期间CS保持高电平
  {
    MSD_WriteByte(DUMMY);
  }
  return(MSD_GoIdleState());//调用MSD_SendCmd(MSD_GO_IDLE_STATE,0,0x95);之后SD
                              卡进入空闲状态(idle state),发CMD0使SD卡进入SPI
                              模式
//宏定义CMD0:# define MSD_GO_IDLE_STATE  0   /* CMD0=0x40 * /
}
```

④写数据。

```
u8 MSD_WriteBlock(u8*  pBuffer,u32 WriteAddr,u16 NumByteToWrite)
{
```

```
  u32 i=0;
  u8 rvalue=MSD_RESPONSE_FAILURE;
  MSD_CS_LOW();//SD/MMC 片选有效
   MSD_SendCmd(MSD_WRITE_BLOCK,WriteAddr,0xFF);//发送命令 CMD24 写一块数据、CMD25
                                                        写多块数据
  //宏定义:# define MSD_WRITE_BLOCK 24   /* CMD24=0x58 * /

...(省略)
}
```

⑤读数据。

```
u8 MSD_ReadBlock(u8*  pBuffer,u32 ReadAddr,u16 NumByteToRead)
{
  u32 i=0;
  u8 rvalue=MSD_RESPONSE_FAILURE;
  MSD_CS_LOW();//SD/MMC 片选有效
   MSD_SendCmd(MSD_READ_SINGLE_BLOCK,ReadAddr,0xFF);//发送命令 CMD17 读单块数据、
                                                        CMD18 读多块数据
//宏定义:# define MSD_READ_SINGLE_BLOCK 17   /*  CMD17=0x51 * /

...(省略)
}
```

3. 实验过程与现象

实验过程:见本书的 4.2 节。

实验现象:AS-05 实验板的 USART1 输出显示 SPI 模式下读写 SD 卡信息,如图 6-34 所示。

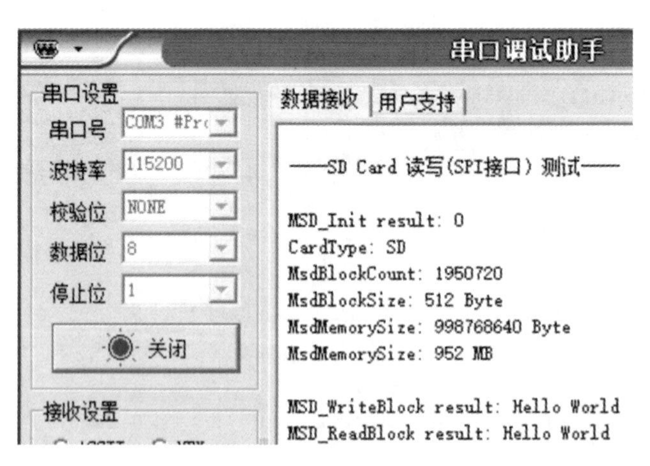

图 6-34　AS-05 的 USART1 输出显示 SPI 模式下读写 SD 卡信息

6.4.4 SD卡读写(实验6-13)

【实验6-13】 模拟SPI接口读写SD卡(Proteus仿真)。

此例程是模拟SPI接口模式,SD卡读写数据,并通过超级终端和SPI调试器显示出来。也同时可以在AS-05实验板上执行验证。

1. 硬件设计

Proteus仿真SD卡读写的硬件设计如图6-35所示。

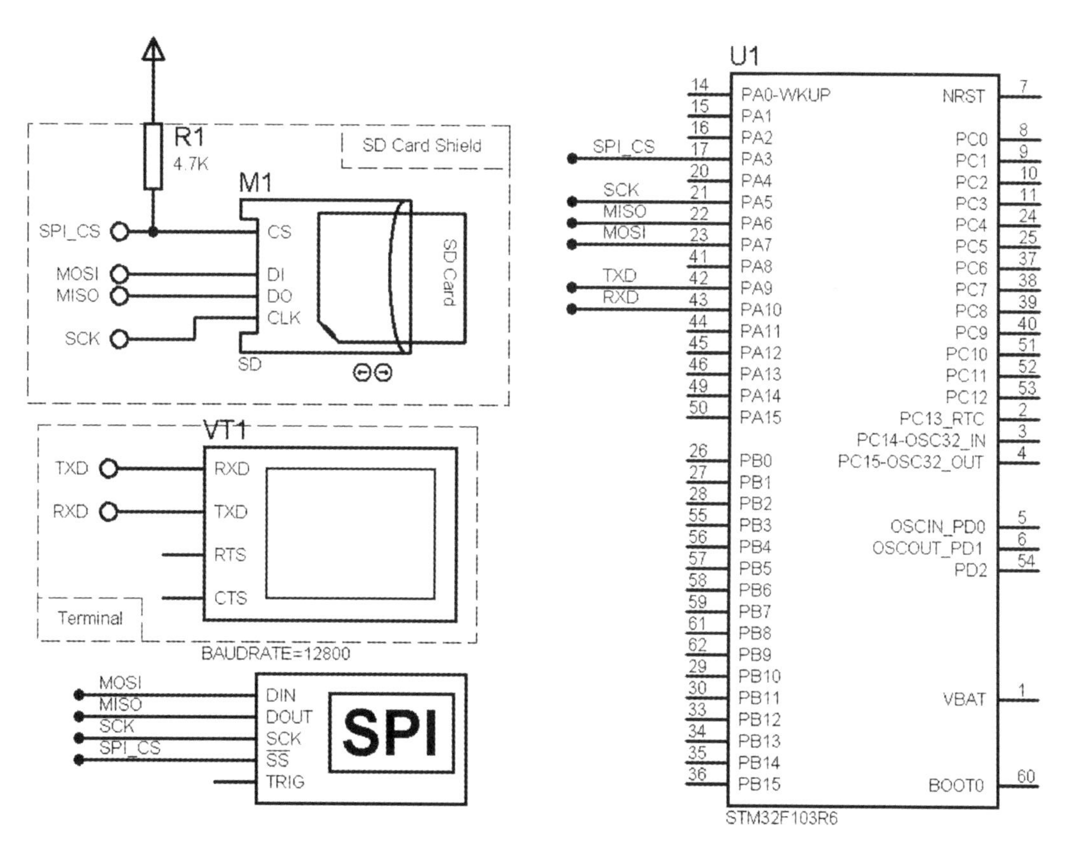

图6-35 Proteus仿真SD卡(SPI1)接口电路

2. 软件设计(编程)

(1) 设计分析。

程序采用模拟SPI,其他基本上与实验6-12相同。

(2) 程序源代码与分析。

①发送和接收缓存。

```
# define ADDR 0 //读写 SD 卡的扇区地址
u8 sd_send_buf[512]="ABC Mr.zhou";
u8 sd_recv_buf[512];
```

②main 函数。

```
int main(void)
{
u8 flag=0;
......(省略)
printf("\r\n----SD Card 读写(SPI 接口)测试----\n");

flag=SD_Reset();//SD 卡复位
//printf("SD 卡复位返回代码 X% ",flag);
if(flag==0)
{
    printf("\r\n SD 卡复位成功");
}

if(SD_Init()==0)//初始化 SD 卡
{
    printf("\r\n SD 卡初始化成功");
}

SD_Write_Sector(ADDR,sd_send_buf);//将数据缓冲区中的 512 个字节的数据写入 SD 卡的第
                                    ADDR 扇区中
printf("\r\n MSD_WriteBlock result:% s",sd_send_buf);

SD_Read_Sector(ADDR,sd_recv_buf);//从 SD 卡的第 ADDR 扇区中读取 512 个字节的数据到数
                                   据缓冲区
printf("\r\n MSD_ReadBlock result:% s",sd_recv_buf);

while(1);
}
```

3. 实验过程与现象

实验过程:参见 5.2.3 小节(实验 5-1)。

本实验需要制作 SD/MMC 卡的磁盘映像文件,并装入虚拟 SD/MMC 卡。

使用 WinHex 软件新建空白文件并保存为 SD_test.mmc,没有 FAT 文件系统,如图 6-36所示。

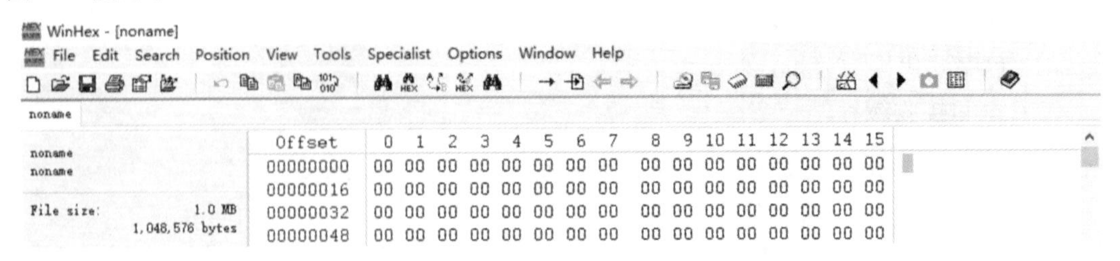

图 6-36 使用 WinHex 软件新建空白文件

使用 WinImage 软件新建文件并保存为 STM32.mmc(有 FAT 文件系统),如图 6-37 和图 6-38 所示。

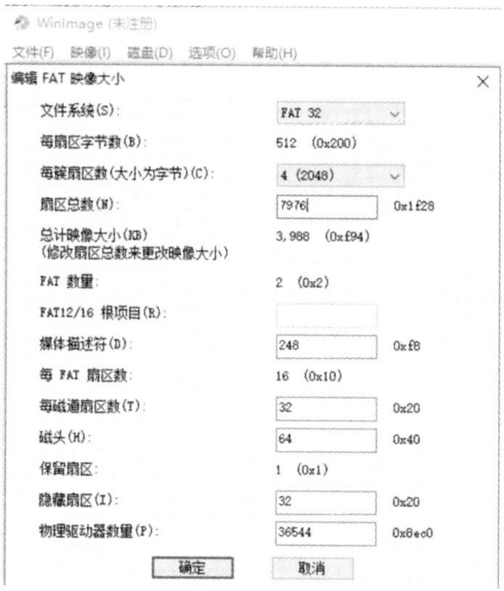

WinImage (未注册)
文件(F) 映像(I) 磁盘(D) 选项(O) 帮助(H)
编辑 FAT 映像大小
文件系统(S): FAT 32
每扇区字节数(B): 512 (0x200)
每簇扇区数(大小为字节)(C): 4 (2048)
扇区总数(N): 7976 0x1f28
总计映像大小(KB) (修改扇区总数来更改映像大小) 3,988 (0xf94)
FAT 数量: 2 (0x2)
FAT12/16 根项目(R):
媒体描述符(D): 248 0xf8
每 FAT 扇区数: 16 (0x10)
每磁道扇区数(T): 32 0x20
磁头(H): 64 0x40
保留扇区: 1 (0x1)
隐藏扇区(I): 32 0x20
物理驱动器数量(P): 36544 0x8ec0
确定
取消

图 6-37 4MB 大小的 FAT32 格式映像文件设置

WinImage (未注册) - (无标题)
文件(F) 映像(I) 磁盘(D) 选项(O) 帮助(H)
卷标:
名称
类型
修改时间
3988 KB, 3,968 K 字节可用
0 个文件 (字节)

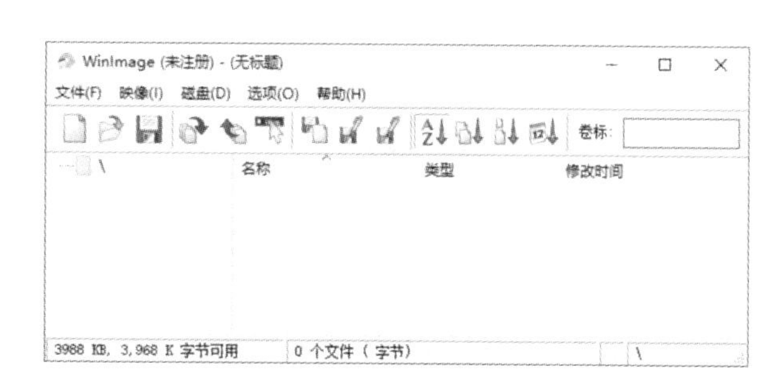

图 6-38 SD 卡里没有文件

设置仿真 SD 卡,如图 6-39 所示。

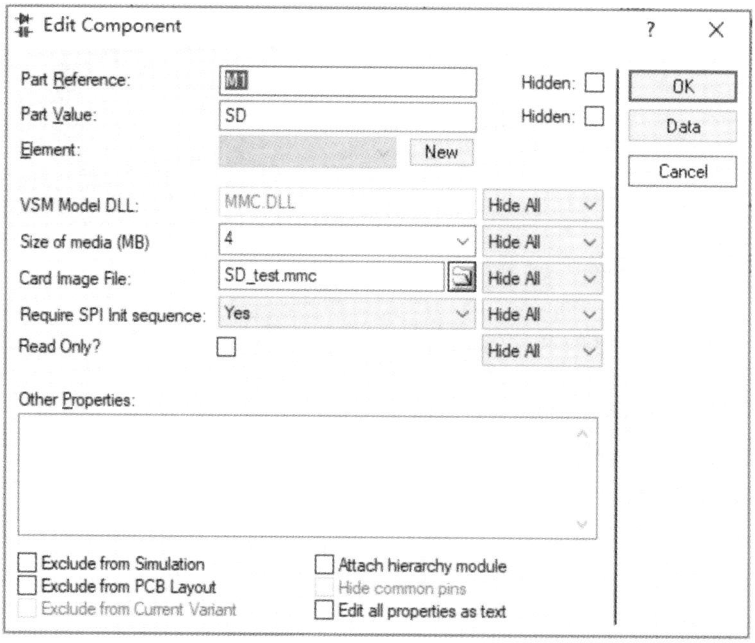

Edit Component
Part Reference: M1
Hidden:
Part Value: SD
Hidden:
Element:
New
OK
Data
Cancel
VSM Model DLL: MMC.DLL Hide All
Size of media (MB) 4 Hide All
Card Image File: SD_test.mmc Hide All
Require SPI Init sequence: Yes Hide All
Read Only? Hide All
Other Properties:
Exclude from Simulation
Exclude from PCB Layout
Exclude from Current Variant
Attach hierarchy module
Hide common pins
Edit all properties as text

图 6-39 设置仿真 SD 卡

实验现象:Proteus 仿真运行如图 6-40 所示,可以看虚拟终端和 SPI 调试器显示的过程和结果。

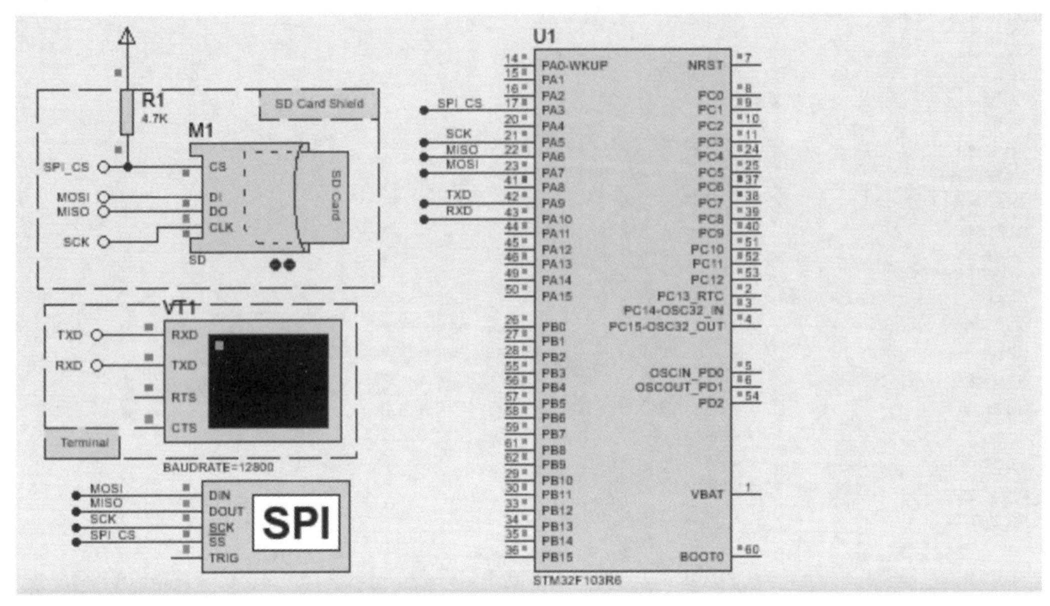

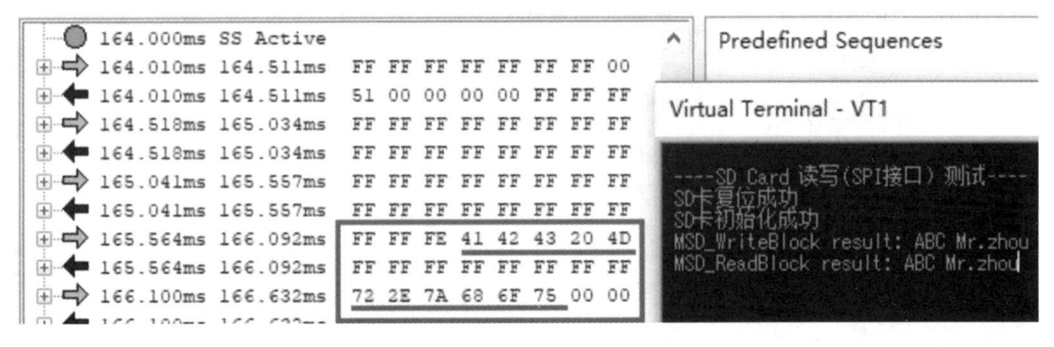

图 6-40　虚拟终端输出显示 SPI 模式下读写 SD 卡信息

6.4.5　SD 卡的 SDIO 接口读写操作

1. STM32 的 SDIO 概述

SD/SDIO/MMC 主机接口可以支持 MMC 卡系统规范 4.2 版中的 3 个不同的数据总线模式:1 位(默认)、4 位和 8 位。在 8 位模式下,该接口可以使数据传输速率达到 48 MHz,该接口兼容 SD 存储卡规范 2.0 版。

SDIO 存储卡规范 2.0 版支持两种数据总线模式:1 位(默认)和 4 位。

2. SDIO 功能描述

SDIO 包含 2 个部分:

SDIO 适配器模块:实现所有 MMC/SD/SD I/O 卡的相关功能,如时钟的产生、命令和数据的传送。

AHB 总线接口:操作 SDIO 适配器模块中的寄存器,并产生中断和 DMA 请求信号。

SDIO框图如图6-41所示。

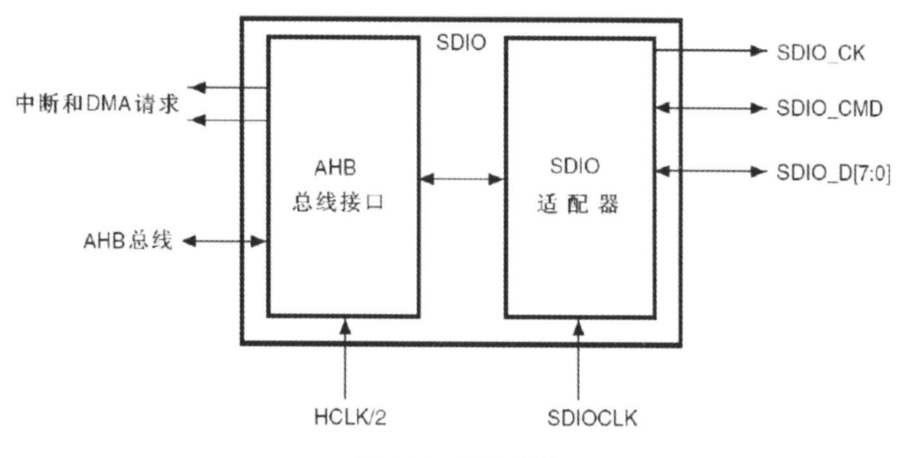

图6-41 SDIO框图

复位后默认情况下SDIO_D0用于数据传输。初始化后主机可以改变数据总线的宽度。

如果一个多媒体卡接到了总线上，则SDIO_D0、SDIO_D[3：0]或SDIO_D[7:0]可以用于数据传输。MMC版本V3.31和之前版本的协议只支持1位数据线，所以只能用SDIO_D0。

如果一个SD或SD I/O卡接到了总线上，可以通过主机配置数据传输使用SDIO_D0或SDIO_D[3：0]。所有的数据线都工作在推挽模式。

SDIO_CMD用于命令传输的推挽模式(SD/SD I/O卡和MMC V4.2在初始化时也使用推挽驱动)。

SDIO_CK是卡的时钟：每个时钟周期在命令和数据线上传输1位命令或数据。对于SD或SD I/O卡，时钟频率可以在0～25 MHz间变化。SDIO使用两个时钟信号：SDIO适配器时钟(SDIOCLK＝HCLK)，AHB总线时钟(HCLK/2)。

3. 卡识别模式

在卡识别模式，主机复位所有的卡、检测操作电压范围、识别卡并为总线上每个卡设置相对地址(RCA)。在卡识别模式下，所有数据通信只使用命令信号线(CMD)。

4. 卡复位

GO_IDLE_STATE命令(CMD0)是一个软件复位命令，它把多媒体卡和SD存储器置于空闲状态。IO_RW_DIRECT命令(CMD52)复位SD I/O卡。上电后或执行CMD0后，所有卡的输出端都处于高阻状态，同时所有卡都被初始化至一个默认的相对卡地址(RCA＝0x0001)和默认的驱动器寄存器设置(最低的速度，最大的电流驱动能力)。

5. 操作电压范围确认

所有的卡都可以使用任何规定范围内的电压与SDIO卡主机通信，可支持的最小和最大电压VDD数值由卡上的操作条件寄存器(OCR)定义。

内部存储器存储了卡识别号(CID)和卡特定数据(CSD)的卡，仅能在数据传输VDD条件下传送这些信息。

6. 卡识别过程

对于 SD 卡而言，卡识别过程以时钟频率 Fod 开始，所有 SDIO_CMD 输出为推挽驱动而不是开路驱动，识别过程如下：

(1) 总线被激活。

(2) SDIO 卡主机广播发送 SEND_APP_OP_COND(ACMD41) 命令。

(3) 得到的响应是所有卡的操作条件寄存器的内容。

(4) 不兼容的卡会被置于非激活状态。

(5) SDIO 卡主机广播发送 ALL_SEND_CID(CMD2) 至所有激活的卡。

(6) 所有激活的卡发送回他们唯一的卡识别号(CID)并进入识别状态。

(7) SDIO 卡主机发送 SET_RELATIVE_ADDR(CMD3) 命令和一个地址到一个激活的卡，这个新的地址被称为相对卡地址(RCA)，它比 CID 短，用于对卡寻址。至此，这个卡转入待机状态。SDIO 卡主机可以再次发送该命令更改 RCA，卡的 RCA 将是最后一次的赋值。

(8) SDIO 卡主机对所有激活的卡重复上述步骤(5) 至(7)。

7. 写数据块

执行写数据块命令(CMD24～27) 时，主机把一个或多个数据块从主机传送到卡中，同时在每个数据块的末尾传送一个 CRC 码。一个支持写数据块命令的卡应该始终能够接收由 WRITE_BL_LEN 定义的数据块。

8. 读数据块

在读数据块模式下，数据传输的基本单元是数据块，它的大小在 CSD 中(READ_BL_LEN)定义。如果设置了 READ_BL_PARTIAL，同样可以传送较小的数据块，较小数据块是指开始和结束地址完全包含在一个物理块中，READ_BL_LEN 定义了物理块的大小。为了保证数据传输正确，每个数据块后都有一个 CRC 校验码。

CMD17(READ_SINGLE_BLOCK)启动一次读数据块操作，在传输结束后卡返回到发送状态。

CMD18(READ_MULTIPLE_BLOCK)启动一次连续多个数据块的读操作。

6.4.6 SD 卡读写(实验 6-14)

【实验 6-14】 SDIO 接口读写 SD 卡(AS-07 V2)。

此示例提供了一个基本示例，说明如何使用 SDIO 固件库和关联驱动程序对安装在 AS-07 实验板上的 SD 卡内存执行读/写操作。

1. 硬件设计

SDIO 接口的 SD 卡硬件设计如图 6-42 所示。

2. 软件设计(编程)

(1) 设计分析。

下面是此示例的操作步骤：

根据所需的 SD 卡时钟(SDIO_CK)配置 SDIO。

复位 SD 卡。

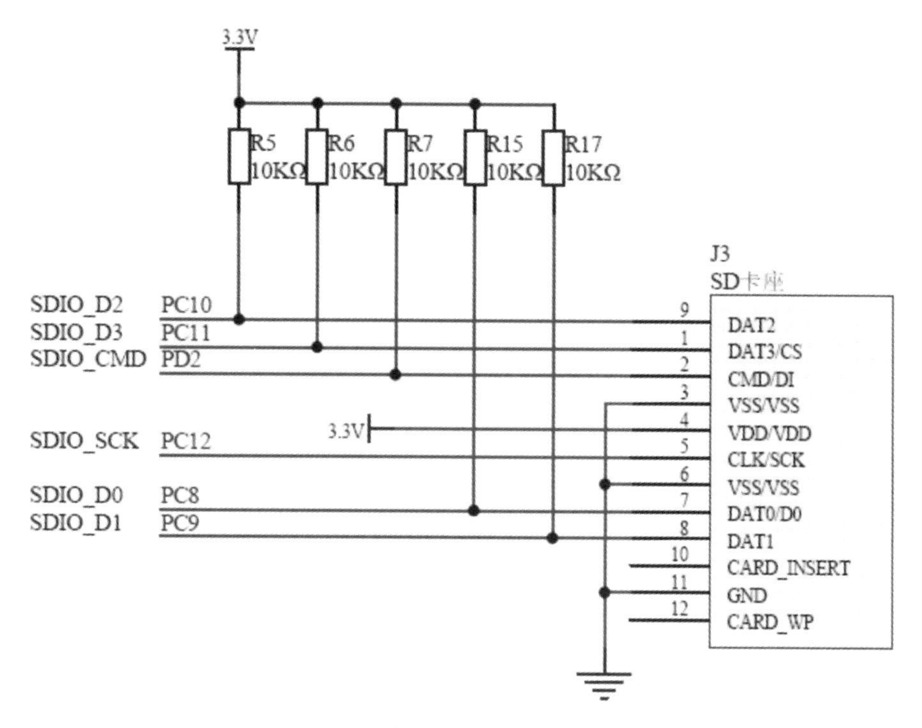

图6-42 SD卡(SDIO)接口电路(AS-07)

识别SD卡。

初始化SD卡。

获取SD卡信息。

选择SD卡。

启用宽总线模式(4位数据)。

擦除块。

读取删除的块。

测试相应的块是否被很好地擦除:检查EraseStatus变量是否等于PASSED。

将数据传输模式设置为DMA。

写单个块。

读取单个块。

对写块和读块进行比较:检查TransferStatus1变量是否等于PASSED。

写多个块(2块)。

读取多个块(2块)。

对写块和读块进行比较:检查TransferStatus2变量是否等于PASSED。

(2) 程序源码与分析。

①发送和接收缓存。

```
# define BlockSize   512   /* Block Size in Bytes * /
# define BufferWordsSize(BlockSize>>2)
# define NumberOfBlocks  2  /*  For Multi Blocks operation(Read/Write)* /
```

```
# define MultiBufferWordsSize((BlockSize * NumberOfBlocks)>>2)
u32 Buffer_Block_Tx[BufferWordsSize],Buffer_Block_Rx[BufferWordsSize];
u32 Buffer_MultiBlock_Tx[MultiBufferWordsSize],Buffer_MultiBlock_Rx
[MultiBufferWordsSize]
```

②main 函数。

```
int main(void)
{
  RCC_Configuration();
  NVIC_Configuration();
  SysTick_Config();
  STM3210E_LCD_Init();
  LCD_Clear(Red);
  LCD_SetBackColor(White);
  LCD_SetTextColor(Black);
  LCD_DisplayStringLine(Line0,"");
  LCD_DisplayStringLine(Line1," AS-07 experiment   ");
  LCD_DisplayStringLine(Line2," SD Card             ");
  LCD_DisplayStringLine(Line3,"");//显示实验信息

  usart1();
  printf("\r\n- - - - SD Card 读写(SDIO 接口)测试- - - - ");
/* -----SD Init  SD 卡初始化-----* /
  Status=SD_Init();
  if(Status==SD_OK)
  {
/* -----Read CSD/CID MSD registers  读卡信息-----* /
  printf("\n\rCard Detection OK!");
  LCD_DisplayStringLine(Line4,"Card Detection OK!   ");
    Status=SD_GetCardInfo(&SDCardInfo);
  }

  if(Status==SD_OK)
  {
/* -----Select Card  设置相对地址(RCA)-----* /
  printf("\nCard information OK!");
    Status=SD_SelectDeselect((u32)(SDCardInfo.RCA <<16));
  }

  if(Status==SD_OK)
  {
/* -----Set BusWidth 设置 SDIO 总线宽度为 4 位宽总线模式-----* /
    printf("\nCard Selection OK!");
    Status=SD_EnableWideBusOperation(SDIO_BusWide_4b);
```

```
  }

/* -----Block Erase 块擦除-----* /
  if(Status==SD_OK)
  {
    /*  Erase NumberOfBlocks Blocks of WRITE_BL_LEN(512 Bytes)* /
  printf("\nCard BusWidth OK!");
   Status=SD_Erase(0x00,(BlockSize *  NumberOfBlocks));
  }

  /*  Set Device Transfer Mode to DMA * /
  if(Status==SD_OK)
  {
/* -----Set SD Mode 使用 DMA 传输-----* /
    printf("\nCard Erase OK!");
  LCD_DisplayStringLine(Line5,"Card Erase OK!        ");
    Status=SD_SetDeviceMode(SD_DMA_MODE);
  }

  if(Status==SD_OK)
  {
/* -----Card Read 读多块(块:512 字节)数据到 Buffer_MultiBlock_  Rx 缓存-----* /
  printf("\nCard Mode(DMA)OK!");
    Status=SD_ReadMultiBlocks(0x00,Buffer_MultiBlock_Rx,Block  Size,NumberOf-
Blocks);
  }

  if(Status==SD_OK)
  {
  /* -----Card Contends Comparation with 0 比较判断读多块是否正确-----* /
  printf("\nCard Read OK!");
  LCD_DisplayStringLine(Line6,"Card Read OK!         ");
   EraseStatus=eBuffercmp(Buffer_MultiBlock_Rx,MultiBufferWordsSize);
  }

/* -----Block Read/Write 单块读写测试-----* /
  /*  Fill the buffer to send * /
   Fill_Buffer(Buffer_Block_Tx,BufferWordsSize,0xFFFF);//填充数据 0xFFFF 到发送缓
存 Buffer_Block_Tx

  if(Status==SD_OK)
  {
    /*  Write block of 512 bytes on address 0 * /
    Status=SD_WriteBlock(0x00,Buffer_Block_Tx,BlockSize);//将发送缓存 Buffer_
```

```
Block_Tx 写入地址为 0 开始的块(块是 512 字节),即全部写成 1
  }

  if(Status==SD_OK)
  {
    /* Read block of 512 bytes from address 0 */
    Status=SD_ReadBlock(0x00,Buffer_Block_Rx,BlockSize);//读地址为 0 开始的块(块
是 512 字节)的数据到接收缓存 Buffer_Block_Rx
  }

  if(Status==SD_OK)
  {
    /* Check the corectness of written dada */
    TransferStatus1=Buffercmp(Buffer_Block_Tx,Buffer_Block_Rx,BufferWords-
Size);//比较读写是否一致?
  }

  if(TransferStatus1==PASSED)//读写一致
  {
    printf("\nCard Write(single block)OK!");
  LCD_DisplayStringLine(Line7,"Card Write(single)!      ");
  }

/* -----Multiple Block Read/Write 多块读写测试-----*/
  /* Fill the buffer to send */
  Fill_Buffer(Buffer_MultiBlock_Tx,MultiBufferWordsSize,0x0);

  if(Status==SD_OK)
  {
    /* Write multiple block of many bytes on address 0 */
    Status=SD_WriteMultiBlocks(0x00,Buffer_MultiBlock_Tx,BlockSize,NumberOf-
Blocks);
  }

  if(Status==SD_OK)
  {
    /* Read block of many bytes from address 0 */
    Status=SD_ReadMultiBlocks(0x00,Buffer_MultiBlock_Rx,BlockSize,NumberOf-
Blocks);
  }

  if(Status==SD_OK)
  {
    /* Check the corectness of written dada */
```

```
    TransferStatus2=Buffercmp(Buffer_MultiBlock_Tx,Buffer_MultiBlock_Rx,Mul-
tiBufferWordsSize);
  }

  if(TransferStatus2==PASSED)
  {
    printf("\nCard Write(multi block)OK!");
    LCD_DisplayStringLine(Line8,"Card Write(multi)!        ");
  }

  /* Infinite loop */
  while(1)
  {}
}
```

③初始化。

```
SD_Error SD_Init(void)
{
  SD_Error errorstatus=SD_OK;//正常

  /* Configure SDIO interface GPIO */
  GPIO_Configuration();//SDIO 接口 IO 设置

  /* Enable the SDIO AHB Clock */
  RCC_AHBPeriphClockCmd(RCC_AHBPeriph_SDIO,ENABLE);//使能 SDIO 时钟

  /* Enable the DMA2 Clock */
  RCC_AHBPeriphClockCmd(RCC_AHBPeriph_DMA2,ENABLE);//使能 SDIO 使用的 DMA 时钟

  SDIO_DeInit();//将 SDIO 外设寄存器重置为其默认复位值

  errorstatus=SD_PowerON();//查询卡的工作电压并配置时钟控制

  if(errorstatus !=SD_OK)//错误
  {
    /* CMD Response TimeOut(wait for CMDSENT flag)*/
    return(errorstatus);
  }

  errorstatus=SD_InitializeCards();//初始化使 SD 卡可用

  if(errorstatus !=SD_OK)//错误
  {
    /* CMD Response TimeOut(wait for CMDSENT flag)*/
```

```
    return(errorstatus);
  }

  /* Configure the SDIO peripheral * /
  /* HCLK=72 MHz,SDIOCLK=72 MHz,SDIO_CK=HCLK/(2+1)=24 MHz * /
  SDIO_InitStructure.SDIO_ClockDiv=SDIO_TRANSFER_CLK_DIV;//指定 SDIO 控制器的时钟频率分频系数,它的值从 0x00 到 0xFF。SDIO 传输则分频为 1。SDIO_CK 是卡的时钟就是 24 MHz。
  SDIO_InitStructure.SDIO_ClockEdge=SDIO_ClockEdge_Rising;//在主时钟 MCLK 上升沿产生 SDIO 时钟
  SDIO_InitStructure.SDIO_ClockBypass=SDIO_ClockBypass_Disable;//SDIO 时钟分频器旁路被禁用
  SDIO_InitStructure.SDIO_ClockPowerSave=SDIO_ClockPowerSave_Disable;//总线空闲时 SDIO 时钟输出禁用
  SDIO_InitStructure.SDIO_BusWide=SDIO_BusWide_1b;//指定 SDIO 总线宽度为 1 位宽总线模式
  SDIO_InitStructure.SDIO_HardwareFlowControl=SDIO_HardwareFlowControl_Disable;//SDIO 硬件流控制被禁用
  SDIO_Init(&SDIO_InitStructure);//根据 SDIO_InitStruct 结构体中指定的参数初始化 SDIO 外设初始化结构

  return(errorstatus);//返回错误与否状态
}
```

④写单块数据。

```
SD_Error SD_WriteBlock(u32 addr,u32 * writebuff,u16 BlockSize)
{
  ......(省略)

/* Send CMD24 WRITE_SINGLE_BLOCK * ///发送 CMD24 写单块
  SDIO_CmdInitStructure.SDIO_Argument=addr;//写地址
  SDIO_CmdInitStructure.SDIO_CmdIndex=SDIO_WRITE_SINGLE_BLOCK;//CMD24 命令宏定义:# define SDIO_WRITE_SINGLE_BLOCK((u8) 24)
  SDIO_CmdInitStructure.SDIO_Response=SDIO_Response_Short;//SDIO 响应:短暂
  SDIO_CmdInitStructure.SDIO_Wait=SDIO_Wait_No;//不等待中断
  SDIO_CmdInitStructure.SDIO_CPSM=SDIO_CPSM_Enable;//SDIO CPSM(command path state machine,命令通道状态机 )允许
  SDIO_SendCommand(&SDIO_CmdInitStructure);//发送命令

......(省略)
}
```

⑤读单块数据。

```
SD_Error SD_ReadBlock(u32 addr,u32 * readbuff,u16 BlockSize)
```

```
{
......(省略)

/*  Send CMD17 READ_SINGLE_BLOCK * ///发送 CMD17 读单块
  SDIO_CmdInitStructure.SDIO_Argument=(u32) addr;//读地址
  SDIO_CmdInitStructure.SDIO_CmdIndex= SDIO_READ_SINGLE_BLOCK;//CMD17 命令宏定
义:# define SDIO_READ_SINGLE_BLOCK  ((u8) 17)
  SDIO_CmdInitStructure.SDIO_Response=SDIO_Response_Short;//SDIO 响应:短暂
  SDIO_CmdInitStructure.SDIO_Wait=SDIO_Wait_No;//不等待中断
  SDIO_CmdInitStructure.SDIO_CPSM= SDIO_CPSM_Enable;//SDIO CPSM(command path
state machine,命令通道状态机 )允许
  SDIO_SendCommand(&SDIO_CmdInitStructure);//发送命令

......(省略)
}
```

3. 实验过程与现象

实验过程:见上册的4.2节。要在AS-07背面插入SD卡或者给TF卡加卡套。

实验现象:AS-07 V2实验板的USART1输出显示SDIO读写SD卡信息,如图6-43所示。

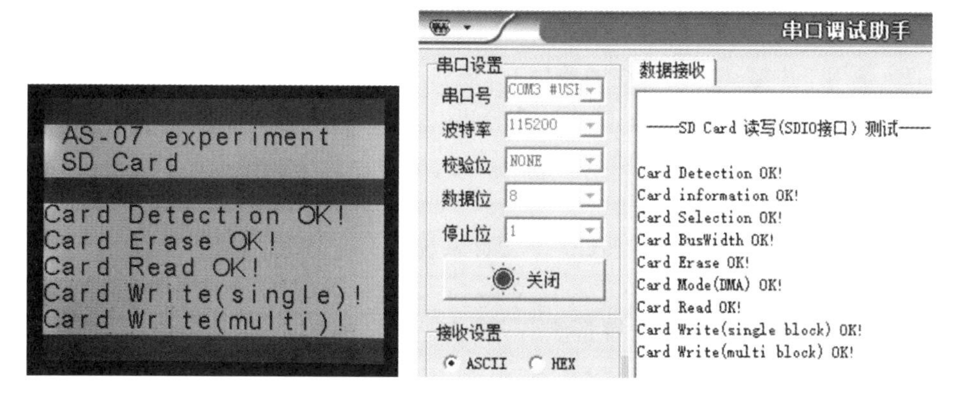

图6-43 AS-07的USART1输出显示SDIO读写SD卡信息

6.4.7 FAT文件系统

文件如何建立、存入、读出、修改等是很复杂的。FAT文件系统是1977年由比尔·盖茨和马斯·麦克唐纳德为了管理磁盘而发明的,1980年在Microsoft® MS-DOS®操作系统上开始采用,以后逐步发展完善,很好地解决了磁盘管理问题。

在计算机操作系统中由文件系统管理文件存储。文件系统由文件管理软件、被管理的文件和相关的数据结构组成。文件系统对文件存储器空间进行组织和分配,负责文件的存储和检索,分别是文件建立、存入、读出、修改等。

存储的文件有文件名和扩展名,文件管理软件能够通过磁盘初始化或格式化以后形成的有关记录数据能够找到并读取该文件。

6.4.8 如何在 FAT 文件系统中找到文件

SD 卡作为存储器使用,可以和普通的存储器一样,进行字节和扇区的访问,但是通常是使用 FAT16 或 FAT32 文件系统。例如使用 FAT32 文件系统格式化 SD 卡,读写文件是按照 FAT32 文件系统实现的。

SD 卡被格式化成 FAT32 后,再建立一个文件后,怎样才能找到文件并读出其内容呢?

首先在 SD 卡的 0 扇区读取 MBR(master boot record 主引导记录)512 字节,前 446 个字节是引导程序,紧跟后面的 64 个字节为 DPT(disk partition table,磁盘分区表),最后的两个字节"55 AA" 是分区有效结束标志。

在 DPT 里的分区记录 0 里找到起始相对扇区数,到该处找到 DBR(DOS boot record 磁盘操作系统引导记录区),在 DBR 里找到 BPB(BIOS parameter block,BIOS 参数区)。

BPB 提供很多有用的信息,如每个扇区的字节数、每簇的扇区数、保留扇区数、FAT 表数、FAT 表占扇区数、第一个目录的簇号等。再经过一系列的分析和计算,就能找到:第一个 FAT 表所在的扇区、目录的簇开始的扇区,从而找到 FAT 文件表、文件的文件名、开始和结束的扇区。

6.4.9 FatFs 文件系统

FatFS 是一个免费开源的嵌入式系统 FAT 文件系统,作者是日本的 ChaN,从 2006 年 4 月发布 R0.01 到 2018 年 10 月发布 R0.13c,34 个版本。

FatFs 是用于小型嵌入式系统的通用 FAT/exFAT 文件系统模块。FatFs 模块的编写符合 ANSI C(C89),并与磁盘 I / O 层完全分离,因此它独立于平台。它适合资源有限的微控制器,如 8051、PIC、AVR、ARM、Z80 等。

1. FatFs 文件系统的特性

DOS/Windows 兼容的 FAT/exFAT 文件系统。

平台独立,易于移植。

程序代码和工作区域占用空间非常小。

支持的各种配置选项:

(1) ANSI/OEM 或 Unicode 格式的长文件名。

(2) exFAT 文件系统。

(3) RTOS 的线程安全。

(4) 多个卷(物理驱动器和分区)。

(5) 可变扇区大小。

(6) 包括 DBCS 在内的多个代码页。

(7) 只读、可选 API、I/O 缓冲区等。

适用范围:

(1) 文件系统类型:FAT,FAT32(rev0.0)和 exFAT(rev1.0)。

(2) 打开文件数:无限制(取决于可用内存)。

(3) 卷(volume)数:最多 10 个。

(4) 卷大小:512字节/扇区时高达2 TB。

(5) 文件大小:FAT卷上高达4 GB-1,exFAT卷上几乎无限制。

(6) 簇(cluster)大小:FAT卷上最多128个扇区,exFAT卷上最多16 MB。

(7) 扇区(sector)大小:512,1024,2048和4096字节。

2. FatFs **文件系统的结构**

FatFs文件系统的结构如图6-44所示。

以R0.10a版本为例,FatFS由7个文件构成。

(1) ffconf.h:FatFs模块的配置文件。

(2) ff.h:FatFs和应用模块的通用头文件。

(3) ff.c:FatFs主模块。

(4) diskio.h:FatFs和磁盘I/O模块的通用头文件。

(5) diskio.c:磁盘I/O模块连接到FatFs的接口。

(6) integer.h:FatFs文件系统的数据integer类型的定义。

(7) cc936.c:可选的外部功能之一,简体中文字库文件等。

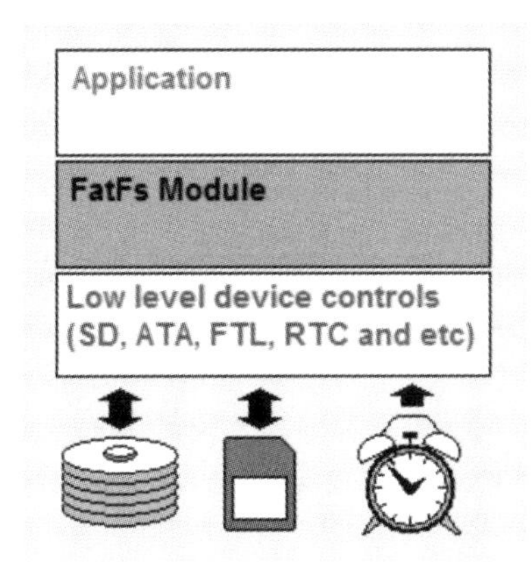

图6-44 FatFs **文件系统的结构**

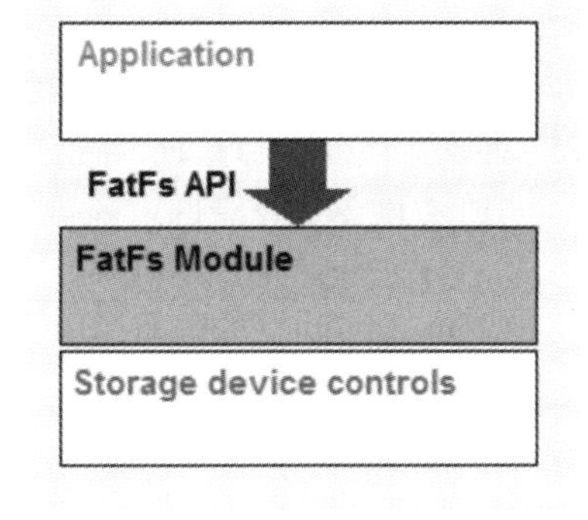

图6-45 FatFs **文件系统的功能**

3. FatFs **文件系统的功能**

FatFs为应用程序提供各种文件系统功能(API),如图6-45所示。

(1) 文件访问。

f_open :打开/创建文件。

f_close :关闭一个打开的文件。

f_read :从文件中读取数据。

f_write:将数据写入文件。

f_lseek :移动读/写指针,扩展大小。

f_truncate :截断文件大小。

f_sync :刷新缓存的数据。

f_forward :将数据转发到流。

f_expand :为文件分配一个连续的块。

f_gets：读取一个字符串。

f_putc：写一个字符。

f_puts：写一个字符串。

f_printf：写一个格式化的字符串。

f_tell：获取当前的读/写指针。

f_eof：测试文件结尾。

f_size：获取大小。

f_error：测试错误。

(2) 目录访问。

f_opendir：打开目录。

f_closedir：关闭一个打开的目录。

f_readdir：读取目录项。

f_findfirst：打开一个目录并读取匹配的第一个项目。

f_findnext：读取下一个匹配的项目。

(3) 文件和目录管理。

f_stat：检查文件或子目录的存在。

f_unlink：删除文件或子目录。

f_rename：重命名/移动文件或子目录。

f_chmod：更改文件或子目录的属性。

f_utime：更改文件或子目录的时间戳。

f_mkdir：创建子目录。

f_chdir：更改当前目录。

f_chdrive：更改当前驱动器。

f_getcwd：检索当前目录和驱动器。

(4) 卷管理和系统配置。

f_mount：注册/取消注册卷的工作区。

f_mkfs：在逻辑驱动器上创建FAT卷。

f_fdisk：在物理驱动器上创建逻辑驱动器。

f_getfree：获取卷上的总大小和可用大小。

f_getlabel：获取卷标。

f_setlabel：设置卷标。

f_setcp：设置活动代码页。

FatFs文件系统的文件和功能应用，具有FatFs模块的嵌入式系统的典型配置如图6-46所示。

4. 存储设备访问接口

由于FatFs模块是独立于平台和存储介质的文件系统层，因此它与物理设备完全分离，例如存储卡、硬盘和任何类型的存储设备，如图6-47所示。底层设备控制模块不是FatFs模块的任何部分，需要由用户提供。FatFs通过如下所示的简单存储器设备访问接口来访

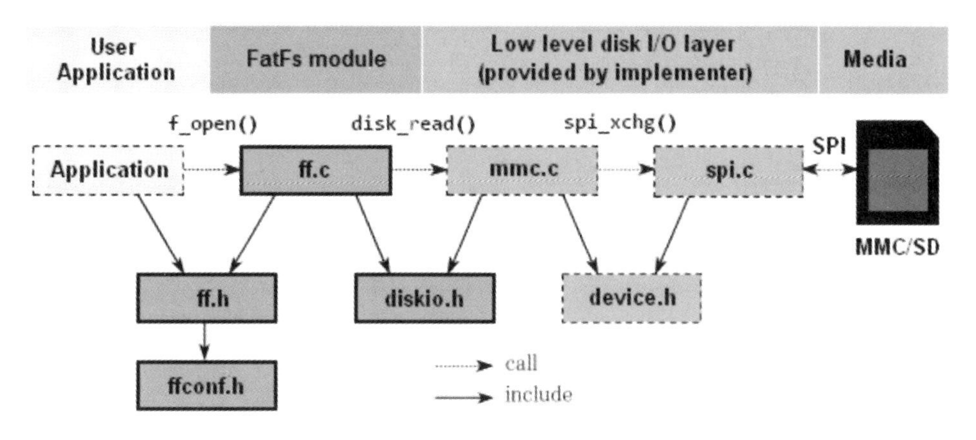

图 6-46　FatFs 模块的嵌入式系统的典型配置

问存储设备。

(1) disk_status：获取设备状态。

(2) disk_initialize：初始化设备。

(3) disk_read：读取扇区。

(4) disk_write：写扇区。

(5) disk_ioctl：控制设备相关的功能。

(6) get_fattime：获取当前时间。

以上函数包含在 diskio.c 文件里，移植时需要用户修改。

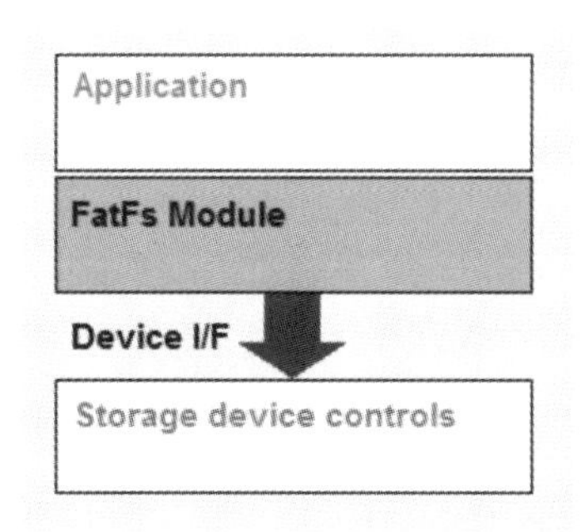

图 6-47　FatFs 文件系统的存储设备控制

5. 打开或创建文件的使用例程

```
//Open or create a file in append mode

FRESULT open_append(
    FIL* fp,              /* [OUT] File object to create * /
    const char* path      /* [IN]  File name to be opened * /
)
{
    FRESULT fr;
```

```
    /* Opens an existing file.If not exist,creates a new file.* /
    fr=f_open(fp,path,FA_WRITE | FA_OPEN_ALWAYS);
    if(fr==FR_OK){
        /* Seek to end of the file to append data * /
        fr=f_lseek(fp,f_size(fp));
        if(fr !=FR_OK)
            f_close(fp);
    }
    return fr;
}

int main(void)
{
    FRESULT fr;
    FATFS fs;
    FIL fil;

    /* Open or create a log file and ready to append * /
    f_mount(&fs,"",0);
    fr=open_append(&fil,"logfile.txt");
    if(fr !=FR_OK)return 1;

    /* Append a line * /
    f_printf(&fil,"% 02u/% 02u/% u,% 2u:% 02u\n",Mday,Mon,Year,Hour,Min);

    /* Close the file * /
    f_close(&fil);

    return 0;
}
```

6.4.10 在 STM32 上移植使用 FatFs

FatFs 文件系统体积小，对于 128KB flash 的 ARM Cortex M3 STM32F103VBT6 来说是没有问题的，移植工作需要做的就是修改 diskio.c 和 ffconf.h 这两个文件，还有就是 SD 卡的底层和文件系统接口函数。具体的工作就是先完成如下几个函数：

```
disk_initialize();        //卡初始化
disk_status();            //返回卡的状态
disk_read();              //读扇区
disk_write();             //写扇区
disk_ioctl();             //支持几个命令
get_fattime();            //给 fatfs 提供时间
```

当然，在此之前要实现对 SD 卡的读写，如 SD 卡的初始化，读一个扇区、读多个扇区、写一个扇区、写多个扇区等。上面的 diskio. c 中的函数将调用这些底层的操作函数。

最后，将上述 SD 卡文件读写函数文件和 FatFs 文件添加到 STM32 的 MDK 工程，就可以使用 FatFs 文件系统来管理 SD 卡里的文件了。

以移植 FatFs 10. a 版本为例，这里在实验 6-14 的基础上进行，涉及 diskio. c 与 sdcard. c2 个文件。

原始的 diskio. c 内容如下：

```
/* ------------------------------------------------------------------* /
/*  Low level disk I/O module skeleton for FatFs     (C)ChaN,2013          * /
/* ------------------------------------------------------------------* /
/*  If a working storage control module is available,it should be         * /
/*  attached to the FatFs via a glue function rather than modifying it.   * /
/*  This is an example of glue functions to attach various exsisting       * /
/*  storage control module to the FatFs module with a defined API.         * /
/* ------------------------------------------------------------------* /
# include "diskio.h"/*  FatFs lower layer API * /
# include "usbdisk.h"/*  Example:USB drive control * /
# include "atadrive.h"/*  Example:ATA drive control * /
# include "sdcard.h"/*  Example:MMC/SDC contorl * /
/*  Definitions of physical drive number for each media * /
# define ATA  0
# define MMC  1
# define USB  2

/* ------------------------------------------------------------------* /
/*  Inidialize a Drive                                                     * /
/* ------------------------------------------------------------------* /
DSTATUS disk_initialize(
BYTE pdrv               /*  Physical drive nmuber(0..)* /
)
{
DSTATUS stat;
int result;
switch(pdrv){
case ATA :
    result=ATA_disk_initialize();
    // translate the reslut code here
    return stat;
case MMC :
    result=MMC_disk_initialize();
    // translate the reslut code here
    return stat;
case USB :
    result=USB_disk_initialize();
```

```
    // translate the reslut code here
    return stat;
}
return STA_NOINIT;
}

/* -------------------------------------------------------* /
/*  Get Disk Status                                        * /
/* -------------------------------------------------------* /
DSTATUS disk_status(
BYTE pdrv/*  Physical drive nmuber(0..)* /
)
{
DSTATUS stat;
int result;
switch(pdrv){
case ATA :
    result=ATA_disk_status();
    // translate the reslut code here
    return stat;
case MMC :
    …(省略)
}
return STA_NOINIT;
}

/* -------------------------------------------------------* /
/*  Read Sector(s)                                         * /
/* -------------------------------------------------------* /
DRESULT disk_read(
BYTE pdrv,/*  Physical drive nmuber(0..)* /
BYTE * buff,/*  Data buffer to store read data * /
DWORD sector,/*  Sector address(LBA)* /
UINT count/*  Number of sectors to read(1..128) * /
)
{
DRESULT res;
int result;
switch(pdrv){
case ATA :
    // translate the arguments here
    result=ATA_disk_read(buff,sector,count);
    // translate the reslut code here
return res;
```

```
case MMC :
…(省略)
}
return RES_PARERR;
}

/* -----------------------------------------------------------------------* /
/* Write Sector(s)                                                        * /
/* -----------------------------------------------------------------------* /
# if _USE_WRITE
DRESULT disk_write(
BYTE pdrv,/*  Physical drive nmuber(0..)* /
const BYTE * buff,/*  Data to be written * /
DWORD sector,/*  Sector address(LBA)* /
UINT count/*  Number of sectors to write(1..128) * /
)
{
DRESULT res;
int result;
switch(pdrv){
case ATA :
    // translate the arguments here
    result=ATA_disk_write(buff,sector,count);
    // translate the reslut code here
    return res;
case MMC :
    …(省略)
}
return RES_PARERR;
}
# endif

/* -----------------------------------------------------------------------* /
/* Miscellaneous Functions                                                * /
/* -----------------------------------------------------------------------* /
# if _USE_IOCTL
DRESULT disk_ioctl(
BYTE pdrv,/*  Physical drive nmuber(0..)* /
BYTE cmd,/*  Control code * /
void * buff/*  Buffer to send/receive control data * /
)
{
DRESULT res;
int result;
```

```
switch(pdrv){
case ATA :
    // pre-process here
    result=ATA_disk_ioctl(cmd,buff);
    // post-process here
    return res;

case MMC :
    …(省略)
}
return RES_PARERR;
}
# endif
```

修改后的内容如下：

```
# include "diskio.h"     /*  FatFs lower layer API * /
# include "sdcard.h"     /*  Example:MMC/SDC contorl * /
# define SECTOR_SIZE     512U
# define ATA     0
# define MMC     1
# define USB     2

/* ---------------------------------------------------* /
/*  Inidialize a Drive                                 * /
/* ---------------------------------------------------* /
DSTATUS disk_initialize(
BYTE pdrv/*  Physical drive nmuber(0..)* /
)
{
SD_CardInfo SDCardInfo;
SD_Error Status=SD_OK;

Status=SD_Init();//调用 sdcard.c(V2.0.3) 里的 SD_Init 函数
if(Status==SD_OK){
    Status=SD_GetCardInfo(&SDCardInfo);//调用 sdcard.c 里的同名函数
  }
if(Status==SD_OK){
    Status=SD_SelectDeselect((u32)(SDCardInfo.RCA<<16));//调用 sdcard.c 里的同
名函数
  }

//Set Device Transfer Mode to INTERRUPT
  if(Status==SD_OK){
```

```
Status=SD_SetDeviceMode(SD_INTERRUPT_MODE);//调用 sdcard.c 里的同名函数
   }

if(Status==SD_OK){
return RES_OK;
} else {
return RES_ERROR;
}
}

/* --------------------------------------------------------* /
/*  Get Disk Status                                        * /
/* --------------------------------------------------------* /
DSTATUS disk_status(
BYTE pdrv         /*  Physical drive nmuber(0..)* /
)
{
return 0;
}

/* --------------------------------------------------------* /
/*  Read Sector(s)                                         * /
/* --------------------------------------------------------* /
DRESULT disk_read(
BYTE pdrv,         /*  Physical drive nmuber(0..)* /
BYTE * buff,       /*  Data buffer to store read data * /
DWORD sector,      /*  Sector address(LBA)* /
UINT count         /*  Number of sectors to read(1..128) * /
)
{
SD_Error Status=SD_OK;
if(count==1) {  //dma 方式
Status=SD_ReadBlock(sector <<9,(u32 * )(&buff[0]),SECTOR_SIZE);//调用 sdcard.c 里的同名函数,1 个 sector 的读操作,sector≪9 扇区地址转为字节地址,一个扇区 512 字节
} else {
Status=SD_ReadMultiBlocks(sector <<9,(u32 * )(&buff[0]),SECTOR_SIZE,count);//调用 sdcard.c 里的同名函数,多个 sector 的读操作
}
if(Status==SD_OK){
  return RES_OK;
} else {
  return RES_ERROR;
}
}
```

```
/* -----------------------------------------------* /
/*  Write Sector(s)                                * /
/* -----------------------------------------------* /
# if _USE_WRITE
DRESULT disk_write(
BYTE pdrv,              /*  Physical drive nmuber(0..)* /
const BYTE * buff,      /*  Data to be written * /
DWORD sector,           /*  Sector address(LBA)* /
UINT count              /*  Number of sectors to write(1..128) * /
)
{
SD_Error Status=SD_OK;
if(count==1) {
    Status=SD_WriteBlock(sector <<9,(u32 * )(&buff[0]),SECTOR_SIZE);//调用 sd-
card.c 里的同名函数
} else {
    Status= SD_WriteMultiBlocks(sector <<9,(u32 * )(&buff[0]),SECTOR_SIZE,
count);//调用 sdcard.c 里的同名函数
}
if(Status==SD_OK){
    return RES_OK;
} else {
    return RES_ERROR;
}
}
# endif

/* -----------------------------------------------* /
/*  Miscellaneous Functions                         * /
/* -----------------------------------------------* /
# if _USE_IOCTL
DRESULT disk_ioctl(
BYTE pdrv,              /*  Physical drive nmuber(0..)* /
BYTE cmd,               /*  Control code * /
void * buff             /*  Buffer to send/receive control data * /
)
{
return RES_OK;
}
# endif

__weak DWORD get_fattime(void){
/*  返回当前时间戳 * /
```

```
DWORD time=0;
return time;
}
```

如果要格式化 SD 卡和使用简体汉字,则需要修改 ffconf.h 的 3 行如下:

```
# define_USE_MKFS        1        /* 0:Disable or 1:Enable * /
# define _CODE_PAGE936
# define_USE_LFN         2        /* 0 to 3 * /
```

6.4.11 FatFs 移植到 STM32(实验 6-15)

【实验 6-15】 FatFs10a 移植和应用(AS-07 V2,SDIO,sdcard.c(V2.0.3))。

此示例使用了实验 6-14 的 MDK 工程,SDIO 接口,就是使用 ST 的 STM32F10x FWLib V2.0.3 固件库(STM32F10x Firmware Library V2.0.3,09/22/2008)的库函数和范例程序 Examples\SDIO,可以对插到 AS-07 上的 SD 卡进行读写操作,再移植 FatFs 0.10a。

此示例演示了格式化 SD 创建 FAT 文件系统,在 SD 卡上创建文本文件"SD+FatFs 读写测试.txt",打开文件,写入数据"This is STM32 working with FatFs(开源嵌入式文件系统)",关闭文件等几种文件管理功能。

1. 硬件设计

见实验 6-14。

2. 软件设计(编程)

(1) 设计分析。

对添加到 MDK 工程的 FatFs 的 diskio.c 和 ffconf.h 进行修改,具体内容见 6.4.10 小节。

将文件系统对象注册(mount)到 SD 驱动器的 FatFs 模块;

在 SD 驱动器上创建一个 FAT 文件系统(format);

创建并打开具有写入权限的新文本文件对象;

将数据写入文本文件;

关闭打开的文本文件;

打开具有读取权限的文本文件对象;

从文本文件中读取数据;

关闭打开的文本文件。

(2) 程序源码与分析。

①FatFs 的变量。

```
FATFS SDFatFs;                  /* File system object for SD card logical
                                   drive * /
FIL MyFile;                     /* File object * /
FRESULT result;                 /* FatFs function common result code * /
UINT byteswritten,bytesread;    /* File write/read counts * /
BYTE WriteBuffer[]="This is STM32 working with FatFs(开源嵌入式文件系统)";
```

```
                                              /*  File write buffer * /
BYTE ReadBuffer[100];                        /*  File read buffer * /
```

②main 函数。

```
int main(void)
{
…(省略)
printf("\r\n----------SD+FatFs读写测试------------");



result=f_mount(&SDFatFs,"0:",1);//1.注册(挂载)SD卡
printf("\n\r 1.f_mount:注册(挂载)SD卡,文件操作返回代码:% d",result);
    // 返回为 0,成功,下同。(FR_OK=0,Succeeded,File function return code :FRESULT)

if(result==FR_NO_FILESYSTEM)//2.如果没有文件系统就格式化创建文件系统
{
result=f_mkfs("0:",0,0);//格式化创建文件系统
printf("\n\r 2.f_mkfs:格式化创建文件系统,文件操作返回代码:% d",result);
}

result=f_open(&MyFile,"SD+FatFs读写测试.txt",FA_CREATE_ALWAYS | FA_WRITE );
                                          //3.打开文件或创建文本文件 SD+FatFs读写测试.txt
printf("\n\r 3.f_open:打开文件或创建文件 SD+FatFs读写测试.txt,文件操作返回代码:%
d",result);
if( result==FR_OK )
{
result=f_write(&MyFile,WriteBuffer,sizeof(WriteBuffer),&byteswritten);
                                                      // 4.将 WriteBuffer内容写入文件
printf("\n\r 4.f_write:将 WriteBuffer内容写入文件,文件操作返回代码:% d",result);
    if(result==FR_OK)
    {
      printf("\n    写入:% d个字节数据",byteswritten);
      printf("\n    写入的数据是:% s",WriteBuffer);
    }
    }

result=f_close(&MyFile);//5.关闭文件 * /
printf("\n\r 5.f_close:关闭文件,文件操作返回代码:% d",result);

result=f_open(&MyFile,"SD+FatFs读写测试.txt",FA_OPEN_EXISTING | FA_READ);
                                                    //6.打开文件 SD+FatFs读写测试.txt
printf("\n\r 6.f_open:打开文件或创建文件 SD+FatFs读写测试.txt,文件操作返回代码:%
d",result);
if(result==FR_OK)
```

```
{
result=f_read(&MyFile,ReadBuffer,sizeof(ReadBuffer),&bytesread);
                                        // 7.读出 SD+FatFs 读写测试.txt
printf("\n\r 7.f_read:.读出文件,文件操作返回代码:% d",result);
if(result==FR_OK)
{
printf("\n    读出:% d个字节",bytesread);
printf("\n    读出的数据是:% s",ReadBuffer);
}
}

result=f_close(&MyFile);//8.关闭文件
printf("\n\r 8.f_close:关闭文件,文件操作返回代码:% d",result);

result=f_mount(NULL,"0:",1);//注销 SD 卡
printf("\n\r 9.f_mount:注销 SD 卡,文件操作返回代码:% d",result);
while(1)
{}
}
```

3. 实验过程与现象

实验过程:见上册的 4.2 节。要在 AS-07 背面插入 SD 卡或者给 TF 卡加卡套。

实验现象:图 6-48 所示为 AS-07 实验板的 USART1 输出使用 FatFs 文件系统读写 SD 卡的实验信息。

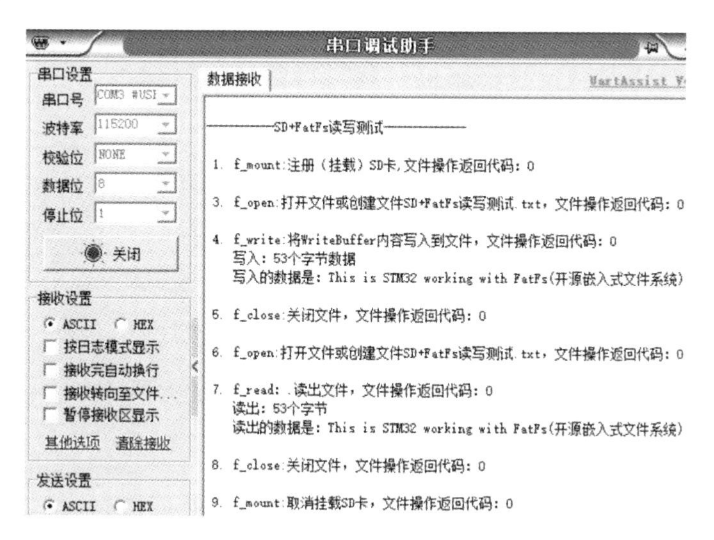

图 6-48　USART1 输出使用 FatFs 文件系统读写 SD 卡的实验信息

6.4.12　FatFs 和 SD 应用(实验 6-16)

【实验 6-16】　SDIO+FatFs。

此示例使用 ST 的 HAL 库(STM32Cube_FW_F1_V1.7.0,STM32CubeF1 Firmware Package V1.7.0,09-October-2018)的库函数和范例:\STM3210E_EVAL\Applications\FatFs\FatFs_uSD。

实际也可以使用 STM32Cube 自己建立使用 SD 卡和 FatFs 的工程,再在 main 函数中写 FatFs 应用程序代码。

此示例介绍了如何将 STM32Cube 固件与 FatFs 中间件组件一起用作通用的 FAT 文件系统模块,其目标是开发一个应用程序,使用 FatFs 提供的大部分功能来配置 microSD 驱动器。

1. 硬件设计

见实验 6-14。

2. 软件设计(编程)

(1) 设计分析。

在主程序开始时,调用 HAL_Init()函数来重置所有外围设备,初始化 Flash 接口和 SysTick。然后使用 SystemClock_config()函数配置系统时钟(SYSCLK)以 72 MHz 运行。

该应用程序基于从驱动器写入和读取文本文件,并使用 FatFs API 访问 FAT 卷,步骤如下所述:

连接 SD 磁盘 I/O 驱动程序;

将文件系统对象注册(mount)到 SD 驱动器的 FatFs 模块;

在 SD 驱动器上创建一个 FAT 文件系统(format);

创建并打开具有写入权限的新文本文件对象;

将数据写入文本文件;

关闭打开的文本文件;

打开具有读取权限的文本文件对象;

从文本文件中读取数据;

关闭打开的文本文件;

检查文本文件中的读取数据;

断开 SD 磁盘 I/O 驱动程序的连接。

(2) 程序源码与分析。

①FatFs 的变量。

```
FATFS SDFatFs;  /*  File system object for SD card logical drive * /
FIL MyFile;     /*  File object * /
char SDPath[4];/*  SD card logical drive path * /
```

②main 函数。

```
int main(void)
{
FRESULT res;                          /*  FatFs function common result code * /
uint32_t byteswritten,bytesread;               /*  File write/read counts * /
uint8_t wtext[]="This is STM32 working with FatFs";/*  File write buffer * /
```

```
    uint8_t rtext[100];                                    /* File read buffer * /

    HAL_Init();
    BSP_LED_Init(LED1);
    BSP_LED_Init(LED2);

    SystemClock_Config();

    BSP_COM_Init(COM1,&UartHandle);
    UartHandle.Init.BaudRate   =115200;
    UartHandle.Init.WordLength=UART_WORDLENGTH_8B;
    UartHandle.Init.StopBits   =UART_STOPBITS_1;
    UartHandle.Init.Parity     =UART_PARITY_NONE;//UART_PARITY_ODD;
    UartHandle.Init.HwFlowCtl   =UART_HWCONTROL_NONE;
    UartHandle.Init.Mode       =UART_MODE_TX_RX;

    if(HAL_UART_Init(&UartHandle)!=HAL_OK)
    {
    Error_Handler();
    }

    printf("* * * * * * * STM32Cube firmware:SDIO+FatFs Example* * * * * * * ");

    LCD_IO_Init();
    BSP_LCD_Init();
    BSP_LCD_Clear(LCD_COLOR_RED);
    BSP_LCD_DisplayStringAtLine(0,"STM32Cube firmware           ");
    BSP_LCD_DisplayStringAtLine(1,"SDIO+FatFs Example           ");


/*  1.连接SD(Link the micro SD disk I/O driver)# # # # # # # # # # # # # # # * /
    if(FATFS_LinkDriver(&SD_Driver,SDPath)==0)
    {
    printf("\r\n 1.连接SD成功");

/*  2.注册(挂载)SD卡(FatFs文件系统)Register the file system object to the FatFs module* /
    res=f_mount(&SDFatFs,(TCHAR const* )SDPath,0);
    if(res !=FR_OK)
    {
    /*  FatFs Initialization Error * /
    printf("\r\n 2.注册(挂载)SD卡(FatFs文件系统)失败,LED2闪烁");
    Error_Handler();//执行错误函数:LED2闪烁
    }
    else
```

```
    {
    printf("\r\n 2.注册(挂载)SD 卡(FatFS 文件系统)成功");
    BSP_LCD_DisplayStringAtLine(3,"f_mount:Mount/Unmount a logical drive");

/*  3.检测 SD 是否有文件系统   * /

    if(res==FR_NO_FILESYSTEM)
    {
    printf("\r\n 3.检测 SD 是否有文件系统,没有文件系统,格式化...");
    /*  创建文件系统,格式化(Create a FAT file system(format)on the logical drive)# # #
    # # # * /
    /*  WARNING:Formatting the uSD card will delete all content on the device * /
    if(f_mkfs((TCHAR const* )SDPath,0,0)!=FR_OK)
    {
    /*  FatFs Format Error * /
    printf("\r\n 创建文件系统(格式化)失败,LED2 闪烁");
    Error_Handler();
    }
    else
    {
    printf("\r\n 创建文件系统(格式化)成功");
    }
    }
    printf("\r\n 3.检测 SD 是否有文件系统,有文件系统");
    BSP_LCD_DisplayStringAtLine(4,"f_mkfs:Create a file system on the volume");

/*  4.创建和打开文件 STM32.TXT,写访问 Create and Open a new text file object with write
access* /

    if(f_open(&MyFile,"STM32.TXT",FA_CREATE_ALWAYS | FA_WRITE)!=FR_OK)
    {
    /*  'STM32.TXT' file Open for write Error * /
    printf("\r\n 4.创建和打开文件 STM32.TXT 失败,LED2 闪烁");
    Error_Handler();
    }
    else
    {
    printf("\r\n 4.创建和打开文件 STM32.TXT 成功");
    BSP_LCD_DisplayStringAtLine(5,"f_open:Open or create a file");

/*  5.写入 wtext[]="This is STM32 working with FatFs"(Write data to the text file )# # #
# # # # # * /

    res=f_write(&MyFile,wtext,sizeof(wtext),(void * )&byteswritten);
    printf("\r\n 5.写入数据,FatFs 写函数执行返回代码值是:% d(0 代表成功)",res);
```

```
    BSP_LCD_DisplayStringAtLine(6,"f_write:Write data to a file");

/*  6.关闭文件(Close the open text file)# # # # # # # # # # # # # # # # # # # # * /

    if(f_close(&MyFile)!=FR_OK )
    {
    printf("\r\n 6.关闭文件 STM32.TXT 失败,LED2 闪烁");
    Error_Handler();
    }
    printf("\r\n 6.关闭文件 STM32.TXT 成功");
    BSP_LCD_DisplayStringAtLine(7,"f_close:Close an open file object");

    if((byteswritten==0)||(res !=FR_OK))
    {
    /*  'STM32.TXT' file Write or EOF Error * /
    printf("\r\n STM32.TXT 文件写入失败,LED2 闪烁");
    Error_Handler();
    }
    else
    {
    printf("\r\n    STM32.TXT 文件写入成功");

/*  7.打开文件 STM32.TXT,读访问文件(Open the text file object with read access)# # # #
# # # * /

    if(f_open(&MyFile,"STM32.TXT",FA_READ)!=FR_OK)
    {
    printf("\r\n 7.打开文件 STM32.TXT 失败,LED2 闪烁");
    /*  'STM32.TXT' file Open for read Error * /
    Error_Handler();
    }
    else
    {
    printf("\r\n 7.打开文件 STM32.TXT 成功");
    BSP_LCD_DisplayStringAtLine(8,"f_open:Open or create a file");

/*  8.读出文件(Read data from the text file)  # # # # # # # # # # # # # # # # # # * /

    res=f_read(&MyFile,rtext,sizeof(rtext),(UINT* )&bytesread);
    printf("\r\n 8.读出数据,FatFs 读函数执行返回代码值是:% d(0 代表成功)",res);
    if((bytesread==0)||(res !=FR_OK))
    {
    /*  'STM32.TXT' file Read or EOF Error * /
    printf("\r\n STM32.TXT 文件读出失败,LED2 闪烁");
    Error_Handler();
```

```
}
else
{
printf("\r\n    读出:% d个字节数据",bytesread);
printf("\r\n    读出的文件数据:% s ",rtext);
printf("\r\n    STM32.TXT 文件读出成功");
BSP_LCD_DisplayStringAtLine(9,"f_read:Read data from a file");

/* 9.关闭文件(Close the open text file) # # # # # # # # # # # # # # # # # # # # * /

f_close(&MyFile);
printf("\r\n 9.关闭文件");
BSP_LCD_DisplayStringAtLine(10,"f_close:Close an open file object");

/* 10.比较读写(Compare read data with the expected data) # # # # # # # # # # # # * /

if((bytesread ! =byteswritten))
{
/* Read data is different from the expected data * /
printf("\r\n 10.比较读写失败,LED2 闪烁");
Error_Handler();
}
else
{
/* Success of the demo:no error occurrence * /
printf("\r\n 10.比较读写成功,LED1 点亮");
BSP_LED_On(LED1);//LED1 点亮
}
}
}
}
}
}
}
/* 11.断开 SD 磁盘 I/O 驱动程序的连接(Unlink the RAM disk I/O driver)# # # # # # # # #
# # # * /

FATFS_UnLinkDriver(SDPath);
/* Infinite loop * /
while(1)
{
}
}
```

3. 实验过程与现象

实验过程:见上册的 4.2 节和下册的 5.3.3 小节(实验 5-6)。要在 AS-07 背面插入 SD

卡或者给TF卡加卡套。

如果使用STM32Cube可建立使用SD卡和FatFs的工程，如图6-49和图6-50所示。

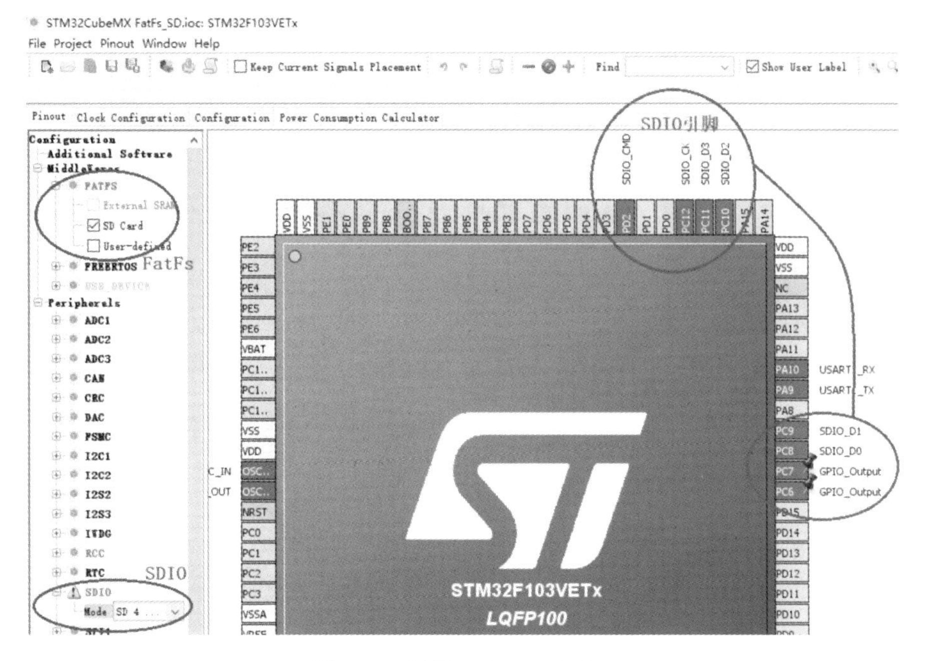

图6-49 设置STM32CubeMX

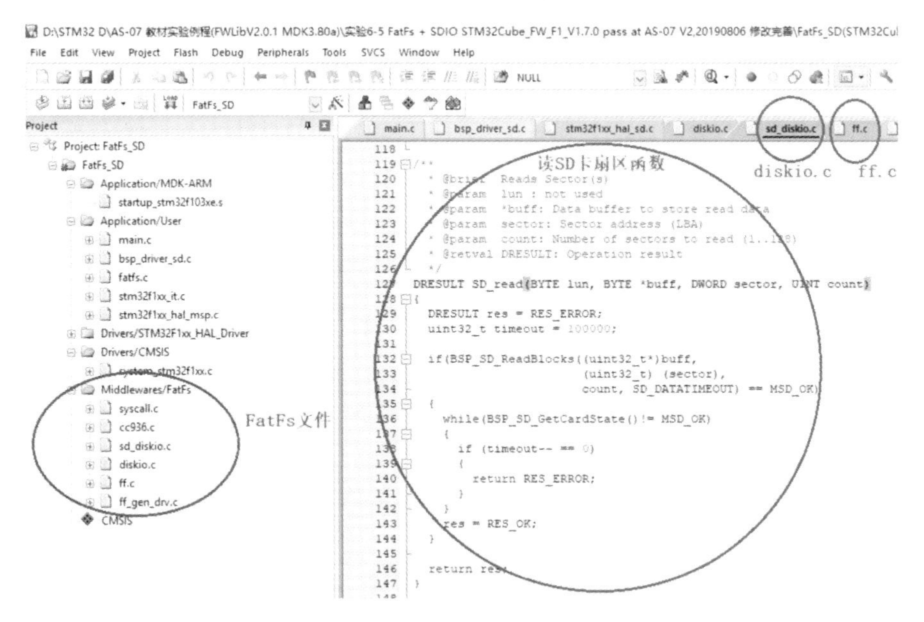

图6-50 STM32CubeMX建立的MDK工程

实验现象：图6-51所示为AS-07实验板的USART1输出使用FatFs文件系统读写SD卡的实验信息。

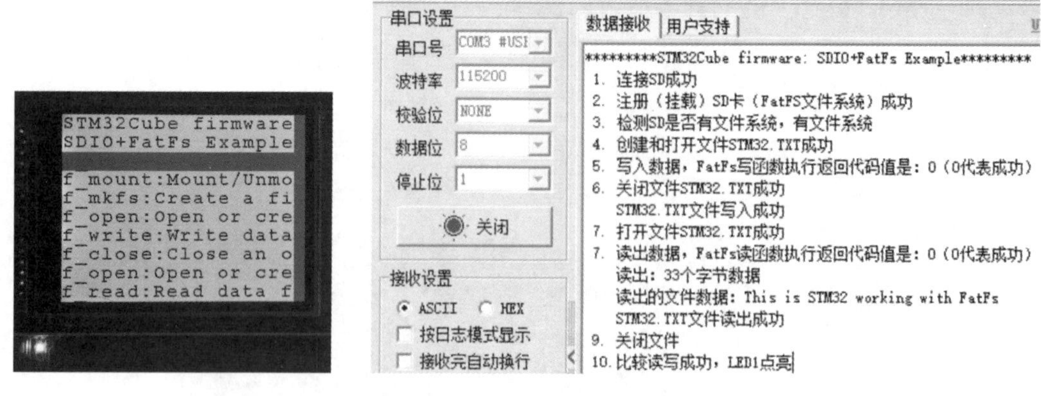

图 6-51 USART1 输出使用 FatFs 文件系统读写 SD 卡的实验信息

第7章　常见扩展模块实验

本章介绍一些嵌入式、物联网和电子设计竞赛中常用的扩展模块试验，包括蓝牙、WiFi、Zigbee等短距离通信模块，GSM/GPRS、DTU、GPS等无线通信模块，RFID读卡器，以及光流定位模块、OpenMV视觉模块、UWB(Ultra－Wideband，超宽带)定位模块。

在无线2.4GHz频段内，最常用的无线通信协议有Zigbee、Bluetooth、WiFi三种。

Zigbee是IEEE 802.15.4协议，使用频段为2.4 GHz，868 MHz及915 MHz，均为免执照频段。其特点是近距离、低复杂度、自组织、低功耗、低数据速率、低成本。主要适合用于自动控制和远程控制领域，可以嵌入各种设备。

蓝牙技术最初由爱立信创制。蓝牙(Bluetooth)技术致力于在10～100 m的空间内使所有支持该技术的移动或非移动设备可以方便地建立网络联系、进行语音和数据通信。

Wi-Fi技术创建在IEEE 802.11a标准上，非营利性的Wi-Fi联盟成立于1999年。802.11第一个版本发布于1997年(2Mbit/s，2.4GHz频道)，1999年又增加了IEEE 802.11a(54Mbit/s，5GHz频道)和IEEE 802.11g(54Mbit/s，2.4GHz频道)标准。其传输速率最高可达54 Mbit/s，能够广泛支持数据、图像、语音和多媒体等业务。

NFC(near field communication，近场通信)是由飞利浦、诺基亚和索尼主推的一种类似于RFID(非接触式射频识别)的短距离无线通信技术标准。

RFID和NFC都是无线射频技术。RFID是无线射频识别的笼统概念，根据频率划分包含低频、高频(13.56 MHz)、超高频、微波等，读写器可读写标签数据信息，作用距离取决于读写器功率、读写器天线增益值、标签天线尺寸等，NFC频率也是13.56 MHz，且兼容大部分RFID高频相关标准(有些是不兼容)，但是规定NFC作用的距离不能很远。

当人的眼睛观察运动物体时，在人眼的视网膜上形成一系列连续变化的图像，这一系列连续变化的信息不断“流过”视网膜(即图像平面)，好像一种光的“流”，故称之为光流(optical flow)。光流表达了图像的变化，由于它包含了目标运动的信息，因此可被观察者用来确定目标的运动情况。光流传感器通过摄像头以一定速率连续采集物体表面图像，再对所产生的图像进行分析，由于相邻的两幅图像总会存在相同的特征，通过对比这些特征点的位置变化信息，便可以判断出物体表面特征的平均运动，这个分析结果最终被转换为二维的坐标偏移量，并以像素数形式存储在特定的寄存器中，实现对运动物体的监测。

OpenMV是视觉模块，是基于高性能STM32的图像识别处理模块。

UWB(ultra wideband，超宽带)无线通信是一种不用载波，而采用时间间隔极短(小于1ns)的脉冲进行通信的方式。UWB是一种无载波通信技术，利用纳秒至微微秒级的非正弦波窄脉冲传输数据。UWB可在非常宽的带宽上传输信号，美国FCC对UWB的规定为：在3.1～10.6GHz频段中占用500 MHz以上的带宽。通过在较宽的频谱上传送极低功率的信号，UWB能在10m左右的范围内实现数百Mbit/s至数Gbit/s的数据传输速率。抗干扰性能强，传输速率高，系统容量大发送功率非常小。UWB 系统发射功率非常小，通信设备可以用小于 1mW 的发射功率实现通信。低发射功率大大延长了系统电源的工作时间。而且，发射功率小，其电磁波辐射对人体的影响也会很小，应用面就广。

7.1 蓝牙无线实验

蓝牙，是一种支持设备短距离通信的无线电技术。能在包括移动电话、PDA、无线耳机、笔记本电脑、相关外设等众多设备之间进行无线信息交换。利用蓝牙技术，能够有效地简化移动通信终端设备之间的通信，也能够成功地简化设备与因特网之间的通信，从而数据传输变得更加迅速高效，为无线通信拓宽道路。蓝牙采用分散式网络结构以及快跳频和短包技术，支持点对点及点对多点通信，工作在全球通用的 2.4GHz ISM(即工业、科学、医学)频段。

1998 年 5 月，爱立信、诺基亚、东芝、IBM 和英特尔联合成立了蓝牙技术联盟(bluetooth special interest group，简称 SIG)，负责蓝牙技术标准的制定、产品测试，并协调各蓝牙规范的具体使用状况。相继发布 Bluetooth V1.0、Bluetooth V1.0B、Bluetooth V1.1、Bluetooth V1.2、Bluetooth V2.0+EDR(enhanced data rate，增强数据速率)、Bluetooth V2.1+EDR、Bluetooth V3.0+HS(high speed，高速)，、Bluetooth 4.0，Bluetooth 4.1、Bluetooth 4.2、Bluetooth 5.0 双模式组合应用。蓝牙 5.0 通信速度最高为 2Mbit/s，覆盖范围为 300m)。Nordic 推出的 nRF52840 和 nRF52832，TI 半导体推出的 CC2640R2F 均支持 bluetooth 5。

蓝牙包括两种技术：经典蓝牙(classic bluetooth，简称 BT)和低功耗蓝牙(bluetooth low energy，简称 BLE)。

经典蓝牙 BR(basic rate)技术的理论传输速率，只能达到 721.2Kbit/s。EDR 技术的蓝牙，理论速率可以达到 2.1Mbit/s。AMP(alternate MAC and PHY layer extension，交替 MAC 和 PHY 层扩展)的理论速率可以达到 54Mbit/s。

蓝牙协议规定了两个层次的协议，分别为蓝牙核心(bluetooth core)协议和蓝牙应用层(bluetooth application)协议。蓝牙核心由两部分组成，Host 和 Controller。在一个系统中，Host 只有一个，但 Controller 可以只有一个，也可以有多个。

常用 bluetooth 协议：HFP(hands-free profile)，让蓝牙设备可以控制电话；HSP(hand-set profile)描述了蓝牙耳机如何与计算机或其他蓝牙设备(如手机)通信；A2DP(advanced audio distribution profile 蓝牙音频传输模型协定)是能够采用耳机内的芯片来堆栈数据，达到声音的高清晰度，有 A2DP 的耳机就是蓝牙立体声耳机，声音能达到 44.1kHz，一般的耳机只能达到 8kHz。AVRCP(audio/video remote control profile)也就是音频/视频远程控制规范，AVRCP 设计用于提供控制 TV、Hi-Fi 设备等的标准接口，此配置文件用于许可单个远程控制设备(或其他设备)控制所有用户可以接入的 A/V 设备，它可以与 A2DP 或 VDP 配合使用。

1. 蓝牙模块简介

蓝牙的设计和应用，可以根据实际需求设计应用，也可以使用蓝牙的透明串口传输应用。

(1) CSR公司蓝牙芯片BC417143(见图7-1),蓝牙规范v2.0+EDR,SPI调试接口。

(2) 蓝牙的透明串口RS232传输。

FBT06蓝牙串口模块如图7-2所示,低功耗、防反接、带指示灯、主从一体,电压3.3/5V。可以直接连接到需要使用蓝牙无线传输的嵌入式和物联网设备上。

图7-1 BC417143蓝牙模块及实验板

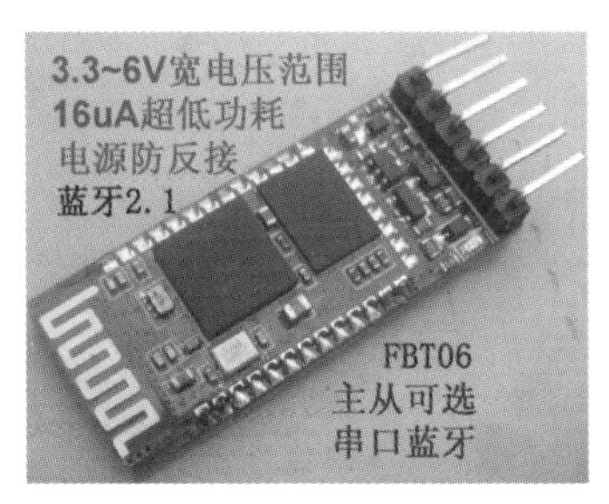

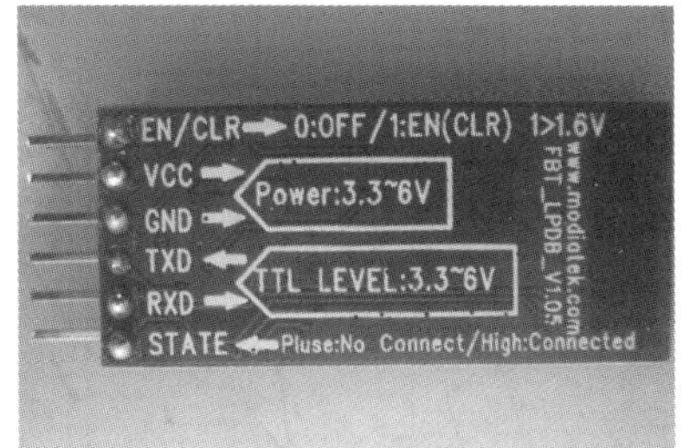

图7-2 FBT06蓝牙串口模块

2. 蓝牙模块实验

【实验7-1】 蓝牙BC417143固件烧写和参数设置。

使用SPI调试接口对蓝牙BC417143固件烧写和参数设置。

1)硬件设计

蓝牙BC417143模块应用电路和ISP下载电路原理图如图7-3所示。

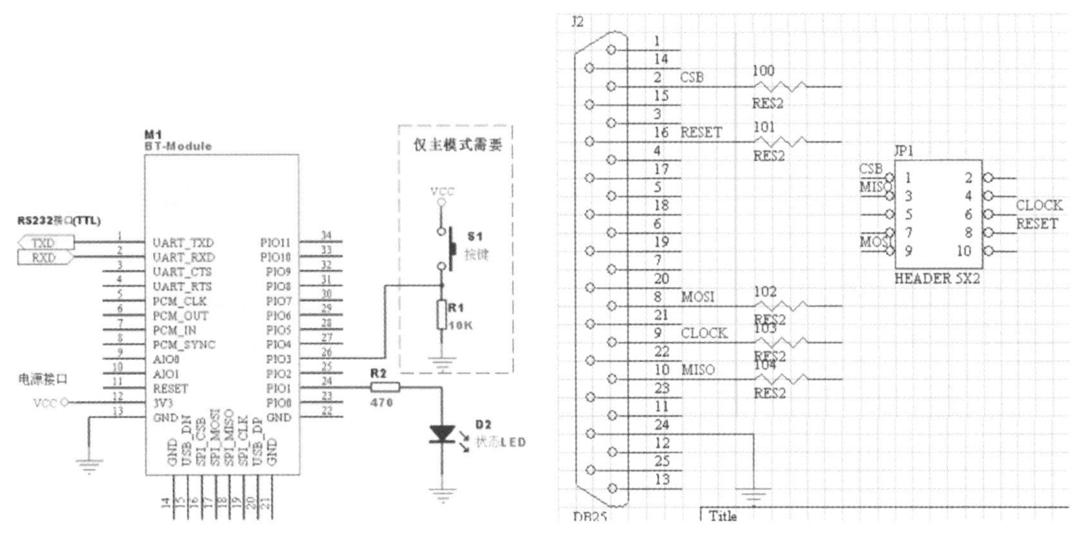

图7-3 蓝牙BC417143模块应用电路和ISP下载电路原理图

2)软件设计(编程)

(1) 蓝牙主机和从机固件烧写。

通过蓝牙开发工具Bluelab中的Blue Flash给蓝牙烧写主机和从机的应用固件。过程如图7-4和图7-5所示。

图 7-4　使用 Blue Flash 软件选择蓝牙固件

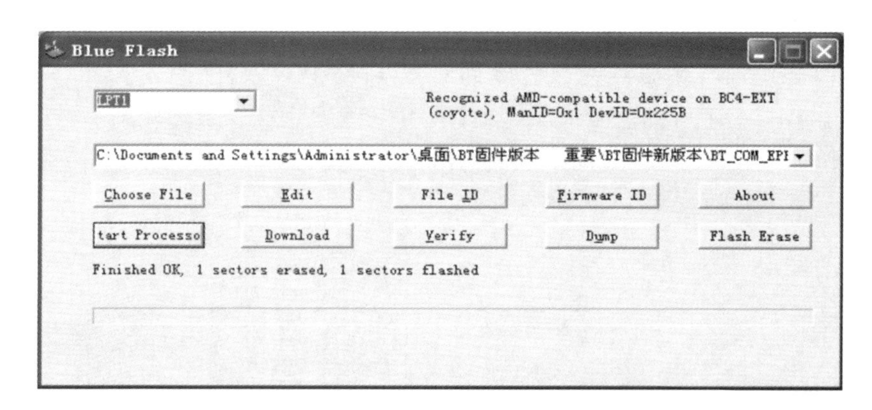

图 7-5　使用 Blue Flash 软件烧写主机和从机的固件

（2）通过蓝牙开发工具 Bluelab 中的 PSTool 修改蓝牙参数，例如蓝牙名称、波特率等。过程如图 7-6 和图 7-7 所示。

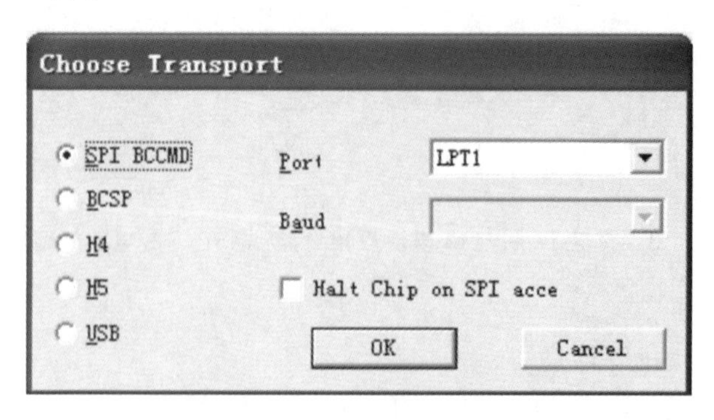

图 7-6　使用 PSTool 软件选择 SPI 接口

【实验 7-2】　蓝牙透明串口 RS232 传输实验，实现 STM32 无线 IAP 或无线下载程序。

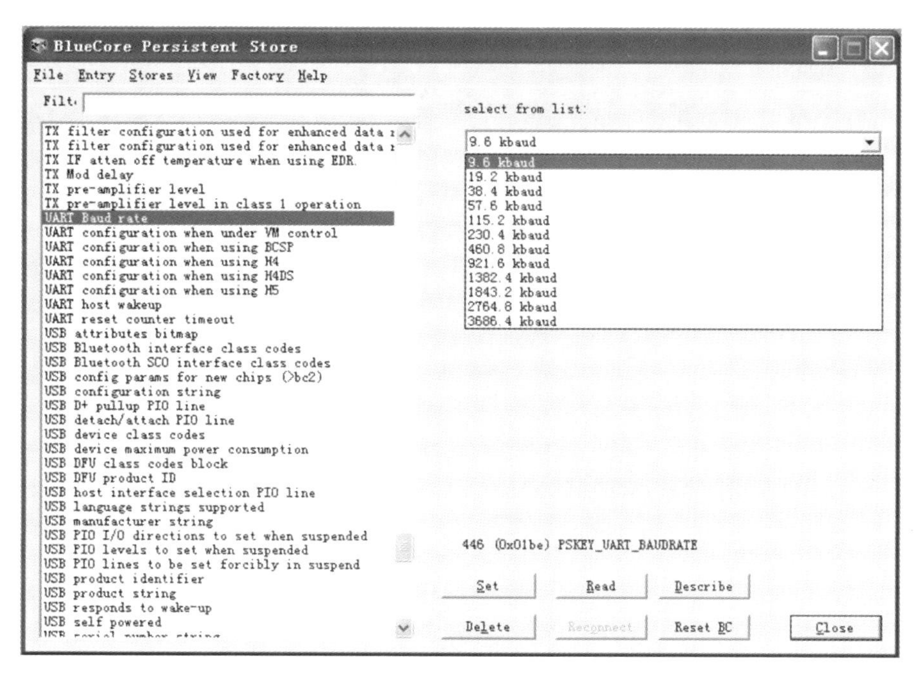

图 7-7　使用 PSTool 软件修改蓝牙参数(波特率)

此实验演示通过 USART，预先配置使用 IAP(in-application programming，在应用程序编程)。实际上，也实现了 STM32 的无线下载程序。实际应用在 9.2 节的车辆自动识别进出管理中进行介绍。

1)硬件设计

蓝牙模块通过 RS232 串口连接到 AS-07 STM32 实验板。AS-07 KIT 上焊接的是 HM-06 蓝牙模块，如图 7-8 所示。图 7-9 所示的是 AS-07 KIT 的 HM-06 的接口电路。

图 7-8　AS-07 通过 KIT 板连接使用蓝牙模块

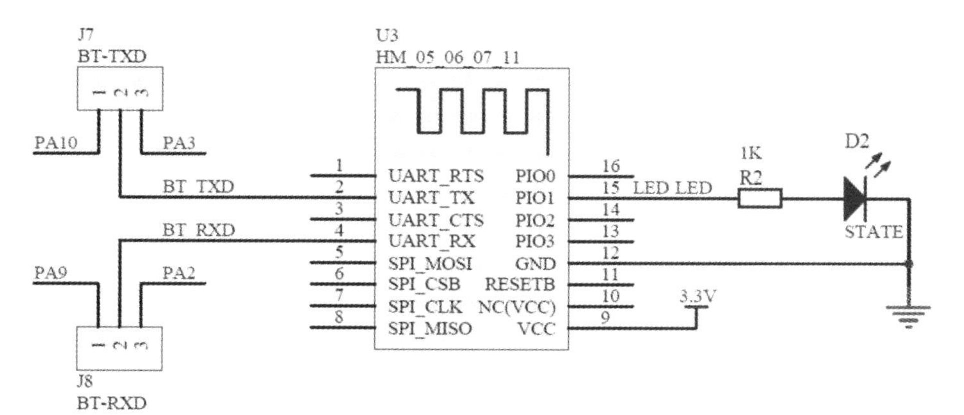

图 7-9　AS-07 KIT 的 HM-06 的接口电路

2)软件设计(编程)

(1) 设计分析。

在 main 函数里,首先解锁了 Flash;然后初始化 IAP,实际上就是 USART1;最后执行主菜单。

通过超级终端,在主菜单里,根据按键选择是下载 Image、上传 Image、还是执行 New Program。

(2) 程序源码与分析。

此只给出关键程序代码。

①main 函数。

```
int main(void)
{
  Delay(0x1ffffff);//延长时间 3 秒
  FLASH_Unlock();/*  Flash unlock * /
  if(1)
  {
    /*  Execute the IAP driver in order to re-program the Flash * /
    IAP_Init();
    Main_Menu();
  }
  /*  Keep the user application running * /
  else
  {
    if(((* (__IO uint32_t* )ApplicationAddress)& 0x2FFE0000 )==0x20000000)
    {
      JumpAddress=* (__IO uint32_t* )(ApplicationAddress+4);
      Jump_To_Application=(pFunction)JumpAddress;
      __set_MSP(* (__IO uint32_t* )ApplicationAddress);
      Jump_To_Application();
    }
  }
  while(1)
  {}
}
```

②使用超级终端 HyperTerminal 操作菜单。

```
void Main_Menu(void)
{
  uint8_t key=0;
  BlockNbr=(FlashDestination-0x08000000)>>12;
# if defined(STM32F10X_MD)|| defined(STM32F10X_MD_VL)
  UserMemoryMask=((uint32_t)~((1 <<BlockNbr)-1));
# else /*  USE_STM3210E_EVAL * /
```

```
  if(BlockNbr<62)
  {
    UserMemoryMask=((uint32_t)~((1<<BlockNbr)-1));
  }
  else
  {
    UserMemoryMask=((uint32_t)0x80000000);
  }
#endif /*(STM32F10X_MD)||(STM32F10X_MD_VL)*/
  if((FLASH_GetWriteProtectionOptionByte()& UserMemoryMask)!=UserMemoryMask)
  {
    FlashProtection=1;
  }
  else
  {
    FlashProtection=0;
  }

  Delay(0x1ffffff);//延长时间 3 秒
  while(1)
  {
    SerialPutString("\r\n===========Main Menu==============\r\n\n");
    SerialPutString("  Download Image To the STM32F10x Internal Flash-------1\r\
n\n");
SerialPutString("  *** method:  Right mouse click here to transmitted *** \r
\n\n");
    SerialPutString("  Upload Image From the STM32F10x Internal Flash-------2\r\
n\n");
    SerialPutString("  Execute The New Program--------------3\r\n\n");
    SerialPutString("   *** after 10s auto Execute The New Program ***
\r\n\n");
    SerialPutString("                        By zhou__mi,20140126  \r\n\n");
    if(FlashProtection !=0)
    {
      SerialPutString("  Disable the write protection-----------4\r\n\n");
    }

    SerialPutString("======================================\r\n\n");
    key=GetKey();
    if(key==0x31)
    {
      SerialDownload();/* Download user application in the Flash */
    }
    else if(key==0x32)
```

```
    {
      SerialUpload();/*  Upload user application from the Flash * /
    }
    else if(key==0x33)
    {
      JumpAddress=* (__IO uint32_t* )(ApplicationAddress+4);
      /*  Jump to user application * /
      Jump_To_Application=(pFunction)JumpAddress;
      /*  Initialize user application's Stack Pointer * /
      __set_MSP(* (__IO uint32_t* )ApplicationAddress);
      Jump_To_Application();
    }

    else if((key==0x34) &&(FlashProtection==1))
    {
      /*  Disable the write protection of desired pages * /
      FLASH_DisableWriteProtectionPages();
    }
    else
    {
      if(FlashProtection==0)
      {
        SerialPutString("Invalid Number !==>The number should be either 1,2 or 3\
r");
      }
      else
      {
        SerialPutString("Invalid Number !==>The number should be either 1,2,3 or 4
\r");
      }
    }
  }
}
```

3)实验过程与现象

实验过程:MDK 工程设置 Flash 如图 7-10 和图 7-11 所示。

实验现象:通过超级终端操作(见图 7-12)。

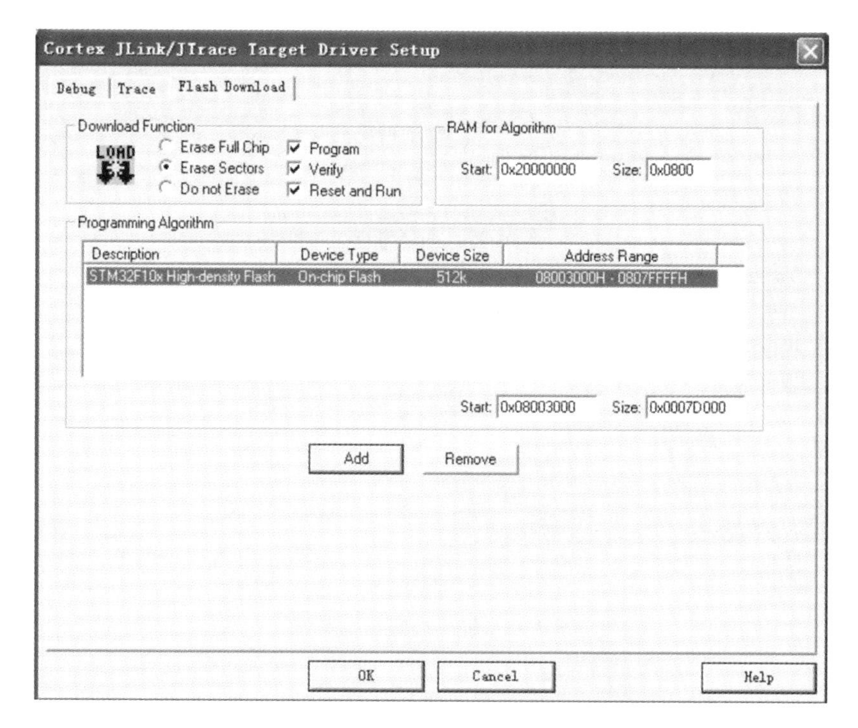

图 7-10　Flash 设置(1)

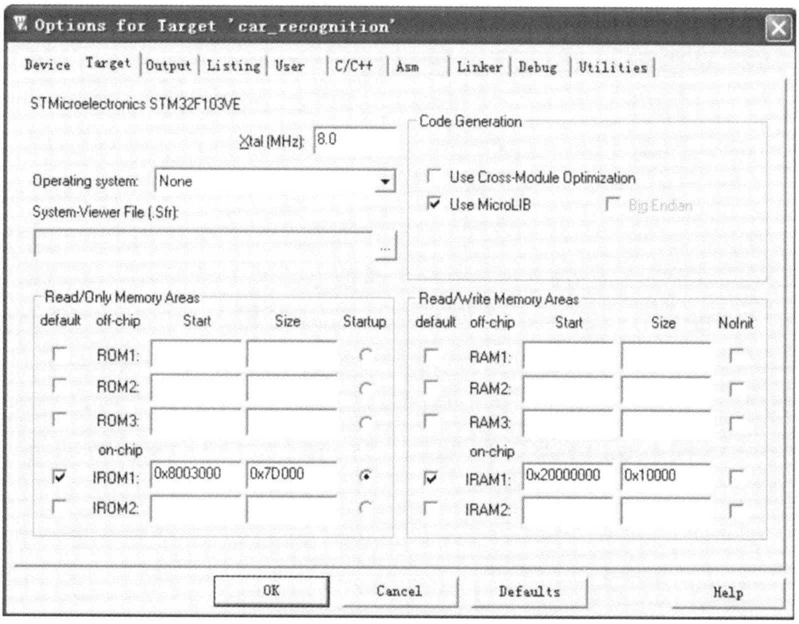

图 7-11　Flash 设置(2)

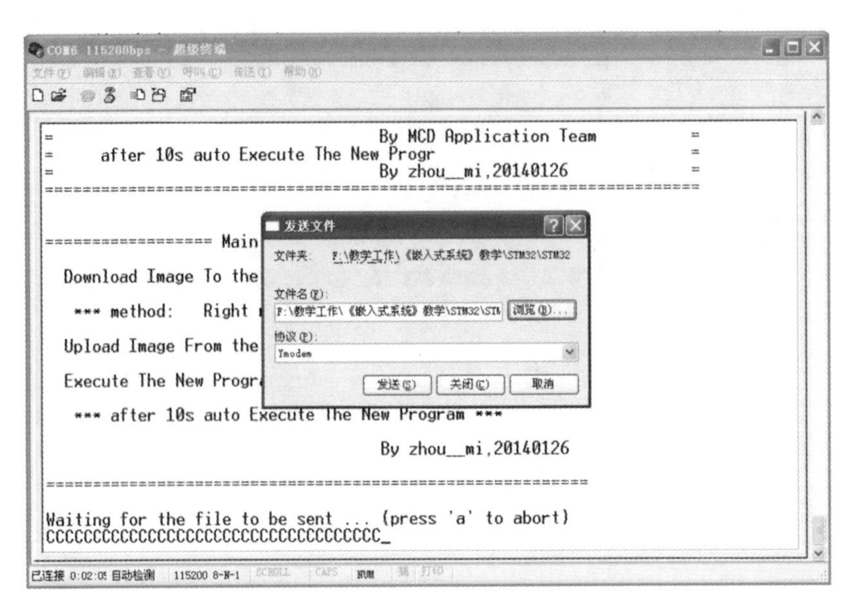

图 7-12　通过超级终端操作

7.2　WiFi 无线实验

WiFi 可分为六代。由于 ISM 频段中的 2.4GHz 频段被广泛使用,例如微波炉、蓝牙,它们会干扰 WiFi,令速度减慢,5GHz 干扰则较小。双频路由器可同时使用 2.4GHz 和 5GHz,设备则只能使用某一个频段。第一代 802.11(WiFi 1),只使用 2.4GHz,最快 11Mbit/s,正逐渐淘汰;第二代 802.11a(WiFi 2),只使用 5GHz,最快 54Mbit/s;第三代 802.11g(WiFi 3),只使用 2.4GHz,最快 54Mbit/s;第四代 802.11n(WiFi 4),可使用 2.4GHz或 5GHz,20 和 40 MHz 信道宽度下最快为 216.7Mbit/s 和 450Mbit/s;第五代 802.11ac(WiFi 5),802.11ac Wave1 支持的最高信道宽度为 866 Mbit/s,802.11ac Wave2 支持的最高信道宽度为 1.73Gbit/s;第六代 802.11ax(WiFi 6),可使用 2.4GHz 或 5GHz。

网络成员和结构:站点(station),网络最基本的组成部分;基本服务单元(basic service set,BSS),网络最基本的服务单元。最简单的服务单元可以只由两个站点组成。站点可动态连接(associate)到基本服务单元中。接入点(access point,AP)既有普通站点的身份,又有连接到分配系统的功能。

扩展服务单元(extended service set,ESS),由分配系统和基本服务单元组合而成。这种组合是逻辑上,并非物理上的。不同的基本服务单元有可能在地理位置上相去甚远。分配系统也可以使用各种各样的技术。

1. WiFi 模块简介

HLK-RM10 是海凌科新推出的低成本嵌入式 UART-ETH-WIFI(串口-以太网-无线网)模块(贴片型),如图 7-13(a)所示。HLK-RM10 是基于通用串行接口的符合网络标准的嵌入式模块,内置 TCP/IP 协议栈,能够实现用户串口、以太网、无线网(WiFi)3 个接口之间的转换。通过 HLK-RM10 模块，传统的串口设备在不需要更改任何配置的情况下，即可通过 Internet 网络传输自己的数据。

安信可的工业级 ESP-12F ESP8266 串口转 WiFi 模块是无线透传模块，如图 7-13(b)所示。

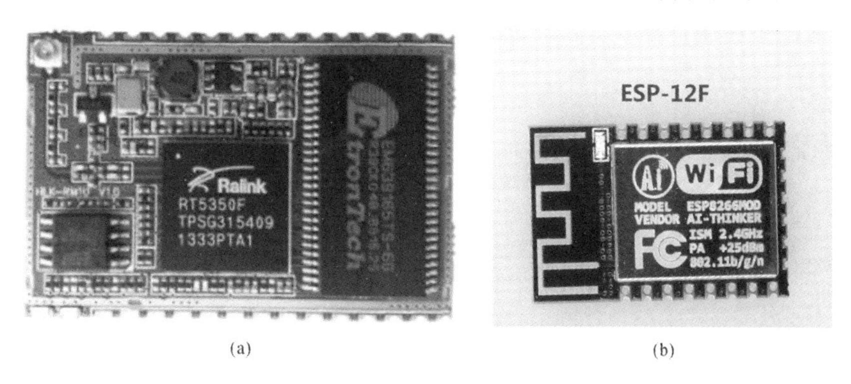

(a)　　　　(b)

图 7-13　常见的 2 款 WiFi 模块

2. WiFi 模块实验

【实验 7-3】 HLK-RM10 的配置和使用。

1)硬件设计

AS-07 KIT 的 HLK-RM10 WiFi 模块接口如图 7-14 所示，图 7-15 是实验的硬件照片。

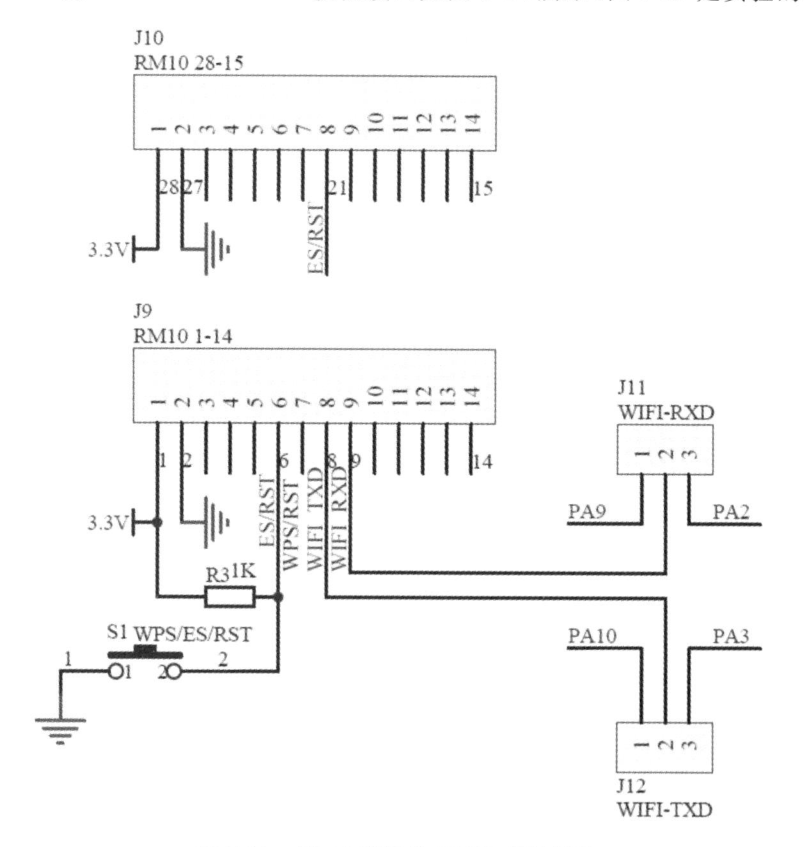

图 7-14　AS-07 KIT 的 RM10 模块接口

HLK-RM10 工作于串口转 WiFi AP 模式下，如图 7-16 所示。WiFi 使能，工作在 AP 模式下，ETH1、ETH2 功能关闭。通过适当的设置，COM1 的数据与 WiFi 的网络数据相互转换。WIFI 安全方面支持目前所有的加密方式。在此模式下，WiFi 设备能连接到模块，成为 WiFi 局域网下的设备。

图 7-15　AS-07 RM10 WiFi 接入模块接口

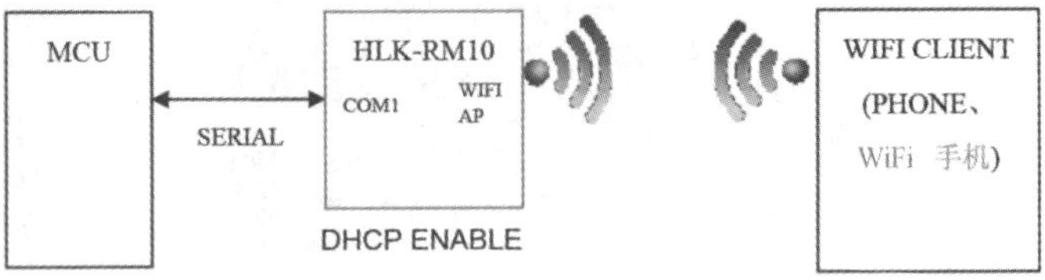

MCU

SERIAL

HLK-RM10

COM1

WIFI AP

DHCP ENABLE

WIFI CLIENT

(PHONE、WiFi 手机)

图 7-16　串口转 WiFi AP 模式

2)软件设计(编程)

(省略)

3)实验过程与现象

通过正确的模块地址(默认 http://192.168.16.254)可以访问 WEB 配置页面，如图 7-17 所示。页面分为 3 大区：网络配置区，串口功能配置区，配置提交区。

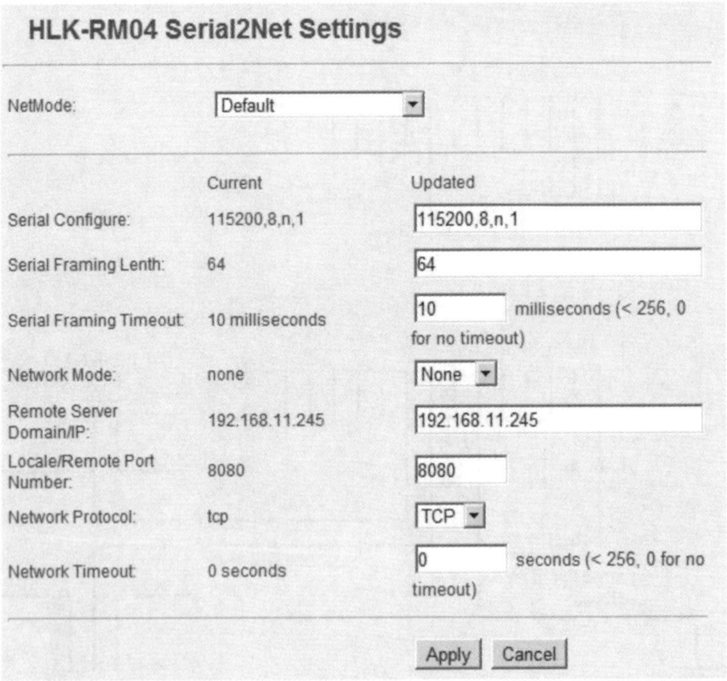

HLK-RM04 Serial2Net Settings

NetMode: Default

	Current	Updated
Serial Configure:	115200,8,n,1	115200,8,n,1
Serial Framing Lenth:	64	64
Serial Framing Timeout:	10 milliseconds	10 milliseconds (< 256, 0 for no timeout)
Network Mode:	none	None
Remote Server Domain/IP:	192.168.11.245	192.168.11.245
Locale/Remote Port Number:	8080	8080
Network Protocol:	tcp	TCP
Network Timeout:	0 seconds	0 seconds (< 256, 0 for no timeout)

Apply　Cancel

图 7-17　WEB 配置页面

串口转 WiFi AP 设置如图 7-18 所示。

打开手机 WiFi，发现 Hi-Link-XXXX 信号，点击连接，默认密码：12345678。

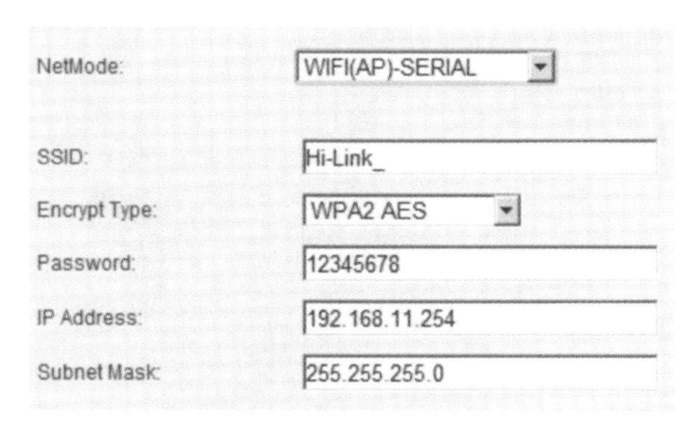

图 7-18 串口转 WiFi AP 设置

打开 EasyTCP 软件，点击连接服务器，输入默认地址：192.168.11.254:8080，出现断开字样，表示连接成功。串口和手机互发数据，通信正常。

类似的 RM04 在实际项目中的配置和应用见 9.2 节。

【实验 7-4】 ESP8266 的配置和使用。

此示例说明 ESP8266 的固件烧写和使用。

1)硬件设计

购买 ESP-12F(即 ESP8266)模块和 ProtoShield 原型扩展板自己焊接(见图 9-76)。

图 7-19 是 ESP-12F 模块的引脚名和通过 ProtoShield 原型扩展板接入 AS-07 的照片。

ESP8266 固件烧写接线图见图 9-42。

2)实验过程与现象

实验过程和现象见第 9 章的项目介绍。

在 9.5 节中，ESP8266 在电参数监测项目中作为 DTU，ESP8266 固件烧写接线如图 9-42 所示，使用软件烧写 WiFi DTU 固件如图 9-43 所示。

图 7-19 ESP-12F **模块接入** AS-07

在 9.8 节中，图 9-74 是机智云 ESP8266 GAgent 固件，图 9-75 是下载电路图，图 9-76 是硬件照片。图 9-92 是用手机连接 ESP8266 来控制 AS-07 STM32 实验板上的 LED 实物图。

7.3 Zigbee 实验(CC2530)

1. Zigbee **模块简介**

Zigbee 模块基于 TI CC2530，由“隔壁科技”设计制作的 NJZB-2530 型模块，兼容 TI 官方设计，直接运行 TI 官方协议，也有用户独立按键(见图 7-20)。Zigbee 实验板能同时插 5 种传感器，也可接其他多种传感器，目前测过 20 多种，如图 7-21 所示。

2. Zigbee **模块实验**

【实验 7-5】 Zigbee 节点 1、2 发送信息给协调器，STM32 网关接收显示，PC 上位机软

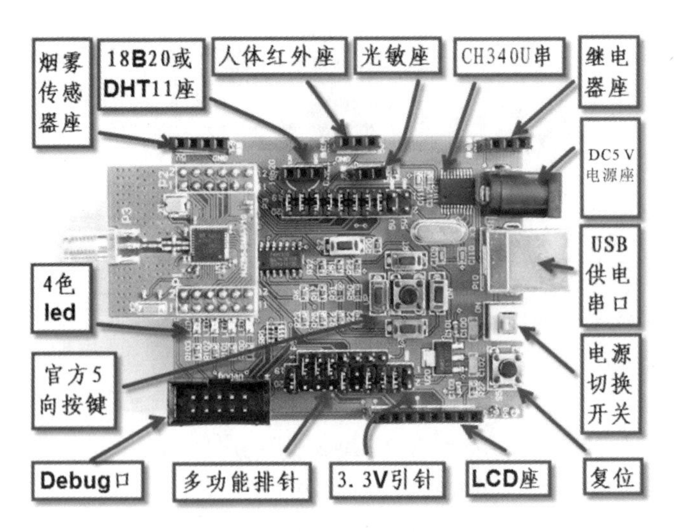

图 7-20　CC2530 模块与实验板

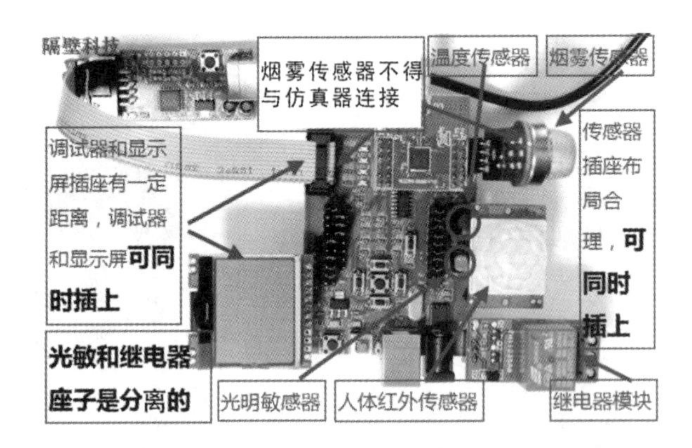

图 7-21　CC2530 实验板与传感器连接

件和串口调试助手显示。

此示例演示节点使用 DS18B20 测量温度和传输给协调器，以及 STM32 网关处理的过程。

1)硬件设计

Zigbee 模块是 NJZB-2530，网关使用基于 STM32F103VE 的 AS-07 实验板。AS-07 KIT 的 Zigbee 模块接口如图 7-22 所示。实验需要 3 个 Zigbee 模块，其中 1 个使用 AS-07 KIT 接入 AS-07，2 个 Zigbee 模块接到 Zigbee 实验板并插上 DS18B20，如图 7-23 所示。

2)软件设计(编程)

(1) 设计分析。

TI CC2530 的编程使用的是 IAR，协议栈代码庞大，代码文多，我们要学的是如何使用协议栈，如何在协议栈的基础上学会无线发送、无线控制、无线采集。而不是将协议栈研究透彻。因为关于 Zigbee 无线组网以及一些其他特性，协议栈代码里面已经写好了，我们要做的，就是在这个协议栈的基础上，达到自己想要的无线的效果就行了。因此简单地讲就是以下三点：

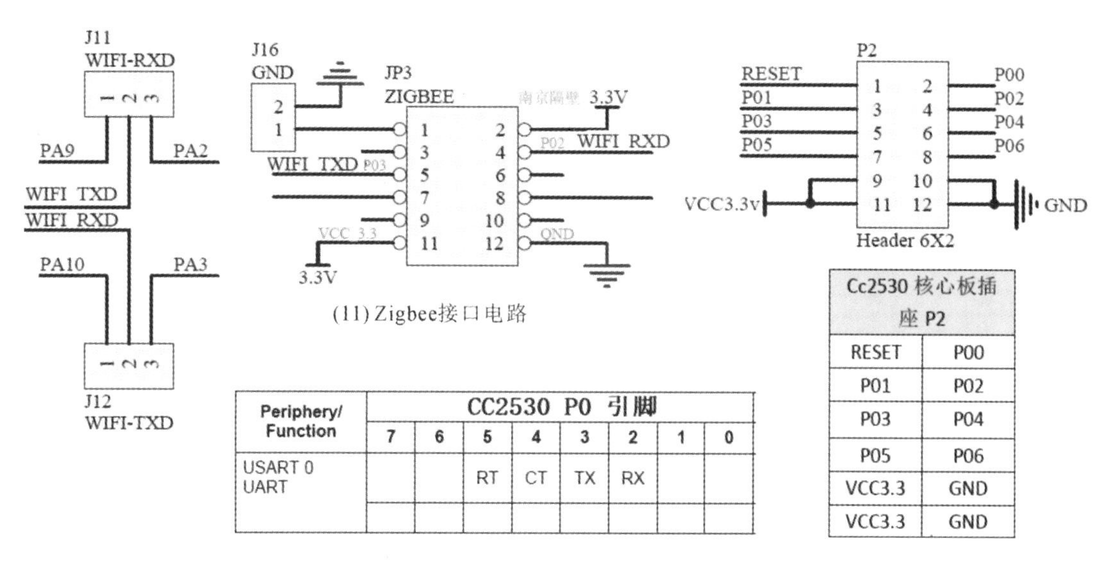

Periphery/ Function	CC2530 P0 引脚							
	7	6	5	4	3	2	1	0
USART 0 UART			RT	CT	TX	RX		

Cc2530 核心板插座 P2	
RESET	P00
P01	P02
P03	P04
P05	P06
VCC3.3	GND
VCC3.3	GND

图 7-22　AS-07 KIT 与 Zigbee 模块接口

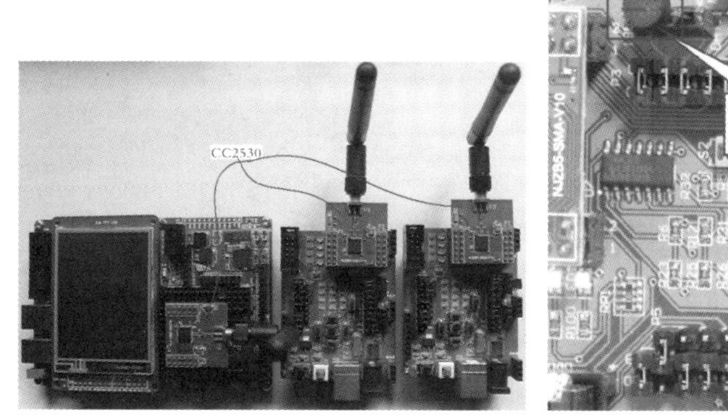

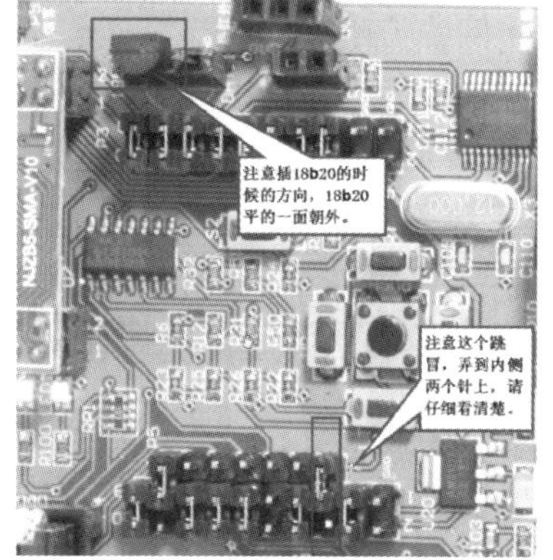

图 7-23　实验硬件照片

①模块的组网方式(广播、单播、组播)；

②如何发送数据；

③如何接收数据并处理。

一般在一个 Zigbee 网络中的 n 个 cc2530 模块，有一个协调器(也就是俗话说的 Zigbee 总节点)和 n 个终端模块(俗话说的就是子节点)。而协调器一般被设置为广播，就是协调器可以向其他 n 个所有终端模块发送数据。再说简单一点，就是协调器广播数据，其他 n 个终端都可以收到数据，并处理数据。而终端一般被设置为向协调器单播，就是所有的 n 个终端，都向协调器发送数据。

程序流程如图 7-24 所示。首先，协调器被设置成广播，终端节点设置成单播；终端节点测量温度并发送到协调器，协调器接收处理。

实验分析大致总结如下：

①整个协议栈那么多代码，和我们有关的就是 App 应用层的 c 文件，其他的可以不管。

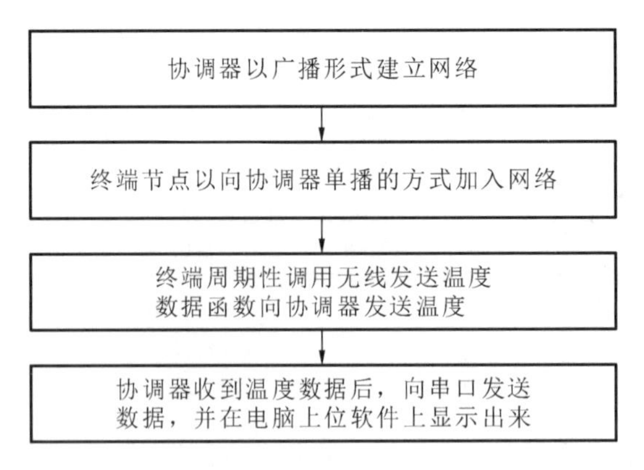

图 7-24　程序流程图

②组网方式，协调器一般向所有终端广播。而终端只向一个模块就是协调器单播，不和其他模块说话。

③如何发送数据，调用 AF 函数，知道发送的命令、数据长度和内容参数即可。

④如何接受并处理数据，就是那个“pkt→cmd. Data”。

STM32 网关程序部分。首先初始化 LCD 、USART1 和 USART2，再使用 USART2 接收 Zigbee 协调器的温度数据，并转发到 USART1 后上传给 PC 上位机，以及 LCD 显示温度。

(2) 程序源码与分析。

①协调器设置为广播，如图 7-25 所示。

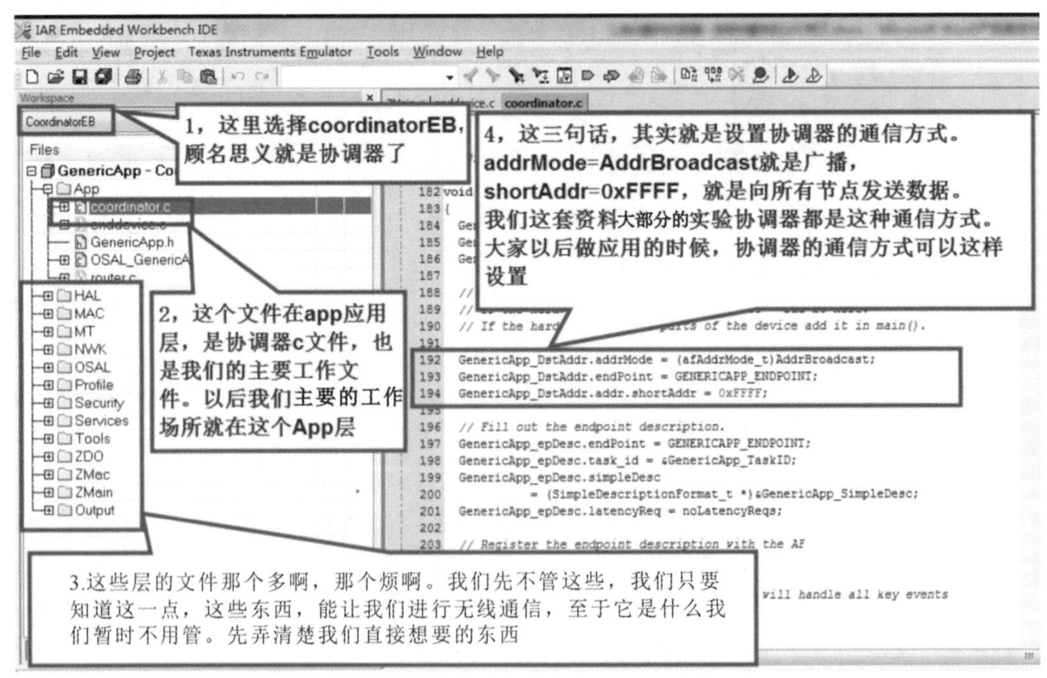

图 7-25　协调器设置为广播的 IAR 工程截图

②协调器使用串口，因此初始化串口，如图 7-26 所示。

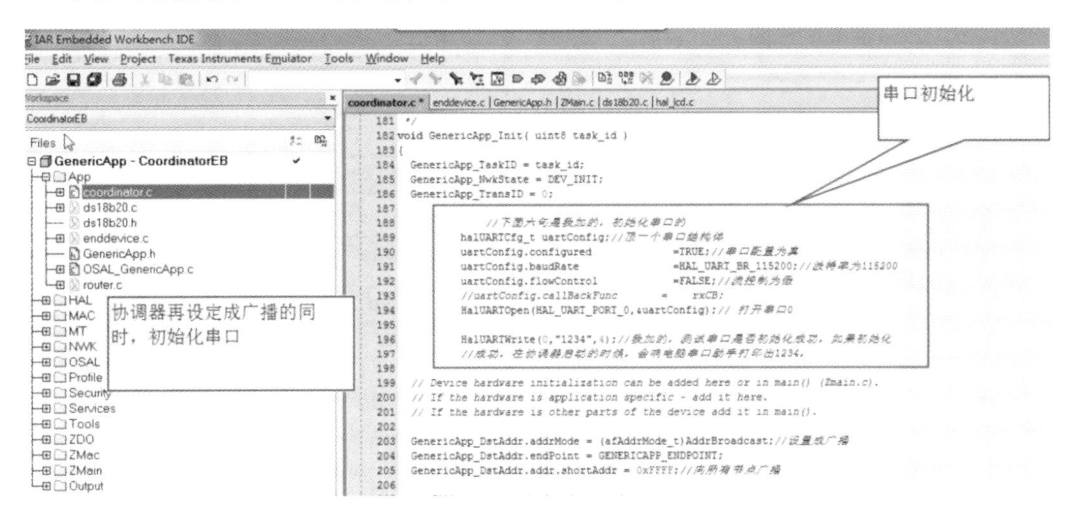

图 7-26　协调器串口初始化的 IAR 工程截图

③终端节点设置为单播，如图 7-27 所示。

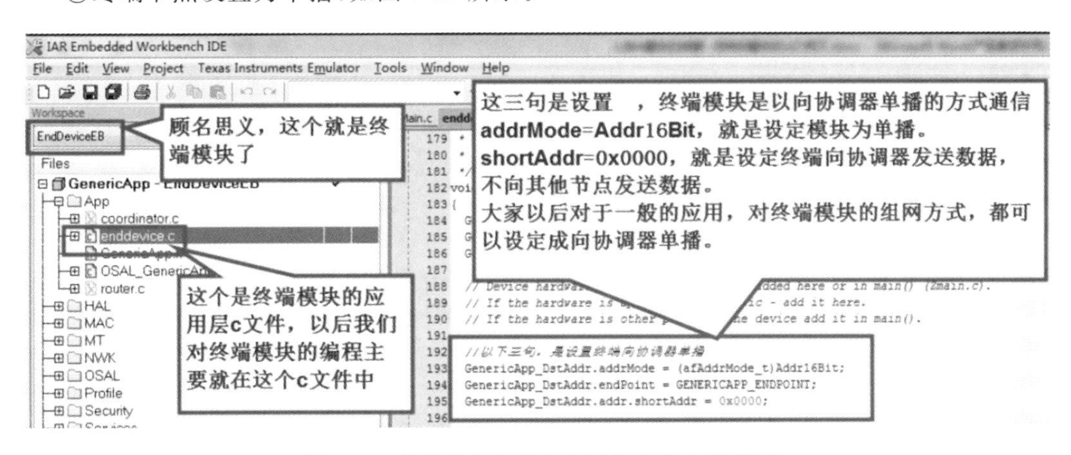

图 7-27　终端节点设置为单播的 IAR 工程截图

④终端节点周期性调用测量温度并无线发送给协器函数，如图 7-28 所示。

⑤发送的数据长度、内容和参数格式，如图 7-29 所示。

先读温度值，然后把数值型温度数据换成字符型，然后调用 AF 函数无线发送给协调器。

将节点 1 发送的 DS18B20 温度数据分拆成十位和个位。

```
temp=ReadDs18B20();  //读取温度数据
str[0]='1';          //这是节点模块编号
str[1]=temp/10+48;   //把十位温度数据转换成字符
str[2]=temp% 10+48;  //把个位温度数据转换成字符
str[3]=' ';
//str[4]='\0';
```

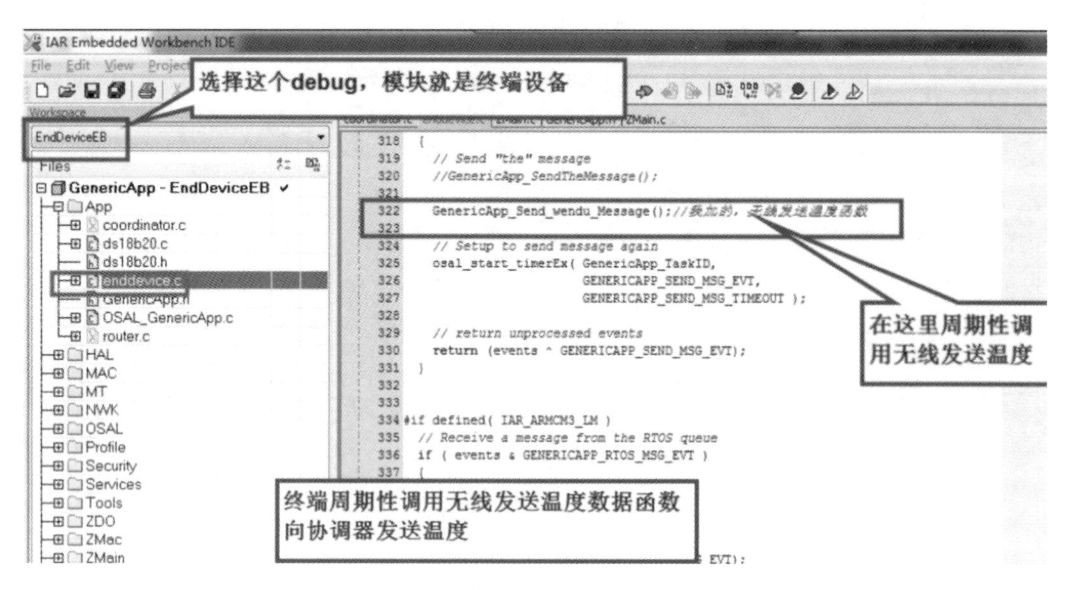

图 7-28　终端节点测温和发送的 IAR 工程截图

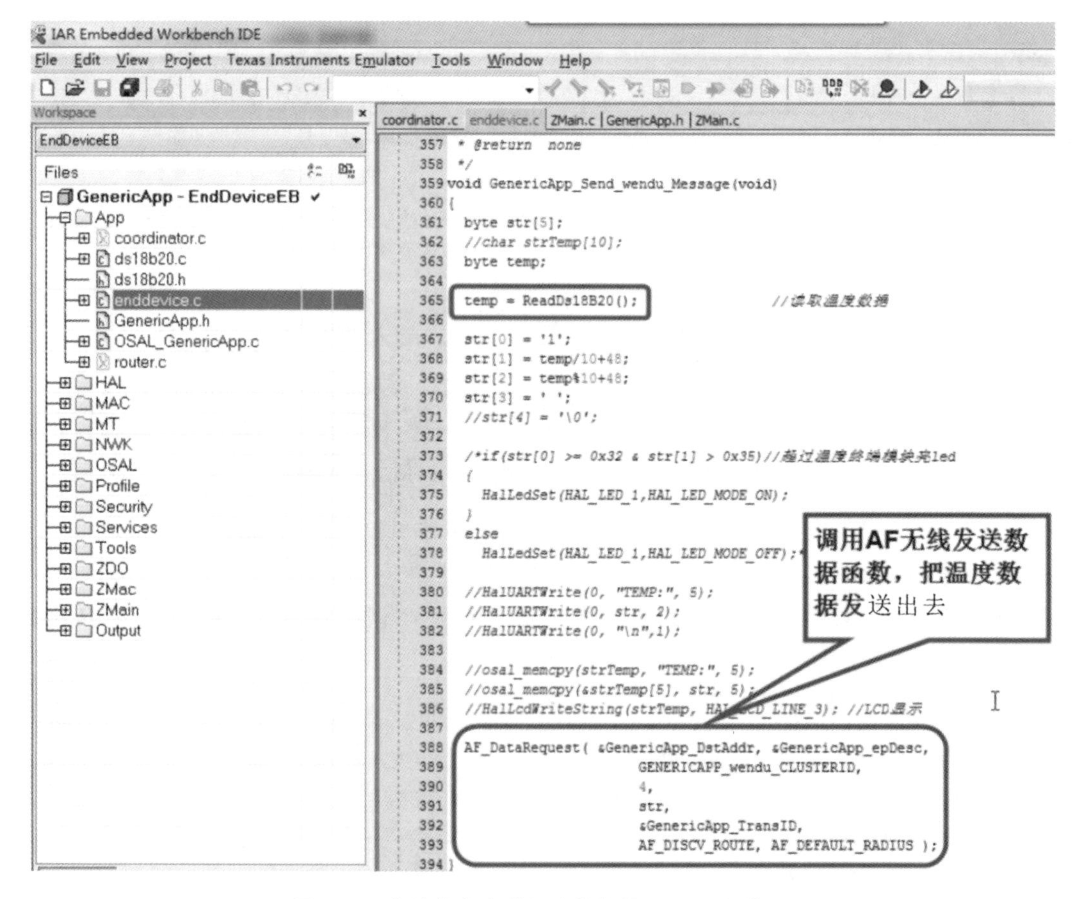

图 7-29　终端节点发送温度数据的 IAR 工程截图

⑥接收数据并处理。

协调器模块在收到模块数据之后，通过 PC 上位机软件和串口调试助手，显示出温度，如图 7-30 所示。

图 7-30　协调器接收并处理温度数据的 IAR 工程截图

⑦STM32 网关主函数。

```
int main(void)
{
SystemInit();/* 配置系统时钟为 72M * /
RCC_Conf();
delay_init();
USART1_Config();/* 串口初始化* /
USART2_Config();
STM3210E_LCD_Init();/* Initialize the LCD * /
LCD_Clear(LCD_COLOR_WHITE);
LCD_SetBackColor(LCD_COLOR_WHITE);  /* Set  LCD BackColor * /
LCD_SetTextColor(LCD_COLOR_BLACK);/* Set  LCD TextColor * /
LCD_DisplayStringLine(LCD_LINE_1,"STM32+zigbee TEST ");//LCD 显示
while(1)
{
    get_zigbee();
}
```

```
return 0;
}
```

⑧STM32 网关接收和处理 Zigbee 协调器串口数据函数。

```
void get_zigbee(void)
{
    uint8_t i=0;
    char text[32];
    for(i=0;i<100;i++)
    {
     while(USART_GetFlagStatus(USART2,USART_FLAG_RXNE)! =SET);//轮询直到 usart2
接收到数据
    temp[i]=USART_ReceiveData(USART2);
    USART_SendData(USART1,temp[i]);/* Send one byte from USART2 to USART1 * /
    while(USART_GetFlagStatus(USART1,USART_FLAG_TXE)==RESET)/* Loop until US-
ART1 DR register is empty * /
    {}
}

printf("接收到的原始数据\r\n");
for(i=0;i<100;i++)
{
    printf("% d  ",temp[i]-48);
    printf("\n\r");
}

for(i=0;i<100;i++)
{
switch(temp[i])
{
  case 0x31:/* 收到节点 1 原始数据 31 32 39 20 0A* /
  if(temp[i+3]==0x20 && temp[i+4]==0x0A)
  {
    printf("收到节点 1 数据\r\n");
    printf("% d",temp[i+1]-48);//节点 1 发送的 DS18B20 温度数据分拆成的十位
    printf("% d \r\n",temp[i+2]-48);  //节点 1 发送的温度数据分拆成的个位
    sprintf(text,"End1 Temperature % dC",(int16_t)(temp[i+1]-48) * 10+(temp[i+2]
-48));//功能:送格式化输出到字符串中
    printf("% s  ",text);//USART1 显示节点 1 的温度
    printf("\n\r");
    LCD_DisplayStringLine(LCD_LINE_3,(u8* )text);//LCD 显示节点 1 的温度
  }
  break;
```

```
    case 0x32:///* 收到节点 2 原始数据 32 32 39 20 0A* /
    if(temp[i+3]==0x20 && temp[i+4]==0x0A)
    {
      printf("收到节点 2 数据\r\n");
      printf("% d",temp[i+1]-48);
      printf("% d \r\n",temp[i+2]-48);
      sprintf(text,"End2 Temperature % dC",(int16_t)(temp[i+1]-48) * 10+(temp[i+2]
  -48));
      printf("% s  ",text);//USART1 显示节点 2 的温度
      printf("\n\r");
      LCD_DisplayStringLine(LCD_LINE_5,(u8* )text);//LCD 显示节点 2 的温度
    }
    break;
    }
  }
  }
```

3)实验过程与现象

(1) 实验过程。

使用 IAR 打开 Zigbee 工程的方法如图 7-31 所示。

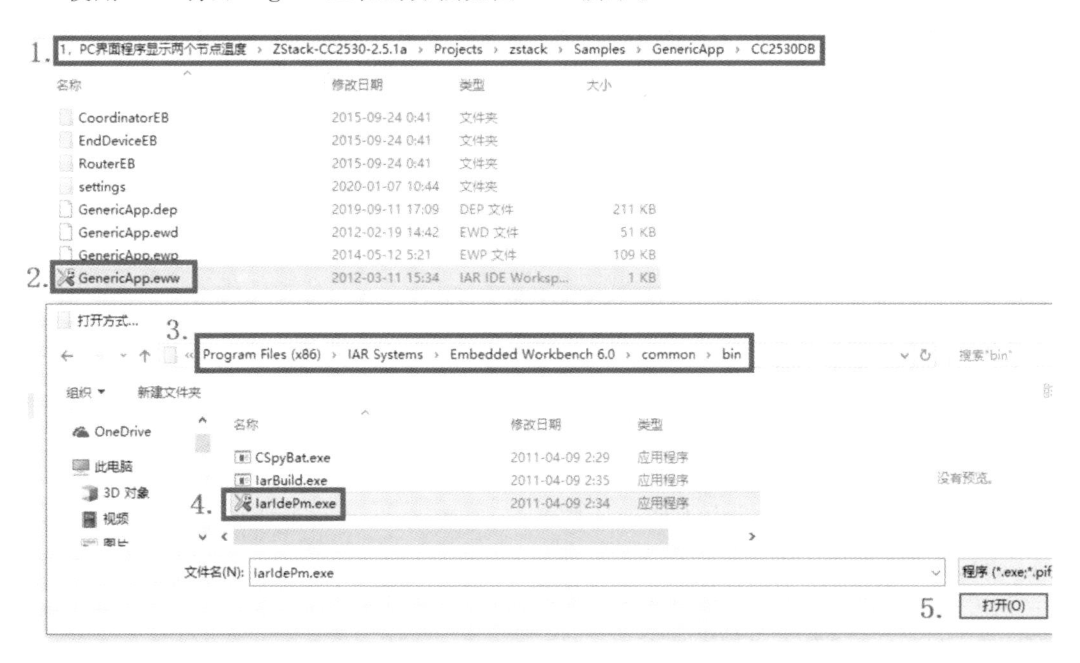

图 7-31　使用 IAR 打开 Zigbee 工程的方法

(2)实验现象。

观察协调器的串口发送给 PC 上位机和串口调试助手的原始数据，如图 7-32(a)所示，AS-07 实验板接收协调器的数据并处理后发送给 PC 串口调试助手，如图 7-32(b)所示。

AS-07 实验板接收协调器的数据并处理后 LCD 显示的结果，如图 7-33 所示。

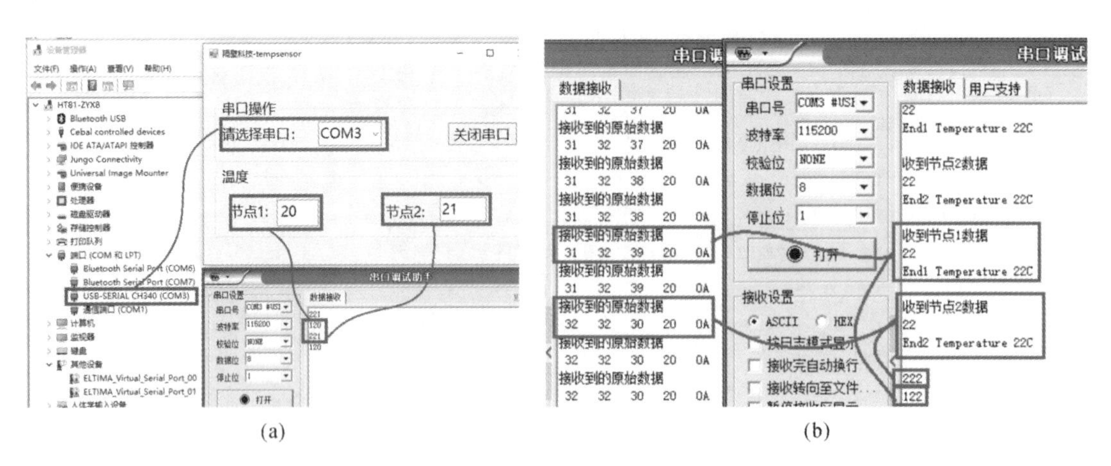

(a) (b)

图 7-32 观察协调器的串口显示

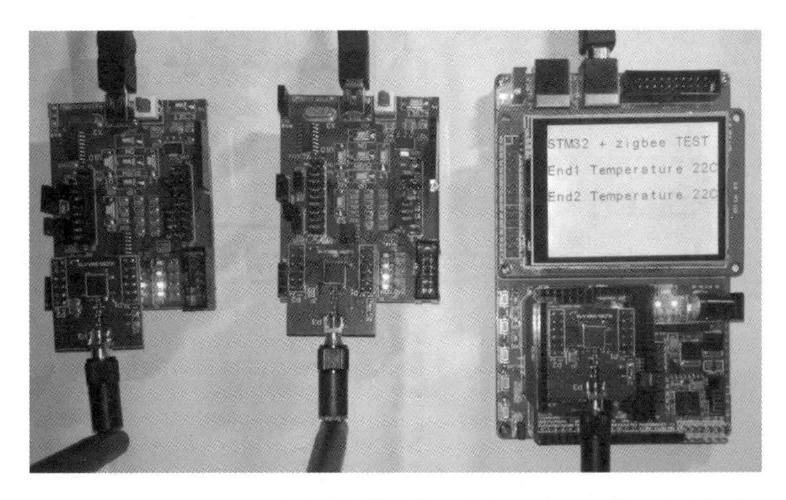

图 7-33 AS-07 实验板接收协调器的数据并处理后 LCD 显示节点温度

7.4 RFID 实验

MF RC522 是应用于 13.56 MHz 非接触式通信中高集成度读写卡系列芯片中的一员。是 NXP 公司针对“三表”应用推出的一款低电压、低成本、体积小的非接触式读写卡芯片，是智能仪表和便携式手持设备研发的较好选择。

MF RC522 利用了先进的调制和解调概念，完全集成了在 13.56 MHz 下所有类型的被动非接触式通信方式和协议。支持 ISO14443A 的多层应用，其内部发送器部分可驱动读写器天线与 ISO 14443A/MIFARE® 卡和应答机的通信，不需要其他的电路。接收器部分提供一个坚固而有效的解调和解码电路，用于处理 ISO14443A 兼容的应答器信号。数字部分处理 ISO14443A 帧和错误检测(奇偶 &CRC)。此外，它还支持快速 CRYPTO1 加密算法，用于验证 MIFARE 系列产品。MFRC522 支持 MIFARE® 更高速的非接触式通信，双向数据传输速率高达 424Kbit/s。

作为13.56 MHz高集成度读写卡系列芯片家族的新成员，MF RC522与MF RC500和MF RC530有不少相似之处，同时也具备诸多特点和差异。它与主机间的通信采用连线较少的串行通信，且可根据不同的用户需求，选取SPI、I2C或串行UART（类似RS232）模式之一，有利于减少连线，缩小PCB板体积，降低成本。

10Mbit/s的SPI接口。I2C接口，快速模式的速率为400Kbit/s，高速模式的速率为3400Kbit/s。串行UART，传输速率高达1228.8Kbit/s，帧取决于RS232接口，电压电平取决于提供的管脚电压。

1. MF RC522模块简介

MF RC522模块的电路原理图如图7-34所示。

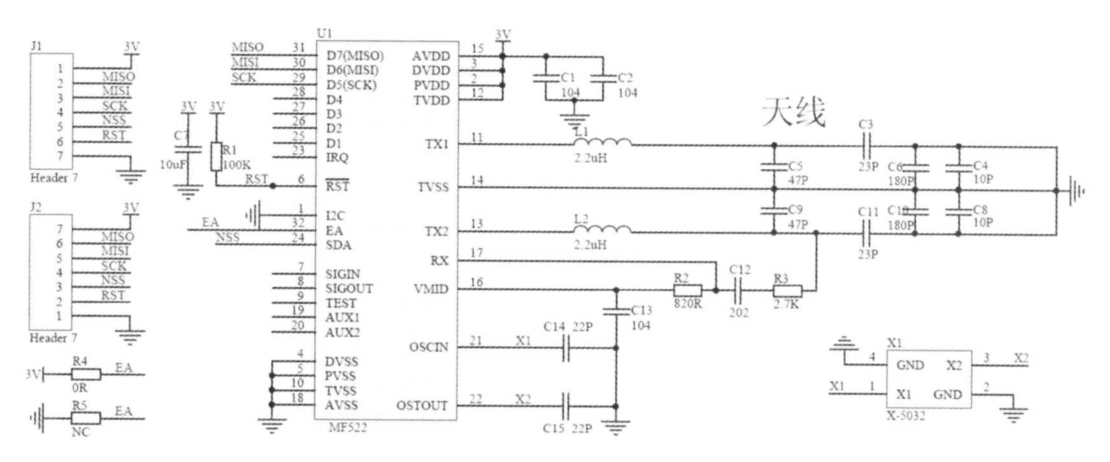

图7-34　MF RC522模块的电路原理图

2. MF RC522模块实验

【实验7-6】 MF RC522读取RFID。

此示例演示MF RC522读取RFID，通过串口和LCD显示卡号。

1）硬件设计

AS-07 KIT的RFID接口电路如图7-35所示，MF RC522模块接入AS-07如图7-36所示。

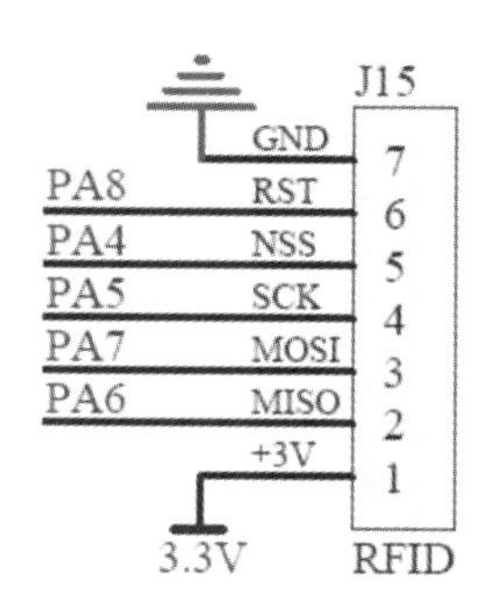

图7-35　AS-07 KIT的RFID接口电路

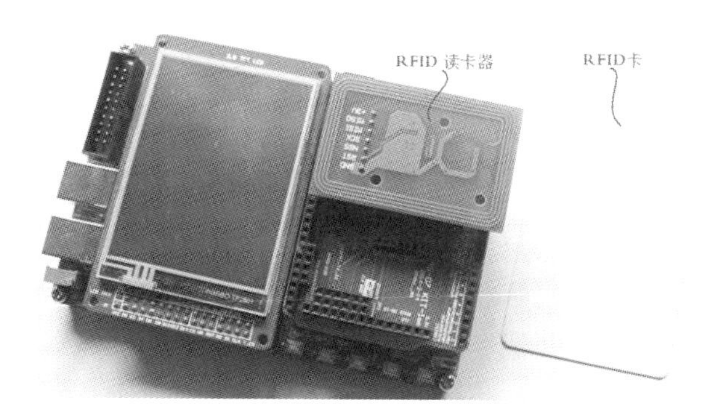

图7-36　MF RC522模块接入AS-07

2)软件设计(编程)

(1) 设计分析。

先初始化射频卡模块,再扫描卡、读卡。

(2) 程序源码与分析。

此处只给出关键程序代码。

①main 函数。

```
int main(void)
{
unsigned char status;
char cStr [ 30 ];

USART1_Config();
printf( "\r\nRC522 Test \r\n" );
NVIC_Configuration();
InitRc522();//初始化射频卡模块
printf("\r\nRC522 init OK \r\n");

STM3210E_LCD_Init();                          /* LCD 初始化* /
LCD_Clear(LCD_COLOR_RED);
LCD_DisplayStringLine(LCD_LINE_2,"Put IC card on RC522");
LCD_DisplayStringLine(LCD_LINE_3,"antenna area...     ");
LCD_SetTextColor(LCD_COLOR_BLUE);
while(1)
{
      status=PcdRequest(PICC_REQALL,CT);/* 扫描卡* /
      status=PcdAnticoll(SN);              /* 防冲撞,读卡* /
      if(status==MI_OK)
      {
          sprintf( cStr,"    % 02d % 02d % 02d % 02d      ",SN[0],SN[1],SN[2],SN[3]
);//格式化字符串,将格式化的数据写入字符串中
          printf("\r\nThe Card ID is:");
          printf( "% s\r\n",cStr );
          LCD_DisplayStringLine(LCD_LINE_5,"The Card ID is:      ");
          LCD_DisplayStringLine(LCD_LINE_6,cStr);
          Reset_RC522();
      }
      else
      {
          printf("\r\n Error !");//没有卡
      }
}
}
```

②初始化射频卡模块函数 InitRc522()。

```
void InitRc522(void)
{
  SPI1_Init();
  PcdReset();
  PcdAntennaOff();
  PcdAntennaOn();
  M500PcdConfigISOType( 'A' );
}
```

③扫描卡寻卡函数 PcdRequest()。

```
//参数说明:req_code[IN]:寻卡方式
//                0x52=寻感应区内所有符合 14443A 标准的卡
//                0x26=寻未进入休眠状态的卡
//          pTagType[OUT]:卡片类型代码
//                0x4400=Mifare_UltraLight
//                0x0400=Mifare_One(S50)
//                0x0200=Mifare_One(S70)
//                0x0800=Mifare_Pro(X)
//                0x4403=Mifare_DESFire
//返    回:成功返回 MI_OK
char PcdRequest(u8   req_code,u8 * pTagType)
{
char   status;
u8   unLen;
u8   ucComMF522Buf[MAXRLEN];

ClearBitMask(Status2Reg,0x08);
WriteRawRC(BitFramingReg,0x07);
SetBitMask(TxControlReg,0x03);

ucComMF522Buf[0]=req_code;

status=PcdComMF522(PCD_TRANSCEIVE,ucComMF522Buf,1,ucComMF522Buf,&unLen);

if((status==MI_OK)&&(unLen==0x10))
{
      * pTagType     =ucComMF522Buf[0];
      * (pTagType+1)=ucComMF522Buf[1];
}
else
{   status=MI_ERR;

return status;
}
```

④防冲撞读卡函数 PcdAnticoll()。

```
//功     能:防冲撞
//参数说明:pSnr[OUT]:卡片序列号,4 字节
//返     回:成功返回 MI_OK
char PcdAnticoll(u8 * pSnr)
{
    char  status;
    u8   i,snr_check=0;
    u8   unLen;
    u8   ucComMF522Buf[MAXRLEN];

    ClearBitMask(Status2Reg,0x08);
    WriteRawRC(BitFramingReg,0x00);
    ClearBitMask(CollReg,0x80);

    ucComMF522Buf[0]=PICC_ANTICOLL1;
    ucComMF522Buf[1]=0x20;

    status=PcdComMF522(PCD_TRANSCEIVE,ucComMF522Buf,2,ucComMF522Buf,&unLen);

    if(status==MI_OK)
    {
      for(i=0;i<4;i++)
        {
            *(pSnr+i)  =ucComMF522Buf[i];
            snr_check ^=ucComMF522Buf[i];
        }
        if(snr_check !=ucComMF522Buf[i])
        {   status=MI_ERR;    }
    }

    SetBitMask(CollReg,0x80);
    return status;
}
```

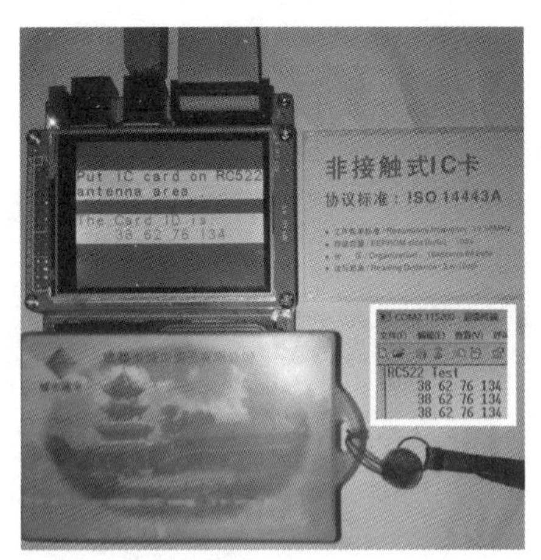

图 7-37　AS-07 实验板 LCD 和串口显示卡号

3)实验过程与现象

运行程序,读取公交卡,观察到 AS-07 实验板 LCD 和串口显示卡号,如图 7-37 所示。

7.5 GSM/GPRS/GPS/BT 实验

1. SIM808 **模块简介**

SIM808 是由 SIMCOM 推出的 GSM+GPS+蓝牙三合一组合模块，SIM808 具有 TTL 电平接口等接口，能够实现发短信、打电话、GPRS 传输数据、GPS、蓝牙等功能。

SIM808 模块结合了 GPS 技术，卫星导航完整的四频 GSM/GPRS 模块。紧凑的设计集成 GPRS 和 GPS 的 SMT 封装将显著节省时间和为客户开发支持 GPS 的应用成本。

SIM808 模块的主要特性如下。

频段：GSM850，EGSM900，DCS1800，PCS1900，SIM808 通过命令“AT+CBAND”可以自动获取 4 个频段。

发射功率：Class 4(2w)at GSM850、EGSM900；Class 1(1W)at DCS1800、PCS1900。

GPRS 传输速率：上行传输最大：85.6Kbit/s，下行传输最大：85.6Kbit/s。

GPS 特性：水平精度＜2.5m、速度精度 0.05m/s、加速度精度 0.05m/s2、定时准确性 10ns。

蓝牙特性：集成 AT 指令控制、完全符合蓝牙 specification3.0+EDR、完全集成的 PA、提供 10dbm 输出功率、最高同时支持 4 路 ACL 链接。

电源：3.4V～4.4V。

“全球鹰”Arduino SIM808 开发板如图 7-38 所示，提供的实验程序代码如图 7-39 所示。

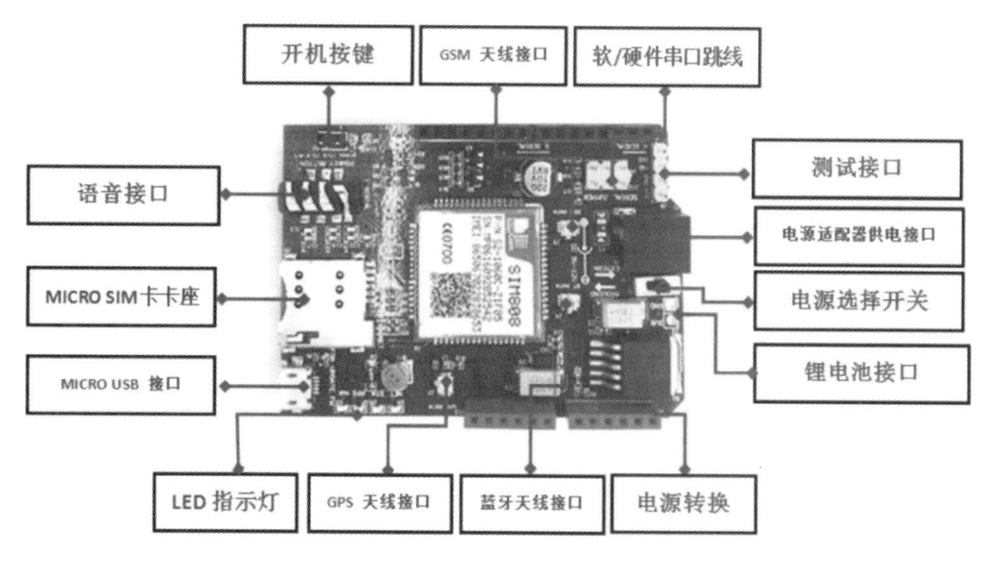

图 7-38 SIM808 开发板

2. SIM808 **模块实验**

【实验 7-7】 SIM808 AT 指令测试。

此示例说明使用 AT 指令测试 SIM808。

图 7-39　实验程序代码

1)硬件设计

SIM808 核心部分原理图如图 7-40 所示。

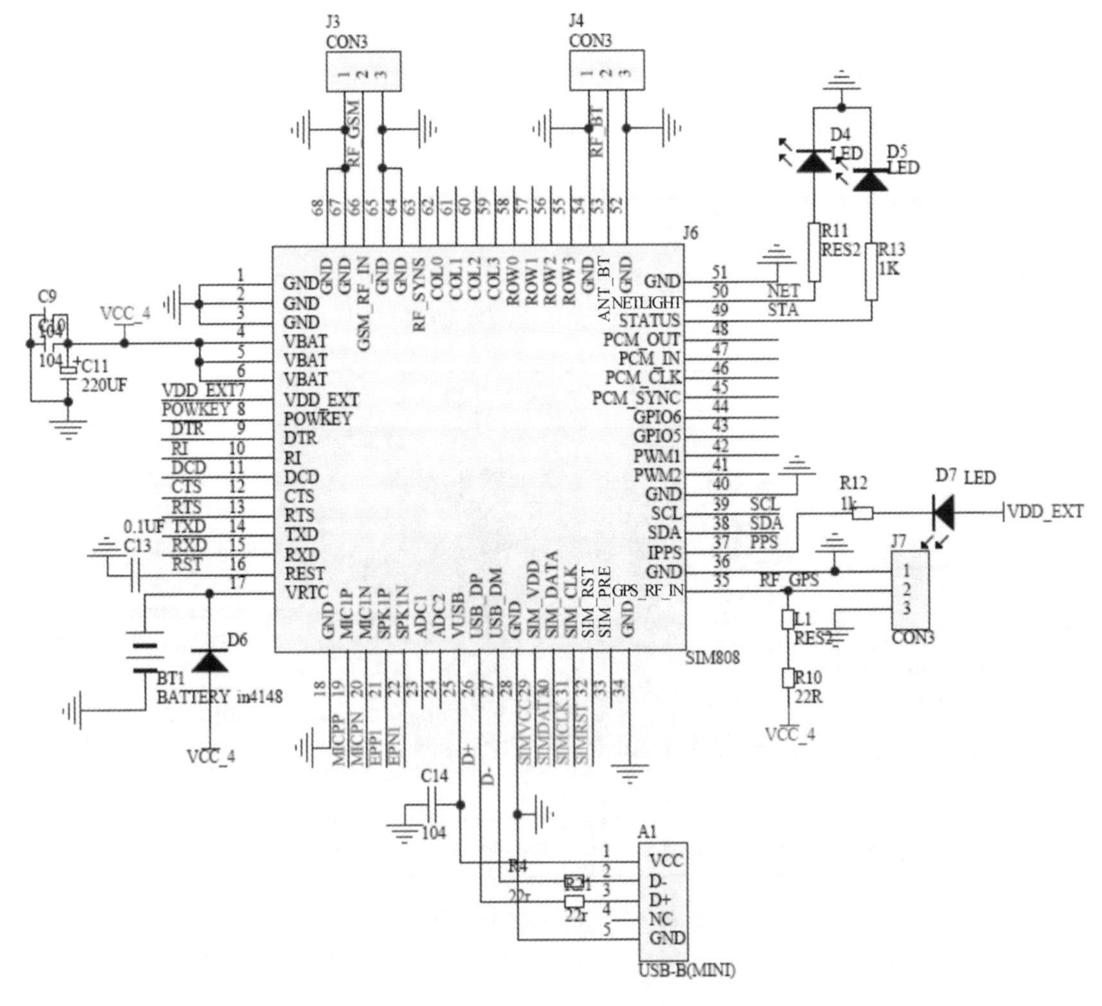

图 7-40　SIM808 核心部分原理图

SIM808 模块与 AS-07 连接如图 7-41 所示,接口如图 7-42 所示。

图 7-41　SIM808 模块与 AS-07 连接

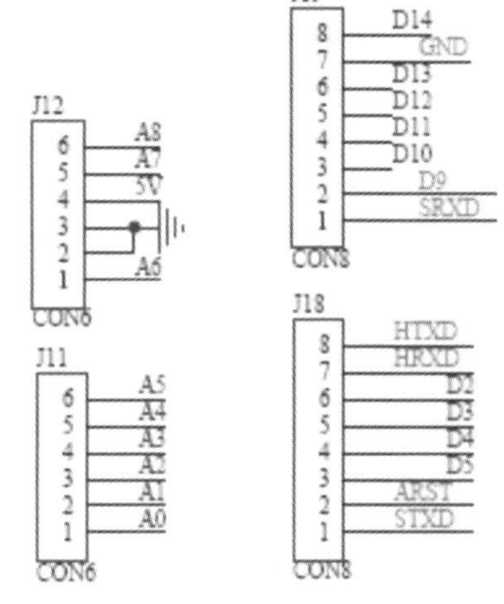

图 7-42　SIM808 实验板接口

2)软件设计(编程)

(省略)

3)实验过程与现象

使用秉火多功能调试助手软件,在"GSM 调试功能"选项窗口,依次用鼠标单击右下角的"响应测试(AT)"等按钮,由软件自动发送"AT"加回车,模块响应为"OK",则正常;其他类似操作如图 7-43 所示。也可以使用普通的串口软件,人工键入"AT",再按键盘的回车键。

图 7-43　用 AT 指令测试 SIM808

【实验 7-8】 SIM808 模块 GPS 实验。

此示例演示使用 SIM808 的 GPS 功能，使用 ONE－NET 等平台程序，上传设备经纬度数据到网页中，可以随时查看设备所处的位置（见图 7-44），应用于位置监控、电子围栏、追踪防盗。

图 7-44　GPS 应用位置和路径显示

1）硬件设计

（省略）

2）软件设计（编程）

（1）设计分析。

模块 GPS 功能默认是关闭的，每次模块重新上电，都需要发送 1 条指令来开启 GPS 功能，指令参考 SIM800 Series_GNSS_Application Note V1.00，指令为 AT＋CGNSPWR＝1。GPS 功能开启后，GPS 工作，但是模块不通过串口输出 GPS 数据，可通过发送 AT＋CGNSINF 或 AT＋CGNSTST 指令来查询 GPS 数据，GPS 语句的具体解析请查阅 NMEA0183 协议。

（2）程序代码与分析。

①main 函数。

```
int main(void)
{
delay_init();

NVIC_Configuration();      //设置 NVIC 中断分组 2:2 位抢占优先级，2 位响应优先级
uart_init(115200);         //串口 1 初始化为 115200
USART2_Init(115200);       //串口 2 波特率为 15200
u2_printf("AT\r\n");       //AT 指令测试模块响应

if(sendCommand("AT\r\n","OK\r\n",3000,10)==Success);
else errorLog(1);
delay_ms(100);
```

```
if(sendCommand("AT+CREG? \r\n",",1",3000,10)==Success);//本地 SIM 卡
else if(sendCommand("AT+CREG? \r\n",",5",3000,10)==Success);//漫游 SIM 卡
else errorLog(3);

if(sendCommand("AT+CGCLASS=\"B\"\r\n","OK\r\n",3000,2)==Success);//读取网络注册
else errorLog(3);
delay_ms(100);

if(sendCommand("AT+CGDCONT=1,\"IP\",\"CMNET\"\r\n","OK",3000,2)==Success);//
PDP context,定义 PDP 上下文,PDP(Packet Data Protocol )传输数据
else errorLog(4);
delay_ms(100);

if(sendCommand("AT+CGATT=1\r\n","OK\r\n",3000,2)==Success);//GPRS 服务
else errorLog(5);
delay_ms(100);

sendCommand("AT+CGNSIPR=115200\r\n","AT",3000,10);  //查询波特率
sendCommand("AT+CGNSPWR=1\r\n","OK\r\n",3000,20);//AT 命令开启 GPS 功能
sendCommand("AT+CGNSINF\r\n","OK\r\n",3000,30);//AT 命令口输出 NMEA 信息,返回 OK
sendCommand("AT+CGNSTST=1\r\n","OK\r\n",3000,30);//AT 命令口输出 NMEA 信息,返回 OK
之后,串口就会不断输出 NMEA 信息

clrStruct();
while(1)
{
    parseGpsBuffer();//解析 NMEA 信息
    printGpsBuffer();//串口输出和发送数据到 Onenet
}
}
```

②解析 NMEA 信息。

```
void parseGpsBuffer()//解析 NMEA 信息
{
…(省略)
case 1:memcpy(Save_Data.UTCTime,subString,subStringNext-subString);break;//获取
UTC 时间
case 2:memcpy(usefullBuffer,subString,subStringNext-subString);break;//获取 UTC
时间
case 3:memcpy(Save_Data.latitude,subString,subStringNext-subString);break;//获
取纬度信息
case 4:memcpy(Save_Data.N_S,subString,subStringNext-subString);break;//获取 N/S
case 5:memcpy(Save_Data.longitude,subString,subStringNext-subString);break;//获
取经度信息
```

```
case 6:memcpy(Save_Data.E_W,subString,subStringNext-subString);break;//获取 E/W
…(省略)
}
```

③串口输出和发送数据到 Onenet。

```
void printGpsBuffer()//串口输出和发送数据到 Onenet
{
…(省略)
printf("Save_Data.N_S=");
printf(Save_Data.N_S);

printf("Save_Data.longitude=");
printf(Save_Data.longitude);

printf("Save_Data.E_W=");
printf(Save_Data.E_W);

postGpsDataToOneNet(API_KEY,device_id,sensor_gps,Save_Data.longitude,Save_Data.
latitude);//发送数据到 Onenet

…(省略)
}
```

3)实验过程与现象

程序运行,串口调试助手显示信息和 GPS 地图定位显示如图 7-45 和图 7-46 所示。

UNV-SIM808-ARDUINO V1.1 板 GPS 调试过程:首先连接好硬件,将 GPS 天线与模块连接,将 GPS 天线接收头放到室外或窗边,并将黑色的一面朝向天空,注意尽量不要被建筑物或树荫遮挡。测试 GPS 功能时,无须插上 SIM 卡,然后接好调试器最后接通电源。

图 7-45 SIM808 GPS 程序运行

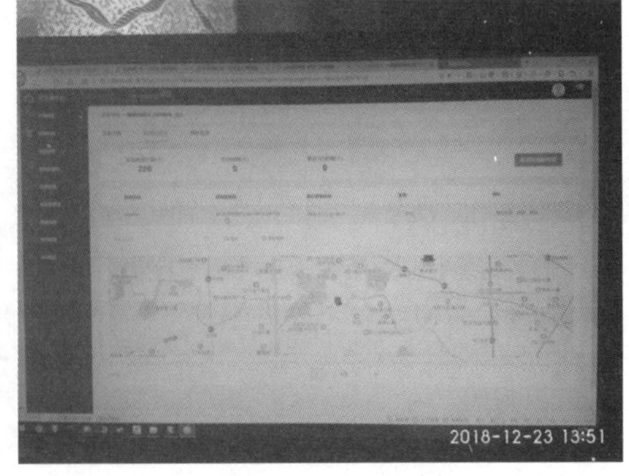

图 7-46 SIM808 GPS 地图定位显示

【实验 7-9】 SIM808 蓝牙测试。

此示例演示了如何使用 STM32 来测试 SIM808 的蓝牙功能。注意有的 SIM808 没有蓝牙功能,如果有蓝牙功能,还需要使用 Simcom_Series_download_Tools_Customer_v1.08.exe 软件升级固件 SIM808M32_BT_BOOTLOADER_V005_MT6261_1418B01SIM808M32_BT.bin。

1)硬件设计

(省略)

2)软件设计(编程)

(1) 设计分析。

通过 STM32 开发板串口 2 控制模块打开蓝牙,并将连接过程发送到串口 1;当与手机建立蓝牙 SPP 连接后,会定时发送固定数据给手机蓝牙串口,手机蓝牙发送的数据会自动转发到串口 1。运行程序前,先打开手机蓝牙串口助手。

(2) 程序代码与分析。

```
int main(void)
{
System_Initialization();//系统初始化
Ram_Initialization();//变量初始化

UART1_SendString("SIM808 模块蓝牙测试程序\r\n");
UART1_SendString("请打开手机蓝牙串口助手\r\n");
UART1_SendString("SIM808 模块连接中\r\n");
Second_AT_Command("AT+BTPOWER=1\r\n","AT",2);//打开蓝牙电源,不判断 OK,因为电源原本开启再发送打开的话会返回 ERROR
Delay_nMs(100);
Second_AT_Command("AT+BTUNPAIR=0\r\n","AT",2);//删除已配对的蓝牙设置,不判断 OK,因为没有已配对的设备时返回 ERROR
UART1_SendString("SIM808 模块开始搜索蓝牙设备,请确认手机蓝牙处于可被发现\r\n");
do
{
UART1_SendString("搜索设备中............\r\n");
Second_AT_Command("AT+BTSCAN=1,10\r\n","+BTSCAN:1",11);    //搜索附近的蓝牙设备,搜索时间 10s
}while(strstr((const char* )Uart2_Buf,"+BTSCAN:0")==NULL);//等待搜索到设备才退出
do
{
    Second_AT_Command("AT+BTPAIR=0,1\r\n","+BTPAIRING:",3);//连接第一个搜索到的设备
    Delay_nMs(200);
    Second_AT_Command("AT+BTPAIR=1,1\r\n","+BTPAIR:",35);//响应连接,如果手机长期不确认匹配,需要 30s 后才会上报配对失败
    Delay_nMs(100);//等待接收数据完成
}while(strstr((const char* )Uart2_Buf,"+BTPAIR:1")==NULL);//匹配成功
UART1_SendString("SIM808 模块蓝牙匹配成功\r\n");
UART1_SendString("请打开手机蓝牙串口助手\r\n");
Second_AT_Command("AT+BTGETPROF=1\r\n","BTGETPROF:4",5);//获取蓝牙服务列表
```

```
Second_AT_Command("AT+BTCONNECT=1,4\r\n","OK",2);//获取蓝牙服务列表
UART1_SendString("SIM808 模块蓝牙建立 SPP 服务成功\r\n");
CLR_Buf2();
while(1)
{//接收到数据
    if((p1=(char* )strstr((const char* )Uart2_Buf,"DATA:")),(p1!=NULL))//寻找开始符
    {
        if((p2=(char* )strstr((const char* )p1,"\x0d\x0a")),(p2!=NULL))//寻找结束符
        {
            char * p3;
            * p2=0;//添加结束符
            p3=strstr((const char* )p1,",");//搜索第一个','
            p1=strstr((const char* )p3+1,",");//搜索第二个','
            UART1_SendString("接收到的数据:");
            UART1_SendString(p1+1);
            UART1_SendLR();
            CLR_Buf2();
        }
    }else
    if(Timer_send>5) //空闲时定时发送数据
    {
        Second_AT_Command("AT+BTSPPSEND",">",1);
        Second_AT_Command((char * )sendtable,"OK",1);
        Timer_send=0;
    }
}
}
```

3)实验过程与现象

手机上安装并运行蓝牙串口助手,发送数据如图 7-47 所示。PC 机上运行串口调试助手,观察到接收数据如图 7-48 所示。

图 7-47 在手机上通过蓝牙串口助手发送数据

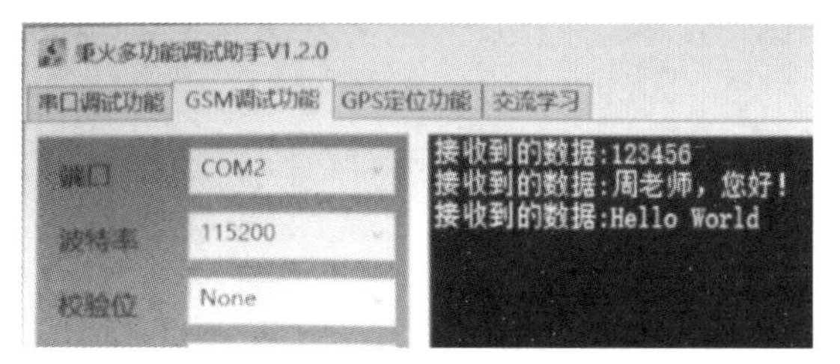

图7-48　在PC机上运行串口调试助手接收数据

【实验7-10】　手机通过蓝牙控制LED。

此示例演示了如何使用手机蓝牙助手App控制STM32驱动LED点亮和熄灭。SIM808通过蓝牙连接手机，通过串口连接STM32。

1)硬件设计

(省略)

2)软件设计(编程)

(1) 设计分析。

通过STM32开发板串口2控制模块打开蓝牙，并将连接过程发送到串口1；当与手机建立蓝牙SPP连接后，会定时发送固定数据给手机蓝牙串口，手机蓝牙发送的数据会自动转发到串口1，经过判别后，驱动LED发光。运行程序前，先打开手机蓝牙串口助手。

(2) 程序代码与分析。

与前一个实验程序代码的不同之处是在while函数里，增加了LED2控制：

```
while(1)
{
…(省略)
        UART1_SendString("接收到的数据:");
        UART1_SendString(p1+1);
        UART1_SendLR();
        if(* (p1+1)==(char)0x31) //如果收到1,点亮LED1
        {
            LED2_ON();
        }
            if(* (p1+1)==(char)0x30)
        {
            LED2_OFF();//如果收到0,熄灭LED1
        }
…(省略)


}
```

3)实验过程与现象

在手机上安装并运行蓝牙串口助手，在PC机上运行串口调试助手，将程序下载到AS-07实验板运行。MDK工程和AT指令测试蓝牙功能如图7-49所示。

手机蓝牙串口助手发送1，点亮LED2，如图7-50所示。

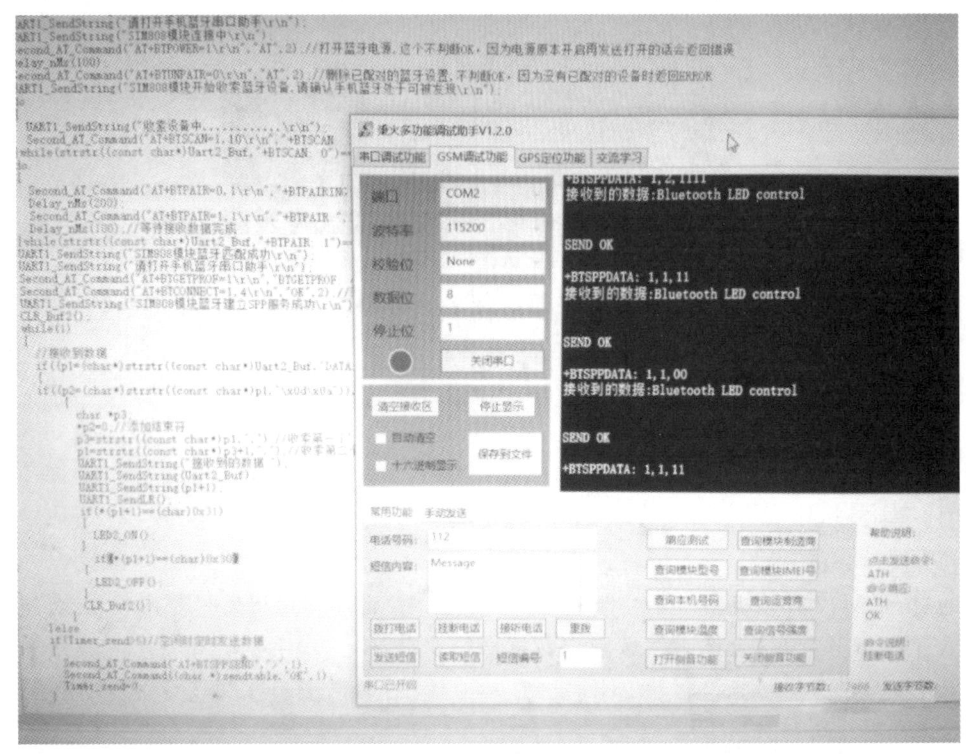

图 7-49　MDK 工程和 AT 指令测试蓝牙功能

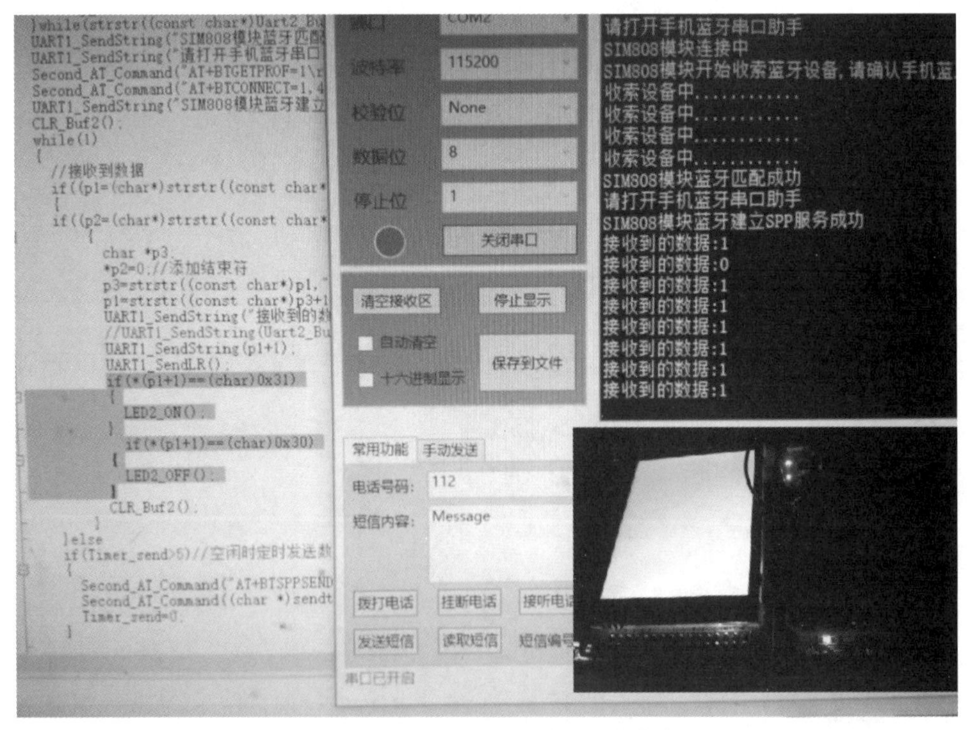

图 7-50　MDK 工程和 STM32 收到 1 并点亮 LED2

手机蓝牙串口助手发送 0，熄灭 LED2，如图 7-51 所示。

图 7-51 MDK 工程和 STM32 收到 0 并熄灭 LED2

7.6 陀螺仪加速度计实验

1. MPU6050 模块简介

MPU-6050 是全球首例 9 轴运动处理传感器。它集成了 3 轴 MEMS 陀螺仪，3 轴 MEMS 加速度计，以及一个可扩展的数字运动处理器 DMP(digital motion processor)，可用 I2C 接口连接一个第三方的数字传感器，比如磁力计。扩展之后就可以通过其 I2C 或 SPI 接口输出一个 9 轴的信号(SPI 接口仅在 MPU-6000 可用)。MPU-60X0 也可以通过其 I2C 接口连接非惯性的数字传感器，比如压力传感器。

MPU-60X0 对陀螺仪和加速度计分别用了三个 16 位的 ADC，将其测量的模拟量转化为可输出的数字量。和所有设备寄存器之间的通信采用 400kHz 的 I2C 接口或 1 MHz 的 SPI 接口(SPI 仅 MPU-6000 可用)。对于需要高速传输的应用，对寄存器的读取和中断可用 20 MHz 的 SPI。另外，片上还内嵌了一个温度传感器和在工作环境下仅有 ±1% 变动的振荡器。

GY-521 型号的 MPU-6050 三轴加速度和陀螺 6DOF 模块，如图 7-52 所示。

名称：MPU-6050 模块(三轴陀螺仪＋三轴加速度)。

图 7-52 MPU-6050 模块

使用芯片：MPU-6050。

供电电源：3～5V(内部低压差稳压)。

通信方式：标准 I2C 通信协议。

芯片内置 16bit AD 转换器，16 位数据输出。

陀螺仪范围：±250，500，1000，2000(°/s)。

加速度范围：±2±4±8±16g。

2. MPU6050 模块实验

【实验 7-11】 读取 MPU6050 的陀螺仪和加速度计数据。

使用 AS-07 实验板读取 MPU6050 的陀螺仪和加速度计的数据，此示例演示了使用串口 USART1 输出到匿名科创的四轴飞行器上位机(地面站)软件，显示欧拉角和加速度值，以及通信数据帧，并使用 LCD 显示欧拉角。

1)硬件设计

MPU6050 模块的电路原理图如图 7-53 所示。

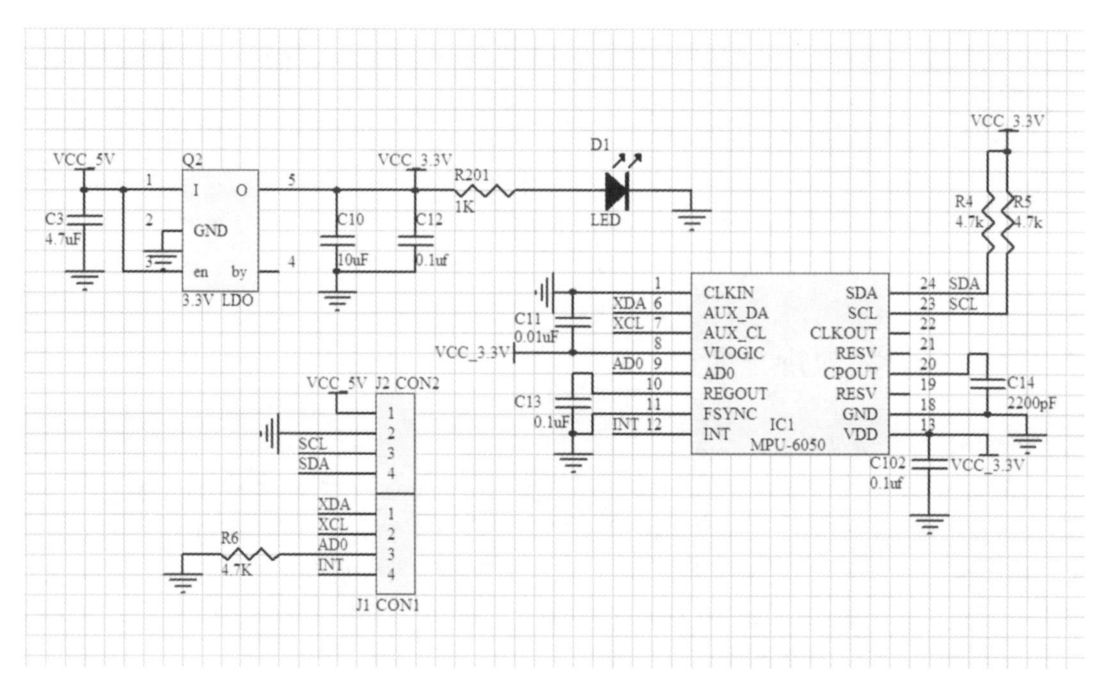

图 7-53 GY521 MPU6050 模块的电路原理图

AS-07 KIT 转接板的 MPU6050 模块接口的电路原理图如图 7-54 所示，实验照片如图 7-55 所示。

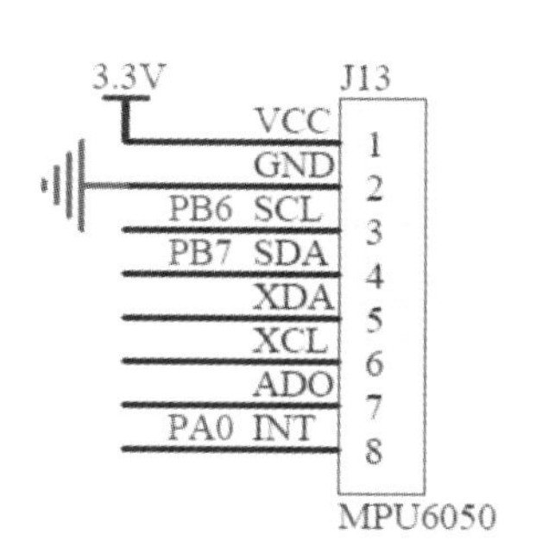

图7-54 AS-07 KIT 转接板的 MPU6050 模块接口

图7-55 MPU6050 接入 AS-07

2)软件设计(编程)

(1) 设计分析。

本实验使用的是匿名微型六轴飞行器程序(代码版本:V1.0),程序流程如下。

①主程序 main()函数在文件 AnoCopter.cpp 里。

②任务或线程函数 ANO_Loop()函数在文件 ANO_Scheduler.cpp 里。

其中在函数 ANO_Loop_500Hz()里执行更新传感器数据、计算飞行器姿态、飞行器姿态控制操作。

③在更新传感器数据函数 ANO_IMU::updateSensor()里,读取 MPU6050 测量的加速度、角速度。

④在文件 ANO_CONFIG_H 里,定义无线数据发送方式是蓝牙还是2.4G nRF 模块。如果选择使用蓝牙模块,就是通过串口 USART1 连接传输的。

⑤在文件 ANO_DT.cpp 里,进行无线数据的收发和处理。

(2) 程序源码与分析。

此处只给出 MPU 读取数据和串口发送的关键程序代码。

①main 函数。

```
int main(void)
{
ANO_Hexacopter_board_Init();  //初始化飞控板的硬件设置
param.Init();  //初始化参数
imu.Init();//初始化 IMU(惯性测量单元)
STM3210E_LCD_Init();  //初始化 LCD
LCD_Clear(LCD_COLOR_RED);//LCD 清屏
LCD_DisplayStringLine(LCD_LINE_0,"This is MPU6050 demo");//LCD 显示信息
while(1)
{
    ANO_Loop();  //循环执行任务或线程
}
return 0;
```

```
}
```

②任务或线程函数 void ANO_Loop()。

```
static void ANO_Loop_500Hz(void)//2ms 执行一次
{
imu.updateSensor();//更新传感器数据
imu.getAttitude();//计算飞行器姿态
fc.Attitude_Loop();//飞行器姿态控制
}

static void ANO_Loop_100Hz(void)//10ms 执行一次
{
dt.Data_Exchange();//发送飞行器数据
}
```

③更新传感器数据 ANO_IMU::updateSensor()。

```
void ANO_IMU::updateSensor()//更新传感器数据
{
mpu6050.Read_Acc_Data();//读取加速度
mpu6050.Read_Gyro_Data();//读取角速度
Gyro=mpu6050.Get_Gyro_in_dps();//获取角速度,单位为度每秒
Acc=mpu6050.Get_Acc();//获取加速度采样值
}
```

④在 ANO_CONFIG_H 里,无线数据发送方式选择蓝牙(即串口 USART1)还是 nFR24L01。

```
# define ANO_DT_USE_Bluetooth
//# define ANO_DT_USE_NRF24l01
```

⑤在文件 ANO_DT.cpp 里,无线数据收发和处理。

首先,定义使用蓝牙,即连接使用串口传输:

```
void ANO_DT::Send_Data(u8 * dataToSend,u8 length)
{
# ifdef ANO_DT_USE_Bluetooth
Uart1_Put_Buf(data_to_send,length);
# endif

# ifdef ANO_DT_USE_NRF24l01
nrf.TxPacket(data_to_send,length);
# endif
}
```

串口传输函数如下:

```
void Uart1_Put_Buf(unsigned char * DataToSend,uint8_t data_num)
```

```
{
for(uint8_t i=0;i<data_num;i++)
    TxBuffer[count++]=* (DataToSend+i);
if(! (USART1->CR1 & USART_CR1_TXEIE))
    USART_ITConfig(USART1,USART_IT_TXE,ENABLE);
}
```

向匿名上位机发送姿态(Pitch,Roll,Yaw)数据,按照通信协议组成数据帧如下:

```
void ANO_DT::Send_Status(void){
u8 _cnt=0;
data_to_send[_cnt++]=0xAA;
data_to_send[_cnt++]=0xAA;
data_to_send[_cnt++]=0x01;
data_to_send[_cnt++]=0;
vs16 _temp;
_temp=(int)(imu.angle.x* 100);
data_to_send[_cnt++]=BYTE1(_temp);
data_to_send[_cnt++]=BYTE0(_temp);
_temp=(int)(imu.angle.y* 100);
data_to_send[_cnt++]=BYTE1(_temp);
data_to_send[_cnt++]=BYTE0(_temp);
_temp=(int)(imu.angle.z* 100);
data_to_send[_cnt++]=BYTE1(_temp);
data_to_send[_cnt++]=BYTE0(_temp);
vs32 _temp2=0;//UltraAlt * 100;
data_to_send[_cnt++]=BYTE3(_temp2);
data_to_send[_cnt++]=BYTE2(_temp2);
data_to_send[_cnt++]=BYTE1(_temp2);
data_to_send[_cnt++]=BYTE0(_temp2);

data_to_send[3]=_cnt-4;

u8 sum=0;
for(u8 i=0;i<_cnt;i++)
    sum+=data_to_send[i];
data_to_send[_cnt++]=sum;

Send_Data(data_to_send,_cnt);

LCD_DisplayStringLine(LCD_LINE_3,(uint8_t * )data_to_send[5]<<8 | data_to_send
[4]);
LCD_DisplayStringLine(LCD_LINE_5,(uint8_t * )data_to_send[7]<<8 | data_to_send
[6]);
LCD_DisplayStringLine(LCD_LINE_7,(uint8_t * )data_to_send[9]<<8 | data_to_send
```

```
[8]);
}
```

向匿名上位机发送传感器(陀螺仪、加速度计)数据,按照通信协议组成数据帧如下:

```
void ANO_DT::Send_Senser(void)
{
u8 _cnt=0;
vs16 _temp;
data_to_send[_cnt++]=0xAA;
data_to_send[_cnt++]=0xAA;
data_to_send[_cnt++]=0x02;
data_to_send[_cnt++]=0;
_temp=imu.Acc.x;
data_to_send[_cnt++]=BYTE1(_temp);
data_to_send[_cnt++]=BYTE0(_temp);
_temp=imu.Acc.y;
data_to_send[_cnt++]=BYTE1(_temp);
data_to_send[_cnt++]=BYTE0(_temp);
_temp=imu.Acc.z;
data_to_send[_cnt++]=BYTE1(_temp);
data_to_send[_cnt++]=BYTE0(_temp);
_temp=mpu6050.Get_Gyro().x;
data_to_send[_cnt++]=BYTE1(_temp);
data_to_send[_cnt++]=BYTE0(_temp);
_temp=mpu6050.Get_Gyro().y;
data_to_send[_cnt++]=BYTE1(_temp);
data_to_send[_cnt++]=BYTE0(_temp);
_temp=mpu6050.Get_Gyro().z;
data_to_send[_cnt++]=BYTE1(_temp);
data_to_send[_cnt++]=BYTE0(_temp);

data_to_send[_cnt++]=0;
data_to_send[_cnt++]=0;
data_to_send[_cnt++]=0;
data_to_send[_cnt++]=0;
data_to_send[_cnt++]=0;
data_to_send[_cnt++]=0;

data_to_send[3]=_cnt-4;

u8 sum=0;
for(u8 i=0;i<_cnt;i++)
    sum+=data_to_send[i];
data_to_send[_cnt++]=sum;
```

```
Send_Data(data_to_send, _cnt);
}
```

⑥MPU6050 的读取函数。

在文件 ANO_Drv_MPU6050.cpp 里，模拟 I2C，主要如下：

```
# include "ANO_Drv_MPU6050.h"
# define MPU6050_ADDRESS  0xD0 // MPU6050,硬件 I2C 地址 0x68,模拟 I2C 地址 0xD0
# define DMP_MEM_START_ADDR 0x6E
# define DMP_MEM_R_W 0x6F
…(省略)
```

MPU6050 初始化函数(传入参数：采样率，低通滤波频率)如下：

```
void ANO_MPU6050::Init(uint16_t sample_rate,uint16_t lpf)
{
uint8_t default_filter;
switch(lpf){
case 5:
      default_filter=MPU6050_LPF_5HZ;
      break;
case 10:
…(省略)

}
I2C_Single_Write(MPU6050_ADDRESS,MPU_RA_PWR_MGMT_1,0x80);//设备复位
delayms(5);
I2C_Single_Write(MPU6050_ADDRESS,MPU_RA_SMPLRT_DIV,(1000/sample_rate-1));//陀螺仪采样率,0x00(1000Hz),采样率=陀螺仪的输出率/(1+SMPLRT_DIV)
I2C_Single_Write(MPU6050_ADDRESS,MPU_RA_PWR_MGMT_1,0x03);//设置设备时钟源,陀螺仪Z 轴
I2C_Single_Write(MPU6050_ADDRESS,MPU_RA_INT_PIN_CFG,0 <<7 | 0 <<6 | 0 <<5 | 0 <<4 | 0 <<3 | 0 <<2 | 1 <<1 | 0 <<0);//I2C 旁路模式
I2C_Single_Write(MPU6050_ADDRESS,MPU_RA_CONFIG,default_filter);//低通滤波频率,0x03(42Hz)
I2C_Single_Write(MPU6050_ADDRESS,MPU_RA_GYRO_CONFIG,0x18);//陀螺仪自检及测量范围,典型值:0x18(不自检,2000deg/s)
I2C_Single_Write(MPU6050_ADDRESS,MPU_RA_ACCEL_CONFIG,2 <<3);//加速计自检、测量范围(不自检,±8G)
}
```

读取加速度函数如下：

```
void ANO_MPU6050::Read_Acc_Data(void)
{
int16_t acc_temp[3];
```

```
mpu6050_buffer[0]=I2C_Single_Read(MPU6050_ADDRESS,MPU_RA_ACCEL_XOUT_L);
mpu6050_buffer[1]=I2C_Single_Read(MPU6050_ADDRESS,MPU_RA_ACCEL_XOUT_H);
acc_temp[0]=((((int16_t)mpu6050_buffer[1])<<8) | mpu6050_buffer[0])-Acc_Offset.
x;//加速度 X 轴
mpu6050_buffer[2]=I2C_Single_Read(MPU6050_ADDRESS,MPU_RA_ACCEL_YOUT_L);
mpu6050_buffer[3]=I2C_Single_Read(MPU6050_ADDRESS,MPU_RA_ACCEL_YOUT_H);
acc_temp[1]=((((int16_t)mpu6050_buffer[3])<<8) | mpu6050_buffer[2])-Acc_Offset.
y;//加速度 Y 轴
mpu6050_buffer[4]=I2C_Single_Read(MPU6050_ADDRESS,MPU_RA_ACCEL_ZOUT_L);
mpu6050_buffer[5]=I2C_Single_Read(MPU6050_ADDRESS,MPU_RA_ACCEL_ZOUT_H);
acc_temp[2]=((((int16_t)mpu6050_buffer[5])<<8) | mpu6050_buffer[4])-Acc_Offset.
z;//加速度 Z 轴

Acc_ADC((float)acc_temp[0],(float)acc_temp[1],(float)acc_temp[2]);
CalOffset_Acc();
}
```

读取角速度函数如下：

```
void ANO_MPU6050::Read_Gyro_Data(void)
{
int16_t gyro_temp[3];
mpu6050_buffer[6]=I2C_Single_Read(MPU6050_ADDRESS,MPU_RA_GYRO_XOUT_L);
mpu6050_buffer[7]=I2C_Single_Read(MPU6050_ADDRESS,MPU_RA_GYRO_XOUT_H);
gyro_temp[0]=((((int16_t)mpu6050_buffer[7])<<8) | mpu6050_buffer[6])-Gyro_Off-
set.x;//陀螺仪 X 轴
mpu6050_buffer[8]=I2C_Single_Read(MPU6050_ADDRESS,MPU_RA_GYRO_YOUT_L);
mpu6050_buffer[9]=I2C_Single_Read(MPU6050_ADDRESS,MPU_RA_GYRO_YOUT_H);
gyro_temp[1]=((((int16_t)mpu6050_buffer[9])<<8) | mpu6050_buffer[8])-Gyro_Off-
set.y;//陀螺仪 Y 轴
mpu6050_buffer[10]=I2C_Single_Read(MPU6050_ADDRESS,MPU_RA_GYRO_ZOUT_L);
mpu6050_buffer[11]=I2C_Single_Read(MPU6050_ADDRESS,MPU_RA_GYRO_ZOUT_H);
gyro_temp[2]=((((int16_t)mpu6050_buffer[11])<<8) | mpu6050_buffer[10])-Gyro_
Offset.z;  //陀螺仪 Z 轴

Gyro_ADC((float)gyro_temp[0],(float)gyro_temp[1],(float)gyro_temp[2]);
CalOffset_Gyro();
}
```

3)实验过程与现象

观察到 AS-07 LCD 和上位机显示的姿态数据(欧拉角),如图 7-56 所示。

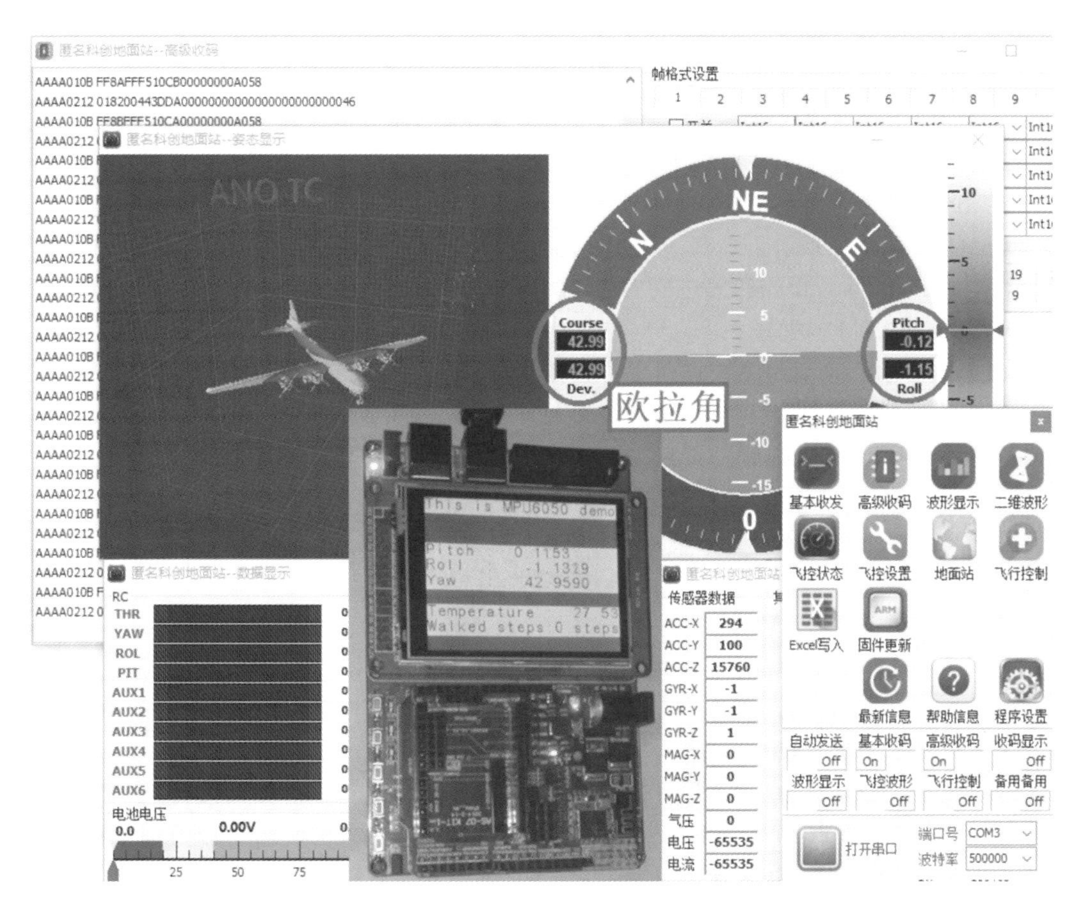

图7-56 AS-07 LCD和上位机显示的姿态数据

7.7 2.4GHz nRF24L01实验

1. nRF24L01模块简介

nRF24L01是由NORDIC生产的工作在2.4GHz～2.5GHz的ISM(industrial scientific medical,工业、科学、医学)频段的单片无线收发器芯片。无线收发器包括:频率发生器、增强型SchockBurst模式控制器、功率放大器、晶体振荡器、调制器和解调器。

ISM频段主要是开放给工业、科学、医学三个主要机构使用的。ISM频段在各国的规定并不统一。在美国有三个频段902～928 MHz,2400～2483.5 MHz和5725～5850 MHz,而在欧洲900 MHz的频段则有部分用于GSM通信。2.4GHz为各国共同的ISM频段,因此无线局域网、蓝牙、Zigbee等无线网络,均可工作在2.4GHz频段上。

主要特性:最高工作速率2Mbit/s,高效GFSK调制,126频道,满足多点通信和跳频通信需要,内置硬件CRC检错和点对多点通信地址控制,低功耗状态(1.9～3.6V)下工作,待机模式状态为22uA,掉电模式状态为900nA。

nRF24L01有四种工作模式:收发模式,配置模式,空闲模式,关机模式。工作模式由

PWR_UP register 、PRIM_RX register 和 CE 决定。

nRF24L01 的所有配置工作都是通过 SPI 完成，共有 30 字节的配置字。推荐 nRF24L01 和 Enhanced ShockBurstTM 收发模式，在这种工作模式下，系统的程序编制会更加简单，并且稳定性也会更高。

将 nRF24L01 配置为 Enhanced ShockBurstTM 收发模式后，ShockBurstTM 的配置字使 nRF24L01 能够处理射频协议。在 nRF24L01 工作的过程中，只需改变其最低一个字节中的内容，以实现接收模式和发送模式之间的切换。

ShockBurstTM 的配置字可以分为以下四个部分：

(1) 数据宽度：声明射频数据包中数据占用的位数。这使得 nRF24L01 能够区分接收数据包中的数据和 CRC 校验码。

(2) 地址宽度：声明射频数据包中地址占用的位数。这使得 nRF24L01 能够区分地址和数据。

(3) 地址：接收数据的地址，有通道 0 到通道 5 的地址。

(4) CRC：使 nRF24L01 能够生成 CRC 校验码和解码。

2. nRF24L01 **模块实验**

【实验 7-12】 读取 MPU6050 的陀螺仪和加速度计数据。

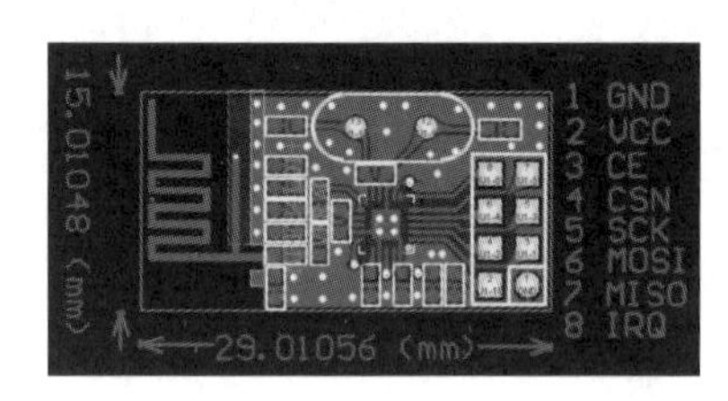

图 7-57 nRF24L01 **模块的引脚**

使用 AS-07 实验板读取 MPU6050 的陀螺仪和加速度计的数据，此示例演示了使用 nRF24L01 传输和串口 USART1 输出到匿名科创的四轴飞行器上位机（地面站）软件，显示欧拉角和加速度值，以及通信数据帧，并使用 LCD 显示欧拉角。

1）硬件设计

nRF24L01 模块的引脚如图 7-57 所示。

AS-07 KIT 转接板的 nRF24L01 模块接口的电路原理图如图 7-58 所示，实验照片如图 7-59 所示。

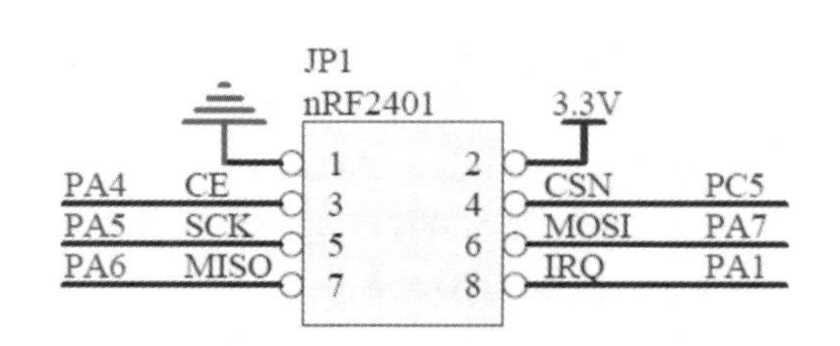

图 7-58 AS-07 KIT **转接板的** nRF24L01 **模块接口**

图 7-59 nRF24L01 **模块接入** AS-07

2)软件设计(编程)

(1) 设计分析。

本实验使用的是匿名微型六轴飞行器程序(代码版本:V1.0)。程序流程如下:

①主程序 main()在文件 AnoCopter.cpp 里。

②任务或线程函数 ANO_Loop()在文件 ANO_Scheduler.cpp 里。

其中在函数 ANO_Loop_500Hz()里执行更新传感器数据、计算飞行器姿态、飞行器姿态控制操作。

③在更新传感器数据函数 ANO_IMU::updateSensor()里,读取 MPU6050 测量的加速度、角速度。

④在文件 ANO_CONFIG_H 里,定义无线数据发送方式是蓝牙还是 2.4GHz nRF24L01F 模块。若选择使用 2.4GHz nRF24L01 模块,在文件 ANO_Drv_Nrf24l01.cpp 里。

⑤在文件 ANO_DT.cpp 里,进行无线数据的收发和处理。

(2) 程序源码与分析。

此处只给出 MPU 读取数据和发送 nRF24L01 的关键程序代码。

①主程序函数 main()。

②任务或线程函数 void ANO_Loop()。

③更新传感器数据 ANO_IMU::updateSensor()。

④在 ANO_CONFIG_H 里,定义无线数据发送方式是蓝牙(即串口 USART1) 还是 nFR24L01。

```
//# define ANO_DT_USE_Bluetooth
# define ANO_DT_USE_NRF24l01
```

⑤在文件 ANO_DT.cpp 里,无线数据收发和处理。

首先,定义使用 nRF24L01:

```
void ANO_DT::Send_Data(u8 * dataToSend,u8 length)
{
# ifdef ANO_DT_USE_Bluetooth
Uart1_Put_Buf(data_to_send,length);
# endif

# ifdef ANO_DT_USE_NRF24l01
nrf.TxPacket(data_to_send,length);
# endif
}
```

nRF24L01 传输函数如下:

```
void ANO_NRF::TxPacket(uint8_t *  tx_buf,uint8_t len)
{
CE_L();//StandBy I 模式
Write_Buf(NRF_WRITE_REG+ RX_ADDR_P0,TX_ADDRESS,TX_ADR_WIDTH);// 装载接收端地址
```

```
Write_Buf(WR_TX_PLOAD,tx_buf,len);// 装载数据
CE_H();//置高 CE,激发数据发送
}
```

⑥nRF24L01 初始化函数。

在文件 ANO_Drv_Nrf24l01.cpp 里,使用硬件 SPI1,nRF24L01 初始化函数如下:

```
void ANO_NRF::Init(u8 model,u8 ch)
{
CE_L();
Write_Buf(NRF_WRITE_REG+RX_ADDR_P0,RX_ADDRESS,RX_ADR_WIDTH);//写 RX 节点地址
Write_Buf(NRF_WRITE_REG+TX_ADDR,TX_ADDRESS,TX_ADR_WIDTH);//写 TX 节点地址
Write_Reg(NRF_WRITE_REG+EN_AA,0x01);//使能通道 0 的自动应答
Write_Reg(NRF_WRITE_REG+EN_RXADDR,0x01);//使能通道 0 的接收地址
Write_Reg(NRF_WRITE_REG+SETUP_RETR,0x1a);//设置自动重发间隔时间:500μs;最大自动重
发次数:10 次
Write_Reg(NRF_WRITE_REG+RF_CH,ch);  //设置 RF 通道为 CHANAL
Write_Reg(NRF_WRITE_REG+RF_SETUP,0x0f);//设置 TX 发射参数,0db 增益,2Mbit/s,低噪声
增益开启
//NRF_Write_Reg(NRF_WRITE_REG+RF_SETUP,0x07);//设置 TX 发射参数,0db 增益,1Mbit/s,
低噪声增益开启

if(model==1) //RX
{
    Write_Reg(NRF_WRITE_REG+RX_PW_P0,RX_PLOAD_WIDTH);//选择通道 0 的有效数据宽度
    Write_Reg(NRF_WRITE_REG+CONFIG,0x0f);   // IRQ 收发完成中断开启,16 位 CRC,主
接收
}
else if(model==2) //TX
{
    Write_Reg(NRF_WRITE_REG+RX_PW_P0,RX_PLOAD_WIDTH);//选择通道 0 的有效数据宽度
    Write_Reg(NRF_WRITE_REG+CONFIG,0x0e);   // IRQ 收发完成中断开启,16 位 CRC,主
发送
}
    else if(model==3) //RX2
{
    Write_Reg(FLUSH_TX,0xff);
    Write_Reg(FLUSH_RX,0xff);
    Write_Reg(NRF_WRITE_REG+CONFIG,0x0f);   // IRQ 收发完成中断开启,16 位 CRC,主
接收

    RW(0x50);
    RW(0x73);
    Write_Reg(NRF_WRITE_REG+0x1c,0x01);
    Write_Reg(NRF_WRITE_REG+0x1d,0x06);
```

```
}
else//TX2
{
    Write_Reg(NRF_WRITE_REG+CONFIG,0x0e);    // IRQ收发完成中断开启,16位CRC,主
发送
    Write_Reg(FLUSH_TX,0xff);
    Write_Reg(FLUSH_RX,0xff);

    RW(0x50);
    RW(0x73);
    Write_Reg(NRF_WRITE_REG+0x1c,0x01);
    Write_Reg(NRF_WRITE_REG+0x1d,0x06);
  }
  CE_H();
}
```

写寄存器函数如下:

```
uint8_t ANO_NRF::Write_Reg(uint8_t reg,uint8_t value)
{
uint8_t status;
CSN_L();/* 选通器件 * /
status=RW(reg);/* 写寄存器地址 * /
RW(value);/* 写数据 * /
CSN_H();/* 禁止该器件 * /
  return status;
}
```

读寄存器函数如下:

```
uint8_t ANO_NRF::Read_Reg(uint8_t reg)
{
…(省略)
;
}
```

写缓冲区函数如下:

```
uint8_t ANO_NRF::Write_Buf(uint8_t reg,uint8_t * pBuf,uint8_t uchars)
{
…(省略)


}
```

读缓冲区函数如下:

```
uint8_t ANO_NRF::Read_Buf(uint8_t reg,uint8_t * pBuf,uint8_t uchars)
```

```
{
…(省略)
}
```

SPI1 初始化函数如下：

```
void ANO_SPI1::Init(void)
{
SPI_InitTypeDef SPI_InitStructure;
GPIO_InitTypeDef GPIO_InitStructure;
RCC_APB2PeriphClockCmd(RCC_APB2Periph_GPIOA | RCC_APB2Periph_GPIOC,ENABLE);
RCC_APB2PeriphClockCmd(RCC_APB2Periph_SPI1,ENABLE);
/* 配置 SPI_NRF_SPI 的 SCK,MISO,MOSI 引脚 * /
…(省略)
/* 配置 SPI_NRF_SPI 的 CE 引脚和 SPI_NRF_SPI 的 CSN 引脚:* /
…(省略)
GPIO_SetBits(GPIOC,SPI1_Pin_CSN);
SPI_Init(SPI1,&SPI_InitStructure);
SPI_Cmd(SPI1,ENABLE);
}
```

3)实验过程与现象

实验需要 2 块 AS-07 实验板，一块连接 MPU6050 和 nRF24L01，另一块连接 nRF24L01，如图 7-60 所示。

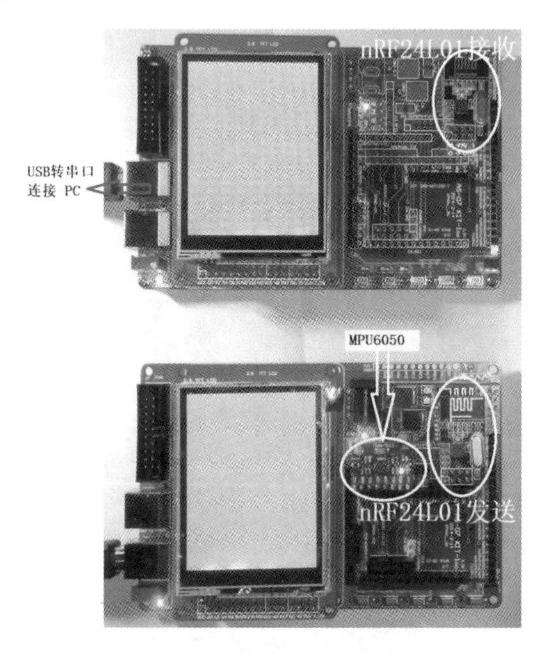

图 7-60　nRF24L01 收发硬件

观察到上位机显示的姿态和传感器数据，如图 7-61 和图 7-62 所示。

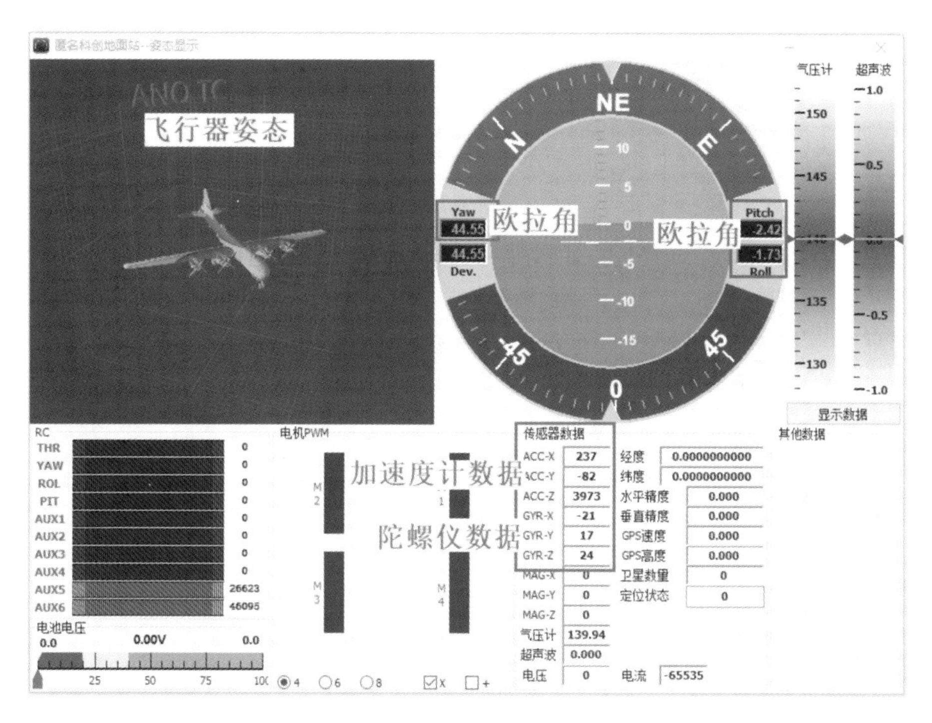

图 7-61 上位机显示的数据

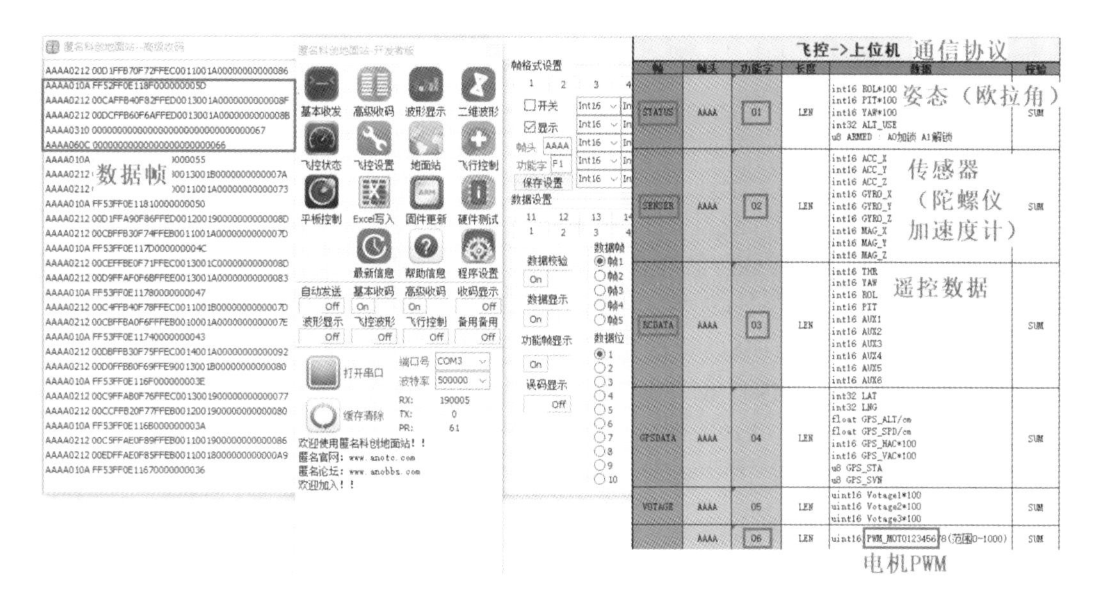

图 7-62 飞控与上位机的通信协议与数据帧

7.8 摄像头识别颜色实验

1. OV7670 **模块简介**

OV7670 CAMERACHIPTM 图像传感器，体积小、工作电压低，提供单片 VGA 摄像头和影像处理器的所有功能。通过 SCCB 总线控制，可以输出整帧、子采样、取窗口等方式的各种分辨率 8 位影响数据。该产品 VGA 图像最高达到 30 帧/秒。用户可以完全控制图像质量、数据格式和传输方式。所有图像处理功能过程包括伽马曲线、白平衡、饱和度、色度等都可以通过 SCCB 接口编程。OmmiVision 图像传感器应用独有的传感器技术，通过减少或消除光学或电子缺陷如固定图案噪声、托尾、浮散等，提高图像质量，得到清晰稳定的彩色图像。

标准的 SCCB 接口，兼容 I2C 接口；RawRGB，RGB(GRB4:2:2，RGB565/555/444)，YUV(4:2:2) 和 YCbCr(4:2:2) 输出格式；支持 VGA、CIF 和从 CIF 到 40×30 的各种尺寸。

OV7670 的重要寄存器：

地址 0x12，寄存器名 COM7，这个寄存器用来设置图像的输出格式，如 RGB。软件复位所有寄存器的值。

地址 0x71，寄存器名 SCALING_YSC，这个寄存器配置测试图案和水平缩放系数，对于调试的时候是很有用的，可以让摄像头输出八色颜色条或渐变成灰色的彩色条。

地址 0x11，寄存器名 CLKRC，这个寄存器用来配置内部时钟。相对于外部时钟的分频，即内部时钟是通过外部时钟分频得到的，是与 0x6B 寄存器配合使用的。

0x110x6B，寄存器名 DBLV，这个寄存器是内部时钟使用 PLL 倍频 4、6、8，配置内部 LDO 是否开启(默认开启)。开启了内部 LDO 功能后硬件上可以少一个 1.8V 的线性稳压器给内核供电。

FIFO 采用了 FIFO 作为数据缓冲，数据采集大大简便。

OV7670 摄像头模块存储图像数据的过程为：等待 OV7670 同步信号，FIFO 写指针复位，FIFO 写使能，等待第二个 OV7670 同步信号，FIFO 写禁止。

读取图像数据过程为：FIFO 读指针复位，给 FIFO 读时钟，读取第一个像素高字节，给 FIFO 读时钟，读取第一个像素低字节，给 FIFO 读时钟，读取第二个像素高字节。循环读取剩余像素。

2. OV7670 **模块实验**

【实验 7-13】 使用 OV7670 拍摄一帧图像，LCD 显示识别到的颜色结果。

1)硬件设计

带 FIFO 模块的 OV7670 电路原理图如图 7-63 所示，AS-07 KIT 板的引脚如图 7-64所示，硬件照片如图 7-65 所示。

2)软件设计(编程)

(1) 设计分析。

USART1 初始化，LCD 初始化，FIFO 初始化，OV7670 初始化，场同步外中断初始化，

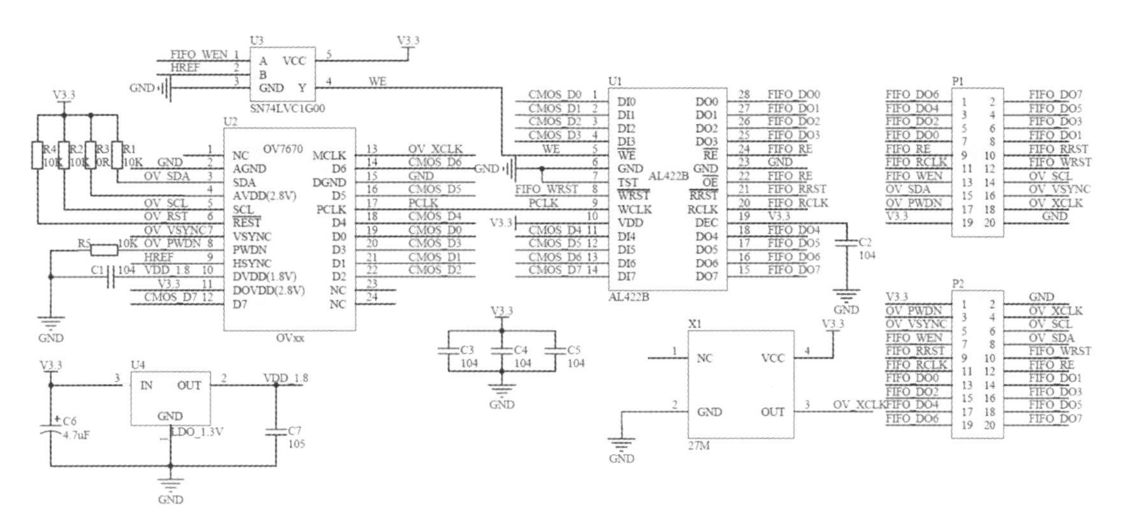

图 7-63 带 FIFO 模块的 OV7670 电路原理图

端口	信号	引脚	引脚	信号	端口
3.3V	3.3V	1	2	GND	
	OV_PWDN	3	4	OV_XCLK	
	OV_VSYNC	5	6	OV_SCL	PB6
PC0	FIFO_WEN	7	8	OV_SDA	PB7
PC1	FIFO_RRST	9	10	FIFO_WRST	PC2
PC3	FIFO_RCLK	11	12	FIFO_RE	PC4
PA0	FIFO_D0	13	14	FIFO_D1	PA1
PA2	FIFO_D2	15	16	FIFO_D3	PA3
PA4	FIFO_D4	17	18	FIFO_D5	PA5
PA6	FIFO_D6	19	20	FIFO_D7	PA7

JP2 OV7670+FIFO

图 7-64 AS-07 KIT 板的 OV7670 引脚

图 7-65 OV7670 接入 AS-07

图像帧数据采集和 LCD 显示，识别颜色(根据图像数据的 RGB 范围)如下：

识别到对应的颜色是红色：0X6000～FB2C，R G B=100 0 0～255 100 100；

识别到对应的颜色是绿色：0X0320～0XC3FC，R G B=0 100 0～100 255 100；

识别到对应的颜色是蓝色:0X000C～663F,R G B=0 0 100～100 100 255。

(2) 程序源码与分析。

此只给出关键程序代码(注:以下程序代码是 AS-05 连接 OV7670 模块的)。

①main 函数。

```
int main(void)
{
u16 send_cnt=0;
Delay_Init(72);//Delay 初始化
USART1_Init(38400);//USART1 初始化
LCD_DriverInit();//LCD 初始化
LCD_Clear(1234);
FIFO_PortInit();//FIFO 初始化
if(OV7670_init());//OV7670 初始化
FIFO_OE_L;

//GpioInit(GPIOB,GPIO_Pin_12,GPIO_Mode_IPU,0);//PB12 场同步外中断初始化
GpioInit(GPIOC,GPIO_Pin_6,GPIO_Mode_Out_PP,GPIO_Speed_50 MHz);//LED1= PC6 指示
中断
Exit_Init(GPIOB,GPIO_Pin_12,GPIO_Mode_IPU,EXTI_Trigger_Rising,2,3);

while(1)
{
    if(VsyncCnt==2)
    {
        LCD_GetImage(80,60,160,100);          //采集图像、识别颜色
        FIFO_WrRdReset();
        VsyncCnt=0;//开始下一帧数据采集
    }
    else
    {
        switch(FinalClr)//LCD 显示识别到的颜色
        {
            case 0:
            LCD_WriteRegister(0x0003,0x1010);//切换屏幕扫描方式
            LCD_WriteHZ(7,8,0xFFE0,1234,"0");//黄
            LCD_WriteRegister(0x0003,0x1028);//恢复横屏扫描方式
            break;
            case 1:
            LCD_WriteRegister(0x0003,0x1010);//切换屏幕扫描方式
            LCD_WriteHZ(7,8,0xF800,1234,"1");//红
            LCD_WriteRegister(0x0003,0x1028);//恢复横屏扫描方式
            break;
…(省略)
```

```
            }
            GPIO_SetFinalClr(FinalClr);//通过 GPIO 指示是哪种颜色
        }
    }
    }
```

② FIFO 初始化函数。

```
void FIFO_PortInit(void)
{
RCC->APB2ENR |=BIT(3);//PB 时钟使能
GPIOB->CRH &=0xffffff0f;
GPIOB->CRH |=0x00000030;//PB9 FIFO_WEN
GPIOB->ODR |=BIT(9);
…(省略)
RCC->APB2ENR |=BIT(5);//PD 时钟使能
GPIOD->CRL=0x88888888;//PD0-7 输入
GPIOD->ODR |=0x00ff;//上拉
}
```

③OV7670 初始化函数。

```
uchar OV7670_init(void)
{
uchar temp;
uint i=0;
InitSCCB();//SCCB 引脚初始化
temp=0x80;
if(0==wrOV7670Reg(0x12,temp))//复位 SCCB
{
    return 0;
}
while(0)
{
    rdOV7670Reg(0x1C,&temp);
    UART_Transmit(temp);
    Delay_nMS(100);
}
Delay_nMS(10);
for(i=0;i<CHANGE_REG_NUM;i++)
{
    if( 0==wrOV7670Reg(change_reg[i][0],change_reg[i][1]))
    {
        return 0;
    }
}
```

```
return 0x01;//ok
}
```

④图像帧数据采集和 LCD 显示，识别颜色。

```
void LCD_GetImage(u16 start_x,u16 start_y,u16 end_x,u16 end_y)
{
# define RGB565_R_MASK0xF800
# define RGB565_G_MASK0x07E0
# define RGB565_B_MASK0x001F
…(省略)

LCD_WriteRegister(0x0003,0x1028);//切换屏幕扫描方式
LCD_SetWindow(start_x,start_y,end_x,end_y);//设置绘图窗口
LCD_WriteGRAM_EN();//开始绘图
PhotoDummyLine(start_x);
…(省略)

for(i=0;i <=end_x-start_x;i++)//QVGA 格式,240 行;每行 320 个点
{
    PhotoDummyPixel(start_y);//起始跳过
    for(j=0;j <=end_y-start_y;j+=8) //一次跳过 8 个像素
    {
    //////////////////////1,一次读 8 个像素,但为了提高效率,只处理一个像素
        FIFO_RCLK_L;
        FIFO_RCLK_H;
        temp=FIFO_DATA_PIN;              //先读高位
        temp <<=8;

        FIFO_RCLK_L;
        FIFO_RCLK_H;
        data=temp |(FIFO_DATA_PIN);//再读低位
        DATA_16BIT_OUT(data);//显示读到的数据(RGB565)
        LCD_WR_L;
        LCD_WR_H;

        r=(u8)((data & RGB565_R_MASK)>>11);//R-5
        g=(u8)((data & RGB565_G_MASK)>>5);//G-6
        b=(u8)(data & RGB565_B_MASK);//B-5
        PixelCnt++;

        if((r>0xc && r<0x1f)&&(g>0x0 && g<0x19) &&(b>0x0 && b<0xC))
        {//识别到对应的颜色,则加 1,0X6000～FB2C,R G B=100 0 0～255 100 100
            RedCnt++;//红色
        }
```

```
        //if((r>0x0 && r<0xC)&&(g>0x19 && g<0x3f)&&(b>0x0 && b<0xC))
        if((r>0x05 && r<0x10) &&(g>0x20 && g<0x35) &&(b>0x08 && b<0x18))
        {//识别到对应的颜色,则加 1,0X0320～0XC3FC,R G B=0 100 0～100 255 100
            GreenCnt++;//绿色
        }
        if((r>0x0 && r<0xc)&&(g>0x0 && g<0x31) &&(b>0xc && b<0x1f))
        {//识别到对应的颜色,则加 1,0X000C～663F,R G B=0 0 100～100 100 255
            BlueCnt++;//蓝色
        }

    ///////////////////////2,一次读 8 个像素,但为了提高效率,只处理一个像素
    …(省略)
}
```

3)实验过程与现象

将摄像头对准红绿蓝物体,如红签字笔,观察到 AS-05 实验板 LCD 显示红色填充的矩形图片和红色的中文“红”字,如图 7-66 所示。

图 7-66　识别物体颜色并显示

7.9　光流定位实验

1. 模块简介

匿名光流传感器模块 V3 版(见图 7-67),是匿名团队设计的针对无人机低空悬停速度传感器,经过 V1、V2 版本的使用经验以及反馈,V3 版本在硬件设计、功能等方面进行了全优化,大幅提升了光流识别率并改进 INS(inertial navigation system,惯性导航系统)融合算法,输出更稳定,并完善状态信息输出和指令等功能。

传感器模块本体集成光流和惯性导航传感器,可以实现光流数据和惯导的板级融合。单独依靠光流传感器,因镜头常固定于载体,使得光流测量与姿态旋转一同耦合并不能实现良好的悬停效果,光流传感器必须与加速度、角速度、对地高度值进行综合计算后得出解耦的数据,才有可能取得良好的悬停效果。

图 7-67 匿名光流传感器模块

2. 模块实验

【实验 7-14】 匿名光流传感器模块定位实验。

1)硬件设计

(省略)

2)软件设计(编程)

(1) 设计分析。

(省略)

(2) 程序源码与分析。

①Ano_OF. c。

光流数据解析。

(省略)

```
# include "Ano_OF.h"
# include "Ano_FcData.h"

…(省略)
//AnoOF_GetOneByte 是初级数据解析函数,串口每接收到一字节光流数据,调用本函数一次,函数参数就是串口收到的数据。当本函数多次被调用,最终接收到完整的一帧数据后,会自动调用数据解析 AnoOF_DataAnl。
void AnoOF_GetOneByte(uint8_t data)
{
static u8 _data_len=0;
static u8 state=0;

if(state==0&&data==0xAA)
{
    state=1;
    _datatemp[0]=data;
```

```
}
else if(state==1&&data==0x22) //源地址
{
    state=2;
    _datatemp[1]=data;
}
else if(state==2) //目的地址
{
    state=3;
    _datatemp[2]=data;
}
else if(state==3) //功能字
{
    state=4;
    _datatemp[3]=data;
}
else if(state==4) //长度
…(省略)
}
```

AnoOF_DataAnl 为光流数据解析函数，可以通过本函数得到光流模块输出的各项数据。具体数据的意义请参照匿名光流模块使用手册，有详细的介绍。

```
void AnoOF_DataAnl(uint8_t * data_buf,uint8_t num)
{
u8 sum=0;
for(u8 i=0;i<(num-1);i++)
    sum+=* (data_buf+i);
if(!(sum==* (data_buf+num-1)))return;

if(* (data_buf+3)==0X51) //光流信息
{
if(* (data_buf+5)==0)//原始光流信息
{
    OF_STATE=* (data_buf+6);
    OF_DX   =* (data_buf+7);
    OF_DY   =* (data_buf+8);
    OF_QUALITY   =* (data_buf+9);
}
else if(* (data_buf+5)==1) //融合后的光流信息
{
    OF_STATE=* (data_buf+6);
    OF_DX2=(int16_t)(* (data_buf+7) <<8) |* (data_buf+8);
    OF_DY2=(int16_t)(* (data_buf+9) <<8) |* (data_buf+10);
    OF_DX2FIX=(int16_t)(* (data_buf+11) <<8) |* (data_buf+12);
```

```
        OF_DY2FIX=(int16_t)(* (data_buf+13) <<8) |* (data_buf+14);
        //OF_DIS_X=(int16_t)(* (data_buf+15) <<8) |* (data_buf+16);
        //OF_DIS_Y=(int16_t)(* (data_buf+17) <<8) |* (data_buf+18);
        OF_QUALITY  =* (data_buf+19);

        of_check_f[0]=1;
      }
    }
    if(* (data_buf+3)==0X52) //高度信息
    {
      if(* (data_buf+5)==0)//原始高度信息
      {
        OF_ALT=(uint16_t)(* (data_buf+6) <<8) |* (data_buf+7);
        of_check_f[1]=1;
      }
      else if(* (data_buf+5)==1) //融合后的高度信息
      {
        OF_ALT2=(uint16_t)(* (data_buf+6) <<8) |* (data_buf+7);
      }
    }
    }
```

②Ano_OF.h。

```
# ifndef __ANO_OF_H_
# define __ANO_OF_H_
# include "stm32f4xx.h"
//以下为全局变量,在其他文件中,引用本 h 文件,即可在其他文件中访问到以下变量
//光流信息质量:QUA
//光照强度:LIGHT
extern uint8_t OF_STATE,OF_QUALITY;
//原始光流信息,具体意义见光流模块手册
extern int8_t OF_DX,OF_DY;
//融合后的光流信息,具体意义见光流模块手册
extern int16_t OF_DX2,OF_DY2,OF_DX2FIX,OF_DY2FIX;
//原始高度信息和融合后的高度信息
extern uint16_t OF_ALT,OF_ALT2;
//原始陀螺仪数据
extern int16_t OF_GYR_X,OF_GYR_Y,OF_GYR_Z;
//滤波后的陀螺仪数据
extern int16_t OF_GYR_X2,OF_GYR_Y2,OF_GYR_Z2;
//原始加速度数据
extern int16_t OF_ACC_X,OF_ACC_Y,OF_ACC_Z;
//滤波后的加速度数据
extern int16_t OF_ACC_X2,OF_ACC_Y2,OF_ACC_Z2;
```

```
//欧拉角格式的姿态数据
extern float OF_ATT_ROL,OF_ATT_PIT,OF_ATT_YAW;
//四元数格式的姿态数据
extern float OF_ATT_S1,OF_ATT_S2,OF_ATT_S3,OF_ATT_S4;

void AnoOF_GetOneByte(uint8_t data);
void AnoOF_DataAnl_Task(u8 dT_ms);
void AnoOF_Check(u8 dT_ms);
# endif
```

3)实验过程与现象

使用USB线，连接光流模块至电脑，然后打开配套匿名上位机，打开上位机的程序设置界面，首先选择HID通信方式，如图7-68所示。

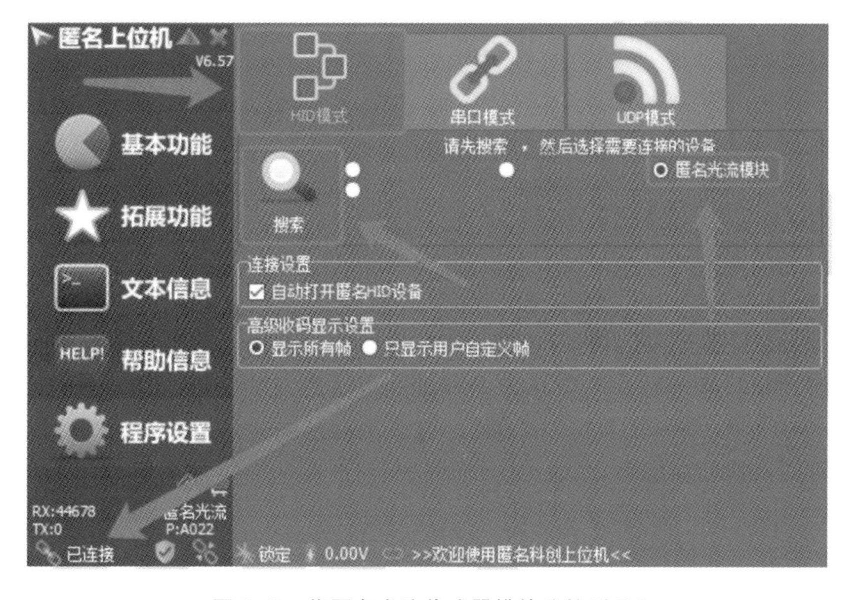

图7-68　将匿名光流传感器模块连接到PC

然后点击红框内的搜索按钮，直到搜索到标题为匿名光流模块。如果上位机没有自动打开连接，则点击界面左下角的未连接按钮，正确打开连接后，左下角会显示已连接，并且可看到RX接收计数开始增长，此时表示模块已经正确连接。

光流数据显示：用地面站的波形显示功能，可以方便地观察光流数据。打开波形显示界面，右键波形名称，选择OF_DX、OF_DY，并勾选波形名称，即可观察原始光流数据波形。同样，设置OF_DX2、OF_DY2即可显示融合后的光流数据(波形选择中OF开头的数据为光流模块输出的数据，观察某项数据前，要确定已打开该数据帧的输出使能)。

光流数据显示如图7-69所示。

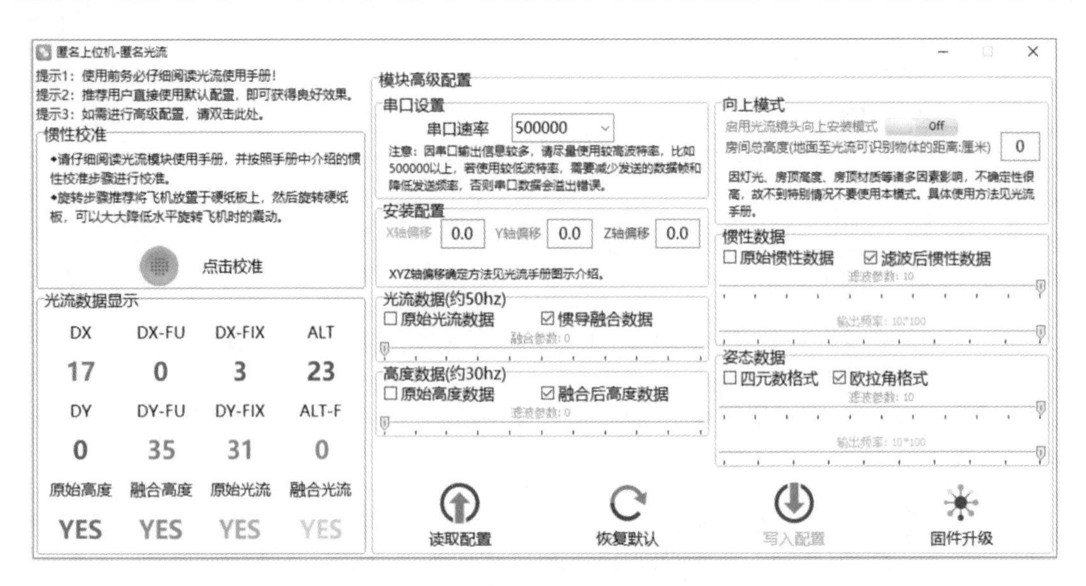

图 7-69　匿名光流传感器的光流数据

7.10　OpenMV 视觉实验

1. 模块简介

因为 OpenMV 搭载 MicroPython 解释器，所以可以在嵌入式系统上使用 Python 来编程(Python 3 to be precise)。Python 使机器视觉算法的编程变得简单得多。比如，直接调用 find_blobs()方法，就可以获得一个列表，包含所有色块的信息。使用 Python 遍历每一个色块，就可以获取所有信息，而这些，只需要两行代码！并且，你可以使用 OpenMV 专用的 IDE，它有自动提示，代码高亮，而且有一个图像窗口可以直接看到摄像头的图像，有终端可以 debug，还有一个包含图像信息的直方图！

匿名科创 OpenMV4 兼容标准 OpenMV，模块如图 7-70 所示。主控采用 STM32H743，摄像头采用 OV7725，可以满足电赛巡线(黑线识别、特征输出)、目标追踪、颜色识别(坐标输出)。

匿名科创 OpenMV4 模块单独引出 SH1.0 接口的 UART3，能与飞控直接连接，不需要转接线。引出串口 2，给用户留出了更大的开发空间。有屏蔽罩保护，不易损坏。

2. 模块实验

【实验 7-15】　OpenMV4 识别色块实验。

此示例说明 OpenMV4 的入门基础使用方法。

1)硬件设计

(省略)

2)软件设计(编程)

程序源代码与分析如下。

程序源代码来自星瞳科技官网，见“10 分钟快速上手 · OpenMV 中文入门教程”，ht-

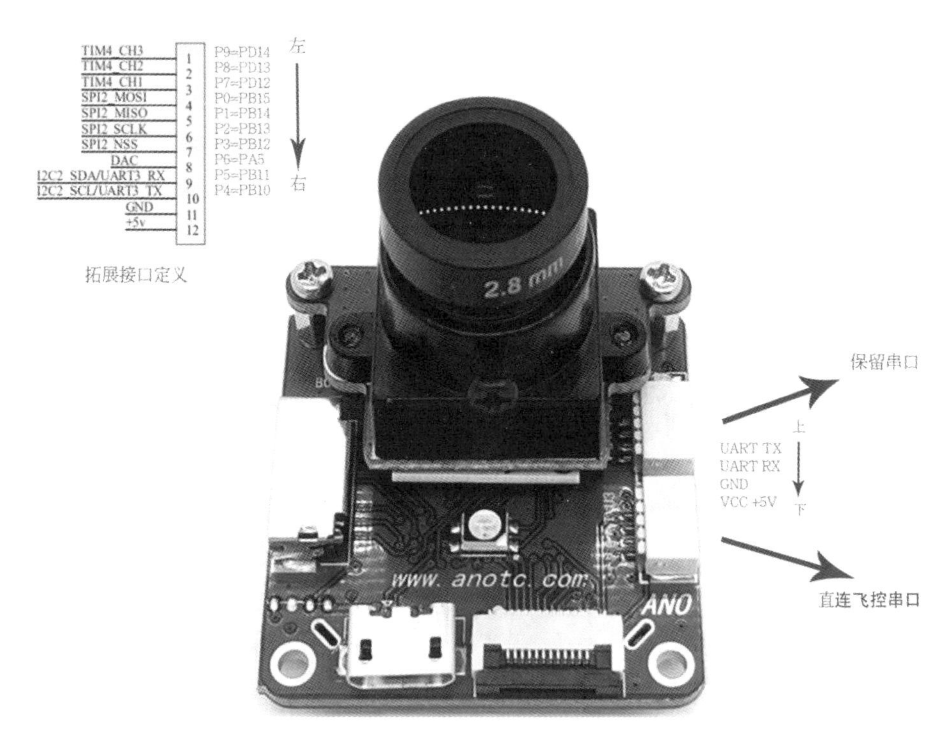

图 7-70　匿名科创 OpenMV4 模块

tps://book.openmv.cc/quick-starter.html。

```
# 色块监测 例子
#
# 这个例子展示了如何通过 find_blobs()函数来查找图像中的色块
# 这个例子查找的颜色是深绿色

import sensor,image,time

# 颜色追踪的例子,一定要控制环境的光,保持光线是稳定的。
green_threshold  =(0,   80,  - 70,  - 10,  - 0,   30)
# 设置绿色的阈值,括号里面的数值分别是 L A B 的最大值和最小值(minL,maxL,minA,
#  maxA,minB,maxB),LAB 的值在图像左侧三个坐标图中选取。如果是灰度图,则只需
# 设置(min,max)两个数字即可。

sensor.reset()# 初始化摄像头
sensor.set_pixformat(sensor.RGB565) # 格式为 RGB565
sensor.set_framesize(sensor.QQVGA)# 使用 QQVGA 速度快一些
sensor.skip_frames(time=2000)# 跳过 2000s,使新设置生效,并自动调节白平衡
sensor.set_auto_gain(False)# 关闭自动增益。默认开启的,在颜色识别中,一定要关闭白
平衡
sensor.set_auto_whitebal(False)
```

```
# 关闭白平衡。白平衡是默认开启的，在颜色识别中，一定要关闭白平衡
clock=time.clock()#  追踪帧率

while(True):
    clock.tick()#  Track elapsed milliseconds between snapshots()
    img=sensor.snapshot()#  从感光芯片获得一张图像

    blobs=img.find_blobs([green_threshold])
# find_blobs(thresholds,invert=False,roi=Auto),thresholds 为颜色阈值，是一个元组，需要用括号[ ]括起来。invert=1，反转颜色阈值，invert=False，默认不反转。roi 设置颜色识别的视野区域，roi 是一个元组，roi=(x,y,w,h)，代表从左上顶点(x,y)开始的宽为 w、高为 h 的矩形区域；roi 未设置，默认为整个图像视野。
# 这个函数返回一个列表，[0]代表识别到的目标颜色区域左上顶点的 x 坐标，[1]代表左上顶点 y 坐标，[2]代表目标区域的宽，[3]代表目标区域的高，[4]代表目标区域像素点的个数，[5]代表目标区域的中心点 x 坐标，[6]代表目标区域中心点 y 坐标，[7]代表目标颜色区域的旋转角度(是弧度值，浮点型，列表其他元素是整型)，[8]代表与此目标区域交叉的目标个数，[9]代表颜色的编号(它可以用来分辨这个区域是用哪个颜色阈值 threshold 识别出来的)
if blobs:
# 如果找到了目标颜色
for b in blobs:
# 迭代找到的目标颜色区域
#  Draw a rect around the blob
            img.draw_rectangle(b[0:4])#  rect
# 用矩形标记出目标颜色区域
            img.draw_cross(b[5],b[6])#  cx,cy
# 在目标颜色区域的中心画十字形标记

    print(clock.fps())#  注意：你的 OpenMV 连接到电脑后的帧率大概为原来的一半
# 如果断开电脑，帧率会增加
```

3)实验过程与现象

(1) 下载 OpenMV IDE v2.2.0。

官网下载地址：https://openmv.io/pages/download。

(2) 安装 OpenMV IDE v2.2.0，一直点击下一步，就安装完成了。

(3) 安装驱动。

将 OpenMV 插到电脑。正常情况下，会自动安装驱动，不需要手动安装。在设备管理器中会看到虚拟串口。

(4) 运行 IDE，注册 OpenMV Cam。

(5) 将首次默认打开的代码更换为上述代码，单击左下角的连接、运行按钮，将摄像头对准红色的物体，如 AS-07 实验板的红色 PCB 部分，观察到右边图像上的"RGB 色彩空间"的直方图，如图 7-71 所示。

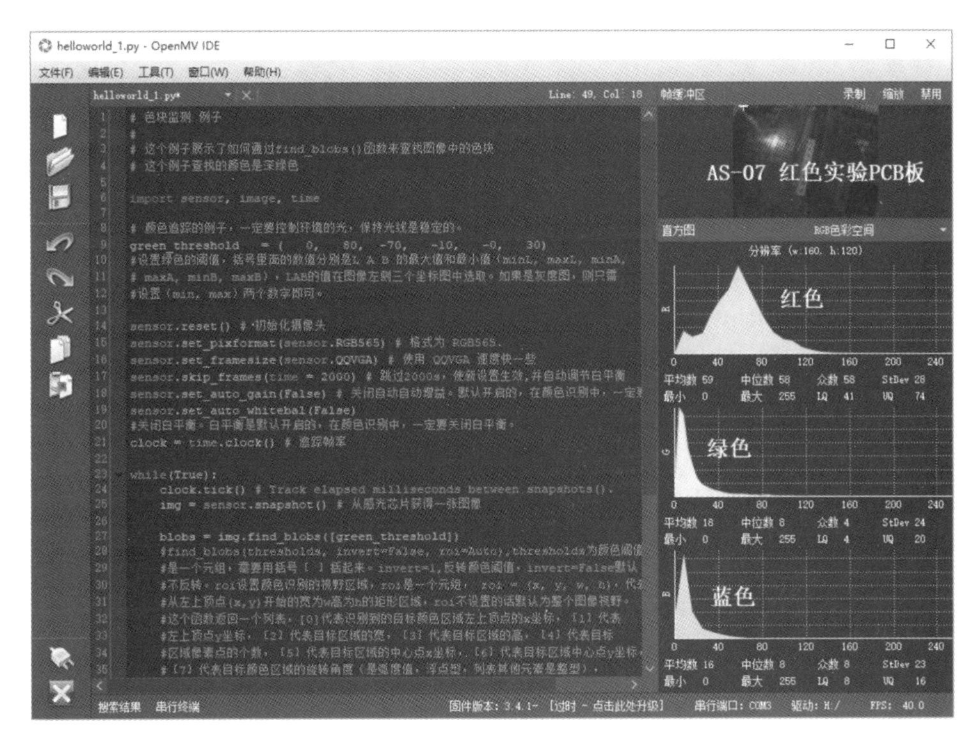

图7-71　观察OpenMV IDE右边图像上的"RGB色彩空间"的直方图

【实验7-16】 OpenMV4识别跟踪黑线实验。

1)硬件设计

(省略)

2)软件设计(编程)

程序源码与分析如下:

程序代码是匿名科创提供的。

①main.py。

```
# * * * * * * * * * * * * * (C)COPYRIGHT 2019 ANO * * * * * * * * * * * * * * * #
import sensor,image,time,math,struct
import json
from pyb import LED,Timer
from struct import pack,unpack
import Message,LineFollowing,DotFollowing

# 初始化镜头
sensor.reset()
sensor.set_pixformat(sensor.RGB565) # 设置相机模块的像素模式
sensor.set_framesize(sensor.QQVGA)# 设置相机分辨率 160×120
sensor.skip_frames(time=3000)# 时钟
sensor.set_auto_whitebal(False)# 若想追踪颜色则关闭白平衡
clock=time.clock()# 初始化时钟
```

```
# 主循环
while(True):
    clock.tick()# 时钟初始化
    # 接收串口数据
    Message.UartReadBuffer()
    if Message.Ctr.WorkMode==1:# 点检测
        DotFollowing.DotCheck()
    elif(Message.Ctr.WorkMode==2):# 线检测
        LineFollowing.LineCheck()
    # 计算程序运行频率
    if Message.Ctr.IsDebug==1:
        fps=int(clock.fps())
        Message.Ctr.T_ms=(int)(1000/fps)
        print('fps',fps,'T_ms',Message.Ctr.T_ms)
# * * * * * * * * * * * * * * (C)COPYRIGHT 2019 ANO * * * * * * * * * * * * * * #
```

②LineFollowing. py。

```
# * * * * * * * * * * * * * * (C)COPYRIGHT 2019 ANO * * * * * * * * * * * * * * #
import sensor,image,time,math,struct
import json
import Message
Black_threshold=(4,31,-20,49,-36,58) # 寻线 用  黑色
rad_to_angle=57.29 # 弧度转度
IMG_WIDTH=160
IMG_HEIGHT=120
# 取样窗口
ROIS={
    'down':(0,105,160,15),      # 横向取样-下方      1
    'middle':(0,52,160,15),     # 横向取样-中间      2
    'up':(0,0,160,15),          # 横向取样-上方      3
    'left':(0,0,15,120),        # 纵向取样-左侧      4
    'right':(145,0,15,120),     # 纵向取样-右侧      5
    'All':(0,0,160,120),        # 全画面取样-全画面  6
}
class Line(object):
    flag=0
    color=0
    angle=0
    distance=0
    cross_x=0
    cross_y=0
    cross_flag=0
```

```
class LineFlag(object):
    turn_left=0
    turn_right=0

LineFlag=LineFlag()
Line=Line()
def CalculateIntersection(line1,line2):
    a1=line1.y2()-line1.y1()
    b1=line1.x1()-line1.x2()
    c1=line1.x2()* line1.y1()-line1.x1()* line1.y2()

    a2=line2.y2()-line2.y1()
    b2=line2.x1()-line2.x2()
    c2=line2.x2()* line2.y1()-line2.x1()* line2.y2()
    if(a1 * b2-a2 * b1) !=0 and(a2 * b1-a1 * b2) !=0:
        cross_x=int((b1* c2-b2* c1) /(a1* b2-a2* b1))
        cross_y=int((c1* a2-c2* a1) /(a1* b2-a2* b1))

        Line.cross_flag=1
        Line.cross_x=cross_x-80
        Line.cross_y=cross_y-60
        img.draw_cross(cross_x,cross_y,5,color=[255,0,0])
        return(cross_x,cross_y)
    else:
        Line.cross_flag=0
        Line.cross_x=0
        Line.cross_y=0
        return None
def calculate_angle(line1,line2):
'''
利用四边形的角公式,计算出直线夹角
'''
    angle  =(180-abs(line1.theta()-line2.theta()))
    if angle>90:
        angle=180-angle
    return angle
def find_interserct_lines(lines,angle_threshold=(10,90),window_size=None):
'''
根据夹角阈值寻找两个相互交叉的直线,且交点需要存在于画面中
'''
    line_num=len(lines)
    for i in range(line_num-1):
        for j in range(i,line_num):
            # 判断两个直线之间的夹角是否为直角
```

```
                angle=calculate_angle(lines[i],lines[j])
                # 判断角度是否在阈值范围内
                if not(angle>=angle_threshold[0] and angle <=   angle_threshold[1]):
                    continue

    # 判断交点是否在画面内
                if window_size is not None:
                    # 获取窗口的尺寸 宽度和高度
                    win_width,win_height=window_size
                    # 获取直线交点
                    intersect_pt=CalculateIntersection(lines[i],lines[j])
                    if intersect_pt is None:
                        # 没有交点
                        Line.cross_x=0
                        Line.cross_y=0
                        Line.cross_flag=0
                        continue
                    x,y=intersect_pt
                    if not(x>=0 and x<win_width and y>=0 and y<win_height):
                        # 交点如果没有在画面中
                        Line.cross_x=0
                        Line.cross_y=0
                        Line.cross_flag=0
                        continue
                return(lines[i],lines[j])
    return None

# 寻找每个感兴趣区里的指定色块并判断是否存在
def find_blobs_in_rois(img):
'''
在 ROIS 中寻找色块,获取 ROI 中色块的中心区域是否有色块的信息
'''
    global ROIS
    roi_blobs_result={} # 在各个 ROI 中寻找色块的结果记录
    for roi_direct in ROIS.keys():# 数值复位
        roi_blobs_result[roi_direct]={
            'cx':-1,
            'cy':-1,
            'blob_flag':False
        }
    for roi_direct,roi in ROIS.items():
        blobs=img.find_blobs([Black_threshold],roi=roi,merge=True,pixels_area
=10)
        if len(blobs)==0:
```

```
            continue

        largest_blob=max(blobs,key=lambda b:b.pixels())
        x,y,width,height=largest_blob[:4]

        if not(width>=3 and width <=45 and height>=3 and height <=45):
            # 根据色块的长宽进行过滤
            continue

        roi_blobs_result[roi_direct]['cx']=largest_blob.cx()
        roi_blobs_result[roi_direct]['cy']=largest_blob.cy()
        roi_blobs_result[roi_direct]['blob_flag']=True
        img.draw_rectangle((x,y,width,height),color=(0,255,255))

     # 判断是否需要左转与右转
    LineFlag.turn_left=False # 先清除标志位
    LineFlag.turn_right=False
    if(not roi_blobs_result['up']['blob_flag'] )and roi_blobs_result['down']['
blob_flag'] and roi_blobs_result['left']['blob_flag'] !=roi_blobs_result['right
']['blob_flag']:
        if roi_blobs_result['left']['blob_flag']:
            LineFlag.turn_left=True
        if roi_blobs_result['right']['blob_flag']:
            LineFlag.turn_right=True
    if(roi_blobs_result['up']['blob_flag']and roi_blobs_result['middle']['blob_
flag']and roi_blobs_result['down']['blob_flag']):
        Line.flag=1 # 直线
    elif LineFlag.turn_left:
        Line.flag=2 # 左转
    elif LineFlag.turn_right:
        Line.flag=3 # 右转
    elif(not roi_blobs_result['down']['blob_flag'] )and roi_blobs_result['up']['
blob_flag']and( roi_blobs_result['right']['blob_flag'] or roi_blobs_result['left
']['blob_flag'])and roi_blobs_result['left']['blob_flag'] !=roi_blobs_result['
right']['blob_flag']:
        Line.flag=1 # 左右转后直线
    else:
        Line.flag=0# 未检测到
# 图像上显示检测到的直角类型
    turn_type='N' # 什么转角也不是
    if LineFlag.turn_left:
        turn_type='L' # 左转
    elif LineFlag.turn_right:
        turn_type='R' # 右转
```

```
        img.draw_string(0,0,turn_type,color=(255,255,255))
      # 计算角度
        CX1=roi_blobs_result['up']['cx']
        CX2=roi_blobs_result['middle']['cx']
        if  Line.flag:
            Line.distance=CX2-80
        else:
            Line.distance=0
        CX3=roi_blobs_result['down']['cx']
        CY1=roi_blobs_result['up']['cy']
        CY2=roi_blobs_result['middle']['cy']
        CY3=roi_blobs_result['down']['cy']
        if LineFlag.turn_left or LineFlag.turn_right:
            Line.angle=math.atan((CX2-CX3) /(CY2-CY3))*  rad_to_angle
            Line.angle=int(Line.angle)
elif Line.flag==1 and(roi_blobs_result['down']['blob_flag'] and roi_blobs_result
['up']['blob_flag'] ):
            Line.angle=math.atan((CX1-CX3) /(CY1-CY3))*  rad_to_angle
            Line.angle=int(Line.angle)
        elif(not roi_blobs_result['down']['blob_flag'] )and roi_blobs_result['up']['
blob_flag']and( roi_blobs_result['right']['blob_flag'] or roi_blobs_result['left
']['blob_flag'])and roi_blobs_result['left']['blob_flag'] !=roi_blobs_result['
right']['blob_flag']:
            Line.angle=math.atan((CX1-CX2) /(CY1-CY2))*  rad_to_angle
            Line.angle=int(Line.angle)
        else:
            Line.angle=0

# 线检测
def LineCheck():
      #  拍摄图片
        global img
        img=sensor.snapshot()
        lines=img.find_lines(threshold=1000,theta_margin=50,rho_margin=50)
        if not lines:
            Line.cross_x=Line.cross_y=Line.cross_flag=0
       # 寻找相交的点 要求满足角度阈值
        find_interserct_lines(lines,angle_threshold=(45,90),window_size=(IMG_WIDTH,
IMG_HEIGHT))
        find_blobs_in_rois(img)
        print('交点坐标',Line.cross_x,-Line.cross_y,Line.cross_flag)
      # 寻线数据打包发送
      Message. UartSendData ( Message. LineDataPack ( Line. flag, Line. angle, Line.
distance,Line.cross_flag,Line.cross_x,Line.cross_y,Message.Ctr.T_ms))
```

```
    return Line.flag

# * * * * * * * * * * * * (C)COPYRIGHT 2019 ANO * * * * * * * * * * * * * #
```

③Message. py。

```
# * * * * * * * * * * * * * (C)COPYRIGHT 2019 ANO * * * * * * * * * * * * * * * * #
from pyb import UART
import LineFollowing
uart=UART(3,500000)# 初始化串口 波特率 500000

class Receive(object):
    uart_buf=[]
    _data_len=0
    _data_cnt=0
    state=0

R=Receive()
# WorkMode=1 为寻点模式
# WorkMode=2 为寻线模式,包括直线、转角
class Ctrl(object):
    WorkMode=2# 工作模式
    IsDebug=1# 不为调试状态时,关闭某些图形显示等,有利于提高运行速度
    T_ms=0
# 类的实例化
Ctr=Ctrl()

def UartSendData(Data):
    uart.write(Data)

# 串口数据解析
def ReceiveAnl(data_buf,num):
  # 和校验
    sum=0
    i=0
    while i<(num-1):
        sum=sum+data_buf[i]
        i=i+1
    sum=sum% 256 # 求余
    if sum !=data_buf[num-1]:
        return
    # 和校验通过
    if data_buf[4]==0x06:
    # 设置模块工作模式
        Ctr.WorkMode=data_buf[5]
```

```
# 串口通信协议接收
def ReceivePrepare(data):
    if R.state==0:
        if data==0xAA: # 帧头
            R.uart_buf.append(data)
            R.state=1
        else:
            R.state=0
    elif R.state==1:
        if data==0xAF:
            R.uart_buf.append(data)
            R.state=2
        else:
            R.state=0
    elif R.state==2:
        if data==0x05:
            R.uart_buf.append(data)
            R.state=3
        else:
            R.state=0
    elif R.state==3:
        if data==0x01:# 功能字
            R.state=4
            R.uart_buf.append(data)
        else:
            R.state=0
    elif R.state==4:
        if data==0x06:# 数据个数
            R.state=5
            R.uart_buf.append(data)
            R._data_len=data
        else:
            R.state=0
    elif R.state==5:
        if data==1 or data==2 or data==3:
            R.uart_buf.append(data)
            R.state=6
        else:
            R.state=0
    elif R.state==6:
        R.state=0
        R.uart_buf.append(data)
        ReceiveAnl(R.uart_buf,7)
        R.uart_buf=[]# 清空缓冲区,准备下次接收数据
```

```
    else:
        R.state=0

# 读取串口缓存
def UartReadBuffer():
    i=0
    Buffer_size=uart.any()
    while i<Buffer_size:
        ReceivePrepare(uart.readchar())
        i=i+1

# 点检测数据打包
def DotDataPack(color,flag,x,y,T_ms):
    print("found:x=",x,"  y=",-y)
    pack_data=bytearray([0xAA,0x29,0x05,0x41,0x00,color,flag,x>>8,x,(-y)>>8,
(-y),T_ms,0x00])
    lens=len(pack_data)# 数据包大小
    pack_data[4]=7;# 有效数据个数
    i=0
    sum=0
# 和校验
    while i<(lens-1):
        sum=sum+pack_data[i]
        i=i+1
    pack_data[lens-1]=sum;
    return pack_data

# 线检测数据打包
def LineDataPack(flag,angle,distance,crossflag,crossx,crossy,T_ms):
    if(flag==0):
        print("found:angle",angle,"  distance=",distance,"  Line state no line
detected")
    elif(flag==1):
        print("found:angle",angle,"  distance=",distance,"  Line status line")
    elif(flag==2):
        print("found:angle",angle,"  distance=",distance,"  Line status turn
left")
    elif(flag==3):
        print("found:angle",angle,"  distance=",distance,"  Line status turn
right")

    line_data=bytearray([0xAA,0x29,0x05,0x42,0x00,flag,angle>>8,angle,distance
>>8,distance,crossflag,crossx>>8,crossx,(-crossy)>>8,(-crossy),T_ms,0x00])
    lens=len(line_data)# 数据包大小
```

```
    line_data[4]=11;# 有效数据个数
    i=0
    sum=0
   # 和校验
    while i<(lens-1):
        sum=sum+line_data[i]
        i=i+1
    line_data[lens-1]=sum;
    return line_data
# 用户数据打包
def UserDataPack(data0,data1,data2,data3,data4,data5,data6,data7,data8,data9):
    UserData=bytearray([0xAA,0x05,0xAF,0xF1,0x00
                        ,data0,data1,data2>>8,data2,data3>>8,data3
                        ,data4>>24,data4>>16,data4>>8,data4
                        ,data5>>24,data5>>16,data5>>8,data5
                        ,data6>>24,data6>>16,data6>>8,data6
                        ,data7>>24,data7>>16,data7>>8,data7
                        ,data8>>24,data8>>16,data8>>8,data8
                        ,data9>>24,data9>>16,data9>>8,data9
                        ,0x00])
    lens=len(UserData)# 数据包大小
    UserData[4]=lens-6;# 有效数据个数
    i=0
    sum=0
   # 和校验
    while i<(lens-1):
        sum=sum+UserData[i]
        i=i+1
    UserData[lens-1]=sum;
    return UserData

# * * * * * * * * * * * * * * * * (C)COPYRIGHT 2019 ANO * * * * * * * * * * * * * * #
```

3)实验过程与现象

(1) 将匿名 OpenMV4 提供的 4 个 py 文件复制到 OpenMV 的 U 盘中,覆盖原文件,断电重启即可运行。

(2) 运行 OpenMV IED,打开 OpenMV 的 U 盘中的 main. py,单击左下角的连接、运行按钮,将摄像头对准白底黑线,如连接匿名 OpenMV4 的 USB 线,观察到右边图像上的识别绿框和“RGB 色彩空间”的直方图如图 7-72 所示。观察到串口调试助手输出的结果,如图 7-73 所示。

图 7-72　观察 OpenMV IDE 右边图像上的识别绿框和“RGB 色彩空间”的直方图

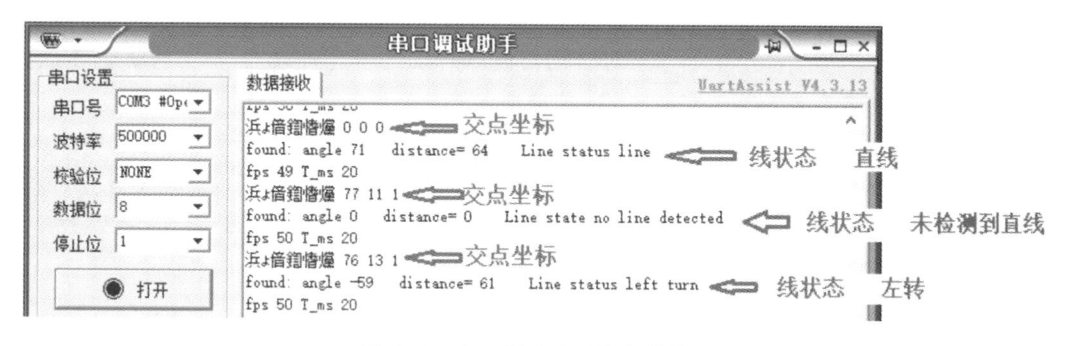

图 7-73　串口调试助手输出的结果

7.11　UWB 定位实验

1. 模块简介

UWB(ultra wideband)是一种无载波通信技术，利用的是纳秒至微秒级的非正弦波窄脉冲传输数据。有人称它为无线通信领域的一次革命性进展，认为它将成为未来短距离无线通信的主流技术。

总的来说，UWB 在早期被用来应用在近距离高速数据传输中，近年来国内外开始利用其亚纳秒级超窄脉冲来做近距离精确室内定位。匿名 UWB 定位模块就是利用超宽带技术制作的一款集测距、定位、数据传输于一体的多功能模块。

匿名 UWB 模块适用于室内定位，可以通过摆放 3 个固定基站，然后在移动物体上固定一个标签，由标签测量到 3 个基站的距离；获取 3 个距离后，即可根据 3 边定位法确定标签相对基站的位置，从而实现室内的定位。该功能非常适合各种无人机竞赛、教研室科研项目、公司定制开发等应用环境。当需要知道两个物体之间的距离时，同样可以利用两个匿名 UWB 模块，分别固定到两个物体上，两个模块之间可以实现实时测距，测距频率可达一千赫兹以上，性能强劲，可以通过模块串口实时输出这个距离值，应用非常方便。匿名 UWB 模块最新加入了数据传输功能，依托于强大的 UWB 芯片，可以实现快速、低延时、稳定、双向的数据传输功能，重要的是，数据传输功能并不影响 UWB 模块的测距和定位功能，可以在测距和定位的同时进行数据传输，也就是说在测距和定位的同时，还可以通过本模块直接传输调试数据、控制数据、用户自定义数据等，大大方便用户的使用。

图 7-74 匿名 UWB 模块

匿名 UWB 模块如图 7-74 所示，简单易用，模块板载 USB、串口，可以通过 USB 方便地连接配套的上位机，通过上位机即可对模块进行运行模式以及各种参数的配置，并且各项参数均可断电保存，并且模块可以通过板载串口进行数据输出，包括测距数据、定位数据，均可通过串口实时输出，串口采用 3.3V 电平，方便接入外部系统。模块内置完善的滤波算法和定位算法，可以直接通过串口输出滤波后的测距数据和定位数据，用户可以直接应用这些数据，不必再苦恼于底层算法。

（参考匿名科创——匿名 UWB 超宽带定位模块，1. 总体介绍。）

2. 模块实验

【实验 7-17】 配置和使用匿名 UWB 模块。

此示例说明如何配置和使用匿名 UWB 模块。

1）硬件设计

（省略）

2）软件设计（编程）

（省略）

3）实验过程与现象

模块配置过程如下。

(1) 如何连接上位机。

模块通过 USB 连接至计算机(同一时间只能有一个模块通过 USB 连接至计算机),打开匿名上位机软件,打开上位机的程序设置标签页,选择 HID 模式,点击搜索按钮。如果模块和计算机连接正常,即可搜索到匿名无线定位模块,选中该选项,点击上位机软件左下角的未连接按钮,打开连接(见图 7-75)。打开 UWB 页面如图 7-76 所示。

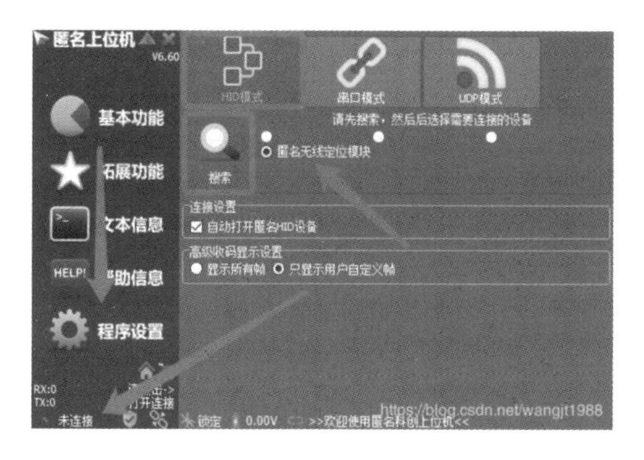

图 7-75　连接和搜索匿名 UWB

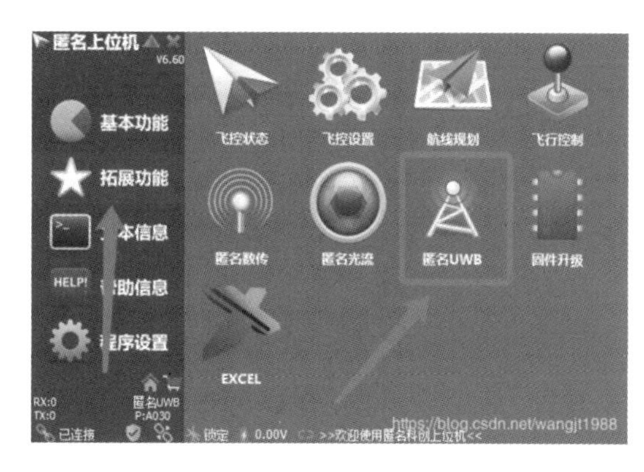

图 7-76　选择匿名 UWB

(2) 设置定位系统参数。

首先,点击右侧读取配置按钮,读取模块内的配置信息,如图 7-77 所示(必须成功读取信息后,写入配置按钮才可以激活)。

图 7-77　设置定位系统参数

在第一步系统设置内,设置基站数量和标签数量,比如一对一测距,那就设置为 1 基站 1 标签,如果是单目标定位,就设置为 3 基站 1 标签。

注意:所有模块的基站数量和标签数量设置必须相同。

(3) 设置基站摆放距离。

这里设置基站的距离信息,如图 7-78 所示。

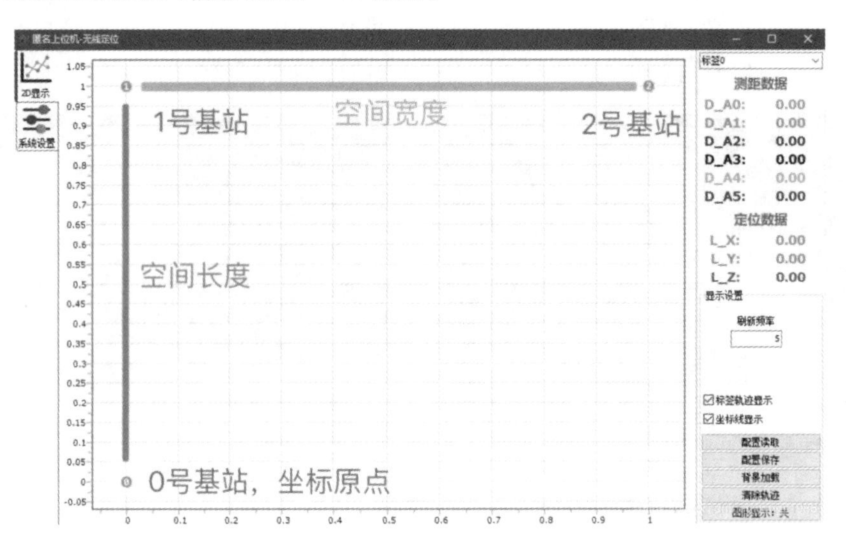

图 7-78　设置基站的距离信息

(4) 设置模块的工作模式。

选中标签模式选项卡,即表示设置本模块为标签模式(见图 7-79)。

图 7-79　设置模块为标签模式

标签序号:设置本标签的序号,从 0 开始。

滤波参数:参数越小实时性越强,但是数据形状波动越大;参数越大数据形状越平滑,但实时性减弱。

基站距离校准:后续启用,目前不用设置。

串口数据输出:这里可以设置串口波特率,不建议低于 500000,防止串口数据阻塞。同时可以开启或关闭特定数据的输出功能。

选中基站模式选项卡，即表示设置本模块为基站模式（见图 7-80）。本模式只需设置基站的序号，以及基站的串口波特率、串口输出信息功能。目前基站串口可输出各标签的位置信息，不输出距离信息。

图 7-80　设置模块为基站模式

（5）写入配置。

点击 UWB 页面右侧的写入配置按钮（如果写入按钮为灰色不可点击，说明您未成功读取模块内的信息，必须先成功读取信息后，再进行配置更改，然后写入），即可将上述设置信息写入到模块，如图 7-81 所示。上位机提示写入完成后，延时 5s 待模块完成保存即可拔下模块。配置信息会存储在模块内，断电不丢失。

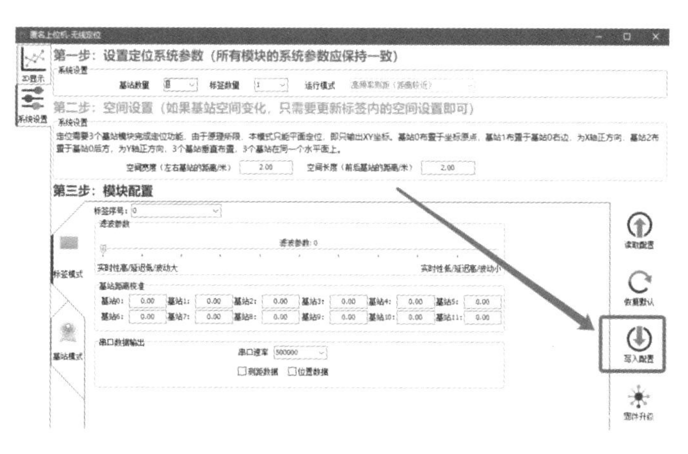

图 7-81　UWB 写入配置

（参考匿名科创——匿名 UWB 超宽带定位模块，2. 使用介绍。）

第8章　STM32 GCC、Maple 和 STM32duino

GNU 计划由 Richard Matthew Stallman 在 1983 年 9 月 27 日公开发起，它的目标是创建一套完全自由的操作系统，以 GPL(GNU General Public License，GNU 通用公共许可证)的方式发布。

1990 年，GNU 计划已经开发出的软件包括：一个功能强大的文字编辑器 Emacs；GCC(GNU compiler collection，GNU 编译器集合)，是一套由 GNU 开发的编程语言编译器；以及大部分 UNIX 系统的程序库和工具。

1991 年 Linus Benedict Torvalds 编写出了与 UNIX 兼容的 Linux 操作系统内核并在 GPL 条款下发布。Linux 之后在网上广泛流传，许多程序员参与了开发与修改。1992 年，Linux 与其他 GNU 软件结合，完全自由的操作系统正式诞生。该操作系统往往被称为“GNU/Linux”或简称 Linux。

许多 UNIX 系统上也安装了 GNU 软件，因为 GNU 软件的质量比之前 UNIX 的软件还要好。GNU 工具还被广泛地移植到 Windows 和 Mac OS 上。

GNU ARM 嵌入式工具链(GNU ARM embedded toolchain)是用于 ARM Cortex-M 和 Cortex-R 处理器的预构建 GNU 工具链，包括 GNU C/C＋＋Compiler、Binutils、GDB、Newlib，这些是经过集成和验证的软件包，具有 ARM 嵌入式 GCC 编译器、库和其他基于 ARM Cortex-M 和 Cortex-R 处理器的设备进行裸机软件开发所必需的 GNU 工具。这些工具链可在 Microsoft Windows，Linux 和 Mac OS X 主机操作系统上进行交叉编译；基于 FSF(Free Software Foundation，自由软件基金会)的 GNU 开源工具和新库(newlib)；支持 ARM 的 Cortex-M3、Cortex-R4 等处理器；支持非 OS 或“裸机”环境的代码生成。

实际上，我们可以和 Arduino 一样来使用 STM32，为此需要在 AS-07 型 STM32 实验板上烧写调试 maple-bootloader 和 STM32duino-bootloader，可以使用他人搭建好的 gaide(GNU ARM integrated development environment)，也可以自己搭建基于 eclipse 的 GNU ARM GCC 环境，当然也可以使用 Atollic TrueSTUDIO for STM32 9. 3. 0 和 STM32CubeIDE 1. 0. 0，特别是 ST 的 STM32CubeIDE 实际上是 STM32CubeMAX＋TrueSTUDIO，图形化配置 STM32、自动创建 GCC 工程、编译下载调试程序，使用免费开源 GCC 开发 STM32 就十分方便。

8.1　STM32 GCC 环境搭建

自己搭建 STM32 GCC 环境需要 JAVA 、eclipse-inst-win64. exe 、CDT(C/C＋＋Develoment Tools SDK)、GNU ARM plug-ins for Eclipse 、gcc-arm-none-eabi-4_8-2014q3-

20140805-win32.exe(或最新 gcc-arm-none-eabi-8-2019-q3-update-win32.exe)、gnuarmeclipse-build-tools-win64-2.6-201507152002-setup.exe 等软件，以及 ST-Link Utility、J-link驱动软件，使用 ST-LINK 和 J-LINK 调试或下载到 AS-07 运行，如图 8-1 所示。

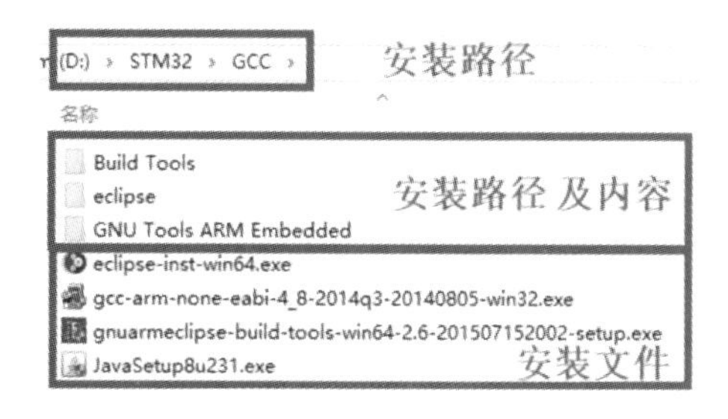

图 8-1　STM32 GCC 环境搭建

8.1.1　下载安装 JAVA

1. 下载 JAVA

下载网址为 https://www.java.com/it/download/win10.jsp，如图 8-2 所示。

图 8-2　下载 JAVA

2. 安装

默认安装即可，如图 8-3 所示。

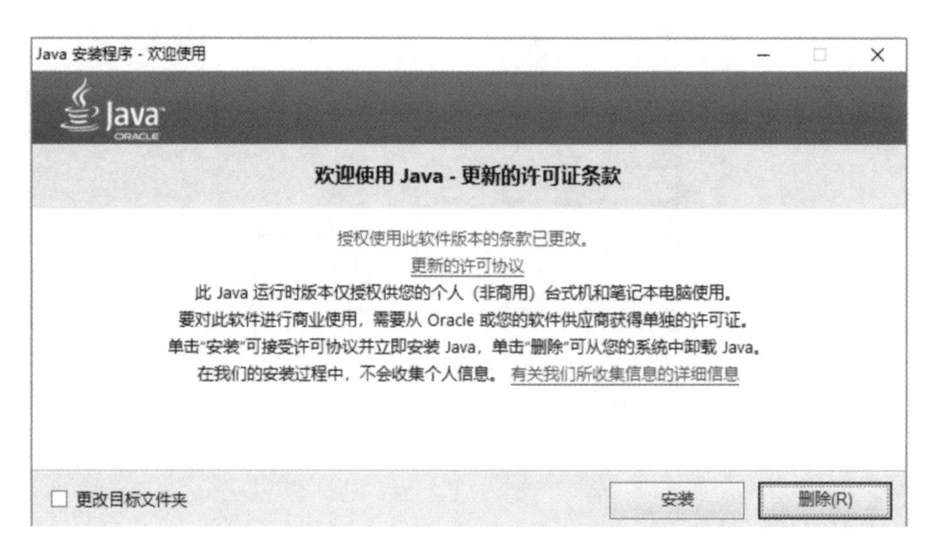

图 8-3　安装 JAVA

8.1.2　下载安装 Eclipse

Eclipse 是一个开放源代码的、基于 Java 的可扩展开发平台。就其本身而言，它只是一个框架和一组服务，用于通过插件组件构建开发环境。

1. 下载 Eclipse

下载网址为 https://www.eclipse.org/downloads/download.php?file=/oomph/epp/2019-09/R/eclipse-inst-win64.exe，如图 8-4 所示。

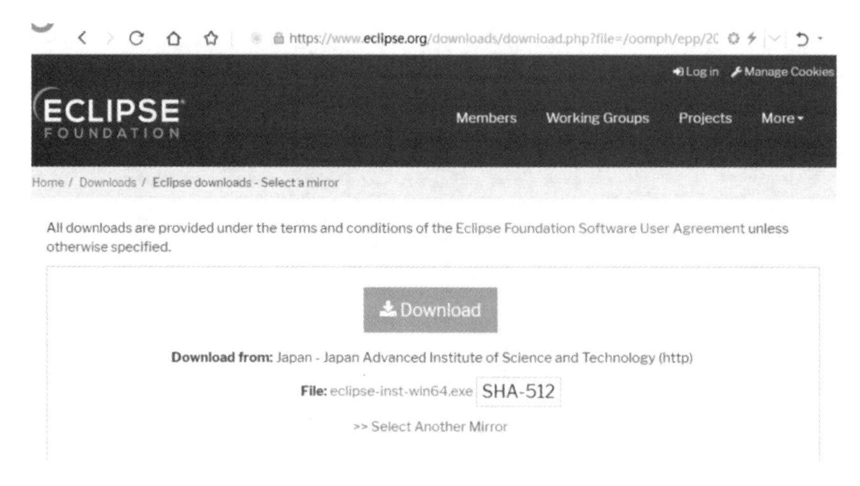

图 8-4　下载 Eclipse

2. 安装 Eclipse

选择 Eclipse IDE for C/C++Developers，如图 8-5 所示，然后选择安装路径，如图 8-6 所示。

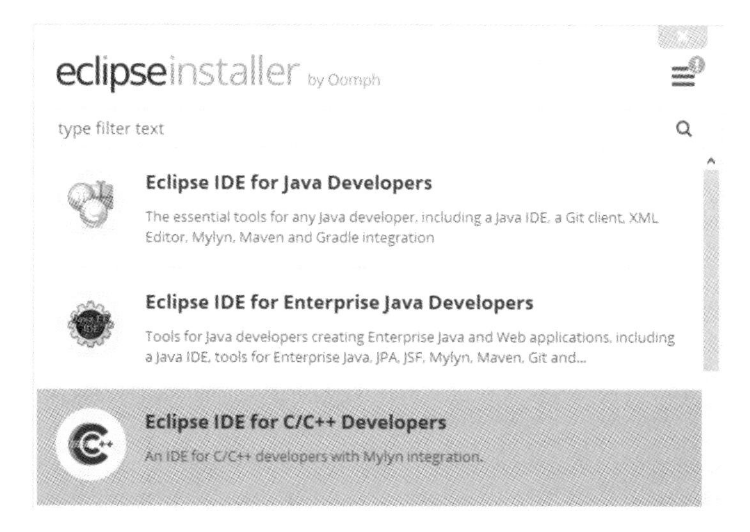

图 8-5　安装 Eclipse(选择类别)

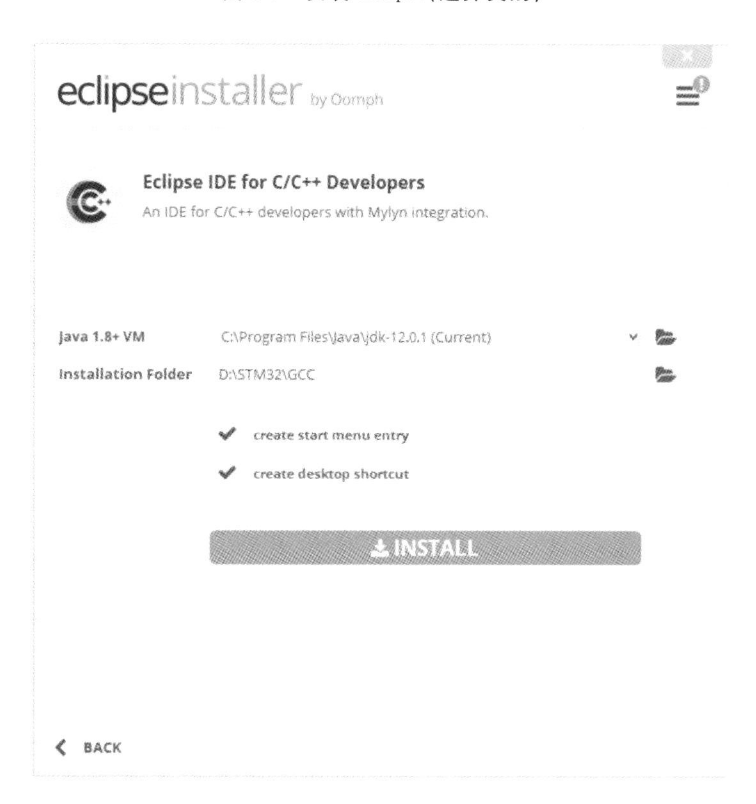

图 8-6　安装 Eclipse(安装路径)

3. 打开 Eclipse

打开工作目录，如图 8-7 所示。

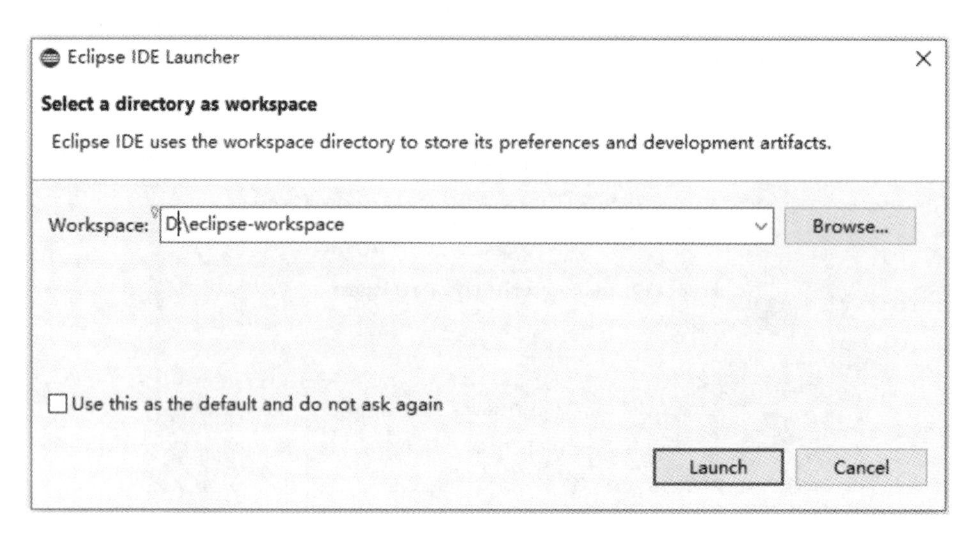

图 8-7　打开 Eclipse(工作目录)

8.1.3　安装 CDT

安装 CDT(C/C++Development Tools SDK)的步骤如下。

(1) Help→Install New Software，如图 8-8 所示。

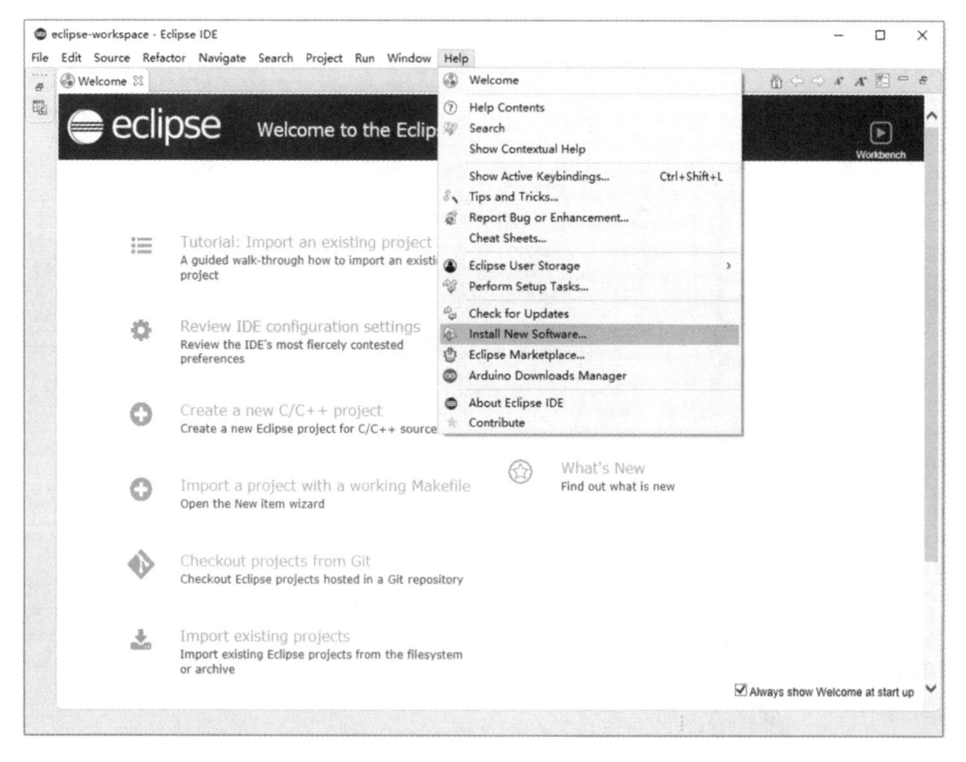

图 8-8　Install New Software

(2)选择安装CDT,如图8-9所示。

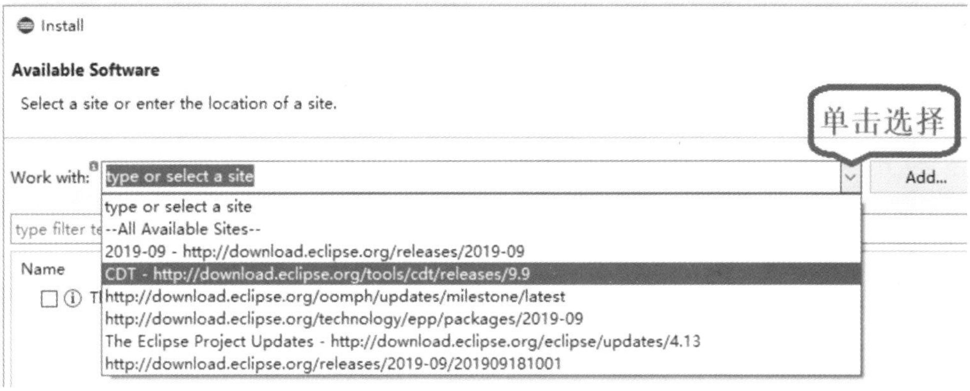

Install

Available Software

Select a site or enter the location of a site.

单击选择

Work with: type or select a site　Add...

type filter te

Name

type or select a site
--All Available Sites--
2019-09 - http://download.eclipse.org/releases/2019-09
CDT - http://download.eclipse.org/tools/cdt/releases/9.9
http://download.eclipse.org/oomph/updates/milestone/latest
http://download.eclipse.org/technology/epp/packages/2019-09
The Eclipse Project Updates - http://download.eclipse.org/eclipse/updates/4.13
http://download.eclipse.org/releases/2019-09/201909181001

图8-9　选择安装CDT

(3)选择C/C++开发工具库,并且仅勾选"CDT Main Features",如图8-10所示。

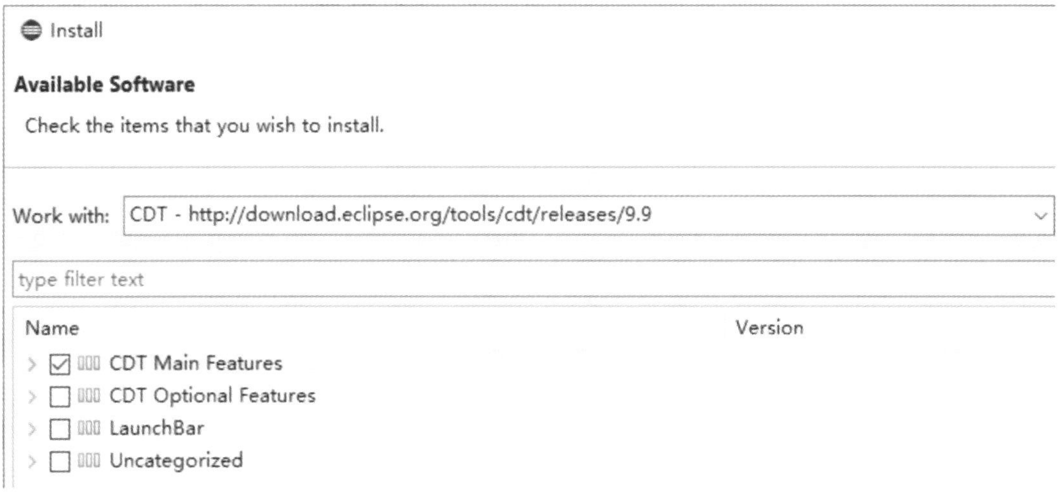

Install

Available Software

Check the items that you wish to install.

Work with: CDT - http://download.eclipse.org/tools/cdt/releases/9.9

type filter text

Name　Version

CDT Main Features
CDT Optional Features
LaunchBar
Uncategorized

图8-10　选择安装CDT Main Features

8.1.4　安装GNU ARM插件

GNU ARM plug-ins for Eclipse插件向Eclipse CDT添加了丰富的功能,并集成到GCC ARM工具链接口。此外,它们还为STM32平台提供了特定功能。

单击"Help"→"Install New Software",单击"Add...",填写Name为"GNU ARM Eclipse Plug-ins",Location为"http://gnuarmeclipse.sourceforge.net/updates",如图8-11所示。然后单击"Add",选择需要安装的插件,如图8-12所示,单击"Next",并按照说明进行操作,重新启动IDE。

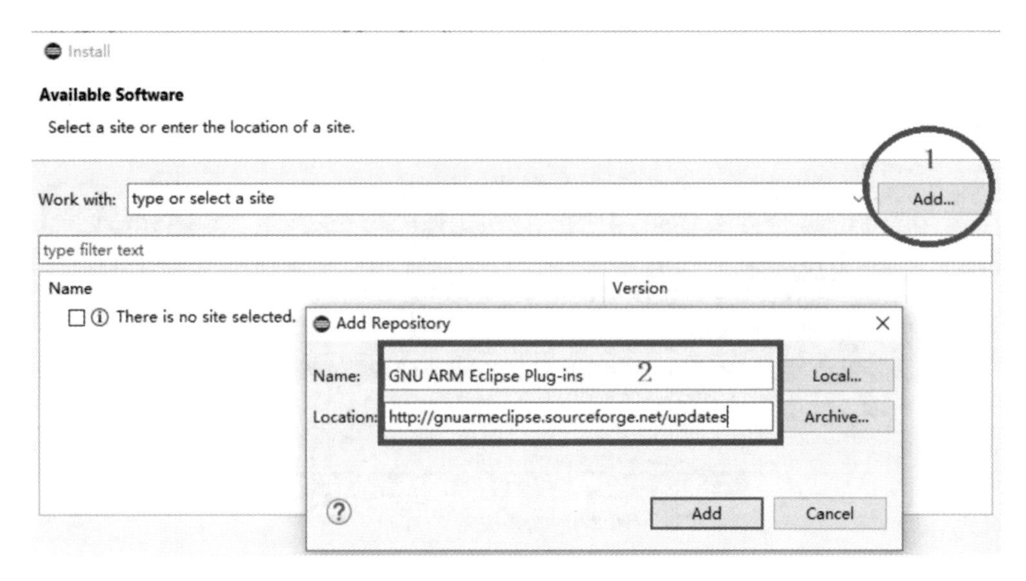

图 8-11　安装 GNU ARM Eclipse Plug-ins

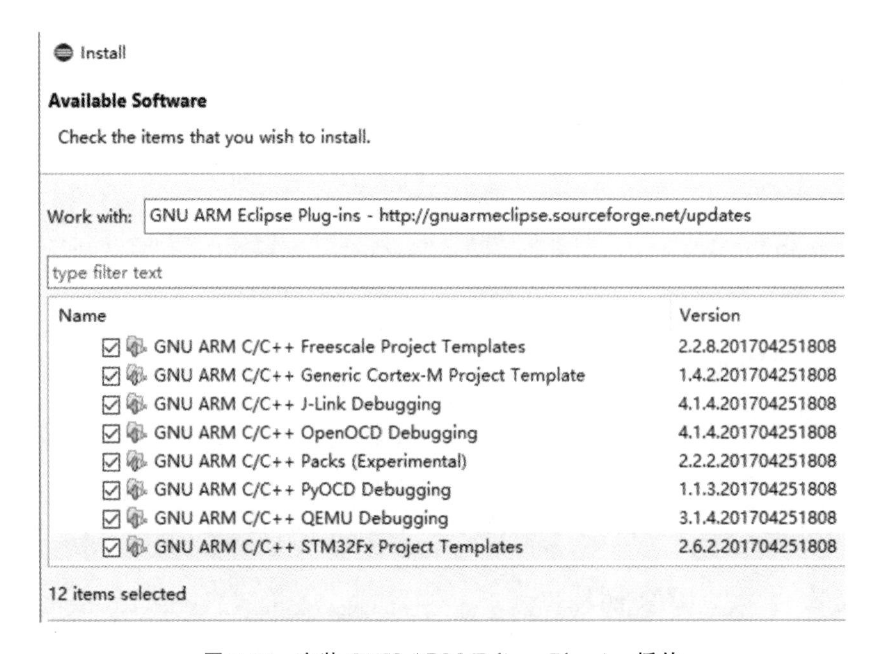

图 8-12　安装 GNU ARM Eclipse Plug-ins 插件

8.1.5　下载安装 GCC ARM 工具链

1. 下载

ARM Coretex 平台的 GCC 工具链 GNU ARM Embedded Toolchain 4.8，下载网址为 https://launchpad.net/gcc-arm-embedded/4.8/4.8-2014-q3-update（或者 https://launchpad.net/gcc-arm-embedded/+announcement/15293）。

2. 安装

安装gcc-arm-none-eabi-4_8-2014q3-20140805-win32，如图8-13所示。

图8-13 安装gcc-arm-none-eabi-4_8-2014q3-20140805-win32

8.1.6 下载安装build tools编译工具

1. 下载

Eclipse默认使用第三方build tools，安装Gnu arm eclipse-build-tools-win64-2.6-201507152002-setup.exe文件。下载网址为https://sourceforge.net/projects/gnuarmeclipse/files/Build%20Tools/gnuarmeclipse-build-tools-win64-2.6-201507152002-setup.exe/download。

2. 安装

安装build tools如图8-14所示。

8.1.7 使用GCC创建STM32F10x工程和编译及下载运行

(1)在安装目录D:\STM32\GCC\eclipse下，双击“eclipse.exe”，启动Eclipse，单击“File”→“New”→“Project”→“C Project”，如图8-15和图8-16所示。

(2)新建GPIO_Test_1工程，选择STM32F10x C/C++Project，如图8-17所示。

其他的设置如图8-18至图8-21所示。

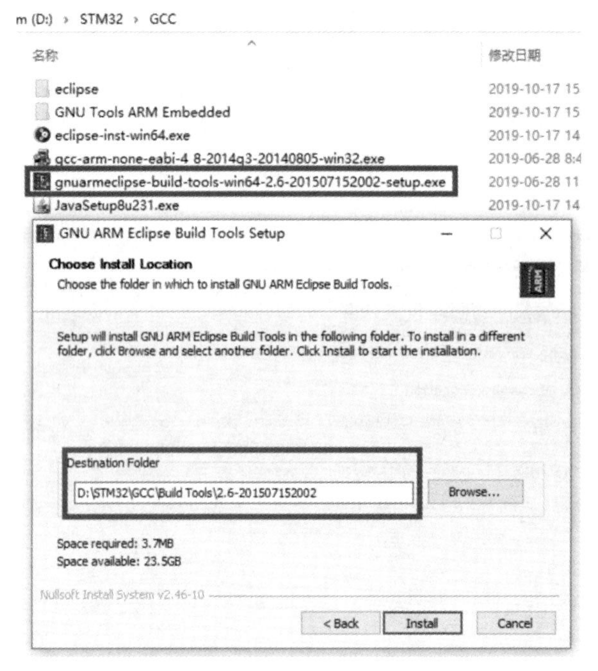

图 8-14　安装 build tools

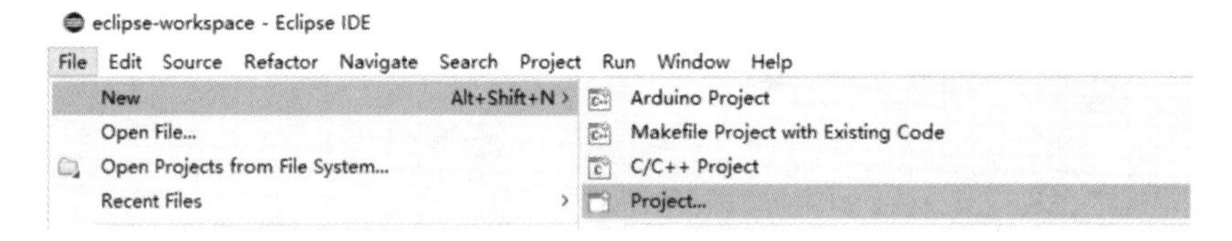

图 8-15　新建 eclipse 工程

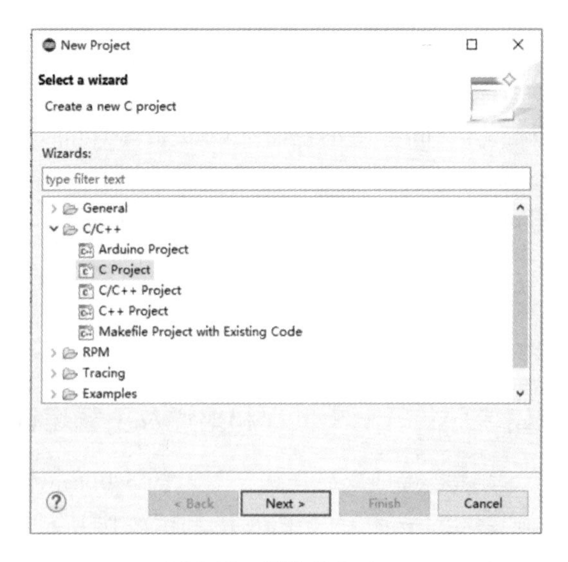

图 8-16　新建 C Project

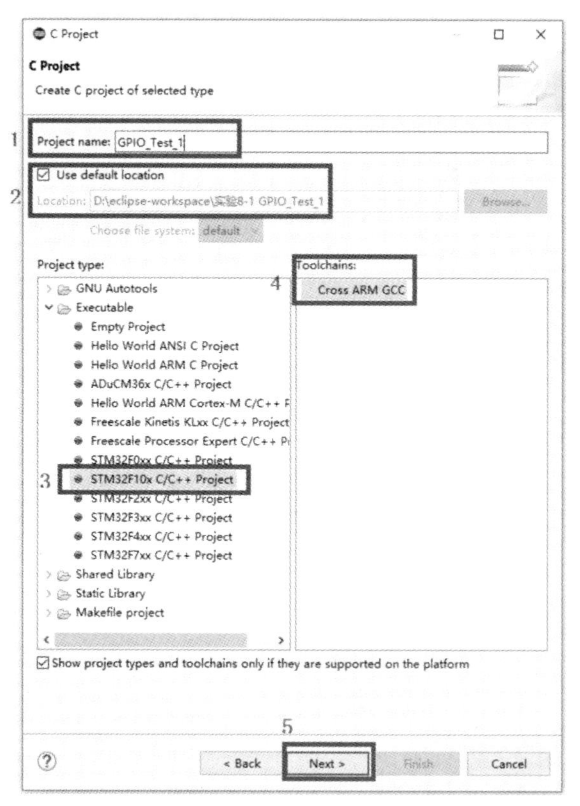

图 8-17　新建 STM32F10x C/C++Project(工程名 GPIO_Test_1)

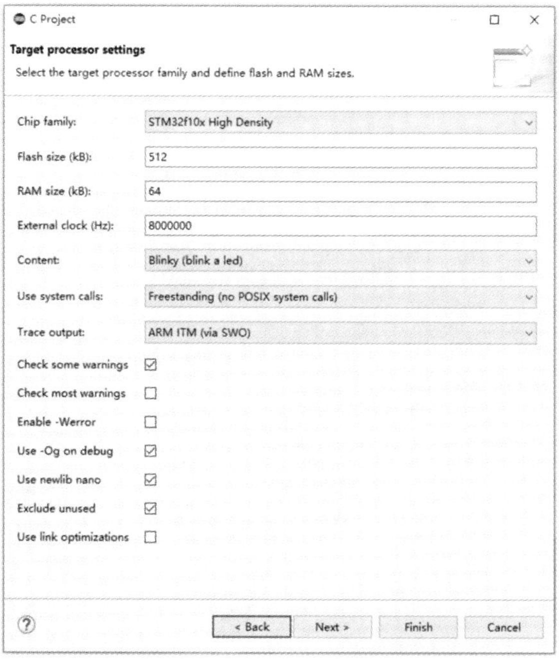

图 8-18　按照 STM32F103VE 参数设置

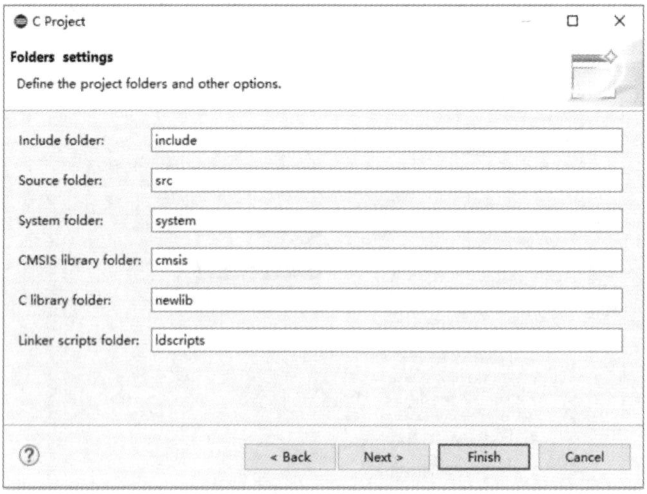

图 8-19 工程文件设置

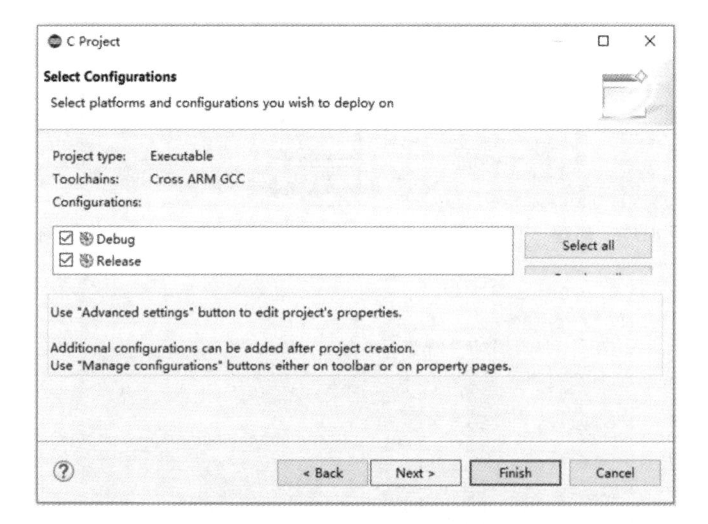

图 8-20 工程调试设置

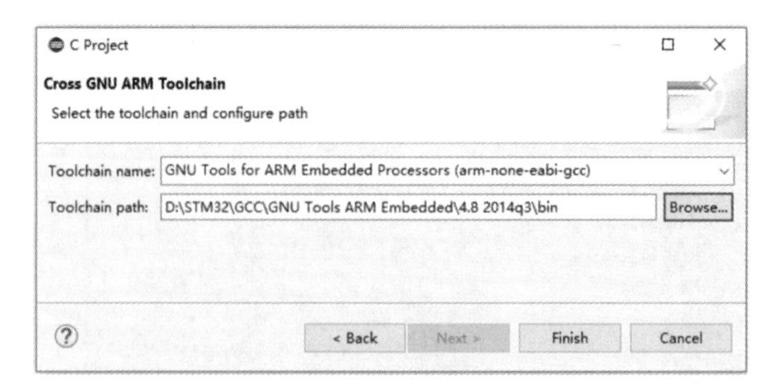

图 8-21 设置工程的工具链

(3)设置工具链和编译工具。

按照 Windows→Preferences→C/C++/Build/Global Tools Paths 来设置，如图 8-22 所示。

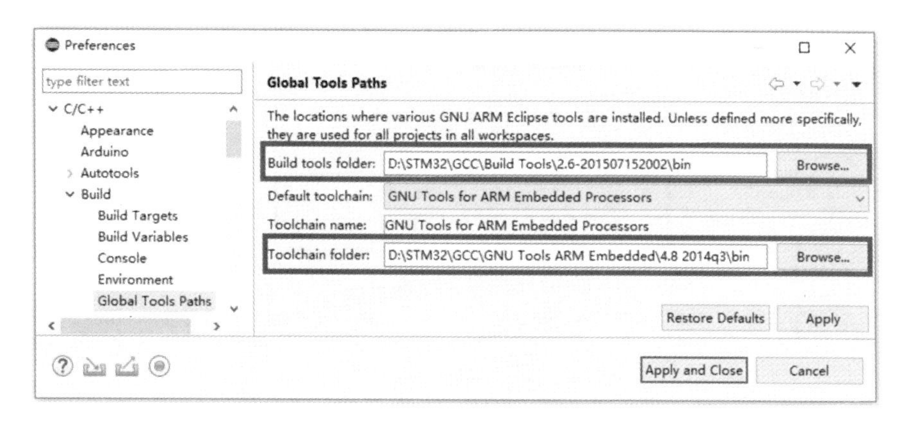

图 8-22　设置工具链和编译工具

(4)点击“Project”→“Build all”开始编译，控制台出现并生成 elf 和 hex，如图 8-23 所示。

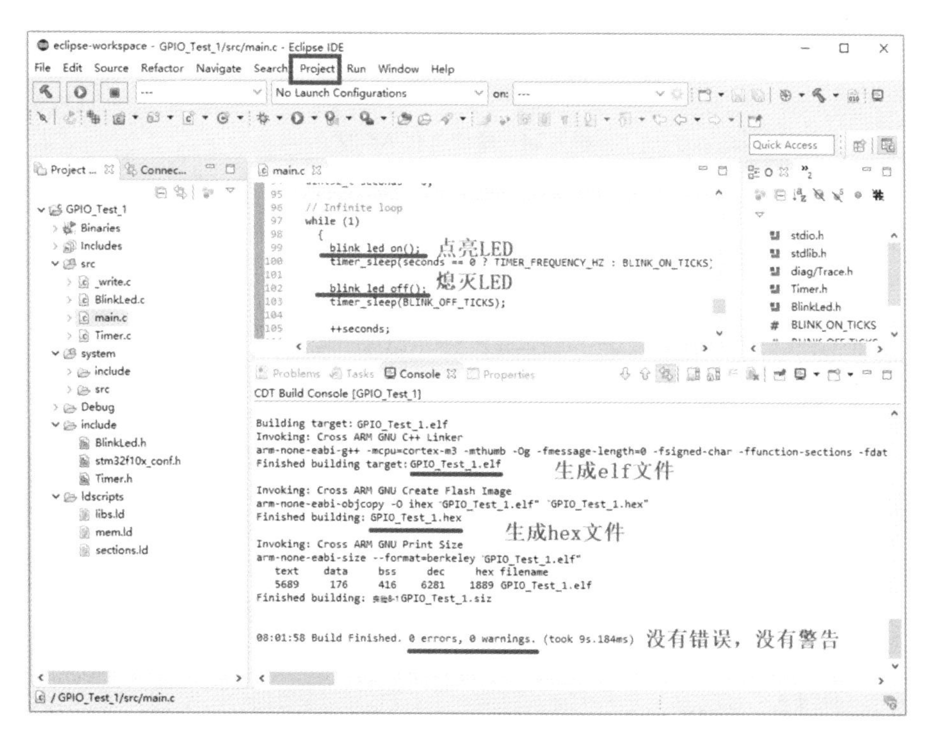

图 8-23　编译工程

(5)修改 BlinkLed.h，设置为 PC6(适合 AS-07)，如图 8-24 所示。

(6)设置器件包，单击“Windows”→“preferences”→“Packages”，如图 8-25 至图 8-28 所示。

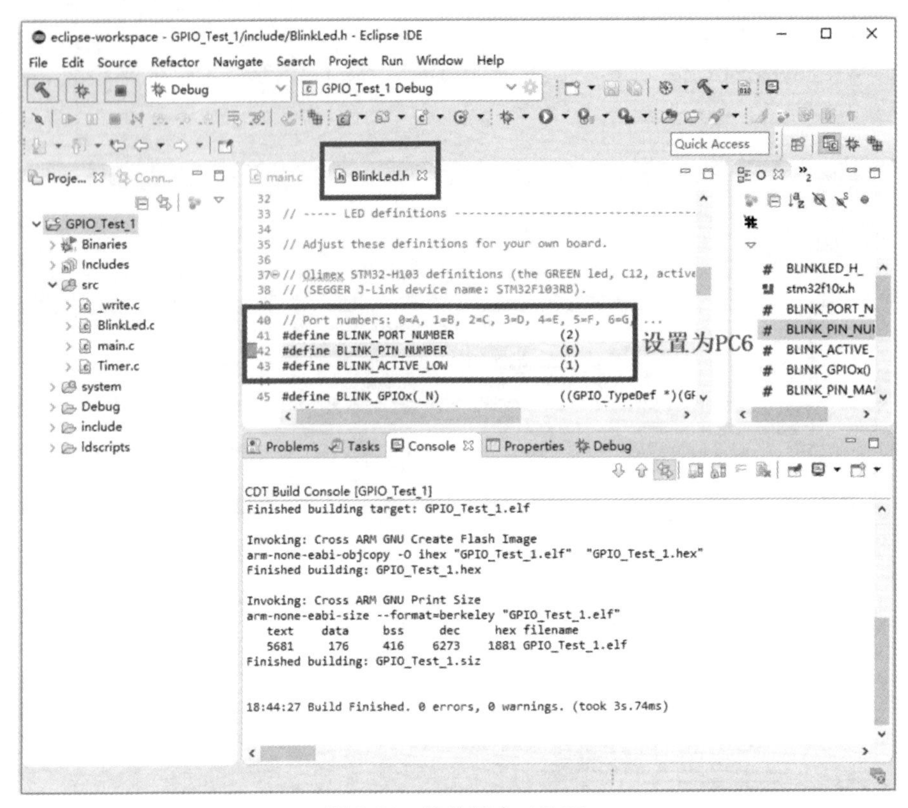

图 8-24 修改适合 AS-07

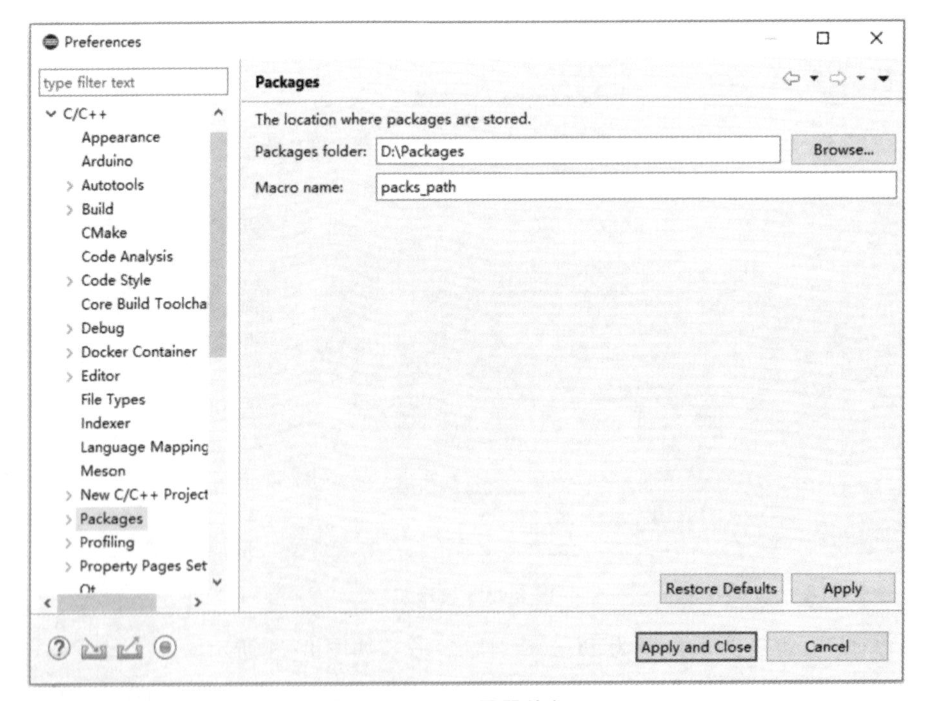

图 8-25 设置器件包

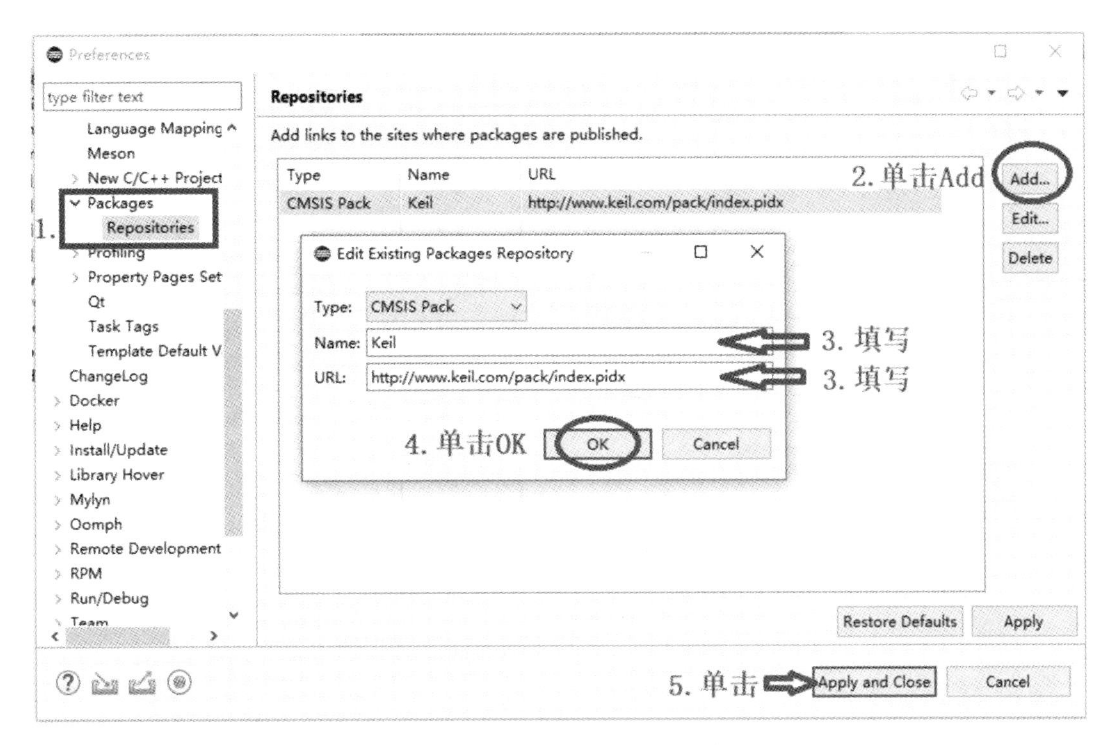

图8-26 设置器件包Keil

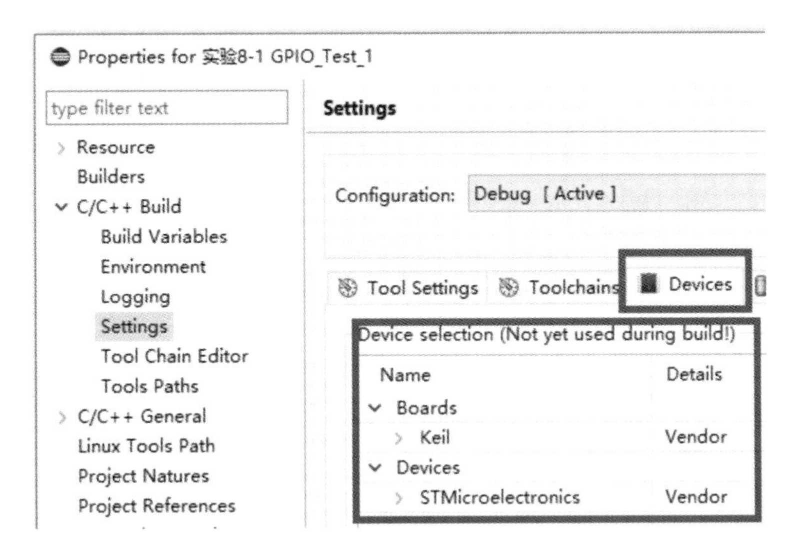

图8-27 设置器件包STMicroelectronics

(7)调试设置及调试，如图8-29至图8-34所示。

(8)运行设置，单击“Run”→“External Tools”→“External Tools Configurations”，命名创建ST-Link调试，如图8-35所示。

设置ST-Link：

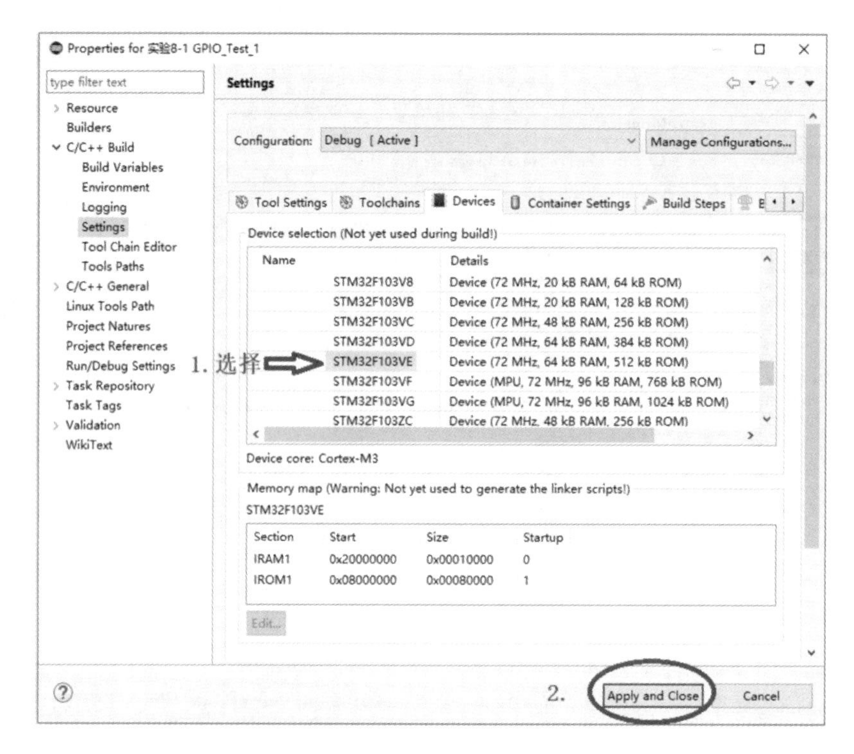

图 8-28　设置器件包 STM32F103VE

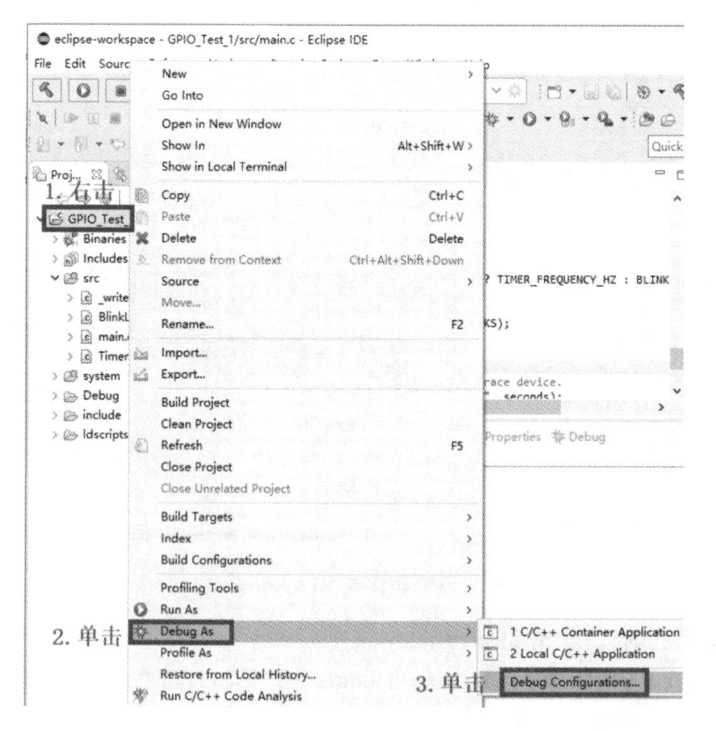

图 8-29　调试设置

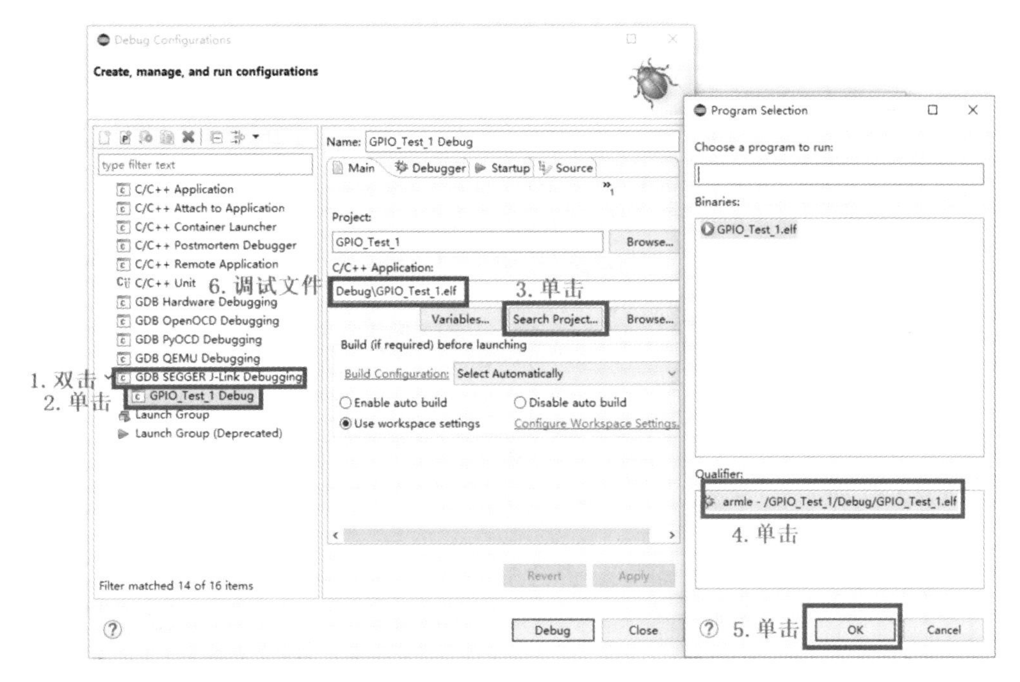

图8-30　调试设置(调试文件)

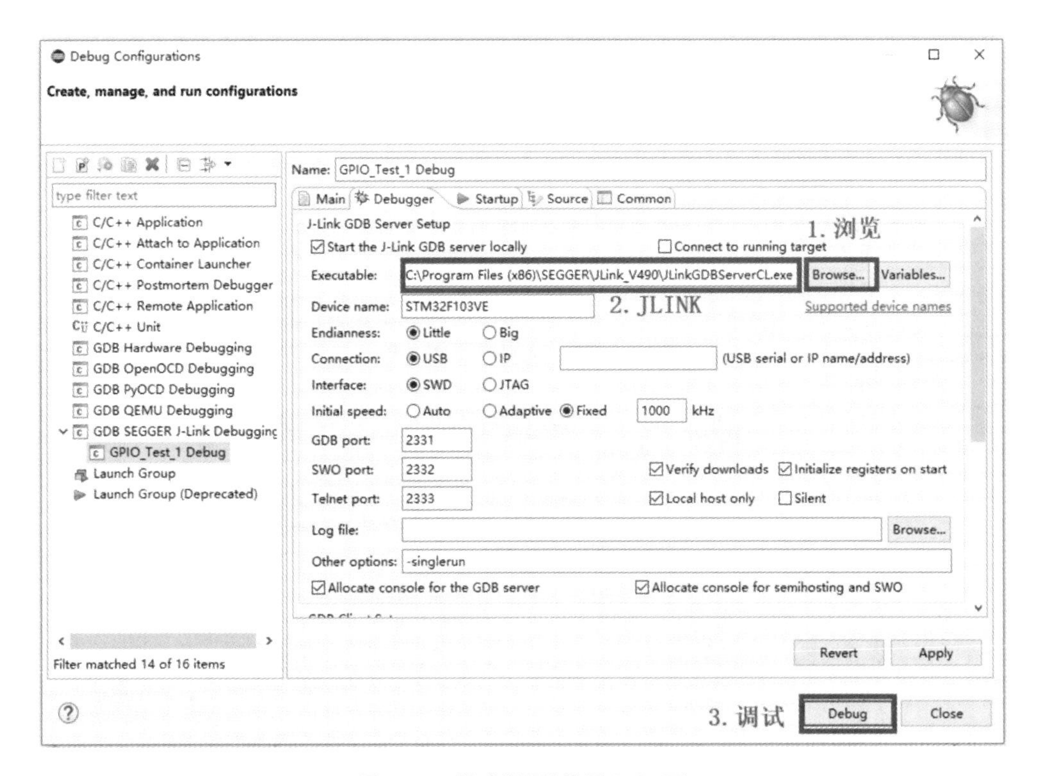

图8-31　调试设置(使用JLINK)

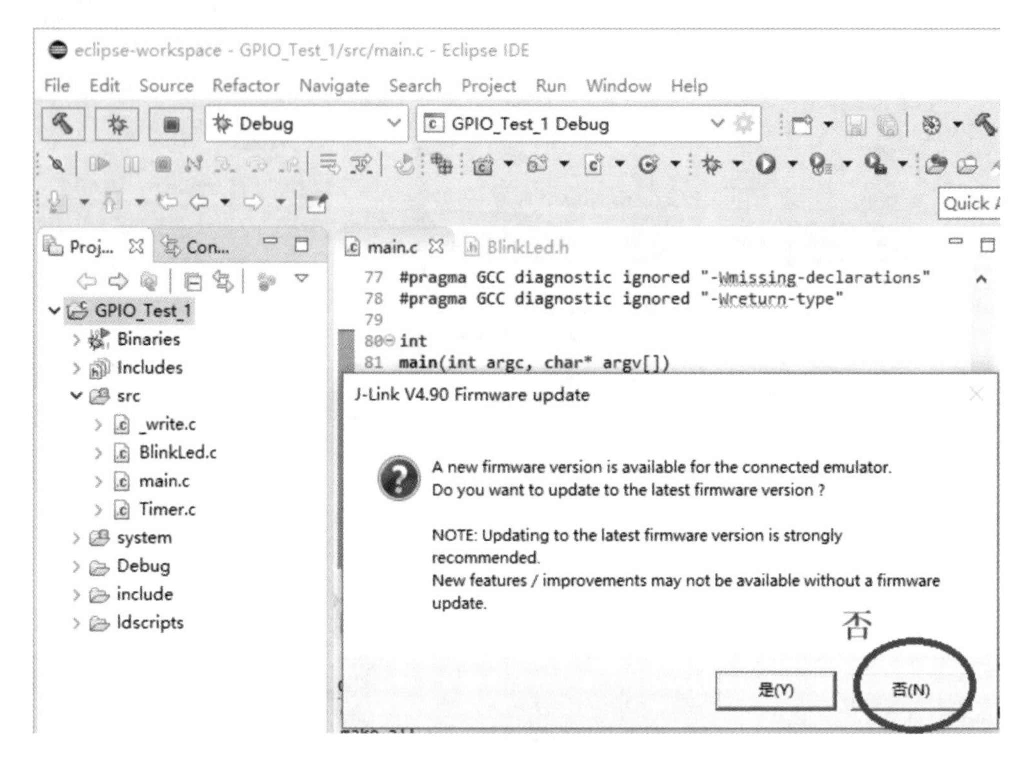

图 8-32 开始调试(不升级 JLINK 固件)

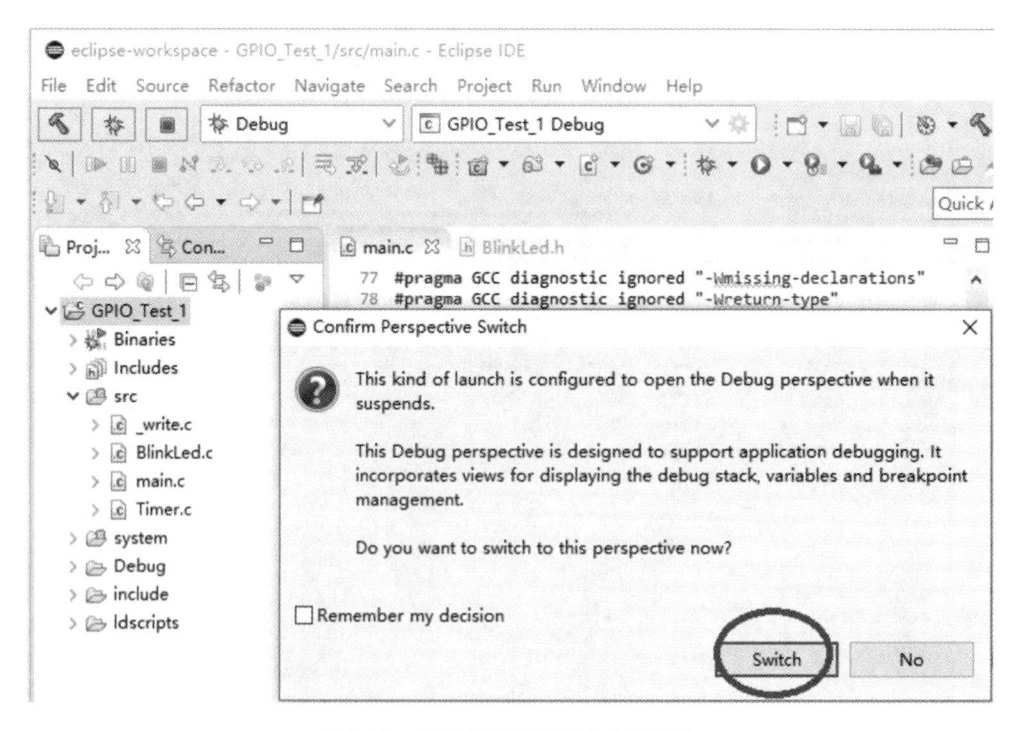

图 8-33 开始调试(切换到调试透视)

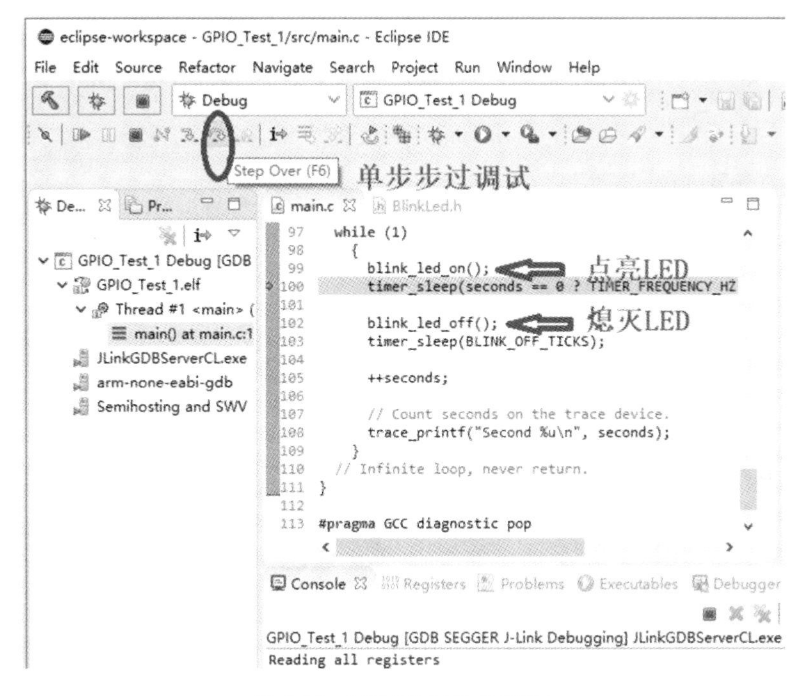

图 8-34　开始调试(单步调试)

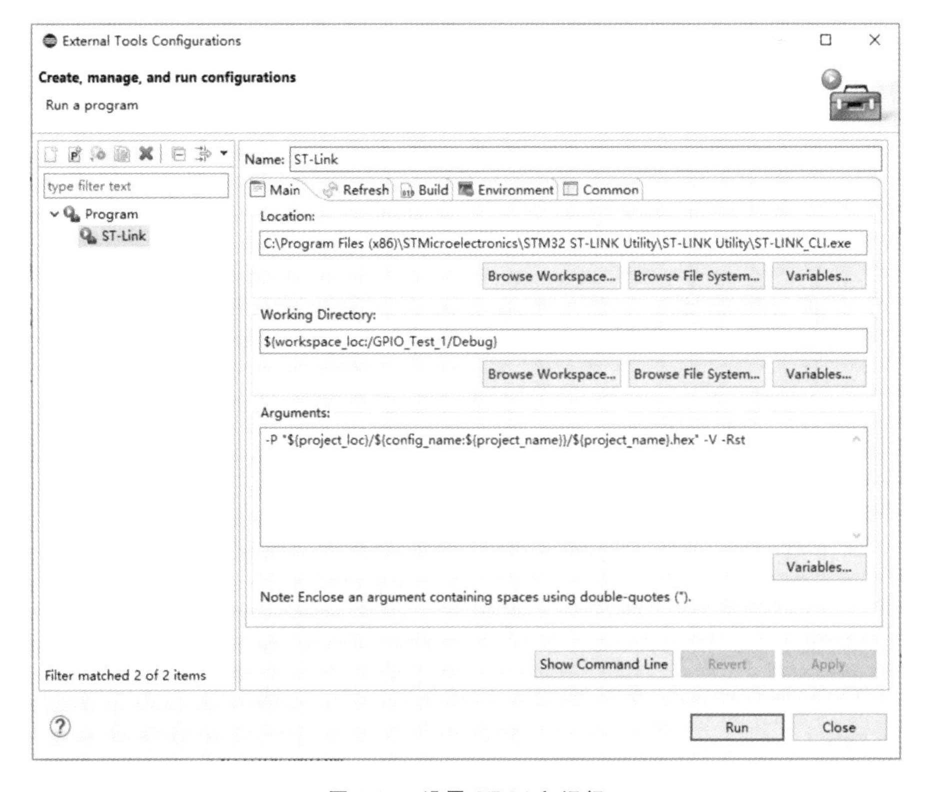

图 8-35　设置 ST-Link 运行

C:\Program Files(x86) \STMicroelectronics\STM32 ST-LINK Utility\ST-LINK Utility\ST-LINK_CLI. exe $ {workspace_loc:/GPIO_Test_1/Debug}

-P " $ {project_loc}/ $ {config_name: $ {project_name}}/ $ {project_name}. hex"-V -Rst

使用 ST-Link 运行，如图 8-36 所示。

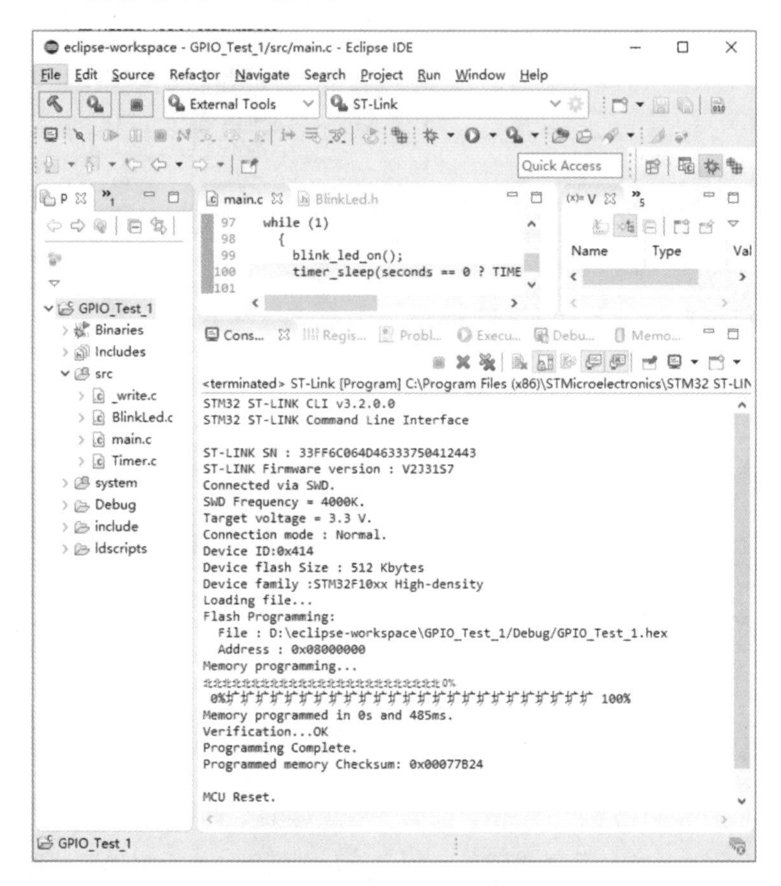

图 8-36 使用 ST-Link 运行

8.1.8 GCC 启动文件和链接脚本及 Makefile 简介

1. 启动文件

STM32 在 MDk 中使用的启动文件和在 GCC 环境下使用的启动文件不相同，前者是 arm 汇编的语法，后者是 GCC 汇编的语法，在 GCC 环境下，只能使用后者，否则无法编译。

2. 链接脚本

GCC 编译需要后缀为. ld 的链接脚本，里面说明了 FLASH、RAM、烧录地址等信息。

3. Makefile

Makefile 是一种自动化的脚本，一般用来执行 GCC 的自动编译(当然，除此之外，它最重要的目的就是工程管理)。

8.2 TrueSTUDIO for STM32

8.2.1 TrueSTUDIO for STM32 下载和安装

1. 下载

Atollic TrueSTUDIO for STM32 9.3.0 下载网址为 https://atollic.com/resources/download/windows/windows-archive/，如图 8-37 所示。

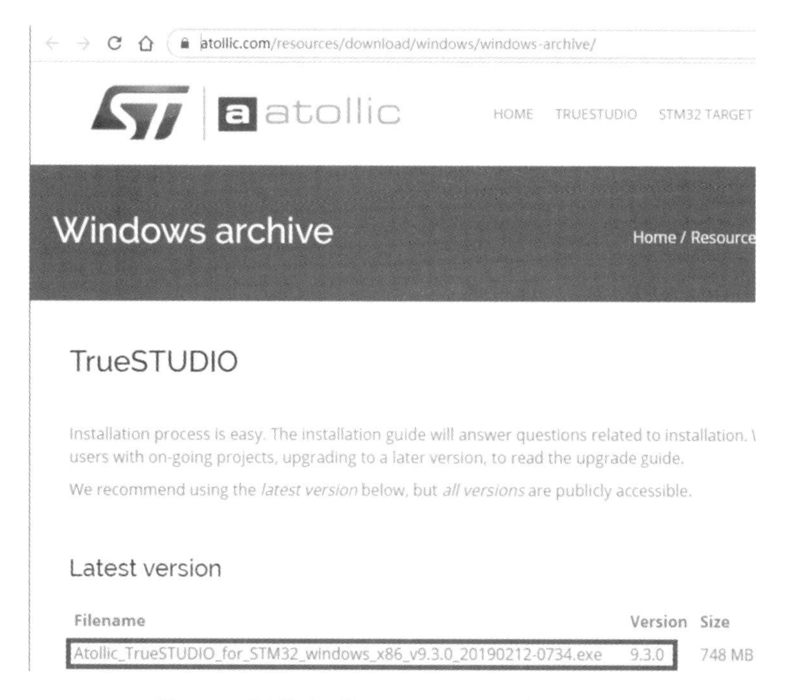

图 8-37 下载 Atollic TrueSTUDIO for STM32

2. 安装

默认安装即可，如图 8-38 所示。

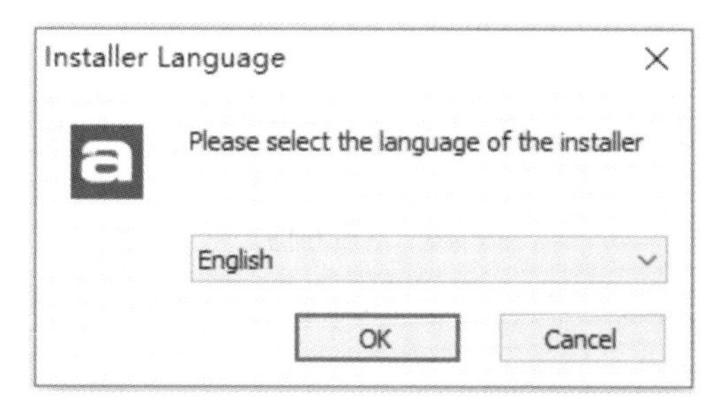

图 8-38 Atollic TrueSTUDIO for STM32 安装

8.2.2 TrueSTUDIO for STM32 应用

1. 下载范例

在工程窗口右击,然后单击“Import”,如图 8-39 所示。

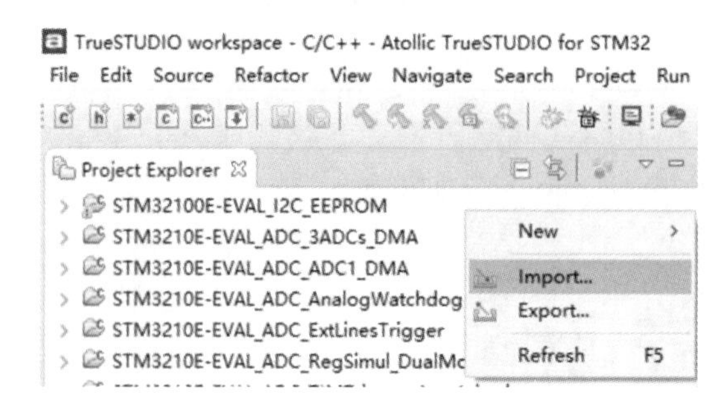

图 8-39 导入

下载范例工程,如图 8-40 所示。

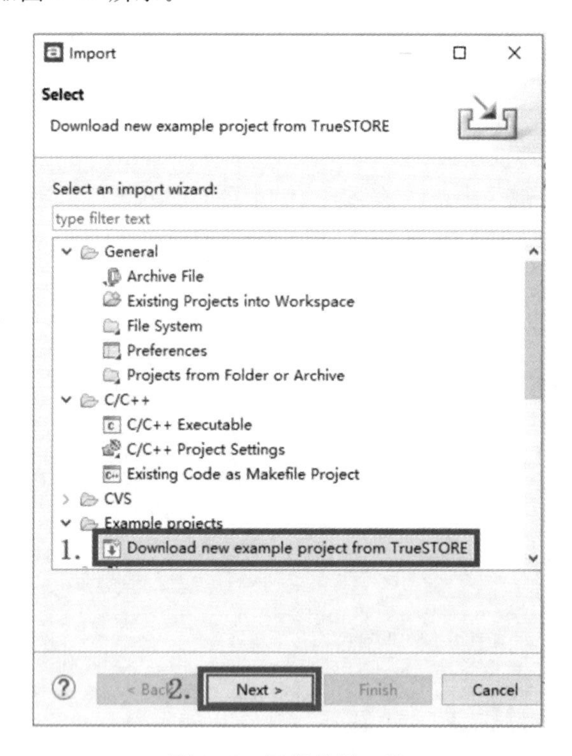

图 8-40 下载范例工程

选择“STMicroelectronics”→“STM3210E-EVAL”下的具体范例,如图 8-41 所示。

2. 使用范例

(1) 编译 STM3210E-EVAL_GPIO_IOToggle 范例工程,如图 8-42 所示。

(2) 设置调试和下载。

可以使用 AS-07 和 J-LINK 或 ST-LINK 调试和下载,如图 8-43 所示。

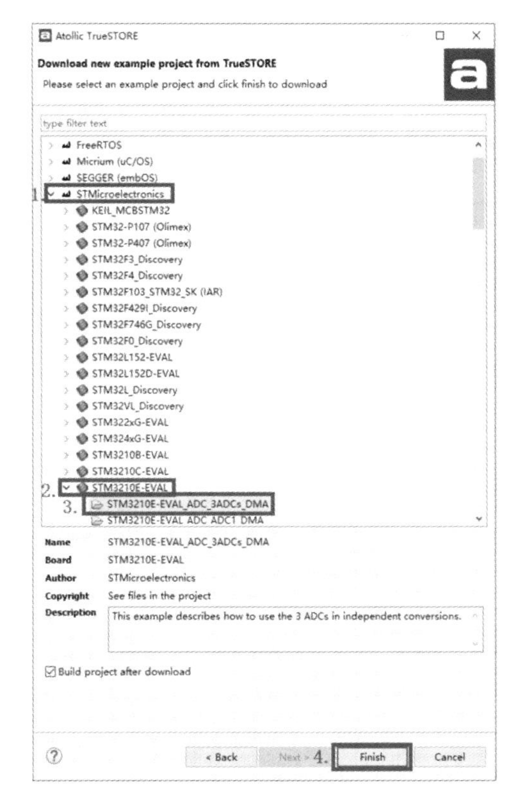

图 8-41　下载具体的范例工程

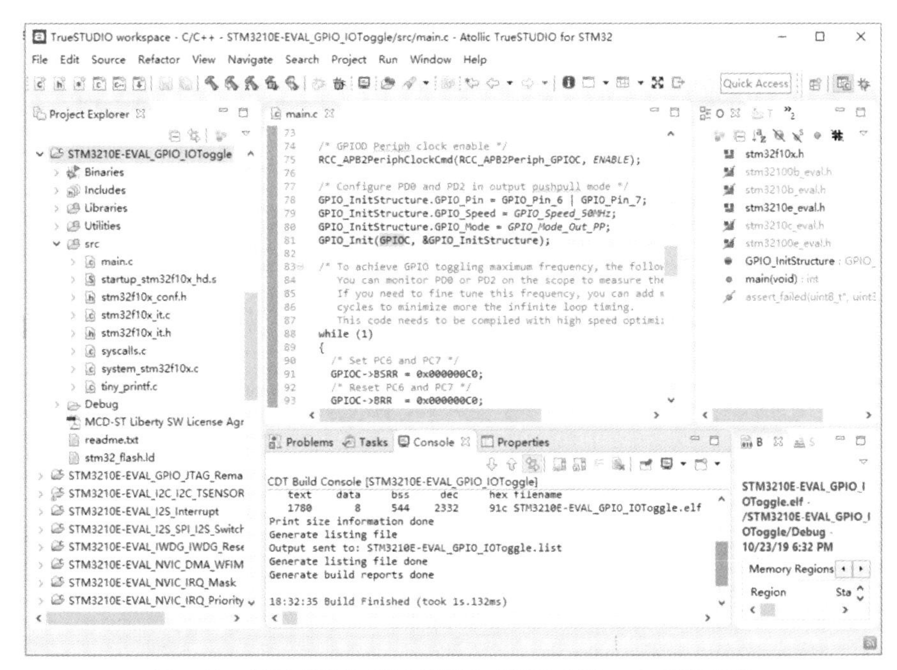

图 8-42　编译 STM3210E-EVAL_GPIO_IOToggle 范例工程

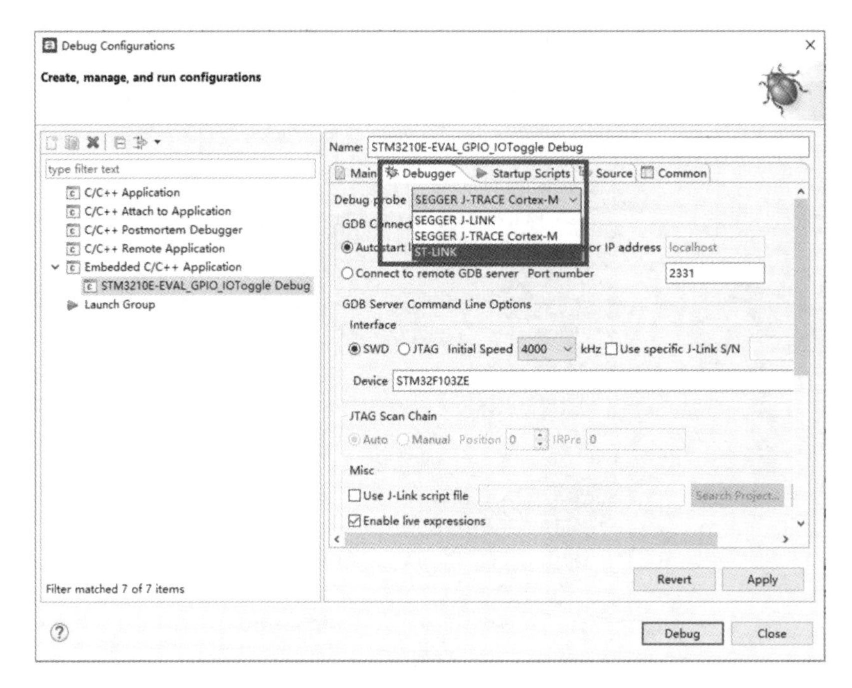

图 8-43 使用 J-LINK 或 ST-LINK 调试和下载

8.3 System Workbench for STM32

System Workbench for STM32(简称 SW4) 是 ST 联合 AC6 推出的免费开源的开发环境,基于 Eclipse 框架的 IDE。

8.3.1 System Workbench for STM32 下载和安装

1. 下载

System Workbench for STM32 32 位和 64 位版本的下载网址:

http://www.ac6-tools.com/downloads/SW4STM32/install_sw4stm32_win_32bits-latest.exe。

http://www.ac6-tools.com/downloads/SW4STM32/install_sw4stm32_win_64bits-latest.exe。

2. 安装

默认安装即可。

8.3.2 System Workbench for STM32 应用

1. 运行

在 C:\Ac6\SystemWorkbench 下双击“eclipse.exe”或在桌面双击“System Workbench for STM32”快捷图标,打开运行。

2. 创建 SW4STM32

使用 STM32CubeMX 创建 SW4STM32 工程 LED，如图 8-44、图 8-45 所示。

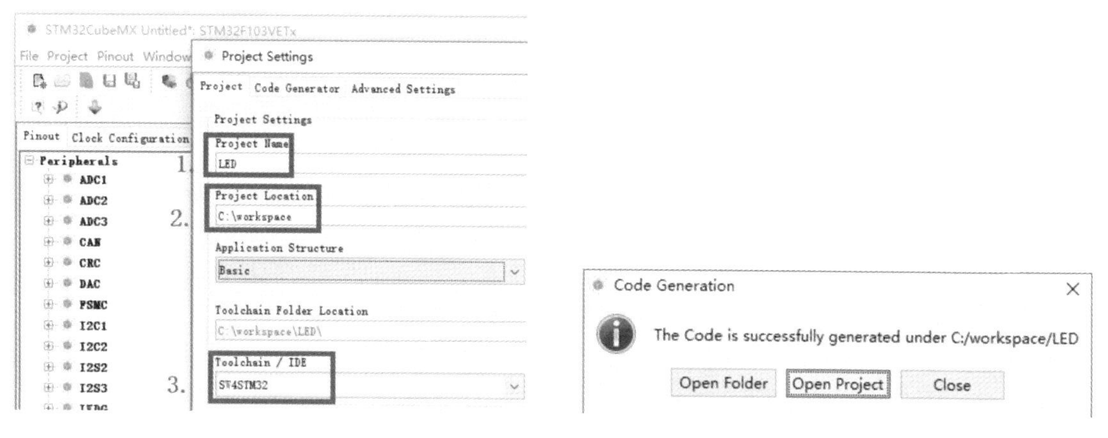

图 8-44　选择 SW4STM32 工具链　　　图 8-45　打开 LED 工程

3. 使用 SW4STM32

(1) 编译 LED 工程，如图 8-46 所示。

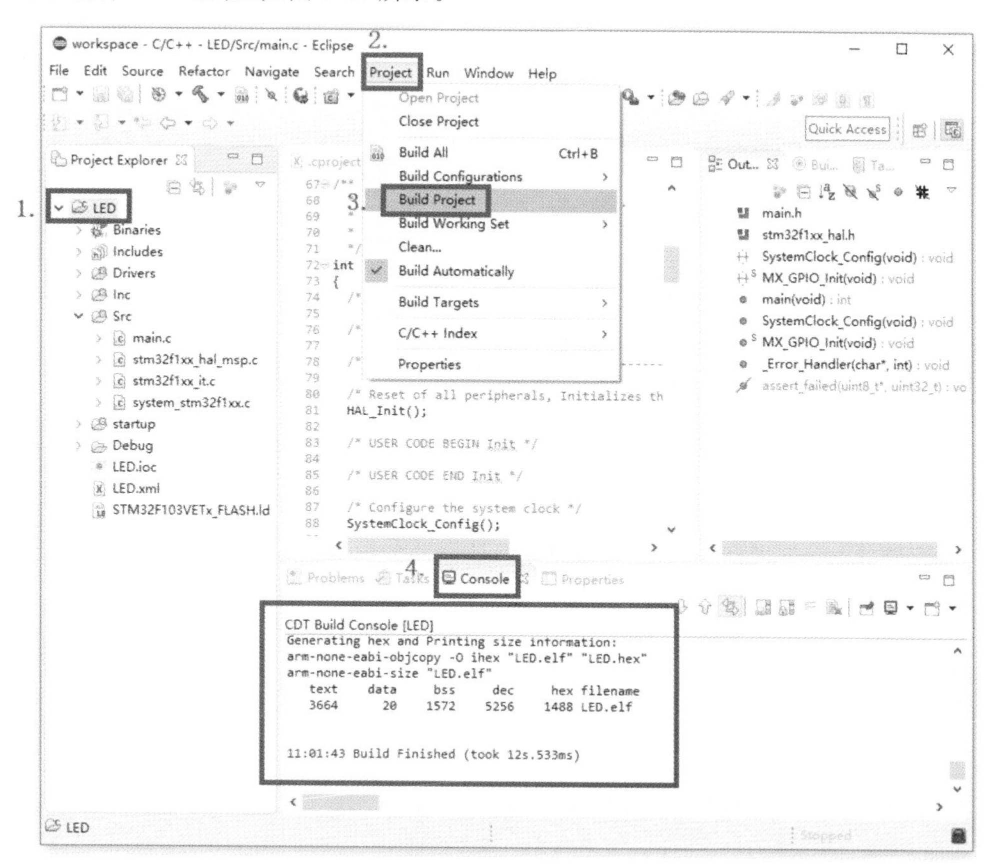

图 8-46　编译 LED 工程

(2) 设置调试和下载。

可以使用 AS-07 和 ST-LINK 调试和下载，如图 8-47 和图 8-48 所示。

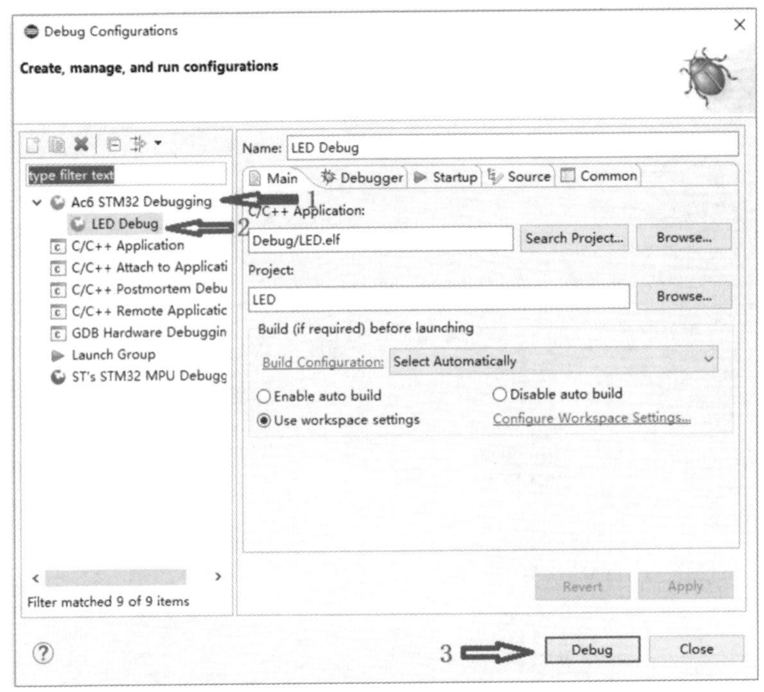

图 8-47 调试设置

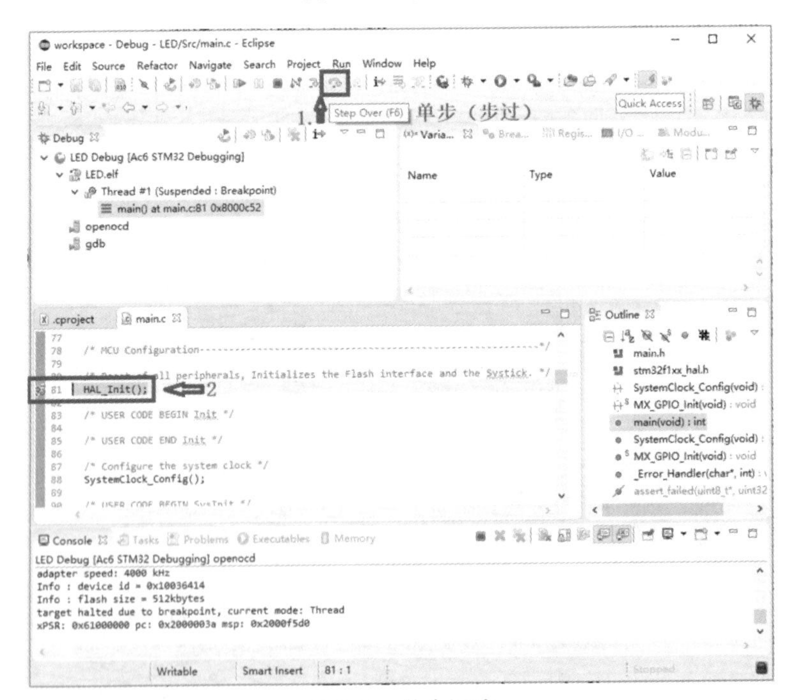

图 8-48 单步调试

8.4 STM32CubeIDE

STM32CubeIDE是一个高级C/C++开发平台，具有用于STM32微控制器和微处理器的外设配置、代码生成、代码编译和调试功能。它基于ECLIPSE/CDT框架和用于开发的GCC工具链，以及用于调试的GDB。它允许集成数百个现有插件，这些插件可以完善ECLIPSE IDE的功能。

STM32CubeIDE集成了所有STM32CubeMX功能，以提供多合一的工具体验，并节省安装和开发时间。从板上选择空的STM32 MCU或MPU或预配置的微控制器或微处理器后，即可创建项目并生成初始化代码。在开发期间的任何时候，用户都可以返回外围设备或中间件的初始化配置，并重新生成初始化代码，而不会影响用户代码。

STM32CubeIDE包括构建和堆栈分析器，可为用户提供有关项目状态和内存要求的有用信息。

STM32CubeIDE包括标准和高级调试功能。主要特性如下：

集成STM32CubeMX，可提供以下服务：STM32微控制器和微处理器的选择；引脚排列，时钟，外设和中间件配置；项目创建和初始化代码的生成。

基于Eclipse/ CDT，支持Eclipse的插件，GNU C/C++ARM工具链和GDB调试器。

高级调试功能包括：CPU内核，外设寄存器和内存视图；实时变量显示视窗；系统分析和实时跟踪(SWV)；CPU故障分析工具。

支持ST-LINK(STMicroelectronics)和J-Link(SEGGER)调试。

从Atollic TrueSTUDIO、AC6 System Workbench for STM32(SW4STM32)导入工程。

支持操作系统：Windows，Linux和MacOS，目前只有64位版本。

8.4.1 STM32CubeIDE下载和安装

1. 下载

STM32CubeIDE 1.1.0下载网址：

https://www.st.com/zh/development-tools/stm32cubeide.html，如图8-49所示。

2. 安装

默认安装即可，如图8-50所示。

8.4.2 STM32CubeIDE应用

1. 创建STM32工程

单击“Start new STM32 project”(见图8-51)，弹出如图8-52所示界面。

输入工程名“LED”，点击“Finish”，如图8-53所示。

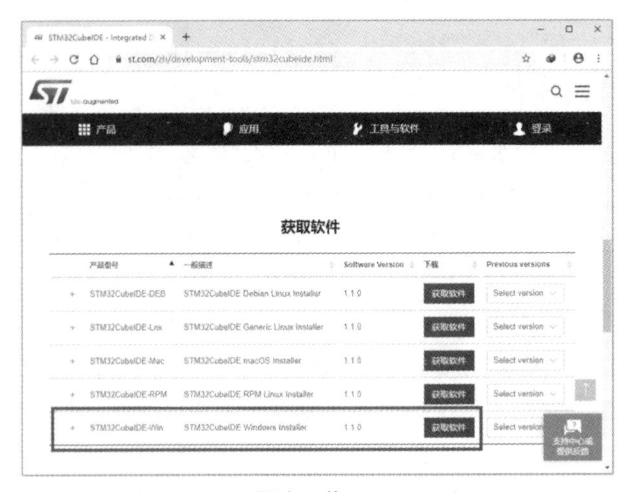

图 8-49　ST 网站下载 STM32CubeIDE

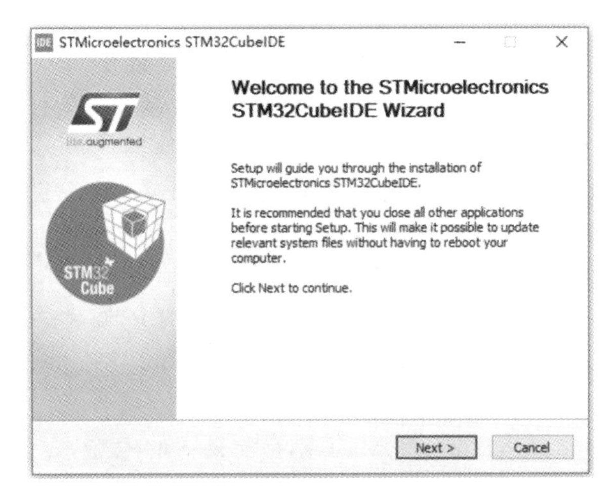

图 8-50　安装 STM32CubeIDE

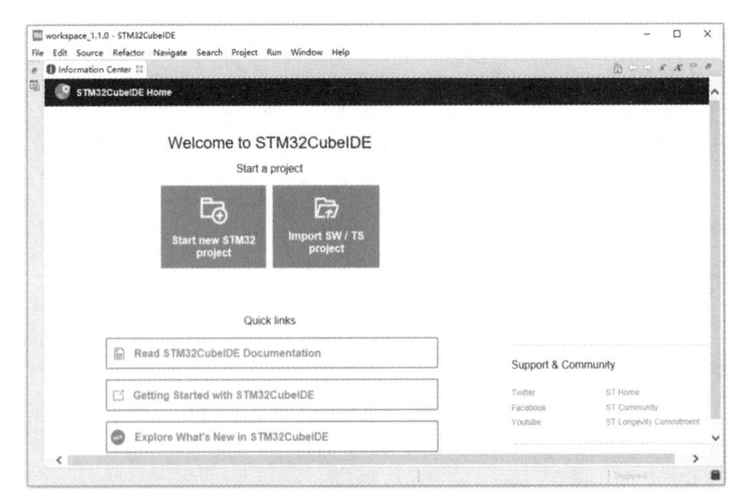

图 8-51　开始新的 STM32 工程

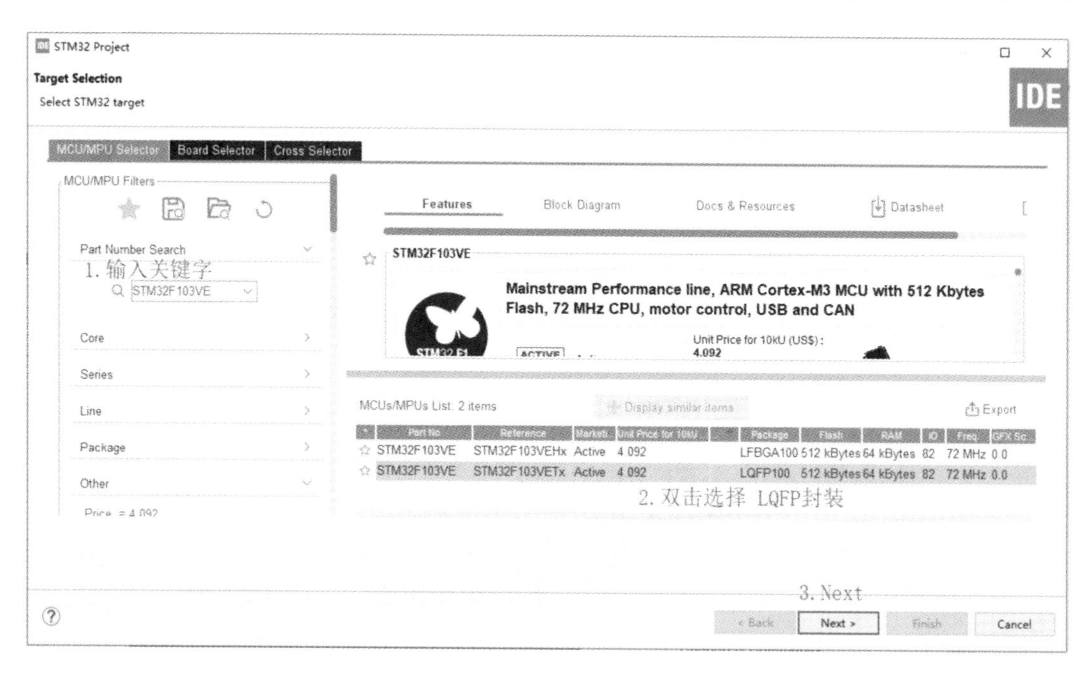

图 8-52 选择 STM32F103VET6

图 8-53 工程设置

2. 工程设置

(1) 设置 RCC,选择 HSE 外接晶振,如图 8-54 所示。

(2) 设置 SYS,选择通用的 JTAG(5 线),如图 8-55 所示。

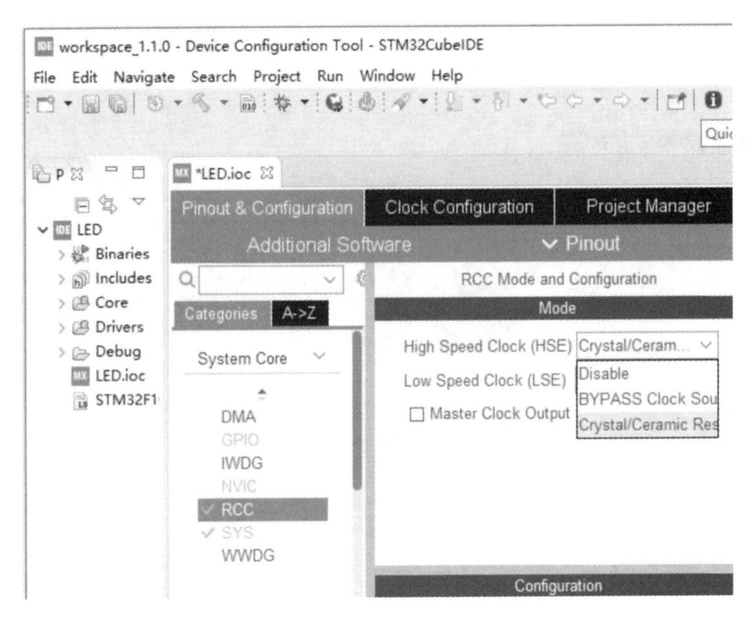

图 8-54 设置 RCC

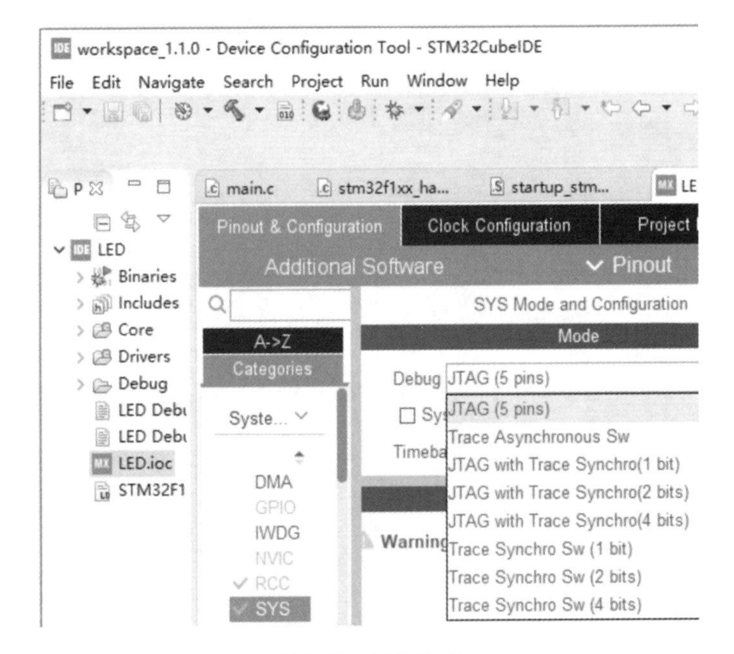

图 8-55 设置 SYS

(3) 设置 GPIO,设置 PC6 和 PC7 为输出,驱动 LED1 和 LED2,如图 8-56 所示。

(4) 设置 Clock,按照完整 RCC 设置 SYSCLK 选择为 PLLCLK=HSEx9,如图 8-57 所示。

3. 生成工程和初始化代码

生成工程代码和初始化代码,如图 8-58 所示。

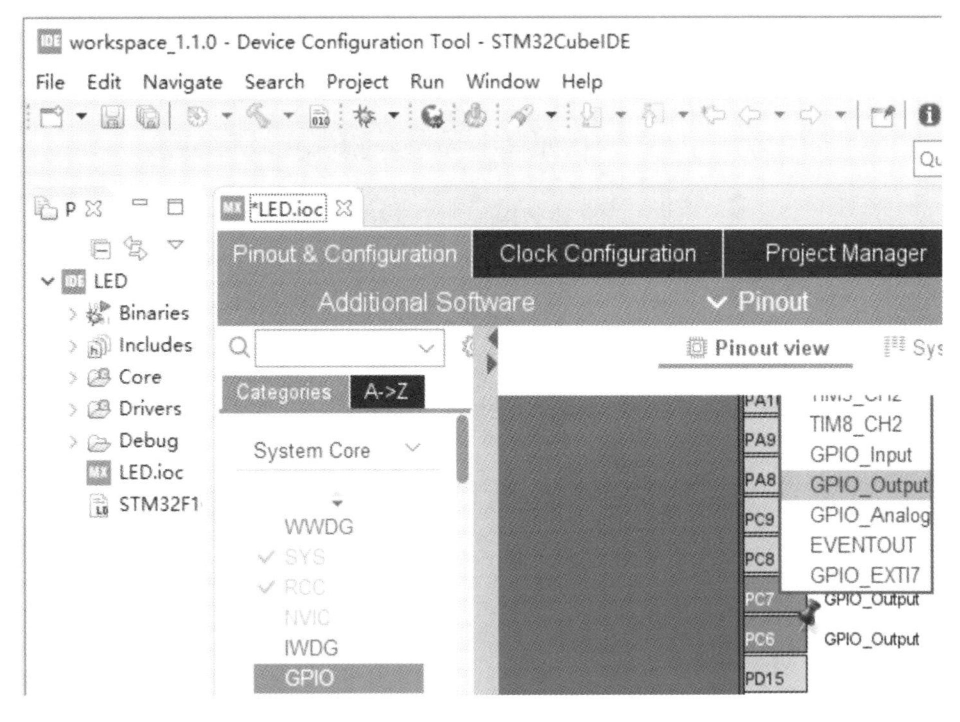

图 8-56　设置 GPIO

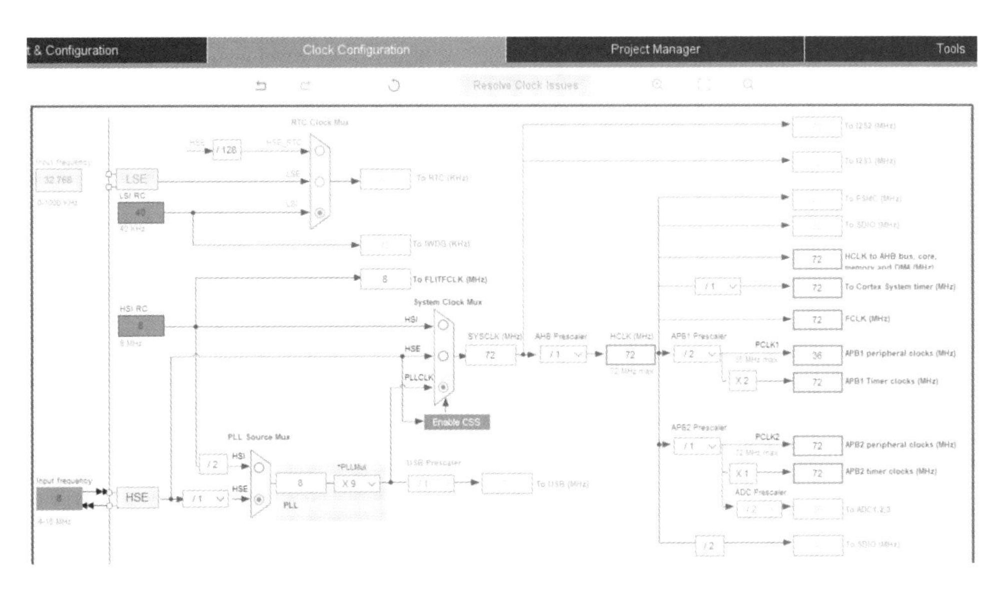

图 8-57　设置 Clock

4. 修改代码与编译

在/＊USER CODE BEGIN 3＊/后添加如下用户代码，实现AS-07的LED1和LED2交替闪烁，编译，如图8-59所示。

```
HAL_GPIO_WritePin(GPIOC,GPIO_PIN_6,GPIO_PIN_SET);
```

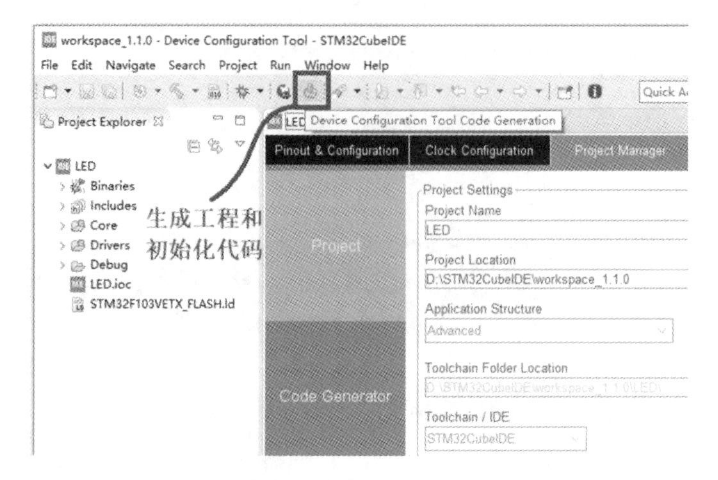

图 8-58　生成工程代码(1)

```
HAL_GPIO_WritePin(GPIOC,GPIO_PIN_7,GPIO_PIN_RESET);
HAL_Delay(200);
HAL_GPIO_WritePin(GPIOC,GPIO_PIN_7,GPIO_PIN_SET);
HAL_GPIO_WritePin(GPIOC,GPIO_PIN_6,GPIO_PIN_RESET);
HAL_Delay(200);
```

图 8-59　生成工程代码(2)

5. 设置调试和下载

使用 AS-07 和 J-LINK 或 ST-LINK 调试和下载，如图 8-60 至图 8-62 所示。

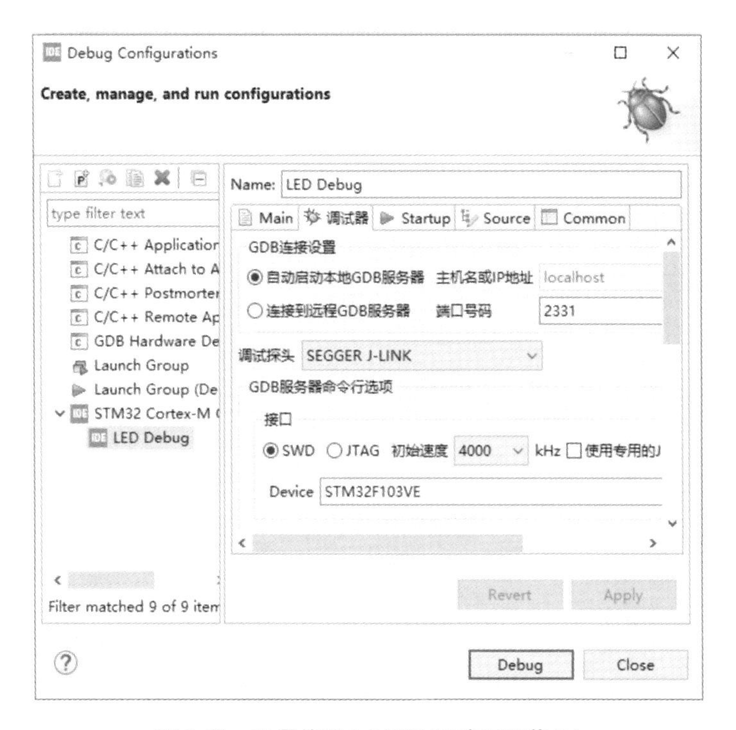

图 8-60　设置使用 J-LINK 调试和下载(1)

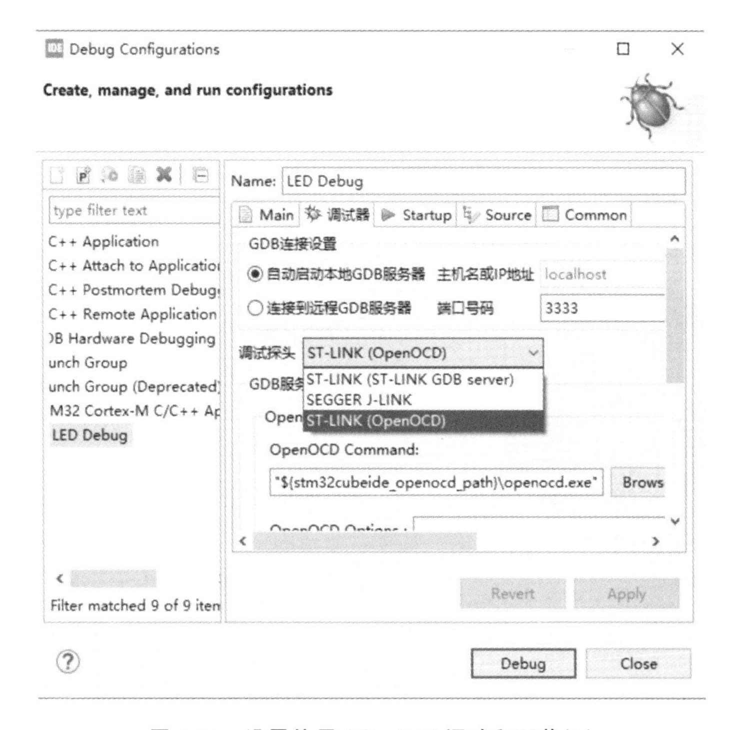

图 8-61　设置使用 ST-LINK 调试和下载(2)

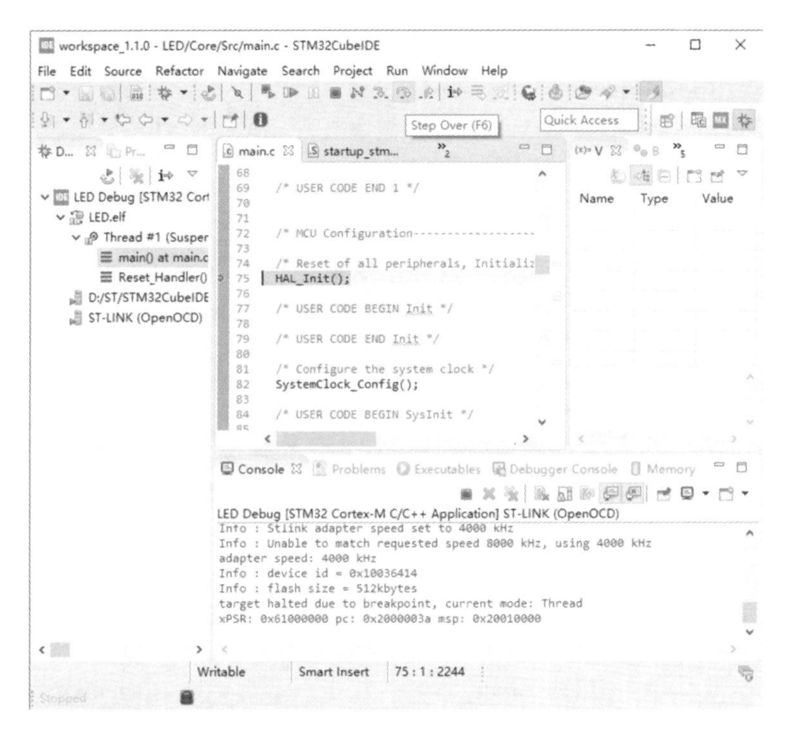

图 8-62　设置使用 ST-LINK 调试和下载(3)

8.5　Maple

8.5.1　Maple 简介

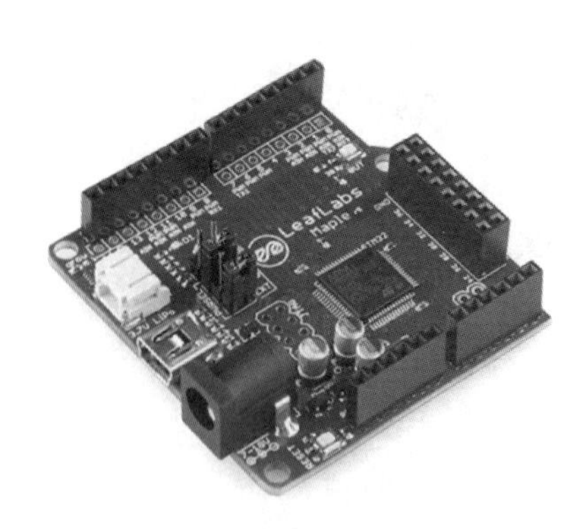

图 8-63　Maple-r5

Maple 由 LeafLabs 开发，是一种用户友好的、现已成为市场上最受欢迎的早期 32 位微控制器实验板之一，如图 8-63 所示。

LeafLabs 位于马萨诸塞州的剑桥市，由四名麻省理工学院的毕业生于 2009 年成立，专门从事针对实时和分布式系统的软件、固件和硬件开发。

Maple 提供免费开源软件工具链和开源库。Maple 是嵌入式行业以外的业余爱好者和工程师可以利用的最早的 ARM Cortex-M3 微控制器实验板之一，并且实现了从 8 位到 32 位处理器的过渡。Maple 系列可用于个人项目、学术研究和众多商业产品。

至 2015 年 3 月，LeafLabs Maple 系列和 libmaple 库已停产，并且 LeafLabs 不再支持。有关资料文档见 http://docs.leaflabs.com/docs.leaflabs.com/index.html。

8.5.2　Maple 硬件设计

(1)Maple-r5 的原理如图 8-64 所示。

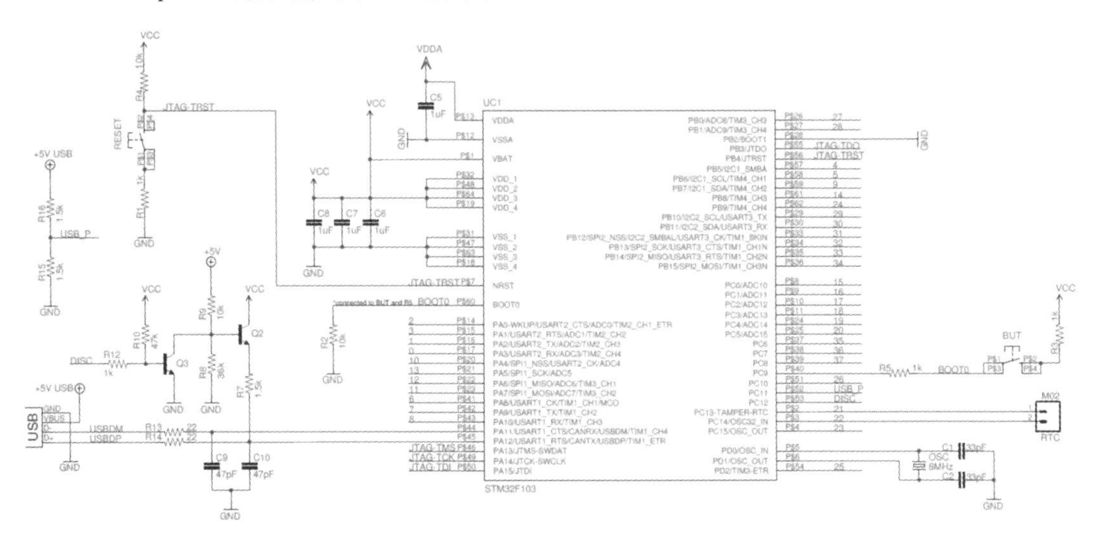

图 8-64　Maple-r5 的原理

(2)AS-07 硬件设计兼容 Maple-r5,有关电路原理如图 8-65 所示。

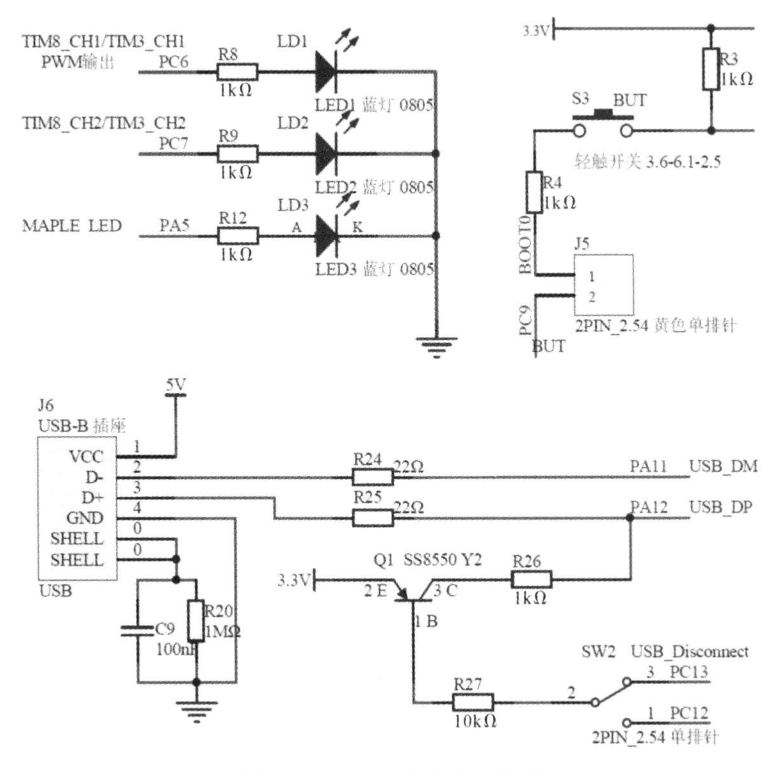

图 8-65　AS-07 有关电路原理

Maple-r5 与 AS-07 的 arduino 接口电路完全相同,见图 8-66。

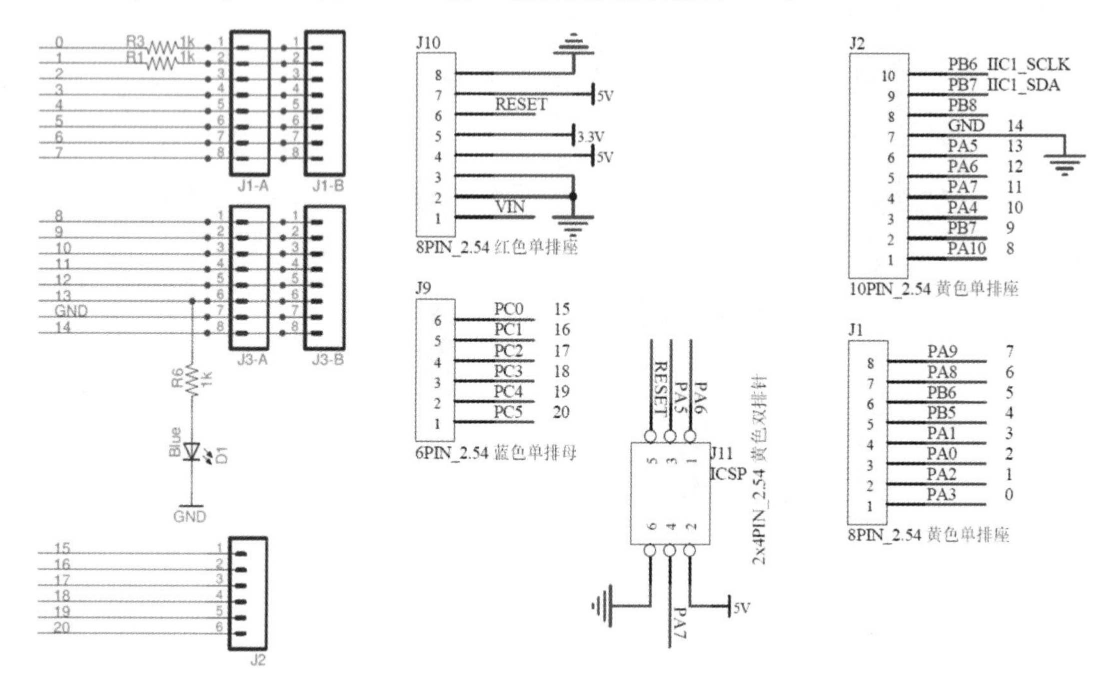

图 8-66 Maple-r5 与 AS-07 的 arduino 接口电路

8.5.3 maple-bootloader 固件编译和下载

(1)maple-bootloader 固件下载网址:https://github.com/leaflabs/maple-bootloader。

(2)编译 maple-bootloader 固件,如图 8-67 至图 8-69 所示。

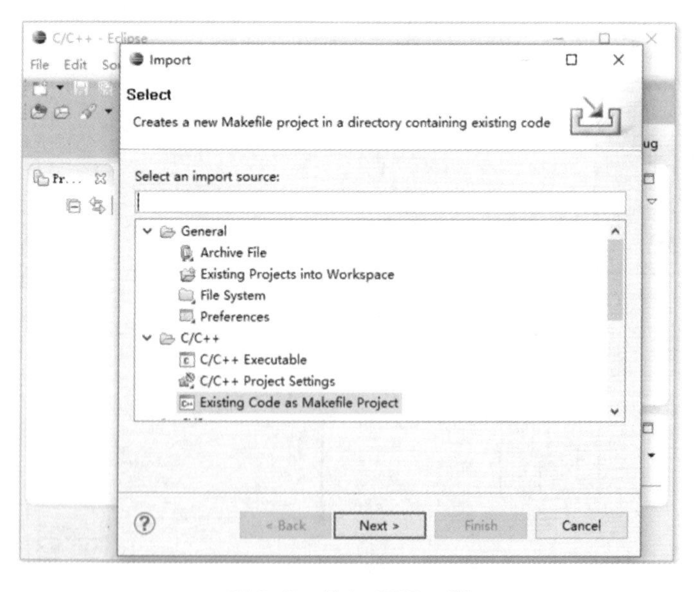

图 8-67 导入 GCC 工程

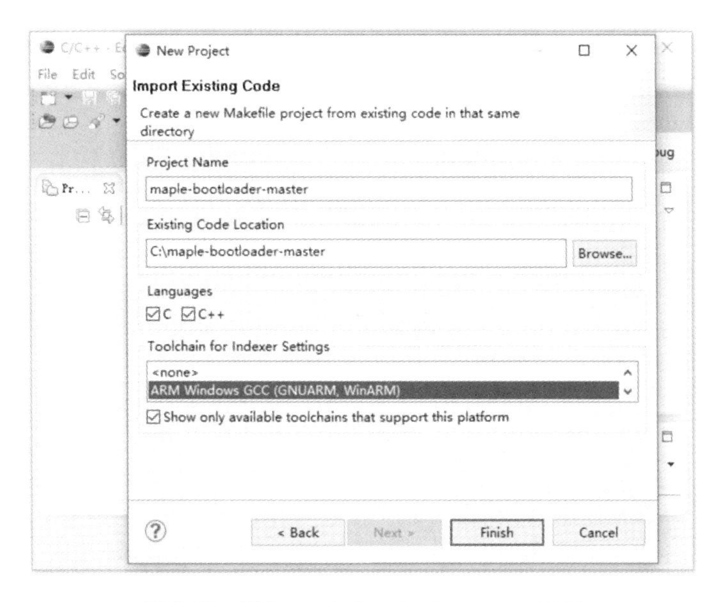

图 8-68　导入 maple-bootloader-master 工程

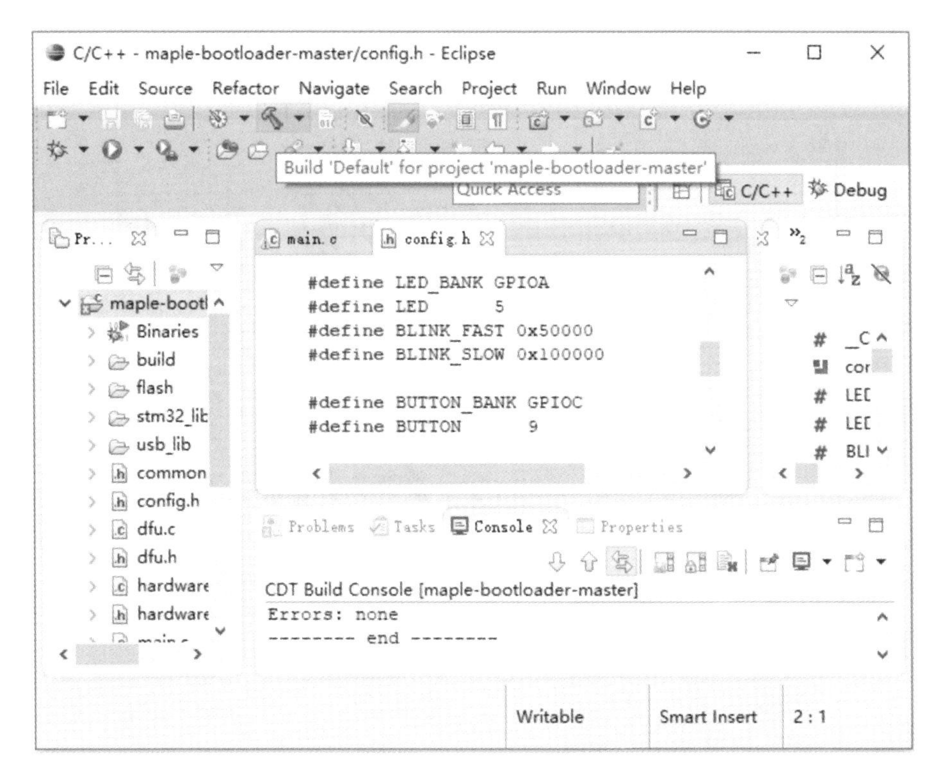

图 8-69　编译 maple-bootloader-master 工程

(3)将 maple-bootloader 固件下载到 AS-07。

使用 J-LINK 仿真器和 J-Flash 软件，将 maple_boot. bin 下载到 AS-07，如图 8-70 和图 8-71 所示，也可以使用 ISP 下载，如图 8-72 所示。

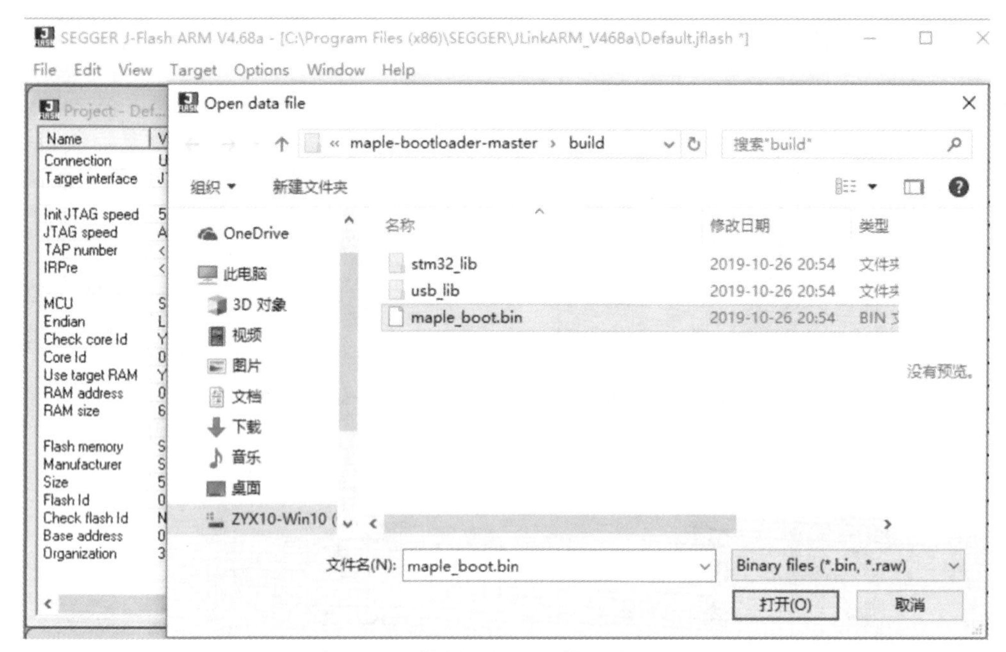

图 8-70　在 J-Flash 软件里打开下载文件 maple_boot. bin

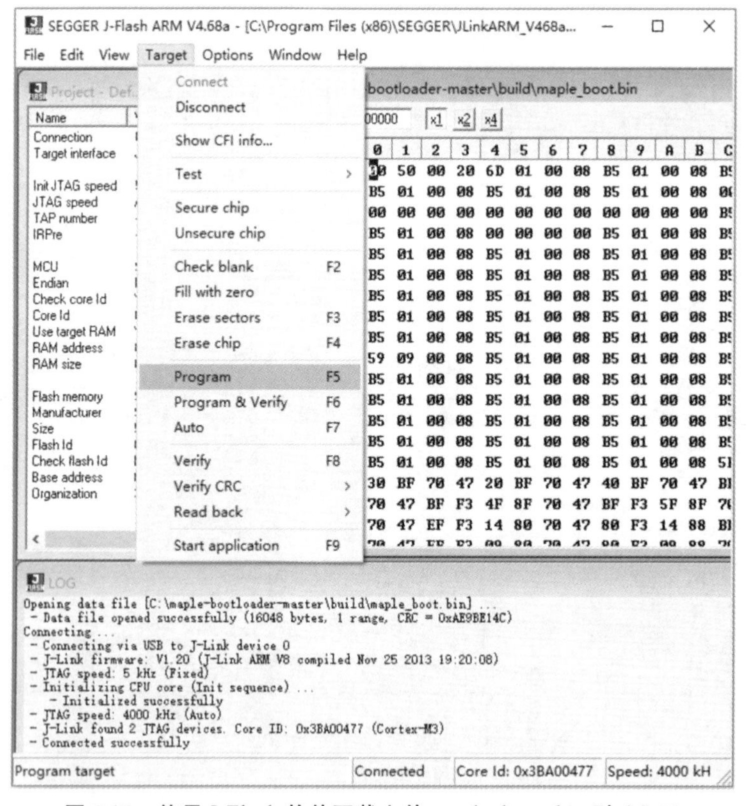

图 8-71　使用 J-Flash 软件下载文件 maple_boot. bin 到 AS-07

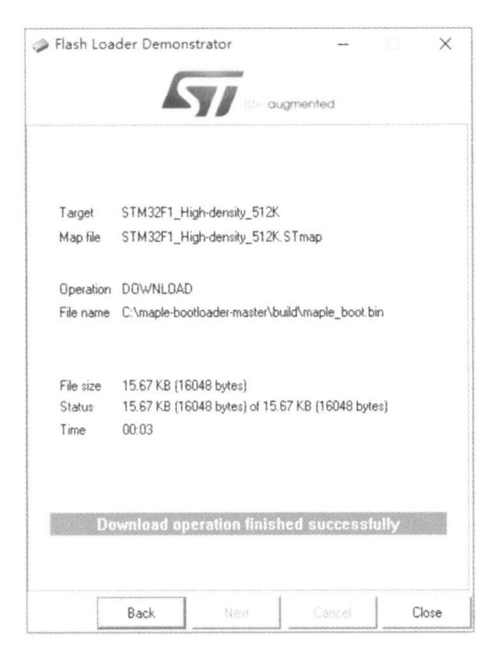

8-72 使用ISP下载文件maple_boot.bin到AS-07

8.5.4 AS-07兼容Maple-r5应用

(1)将AS-07的USB接口用USB线接入计算机,在设备管理器会出现"Maple DFU"设备(驱动程序在C:\maple-ide-0.0.12－windowsxp32\drivers\mapleDrv),如图8-73和图8-74所示。

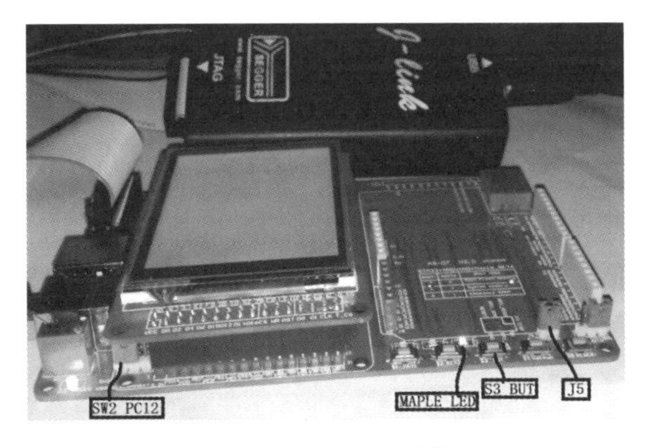

图8-73 AS-07连接计算机

图8-74 Maple DFU设备

(2)运行maple-ide(下载网址:http://docs.leaflabs.com/static.leaflabs.com/pub/leaflabs/maple-ide/maple-ide-0.0.12－windowsxp32.zip),选择Maple Rev 3+实验板,如图8-75所示。

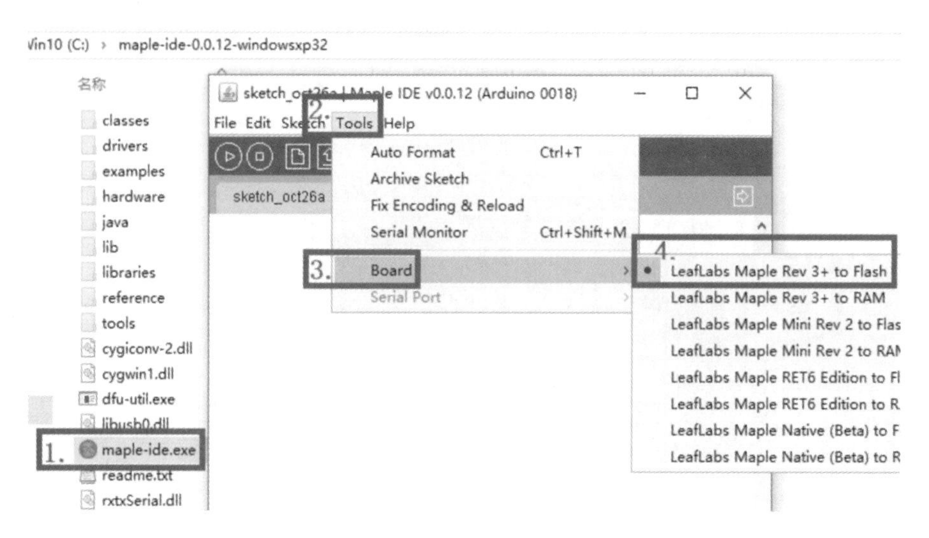

图 8-75 选择 Maple Rev 3+实验板

(3)打开示例程序 Blink,如图 8-76 所示。

(4)点击 Upload 快捷图标,编译下载程序到 AS-07 运行,如图 8-77 所示。看见 AS-07 的 LED3 闪烁。

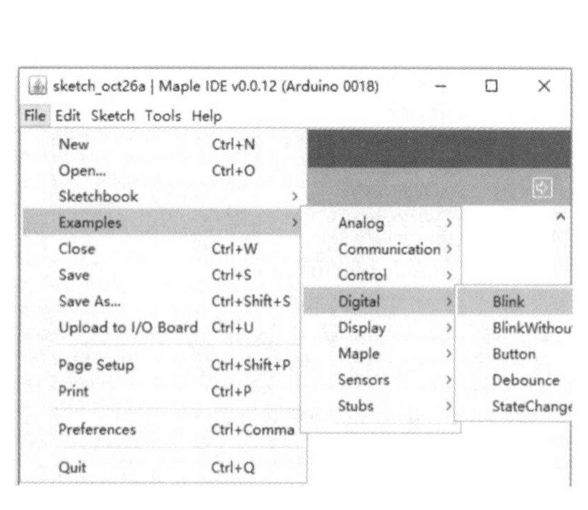

图 8-76 打开示例程序 Blink

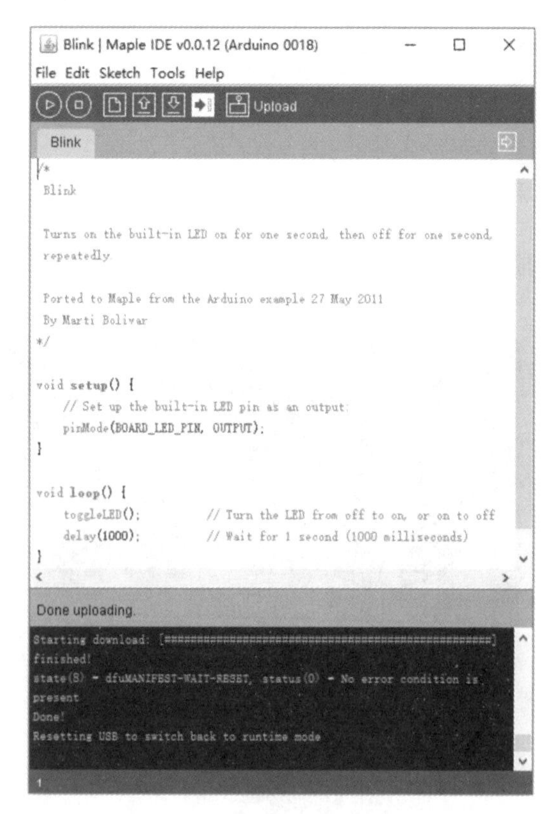

图 8-77 编译下载程序到 AS-07 运行

(5)Maple 提供的示例程序,分为 8 个分类,如图 8-78 所示。图 8-76 所示的 Blink 就显示在图 8-78 所示的第 4 个分类中。

1. Analog:
- AnalogInOutSerial
- AnalogInput
- AnalogInSerial
- Calibration
- Fading
- Smoothing

2. Communication:
- ASCIITable
- Dimmer
- Graph
- MIDI
- PhysicalPixel
- SerialCallResponse
- SerialCallResponseASCII
- SerialPassthrough
- VirtualColorMixer

3. Control:
- Arrays
- ForLoopIteration
- IfStatementConditional
- switchCase
- switchCase2
- WhileStatementConditional

4. Digital:
- Blink
- BlinkWithoutDelay
- Button
- Debounce
- StateChangeDetection

5. Display:
- barGraph
- RowColumnScanning

6. Maple:
- CrudeVGA
- InteractiveTest
- QASlave
- StressSerialUSB
- TimerInterrupts

7. Sensors:
- Knock

8. Stubs:
- AnalogReadPWMWrite
- AnalogReadSerial
- BareMinumum
- DigitalReadSerial
- DigitalReadWrite

图 8-78 Maple 提供的示例程序

8.6 Arduino_STM32

无论是电子学的初学者，还是在电子学领域深耕的研究者，Arduino 都能提供合适的硬软件使用的资源。Arduino 通过多种方法来帮助学习各种主题。

开发：Arduino 在工程、物联网、机器人技术、艺术和设计等领域的教育机构（例如，大学，学院，研究机构）中被广泛采用。

教与学：许多中学在跨课程研究的创新中使用 Arduino。

玩：在小学阶段可以使用嵌入 Arduino 技术的玩具介绍物理知识、逻辑、建筑技巧和解决问题的方法。

Arduino 致力于 STEAM 教育（Science 科学，Technology 技术，Engineering 工程，Arts 艺术和 Mathematics 数学）过程中满足师生的需求。

Arduino_STM32 如同 arduino 一样使用 STM32，修改于 Maple，详情可见网址 https://www.rogerclark.net/stm32f103-and-maple-maple-mini-with-arduino-1-5-x-ide/。

Auduino 中文社区的网址为 https://www.arduino.cn/。这里的 STM32 arduino 交流板块可供学习交流。

8.6.1 下载固件

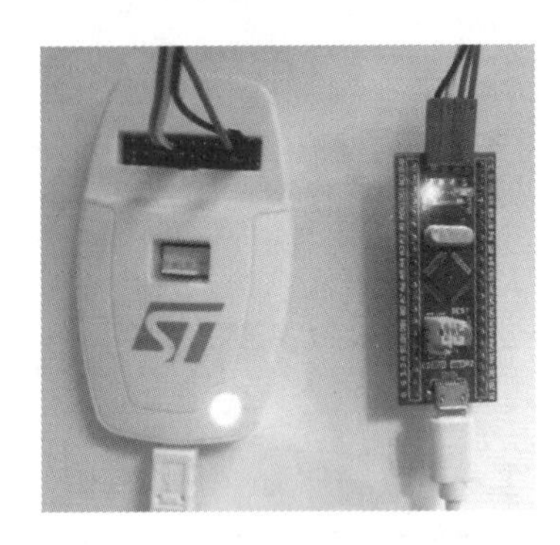

图 8-79 ST-LINKL 连接 STM32 最小系统板

下载 Arduino_STM32 和 STM32duino-bootloader 的网址:https://github.com/rogerclarkmelbourne。

Arduino_STM32 在 Arduino IDE 1.8.x 上支持 STM32 板的硬件文件,包括 LeafLabs Maple 和其他通用 STM32F103 板。

STM32duino-bootloader 用于 STM32F103 板的 Bootloader、Arduino_STM32 存储库和 Arduino IDE。

使用软件 STM32CubeProgrammer 下载 STM32duino-bootloader-master \ Binariesgeneric _ boot20 _ pc13.bin 到本书上册 3.2.1 小节介绍的 STM32 最小系统板,如图 8-79和图 8-80 所示。

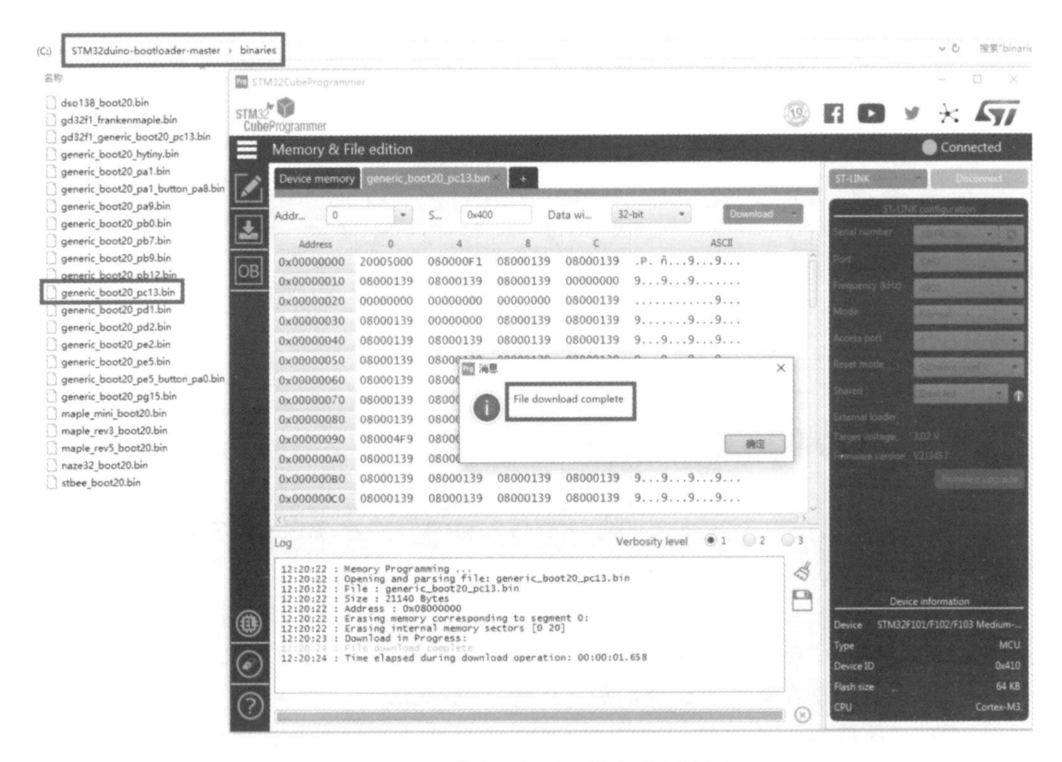

图 8-80 下载 bootloader 程序到 STM32

8.6.2 Arduino IDE 下载安装 STM32 开发板

将 Arduino_STM32-master.zip 解压并将其更名为“arduino_STM32”。复制到 Arduino IDE 1.8.x 的安装路径“C:\Program Files(x86)\Arduino\hardware”下。

打开 Arduino IDE,单击菜单栏中的工具→开发板→开发板管理器,安装 Cortex-M3,如图 8-81 所示。

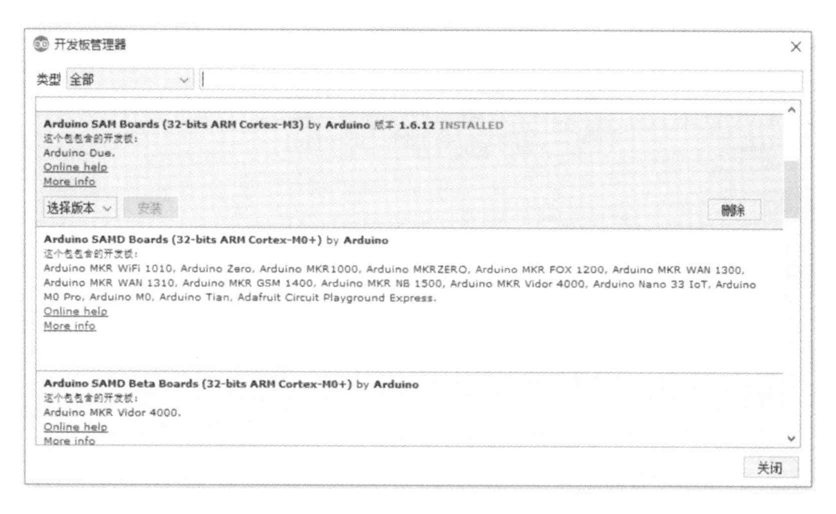

图 8-81　安装 Cortex-M3

选择 STM32F103C 系列开发板，如图 8-82 所示。

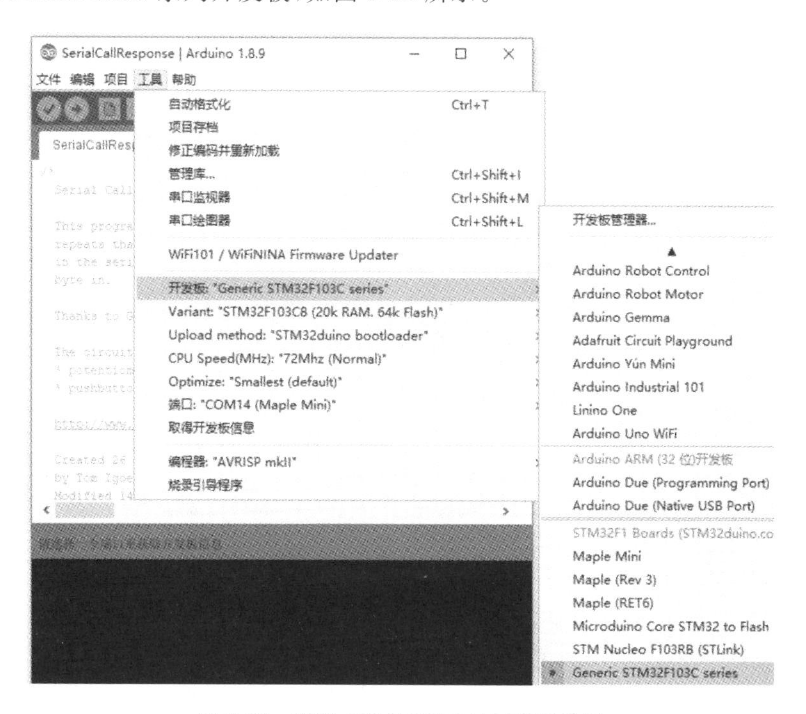

图 8-82　选择 STM32F103C 系列开发板

8.6.3　Arduino_STM32 应用

(1)打开示例程序 Blink，如图 8-83 所示。

(2)点击 Upload 快捷图标，编译下载程序到 STM32 最小系统板运行(见图 8-84)，看见 LED 闪烁。

(3)Arduino_STM32 还提供了另外的许多示例程序，如图 8-83 所示。

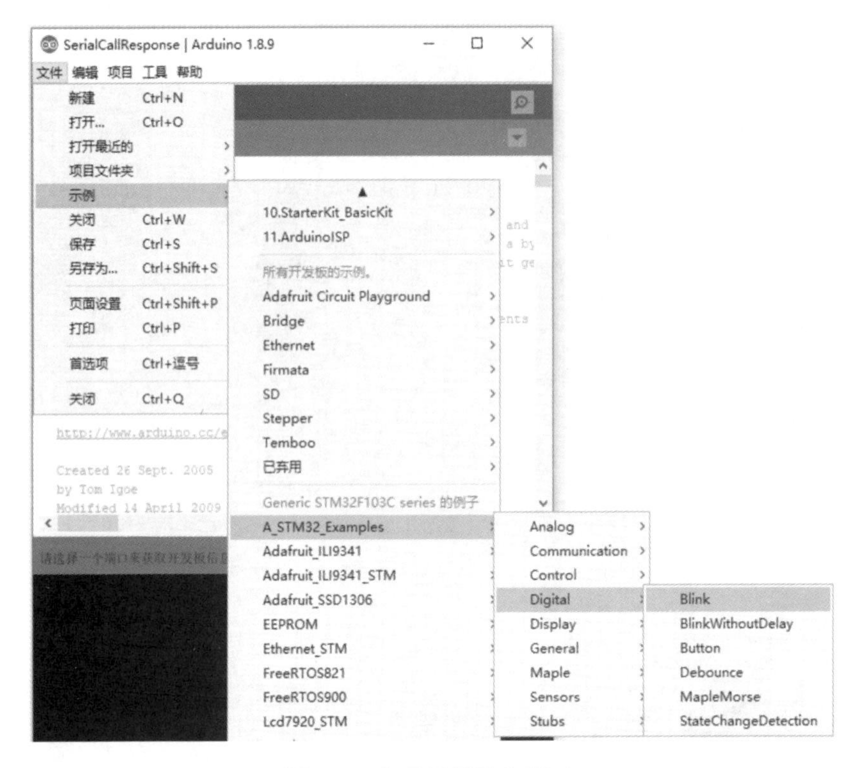

图 8-83 打开示例程序 Blink

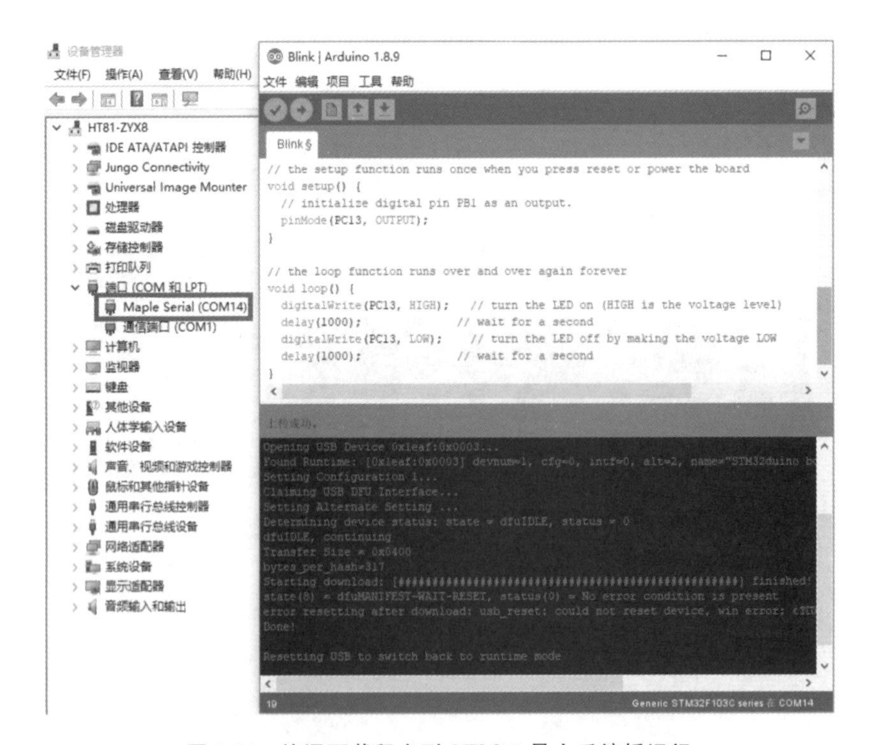

图 8-84 编译下载程序到 STM32 最小系统板运行

第 9 章　CDIO 项目实训与毕业设计

本章给出几个实际项目和综合实验，可作为 CDIO 项目实训，也可以作为毕业设计。

9.1　CDIO 概述

CDIO 工程教育模式是近年来国际工程教育改革的最新成果。从 2000 年起，在麻省理工学院和瑞典皇家工学院等四所大学开展组成的跨国研究获得 Knut and Alice Wallenberg 基金会近 2000 万美元的巨额资助，经过四年的探索研究，创立了 CDIO 工程教育理念，并成立了以 CDIO 命名的国际合作组织。

CDIO 代表构思（conceive）、设计（design）、实现（implement）和运作（operate），它以产品研发到产品运行的生命周期为载体，让学生以主动的、实践的、课程之间有机联系的方式学习工程。CDIO 培养大纲将工程毕业生的能力分为工程基础知识、个人能力、人际团队能力和工程系统能力四个层面，大纲要求以综合的培养方式使学生在这四个层面达到预定目标。

我国共有 105 所高校加入“CDIO 工程教育联盟”。

9.2　车辆自动识别进出管理系统

9.2.1　项目概述

通过车辆自动识别系统识别车辆，如果是该小区业主的车辆，则显示识别结果，如车牌号、业主信息、进出时间等。自动抬杆放行，只需要减速通过，不需要停车等待，类似于高速公路收费站的 ETC(electronic toll collection，即电子不停车收费系统，是指车辆在通过收费站时，通过车载设备实现车辆识别、自动收费、信息管理等)。如果不是业主的车辆，则由保安询问，再处理。

车辆自动识别系统的优点是适合无识别功能的简易停车场、学校、小区门岗的升级改造，既可加强安全管理又方便出入。特别是采用无线通信技术，改造成本低廉，容易添加与施工。

9.2.2　硬件设计

1. 系统组成

车辆自动识别进出管理系统的组成如图 9-1 所示。

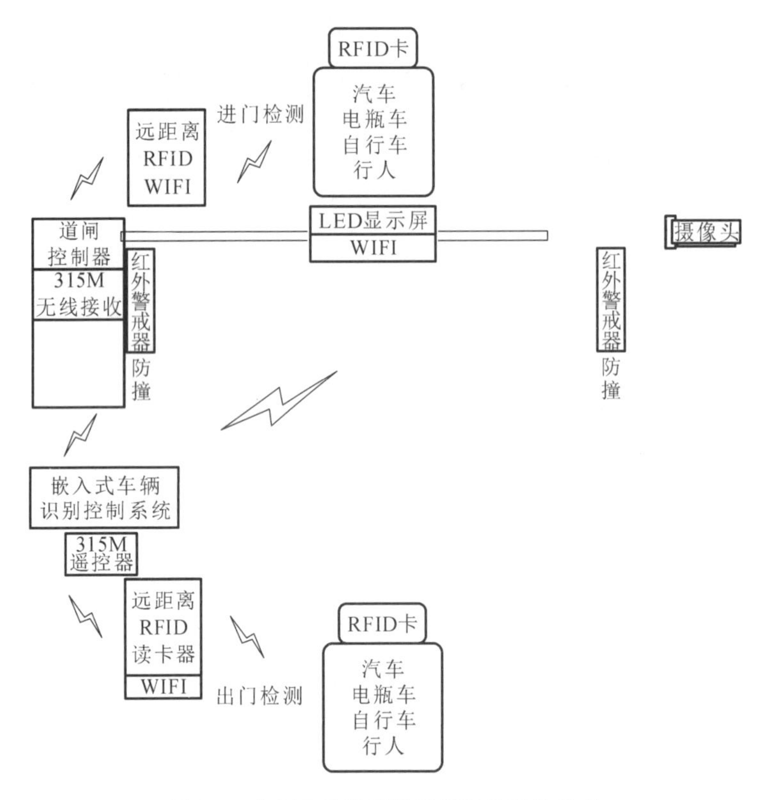

图 9-1　车辆自动识别进出管理的系统组成

2. 硬件实物照片

控制系统和 LED 显示屏实物照片如图 9-2 所示。

图 9-2　车辆识别控制系统和 LED 显示屏

RFID 读卡器如图 9-3 所示。

红外防撞检测器如图 9-4 所示。

图 9-3　RFID 读卡器

图 9-4　红外防撞检测器

9.2.3　软件设计

软件设计主要包括实现通过 WiFi 接收 RFID 读卡信息、识别、抬杆放行、存储和显示车辆进出信息(如车牌、时间等)功能。车辆信息存储在 SD 卡,便于管理,可以远程无线读取和修改。

STM32F103VE 作为主控 MCU,MDK 工程设计如图 9-5 所示。

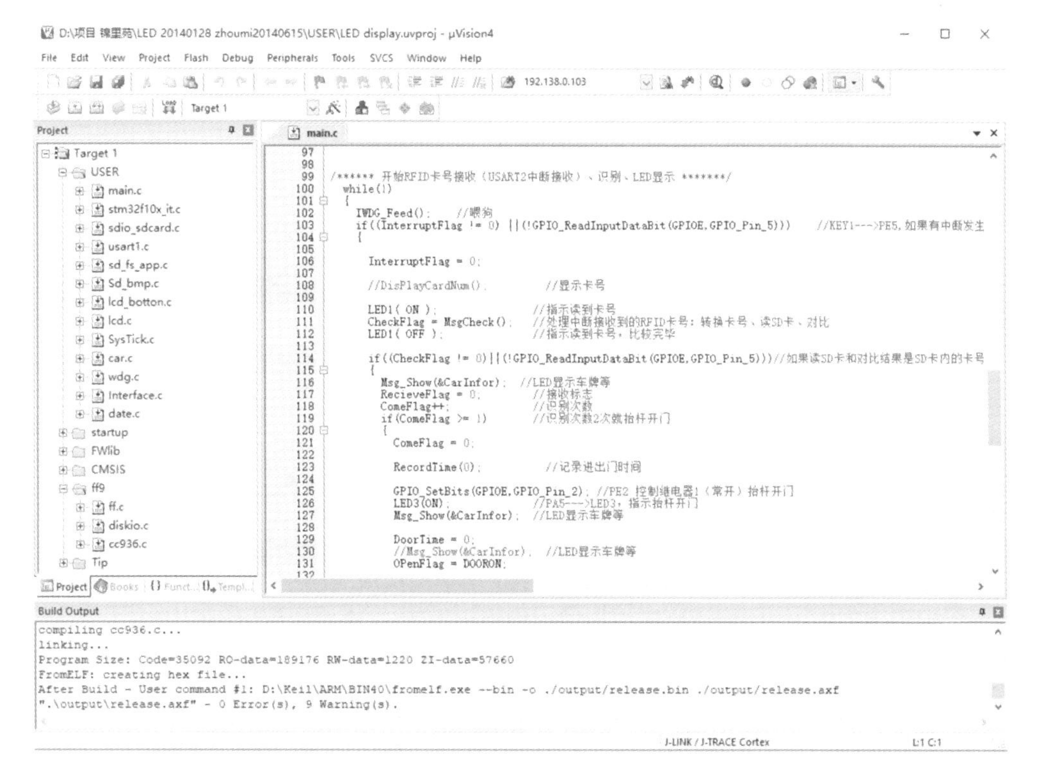

图 9-5　STM32 控制的 MDK 工程

9.2.4　调试

1. RFID 读卡测试

EPC G2 标签输出数据共 17 个字节(以下数值均是十六进制):

00 00 E3 00 60 19 D2 6D 1C E9 AA BB CC DD 01 51 FF

其中：

00：头标志，这个是固定的。

00：设备号。

E3 00 60 19 D2 6D 1C E9 AA BB CC DD：12 个字节的 ID 号。

01：天线编号，本次识别来自哪个天线。注：一体化天线是固定的。

51：校验和，计算从首个字节开始至倒数第三个字节结束，共 15 个字节。

FF：标志，这个是固定的，每次读写器返回一个标签数据。

例如：

00 00 E2 00 20 75 61 19 02 04 04 00 E5 CC　00 54　FF. ,川 A88888,,,,是.>

2. 进门控制 WiFi 设置

RFID 读卡器 WiFi 设置如图 9-6 所示。

图 9-6　RFID 读卡器 WiFi 设置

STM32 控制接收 WiFi 设置如图 9-7 所示。

3. STM32 控制单元调试

STM32 控制是设计核心，软件调试主要是程序功能的实现，可以通过串口显示、LCD 显示和硬件操作进行调试，如图 9-8 所示。

4. LED 屏显示调试

为了便于门岗保安人员和车辆驾驶员观察，需要配备 LED 屏显示车辆识别信息，如图 9-9 所示。

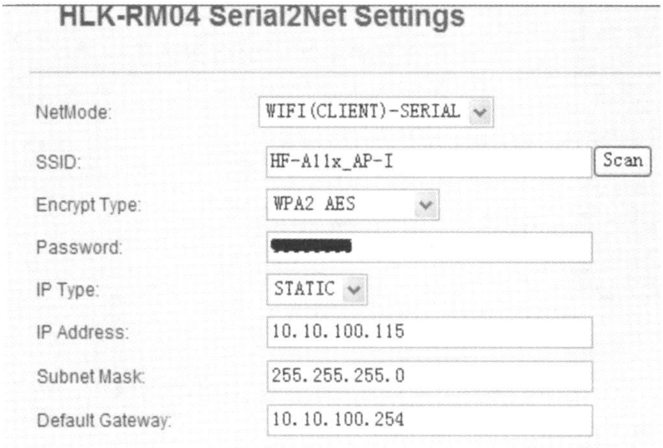

HLK-RM04 Serial2Net Settings

NetMode:	WIFI(CLIENT)-SERIAL
SSID:	HF-A11x_AP-I　Scan
Encrypt Type:	WPA2 AES
Password:	
IP Type:	STATIC
IP Address:	10.10.100.115
Subnet Mask:	255.255.255.0
Default Gateway:	10.10.100.254

图 9-7　STM32 控制接收 WiFi 设置

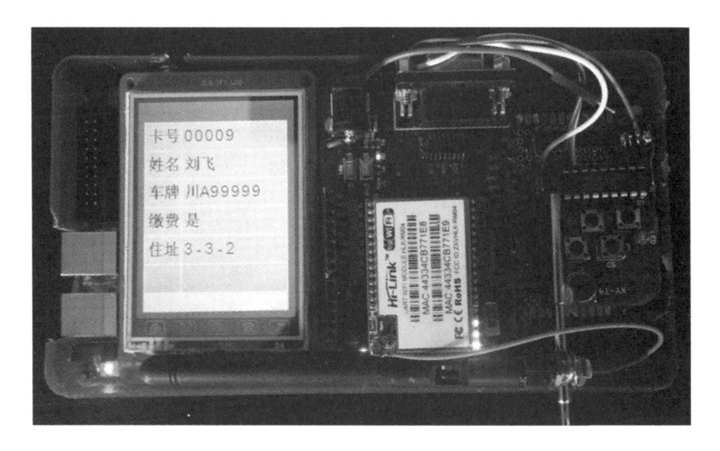

图 9-8　STM32 控制调试

图 9-9　车辆识别信息 LED 屏显示

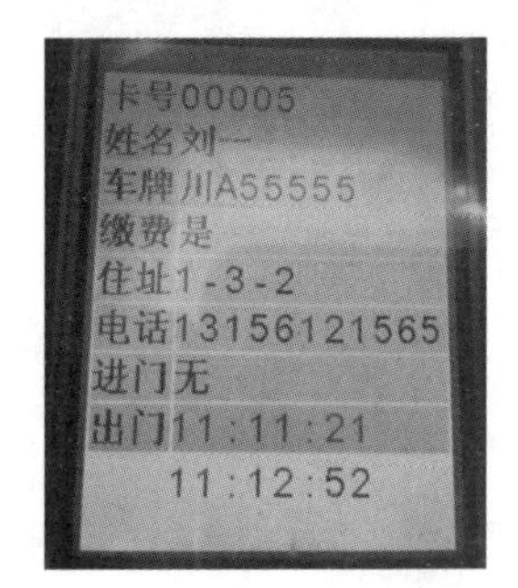

图 9-10　显示车辆识别信息

TFT LCD 显示屏也可同时显示，如图 9-10 所示。

5. 实际车辆进出识别与抬杆放行调试

不断完善功能与可靠性，如实现计算机网络管理、手机和平板 App 管理等。

9.3　MP3 播放器

9.3.1　项目概述

2000 年前后，很多人热衷使用 AVR 和 STM32 来驱动控制 VS1003，做 MP3 播放器。此处选择网友“柯南大侠”的开源作品，来进行实践。

9.3.2　硬件设计

VS1003 MP3 模块原理如图 9-11 所示。模块插到 AS-07 使用，实物照片如图 9-12 所示。

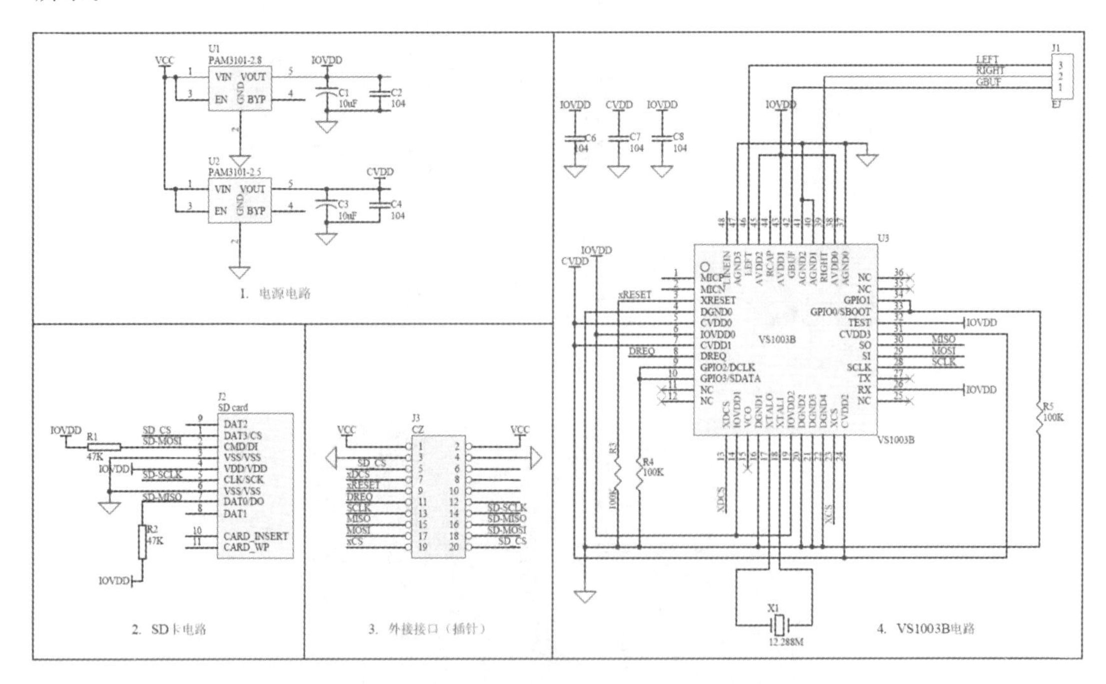

图 9-11　VS1003B MP3 模块原理

9.3.3　软件设计

有关资料下载网址为 http://www.openedv.com/posts/list/0/10856.html，“视频！μC/OS-Ⅱ＋uC/GUI 实现的界面作品 第四版（最终版）开源……”网络截图如图 9-13、图 9-14所示。

图 9-12　VS1003B MP3 模块原理图

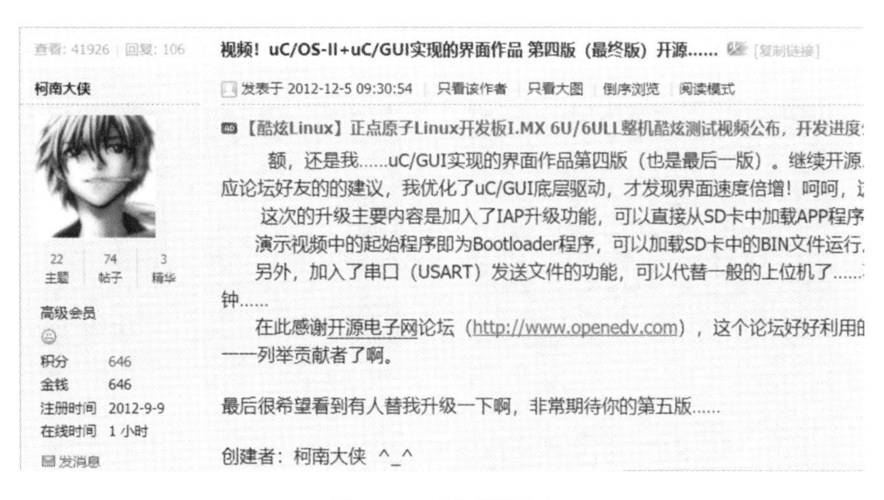

图 9-13　网络截图(1)

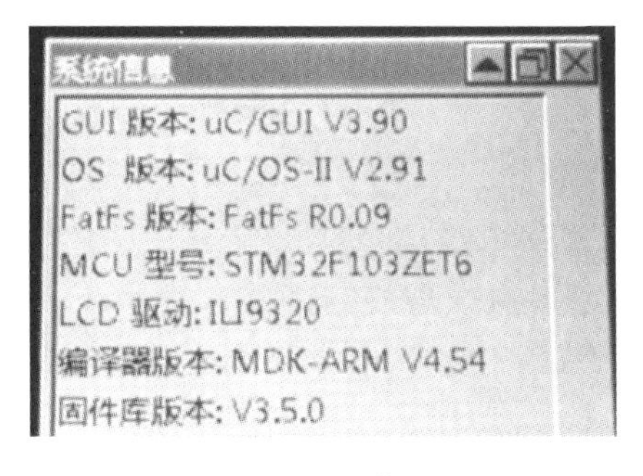

图 9-14　网络截图(2)

演示视频：uCOS-IIuCGUI 实现的人机界面作品 第四版-科技-高清完整正版视频在线观看-优酷 https://v.youku.com/v_show/id_XNDg0MDA3OTQw.html，截图如图 9-15、图 9-16 所示。

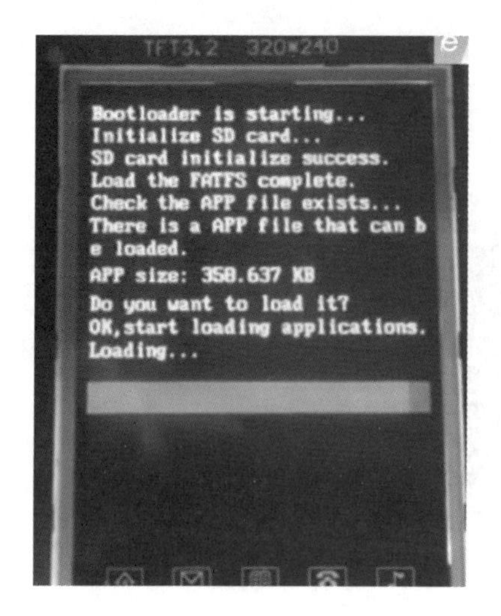

图 9-15 网络截图(3)

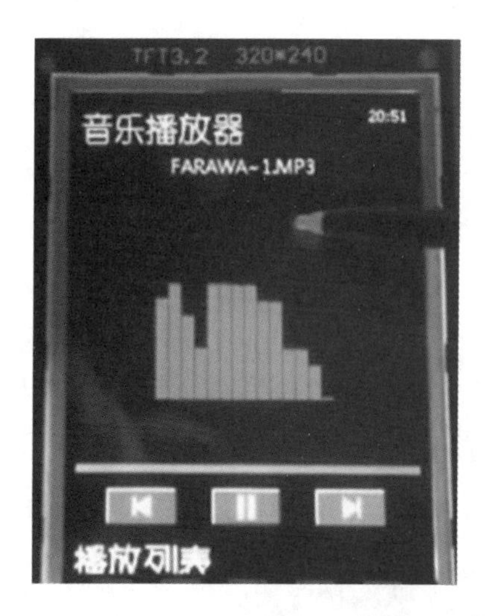

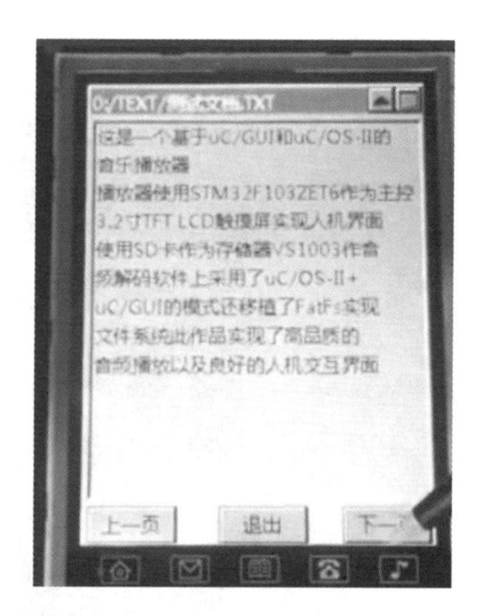

图 9-16 网络截图(4)

将程序修改移植到 AS-07 运行。

主要需要修改的程序是 LCD_9320 和 SD,适配 AS-07 的硬件,如图 9-17 所示。

涉及的知识点有 LCD 显示及触摸屏控制、SD 卡读写,FatFs 文件系统,uC/OS-II 操作系统,uC/GUI 图形界面,MP3 解码及 VS1003 硬件,在系统编程 IAP 等,综合程度非常高,值得学习研究。

9.3.4 调试

调试过程中主要应注意软硬件的关系。

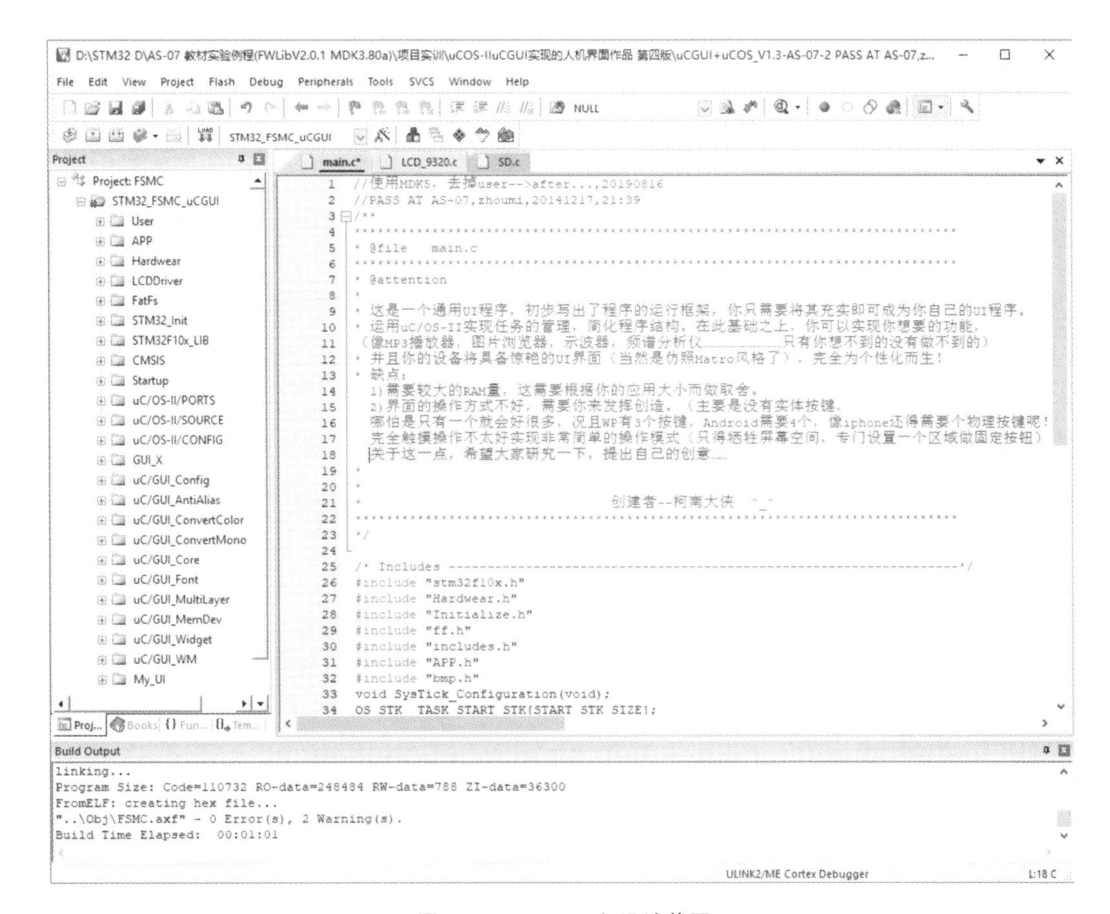

图 9-17　MDK 工程设计截图

9.4　基于 STM32 和 GPRS 的交流电参数监测系统

9.4.1　项目概述

很多实际应用，都需要对电源进行监测，例如计算机机房，纺织厂等。

工厂电源需要电压稳定、三相平衡、效率高、电源污染（干扰）低等，因此需要动态监测电源。对工厂电源的监测，包括三相交流电的电压、电流、功率因数、谐波等。

项目可实现对交流电的基本监测，并可实现本地和远程传输监控。

9.4.2　硬件设计

典型的电源监控硬件框图如图 9-18 所示，由电源采样、电源测量、主控单片机、有线和无线通信传输电路等组成。单片机获取电参数进行处理以后，通过有线 RS232/RS485 或者无线 3G/4G 通信远程传输。

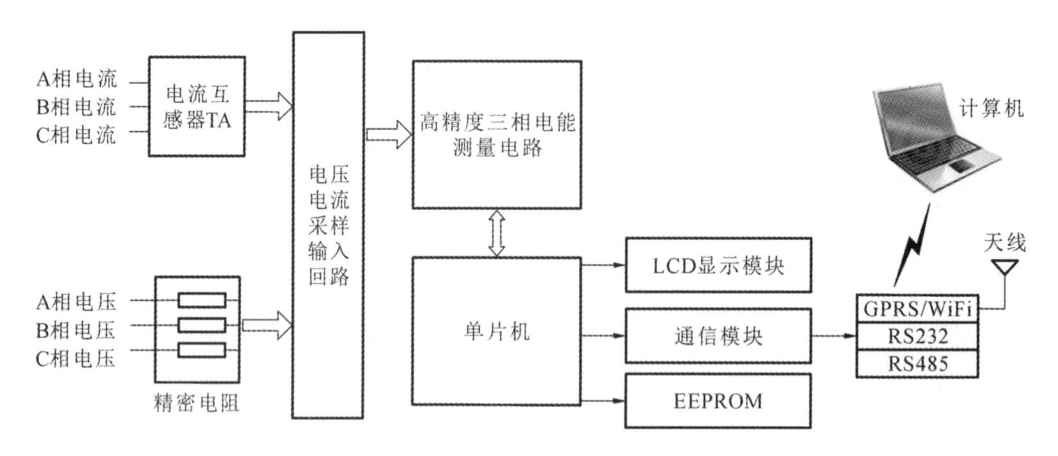

图 9-18　典型电源监控硬件框图

电源谐波、负荷、电流、电压、功率等电参数由电源测量电路完成，这里为了简化，使用了 RN8029D，内部结构框图如图 9-19 所示。

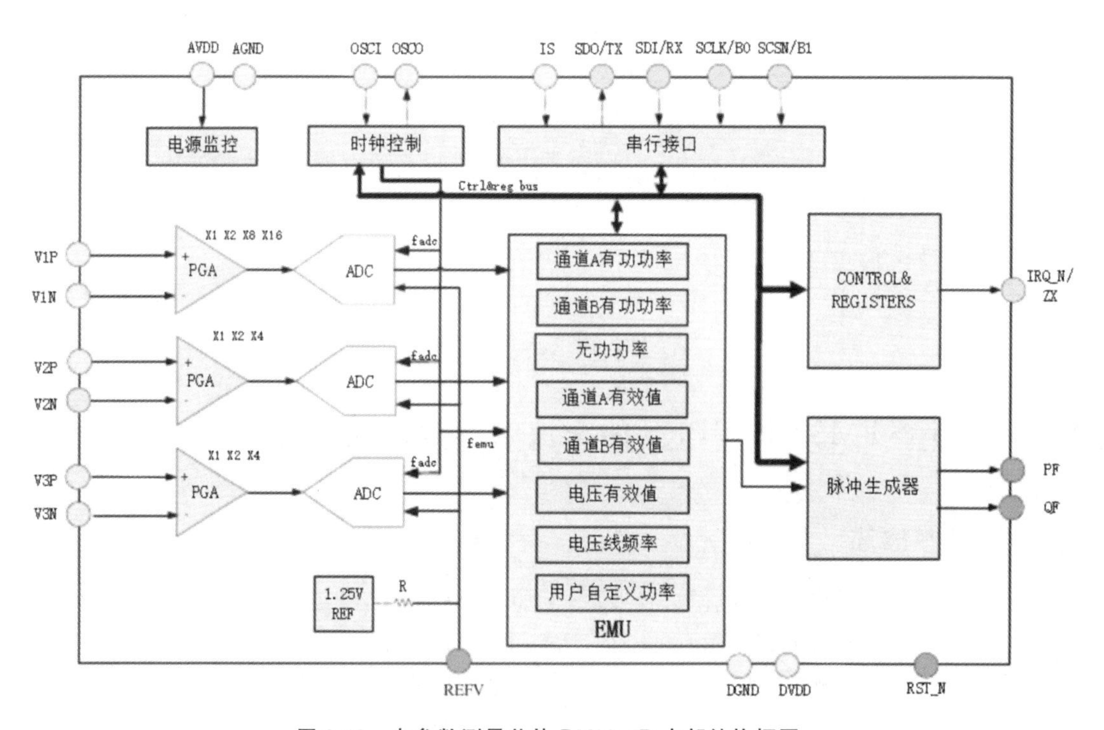

图 9-19　电参数测量芯片 RN8209D 内部结构框图

RN8029D 单相电表的典型应用电路如图 9-20 所示。

LT-211 型 RN8029 单相电参数测量模块如图 9-21 所示。

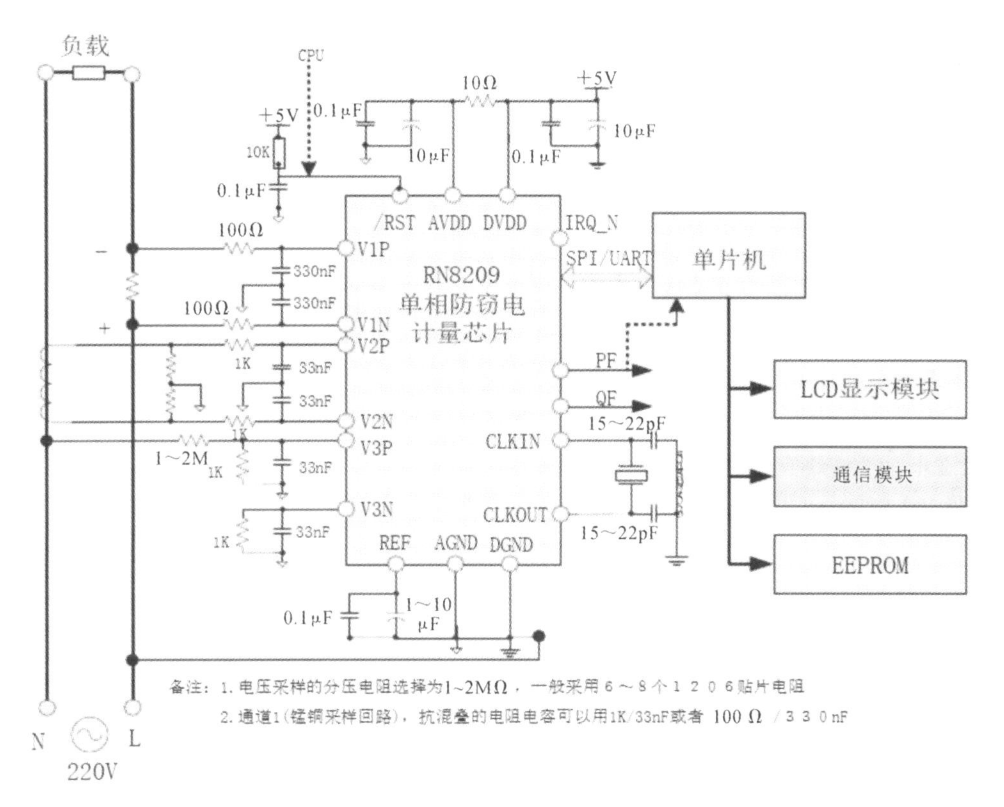

图9-20 RN8029单相电表典型应用电路

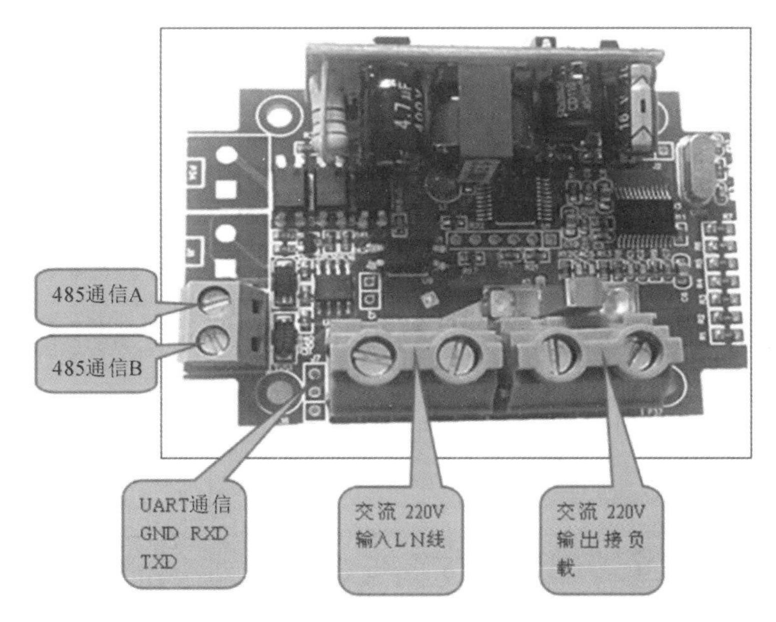

图9-21 LT-211型RN8029单相电参数测量模块

9.4.3 软件设计

1. MODBUS **协议**

MODBUS-RTU 协议举例如下。

功能码 0x03:读多路寄存器。

例:主机要读取地址为 01,开始地址为 0048H 的 2 个从机寄存器数据。

主机发送:	01	03	00 48	00 02	CRC
	地址	功能码	起始地址	数据长度	CRC 码

从机响应:	01	03	04	12 45	56 68	CRC
	地址	功能码	返回字节数	寄存器数据 1	寄存器数据 2	CRC 码

2. LT-211 **模块读取测量参数命令举例**

默认数据:模块的 ID 为 01 号,通信的波特率为 4800b/s,格式为 8,N,1。

发送数据:01 03 00 48 00 0A 45 DB (带频率抄读)(读 0048 开始的 10 个寄存器,DB 45 是 CRC)。

接收数据:01 03 0C 57 37 00 1A 00 02 00 00 00 40 01 59 13 D1(返回 0C=12 个字节)。

第 3 字节开始的 12 个字节是电参数,解析出来的结果与图 9-22 显示的上位机软件测量结果是一致的。

数据 57 37 对应 0048H 寄存器,即电压:0x5737=22327,22327/100=223.27 V。

数据 00 1A 对应 0049H 寄存器,即电流:0x001A=26,36/1000=0.026 A。

数据 00 02 对应 004AH 寄存器,即有功功率:0x0002=2,单相有功功率为 2 W。

数据 00 00 00 40 对应 004BH 和 004CH 寄存器,即有功总电能:0x00000040=64,64/3200=0.02(kWh)。

数据 01 59 对应 004DH 寄存器,即功率因素:0x0159=345,345/1000=0.345。

01 03 0C 57 37 00 1A 00 02 00 00 00 40 01 59 的 CRC=D1 13。

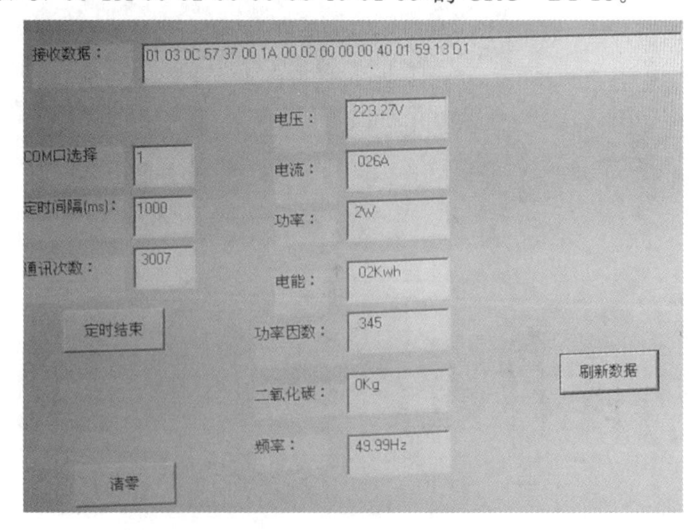

图 9-22 modubus **测试软件**

具体通信数据计算方法参照表9-1。

表9-1 测量电量寄存器地址和通信数据表

序号	名称	寄存器地址	读写	具体说明
1	电压	0048H	读	无符号数,值=DATA/100,单位V
2	电流	0049H	读	无符号数,值=DATA/1000,单位A
3	有功功率	004AH	读	无符号数,值=DATA,单位W
4	有功总电能	004BH	读	无符号数,两个寄存器共4个字节,值=DATA/3200,单位kWh
		004CH	读	
5	功率因数	004DH	读	无符号数,值=DATA/1000

3. PC机运行上位机软件测量电参数

硬件实物如图9-23所示,LT-211模块使用RS232、RS485转USB接到PC。图9-24所示为使用LT-211模块测量电参数(软件)设置图。

图9-23 使用LT-211模块测量电参数(硬件)

4. 使用STM32测量电参数

使用USART2发送01 03 00 48 00 06 45 DE,接收到01 03 00 48 00 0A 45 DB,如图9-25所示,按照MODBUS协议解析后,将得到相应的结果。

以下为C语言抄读模块的例程:

```
void read_data(void)
{
unioncrcdata
{
    unsigned int word16;
    unsigned char  byte[2];
```

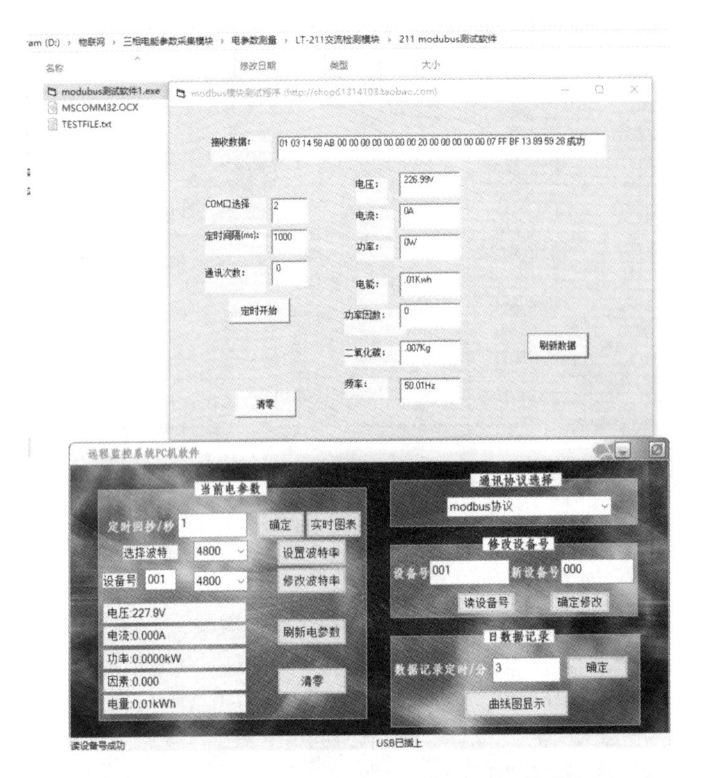

图 9-24 使用 LT-211 模块测量电参数(软件)

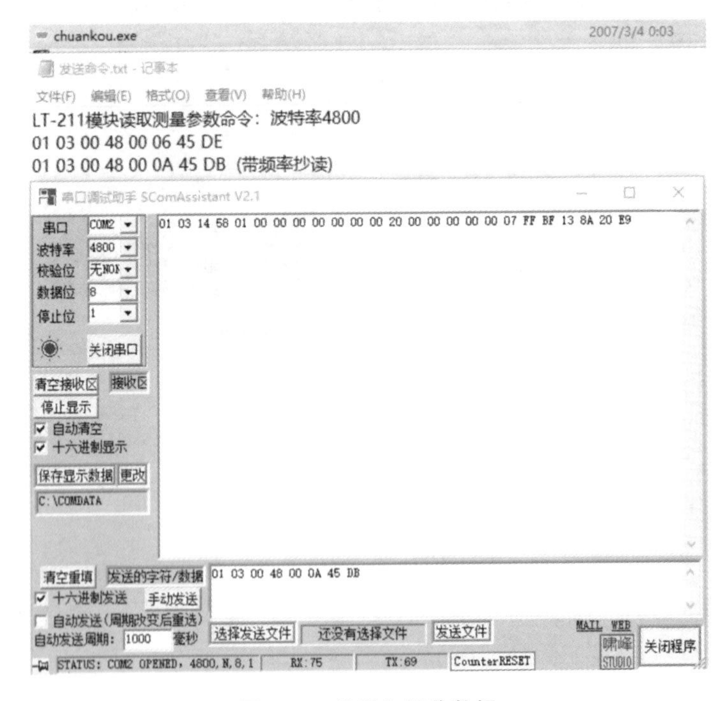

图 9-25 发送和接收数据

```
}crcnow;
if((Clock.Second% 2)==1) //2 秒读一次
    {
        Tx_Buffer[0]=Read_ID;  //抄读模块的 ID 号
        Tx_Buffer[1]=0x03;
        Tx_Buffer[2]=0x00;
        Tx_Buffer[3]=0x48;
        Tx_Buffer[4]=0x00;
        Tx_Buffer[5]=0x06;
        crcnow.word16=chkcrc(Tx_Buffer,6);
        Tx_Buffer[6]=crcnow.byte[1];   //CRC 效验低字节在前
        Tx_Buffer[7]=crcnow.byte[0];
        Send_data(8);//发送 8 个数据,请根据单片机类型自己编程
    }
}

void Analysis_data(void)
{
    unsigned char i;
    unioncrcdata
    {
        unsigned int word16;
        unsigned char  byte[2];
    }crcnow;
    if(Comm[1].Status==2)  //接收完成
    {
        if(RX_Buffer[0]==Read_ID)  //确认 ID 正确
        {
        crcnow.word16=chkcrc(RX_Buffer,Comm[1].nRx-2);  //Comm[1].nRx 是接收数据
长度
        if((crcnow.byte[0]==RX_Buffer[Comm[1].nRx-1])&&(crcnow.byte[1]==RX
_Buffer
            [Comm[1].nRx-2]))  //CRC 效验
            {
                Voltage_data=(((unsigned int)(RX_Buffer[3]))<<8) |RX_Buffer[4];
    //Voltage_data
                Current_data=(((unsigned int)(RX_Buffer[5]))<<8) |RX_Buffer
[6];//Current_data
                Power_data=(((unsigned int)(RX_Buffer[7]))<<8) |RX_Buffer[8];
    //Power_data
                Energy_data=(((unsignedlong)(RX_Buffer[9]))<<24) |(((unsigned
long)(RX_Buffer[10]
                ))<<16) |(((unsigned long)(RX_Buffer[11]))<<8) |RX_Buffer[12];
    //Energy_dat
```

```
                Pf_data=(((unsigned int)(RX_Buffer[13]))<<8) |RX_Buffer[14];
    //Pf_data
                }
            }
            Comm[1].Status=0;//切换回接收数据状态
        }
    }
```

5. STM32 控制 GPRS 传输电参数

远程传输使用 SIM868 GPRS 模块,并使用花生壳映射,调试使用网络调试助手。

9.4.4 调试

1. 电参数测量与显示

测量与显示结果如图 9-26 所示。

图 9-26 电参数的测量与显示

2. GPRS 远程传输

打开网络调试助手,把查询到的本地 IP 地址输入,用新花生壳添加映射,并且诊断域名是否可用,如图 9-27 所示。

域名诊断成功,如图 9-28 所示。

GPRS 模块与计算机连接好,通过串口(使用串口调试助手软件)向 GPRS 模块发送 AT 指令:

```
AT+CGCLASS= "B"
AT+CGDCONT=1,"IP","CMNET"
AT+CGATT=1
AT+CIPCSGP=1,"CMNET"
AT+CIPSTART="TCP","n24i689018.qicp.net",39294(用于建立 TCP 连接或者注册 UDP 端口
号,模块将建立一个 TCP 连接,连接目标地址为:n24i689018.qicp.net,端口为 39294。连接成
功会返回:CONNECT OK。)
```

图 9-27　新花生壳映射

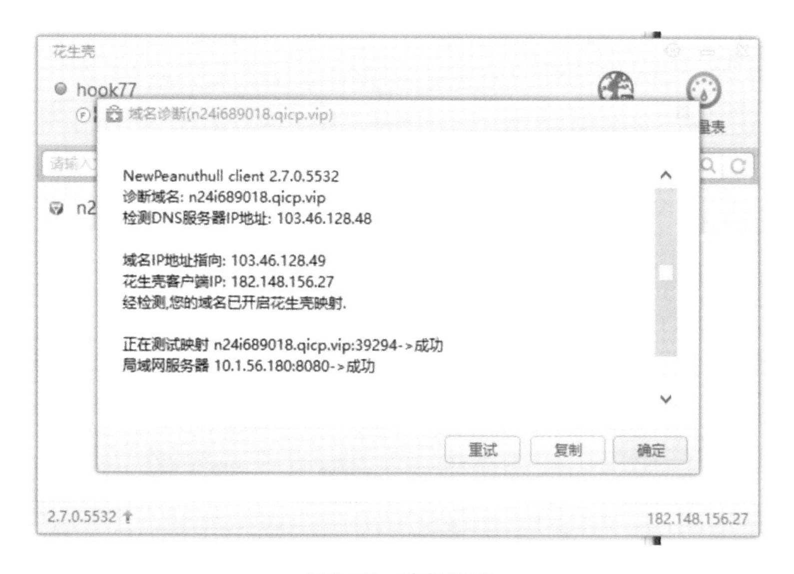

图 9-28　映射测试

出现“CONNECT OK”后，通过串口发送 AT 指令，再输入需要传输的数据如 HELLO，在“网络调试助手”的“网络数据接收”窗口显示远程接收到 HELLO，如图 9-29 所示。

STM32 发送上述 AT 指令的编程如图 9-30 所示，控制 LCD 显示如图 9-31 所示。

本地显示的电参数和传输到远程 n24i689018. qicp. net 的电参数如图 9-32 所示。

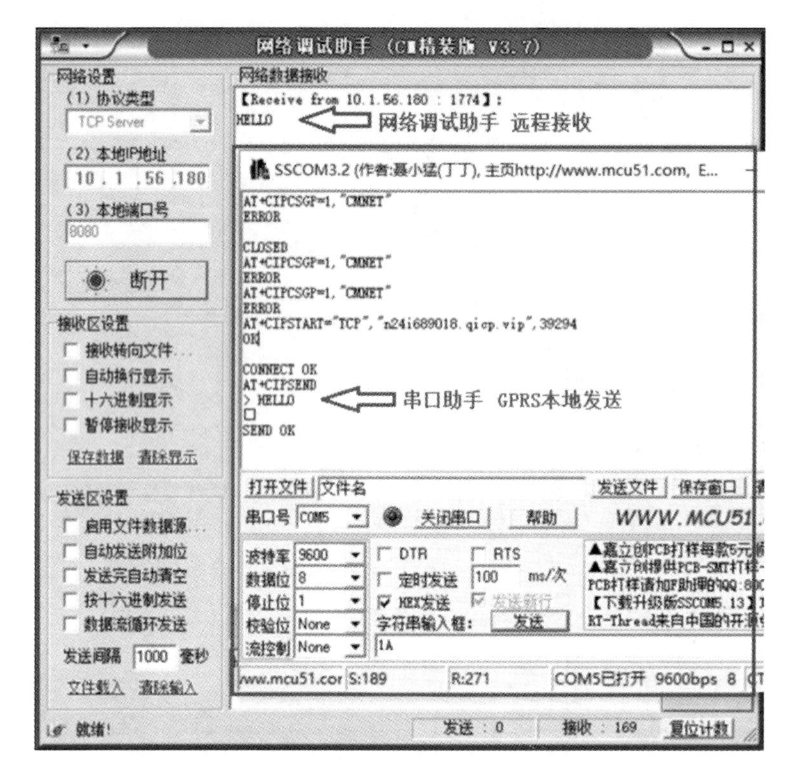

图 9-29　使用 GPRS 远程传输测试

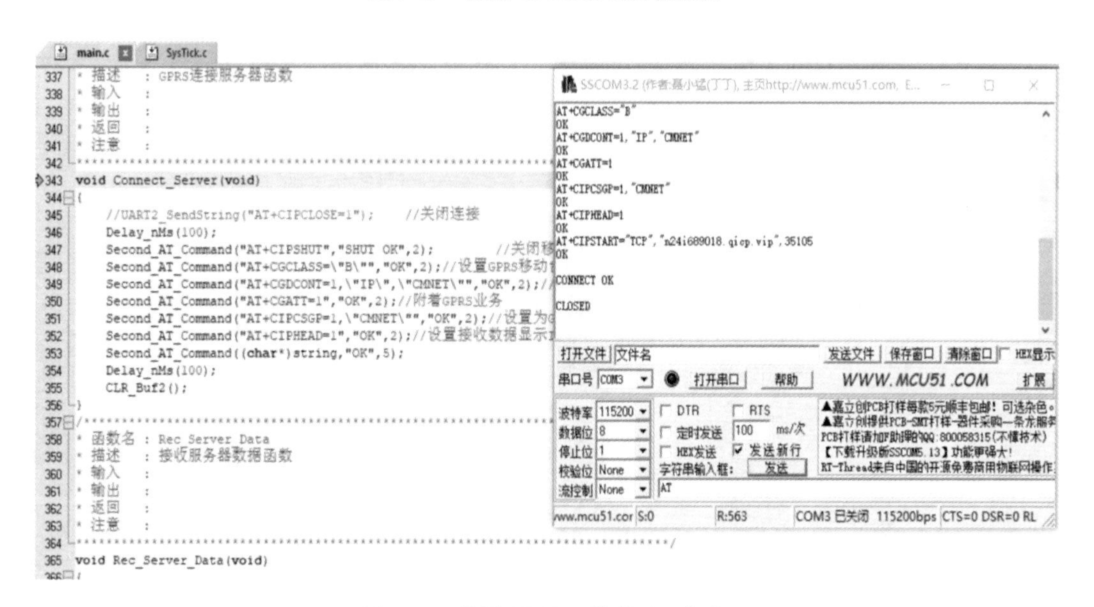

图 9-30　使用 STM32 发送 AT 指令

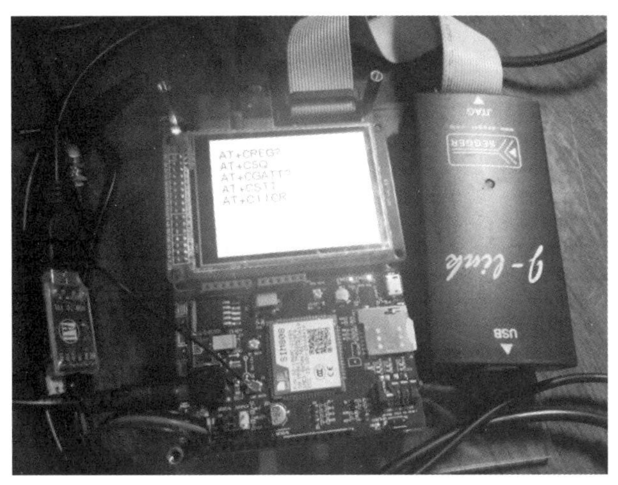

图 9-31　使用 STM32 发送 AT 指令的 LCD 显示

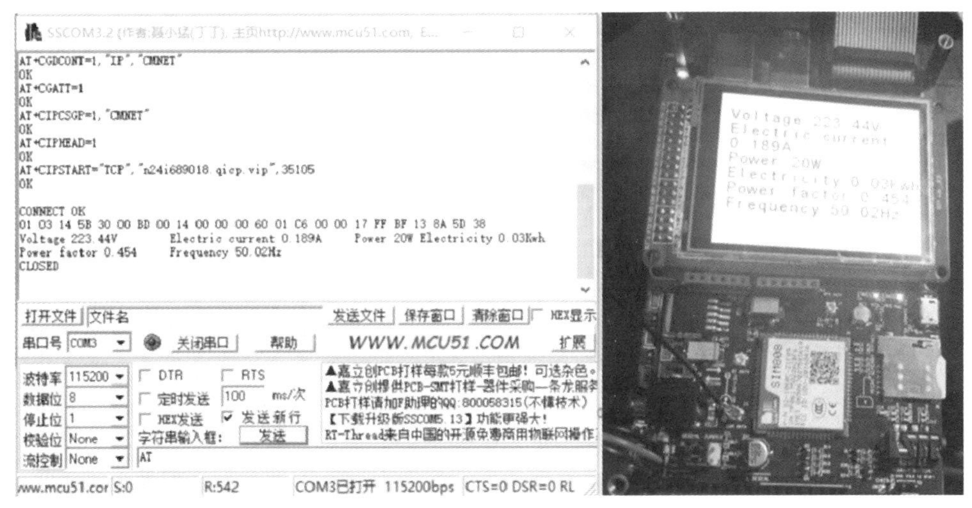

图 9-32　电参数的测量与显示以及远程 GPRS 传输

9.5　基于乐为物联网的电参数监测

电参数的测量与 9.4 节相同，这里没有使用 GPRS 远程传输，而是使用 WiFi DTU 传输到“乐为物联”网的。

9.5.1　用 API 测试工具实现数据的上传模拟

使用乐为物联网提供的 API 测试平台完成模拟数据的上传，不需要配合硬件使用。

步骤：

(1) 注册乐为物联网账号。

(2) 添加新设备和传感器，注意记住设备和传感器“标识”的名称，在后面调用时会用到，具体步骤如下。

①添加新设备。

登录后进入“我的物联”→“我的设备”→“添加新设备”。

添加设备，通过点击“我的设备”选择编辑已有的默认设备或者选择“添加新设备”，如图9-33所示，填写相关信息后，点击保存就可以了。

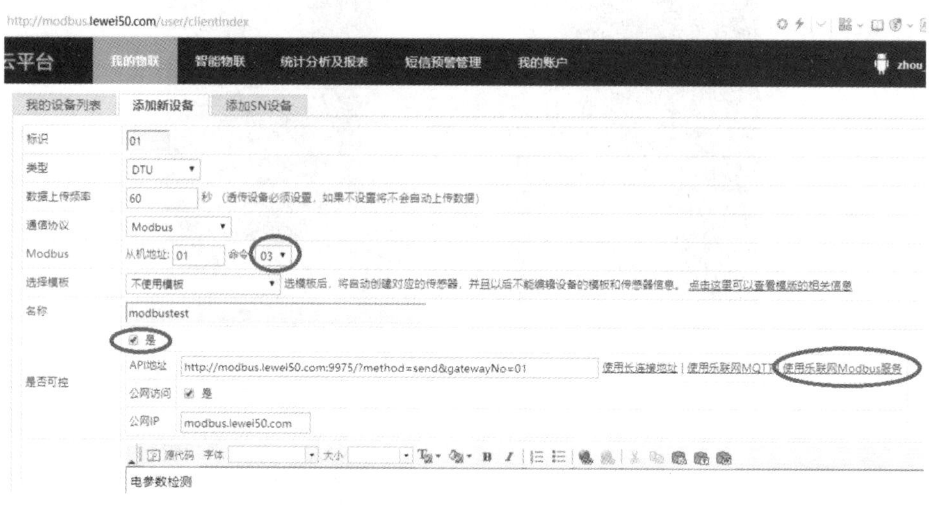

图 9-33 添加新设备

②添加 S72 传感器。

添加电压传感器 S72，进入“我的物联”→“传感器与控制器”→“传感器列表”，点击“新建”，添加传感器(见图 9-34)后保存。

添加传感器	添加控制器
标识	S72
类型	电压(V)
单位	V
设备	modbustest
名称	A相电压（寄存器地址0048H）
数值转换	系数：0.01 偏移： 最终保存数值=上传数值*系数+偏移（如果不需要设置请保留空白）
图片	选择文件 未选择任何文件 150*150
正常值范围	-
超过范围报警	关闭
发送间隔	60 S（仅作为判断传感器是否在线的衡量标准）
介绍	
发送超时报警	开启
自动发微博	开启 绑定微博账户
排序号	同设备按数字大小排序，不同设备按设备排序号优先排序
	保存 返回

图 9-34 添加电压传感器 S72

其他传感器的添加方法与电压传感器的相同。所添加的传感器如图 9-35 所示。

标识	设备	名称	最新数值	最后更新	类型
S72	modbustest	A相电压（寄存器地址0048H）	225.76V	2019-05-19 14:30	电压
S73	modbustest	A相电流（寄存器地址0049H）	0A	2019-05-19 14:30	其他类型
S74	modbustest	A相有功功率（寄存器地址004AH）	0W	2019-05-19 14:30	功率
S75	modbustest	A相有功总电能（寄存器地址004BH）	0kW.h	2019-05-19 14:30	用电量
S77	modbustest	A相功率因数（寄存器地址004DH）	0	2019-05-19 14:30	其他类型

图 9-35　添加的传感器

（3）使用 API 测试，模拟数据上传。

进入首页的“开发者指南”→“API 列表”→“测量设备口”→gateway/updateSensors。

打开如下网址：http://www.lewei50.com/dev/apitest/3，修改设置以后再点击“调用接口”，界面如图 9-36 所示。

图 9-36　API 测试界面

在“我的账户”→设置个人信息里查看 Userkey，8528xxxxxxx4a5da75fb928aaaf68cb。

API 地址：http://www.lewei50.com/api/V1/gateway/UpdateSensors/01。Post 数据：

```
[
    {
        "Name":"S72",
        "Value":"220"
    },
    {
        "Name":"S73",
        "Value":"1"
    },
```

```
        {
            "Name":"S74",
            "Value":"2"
        },
        {
            "Name":"S75",
            "Value":"3"
        },
        {
            "Name":"S77",
            "Value":"4"
        }
    ]
```

在传感器列表里点击“查询”,结果如图 9-37 所示。

传感器列表　控制器列表

设备 全部　类型 全部　标识　名称

标识	设备	名称	最新数值	最后更新	类型
S72	modbustest	A相电压(寄存器地址0048H)	2.2V	2019-05-19 17:02	电压
S73	modbustest	A相电流(寄存器地址0049H)	0.001A	2019-05-19 17:02	其他类型
S74	modbustest	A相有功功率(寄存器地址004AH)	2W	2019-05-19 17:02	功率
S75	modbustest	A相有功总电能(寄存器地址004BH)	0.24kW.h	2019-05-19 17:02	用电量
S77	modbustest	A相功率因数(寄存器地址004DH)	0.004	2019-05-19 17:02	其他类型

图 9-37　API 测试的传感器数据

9.5.2　用串口转 TCP 工具软件实现数据的上传

将电参数测量模块通过 USB 转串口 RS232 模块连接到计算机,在计算机上运行 LeweiTcp.exe,如图 9-38 所示。

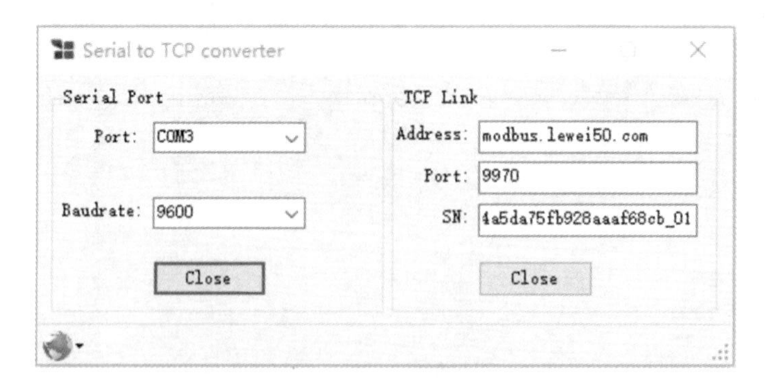

图 9-38　运行乐为物联的串口转 TCP 工具软件

在“我的设备”里点击运行“透传控制台”,如图 9-39 所示。

透传控制台

透传控制台

命令设置

设备名称　modbustest

通信协议　Modbus

从机地址　1

命令　03-readHoldingRegisters

起始位置　72　示例:1

读取数量　6　示例:3

发送

发送历史

命令:03-readHoldingRegisters; 起始位置:72; 读取数量:6

{"successful":true,"message":"","data":{"registers":[22447,197,36,0,672,815],"data":"57af00c50024000002a0032f"}}

命令:03-readHoldingRegisters; 起始位置:72; 读取数量:6

{"successful":true,"message":"","data":{"registers":[22490,138,24,0,672,776],"data":"57da008a0018000002a00308"}}

命令:03-readHoldingRegisters; 起始位置:72; 读取数量:6

{"successful":true,"message":"","data":{"registers":[22726,176,32,0,672,801],"data":"58c600b00020000002a00321"}}

命令:重启连接(更新配置)

{"successful":true,"message":"ok"}

图 9-39　透传控制台

在“实时数据”里看到此时的电参数结果(见图 9-40)。图 9-41 所示的是完整过程。

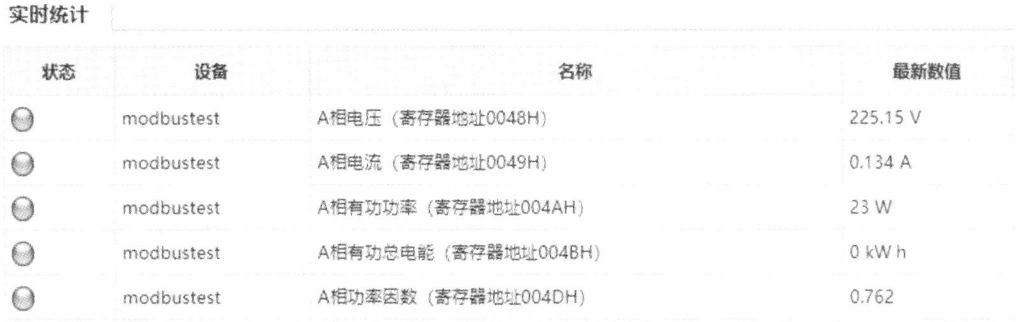

实时统计

状态	设备	名称	最新数值
	modbustest	A相电压（寄存器地址0048H）	225.15 V
	modbustest	A相电流（寄存器地址0049H）	0.134 A
	modbustest	A相有功功率（寄存器地址004AH）	23 W
	modbustest	A相有功总电能（寄存器地址004BH）	0 kW h
	modbustest	A相功率因数（寄存器地址004DH）	0.762

图 9-40　实时电参数

9.5.3　用 WiFi DTU 实现数据的上传

1. 下载固件

WiFi DTU 方案,硬件采用 ESP8266 模组。

DTU 代码 github 地址:https://github.com/lewei50/DTU/tree/master/nodemcu。

2. 烧写固件

ESP8266 固件烧写接线如图 9-42 所示,软件设置如图 9-43 所示。

3. 数据上传

通过 ESP8266 WiFi DTU 远程上传测量的电参数硬件实物照片如图 9-44 所示。

图 9-41　完整过程

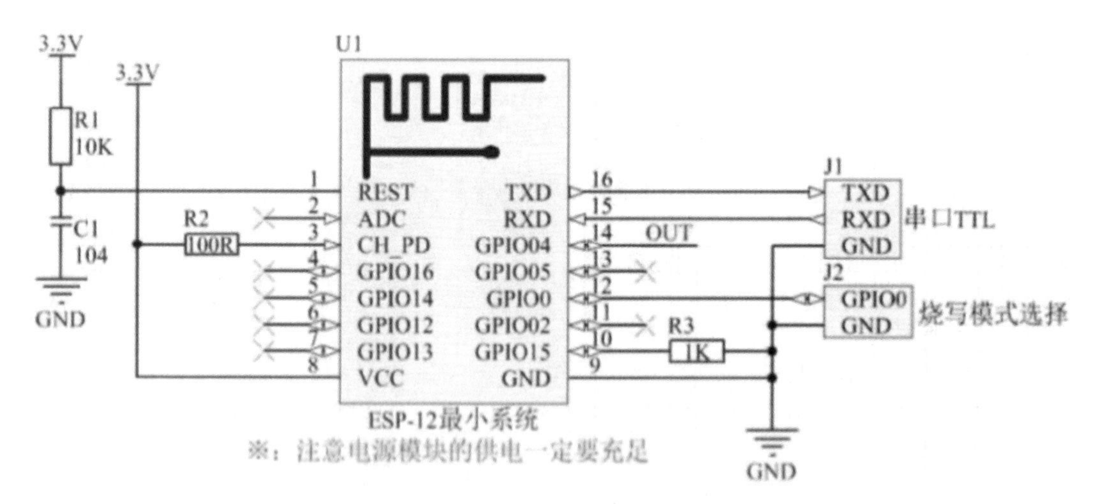

图 9-42　ESP8266 固件烧写接线图

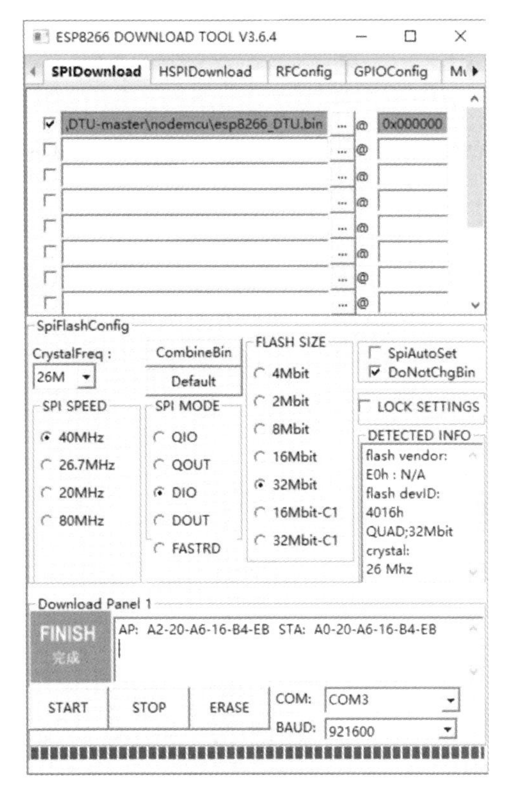

图 9-43　ESP8266 固件烧写软件设置

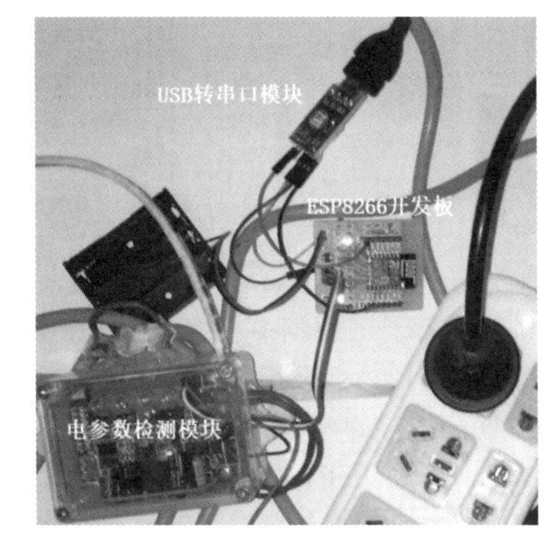

图 9-44　测量电参数并通过 WiFi DTU 远程传输

9.5.4　iammeter 电表平台架构及与电表通信流程

iammeter 电表平台架构及与电表通信流程如图 9-45 所示。电表平台网址为 http://doc.lewei50.com/energymonitor/499702。

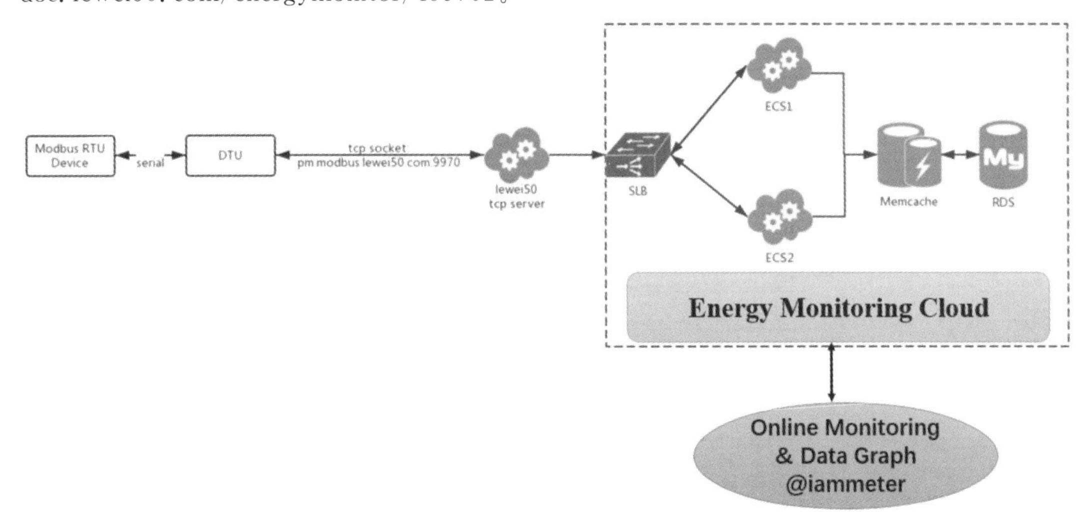

图 9-45　iammeter 电表平台架构及与电表通信流程

1. 电表平台构架

整个架构分为以下几个部分。

1) Modbus 电表

Modbus 电表是指需要接入平台,支持 Modbus 协议的电表,可以看作是一个支持标准 Modbus 协议的 RTU 设备。

2) 具备 TCP to Serial 功能的 DTU

DTU 的功能是前端通过 485 串口与 Modbus 电表进行通信,获取 Modbus 电表数据。后端通过 socket 与 TCP 服务器进行通信,起到桥接 Modbus 电表和服务器端的作用。

DTU 设备根据使用方式不同分为内置 DTU(内置在电表里面,例如乐为物联提供的 iMeter WiFi 电表)和外置 DTU;根据网络方式不同又可以分为 WiFi DTU,GPRS DTU 等。

DTU 设备可以通过在 PC 上运行一个 Modbus 串口转 TCP 软件来进行模拟。

3) TCP 服务器

前端与 DTU 通过 socket 进行通信,后端将电表数据上传到云数据中心。

4) 监控平台云数据中心

对上传来的数据进行分类存储、分析、统计和调用等。

5) iammeter 电表在线监测平台

iammeter 平台可以通过调用数据库的各类电表数据和用户数据,从而用丰富的图表、报表功能来展示数据和提供丰富的在线应用。

用户可以通过注册该平台获取一个免费的电表 SN 号来接入电表。

2. 电表接入和数据上传的基本流程

(1) 用户在 iammeter 平台完成注册并获取系统自动分配的一个电表 SN 号。

(2) 用户需要把电表 SN 号和电表平台的 TCP socket 信息(服务器地址和端口号)配置到 DTU 设备上,如图 9-46 所示。

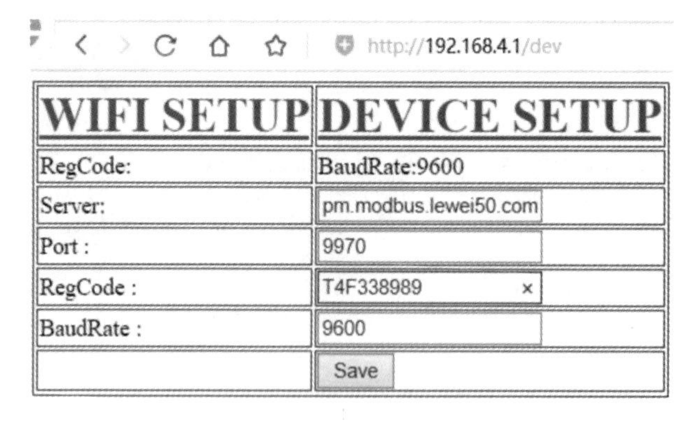

图 9-46 WiFi DTU 设置

(3) 配置好后,TCP 服务器跟 DTU 通过 socket 建立连接。

(4) TCP 服务器通过 DTU 链接过程发过来的注册包(包含设备 SN 号)找到与账号对应的信息。

(5) TCP服务器根据账号配置信息向DTU发起Modbus请求。

(6) DTU把Modbus请求转为Serial请求发给电表,收到电表回复信息以后通过TCP返回给TCP服务器。

通过以上的流程,建立对应用户账号和设备信息的一个电表数据上传通道。Modbus电表便可以将数据上传到云端数据库里,并最终可以通过iammeter平台来查看自己的电表数据(见图9-47)。

图9-47 iammeter电表显示的电参数

9.6 基于STM32和Zigbee的物联网智能家居设计

项目实现智能家居的演示,使用物联网Zigbee技术,结合本地网关和PC端上位机以及手机端监控等。

9.6.1 项目概述

项目实现智能家居的演示,Zigbee的节点将传感器检测到的环境温湿度、光强、烟雾、人体感应、物体移动、照明灯等信息传送给协调器,再传送本地STM32网关、PC端上位机和手机,实现本地和远程网络的环境温湿度监测、厨房煤气泄漏报警、刷卡开关门和门窗开关报警、开关照明灯、开关窗帘、开关电视、开关空调、移动侦测和开关摄像头等监控。

9.6.2 硬件设计

智能家居硬件设计框图如图9-48所示。

Zigbee使用了基于TI CC2530的"隔壁科技"制作的NJZB-2530型模块。网关使用基于STM32F103VE的AS-07实验板和基于ENC28J60的兼容arduino接口的以太网模块。另外还有DHT11温湿度等传感器和步进电动机等。

模拟智能家居演示的部分硬件实物照片如图9-49所示。

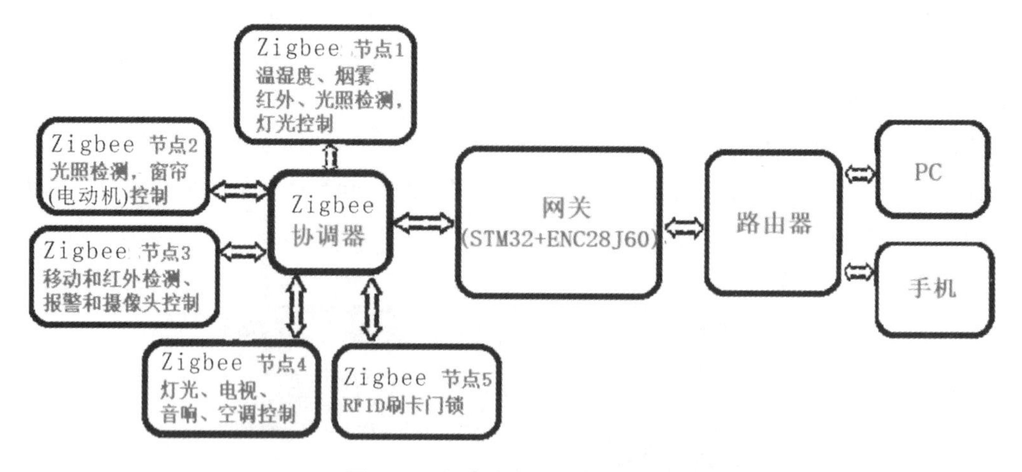

图 9-48　智能家居硬件设计框图

图 9-49　智能家居部分硬件实物照片

9.6.3　软件设计

Zigbee 节点连接传感器和继电器、电动机等，通过传感器获取温湿度、光照、烟雾、人体感应数据发送给 Zigbee 协调器，Zigbee 协调器转发给本地的网关和 PC，在 PC 上运行网关的网页和上位机软件实现本地监控，如果通过路由器映射了公网 IP，则可以通过网络远程监控。本地的上位机软件启动服务器后，使用手机端 App 实现监控。

1. 物联网 Zigbee 设计

协调器以广播方式建立 Zigbee 网络，收到节点数据通过串口上传到网关和 PC，并接收网关和 PC 串口发来的数据，无线发给节点。

节点 1 以单播方式加入网络，采集各个传感数据无线发给协调器。收到协调器开关灯命令开关继电器。

节点 2 以单播方式加入网络，采集光照传感数据，收到协调器的命令控制步进电动机正反转一定圈数实现窗帘开关控制。

节点 3 以单播方式加入网络，采集红外/热释人体传感数据，报警有人或门窗开关，实现报警或开关摄像头监控。

节点 4 以单播方式加入网络，实现照明灯、电视、音响、空调等监控。

节点 5 以单播方式加入网络，读取 RFID 卡的号，并无线发送给协调器和 PC 以及手机，实现开关门锁。

Zigbee 设计如图 9-50 所示。

以上只是智能家居的简单演示。在实际项目中可以进行增减，修改完善。

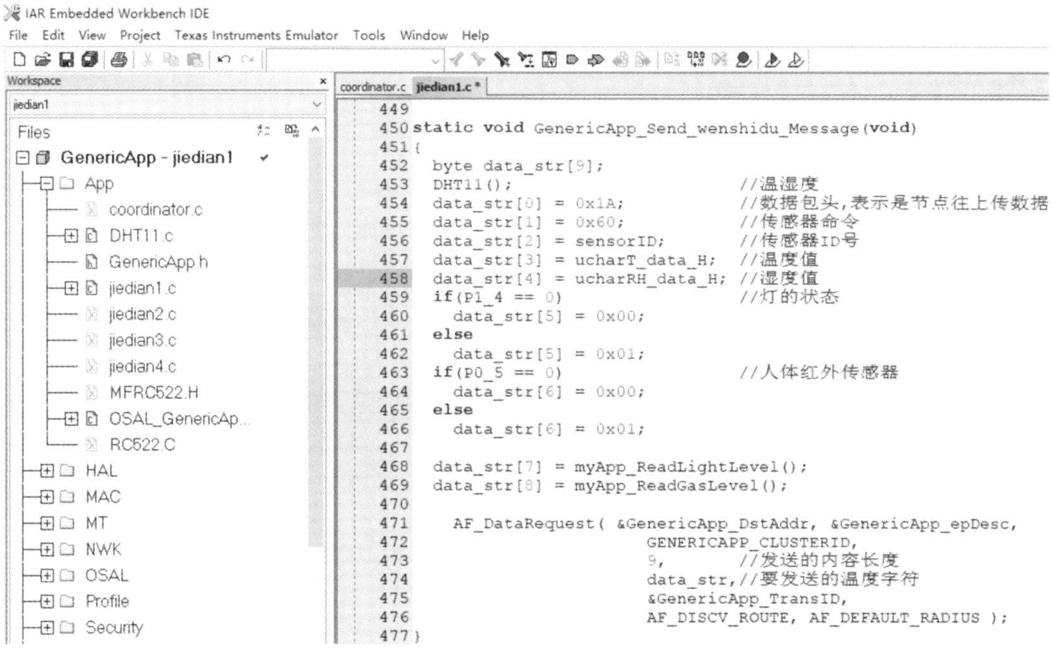

IAR Embedded Workbench IDE

File Edit View Project Texas Instruments Emulator Tools Window Help

Workspace: jiedian1

Files: GenericApp - jiedian1; App (coordinator.c, DHT11.c, GenericApp.h, jiedian1.c, jiedian2.c, jiedian3.c, jiedian4.c, MFRC522.H, OSAL_GenericAp..., RC522.C); HAL; MAC; MT; NWK; OSAL; Profile; Security

coordinator.c　jiedian1.c *

```
449
450 static void GenericApp_Send_wenshidu_Message(void)
451 {
452   byte data_str[9];
453   DHT11();                             //温湿度
454   data_str[0] = 0x1A;                  //数据包头,表示是节点往上传数据
455   data_str[1] = 0x60;                  //传感器命令
456   data_str[2] = sensorID;              //传感器ID号
457   data_str[3] = ucharT_data_H;         //温度值
458   data_str[4] = ucharRH_data_H;        //湿度值
459   if(P1_4 == 0)                        //灯的状态
460     data_str[5] = 0x00;
461   else
462     data_str[5] = 0x01;
463   if(P0_5 == 0)                        //人体红外传感器
464     data_str[6] = 0x00;
465   else
466     data_str[6] = 0x01;
467
468   data_str[7] = myApp_ReadLightLevel();
469   data_str[8] = myApp_ReadGasLevel();
470
471     AF_DataRequest( &GenericApp_DstAddr, &GenericApp_epDesc,
472                          GENERICAPP_CLUSTERID,
473                          9,      //发送的内容长度
474                          data_str,//要发送的温度字符
475                          &GenericApp_TransID,
476                          AF_DISCV_ROUTE, AF_DEFAULT_RADIUS );
477 }
```

图 9-50　使用 IAR 设计 Zigbee

2. STM32 网关设计

本地网关可以实现简单的以太网网页控制，如果接入互联网，则可以实现远程网络监控（见 9.4.4 小节），亦可以传输数据给服务器，实现更复杂和高级的监控功能。

STM32 网关软件设计如图 9-51 所示。

3. PC 端上位机设计

PC 端上位机软件使用 VS2010 设计开发（见图 9-52），不仅实现本地监控，还通过服务器实现互联网远程访问监控。

4. 手机端 App 设计

使用 adt-bundle-windows-x86_64-20131030 设计开发 App（见图 9-53），连接 PC 端上位机服务器，实现手机端本地或者互联网远程监控。

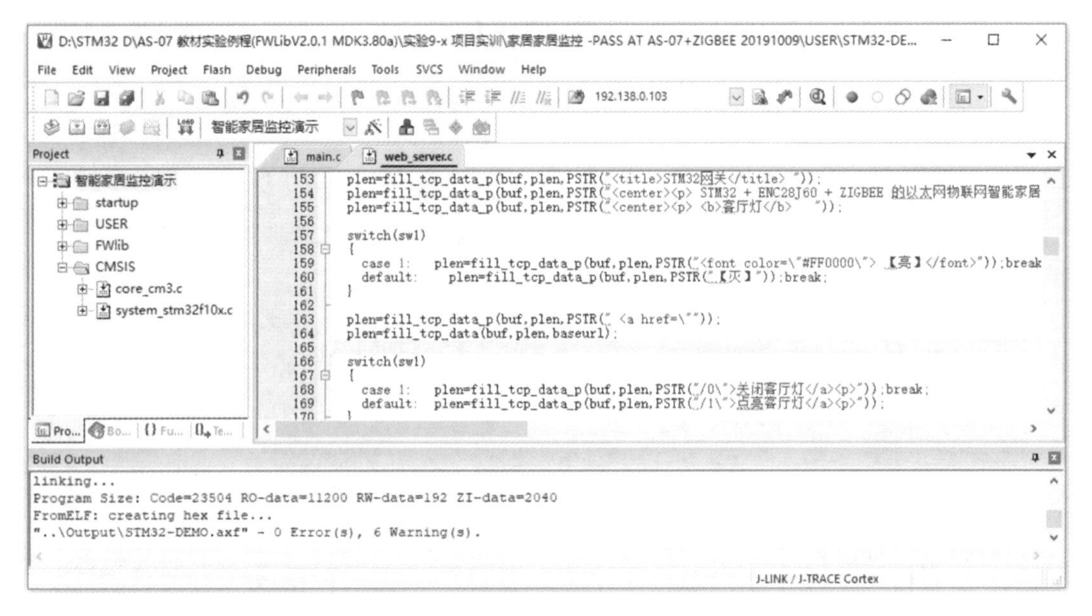

图 9-51　使用 MDK 设计 STM32 网关

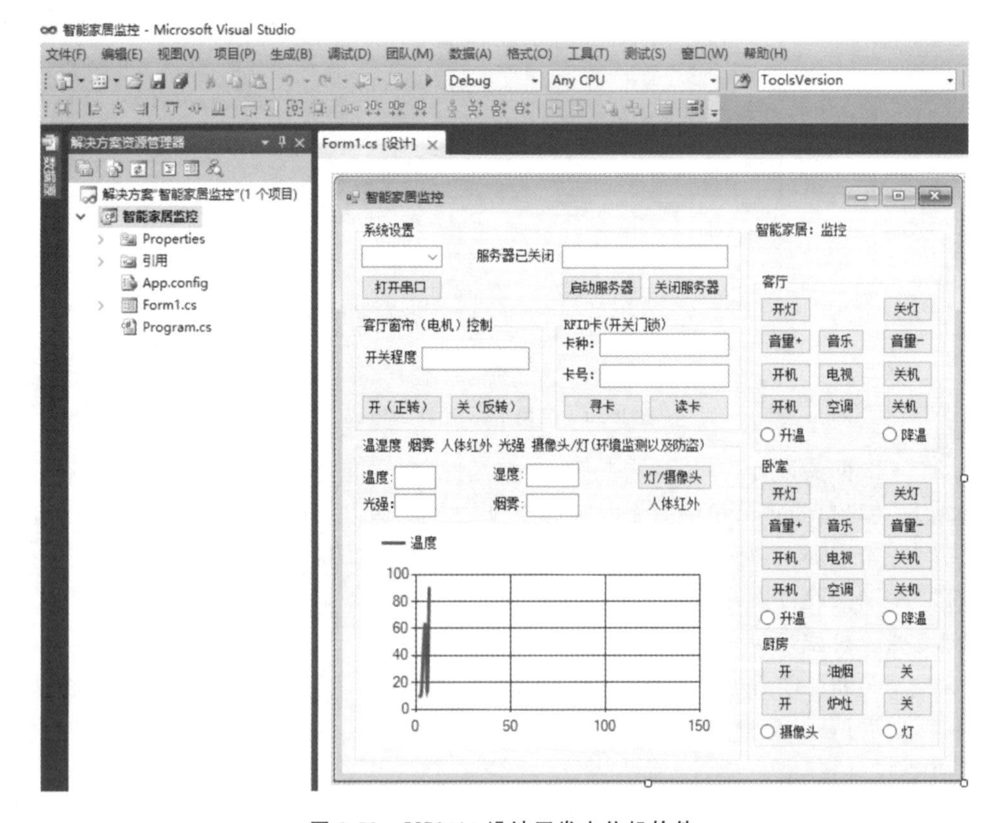

图 9-52　VS2010 设计开发上位机软件

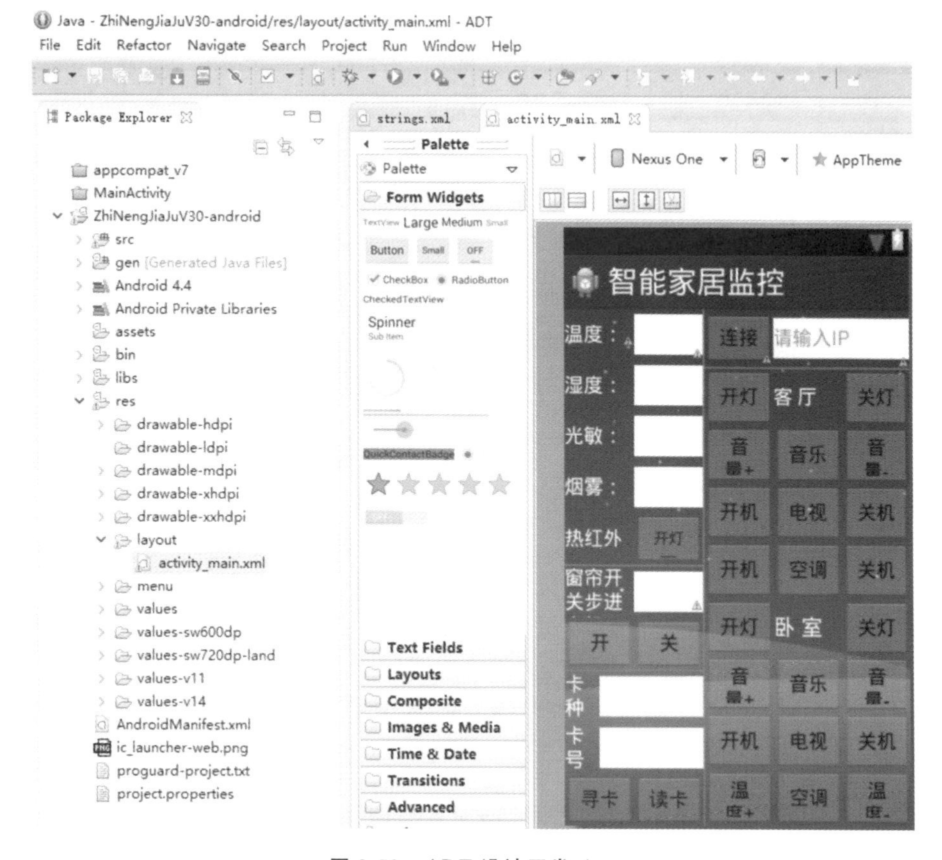

图9-53 ADT设计开发App

9.6.4 调试

1. 网关串口收发数据调试

Zigbee与网关和PC是通过串口进行数据交换的，利用串口调试助手进行程序调试（见图9-54）。

2. 以太网设置调试

网关是使用以太网接入本地PC和互联网的，网关设计包括使用ENC28J60以太网正常工作。这里将本地PC和网关使用的IP分别设置为192.168.1.100和192.168.1.106（见图9-55）。

3. PC端运行上位机监控

PC端运行上位机软件，实现本地PC和手机监控和通过启动服务器实现远程互联网监控（见图9-56）。

4. PC端运行网关WEB监控

本地运行网关实现简单的本地和互联网远程监控（见图9-57）。

5. 手机App运行监控

通过手机端App输入上位机所在的PC端的IP地址，实现监控（见图9-58）。

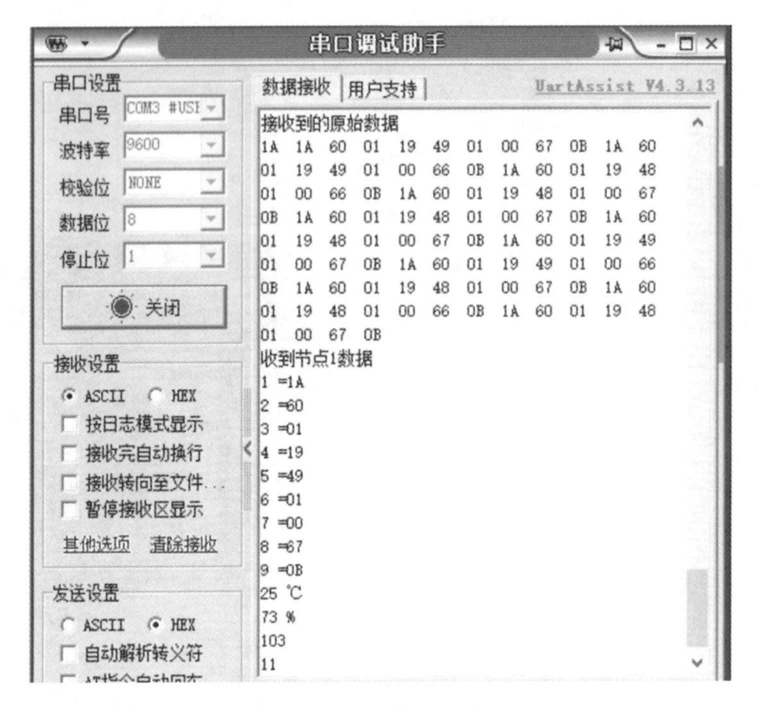

图 9-54 串口收发的数据

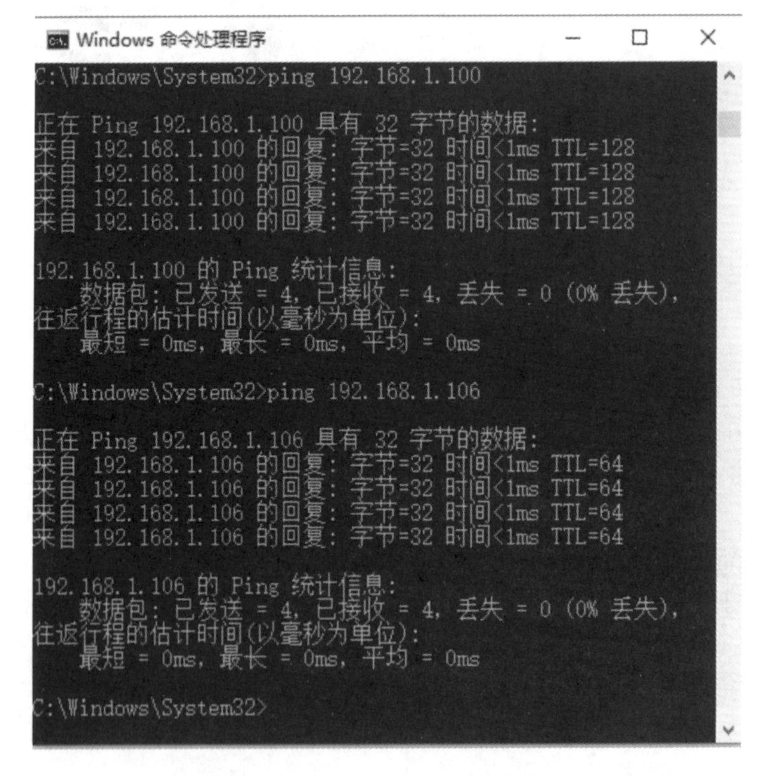

图 9-55 ping 通本地 PC 与网关 IP

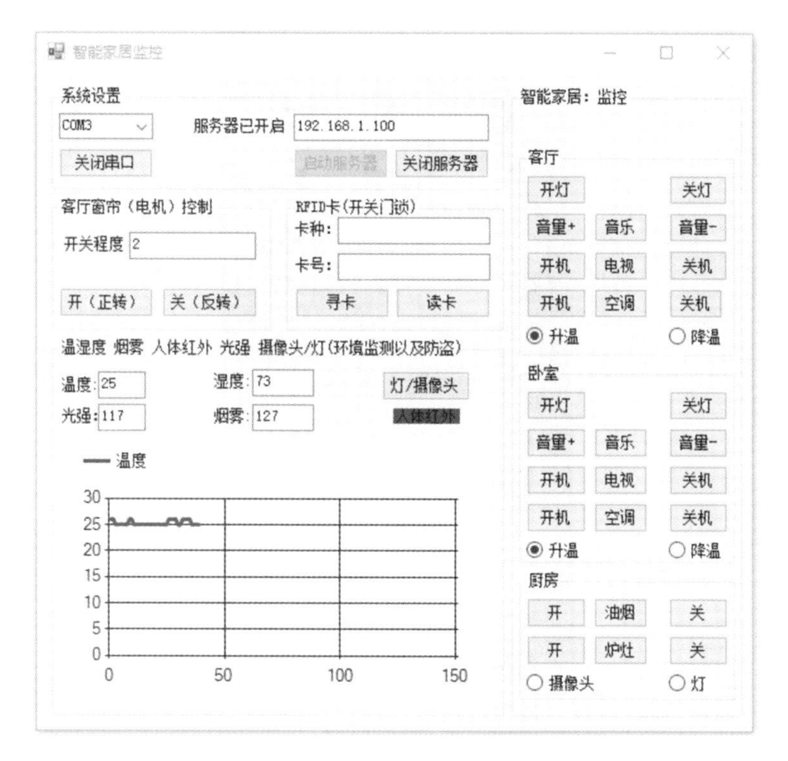

图 9-56 PC 端运行上位机软件

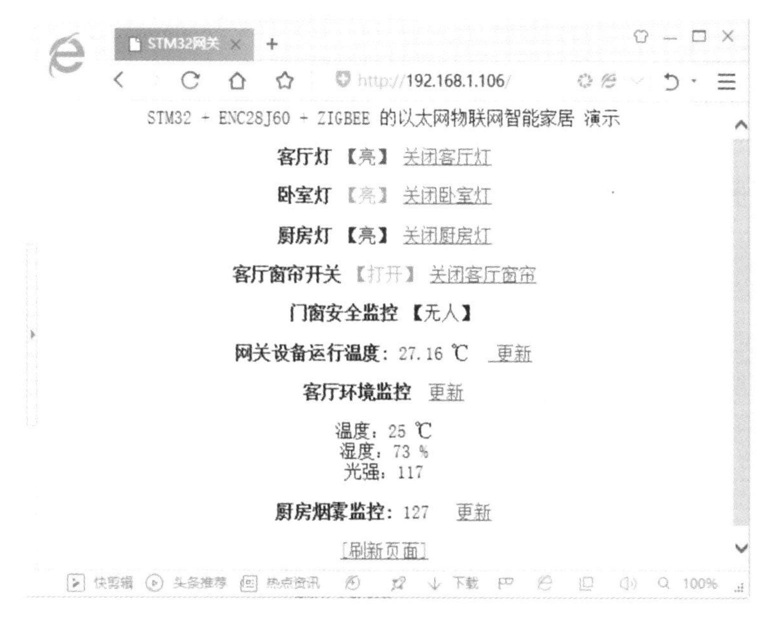

图 9-57 网关的网页监控

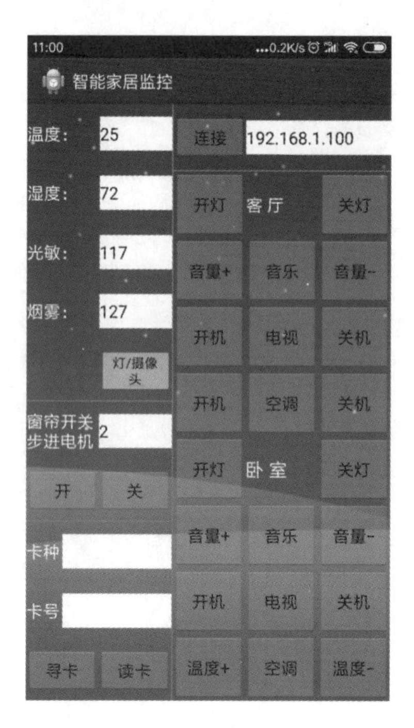

图 9-58　手机 App 监控截屏

9.7　基于 STM32 和 Zigbee mesh 网的智能楼宇设计

项目实现智能楼宇的演示,使用物联网 Zigbee mesh 技术,结合本地网关和 PC 端上位机以及手机端监控等。

9.7.1　项目概述

项目实现智能楼宇的演示,包括灯光照明、空调、电梯、饮水机等电器设备的监控,以及能源管控。

使用自组网无线多跳通信模块。模块无线频率为 2.4～2.45 GHz,属于全球免费的无线频段。该模块工作时,会与周围的模块自动组成一个无线多跳网络,此网络为对等网络,不需要中心节点,适合楼宇无线监控。

9.7.2　硬件设计

智能楼宇设计框图如图 9-59 所示。

9.7.3　软件设计

1. mesh 网络节点彩屏 86 盒智能监控设计

为了显示丰富的信息以及人机交互,也为了更好地使用,本地控制使用了 LCD 彩屏,图 9-60 是交互控制设计界面。

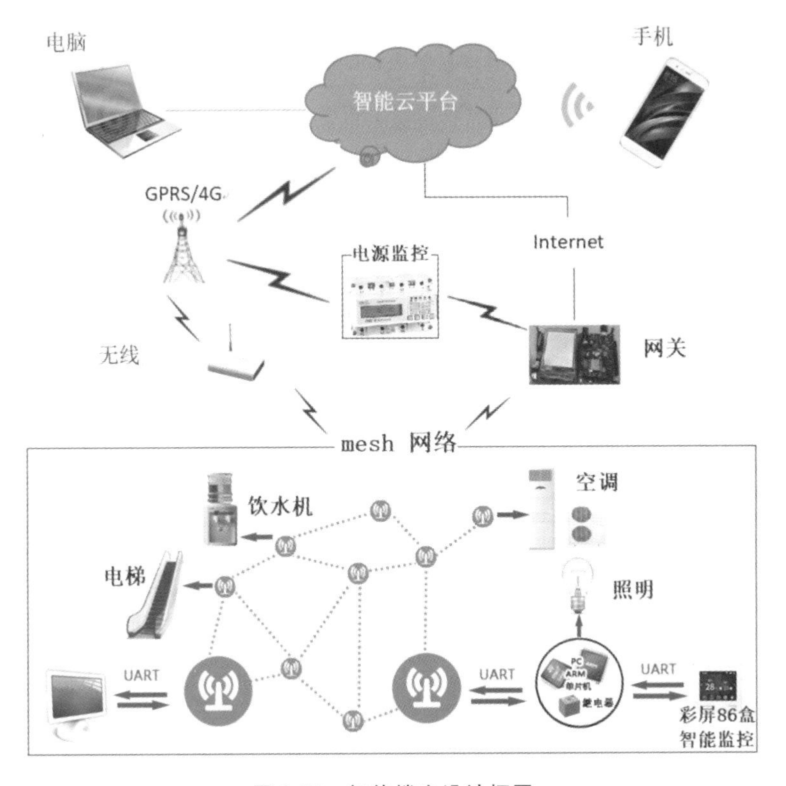

图 9-59　智能楼宇设计框图

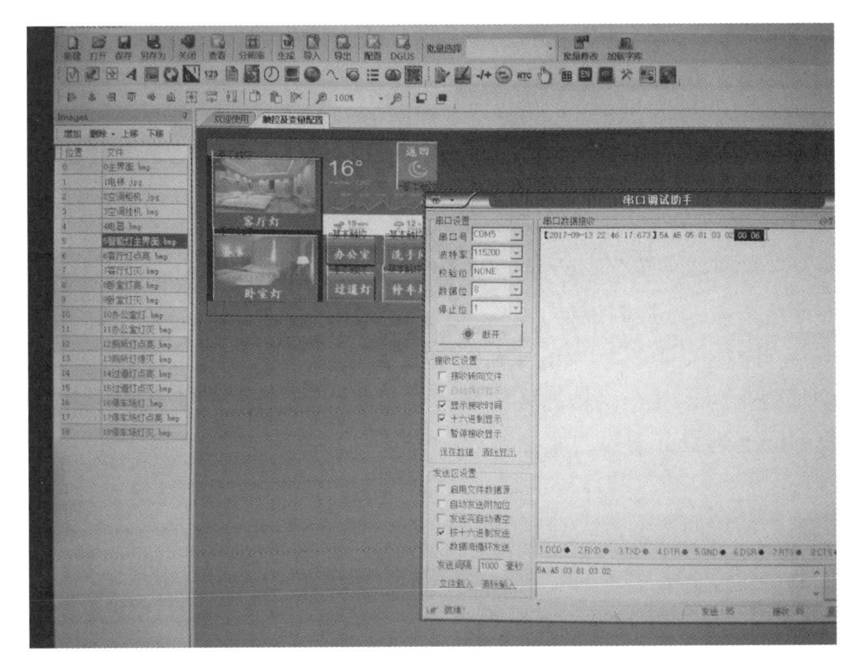

图 9-60　LCD 彩屏显示交互控制设计界面

2. mesh 网络节点 STM32 控制设计

mesh 节点 STM32 的控制软件设计如图 9-61 所示。

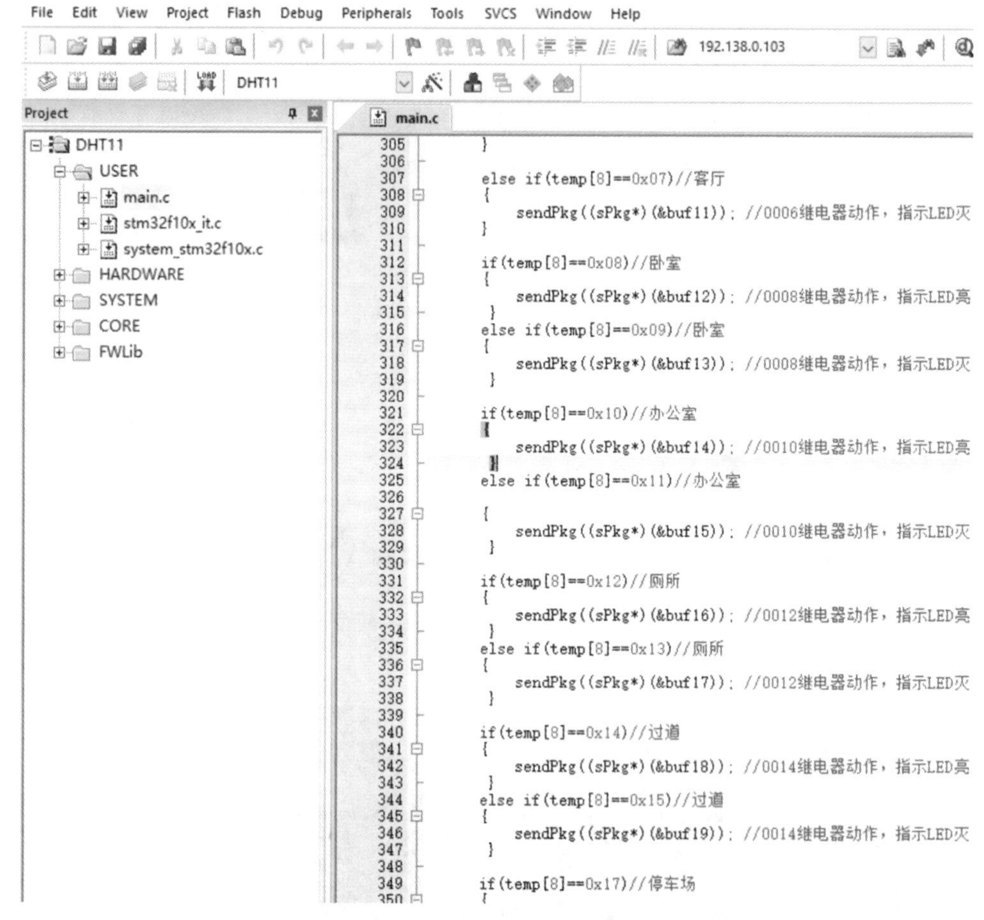

图 9-61 mesh 节点的 STM32 控制软件设计

3. mesh 网络节点 PC 控制设计

本地 PC 照明监控上位机软件设计如图 9-62 所示。

运行后可以显示 mesh 组网情况并控制节点照明灯，如图 9-63 和图 9-64 所示。

4G 无线 GPRS 远程云端照明监控如图 9-65 所示。

演示接口：http://139.129.237.138/data_read/test，演示 post 参数：{"code":"302","status":1}控制 302 房间照明开关。

4. 本地电源监测

用电设备笔记本电脑和演示实验箱照明灯全开启时的电参数值，如图 9-66 所示。

用电设备演示实验箱照明灯，只有笔记本电脑开启时的全关电参数，如图 9-67 所示。

4G DTU 无线 GPRS 远程云端电参数监控，如图 9-68 所示。

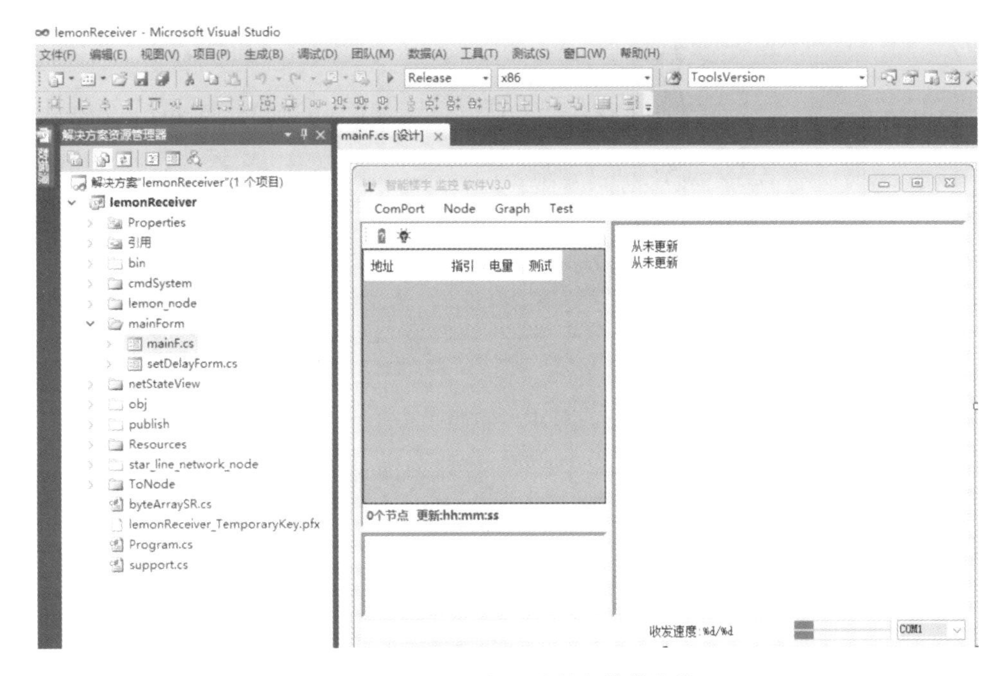

图 9-62　mesh 网 PC 上位机软件设计

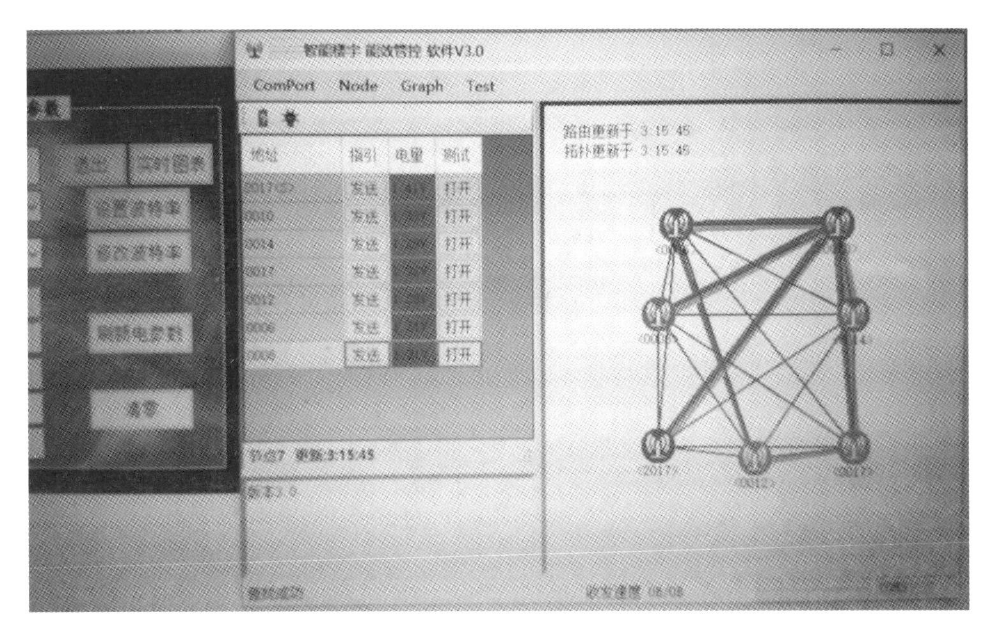

图 9-63　mesh 组网拓扑

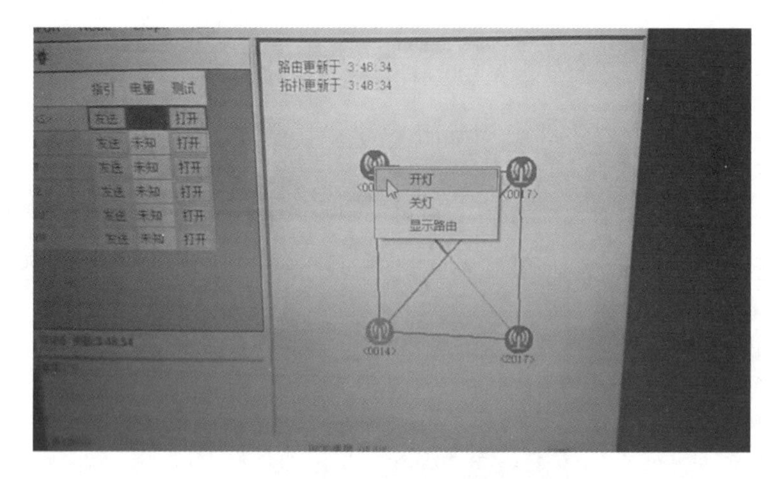

图 9-64　控制 mesh 网节点照明开关

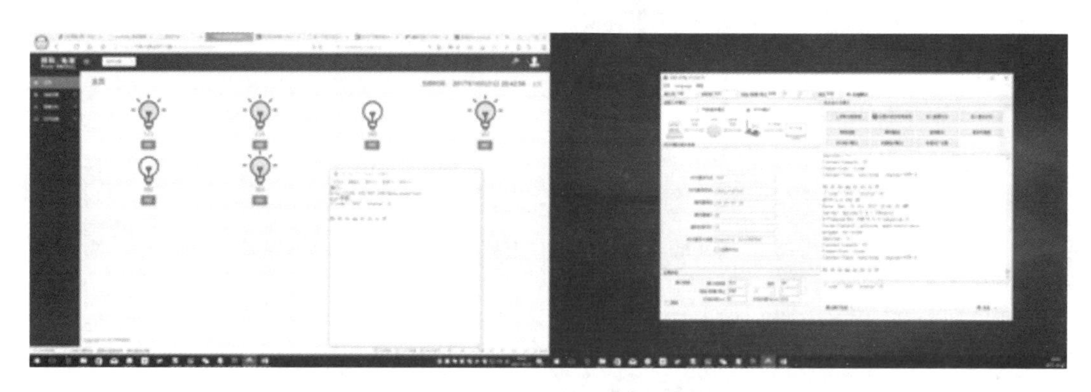

图 9-65　GPRS 远程云端照明监控演示

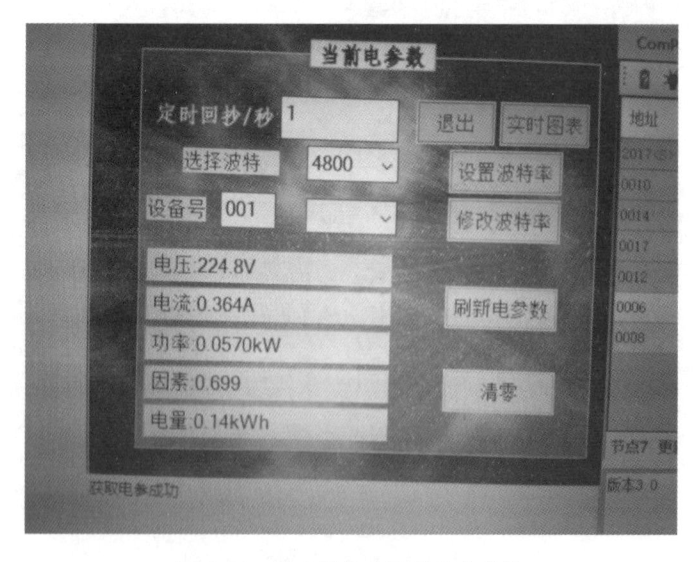

图 9-66　用电设备全开时的电参数

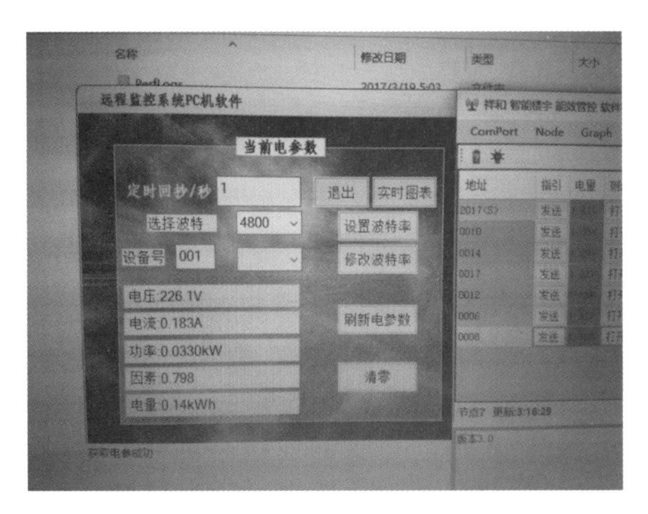

图 9-67　手机 App 监控截屏

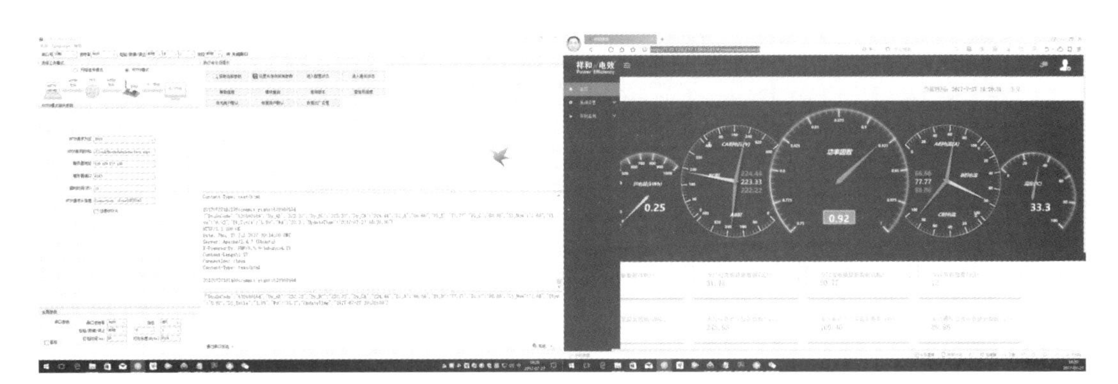

图 9-68　4G DTU 无线 GPRS 远程云端电参数监控

9.7.4　调试

(1)接上笔记本电脑,可以显示和控制 mesh 组网节点的照明灯的点亮和熄灭,总电压、电流、有功功率、功率因素、总耗能,如图 9-69 所示。

86 盒 LCD 触摸屏也可以显示和控制照明灯的点亮和熄灭,如图 9-70 所示。

图 9-69　笔记本电脑与 mesh 网照明演示实验箱

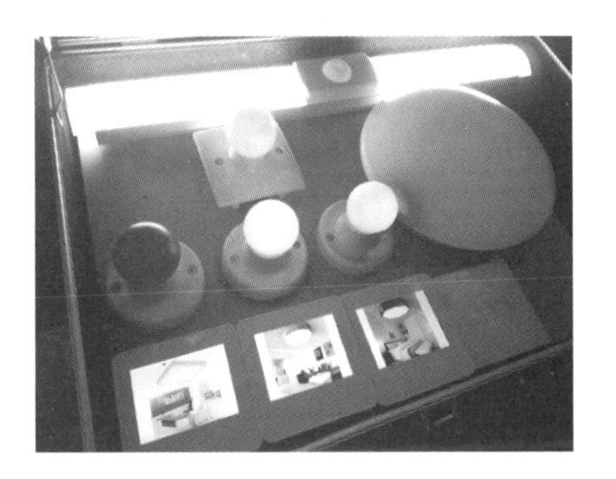

图 9-70　86 盒 LCD 触摸屏控制和人体感应控制

(2)照明灯可以通过人体热释感应、雷达微波移动侦探、光照强弱感应自动控制,同时也可以通过 PC、手机、墙上 86 盒 LCD 触摸屏控制。

实际应用:公司前台或者家里的某个房间,安装在墙壁上的 86 盒 LCD 触摸屏可以触摸控制 mesh 组网的任一节点的电器或者照明,也能显示相应的状态及变化,如图 9-71 至图 9-73 所示。

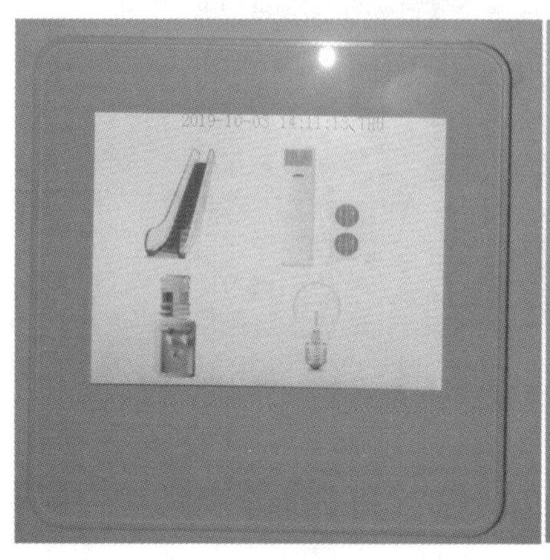

(a) 主控制界面

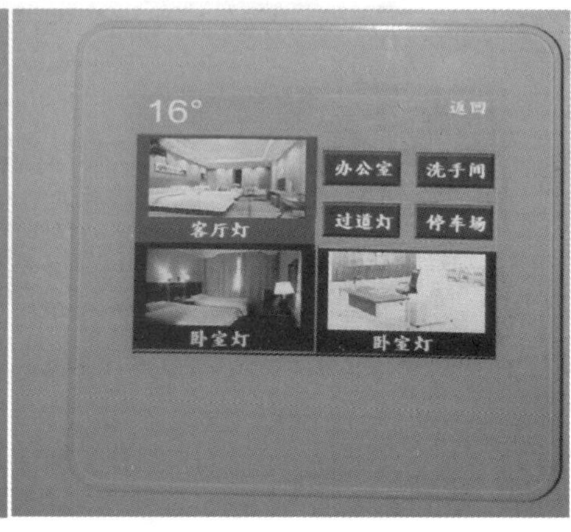

(b) 照明控制界面

图 9-71 彩屏 86 盒监控

图 9-72 客厅灯开

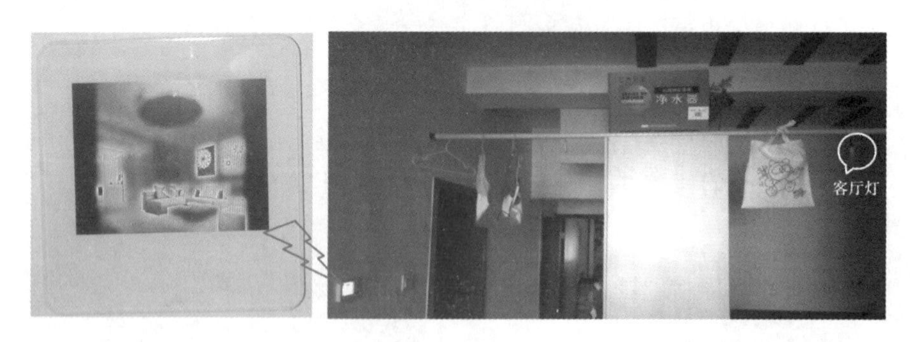

图 9-73 客厅灯关

9.8　基于机智云的智能产品设计

9.8.1　ESP8266 模块烧写机智云固件

1. 下载 ESP8266 对应的固件

ESP8266 GAgent 固件下载地址：https://download.gizwits.com/zh-cn/p/92/94，对应的固件名称如图 9-74 所示。

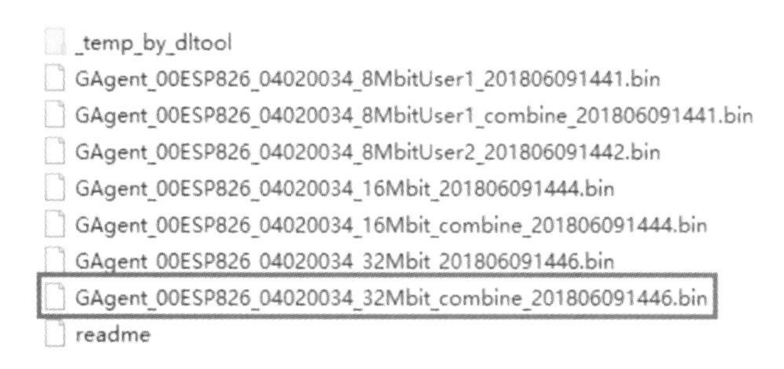

图 9-74　机智云 ESP8266 固件名称

2. 下载电路原理图与购买硬件

下载电路图如图 9-75 所示。

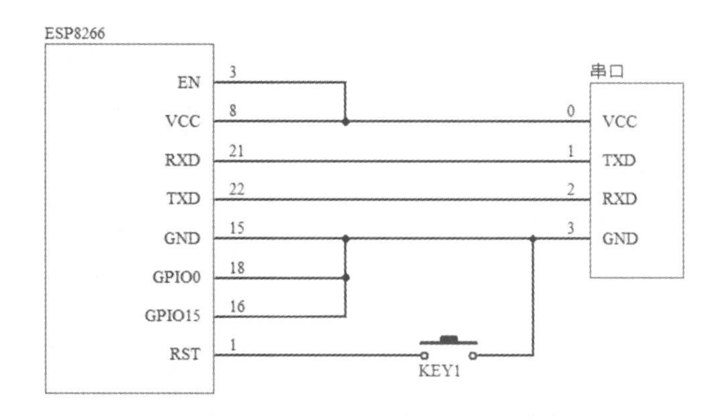

图 9-75　ESP8266 烧录固件简易接线图

为了方便起见，购买了 ESP8266MOD 的 arduino 扩展板 D1 WiFi 来直观感受，如图 9-76所示。也可以购买 ESP-12F 模块和 ProtoShield 原型扩展板自己焊接，如图 9-77 所示。

3. 下载烧写软件并烧写固件

在乐鑫官网 https://www.espressif.com/zh-hans/support/download/other-tools 下载 Flash 下载工具(ESP8266 & ESP32)，运行后选择 GAgent_00ESP826_04020034_32Mbit_combine_201806091446.bin，设置如下：先复位，后点击“START”，等待下载结束，如图 9-78所示。

图 9-76　D1 型 WiFi 板

图 9-77　ESP-12F 和 ProtoShield 扩展板

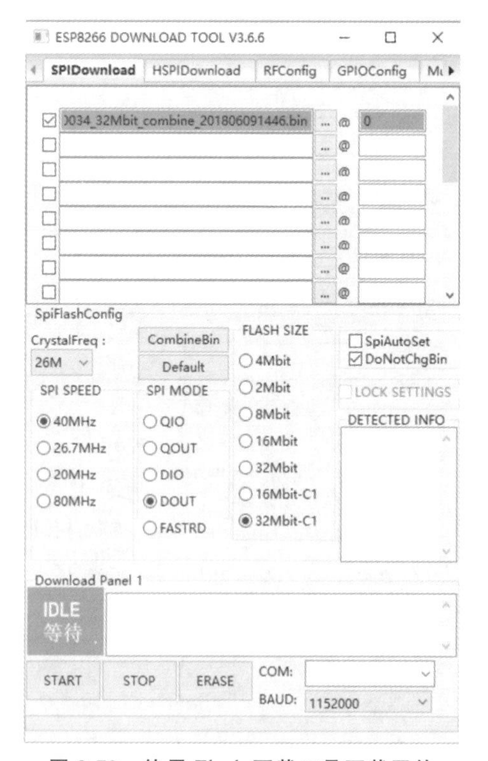

图 9-78　使用 Flash 下载工具下载固件

9.8.2　STM32 实验板接入机智云(使用 ESP8266 模块)

使用 ESP8266 模块,将 AS-07 实验板接入机智云,步骤如下:

(1)登录机智云开发者中心,如图 9-79 所示。

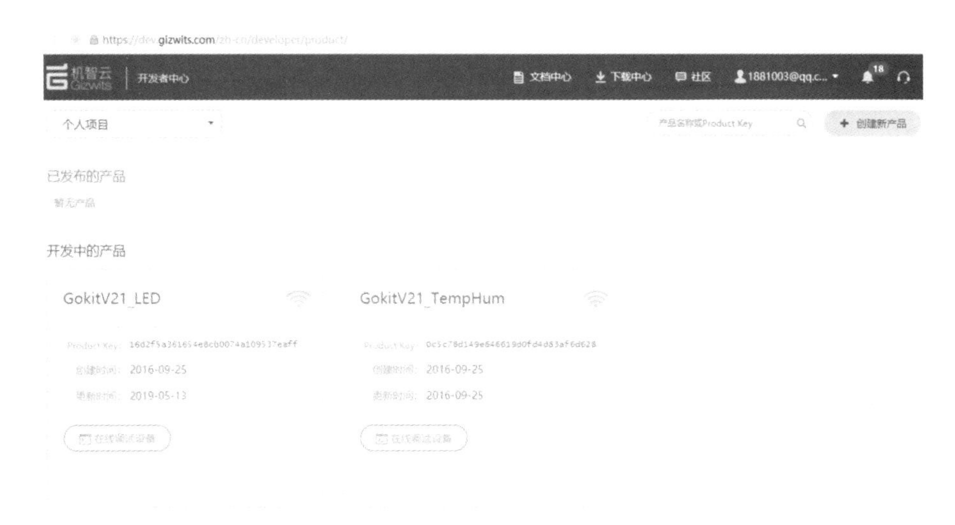

图 9-79　机智云开发者中心"个人项目"

(2)点击创建新产品,如图 9-80 所示。

图 9-80　创建新产品

(3)添加数据点,步骤如图 9-81 至图 9-84 所示。

图 9-81　新建数据点

图 9-82　添加数据点

图 9-83　应用数据点

图 9-84　完成添加数据点

(4)生成 STM32 的 MDK 工程和代码。

先在“基本信息”里找到并复制“Product Secret”的数据，如图 9-85 所示。再粘贴到“MCU 开发”的“Product Secret”里，最后点击“生成代码包”，如图 9-86 所示。

图 9-85　复制“Product Secret”的数据

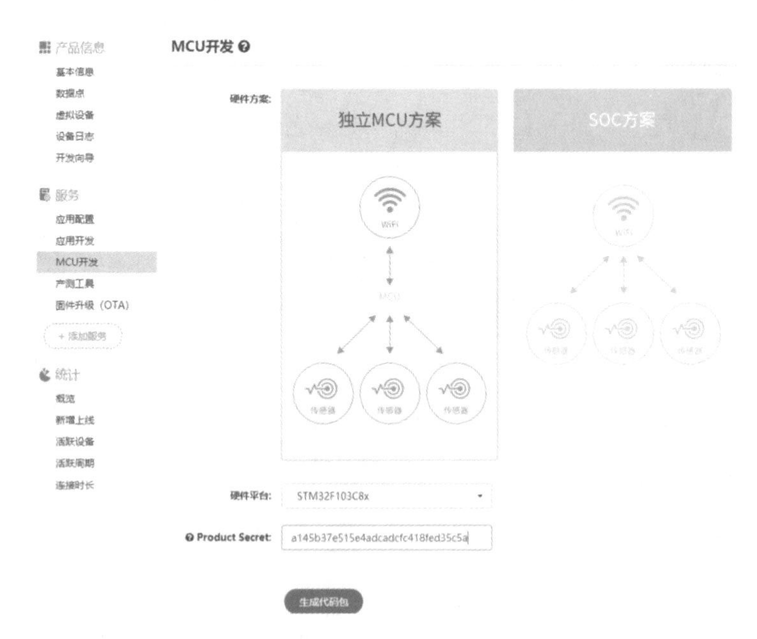

图 9-86　粘贴“Product Secret”的数据

点击“下载”，下载 MCU 开发工程和代码，如图 9-87 所示。

(5)打开 MDK 工程，修改代码，如图 9-88 所示。

图 9-87　下载 MCU 开发工程和代码

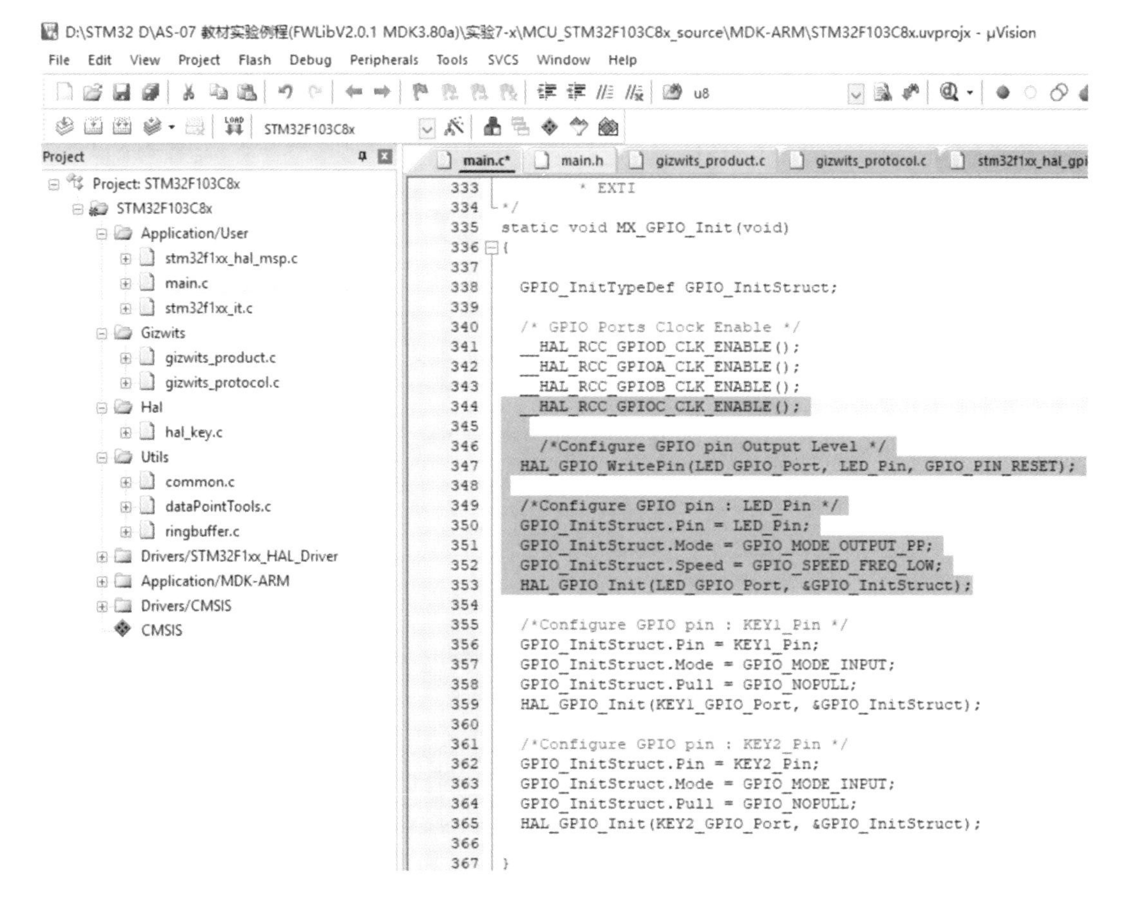

图 9-88　MDK 工程和代码

在 main.c 的 MX_GPIO_Init()函数里添加 LED2 的初始化代码。

```
__HAL_RCC_GPIOC_CLK_ENABLE();

/* Configure GPIO pin Output Level * /
HAL_GPIO_WritePin(LED_GPIO_Port,LED_Pin,GPIO_PIN_RESET);

/* Configure GPIO pin :LED_Pin * /
GPIO_InitStruct.Pin=LED_Pin;
GPIO_InitStruct.Mode=GPIO_MODE_OUTPUT_PP;
GPIO_InitStruct.Speed=GPIO_SPEED_FREQ_LOW;
HAL_GPIO_Init(LED_GPIO_Port,&GPIO_InitStruct);
```

在 gizwits_product.c 的 gizwitsEventProcess()函数里添加 LED2 的点亮和熄灭代码。

```
if(0x01==currentDataPoint.valueLED2_OnOff)
{
    //user handle
    HAL_GPIO_WritePin(LED_GPIO_Port,LED_Pin,GPIO_PIN_SET);
}
else
{
    //user handle
    HAL_GPIO_WritePin(LED_GPIO_Port,LED_Pin,GPIO_PIN_RESET);
}
```

main.h 里设置引脚宏定义

```
# define LED_Pin            GPIO_PIN_7
# define LED_GPIO_Port      GPIOC
# define KEY1_Pin           GPIO_PIN_5
# define KEY1_GPIO_Port     GPIOE
# define KEY2_Pin           GPIO_PIN_6
# define KEY2_GPIO_Port     GPIOE
```

下载执行程序到 AS-07,运行。

(6)再到机智云官网 https://download.gizwits.com/zh-cn/p/98/99 下载“机智云 Wi-Fi/移动通信产品调试 APP”到手机运行,如图 9-89 至图 9-91 所示。

在手机上点击“关闭/开启”,观察到 AS-07 的 LED2 熄灭/点亮,如图 9-92 所示。

参考资料:机智云官网的“3 分钟教你创建 WiFi 远程控制应用,图形化编程,自动代码生成”,浏览网址为 http://club.gizwits.com/thread-3546-1-1.html;“独立 MCU 方案接入机智云”;浏览网址为 http://docs.gizwits.com/zh-cn/quickstart/UseMCU.html。

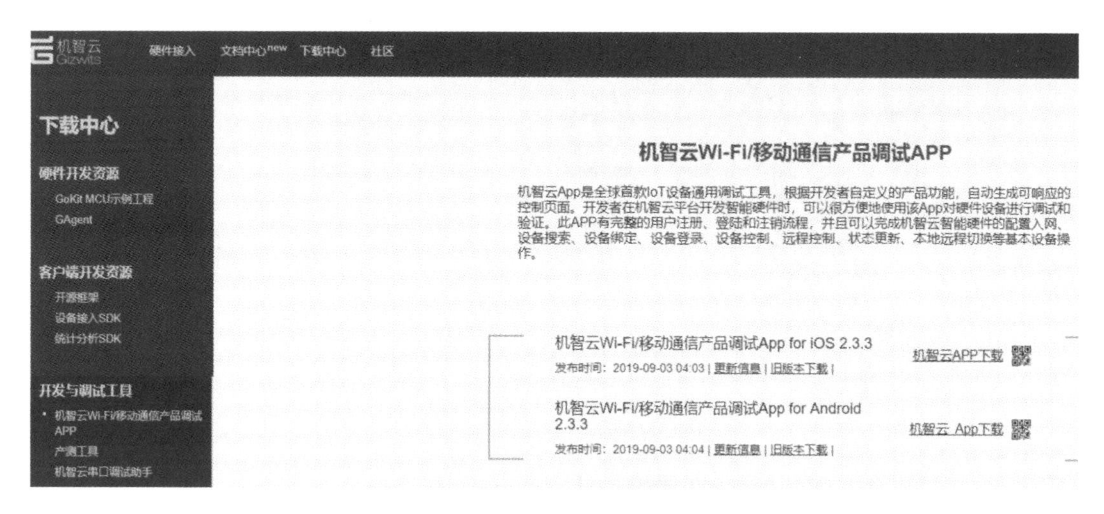

图 9-89　下载“机智云 Wi-Fi/移动通信产品调试 APP”

图 9-90　手机上运行 App 并按照提示操作

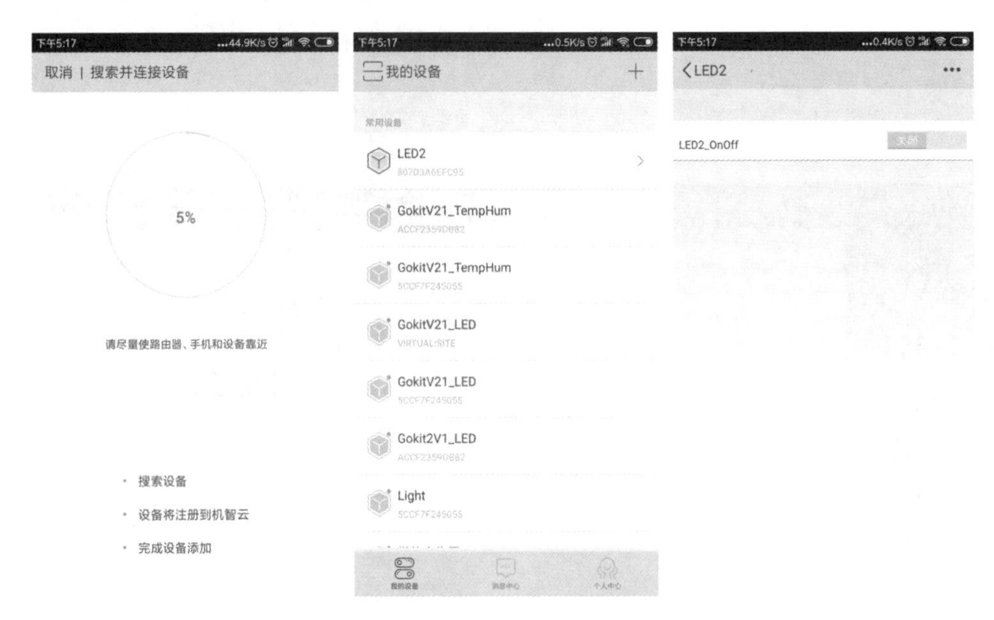

图 9-91　手机上运行 App 并按照提示操作

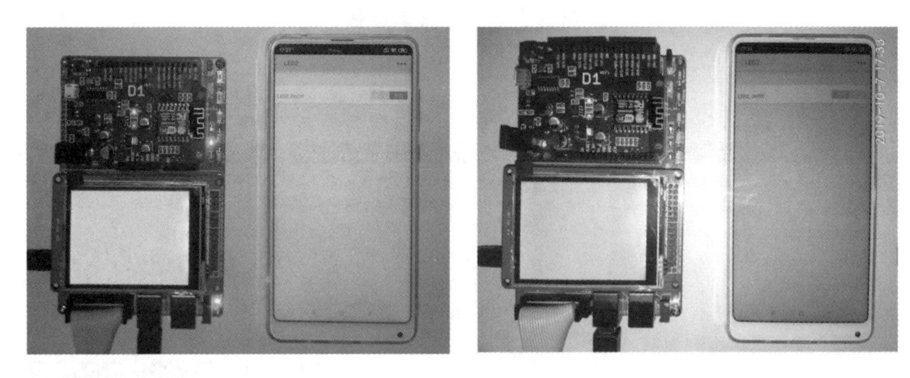

图 9-92　在手机上使用 App 控制 AS-07 的 LED2 点亮和熄灭

9.8.3　机智云开发板

GoKit 是机智云(GizWits)推出的物联网智能硬件开发平台，如图 9-93 所示，目的是帮助传统硬件快速接入互联网。完成入网之后，数据可以在产品与云端、制造商与用户之间互联互通，实现智能互联。

图 9-93　机智云 GoKit 硬件开发板

1. 机智云 IOT STuino v2.1

机智云 IOT STuino v2.1 使用的 MCU 是 STM32F103C8T6(C 表示 48 pins，8 表示 64 Kbytes of flash memory /20 Kbytes of RAM，T 表示 LQFP，6 表示 industrial temperature range，−40 to 85 ℃)，图 9-94 所示的是开发板正面照片。

(1) MCU 部分电路原理图如图 9-95 所示。

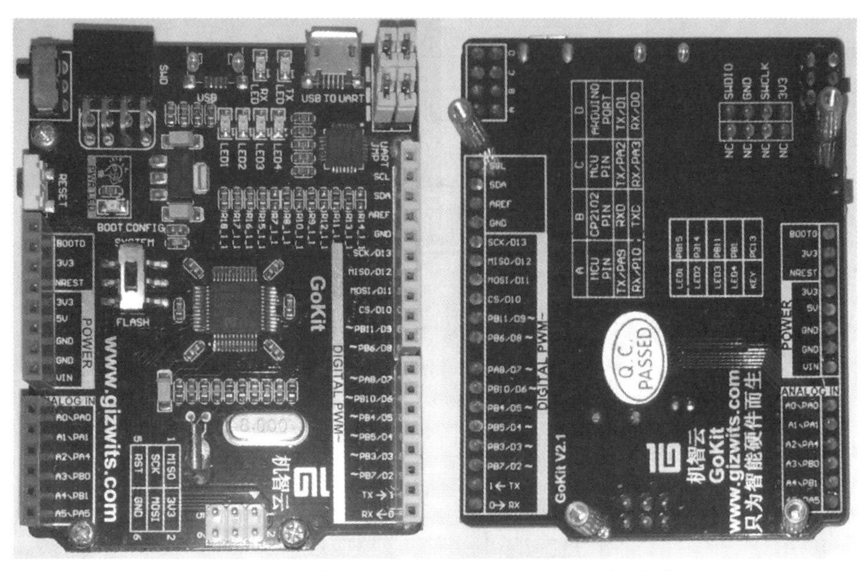

图 9-94　机智云 IOT STuino v2.1 开发板照片

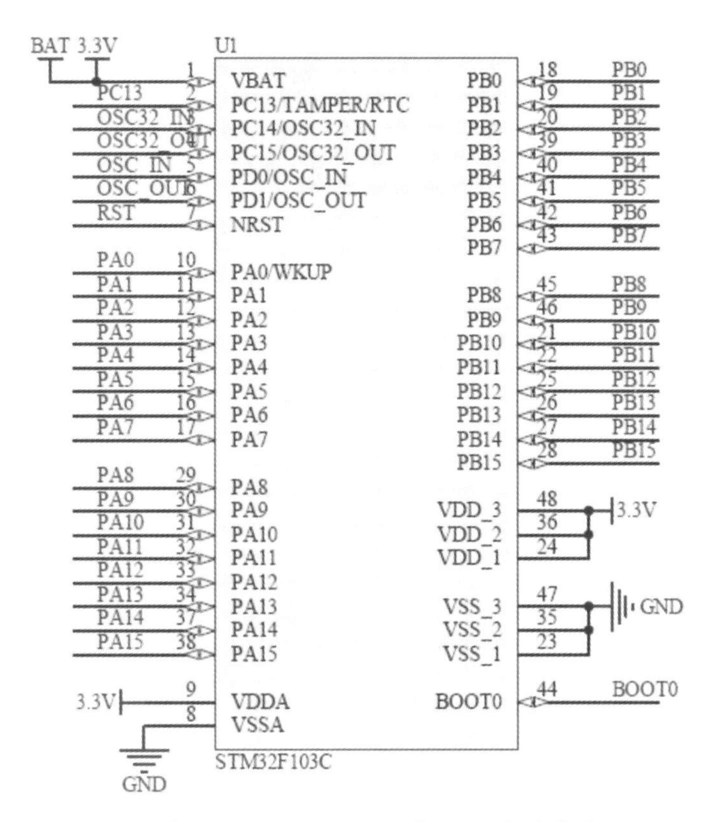

图 9-95　机智云 IOT STuino v2.1 的 MCU 部分电路原理图

（2）LED 部分电路原理图如图 9-96 所示。

（3）USART 部分电路原理图如图 9-97 所示。

（4）硬件扩展接口部分电路原理图如图 9-98 所示。

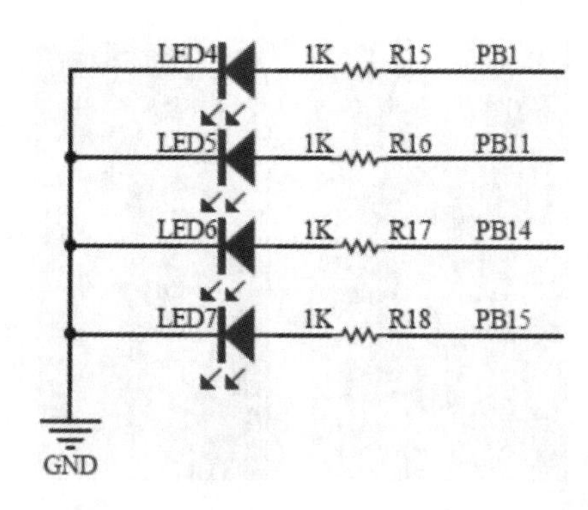

图 9-96　机智云 IOT STuino v2.1 的 LED 部分电路原理图

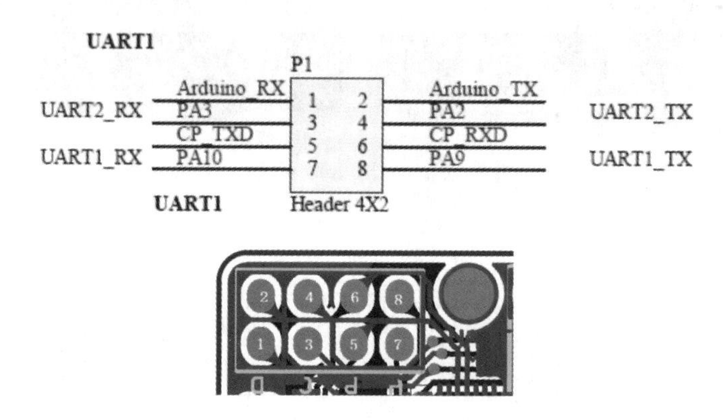

图 9-97　机智云 IOT STuino v2.1 的 USART 部分电路原理图和 PCB 图

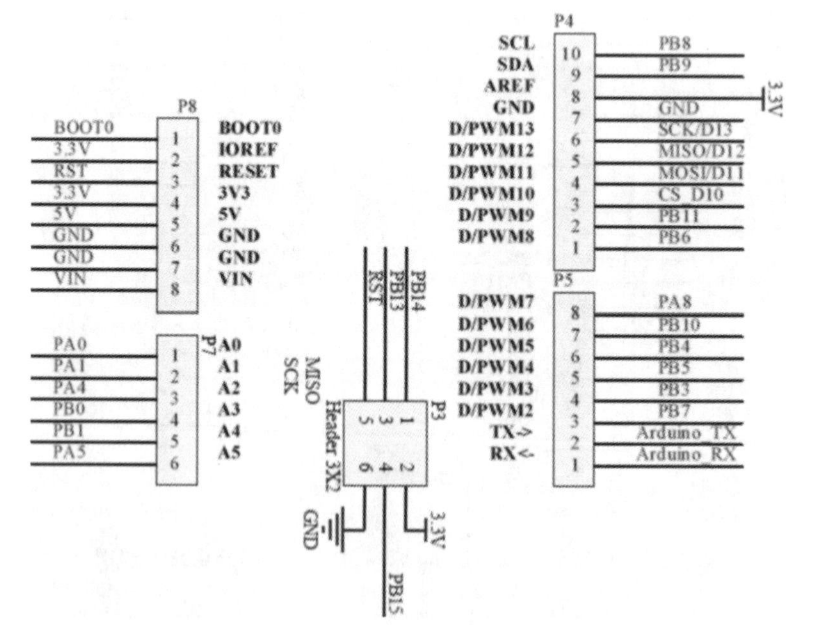

图 9-98　机智云 IOT STuino v2.1 的 arduino 接口部分电路原理图

2. 机智云 IOT_Shield v2.3

机智云 IOT_Shield v2.3 硬件开发板载电机、温湿度传感器、RGB LED、红外传感器、WiFi 模块等，如图 9-99 所示。

图 9-99　机智云 IOT_Shield v2.3 照片

(1) 硬件扩展接口部分电路原理图如图 9-100 所示。

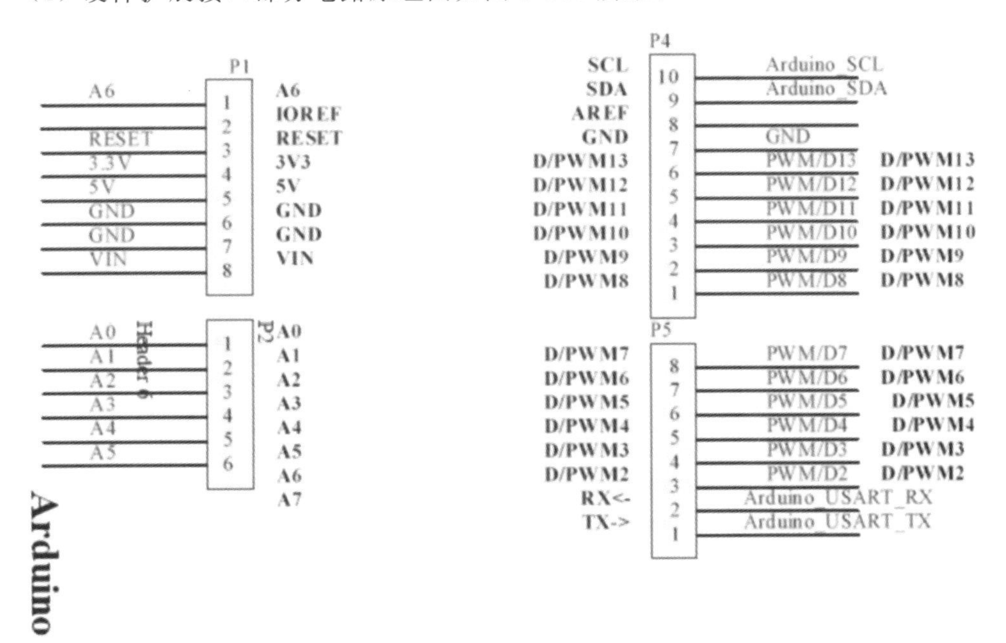

图 9-100　机智云 IOT_Shield v2.3 的 arduino 接口部分电路原理图

(2) RGB LED 部分电路原理图如图 9-101 所示。

(3) 红外传感器部分电路原理图如图 9-102 所示。

(4) 温湿度传感器和 KEY 部分电路原理图如图 9-103 所示。

(5) 电动机部分电路原理图如图 9-104 所示。

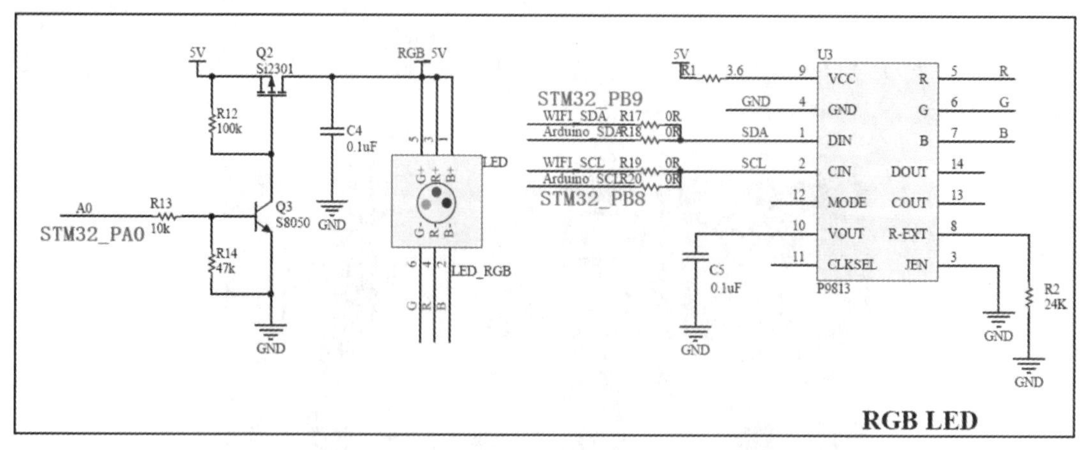

图 9-101　机智云 IOT_Shield v2.3 的 RGB LED 部分电路原理图

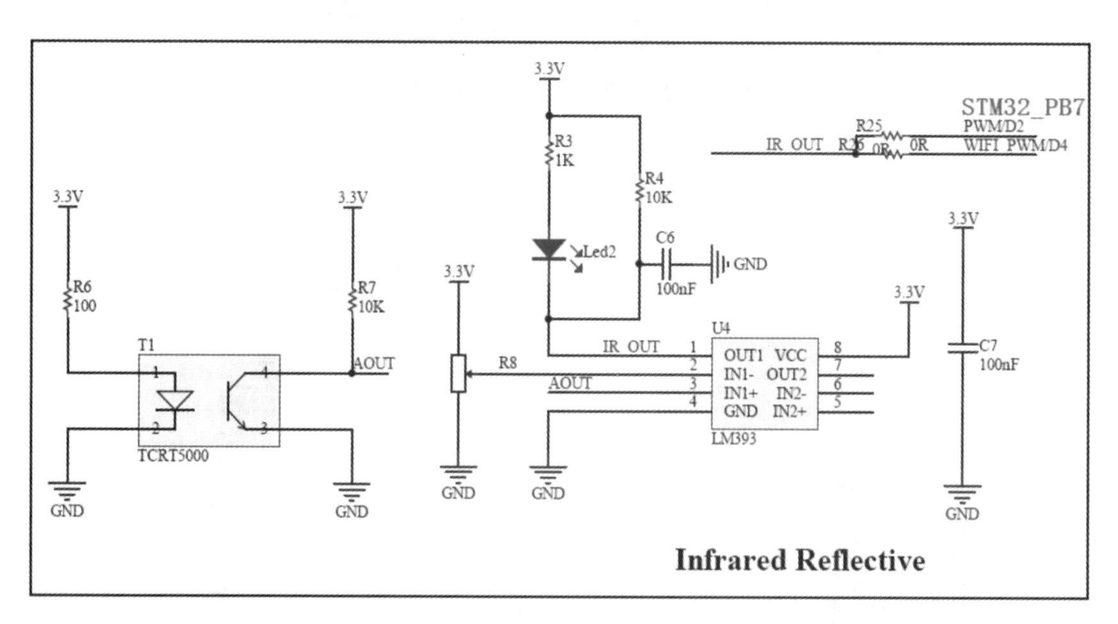

图 9-102　机智云 IOT_Shield v2.3 的红外传感器部分电路原理图

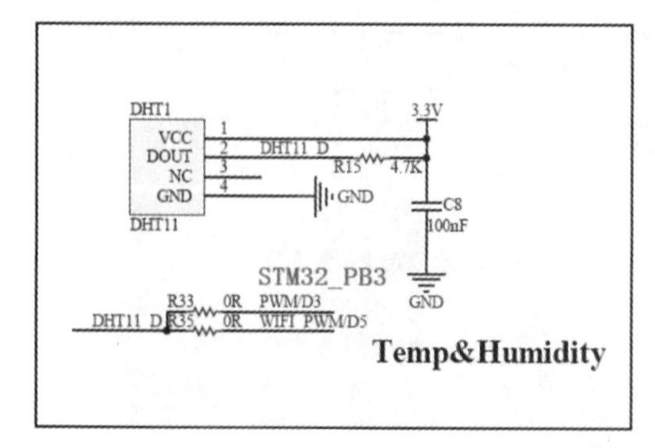

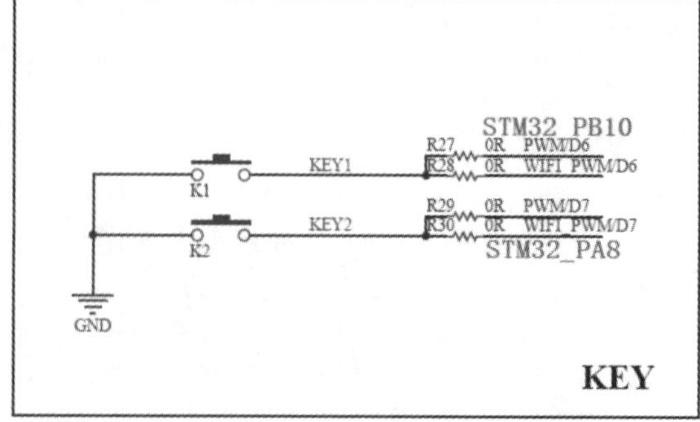

图 9-103　温湿度传感器和 KEY 部分电路原理图

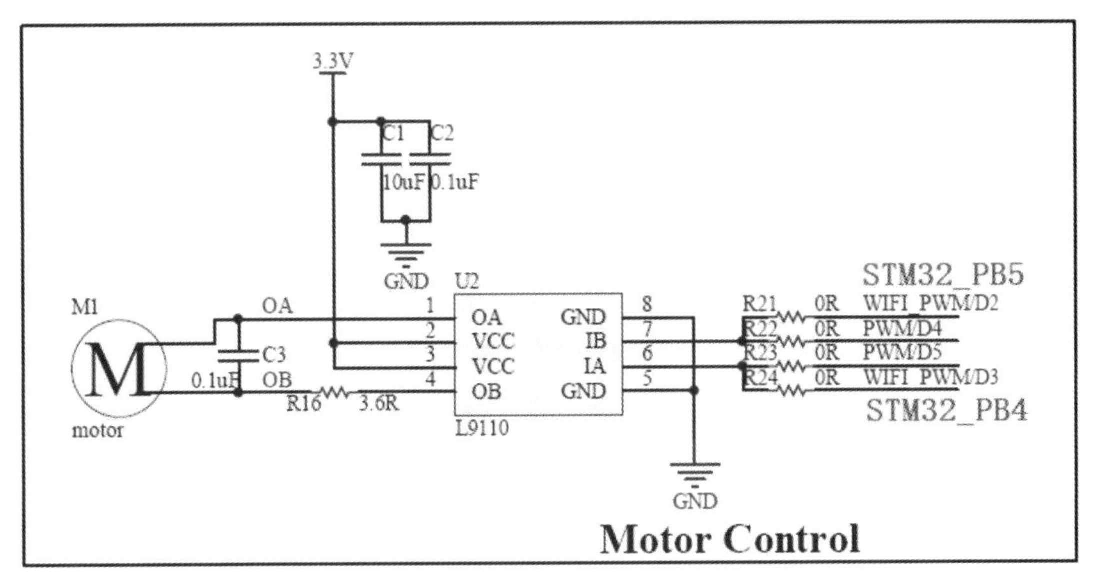

图 9-104　电动机部分电路原理图

(6) 乐鑫 WiFi 模块部分电路原理图如图 9-105 所示。

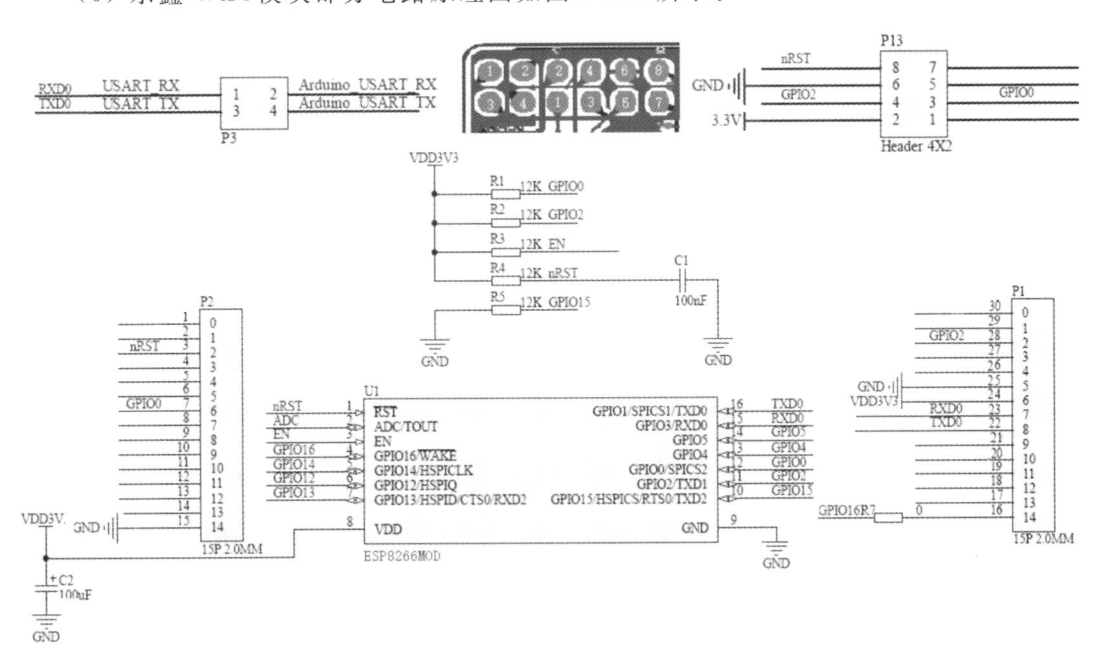

图 9-105　乐鑫 WiFi 模块部分电路原理图

9.8.4　STM32 实验板接入机智云(使用机智云扩展板)

1. STM32 程序

程序下载链接为 https://download.gizwits.com/zh-cn/p/92/93，这里下载的是“微信宠物屋 for GoKit 2/3 STM32，版本号 2.3.2，更新时间 2016-01-04 08：20”，修改适

配 AS-07 实验板,如图 9-106 所示(参见有关电路原理图)。

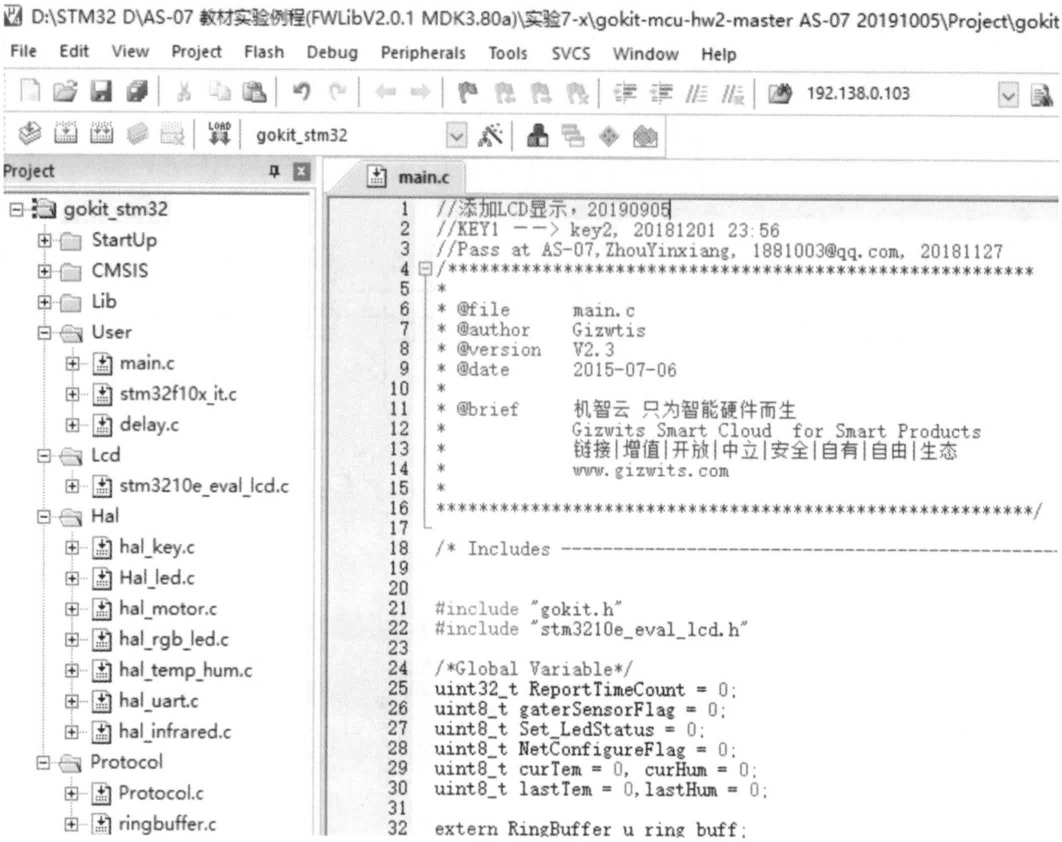

```
//添加LCD显示, 20190905
//KEY1 --> key2, 20181201 23:56
//Pass at AS-07,ZhouYinxiang, 1881003@qq.com, 20181127
/*******************************************************
*
* @file        main.c
* @author      Gizwtis
* @version     V2.3
* @date        2015-07-06
*
* @brief       机智云 只为智能硬件而生
*              Gizwits Smart Cloud  for Smart Products
*              链接|增值|开放|中立|安全|自有|自由|生态
*              www.gizwits.com
*
********************************************************/

/* Includes -----------------------------------------------


#include "gokit.h"
#include "stm3210e_eval_lcd.h"

/*Global Variable*/
uint32_t ReportTimeCount = 0;
uint8_t gaterSensorFlag = 0;
uint8_t Set_LedStatus = 0;
uint8_t NetConfigureFlag = 0;
uint8_t curTem = 0, curHum = 0;
uint8_t lastTem = 0,lastHum = 0;

extern RingBuffer u ring buff;
```

图 9-106 机智云微信宠物屋 for GoKit 2/3 STM32 示例工程

RGB_LED 引脚更改:PA0→PC0;PB9,PB8→PB7,PB6。

Motor 引脚更改:PB4,PB5→PB5,PB8;TIM3_CH1,TIM3_CH2→TIM3_CH2,TIM4_CH3。

DHT11 引脚更改:PB3→PA1。

IR 更改:PB7→PA0。

2. GoKit App **控制**

打开机智云 GoKit App,通过手机注册,并登录,跳转到“我的设备”页面,并点击“暂无设备,请添加”。选择你 GoKit 上 WiFi 模组的类型,并选择你要配置的网络,输入 WiFi 密码,点击“下一步”,长按 GoKit 上的 key1,使 RGB 亮绿灯,点击“下一步”,如图 9-107 所示。

进入“设备链接网络”的页面,稍等片刻,连接成功并跳转到“我的设备”页面,在“发现新设备”一栏中,有一个未绑定的设备,“微信宠物屋”可以通过设置别名“Light”来修改,“5CCF7F245055”为该设备的 MAC,点击该设备,如图 9-108 所示。

进入该设备的控制页面,当点击开启红色灯,GoKit 的灯能够成功点亮,则说明配置成功了,点击返回到“我的设备”,发现该设备已经在“已绑定设备”一栏,如图 9-109 所示。

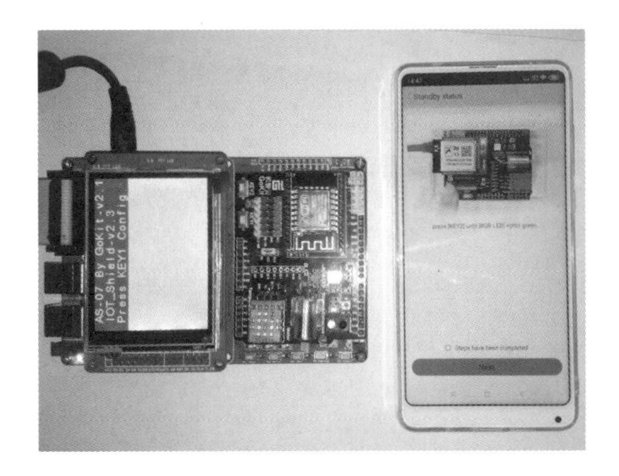

图 9-107 App 添加设备

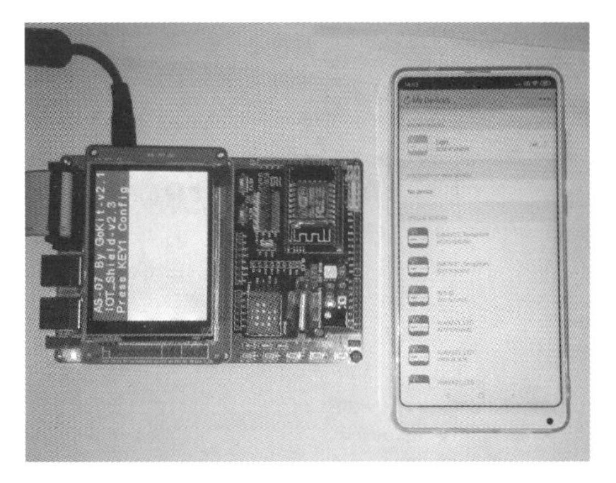

图 9-108 成功添加设备并设置别名

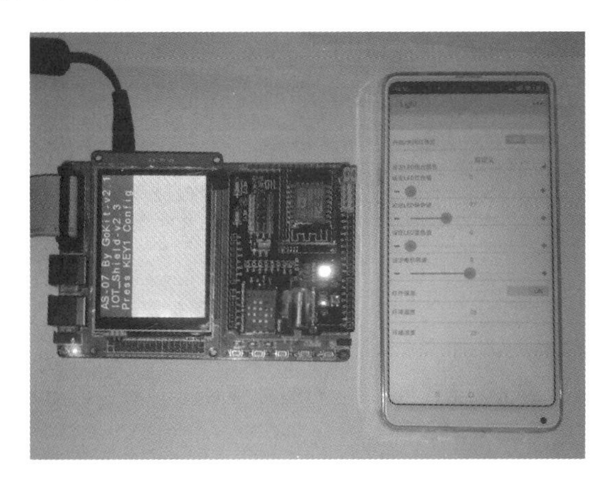

图 9-109 App 控制 RGB LED

9.8.5 智能音箱语音控制

使用 Amazon 的 Echo 智能音箱，控制机智云扩展板上的 3 色 RGB LED，简单的做法分为 2 步，Alexa Echo 音箱配置和 Skill 账号关联，参见图 9-110 的教程“使用 Echo 音箱控制 GoKit”，链接为 http://docs.gizwits.com/zh-cn/deviceDev/echo.html。

要点如下：

(1)PC、机智云开发板 、Echo 音箱使用相同的局域网，登录 alexa.amazon.com，设置 Echo 音箱联网，如图 9-111 所示。

Echo 音箱联网成功，如图 9-112 所示。

(2)在 Skills 里搜索 gokit，如图 9-113 所示。

(3)点击名为“GoKit Light”的 Skill，点击 ENABLE，跳转到“Please sign in”的页面，输入在 GoKit App 下注册的账户，点击“Sign in”。之后跳转到一个是否链接你账号的询问，点击 yes，跳转至成功页面，显示 Alexa 已经成功和“GoKit Light”连上了，如图 9-114 所示。

(4)单击“DISCOVER DEVICES”，进度条结束后，搜索到一个设备名称和 MAC 地址，如图 9-115 至图 9-117 所示。

使用Echo音箱控制GoKit

1.概述

- 本教程说明了用户使用GoKit除App和微信两种控制方式外第三种控制方式使用说明：Echo音箱控制。
- 亚马逊Echo音箱：Amazon Echo是一款结合智能人工助理Alexa的音箱。
- Alexa：Alexa是Amazon Echo的语音服务提供了功能或技能，使客户能够使用语音以更直观的方式与设备进行交互。技能的例子包括播放音乐，回答一般问题，设置闹钟或计时器等的能力。
- Alexa Skill：Alexa技能工具包是自助服务API，工具，文档和代码示例的集合，使您能够快速，轻松地向Alexa添加技能。所有代码在云中运行，在任何用户设备上都没有。
- 机智云在Alexa上发布了两款用来控制Gokit的Skill，名字为"GoKit Light"和"gokit"

Skill名称	Skill类型	特点以及局限性	可控制的功能
GoKit Light	SmartHomeSkill	控制时省略了进入Skill的语句，唤醒音箱即可控制，可以设置设备的分组和别名，但只能控制数值和布尔型的数据点	GoKit上的RGB灯的开关与亮度
gokit	CustomSkill	控制时需要进入Skill的语句，没有分组和别名的概念，但是可扩展性大，可以实现较为复杂的交互功能	gokit上的RGB灯的开关，灯的颜色（红绿蓝），马达的开关，马达的转速，温度的获取，湿度的获取

图 9-110 “使用 Echo 音箱控制 GoKit”教程截图

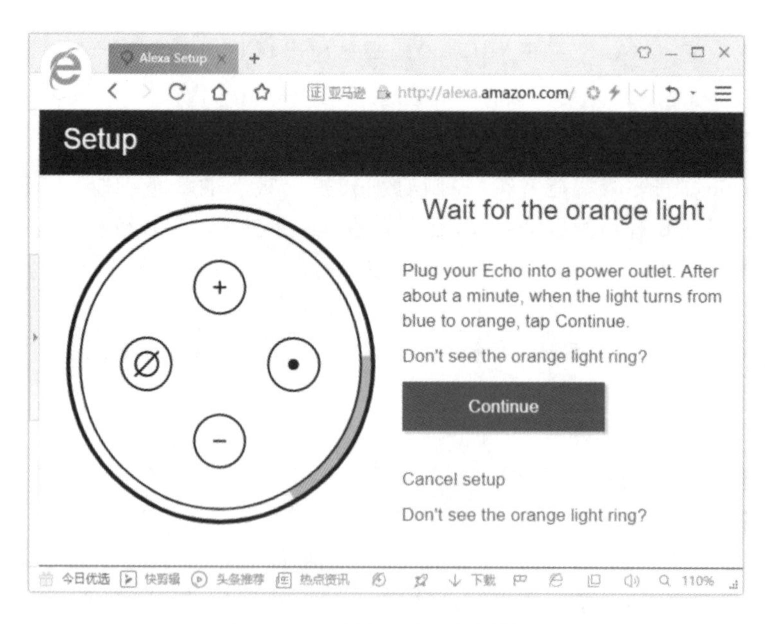

图 9-111 设置 Echo 音箱联网

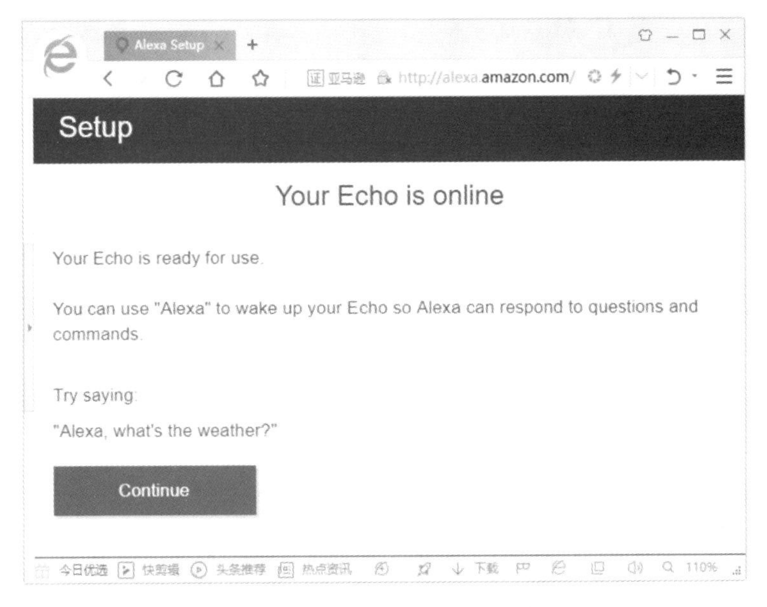

图 9-112　Echo 音箱联网成功

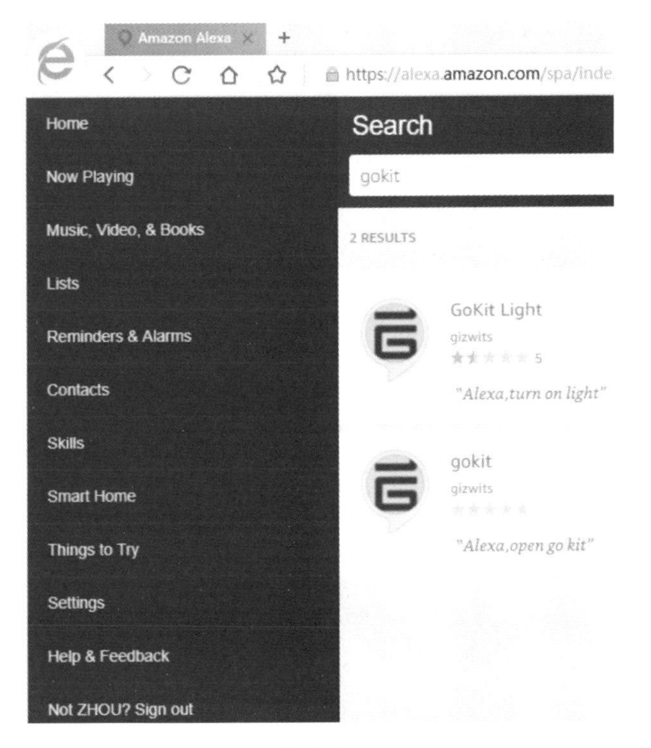

图 9-113　搜索到 GoKit Light

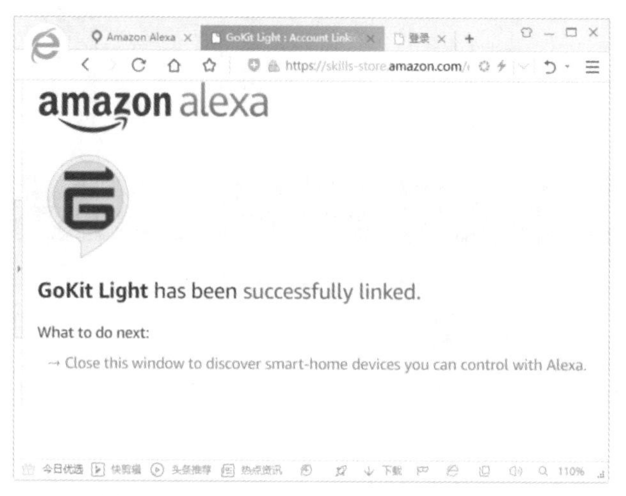

图 9-114　Alexa 和 GoKit Light 连接成功

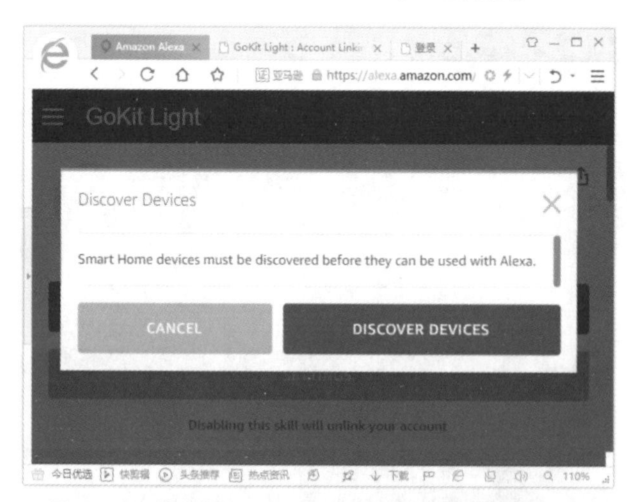

图 9-115　单击“DISCOVER DEVICES”搜索联网设备

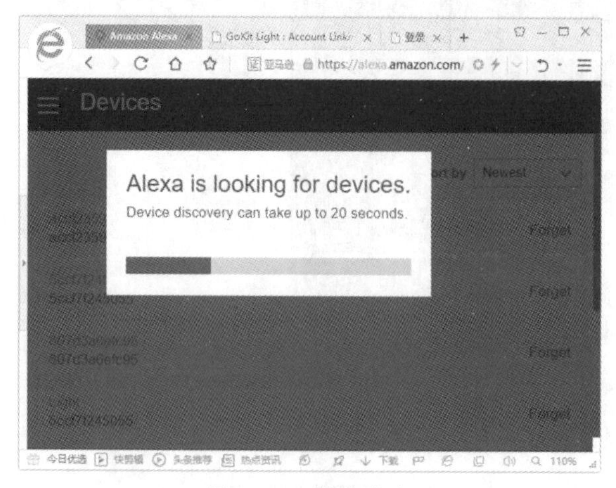

图 9-116　搜索进度

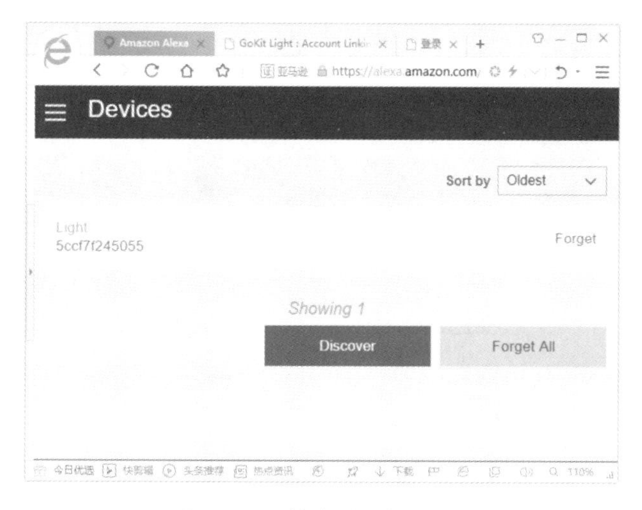

图 9-117　搜索到设备 Light

(5)"GoKit Light"Skill 控制语音指令与回复语音(见表 9-2)。

控制例句示范:Alexa,Turn on the light

Alexa→用于唤醒 Echo

Turn on the→打开控制指令

Light→设备别名或者组名

表 9-2　用户控制语音指令与回复语音

用户控制语音指令	Echo 音箱回复语音	实际操作效果
Alexa,turn on the ＜设备别名＞	OK	GoKit 上的 RGB 灯亮
Alexa,turn off the ＜设备别名＞	OK	GoKit 上的 RGB 灯灭
Alexa,set ＜设备别名＞to xx percent	OK	GoKit 上的 RGB 灯亮度设置为 xx%
Alexa,decrease ＜设备别名＞to xx percent	OK	GoKit 上的 RGB 灯亮度减少 xx%
Alexa,increase ＜设备别名＞to xx percent	OK	GoKit 上的 RGB 灯亮度增加 xx%

调试结果如图 9-118 和图 9-119 所示。

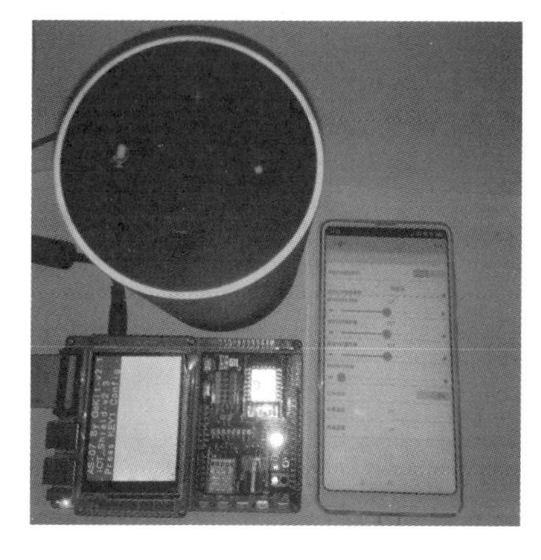

图 9-118　Alexa,turn on the light

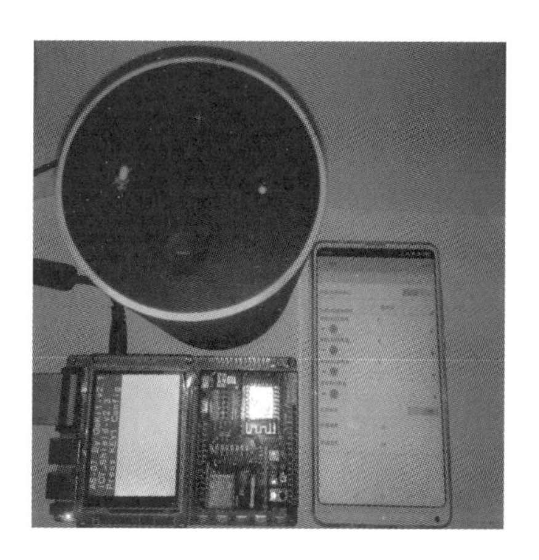

图 9-119　Alexa,turn off the light

实际应用开发见“接入亚马逊 Echo 音箱教程”，如图 9-120 所示。链接为 http://docs.gizwits.com/zh-cn/UserManual/echo.html。

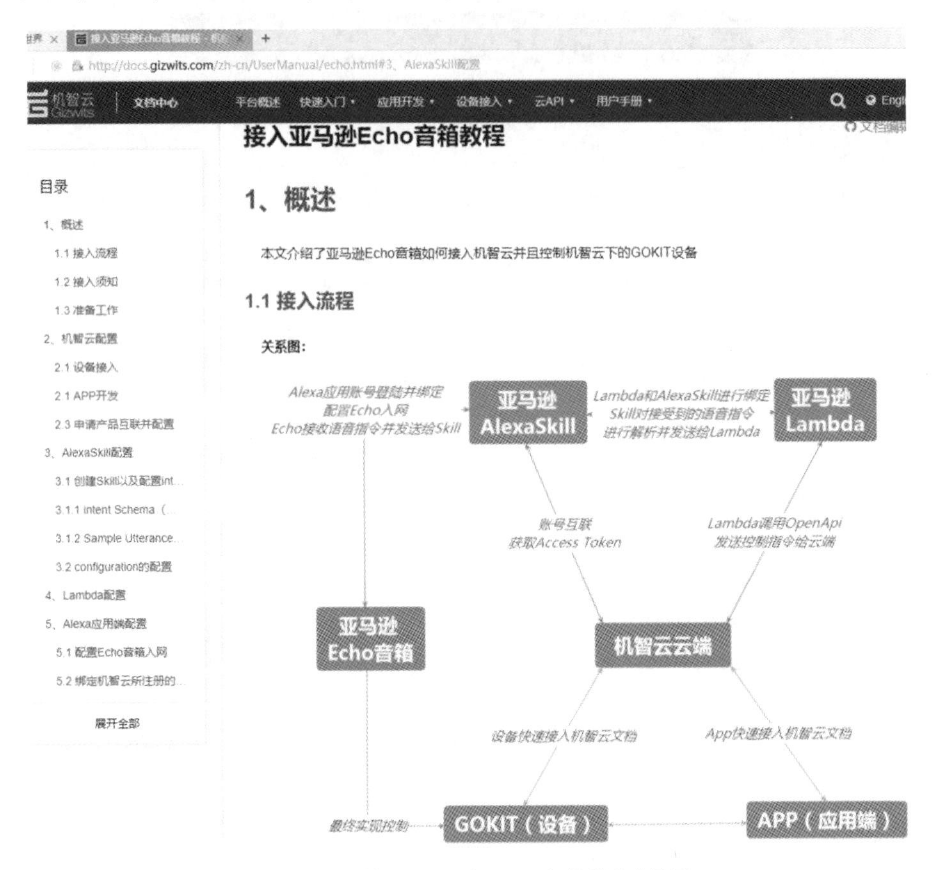

图 9-120 “接入亚马逊 Echo 音箱教程”截图

9.8.6 基于机智云的智能产品设计

有很多基于机智云的智能产品设计，例如：

①物联网鱼缸控制器(喂鱼机)。

②智能婴儿摇篮，可跟踪、能防丢。

③智能插座。

④基于 STM32 和 esp8266 的智能温控器。

⑤智能家居云控制。

⑥智能楼宇服务机器人。

⑦智能健康计。

⑧无线工业粉尘监测仪。

参阅“机智云物联网开发者社区_智能硬件及开源硬件 Gokit 论坛”。网址为 http://club.gizwits.com/forum.php。

9.9 基于 Proteus 可视化设计的 PlayKit 实验

9.9.1 基于 Proteus 可视化的 PlayKit 实验板介绍

物联网课程教学一直以来只有硬件平台实践。缺乏快速直观呈现手段，虚拟仿真一直是教学中的空白。LabCenter 在 Proteus V8.8 中推出一款支持物联网产品开发的独特模块——IoT Builder for Arduino™ AVR and Raspberry Pi®，使得通过移动端（手机、平板）控制远程设备（Arduino™、Raspberryy Pi®）的设计变得轻松且快速。在 IoT Builder 中通过简单的可视化流程图设计，就可积木式搭建出在手机或平板上显示的前面板，通过给前面板上的控件编程即可完成和硬件间的交互。目前，IoT Builder 的目标硬件主要包括 Arduino Yun，Arduino Uno＋ESP8266，Raspberry Pi 等。

PlayKit(Plus)物联网可视化设计开发套件是一款便捷灵活、方便上手的开源电子原型平台，它包含 PlayKit-UNO 核心板和丰富的 PlayKit Plus 开发套件资源。其中 PlayKit 核心板是风标教育针对 Proteus IoT Builder 开发的，基于 Arduino UNO＋ESP8266 WiFi 模块的 Proteus IoT 平台配套硬件实验开发板，套件采用最新的 WiFi 解决方案芯片，实现最低成本物联网解决方案；采用 Arduino 标准接口，可扩展丰富的外设资源。

PlayKit(Plus)物联网可视化设计开发套件适用于需要学习嵌入式系统，但不需要掌握太多编程和电子方面知识的机械工程相关专业的学生；适用于所有信息技术或电子专业的学生和老师；适用于所有电子爱好者、设计师等。

PlayKit-UNO 包括 PlayKit 控制板和 PlayKit 功能板两部分。其中，PlayKit 控制板是基于 Arduino UNO＋ESP8266 WiFi 模块的实验开发板，两者通过插座连接，可以灵活替换。控制板上设置了模式切换开关，可在 IoT 开发和 Arduino UNO 开发模式之间切换。

基于 Proteus 可视化设计的 PlayKit 实验板如图 9-121 所示。

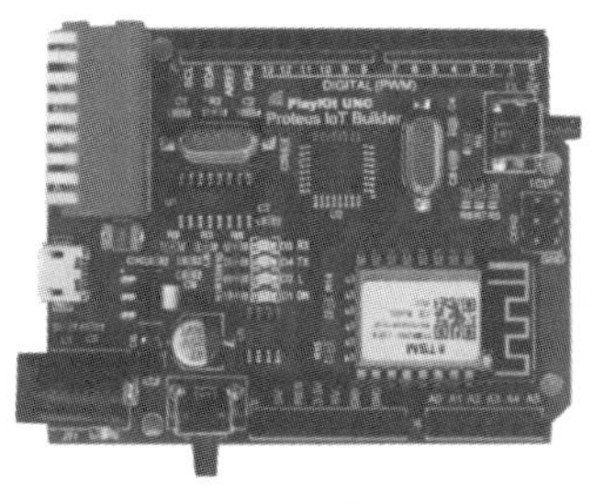

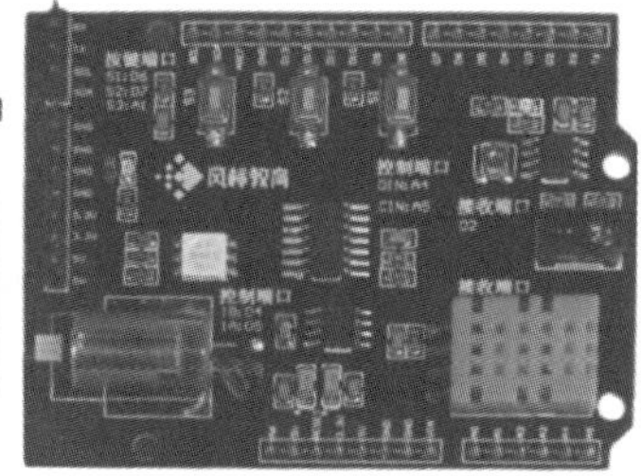

图 9-121 PlayKit 实验板

基于 Proteus 可视化设计的 PlayKit 实验的控制原理如图 9-122 所示。

手机 App 和硬件运行如图 9-123 所示。

云接入框架如图 9-124 所示。

手机 App 操作界面如图 9-125 所示。

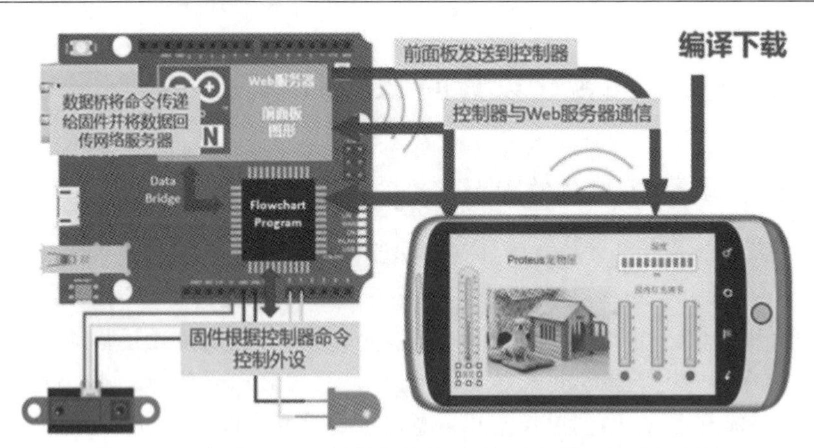

图 9-122　基于 Proteus 可视化设计的 PlayKit 实验的控制原理

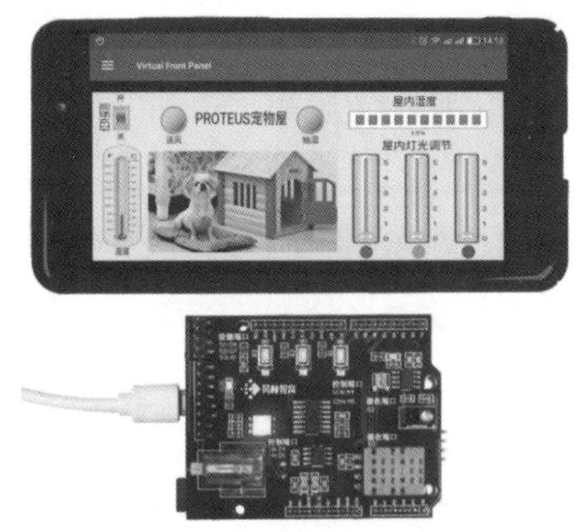

图 9-123　手机 App 和 PlayKit 硬件运行

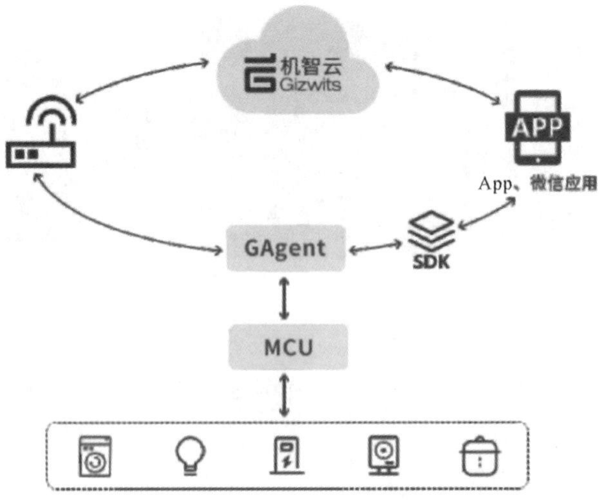

图 9-124　云接入框架

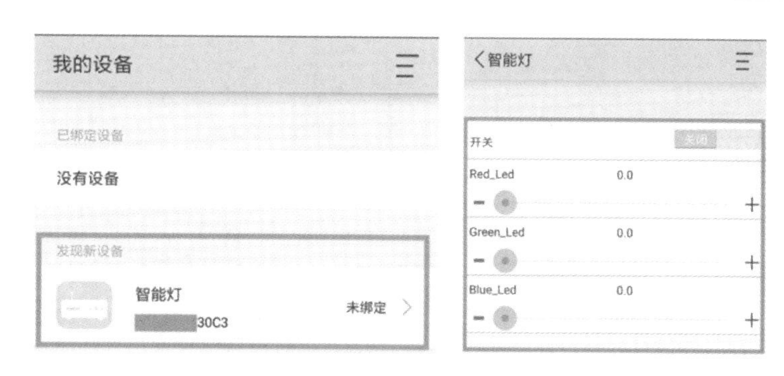

图9-125 手机App操作界面

9.9.2 基于PlayKit的智能宠物屋系统设计与仿真

【实训】 基于PlayKit的智能宠物屋系统设计与仿真

实训要求

(1)使用外设模型Gokit3,包含直流电动机、温湿度传感器、RGB三色灯、红外传感模块和8266WiFi模块;

(2)工程在仿真过程中能读取温湿度读数并显示在IoT前面板上;

(3)在IoT前面板上添加"送风"和"抽湿"按键,分别控制电动机正、反转;

(4)在IoT前面板上添加三个分别代表红、绿、蓝三种颜色的拉杆,调节拉杆可以点亮RGB灯对应的红、绿、蓝颜色。

(5)在IoT前面板上添加一个开关,控制红外传感模块工作,当红外对管正常工作时,遮挡红外对管,前面板宠物小屋上的LED灯亮,表示宠物在屋内。

工程基本的框架

系统使用Arduino UNO 328作为核心,ESP8266作为WiFi通信模块。系统外设包括:DHT11传感器、直流电动机、红外对管和RGB灯,如图9-126所示。

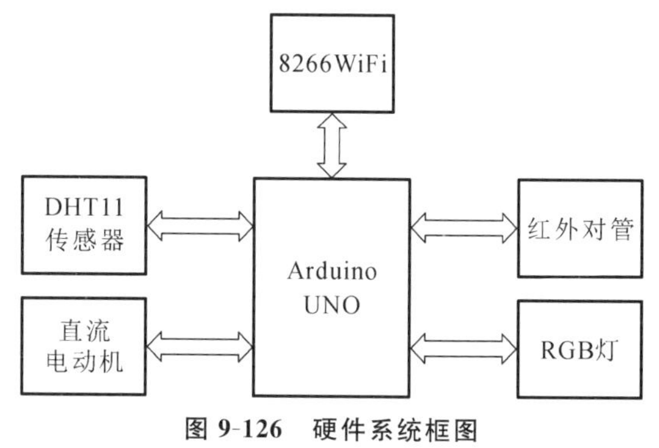

图9-126 硬件系统框图

系统原理图

硬件系统原理图如图 9-127 所示。

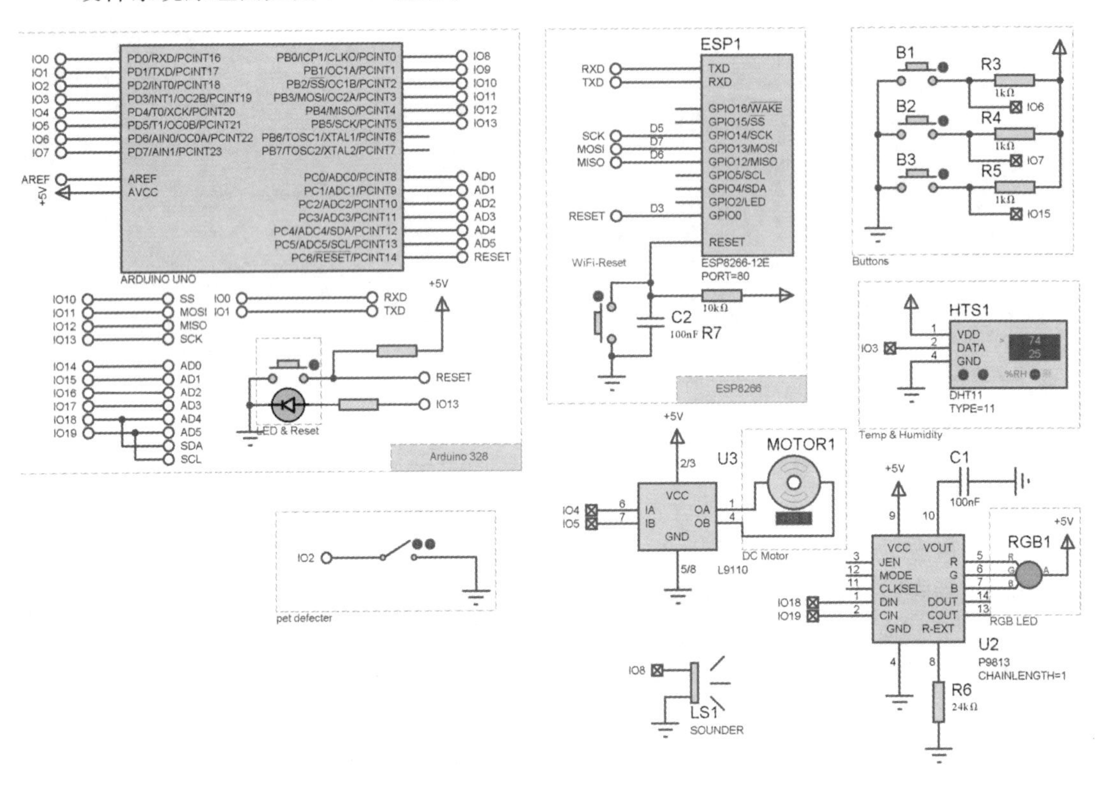

图 9-127　硬件系统原理图

IoT 前面板设计

IoT 前面板设计如图 9-128 所示。IoT 控制包括以下项目。

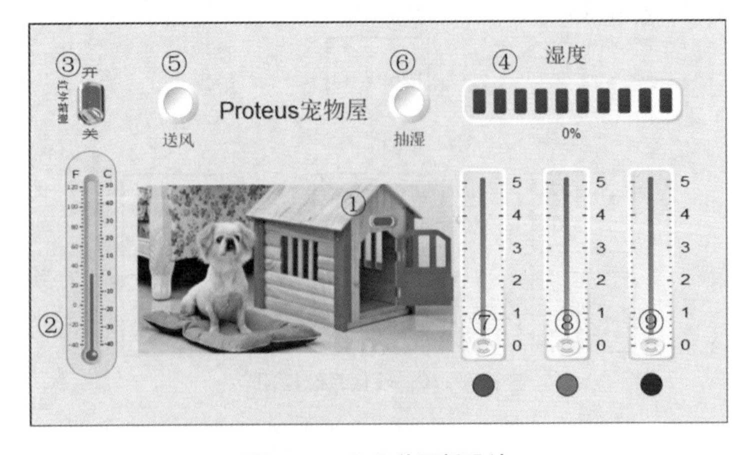

图 9-128　IoT 前面板设计

IoT 控件：
IoTLED1(Indicator)：①LED 指示灯
IoTTH1(Thermometer)：②温度计
IR(ToggleSwitch)：③红外探测开关
HUM(LEDStrip)：④LED 灯条显示湿度
Wind(PushButton)：⑤送风按键
Dehum(PushButton)：⑥抽湿按键
Red(Slider)：⑦红色亮度调节
Green(Slider)：⑧绿色亮度调节
Blue(Slider)：⑨蓝色亮度调节

可视化程序设计

可视化程序设计如图 9-129 所示。

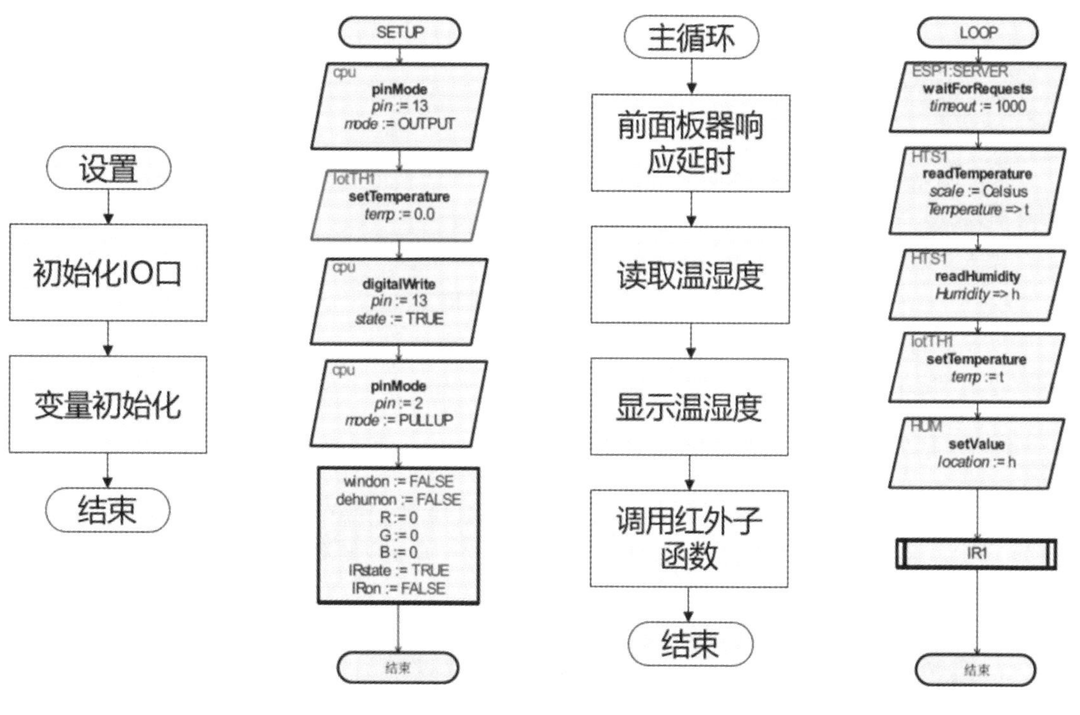

图 9-129 可视化程序设计

仿真调试 & 硬件部署

完成流程图设计后，点击编译，待编译完成后点击仿真按键。编译前工程设置的配置过程请参考 IoT LED 工程。

进行仿真时(见图 9-130)，用户可以调节仿真页面右侧的调试弹出窗口里面的传感器和外设模型；前面板的控件能够与之实时交互。

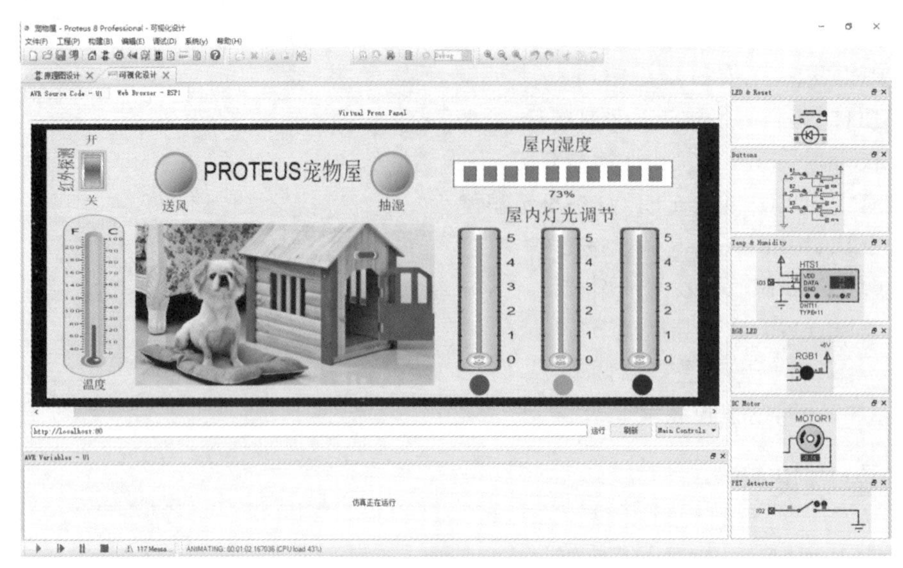

图 9-130　Proteus 仿真运行

9.10　基于 STM32 的智能充电器

麦思网基于 STM32 的智能充电器开源项目提供完整的项目资料、配套教材和众多的实验例程，适合于教学、毕业设计、电子竞赛等。

智能充电器绝对不仅仅是一款业余的 DIY 充电器，也是一块入门级别的 STM32 开发板，通过智能充电器可以学会利用 STM32 来开发项目。

技术资料下载：ChargerV1.2 新版开源智能充电器资料发布贴（最后更新日期：2010 年 3 月 12 日）https://www.amobbs.com/forum.php? mod=viewthread&tid=3703476。

9.10.1　基于 STM32 的智能充电器简介

基于 STM32 的智能充电器硬件组成：两节电池充电，放电电路，温度检测保护电路，LED 指示电路，按键 LCD 人机界面电路，STM32 主控电路，如图 9-131 所示。

智能充电器具有的功能如图 9-132 所示。

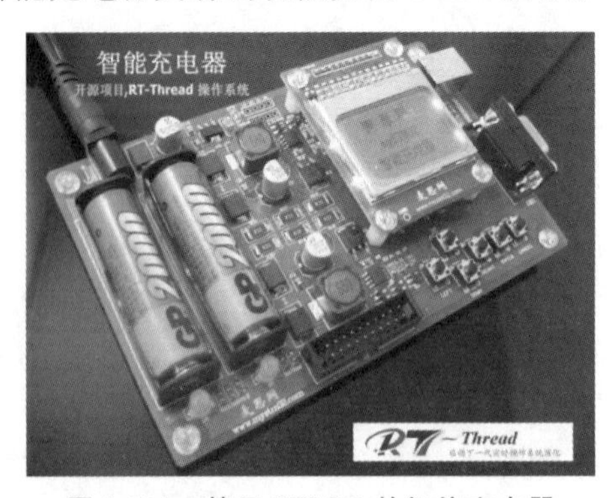

图 9-131　基于 STM32 的智能充电器

图 9-132　智能充电器的功能

9.10.2 基于STM32的智能充电器设计

1. 硬件设计

MCU部分电路原理图如图9-133所示。

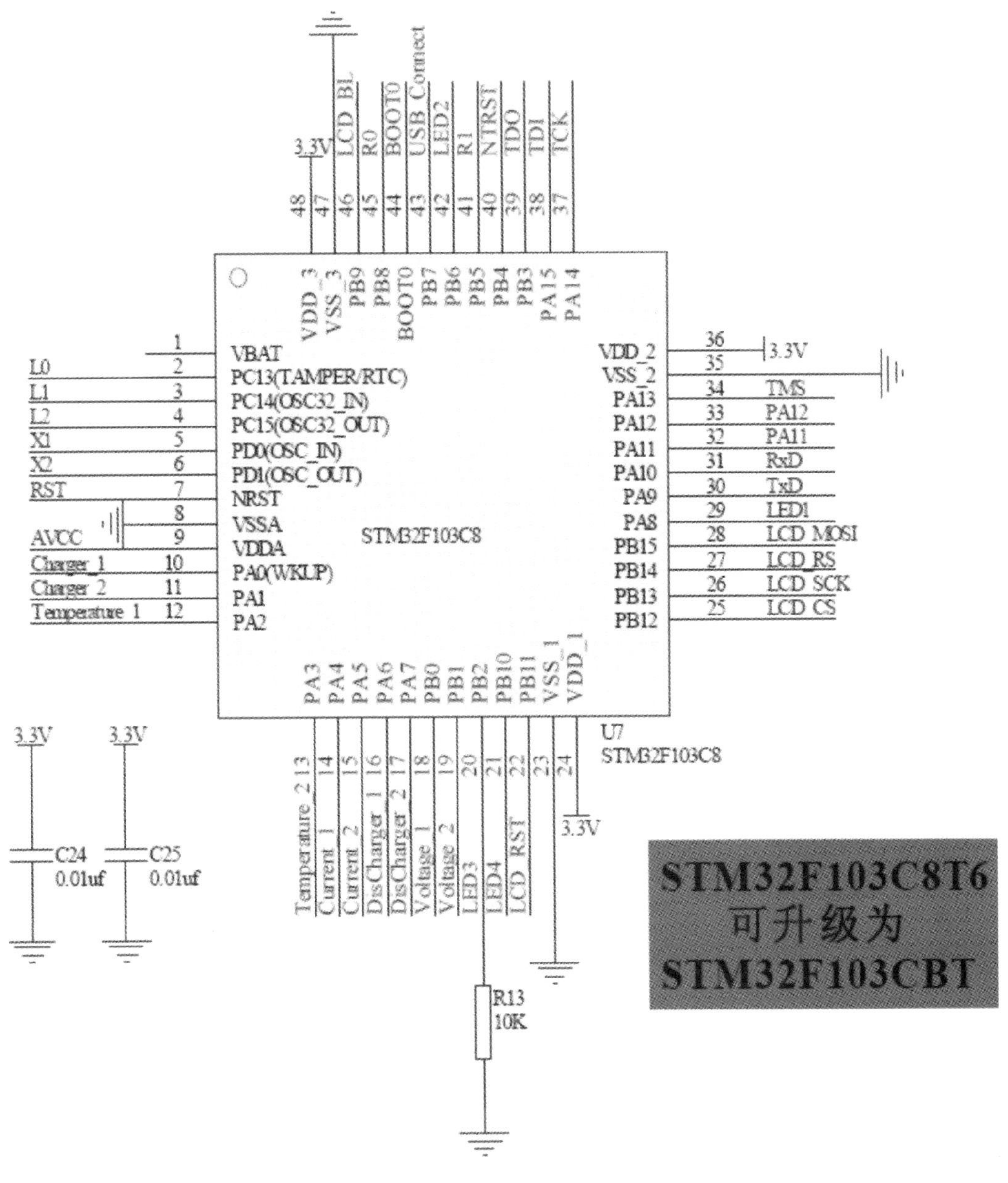

图9-133 MCU部分电路原理图

第一路充电、放电部分电路原理图如图9-134、图9-135所示，第二路与此相同。

温度采样电部分电路原理图如图9-136所示。

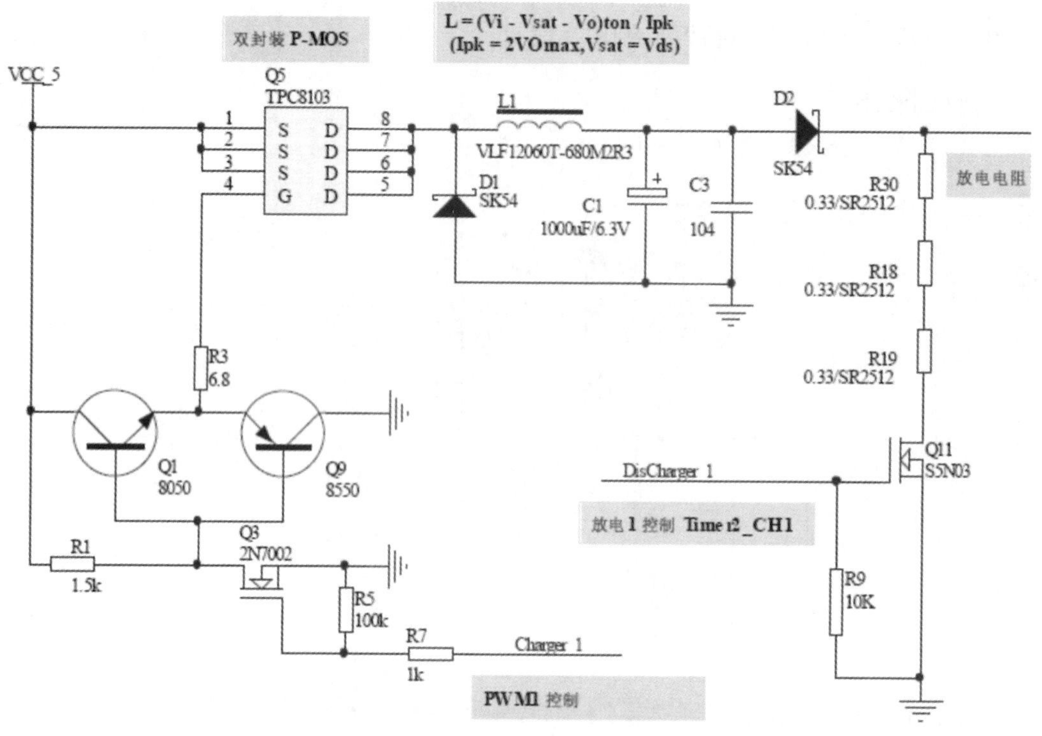

图 9-134　第一路充放电部分电路原理图(1)

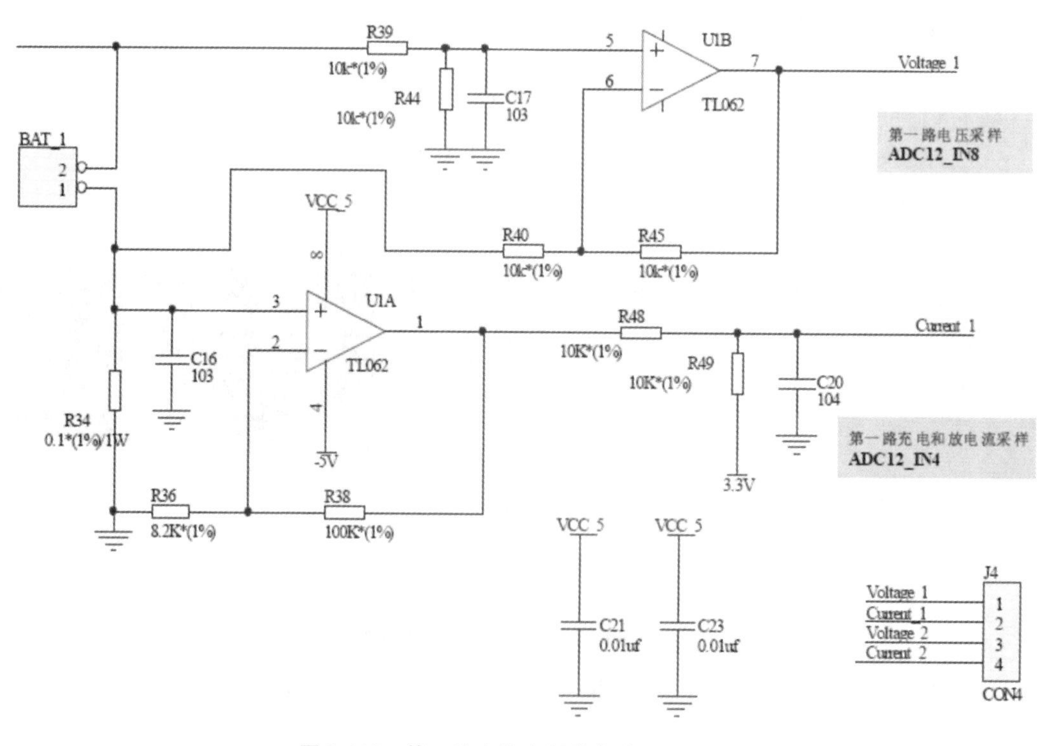

图 9-135　第一路充放电部分电路原理图(2)

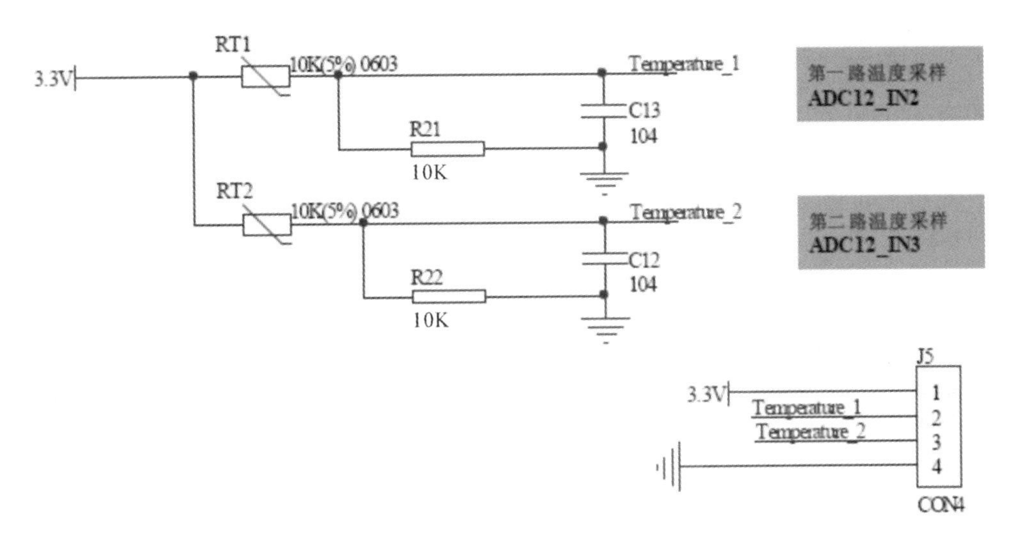

图 9-136　温度采样电部分电路原理图

镍氢电池充电曲线如图 9-137 所示。

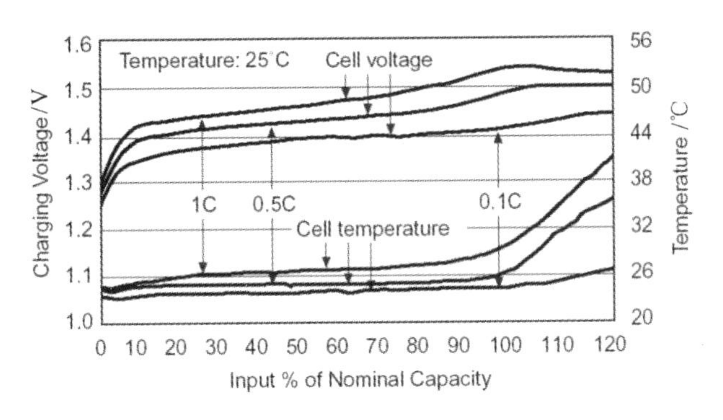

图 9-137　镍氢电池充电曲线

镍氢电池放电曲线如图 9-138 所示。

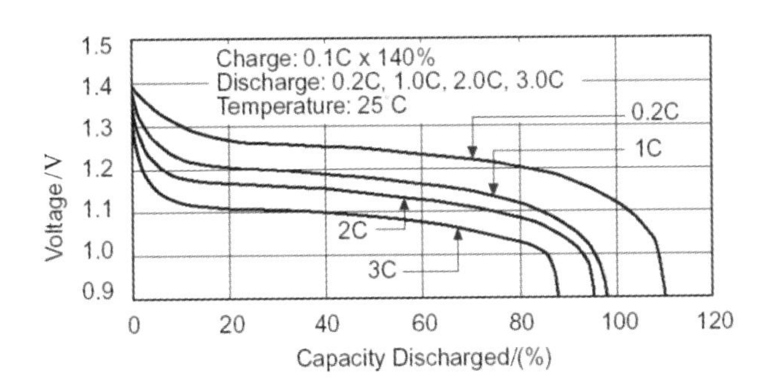

图 9-138　镍氢电池放电曲线

2. 软件设计(编程)

(1) 设计分析。

预充:预充电流 0.2C 达到预充截止电压跳转结束,超过预充时间跳转结束,超过最高电压(1.8V)跳转结束。

不带监控快充:这个时候充电是快充电流 0.4C(暂时设置 0.4C 测试完毕可以调整到 0.5C),但是不检测负压,充电时间 10 分钟,充电过程监视最高电压。

带监控快充:检测负压,负压值采用#defined 设定,目前是 5mV 负压出现充电结束,超过最高电压转结束,超过最长时间转结束。

整个充电过程有总的最长时间。

目前温度检测 NTC 虽然焊接上去了,但是,还没想好用什么办法跟电池良好接触,暂时还没将温度考虑进来。

负压值的比较,采用数列方式,每一秒钟均值作为比较对象,数列里面每一个数值跟电压最高值比较,比较结果用−1 和+1 标示,最后算数列总和,就知道负压的情况。

参数设置全部保存到 Flash 里面,下次开机会自动读取,有记忆功能,可以在充电前设置电池容量,所有各个状态中的充电电流都是根据这个容量来计算的。

比如标准充电 0.1C,快速充电 0.4C,放电 0.2C,等等。

这样就不是固定一个电流值,针对不同的电池,就可以"量身定做"了。

内阻测试,以前的版本因为加电时间太短就检测,读数不对,所以误差较大。以前是采用 $(V_1-V_0)/I$ 的公式算的,V_1=恒流充电时的电压,I=恒流充电电流,V_0=不充电时的电压。

总是感觉 V_0 在哪个时间点测试不好把握,所以现在采用 $(V_1-V_2)/(I_1-I_2)$。

现在电池的测量结果是 80mΩ 左右,电池是三洋的正品电池,正确数值应该是 20mΩ 左右,结果还是有很大误差。

标准充电是使用 0.1C 电流充 16 小时,这个模式下的截止充电只有两个因素:一个是最高电压,一个是 16 小时这个时间。考虑到放进去充电的电池可能还有电,有电的电池还是充 16 小时,那肯定过充,也考虑过按照电压的比例估算剩余电量,从而自动调整充电时间,但是电池电压和容量基本不成比例,每个电池的个体性质也不一样,于是干脆直接0.2C 放电完毕,再开始标准充电。

(2) 程序源码与分析。

此处只给出关键程序代码。

```
* * 硬件版本:ChargerV1.PCB,文件名:main.c,创建人:安哥
* * 描   述:智能充电器
* * - - - - - - - - - - - 历史版本信息- - - - - - - - - - - - - - - - - - - - - - - -
* * 创建人:安哥,版本:V0.01
* * 描   述:原始版本
* * - - - - - - - - - - - - - - - - - 当前版本修订- - - - - - - - - - - - - - - - - - - -
* * 修改人:蟲子,版本:V0.071
* * 描   述:增加开机自动电压调零、电流调零,增加 10 ms 运行的一次的统计函数
```

①main 函数。

```
…(省略)
int main(void)
{
    SystemInit();//系统时钟
    NVIC_Configuration();//中断设置
    InitGpio();// IO 端口设置
    InitPID();// PID 初始化
    SysTick_Config( SystemFrequency/2000 );//定时器初始化
    InitUart();//串口初始化
    InitADC();// AD 转换初始化
    InitPWM();// PWM 初始化
    InitGlobal();//初始化全局参数
    LcdBacklightOn;
    SysDelay(1000);
    SPI_LCD_Init();
    SysDelay(50);
    LCD5110_Init();
    LCD5110_CLS();
    FLASH_Unlock();  /*  Unlock the Flash Program Erase controller * /
    EE_Init();  /*  EEPROM Init * /
    InitPara();//初始化 EEPROM 参数
Adjust_Battery_vol(1);//调零电压挡
    Adjust_Battery_Cur(1);//调零电流挡
    while(1)
    {
        if(P500usReq)
        {
            P500usReq=0;
            P500us();         //5ms 运行一次,处理按键和 LED,测量电池参数
        }
    }
}
```

②5ms 运行一次函数 P500us(),处理按键和 LED,测量电池参数。

```
void  P500us(void)
{
…(省略)
    switch(P5ms)
    {
        case 1:
            Logic();   //逻辑处理:按键扫描程序,LED 状态
            break;
        case 2:
            if(P10ms)
```

```
            {
                P10ms=0;
                Batt_Vol_Accumulate(0);// 10ms 计算一次电池电压等参数
            }
…(省略)
        }
    }
```

③计算一次电池电压等参数函数 Batt_Vol_Accumulate()。

Batt_Vol_Accumulate 函数每 10ms 运行一次,计算电池电压、电流、温度参数。每秒钟计算 100 次,然后取平均值,赋值给全局参数,以供其他函数使用。

```
void Batt_Vol_Accumulate(INT8U erase)
{
    static INT8U times_count=0;
…(省略)
    if(erase)
    {
        times_count=0;
        Batt0_Vol_Sum=0;
        Batt0_Cur_Sum=0;
…(省略)
    }
    if( 100==times_count )
    {
        Batt0_Vol_Seconds=Batt0_Vol_Sum / 100;
        Batt0_Cur_Seconds=Batt0_Cur_Sum / 100;
…(省略)
        STM32_Temperature_Seconds=STM32_Temperature_Sum /100;
        //校正
        //Vchx=Vrefint * (ADchx/ADrefint)
        //其中 Vrefint 为参照电压=1.20V
        Batt0_Vol_Seconds=1200 * (((FP32) Batt0_Vol_Seconds)/ STM32_vref_Sec-
onds);
        Batt1_Vol_Seconds=1200 * (((FP32) Batt1_Vol_Seconds)/ STM32_vref_Sec-
onds);
…(省略)
        //ChargerPrintf(" Voltage_0          % 4d mV \r\n",Batt0_Vol_Seconds);
        // 清零计数器
        Batt0_Vol_Sum=0;
…(省略)
        STM32_Temperature_Sum=0;
    }
    else
    {
```

```
            //获取实时检测结果
            GetChargeMeasure();
            Batt0_Vol_Sum+=Bat0_Vol;
            Batt0_Cur_Sum+=Bat0_Cur;
            Batt0_Temperature_Sum+=Bat0_Temperature;
            Batt1_Vol_Sum+=Bat1_Vol;
            Batt1_Cur_Sum+=Bat1_Cur;
            Batt1_Temperature_Sum+=Bat1_Temperature;
            STM32_vref_Sum+=Vref;
            STM32_Temperature_Sum+=Temperature;
            times_count++;
        }
    }
```

3. 实验过程与现象

智能充电器上位机软件如图 9-139 所示。

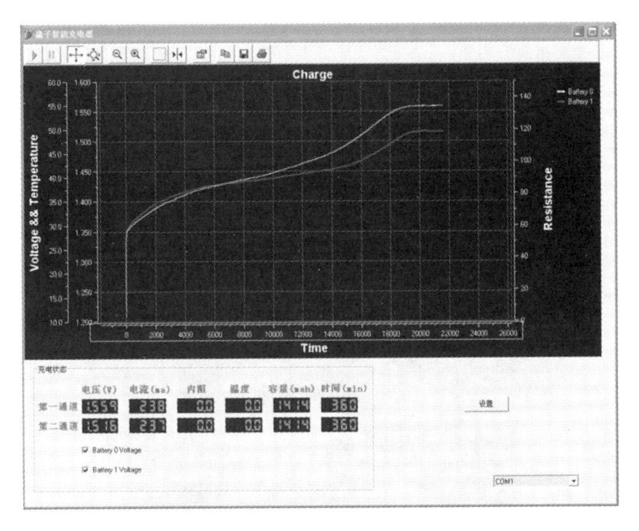

图 9-139　智能充电器上位机软件

充电器调试如图 9-140 所示，图(a)是充电器板测量电压跟万用表的对比；图(b)显示的分别是电压、电流和充电容量；图(c)显示的是充电结束，充电电流为零时的情形。

(a)　　(b)　　(c)

图 9-140　充电器调试

第 10 章　电子设计竞赛与产学合作协同育人项目

全国大学生电子设计竞赛的控制类题目，以前是智能小车，目前是四轴飞行器。

两轮平衡车使用的传感器及技术与四轴飞行器类似，但是相对于四轴飞行器，两轮平衡车更容易设计制作，调试更安全，故可以先练习两轮平衡车。

本章选取的四轴飞行器项目，可以是《嵌入式系统开发实训》内容，也是产学研协同育人项目。

10.1　STM32 两轮平衡车

目前市场上有许多两轮平衡车，Segway 是最早为大家熟知的两轮平衡车。

10.1.1　平衡车概述

1. 组成结构

两轮平衡车由微控制器、陀螺仪、加速度计、蓝牙模块，电动机驱动模块，电源模块以及车体等组成，如图 10-1 所示。

图 10-1　步进电动机两轮平衡车

微控制器采用 STM32F103RBT6，是高性能控制核心。

MPU3050 陀螺仪和 ADXL345 加速度计可实现平衡功能。MPU3050 或称为运动处理单元 MPU(Motion Processing Unit)，也可以使用 MPU6050。

采用三洋公司的步进电动机驱动电路芯片 LV8731 驱动 2 相 42 步进电动机具有较强的稳定性、易于操控。

使用手机蓝牙遥控平衡车前后左右运动，简单方便。

电池使用 12 V 锂电池。

2. 工作原理

两轮平衡小车是通过两个电动机带动车轮，使用微控制器和传感器的控制实现小车不倒且可直立行走的多功能智能小车。

平衡车两个车轮着地，车体只会在车轮滚动的方向上发生倾斜。控制车轮转动，抵消车体倾斜的趋势便可以保持车体平衡。使用陀螺仪和加速度计可以测量车体的倾角和倾角速度，再通过微控制器使用 PID 控制小车车轮的加速度来消除小车的倾斜。

陀螺仪和加速度仪采集数据，进行卡尔曼滤波，并使用 PID 控制电动机，通过 PID 控制平衡车的直立、前后、转向。

直流电动机采用 PWM 控制、编码盘测速，而步进电动机采用脉冲控制、步距计算测速。如对 42 步 16 细分的步进电动机，转速＝(脉冲频率×60)/((360/步距)×细分数)＝(13 kHz×60)/((360 / 1.8°)×16)转/分钟＝243.75 转/分钟。

2 相步进电动机的步距角是 1.8°，即给一个脉冲旋转 1.8°，则给 200 个脉冲旋转 360°，即 1 圈。如果 16 细分控制，则给一个脉冲旋转 1.8°/16＝0.1125°，那么给 3200 个脉冲旋转 360°，即 1 圈。

使用步进电动机有两点好处：省去了编码盘测速这个环节，克服了使用直流电动机的死区问题。使用步进电动机比直流电动机好控制些，但是有失步；开环控制无法保证控制与实际运行完全一致。直流电动机平衡车的直立控制须采用 PD 控制、步进电动机平衡车采用 P 控制即可。

10.1.2　控制电路设计

两轮平衡小车的控制电路的硬件设计框图如图 10-2 所示。

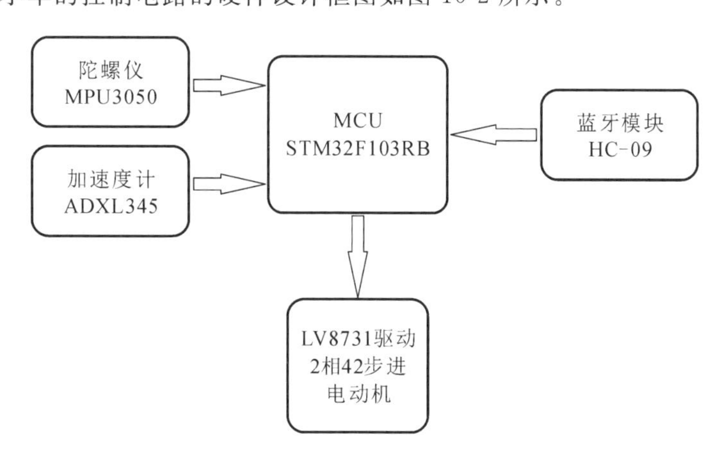

图 10-2　步进电动机两轮平衡车硬件设计框图

1. STM32 控制主板设计

两轮平衡小车的控制主板电路原理图如图 10-3 所示。主要接口及解释说明如下：

(1) STM32 微控制器选用 STM32F103RBT6。

(2) PB10、PB11 分别是 I2C2 的 SCL 和 SDA，连接 MPU3050 陀螺仪和 ADXL345 加速度计。

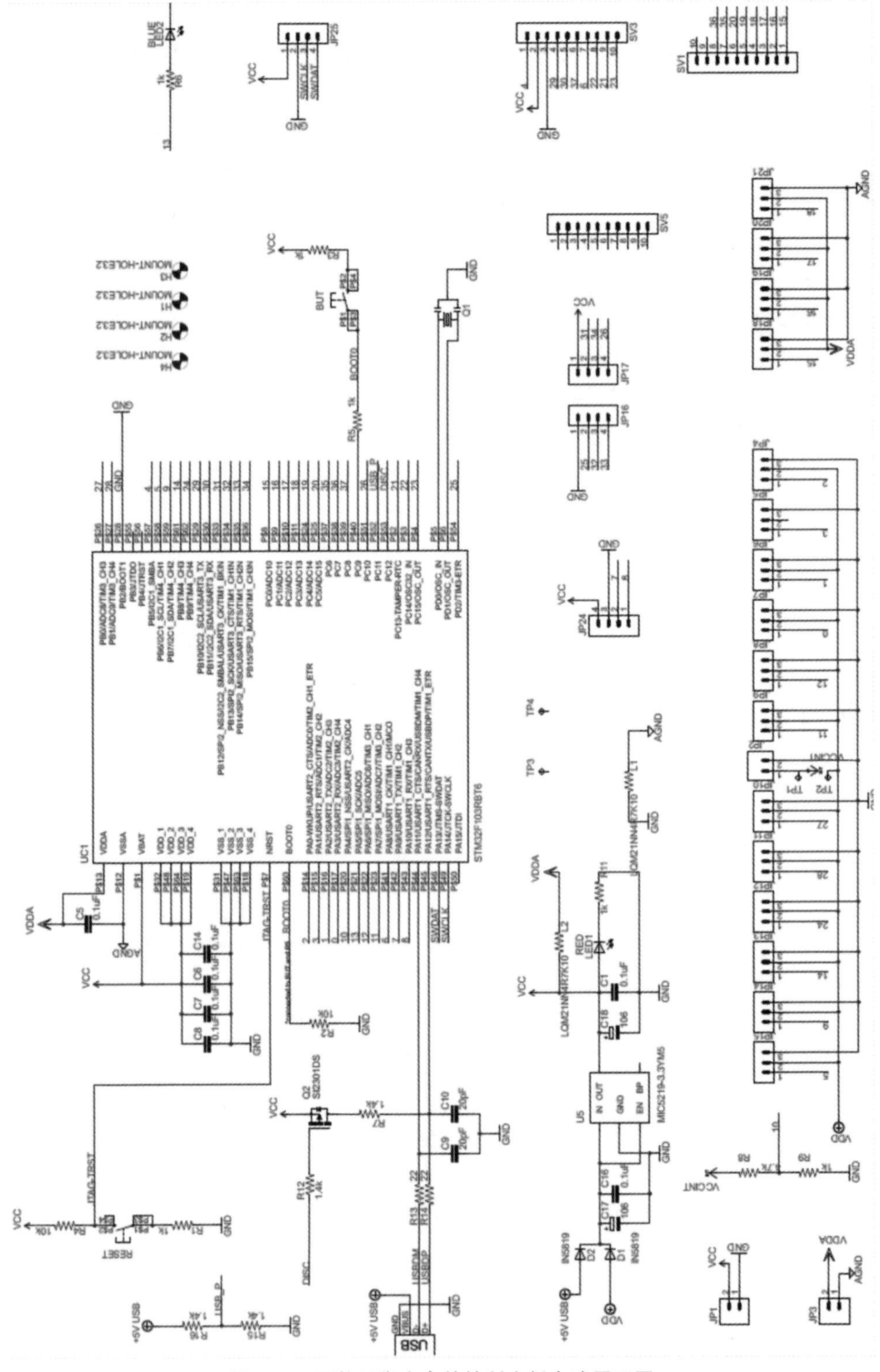

图 10-3　两轮平衡小车的控制主板电路原理图

(3) PB1、PB0、PB6、PB7、PB8、PB9 分别连接一块步进电动机驱动电路芯片 LV8731 的 AT1、AT2、ST、OE、FR 、STEP,控制左电动机。

(4) PA1、PA0、PA7、PA6、PA3、PA2 分别连接另一块步进电动机驱动电路芯片 LV8731 的 AT1、AT2、ST、OE、FR、STEP,控制右电动机。

(5) 蓝牙模块连接 USART1(PA9、PA10)。

(6) LED 连接 PA5。

2. 传感器设计

两轮平衡小车的传感器电路原理图如图 10-4 所示。

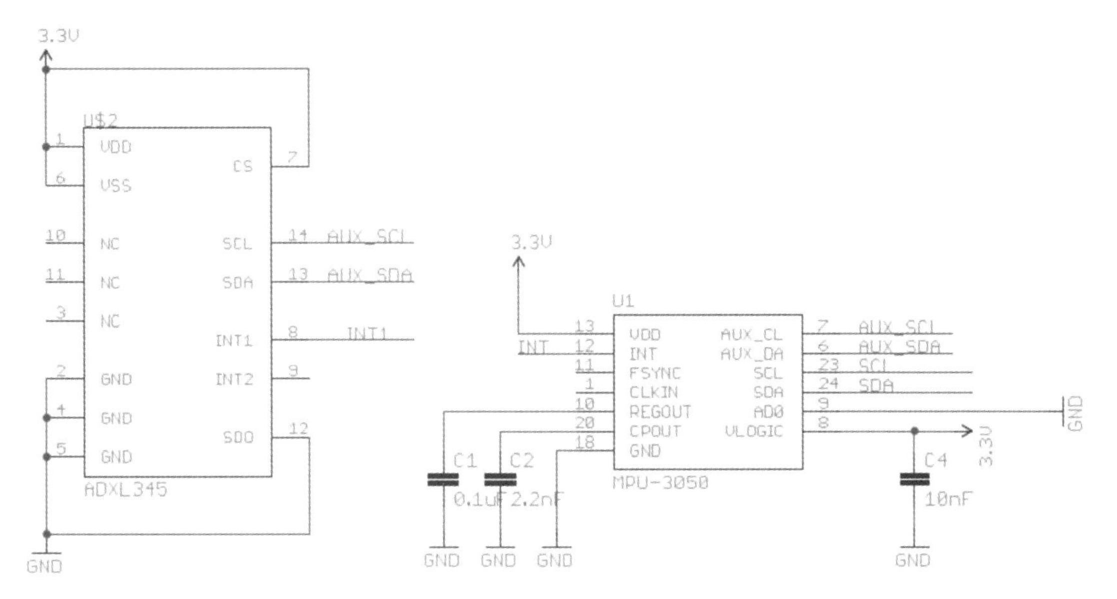

图 10-4　两轮平衡小车的传感器电路原理图

(1) ADXL345。

ADXL345 是 3 轴,± 2g/±4g/±8g/±16g 数字加速度计。

ADXL345 是一款小而薄的超低功耗 3 轴加速度计,分辨率高(13 位),测量范围达±16 g。数字输出数据为 16 位二进制补码格式,可通过 SPI(3 线或 4 线)或 I2C 数字接口访问。

ADXL345 非常适用于移动设备。它可以在倾斜检测应用中测量静态重力加速度,还可以测量运动或冲击导致的动态加速度。其高分辨率为 3.9mg/LSB,能够测量不到 1.0°的倾斜角度变化。

该器件可提供多种特殊检测功能。活动和非活动检测功能通过比较任意轴上的加速度与用户设置的阈值来判断有无运动发生。敲击检测功能可以检测任意方向的单振和双振动作。自由落体检测功能可以检测器件是否正在掉落。这些功能可以独立映射到两个中断输出引脚中的一个。正在申请专利的集成式存储器管理系统采用一个 32 级先进先出(FIFO)缓冲器,可用于存储数据,从而将主机处理器负荷降至最低,并降低整体系统功耗。

低功耗模式支持基于运动的智能电源管理,从而以极低的功耗进行阈值感测和运动加速度测量。

(2) MPU-3050。

MPU3050 是 Invensense 公司的三轴陀螺仪芯片，三轴陀螺仪最大的作用就是测量角速度以判别物体的运动状态，所以也称为运动传感器，使用 MCU 通过 I2C 接口来控制获取三轴角速度(x Gyro，y Gyro，z Gyro)。

MPU3050 内建 DMP(digital motion processor，数字运动处理)硬件加速引擎，另外具有第二个 I2C 接口，可以外接加速度计至 DMP，使得 DMP 可以整合陀螺仪和加速度的输出，执行多传感器组件的融合算法技术。

3. 电动机驱动模块设计

LV8731V 是日本三洋公司 2010 年最新推出的两相步进电动机驱动器芯片，电压 8～32V，电流 2.5A，用于驱动 57 及以下的步进电动机，细分 1～16 挡可调，此芯片为最新工艺，超低的 0.45 Ω 导通电阻，体积更小，发热更低，加入了跨时代的短路保护功能，并且芯片本身带有 5V 电源输出。

LV8731V 驱动两相步进电动机的电路原理图如图 10-5 所示，使用 2 块 LV8731V 分别驱动左右两只步进电动机。

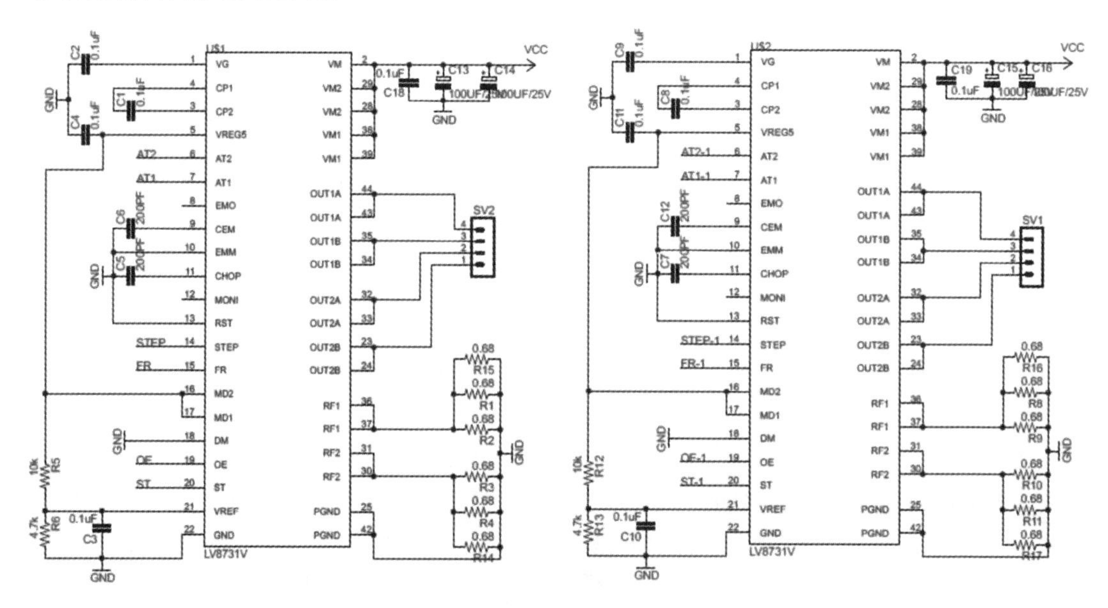

图 10-5　LV8731V 驱动两相步进电动机的电路原理图

LV8731V 主要引脚如下。

⑥:AT2 切换电动机保持通电电流方式；

⑦:AT1 切换电动机保持通电电流方式；

⑭:STEP 驱动步进电动机时钟信号输入端；

⑮:FR 步进电动机方向信号输入端；

⑱:DM，接低电平或悬空，STM 模式，步进电动机通道 1 由时钟输入控制；接高电平时为 DCM 模式，直流电动机 2 通道或步进电动机 1 通道由并行输入控制；

⑲:OE 设置输出有效；

⑳:ST 片选;

㊹和㊸:输出 OUT1A;

㉟和㉞:输出 OUT1B;

㉜和㉝:输出 OUT2A;

㉓和㉔:输出 OUT2B。

LV8731V 的工作模式、细分模式和驱动电流设定分别见表 10-1 至表 10-3。

表 10-1　LV8731V 的工作模式设定

信号状态			工作状态
ST	FR	STEP	
L	*	*	待机模式
H	*	↓	工作模式,励磁 STEP 保持
H	L	↑	工作模式,电动机正转,励磁 STEP 移动
H	H	↑	工作模式,电动机反转,励磁 STEP 移动

表 10-2　LV8731V 的细分模式设定

信号状态		励磁模式	细分模式
MD1	MD2		
L	L	2 相励磁	1 细分
H	L	1-2 相励磁	2 细分
L	H	W1-2 相励磁	4 细分
H	H	4W1-2 相励磁	16 细分

表 10-3　LV8731V 的驱动电流设定

信号状态		电流设定基准电压衰减比
ATT1	ATT2	
L	L	100%
H	L	80%
L	H	50%
H	H	20%

10.1.3　软件设计

为了实现小车的直立行走,需要通过测量获得如下信号:

(1) 小车的倾角和角速度,以及重力加速度信号(z 轴信号,补偿陀螺仪的漂移),进行直立控制。

(2) 小车运动速度,进行向前、向后速度控制。

(3) 小车转向角速度,进行左、右方向控制。

在小车控制中的直立、速度和方向控制三个环节中,都使用了比例微分积分(PID)控制,这三种控制算法的输出量最终通过叠加到电动机转动来完成,分别称为直立环、速度环、转向环。

(1) 直立环,也就是角度环,使用陀螺仪和加速度计获得车体的姿态角度,通过当前角度与直立目标角度比对的差值进行计算控制车轮，让车体保持直立。

(2) 速度环，使车体保持直立的同时控制此时向前或者向后的运动速度。

(3) 转向环，控制车体的方向。

在 main 函数里，首先进行了串口、I2C 和定时器 TIM3 的初始化，之后进入 while 循环。

在 while()函数里，每 10 ms 执行一次获取陀螺仪和加速度计数据、通过滤波算法融合，并接收遥控数据，再用 PID 控制电动机。

主程序代码示意如图 10-6 所示。

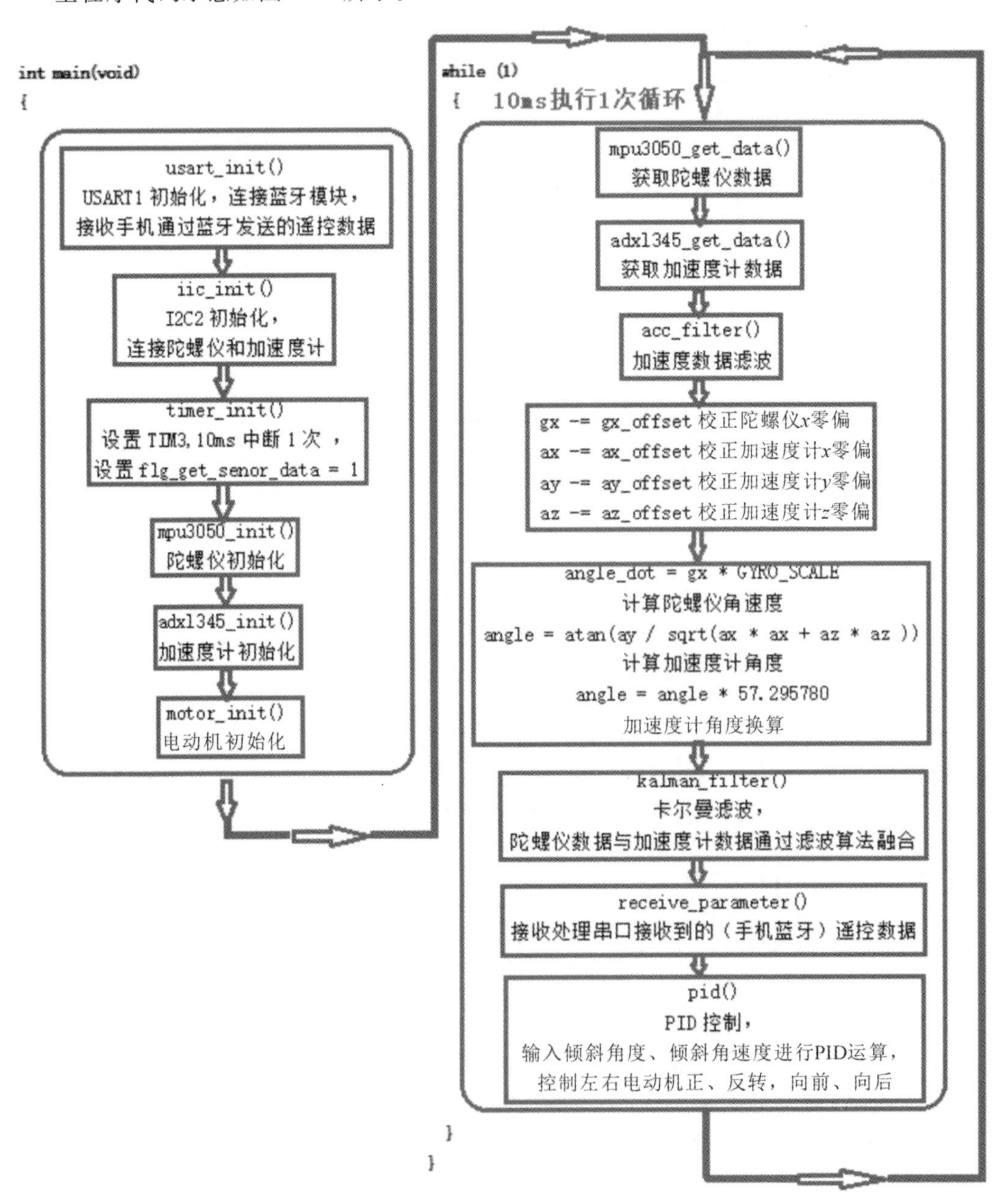

图 10-6 两轮平衡小车的软件设计的主程序

1. main 函数

```
int main(void)

{
  GPIO_InitTypeDef GPIO_InitStructure;
  u8 j,i=0;
  RCC_APB2PeriphClockCmd(RCC_APB2Periph_GPIOA|RCC_APB2Periph_GPIOB,ENABLE);

usart_init();//USART1 初始化,连接蓝牙模块,接收手机通过蓝牙发送的遥控数据,实现前后
左右行走
  iic_init();//I2C2 初始化,连接陀螺仪和加速度计
  timer_init();//设置 TIM3,10ms 中断 1 次,设置 flg_get_senor_data=1
  mpu3050_init();//陀螺仪初始化
  adxl345_init();//加速度计初始化
  motor_init();//电动机初始化

  while(1)
  {
    if(flg_get_senor_data)//设置 TIM3,10ms 中断 1 次,设置 flg_get_senor_data=1,就是
10 ms 执行一次获取陀螺仪和加速度计数据、通过滤波算法融合,并接收遥控数据,再用 PID 控制
电动机
    {
    {
      flg_get_senor_data=0;

      mpu3050_get_data(&gx,&gy,&gz,&temperature);//获取陀螺仪数据
      adxl345_get_data(&ax,&ay,&az);//获取加速度计数据

acc_filter();//加速度数据滤波

gx-=gx_offset;//校正陀螺仪 x 零偏
ax-=ax_offset;//校正加速度计 x 零偏
ay-=ay_offset;//校正加速度计 y 零偏
az-=az_offset;//校正加速度计 z 零偏

angle_dot=gx * GYRO_SCALE;  //计算陀螺仪角速度,+-2000  0.060975 °/LSB
angle=atan(ay / sqrt(ax * ax+az * az ));//计算加速度计角度
angle=angle * 57.295780;    ///加速度计角度换算,180/pi

kalman_filter(angle,angle_dot,&f_angle,&f_angle_dot);//卡尔曼滤波

receive_parameter(receive_data);//接收处理串口接收到的(手机蓝牙)遥控数据

pid(f_angle,f_angle_dot);//PID 控制
```

```
    }
  }
```

2. mpu3050 **初始化和数据读取**

```
void mpu3050_init(void)
{
  u8 data_buf=0;

  /* +-2000°/s,LPF 5hz * /
  data_buf=0x1e;
  iic_rw(&data_buf,1,DLPF_FS,MPU3050_ADDR,WRITE);

  /* DMP mode disable,bypass mode * /
  data_buf=0;
  iic_rw(&data_buf,1,USER_CTRL,MPU3050_ADDR,WRITE);
}

void mpu3050_get_data(s16 * gx,s16 * gy,s16 * gz,s16 * temperature)
{
  u8 data_buf[8];

  iic_rw(&data_buf[0],8,MPU3050_BURST_ADDR,MPU3050_ADDR,READ);
  * temperature=data_buf[0] * 0x100+data_buf[1];
  * gx=data_buf[2] * 0x100+data_buf[3];
  * gy=data_buf[4] * 0x100+data_buf[5];
  * gz=data_buf[6] * 0x100+data_buf[7];

}
```

3. adxl345 **初始化和数据读取**

```
void adxl345_init(void)
{
  u8 data_buf=0;

  /* normal mode,800hz rata* /
  data_buf=0x0d;
  iic_rw(&data_buf,1,BW_RATE,ADXL345_ADDR,WRITE);

  /* 测量模式 * /
  data_buf=0x08;
  iic_rw(&data_buf,1,POWER_CTL,ADXL345_ADDR,WRITE);

  /* 4mg/LSB,LSB@ lower_addr,+-4g * /
  data_buf=0x09;
```

```
  iic_rw(&data_buf,1,DATA_FORMAT,ADXL345_ADDR,WRITE);
}

void adxl345_get_data(s16 * ax,s16 * ay,s16 * az)
{
  u8 data_buf[6];

  iic_rw(&data_buf[0],6,ADXL345_BURST_ADDR,ADXL345_ADDR,READ);
  * ax=data_buf[1] *  0x100+data_buf[0];
  * ay=data_buf[3] *  0x100+data_buf[2];
  * az=data_buf[5] *  0x100+data_buf[4];
}
```

4. 电动机控制初始化

```
void motor_init(void)
{
  TIM_TimeBaseInitTypeDef  TIM_TimeBaseStructure;
  TIM_OCInitTypeDef  TIM_OCInitStructure;
  GPIO_InitTypeDef GPIO_InitStructure;

  RCC_APB2PeriphClockCmd(RCC_APB2Periph_GPIOA|RCC_APB2Periph_GPIOB,ENABLE);

/*  左轮电动机驱动 IC 的引脚设置 * /
GPIO_InitStructure.GPIO_Pin=
GPIO_Pin_0|GPIO_Pin_1|GPIO_Pin_6|GPIO_Pin_7|GPIO_Pin_8|GPIO_Pin_9;
  GPIO_InitStructure.GPIO_Mode=GPIO_Mode_IPU;
  GPIO_InitStructure.GPIO_Speed=GPIO_Speed_50 MHz;
  GPIO_Init(GPIOB,&GPIO_InitStructure);

  GPIO_ResetBits(GPIOB,GPIO_Pin_1);  //AT1,50%  current
  GPIO_SetBits(GPIOB,GPIO_Pin_0);//AT2
  GPIO_SetBits(GPIOB,GPIO_Pin_6);//ST
  GPIO_ResetBits(GPIOB,GPIO_Pin_7);//OE
  GPIO_SetBits(GPIOB,GPIO_Pin_8);//FR left side

  GPIO_InitStructure.GPIO_Pin=GPIO_Pin_9;  //left setp
  GPIO_InitStructure.GPIO_Mode=GPIO_Mode_AF_PP;
  GPIO_InitStructure.GPIO_Speed=GPIO_Speed_50 MHz;
  GPIO_Init(GPIOB,&GPIO_InitStructure);

  /*  右轮电动机驱动 IC 的引脚设置 * /
  GPIO_InitStructure.GPIO_Pin
  GPIO_Pin_0|GPIO_Pin_1|GPIO_Pin_2|GPIO_Pin_3|GPIO_Pin_6|GPIO_Pin_7;
  GPIO_InitStructure.GPIO_Mode=GPIO_Mode_IPU;
```

```
  GPIO_InitStructure.GPIO_Speed=GPIO_Speed_50 MHz;
  GPIO_Init(GPIOA,&GPIO_InitStructure);

  GPIO_ResetBits(GPIOA,GPIO_Pin_1);//AT1  50%  current
  GPIO_SetBits(GPIOA,GPIO_Pin_0);//AT2
  GPIO_SetBits(GPIOA,GPIO_Pin_7);//ST
  GPIO_ResetBits(GPIOA,GPIO_Pin_6);//OE
  GPIO_ResetBits(GPIOA,GPIO_Pin_3);//FR right side

  GPIO_InitStructure.GPIO_Pin=GPIO_Pin_2;//right setp
  GPIO_InitStructure.GPIO_Mode=GPIO_Mode_AF_PP;
  GPIO_InitStructure.GPIO_Speed=GPIO_Speed_50 MHz;
  GPIO_Init(GPIOA,&GPIO_InitStructure);

    /* 左轮电动机驱动 TIM4 设置 * /
  RCC_APB1PeriphClockCmd(RCC_APB1Periph_TIM4,ENABLE);

  /* Time base configuration * /
  TIM_TimeBaseStructure.TIM_Period=7200-1;  //(Period+1) * (Prescaler+1) / 72M=
1ms
  TIM_TimeBaseStructure.TIM_Prescaler=10-1;
  TIM_TimeBaseStructure.TIM_ClockDivision=0;
  TIM_TimeBaseStructure.TIM_CounterMode=TIM_CounterMode_Up;

  TIM_TimeBaseInit(TIM4,&TIM_TimeBaseStructure);

  TIM_OCInitStructure.TIM_OCMode=TIM_OCMode_PWM1;
  TIM_OCInitStructure.TIM_OutputState=TIM_OutputState_Enable;
  TIM_OCInitStructure.TIM_OCPolarity=TIM_OCPolarity_High;
  TIM_OCInitStructure.TIM_Pulse=3600;

  TIM_OC4Init(TIM4,&TIM_OCInitStructure);//PB9 输出控制左轮 left

  TIM_OC4PreloadConfig(TIM4,TIM_OCPreload_Enable);
  TIM_ARRPreloadConfig(TIM4,ENABLE);

  /* TIM4 enable counter * /
  TIM_Cmd(TIM4,ENABLE);

/* 右轮电动机驱动 TIM2 设置 * /
RCC_APB1PeriphClockCmd(RCC_APB1Periph_TIM2,ENABLE);

  /* Time base configuration * /
  TIM_TimeBaseStructure.TIM_Period=7200-1;
```

```
    TIM_TimeBaseStructure.TIM_Prescaler=10-1;
    TIM_TimeBaseStructure.TIM_ClockDivision=0;
    TIM_TimeBaseStructure.TIM_CounterMode=TIM_CounterMode_Up;

    TIM_TimeBaseInit(TIM2,&TIM_TimeBaseStructure);

    TIM_OCInitStructure.TIM_OCMode=TIM_OCMode_PWM1;
    TIM_OCInitStructure.TIM_OutputState=TIM_OutputState_Enable;
    TIM_OCInitStructure.TIM_OCPolarity=TIM_OCPolarity_High;
    TIM_OCInitStructure.TIM_Pulse=3600;

    TIM_OC3Init(TIM2,&TIM_OCInitStructure);//PA2 控制右轮 right

    TIM_OC3PreloadConfig(TIM2,TIM_OCPreload_Enable);
    TIM_ARRPreloadConfig(TIM2,ENABLE);

    /* TIM2 enable counter * /
    TIM_Cmd(TIM2,ENABLE);
}
```

5. 加速度数据滤波

```
void acc_filter(void)
{
    u8 i;
    s32 ax_sum=0,ay_sum=0,az_sum=0;

    for(i=1;i<FILTER_COUNT;i++)
    {
        ax_buf[i-1]=ax_buf[i];
        ay_buf[i-1]=ay_buf[i];
        az_buf[i-1]=az_buf[i];
    }

    ax_buf[FILTER_COUNT-1]=ax;
    ay_buf[FILTER_COUNT-1]=ay;
    az_buf[FILTER_COUNT-1]=az;

    for(i=0;i<FILTER_COUNT;i++)//FILTER_COUNT=16
    {
        ax_sum+=ax_buf[i];
        ay_sum+=ay_buf[i];
        az_sum+=az_buf[i];
    }
```

```
    ax=(s16)(ax_sum / FILTER_COUNT);//求平均值
    ay=(s16)(ay_sum / FILTER_COUNT);
    az=(s16)(az_sum / FILTER_COUNT);
}
```

6. 卡尔曼滤波

函数:void kalman_filter(float angle_m,float gyro_m,float * angle_f,float * angle_dot_f)

功能:陀螺仪数据与加速度计数据通过滤波算法融合

输入参数:

float angle_m　加速度计计算的角度

float gyro_m　陀螺仪角速度

float * angle_f　融合后的角度

float * angle_dot_f　融合后的角速度

输出参数:滤波后的角度及角速度

```
void kalman_filter(float angle_m,float gyro_m,float* angle_f,float * angle_dot_f)
{
  angle+=(gyro_m-q_bias)* dt;

  Pdot[0]  =Q_angle-P[0][1]-P[1][0];
  Pdot[1]=-P[1][1];
  Pdot[2]=-P[1][1];
  Pdot[3]=Q_gyro;

  P[0][0]+=Pdot[0] * dt;
  P[0][1]+=Pdot[1] * dt;
  P[1][0]+=Pdot[2] * dt;
  P[1][1]+=Pdot[3] * dt;

  angle_err=angle_m-angle;

  PCt_0=C_0 * P[0][0];
  PCt_1=C_0 * P[1][0];

  E=R_angle+C_0 * PCt_0;

  K_0=PCt_0 / E;
  K_1=PCt_1 / E;

  t_0=PCt_0;
  t_1=C_0 * P[0][1];

  P[0][0]-=K_0 * t_0;
  P[0][1]-=K_0 * t_1;
```

```
    P[1][0]-=K_1 *  t_0;
    P[1][1]-=K_1 *  t_1;

    angle+=K_0 *  angle_err;
    q_bias+=K_1 *  angle_err;
    angle_dot=gyro_m-q_bias;

    * angle_f=angle;
    * angle_dot_f=angle_dot;
  }
```

7. 接收处理串口接收到的(手机蓝牙)遥控数据

```
  void receive_parameter(u8 cmd)
  {
    switch(cmd)
    {
      case 'u':// 向前 forward
        integral2=0.03;
        derivative2=1.6;
        speed_need=10000;
        turn_need_r=0;
        turn_need_l=0;
        stop=0;
      break;

      case 'd':// 向后 back
        integral2=0.03;
        derivative2=1.6;
        speed_need=-10000;
        turn_need_r=0;
        turn_need_l=0;
        stop=0;
      break;

      case 'l':  // 左转 turn left
        integral2=0.03;
        derivative2=1.5;
        speed_need=0;
        turn_need_r=-500;
        turn_need_l=500;
        stop=0;
  break;

      case 'r':  // 右转 turn right
```

```
        integral2=0.03;
        derivative2=1.5;
        speed_need=0;
        turn_need_r=500;
        turn_need_l=-500;
stop=0;
    break;

case 's':  //停止 stop
  if(derivative2>=3)
  {
    derivative2=3;
   }
  else
  {
    derivative2+=0.001;
   }
  speed_need=0;
  turn_need_r=0;
  turn_need_l=0;
  stop=1;
    break;
  }
}
```

8. PID 控制

函数:void pid(float angle,float angle_dot)

功能:PID 运算,控制左右电动机正、反转,向前、向后

输入参数:

float angle　　　倾斜角度

float angle_dot 倾斜角速度

输出参数:无

```
void pid(float angle,float angle_dot)
{
  u32 temp;
  u16 sl,sr;

  TIM_TimeBaseInitTypeDef  TIM_TimeBaseStructure;
  TIM_OCInitTypeDef  TIM_OCInitStructure;

  now_error=set_point-angle;

  speed_filter();
```

```
speed * =0.7;
speed+=speed_out * 0.3;
position+=speed;
position-=speed_need;

if(position <-60000)
{
  position=-60000;
}
else if(position>60000)
{
  position= 60000;
}

if(stop)
{
  integral2=now_error * 0.0005;
}

rout=proportion * now_error+derivative * angle_dot-position * integral2-de-
rivative2 * speed;

speed_l=-rout+turn_need_l;
speed_r=-rout+turn_need_r;

if(speed_l>MAX_SPEED)
{
  speed_l=MAX_SPEED;
}
else if(speed_l <-MAX_SPEED)
{
speed_l=-MAX_SPEED;
}

if(speed_r>MAX_SPEED)
{
  speed_r=MAX_SPEED;
}
else if(speed_r <-MAX_SPEED)
{
speed_r=-MAX_SPEED;
}

if(speed_l>0)
```

```
  {
    GPIO_ResetBits(GPIOB,GPIO_Pin_8);//FR步进电动机方向信号,控制左轮 left
sl=speed_l;
  }
  else
  {
    GPIO_SetBits(GPIOB,GPIO_Pin_8);
sl=speed_l * (-1);
  }

  if(speed_r>0)
  {
    GPIO_SetBits(GPIOA,GPIO_Pin_3);//FR步进电动机方向信号,控制右轮 right
sr=speed_r;
  }
  else
  {
    GPIO_ResetBits(GPIOA,GPIO_Pin_3);
sr=speed_r * (-1);
  }

  temp=1000000 / sl;
  if(temp>65535)
  {
    sl=65535;
  }
  else
  {
    sl=(u16) temp;
  }

  temp=1000000 / sr;
  if(temp>65535)
  {
    sr=65535;
  }
  else
  {
    sr=(u16) temp;
  }

  /*  Time base configuration * /
  TIM_TimeBaseStructure.TIM_Period=sl-1;   //(Period+1) * (Prescaler+1) / 72M
=1ms
```

```
    TIM_TimeBaseStructure.TIM_Prescaler=30-1;
    TIM_TimeBaseStructure.TIM_ClockDivision=0;
    TIM_TimeBaseStructure.TIM_CounterMode=TIM_CounterMode_Up;

    TIM_TimeBaseInit(TIM4,&TIM_TimeBaseStructure);

    TIM_OCInitStructure.TIM_OCMode=TIM_OCMode_PWM1;
    TIM_OCInitStructure.TIM_OutputState=TIM_OutputState_Enable;
    TIM_OCInitStructure.TIM_OCPolarity=TIM_OCPolarity_High;
    TIM_OCInitStructure.TIM_Pulse=sl>>1;

    TIM_OC4Init(TIM4,&TIM_OCInitStructure);//STEP 驱动步进电动机时钟信号,PB9 控制
左轮

    /* Time base configuration * /
    TIM_TimeBaseStructure.TIM_Period=sr-1;
    TIM_TimeBaseStructure.TIM_Prescaler=30  -1;
    TIM_TimeBaseStructure.TIM_ClockDivision=0;
    TIM_TimeBaseStructure.TIM_CounterMode=TIM_CounterMode_Up;

    TIM_TimeBaseInit(TIM2,&TIM_TimeBaseStructure);

    TIM_OCInitStructure.TIM_OCMode=TIM_OCMode_PWM1;
    TIM_OCInitStructure.TIM_OutputState=TIM_OutputState_Enable;
    TIM_OCInitStructure.TIM_OCPolarity=TIM_OCPolarity_High;
    TIM_OCInitStructure.TIM_Pulse=sr>>1;

    TIM_OC3Init(TIM2,&TIM_OCInitStructure);//STEP 驱动步进电动机时钟信号,PA2 控制
右轮
}
```

10.1.4 调试

(1)安装 USB 驱动程序,以便板载 USB 与 PC 通信。用 USB 线连接目标板与 PC,查看设备管理器,出现 ST 的虚拟串口设备。

(2)安装 6 轴上位机软件,打开 6 轴上位机软件选择在设备管理器中虚拟出来的串口。

(3)点击运行/停止按键,运行时指示灯亮,停止时指示灯灭。

(4)通过运行/停止按键观察波形数据。

(5)传感器模块校准。

传感器模块在出厂前都是未校准的,小车使用前应先校准传感器,这关系到小车运行的效果。校准不准确小车也许能原地平衡,但控制前进和后退两者的速度也许不同,或者停止的时候小车不稳定。传感器校准方法如下。

① 陀螺仪传感器校准。

静止放置传感器，观察陀螺仪三轴波形曲线示值，如图 10-7 所示。

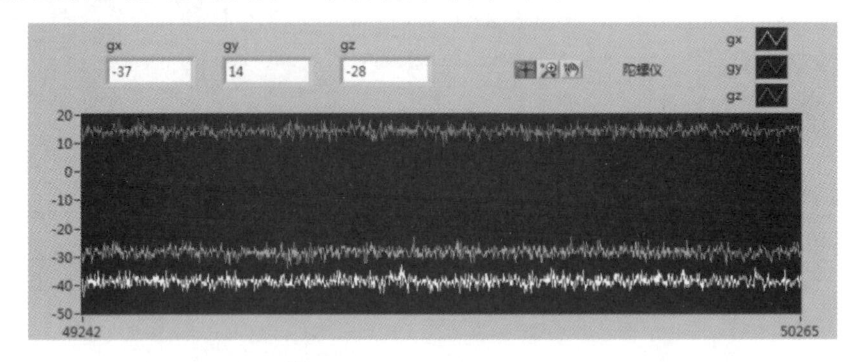

图 10-7 两轮平衡小车的陀螺仪三轴波形曲线示值

例 gx=－37，gy=14，gz=－28。

将以上数值带入程序中相应的变量 gx_offset，gy_offset，gz_offset 即可。

② 加速度传感器校准。

水平放置传感器，使 z 轴垂直于水平面，方向为正，记录 z 轴波形曲线最大值，如图 10-8 所示。

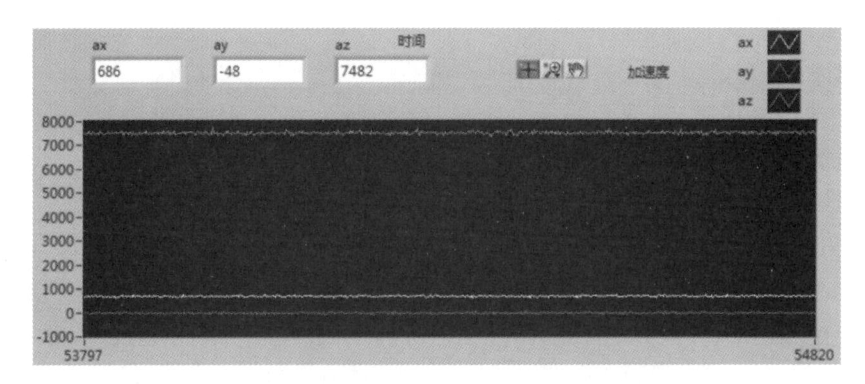

图 10-8 两轮平衡小车的加速度计三轴波形曲线示值(1)

180°翻转传感器，使 z 轴垂直水平面，方向为负，记录 z 轴波形曲线最小值，如图 10-9 所示。

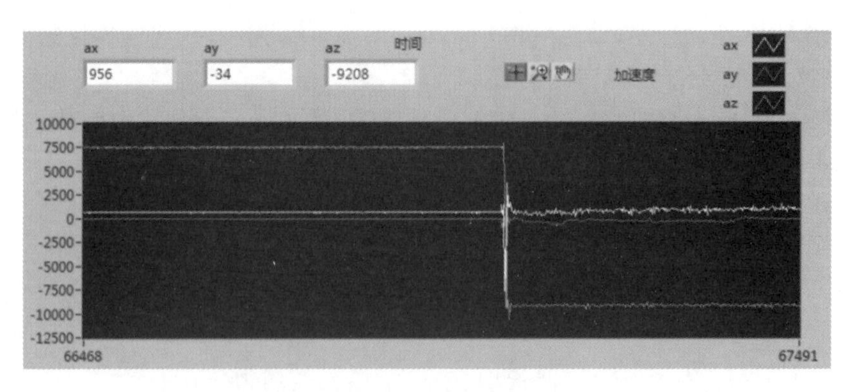

图 10-9 两轮平衡小车的加速度计三轴波形曲线示值(2)

两次数值相加除以 2 便是补偿值。

例如：az1＝7482，az2＝－9208，az_offset＝(7482＋(－9208))÷2＝－863。

③ 其他 xy 两轴校准方法与此相同。

(6)手机蓝牙软件的使用。

安装手机软件，装完后会出现名为“蓝牙串口通讯助手”的软件界面，如图 10-10 所示。

在小车通电或者蓝牙模块通电的情况下打开手机蓝牙功能。

搜索蓝牙模块(一般开头名字是 HC-09)进行配对，配对密码默认是 1234。

打开“蓝牙串口通讯助手”，连接之前配对的蓝牙模块，选择键盘模式，模块指示灯由闪烁变常亮，说明连接成功。

键盘模式最大的好处就是可自定义键值。小车前进、后退、左转、右转、停止命令分别对应 u、d、l、r、s，根据软件上的提示用 MENU 键进行自定义设置。按键值发送命令应包含以上命令。通过自定义键配合小车源程序可以拓展更多功能。

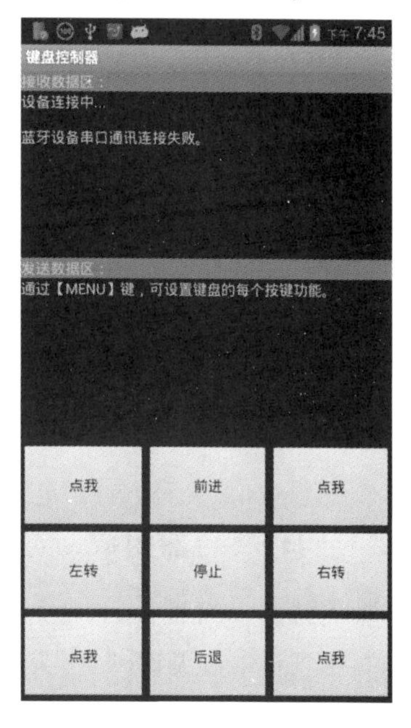

图 10-10　两轮平衡小车的手机遥控

10.1.5　实训题目

两轮平衡小车设计与制作

1. 任务

设计并制作一辆两轮平衡小车。

2. 要求

基本要求：

(1) 设计并制作一辆两轮平衡小车，可以原地不倒并保持平衡直立。

(2) 整车制作成本越低、保持不倒的时间越长、越趋于静止不动，成绩越好。

附加要求：

(1) 两轮平衡小车可以自动前进、后退、左转、右转。

(2) 使用手机遥控。

3. 说明

(1) 微控制器可以选择 MCS51 或 STM32 等。传感器可以选用 MPU6050。

(2) 电动机可以选择直流电动机(需要测试码盘)，也可以选择步进电动机。

4. 评分标准

实训总分 100 分，基本要求 60 分，附加要求 40 分，评分规则如表 10-4 所示。

表 10-4 实训评分表

	项目	成绩/分
基本要求	设计与总结报告：方案比较、设计与论证，理论分析与计算，电路图与组成结构，调试方法，测试数据及测试结果分析	20
	完成第(1)项	20
	完成第(2)项	20
附加要求	完成第(1)项	20
	完成第(2)项	20

10.2 四轴飞行器(STM32)

10.2.1 四轴飞行器组成

四轴飞行器(quadcopter，或者称为四旋翼)，按照使用的电动机和体积大小，一类是使用空心杯电动机的微型四轴，一类是使用无刷电动机的四轴飞行器，分别如图 10-11 所示。

(a) (b)

图 10-11 空心杯电动机微型四轴和无刷电动机四轴飞行器

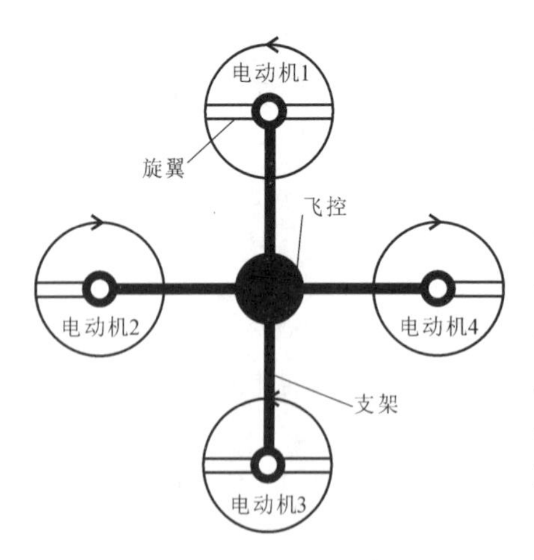

图 10-12 四轴飞行器组成示意图

四轴飞行器组成示意图，如图 10-12 所示。

典型的四轴飞行器组成构成如图 10-13 所示，包括四轴机架(1 个)，动力电动机(4 个)，无刷电子调速器(简称电调/ESC，4 个)，飞行控制器(简称飞控，1 个)，GPS(1 个)，无线数传(1 对)，动力电池(1 块)，RC 遥控器和 RC 接收机(1 套)，无刷云台或者相机(可选)，超声波或者激光传感器(可选)，光流定点传感器(可选)。(资料来源：雷迅创新 http://doc.cuav.net/tutorial/copter/systemcomposition.html)

1. 飞控

飞控可以控制和调整飞行器的飞行方位、高度

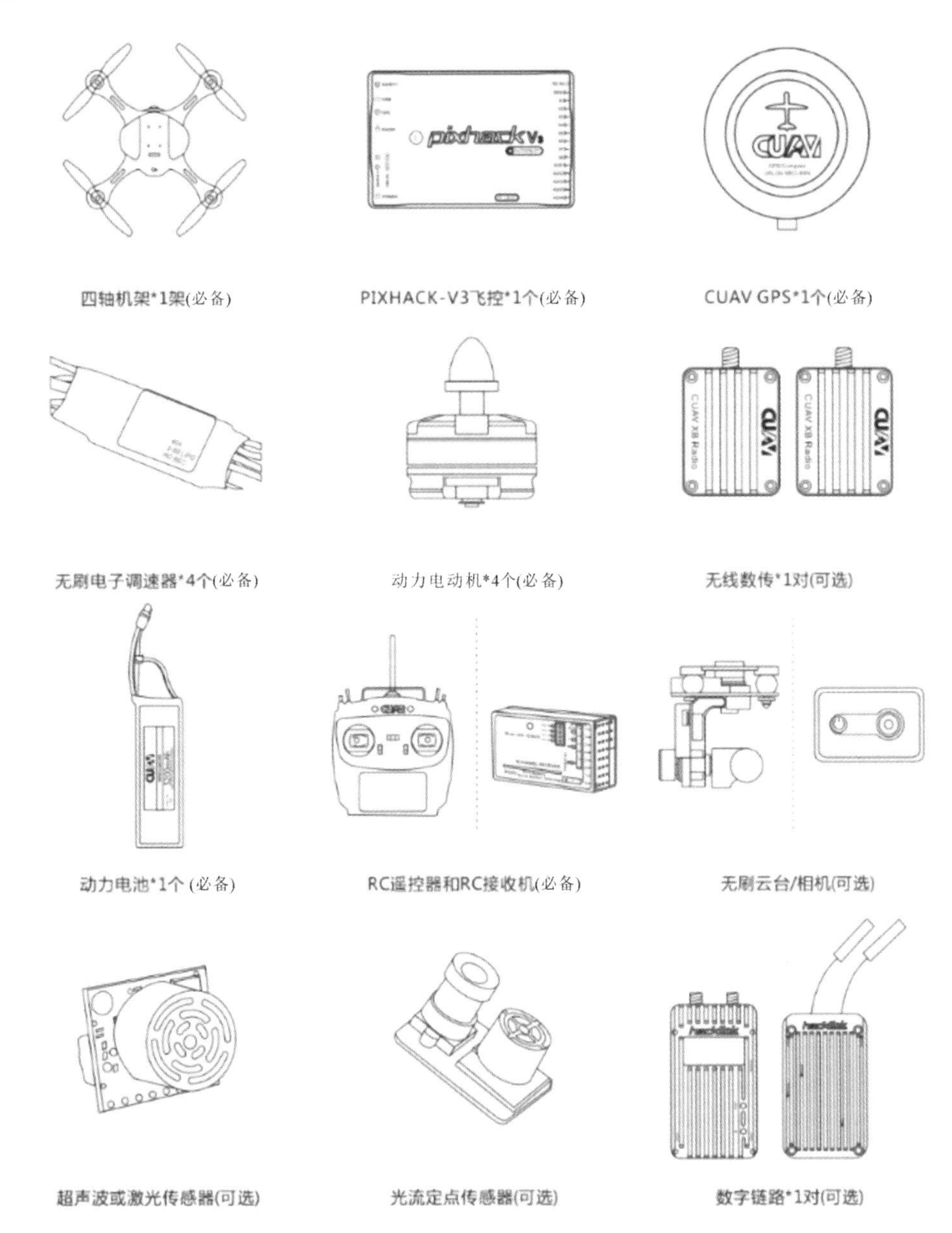

图 10-13 Ardupilot 无刷四轴飞行器构成

等,以及飞机的姿态。

飞控可以通过接收机来接收遥控器发出的控制信号,实现人对飞行器的控制。

飞控也可以使用 MCU 并结合加速度计、陀螺仪、电子罗盘、气压计、GPS、光流等传感器,对获得的传感器数据进行计算处理,并通过算法实现飞行器的自稳、悬停、定位、导航等自动飞行功能。

也就是说,飞控通过获取各种传感器的数据及遥控指令后,通过算法计算出飞机姿态所对应的电动机控制量,然后输出给电子调速器来实现飞机的控制,而传感器又将飞机姿态、位置、速度等信息反馈给飞控。

开源飞控有：APM(ArduPilotMega，见图 10-13)，PX4，Openpilot，Multi Wii Copter(MWC)飞控，KK 飞控，匿名科创，圆点博士，烈火，无名科创等。我们将重点介绍 APM。

Ardupilot Mega(APM)是基于 Arduino Mega 平台的专业品质 IMU(inertial measurement unit，惯性测量单元)飞控(自动驾驶仪)。该飞控可以控制固定翼飞机，多旋翼直升机以及传统直升机。

APM 免费开源固件，支持飞机(plane)，多旋翼(multicopter，分为三旋翼、四旋翼、六旋翼、八旋翼等)，传统直升机(helicopter)和地面车辆(ground rovers)。通过点击应用程序，简单设置和下载固件，不需要编程(如果想编程则可以使用简单的开源的 Arduino 环境)；支持数百个 3D 航点；使用强大的 MAVLink 协议进行双向遥测和飞行控制；可以选择免费的地面站，包括最先进的 HK GCS，其中包括任务计划，空中参数设置，机载视频显示，语音合成以及具有回放功能的完整数据记录；自主起飞，着陆和特殊动作命令，例如视频和摄像机控制；通过 Xplane 和 Flight Gear 支持完整的"硬件在环"仿真；4MB 板载数据记录存储器，任务会自动记录数据并可以导出到 KML；内置硬件故障安全处理器，可以在无线电丢失时重新启动返回出发点。

上述参考文献：

APM 网站，http://www.ardupilot.co.uk/；

直升机之家，https://ardupilot.org/copter/index.html；

直升机介绍，https://ardupilot.org/copter/docs/introduction.html；

ArduPilot 开发网站，https://ardupilot.org/dev/index.html；

岳小飞 Fly 的博客之 APM 飞控学习之路系列文章，https://blog.csdn.net/u010682510/article/details/52959495。

APM 是 2007 年由 DIY 无人机社区(DIY Drones)推出的飞控产品，是当今最为成熟的开源硬件项目。APM 基于 Arduino 的开源平台，对多处硬件做出了改进，包括加速度计、陀螺仪和磁力计组合惯性测量单元(IMU)。由于 APM 良好的可定制性，通过开源软件 Mission Planner，开发者可以配置 APM 的设置，接受并显示传感器的数据。目前 APM 飞控已经成为开源飞控成熟的标杆，可支持多旋翼、固定翼、直升机和无人驾驶车等无人设备。针对多旋翼，APM 飞控支持各种三、四、六、八轴产品，并且连接外置 GPS 传感器以后能够增稳，并完成自主起降、自主航线飞行、返航、定高、定点等丰富的飞行模式。APM 能够连接外置的超声波传感器和光流传感器，在室内实现定高和定点飞行。

图 10-14 使用空心杯电动机的四轴飞行器的机架

上述参考文献：

CSDN 博主"茶末蚊子"，原文链接：https://blog.csdn.net/qq504196282/article/details/53005957。

2. 机架

空心杯电动机四轴的机架可以使用 PCB 与 MCU 和 MOS 管等一体设计制作，如图 10-14 所示。

无刷电动机四轴购买现成的机架，例如对称电动机轴距为 450mm 的 F450 的机架，如图 10-15 所示。

3. 电动机

空心杯电动机如图 10-16 所示。例如 716 空心杯电动机。规格:7mm×16.5 mm;电压:3.7 V;电流:空载 0.08 A,堵转 1.8 A;转速:50000 r/min。

图 10-15　F450 机架　　　　图 10-16　空心杯电机

无刷电动机如图 10-17 所示。例如,朗宇 X2212 KV980。说明:电动机的型号是 2212,前面 2 位是电动机定子的直径 22mm,后面 2 位是电动机定子的高度 12mm;无刷电动机的 KV 值,是外加 1V 电压对应的每分钟空转转数。

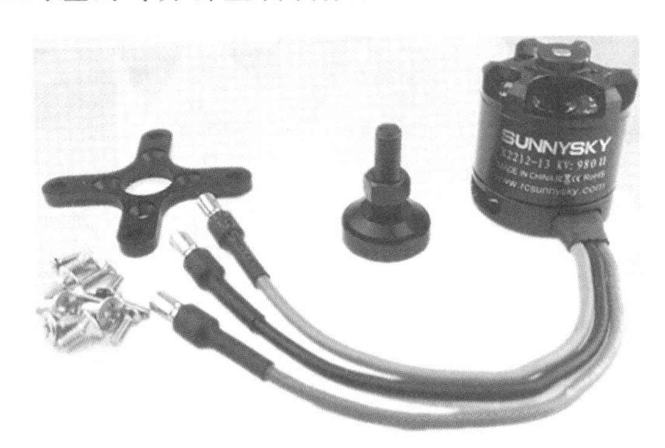

图 10-17　X2212 KV980 无刷电动机

4. MOS 管和电调

微型四轴飞控输出 PWM,使用 MOS 管,如图 10-18 所示。例如 SI2302(封装 SOT-23),控制空心杯电动机。

电子调速器驱动无刷电动机如图 10-19 所示。电子调速器的作用就是将飞控板的控制信号转变为电流的大小,控制电动机的转速。每个电动机正常工作时,平均有 3A 左右的电流,2212 电动机加 1045 型螺旋桨,电流有可能达到了 5A,所以需要购买标称 40A 的电子调速器。

图 10-18　SI2302 MOS 管

图 10-19　电子调速器

电子调速器都会标有若干参数:①输出能力。持续电流 40A,短时电流 55A(不少于 10 s)。②电源输入。2~3 节锂电池组。③BEC 输出。5V@3A(线性稳压模式)。④最高转速。2 极马达,210000 转/分钟;6 极马达,70000 转/分钟;12 极马达,35000 转/分钟。⑤尺寸为 68mm(长)×25mm(宽)×8mm(高)。

另外需要注意连接导线。40A 电子调速器,电源输入导线用的是 AWG12,AWG (American wire gauge)是指"美国线规",AWG12 导线面积为:2.053mm×2.053mm=4.21mm^2,对应的电流系数为 10,AWG12 导线最大电流为 42.1A。

5. 电池

空心杯电动机微型四轴飞行器使用 3.7V 锂电池,如图 10-20 所示。一般使用 650mA·h 的。

无刷电动机中型四轴飞行器使用 22.2V 锂电池,如图 10-21 所示。

说明:电池容量 1000mA·h 电池,如果以 1000mA 放电,可持续放电 1h。如果以 500mA 放电,可以持续放电 2h。

电池后面的 2s、6s 等,代表锂电池的节数,锂电池 1 节标准电压为 3.7V,那么 6s 电池,就是代表有 6 个 3.7V 电池在里面,电压为 22.2V。

电池后面的 C 用来表示电池充放电电流大小的比率,即倍率。如 1200mA·h 的电池,0.2C 表示 240mA(1200mA·h 的 0.2 倍率),1C 表示 1200mA(1200mA·h 的 1 倍率)。大倍率放电容易造成瞬间的大电流放电,击穿锂离子隔离膜,轻则使用数次就废,重则当场发热烧毁。放电电流越大,放电时间越短。

电池测试举例:6s 5300mA·h 75C 即最大放电率 75 倍,放电电流 397.5A。理论数据:1C 充电=5.3A 电流,充电电流 5.5A,约 0.5h 充满。最大电流放电倍率 75(397.5A),最短放电时间 0.133h(48s);实际测试数据:约 1C(5.5A)充电,剩余电量 30%,冲入容量 3849mA·h(70%),时间 59.21min,其中包含平衡时间。

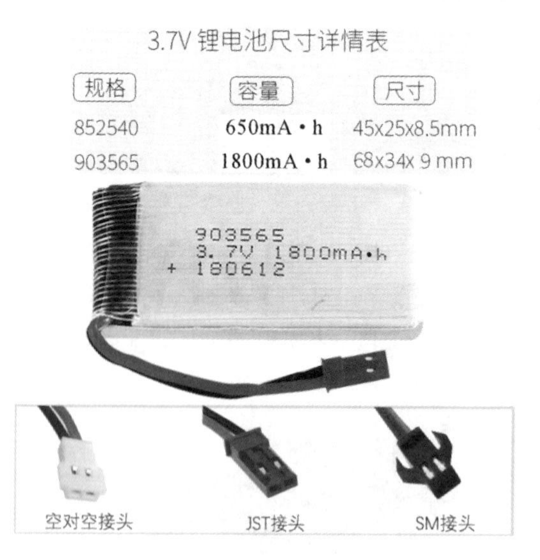
3.7V 锂电池尺寸详情表

规格	容量	尺寸
852540	650mA·h	45x25x8.5mm
903565	1800mA·h	68x34x 9 mm

图 10-20 微型四轴飞行器使用的电池

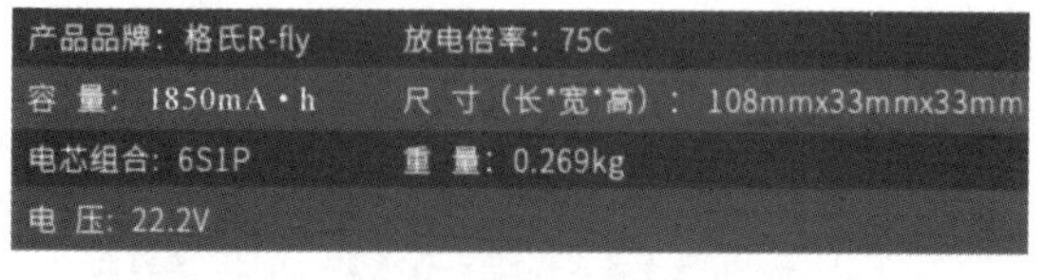

图 10-21 中型四轴飞行器使用的电池

6. 充电器

推荐B6平衡充电器，如图10-22所示。如飞科达的iMAX B6AC充电器，其内置电源平衡充电器。它支持的充电电池种类包括：Li-ion、Li-Poly、Li-Fe、NiCD、NiMh和Pb，涵盖了主流的可充电电池种类。支持6串聚合物锂电池的平衡充电方式，充电电流可达5A。同时它还具有放电功能，放电电流为1A。本产品同时内置聚合物锂电池平衡器，可以对2串、3串、4串、5串、6串聚合物锂电池进行平衡充电，令充电效果更好。

7. 螺旋桨

图10-23显示了两种类型的螺旋桨：顺时针螺旋桨（称为推杆）和逆时针螺旋桨（称为拉杆），正面朝上时，翘起的那边为旋转方向的前边缘。

图10-22　B6平衡充电器　　图10-23　螺旋桨

1045型螺旋桨（见图10-24），桨的长度10英寸（254mm），螺距4.5英寸，中心孔径6mm，厚度9mm。空心杯电动机及螺旋桨如图10-25所示。

四轴飞行为了抵消桨的自旋，相邻的桨旋转方向是相反的，即安装正反桨。正反桨的风都向下吹。正桨顺时针旋转，反桨逆时针旋转。

桨越大，升力越大；桨转速越高，升力越大；电动机的电压越小，转动力量就越大；大桨就需要用低千伏电动机，小桨就需要高千伏电动机。常用的1000kV电动机，需配10英寸的桨。

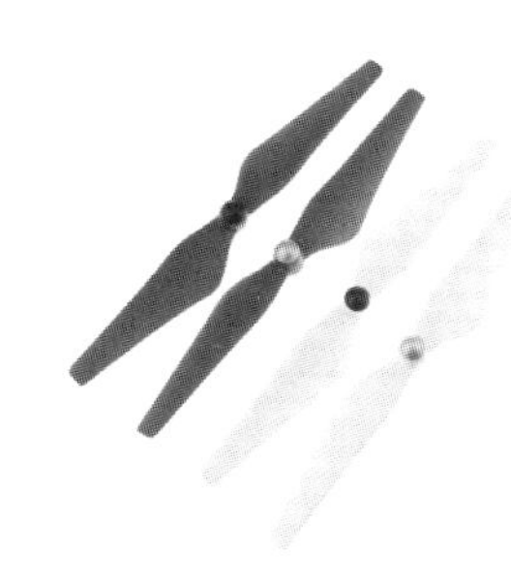

图10-24　1045型螺旋桨　　图10-25　空心杯电动机及螺旋桨

8. 遥控器

遥控器进口品牌有Futaba、JR、Spektru等，国产品牌有天地飞、乐迪、华科尔等。进口遥控器有功能多、失控率低等特点，国产遥控器有性价比高、中文菜单方便设置等特点。

遥控器的“通道”通俗地讲就是控制模型飞机的某项功能，每个通道可以控制模型飞机的一项功能。一般遥控模型飞机必须要控制副翼、升降舵、方向舵、油门4项功能，所以遥控器至少要使用 4 个通道。如果要切换飞行模式,具备两个飞行模式切换通道,则需要 6 个通道。

遥控器具备微调、混控和无混控模式。飞机模式可以支持直升机模式和固定翼模式。图 10-26 所示为 WFT07 遥控器和 WFR07S 2.4GHz 接收机。

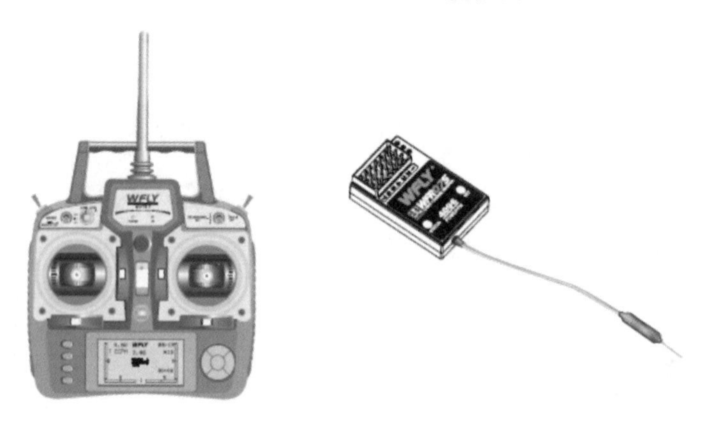

图 10-26　WFT07 遥控器和 WFR07S 2.4GHz 接收机

10.2.2　四轴飞行器结构和工作原理

1. 四轴飞行器的结构

四轴飞行器(或者称为四旋翼)的结构可分为三类 :X 形、"+"字形和 H 形,如图 10-27 所示。

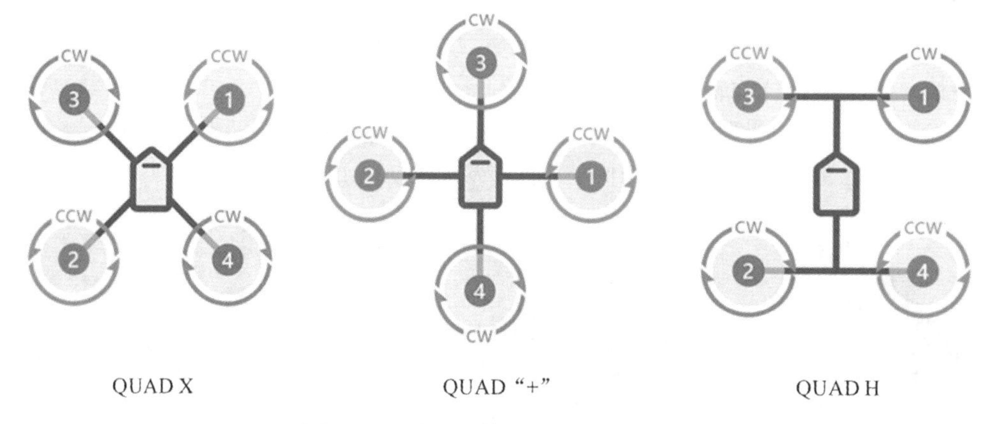

图 10-27　常见四轴飞行器的 3 种结构

2. 四轴飞行器的飞行原理

螺旋桨的反扭矩与旋转方向相反,因此电动机 1 和电动机 2 逆时针旋转,电动机 3 和电动机 4 顺时针旋转,可以抵消反扭矩。

通过飞控输出控制改变 4 个电动机带动的 4 个螺旋桨的转速,即可控制飞行器的位置和姿态,从而控制飞行器的飞行、悬停等。

位置是指 1 个高度(Z)和 2 个方位位置(X,Y)。姿态是指 3 个欧拉角:俯仰(pitch)、横滚(roll)、偏航(yaw)。

四轴飞行器在空间共有 6 种运动:垂直运动、俯仰运动、横滚运动、偏航运动、前后运动、侧向运动,如图 10-28 所示。

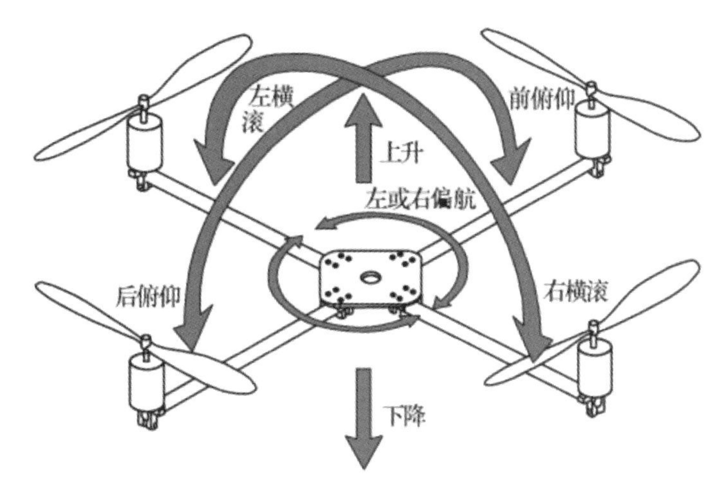

图 10-28 四轴飞行器的 6 种运动

飞行器悬停:四轴飞行器的四个电动机/螺旋桨转速相同,产生的升力一致且升力的合力与重力相同,反扭力相互抵消。

垂直运动:通过同时加速或减速所有电动机来控制高度。当四个电动机/螺旋桨转速同时上升时,产生的升力的合力大于机身的重力,飞行器会上升;合力小于重力时,飞行器会下降。

俯仰运动:通过同时加减速前或后电动机来控制俯仰。当左右两个电动机转速不变,前电动机减速或者后电动机加速,飞行器会向前俯仰;相反,后电动机减速或者前电动机加速,飞行器会向后俯仰。

横滚运动:通过在一侧加速两个电动机而在另一侧减速来控制其滚动(侧倾)。如果四轴飞行器想要向左滚动,则可以加快机架右侧电动机的速度,并降低左侧电动机的速度。

偏航运动:通过加速彼此斜对角的两个电动机并降低其他两个电动机的速度来左右旋转,称为偏航。

前后运动:如果要向前运动,则可以提高后两个电动机的速度,并降低前两个电动机的速度。

通过暂时加速/减速某些电动机来实现水平运动,四轴飞行器向所需行驶方向倾斜,并增加所有电动机的总推力,从而使四轴飞行器向前飞行。通常,四轴飞行器倾斜越多,行驶速度越快。

3. 坐标系与姿态

地球固联坐标系 $E(X,Y,Z)$是数学中常用的坐标系,(X,Y,Z)坐标代表物体在三维空间中的位置。机体坐标系 $B(\phi,\theta,\Psi)$代表飞机绕 X,Y,Z 轴旋转的角度。

方向满足右手定则:右手的拇指指向 X 轴,食指指向 Y 轴,中指垂直手掌指向 Z 轴。

右手拇指指向正轴,四指弯曲内握手指方向为正方向。

地球固联坐标系与飞机坐标系如图 10-29 所示,其中下标 e 表示地球(earth),b 表示飞机机身(body)。

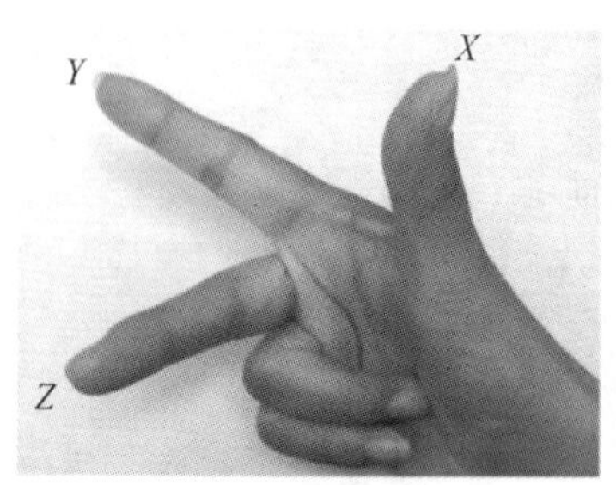

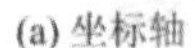

(a) 坐标轴

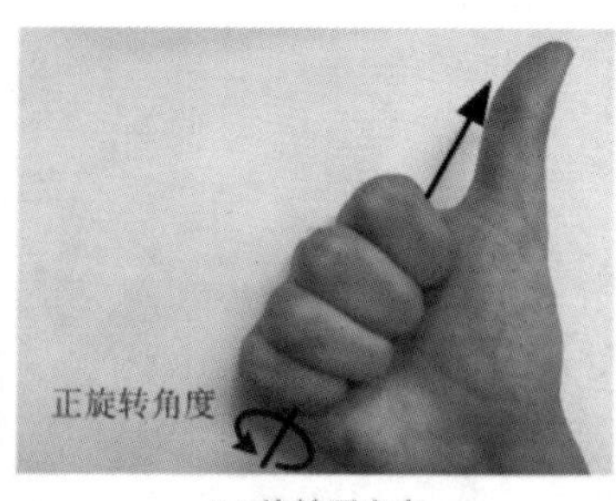

(b) 旋转正方向

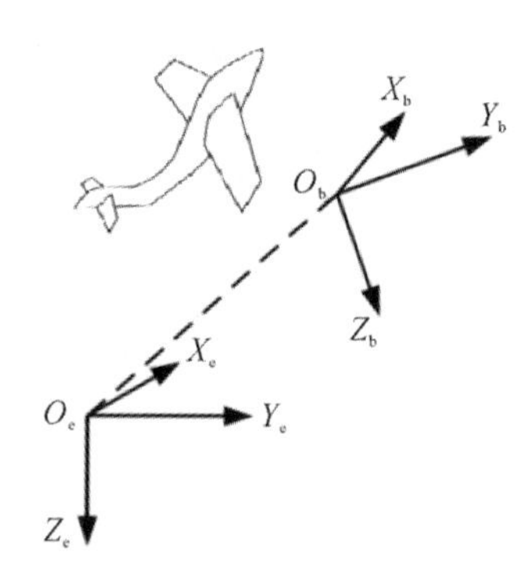

图 10-29　坐标系

设飞行器机头朝向 X 轴正方向，飞机在 XOY 平面内，Z 轴正方向是飞行器下方，则三个欧拉角如下。

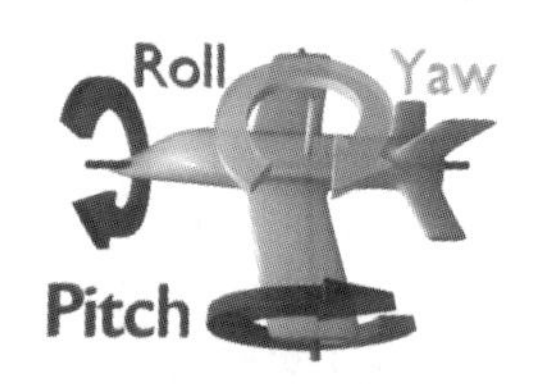

图 10-30　用欧拉角表示飞行器的姿态

俯仰角(pitch)θ：机体 X 轴与水平面之间的夹角，飞机抬头为正；

滚转角(roll)ϕ：飞机对称面绕机体轴转过的角度，又称倾斜角，右滚为正；

偏航角(yaw)Ψ：机体轴在水平面上的投影与地轴之间的夹角，以机头右偏为正。

欧拉角用来描述刚体在三维欧几里得空间的取向，如图 10-30 所示。三个欧拉角从坐标系来讲，就是地球固联坐标系与机体坐标系之间的夹角，例如通过分别固定一个轴如 Z，旋转另外的 2 个轴如 XY，就可以得到偏航角(yaw)Ψ。

10.2.3　四轴飞行器控制原理

1. 飞控关键理论

不依赖外界信息(如 GPS)的导航称为惯性导航。惯性导航也就是将惯性测量元件，包括陀螺仪和加速度计直接装在需要姿态、速度、航向等导航信息的主体上，测量信号变换为导航参数。

四轴飞行器如果直接用信号驱动电动机带动螺旋桨旋转产生控制力，会出现动态响应太快或者太慢，控制过冲或者不足的现象，飞行器无法顺利完成起飞和悬停等飞行动作。而 PID 控制器算法，在姿态信息和电动机/螺旋桨转速之间建立比例、积分和微分的关系，通过调节 PID 参数大小，使飞行器动态响应迅速、既不过冲、也不欠缺。

因此，四轴飞行器的控制，涉及 2 个关键理论和技术：姿态解算和 PID 控制。

目前一般使用的飞控技术是四元数姿态解算＋互补滤波＋串级 PID。其他飞控技术还有三角函数直接解算欧拉角、卡尔曼滤波、单级 PID 等。

2. 飞控关键元器件

飞控关键器件有 MCU(如 STM32F103) 和 IMU(inertial measurement Unit，惯性测量

单元)。IMU 测量飞行器的三轴姿态角及加速度,一般包括三轴陀螺仪及三轴加速度计,有些还包括三轴磁力计。

(1) 陀螺仪能测量出物体转动的 X、Y、Z 三轴的角速度,对角速度值进行积分,便得到某段时间内旋转的角度,即姿态变化量与初始姿态值的差值,就是绝对姿态值。

MPU-6050 是全球首例 9 轴运动处理传感器,它集成了 3 轴 MEMS 陀螺仪,3 轴 MEMS 加速度计,以及一个可扩展的数字运动处理器 DMP(digital motion processor),可用 I2C 接口连接一个第三方的数字传感器,比如磁力计。扩展之后就可以通过其 I2C 或 SPI 接口输出一个 9 轴的信号(SPI 接口仅在 MPU-6000 可用)。MPU-60x0 也可以通过其 I2C 接口连接非惯性的数字传感器,比如压力传感器。MPU-60x0 对陀螺仪和加速度计分别用了三个 16 位的 ADC,将其测量的模拟量转化为可输出的数字量。

使用 STM32 和 MPU6050 解算飞行器姿态,可以使用 ADC 测量值得到四元数,也可以使用 DMP 直接得到四元数,进而转化为欧拉角,最后使用 PID 控制电动机/螺旋桨,如图 10-31 和图 10-32。

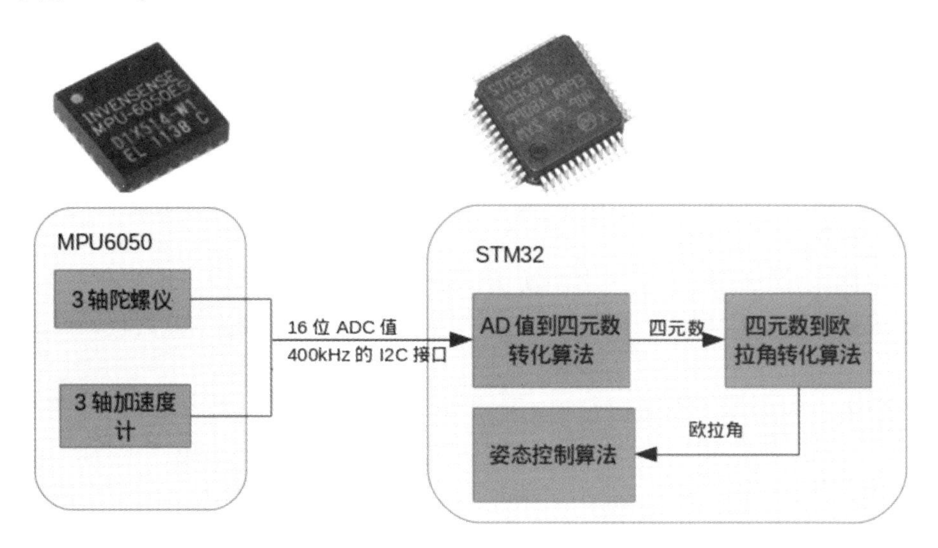

图 10-31　通过 MPU6050 输出 ADC 值解算出欧拉角

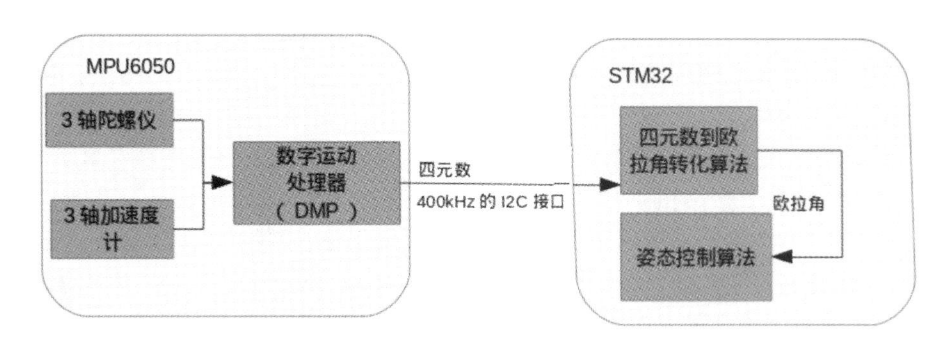

图 10-32　通过 MPU6050 输出四元数解算出欧拉角

利用陀螺仪测量角速度,假定我们每一毫秒读取一次传感器数据,然后把该数据当作物体在这一毫秒内转过的角度。由于物体的运动不是线性匀速的，所以计算出来的角度和物体实际转过的角度是有误差的。这样一来，随着时间的增加，所累加的误差也会越来越大。

(2) 加速度计用于测量物体运动的加速度。

加速度计可以测量某一时刻 X、Y、Z 三个方向的加速度值，然后利用各个方向的分量与重力加速度的比值来计算出物体的倾角。

加速度计若是绕着重力加速度的轴转动，则测量值不会改变，也就是说加速度计无法感知这种水平旋转。

加速度计输出的数值为多少个 g，就是多少倍加速度，物体在静止时会受到 1 个 g 的重力加速度，如果加速度计水平放置，那么 Z 轴数据就是 1，X、Y 轴就是 0，当加速度计 X、Y 轴产生偏转时，X、Y、Z 轴的数值会产生变动，此时根据反三角函数即可解算出当前的角度。公式如下：

```
AngleAx=atan(Angle_ax/sqrt(Angle_ay * Angle_ay+Angle_az * Angle_az)) * 57.2957795f;
AngleAy=atan(Angle_ay/sqrt(Angle_ax * Angle_ax+Angle_az * Angle_az)) * 57.2957795f;
```

后面的数值是 180/PI，是弧度转角度。

如果使用磁力计(电子罗盘、指南针)，通过测量大地的磁场强度就得到飞行器的航向，即偏航角。

3. 姿态解算

姿态解算算法都是使用一些巧妙的方式，用加速度计的数据(或者加上电子罗盘)去修正由陀螺仪数据快速解算得到的存在误差的飞行器姿态(即四元数)。最终得到准确的飞行器姿态。

在四轴飞行器上，对于陀螺仪和加速度计，一般采用不同的滤波方法。对于陀螺仪，大家最常见的就是滑动平均法，如将 200 个数据进行平均。再对不同的数采用不同的加权，又能变化出很多种不同的滤波方法。对于加速度计，通常采用掐尾法，即去掉低位的数据以避免由于四轴飞行器震动而引起的误差。

所谓融合，就是把陀螺仪测量出来的数据和加速度计测量出来的数据以一定权重混合在一起。四轴飞行器融合常用的方法有：四元数法，互补滤波法，卡尔曼滤波法等。通过调整合适的参数比例，把陀螺仪测量出来的角度和加速度计测量出来的角度进行互相修正。

(1) 互补滤波法。

常见的滤波方法是互补滤波法，图 10-33 是互补滤波的示意框图和计算公式。

每次得到的角度数据是由下列成分组成的：当前的角度，当前陀螺仪运动所产生的角度，当前物体运动所产生的加速度角度。通过改变系数 a 和 b，我们能够调整上述各个成分的权重值，从而得到不同的滤波结果。通常我们采用 $a>b$ 来进行运算。即当前的角度和陀螺仪运动产生的角度占有更大的比重，而当前加速度角度占有比较小的比重。

(上述参考文献：圆点博士小四轴之互补滤波_圆点博士小四轴_新浪博客 http://blog.sina.com.cn/s/blog_da6fea910101d1r2.html)

当我们用三角函数直接解算出姿态后，需要对其进行滤波以及与陀螺仪的数据进行融

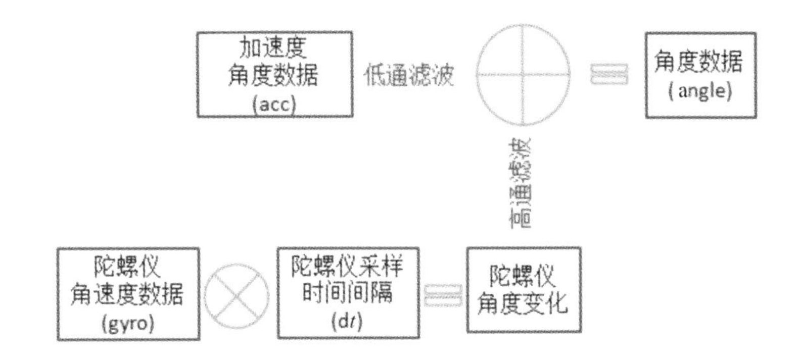

图 10-33　陀螺仪和加速度计的互补滤波

合。因为加速度是很容易受外界干扰的，一个手机开了震动模式放在水平面上，实际角度是 0°，但是解算出来的值是在 0°正负某个范围内呈均匀分布的，这样的值显然不适合使用，因此需要陀螺仪的帮助。陀螺仪输出的数据是多少度一秒，对这个数据积分就可以算出系统偏转过的角度。陀螺仪受震动影响小，故短时间内可以信任它，但是陀螺仪会有温漂，其误差是随着温度而改变的，陀螺仪出厂后还会存在一定的静差，而且积分也有误差，故长时间不能信任陀螺仪。由于加速度计长时间来说值得信任，故可以用互补滤波来融合二者的优点，消减二者的缺点。计算公式为

$$\text{Angle}=0.95(\text{Angle}-\text{Angle\_gy}\times \text{dt})+0.05\times \text{AngleAx}$$

陀螺仪数据的正负号根据自己的需要而改变。

在上式中我们可以看出互补滤波是由两个小式子相加得到的，小式子前各有一个系数，二者相加为 1，我们可以理解这两个数是我们对加速度计和陀螺仪的信任度，你信任哪个的程度大点，哪个的权值就相应变大，其输出数据在最终结果中占的比重也越大。前面一个小式子是用陀螺仪积分计算角度，后面一个小式子是用加速度计解算出的角度，当加速度计比重很小时就可以压制加速度噪声，也就是进行了低通滤波，前式也就是对陀螺仪进行了高通滤波。从公式中不难得出互补滤波的原理，陀螺仪占的比重偏大，短时间内以陀螺仪数据为准，加速度计占的比重较小，长时间内以加速度计来校准角度数据。

一般情况下来讲，陀螺仪和加速度计的比值取值为 0.95∶0.05 或 0.98∶0.02。当然也可以根据实际情况降低陀螺仪的比重。

（上述参考文献：5 种常用的四轴飞行器 PID 算法讲解集合——mjf110107110 的博客 https://blog.csdn.net/mjf110107110/article/details/78950303）

（2）卡尔曼滤波法。

卡尔曼滤波法是用协方差矩阵对加速度计的值进行线性拟合再融合的方法。卡尔曼法并不是个很好的选择，也还是会存在一定的噪声，除非用扩展卡尔曼法。

引入一个离散控制过程的系统。该系统可用一个线性随机微分方程(linear Stochastic DIF ference equation)来描述：

$$X(k)=\boldsymbol{A}\,X(k-1)+\boldsymbol{B}\,U(k)+W(k)$$

再加上系统的测量值：

$$Z(k) = \boldsymbol{H}\,X(k) + V(k)$$

上两个式子中，$X(k)$是 k 时刻的系统状态，$U(k)$是 k 时刻对系统的控制量。A 和 B 是系统参数，对于多模型系统，它们为矩阵。$Z(k)$是 k 时刻的测量值，H 是测量系统的参数，对于多测量系统，$\boldsymbol{H}$ 为矩阵。$W(k)$和 $V(k)$分别表示过程和测量的噪声。它们被假设成高斯白噪声(white Gaussian noise)，它们的协方差(covariance)分别是 Q，R(这里我们假设它们不随系统状态的变化而变化)。

对于满足上面的条件(线性随机微分系统，过程和测量都是高斯白噪声)，卡尔曼滤波器是最优的信息处理器。下面我们结合它们的协方差来估算系统的最优化输出。

首先我们要利用系统的过程模型，来预测下一状态的系统。假设现在的系统状态是 k，根据系统的模型，可以基于系统的上一状态而预测出现在的状态：

$$X(k \mid k-1) = \boldsymbol{A}\,X(k-1 \mid k-1) + \boldsymbol{B}\,U(k) \tag{1}$$

式(1) 中：$X(k|k-1)$ 是利用上一状态预测的结果，$X(k-1|k-1)$ 是上一状态最优的结果，$U(k)$为现在状态的控制量，如果没有控制量，它可以为 0。

到现在为止，我们的系统结果已经更新了，可是，对应于 $X(k|k-1)$的协方差还没更新。我们用 P 表示协方差：

$$P(k \mid k-1) = \boldsymbol{A}\,P(k-1 \mid k-1)\,\boldsymbol{A}' + Q \tag{2}$$

式(2)中：$P(k|k-1)$ 是 $X(k|k-1)$对应的协方差，$P(k-1|k-1)$ 是 $X(k-1|k-1)$对应的协方差，$\boldsymbol{A}'$表示$\boldsymbol{A}$ 的转置矩阵，Q 是系统过程的协方差。式子(1)(2)就是卡尔曼滤波器 5 个公式当中的前两个，也就是对系统的预测。

我们有了现在状态的预测结果，然后再收集现在状态的测量值。结合预测值和测量值，我们可以得到现在状态(k)的最优化估算值 $X(k|k)$：

$$X(k \mid k) = X(k \mid k-1) + Kg(k)(Z(k) - \boldsymbol{H}\,X(k \mid k-1)) \tag{3}$$

其中 Kg 为卡尔曼增益：

$$Kg(k) = P(k \mid k-1)\,\boldsymbol{H}' \,/(\boldsymbol{H}\,P(k \mid k-1)\,\boldsymbol{H}' + R) \tag{4}$$

到现在为止，我们已经得到了 k 状态下最优的估算值 $X(k|k)$。但是为了要令卡尔曼滤波器不断地运行下去直到系统过程结束，我们还要更新 k 状态下 $X(k|k)$的协方差：

$$P(k \mid k) = (\boldsymbol{I} - Kg(k)H)P(k \mid k-1) \tag{5}$$

其中 $\boldsymbol{I}$ 为 1 的矩阵，对于单模型单测量，$I=1$。当系统进入 $k+1$ 状态时，$P(k|k)$就是式子(2) 的 $P(k-1|k-1)$。这样，算法就可以自回归地运算下去。

式子(1)(2)(3)(4)和(5)就是卡尔曼滤波器的 5 个基本公式。根据这 5 个公式，可以很容易地实现计算机的程序。

上述参考文献：

卡尔曼滤波的原理说明，http://bbs.elecfans.com/jishu_484128_1_1.html；

新手平衡小车卡尔曼滤波算法总结-OpenEdv-开源电子网，http://www.openedv.com/thread-42256-1-22.html。

(3) 四元数法。

使用 MPU6050 硬件 DMP 解算姿态是非常简单的，下面介绍由三轴陀螺仪和加速度计的值来使用软件算法解算姿态的方法。

用欧拉角描述一次平面旋转(坐标变换),如图 10-34 所示。

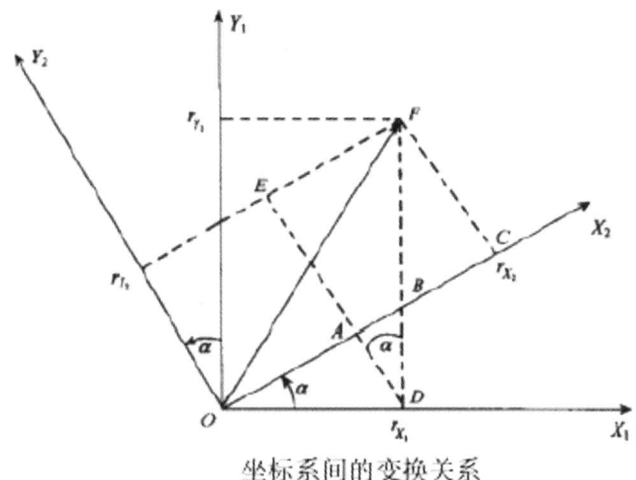

图 10-34　欧拉角描述一次平面旋转

三维空间中的欧拉角旋转要转三次:

$$O\text{-}X_nY_nZ_n \xrightarrow{\text{绕}-Z_n\text{轴旋转}\Psi} O\text{-}X_1Y_1Z_1 \xrightarrow{\text{绕}X_1\text{轴旋转}\theta} O\text{-}X_2Y_2Z_2 \xrightarrow{\text{绕}Y_2\text{轴旋转}\gamma} O\text{-}X_bY_bZ_b$$

表示旋转的方向余弦矩阵为

$$\boldsymbol{C}_n^b = \boldsymbol{C}_2^b\boldsymbol{C}_1^2\boldsymbol{C}_n^1 = \begin{bmatrix} \cos\gamma & 0 & -\sin\gamma \\ 0 & 1 & 0 \\ \sin\gamma & 0 & \cos\gamma \end{bmatrix} \begin{bmatrix} 1 & 0 & 0 \\ 0 & \cos\theta & \sin\theta \\ 0 & -\sin\theta & \cos\theta \end{bmatrix} \begin{bmatrix} \cos\Psi & -\sin\phi & 0 \\ \sin\phi & \cos\Psi & 0 \\ 0 & 0 & 1 \end{bmatrix}$$

$$= \begin{bmatrix} \cos\gamma\cos\Psi + \sin\gamma\sin\Psi\sin\phi & -\cos\gamma\sin\Psi + \sin\gamma\cos\Psi\sin\theta & -\sin\gamma\cos\theta \\ \sin\Psi\cos\theta & \cos\Psi\cos\theta & \sin\theta \\ \sin\gamma\cos\Psi - \cos\gamma\sin\Psi\sin\theta & -\sin\gamma\sin\Psi - \cos\gamma\cos\Psi\sin\theta & \cos\gamma\cos\theta \end{bmatrix}$$

欧拉角微分方程中包含了大量的三角运算,这给实时解算带来了一定的困难,四元数法只求解四个未知量的线性微分方程组,计算量小,易于操作,是比较实用的工程方法。

在平面(x,y)中的旋转可以用复数来表示,同样的三维中的旋转可以用单位四元数来描述,定义一个四元数:

$$q = a + \overrightarrow{u} = q_1 + q_1 i + q_2 j + q_3 k$$

四元数代表着一个四维空间,相对于复数为二维空间,可以表示三维物体的旋转及方位。

用欧拉角描述的方向余弦矩阵用四元数描述则为

$$\boldsymbol{C}_n^b = \begin{bmatrix} q_1^2 + q_0^2 - q_3^2 - q_2^2 & 2(q_1q_2 - q_0q_3) & 2(q_1q_3 + q_0q_2) \\ 2(q_1q_2 + q_0q_3) & q_2^2 - q_3^2 + q_0^2 - q_1^2 & 2(q_2q^3 - q_0 - q_1) \\ 2(q_1q^3 - q_0q_2) & 2(q_2q_3 + q_0q_1) & q_3^2 - q_2^2 - q_1^2 + q_0^2 \end{bmatrix}$$

一阶龙格-库塔法(Runge-Kutta)四元数微分方程为

$$\begin{bmatrix} q_0 \\ q_1 \\ q_2 \\ q_3 \end{bmatrix}_{t+\Delta t} = \begin{bmatrix} q_0 \\ q_1 \\ q_2 \\ q_3 \end{bmatrix}_t + \frac{\Delta t}{2} \begin{bmatrix} -\omega_x \cdot q_1 - \omega_y \cdot q_2 - \omega_z \cdot q_3 \\ +\omega_x \cdot q_0 - \omega_y \cdot q_3 + \omega_z \cdot q_2 \\ +\omega_x \cdot q_3 + \omega_y \cdot q_0 - \omega_z \cdot q_1 \\ -\omega_x \cdot q_2 + \omega_y \cdot q_1 + \omega_z \cdot q_0 \end{bmatrix}$$

下面给出四元数程序。

```
# define Kp 10.0f// proportional gain governs rate of convergence to accelerometer
/ magnetometer 比例增益控制加速度计/磁强计的收敛速度
# define Ki 0.008f // integral gain governs rate of convergence of gyroscope biases
积分增益控制陀螺仪偏差收敛速度
# define halfT 0.001f // half the sample period 采样周期的一半

float q0=1,q1=0,q2=0,q3=0;// quaternion elements representing the estimated ori-
entation 表示估计方向的四元数
float exInt=0,eyInt=0,ezInt=0;// scaled integral error 标度积分误差
void IMUupdate(float gx,float gy,float gz,float ax,float ay,float az)// gx,gy,gz 分
别对应三个轴的角速度,单位是弧度/秒;ax,ay,az 分别对应三个轴的加速度
{
  float norm;
  float vx,vy,vz;
  float ex,ey,ez;

  //先把这些用得到的值算好
  float q0q0=q0* q0;
  float q0q1=q0* q1;
  float q0q2=q0* q2;
  //float q0q3=q0* q3;
  float q1q1=q1* q1;
  //float q1q2=q1* q2;
  float q1q3=q1* q3;
  float q2q2=q2* q2;
  float q2q3=q2* q3;
  float q3q3=q3* q3;

if(ax* ay* az==0)
return;
```

①加速度数据归一化。

```
//第一步:对加速度数据进行归一化,得到单位加速度(首先把加速度计采集到的值(三维向量)
转化为单位向量,即向量除以模,传入参数是陀螺仪 x,y,z 值和加速度计 x,y,z 值)
norm=sqrt(ax* ax+ ay* ay+ az* az);
ax=ax /norm;
ay=ay / norm;
az=az / norm;
```

②下面把四元数换算成方向余弦中的第三行的三个元素。刚好 vx，vy，vz 其实就是上一次的欧拉角(四元数)的机体坐标参考系换算出来的重力的单位向量。

```
//第二步:DCM矩阵(方向余弦矩阵)旋转
  // estimated direction of gravity and flux(v and w)  估计重力方向和流量/变迁
  vx=2* (q1q3-q0q2);
  vy=2* (q0q1+q2q3);
  vz=q0q0-q1q1-q2q2+q3q3
```

③ax、ay、az 是机体坐标参照系上，加速度计测量出来的重力向量，也就是实际测量出来的重力向量。ax、ay、az 是测量得到的重力向量，vx、vy、vz 是陀螺积分后的姿态来推算出的重力向量，它们都是机体坐标参照系上的重力向量。那它们之间的误差向量，就是陀螺积分后的姿态和加速计测量出来的姿态之间的误差。

向量间的误差，可以用向量叉积(也叫向量外积、叉乘)来表示，ex、ey、ez 就是两个重力向量的叉积。这个叉积向量仍旧位于机体坐标系上，而陀螺积分误差也在机体坐标系上，而且叉积的大小与陀螺积分误差成正比，正好拿来纠正陀螺。由于陀螺是对机体直接积分，所以对陀螺的纠正量会直接体现对机体坐标系的纠正。

```
//第三步:在机体坐标系上做向量叉积得到补偿数据
// error is sum of cross product between reference direction of fields and direction
measured by sensors 误差是磁场参考方向和传感器测量方向的交叉积之和
  ex=(ay* vz-az* vy);//向量乘积再相减得到差就是误差
  ey=(az* vx-ax* vz);
  ez=(ax* vy-ay* vx);
```

④用叉积误差来做 PI 修正陀螺零偏。

```
exInt=exInt+ex *  Ki;//对误差进行积分
eyInt=eyInt+ey *  Ki;
ezInt=ezInt+ez *  Ki;

//第四步:对误差进行 PI 计算，补偿角速度(用叉积误差来做 PI 修正陀螺零偏)
// adjusted gyroscope measurements 调整陀螺仪测量
gx=gx+Kp* ex+exInt;//将误差 PI 后补偿到陀螺仪，即补偿零点漂移
gy=gy+Kp* ey+eyInt;
gz=gz+Kp* ez+ezInt;//这里的 gz 由于没有观测者进行矫正会产生漂移，表现出来的就是积
分自增或自减
```

⑤一阶龙格-库塔法(Runge-Kutta)四元数微分方程，其中 T 为测量周期，halfT 是采样周期的一半，gx、gy、gz 分别对应陀螺仪三个轴的角速度。

```
//第五步:按照四元数微分公式进行四元数更新
// integrate quaternion rate and normalize 综合四元数速率和归一化
q0=q0+(-q1* gx-q2* gy-q3* gz)* halfT;
q1=q1+(q0* gx+q2* gz-q3* gy)* halfT;
q2=q2+(q0* gy-q1* gz+q3* gx)* halfT;
```

```
q3=q3+(q0* gz+q1* gy-q2* gx)* halfT;

// normalise quaternion 四元数归一化
norm=sqrt(q0* q0+q1* q1+q2* q2+q3* q3);
q0=q0 / norm;
q1=q1 / norm;
q2=q2 / norm;
q3=q3 / norm;
```

⑥最后根据四元数方向余弦阵和欧拉角的转换关系，把四元数转换成欧拉角：

$$\begin{cases}\theta = \arcsin(2(q_0q_1 + q_2q_3)) \\ \gamma = \arctan\dfrac{-2(q_1q_3 - q_0q_2)}{1-2(q_1^2+q_2^2)} \\ \Psi = \arctan\dfrac{2(q_1q_2 - q_0q_3)}{1-2(q_1^2+q_3^2)}\end{cases}$$

```
  //Q_ANGLE.Yaw=atan2(2 * q1 * q2+2 * q0 * q3,-2 * q2* q2-2 * q3* q3+1) * 57.3;
  // yaw
  Q_ANGLE.Y=asin(-2 * q1 * q3+2 * q0* q2) * 57.3;// pitch
  Q_ANGLE.X=atan2(2 * q2 * q3+2 * q0 * q1,-2 * q1 * q1-2 * q2* q2+1) * 57.3;
  // roll
}
```

(上述参考文献：软件姿态解算 路洋/nieyong http://www.crazepony.com/wiki/software-algorithm.html，程序代码是匿名飞控的 IMU.c)

4. PID 控制

1) 理解 PID

PID(proportion、integration、differentiation，比例、积分、微分)控制是应用非常广泛的控制算法。小到控制一个元件的温度，大到控制无人机的飞行姿态和飞行速度等，都可以使用 PID 控制。

PID 控制算法公式为

$$u(t) = K_p\left[e(t) + \frac{1}{T_i}\int_0^t e(t)\mathrm{d}t + T_d\frac{\mathrm{d}e(t)}{\mathrm{d}t}\right]$$

PID 控制器，总的来说，当得到系统的输出后，将输出经过比例、积分、微分 3 种运算方式，叠加到输入中，从而控制系统(见图 10-35)。下面用一个简单的实例来说明。

①比例控制算法。

我们先说 PID 中最简单的比例控制，抛开其他两个不谈。用一个经典的例子，假设有一个水缸，最终的控制目的是要保证水缸里的水位永远维持在 1m 的高度。假设初试时刻，水缸里的水位是 0.2m，那么当前时刻的水位和目标水位之间存在一个误差 e，且 e 为 0.8m，这个时候，假设旁边站着一个人，这个人通过往缸里加水的方式来控制水位。如果单纯地用比例控制算法，就是指加入的水量 u 和误差 e 是成正比的。即

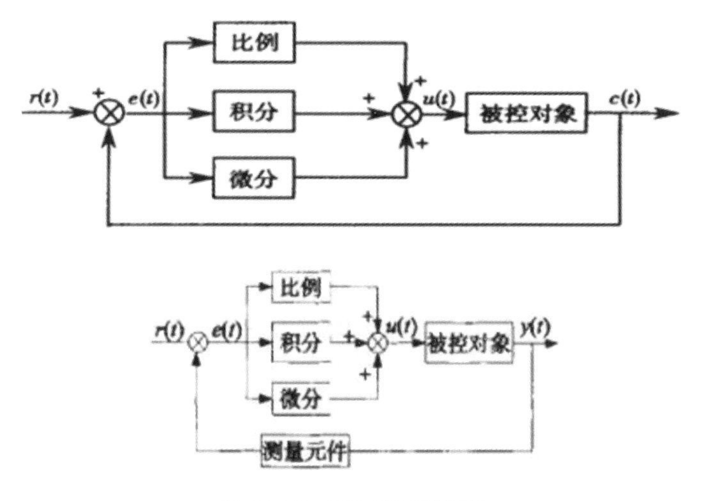

图 10-35　PID 控制器框图

$$u = K_p \cdot e$$

假设 K_p 取 0.5，那么 $t=1$ 时(表示第 1 次加水，也就是第一次对系统施加控制)，那么 $u=0.5\times0.8\text{m}=0.4\text{m}$，所以这一次加入的水量会使水位在 0.2m 的基础上上升 0.4m，达到 0.6m。

接着，$t=2$ 时(第 2 次施加控制)，当前水位是 0.6m，所以 e 是 0.4m。$u=0.5\times0.4\text{m}=0.2\text{m}$，会使水位再次上升 0.2m，达到 0.8m。

如此这么循环下去，就是比例控制算法的运行方法。

可以看到，最终水位会达到我们需要的 1m。

但是，单单的比例控制存在着一些不足，其中一点就是“稳态误差”。

像上述的例子，根据 K_p 取值不同，系统最后都会达到 1m，不会有稳态误差。但是，考虑另外一种情况，假设这个水缸在加水的过程中，存在漏水的情况，且每次加水的过程中，都会漏掉 0.1m 高度的水。仍然假设 K_p 取 0.5，那么会存在着某种情况，假设经过几次加水，水缸中的水位到 0.8m 时，水位将不会再变化。因为，水位为 0.8m，则误差 $e=0.2$，所以每次往水缸中加水的量为 $u=0.5\times0.2\text{m}=0.1\text{m}$；同时，每次从水缸里又会流出去 0.1m 的水，加入的水和流出的水相抵消，水位将不再变化。

也就是说，我的目标是 1m，但是最后系统达到 0.8m 的水位就不再变化了，且系统已经达到稳定。由此产生的误差就是稳态误差了。

在实际情况中，这种类似水缸漏水的情况很常见，比如控制汽车运动，摩擦阻力就相当于是“漏水”，控制机械臂、无人机的飞行，各类阻力和消耗都可以理解为本例中的“漏水”。

所以，单独的比例控制，在很多时候并不能满足要求。

②积分控制算法。

还是用上面的例子，如果仅仅用比例，可以发现存在稳态误差，最后的水位就定在 0.8m 了。于是，在控制中，我们再引入一个分量，该分量和误差的积分是正比关系。所以，比例+积分控制算法为

$$u = K_p \cdot e + K_i \cdot \int \cdot \int e$$

还是用上面的例子来说明，第一次的误差 e 是 0.8，第二次的误差是 0.4，至此，误差的积分(离散情况下积分其实就是做累加)，$\int \cdot \int e=0.8+0.4=1.2$，这个时候的控制量，除了比例的那一部分，还有一部分就是一个系数 K_i 乘以这个积分项。由于这个积分项会将前面若干次的误差进行累计，所以可以很好地消除稳态误差(假设在仅有比例项的情况下，系统定好稳态误差了，即上例中的 0.8，由于加入了积分项的存在，会让输入增大，从而使得水缸的水位可以大于 0.8m，渐渐到达目标的 1.0m)，这就是积分项的作用。

③微分控制算法。

换一个另外的例子，考虑刹车情况。驾驶平稳的车辆，当发现前面有红灯时，为了使得行车平稳，基本上提前几十米就放松油门并踩刹车了。当车辆离停车线非常近的时候，则用力踩刹车，使车辆停下来。整个过程可以看作是一个加入微分的控制策略。

简单来说，微分就是在离散情况下 e 的差值，就是 t 时刻和 $t-1$ 时刻 e 的差，即 $u=K_d \times (e(t)-e(t-1))$，其中的 K_d 是一个系数项。可以看到，在刹车过程中，因为 e 是越来越小的，所以这个微分控制项一定是负数，在控制中加入一个负数项，它存在的作用就是为了防止汽车由于刹车不及时而闯过了线。从常识上可以理解，越是靠近停车线，越是应该注意踩刹车，不能让车过线，所以这个微分项的作用，就可以理解为刹车，当车离停车线很近并且车速还很快时，这个微分项的绝对值(实际上是一个负数)就会很大，从而表示应该用力踩刹车才能让车停下来。

切换到上面给水缸加水的例子，就是当发现水缸里的水快要接近 1m 的时候，加入微分项，可以防止给水缸里的水加到超过 1m 的高度，也就是减少控制过程中的振荡。

现在来看下面这个公式，就很清楚了。

括号内第一项是比例项，第二项是积分项，第三项是微分项，前面仅仅是一个系数。

$$u(k) = K_p \left(e(k) + \frac{T}{T_i} \sum_{n=0}^{k} e(n) + \frac{T_d}{T}(e(k) - e(k-1)) \right)$$

很多情况下，仅仅需要在离散的时候使用，则控制可以化为

$$u(k) = K_p e(k) + \frac{K_p T}{T_i} \sum_{n=0}^{k} e(n) + \frac{K_p T_d}{T}(e(k) - e(k-1))$$

每一项前面都有系数，这些系数都是需要在实验中去尝试然后确定的，为了方便起见，将这些系数进行统一：

$$u(k) = K_p e(k) + K_i \sum_{n=0}^{k} e(n) + K_d(e(k) - e(k-1))$$

这样看就清晰很多，且比例、微分、积分每个项前面都有一个系数，离散化的公式，很适合编程实现。

讲到这里，PID 的原理和方法就说完了，剩下的就是实践了。在工程实践中，最难的是确定三个项的系数，这就需要大量的实验以及经验来决定。通过不断尝试和正确思考，就能选取合适的系数，实现优良的控制。

参考文献：一文读懂 PID 控制算法(抛弃公式，从原理上真正理解 PID 控制)。

2）PID 实验

PID 控制是将误差信号 $e(t)$ 的比例（P）、积分（I）和微分（D）通过线性组合构成控制量进行控制，其输出信号为

$$u(t)=K_{\mathrm{p}}\left[e(t)+\frac{1}{T_{\mathrm{i}}}\int_{0}^{t}e(t)\mathrm{d}t+T_{\mathrm{d}}\frac{\mathrm{d}e(t)}{\mathrm{d}t}\right]$$

其中 K_{p} 是比例系数，T_{i} 是积分时间常数，T_{d} 是微分时间常数，$e(t)$ 是误差，$u(t)$ 是控制量。

①比例（P）控制。

比例控制是一种最简单的控制方式。其控制器的输出与输入误差信号成比例关系。当仅有比例控制时系统输出存在稳态误差。

不同比例增益 K_{p}（K_{i}、K_{d} 维持稳定值）下，受控变量的响应如图 10-36 所示。

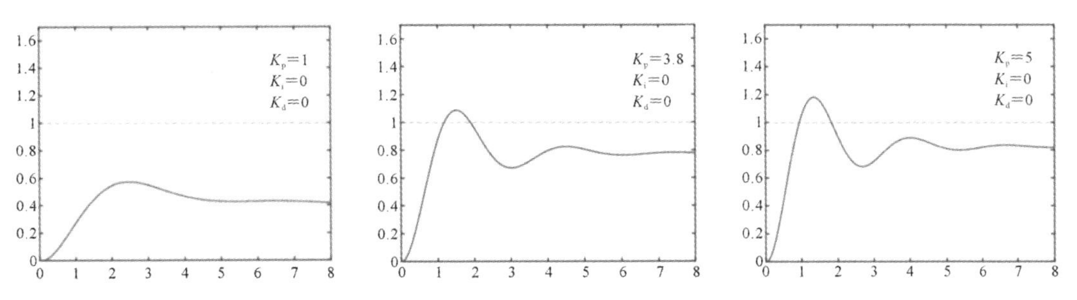

图 10-36　不同比例增益下，系统对阶跃信号的响应

可见，随着 K_{p} 值的增大，系统响应速度加快，但系统的超调也随着增加，调节时间也随着增长。当 K_{p} 增大到一定值后，闭环系统将趋于不稳定。

比例控制具有抗干扰能力强、控制及时、过渡时间短的优点，但存在稳态误差，增大比例系数可提高系统的开环增益，减小系统的稳态误差，从而提高系统的控制精度，但这会降低系统的相对稳定性，甚至可能造成闭环系统的不稳定，因此，在系统校正和设计中，比例控制一般不单独使用。

②积分（I）控制。

在积分控制中，控制器的输出与输入误差信号的积分成正比关系。对于只有比例控制的系统存在稳态误差。为了消除稳态误差，在控制器中必须引入积分项。积分项是误差对时间的积分，随着时间的增加，积分项会增大。这样，即便误差很小，积分项也会随着时间的增加而加大，它推动控制器的输出增大使稳态误差进一步减小，直到等于零。因此，比例积分（PI）控制器，可以使系统在进入稳态后无稳态误差。

不同积分增益 K_{i}（K_{p}、K_{d} 维持稳定值）下，受控变量的响应如图 10-37 所示。

③微分（D）控制。

在微分控制中，控制器的输出与输入误差信号的微分成正比关系。微分调节的就是偏差值的变化率，可以通过减小超调量来克服振荡，使系统稳定性提高。使用微分调节能够实现系统的超前控制。如果输入偏差值线性变化，则在调节器输出侧叠加一个恒定的调节量。

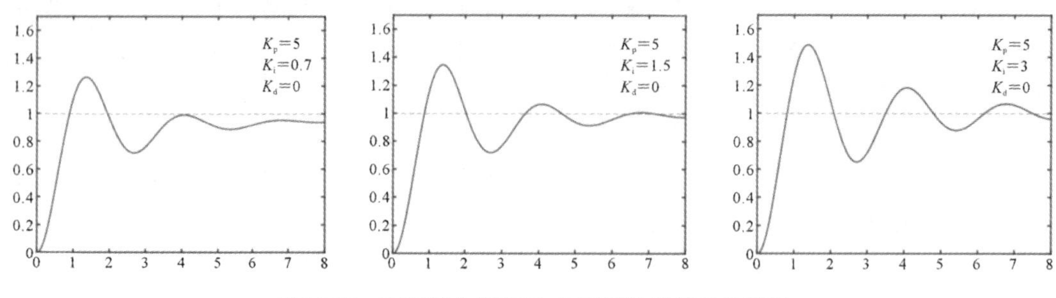

图 10-37　不同积分增益下，系统对阶跃信号的响应

大部分控制系统不需要调节微分时间。因为只有时间滞后的系统才需要附加这个参数。

不同微分增益 K_d(K_p、K_i 维持稳定值)下，受控变量的响应如图 10-38 所示。

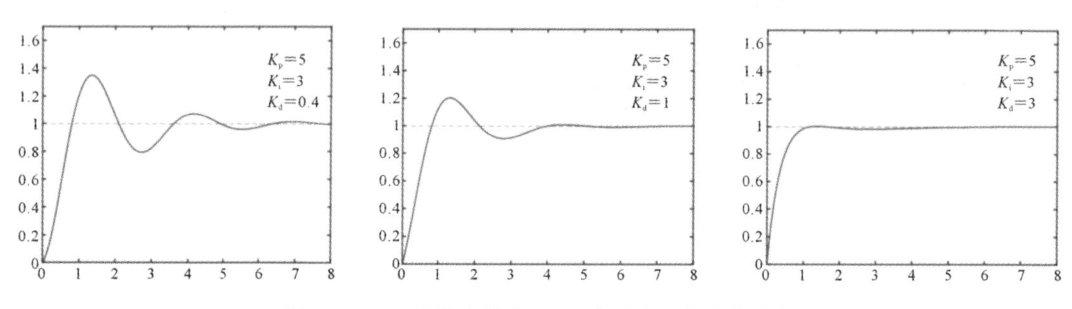

图 10-38　不同微分增益下，系统对阶跃信号的响应

进一步说明：自动控制系统在克服误差的调节过程中可能会出现振荡甚至不稳定，原因是存在有较大惯性或有滞后的组件，具有抑制误差的作用，其变化总是落后于误差的变化，在控制器中仅引入比例项是不够的，比例项的作用仅是放大误差的幅值，而微分项能预测误差的变化趋势，这样，具有比例＋微分的控制器，就能提前使抑制误差的控制作用等于零，甚至为负值，从而避免被控量的严重超调，改善动态特性。

微分控制反映误差的变化率，只有当误差随时间变化时，微分控制才会对系统起作用，而对无变化或缓慢变化的对象不起作用。

④对 PID 参数的简单理解。

K_p 能提高系统的动态响应速度，迅速反映误差，从而减少误差，但是不能消除误差，简单来说就是 K_p 值越大动态响应速度越快、K_p 值越小动态响应速度越慢，但是系统可能会超调或者过慢，K_p 值太大了系统会不稳定。

K_i 为积分控制参数，一般就是消除稳态误差，只要系统存在误差，积分作用就会不断积累输出控制量来消除误差。如果偏差为零，这时积分才停止，但是积分作用太强会使得超调量加大，甚至使系统出现震荡，这时就需要微分环节了。

K_d 为微分控制参数，微分显然与变化率有关，你可以把它理解为导数，它可以通过减小超调量来克服振荡，使系统稳定性提高，同时加快响应速度，使系统有更快更好的动态性能。

参考文献：深入浅出 PID 控制算法(一)连续控制系统的 PID 算法及 MATLAB 仿真。

tails/79828201

⑤PID的MATLAB仿真。

纯P调节，K_p越大，稳态误差越小，响应越快，但超调越大(见图10-39)。

PI调节，T_i越小，响应速度加快，超调越大，系统振荡越大(见图10-40)。

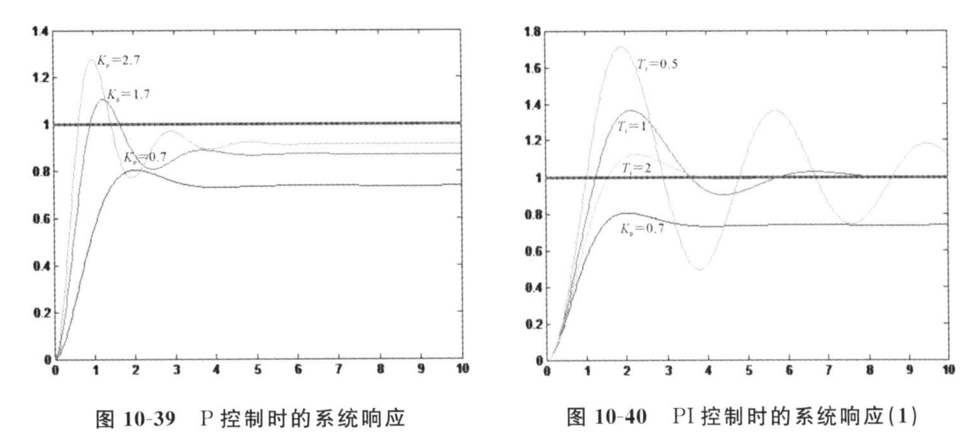

图10-39　P控制时的系统响应　　图10-40　PI控制时的系统响应(1)

PI调节，在同样积分常数T_i下，减小比例增益K_p可减小超调，增加系统的稳定性(见图10-41)。

PD调节，引入微分项，提高了响应速度，增加了系统的稳定性但不能消除系统的稳态误差(见图10-42)。

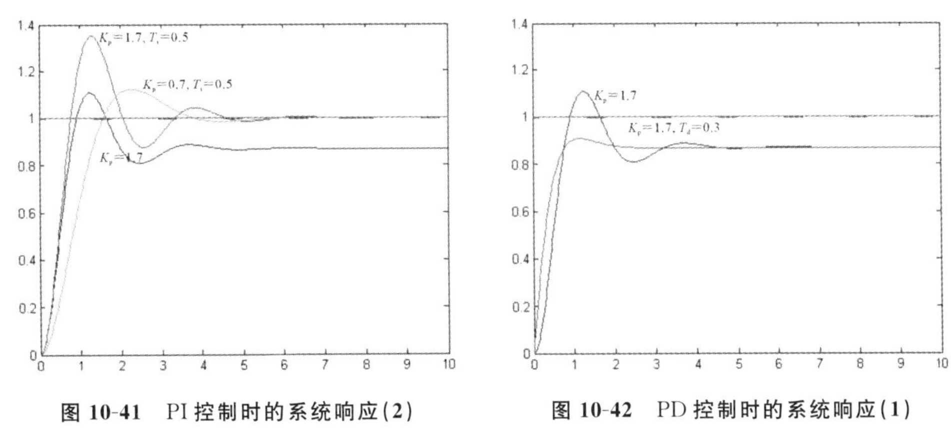

图10-41　PI控制时的系统响应(2)　　图10-42　PD控制时的系统响应(1)

PD调节，微分时间越大，微分作用越强，响应速度越快，系统越稳定(见图10-43)。

PID调节，PD基础上I作用的引入消除了稳态误差，达到了理想的多项性能指标要求：超调、上升时间、调节时间、稳态误差等(见图10-44)。

PID参数整定需要查看三种基本曲线，缺一不可：设定值、被调量、PID输出。

在整定PID参数时，PID三个参数的大小都不是绝对的，而是相对的。也就是说，如果发现一个参数比较合适，就把这个参数固定，不管别的参数怎么变化，永远不动前面固定的参数。这种做法是错误的。

整定比例的方法：逐渐加大比例作用，一直到系统发生等幅振荡，记录下此时的比例增益，乘以0.6～0.8即可。

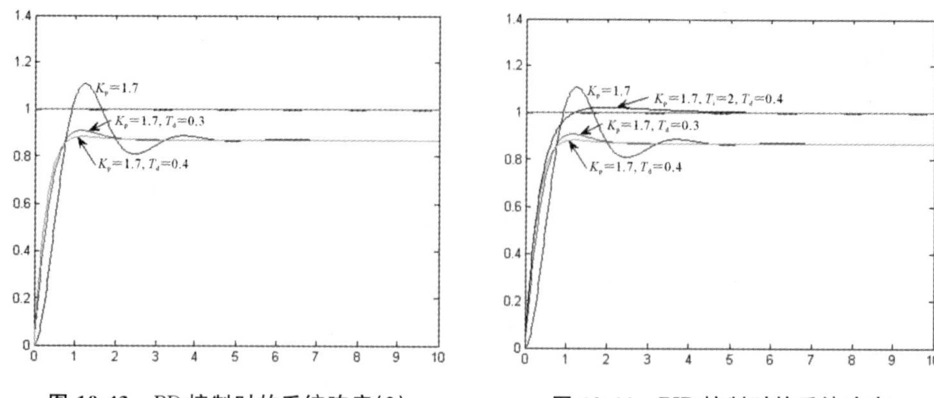

图 10-43 PD 控制时的系统响应(2)　　　图 10-44 PID 控制时的系统响应

整定积分时间的方法：主调的作用是为了消除静态偏差，当比例作用整定好的时候，就需要逐渐加强积分作用（调小积分时间 T_i 或者增大积分项系数 K_i），直到消除静差为止。也就是说，积分作用只是辅助比例作用进行调节，它仅仅是为了消除静态偏差。

整定微分作用的方法：逐渐加强微分作用（增加微分时间 T_d 或者增加微分项系数 K_d），直到 PID 输出毛刺过多。

参考文献：四轴 PID 讲解。

3）四轴飞行器常用的 2 种 PID

①单级 PID。

PID 算法属于一种线性控制器，要控制四轴飞行器，就是控制它的角度。单级 PID 控制框图如图 10-45 所示。

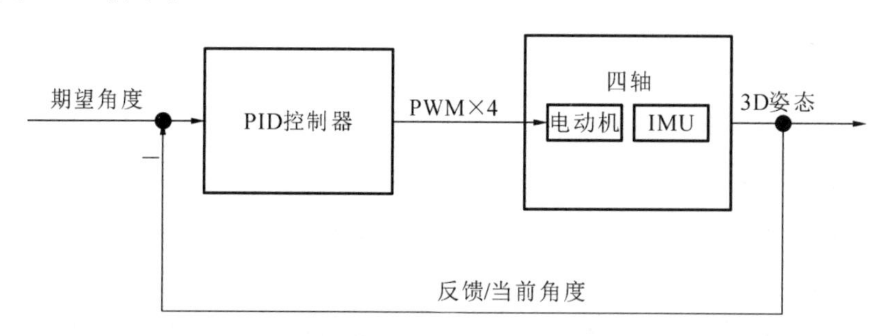

图 10-45 角度单级 PID 框图

期望角度就是遥控器控制飞行器的角度值，反馈当前角度就是传感器测得的飞行器角度，这里的角度指的是 Roll/Pitch/Yaw 三个角度，而且在 PID 控制计算的时候，是相互独立的。

控制伪代码如下：

```
当前角度误差     =    期望角度     - 当前角度
单环 PID_P 项    =    Kp           * 当前角度误差
```

```
当前角度误差积分及其积分限幅
单环 PID_I 项    =    Ki    * 当前角度误差积分
当前角度的微分
（原理上为当前角度误差-上次角度误差，实际上角度的微分就是角速度，恰好由陀螺仪给出）
单环 PID_D 项    =    Kd    * 当前角速度的微分（直接用陀螺纹仪输出）
单环 PID_输出    =    单环 PID_P 项+单环 PID_I 项+单环 PID_D 项
```

②串级 PID。

角度单环 PID 控制算法仅仅考虑了飞行器的角度信息，如果想增加飞行器的稳定性（增加阻尼）并提高它的控制品质，我们可以进一步控制它的角速度，于是角度/角速度一串级 PID 控制算法应运而生。在这里，相信大多数朋友已经初步了解了角度单环 PID 的原理，但是依旧无法理解串级 PID 究竟有什么不同。其实很简单：它就是两个 PID 控制算法，只不过把它们串起来了（更精确地说是套起来）。那这么做有什么用？答案是，它增强了系统的抗干扰性（也就是增强稳定性），因为有两个控制器控制飞行器，它会比单个控制器控制更多的变量，使得飞行器的适应能力更强。

串级 PID 算法中，角速度内环占着极为重要的地位。在对四旋翼飞行的物理模型进行分析后，可以知道造成系统不稳定的物理表现之一就是不稳定的角速度。

因此，若能够直接对系统的角速度进行较好的闭环控制，必然会改善系统的动态特性及其稳定性，通常也把角速度内环称为增稳环节。而角度外环的作用则体现在对四旋翼飞行器的姿态角的精确控制。

外环：输入为角度，输出为角速度。

内环：输入为角速度，输出为 PWM 增量。

使用串级 PID 分为角度环和角速度环。主调为角度环（外环），副调为角速度环（内环）。

串级 PID 的原理框图如图 10-46 所示。

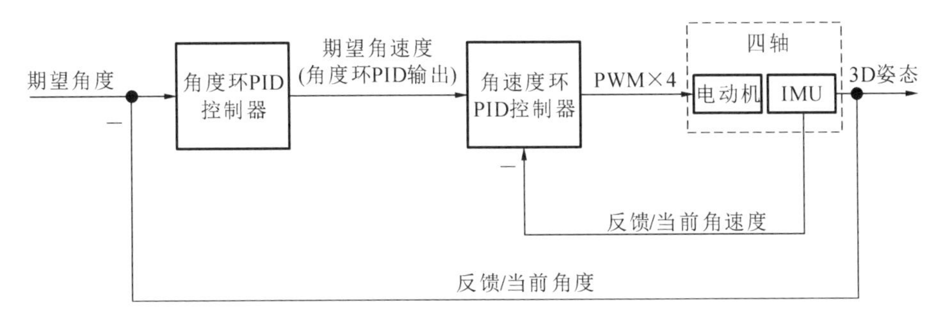

图 10-46　串级 PID 框图

期望角度来自遥控数据，反馈角度来自传感器，二者的偏差作为外环角度环的输入，角度环 PID 输出角速度的期望值；角速度期望值减去传感器反馈的角速度得到角速度偏差值，这个值作为内环角速度环的输入，角速度环 PID 输出姿态控制量，控制量转换为 PWM 去控制电动机，从而控制四轴。

同样，为了帮助一些朋友实现编程，给出串级 PID 伪代码：

```
当前角度误差        =      期望角度        -当前角度
外环 PID_P 项       =      外环 Kp         * 当前角度误差
当前角度误差积分及其积分限幅
外环 PID_I 项       =      外环 Ki         * 当前角度误差积分
外环 PID_输出       =      外环 PID_P 项   +外环 PID_I 项
当前角速度误差      =      外环 PID_输出   -当前角速度(直接用陀螺仪输出)
内环 PID_P 项       =      内环 Kp         * 当前角速度误差
当前角速度误差积分及其积分限幅
内环 PID_I 项       =      内环 Ki         * 当前角速度误差积分
当前角速度的微分(本次角速度误差-上次角速度误差)
内环 PID_D 项       =      内环 Kd *       当前角速度的微分
内环 PID_输出       =      内环 PID_P 项+内环 PID_I 项+内环 PID_D 项
```

③串级 PID 参数调试。

整定串级 PID 时的经验是:先整定内环 P、I、D,再整定外环 P。

内环 P:从小到大,拉动四轴越来越困难,越来越感觉到四轴在抵抗你的拉动;到比较大的数值时,四轴自己会高频震动,肉眼可见,此时拉扯它,它会快速地振荡几下,过几秒钟后稳定;继续增大,不用加人为干扰,自己发散。

特别注意:只有内环 P 的时候,四轴会缓慢地往一个方向下掉,这属于正常现象。这就是系统角速度静差。

内环 I:根据前述 PID 原理可以看出,积分只是用来消除静差,因此积分项系数个人觉得没必要弄得很大,因为这样做会降低系统稳定性。从小到大,四轴会定在一个位置不动,不再往下掉;继续增加 I 的值,四轴会不稳定,拉扯一下会自己发散。

特别注意:增加 I 的值,四轴的定角度能力很强,拉动它比较困难,似乎像是在钉钉子一样,但是一旦有强干扰,它就会发散。这是由于积分项太大,拉动一下积分速度快,给的补偿非常大,因此很难拉动,给人一种很稳定的错觉。

内环 D:这里的微分项 D 为标准的 PID 原理下的微分项,即本次误差一上次误差。在角速度环中的微分就是角加速度,原本四轴的震动就比较强烈,引起陀螺仪的值变化较大,此时做微分就更容易引入噪声。因此一般在这里可以适当做一些滑动滤波或者 IIR 滤波。从小到大,飞机的性能没有多大改变,只是回中的时候更加平稳;继续增加 D 的值,可以肉眼看到四轴在平衡位置高频震动(或者听到电动机发出滋滋的声音)。前述已经说明 D 项属于辅助项,因此如果机架的震动较大,D 项可以忽略不加。

外环 P:当内环 P、I、D 全部整定完成后,飞机已经可以稳定在某一位置不动了。此时内环 P 从小到大,可以明显看到飞机从倾斜位置慢慢回中,用手拉扯它然后放手,它会慢速回中,达到平衡位置;继续增大 P 的值,用遥控器给不同的角度,可以看到飞机跟踪的速度和响应越来越快;继续增加 P 的值,飞机变得十分敏感,机动性能越来越强,有发散的趋势。

参考文献:四轴 PID 讲解。

10.2.4 硬件设计(匿名科创 STM32F103)

1. 四轴飞控设计

基于 STM32F103T8 的飞控硬件设计框图如图 10-47 所示。

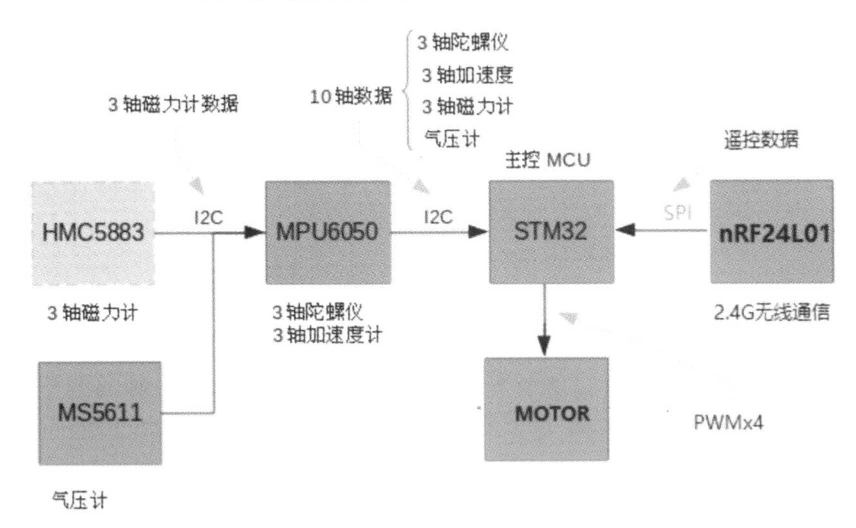

图 10-47 基于 STM32F103T8 的飞控硬件设计框图

实物照片如图 10-48 所示。

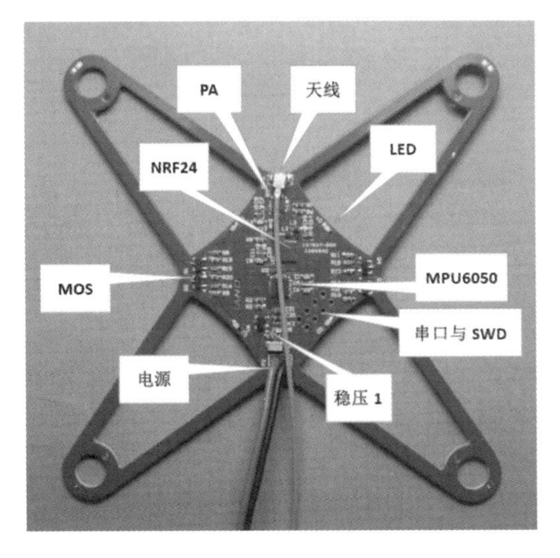

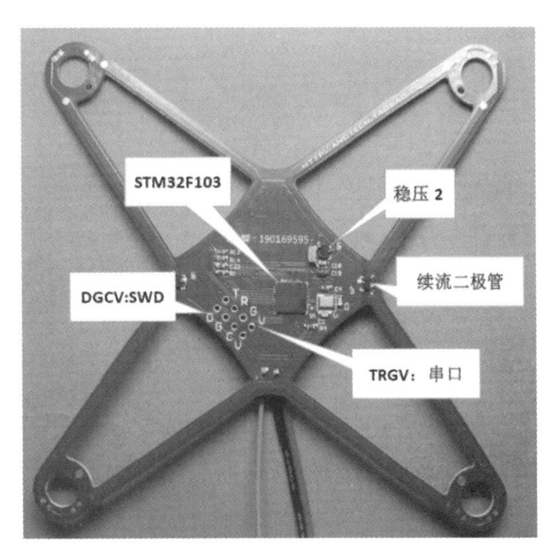

图 10-48 基于 STM32F103T8 的飞控照片(机架一体设计)

2. 原理图

MCU 是 STM32F103T8。PB6、PB7 是 I2C，连接陀螺仪/加速度计 MPU6050；PA5、PA6、PA7 分别是 SPI 的 SCK、MISO、MOSI 引脚，连接 nRF24L01 无线通信 IC，PA11、PA4、PB0 分别接 CE 引脚、W_ CSN 引脚、W_ IRQ 引脚(见图 10-49)。

遥控收发部分电路如图 10-50 所示。nRF24L01 是由 NORDIC 生产的工作在 2.4GHz

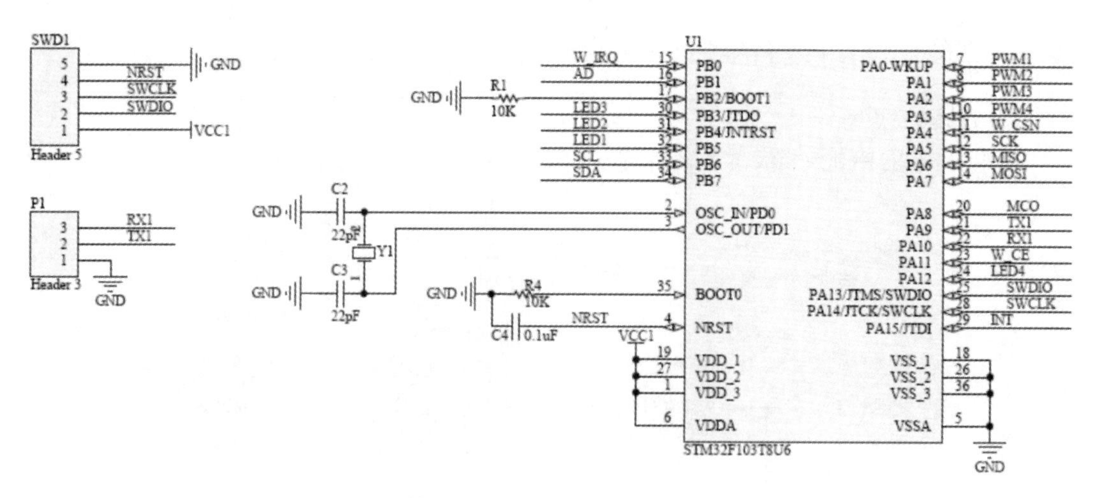

图 10-49 基于 STM32F103T8 飞控的 MCU 电路

～2.5GHz 的 ISM 频段的单片无线收发器芯片。无线收发器包括：频率发生器、增强型“SchockBurst”模式控制器、功率放大器、晶体振荡器、调制器和解调器。

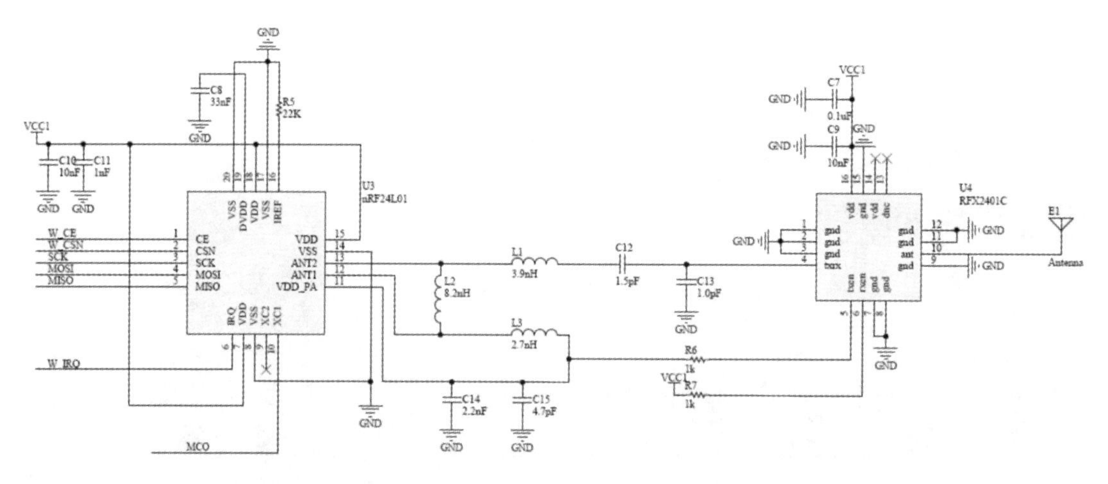

图 10-50 2.4G 通信 nRF24L01＋RFX2401C 2.4G 功放 PA

MPU-6050 为全球首例整合性 6 轴运动处理组件，相较于多组件方案，免除了组合陀螺仪与加速器时间轴之差的问题，减少了大量的封装空间。当外接 3 轴磁力计时，MPU-60x0 提供完整的 9 轴运动融合输出到其主 I2C 上，如图 10-51 所示。

MCU 的 PA0、PA1、PA2、PA3 输出 PWM，通过 SI2302-N 沟道 MOS 管驱动空心杯电动机，如图 10-52 所示。BAT54C 是一款正向电压为 320mV 的肖特基二极管，具有低导通电压、快速开关和 ESD(electro-static discharge，静电放电)保护。

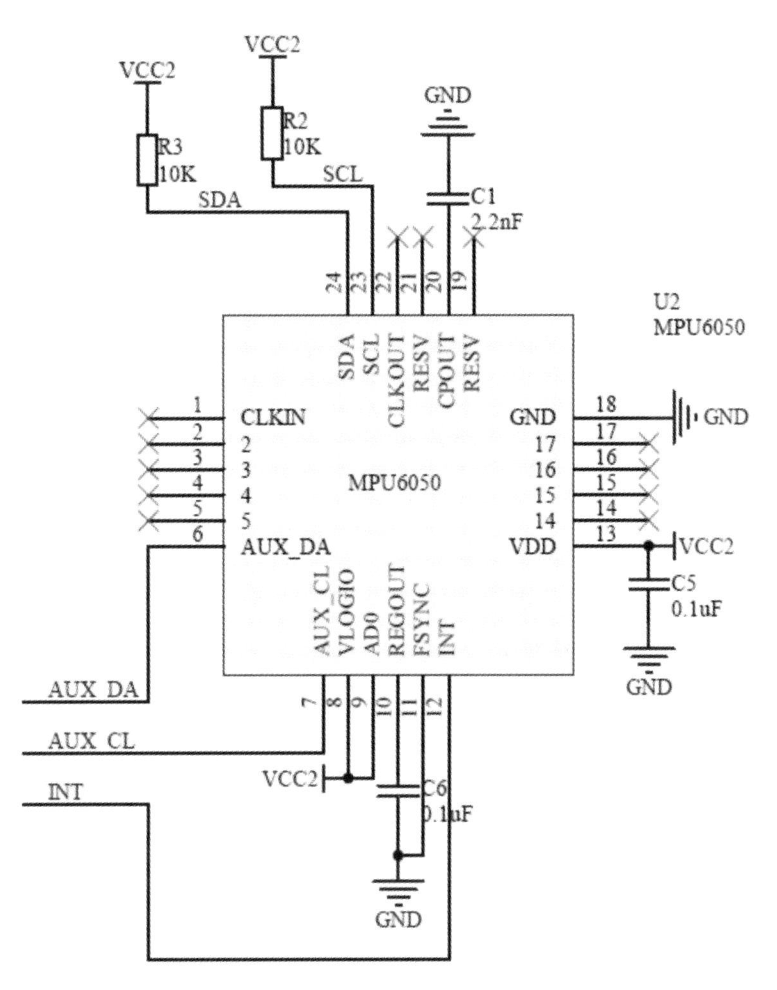

图 10-51　陀螺仪 MPU6050

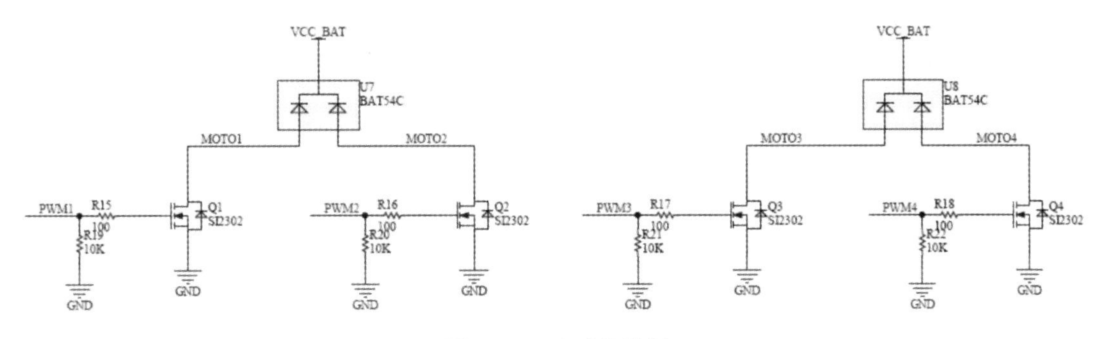

图 10-52　电动机控制

10.2.5 软件设计(匿名科创 STM32F103)

1. 原作者的说明

用到的组件有:飞控,6 轴模块或者 9 轴模块(姿态传感器),航模遥控器,数传(最好是串口透传,或者其他自己用过的数传也行,用来传递控制信息)。

系统工作方式:一种是遥控方式,不管是用遥控器还是数传来遥控,都需要人参与;第二种是飞机自动控制,自动控制飞行和姿态,不用人参与。

系统的主流程是:

(1) 读取传感器数据;

(2) 传感器数据处理,滤波,减零偏等;

(3) 姿态计算,方法很多,例如旋转矩阵,四元数等,我的源码用的是四元数;

(4) 根据得到的姿态进行 PID 计算并输出结果给电动机。

归纳起来应该就这几步,这就是程序的主循环,当然,在某些步骤还要融入一些其他内容,例如遥控信号等。

遥控信号怎么融入控制?在第 3 步姿态计算和第 4 步 PID 计算之间,融入控制数据。姿态解算出来的是当前姿态角,遥控数据经过衰减后得到期望姿态角,期望姿态角与当前姿态角的差值作为角度环的输入,再进行 PID 运算,就可以将遥控信号融入控制中。

怎么获得遥控信号?对于成品飞控或者开发板来说,如果对单片机熟悉或者有一定能力,可以对遥控接收机的输出 PWM 进行采样,最少采样四路,分别是油门、YAW、ROL、PIT 四个控制量,后三个对应航向角、横滚角和俯仰角。如果不准用遥控,或者想简化方案,就要想办法用数传,直接传输数字控制量。至于是用计算机遥控还是其他设备遥控,总之就是将控制量(例如±50°)通过数传传输给飞控。

信号的传输与采集讲了,后面就是飞控的运算了,怎么用请参照后续程序。

飞控或者开发板输出什么来控制电动机呢?PWM。用什么样的 PWM 就看电调的了,电调默认 PWM 格式为 50Hz,但是有的电调能支持到 400 Hz 的 PWM。关于 PWM 的占空比,请看电调的说明书,要么就百度一下,再不行就用示波器观察航模遥控接收机的输出 PWM,就可以知道了。有一点要注意,商品电调在开机时有个解锁信号,说明书里应该有写,大家记得每次开机要解锁电调,拿到电调后还要进行油门行程校准,这些也在说明书里。

2. 程序框架

程序主要由主函数 main()、TIM3 中断函数 TIM3_IRQHandler()、BSP(板级支持包,包括陀螺仪 MPU6050.c、电动机 Moto.c、遥控通信 Nrf24101.c 等)、遥控函数 Rc.c、惯性导航 IMU 函数 IMU.c、PID 控制函数 Contol.c 和 I2C、SPI 接口程序等组成(见图 10-53 和图 10-54)。

如图 10-55 所示,关键函数是系统初始化函数 SYS_INIT()、定时器中断函数 TIM3_IRQHandler()。飞控的主要程序是在 TIM3 中断函数里实现的,分别是:中断一次(0.5ms),执行 Nrf_Check_Event()函数,检查 2.4G 模块的接收事件;每两次中断(1ms)执行一次 Prepare_Data()函数,用硬件中断读取 MPU6050 的陀螺仪和加速度数据;每四次中断(2ms)执行一次 Get_Attitude()函数,实现姿态计算等。

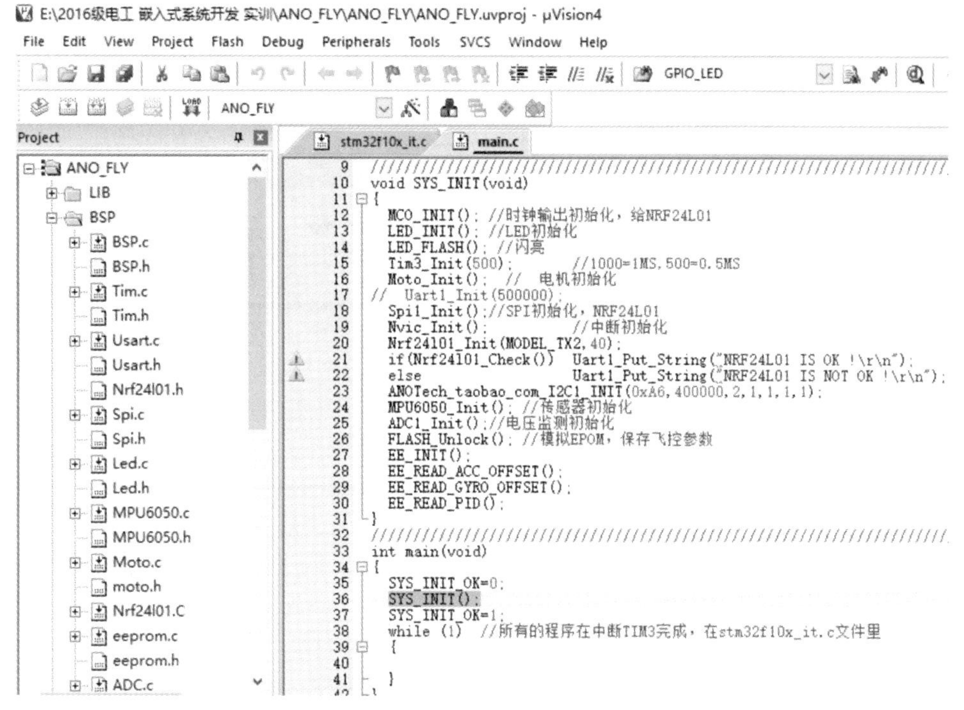

图 10-53 MDK 显示的程序结构 1

E:\2016级电工 嵌入式系统开发 实训\ANO_FLY\ANO_FLY\ANO_FLY.uvproj - μVision4

File Edit View Project Flash Debug Peripherals Tools SVCS Window Help

GPIO_LED

ANO_FLY

Project: eeprom.c, eeprom.h, ADC.c, ADC.h, APP_SYS, main.c, stm32f10x_it.c, APP_UART, Uart1.c, Uart1.h, APP_RC, Rc.c, Rc.h, APP_IMU, IMU.c, IMU.h, APP_CONTROL, Control.c, Control.h, BSP_IICLIB, ANO_Tech_STM32F10x_I2C.h, ANO_Tech_STM32F10x_I2C.lib

stm32f10x_it.c* main.c

```
70  /*=====================================================
71  void TIM3_IRQHandler(void)      //0.5ms中断一次
72  {
73    static u8 ms1 = 0,ms2 = 0,ms5 = 0,ms10 = 0,ms100 = 0;
74    //中断次数计数器
75    if(TIM3->SR & TIM_IT_Update)  //if ( TIM_GetITStatus(
76    {
77      TIM3->SR = ~TIM_FLAG_Update;//TIM_ClearITPendingBit
78      TIM3_IRQCNT ++;
79      if(!SYS_INIT_OK)
80        return;
81      //每次中断都执行,0.5ms
82      ms1++;
83      ms2++;
84      ms5++;
85      ms10++;
86      Nrf_Check_Event();//检查2.4G模块的接收事件
87      if(ms1==2)          //每两次中断执行一次,1ms
88      {
89        ms1=0;
90        Prepare_Data(); //用硬件中断读取MPU6050的数据
91      }
92      if(ms2==4)          //每四次中断执行一次,2ms
93      {
94        ms2=0;
95        Get_Attitude();   //姿态计算
96        CONTROL(Q_ANGLE.X,Q_ANGLE.Y,Q_ANGLE.Z); //控制
97        NRF_Send_AF();
98      }
99      if(ms5==10)
100     {
101       ms5=0;            //每十次中断执行一次,5ms
102     }
103     if(ms10==20)
```

图 10-54 MDK 显示的程序结构 2

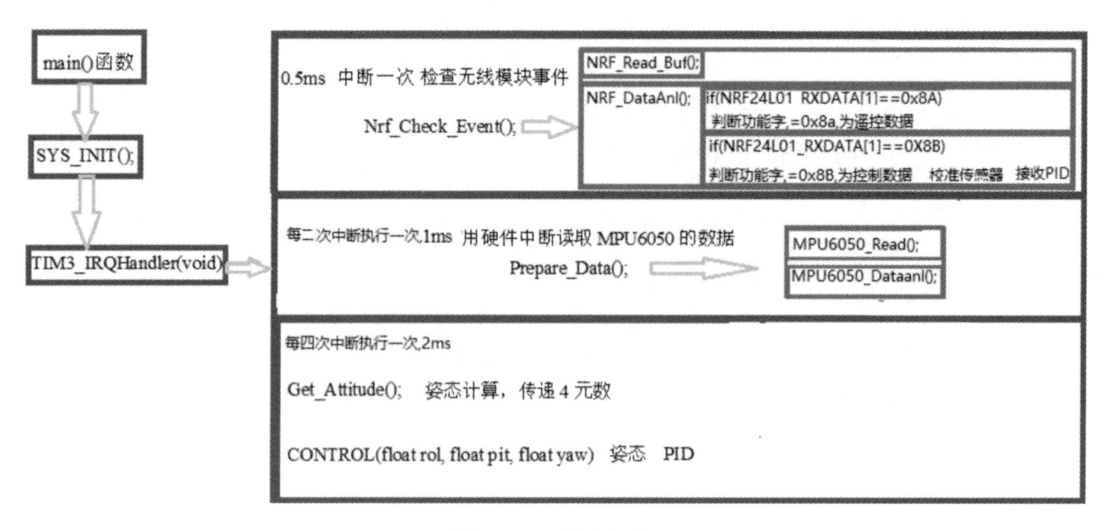

图 10-55 程序框架

3. 关键程序段

(1) main 函数和系统初始化函数 SYS_INIT()。

```
/* Includes------------------------------------* /
# include "stm32f10x.h"
# include "BSP/BSP.H"
# include "app/uart/uart1.h"
# include "app/rc/rc.h"
# define CLI()         __set_PRIMASK(1)
# define SEI()         __set_PRIMASK(0)

void SYS_INIT(void)
{
MCO_INIT();//时钟输出初始化,给 NRF24L01
LED_INIT();//LED 初始化
LED_FLASH();//闪亮
Tim3_Init(500);//500=0.5ms 中断 1 次
Moto_Init();//电动机初始化
//Uart1_Init(500000);//没有使用串口
Spi1_Init();//SPI 初始化,NRF24L01
Nvic_Init();//NVIC 中断初始化
Nrf24l01_Init(MODEL_TX2,40);//nRF24L01 的初始化
if(Nrf24l01_Check())
            Uart1_Put_String("NRF24L01 IS OK ! \r\n");
else
            Uart1_Put_String("NRF24L01 IS NOT OK ! \r\n");
ANOTech_taobao_com_I2C1_INIT(0xA6,400000,2,1,1,1,1);//I2C 的初始化
MPU6050_Init();//传感器初始化
```

```
ADC1_Init();//电压监测初始化
FLASH_Unlock();//以下是模拟 EEPOM,保存飞控参数
EE_INIT();
EE_READ_ACC_OFFSET();
EE_READ_GYRO_OFFSET();
EE_READ_PID();
}
int main(void)
{
SYS_INIT_OK=0;
SYS_INIT();
SYS_INIT_OK=1;
while(1) //所有的程序在中断 TIM3 完成,在 stm32f10x_it.c 文件里
{
}
}
```

(2) TIM3 中断函数 TIM3_IRQHandler()。

```
在 stm32f10x_it.c 文件里
void TIM3_IRQHandler(void)//0.5ms 中断一次
{
static u8 ms1=0,ms2=0,ms5=0,ms10=0,ms100=0;//中断次数计数器
if(TIM3->SR & TIM_IT_Update)//if(TIM_GetITStatus(TIM3,TIM_IT_Update)! =RESET )
{
    TIM3->SR=~TIM_FLAG_Update;//TIM_ClearITPendingBit(TIM3,TIM_FLAG_Update);
  //清除中断标志
    TIM3_IRQCNT++;
    if(! SYS_INIT_OK)
    return;
    //每次中断都执行,0.5ms
    ms1++;
    ms2++;
    ms5++;
    ms10++;
    Nrf_Check_Event();//检查无线模块事件
    if(ms1==2) //每两次中断执行一次,1ms
    {
          ms1=0;
          Prepare_Data();//用硬件中断读取 MPU6050 的数据
    }
    if(ms2==4) //每四次中断执行一次,2ms
    {
          ms2=0;
          Get_Attitude();//姿态计算
          CONTROL(Q_ANGLE.X,Q_ANGLE.Y,Q_ANGLE.Z);//PID 控制
          NRF_Send_AF();
```

```
        }
    }
}
```

(3) Nrf_Check_Event()函数，每 0.5ms 检查无线模块事件。

```
void Nrf_Check_Event(void)
{
u8 sta=NRF_Read_Reg(NRF_READ_REG+NRFRegSTATUS);
if(sta &(1<<RX_DR))
{
    u8 rx_len=NRF_Read_Reg(R_RX_PL_WID);
    if(rx_len<33) //使用固定 32 位的数据帧
    {
        NRF_Read_Buf(RD_RX_PLOAD,NRF24L01_RXDATA,RX_PLOAD_WIDTH);// read re-
ceive payload from RX_FIFO buffer
        NRF_DataAnl();//数据分析
        LED1_ONOFF();
    }
    else
    {
        NRF_Write_Reg(FLUSH_RX,0xff);//清空缓冲区
    }
}
if(sta &(1<<TX_DS))
{
    LED1_ONOFF();
}
static uint8_t led2_state=0;
if(sta &(1<<MAX_RT))//??????????
{
    if(led2_state)
    {
        LED2_OFF;
        led2_state=0;
    }
    else
    {
        LED2_ON;
        led2_state=1;
    }
    if(sta & 0x01) //TX FIFO FULL
    {
        NRF_Write_Reg(FLUSH_TX,0xff);
    }
}
NRF_Write_Reg(NRF_WRITE_REG+NRFRegSTATUS,sta);
}
```

(4) NRF_DataAnl()函数,数据分析,判断功能字0x8A为遥控数据;0x8B为控制数据,校准传感器,接收OFFSET,接收PID等。

```
void NRF_DataAnl(void)
{
u8 sum=0;
for(u8 i=0;i<31;i++)
    sum+=NRF24L01_RXDATA[i];
if(!(sum==NRF24L01_RXDATA[31]))return;//判断 sum
if(!(NRF24L01_RXDATA[0]==0x8A))return;//判断帧头
if(NRF24L01_RXDATA[1]==0x8A)//判断功能字,=0x8A为遥控数据
{
    Rc_Get.THROTTLE=(vs16)(NRF24L01_RXDATA[3]<<8)|NRF24L01_RXDATA[4];
    Rc_Get.YAW=(vs16)(NRF24L01_RXDATA[5]<<8)|NRF24L01_RXDATA[6];
    Rc_Get.ROLL=(vs16)(NRF24L01_RXDATA[7]<<8)|NRF24L01_RXDATA[8];
    Rc_Get.PITCH=(vs16)(NRF24L01_RXDATA[9]<<8)|NRF24L01_RXDATA[10];
    Rc_Get.AUX1=(vs16)(NRF24L01_RXDATA[11]<<8)|NRF24L01_RXDATA[12];
    Rc_Get.AUX2=(vs16)(NRF24L01_RXDATA[13]<<8)|NRF24L01_RXDATA[14];
    Rc_Get.AUX3=(vs16)(NRF24L01_RXDATA[15]<<8)|NRF24L01_RXDATA[16];
    Rc_Get.AUX4=(vs16)(NRF24L01_RXDATA[17]<<8)|NRF24L01_RXDATA[18];
    Rc_Get.AUX5=(vs16)(NRF24L01_RXDATA[19]<<8)|NRF24L01_RXDATA[20];
}
if(NRF24L01_RXDATA[1]==0X8B)//判断功能字,=0x8B为控制数据
{
    if(NRF24L01_RXDATA[3]==0xAA)//校准传感器
    {
        if(NRF24L01_RXDATA[4]==0xA2) GYRO_OFFSET_OK=0;
        if(NRF24L01_RXDATA[4]==0xA1) ACC_OFFSET_OK=0;
        if(NRF24L01_RXDATA[4]==0xA3) {GYRO_OFFSET_OK=0;ACC_OFFSET_OK=0;}
    }
    if(NRF24L01_RXDATA[3]==0xA0){ARMED=0;NRF_Send_ARMED();}
    if(NRF24L01_RXDATA[3]==0xA1) {ARMED=1;NRF_Send_ARMED();}
    if(NRF24L01_RXDATA[3]==0xAB)//接收 OFFSET
    {
        ACC_OFFSET.X=(NRF24L01_RXDATA[4]<<8)+NRF24L01_RXDATA[5];
        ACC_OFFSET.Y=(NRF24L01_RXDATA[6]<<8)+NRF24L01_RXDATA[7];
        EE_SAVE_ACC_OFFSET();
        //EE_SAVE_GYRO_OFFSET();
    }
    if(NRF24L01_RXDATA[3]==0xAC)NRF_Send_OFFSET();
    if(NRF24L01_RXDATA[3]==0xAD)NRF_Send_PID();
    if(NRF24L01_RXDATA[3]==0xAE)//接收 PID
    {
         PID_ROL.P=(float)((vs16)(NRF24L01_RXDATA[4]<<8)|NRF24L01_RXDATA
[5])/100;
         PID_ROL.I=(float)((vs16)(NRF24L01_RXDATA[6]<<8)|NRF24L01_RXDATA
[7])/100;
```

```
            PID_ROL.D=(float)((vs16)(NRF24L01_RXDATA[8]<<8) |NRF24L01_RXDATA
[9])/100;
            PID_PIT.P=(float)((vs16)(NRF24L01_RXDATA[10]<<8) |NRF24L01_RXDATA
[11])/100;
            PID_PIT.I=(float)((vs16)(NRF24L01_RXDATA[12]<<8) |NRF24L01_RXDATA
[13])/100;
            PID_PIT.D=(float)((vs16)(NRF24L01_RXDATA[14]<<8) |NRF24L01_RXDATA
[15])/100;
            PID_YAW.P=(float)((vs16)(NRF24L01_RXDATA[16]<<8) |NRF24L01_RXDATA
[17])/100;
            PID_YAW.I=(float)((vs16)(NRF24L01_RXDATA[18]<<8) |NRF24L01_RXDATA
[19])/100;
            PID_YAW.D=(float)((vs16)(NRF24L01_RXDATA[20]<<8) |NRF24L01_RXDATA
[21])/100;
            EE_SAVE_PID();
        }
}
}
```

(5) Prepare_Data()函数,用硬件中断读取 MPU6050 的数据。

```
void Prepare_Data(void)
{
static uint8_t filter_cnt=0;
int32_t temp1=0,temp2=0,temp3=0;
uint8_t i;

MPU6050_Read();  //触发读取,立即返回
MPU6050_Dataanl();//对 6050 数据进行处理,减去零偏。如果没有计算,进行计算

ACC_X_BUF[filter_cnt]=MPU6050_ACC_LAST.X;//更新滑动窗口数组
ACC_Y_BUF[filter_cnt]=MPU6050_ACC_LAST.Y;
ACC_Z_BUF[filter_cnt]=MPU6050_ACC_LAST.Z;
for(i=0;i<FILTER_NUM;i++)
{
    temp1+=ACC_X_BUF[i];
    temp2+=ACC_Y_BUF[i];
    temp3+=ACC_Z_BUF[i];
}
ACC_AVG.X=temp1 / FILTER_NUM;
ACC_AVG.Y=temp2 / FILTER_NUM;
ACC_AVG.Z=temp3 / FILTER_NUM;
filter_cnt++;
if(filter_cnt==FILTER_NUM)filter_cnt=0;

GYRO_I.X+=MPU6050_GYRO_LAST.X* Gyro_G* 0.0001;  //0.0001 是时间间隔,两次准备的执
```

```
行周期
GYRO_I.Y+=MPU6050_GYRO_LAST.Y* Gyro_G* 0.0001;  //采样时间定为 1ms
GYRO_I.Z+=MPU6050_GYRO_LAST.Z* Gyro_G* 0.0001;
}
```

(6) MPU6050_Read()函数，使用硬件 I2C 读取陀螺仪数据。

```
void MPU6050_Read(void)
{
ANO_Tech_I2C1_Read_Int(devAddr,MPU6050_RA_ACCEL_XOUT_H,14,mpu6050_buffer);
//将 I2C 读取到的数据分拆，放入相应寄存器，更新 MPU6050_Last
}
```

(7) MPU6050_Dataanl()函数，对数据进行处理，减去零偏。如果没有计算，进行计算。

```
void MPU6050_Dataanl(void)//记得要跟新 mpu6050_buffer 的信息
{
MPU6050_ACC_LAST.X=((((int16_t)mpu6050_buffer[0])<<8) | mpu6050_buffer[1])-ACC_
OFFSET.X;//将读到的数据组合成 16 位，再减去零偏
MPU6050_ACC_LAST.Y=((((int16_t)mpu6050_buffer[2])<<8) | mpu6050_buffer[3])-ACC_
OFFSET.Y;
MPU6050_ACC_LAST.Z=((((int16_t)mpu6050_buffer[4])<<8) | mpu6050_buffer[5])-ACC_
OFFSET.Z;
//跳过温度 ADC
MPU6050_GYRO_LAST.X=((((int16_t)mpu6050_buffer[8])<<8) | mpu6050_buffer[9])-GYRO
_OFFSET.X;
MPU6050_GYRO_LAST.Y=((((int16_t)mpu6050_buffer[10])<<8) | mpu6050_buffer[11])-
GYRO_OFFSET.Y;
MPU6050_GYRO_LAST.Z=((((int16_t)mpu6050_buffer[12])<<8) | mpu6050_buffer[13])-
GYRO_OFFSET.Z;
if(! GYRO_OFFSET_OK)//陀螺仪如果没有 OK，不会开机进行计算，要使用上位机校正
{
    static int32_ttempgx=0,  tempgy=0,  tempgz=0;
    static uint8_t cnt_g=0;
    //LED1_ON;
    if(cnt_g==0)//第一次，零偏
    {
        GYRO_OFFSET.X=0;//清零
        GYRO_OFFSET.Y=0;
        GYRO_OFFSET.Z=0;
        tempgx=0;
        tempgy=0;
        tempgz=0;
        cnt_g=1;
        return;
    }
```

```
        tempgx+=MPU6050_GYRO_LAST.X;
        tempgy+=MPU6050_GYRO_LAST.Y;
        tempgz+=MPU6050_GYRO_LAST.Z;
        if(cnt_g==200)//累加 200 次
        {
            GYRO_OFFSET.X=tempgx/cnt_g;//200 次求平均
            GYRO_OFFSET.Y=tempgy/cnt_g;
            GYRO_OFFSET.Z=tempgz/cnt_g;
            cnt_g=0;
            GYRO_OFFSET_OK=1;
            return;
        }
        cnt_g++;
    }
    if(! ACC_OFFSET_OK)
    {
        static int32_ttempax=0, tempay=0, tempaz=0;
        static uint8_t cnt_a=0;
        //LED1_ON;
        if(cnt_a==0)
        {
            ACC_OFFSET.X=0;
            ACC_OFFSET.Y=0;
            ACC_OFFSET.Z=0;
            tempax=0;
            tempay=0;
            tempaz=0;
            cnt_a=1;
            return;
        }
        tempax+=MPU6050_ACC_LAST.X;
        tempay+=MPU6050_ACC_LAST.Y;
        //tempaz+=MPU6050_ACC_LAST.Z;
        if(cnt_a==200)
        {
            ACC_OFFSET.X=tempax/cnt_a;
            ACC_OFFSET.Y=tempay/cnt_a;
            ACC_OFFSET.Z=tempaz/cnt_a;
            cnt_a=0;
            ACC_OFFSET_OK=1;  //零偏数据完成
            return;
        }
        cnt_a++;
    }
```

```
}
```

(8) Get_Attitude()函数,姿态解算,使用四元数。

```
void Get_Attitude(void)
{
IMUupdate(MPU6050_GYRO_LAST.X* Gyro_Gr,//将角速度变成弧度,此参数对应陀螺仪 2000 度每秒
    MPU6050_GYRO_LAST.Y* Gyro_Gr,
    MPU6050_GYRO_LAST.Z* Gyro_Gr,
    ACC_AVG.X,ACC_AVG.Y,ACC_AVG.Z);//将 0.0174 转成弧度
}

# defineKp 10.0f // proportional gain governs rate of convergence to accelerometer/magnetometer
# define Ki0.008f    // integral gain governs rate of convergence of gyroscope biases
# define halfT 0.001f  // 采样周期的一半

float q0=1,q1=0,q2=0,q3=0;     // 四元数表示估算位姿
float exInt=0,eyInt=0,ezInt=0;   // 缩放积分误差
void IMUupdate(float gx,float gy,float gz,float ax,float ay,float az)
{
  float norm;
  //float hx,hy,hz,bx,bz;
  float vx,vy,vz;// wx,wy,wz;
  float ex,ey,ez;

   // 先把这些用得到的值算好
  float q0q0=q0* q0;
  float q0q1=q0* q1;
  float q0q2=q0* q2;
  //float q0q3=q0* q3;
  float q1q1=q1* q1;
  //float q1q2=q1* q2;
  float q1q3=q1* q3;
  float q2q2=q2* q2;
  float q2q3=q2* q3;
  float q3q3=q3* q3;

 if(ax* ay* az==0)
 return;

 //第一步:对加速度数据进行归一化
   norm=sqrt(ax* ax+ay* ay+az* az);
```

```
    ax=ax /norm;
    ay=ay / norm;
    az=az / norm;

  //第二步:DCM矩阵(方向余弦矩阵)旋转
    // estimated direction of gravityand flux(v and w)   估计重力方向和流量/变迁
    vx=2* (q1q3-q0q2);//四元素中 xyz 的表示
    vy=2* (q0q1+q2q3);
    vz=q0q0-q1q1-q2q2+q3q3;

  //第三步:在机体坐标系下做向量叉积得到补偿数据
  // error is sum of cross product between reference direction of fields and direction
  measured by sensors     向量外积在相减得到差分就是误差
    ex=(ay* vz-az* vy);
    ey=(az* vx-ax* vz);
    ez=(ax* vy-ay* vx);

  //第四步:对误差进行 PI 计算,补偿角速度
    exInt=exInt+ex *  Ki;//对误差进行积分
    eyInt=eyInt+ey *  Ki;
    ezInt=ezInt+ez *  Ki;

    // adjusted gyroscope measurements
    gx=gx+Kp* ex+exInt;//将误差 PI 后补偿到陀螺仪,即补偿零点漂移
    gy=gy+Kp* ey+eyInt;
    gz=gz+Kp* ez+ezInt;
  //这里的 gz 由于没有观测者进行矫正会产生漂移,表现出来的就是积分自增或自减

  //第五步:按照四元数微分公式进行四元数更新
    // integrate quaternion rate andnormalize //四元素的微分方程
    q0=q0+(-q1* gx-q2* gy-q3* gz)* halfT;
    q1=q1+(q0* gx+q2* gz-q3* gy)* halfT;
    q2=q2+(q0* gy-q1* gz+q3* gx)* halfT;
    q3=q3+(q0* gz+q1* gy-q2* gx)* halfT;

    // normalise quaternion
    norm=sqrt(q0* q0+q1* q1+q2* q2+q3* q3);
    q0=q0 / norm;
    q1=q1 / norm;
    q2=q2 / norm;
    q3=q3 / norm;

    //Q_ANGLE.Yaw=atan2(2 *  q1 *  q2+2 *  q0 *  q3,-2 *  q2* q2-2 *  q3*  q3+1) *  57.
              3;// yaw
```

```
  Q_ANGLE.Y=asin(-2 * q1 * q3+2 * q0* q2) * 57.3;// pitch
  Q_ANGLE.X=atan2(2 * q2 * q3+2 * q0 * q1,-2 * q1 * q1-2 * q2* q2+1) * 57.3;//
          roll
}
```

(9) PID 控制 Pid_init()函数。

```
void Pid_init(void);//初始化 PID
void CONTROL(float rol,float pit,float yaw)//使用姿态角改变 PID
{
u16 moto1=0,moto2=0,moto3=0,moto4=0;

PID_ROL.pout=PID_ROL.P * rol;
PID_ROL.dout=PID_ROL.D * MPU6050_GYRO_LAST.X;

PID_PIT.pout=PID_PIT.P * pit;
PID_PIT.dout=PID_PIT.D * MPU6050_GYRO_LAST.Y;

PID_YAW.dout=PID_YAW.D * MPU6050_GYRO_LAST.Z;

PID_ROL.OUT=PID_ROL.pout+PID_ROL.iout+PID_ROL.dout;
PID_PIT.OUT=PID_PIT.pout+PID_PIT.iout+PID_PIT.dout;
PID_YAW.OUT=PID_YAW.pout+PID_YAW.iout+PID_YAW.dout;

if(Rc_Get.THROTTLE>1200)  //遥控接收到油门数值是 1000~2000
{
    moto1=Rc_Get.THROTTLE-1000-PID_ROL.OUT-PID_PIT.OUT+PID_YAW.OUT;
    moto2=Rc_Get.THROTTLE-1000+PID_ROL.OUT-PID_PIT.OUT-PID_YAW.OUT;
    moto3=Rc_Get.THROTTLE-1000+PID_ROL.OUT+PID_PIT.OUT+PID_YAW.OUT;
    moto4=Rc_Get.THROTTLE-1000-PID_ROL.OUT+PID_PIT.OUT-PID_YAW.OUT;
}
else
{
    moto1=0;
    moto2=0;
    moto3=0;
    moto4=0;
}
if(ARMED)        Moto_PwmRflash(moto1,moto2,moto3,moto4);
else             Moto_PwmRflash(0,0,0,0);
}
```

图 10-56 基于 STM32F407 的四轴飞行器实物照片

10.2.6 硬件设计(匿名科创 STM32F407)

基于 STM32F407 的四轴飞行器如图 10-56 所示。

飞控采用的惯性传感器是比 MPU6050 更加强大的 ICM20602,在噪声、零点漂移等性能方面均有提升。飞控板载高性能气压计 SPL06,相比于 MS5611,其气压精度和灵敏度更高,可提升飞控的压定高效果。

主控:STM32F407,1M FLASH,192K RAM,运行频率 168 MHz;

惯性传感器:ICM20602,3 轴陀螺+3 轴加速度+恒温设计;

磁场传感器:AK8975,3 磁罗盘;

气压传感器:APL06,高精度气压计,灵敏度 5cm;

8×PWM 输入:8 路硬件 PWM 采集,用于接收航模接收机信号;

8×PWM 输出:8 路硬件 PWM 输出,用于驱动无刷电动机或者舵机等设备;

5×串口:飞控引出 5 路串口,最多可外接 5 个串口设备。同时,也可通过修改源码,将串口 IO 初始化成不同功能,比如 GPIO、ADC、I2C 等,可以拓展更多设备;

1×SWD:用于下载程序,单步调试;

1× USB:提供一个 USB 接口,方便连接飞控进行调试和固件升级;

4×扩展 IO:留给用户,任意使用,方便二次开发、DIY 扩展。

给基于 STM32F407 的四轴飞行器配置了光流模块,说明如图 10-57 所示。

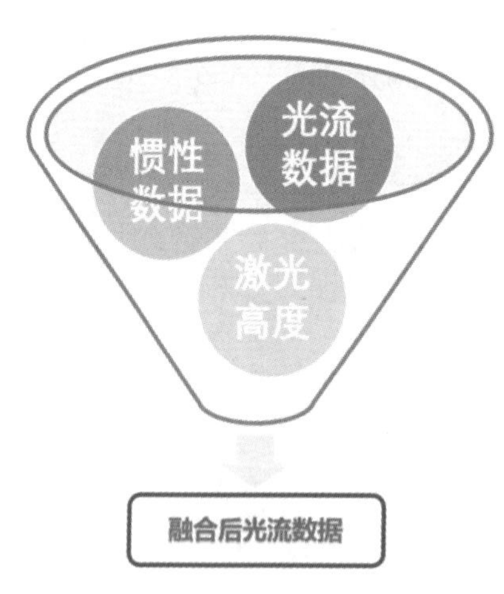

图 10-57 基于 STM32F407 的四轴飞行器配置光流模块

(1)MCU 部分电路设计如图 10-58 所示。

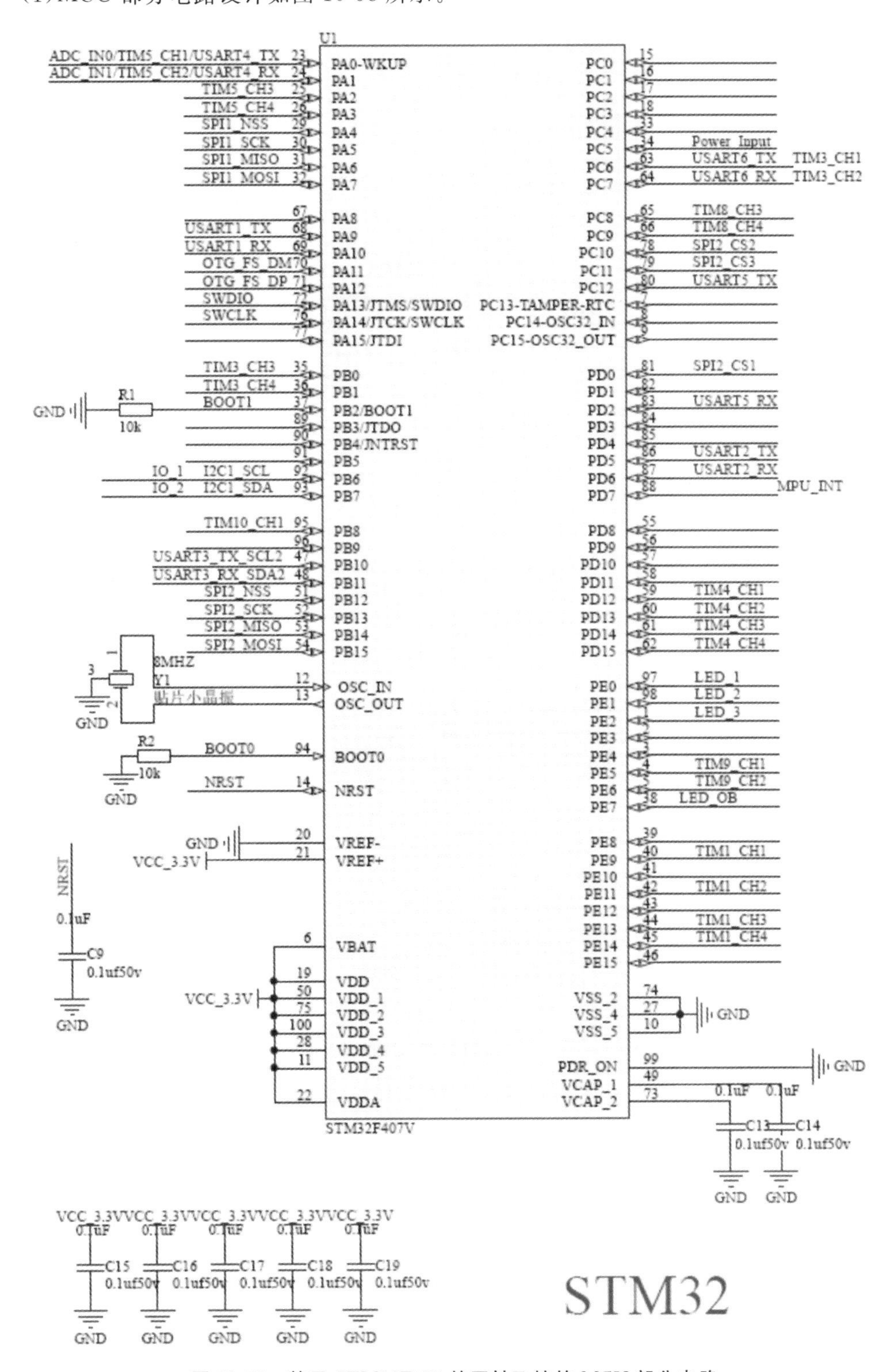

图 10-58 基于 STM32F407 的四轴飞控的 MCU 部分电路

(2)惯性传感器 ICM20602 部分电路设计如图 10-59 所示。

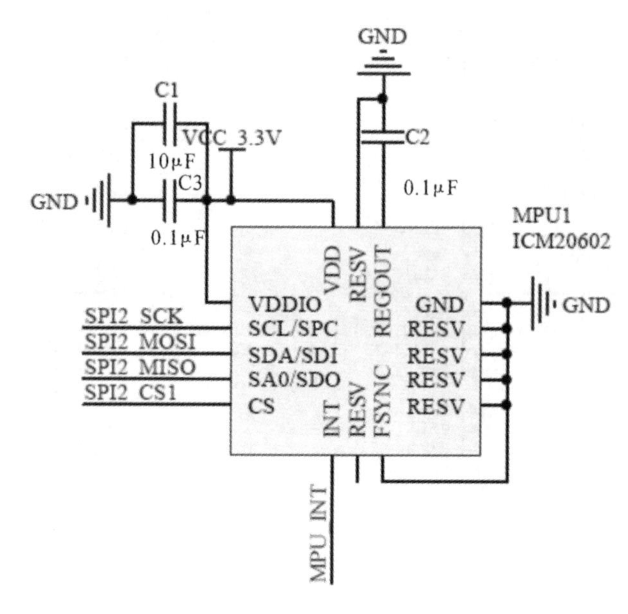

图 10-59 基于 STM32F407 的四轴飞控的惯性传感器部分电路

(3)磁场传感器 AK8975 部分电路设计如图 10-60 所示。

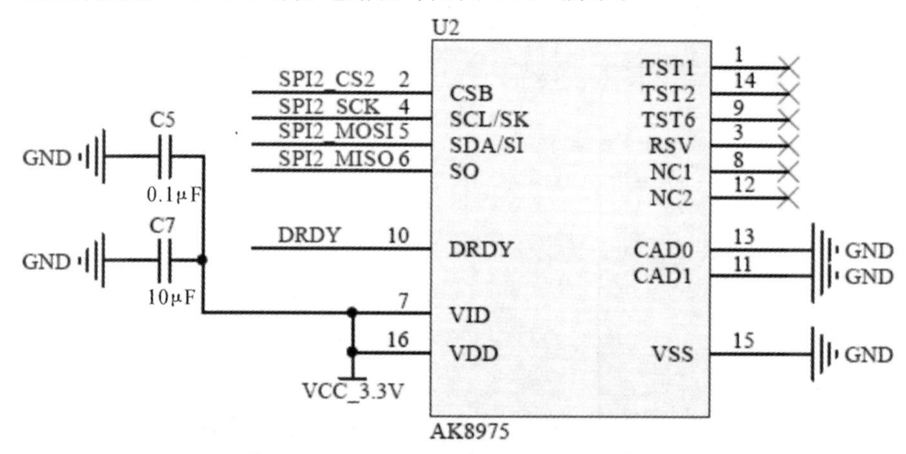

图 10-60 基于 STM32F407 的四轴飞控的磁场传感器部分电路

(4)气压传感器 SPL06-001 部分电路设计如图 10-61 所示。

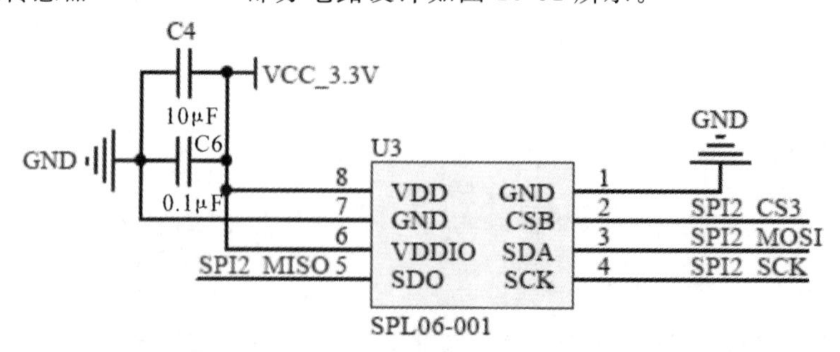

图 10-61 基于 STM32F407 的四轴飞控的气压传感器部分电路

(5)SPI Flash 部分电路设计如图 10-62 所示。

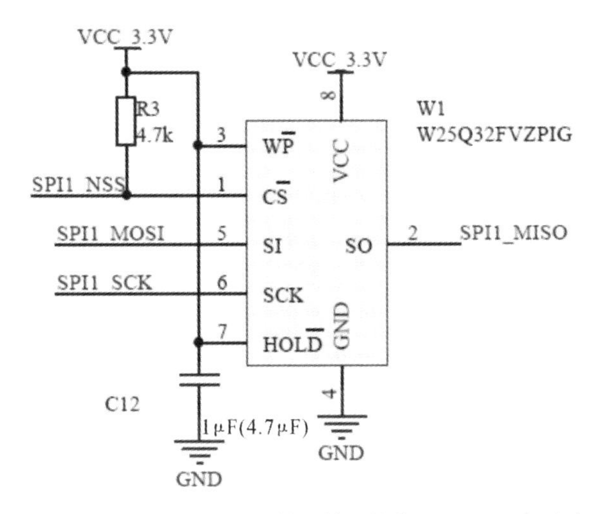

图 10-62 基于 STM32F407 的四轴飞控的 SPI Flash 部分电路

10.2.7 软件设计(匿名科创 STM32F407)

1. 姿态解算和 PID 算法

(1) 四轴的姿态解算和 PID 算法流程图如图 10-63 所示。

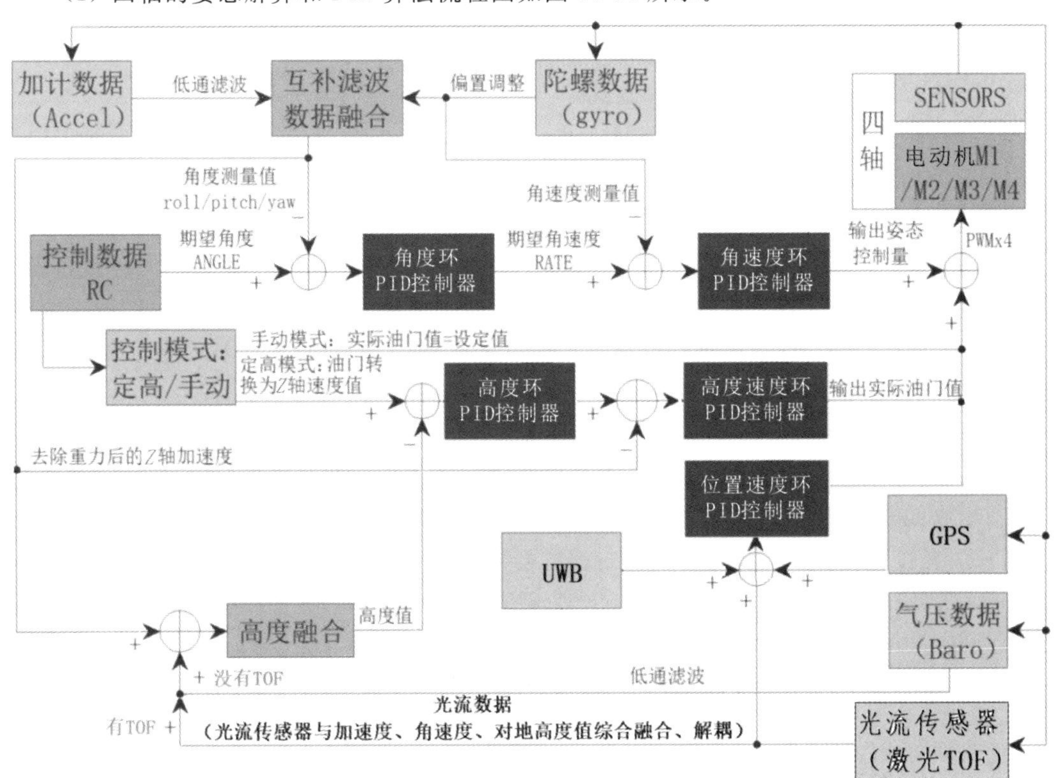

图 10-63 基于 STM32F407 的四轴飞控的姿态解算和 PID 算法流程图

(2) 关于姿态解算，采用互补滤波算法进行姿态解算，更新周期1000Hz，即1ms。先调用传感器数据读取函数Fc_Sensor_Get()，MCU通过SPI读取陀螺仪、加速度计、电子罗盘磁力计和气压计数据。调用惯性传感器数据准备函数Sensor_Data_Prepare()、姿态解算更新函数IMU_Update_Task()，最后调用姿态计算、更新、融合函数IMU_update()(在Ano_Imu.c文件)，对陀螺仪数据和加速度计数据偏置校准、陀螺仪数据和加速度计数据低通滤波、旋转加速度补偿、转换单位(陀螺仪转换到弧度每秒、加速度计转换到厘米每平方秒)，然后对陀螺仪数据、加速度计数据和罗盘磁力计数据进行融合，输出姿态数据(roll/pitch/yaw)。

(3) 关于PID控制，匿名飞控高度和姿态控制采用的是串级PID，即高度速度环控制和高度环控制、角速度环控制和角度环PID控制；位置控制是单级PID，即位置速度环控制。

①在PID算法里，采用了反馈+前馈控制。前馈控制属于开环控制，反馈控制属于负反馈的闭环控制。前馈-反馈控制系统优点：从前馈控制角度看，由于增加了反馈控制，降低了对前馈控制模型精度的要求，并能对没有测量的干扰信号的扰动进行校正；从反馈控制角度看，前馈控制作用对主要干扰及时进行粗调，大大减少了反馈控制的负担。

具体看PID_calculate()函数。

```
float PID_calculate(float dT_s,          //周期(单位:秒)
float in_ff,//前馈值
float expect,//期望值(设定值)
float feedback,//反馈值()
_PID_arg_st * pid_arg,//PID参数结构体
_PID_val_st * pid_val,//PID数据结构体
float inte_d_lim,//积分误差限幅
float inte_lim//积分限幅
```

②姿态角速度环控制：角速度环PID控制器，更新周期500Hz，即2ms。调用姿态角速度环控制Att_1level_Ctrl()函数，进行目标角速度赋值、目标角速度限幅、反馈角速度赋值、PID计算赋值，最终调节roll/pitch/yaw。测量角速度来自陀螺数据，期望角速度减去测量角速度得到一组偏差值，这组偏差值作为角速度环的输入，经过角速度环PID后输出的姿态控制量，用作控制电动机。具体看Att_1level_Ctrl()函数。

姿态角度环控制：角度环PID控制器，更新周期200Hz，即5ms。调用获取姿态角(roll/pirtch/yaw)函数calculate_RPY()、姿态角度环控制函数Att_2level_Ctrl()，进行期望角度限幅、最大yaw角速度限幅、增量限幅、设置期望yaw角度、计算yaw角度误差，最后PID计算yaw角度进行控制。期望角度来自遥控器，测量角度来自数据融合，期望角度减去测量角度得到偏差角度，这个偏差值作为角度环的输入，经过角度环PID后输出期望角速度。具体看Att_2level_Ctrl()函数。

③在高度速度环控制和高度环控制之前，首先调用了遥控器数据处理函数RC_duty_task()、飞行模式设置任务函数Flight_Mode_Set()、高度数据融合任务函数WCZ_Fus_Task()和GPS数据处理任务函数GPS_Data_Processing_Task()，测量获取了气压计相对高度和切换点跟随光流模块的激光TOF测距(TOF，time of flight的简写，直译为飞行时间

的意思。TOF 测距方法属于双向测距技术，它主要利用信号在两个异步收发机或被反射面之间往返的飞行时间来测量节点间的距离)，进行了 Z 方向高度信息融合(当有 TOF 的时候就选择 TOF 与惯导加速度进行融合计算；没有 TOF 时则用气压计与惯导加速度进行融合运算)，并进行了 GPS 数据处理。

飞控使用 AUX1 辅助通道来设置飞控的飞行模式。当 AUX1 小于 1100，飞控为姿态控制模式，此时由遥控器控制飞机的姿态，进行姿态飞行。当 AUX1 在 1500 左右，飞控为光流定点模式，此时若光流模块连接正常、光流数据输出正常，则飞控进入光流定点模式。若此时光流数据异常，则飞控自动切换为姿态控制模式。

高度速度环控制：Z 轴高度速度 PID 控制器，更新周期 100Hz，即 10ms。先调用高度数据融合任务函数 WCZ_Fus_Task()、GPS 数据处理函数 GPS_Data_Processing_Task()，再调用高度速度环控制函数 Alt_1level_Ctrl()进行 PID 计算和控制。具体看 Alt_1level_Ctrl()函数。

高度环控制：Z 轴高度 PID 控制器，更新周期 100Hz，即 10ms。调用高度环控制函数 Alt_2level_Ctrl()。有 2 种控制模式，定高模式和手动模式。手动模式下，实际油门值等于设定油门值；定高模式下，油门控制切换为 Z 轴速度模式；飞控板载高精度气压计，并外接光流传感器(使用激光 TOF 测距)和 GPS，能够 Z 轴自主悬停，融合的数据作为高度测量值，高度期望值则来自 Z 轴设定值的积分，期望值减去测量值得到偏差值，偏差值用作 Z 轴高度 PID 控制器的输入，输出则是油门控制变化量，这个值加上油门基准值就得到了实际油门值。

另外还有位置速度环控制，调用位置速度环控制函数 Loc_1level_Ctrl()，这之前先调用了罗盘数据处理任务函数 Mag_Update_Task()。

2. 程序流程

程序首先进行了所有设备的初始化，并将初始化结果保存；然后初始化调度器，在 while 循环里运行任务调度器，完成除中断外的所有程序。

3. main 函数

```
int main(void)
{
flag.start_ok=All_Init();//进行所有设备的初始化，并将初始化结果保存
Scheduler_Setup();//调度器初始化，这里人工做了一个时分调度器
while(1)
{
Scheduler_Run();//运行任务调度器，所有系统功能，除了中断服务函数，都在任
                    务调度器内完成
}
}
```

4. 所有设备的初始化函数 All_Init()

```
u8 All_Init()
{
```

```
NVIC_PriorityGroupConfig(NVIC_GROUP);//中断优先级组别设置
SysTick_Configuration();//滴答时钟
Delay_ms(100);//延时
Drv_LED_Init();//LED 功能初始化
Flash_Init();//板载 FLASH 芯片驱动初始化
Para_Data_Init();//参数数据初始化
Remote_Control_Init();//遥控初始化
PWM_Out_Init();//初始化电调输出功能
Delay_ms(100);//延时
Drv_SPI2_init();//SPI_2 初始化,用于读取飞控板上的所有传感器,都用 SPI
Drv_Icm20602CSPin_Init();//SPI 片选初始化
Drv_AK8975CSPin_Init();//SPI 片选初始化
Drv_SPL06CSPin_Init();//SPI 片选初始化
sens_hd_check.gyro_ok=sens_hd_check.acc_ok=
Drv_Icm20602Reg_Init();//icm 陀螺仪加速度计初始化,若初始化成功,则将陀螺仪
                                  和加速度的初始化成功标志位赋值
sens_hd_check.mag_ok=1;//标记罗盘 OK
sens_hd_check.baro_ok=Drv_Spl0601_Init();//气压计初始化
Usb_Hid_Init();//飞控 usb 接口的 hid 初始化
Delay_ms(100);//延时
Usart2_Init(500000);//串口 2 初始化,函数参数为波特率
Delay_ms(10);//延时
//Uart4_Init(115200);//首先判断是否连接的是激光模块
//if(! Drv_Laser_Init())//激光没有有效连接,则配置为光流模式
//Uart4_Init(500000);
//Delay_ms(10);//延时
//Usart3_Init(500000);//连接 UWB
//Delay_ms(10);//延时
Uart4_Init(19200);//接优像光流
Uart5_Init(115200);//接大功率激光
//MyDelayMs(200);
//优像光流初始化
of_init_type=(Drv_OFInit()==0)? 0:2;
if(of_init_type==2) //优像光流初始化成功
{
    Drv_Laser_Init();//大功率激光初始化
}
else if(of_init_type==0)//优像光流初始化失败
{
    Uart4_Init(500000);//接匿名光流
}
Drv_AdcInit();
Delay_ms(100);//延时
All_PID_Init();//PID 初始化
Drv_GpsPin_Init();//GPS 初始化 串口 1
Delay_ms(50);//延时
Drv_HeatingInit();
```

```
//Drv_HeatingSet(5);
Sensor_Basic_Init();
ANO_DT_SendString("SYS init OK!");
return(1);
}
```

5. 初始化任务表函数 Scheduler_Setup()

```
void Scheduler_Setup(void)

{
uint8_t index=0;
//初始化任务表
for(index=0;index<TASK_NUM;index++)
{
        //计算每个任务的延时周期数
        sched_tasks[index].interval_ticks=TICK_PER_SECOND/sched_tasks[index].
rate_hz;
        //最短周期为 1,也就是 1ms
        if(sched_tasks[index].interval_ticks<1)
        {
            sched_tasks[index].interval_ticks=1;
        }
}
}
```

6. 任务调度器函数 Scheduler_Run()

这个函数放到 main 函数的 while(1) 中,不停判断是否有线程应该执行

```
void Scheduler_Run(void)
{
uint8_t index=0;
//循环判断所有线程,是否应该执行
for(index=0;index<TASK_NUM;index++)
{
        //获取系统当前时间,单位 ms
        uint32_t tnow=SysTick_GetTick();
        //进行判断,如果当前时间减去上一次执行的时间大于等于该线程的执行周期,则执行线程
        if(tnow-sched_tasks[index].last_run>=sched_tasks[index].interval_ticks)
        {
            //更新线程的执行时间,用于下一次判断
            sched_tasks[index].last_run=tnow;
            //执行线程函数,使用的是函数指针
            sched_tasks[index].task_func();
        }
}
}
```

7. 任务或线程

有 7 类时间执行的任务或线程。

```
u32 test_dT_1000hz[3],test_rT[6];
```

①1ms 执行一次。

```
static void Loop_1000Hz(void)//1ms 执行一次
{
test_dT_1000hz[0]=test_dT_1000hz[1];
test_rT[3]=test_dT_1000hz[1]=GetSysTime_us();
test_dT_1000hz[2]=(u32)(test_dT_1000hz[1]-test_dT_1000hz[0]);

Fc_Sensor_Get();/* 传感器数据读取* /
Sensor_Data_Prepare(1);/* 惯性传感器数据准备* /
IMU_Update_Task(1);/* 姿态解算更新* /
WCZ_Acc_Get_Task();/* 获取 WC_Z 加速度* /
WCXY_Acc_Get_Task();
Flight_State_Task(1,CH_N);/* 飞行状态任务* /
Swtich_State_Task(1);/* 开关状态任务* /
ANO_OF_Data_Prepare_Task(0.001f);/* 光流融合数据准备任务* /
ANO_DT_Data_Exchange();/* 数传数据交换* /

        test_rT[4]=GetSysTime_us();
        test_rT[5]=(u32)(test_rT[4]-test_rT[3]);
}
```

②2ms 执行一次。

```
static void Loop_500Hz(void)//2ms 执行一次
{
Att_1level_Ctrl(2* 1e- 3f);/* 姿态角速度环控制* /
Motor_Ctrl_Task(2);/* 电动机输出控制* /
Ano_UWB_Get_Data_Task(2);/* UWB(Ultra- Wideband,超宽带)定位模块数据获取* /
}
```

③5ms 执行一次。

```
static void Loop_200Hz(void)//5ms 执行一次
{
calculate_RPY();/* 获取姿态角(ROLL PITCH YAW)* /
Att_2level_Ctrl(5e-3f,CH_N);/* 姿态角度环控制* /
}
```

④10ms 执行一次。

```
static void Loop_100Hz(void)//10ms 执行一次
{
```

```
test_rT[0]=GetSysTime_us();
RC_duty_task(10);/* 遥控器数据处理* /
Flight_Mode_Set(10);/* 飞行模式设置任务* /
WCZ_Fus_Task(10);/* 高度数据融合任务* /
GPS_Data_Processing_Task(10);
Alt_1level_Ctrl(10e-3f);/* 高度速度环控制* /
Alt_2level_Ctrl(10e-3f);/* 高度环控制* /
AnoOF_DataAnl_Task(10);/* 光流数据解析函数,得到光流模块输出的各项数据* /
LED_Task2(10);/* 灯光控制* /

        test_rT[1]=GetSysTime_us();
        test_rT[2]=(u32)(test_rT[1]-test_rT[0]);
}
```

⑤20ms 执行一次。

```
static void Loop_50Hz(void)//20ms 执行一次
{
Mag_Update_Task(20);/* 罗盘数据处理任务* /
FlyCtrl_Task(20);/* 程序指令控制* /
ANO_OFDF_Task(20);
//Ano_UWB_Data_Calcu_Task(20);// /* UWB 数据计算* /
Loc_1level_Ctrl(20,CH_N);/* 位置速度环控制* /
OpenMV_Offline_Check(20);/* OPMV 视觉模块检测是否掉线* /
// OpenMV4 采用了 STM32H7 高性能微控制器,性能更强,热成像,各种条形码,二维码,颜色跟踪,
ARM 神经网络等都已经支持
ANO_CBTracking_Task(20);/* OPMV 色块追踪数据处理任务* /
ANO_LTracking_Task(20);/* OPMV 寻线数据处理任务* /
ANO_OPMV_Ctrl_Task(20);/* OPMV 控制任务* /
}
```

⑥50ms 执行一次。

```
static void Loop_20Hz(void)//50ms 执行一次
{
Power_UpdateTask(50);/* 电压相关任务* /
Thermostatic_Ctrl_Task(50);//恒温控制
}
```

⑦500ms 执行一次。

```
static void Loop_2Hz(void)//500ms 执行一次
{
Ano_Parame_Write_task(500);/* 延时存储任务* /
}
```

8. 姿态解算函数 IMU_update 和 PID 控制函数

PID_calculate 等在此不列出了。

10.2.8 调试

通过匿名上位机(地面站)软件,进行调试。

1. 基本功能

基本收发是最基本的收发功能,功能和普通的串口调试助手一样。高级收码功能为用户自定义数据的配置,用来解析出用户自定义的数据。数据波形功能可以绘制所有数据的实时波形。

2. 拓展功能

飞控状态:显示飞控的传感器数据、姿态、电压、模式等状态量。

飞控设置:飞控传感器校准、参数配置、PID 设置等功能。

航线规划:GPS 模式飞机位置实时显示和航点规划。

飞行控制:可以使用上位机发送指令控制飞行器,比如前进 1m、旋转 90°等,也可以将飞行动作流程化,飞行器自动自行飞行动作流程,以实现自动飞行的功能。

匿名数传、匿名光流、匿名 UWB:匿名各产品的配置界面。

固件升级:可以用于匿名数传、匿名光流、匿名 UWB 的固件升级。

EXCEL:可以将数据实时存储到 excel 表格内,方便使用其他软件对数据进行分析。

参考文献:匿名上位机使用方法分享——总体介绍。

版权声明:本文为 CSDN 博主“匿名-茶不思”的原创文章,遵循 CC 4.0 BY-SA 版权协议,转载请附上原文出处链接及本声明。原文链接:https://blog.csdn.net/wangjt1988/article/details/83684188

3. 查看飞控状态

飞控状态图如图 10-64 所示。

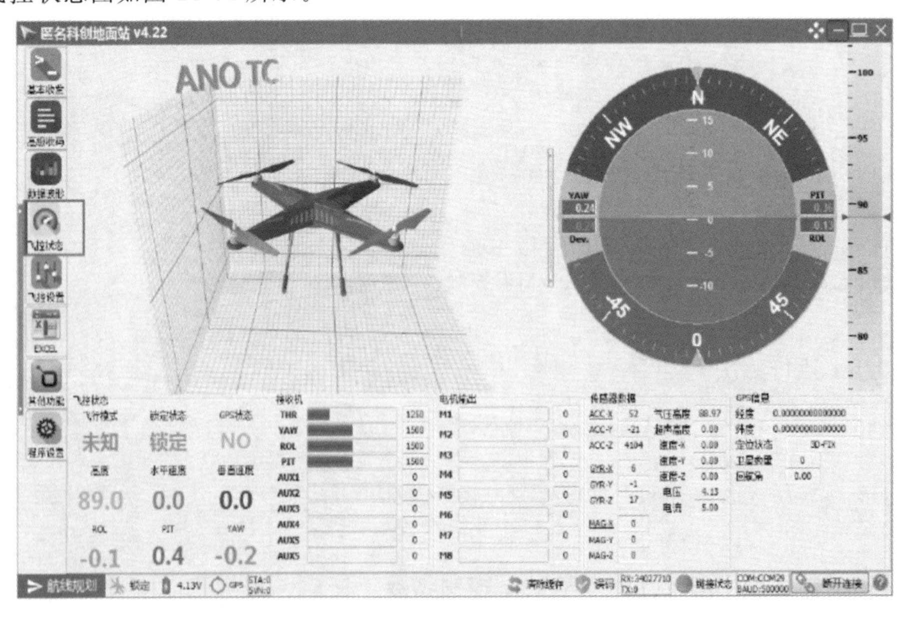

图 10-64 飞控状态图

4. PID 调试

在飞控设置里，可以通过观察 PID 数据等，来进行四轴飞行器的调试，如图 10-65 所示。

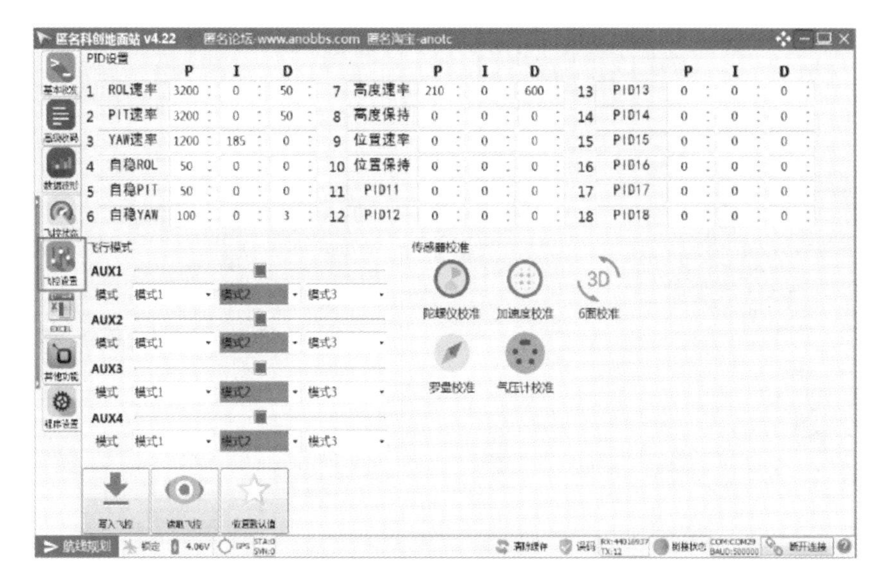

图 10-65 飞控设置

10.3 四轴飞行器(TM4C)

电子竞赛时，可能 MCU 会使用 TM4C123G，与使用的 STM32F407 除了 MCU 不同外，还有程序写法和库函数不同。其他硬件设计和程序功能基本是相同的。

10.3.1 硬件设计(匿名科创 TM4C123G)

图 10-66 是 MCU 的电路原理图。

10.3.2 软件设计(匿名科创 TM4C123G)

1. main 函数

飞控开机后 main 函数循环执行 while()里面的程序。

```
int main(void)
{
Drv_BspInit();//飞控板初始化
flag.start_ok=1;//初始化成功的标志
while(1) //主循环，采用了实时系统常见的时钟驱动调度算法，用于周期任务。即给每一个循
            环执行的任务一个相应的频率
{
  Main_Task();//轮询任务调度器
}
}
```

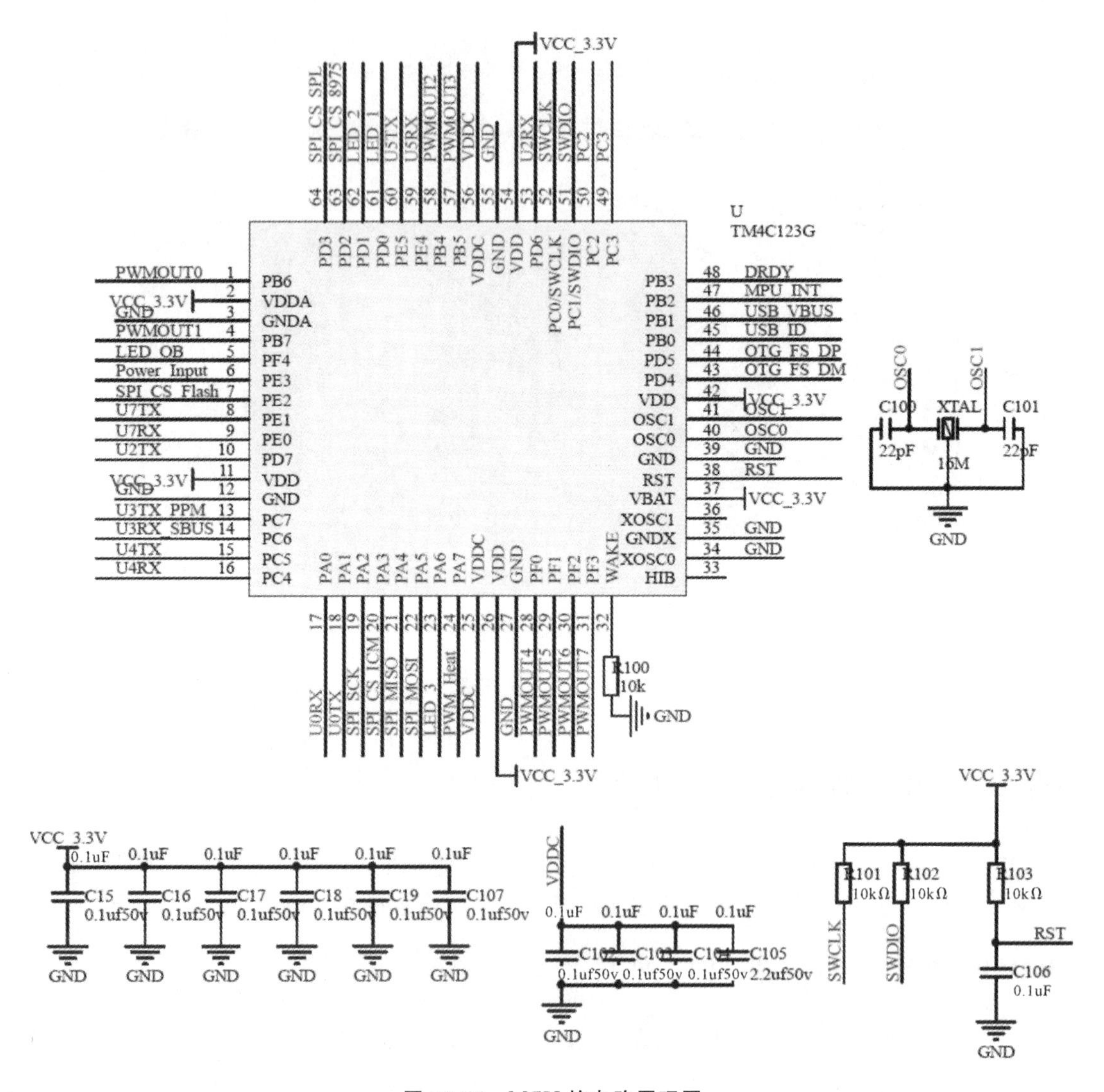

图 10-66　MCU 的电路原理图

2. 飞控板初始化函数 Drv_BspInit()

3. 轮询任务调度器函数 Main_Task()

4. 1ms **执行一次任务或线程函数** Loop_Task_0

```
static void Loop_Task_0()//1ms 执行一次

{
/* 传感器数据读取* /
Fc_Sensor_Get();

/* 惯性传感器数据准备* /
Sensor_Data_Prepare(1);
```

```
/* 姿态解算更新* /
IMU_Update_Task(1);

/* 获取 WC_Z 加速度* /
WCZ_Acc_Get_Task();
WCXY_Acc_Get_Task();

/* 飞行状态任务* /
Flight_State_Task(1,CH_N);

/* 开关状态任务* /
Swtich_State_Task(1);

/* 光流融合数据准备任务* /
ANO_OF_Data_Prepare_Task(0.001f);

/* 数据交换* /
ANO_DT_Data_Exchange();
}
```

由上述内容可以看出，应用函数与STM32基本上是一致的，故不在此介绍了。

网络上也有相关的文章介绍，请参阅：

匿名飞控TI版解析(1)　https://blog.csdn.net/GWH_98/article/details/97509669

匿名飞控TI版解析(2)　https://blog.csdn.net/GWH_98/article/details/97576156

四旋翼飞行器控制原理与设计　https://blog.csdn.net/GWH_98/article/details/86811091

10.3.3　使用与调试(匿名科创TM4C123G)

为了对四轴飞行器的安装调试与使用有所了解，特摘抄了下文。

匿名科创——匿名拓空者PRO—TI版全开源飞控使用入门—TM4C123。

1. 飞控介绍

匿名团队针对TI芯片的强烈学习需求，推出了匿名拓空者PRO飞控的TI版。使用TI公司的TM4C123G主控芯片，打造了一款完全开源的飞控产品，提供了完全开源的飞控整体工程文件，没有汇编，没有不开源的lib库，玩家拿到源码后直接编译下载即可。飞控预留多个拓展接口(串口，可以外接多种串口设备，例如GPS、光流、超声波、WiFi，甚至是树莓派、X86等)。使用匿名完善的强大的软硬件平台进行学习和二次开发，可以起到事半功倍的效果。目前匿名独家开源代码已经实现效果良好的姿态自稳效果，并且已经开源了气压计定高、光流定点、GPS定点、返航代码，特别是开源了一键控制飞行的源码，买家在此基础上只要加入外部控制环，即可扩展定点悬停、航线飞行等功能。

2. 注意事项

安装飞行器时，请确保飞行器重心在机架中心，有负载的在机架中心的垂直方向上。

安装主控器时，尽量安装在靠近中心位置的地方，确保主控印有标记的一面朝上，并使其与机身水平面保持平行，否则会导致飞行器产生水平方向的漂移。

主控器安装有方向要求，务必使箭头的朝向与飞行器机头方向一致。

在固件升级、调试过程中请断开电调与电池的连接或移除所有桨翼！

飞行时切记要先打开遥控器，然后启动多旋翼飞行器。着陆后先关闭飞行器，再关闭遥控器。

切勿将油门的失控保护位置设置在 50%满量程以上。

在正常飞行过程中应避免摇杆打到“内八”或“外八”的位置，避免触发紧急上锁导致坠机！

低压保护不是摆设，出现低压保护信号时应该尽快使飞行器降落，以避免坠机等严重后果！

GPS 与指南针模块为磁性敏感设备，应远离所有其他电子设备。

GPS 模块为选配模块(非标配)，请选用此模块的用户关注说明书中涉及 GPS 的内容，未选用此模块的用户请忽略 GPS 控制模式下的相关内容。

强烈建议将接收机安装到机身板下面，天线朝下且无遮挡，以避免无线信号因遮挡丢失而造成失控(若安装有数传模块，建议数传模块天线应和接收机天线尽量远离并互相呈 90°安装，避免互相干扰)。

飞行前请确保所有连线正确，并接触良好。

使用无线视频设备时，安装位置请尽量远离主控系统(>25cm)，以避免天线对主控器造成干扰。

飞控必须使用多旋翼专用电调(一般不带 bec 功能)，使用旧版固定翼飞机的电调(比如天行者/skywalker)会出现偶然无规律的抖动，甚至炸机等异常现象。

请尽量使用质量较好的电动机、电调、螺旋桨，特别是螺旋桨的动平衡相当重要。只有搭配良好的飞行器套件才会取得优良的飞行效果。

飞控更新源码的版本后，一定要清空所有参数，恢复默认 PID，恢复默认参数，然后重新校准所有传感器，避免出现参数异常的情况。

3. 飞控特点

拓空者 Pro 抛弃了其他开源产品还在使用的 MPU6050 等 I2C 通信方式的传感器，飞控板上采用全 SPI 方式的传感器。I2C 总线速度只有 400k 的波特率，而我们采用 SPI 传感器后，数据读取波特率达到了几兆每秒，大大提升了飞控性能，节省了大量时间，使飞控可以增加更复杂的算法，拓展更多的功能。

拓空者 Pro 飞控采用的惯性传感器，使用的是性能比 MPU6050 更加强大的 ICM20602 传感器，该传感器的噪声、零点漂移等性能均有提升。而惯导传感器直接影响飞控的飞行性能，换用更好的传感器可以提升飞控的整体性能，并且拓空者 Pro 飞控设计有恒温功能，可让陀螺仪、加速度计温度漂移进一步减小。飞控板载高性能气压计 SPL06，相比 MS5611，其气压精度和灵敏度更高，可提升飞控的气压定高效果。

飞行器使用亚克力外壳，不仅美观，而且方便拆卸。飞控拓展接口经过重新设计，保留多组串口，方便外接 GPS、超声波、数传等模块。拓展接口采用 sh1.0 插接件，防止反插，并且每个接口都有详细的丝印标注，每个IO的功能，都一目了然，方便爱好者针对飞控进行二次开发。

开源：飞控的所有资料以资料包的形式提供给买家，提供飞控开发环境、各种驱动、TI芯片各种资料、所有传感器资料、飞控相关知识资料等，而且还有匿名飞控的全部源码，买家拿到后可直接编译下载。

使用我们的资料，可以方便学习飞控的入门知识，学习飞控工程的结构和思想，待对飞控有一定了解后，买家就可以方便地移植我们的飞控程序到自己的系统中，或者添加自己需要的功能。

为了加快飞控源码工程的编译速度和优化工程目录，TI芯片底层硬件驱动和TI芯片的USB驱动，采用官方建议的lib形式，但是请买家注意，工程中的这两个lib也是开源的，我们提供官方驱动源码，可自行编译出这两个lib文件。故整个飞控源码工程是全开源的。

二次开发：飞控源码是开源的，大家可以方便地在飞控上进行二次开发，硬件上也为二次开发做好了准备，预留了多组串口，可以和各种外接模块或者开发板进行通信。

匿名拓空者Pro飞控已经具有光流悬停、GPS悬停、激光定高、气压计定高等功能，并且全部提供源码，为用户的二次开发提供了极大的帮助。结合各种竞赛经验，飞控可以方便地加装OPENMV等摄像头或者加装用户自己开发的图像识别模块，进行飞行任务的规划。已有多组队伍实现拓空者飞控＋匿名光流增稳，然后配合OPENMV模块识别运动小车或者识别黑线，最终实现飞行器航线飞行或者跟踪小车的任务。

最新的开源版飞控源码已经开放了一键控制功能，提供全部飞控端实现源码，可以实现发送一条指令，飞行器即可执行起飞、特定方向飞行一定距离、转弯等动作，同时提供控制协议，方便用户发送自定义指令，大大方便了飞控的二次开发工作。

可见匿名拓空者Pro现已成为大家进行二次开发的不二之选，我们也将不断优化，提供更加稳定的底层代码、更加稳定的飞行效果、更多的新功能，帮助大家更方便、更稳定、更快速地实现二次开发。

4. 硬件介绍

主控芯片：TM4C123G。

惯性传感器：ICM20602，3轴陀螺＋3轴加速度＋恒温设计。

磁场传感器：AK8975，3磁罗盘。

气压传感器：SPL06，高精度气压计，灵敏度5cm。

8×PWM out：8路硬件PWM输出，用于驱动无刷电动机或者舵机等设备。

5×串口：飞控引出5路串口，最多可外接5个串口设备。同时，也可通过修改源码，将串口IO初始化，并赋予不同功能，比如GPIO、ADC、I2C等，可以拓展更多设备。

1×SWD：用于下载程序，单步调试。

1× USB：提供一个USB接口，方便连接飞控进行调试。

4×扩展IO：留给用户任意使用，方便二次开发和DIY扩展。

TM4C123G飞控实物照片如图10-67所示。

注意：在图10-67中，串口为4p，丝印为VGTR，从左至右分别为VCC(5V)、GND、TX、RX，VCC引脚为靠近电调接口一侧。

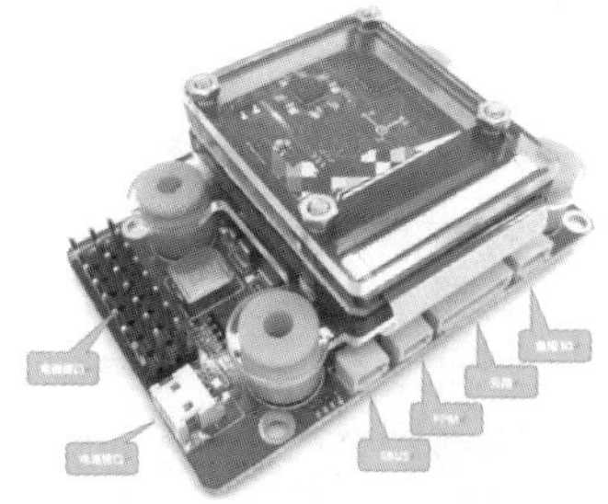

图 10-67　TM4C123G 飞控实物照片

SWD 接口，丝印为 DGCN，分别为 DIO、GND、CLK、无用 IO，也就是说，SWD 只能下载用，不能为飞控供电，所以在下载时飞控需独立供电。

SBUS 接收机接口：丝印为 GVS，分别是 GND、VCC、信号。

PPM 接收机接口：丝印为 GVS，分别是 GND、VCC、信号。

备用 IO 接口：本接口设计给用户自定义使用。

电调接口：丝印为 GND 的一排接电调地，中间丝印为 NC 接收机的 VCC，某些多旋翼专用接收机没有中间这根线，即可不接，即使连接至电调的 VCC，飞控也不从电调取电，飞控使用独立电源。

电源接口：丝印 VG，分别为 VCC、GND，本电源接口支持 3S 到 6S 航模电池。360 版飞控底板的定义与兼容版一致，这里不再重复介绍。

匿名上位机显示的飞控状态如图 10-68 所示。

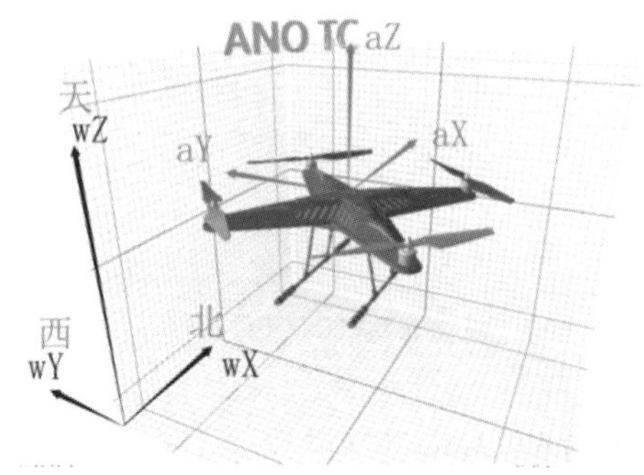

图 10-68　匿名上位机显示的飞控状态

载体：机头为 X 正，左侧为 Y 正，Z 方向满足笛卡儿直角坐标。

地理：北为 X 正，西为 Y 正，天为 Z 正。

注意：约定地理坐标约等于世界坐标，该坐标系为匿名科创拓空者飞控参考坐标系，程序里所涉及的所有直角坐标系均定义为此坐标系，欧拉角的定义除外。

5. 使用入门

以下内容介绍匿名拓空者 Pro 飞控的使用方法，请用户务必按顺序阅读，特别是飞控新手，仔细阅读可以帮您解决很多使用中可能遇到的问题。

（1）飞控连接计算机地面站。

（2）飞控基本传感器测试。

（3）飞控安装。

（4）飞控参数配置。

（5）飞控连接接收机。

（6）飞控解锁、加锁方法。

（7）飞控连接电调方法及电动机检查。

（8）飞控起飞前重要工作。

（9）飞控基本操作方法。

（10）飞控源码下载介绍。

1）飞控连接计算机地面站

飞控可以通过底板上的 USB 端口连接上位机，使用 USB 线连接飞控和计算机，飞控买家版程序会将 USB 端口初始化为虚拟串口设备，只要打开匿名上位机，打开程序设置界面，选择串口通信方式，连接飞控对应的虚拟串口（虚拟串口需要驱动支持，WIN10 系统会自动搜索安装虚拟串口驱动，不排除某些电脑驱动无法自动安装，请使用驱动精灵等驱动安装软件自行安装），然后点击上位机左下角的“未连接”按钮，打开连接即可。

成功打开连接后，观察上位机主界面的 RX 计数器，开始增长表示连接成功。

2）飞控基本传感器测试

飞控正确连接上位机并打开连接后，可以进行基本的传感器测试。在打开连接后，RX 开始增长，此时打开上位机的“飞控状态”功能。找到“传感器数据”栏目（见图 10-69），如果飞控工作正常，用手移动飞控，此时 ACC、GYR、MAG、气压高度均应有数据变化，则表示飞控工作正常。此时不用关注 3D 姿态、姿态角等数据是否正常，因为还没有做传感器校准。

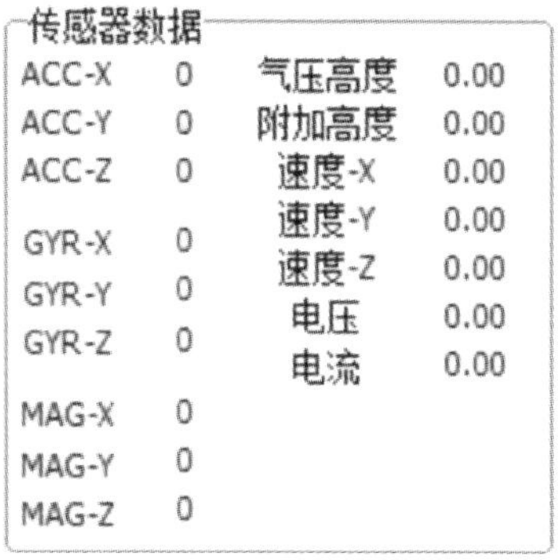

传感器数据

ACC-X	0	气压高度	0.00
ACC-Y	0	附加高度	0.00
ACC-Z	0	速度-X	0.00
GYR-X	0	速度-Y	0.00
GYR-Y	0	速度-Z	0.00
GYR-Z	0	电压	0.00
MAG-X	0	电流	0.00
MAG-Y	0		
MAG-Z	0		

图 10-69　TM4C123G 飞控传感器数据

3）飞控安装

机架组装好后，将电动机安装于机架上，飞控安装于机架重心位置，飞控红黑电源线连接到飞机电池线，注意黑色为负极，红色为正极。匿名飞控电源接口可以承受 10～25V 的电压，并可实现电压监测、报警功能（注意，飞控应尽量水平安装于机架上，飞行效果最好，安装减震海绵、减震架均可提升飞行质量以及定高稳定性）。

4）飞控参数配置

在飞控已正确连接上位机并打开连接的情况下，打开上位机的“文本信息”和“飞控设置”功能，打开参数设置界面，点击下方的“读取飞控”按钮，正确读取后，文本信息界面会提示参数读取成功。此时，需要根据您的接收机类型，将接收机模式设置为 SBUS 或 PPM 模式。报警电压、返航电压、降落电压根据您使用的电池型号进行更改，默认的电压为 3S 电池的推荐电压，若您使用 4S 或者 6S 等其他型号的电池，请根据实际情况进行相关配置。

推荐报警电压：单节 3.7V（对应 3S 电池 11.1V）。

推荐返航电压：单节 3.6V(目前未使用)。

推荐降落电压：单节 3.5V(低于此电压，飞行器自动降落)。

其他参数不要进行改动，保持默认值(若更改其他参数后发生异常点击右下角“恢复默认参数”按钮，然后再点击“读取飞控”，所有参数会恢复至出厂默认值)。

5)飞控连接接收机

连接接收机时，请先用 USB 连接上位机，打开飞控状态界面，方便观察接收机通道值，然后再连接接收机。

使用 SBUS、PPM 模式时，只需要接电源和 SBUS、PPM 信号线至接收机，按照 SBUS、PPM 模式连接好接收机后，对 THR\ROL\PIT\YAW 通道进行微调，保证遥控摇杆在中间位置时，上位机的接收机数据显示为 1500(THR 代表油门，YAW 代表航向，ROL 代表横滚，PIT 代表俯仰)。

下面以使用最多的美国手方式介绍通道方向定义：

THR：左摇杆上下方向控制 THR，摇杆从下往上，通道值对应 1000～2000；

YAW：左摇杆左右方向控制 YAW，摇杆从左往右，通道值对应 1000～2000；

PIT：右摇杆上下方向控制 PIT，摇杆从下往上，通道值对应 1000～2000；

ROL：右摇杆左右方向控制 ROL，摇杆从左往右，通道值对应 1000～2000。

注意：因飞控接收机数据处理后会进行归一化并转换，所有通道值均以地面站遥控接收机信息显示数值为准，遥控本身的显示值只能作为参考。

如果左右摇杆和以上定义不同，比如左摇杆上下方向本应控制 YAW，但是实际却控制了 ROL，请阅读遥控说明书，对错误的通道进行交换处理。

如果通道方向跟定义相反，请阅读遥控说明书，对错误的通道进行反向处理。

6)飞控解锁、加锁方法

拓空者 Pro 飞控的解锁方法：

油门摇杆打到右下方(对应通道值 THR 在 1100 以下，YAW 在 1900 以上)，同时方向摇杆打到左下(对应通道值 ROL 在 1100 以下，PIT 在 1100 以下)，也就是俗称的内八字。

油门摇杆打到左下方(对应通道值 THR 在 1100 以下，YAW 在 1100 以下)，同时方向摇杆打到右下(对应通道值 ROL 在 1900 以上，PIT 在 1100 以下)，也就是俗称的外八字。

拓空者 Pro 飞控加锁方法：

在解锁状态下，进行如上操作(内八或外八)，飞控会锁定。飞控 PMU 的 LED 闪烁颜色会指示飞控当前的锁定状态，具体灯光颜色含义请参见相关资料。

7)飞控连接电调方法及电动机检查

注意：进行电动机转向确认操作时，为了安全，先不要安装螺旋桨进行测试，所有电动机都确认正确后，再安装螺旋桨。

无刷电动机动力很足，电动机转动时一定要做好保护措施，切记！

将飞控固定至机身上，以飞控上箭头方向为前进方向。电动机编号及转向如图 10-70 所示。

首先将 1 号电动机的控制线接入飞控 1 号电调接口，给飞机上电，解锁，加油门，测试电动机转向，如果错误，只需要交换电动机三根电动机驱动线中的任意两根。

然后按照此方法，依次接入所有电动机，并确认电动机转向正确。

安装好所有电动机后，通电，解锁，推油门让电动机开始旋转，然后让飞机倾斜，确认处于低处的电动机转速上升，高处的电动机转速下降，四个方向都确认一遍。注意：在测试过程中，不得水平旋转飞行器，否则会造成对角两个电动机转速快，另外两个电动机转速慢的现象。

确认完所有电动机后，分别根据不同电动机的转向（见图10-70），安装相应螺旋桨，保证每个螺旋桨都向下吹风。

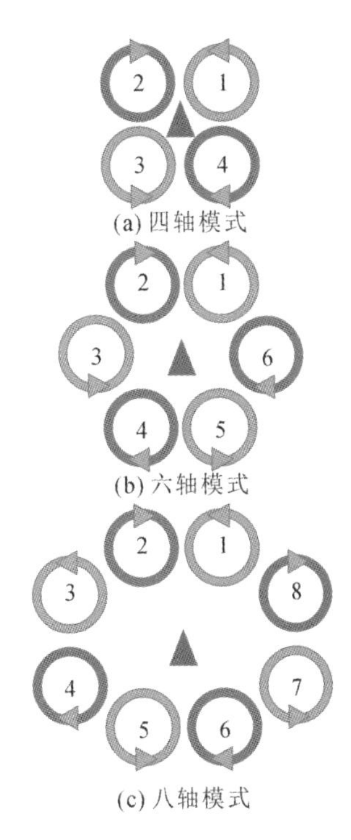

图10-70　螺旋桨正反桨安装

8）飞控起飞前重要工作

注意：数字加速度传感器量程有限，且内置滤波也都是数字滤波（采样，滤波，输出），所以一旦原始采样超量程溢出，将引起输出加速度数据严重偏移。螺旋桨振动传递到飞控主要表现为纵向振动，若螺旋桨动平衡差，运转起来产生强烈振动，将很容易引起加速度计原始采样超量程，进而影响飞机的定高定点稳定性，严重的甚至直接引起飞机高度失控。因为组装的飞机飞控减震能力很有限，我们建议使用动平衡性较好的螺旋桨，且螺旋桨安装后一定要同心旋转，电动机轴不能有弯曲等情况，否则容易引起不良的飞行现象发生。

第1步：加速度计校准。

本步骤相当关键，直接影响飞行器的飞行效果。飞行器在进行加速度校准前，一定要保持机身水平，也就是所有螺旋桨中心（电动机轴）位置和水平地面平行。飞行器必须放置于静止地面，严禁放在有抖动的物体上进行校准，如果有条件，尽量用气泡水平仪来验证飞行器、飞控的水平角度，只有当飞行器4个螺旋桨的平面与水平面平行，并且飞控安装角度与水平面平行时，才有最好的飞行效果。

校准方法1：确认机身水平静止后，连接飞控至计算机上位机，点击上位机飞控设置-功能设置界面的“加速度计校准”按钮，飞控白色指示灯闪烁，直至校准结束。

校准方法2：确认机身水平静止后，在飞控加锁状态下，左右摇杆同时打到右下方（THR＜1100，YAW＞1900，ROL＞1900，PIT＜1100），飞控白色指示灯开始闪烁，表示校准开始。本校准工作生成的参数会保存至飞控，并不用每次飞行前都校准加速度。当重新安装飞控或者调整飞行器的硬件后，才需要重新校准加速度。

校准时，有以下经验可供参考。

飞控水平，螺旋桨水平，效果最佳。

飞控水平，螺旋桨不水平，效果不良。飞机姿态会不水平，飞机水平方向持续向固定方向漂移。

飞控不水平，螺旋桨水平，效果不良。飞机控制悬停时影响不大，但动态下会增大各种类型的漂移。

飞控不水平,螺旋桨不水平 ,此时效果最差。悬停不好,动态不好。

第 2 步:磁罗盘校准。

本步骤相当关键,直接影响飞行器的飞行效果。经常校准可以使指南针工作在最佳状态。

校准方法 1:使用上位机飞控设置界面的“罗盘校准”按钮触发校准。

校准方法 2:飞控在加锁状态,将油门摇杆拉到最低,保持 THR<1100,此时,快速上下拨动右摇杆,PIT 最低、最高往复 6 次,飞控进入罗盘校准功能。

校准步骤:

①触发校准后,若飞控没有水平,黄色指示灯快闪,提示将飞行器水平放置。

②飞行器放置水平后,绿色指示灯变为呼吸状态,此时将飞行器水平端在胸前,人原地顺时针旋转 360°,在此期间需要保持飞行器水平,如果旋转中出现异常,比如飞行器未保持水平,则返回步骤①。水平旋转完成后,紫色指示灯快闪,此时将飞行器机头朝上,垂直端在胸前。

③飞行器放置垂直后,蓝色指示灯变为呼吸状态,此时保持飞行器垂直端于胸前,人原地逆时针旋转 360°,若旋转过程中出现异常,比如未保持飞行器垂直,则返回步骤③。

④垂直旋转完成后,若绿色指示灯常亮,表示校准完成,若红色指示灯常亮,表示校准失败,需要重新校准。

注意事项:

(1) 请勿在强磁场区域校准,如磁矿、停车场、带有地下钢筋的建筑区域等。

(2) 校准时请勿随身携带铁磁物质,如钥匙、手机等。

(3) 请勿在大块金属附近校准。

(4) 请勿在室内校准指南针。

第 3 步:设置重心偏移。

本步骤不建议新手用户操作,本功能是为了进一步提升飞控性能,为已经熟练使用飞控系统的用户设计。

新手用户将本参数的 X、Y、Z 偏移值都设置为 0 即可,也可以有非常好的飞行效果。

设置方法:

以飞控 CM20602 传感器为坐标原点,建立匿名坐标系(机头为 X 正,左侧为 Y 正,天为 Z 正),飞行器重心的位置即重心校准参数的 X、Y、Z 参数。

注意:解锁试飞前,一定要确认接收机连接是否正确,遥控通道值变化是否和定义相同,电动机连接顺序是否正确,螺旋桨风向是否向下,有任何错误,都可能造成炸机。拓空者若启用了解锁怠速功能,解锁后,电动机会按照序号 1、2、3、4 的顺序启动,用以确认电动机序号是否正确。

9)飞控基本操作方法

匿名拓空者 Pro 飞控板载高精度气压计,并且配合完善的定高源码,可以实现稳定的定高功能,所以飞控默认开启定高,同时配合匿名激光测距模块,可以实现激光+气压计智能定高模式。此模式不用手动开启,飞控在开机时会自动判断,如果开机时激光测距模块已经正确连接,飞控会自动进入融合智能定高模式。

在定高模式下，最好使用油门摇杆自动回中的遥控器。此模式下的油门摇杆不直接控制占空比输出量，油门摇杆控制上升、下降的速度。当油门摇杆高于 50%也就是 1500 时，飞行器上升；当油门摇杆低于 50%也就是 1500 时，飞行器下降；当油门等于 50%时，飞行器保持当前高度(1500 上下设置有±50 的死区)。

飞控使用 AUX1 通道进行模式选择，不同模式定义如表 10-5 所示(3 种模式都默认开启定高)。

注意：因飞控接收机数据处理后进行归一化并转换，所有通道值(包括以下 AUX 通道)均以地面站遥控接收机信息显示数值为准，遥控本身的显示值只能作为参考。

表 10-5　飞行模式设置

AUX1 范围	定义
1000～1200	模式 1 纯姿态控制模式，无位置控制
1400～1600	模式 2 GPS 模块定位正常：本模式为 GPS 定点模式； 光流模块正常工作：本模式为光流定点模式； GPS 和光流同时正常工作：本模式为 GPS 定点模式； GPS 和光流都不正常工作：同模式 1，姿态控制模式
1800～2000	模式 3 GPS 模块定位正常：本模式为返航模式； GPS 模块未定位成功：同模式 1，姿态控制模式

当 AUX1 通道在 1200～1400、1600～1800 之间时，表示进入遥控失控状态。

当进入遥控失控状态时，如果非 GPS 定点模式，则飞控自动降落，此时由于没有 GPS，飞控降落过程中会无法避免地不停水平漂移。如果失控时为 GPS 定点模式，则飞控进入返航模式。

10)飞控源码下载介绍

略。

6. 光流模式使用方法

本模式只支持配套使用匿名光流模块。使用光流模块时，激光测距模块必须连接至光流模块的 ALT 接口。

(1) 光流模块安装。

匿名光流模块安装方法请参考匿名光流模块使用手册，注意安装方向一定要正确，否则不仅无法实现定点，还会造成失控炸机。

注意摄像头距离地面应留有安全距离，防止降落时压到摄像头等设备，造成损坏。

注意不要遮挡光流模块的激光测距芯片，光流必须使用此测距信息进行融合解算，同时保持激光测距模块接收孔和发射孔的清洁。

通过飞控配送的 4p 串口线，将光流模块连接至拓空者飞控串口 4。

(2) 光流模块校准。

将光流模块妥善固定好后,再进行光流模块校准工作,如果光流模块有任何安装变化,请重新进行光流模块校准工作(注意:是光流模块校准,不是飞控校准)。

光流模块校准方法请参考匿名光流模块使用手册。

(3) 光流模块配置。

匿名光流模块需要打开融合后的光流数据和原始高度数据的输出功能,这点很重要。

匿名光流模块串口波特率配置为 500000。

(4) 飞控模式配置。

飞控使用 AUX1 辅助通道来设置飞控的飞行模式。

当 AUX1 小于 1100,飞控为姿态控制模式,此时由遥控器控制飞机的姿态,进行姿态飞行。

当 AUX1 在 1500 左右,飞控为光流定点模式:此时若光流模块连接正常、光流数据输出正常,则飞控进入光流定点模式;此时若光流数据异常,则飞控自动切换为姿态控制模式。

注意:光流定点依靠的是摄像头采集的图像进行光流算法,从而输出水平速度值,所以地面不能是纯色无花纹的地面,纹理清晰的地面光流效果较好。

光流受算法原理所限,输出的是水平速度值,不是位置,需要对速度进行积分求位移,这就造成了长时积分误差,也就是说光流模块最多只能做到近似定点,长时间还会有漂移的存在。同时也就得出了光流只适合用来定点,不适合用来导航这个结论。

光流效果和光照条件有关,请在光线明亮处使用。

光流融合算法必须融合高度值,光流模块测高范围小于 2m(大功率激光 5m),故测高大于 2m 后(大功率激光 5m),光流模块会失去作用。小功率激光无法在阳光下使用(受红外干扰),在阳光下请使用大功率激光,并有可能因阳光影响,降低有效距离。

光流模块安装时不能距离地面太近,最好留有 10cm 以上距离,因光流融合需要距离信息,距离太近会影响融合。如果实在无法实现距离地面 10cm 以上,也可以使用,只是需要等飞机起飞稳定后,再进入光流定点模式。

7. GPS 模式使用方法

匿名拓空者 Pro 飞控支持使用芯片型号为 m80XX 的 GPS 模块(需支持 UBX 协议以及 PVT 数据帧),支持的 GPS 模块波特率为 9600、38400、115200,如果您的 GPS 模块串口波特率和以上 3 个值不同,需要您使用 ublox 软件重新配置模块的串口波特率为其中一种,并保存参数。

在飞控断电的情况下,将 GPS 模块连接于拓空者飞控的串口 1,目前只使用 GPS 模块的 GPS 信息,航向信息使用飞控自带的磁罗盘,若 GPS 模块配置有独立的罗盘芯片,相关罗盘导线不接即可。

当 GPS 模块正确连接至飞控后,在空旷地,将飞行器放平上电,等待 GPS 模块搜星定位,GPS 模块定位完成后,飞控灯光开始提示 GPS 模块正常工作,此时表示可以采用 GPS 定点模式起飞。

只有当飞控处于锁定状态下,才会进行 GPS 模块定位状态的判断,也就是说必须等 GPS 搜星完成,定位正常后,才会进入 GPS 定点模式。若飞控起飞时,GPS 还未完成搜星定位,在飞行过程中GPS模块完成了搜星定位,飞控也不会进入GPS定点模式。

在GPS定点飞行过程中,一旦GPS模块定位异常,飞控会切换为姿态控制模式,并且为了安全考虑,当GPS模块恢复定位后,不会再次切换为GPS定点模式,飞控会保持姿态控制模式。

尽量不要使用GPS返航功能,最为安全稳妥的方案仍然是手动控制飞机返航降落。

注意:因市场上GPS模块型号众多,同一型号也有原厂、副厂之分,故推荐从匿名官方购买配套GPS模块,我们的模块经过多种品牌、型号的测试对比,性能有保证,若使用其他自购的GPS模块,有可能造成GPS无法识别、定位不稳定等问题。

8. 匿名 OpenMV4 模块使用方法

匿名OpenMV4模块通过附赠的串口线连接于飞控的串口3(底板标注的UART3)上。匿名OpenMV4模块摄像头长边朝向机头,摄像头FPC座朝向飞机尾部。

飞控使用AUX2遥控通道控制MV使用与否,只有AUX2通道为1500也就是中位时,MV功能才会启用。用户也可以通过修改源码将遥控控制改为其他控制。

飞控需要连接匿名光流,配合OpenMV4模块使用。

飞控连接好匿名光流、OpenMV4后,用遥控控制飞控运行于模式2,如果光流和OpenMV4模块都运行正常,则飞控解锁前的LED灯颜色为白白紫黄,解锁后的LED灯颜色为绿绿紫黄,紫色代表光流正常,黄色代表OpenMV识别正常。

9. 灯光信息

飞控底板上设置有大功率LED,用以指示重要报警信息、飞控状态信息等(见表10-6)。

校准提示类显示优先级最高,其次为报警类提示信息,正常运行模式提示优先级最低。只有当无任何报警信号和不在校准时,会进行飞控状态灯光指示。

表10-6 飞控板载LED灯光信息

状态	灯光	注释
开机静止前	白色快闪	开机后默认状态,飞机正常初始化完毕,并静止后(尽量水平,但不必须),进入正常状态
正常运行提示	短闪+长间隔	飞控正常运行,灯光提示为模式提示+模块提示+长间隔 未解锁状态:模式提示为白色短闪,闪烁次数1~3,分别代表飞行模式1、2、3 解锁状态:模式提示为绿色短闪,闪烁次数1~3,分别代表飞行模式1、2、3 GPS模块定位正常:模块提示为蓝色单闪 光流模块工作正常:模块提示为紫色单闪 示例:白-白-蓝-长间隔:表示模式2,未解锁,GPS定位正常 绿-绿-紫-长间隔:表示模式2,光流正常
罗盘校准步骤1	黄色快闪	罗盘校准第一步提示,请将飞机放平,自动进入步骤2
罗盘校准步骤2	绿色呼吸	水平旋转提示,绿色呼吸期间,飞机水平,端在胸前,人原地顺时针转360°,若过程出错,比如水平倾斜太大,会返回步骤1
罗盘校准步骤3	紫色快闪	水平旋转完成标志,此时将飞机机头朝向天空,自动进入步骤4
罗盘校准步骤4	蓝色呼吸	垂直旋转提示,蓝色呼吸期间,飞机机头朝上,端在胸前,人原地逆时针转360°,若过程出错,比如没有保持机身垂直,会返回步骤3

续表

状态	灯光	注释
罗盘校准完毕	红色/绿色	常亮 2s,红色表示校准失败,绿色标识校准成功
数据保存中	绿色	在数据存储过程中,绿色灯光常亮
传感器故障	红色短闪+长间隔	CM20602:快闪 2 次;AK8975:快闪 3 次;SPL06:快闪 4 次
低压报警	红色短闪+短间隔	高频红色闪烁,表示电压低于报警电压
失控	红色呼吸	遥控接收机异常,飞机进入失控状态

参考文献:匿名科创——匿名拓空者 PRO—TI 版全开源飞控使用入门—TM4C123。

10.3.4 实训题目

四轴飞行器设计与制作

1. 任务

设计并制作一架四轴飞行器。

2. 要求

基本要求:

(1) 设计并制作一架四轴飞行器,可自动原地垂直起飞上升大约 1m 高度后再降落。

(2) 整机制作成本越低、起降精度越高,成绩越好。

附加要求:

(1) 可以使用自制或商品遥控器,让飞行器实现 6 种空间运动,即垂直运动,俯仰运动,横滚运动,偏航运动,前后运动,侧向运动。

(2) 可以使用手机通过蓝牙或 WiFi 控制,让飞行器实现 6 种空间运动,即垂直运动,俯仰运动,横滚运动,偏航运动,前后运动,侧向运动。

3. 说明

(1) 微控制器可以选择 TM4 或 STM32 等、传感器可以选用 MPU6050 等。

(2) 电动机可以选择空心杯电动机,也可以选择无刷电动机。

4. 评分标准

实训总分 100 分,基本 60 分,附加要求 40 分,评分规则见表 10-4。

5. 参考设计

(1) 飞控可以直接使用最小系统板(如 EK-TM4C123GXL),也可以专门设计。

(2) 机架可以拆用玩具飞行器的机架,也可以购买商品机架,或者自行设计 PCB 一体机架。

图 10-71 所示为笔者 2014 年设计制作的实物照片。

图 10-71　四轴飞行器设计制作照片